T0202299

Systementwurf mechatronischer Systeme

Klaus Janschek

Systementwurf mechatronischer Systeme

Methoden – Modelle – Konzepte

 Springer

Professor Dr. techn. Klaus Janschek
Technische Universität Dresden
Fakultät Elektrotechnik und
Informationstechnik
Institut für Automatisierungstechnik
01062 Dresden
klaus.janschek@tu-dresden.de

ISBN 978-3-540-78876-8   e-ISBN 978-3-540-78877-5
DOI 10.1007/978-3-540-78877-5
Springer Heidelberg Dordrecht London New York

Die Deutsche Nationalbibliothek verzeichnet diese Publikation in der Deutschen Nationalbibliografie;
detaillierte bibliografische Daten sind im Internet über http://dnb.d-nb.de abrufbar.

Einbandentwurf: eStudio Calamar S.L., Figueres/Berlin

Gedruckt auf säurefreiem Papier

Springer ist Teil der Fachverlagsgruppe Springer Science+Business Media (www.springer.com)

– Für Ruth –

Vorwort

Motivation

Wozu noch ein Buch zur Mechatronik? Noch dazu ein derart umfangreiches mit soviel erklärendem Text?

Die erste Frage hatte ich für mich am Beginn des Buchprojektes mit der Begründung *„Aufarbeitung meiner Lehrjahre"* beantwortet und mir daraus die Motivation für die, damals in diesem Umfang nicht absehbare, Umsetzung geholt. Die zweite Frage stellte sich erst im Laufe der Ausarbeitung und die Beantwortung folgte im Zweifelsfall der Entscheidung pro Text gemäß dem Paradigma *„Es muss ja nicht alles zwischen den Zeilen und in den Formeln versteckt sein"*.

Nun zu den „Lehrjahren". Diese begannen als *Elektrotechnikstudent* an der TU Graz und resultierten in einem sehr brauchbaren mathematisch-naturwissenschaftlichen Grundlagenwissen, wie es eben von einem universitären Ingenieurstudium erwartet werden kann. Eine Vertiefung und eine Promotion auf dem Gebiet der Regelungstechnik eröffneten den Blick auf „Systeme" und auf systemorientierte Problemlösung.

Die anschließenden Lehrjahre als *Entwicklungsingenieur* im Maschinenbau und in der Raumfahrt führten in Anwendungsgebiete, die im Studium praktisch keine Rolle gespielt hatten: komplexe heterogene Systeme, heute würde man sagen „mechatronische Systeme". Dass dieser Einstieg trotzdem sehr gut gelang, hat wohl zwei Gründe: die universitäre Grundlagenausbildung und das systemorientierte Herangehen zur Problemlösung.

Neben den spannenden Erfahrungen mit herausfordernden neuen Anwendungen resultierten diese Lehrjahre in einer für mich wichtigen *Lernerkenntnis*: „Du musst lernen, die zahlreichen im Studium vermittelten methodischen Ansätze in einer *geeigneten Kombination* miteinander zu verbinden!". Den richtigen Weg zu finden, bleibt immer jedem Ingenieur selbst überlassen und wird durch hilfsbereite Erfahrungsträger erleichtert (von denen ich glücklicherweise viele hatte). In diesem Kontext war mir der Gedanke „Was ich mir als Entwicklungsingenieur in meinem Studium gewünscht hätte" durchaus naheliegend und oftmals präsent.

Nun habe ich seit 1995 die Gelegenheit, an der Technischen Universität Dresden im Rahmen von *„akademischen Lehrjahren"* meine Erfahrungen zum Thema „Was ich mir als Entwicklungsingenieur in meinem Studium gewünscht hätte" an Ingenieurstudenten weiterzugeben (mittlerweile neben den klassischen Studiengängen Elektrotechnik und Maschinenbau auch für den interdisziplinären Studiengang Mechatronik). Insofern schließt sich mein persönlicher Lehrkreis oder korrekterweise besser *Lehr- und Lernkreis*, denn die *akademische Lehre* ist auf das Engste mit *eigenem Lernen* verknüpft.

Der vorliegende Text ist aus langjährigen Lehrveranstaltungen „Modellbildung und Simulation" und „Mechatronische Systeme" im Hauptstudium für die angesprochenen Ingenieurstudiengänge entstanden.

In den vergangenen Lehrjahren stellte sich allerdings heraus, dass die angestrebte *Wissensvermittlung für eine systemorientierte Problemlösung bei komplexen heterogenen Systemen* im Rahmen von zeitlich begrenzten Lehrveranstaltungen nur näherungsweise realisierbar ist. Gut vermittelbar sind prinzipielle methodische und konzeptionelle Ansätze, sowie deren Umsetzung in einfachen Übungsbeispielen. Für eine fachlich breitere und tiefere Betrachtung fehlen Raum und Zeit. Eine bloße und schwach kommentierte Zitierung weiterführender wissenschaftlicher Arbeiten als Ergänzung zu knappen Lehrskripten ist weder für den Studenten noch für den Dozenten wirklich befriedigend. Diese Gründe gaben letztlich den Ausschlag für die „Aufarbeitung meiner Lehrjahre" in dem vorliegenden Text, dessen Grundaufbau im Folgenden kurz erläutert werden soll.

Methoden – Modelle – Konzepte

Der Untertitel dieser Monografie lautet *Methoden – Modelle – Konzepte* und ergibt sich aus folgenden Wurzeln.

Modelle Das Wissen um die große Bedeutung von *Modellen* für die *Systementwicklung* ist in eigenen beruflichen Erfahrungen begründet. Bei Raumfahrtanwendungen wie Bahn- und Lageregelung von Raumfahrzeugen, Feinausrichtung und aktive Schwingungsisolation von Instrumenten handelt es sich um komplexe heterogene Systeme. Aufgrund ihrer Beschaffenheit stellen sie nach heutigem Verständnis *mechatronische Systeme* par excellence dar. Die Entwicklung und Verifikation dieser Systeme erfolgt seit jeher aus prinzipiellen Gründen modellgestützt. Die Verifikation und gesicherte Verhaltensvoraussagen werden vorwiegend auf der Basis von aussagefähigen Modellen getroffen. *Modellbasierte Systementwicklung* und *Systementwurf* sind daher gleichbedeutend mit *Arbeiten mit*

Modellen. Interessanterweise haben sich diese modellgestützten Entwicklungsansätze in den letzten Jahren auch in vielen terrestrischen Anwendungen etabliert, z.B. in der Automobilindustrie, und stellen heute den *Stand der Technik* für die Systementwicklung in der mechatronisch orientierten Industrie dar.

Methoden Um den modellbasierten Verhaltensvoraussagen vertrauen zu können, müssen die Modelle und die daraus gewonnenen Verhaltensanalysen auf einem sauberen technisch-wissenschaftlichen Fundament basieren. Dies erfordert im Rahmen des Systementwurfes geeignete *Methoden* zur *Modellerstellung* und zur umfassenden *Verhaltensanalyse* des gesamten, aus heterogenen Teilsystemen bestehenden Systems. Hierbei sind speziell Methoden gefragt, die transparente, belastbare und einfach nachprüfbare Verhaltensaussagen ermöglichen, von Machbarkeitsaussagen in frühen Projektphasen bis hin zur Verifikation von Ergebnissen rechnergestützter Entwurfsverfahren (traue nie deinem Computer!).

Konzepte Der Systementwurf beinhaltet mit dem Begriff „Entwurf" eine in höchstem Maße *kreative* Tätigkeit. Damit verknüpft sind vielfältige und spannende Möglichkeiten, die vorhandenen *Entwurfsfreiheitsgrade* zu nutzen, sofern man sie kennt und sich der Randbedingungen und Grenzen bewusst ist. Eine Monografie kann in diesem Sinne natürlich keine umfassende Sicht der Dinge geben. In diesem Lehrbuch wird versucht, innerhalb des machbaren Rahmens ausgewählte und erfolgreich genutzte technische Anordnungen, Konfigurationen und Lösungskonzepte als Ideengeber für eigene Lösungsansätze zu präsentieren. Aus dem methodisch orientierten Grundverständnis dieser Monografie heraus werden die vorgestellten Konzepte auf der Basis mathematischer Modelle dargestellt, um Wege für eine *quantifizierbare Bewertung* unterschiedlicher Konzeptvarianten aufzuzeigen.

> Dieses Lehrbuch stellt den Versuch dar, wichtige methodische Ansätze für die Modellierung, die Analyse und den Entwurf von mechatronischen Systemen in einen gemeinsamen Kontext zu stellen und in einer systematischen und geschlossenen Form darzustellen.

Danksagung

Der Weg ist das Ziel, auch wenn das Ziel anfangs sehr klar formuliert erscheint. Den rechten Weg zu finden, zu beschreiten und letztlich auch das ursprünglich formulierte Ziel zu treffen, bedarf wie eine Bergbesteigung

X

einer vertrauensvollen Seilschaft, der ich an dieser Stelle meinen herzlichen Dank abstatten möchte.

An allererster Stelle gilt mein Dank meiner Familie und hier besonders meiner geliebten Frau Dr.phil. *Ruth Janschek-Schlesinger*. Sie hat nicht nur die für unsere persönliche Beziehung entbehrungsreiche Zeit der Bergbesteigung mit großem Verständnis und steter mentaler Unterstützung begleitet. Ganz besonders freut mich, dass sich aus unserer jahrzehntelangen Partnerschaft auch beiderseitige berufliche Synergien entwickelt haben. So konnte sie systemorientierte Problemlösungsansätze sehr erfolgreich in ihre kunsttherapeutischen und supervisorischen Arbeiten integrieren und mir hat ihre spontane künstlerische, Grenzen überschreitende Sichtweise viele neue Betrachtungsperspektiven eröffnet.

Für intensive fachliche Diskussionen und wertvolle Anregungen gilt ein herzlicher Dank meinen Fachkollegen Herrn Prof. Dr.-Ing. habil. *Helmut Bischoff*, Herrn Prof. Dr.-Ing. Dr.rer.nat. *Kurt Reinschke* (beide TU Dresden) und Herrn Dr.-Ing. *Peter Schwarz* (Fraunhofer-Institut für Integrierte Schaltungen, Institutsteil Entwurfsautomatisierung, Dresden).

Ein 800 Seiten Manuskript birgt naturgemäß mehr als zahlreiche absturzgefährliche Klippen und Stolpersteine. Für das sorgfältige und sachverständige Korrekturlesen des Manuskriptes und die fundierten Verbesserungsvorschläge gilt ein besonderer Dank meinen MitarbeiterInnen Herrn Dipl.-Ing. *Martin Beck* (ihm gebührt die Vielleserauszeichnung!), Frau PD Dr.-Ing. *Annerose Braune*, Herrn Dr.-Ing. *Eckart Giebler*, Frau Dipl.-Ing. *Sylvia Horn*, Herrn Dipl.-Ing. *Thomas Kaden*, Frau Dipl.-Ing. *Evelina Koycheva*, Herrn Dipl.-Ing. *Arne Sonnenburg* und Herrn Dipl.-Ing. *Edgar Zaunick*.

Auch bei meiner übrigen Lehrstuhlmannschaft möchte ich mich sehr für das stete Verständnis für meinen Zeitaufwand in dieses Buchprojekt bedanken. Ein großer, herzlicher Dank gilt insbesondere Frau *Petra Möge*, die mir in den vergangenen zwei Jahren im administrativen Bereich engagiert und gekonnt stets Rücken und Kopf freigehalten hat und damit wichtige Voraussetzungen zum Gelingen geschaffen hat.

Bei den Damen und Herren des *Springer-Verlages* bedanke ich mich ganz herzlich für die äußerst kooperative und vertrauensvolle Zusammenarbeit und den verständnisvollen Umgang mit der zeitlichen und inhaltlichen Planung.

Dresden, im Oktober 2009   *Klaus Janschek*

Inhaltsverzeichnis

Abkürzungsverzeichnis – Glossar

ADC	*analog-to-digital-converter*
DAC	*digital-to-analog-converter*
DAE	*differentia- algebraic-equation(s)*
DGL	Differenzialgleichung
DYMOLA	eingetragenes Warenzeichen von Dynasim AB
ELM	elektrisch-mechanisch
engl.	englisch
FEM	Finite-Elemente-Modell
LABVIEW	eingetragenes Warenzeichen von National Instruments
LTI	*linear-time-invariant*
LTV	*linear-time-variant*
MAPLE	eingetragenes Warenzeichen der Waterloo Maple Inc.
MATHEMATICA	eingetragenes Warenzeichen der Wolfram Research Inc.
MATLAB	eingetragenes Warenzeichen der The MathWorks Inc.
MEMS	Micro-Electro-Mechanical Systems
MIMO	*mulit-input-multi-output*
MKS	Mehrkörpersystem
MODELICA	eingetragenes Warenzeichen der Modelica Association
OSI	*open systems interconnection* (OSI *reference model*)
PID	proportional-integral-differenzial
SA	*structured analysis*, Strukturierte Analyse
SIMULATIONX	eingetragenes Warenzeichen der ITI GmbH
SIMULINK	eingetragenes Warenzeichen der The MathWorks Inc.
UML	*unified modeling language*
vgl.	vergleiche
ZOH	*zero-order-hold*

1 Einleitung

Es muss gelernt werden, die ganze Aufmerksamkeit auf das tatsäch-
liche Geschehnis zu richten und die innere Spannung zu koordinie-
ren mit einer sinnvollen Beherrschung der schwierigen Aquarellma-
lerei, die man nicht korrigieren kann.

Oskar KOKOSCHKA zur Methode seiner „Schule des Sehens"[1], 1954.

In (Kokoschka 1975)

Der Ingenieur steht im Rahmen des *Systementwurfes* von komplexen Systemen vor ähnlichen Herausforderungen wie ein bildender Künstler in den
Augen Oskar KOKOSCHKAS: Er soll das Abbild eines realen Systems in einer möglichst fehlerfreien Form zu Papier bringen, wobei für eine naturge-
treue Beschreibung der Wirklichkeit transparente und nicht leicht handhabbare Beschreibungsmittel zu wählen sind. Das Schöne und Reizvolle
an dieser Herausforderung ist in beiden Fällen, Künstler wie Ingenieur, die
große *kreative Freiheit*, die es auszunutzen gilt.

Das Spannungsfeld zwischen Freiräumen und Randbedingungen, das
Abschätzen von Machbarem und Unmöglichem und die Möglichkeiten,
mit wissenschaftlichen Methoden fundierte Verhaltensvoraussagen für ein
zukünftiges reales komplexes System treffen zu können, all dies macht den
Systementwurf stets zu einem großen Abenteuer.

---

[1] Oskar KOKOSCHKA, 1886-1980, österreichischer Maler, Grafiker und Schriftstel-
ler des Expressionismus. Er gründete 1953 die „Schule des Sehens", heute Internationale Sommerakademie für Bildende Kunst, Salzburg, Österreich.

1.1 Mechatronik – Mechatronische Systeme

Begriffsbildung und Bedeutung Der heute viel gebrauchte und gut eingeführte Begriff *„Mechatronik"* – engl. *„Mechatronics"* – ist ein Kunst-
wort aus den 70-er Jahren des letzten Jahrhunderts und vermittelt schon
rein intuitiv das enge Zusammenwirken klassischer ingenieurwissenschaftlicher Fachdisziplinen wie <u>Mecha</u>nik (Maschinenbau) und <u>Elektronik</u>
(Elektrotechnik). Tatsächlich hat sich aus dieser anfänglichen Wortkombi-
nation seither weltweit ein ingenieurwissenschaftlicher Ansatz entwickelt,
der den *Systemgedanken* (*thinking in systems*) in den Mittelpunkt der *Pro-
duktgestaltung* stellt.

Im Fokus stehen dabei wettbewerbsfähige, innovative *Produkte*, die auf
bestmögliche Art die Anforderungen von Kundengruppen erfüllen, seien
diese funktionaler, qualitätsorientierter, ökonomischer oder emotionaler
Natur. Derartige neue Produkte entstehen durch das Zusammenführen unterschiedlicher Technologien zu einem funktionsfähigen Ganzen, der Pro-
duktentstehungsprozess erfordert ein *Denken und Verstehen in Systemen*
über Fachdomänen hinweg.

In diesem Sinne ist die Mechatronik eine prinzipiell anwendungsorientierte Ingenieurdisziplin, die sich jedoch zur Erreichung der hochgesteck-
ten Produkteigenschaften der höchst aktuellen wissenschaftlichen Methoden und Erkenntnisse aus unterschiedlichen Wissenschaftsdisziplinen
bedienen muss.

Definitionen für Mechatronik Aus einer Vielzahl mittlerweile existie-
render Definitionen für den Begriff „Mechatronik" seien stellvertretend die
beiden folgenden herausgegriffen, die nach dem Verständnis des Autors
den besten inhaltlichen Bezug zu dem vorliegenden Buch ausdrücken:

Mechatronik bezeichnet eine interdisziplinäre Entwicklungsmethodik, die überwiegend mechanisch ausgerichtete Produktaufgaben
durch die synergetische räumliche und funktionelle Integration von
mechanischen, elektrischen und informationsverarbeitenden Teilsystemen löst.

*VDI/VDE Gesellschaft für Mess- und Automatisierungstechnik (GMA)
Fachausschuss 4.15 "Mechatronik"*

Mechatronics is the synergistic combination of precision mechanical engineering, electronic control and systems thinking in the design of products and manufacturing processes. It covers the integrated design of mechanical parts with an embedded control system and information processing.

International Federation of Automatic Control (IFAC) – Technical Committee on Mechatronic Systems

Mechatronische Systeme – Produktorientierte Außensicht Im Kontext mit Mechatronik ist die begriffliche Erweiterung auf *mechatronische Systeme* naheliegend. Was wird aber damit gemeint?

Die produktorientierte Außensicht auf ein mechatronisches System und seine Systemabgrenzung sind in Abb. 1.1 mit den Beschreibungsmitteln des funktionsorientierten Modellierungsansatzes *Strukturierte Analyse* nach (Yourdon 1989)[2] dargestellt. Neben dem eigentlichen mechatronischen System (Produkt) sind die beiden wesentlichen interagierenden Akteure erkennbar: der *Nutzer* und die *Umwelt*.

Abb. 1.1. Mechatronische Systeme als Produkte mit außerordentlichen Produkteigenschaften – Außensicht

---

[2] In Kapitel 2 wird diese auf höchster abstrakter Ebene anzuwendende Modellbetrachtung ausführlich erläutert. In diesem Abschnitt werden aus Gründen der Anschaulichkeit auch einige bildhafte, nicht methodenkonforme Darstellungsmittel genutzt. Zur strengen formalen Darstellung unter Beibehaltung der Anschaulichkeit sei auf Kapitel 2 verwiesen.

Der Produktgedanke reflektiert sich in Abb. 1.1 deutlich in dem *nutzerbezogenen Produktzweck*. Ein mechatronisches System existiert nie als Selbstzweck, sondern besitzt immer eine direkte Interaktion mit einem Nutzer und damit eine aufgabenbezogene *Mensch-Maschine-Schnittstelle*. Diese besteht im einfachsten Fall aus einem Startknopf, um eine komplexe Aufgabe völlig selbsttätig erfüllen zu können.

Der *verallgemeinerte Produktzweck* von mechatronischen Systemen lässt sich vereinfacht folgendermaßen charakterisieren[3]:

> Ein mechatronisches Produkt realisiert *mechanisch ausgerichtete* Produktaufgaben durch die *zielgerichtete* Bewegung *massebehafteter* Körper mit gewünschten, *außergewöhnlichen* Verhaltenseigenschaften.

Mit obiger Charakterisierung lassen sich praktisch alle unter dem Titel „Mechatronik" verpackten Produkte beschreiben, egal ob es sich um eine elektronische Benzineinspritzung (Bewegen des Einspritzventils), um eine Greifzange eines chirurgischen Endoskops, um die Mikrospiegel eines Lichtmodulators für Videoprojektionsgeräte, um die Autofokussierung einer Fotokamera oder um den Lesekopf einer Computerfestplatte handelt, für weitere Beispiele siehe (Isermann 2008a) oder (Bishop 2007).

In den aufgeführten Beispielen manifestieren sich auch sehr deutlich die *außergewöhnlichen Produkteigenschaften*: für viele dieser Anwendungen existieren zwar „nicht-mechatronische" Vorläufer, jedoch mit bedeutend unattraktiveren Verhaltenseigenschaften, in vielen Fällen wurden innovative, attraktive Produkte überhaupt erst durch mechatronische Systemlösungen ermöglicht.

Der zweite wichtige Akteur, die *Umwelt*, bestimmt nach Abb. 1.1 wesentlich die Betriebsrandbedingungen eines mechatronischen Systems. Die zielgerichteten Bewegungen müssen in der Regel gegen störende, oftmals unbestimmte, externe Einflüsse ausgeübt werden, was hohe Anforderungen an die technische Umsetzung des mechatronischen Systems stellt (siehe Innensicht).

---

[3] Die äußerst erfolgreiche Umsetzung mechatronischer Entwicklungsansätze motiviert einige Akteure der wissenschaftlichen und populärwissenschaftlichen Mechatronik-Fachgemeinschaft dazu, ein weitaus breiteres Spektrum technischer Systeme als „mechatronisches System" zu bezeichnen. Dieser unnötigen Vereinnahmung und Verwässerung der zugrundeliegenden wissenschaftlichen Problemstellungen und Lösungsansätze widerspricht der Autor auf das deutlichste. Deshalb beschränkt sich der Begriff „mechatronisches System" in diesem Buch auf die oben angeführte Bedeutung.

Mechatronische Systeme – Funktionsorientierte Innensicht Die Realisierung der außergewöhnlichen Verhaltenseigenschaften eines mechatronischen Systems basiert auf der in Abb. 1.2 skizzierten *funktionellen Struktur* (Blick in das Innere des mechatronischen Produktes aus Abb. 1.1). Mit ihr ist eine technologieunabhängige Wirkstruktur gemeint, mit der auf abstrakter Modellebene das Zusammenwirken (Interaktion) physikalischer Systemgrößen dargestellt ist[4].

Die beiden Funktionen *„erzeuge Kräfte/Momente"* (inklusive Bereitstellung der Hilfsenergie) und *„erzeuge Bewegungen"* beschreiben das Bewegen eines massebehafteten Körpers und die im Allgemeinen vorhandene energetische Rückwirkung (elektromechanische Kopplung).

Mit den übrigen Funktionen *„messe Bewegungsgrößen"* und *„verarbeite Informationen"* erschließt sich erst der eigentliche Mehrwert eines mechatronischen Systems: die Realisierung von nutzerbezogenen außergewöhnlichen Verhaltenseigenschaften durch die *automatisierte Umsetzung* der Bedienwünsche innerhalb einer *geschlossenen Wirkungskette* (Rückkopplung, Regelkreis).

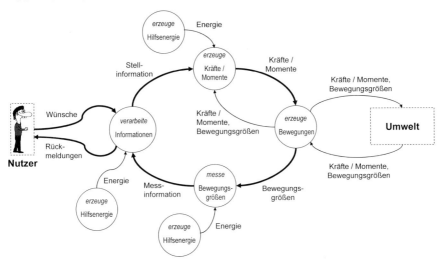

Abb. 1.2. Funktionsorientierte Struktur eines mechatronischen Systems – Innensicht (externe Akteure sind gestrichelt gezeichnet)

---

[4] Die enge Verwandtschaft zu regelungstechnischen Signalflussplänen ist offensichtlich. Mit den dargestellten verbal-grafischen Modellierungsmitteln der *Strukturierten Analyse* lassen sich allgemein verständliche Systembeschreibungen erzeugen. Diese beinhalten auf leicht nachvollziehbare Weise die wichtigsten strukturellen und funktionellen Eigenschaften des beschriebenen Systems.

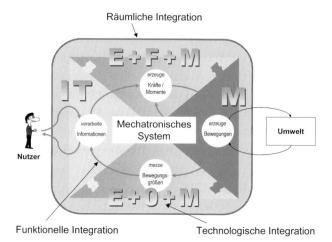

Abb. 1.3. Funktionelle Struktur eines mechatronischen Systems mit hinterlegten Realisierungstechnologien: E … elektrisch (-magnetisch, piezo-, etc.); F … fluidisch; M … mechanisch; O … optisch, optoelektronisch; IT … eingebettete Informationstechnik

Mechatronische Systeme – Realisierungssicht Die in Abb. 1.2 dargestellten Funktionen können in unterschiedlicher Art gerätetechnisch realisiert werden. In Abb. 1.3 sind typische *Realisierungstechnologien* der mechatronischen Grundfunktionen angedeutet.

Auf dieser Betrachtungsebene erschließt sich anschaulich die eingangs definierte „synergetische räumliche und funktionelle Integration von mechanischen, elektrischen und informationsverarbeitenden Teilsystemen", die jedem mechatronischen System zu eigen ist.

Aus der geschlossenen Wirkungskette wird indes deutlich, dass die unterschiedlichen Systemelemente nicht nur zusammengefügt werden müssen, sondern dass diese *funktionell und technologisch* in wohl definierter Weise *zusammen wirken* müssen (angedeutet durch die Puzzlesteine). In einer Kette ist bekanntlich das schwächste Glied maßgebend für das Versagen. Ein mechatronisches System kann eben nur dann seine Produktaufgaben ordnungsgemäß erfüllen, wenn *alle* Elemente der geschlossenen Wirkungskette aufeinander abgestimmt sind. Dies erfordert auf Entwurfsebene die Verzahnung von systemtheoretischem Wissen mit physikalisch-technologischem Wissen unterschiedlicher Wissenschaftsdomänen (Elektrotechnik, Maschinenbau, Informationstechnik, Informatik, Physik, etc.).

Schlüsselelemente mechatronischer Systeme   Mechanisch ausgerichtete Produktaufgaben werden seit langer Zeit mittels Maschinen ausgeführt. Wie zeichnen sich nun mechatronische Produkte gegenüber den „klassischen" Lösungen aus?

Die außergewöhnlichen Produkteigenschaften mechatronischer Systeme begründen sich auf der *funktionellen* und *räumlichen Integration* von mechanischen, elektrischen und informationsverarbeitenden Teilsystemen unter Nutzung folgender *konzeptioneller* und *technologischer* Schlüsselelemente

- geschlossene Wirkungsketten,
- Mikroelektronik und Mikrosystemtechnik,
- neue Werkstoffe – Funktionswerkstoffe.

Geschlossene Wirkungsketten   Eine hochwertige „zielgerichtete Bewegung" ist unter allen möglichen Betriebsbedingungen bei immer vorhandenen technologischen Unsicherheiten nur mittels des fundamentalen Konzeptes einer *geschlossenen Wirkungskette*, sprich *Regelkreis*, möglich (Abb. 1.2). Der Entwurf eines mechatronischen Systems geht weit über den Entwurf eines Regelkreises hinaus, insbesondere sind bei einem mechatronischen System alle Elemente des Regelkreises (nicht nur der Regelalgorithmus) Entwurfsobjekte und damit frei gestaltbar. Trotzdem und vielleicht gerade deswegen kann man die Schlüsselrolle der *Regelungstechnik* beim Systementwurf kompakt folgendermaßen zusammenfassen:

> *"Mechatronics is much more than control, but there is no Mechatronics without control"* (Janschek 2008).

Mikroelektronik und Mikrosystemtechnik   Erst die großen technologischen Fortschritte der *Mikroelektronik* ermöglichten es seit den 70er Jahren des 20. Jahrhunderts, eine stets steigende digitale und analoge Informationsverarbeitungsleistung auf immer kleineren Raum zu packen – *MOOREsches Gesetz* – siehe Abb. 1.4, (Moore 1965), (Schaller 1997).

In weiterer Folge konnten mechatronische Funktionen direkt in hoch integrierte Schaltungen in Form von *Mikrosystemen* integriert werden (Senturia 2001), (Tummala 2004), (Gerlach u. Dötzel 2006).

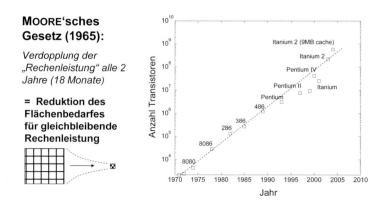

MOORE'sches Gesetz (1965):

Verdopplung der „Rechenleistung" alle 2 Jahre (18 Monate)

= Reduktion des Flächenbedarfes für gleichbleibende Rechenleistung

Abb. 1.4. MOOREsches Gesetz zur Entwicklung der Mikroelektronik[5]

Damit stehen heute mechatronische Systemelemente zur Verfügung, die es ermöglichen, direkt an den physikalisch relevanten Stellen zu messen, zu „denken" und zu agieren, d.h. funktionelle und räumliche Integration in nahezu perfekter Weise zu realisieren.

Neue Werkstoffe – Funktionswerkstoffe   Die räumliche Integration zur Schaffung von kompakten, bewegungsfähigen Systemen wurde und wird verstärkt durch neue Werkstoffe vorangetrieben. Als wichtigstes Beispiel seien *piezoelektrische Werkstoffe* genannt, die es heute ermöglichen, kompakte Sensoren und Aktuatoren zu bauen und bei *Funktionswerkstoffen (smart structures)* Mess- und Stellglieder direkt in die mechanische Struktur zu integrieren, siehe Abb. 1.5, (Preumont 2002), (Srinivasan u. McFarland 2001).

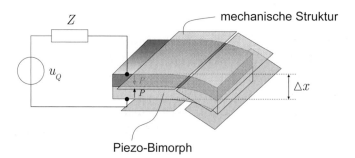

Abb. 1.5. Piezoelektrische Funktionswerkstoffe (*smart structures*)

---

[5] Prozessordaten von www.Intel.com

Mechatronik – Fachgemeinschaft Auf internationaler Ebene haben sich speziell für das Fachgebiet Mechatronik zwei Zeitschriften mit wissenschaftlich hohem Niveau etabliert:

- *IEEE/ASME Transactions on Mechatronics* (IEEE – Institute of Electrical and Electronics Engineers, ASME – American Society of Mechanical Engineers)
- *IFAC Journal Mechatronics* (IFAC – International Federation of Automatic Control).

Diese Zeitschriften reflektieren den jeweils aktuellen Forschungsstand zu mechatronischen Fragestellungen. Besonders empfehlenswert sind die in unregelmäßigen Abständen erscheinenden Schwerpunkthefte zu enger fokussierten Themen. Die Fachgesellschaften IEEE, ASME und IFAC führen auch regelmäßig internationale Mechatronik Konferenzen durch.

Im deutschsprachigen Raum widmet sich beispielsweise die *VDI/VDE Gesellschaft für Mess- und Automatisierungstechnik (GMA)* dem Thema mit speziellen Fachausschüssen und nationalen Tagungen. Der Fachverband Verein Deutscher Ingenieure (VDI) hat eine spezielle *Richtlinie* zur Entwicklungsmethodik mechatronischer Systeme veröffentlicht (VDI 2004).

Aufgrund des breiten Charakters der Mechatronik werden viele relevante Forschungsergebnisse aber auch in den Publikationsorganen benachbarter Fachgemeinschaften veröffentlicht, z.B. Mikrosystemtechnik, Automobiltechnik, Energietechnik (siehe auch die zahlreichen Literaturangaben jeweils am Ende der nachfolgenden Kapitel).

1.2 Systementwurf

Begriffsbestimmung Unter dem Begriff *Systementwurf* soll im Folgenden die Konzeption eines technischen Systems (hier: mechatronisches System) unter Nutzung *ingenieurwissenschaftlicher Mittel* verstanden werden.

Mit Konzeption ist eine nachvollziehbare und konsistente *Komposition* eines Systems aus strukturierten Subsystemen dergestalt gemeint, dass dieses System vorgegebene *Systemanforderungen* möglichst gut erfüllen kann.

Die *Werkzeuge* des Systementwurfes sind Modellierungskonzepte, Methoden und Vorgehensmodelle zur Verhaltensbeschreibung und Verhaltensanalyse, z.B. Theoretische Elektrotechnik, Theoretische Mechanik, Systemtheorie, Regelungstheorie.

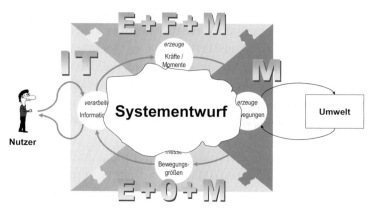

Abb. 1.6. Systementwurf als zentrale Entwurfsaufgabe

Die *Ergebnisse* des Systementwurfes sind nach Möglichkeit verifizierbare und bewertete *Modelle* („Baupläne") der Lösung, d.h. im Allgemeinen abstrakte Verhaltensmodelle, die verschiedene Sichten (Eigenschaften) auf das System beschreiben. In der Regel sind die Ergebnisse keine „körperlichen" Realisierungen (Ausnahme: Rapid Prototyping).

Systementwurf als zentrale Entwurfsaufgabe Aus der funktionellen Struktur und der Verzahnung der involvierten Realisierungstechnologien erschließt sich die zentrale Bedeutung des Systementwurfes für die Gestaltung eines mechatronischen Systems (siehe Abb. 1.6).

Die Entwurfslösung muss die Funktionsfähigkeit des *gesamten Systems*, die abgestimmte Interaktion der Systemelemente in einer geschlossenen Wirkungskette unter Berücksichtigung der technologischen Randbedingungen einer speziellen Realisierungsvariante sicherstellen. Im Mittelpunkt der Betrachtungen steht also immer das *gesamte System*.

Funktionserfüllung – Entwurfsverifikation Das Produktverhalten wird entscheidend dadurch geprägt, dass alle Elemente der geschlossenen Wirkungskette aufeinander abgestimmt sind und ordnungsgemäß arbeiten. Der bekannte Grundsatz „eine Kette ist so schwach wie ihr schwächstes Glied" beweist auch hier seine Gültigkeit. In diesem Sinne hat der Systementwurf die Aufgaben, gleichzeitig eine geeignete *Auslegung* aller beteiligten Systemelemente (Entwurf, engl. *design*) und den *Beweis* zu liefern, dass die gesamte (geschlossene) Wirkungskette tatsächlich ordnungsgemäß arbeitet (*Verifikation* und *Validation*, siehe Abschn. 2.1).

Mit der letzteren Aufgabe ist aber nicht gemeint, das fertige System (Produkt) „auszuprobieren", sondern bereits vor der eigentlichen gerätetechnischen Realisierung ein hohes Maß an Zutrauen an die Funktionserfüllung der Entwurfslösung vorliegen zu haben. Beide Aufgaben, der eigentliche *Entwurf* und die *Beweisführung* zur Funktionserfüllung basieren auf aussagekräftigen *Verhaltensmodellen*, die das reale Verhalten des mechatronischen Systems hinreichend genau beschreiben.

Verhaltensmodelle – Multidomänenmodelle   Alle Aussagen des Systementwurfes basieren auf abstrakten Modellen des betrachteten realen mechatronischen Systems. Diese Modelle beschreiben immer eingeschränkte Eigenschaften des realen Systems, z.B. statisches Verhalten, nichtlineares oder lineares dynamisches Verhalten. Sie müssen jedoch immer das gesamte System mit allen Teilsystemen im Auge haben, d.h. alle relevanten Interaktionen und Abhängigkeiten müssen in einem *gemeinsamen* Modell, auf gleicher abstrakter Ebene sichtbar gemacht werden.

Die große Herausforderung beim Erstellen der Verhaltensmodelle liegt in der *Heterogenität* der beteiligten Systemelemente, die ganz unterschiedliche technisch-physikalische Ausprägungen besitzen und unterschiedliche physikalische Phänomene beinhalten: *Mechanik, Elektromagnetismus, Elektrostatik, Piezoelektrizität, Fluidik, Optoelektronik, digitale Informationsverarbeitung* etc. Da diese heterogenen Teilsysteme im realen System miteinander verkoppelt sind und interagieren, müssen diese Eigenschaften natürlich auch in einem Verhaltensmodell korrekt abgebildet werden. Man muss also geeignete Methoden zur Verfügung haben, um mit so genannten *Multidomänenmodellen* zu arbeiten, die auf einer gemeinsamen abstrakten Ebene die unterschiedlichen physikalischen Phänomene beschreiben.

Im *Kapitel 2 – Elemente der Modellbildung* werden verschiedene Ansätze der Multidomänenmodellierung diskutiert, deren Verständnis nützlich für den Gebrauch von kommerziellen Modellierungs- und Simulationswerkzeugen ist. Einige dieser Ansätze dienen auch als Basis für die Verhaltensmodellierung in den nachfolgenden Kapiteln.

Modellbasierte Verhaltensanalyse   In Abb. 1.7 ist ein vereinfachter Modellbaum für die in diesem Buch diskutierte modellbasierte Verhaltensanalyse dargestellt. Das *qualitative Systemmodell* dient zur Strukturierung und Funktionsbeschreibung der Außen- und Innensicht auf das mechatronische System auf einem hohen abstrakten Niveau.

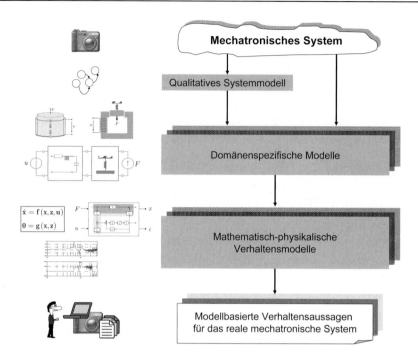

Abb. 1.7. Modellbasierte Verhaltensanalyse: Modellbaum

In diesem Modell sind bereits die prinzipiellen Wirkstrukturen und die mechatronischen Wirkungskreise erkennbar, allerdings in der Regel noch ohne technologische Konkretisierung (außer wenn technologische Rand-bedingungen vorgegeben sind, z.B. Wiederverwendung eines Piezowand-lers als Aktuator aus einem Vorprojekt).

In einem nächsten Entwurfsschritt werden verschiedene Entwurfsvarian-ten unter Nutzung konkreter Realisierungstechnologien für die System-funktionen betrachtet (z.B. elektromagnetische Lagerung einer Welle, elektrostatische Abstandsmessung, Informationskopplung über einen se-riellen Datenbus). An dieser Stelle setzt die *physikalische Modellbildung* ein. Es müssen aussagefähige abstrakte Modelle für die Realisierungsvari-anten gefunden werden (*Kapitel 4 bis 9*). Dies geschieht auf unterschiedli-chem Abstraktionsniveau. Zuerst mittels *domänenspezifischer Modelle* (Ersatzanordnungen mit konzentrierten Parameter oder unendlich dimensi-onale Modelle) und dann konkretisiert durch *mathematisch-physikalische Modelle* (z.B. Differenzialalgebraische Modelle, linearisierte Systemmo-delle). Mithilfe dieser Modelle können über analytische Betrachtungen oder numerische Auswertung belastbare Aussagen zum erwarteten Systemverhalten des realen mechatronischen Systems gewonnen werden.

Mechatronische Systeme haben meist höchst anspruchsvolle Anforderungen an die Systemleistungen (z.B. hohe Genauigkeiten der Bewegungsgrößen bei hoher Dynamik). Um die Grenzen der Leistungsfähigkeit und eventuelle Entwurfsreserven eines derart heterogenen Systems mit all seinen Unsicherheiten und nichtdeterministischen Einflüssen zuverlässig voraussagen zu können, werden insbesondere geeignete Methoden für eine *robuste Reglerauslegung* in *Kapitel 10 – Regelungstechnische Aspekte* und eine Verhaltensanalyse unter Berücksichtigung zufälliger Einflussgrößen im *Kapitel 11 – Stochastische Verhaltensanalyse* vorgestellt.

Analytische Modelle vs. Rechnermodelle   Von entscheidender Bedeutung für den Systementwurf ist ein tiefes Verständnis der wirksamen Phänomene und Wechselwirkungen innerhalb des betrachteten Systems. Dieses Verständnis reflektiert sich in erster Linie in den verwendeten Verhaltensmodellen. Um Entwurfsentscheidungen transparent und nachvollziehbar sichtbar machen zu können, sind nach Möglichkeit *analytische Verhaltensmodelle* anzustreben, in denen der Zusammenhang zwischen physikalischen Parametern und Verhaltenseigenschaften explizit dargestellt werden kann. Die Erfahrung zeigt, dass wichtige Entwurfsaussagen zur *Machbarkeit* oder zu *kritischen Einflussgrößen* bereits mit relativ einfachen Systemmodellen (Entwurfsmodelle) getroffen werden können, sofern die *relevanten Phänomene* abgebildet wurden. Damit erschließt sich dem erfahrenen Systemingenieur ein transparenter Blick auf komplexe Systeme.

Demgegenüber stehen die heute bereits sehr mächtigen *rechnergestützten Modellierungswerkzeuge* (*siehe Kapitel 2 – Elemente der Modellbildung*). Damit lassen sich sehr nutzerfreundlich über domänenspezifische Bibliotheken komplexe Modelle innerhalb kurzer Zeit erzeugen. Dieses Herangehen muss allerdings mit großem Bedacht durchgeführt werden, da es die zwei nachfolgend erläuterten, prinzipiellen Probleme beinhaltet.

Modellkomplexität von Rechnermodellen   Die entstehenden Modelle sind aufgrund ihrer Komplexität per se nicht besonders transparent und analytische Zusammenhänge sind selbst bei Computeralgebraprogrammen nur eingeschränkt zu verstehen. Bei einer rein numerischen Auswertung werden bei jedem Rechenexperiment immer nur *beschränkte Parametersätze* betrachtet, globale Zusammenhänge sind schwer sichtbar zu machen.

Korrektheit und Verifikation von Rechnermodellen Selbst als korrekt
angenommene Modellbibliotheken beherbergen noch genügend Fehler-
quellen bei der Konfiguration und Parametrierung der Modelle. Auch die
Verifikation einer rechnergestützten Modellimplementierung ist eine zeitaufwändige und nichttriviale Aufgabe. Hier zeigt sich der große Nutzen
von analytischen Systemmodellen. Für diese lassen sich analytisch basierte
Verhaltensvoraussagen treffen, welche dann als Referenzgrößen für spezielle Verifikationsexperimente für die komplexen Rechnermodelle genutzt werden können. Dies kann etwa dadurch geschehen, dass die Rech-
nerimplementierung möglichst äquivalent zum analytischen Modell
konfiguriert und parametriert wird (z.B. Nullsetzen parasitärer Effekte, Definition von Zwangsbedingungen). Eine andere Möglichkeit besteht in der
Definition von besonderen Experimenten, bei denen eine analytische Ver-
haltensvoraussage leicht möglich ist (z.B. Impuls- bzw. Drallerhaltung in
einem mechanischen System bei verschwindenden externen Anregungen).

Entwurfsbewertung – Entwurfsoptimierung Eine zentrale Aufgabe des
Systementwurfes ist das Auffinden von anforderungskonformen Entwurfslösungen. Es liegt in der Natur der Sache, dass es dafür nicht *eine einzige*

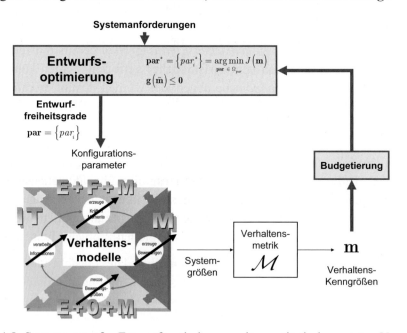

Abb. 1.8. Systementwurf – Entwurfsoptimierung mit quantitativ bewerteten Verhaltensmodellen

Lösung gibt, sondern in der Regel unendlich viele. Welche ist nun die beste Lösung?

Diese Frage kann dann (wenigstens prinzipiell) leicht beantwortet werden, wenn die Systemanforderungen klare quantitative Verhaltenseigenschaften spezifizieren (Leistungsvermögen, engl. *performance*). Wenn diese Verhaltenseigenschaften quantifizierbar und damit messbar sind, dann können aussagefähige Kenngrößen – *Verhaltensmetriken* (siehe *Kapitel 12 – Systembudgets*) – auch aus den Verhaltensmodellen gewonnen werden. Damit kann eine Entwurfslösung am Verhaltensmodell nach *objektiven* Gesichtspunkten *bewertet* werden, z.B. hinsichtlich Positioniergenauigkeit, Einschwingzeit, Störunterdrückung, elektrischer Leistungsverbrauch.

In einem weiteren Schritt können dann über eine Entwurfsvariation, d.h. Veränderung der Realisierungsvariante (Technologie, Struktur, Konfiguration, Parameter) alternative Entwurfslösungen erzeugt werden. Über einen Vergleich der Verhaltensmetriken ist es objektiv möglich, eine optimale Entwurfslösung hinsichtlich einer Zielfunktion für die Verhaltensmetrik zu finden – *Entwurfsoptimierung*, siehe Abb. 1.8.

Das zentrale Element der Entwurfsbewertung und Entwurfsoptimierung sind wiederum aussagefähige Verhaltensmodelle. Analytische Verhaltensmodelle bieten den Vorteil, auf systematische Weise eine optimale Entwurfslösung zu erhalten und zusätzliche Randbedingungen transparent zu berücksichtigen (siehe *Kapitel 12 – Systembudgets*).

Die Optimierungsschleife kann über manuelle Entwurfsvariationen oder auch rechnergestützt geschlossen werden. Sowohl analytische Modelle wie natürlich auch Rechnermodelle bieten attraktive Möglichkeiten, die *Entwurfsoptimierung* bei komplexen Modellen zu automatisieren, z.B. (auf der Heide 2005), (auf der Heide et al. 2004).

Systementwurf im Entwicklungsprozess Für die Entwicklung technischer Systeme haben sich in der Industrie sogenannte *Vorgehensmodelle* etabliert. Der Grundgedanke resultiert aus Aspekten der Qualitätssicherung, um einen möglichst effizienten Ressourceneinsatz (Personal, Material) bei minimaler Entwicklungszeit zu gewährleisten. Diese Ansätze basieren auf klar strukturierten Entwicklungsschritten mit überprüfbaren Ergebnissen (Meilensteine).

In Abb. 1.9 ist ein vereinfachtes *generisches Vorgehensmodell* in der Notation der Strukturierten Analyse (Yourdon 1989), siehe auch Abschn. 2.2, gezeigt.

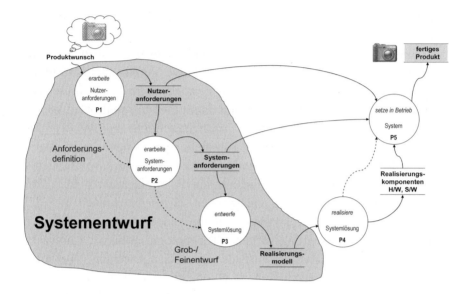

Abb. 1.9. Einbettung des Systementwurfes in das generische Vorgehensmodell zur Entwicklung eines technischen Systems (Modellnotation entsprechend *Strukturierter Analyse* nach (Yourdon 1989))

Die Entwicklungsaktivitäten (Entwicklungsphasen) sind als Funktionen modelliert, die zugehörigen Resultate werden durch verallgemeinerte Datenspeicher repräsentiert, der logisch kausale Ablauf und die Interaktionen werden durch die Pfeile beschrieben.

Am Anfang steht die mehr oder weniger abstrakte Idee zu einem neuen Produkt, hier: mechatronisches System. In einer ersten Phase P1 müssen vom Auftraggeber (Ideeninhaber) die *Nutzeranforderungen* konkretisiert werden. Dies geschieht meist in nicht streng formaler Weise.

Am Beginn der technischen Umsetzung müssen in einer zweiten Phase P2 die Nutzeranforderungen vom Systementwickler in detaillierte technische und möglichst vollständige, widerspruchsfreie *Systemanforderungen* umgesetzt werden. Dazu werden zunehmend formale bzw. semi-formale Beschreibungsmittel verwendet, z.B. *SA – Strukturierte Analyse* (Yourdon 1989) oder *UML – Unified Modeling Language* (Vogel-Heuser 2003), siehe auch Abschn. 2.2.

Nachdem klare Systemanforderungen vorliegen, kann in der nächsten Phase P3 die *technische, funktionelle* und *technologische Entwurfskonkretisierung* erfolgen. Ausgehend von einem *Grobentwurf* mit unterschiedlichen *Entwurfsvarianten* wird eine ausgewählte Entwurfsvariante (siehe

Bemerkungen zu Entwurfsbewertung und -optimierung) schrittweise verfeinert und modellgestützt hinsichtlich Realisierbarkeit und Anforderungskonformität überprüft. Am Ende der Phase P3 liegt dann ein detailliertes *Realisierungsmodell* („Bauplan") mit verifizierten und belastbaren Verhaltensvoraussagen vor.

Auf der Basis des Realisierungsmodells kann in der *Realisierungsphase* P4 die Fertigung und Beschaffung der Systemelemente (Hardware, Software) erfolgen. In der nachfolgenden Phase P5 wird die Systemintegration inkl. Verifikation, Validation und Inbetriebnahme durchgeführt. Die Systemabnahme wird gegenüber den Systemanforderungen bzw. Nutzeranforderungen durchgeführt, in denen ja gerade die Wunschvorstellungen niedergelegt sind.

Aus Abb. 1.9 erkennt man klar die Aktivitäten und die zentrale Rolle des Systementwurfes. Die Produkte in Form von Spezifikationen und „Bauplänen" dienen als Grundlage für die Fertigung und Verifikation / Validation des Endproduktes.

Besonders kritisch sind die Fehlerfreiheit und die Anforderungskonformität des Realisierungsmodells, denn je später ein Entwurfsfehler erkannt wird, desto teurer ist die Fehlerbehebung.

V-Vorgehensmodell Ein sehr häufig angewandtes Vorgehensmodell ist das sogenannte *V-Modell*, das auch in (VDI 2004) für die Entwicklung mechatronischer Systeme empfohlen wird und der Darstellung in Abb. 1.9 zugrunde liegt. Der Name resultiert aus der strukturellen Ähnlichkeit mit dem Buchstaben V, wenn man die Entwicklungsschritte in der gezeigten Weise aufzeichnet. Im linken Ast erfolgt mit jedem Schritt eine Entwurfskonkretisierung bzw. Dekomposition, wogegen im rechten Ast mit jedem Schritt eine Aggregation bzw. Integration von Teilsystemen erfolgt.

Systementwurf als kreative Kompositionsaufgabe Die Entwurfsaufgabe für ein mechatronisches System ist mit der Komposition eines Musikstückes vergleichbar. Der Entwurfsingenieur hat, vergleichbar mit einem Komponisten, einen gut gefüllten *Baukasten* mit *Methoden* (Notenlehre, Kompositionslehre) und *Technologien* (Instrumente, Klangkörper) zur Verfügung und er besitzt große Freiheiten in einer „geeigneten" Komposition dieser Bausteine. Der Kompositionsvorgang ist immer ein spannender, zutiefst kreativer Vorgang und beim Systementwurf erfordert er ein gekonntes Spielen auf einer *ingenieurwissenschaftlichen Klaviatur*. Für diese „Kunstfertigkeit" sollen in diesem Buch grundlegenden Elemente vermittelt werden.

1.3 Einführungsbeispiele

1.3.1 Teleskop mit adaptiver Optik

Aufgabenstellung Bei hochauflösenden Teleskopen spielt die räumliche Phasenverteilung der einfallenden Lichtwellenfront eine entscheidende Rolle für die erreichbare Auflösung. Durch turbulente Störungen in der Atmosphäre erfahren nebeneinander liegende Lichtstrahlen eine unterschiedliche Laufzeit (Phasenverzögerung), woraus eine unebene Wellenfront am Eingang des Teleskops resultiert (siehe Abb. 1.10 im oberen Teil des Strahlenganges). Wird der Teleskopspiegel aus einer Matrix beweglicher (steuerbarer) Spiegel aufgebaut, so kann man die räumlichen Phasenlaufzeiten derart korrigieren, dass in der Bildebene des Teleskops eine annähernd parallele Wellenfront entsteht (siehe Abb. 1.10 im rechten unteren Teil des Strahlenganges). Zur Berechnung der Wellenfrontkorrektur muss die Phasenverteilung mit einem Wellenfrontsensor gemessen werden, woraus sich in einem Wellenfrontregelkreis Korrektursignale für die Spiegelhübe berechnen lassen. Dieses optische Korrekturprinzip wird *adaptive Optik* genannt (Roddier 2004), (Hardy 1998), (Fedrigo et al. 2005).

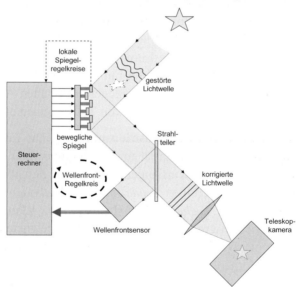

Abb. 1.10. Prinzipanordnung eines Teleskops mit adaptiver Optik

Adaptive vs. aktive Optik Die adaptive Optik ist nicht zu verwechseln mit dem Prinzip der *aktiven Optik*. Bei letzterem werden auch Spiegelelemente aktiv verstellt, jedoch primär mit dem Ziel, geometrische Verformungen aufgrund von Fertigungstoleranzen, Umwelteinflüssen und dynamischen Effekten beim Schwenken zu kompensieren. Dies geschieht in einem typischen Frequenzbereich ≤ 1 Hz mit relativ großen Stellhüben. Die adaptive Optik kompensiert dagegen Wellenfrontfehler mit bedeutend höheren Frequenzanteilen > 1 Hz bei deutlich kleineren Stellhüben ≤ 1 mm. Aus mechatronischer Sicht treten jedoch konzeptionell ähnlich gelagerte Entwurfsaufgaben auf.

Produktaufgabe Erfahrungsgemäß arbeiten Wellenfrontsensoren (SHACK-HARTMANN Sensor, siehe (Roddier 2004)) nur mit einer beschränkten Bandbreite, sodass eine Feinregelung der Spiegelaktuatoren mit der angekoppelten Spiegelmechanik direkt über den Wellenfrontregelkreis nicht empfehlenswert ist. Aus diesem Grund wählt man häufig eine Kaskadenstruktur mit *lokalen Spiegellageregelkreisen* (innere Regelkreise) die ihre Sollwerte von dem überlagerten Wellenfrontregelkreis erhalten (äußerer Regelkreis). Im Folgenden soll nun exemplarisch ein solcher lokaler Lageregelkreis für einen beweglichen Spiegel der Spiegelmatrix betrachtet werden. Aus der übergeordneten Problemanalyse ergeben sich folgende

Produktanforderungen an die lokale Spiegelsteuerung:
1. maximaler Stellhub ± 1 mm
2. Arbeitsfrequenzbereich $0 \leq f \leq 15$ Hz
3. stationäre Genauigkeit bei konstanten Sollhüben und externen Kraftstörungen
4. Positioniergenauigkeit innerhalb des Arbeitsbereiches $10 \ \mu m$
5. Spiegelmasse $m = 0.1$ kg .

Anforderungsanalyse Die oben genannten Anforderungen haben die Qualität von typischen *Nutzeranforderungen* entsprechend dem Vorgehensmodell Phase P1 in Abb. 1.9, d.h. sie sind relativ allgemein gehalten, nicht streng formal und lassen noch alle Entwurfsoptionen offen. In einem nächsten Schritt müssen daraus detaillierte *Systemanforderungen* erarbeitet werden (Phase P2, Abb. 1.9). Im Speziellen muss konkretisiert werden, was genau unter „Positioniergenauigkeit $10 \ \mu m$ " verstanden wird. Üblicherweise betrachtet man eine geeignet gewichtete Summe aller relevanten Einflussgrößen (siehe *Kapitel 12 – Systembudgets*). Einer weiteren Konkretisierung bedarf auch das von Außen sichtbare Betriebsverhalten, d.h. die Schnittstelle zum übergeordneten Wellenfrontregelkreis, sowie wichtige innere Betriebsabläufe (Start, Stopp, Fehlerbehandlung, etc.). Für diese Darstellung eignen sich qualitative, semi-formale Beschreibungsformen (siehe *Kapitel 2 – Elemente der Modellbildung*).

Grobentwurfslösung – Variantendiskussion Auf der Basis konkretisierter Systemanforderungen lassen sich verschiedene *Varianten* mit konkretisierten technisch-physikalischen Geräteeinheiten für mögliche Entwurfslösungen erarbeiten und gegeneinander vergleichen (Phase P3, Abb. 1.9, siehe auch Entwurfsbewertung Abb. 1.8). Dies ist ein zutiefst kreativer und spannender Prozess.

Entwurfsvariante – Lokaler Spiegellageregelkreis Im Folgenden sei *eine* mögliche Entwurfsvariante für den lokalen Spiegellageregelkreis näher betrachtet. In Abb. 1.11 ist eine Prinzipanordnung in Form eines technisch-physikalischen Anschauungsmodells mit einem positionsgeregelten Aktuator und einer mechanischen Kopplung zum Spiegel dargestellt. Die konkrete Realisierungstechnologie für den Spiegelaktuator wurde hier noch offen gelassen (z.B. piezoelektrisch, elektrodynamisch). Es wird vorerst vereinfacht angenommen, dass der Aktuator über eine interne Positionsregelung verfügt und damit hochgenau Positionskommandos folgen kann, d.h. $y(t) \approx u(t)$. Zudem ist dadurch die Bewegung des Aktuators rückwirkungsfrei von der Bewegung der Spiegelmasse entkoppelt.

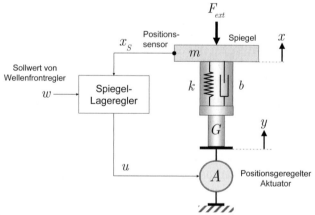

Abb. 1.11. Prinzipanordnung eines lokalen Spiegellageregelkreises (starrer Spiegelkörper m, positionsgeregelter Aktuator A, elastischer Kopplung (k, b), Gelenk G

Für die mechanische Ankopplung wird eine *Gelenkverbindung G* vorgesehen, die vorerst als *unendlich steif* angenommen wird (starre Kopplung). Für die Kopplung zwischen Gelenk und Spiegel wird eine schwach gedämpfte *elastische Kopplung* mit der Federsteifigkeit k und der viskosen Dämpfungskonstanten $b \ll 1$ angesetzt. Ferner wird ein Positionssensor vorgesehen, mit dem direkt die Spiegelposition gegenüber der Grundplatte (Aktuatorfußpunkt) gemessen werden kann.

Entwurfsmodell – Analytisches Verhaltensmodell Nun folgt einer der wichtigsten und zugleich schwierigsten Entwurfsschritte im Rahmen des Systementwurfes. Aus der gewählten Prinzipanordnung sind die *wesentlichen Verhaltenseigenschaften* zu abstrahieren. Was aber sind „wesentliche" Verhaltenseigenschaften?

Die Modellierungsgüte und die Modellierungssicht hängen *ausschließlich* von den *Systemanforderungen* ab. Im vorliegenden Fall vermitteln die spezifizierten Anforderungen, dass eine physikalische Modellbildung im Rahmen des spezifizierten Arbeitsbereiches mit *konzentrierten Parametern* und mechanischen *Starrkörpermodellen* ausreichend ist (siehe *Kapitel 4 – Mehrkörperdynamik*).

Im allgemeinen Fall stellt die *Aktuatormodellierung* wegen der immer vorhandenen rückwirkungsbehafteten energetischen Kopplung mit dem mechanischen System eine besondere Herausforderung dar. Dazu werden in den *Kapiteln 2* und *5* *allgemeine Ansätze* der *physikalischen Modellbildung* (Grundlagen, mechatronischer Elementarwandler) und in den *Kapiteln 6* bis *8* die wichtigen und häufig genutzten physikalischen Phänomene *Elektrostatik, Piezoelektrizität* und *Elektromagnetismus* detailliert diskutiert.

Im vorliegenden Fall ist die Modellierung des Aktuatorverhaltens, ebenso wie die Sensormodellierung sehr einfach, da vorerst von einem idealen und rückwirkungsfreien Verhalten ausgegangen wird. Unter den genannten Gesichtspunkten kann das *mechanische Teilsystem* mit hinreichender Genauigkeit durch einen gedämpften *Einmassenschwinger* (m, k, b) mit *Fußpunktanregung* $y(t)$ beschrieben werden. Als abstraktes mathematisches Entwurfsmodell im Zeitbereich erhält man die lineare Differenzialgleichung

$$m\ddot{x} + b\dot{x} + kx = ky + b\dot{y} - F_{ext}. \tag{1.1}$$

Mittels LAPLACE-Transformation von Gl. (1.1) folgt im Bildbereich die Beschreibung

$$X(s) = \frac{1 + \dfrac{b}{k}s}{1 + \dfrac{b}{k}s + \dfrac{m}{k}s^2}\left[Y(s) - \frac{1}{k}F_{ext}(s)\right] = P(s) \cdot \left[Y(s) - \frac{1}{k}F_{ext}(s)\right] \quad (1.2)$$

mit der Streckenübertragungsfunktion des *mechanischen Teilsystems*

$$P(s) := \frac{1 + \dfrac{s}{\omega_{Z0}}}{1 + 2d_0\,\dfrac{s}{\omega_0} + \dfrac{s^2}{\omega_0^{\,2}}} \quad (1.3)$$

$$\omega_0 := \sqrt{\frac{k}{m}}\ ,\ d_0 := \frac{b}{2}\sqrt{\frac{1}{mk}}\ ,\ \omega_{Z0} := \frac{b}{k}\ .$$

Unter der Annahme eines linearen Verhaltens von Aktuator, Sensor und des Lagereglers erhält man mit entsprechenden Übertragungsfunktionen $A(s), S(s), H(s)$ den in Abb. 1.12 gezeigten Signalflussplan des Entwurfsmodells für den lokalen Spiegellageregelkreis.

Mit dem *analytischen Entwurfsmodell* in Abb. 1.12 können nun mittels geeigneter Analyseverfahren belastbare Verhaltenskenngrößen für die Entwurfsbewertung gewonnen werden (siehe *Kapitel 11 – Stochastische Verhaltensanalyse*) sowie Steuerungs- und Regelungskonzepte erarbeitet werden (siehe *Kapitel 10 – Regelungstechnische Aspekte*).

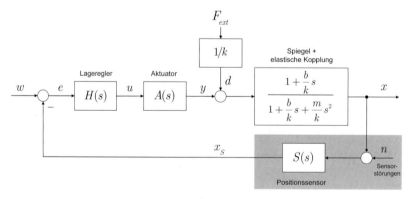

Abb. 1.12. Signalflussplan für einen lokalen Spiegellageregelkreis

Rechnermodelle Neben diesem, zugegebenermaßen, sehr einfachen Entwurfsmodell aus Abb. 1.12 existieren komplementäre, aufwändigere Modelle mit einem höheren Detaillierungsgrad. Diese sind speziell in späteren Entwurfsphasen verfügbar, wenn mehr Detailwissen vorliegt. Dazu bedient man sich vorteilhaft *rechnergestützter Modellierungswerkzeuge*, die eine Modellierung auf unterschiedlich abstrakten, physikalischen Niveaus erlauben und ein simulationstechnisches Experimentieren mit diesen Modellen unterstützen. Zu diesen Fragestellungen werden grundlegende methodische Ansätze in *Kapitel 2 – Elemente der Modellbildung* und in *Kapitel 3 – Simulationstechnische Aspekte* diskutiert, die einen verständnisvollen Umgang mit gängigen Rechnerwerkzeugen ermöglichen.

Natürlich können auch die einfacheren Entwurfsmodelle in Rechnerwerkzeuge implementiert werden, um die analytischen Verhaltensaussagen zu stützen und zu verifizieren.

Entwurfsvariante A – Weiche mechanische Kopplung

Mechanisches Teilsystem Als erste Entwurfskonkretisierung sei das mechanische Teilsystem betrachtet. Aus Materialdaten sei die *Kopplungssteifigkeit* $k = 10$ N/m bekannt. Die mechanische Dämpfung b ist meist nur sehr schwer abschätzbar. Im Folgenden soll für besonders robustes Verhalten mit einer sehr kleinen Dämpfung $b = 0.01$ Ns/m $\;\hat{=}\; d_0 = 0.005$ gerechnet werden (*Worst-Case*-Betrachtung). In Abb. 1.13 ist die Betragskennlinie des Frequenzganges $P(j\omega)$ des mechanischen Teilsystems aufgetragen, die ein prinzipiell vorhandenes, problematisches Verhalten erkennen lässt.

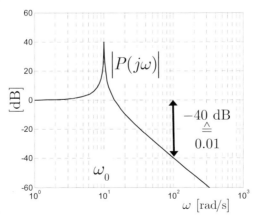

Abb. 1.13. Übertragungsverhalten des mechanischen Teilsystems ($k = 10$ N/m)

Konflikt Arbeitsbereich vs. Stellhub Die *Eigenresonanz* des Einmassen-schwingers liegt mit der gewählten Kopplungssteifigkeit bei $\omega_0 = 10$ rad/s und damit weit innerhalb des Arbeitsfrequenzbereiches. Störend ist dabei weniger die Resonanz, diese kann regelungstechnisch durchaus gut beherrscht werden, sondern das Betragsverhalten oberhalb der Resonanzfrequenz.

Die Systemanforderungen spezifizieren über den gesamten Arbeitsfre-quenzbereich $0 \leq \omega \leq 100$ rad/s einen Spiegelhub $x = \pm 1$ mm. Auf-grund des *Betragsabfalls* -40 dB/Dek oberhalb der Resonanzfrequenz wäre bei einer Arbeitsfrequenz $\omega = 100$ rad/s für den Aktuator ein Stell-hub $y = \pm 100$ mm nötig (siehe Abb. 1.13). Aus naheliegenden Gründen ist diese Entwurfsvariante nicht weiter zu verfolgen. Es liegt ein offen-sichtlicher Entwurfskonflikt vor, der weder auf Aktuator- noch auf Rege-lungsebene zu lösen ist. Die physikalische Schwachstelle liegt offensicht-lich in der zu weichen mechanischen Kopplung begründet und muss dort korrigiert werden.

Entwurfsvariante B – Mittelsteife mechanische Kopplung

Mechanisches Teilsystem Als verbesserte mechanische Variante wird ei-ne steiferer Kopplungsmechanismus mit $k = 1000$ N/m in Betracht ge-zogen[6]. Als neue Eigenresonanz ergibt sich nun $\omega_0 = 100$ rad/s. Die Be-tragskennlinie aus Abb. 1.13 verschiebt sich um eine Dekade nach rechts und der Spiegel kann jetzt über den gesamten Arbeitsfrequenzbereich mit einem begrenzten Stellhub $y_{max} \approx \pm 1...2$ mm mit der gewünschten Aus-lenkung bewegt werden. Das Problem mit der nun am Rande des Arbeits-frequenzbereiches liegenden Eigenfrequenz kann wie folgt gelöst werden.

PID-Kompensationsregler Für erste überschlägige Betrachtungen sei ein ideales Verhalten des Aktuators und des Positionssensors angenommen. Ohne Einschränkung der Allgemeinheit werden $A(s) = 1$ und $S(s) = 1$ gesetzt[7].

Auch für Mehrkörpersysteme sind klassische PID-Reglerstrukturen mit geeigneten Ergänzungen durchaus gut brauchbar, wie in *Kapitel 10 – Re-*

---

[6] Annahme: Eine noch steifere Verbindung sei beispielsweise aus technologischen Gründen unwirtschaftlich oder technisch schwierig umzusetzen.

[7] Die Verstärkungsfaktoren sind natürlich entsprechend der Realisierungstechno-logie der Aktuators bzw. Sensors dimensionsbehaftet. Dies ist für die hier ge-führten Betrachtungen aber nicht weiter von Belang.

gelungstechnische Aspekte gezeigt werden wird. Im vorliegenden Fall wird der folgende verallgemeinerte PID-Regler betrachtet

$$H_{PID}(s) = V_H \frac{1 + 2d_Z \dfrac{s}{\omega_Z} + \dfrac{s^2}{\omega_Z^2}}{s\left(1 + \dfrac{s}{\omega_N}\right)}. \tag{1.4}$$

Als zunächst durchaus naheliegenden, aber wie sich später herausstellen wird, *naiven* Parametrierungsansatz wählt man einen Kompensationsansatz und *kompensiert* mit dem Reglerzählerpolynom die mechanische *Eigenfrequenz* des mechanischen Teilsystems, d.h. $\omega_Z = \omega_0$, $d_Z = d_0$. Nach gängigen Überlegungen (z.B. Phasenreserve des offenen Kreises (Lunze 2009)) wählt man die beiden restlichen freien Parameter beispielsweise zu $V_H = 250$, $\omega_N = 2\omega_0$. Das damit erreichte Systemverhalten für Führungsgrößen w ist in Abb. 1.14 jeweils mit den Kurven 1 dargestellt.

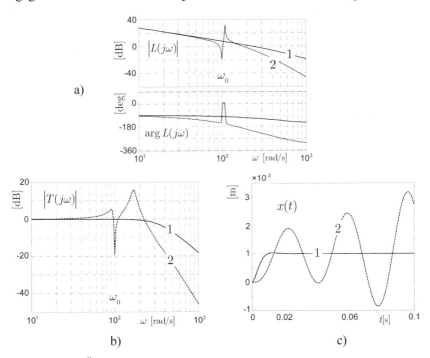

Abb. 1.14. Übertragungsverhalten des Spiegellageregelkreises mit PID-Kompensationsregler bei $k = 1000$ N/m : a) BODE-Diagramme offener Kreis $L(j\omega)$, b) BODE-Diagramme geschlossener Kreis $T(j\omega)$, c) Sprungantwort für $w(t) = 10^{-3} \cdot \sigma(t)$ [m]; Kurven: 1 ... exakte Kompensation, 2 ... unvollständige Kompensation + parasitäre Dynamik

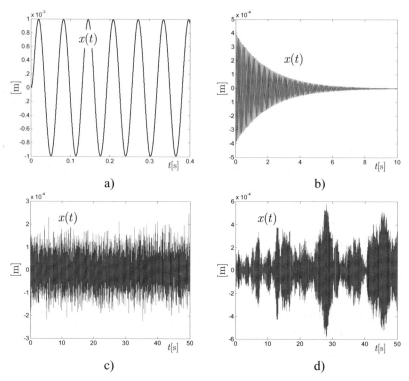

Abb. 1.15. Zeitverhalten des Spiegellageregelkreises mit PID-Kompensationsregler mit exakter Kompensation für unterschiedliche Anregungen: a) harmonische Anregung $w(t) = 10^{-3} \sin(100 \cdot t)$ [m], b) sprungförmige Störkraft $F_{ext}(t) = 1 \cdot \sigma(t)$ [N], c) Sensorrauschen (siehe Text), d) Kraftrauschen (siehe Text)

Der Frequenzgang der Kreisübertragungsfunktion des offenen Kreises $L(s) = H(s)A(s)P(s)S(s)$ zeigt aufgrund der exakten Kompensation der Eigenfrequenz ein glattes Verhalten (Abb. 1.14a). Der Betrag des Frequenzganges der Führungsübertragungsfunktion $T(s) = L(s) / \left(1 + L(s)\right)$ ist über den gesamten Arbeitsfrequenzbereich wie gewünscht nahezu gleich eins bzw. 0 dB (Abb. 1.14b). Auch das Zeitverhalten bezüglich Führungsgrößen sieht sehr vernünftig aus: stationär genaue Sprungantwort (Abb. 1.14c), harmonische Anregung mit maximaler Arbeitsfrequenz (Abb. 1.15a). Die Produktanforderungen 1 bis 3 werden für das Führungsverhalten also sehr gut abgedeckt.

Defizite des Kompensationsreglers Eine nähere Analyse des *Störverhaltens* zeigt aber deutliche Defizite des Kompensationsreglers auf. Bei einer sprungförmigen *Kraftstörung* wird die mechanische Eigenresonanz angeregt und nur sehr langsam über die Reglerrückführung bedämpft (Abb. 1.15b). Die Ursache liegt gerade im Kompensationsansatz begründet. Die komplexe Reglernullstelle erzeugt im Reglerfrequenzgang bei $\omega = \omega_0$ ein Verstärkungsloch. Für diese Frequenzanteile erfolgt also prinzipiell keine bzw. nur eine extrem geringe Beeinflussung durch den Regler[8]. Dieses Verhalten ist absolut unbrauchbar.

Ein weiteres Defizit erkennt man bei *Parametervariationen* und zusätzlicher *parasitärer Dynamik*, z.B. $A(s) \neq 1$, $S(s) \neq 1$. Für den Fall einer geringfügig größeren Kopplungssteifigkeit $\tilde{k} = 1.2 \cdot k$ und einem zusätzlichen Tiefpass 2. Ordnung ($d_n = 1$, $\omega_n = 2\omega_0$) im Kreis (z.B. Aktuatordynamik) sind bei gleichbleibenden Reglerparametern in Abb. 1.14 mit den Kurven 2 die geänderten Verhaltenseigenschaften dargestellt.

Durch die größere Kopplungssteifigkeit verschiebt sich die mechanische Eigenresonanz zu höheren Frequenzen und es sind nun sowohl die Reglernullstelle bei $\omega = \omega_0$ und die neue Eigenresonanz $\tilde{\omega}_0 > \omega_0$ in $L(j\omega)$ sichtbar (Abb. 1.14a). Bei genauerer Betrachtung des Phasenverlaufes[9] in Abb. 1.14a erkennt man zusätzlich im Kontext mit der parasitären Dynamik ein *Stabilitätsproblem*. Der geschlossene Regelkreis wird in diesem Fall *instabil*, was sich auch deutlich in der Sprungantwort in Abb. 1.14c zeigt. Die Kompensationsparametrierung des PID-Reglers ist also unter praktischen Gesichtspunkten *nicht brauchbar*.

Alternativer robuster Reglerentwurf Tatsächlich kann aber auch mit einer PID-Struktur bei günstiger Parametrierung ein sehr brauchbares robustes Regelungsverhalten erzielt werden. Im *Kapitel 10 – Regelungstechnische Aspekte* werden dazu entsprechende Ansätze vermittelt. Mit Hilfe einer speziellen Darstellungsform des Frequenzganges, dem NICHOLS-Diagramm (Betrag-Phase), können überdies sehr anschaulich *robuste Stabilitätsbereiche* sichtbar gemacht werden, sodass ein einfacher Reglerentwurf per Hand möglich ist.

---

[8] Bei Führungsanregungen filtert der Regler diese Frequenzanteile heraus und die Eigenresonanz wird erst überhaupt nicht angeregt.

[9] Dies ist in den BODE-Diagrammen relativ schwer erkennbar. In Kapitel 10 wird eine alternative Frequenzgangsdarstellung – NICHOLS-Diagramm – aufgezeigt, wo derartige, für Mehrkörpersysteme typische, Konstellationen wesentlich transparenter sichtbar sind.

Stochastische Verhaltensanalyse Unter realen Bedingungen sind immer zufällige Störgrößen wirksam. Im vorliegenden Fall sind zwei solcher Störquellen zu beachten: Rauschen des Sensors und zufällige Anregungen durch Kraftstörungen (z.B. Vibrationen der Umgebung). Die *Modellierung*, *Simulation* und *Verhaltensanalyse* von *stochastischen Prozessen* wird ausführlich in <u>*Kapitel 11 – Stochastische Verhaltensanalyse*</u> behandelt.

Für den vorliegenden Fall sind mit dem PID-Kompensationsregler exemplarische Rauschantworten auf Sensorrauschen in Abb. 1.15c und Kraftrauschen in Abb. 1.15d gezeigt. Dabei wurden folgende Rauschquellen verwendet:

- Sensorrauschen n: Normalverteilung, $\mu_n = 0$, $\sigma_n = 0.1$ mm

- Kraftrauschen F_{ext}: Normalverteilung, $\mu_F = 0$, $\sigma_F = 0.1$ N

- in beiden Fällen Bandbreite $f_b = 100$ Hz, Tiefpass 1. Ordnung.

Die in Abb. 1.15c,d gezeigten Signale können wiederum durch statistische Parameter beschrieben werden. Eine Auswertung der Zeitverläufe liefert etwa für $x(t)$ als Standardabweichungen $\sigma_x = 0.06$ mm bei Sensorrauschen (Abb. 1.15c) und $\sigma_x = 0.17$ mm bei Kraftrauschen (Abb. 1.15d). Bei einer Normalverteilung der Amplituden kann damit über den 3σ-Wert auch leicht der Maximalwert der Signale abgeschätzt werden (dies ist im vorliegenden Fall leicht zu verifizieren).

Diese Verhaltensaussagen zu stochastischen Signalen können nicht nur über Simulationsexperimente, sondern auch über analytische Betrachtungen – *Kovarianzanalyse* – gefunden werden. In <u>*Kapitel 11 – Stochastische Verhaltensanalyse*</u> werden dazu die entsprechenden Zusammenhänge hergeleitet. Für Systeme niederer Ordnung lassen sich zudem analytische Formeln in Abhängigkeit der Systemparameter (Parameter der Übertragungsfunktion) angeben. Damit ist auch für stochastische Einflussgrößen eine gut handhabbare analytische Entwurfsbewertung möglich (vgl. Abb. 1.8).

Systembudgets – Entwurfsoptimierung Bis dato wurde die Erfüllung der wesentlichen Produktanforderung 4 „Positioniergenauigkeit" noch nicht näher untersucht. Mit dieser Anforderung sind offensichtlich die während des Betriebes möglichen Abweichungen der realen Spiegelposition von einem gewünschten Sollverlauf gemeint. Aus den Abbildungen 1.12, 1.14d und 1.15 ist ersichtlich, dass die Spiegelbewegungen durch ganz unterschiedliche Eingangsgrößen (*Signalquellen*) erzeugt werden und dass sich im Betrieb die unterschiedlichsten *Signalformen* überlagern. Wie soll nun für ein solch komplexes Szenario die „Positioniergenauigkeit" definiert und analytisch bzw. experimentell bestimmt werden?

Die Lösung liegt in einer geeigneten Budgetierung von unterschiedlichen Systemantworten auf charakteristische, anforderungskonforme Eingangsgrößen. Im Rahmen der Anforderungsdefinition sind deshalb alle relevanten Betriebsszenarien zu bestimmen und daraus charakteristische Eingangsgrößen festzulegen. Für diese werden dann in der Verhaltensanalyse die einzelnen Systemantworten ermittelt und nach dem Überlagerungsprinzip in geeigneter Weise überlagert. Mit gewissen statistischen Unsicherheiten lassen sich damit die relevanten Verhaltenskenngrößen, z.B. Positioniergenauigkeit, hinreichend genau abschätzen.

Im *Kapitel 12 – Entwurfsbewertung – Systembudgets* werden die entsprechenden theoretischen Grundlagen und anwendungsorientierte Berechnungsverfahren ausführlich erläutert.

Im vorliegenden Fall müssten also zuerst noch die Betriebsszenarien detailliert spezifiziert werden. Mit den bisher durchgeführten Verhaltensanalysen erkennt man aber beispielsweise schon den kritischen Einfluss des Sensor- und Kraftrauschens auf die Positioniergenauigkeit. Die vorhandenen quantitativen Kenngrößen auf der Basis von vereinfachten Verhaltensmodellen erlauben aber bereits jetzt wichtige Entwurfsaussagen, an welchen Systemelementen Änderungen vorzunehmen sind. So sind beide angenommenen Einflussgrößen Sensorrauschen und Kraftrauschen offensichtlich bei weitem zu groß, um die geforderte Positioniergenauigkeit von $10 \ \mu m$ zu erreichen. In einer Entwurfsiteration müssten nun geeignete Maßnahmen für eine balancierte Anpassung der relevanten Entwurfsgrößen getroffen werden, z.B. Vibrationsentkopplung zur Verringerung von Kraftstörungen, Sensor mit kleinerem Rauschen, Verringerung der Messbandbreite oder Änderung am Regelalgorithmus.

Weitere Entwurfsaspekte

Entwurfsverfeinerung Die oben diskutierten Aspekte erlauben im Rahmen eines Grobentwurfes mit einem überschaubaren Aufwand das Erkennen von kritischen Teilsystemen innerhalb des Gesamtsystems. Darauf aufbauend können nun im Rahmen einer Entwurfsverfeinerung weitere, für die Realisierung entscheidende, Aspekte betrachtet werden. Diese werden im Folgenden mit einem Verweis auf die entsprechenden Buchkapitel kurz angerissen.

Mehrkörpersystem   Die mechanische Struktur besteht immer aus einer Summe von mehr oder weniger steifen Elementen. Je nach Produktanforderung können diese Elemente als starr, elastisch gekoppelt oder als elastisch verformbar angenommen werden.

Im vorliegenden Fall wurde das Gelenk G als starr angenommen. Unterstellt man eine endliche Gelenksteifigkeit, so ist das mechanische Teilsystem als elastisch gekoppeltes *Zweimassensystem* zu modellieren (siehe *Kapitel 4 – Mehrkörperdynamik*). Dadurch ändert sich das dynamische Modell, es liegen nun zwei Eigenfrequenzen vor, wodurch sich mögliche Komplikationen im geschlossenen Regelkreis ergeben können (siehe *Kapitel 10 – Regelungstechnische Aspekte*).

Sensor-/ Aktuatorpositionierung – Kollokation   Im Falle von Mehrkörpersystemen kommt der Position der Sensoren und Aktuatoren (Mess- und Stellort) eine besondere Bedeutung zu.

Wenn im vorliegenden Fall eine endliche Gelenksteifigkeit angenommen wird, dann befinden sich der Positionssensor und der Aktuatoreingriff auf *unterschiedlichen* Teilmassen, die elastisch miteinander gekoppelt sind. Man sagt, Sensor und Aktuator sind *nicht kollokiert*. Dies hat schwerwiegende Konsequenzen für das Systemverhalten und muss beim Entwurf sorgfältig mitberücksichtigt werden. Entsprechende regelungstechnische Maßnahmen werden im *Kapitel 10 – Regelungstechnische Aspekte* diskutiert.

Digitale Informationsverarbeitung   Bis dato wurden alle Teilsysteme als zeitkontinuierlich betrachtet. Mechatronische Systeme schöpfen ihre Attraktivität aber gerade aus den Möglichkeiten der digitalen Informationsverarbeitung. Diese Teilsysteme haben jedoch einen *zeitdiskreten* Charakter, der bei der Verhaltensanalyse der *geschlossenen Wirkungskette* in geeigneter Form zu berücksichtigen ist. Tatsächlich haben die durch die digitale Informationsverarbeitung bedingten Eigenschaften *Zeitdiskretisierung* (Abtastung), *Wertediskretisierung* (Quantisierung) und *Zeitverzögerung* (Laufzeiten, Totzeiten) einen fundamentalen Einfluss auf die Verhaltenseigenschaften. Ein gut handhabbares Vorgehen zur Verhaltensmodellierung wird im *Kapitel 9 – Digitale Informationsverarbeitung* vorgestellt, einige geeignete regelungstechnische Maßnahmen werden im *Kapitel 10 – Regelungstechnische Aspekte* erörtert.

Mechatronische Wandler Die hohe Attraktivität mechatronischer Produkte resultiert nicht zuletzt aus deren kompakten Aufbau, der durch räumliche und funktionelle Integration erreicht wird. Eine wesentliche Rolle spielen dabei die Aktuatoren und Sensoren als funktionelle und energetische „Mittler" zwischen Mechanik und Informationsverarbeitung.

Im Gegensatz zu einer rein regelungstechnischen Betrachtungsweise mit rückwirkungsfreien Teilsystemen, sind beim mechatronischen Systementwurf gerade die physikalisch bedingten *energetischen Rückwirkungen* von größtem Interesse. Die grundlegenden Mechanismen des *elektrisch-mechanischen Energieaustausches* über *elektrische* und *elektromagnetische Felder* erlauben die Nutzung dieser Phänomene sowohl für Sensor- wie Aktuatoraufgaben – man spricht deshalb allgemein von *Wandlern*.

Bei Kenntnis der physikalischen Zusammenhänge können durch geeignete konstruktive Maßnahmen neben der grundlegenden elektromechanischen Energiewandlung auf lokaler Wandlerebene auch zusätzliche *funktionale* Eigenschaften für das Gesamtsystem implementiert werden. Beispielsweise kann mittels einer *elektrischen Impedanzbeschaltung* der Eingangsklemmen des Wandlers (im einfachsten Fall ein ohmscher Widerstand) eine *mechanische Dämpfung* in das angekoppelte mechanische (Mehrkörper-) System eingebracht werden (*vibration damping*). Mit einfachsten analogen Mitteln können somit einfachere Bedingungen für die überlagerte digitale Regelung geschaffen werden.

Im vorliegenden Entwurfsbeispiel wäre also zu überlegen, ob anstelle des bis dato angenommenen positionsgeregelten Aktuators[10] nicht eine direkte *Kraftankopplung* über einen piezoelektrischen oder elektrodynamischen Aktuator möglich und sinnvoll wäre. Gegebenenfalls könnte man einfachere und billigere Aktuatoren verwenden, was bei einer Spiegelmatrix mit mehreren hundert Spiegeln ein wichtiger Aspekt ist.

Die physikalisch orientierte Modellierung und Verhaltensanalyse von mechatronischen Wandlern wird in diesem Buch besonders ausführlich behandelt. Im *Kapitel 5 – Mechatronischer Elementarwandler* werden grundlegende Verhaltensmodelle abgeleitet und Funktionskonzepte disku-

---

[10] Der positionsgeregelte Aktuator kann *rückwirkungsfrei* den Fußpunkt des Gelenkes mit dem angekoppelten Spiegel bewegen (Ausgang y). Die Masseneigenschaften der bewegten Struktur haben keinen Einfluss auf die Realisierung der kommandierten Bewegung u. Ein solcher Aktuator ist naturgemäß aufwändiger (komplexer, teurer), volumenmäßig größer und benötigt mehr Hilfsenergie.

tiert, die in den nachfolgenden Kapiteln für ausgewählte technologische Ausprägungen konkretisiert werden: *Kapitel 6 – Elektrostatische Wandler*, *Kapitel 7 – Piezoelektrische Wandler*, *Kapitel 8 – Wandler mit elektromagnetischer Wechselwirkung*.

1.3.2 Optomechatronische Fernerkundungskamera

Aufgabenstellung Für die luft- und weltraumgestützte Fernerkundung werden von der Anwenderseite hochauflösende Bildaufnahmesysteme, im Folgenden *Fernerkundungskamera* genannt, gewünscht. Aus technischer Sicht müssen für die Realisierung derartiger Kameras verschiedene Herausforderungen gemeistert werden.

Aufgrund der geforderten Mobilität der Kameras auf Plattformen mit beschränkten Gewichtsressourcen (speziell für Raumfahrzeuge) sind möglichst *kompakte* Lösungen gefragt.

Hohe Bildauflösungen erfordern andererseits große Brennweiten und eine möglichst große Apertur, um möglichst viel Licht auf den Bildsensor zu bringen. Bei kompakten Kameralösungen mit kleiner Apertur, können mehr Photonen über eine *längere Belichtungszeit* den Bildsensor erreichen. Damit wird die Bildaufnahme jedoch sehr störanfällig gegenüber Kamerabewegungen während der Belichtung (Abb. 1.16, rechts oben).

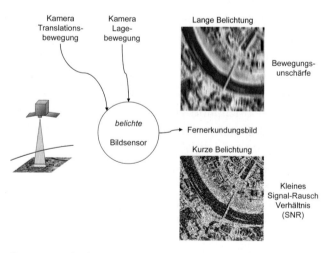

Abb. 1.16. Bewegungsinduzierte Störeinflüsse bei Bildaufnahmesystemen der Fernerkundung

Das raue Bewegungsprofil ist bei luftgestützten Beobachtungsplattformen (Flugzeug, Helikopter) augenscheinlich. Ein Beobachtungssatellit ist demgegenüber sehr viel ruhiger – durch die große Entfernung zur Beobachtungsebene (mehrere hundert Kilometer) wirken sich über die optische Abbildung jedoch schon sehr kleine Lagebewegungen dramatisch auf die Bildqualität aus. Man überlegt sich andererseits leicht, dass eine Verkürzung der Belichtungszeit zwar den Bewegungseinfluss minimiert, aber gleichzeitig das Bildrauschen wegen der geringeren Zahl von eingefangenen Photonen erhöht wird (Abb. 1.16, rechts unten).

Für alle genannten Anwendungsfälle benötigt man daher kompakte, *bewegungskompensierte Aufnahmesysteme*, die eine ungestörte Bildaufnahme bei langen Belichtungszeiten ermöglichen.

Optomechatronisches Lösungskonzept In Abb. 1.17 ist ein funktionsorientiertes Beschreibungsmodell einer *optomechatronischen* Systemlösung skizziert.

Sofern man die Bewegung des Kamerabildsensors gegenüber der Beobachtungsebene (Erd- bzw. Planetenoberfläche) messen kann, lassen sich über eine geschlossene Wirkungskette Korrektursignale für eine Bewegungskompensation des Bildsensors derart erzeugen, dass er sich während der Belichtungszeit gegenüber der Beobachtungsebene in Ruhe befindet. Man erkennt deutlich die Äquivalenz der Darstellung aus Abb. 1.17 mit dem generischen mechatronischen System in Abb. 1.2.

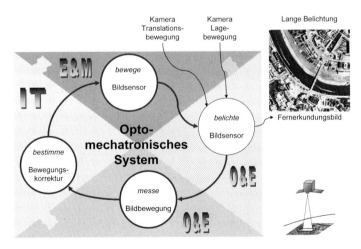

Abb. 1.17. Optomechatronisches Lösungskonzept zur Bewegungskompensation einer Fernerkundungskamera

Die große Herausforderung in der Realisierung eines derartigen Konzeptes liegt in der Messung der Bildsensorbewegung. In einer Arbeitsgruppe des Autors wurde dazu ein optoelektronisches Messverfahren auf
der Basis eines *optischen Korrelators* entwickelt und im Rahmen von
Flugtests validiert (Tchernykh et al. 2004). Mithilfe einer derartigen Messeinrichtung wird eine *in situ* Bewegungsmessung in der Fokalebene der
Kamera und damit eine kompakte Realisierung der Bewegungskompensation nach Abb. 1.17 ermöglicht. Dazu werden im Folgenden überblicks-
weise die Ergebnisse von zwei Entwurfsvarianten vorgestellt.

Entwurfsvariante-1: Beweglicher Spiegel

Zeilenkamera   Für Fernerkundungsaufgaben eignen sich besonders gut
Zeilenkameras (*line scanners*), da diese relativ einfach aufgebaut sind
(kein Verschluss nötig), große Bildbreiten möglich sind (Kaskadierung
von Zeilensensoren) und die Scan-Bewegung durch die bewegte Plattform
gratis realisiert wird. Im Rahmen eines ESA-Projektes[11] wurde von einer
Arbeitsgruppe des Autors ein optomechatronisches Konzept einer bewe-
gungskompensierten Satellitenzeilenkamera untersucht (Janschek et al.
2005).

Realisierungskonzept   In Abb. 1.18 ist eine schematische Anordnung der
Bewegungskompensation skizziert. Dabei wird der optische Pfad direkt
über eine Korrekturbewegung des Teleskopspiegels beeinflusst, sodass die

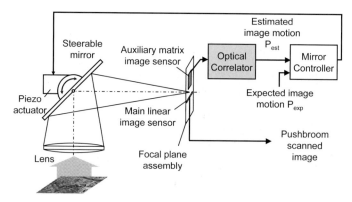

Abb. 1.18. Optomechatronisches Konzept zur Bewegungskompensation für eine
Fernerkundungszeilenkamera – bewegter Spiegel (Janschek et al. 2005)

---

[11] ESA – European Space Agency, ESTEC/Contract No. 17572/03/NL/SFe

Bildaufnahme am Zeilensensor von Störbewegungen der Plattform unabhängig wird. Diese Störbewegungen kommen von Lagebewegungen des Satelliten verursacht und von *Mikrovibrationen* der Drall- und Reaktionsräder zur Lageregelung.

Bewegungsmessung Die Bildbewegungsmessung erfolgt durch die Auswertung von Bildfolgen eines Matrixbildsensors, der ebenfalls in der Fokalebene angebracht ist (*in situ* Messung am Ort der Störung). Aus den Bildfolgen werden mittels 2D-Korrelation Bildbewegungen (*image motion tracking*) detektiert, die zur Ansteuerung des Teleskopspiegels verwendet werden. Die korrelationsbasierte Messung der Bildverschiebungen in Echtzeit mit Subpixelgenauigkeit erfolgt mit einem optischen Korrelator.

Regelungskonzept Als Spiegelaktuator wird ein *ungeregelter Piezowandler* vorgesehen und der Regelkreis wird direkt über den Matrixsensor und den optischen Korrelator geschlossen (*visual feedback*). Damit ist für die Auslegung des Reglers sowohl das Masse-Feder System über den Piezoaktuator (siehe *Kapitel 7 – Piezoelektrische Wandler*) maßgebend, als auch die Laufzeitverzögerung der Bildaufnahme und -verarbeitung.

Als Regelalgorithmus kommt hier ein *robust* parametrierter *PID-Regler* mit zusätzlichen Filtertermen zum Einsatz (siehe *Kapitel 10 – Regelungstechnische Aspekte*). Der für derartige Anwendungen typische Reglerfrequenzgang ist in Abb. 1.19a dargestellt. Die Leistungsfähigkeit der Bewegungskompensation ist aus den simulierten Zeitverläufen in Abb. 1.19b ersichtlich.

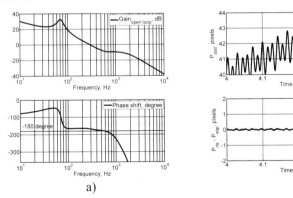

a)   b)

Abb. 1.19. Verhaltensanalyse für eine bewegungskompensierte Fernerkundungszeilenkamera, (Janschek et al. 2005): a) BODE-Diagramme des Reglers, b) simuliertes Zeitverhalten der Bewegungskompensation, Störbewegung (oben), kompensierte Bildbewegung (unten)

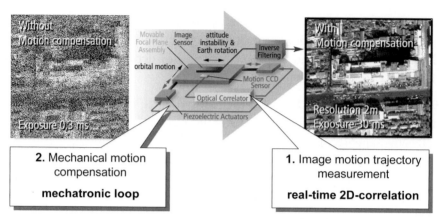

Abb. 1.20. Optomechatronisches Konzept zur Bewegungskompensation für eine Fernerkundungsmatrixkamera – bewegter Bildsensor (Janschek et al. 2007)

Entwurfsvariante-2: Beweglicher Bildsensor

Matrixkamera Wenn keine vernünftige Scan-Bewegung möglich ist, bietet sich ein Kamerakonzept mit einem Matrix-Bildsensor an (wie bei handelsüblichen Digitalkameras). Hier sind die eingangs geschilderten Probleme bezüglich Bewegungsunschärfe (lange Belichtungszeit) und verrauschten Bildern (kurze Belichtungszeit) augenscheinlich.

Realisierungskonzept Eine Arbeitsgruppe des Autors schlägt als Lösung eine optomechatronische Bewegungskompensation mittels eines *bewegten Bildsensors* vor (Janschek et al. 2004), (Janschek et al. 2007), siehe Abb. 1.20.

Der Matrix-Bildsensor ist auf einer *X-Y Piezoplattform* montiert, die über eine korrelationsbasierte Bildbewegungsmessung (gleiches Prinzip wie in Entwurfsvariante-1) derart angesteuert wird, dass sich der Bildsensor während der Belichtung relativ zur Beobachtungsebene in Ruhe befindet.

Regelungskonzept Da für dieses Konzept der Bewegungskompensation größere Verfahrwege des Bildsensors nötig sind (bis einige mm), kann hier kein Piezowandler[12] eingesetzt werden. Es wird vielmehr ein sogenannter Piezo-Ultraschallmotor verwendet, der über eine hochfrequente Anregung

---

[12] Diese erlauben nur Verfahrwege im μm -Bereich.

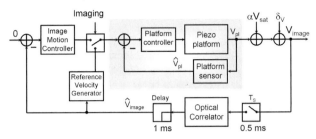

Abb. 1.21. Regelkreisstruktur für bewegungskompensierte Matrixkamera mit bewegtem Bildsensor (Janschek et al. 2007)

einen Kolben in Mikroschritten bewegen kann, wodurch relativ große Verfahrwege und Vorschubgeschwindigkeiten möglich werden (siehe *Kapitel 7 – Piezoelektrische Wandler*, Abschn. 7.5).

Diese Mikroschrittsteuerung ist nicht positionsgenau, deshalb wird eine *kaskadierte Regelungsstruktur* nach Abb. 1.21 vorgeschlagen. Für jede der beiden orthogonalen Achsen X und Y wird in einem inneren Regelkreis – *Plattformregelkreis* – die Plattformposition lokal auf Sollwerte geregelt, die von dem äußeren Regelkreis – *bildgestützter Regelkreis* – erzeugt werden. Aufgrund der positionsgeregelten Plattform sind für den äußeren Regelkreis die elastomechanischen Eigenschaften der Piezoplattform nicht mehr transparent und die Regelgüte wird primär durch die Laufzeitverzögerung der Bildverarbeitung bestimmt.

In Abb. 1.22 sind typische Zeitverläufe dargestellt, ein Labordemonstrator und ein Hardware-in-the-Loop Testaufbau sind in Abb. 1.23 gezeigt.

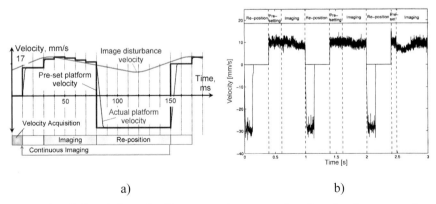

a)   b)

Abb. 1.22. Zeitverhalten der Bewegungskompensation für eine bewegungskompensierte Matrixkamera mit bewegtem Bildsensor (Janschek et al. 2007): a) Bewegungsprofil für einen Zyklus „Aufnahme – Rücklauf des Bildsensors", b) Zeitverhalten bei Hardware-in-the-Loop Test

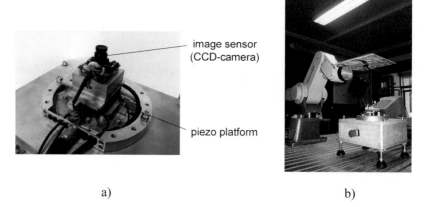

a)   b)

Abb. 1.23. Labordemonstrator für eine bewegungskompensierte Matrixkamera mit bewegtem Bildsensor (Janschek et al. 2007): a) Kamerakonfiguration, b) Hardware-in-the-Loop Testaufbau

1.4 Buchkonzeption – Buchnavigator

Methoden – Modelle – Konzepte

Dieses *Lehrbuch* vermittelt grundlegende Kenntnisse zur *systemorientierten* Betrachtung mechatronischer Systeme. Dazu werden geeignete *Methoden* für die Entwurfsaufgaben (Modellbildung, Verhaltensanalyse, Auslegung) vorgestellt, repräsentative *Verhaltensmodelle* für das Verständnis der relevanten physikalischen Phänomene entwickelt und exemplarische mechatronische *Lösungskonzepte* anhand ausgewählter Praxisbeispiele diskutiert.

Zur Stoffauswahl

Stoffkanon Die Aufgaben des Systementwurfes für *heterogene* Systeme, im vorliegenden Fall handelt es sich um *mechatronische Systeme*, sind naturgemäß sehr breit angelegt. Demzufolge steht man bei der Anfertigung eines Lehrbuches zu dieser Thematik vor der Herausforderung, das fachinhaltliche *Volumen* aus den Dimensionen (Domänen-*Vielfalt*) × (Methoden-*Tiefe*) × (Anwendungs-*Vielfalt*) mit einem begrenzten, subjektiv als notwendig empfundenen Stoffkanon in lesbarer Form auf das handhabbare

Volumen eines Lehrbuches abzubilden. Dabei müssen naturgemäß Schwerpunkte gesetzt und Lücken akzeptiert werden, was im Folgenden etwas näher erläutert werden soll.

Kompetenzen für Systementwurf – Schwerpunkte Nach Einschätzung des Autors benötigt der Systementwurf mechatronischer Systeme zwei wichtige Kompetenzen: Verständnis der relevanten *physikalischen Phänomene* und ein *quantitatives Systemverständnis* für das *Zusammenwirken* aller Elemente bei einem konkreten mechatronischen System.

Methodenkanon – Systemverständnis Das *Systemverständnis* resultiert aus der Verhaltensanalyse auf der Basis abstrakter mathematischer Modelle und ist damit weitgehend *domänen-* und *anwendungsneutral*. In diesem Sinne wird in den Kapiteln zu *Modellbildung* (Kap. 2), *Simulation* (Kap. 3), *Regelungsaspekte (Kap. 10)*, *stochastische Verhaltensanalyse* (Kap. 11) und *Systembudgets (Kap. 12)* ein allgemein nutzbarer *Methodenkanon* vorgestellt, jedoch mit einem Fokus auf *generische Modellbesonderheiten* von mechatronischen Systemen, z.B. Multidomänenmodellierung, Mehrkörperdynamik. Dadurch ergeben sich durchaus neue Gesichtspunkte im Vergleich zu Darstellungen in allgemeiner gehaltenen Lehrbüchern.

Physikalisch-technische Domänen Welche physikalischen Phänomene bei mechatronischen Systemen welche Rolle spielen, ist recht gut aus der funktionsorientierten Darstellung in Abb. 1.3 ersichtlich. Bei jeder Realisierung sind immer eine *mechanische Struktur* und eine *eingebettete Informationsverarbeitung* vorhanden. Insofern ist für diese beiden physikalisch-technischen Domänen immer eine eingehende physikalische Modellierung erforderlich (*Kapitel 4 – Mehrkörperdynamik*, *Kapitel 9 – Digitale Informationsverarbeitung*).

Die *Domänenvielfalt* mechatronischer Systeme offenbart sich besonders in den Realisierungstechnologien für die Funktionen „erzeuge Kräfte/Momente" und „messe Bewegungsgrößen". Hier erschließt sich ein ungeheuer breites Spektrum an nutzbaren und genutzten physikalischen Phänomenen (Elektrostatik, Piezoelektrizität, etc.). Viele können bei nennenswerter Leistungskopplung gleichermaßen für *beide* Funktionsrealisierungen genutzt werden – man spricht dann von (mechatronischen) *Wandlern* bzw. *Wandlertechnologien*.

Aus didaktischen Gründen musste diese Domänenvielfalt in der Darstellung in diesem Lehrbuch in der folgenden Weise beschnitten werden.

Generischer mechatronischer Elementarwandler In vielen Darstellungen zur Mechatronik wird nach Ansicht des Autors der Blick zu früh auf spezielle Realisierungsdomänen bzw. auf spezielle Technologien für Sensoren und Aktuatoren gelenkt. Dass dies weder aus didaktischer Sicht noch aus wissenschaftlich methodischer Sicht notwendig bzw. sinnvoll ist, wird in dem zentralen *Kapitel 5 – Funktionsrealisierung Mechatronischer Elementarwandler* gezeigt.

In diesem Kapitel werden anhand eines generischen Wandlermodells allgemeine *Gemeinsamkeiten* in Bezug auf Leistungskopplung und Übertragungsverhalten unabhängig von konkret vorliegenden physikalischen Wandlungsphänomenen diskutiert: Krafterzeugung, elektrische Eigenschaften, Kausalstrukturen und dynamische Verhaltensmodelle. Als Modellierungsbasis werden drei Modellierungsmethoden aus dem *Kapitel 2 – Elemente der Modellbildung* in günstiger Weise kombiniert: ausgehend von konstitutiven Basisgleichungen (Naturgesetze, *first principles*) erfolgt (i) eine *energiebasierte Modellierung* auf Basis der EULER-LAGRANGE-Gleichungen (nichtlineare und linearisierte konstitutive Wandlergleichungen), daraus abgeleitet wird (ii) eine spezielle *Vierpolparametrierung* mit elektrischer und mechanischer Beschaltung (Spannungs- vs. Stromquelle, verlustbehafteter Wandler, Starrkörper vs. Mehrkörperlast) und schließlich (iii) eine regelungstechnisch orientierte, signalbasierte Modelldarstellung in Form einer Übertragungsmatrix.

Die vorliegenden Modelle erlauben eine allgemeine Diskussion generischer Verhaltenseigenschaften wie Eigenfrequenzen, Wandlersteifigkeiten, Übertragungsfunktionen (gleichermaßen Sensor- und Aktuatorverhalten), elektromechanischer Koppelfaktor mit voller Transparenz zu den physikalischen Parametern der grundlegenden konstitutiven Basisgleichungen.

Interessanterweise lassen sich an diesem generischen Wandlermodell auch hervorragend allgemeine konzeptionelle Lösungsansätze wie Impedanzrückkopplung, Schwingungsdämpfung (mechatronischer Resonator) und Energieerzeugung (mechatronischer Schwingungsgenerator, *energy harvesting*) domänenneutral diskutieren.

In diesem Sinne bildet dieser mechatronische Elementarwandler die *methodische Klammer* und den *Modellrahmen* für das generelle Verständnis von *leistungsgekoppelten* Wandlerprinzipien und für die detaillierten Darstellungen von physikalischen Wandlerprinzipien in nachfolgenden Buchkapiteln. In der dargestellten Breite und durchgehenden Modellumsetzung ist diese Darstellung nach Kenntnis des Autors durchaus neu.

Physikalische Wandlerprinzipien Aus mechatronischer Sicht in besonderem Maße interessant sind *leistungserhaltende* physikalische Phänomene, weil dadurch spezielle Synergien bei der Funktionsrealisierung genutzt werden können. Aus diesem Grund werden drei leistungserhaltende physikalische Wandlerprinzipien mit einer weiten *industriellen Verbreitung* als Konkretisierung des generischen mechatronischen Elementarwandlers detailliert in eigenen Kapiteln behandelt:

- *Kapitel 6 – Elektrostatische Wandler*
- *Kapitel 7 – Piezoelektrische Wandler*
- *Kapitel 8 – Wandler mit elektromagnetischer Wechselwirkung* (elektromagnetische und elektrodynamische Wandler).

Die Diskussion der Wandlerprinzipien erfolgt im vollen Einklang mit den generischen Modellen aus *Kapitel 5 – Mechatronischer Elementarwandler*, jedoch mit einer domänenspezifischen *physikalisch technischen Konkretisierung* in Form der grundlegenden konstitutiven Gesetzmäßigkeiten bis hin zu konstruktiven Ausführungsformen. Dabei wird für jedes Wandlerprinzip versucht, den aktuellen Stand der Technik in punkto Ausführungsformen zu berücksichtigen und verallgemeinerte konstruktiv-funktionelle Eigenschaften sichtbar zu machen und in geschlossener Form darzustellen, z.B. laterale vs. transversale Bewegungsfreiheitsgrade von Anker und Ständerelementen, Differenzialanordnungen, Kammstrukturen.

Die gezeigte Breite, Modelldetaillierung und Einheitlichkeit der Darstellung unterscheidet sich nach Kenntnis des Autors durchaus deutlich von Darstellungen in anderen Lehrbüchern, wo vielfach nur spezielle physikalische Prinzipien vertieft werden oder spezielle Modellrepräsentationen verwendet werden, die für regelungstechnisch orientierte Verhaltensanalysen weniger gut geeignet sind.

Anwendungsvielfalt Das Spektrum an mechatronischen Produkten weitet sich praktisch täglich, ob durch tatsächliche Innovationen oder durch inkrementelle Verbesserungen im Rahmen immer kürzer werdender Innovationszyklen. Für solcherart Darstellung ist ein Lehrbuch ein wenig geeignetes Medium. Die Alterungsrate wäre zu groß und das Verallgemeinerungspotenzial wäre zu gering. Aus diesen Gründen wurden hier die größten inhaltlichen Kompromisse eingegangen und bewusst Lücken in Kauf genommen. Für einen Überblick über mechatronische Anwendungen sei der interessierte Leser deshalb auf eher enzyklopädische Werke oder auf aktuelle Internetrecherchen verwiesen.

Was nicht geschrieben ist Der aufmerksamer Leser und der erfahrene Systemingenieur, speziell wenn er in der mechatronischen Welt beheimatet ist, mag in dem bisher vorgestellten Stoffkanon einige wichtige Elemente des Systementwurfes vermissen. Diesen Eindruck teilt der Autor auf das Vollste und ist sich der aus pragmatischer Sicht (allerdings mit Zähneknirschen) in Kauf genommenen *Lücken* voll bewusst.

Aus *entwurfsmethodischer* Sicht wichtig sind sicherlich auch neuere Methoden und Ansätze für eine strenger formale Systembeschreibung in frühen Entwicklungsphasen, z.B. verifizierbare Systemmodelle auf UML-Basis (Vogel-Heuser 2003), allerdings ergänzt für *heterogene Hardware-Software Systeme*, z.B. (Koycheva u. Janschek 2009).

Ein weiterer wichtiger Entwurfsaspekt aus Anwendungssicht, speziell aus dem Automobilbereich, betrifft *sicherheitskritische* Systemeigenschaften, verallgemeinert als *RAMS – Reliability, Availability, Maintainability and Safety* bezeichnet. Hier zeigen Erfahrungen aus der Luft- und Raumfahrt, dass sicherheits- und zuverlässigkeitsrelevante Systemeigenschaften nicht entkoppelt zu den Nominalfunktionen zu entwerfen sind, sondern als integraler Teil der Systemfunktionalität zu betrachten sind. In diesem Sinne sind solche Eigenschaften in geeigneter Form in den Verhaltensmodellen abzubilden (quantitative mathematische Modelle) und es sind konzeptionelle Ansätze für Entwurf und Realisierung darzustellen (z.B. Redundanzkonzepte), siehe (Bertsche et al. 2009), (Isermann 2008b).

Aus Realisierungssicht der Aktuatorik ist sicherlich die *Fluidik (Pneumatik, Hydraulik)* bei makromechatronischen Anwendungen von großer Bedeutung (Will u. Gebhardt 2008), (Watter 2008). Interessant dabei sind speziell sogenannte *servo-basierte* Ansätze. Darunter versteht man einen fluidischen Aktuator, der steuerungsseitig rückwirkungsfrei elektrisch angesteuert werden kann (Servoventil). Ein solches Gerät ist kein Wandler im eigentlichen Sinn, weil Leistung nur in eine Richtung fließt. Trotzdem kann gezeigt werden, dass der Modellrahmen des generischen Elementarwandlers auch hier eingesetzt werden kann.

Neben den detailliert beschriebenen leistungserhaltenden physikalischen Phänomenen gibt es noch eine Reihe anderer interessanter Wirkprinzipien, zusammengefasst unter *unkonventionellen Aktuatoren*, z.B. Magnetostriktion (Piezomagnetismus, (Ballas et al. 2009)), elektrorheologische Flüssigkeiten, Formgedächtnislegierungen, Thermobimetalle (Janocha 2004), die jedoch im Vergleich mit den im Buch dargestellten Wirkprinzipien (noch) keine so große industrielle Bedeutung erreicht haben.

Eine für die Realisierung wichtige Wissenschaftsdomäne ist die *technische Optik* und die *Optoelektronik* (Hecht 2002), (Reider 2005). Neben vielen anspruchsvollen optischen Anwendungen (siehe Einführungsbeispiele in Abschn. 1.3) werden optische Prinzipien im Kontext mit modernen optoelektronischen Bauelementen bzw. Mikrosystemen als berührungslose Messeinrichtungen für Bewegungsgrößen verwendet (Laser, Bildsensoren).

In der ursprünglichen Buchkonzeption waren alle aufgeführten Aspekte eingeplant. Im Laufe der Ausarbeitung stellte es sich jedoch in zunehmenden Maße heraus, dass bei einer gleichmäßigen wissenschaftlich-methodischen Tiefe der Darstellung das mit dem Verlag vereinbarte Volumen (siehe Eingangsbemerkungen zu diesem Abschnitt) bei weitem gesprengt worden wäre. Aus diesem Grund wurde vom Autor der *„Entschluss zur Lücke"* mit den in diesem Abschnitt erläuterten Rechfertigungen getroffen[13]. Der interessierte Leser sei zu diesen hier fehlenden Aspekten für eine erste Kontaktaufnahme auf die angegebene Literatur verwiesen.

Navigationshilfe

Die in Abb. 1.24 dargestellte *Navigationshilfe* soll das Arbeiten mit dem Buch erleichtern.

Zentrale Kapitel sind mit einem ★ bezeichnet.

Dem Einsteiger in die Problematik sind die Buchkapitel in der folgenden Reihenfolge zu empfehlen
- Kapitel 2 –   Elemente der Modellbildung
- Kapitel 4 –   Funktionsrealisierung – Mehrkörperdynamik
- Kapitel 5 –   Funktionsrealisierung – Mechatronischer Elementarwandler
- Kapitel 10 –   Regelungstechnische Aspekte
- Kapitel 11 –   Stochastische Verhaltensanalyse
- Kapitel 12 –   Entwurfsbewertung – Systembudgets.

---

[13] Falls sich in Zukunft ein Bedarf nach einer ergänzenden Darstellung zeigen sollte, werden Autor und Verlag dafür sicher geeignete Wege finden.

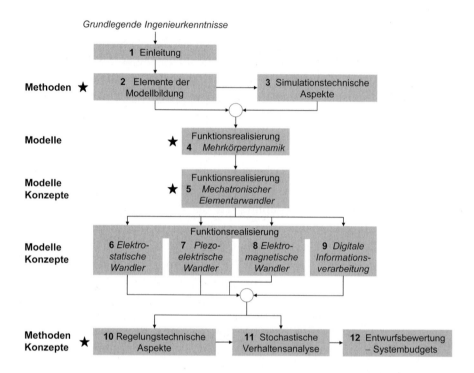

Abb. 1.24. Navigationshilfe für Buchkapitel

Die restlichen Kapitel können je nach Interesse und konkreten Fragestellungen im Anschluss auch unabhängig gelesen und erarbeitet werden.

Leserschaft

Vorkenntnisse Grundkenntnisse in Elektrotechnik, Mechanik, eingebettete Informationsverarbeitung, Systemtheorie, Regelungstechnik.

Zielgruppen

- *Studierende* (TU/TH, FH) im *Hauptstudium* und *DoktorandInnen* aus Elektrotechnik, Maschinenbau, Mechatronik, Technische Informatik
- *Ingenieure* in mechatronisch orientierten Industriezweigen: Automobil, Schienenfahrzeuge, Bahntechnik, Schiffstechnik, Luft- und Raumfahrt, Elektrische Antriebstechnik, Automatisierungstechnik, Werkzeugmaschinen, Mobile Arbeitsmaschinen, Robotik, Medizintechnik, Mikrosystemtechnik.

Nomenklatur und Begrifflichkeiten

Polynomterme in Übertragungsfunktionen In vielen Fällen wird folgende Kurzschreibweise für lineare und quadratische Polynomterme verwendet:

$$\left[\omega_i\right] := 1 + \frac{s}{\omega_i}$$

$$\left\{d_i, \omega_i\right\} := 1 + 2d_i\,\frac{s}{\omega_i} + \frac{s^2}{\omega_i^2}, \qquad \left\{\omega_i\right\} := 1 + \frac{s^2}{\omega_i^2}$$

Skalare – Vektoren – Matrizen Im Gegensatz zu skalaren Größen ($x, y, z, F, ...$) werden *Vektoren* und *Matrizen* im *Fettdruck* ($\mathbf{x}, \mathbf{F}, ...$) dargestellt. Ob dafür Klein- oder Großbuchstaben verwendet werden, kann dem Kontext entnommen werden (Vektoren in der Regel als Kleinbuchstaben).

Aktuator vs. Aktor In diesem Buch wird bewusst der Begriff *Aktuator* als Fachsynonym für den deutschen Begriff *Stellglied* bzw. *Stelleinrichtung* und als Pendant zum Begriff *Sensor* (*Messglied*, *Messeinrichtung*) verwendet.

Nach Meinung und Recherchen des Autors ist der Begriff *Aktuator* (engl. *actuator*) etymologisch mit lateinischen Wurzeln korrekter[14] als der in der deutschsprachigen Fachliteratur wesentlich häufiger verwendete und eher an Bequemlichkeit orientierte Begriff *Aktor*.

Englische Fachbegriffe Wenn immer möglich, wird versucht, deutschsprachige Fachbegriffe zu verwenden. Ausnahmen werden dort gemacht, wo sich auch in der deutschsprachigen Fachgemeinschaft Anglizismen eingebürgert haben, z.B. Aliasing.

Für wichtige Fachbegriffe werden den englischen Entsprechungen in Klammern und kursiv gedruckt angegeben, um eine Stichwortsuche in der internationalen Fachliteratur zu erleichtern.

---

[14] Siehe z.B. Merriam-Webster Online Dictionary: mittelalterliches lateinisches Verb *actuare* = ausführen, davon Partizip Perfekt *actuatus*; mit *actor* (aus Wurzel *ago*) wird hingegen im klassischen Latein Verrichter, Schauspieler, Kläger gemeint (Quelle: Der kleine Stowasser, Lateinisch-deutsches Wörterbuch, Höder-Pichler-Tempsky, Wien, 1968).

Literatur zu Kapitel 1

auf der Heide K (2005) *Integriertes Energie- und Drallmanagement von Satelliten mittels zweiachsig schwenkbarer Solargeneratoren* Fakultät Maschinenwesen, Technische Universität Dresden, Dissertation

auf der Heide K, Janschek K, Tkocz A (2004) Synergy in Power and Momentum Management for Spacecraft using Double Gimbaled Solar Arrays. *16th IFAC Symposium on Automatic Control in Aerospace 2004* St.Petersburg, Russia: 290-295

Ballas R G, Pfeifer G, Werthschützky R (2009) *Elektromechanische Systeme in Mikrotechnik und Mechatronik*, Springer

Bertsche B, Göhner P, Jensen U, Schinköthe W, Wunderlich H-J (2009) *Zuverlässigkeit mechatronischer Systeme - Grundlagen und Bewertung in frühen Entwicklungsphasen*, Springer

Bishop R H, Ed. (2007) *The Mechatronics Handbook.* CRC Press

Fedrigo E, Kasper M, Ivanescu L, Bonnet H (2005) Real-time Control of ESO Adaptive Optics Systems. *at-Automatisierungstechnik* 53(10): 470-483

Gerlach G, Dötzel W (2006) *Einführung in die Mikrosystemtechnik*, Carl Hanser Verlag

Hardy J W (1998) *Adaptive Optics for Astronomical Telescopes*, Oxford University Press

Hecht E (2002) *Optik*, Oldenbourg Wissenschaftsverlag

Isermann R (2008a) Mechatronic systems - Innovative products with embedded control. *Control Engineering Practice* 16(1): 14-29

Isermann R (2008b) *Mechatronische Systeme - Grundlagen*, Springer

Janocha H, Ed. (2004) *Actuators.* Springer-Verlag Berlin Heidelberg

Janschek K (2008) Optimized system performances through balanced control strategies (Editorial). *Mechatronics* 18(5-6): 262-263

Janschek K, Tchernykh V, Dyblenko S (2004) Opto-Mechatronic Image Stabilization for a Compact Space Camera. *3rd IFAC Conference on Mechatronic Systems - Mechatronics 2004, 6-8 September 2004.* Sydney, Australia: 547-552 **Conference Best Paper Award**

Janschek K, Tchernykh V, Dyblenko S (2007) Performance analysis of optomechatronic image stabilization for a compact space camera. *Control Engineering Practice* 15(3 SPEC. ISS.): 333-347

Janschek K, Tchernykh V, Dyblenko S, Flandin G (2005) A Visual Feedback Approach for Focal Plane Stabilization of a High Resolution Space Camera. *at-Automatisierungstechnik* 53(10): 484-492

Kokoschka O (1975) *Aufsätze, Vorträge, Essays zur Kunst*, Hans Christian Verlag

Koycheva E, Janschek K (2009) Leistungsanalyse von Systementwürfen mit UML und Generalisierten Netzen - Ein Framework zur frühen Qualitätssicherung. *atp - Automatisierungstechnische Praxis* 50(8): 62-69

Lunze J (2009) *Regelungstechnik 1: Systemtheoretische Grundlagen, Analyse und Entwurf einschleifiger Regelungen*, Springer

Moore G E (1965) Cramming more components onto integrated circuits. *Electronics Magazine* 38(8)

Preumont A (2002) *Vibration Control of Active Structures - An Introduction*, Kluwer Academic Publishers

Reider G A (2005) *Photonik. Eine Einführung in die Grundlagen*, Springer

Roddier F (2004) *Adaptive Optics in Astronomy*, Cambridge University Press

Schaller R R (1997) Moore's law: past, present and future. *Spectrum, IEEE* 34(6): 52-59

Senturia S D (2001) *Microsystem Design*, Kluwer Academic Publishers

Srinivasan A V, McFarland D M (2001) *Smart Structures: Analysis and Design* Cambridge University Press

Tchernykh V, Dyblenko S, Janschek K, Seifart K, Harnisch B (2004) Airborne test results for a smart pushbroom imaging system with optoelectronic image correction. *Proc. SPIE - Sensors, Systems and Next-Generation Satellites Vii*, SPIE. 5234: 550-559

Tummala R R (2004) SOP: what is it and why? A new microsystem-integration technology paradigm-Moore's law for system integration of miniaturized convergent systems of the next decade. *Advanced Packaging, IEEE Transactions on* 27(2): 241-249

VDI (2004) Entwicklungsmethodik für mechatronische Systeme (Design methodology for mechatronic systems). Verein Deutscher Ingenieure e.V. (VDI). Berlin-Wien-Zürich, Beuth Verlag GmbH. VDI 2206

Vogel-Heuser B (2003) *Systems Software Engineering*. München, Oldenbourg

Watter H (2008) *Hydraulik und Pneumatik: Grundlagen und Übungen- Anwendungen und Simulation*, Vieweg + Teubner

Will D, Gebhardt N, Eds. (2008) *Hydraulik - Grundlagen, Komponenten, Schaltungen,* Springer

Yourdon E (1989) *Modern Structured Analysis*, Yourdon Press

2 Elemente der Modellbildung

Hintergrund Abstrakte *Verhaltensmodelle* spielen im Entwurfsgeschehen für mechatronische Systeme eine zentrale Rolle. Das *dynamische* Verhalten von Systemkomponenten und deren gewollte (oder ungewollte) Interaktion bestimmen in fundamentaler Weise die positiven (und negativen) Produkteigenschaften. Die besondere Herausforderung bei der Modellbildung mechatronischer Systeme liegt in deren *Multidomäneneigenschaften*. In dem Maße wie *heterogene* physikalische Komponenten zu einer *homogen* wirkenden Funktionseinheit zusammengeschaltet werden, müssen natürlich auch deren Verhaltensmodelle in eine *domänenunabhängige abstrakte Wirkstruktur* abgebildet werden. Die relevanten physikalischen Verhaltenseigenschaften müssen dabei aus naheliegenden Gründen korrekt abgebildet werden und die Zuordnung von Parametern der realen Komponenten zu Modellparametern soll hinreichend transparent bleiben.

Inhalt Kapitel 2 In diesem Kapitel werden einige ausgewählte, grundlegende *methodische* Ansätze zur *Modellbildung* mechatronischer Systeme mit *konzentrierten Systemelementen* diskutiert, die nach Einschätzung des Autors zum Handwerkszeug des Systemingenieurs gehören und die über den Standardlehrstoff einzelner Disziplinen hinausgehen. Das dargestellte Verfahren der *Strukturierten Analyse* liefert *qualitative* Systemmodelle mit einer klaren funktionellen Struktur. Zur quantitativen physikalischen Multidomänenmodellierung werden der LAGRANGEsche *Formalismus* in verallgemeinerter Form als eine energiebasierte Methode sowie ein allgemeiner *netzwerkbasierter Ansatz* als leistungsflussbasierte Methode vorgestellt und deren Stärken und Schwächen diskutiert. Spezielles Augenmerk wird auf die *Modularisierbarkeit* von Modellen gelegt, wofür sich besonders mehrtorbasierte Modelle eignen, die wiederum Grundlage moderner *objektorientierter* Modellierungswerkzeuge sind. Als resultierende mathematische Modelle ergeben sich allgemein *Differenzial-algebraische Gleichungssysteme*, deren nichttriviale Handhabung im Detail diskutiert wird. Unstetige Verhaltenseigenschaften mechatronischer Systeme lassen sich mittels *hybrider* Beschreibungsformen abbilden, für die *Netz-Zustandsmodelle* als eine pragmatische Standardstruktur eingeführt werden. Zur Vervollständigung des Methodenbaukastens ist ein kleines Repetitorium zur *Linearisierung* von nichtlinearen Systemmodellen angeschlossen. Als Ergänzung zur theoretischen Modellbildung wird abschließend ein praxisorientierter methodischer Ansatz zur *experimentellen* Bestimmung des *Frequenzganges* vorgestellt. ∎

2.1 Systemtechnische Einordnung

Systemmodelle Die zentrale Rolle für den Systementwurf spielen abstrakte, mathematische Modelle des betrachteten mechatronischen Systems als Abbild der realen Welt. In der Regel arbeitet man mit diesen Modellen lange bevor man die tatsächlichen realen Komponenten des Systems zur Verfügung hat. Auf der Basis dieser abstrakten Modelle müssen bereits belastbare Aussagen zu den Leistungseigenschaften des (eventuell erst entstehenden) realen Systems getroffen werden.

Experimentieren an Modellen – Simulation In diesem Sinne ist das Erstellen dieser Modelle, die *Modellbildung*, eine Schlüsselaufgabe des Systementwurfes, die mit größter Sorgfalt und Bedacht auszuführen ist. Die interessierenden Leistungseigenschaften sind letztlich immer als Kenngrößen des Systemverhaltens zu einem *bestimmten Zeitpunkt* oder innerhalb eines definierten *Zeitintervalls* (z.B. nominale Betriebsdauer) gefragt. Diese zeitbezogenen Leistungseigenschaften lassen sich durch *Simulation*, das heißt durch Experimente mit den zur Verfügung stehenden Modellen, ermitteln. Ein jedes Experiment ist dabei eindeutig nachvollziehbar durch einen *Experimentrahmen* ε (Menge der Experimentbedingungen) und bewertbare Systemantworten $y(t)$ darzustellen. Diese Experimente können am realen System (ε_S, y_S) oder an einem Modell des realen Systems (ε_M, y_M) durch Simulation durchgeführt werden, s. Abb. 2.1.

Zur Durchführung eines Simulationsexperimentes muss das mathematische Modell derart „belebt" werden, dass es möglich ist, das Zeitverhalten der interessierenden Ausgangsgrößen zu berechnen (Abb. 2.2).

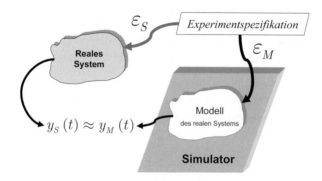

Abb. 2.1. Simulation als Experimentieren mit Modellen

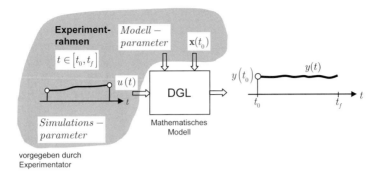

Abb. 2.2. Simulationsexperiment an einem abstrakten mathematischen Modell am Beispiel eines Systems mit einer Eingangsgröße $u(t)$, einer Ausgangsgröße $y(t)$ und systeminternen Zustandsgrößen $\mathbf{x}(t)$ mit dem Anfangswert $\mathbf{x}(t_0)$

In der Regel erfolgt dies durch Lösen eines Systems von Differenzial-gleichungen mittels geeigneter numerischer Lösungsverfahren (numerische Integrationsalgorithmen), die in einer Rechnerplattform (digitaler *Simulator*, Abb. 2.1) implementiert sind. Die rechentechnische Umsetzung von Simulationsmodellen innerhalb von Simulatoren wird als *Simulationstechnik* bezeichnet.

Validation vs. Verifikation

Simulationsexperimente Mit Hilfe eines Simulationsexperimentes ist es also möglich, das Systemverhalten des realen Systems $y_S^i(t)$ für *ein* spezifisches Experiment ε_S^i mittels der Simulationslösung $y_M^i(t)$ als Ergebnis *eines* äquivalenten Simulationsexperimentes ε_M^i vorauszusagen. Dabei ist nun folgendes zu beachten. Die Vergleichbarkeit von $y_S^i(t)$ und $y_M^i(t)$ hängt sowohl von der Modellgüte als auch von der konkreten simulations-technischen Implementierung des mathematischen Modells ab. Insofern ist die Aussagekraft der Simulationsresultate immer *kritisch* zu hinterfragen: „Berücksichtigt mein Modell alle für mich wichtigen Eigenschaften?", „Wie sind meine Modellgleichungen tatsächlich im Simulator implemen-tiert?", „Welche verfahrensbedingten Approximationsfehler bringen die verwendeten Lösungsalgorithmen?", „Welche numerischen Fehler bringt die konkrete Implementierung auf der gewählten Rechnerplattform?". Alle angesprochenen Fragestellungen beeinflussen *vorhersagbar* die Güte der Simulation, d.h. die unter den gewählten Simulationsrandbedingungen bestmögliche Ähnlichkeit $y_S^i(t) \approx y_M^i(t)$.

Zur Überprüfung der Korrektheit von Modellen unterscheidet man je nach Art der Modelle zwischen den Begriffen *Verifikation* und *Validation*[1].

Definition 2.1. *Validation* – (IEEE 1997) „Validation is the process of determining the degree to which a simulation is an accurate representation of the real world from the perspective of the intended use(s) as defined by the requirements."

Definition 2.2. *Verifikation* – (IEEE 1997) "Verification is the process of determining that an implementation of a simulation accurately represents the developers conceptual description and specifications."

Verkürzt ausgedrückt meinen die beiden Definitionen Folgendes:

- *Validation* = „Habe ich das *richtige Modell* gebaut?"
- *Verifikation* = „Habe ich das *Modell richtig* gebaut (implementiert)?"

Im Folgenden werden die drei fundamentalen Schritte der Verifikation und Validation (V&V) im Rahmen der Modellbildung und Simulation näher erläutert.

Experimentelle Modellvalidation Wenn man hinreichend aussagekräftige Vergleichsergebnisse für das reale Systemverhalten $y_S^i(t)$ zur Verfügung hat, spricht man von einer *experimentellen Validation* der *mathematischen Modelle* auf der Basis von Simulationsexperimenten (Abb. 2.3). Nichttriviale Fragestellungen in diesem Zusammenhang sind: „Woher kommen diese Vergleichsergebnisse bei einem noch nicht existierenden System?", „Wie viele Simulationsexperimente sind für eine Validation überhaupt ausreichend?".

Verifikation von Simulationsmodellen Für die Modellvalidation unterstellt man als Prämisse, dass die mathematischen Modelle inklusive der zugehörigen Experimentrahmen korrekt in das genutzte Simulationsmodell implementiert wurden. Das Überprüfen der Korrektheit dieser Implementierung wird *Verifikation* des *Simulationsmodells* genannt (Abb. 2.3). Die Verifikation wird durch einen Vergleich der Simulationsergebnisse $y_M^i(t)$

---

[1] Die Begriffe Verifikation und Validation sind leider in unterschiedlichen Fachgemeinschaften recht unterschiedlich belegt. Die hier vorgestellte Interpretation und Definition folgt internationalen Standards, die sich generell im industriellen Umfeld der Systementwicklung von komplexen (mechatronischen) Systemen, z.B. der Raumfahrt, seit vielen Jahren bestens bewährt haben (ESA 1995), (IEEE 1998).

mit aussagekräftigen Referenzdaten $y_S^i(t)$ durchgeführt. Dazu eignen sich in besonderem Maße Verhaltensaussagen, die über *analytische* Betrachtungen der zugrunde liegenden mathematischen Modelle gewonnen werden können, z.B. stationäres Verhalten über Grenzwertsätze der LAPLACE-Transformation, eingeschwungenes Verhalten bei harmonischer Anregung mittels Frequenzgang, Drallerhaltung bei konservativen mechanischen Systemen. Hierzu sind geeignete Testfälle (Experimentrahmen) zu konstruieren. Je tieferes theoretisches Systemverständnis hier eingebracht werden kann, umso größer ist die Wahrscheinlichkeit, ein korrektes Simulationsmodell zu erzeugen[2].

Analytische Modellvalidation   Es ist nun naheliegend, diese analytischen Verhaltensaussagen auch für eine *analytische Modellvalidation* der mathematischen Modelle zu nutzen, d.h. ein direkter Vergleich mit realen Systemdaten. Dies kann unabhängig oder in Ergänzung zur experimentellen Validation geschehen (Abb. 2.3).

Eine weitere Stärke von *analytisch* basierten Verhaltensaussagen liegt darin, dass damit im günstigsten Fall für eine große Klasse von Experimentrahmen allgemeingültige Verhaltenseigenschaften gesichert werden können.

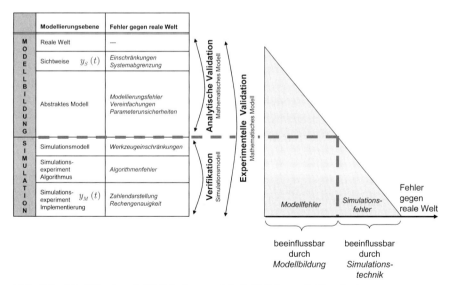

Abb. 2.3. Verifikation & Validation vs. Modellbildung & Simulation

---

[2] Der Umkehrschluss gilt aber ebenso, d.h. Nachlässigkeit oder Unwissen sind die Feinde eines seriösen Systementwurfes!

Als gutes Beispiel mögen Aussagen zur *Stabilität* eines mechatronischen Systems dienen. Der experimentelle Nachweis der Linearität und Zeitinvarianz mit wenigen charakteristischen Experimentrahmen erlaubt allgemeine Aussagen zu beliebigen stimulierenden Eingangssignalen im Sinne der *BIBO* (engl. *bounded input – bounded output*) Stabilität innerhalb des betrachteten Betriebsbereiches. Umgekehrt erlaubt *ein einziges* Simulationsexperiment nur immer einen Rückschluss auf den *speziellen einzigartigen* Experimentrahmen. Über analytische Aussagen lässt sich also gegebenenfalls der Aufwand für Verifikation und Validation (gleichbedeutend mit Entwicklungszeit und -kosten) beträchtlich reduzieren.

Modellvarianten

Modellhierachie Im Rahmen des Systementwurfes arbeitet man mit verschiedenen Modelltypen, die unterschiedliche Sichten auf das untersuchte mechatronische System repräsentieren, s. dazu die Modellhierarchie in Abb. 2.4. Die Sichten beschreiben bestimmte unterschiedliche Verhaltenseigenschaften desselben mechatronischen Systems in einer ähnlichen Weise, wie man einen Quader von unterschiedlichen Seiten betrachten kann.

Qualitatives Systemmodell Auf höchster abstrakter Ebene kann man ein System mittels rein *qualitativer Merkmale* beschreiben und erhält dann ein so genanntes qualitatives Systemmodell (Abb. 2.4. links oben, s. auch Einführungsbeispiel Abb.1.17). Bei mechatronischen Systemen interessiert dabei sowohl das Verhalten des Systems gegenüber der Umwelt (Benutzer) als auch welche Produktaufgaben durch welche „Funktionen" (im Sinne von „Aufgaben bewältigen") realisiert werden. Damit werden auch gleichzeitig eine erste funktionelle Systemstruktur und wichtige funktionelle Schnittstellen definiert (s. Abschn. 2.2).

Quantitative Modelle Für quantitative Verhaltensvoraussagen müssen berechenbare mathematische Modelle erzeugt werden. Hierbei wird das Augenmerk auf Energiefluss, Signalfluss und Dynamik innerhalb und zwischen den im qualitativen Modell gefundenen Funktionen gelegt. Die Herausforderung bei mechatronischen System liegt dabei in den unterschiedlichen involvierten physikalischen Domänen (elektrisch, mechanisch, hydraulisch, thermisch, etc.). Dazu muss als Basis ein breites technisches Verständnis für die unterschiedlichen Domänen vorhanden sein.

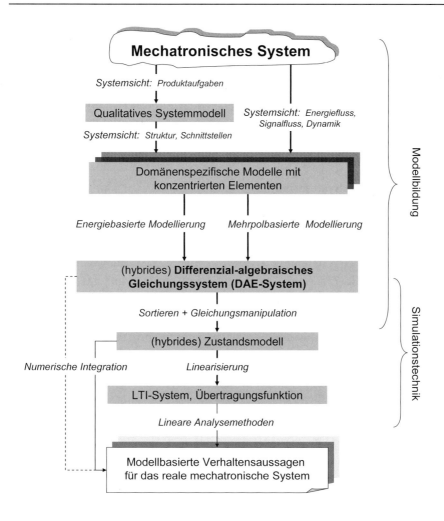

Abb. 2.4. Modellhierarchie für den Systementwurf mechatronischer Systeme

Bei der Modellierung muss aber auch berücksichtigt werden, dass eine Interaktion zwischen Systemelementen unterschiedlicher physikalischer Domänen immer über Energieflüsse mit Rückwirkungen passiert. Dieses *heterogene* gekoppelte *Verhalten* ist in geeigneten *domänenunabhängigen Modellen* abzubilden.

Modellierungsparadigmen Zur physikalischen Multidomänenmodellierung eignen sich nur wenige Modellierungsmethoden. Im vorliegenden Buch werden Systembeschreibungen mit *konzentrierten Systemelementen* betrachtet und es werden zwei dafür besonders gut geeignete methodische

Ansätze näher vorgestellt. Die *energiebasierte* Modellierung mittels des *LAGRANGEschen Formalismus* eignet sich sehr gut für kleinere Systeme mit nichtlinearen Beziehungen und kann leicht per Hand durchgeführt werden. *Mehrpolbasierte* Modellierungsmethoden wiederum sind speziell für sehr große Systeme und rechnergestützte Modellerstellung geeignet. Im Zusammenhang mit *objektorientierten* Konzepten bieten mehrpolbasierte Methoden heute attraktive Möglichkeiten für sehr effiziente Rechnerwerkzeuge zur Multidomänenmodellierung und Simulation.

Mathematisches Systemmodell Als Ergebnis der verschiedenen Modellierungsparadigmen ergeben sich sogenannte *Differenzial-algebraische Gleichungssysteme* (engl. *Differential Algebraic Equations – DAE*), das sind Systeme von (im Allgemeinen nichtlinearen) Differenzialgleichungen und algebraischen Gleichungen der relevanten Systemgrößen (Abb. 2.4 Mitte). Damit ist die eigentliche mathematische Modellerstellung abgeschlossen, mit dem DAE-Systemmodell liegt ein domänenunabhängiges mathematisches Modell vor, in dem alle physikalischen Phänomene abgebildet sind. Verhaltensaussagen erhält man durch geeignetes Experimentieren mit dem DAE-Systemmodell. Die Lösung solcher DAE-Systeme ist allerdings im allgemeinen Fall (sehr) schwierig, deshalb muss das DAE-Systemmodell geeignet manipuliert werden, um die Berechenbarkeit zu ermöglichen (Zustandsdarstellung, ggf. Linearisierung). Es sei darauf hingewiesen, dass spezielle Phänomene wie Schaltvorgänge, mechanische Kontaktprobleme, Haftreibung sowie zeit- und ereignisdiskrete Phänomene (vorwiegend im Rahmen der Informationsverarbeitung) durch entsprechende Modellerweiterungen – *hybride Systeme* – zu modellieren sind. Die Behandlung von DAE-Systemen und hybriden Systemen wird ausführlich in nachfolgenden Abschnitten diskutiert.

Modellvarianten

Modellzweck – Modellgüte Eine wesentliche Aufgabe des Systementwurfes ist es, die „richtige" Abstraktion und Vereinfachung des untersuchten realen physikalischen Verhaltens in ein mathematisches Modell zu übernehmen. Dafür gibt es keine festen Regeln, vielmehr sind hier Erfahrung und ingenieurtechnisches Gespür (engl. *engineering judgment*) gefragt. Letztlich geht es darum, wesentliche und unwesentliche Eigenschaften voneinander zu trennen. Die Frage ob parasitäre Effekte wie

elektrische Leitungswiderstände oder mechanische Reibungseffekte im
Modell zu berücksichtigen sind, hängt immer vom Zweck des Modells ab.
Deshalb wird es in der Regel im Rahmen des Entwurfes für ein und dasselbe mechatronische System mathematische Modelle mit *unterschiedlicher Modellgüte* bzw. Detaillierungsgrad (engl. *fidelity*) geben.

Low-Fidelity-Modelle Für den Reglerentwurf, stochastische Verhalten-
aussagen oder einen Grobentwurf (Machbarkeitsstudien) werden üblicherweise *vereinfachte Modelle* (engl. *low fidelity*) genutzt. Diese Art von
Modellen sind in der Regel lineare zeitinvariante Modelle (LTI-Systeme)
mit niedriger Systemordnung. Im Falle von Mehrkörpersystemen wird dabei nur eine Auswahl von wenigen mechanischen Strukturfrequenzen (Eigenmoden) berücksichtigt. Die simulationstechnische Umsetzung zur Ge-
winnung von Zeitantworten bietet dabei mittels Einsatz von Standard-
algorithmen kaum Probleme und soll in diesem Buch deshalb nicht weiter
verfolgt werden.

High-Fidelity-Modelle Für die Entwurfsverifikation bzw. -validation
(z.B. Empfindlichkeitsanalyse mit unterschiedlichen Experimentrahmen,
statistisch Analyse mittels Monte-Carlo-Simulation) sind dagegen möglichst *detailgetreue Modelle* (engl. *high fidelity*) mit kleinstmöglichen Modellfehlern (Abb. 2.3) zu verwenden. Solche Modelle berücksichtigen in
der Regel alle relevanten Nichtlinearitäten, breitbandiges dynamisches
Systemverhalten und speziell die hochfrequenten mechanischen Strukturfrequenzen. Es entstehen so Modelle mit (sehr) hoher Systemordnung und
beträchtlicher Komplexität. Weitere Fragen der Modellhandhabung, z.B.
modulare Simulationsmodelle, spielen dabei eine Schlüsselrolle. Diese
High-Fidelity-Modelle stellen hohe bis höchste Herausforderungen an die
Simulationstechnik und können vielfach nur durch spezielle Vorkehrungen
korrekt simuliert werden. Deshalb widmet sich das Kap. 3 diesen speziellen Aspekten und Lösungsansätzen zur Simulationstechnik von mechatronischen Systemen.

2.2 Systemmodellierung mit Strukturierter Analyse

Zielstellung In diesem Kapitel werden einige grundlegende Elemente der
Systemanalyse und -modellierung eingeführt. Diese formalen Hilfsmittel
erlauben es, ein System so zu *strukturieren*, dass es überschaubar wird und

dass seine *inneren Zusammenhänge* von einem Ingenieur durchschaubar werden. Das Sichtbarmachen von Strukturen ist eine Aufgabe, die im Allgemeinen ohne mathematische Formeln zu lösen ist, aber trotzdem nicht unterschätzt werden darf.

Qualitative Systemmodelle Aufgrund der Komplexität der betrachteten Systeme ist das Auffinden eines Systemmodells nämlich eine nichttriviale Aufgabe mit uneindeutigem Ausgang (es gibt unendlich viele Lösungen, je nachdem, welche Systemeigenschaften betrachtet werden). Die so entstehenden *qualitativen Systemmodelle* erlauben zwar keine numerischen Berechnungen, sie schaffen aber neben dem Erkennen von grundlegenden Zusammenhängen (Wirkungskreisläufe, Dynamik) überhaupt erst die Grundlage, um quantitative (mathematische) Modelle von klar abgegrenzten und überschaubaren Subsystemen zu erstellen. Auf der Basis dieser strukturierten Systemmodelle können gerätetechnische Entwurfsvarianten entwickelt werden. Erst nach Vorliegen dieser gerätetechnischen Entwurfsvarianten ist man überhaupt in der Lage eine physikalische, sprich quantitative Modellbildung zu betreiben. Erst zu diesem Zeitpunkt weiß man ja, welche gerätetechnischen Kandidaten zur Verfügung stehen, beispielsweise ein elektromechanischer oder ein servohydraulischer Antrieb. Nur in Lehrbüchern finden sich Standardaufgabenstellungen der Form „Gegeben ist – gesucht ist".

Top-Down-Modellierung Die eben beschriebenen Arbeitsschritte der so genannten *Top-Down*-Systemmodellierung liegen immer am Beginn einer Produktentwicklung. Im Zuge der Anforderungsdefinition werden die Eigenschaften des zu entwickelnden Produktes nach obiger Vorgehensweise immer mehr detailliert. Die heute dazu verwendeten Methoden kommen häufig aus dem Bereich der Softwaretechnik (engl. *software engineering*) und lassen sich in *funktionsorientierte* und *objektorientierte* Methoden unterteilen (Vogel-Heuser 2003).

Funktionsorientierte Modelle Für den Entwurf *mechatronischer Systeme* bieten die *funktionsorientierten* Modellierungsmethoden den natürlichen Zugang, weil dabei in bekannter Weise Wirkflüsse und Eingangs-/Ausgangsbeziehungen im Mittelpunkt stehen. Deshalb werden nach einigen grundlegenden Begriffsdefinitionen im Folgenden einige Modellierungselemente der *Strukturierten Analyse* (engl. *SA – Structured Analysis*) vorgestellt, die wegen ihrer intuitiven Einfachheit in pragmatischer Weise für eine qualitative Modellierung nutzbar sind.

Abb. 2.5. Anschauliche Definition des Begriffes „System" (Bild adaptiert nach (Yourdon 1989), mit freundlicher Genehmigung von Ed Yourdon)

2.2.1 Begriffsdefinitionen

Definition 2.3. *System* – (Cellier 1991) „A system is characterized by the fact that we can say what belongs to it and what does not, and by the fact that we can specify how it interacts with its environment. System definitions can furthermore be hierarchical. We can take the piece from before, cut out a yet smaller part of it, and we have a new 'system'.", s. Abb. 2.5.

Definition 2.4. *System* – (Schnieder 1999) „Ein System wird durch das Vorhandensein bestimmter Eigenschaften gekennzeichnet und durch folgende vier *Axiome* charakterisiert:

- **Strukturprinzip** Das System besteht aus einer Menge von Teilen, die untereinander und mit der (System-) Umgebung in wechselseitiger Beziehung stehen. Das System tritt über physikalische Größen, die den energetischen, stofflichen und informationellen Zustand des Systems beschreiben, mit seiner Umgebung in Wechselwirkung.

- **Dekompositionsprinzip** Das System besteht aus einer Menge von Teilen, die ihrerseits wieder in eine Anzahl in wechselseitiger Wirkung stehender Unterteile zerlegt werden können. Im Detail betrachtet, weisen die Unterteile wiederum eine gewisse Komplexität, d.h. allgemeine Systemmerkmale auf.

- **Kausalprinzip** Das System besteht aus einer Menge von Teilen, deren Beziehungen untereinander und deren Veränderungen selbst eindeutig determiniert sind. Im Sinne eines kausalen Wirkungszusammenhanges können spätere Zustände nur von vorangegangenen abhängen. Kausalität wird als die Logik von Abläufen verstanden.

- **Temporalprinzip** Das System besteht aus einer Menge von Teilen, deren Struktur und Zustand mehr oder weniger zeitlichen Veränderungen unterliegt. Temporalität ist die zeitliche Folge von Abläufen und Veränderungen."

Die beiden Definitionen sind letztlich gleichwertig, wobei die zweite Definition den für technische Systeme wichtigen zeitlichen Aspekt mit ins Spiel bringt. Das Kausalitätsprinzip wird im Rahmen der Modellbildung leider manchmal in einem falschen Kontext zitiert, dazu erfolgt im Abschn. 2.3.8 eine Begriffsklärung.

2.2.2 Ordnungsprinzipien

Komplexe Systeme Eine wesentliche Aufgabe der Systemmodellierung besteht im Ordnen der verschiedenen Komponenten des Systems. Unter komplexen Systemen versteht man solche Systeme, die aus sehr vielen Komponenten bestehen. Erfahrungen zeigen, dass Menschen nur in der Lage sind, eine begrenzte Zahl von Elementen in einem Bild (grafische Symbole) gleichzeitig zu überblicken und den Inhalt (Semantik) zu verstehen. Im Folgenden werden die wichtigen Entwurfsprinzipien *Strukturierung, Dekomposition, Aggregation* und *Hierarchie* beschrieben, die es ermöglichen, trotz zunehmender Detaillierung der Modelle immer nur eine begrenzte Zahl von Systemkomponenten vor Augen zu haben.

Strukturierung
- Festlegen der Beziehungen zwischen den Gebilden eines Systems nach vorzugebenden Kriterien,
- ein gegebenes System nach bestimmten Kriterien so zerlegen, dass seine Beziehungen erkennbar werden.

Dekomposition
- „Zerlegung in Grundbestandteile",
- Systeme werden in Subsysteme *dekomponiert,*
- im bestehenden Modell werden mehr Details sichtbar gemacht,
- Verfeinerung einer Struktur.

Aggregation[3]
- „Zusammenlagerung von Einzelelementen",
- Subsysteme werden zu einem System *aggregiert.*

---

[3] Aggregation ist das Gegenteil der Dekomposition.

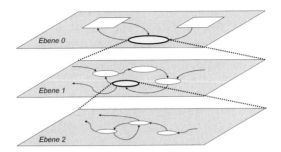

Abb. 2.6. Hierarchieebenen eines Systemmodells: *Dekomposition* von Ebene 0 →
Ebene 1, *Aggregation* von Ebene 1 → Ebene 0

Hierachie

- „(Pyramidenförmige) Rangordnung",
- Systemhierarchie: Systemdefinitionen sind *hierarchisch*, d.h. man kann einen Teil des Systems herausschneiden und diesen Teil wieder als neues System betrachten.(s. Subsysteme),
- Hierarchieebene (engl. *level*): eine spezielle Betrachtungsebene eines Systems, im Allgemeinen stellt dies ein Subsystem dar,
- obere Hierarchieebene: ein globaler Blick auf das System
- untere Hierarchieebene: ein detaillierter Blick auf das System (Blick in das Innere).

2.2.3 Modellierungselemente der Strukturierten Analyse

Einführende Betrachtungen Die aus der Softwaretechnik bekannte Methode der *Strukturierten Analyse* (engl. *SA – Structured Analysis*) bietet für den Systementwurf mechatronischer Systeme einen sehr natürlichen Zugang zur Systemmodellierung.

Im Folgenden wird eine vereinfachter Variante des YOURDONschen SA-Ansatzes (Yourdon 1989) vorgestellt. Nach Erfahrungen des Autors reichen die vorgestellten Modellierungselemente völlig aus, um ohne großes methodisches Vorwissen und ohne spezielle Werkzeugunterstützung, überschaubare mechatronische Produktfunktionalitäten innerhalb kurzer Zeit in transparenter Weise zu erzeugen[4].

---

[4] Das vorgestellte pragmatische Vorgehen wird erfolgreich am Lehrstuhl des Autors seit mehr als 10 Jahren in verbindlicher Form im Rahmen aller studentischen Projekte (Studien- und Diplomarbeiten) eingesetzt.

Eine erweiterte Form *Strukturierte Analyse mit Real Time Ergänzung* (*SA/RT*) (Hatley u. Pirbhai 1987; Hatley u. Pirbhai 1993), (Vogel-Heuser 2003) erlaubt eine strengere formale Spezifikation des zeitlich-kausalen Verhaltens und empfiehlt sich für größere (komplexere) Aufgabenstellungen.

Funktionsorientierte Modellierung Mittels strukturierter Analyse erhält man primär ein *funktionsorientiertes Modell,* weil ausgehend von den Funktionen deren *logisch-kausale* wirkungsmäßige Vernetzung über Daten bzw. Signale betrachtet werden. Es sei ferner vermerkt, dass die strukturierte Analyse zur vollständigen Systembeschreibung auch zusätzlich die *zeitlich-kausalen* Zusammenhänge über *Zustandsautomaten* modelliert.

Modellelemente

Die wichtigsten Modellelemente zur funktionsorientierten Modellierung sind in Tabelle 2.1 dargestellt.

Tabelle 2.1. Modellelemente der Strukturierten Analyse

Symbol	Bezeichnung	Erklärung
	Datenfluss (data flow)	Ein Datenfluss repräsentiert den Transport von (verallgemeinerten) *Datenpaketen* definierter Länge und Zusammensetzung.
	Steuerfluss (control flow)	Ein Steuerfluss repräsentiert den Transport von (verallgemeinerten) *Steuerdaten* definierter Länge und Zusammensetzung.
„Name" „Nummer"	Prozess, Funktion (process)	Eine Funktion wandelt eingehende Daten nach definierten Regeln in ausgehende Daten um. Bezeichnung: Prädikat + Objekt , z.B. *messe Geschwindigkeit*
Bezeichnung	Speicher (store)	Ein Datenspeicher ist ein Bereich, in dem Datenelemente über eine bestimmte Zeit gespeichert werden.
Bezeichnung	Endanwender (terminator)	Ein Endanwender repräsentiert eine Einheit (Funktion, Person, Gerät), die außerhalb des spezifizierten Systems liegt und Daten mit diesem System austauscht.

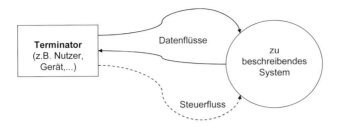

Abb. 2.7. Systemabgrenzung mittels Datenkontextdiagramm

Kontextdiagramm

Datenkontextdiagramm (engl. *DCD – Data Context Diagram*) Kontextdiagramme beschreiben die Außensicht eines Nutzers auf das zu entwickelnde System. Der Zweck des Systems wird in einem einzigen Systemprozess zusammengefasst. Dieser Systemprozess wandelt Eingaben von Terminatoren / Endanwendern in Ausgaben an Terminatoren / Endanwender um (Abb.2.7). Das Kontextdiagramm beschreibt die Interaktion des Systems mit seiner Umwelt.

Datenflussdiagramm

Datenflussdiagramm (engl. *DFD – Data Flow Diagram*) Datenflussdiagramme sind das primäre Werkzeug zur Bestimmung der funktionalen Eigenschaften eines Systems. Es konkretisiert Eigenschaften des Systems in Form von Komponentenfunktionen (Prozesse), die durch Datenflüsse verbunden sind. Ein DFD enthält Prozesse, Datenflüsse und Datenspeicherstellen, aber keine Terminatoren (Abb. 2.8).

Prozesse Ein Prozess (auch Funktion, Aktivität, Aufgabe, engl. *process, function*) erzeugt aus einer Eingabe eine Ausgabe durch das Anwenden einer Operation. Prozesse haben Namen und Nummern.

Datenflüsse Datenflüsse repräsentieren alle möglichen Arten von verallgemeinerten Informationen (Signale, Wirkflüsse) und können weiter zerlegt werden. Datenflüsse können binär, digital oder auch analog sein.

Schichtung (engl. *leveling*) Zerlegung eines Eltern-DFD in Kind-DFDs mit steigendem Detaillierungsgrad. Die Zerlegungsebenen können unterschiedlich tief sein.

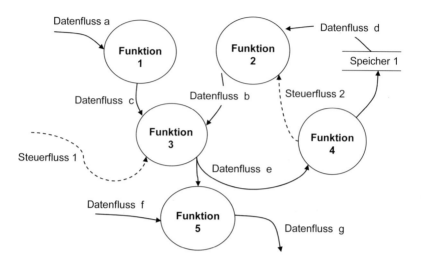

Abb. 2.8. Funktionsdekomposition mittels Datenflussdiagramm

Ausgleich (engl. *balancing*) Test auf inkonsistente Datenflüsse. Ein- und Ausgehende Datenflüsse von Eltern- und Kindprozessen müssen überein-stimmen. Datenflüsse ohne Quelle oder ohne Ziel erzeugen Inkonsisten-zen, die automatisch oder manuell getestet werden können. Je Ebene soll-ten günstiger Weise *fünf bis sieben* (max. zehn) Prozesse (Funktionen) aufscheinen (eine größere Anzahl wird zu unübersichtlich und ist vom Entwerfer nur noch schwer durchschaubar.

Prozessspezifikation (engl. *PSPEC – Process Specification*) Ein Prozess wird solange zerlegt, bis eine kurze und eindeutige Beschreibung möglich ist. Als Beschreibungsmittel ist alles erlaubt, was der Eindeutigkeit des Inhaltes dient, z.B. Tabellen, verbale Beschreibung, Gleichungen, rege-lungstechnische Übertragungsfunktionen. *PSPECs* können auf allen Ver-feinerungsebenen auftreten (Abb.2.9).

PSPEC Funktion x.y
- textuelle Spezifikation
- Pseudocode
- mathematische Gleichungen, etc.

Abb. 2.9. Funktionsdefinition mittels Prozessspezifikation

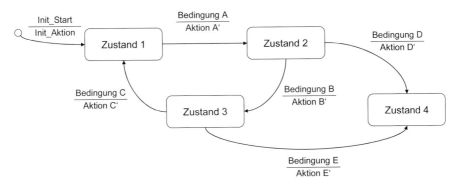

Abb. 2.10. Spezifikation der zeitlich-logischen Ausführung von Funktionen mittels Zustandsdiagramm (hier in Notation eines MEALY-Automaten)

Steuerspezifikation

Zustandsdiagramm (engl. *STD – State Transition Diagram*) Steuerspezifikationen beschreiben die Verarbeitung der Steuerflüsse. Üblicherweise lösen sie Zustandsübergänge aus oder werden mit anderen Steuersignalen verknüpft zu neuen Steuersignalen. Typische Beschreibungsmittel sind Zustandsübergangsdiagramme, Entscheidungstabellen, verbale Beschreibungen. Jeder Prozess hat im Allgemeinen *seine* eigene Steuerspezifikation. In Abb. 2.10 ist beispielhaft ein Zustandsdiagramm in Notation eines *MEALY-Automaten* (Litz 2005) gezeichnet. Bei einem aktiven *Zustand 1* wird bei Erfüllen der *Bedingung A* der neue *Zustand 2* aktiviert (und gleichzeitig *Zustand 1* deaktiviert) und die *Aktion A'* ausgeführt.

Datenlexikon

(engl. *DD – Data Dictionary*) Jeder Daten- und Steuerfluss sowie alle Speicherstellen müssen im Datenlexikon definiert werden. Flüsse sind entweder Primitive oder Nicht-Primitive, letztere bestehen aus Primitivengruppen. Ein Datenlexikon wird meist rechnerlesbar abgelegt und kann verbal, tabellarisch oder als Datenbank formuliert sein.

Architekturdiagramm

Implementierungstechnische Struktur Das Architekturdiagramm beschreibt eine implementierungstechnische Struktur, welche die funktionalen Zusammenhänge eines DFD realisiert (gerätetechnische Einheiten und

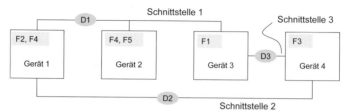

Abb. 2.11. Zuordnung von Funktionen und Datenflüssen zu gerätetechnischen Komponenten mittels Architekturdiagramm

ihre Verknüpfungen – *Gerätearchitektur*, Abb. 2.11). Zusätzlich wird die Verteilung der Funktionen auf Geräteeinheiten und die Verteilung der Datenflüsse auf Geräteschnittstellen eingetragen. Damit erhält man eine *semantische* Gerätebeschreibung, d.h. „welche Aufgabe(n) hat das Gerät zu erfüllen". Ferner ergibt sich daraus eine transparente Begründung für die Existenz eines bestimmten Gerätes innerhalb einer Gerätearchitektur.

Systemmodell

Das vollständige qualitative *Systemmodell* der *Strukturierten Analyse* ist in Abb. 2.12 dargestellt. Es beschreibt in kompakter und semi-formaler Form unterschiedliche Sichten auf das System (logisch-kausal = funktional bzw. zeitlich-kausal = dynamisch), es besitzt unterschiedliche Hierarchiestufen (Kontext / DFD Ebene 1 / DFD Ebene 2/ ...) und beinhaltet eine oder mehrere mögliche Gerätearchitekturen (Entwurfsvarianten) mit Zuordnung Geräteeinheiten ↔ Funktionen.

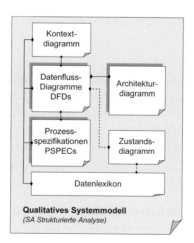

Abb. 2.12. Komplettes Systemmodell mittels Strukturierter Analyse

2.2.4 Produktbeispiel Autofokuskamera

Aufgabenstellung   Gesucht ist ein qualitatives Entwurfsmodell für eine einfache *Autofokuskamera*. Dabei sollen insbesondere die mechatronischen Aspekte für eine optimale Bildaufnahme sichtbar gemacht werden. Ferner soll für mögliche gerätetechnische Realisierungen (Entwurfsvarianten) die funktionelle Zuordnung zur vorgeschlagenen Gerätetechnik aufgezeigt werden. Es handelt sich also um typische erste Entwurfsschritte im Rahmen der Entwicklung eines neuen Produktes.

Verbale Produktspezifikation   „Die Autofokuskamera soll sehr bedienerfreundlich sein (Zielgruppe fotografischer Laie) und möglichst wenige Bedien- und Anzeigefunktionen beinhalten. Es sollen scharfe Bilder ohne spezielle Handeingriffe erzeugt werden (marktübliche Autofokusfunktion). Die Kamera soll mit handelsüblichen Filmrollen arbeiten (Schwarz-Weiß, Farbe). Es sollen handelsübliche, wieder aufladbare Akkus verwendbar sein. Die Kamera soll im Low-cost-Bereich angesiedelt sein, möglichst geringes Gewicht aufweisen und eine möglichst lange Betriebszeit mit voll aufgeladenem Akkusatz ermöglichen."

Typischerweise werden Nutzeranforderungen (z.B. vom Marketing) rein verbal formuliert und beinhalten noch große Entwurfsfreiheiten. Diese Freiheiten sind in weiterer Folge mittels der formalen qualitativen Systemmodelle in Kooperation mit dem Auftraggeber (z.B. mit dem Marketing) einzuschränken.

Kontextdiagramm   Hier ist bereits die wesentliche Produktaußensicht, d.h. wie der Nutzer die Kamera sieht, erkennbar (Abb. 2.13). Im Grunde genommen kann mit den vorhandenen Datenflüssen und einer PSPEC der Hauptfunktion F0 bereits eine erste Version des Bedienhandbuches geschrieben werden. Die Datenflüsse sind alphanumerisch kodiert, um eine spätere Referenzierung zu erleichtern (D0.x = Ebene 0).

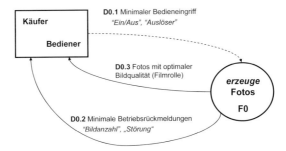

Abb. 2.13. Ebene 0 – Datenkontextdiagramm für Autofokuskamera

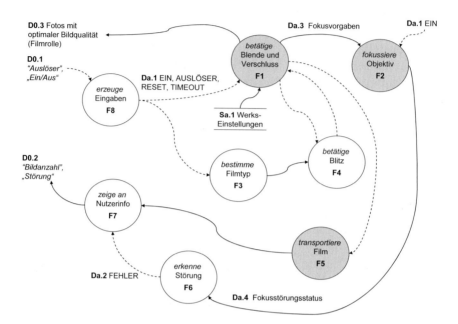

Abb. 2.14. Ebene a – Datenflussdiagramm für Hauptfunktion F0 *erzeuge_Fotos.* Mechatronische Funktionen sind grau hinterlegt (Beschriftung nur auszugsweise)

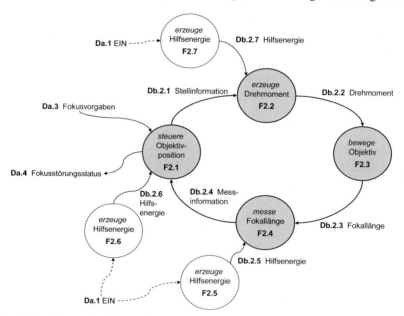

Abb. 2.15. Ebene b – Datenflussdiagramm für Funktion F2 *fokussiere_Objektiv.* Mechatronische Funktionen sind grau hinterlegt.

Datenflussdiagramme Bereits auf der *ersten* Ebene-*a* (Abb. 2.14), unterhalb des Kontextdiagramms, sind erste Kandidaten für mechatronische Funktionen sichtbar (F1, F2, F5), dort müssen offensichtlich massebehaftete Körper zielgerichtet bewegt werden. Mit acht Funktionen ist das DFD gerade noch lesbar, eine größere Anzahl würde das DFD sehr unübersichtlich machen.

Die Dekomposition ist natürlich alles andere als einzigartig, sie ist das Ergebnis einer subjektiven Systemsicht des Entwurfsingenieurs und sollte mit dem Auftraggeber abgestimmt sein. Die textuelle Darstellung von Datenflüssen und Funktionen erleichtert offensichtlich diesbezügliche Diskussionen über Fachgrenzen hinweg (bis hin zu technischen Laien). Die Funktionen und Datenflüsse sind alphanumerisch kodiert, um eine spätere Referenzierung zu erleichtern (Da.x = Ebene a, Fi = Funktion i).

Die Funktion F7 *fokussiere_Objektiv* ist in der *zweiten* Ebene-*b* weiter dekomponiert (Abb. 2.15). Man erkennt hier schon deutlich eine geschlossene mechatronische Wirkungskette, die Kodierung von Funktionen und Datenflüssen ist wie gehabt (Db.x = Ebene b, F2.j = Unterfunktion j von F2).

PSPECs Obwohl die Funktionsbezeichnungen der DFD-Funktionselemente bereits sehr gut im Klartext interpretierbar sind, empfiehlt es sich, die Funktionsinhalte noch weiter zu spezifizieren.

Im vorliegenden Fall (Abb. 2.16) ist für die Funktion F2 *fokussiere_Objektiv* eine detaillierte verbale Spezifikation gegeben und mit wichtigen numerischen Leistungsparametern ergänzt. Allerdings ist zum jetzigen Zeitpunkt offenbar der konkrete Parameter nicht bekannt und deshalb mit *TBD = to be defined* angegeben. Der konkrete Wert muss dann im weiteren Entwurfsprozess spezifiziert werden.

Zustandsdiagramm In diesem Diagramm (Abb. 2.17) ist das Ablaufmodell mit den Betriebsarten der Kamera sichtbar. Man beachte, dass die Überführungsbedingungen des Zustandsautomaten aus der Menge der Kontrollflüsse genommen werden müssen.

PSPEC F2 *fokussiere_Objektiv*
Das Objektiv soll automatisch so bewegt werden, dass eine scharfe Abbildung sichergestellt wird. Dazu soll ein ausgewähltes Objekt vor dem Objektiv als Referenz gewählt werden.
Die Fokallänge soll auf <u>TBD</u> [mm] genau positioniert werden. Der automatische Einstellvorgang soll nach max. *TBD* [sec] beendet sein.

Abb. 2.16. PSPEC für Unterfunktion F2 *fokussiere_Objektiv* (*TBD = to be defined*)

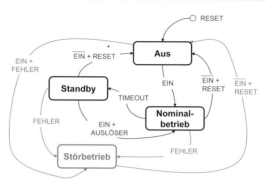

Abb. 2.17. Zustandsdiagramm für Hauptfunktion F0 *erzeuge_Fotos* (auf die Spezifikation der Aktionen der MEALY-Automatendefinition nach Abb. 2.10 wurde hier aus Übersichtlichkeitsgründen verzichtet)

Ebene	Datenfluss	Typ	Beschreibung
0	**D0.1** Minimaler Bedieneingriff	C	Bedienhandlung durch Nutzer
	D0.2 Minimale Betriebsrück-meldung	D	Rückmeldung an Nutzer
	D0.3 Fotos mit optimaler Bild-qualität	D	Ausgabe: belichtete und lichtgeschützt aufgerollte Filmroll
a	**Da.1** EIN, AUSLÖSER, RESET. TIMEOUT	C	interne Steuersignale
	Da.2 FEHLER	C	internes Steuersignal
	Da.3 Fokusvorgaben	D	Betriebsvorgaben, Standardeinstellung durch Werk
⋮	⋮	⋮	
b	**Db.2.1** Stellinformation	D	berechnetes Stellsignal
	Db.2.2 Drehmoment	D	Drehmoment am Objektiv
	Db.2.3 Fokallänge	D	physikalische Fokallänge
	Db.2.4 Messinformation	D	gemessene Fokallänge
	Db.2.5 Hilfsenergie	D	Hilfsenergie für Messung
⋮	⋮	⋮	

Abb. 2.18. Datenlexikon für Hauptfunktion F0 *erzeuge_Fotos* (Auszug)

Datenlexikon   In dieser kompakten Darstellung (Abb. 2.18) können alle Datenflüsse näher beschrieben werden (*D* = Datenfluss, *C* = Kontrollfluss).

Entwurfsvarianten   In Abb. 2.19 und Abb. 2.20 sind *zwei* verschiedene *Entwurfsvarianten* (Alternativen) für die Funktion F2 *fokussiere_Objektiv* dargestellt. In beiden Fällen werden die gleichen funktionellen Eigenschaften mittels unterschiedlicher Gerätetechnik realisiert. Die gerätetechnische Konzeption liegt völlig in der Hand des Entwurfsingenieurs, beispielsweise ist die Entwurfsentscheidung, zwei Mikrokontroller zu verwenden, in entsprechender Weise zu begründen.

Wichtig ist hier die *Zuordnung* der *Funktionen* und *Datenflüssen* des DFD zu den *Geräteeinheiten*. Damit wird klar, welche Aufgaben dieser Geräte zu erfüllen haben und zum anderen werden hier auch unmittelbar die *Hardwareschnittstellen* mit ihren Dateninhalten sichtbar gemacht. Man beachte, dass *erst hier* eine weitergehende *physikalische Modellierung* beginnen kann (s. Abschn. 2.3). Erst an dieser Stelle sind nämlich *Kandidaten* für *konkrete gerätetechnische Einheiten* bekannt, z.B. DC-Motor oder Piezomotor. Die Maßgabe, dass solche Geräteelemente verwendet werden, begründet sich im dargestellten Entwurfsbeispiel eindeutig aus den Funktionen als Konkretisierung der Nutzeranforderungen. Insofern ist eine derart abgeleitete Gerätearchitektur nachvollziehbar und klar begründet, keines der Geräteelemente „fällt irgendwie vom Himmel". Unbenommen bleibt natürlich die konkrete Auswahl sachlich zu begründen. Im vorliegenden Fall ergeben sich für die beiden Varianten DC-Motor und Piezomotor ganz *unterschiedliche Eigenschaften*, z.B. Geräteaufwand (wenige Elemente bei Piezo), Hilfsenergie (Hochvolt bei Piezo), Bewegungsverhalten, Masse, Kosten. Eine endgültige Auswahl kann nur nach einer Analyse aller Verhaltens- und Leistungseigenschaften erfolgen. Als Ausgangsbasis dient aber für alle diese weitergehenden Untersuchungen das qualitative funktionelle Systemmodell.

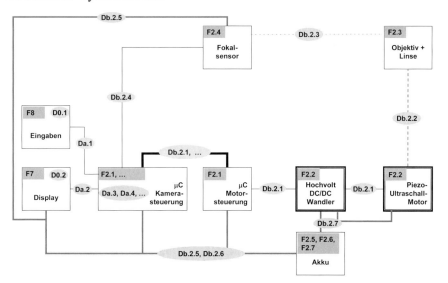

Abb. 2.19. Entwurfsvariante A für Funktion F2 *fokussiere_Objekt* mit *DC-Motor und Getriebe* – Architekturdiagramm mit Zuordnung Funktionen/Datenflüsse ↔ Gerätetechnik

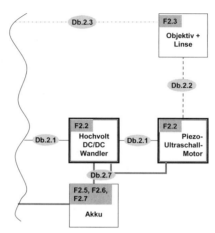

Abb. 2.20. Entwurfsvariante B für Funktion F2 *fokussiere_Objektiv* mit *getriebe-losem Piezo-Ultraschallmotor* – Architekturdiagramm (Ausschnitt) mit Zuord-nung Funktionen/Datenflüsse ↔ Gerätetechnik

Nomenklatur   Die Strukturierte Analyse kennt keine standardisierte No-menklatur, lediglich bei der Verwendung von rechnergestützten Werkzeu-gen sind strikte Syntaxregeln einzuhalten. Im vorliegenden Beispiel wurde eine sehr einfache und pragmatische Nomenklatur verwendet, die sich aus der langjährigen Erfahrung des Autors im industriellen Bereich und im Lehrbetrieb als sehr nützlich erweisen hat. Als wichtigstes Syntaxelement hat sich die *alphanumerische Kodierung* erwiesen, womit eine einfache, prägnante und eindeutige Benennung von Modellgrößen möglich wird. Im vorliegenden Beispiel sieht man auch sehr schön, dass die Strukturierte Analyse leicht *ohne spezielle Werkzeuge* anwendbar ist und häufig ver-wendete Textverarbeitungswerkzeuge durchaus ausreichen.

2.2.5 Alternative Modellierungsmethoden

Objektorientierte Systemmodellierung mit UML

Unified Modeling Language – UML   Neben der bereits angesprochenen *Strukturierte Analyse mit Real Time Ergänzung (SA/RT)* nach *Hatley* und *Pirbhai* sei aus Gründen des ingenieurmäßigen Zuganges und der interna-tionaler Akzeptanz als einzige ernsthafte Alternative für eine *umfassende* Systemmodellierung der *objektorientierte* Formalismus *Unified Modeling Language (UML)* genannt (Oestereich 2006), (Vogel-Heuser 2003).

UML Modellelemente Die semi-formalen Modellierungselemente von UML folgen *objektorientierten* Paradigmen und bieten die Möglichkeit, *strukturelle* und *dynamische* Systemsichten in folgenden Diagrammtypen abzubilden:

- *Strukturdiagramme*: Klassendiagramm, Objektdiagramm, Anwendungs-falldiagramm, Paketdiagramm, Zusammenarbeitsdiagramm,
- *Architekturdiagramme* (abgeleitete Untergruppe der Strukturdiagramme): Kompositionsstrukturdiagramm, Komponentendiagramm, Subsystemdiagramm, Einsatz- und Verteilungsdiagramm,
- *Verhaltensdiagramme*: Aktivitätsdiagramm, Zustandsdiagramm (als spezielle Art Zustandsdiagram wird der sog. Protokollautomat spezifiziert),
- *Interaktionsdiagramme* (abgeleitet von den Verhaltensdiagrammen): Sequenzdiagramm, Kommunikationsdiagramm, Zeitdiagramm, Interaktionsübersicht.

UML eignet sich besonders gut zur Modellierung und Spezifikation von *komplexen Systemen* und wird vor allem in der Softwaretechnik eingesetzt. Seit 1997 ist *UML* zu einem *internationalen Standard* erhoben[5] und wird durch ein hervorragendes Angebot an Rechnerwerkzeugen unterstützt (vorwiegend für den Softwareentwurf, jedoch gleichermaßen geeignet für den allgemeinen Systementwurf). Neuere Ergänzungen erlauben deutlich verbesserte Möglichkeiten der Spezifikation von Anforderungen, Systemblöcken und Allokationen (s. SysML[6]) sowie zeitlichen Eigenschaften und Leistungsparametern, s. *Profile for Modeling and Analysis of Real-time and Embedded systems* (*MARTE*)[7].

Modellverifikation UML selbst ist, wie auch SA und SA/RT, ein *semi-formaler* Formalismus, dessen Modellbeschreibungen weder streng formal (analytisch) verifizierbar sind, noch direkt in ablauffähige Modelle (Simulationsmodelle) münden. Die entstehenden rechnergestützten Modelle können von Werkzeugen zwar auf syntaktische Integrität geprüft werden, es sind jedoch keine wesentlichen semantischen Integritätsprüfungen möglich. Damit bieten diese Systemmodelle zwar strukturierte Modellinformation, es können jedoch noch beliebige Inkonsistenzen im logisch-kausalen wie zeitlich-kausalen Ablauf vorhanden sein. Bei quantitativen Modellen

---

[5] www.omg.org
[6] http://www.sysml.org/, September 2009
[7] http://www.omgmarte.org/Specification.htm, September 2009

(komplexe nichtlineare dynamische Systeme, s. Abschn. 2.3) umgeht man mit Simulationsexperimenten fehlende Möglichkeiten einer umfassenden analytischen Verifikation. Dieses Vorgehen wird auch verstärkt in neueren Arbeiten zu *ablauffähigen UML-Modellen* untersucht, z.B. (Koycheva u. Janschek 2007), sodass zukünftig auch die simulationsbasierte Nutzung von UML-Systemmodellen verstärkt zu beachten sein wird.

Handhabung Aus mechatronischer Anwendersicht stellt UML sicher wesentlich höhere Anforderungen an das formale Abstraktionsvermögen des Entwurfsingenieurs als die Strukturierte Analyse. Die funktionsorientierte Denkweise der SA deckt sich sehr schön mit regelungstechnischen Betrachtungsweisen und ist somit direkt, auch ohne weitere Schulung, anwendbar. Um UML wirklich sinnvoll nutzen zu können, sind objektorientierte Denkschulung und praktische Entwurfsübungen unbedingt zu empfehlen. Diese Vertrautheit mit der Modellierungssyntax und dem Denkansatz der Objektorientierung ist notwendig, um die formalen Anforderungen an die Modelle zu erfüllen. Insofern ist für einen *Einstieg* in die systematische und strukturierte Systemmodellierung doch eher die Strukturierte Analyse zu empfehlen, sie führt bei Problemen kleiner bis mittlerer Komplexität nach Erfahrungen des Autors in kurzer Zeit zu sehr brauchbaren Ergebnissen.

Modellgestützter Systementwurf

Ein alternativer Ansatz, der sich zunehmend bei Mechatronikanwendern (speziell aus der Automobilindustrie) großer Beliebtheit erfreut, ist der so genannte *modellgestützten Systementwurf* (Rau 2002), (Conrad et al. 2005), (Short u. Pont 2008). Dahinter verbergen sich im Allgemeinen *keine* qualitative Systemmodellierung im obigen Sinne, sondern quantitative *hybride* Systemmodelle, mit gemischt *ereignisdiskretem* und *kontinuierlichem* Verhalten (s. Abschn. 2.5). Zur Modellierung von ablauforientierten Eigenschaften werden dazu verallgemeinerte Zustandautomaten in Kombination mit blockorientierten Beschreibungssprachen eingesetzt (z.B. STATEFLOW / SIMULINK (Angermann et al. 2005)). Durch die hierarchische Struktur dieser Werkzeuge können strukturelle Eigenschaften mittels hierarchischer Subsystemstrukturen abgebildet werden (SIMULINK) und mit ablauforientierten Modellteilen gekoppelt werden (STATEFLOW). Bei konsequenter Modellierung können so die Beschreibungselemente Datenflussdiagramm und Zustandsdiagramm der Strukturierten Analyse bis zu einem gewissen Grad in ablauffähige Modelle transformiert werden. Man erhält dadurch ablauffähige Spezifikationen, die im Laufe des Entwurfsprozesses immer mehr verfeinert werden können. Während zu Beginn rein textuelle PSPECs in Form von Textkommentaren von SIMULINK-Blöcken benutzt werden, können diese Texte im weiteren Entwurfsverlauf im Sinne einer *Evolution von Systemmodellen* schrittweise durch mathematische Funktionen (Übertragungsfunktionen, Zustandsmodelle, etc.) ersetzt werden. Besonders reizvoll an diesem Konzept sind die Möglichkeiten der direkten Codegenerierung und ein unmittelbares Testen der Modelle im Rahmen eines *Rapid Prototyping*.

2.3 Modellierungsparadigmen für mechatronische Systeme

Modellierungsziele Die physikalische Modellbildung bei mechatronischen Systemen ist in besonderem Maße durch den multidisziplinären Charakter (Multidomänen) der unterschiedlichen Teilsysteme geprägt. Das Ziel sind natürlich einheitlich darstellbare abstrakte Modelle, um das Gesamtverhalten in einem *domänenunabhängigen Modell* darstellen zu können. In den weiteren Abschnitten wird dies durch eine Überführung und Vereinfachung von grundlegenden physikalisch basierten Modellgleichungen (Differenzialgleichungen, algebraische Gleichungen) in lineare zeitinvariante (LTI) Modelle in Frequenzbereichsdarstellung (Übertragungsfunktionen) erfolgen. Damit können eine Reihe von aussagekräftigen Verhaltensanalysen mit eingeführten (kommerziellen) Rechnerwerkzeugen sehr effizient durchgeführt werden. Zur Handhabung von komplexeren *High-fidelity*-Modellen müssen allerdings weitergehende Modellierungsansätze bemüht werden.

Modellierungslinien Ausgehend von der Systembetrachtung mit *konzentrierten Systemelementen* und allgemeingültigen Energieerhaltungssätzen lassen sich grundsätzlich zwei Modellierungslinien erkennen (Abb. 2.21)

- *energiebasierte Modellierung* unter Nutzung von *skalaren Energiefunktionen* (LAGRANGEscher Formalismus, HAMILTONsche Gleichungen)
- *mehrpolbasierte Modellierung* unter Nutzung von *komponentenbasierten* Systemmodellen mit *leistungserhaltenden Verschaltungsgesetzen* (KIRCHHOFFsche Netzwerke, Bondgraphen).

In beiden Modellierungslinien wird auf unterschiedliche Weise die *rück-wirkungsbehaftete* Interaktion der Teilsysteme berücksichtigt. Für den Fall von *rückwirkungsfreien* KIRCHHOFFschen Netzwerken kann eine verein-fachte Modellierung auf der Basis von *signalgekoppelten Netzwerken* (z.B. regelungstechnische Signalflusspläne) durchgeführt werden. Der Port-HAMILTONIAN-Formalismus, ein interessanter, relativ neuer Ansatz, ver-knüpft energie- und mehrpolbasierte Modellierungseigenschaften und er-möglicht eine spezielle Modellform, die insbesondere für den nichtlinearen Reglerentwurf nutzbar ist.

Gemeinsame Modellbasis – DAE-Systeme   Alle angeführten Modellie-rungsparadigmen lösen die Aufgabe, physikalische Verhaltenseigenschaf-ten des *verkoppelten heterogenen* mechatronischen Systems in ein *domä-nenunabhängiges* mathematisches Modell in Form eines Differenzial-algebraischen Gleichungssystems (DAE-System) bzw. Zustandsmodells abzubilden. Dieses mathematische Modell ist dann der Ausgangspunkt für alle weiteren Verhaltensanalysen.

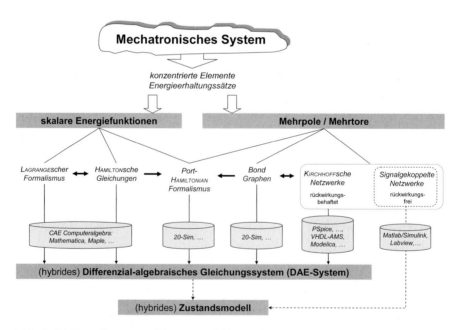

Abb. 2.21. Paradigmen und kommerzielle Rechnerwerkzeuge für die Multidomä-nenmodellierung von mechatronischen Systemen auf der Basis von Verhaltensbe-schreibungen mit konzentrierten Elementen

Eine ausführliche Diskussion dieser Ansätze würde den Rahmen dieses Buches bei weitem sprengen, es sei dazu auf die entsprechende Standard- bzw. Spezialliteratur verwiesen. Um das Verständnis für die Problematik zu schärfen und um eingeführte Simulationsansätze und -werkzeuge einordnen zu können, soll im Folgenden ein kompakter Abriss zu eingeführten Modellierungsparadigmen für eine Multidomänenmodellierung mechatronischer Systeme gegeben werden. Aufgrund ihrer grundlegenden Bedeutung und leichten Handhabbarkeit werden der LAGRANGEsche Formalismus und der KIRCHHOFFsche Netzwerkansatz etwas ausführlicher dargestellt. Zudem werden diese beiden Ansätze in den nachfolgenden Kapiteln zu Modellbildung von funktionsrealisierenden physikalischen Phänomenen verwendet (Kap. 5 bis 8).

2.3.1 Generalisierte Leistungs- und Energiegrößen

Axiomatisches Gebäude   Alle dargestellten Modellierungsparadigmen basieren auf allgemeingültigen Energieerhaltungsätzen. Um den Zusammenhang dieser unterschiedlichen Ansätze deutlich zu machen, werden im Folgenden domänenunabhängige generalisierte Größen eingeführt, die allgemein den Energietransport zwischen Teilsystemen beschreiben. Damit lässt sich ein weitgehend domänenunabhängiges, generisches axiomatisches Gebäude errichten, das nur an ganz bestimmten Stellen mit domänenspezifischen physikalischen Gesetzen, den so genannten *konstitutiven Gleichungen*, zu einem funktionsfähigen Rechenapparat ergänzt wird.

Die nachfolgenden Definitionen und Darstellungen orientieren sich konzeptionell weitgehend an (Wellstead 1979), allerdings aus darstellerischen Gründen mit teilweise anderen Symbolen. Für einen tiefer gehenden Hintergrund zu den auf diesem axiomatischen Gebäude beruhenden und in den nächsten Abschnitten vorgestellten Modellierungsansätzen sei der interessierte Leser auf die sehr lesenswerte Monografie (Wellstead 1979) verwiesen.

Definition 2.5. *Generalisierte Energiegrößen* – Zur Modellierung mechatronischer Systeme seien die folgenden generalisierten Energiegrößen definiert:

- Generalisierte *potenzielle Kraft*, *Potenzialgröße*, (engl. verallgemeinert *effort*) e
- Generalisierte *Geschwindigkeit*, *Flussgröße*, (engl. verallgemeinert *flow*) f

- Generalisierter *Impuls*

$$p(t) := \int_{t_0}^{t} e(\tau) \cdot d\tau + p(t_0) \ \text{ bzw. } \ dp = e \cdot dt \, , \, e = \dot{p}$$

- Generalisierte *Koordinate, Auslenkung*

$$q(t) := \int_{t_0}^{t} f(\tau) \cdot d\tau + q(t_0) \ \text{ bzw. } \ dq = f \cdot dt \, , \ f = \dot{q}$$

- Generalisierte Leistung

$$P(t) := \frac{dE(t)}{dt} := f(t) \cdot e(t) = \frac{dq}{dt} \frac{dp}{dt}$$

- Generalisierte Energie

$$dE(t) = P(t) \cdot dt = f(t) \cdot e(t) \cdot dt = \frac{dq}{dt} e \cdot dt = e \cdot dq = f \frac{dp}{dt} dt = f \cdot dp$$

$$\Rightarrow \quad E(t) = \int_{t_0}^{t} f(\tau) \cdot e(\tau) \, d\tau$$

- Generalisierte potenzielle Energie

$$V(q) = \int_{q_0}^{q} e(q) \cdot dq \tag{2.1}$$

- Generalisierte potenzielle Koenergie

$$V^*(e) = \int_{e_0}^{e} q(e) \cdot de$$

- Generalisierte kinetische Energie

$$T(p) = \int_{p_0}^{p} f(p) \cdot dp$$

- Generalisierte kinetische Koenergie

$$T^*(f) = \int_{f_0}^{f} p(f) \cdot df \tag{2.2}$$

Eine summarische Darstellung dieser definitorischen Zusammenhänge ist in Abb. 2.22 und Abb. 2.23 gegeben.

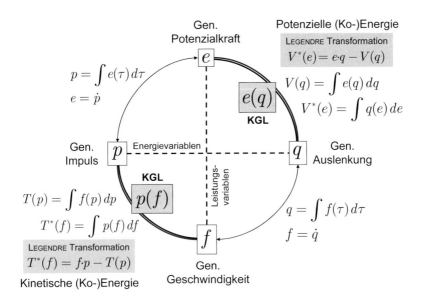

Abb. 2.22. Generalisierte Energiegrößen – definitorische Zusammenhänge I (KGL … konstitutive Gleichungen)

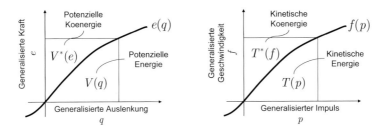

Abb. 2.23. Generalisierte Energiegrößen – definitorische Zusammenhänge II

Konjugierte Variablen Man nennt das Tupel (p, q) zwei zueinander *konjugierte Energievariablen* bzw. das Tupel (e, f) zwei zueinander *konjugierte Leistungsvariablen*.

Konstitutive Gleichungen In den Gleichungen der generalisierten Energiegrößen repräsentieren die so genannten *konstitutiven Gleichungen* $e = e(q)$ bzw. die inverse Gleichung $q = q(e)$, sowie $\dot{q} = \dot{q}(p)$ bzw. $p = p(\dot{q})$ die *domänenspezifischen physikalischen Gesetze*, welche diese Energiegrößen miteinander in Bezug setzen.

Für die häufigsten Anwendungen bieten die generalisierten Auslenkungskoordinaten q bzw. $\dot{q}$ zusammen mit den konstitutiven Gleichungen $e = e(q)$ und $p = p(\dot{q})$ eine günstige Ausgangsbasis für die Modellbildung.

Energie und Koenergie Die Energie- und Koenergiegrößen sind nur dann gleich, wenn zwischen den Energie- und Leistungsvariablen eine *lineare* Beziehung besteht (Abb. 2.23), d.h.

$$e = \alpha \cdot q \quad \text{bzw.} \quad f = \dot{q} = \frac{1}{\beta} \cdot p \,.$$

Energie und Koenergie sind generell über eine so genannte LEGENDRE-Transformation miteinander verbunden

$$V^*(e) = e \cdot q - V(q)$$
$$T^*(f) = f \cdot p - T(p) \,.$$

NEWTONsche Mechanik Im Rahmen der NEWTONschen Mechanik mit konzentrierten Parametern besteht zwischen Impuls und Geschwindigkeit eine *lineare* Beziehung, d.h. Impuls $p = M(x) \cdot v$ bzw. Drehimpuls $h = I(\theta) \cdot \omega$. Damit sind die kinetische Energie T und Koenergie T^* gleich groß.

Erst bei *relativistischen* Effekten unterscheiden sich kinetische Energie T und Koenergie T^* (Abb. 2.24) wegen

$$p = \frac{mv}{\sqrt{1 - v^2/c^2}}, \quad \text{c ... Lichtgeschwindigkeit.}$$

Bei den in diesem Buch betrachteten Anwendungen sollen relativistische Effekte jedoch keine Rolle spielen.

Auf einen wichtigen Aspekt sei jedoch noch hingewiesen. Üblicherweise arbeitet man im Rahmen der NEWTONschen Mechanik mit der kinetischen *Koenergie*

$$T^*(\dot{q}) = \int\limits_0^{\dot{q}} p(\dot{q}) \cdot d\dot{q} = \int\limits_0^{\dot{q}} m \cdot \dot{q} \cdot d\dot{q} = \frac{1}{2} m\dot{q}^2 = \frac{1}{2} mv^2 \,.$$

Dies ist wegen der Gleichheit von T und T^* in vielen Anwendungen nicht weiter relevant (solange die NEWTONschen Voraussetzungen erfüllt sind!). Vorsicht ist jedoch bei Verwendung des LAGRANGEschen Formalismus geboten (s. Abschn. 2.3), weil dort sehr wohl zwischen Energie- und Koenergiefunktionen unterschieden werden muss.

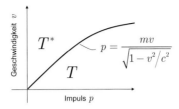

Abb. 2.24. Mechanische kinetische (Ko-)Energie bei relativistischen Effekten

Tabelle 2.2. Leistungs- und Energiegrößen für ausgewählte physikalische Domänen und linearen Energiespeichern (SI-Einheiten; Generalisierte Koordinaten = domänenspezifische generalisierte Auslenkungen)

	Generalis. Koordinate (Auslenkung)	Generalis. Geschwindigkeit *Flussgröße*	*Konstitutive Gleichungen*				
Systemtyp	Generalis. Koordinate (Auslenkung)	Generalis. Geschwindigkeit *Flussgröße*	Generalis. Impuls	Generalis. Potenzielle Kraft *Potenzialgröße*	Allg. Generalis. Kraft (Anregung)	Kinetische Koenergie	Potenzielle Energie
		– flow –		*– effort –*			
	q	$\dot{q}$	$p(\dot{q})$	$e(q)$	$e(q)$	$T^*(q,\dot{q})$	$V(q)$
mechanisch Translation	Position [m] x	Geschwindigkeit [m/s] $\dot{x} = v$	Impuls [Ns] $p = M\dot{x}$	Kraft [N] $F = Kx$	Kraft [N] F	$\dfrac{1}{2}M\dot{x}^2$	$\dfrac{1}{2}Kx^2$
mechanisch Rotation	Drehwinkel [rad] θ	Drehrate [rad/s] $\dot{\theta} = \omega$	Drall [Nms] $h = J\dot{\theta}$	Drehmoment [Nm] $\tau = K\theta$	Drehmoment [Nm] τ	$\dfrac{1}{2}J\dot{\theta}^2$	$\dfrac{1}{2}K\theta^2$
elektrisch	Ladung [C=As] q	Strom [A=C/s] $\dot{q} = i$	Flussverkettung [Vs] $\psi = L\dot{q}$	Spannung [V] $u = \dfrac{1}{C}q$	Spannungsquelle [V] u	$\dfrac{1}{2}L\dot{q}^2$	$\dfrac{1}{2C}q^2$
hydraulisch	Volumen [m³] V	Volumenstrom [m³/s] Q	Druckimpuls [Ns/m²] $p_P = I_h Q$	Druck [N/m²] $P = \dfrac{1}{C_h}V$	Druck [N/m²] P	$\dfrac{1}{2}I_h Q^2$	$\dfrac{1}{2C_h}V^2$

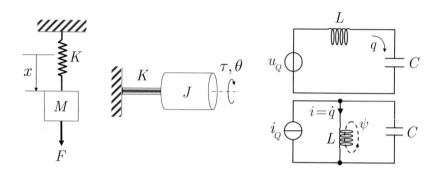

Abb. 2.25. Elementare physikalische Systeme (mechanisch, elektrisch)

Domänenspezifische Beziehungen

In Tabelle 2.2 sind beispielhaft für einige ausgewählte physikalische Domänen die domänenspezifischen Energiegrößen und die relevanten konstitutiven Gleichungen dargestellt. Zugehörige elementare mechanische und elektrische Systemkonfigurationen mit linearen *Energiespeichern* sind in Abb. 2.25 gezeigt.

Mechanische Leistungsgrößen bei KIRCHHOFFschen Netzwerken Interessanterweise verwendet man im Bereich der KIRCHHOFFschen Netzwerkmodellierung für mechanische Systeme häufig eine etwas unterschiedliche Definition der Flussgrößen (*flow*) und Differenzgrößen (Potenzialgrößen, *effort*), (Ballas et al. 2009), (Reinschke u. Schwarz 1976). Man vertauscht dort die konjugierten Leistungsvariablen $e \rightleftarrows f$ bei ansonsten gleichen definitorischen Beziehungen (s. Tabelle 2.3).

Man beachte, dass sich mit dieser unterschiedlichen Zuordnung die Leistung $P = e \cdot f$ nicht ändert. Allerdings ändert sich, wie leicht nachzuprüfen ist, die definitorische Zuordnung der potenziellen und kinetischen (Ko-)Energie. Aus diesem Grund verwendet man bei Anwendung des energiebasierten LAGRANGEschen Formalismus besser die in Tabelle 2.2 definierten Leistungs- und Energiegrößen zur Modellierung (s. Abschn. 2.3.2).

Tabelle 2.3. Netzwerkbasierte Leistungs- und Energiegrößen für mechanische Systeme (SI-Einheiten)

Systemtyp	Integrierte Flussgröße	Flussgröße – flow –	Konstitutive Gleichungen	
			Integrierte Differenzgröße	Differenzgröße *Potenzialgröße* – *effort* –
	q	f	$p(f)$	$e(q)$
mechanisch Translation	Impuls [Ns] p	Kraft [N] F	Position [m] $x = \dfrac{1}{K} F$	Geschwindigkeit [m/s] $v = \dfrac{1}{M} p$
mechanisch Rotation	Drall [Nms] h	Drehmoment [Nm] τ	Drehwinkel [rad] $\theta = \dfrac{1}{K} \tau$	Drehrate [rad/s] $\omega = \dfrac{1}{J} h$

2.3.2 Energiebasierte Modellierung – LAGRANGEscher Formalismus

Hintergrund Eine äußerst elegante Möglichkeit der domänenübergreifenden Modellierung bietet auf der Basis der Variationsrechnung der *LAGRANGEsche Formalismus* (Schultz u. Melsa 1967), (Kuypers 1997), (Wellstead 1979). Unter Nutzung der generalisierten Energie- und Leistungsgrößen (Tabelle 2.2) lassen sich aber nicht nur die Bewegungsgleichungen für *mechanische* Systeme ableiten (Standardlehrstoff im Rahmen von Mechanikvorlesungen), sondern in ganz natürlicher Weise auch die dynamischen Gleichungen für *heterogene physikalische* Systeme, insbesondere für *mechatronische* Systeme, erzeugen.

Die Grundidee des LAGRANGEschen Formalismus wird als bekannt vorausgesetzt, zum Auffrischen bzw. Kennenlernen wird dem interessierten Leser eine der oben zitierten Monografien empfohlen. Im Folgenden werden die wesentlichen Modellierungsschritte und Modellrandbedingungen dargestellt und an einem Beispiel erläutert.

Der LAGRANGEsche Formalismus dient weiterhin im *Kapitel 5 - Mechatronischer Elementarwandler* als grundlegende Modellierungsbasis zur Ableitung eines verallgemeinerten dynamischen Wandlermodells.

Generalisierte Koordinaten Als wichtige Modellierungsentscheidung hat man die Wahl von domänenspezifischen (physikalischen) generalisierten Koordinaten zu treffen. Als Kandidaten kommen die Energievariablen generalisierte *Auslenkung* (auch *Lage* genannt) q oder generalisierter *Impuls* p in Frage (s. Abb. 2.22). Beide Koordinaten sind im Grunde gleichwertig, man beachte allerdings die unterschiedliche definierten Energiefunktionen in Abhängigkeit dieser Variablen (Energie vs. Koenergie).

Bei *mechanischen* Systemen wählt man für gewöhnlich die mechanische *Auslenkung* x als generalisierte Koordinate und nutzt dann in bekannter Weise die kinetische *mechanische Koenergie* $T^*(x, \dot{x})$ [8] und die potenzielle mechanische Energie $V(x)$, s. Tabelle 2.2.

Bei *elektrischen* Systemen stellt sich die Wahl, ob man die elektrische Auslenkungskoordinate *Ladung* q_{el} oder die elektrische Impulskoordinate *Flussverkettung* ψ als generalisierte Koordinate nehmen soll. Eine detaillierte Diskussion dieses Aspektes erfolgt im *Kapitel 5 - Mechatronischer Elementarwandler*, deshalb wird dieses Thema hier nicht weiter verfolgt.

Als Kompatibilitätsgründen zu mechanischen Systemen soll im Folgenden die jeweilige *domänenspezifische Auslenkungskoordinate* als generalisierte Koordinate betrachtet werden, also die *elektrische Ladung* q_{el} bei elektrischen Teilsystemen bzw. das *Volumen* V_{fluid} bei hydraulischen Teilsystemen. Mit diesen Annahmen sind im Folgenden also immer mit die kinetischen Energie- und die potenziellen Koenergiefunktionen von Relevanz.

Konfigurationsraum – Redundante Koordinaten Ordnet man jedem Energiespeicher $\nu = 1, ..., N$ eine generalisierte Koordinate $\tilde{q}_\nu$ nach Tabelle 2.2 zu, so erhält man mit dem Vektor der generalisierten Koordinaten

$$\tilde{\mathbf{q}} = \left(\tilde{q}_1, \tilde{q}_2, ..., \tilde{q}_N \right)^T \qquad (2.3)$$

den *Konfigurationsraum* des betrachteten Systems. Da diese Koordinaten im Allgemeinen aufgrund von Konfigurationsbeschränkungen nicht unabhängig voneinander sind, nennt man sie *redundante* Koordinaten.

---

[8] In gewissen Fällen hängt die kinetische Energie nicht nur von der generalisierten Geschwindigkeit, sondern auch von der generalisierten Auslenkung (Lage) ab, z.B. ist bei einem Mehrgelenkmanipulator die Massenmatrix von den Gelenkwinkeln abhängig.

Holonome Zwangsbedingungen – Minimalkoordinaten Im Allgemeinen sind die Energiespeicher miteinander über Konfigurationsbeziehungen gekoppelt. Dies äußert sich in Abhängigkeiten der generalisierten Koordinaten, die sich im einfachsten Fall über *algebraische* Beziehungen der generalisierten Koordinaten beschreiben lassen. Man spricht dann von *holonomen* Zwangsbedingungen[9].

Mit N_{ZB} solcher *holonomer Zwangsbedingungen*

$$h_j\left(\tilde{q}_1, \tilde{q}_2, ..., \tilde{q}_N\right) = 0 \,, \quad j = 1, ..., N_{ZB} \,. \tag{2.4}$$

lassen sich N_{ZB} Komponenten der redundanten Koordinaten eliminieren (d.h. durch andere Komponenten ausdrücken) und man erhält einen Satz *unabhängiger* Koordinaten – *Minimalkoordinaten* –

$$\mathbf{q} = (q_1, q_2, ..., q_{N_{FG}})^T \,, \quad N_{FG} = N - N_{ZB} \tag{2.5}$$

wobei N_{FG} als Anzahl der *Freiheitsgrade* des betrachteten Systems bezeichnet wird.

Nichtholonome Zwangsbedingungen Falls sich die Konfigurationsbeschränkungen zwischen den redundanten generalisierten Koordinaten nicht durch algebraische Gleichungen beschreiben lassen, spricht man von *nichtholonomen*[10] Zwangsbedingungen, z.B. nichtintegrierbare Differenzialgleichungen (rollendes Rad) oder Ungleichungsbeschränkungen.

Differenzielle Zwangsbedingungen – PFAFFsche Form Die Handhabung von holonomen und nichtholonomen Zwangsbedingungen wird erleichtert, wenn man deren *differenzielle* Form betrachtet, d.h. den Zusammenhang zwischen Differenzialen der generalisierten Koordinaten. Man erhält dann Differenzialgleichungen erster Ordnung der speziellen Form – *PFAFFsche Form* –

$$\sum_{i=1}^{N} a_{ji}\left(\tilde{\mathbf{q}}\right) \cdot \dot{\tilde{q}}_i = 0 \,, \quad j = 1, ..., N_{ZB}. \tag{2.6}$$

Falls eine differenzielle Zwangsbedingung nach Gl. (2.6) aus einer holonomen Zwangsbedingung nach Gl. (2.4) abgeleitet wurde, dann gilt

---

[9] Eine detaillierte Diskussion von *holonomen* und *nichtholonomen* Zwangsbedingungen erfolgt im Kapitel 4 (Abschn. 4.3.3) und wird deshalb an dieser Stelle nicht weiter vertieft.

[10] s. Abschn. 4.3.3.

$$a_{ji} := \frac{\partial h_j\left(\tilde{\mathbf{q}}, t\right)}{\partial \tilde{q}_i}, \quad i = 1, ..., N; \ j = 1, ..., N_{ZB}. \tag{2.7}$$

EULER-LAGRANGE-Gleichungen 2. Art   Unter der Voraussetzung, dass die gewählten *Minimalkoordinaten* nicht nur *unabhängig*, sondern auch *unbeschränkt* sind, lassen sich über eine komponentenweise Konstruktion der kinetischen Koenergie $T^*(\mathbf{q}, \dot{\mathbf{q}})$ und der potenziellen Energie $V(\mathbf{q})$ die *EULER-LAGRANGE-Gleichungen 2. Art* aufstellen

$$\frac{d}{dt} \frac{\partial L(\mathbf{q}, \dot{\mathbf{q}})}{\partial \dot{q}_i} - \frac{\partial L(\mathbf{q}, \dot{\mathbf{q}})}{\partial q_i} = f_i - D_i, \ i = 1, ..., N_{FG} \tag{2.8}$$

mit der *LAGRANGE-Funktion*[11]

$$L(\mathbf{q}, \dot{\mathbf{q}}) := T^*(\mathbf{q}, \dot{\mathbf{q}}) - V(\mathbf{q}). \tag{2.9}$$

In der LAGRANGE-Funktion (2.9) verbergen sich auf einheitlich abstrakter Ebene alle *konservativen* dynamischen Anteile des modellierten heterogenen physikalischen (mechatronischen) Systems (s. Tabelle 2.2). Domänenspezifische generalisierte *eingeprägte* Kräfte f_i (s. Tabelle 2.2, Spalte 6) und *dissipative* Kräfte D_i können auf ebenso einheitlich abstrakter Ebene innerhalb der EULER-LAGRANGE-Gleichungen (2.8) (rechte Seite) berücksichtigt werden (Schultz u. Melsa 1967), (Kuypers 1997).

Das Gleichungssystem (2.8) führt auf einen Satz von nichtlinearen Differenzialgleichungen 2. Ordnung in den generalisierten Minimalkoordinaten $\mathbf{q} = (q_1, q_2, ..., q_{N_{FG}})^T$. Dieses kann leicht mittels der Zustandsdefinition $x_j := q_i$, $x_{j+1} := \dot{q}_i$ und $u_i := f_i$ in ein gut handhabbares *Zustandsmodell* der Form

$$\dot{\mathbf{x}} = \mathbf{f}\left(\mathbf{x}, \mathbf{u}, t\right) \tag{2.10}$$

übergeführt werden.

EULER-LAGRANGE-Gleichungen 1. Art   Im Falle von *nichtholonomen* Zwangsbedingungen zwischen den redundanten generalisierten Koordina-

---

[11] Beachte: Die LAGRANGE-Funktion hat nur dann die häufig verwendete Form „kinetische Koenergie minus potenzielle Energie", wenn Auslenkungskoordinaten als generalisierte Koordinaten gewählt wurden. Allgemein gilt „LAGRANGE-Funktion = Totale Koenergie minus Totale Energie".

ten $\tilde{\mathbf{q}} = (\tilde{q}_1, \tilde{q}_2, ..., \tilde{q}_N)^T$ oder der Einbeziehung von *Zwangskräften* zur Einhaltung von Zwangsbedingungen, lassen sich die EULER-LAGRANGE-Gleichungen mittels LAGRANGE-Multiplikatoren λ_j erweitern zu den *EULER-LAGRANGE-Gleichungen 1. Art*

$$\frac{d}{dt}\frac{\partial L\left(\tilde{\mathbf{q}},\dot{\tilde{\mathbf{q}}}\right)}{\partial \dot{\tilde{q}}_i} - \frac{\partial L\left(\tilde{\mathbf{q}},\dot{\tilde{\mathbf{q}}}\right)}{\partial \tilde{q}_i} = f_i - D_i + \sum_{j=1}^{n_{ZB}} \lambda_j a_{ji}\left(\tilde{\mathbf{q}}\right),\ i = 1,...,N \quad (2.11)$$

mit differenziellen *algebraischen Zwangsbedingungen* (holonom und/oder nichtholonom, PAFF'sche Form) nach Gl. (2.6).

Das Differenzialgleichungssystem 2. Ordnung (2.11) und das Differenzialgleichungssystem 1. Ordnung (2.6) stellen insgesamt $(N + N_{ZB})$ Gleichungen für die Berechnung der $(N + N_{ZB})$ Unbekannten $\tilde{q}_1,...,\tilde{q}_N$ und $\lambda_1,...,\lambda_{n_{ZB}}$ zur Verfügung.

Die LAGRANGE-Multiplikatoren $\lambda_j(t)$ repräsentieren dabei die Zwangskräfte zur Einhaltung der Zwangsbedingungen Gl. (2.6), (Kuypers 1997). Insofern empfehlen sich die EULER-LAGRANGE-Gleichungen 1. Art auch bei holonomen Zwangsbedingungen, wenn man an den Zwangskräften interessiert ist.

Im allgemeinen Fall ergibt sich mittels der Zustandsdefinition $x_j := \tilde{q}_i$, $x_{j+1} := \dot{\tilde{q}}_i$ bzw. den algebraischen Variablen $z_j := \lambda_j$ ein so genanntes *Differenzial-algebraisches Gleichungssystem* (engl. *Differential Algebraic Equations –DAE*) der Form

$$\dot{\mathbf{x}} = \mathbf{f}\left(\mathbf{x}, \mathbf{z}, \mathbf{u}, t\right) \quad (2.12)$$

$$\mathbf{0} = \mathbf{g}\left(\mathbf{x}, \mathbf{z}, t\right). \quad (2.13)$$

Die Ordnung des Zustandsvektors $\mathbf{x}$ kann dabei zwischen N und $2N$ variieren.

Beispiel 2.1   *Elektrostatisches Halblager – LAGRANGEscher Formalismus.*

Systemkonfiguration Kreiselgeräte werden zur Messung von Drehraten bewegter Körper (Flugzeuge, Satelliten, etc.) bzw. inertial wirksamen Kräften und Drehmomenten verwendet. Eine elektrostatische Aufhängung ermöglicht eine reibungsfreie Drehbewegung einer mit konstanter Drehrate rotierenden Inertialmasse. Eine zweiseitige elektrostatische Aufhängung – elektrostatisches Lager – wird in Kap. 6 (Abschn. 6.6.4, Beispiel 6.2) ausführlich behandelt.

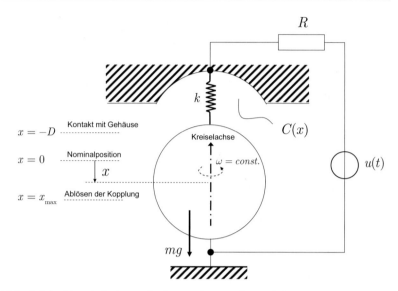

Abb. 2.26. Vereinfachte Prinzipanordnung eines elektrostatischen Halblagers (z.B. Testaufbau für Funktionstest der Lagerung eines elektrostatischen Kreisels)

In diesem Beispiel sollen für das in Abb. 2.26 gezeigte stark *vereinfachte Prinzipmodell* (nach (Schultz u. Melsa 1967)) eines *elektrostatischen Halblagers* die *Bewegungsgleichungen* der *elastisch gefesselten* Inertialmasse m mit Hilfe des LAGRANGEschen Formalismus ermittelt werden. Man kann sich diese Anordnung als Testaufbau für Funktionstests des elektrostatischen Lagers denken, wo anstelle des unteren elektrostatischen Gegenlagers eine elastische Aufhängung angebracht ist, wodurch ein Ankleben der Kugel am oberen Gehäuse verhindert werden soll.

Modellgültigkeit Einige Bemerkungen zur Einschränkung der Modellgültigkeit. In diesem Beispiel interessiert nur die Vertikalbewegung der Kugel. Die vertikale Translationsbewegung ist von der Rotationsbewegung der Kugel entkoppelt, die Rotationsenergie der Kugel ist eine Erhaltungsgröße (d.h. eine zeitlich unveränderliche physikalische Größe). Sie beeinflusst die Translationsbewegung nicht und kann deshalb bei der Modellbildung unberücksichtigt bleiben.

Weiterhin sind zwei *nichtholonome* Zwangsbedingungen ersichtlich

$$x < x_{max} \text{ – beim Überschreiten} \rightarrow \text{Ablösen der Kopplung}$$

$$x > -D \text{ – beim Unterschreiten} \rightarrow \text{Kontakt mit Gehäuse.}$$

Im Folgenden wird angenommen, dass die Kugel sich nur innerhalb des freien Bereiches bewegt. Damit werden die nichtholonomen Zwangsbedingungen nicht wirksam und alle relevanten generalisierten Koordinaten bleiben *unbeschränkt* (wichtige Voraussetzung für EULER-LAGRANGE-Gleichungen 2. Art).

Modellbildung Vorerst wird für jeden der drei vorhandenen Energiespeicher je eine generalisierte Koordinate angenommen (s. Tabelle 2.2):

$$C: \quad q_1 := \text{Ladung } Q$$

$$k: \quad q_2 := \text{Verschiebung } x$$

$$m: \quad q_3 := \text{Verschiebung } x$$

Wegen der *holonomen* Zwangsbedingung $q_2 = q_3$ verbleiben nur zwei Freiheitsgrade mit den *unabhängigen* und *unbeschränkten* (im Sinne obiger Annahme!) generalisierten Koordinaten q_1, q_2.

Die Energiefunktionen erhält man im vorliegenden Fall zu (s. auch Abschn. 5.3.1)

$$V(\mathbf{q}) = \frac{1}{2C(q_2)} q_1^2 + \frac{1}{2} k q_2^2 - mg q_2,$$

$$T^*(\dot{\mathbf{q}}) = \frac{1}{2} m \dot{q}_2^2$$

und damit die LAGRANGE-Funktion $L(\mathbf{q}, \dot{\mathbf{q}}) := T^*(\dot{\mathbf{q}}) - V(\mathbf{q})$.

Als Näherung zur Berechnung der luftspaltabhängigen Kapazität $C(x)$ soll vereinfacht ein *Plattenkondensator* betrachtet werden, sodass gilt

$$C(q_2) = \frac{A\varepsilon_0}{D + q_2} \qquad \begin{array}{l} A \ldots \text{Kondensatorfläche} \\ \varepsilon_0 \ldots \text{Permittivität des Vakuums} \\ D \ldots \text{s. nichtholonome Zwangsbedingung.} \end{array}$$

Als *dissipativer* Term ist lediglich der ohmsche Anteil $R\dot{q}_1$ für die elektrische Koordinate q_1 zu berücksichtigen, die *eingeprägte* generalisierte Kraft findet sich in der Spannungsquelle $u(t)$ (in q_1-Richtung).

Durch Auswerten der EULER-LAGRANGE-Gleichungen 2. Art (2.8) folgen dann die (nichtlinearen) *Bewegungsgleichungen* in *Problemkoordinaten*

$$m\ddot{x} + kx + \frac{Q^2}{2\varepsilon_0 A} = mg$$

$$R\dot{q}_C + \frac{D + x}{\varepsilon_0 A} Q = u \quad .$$

(2.14)

Mit der *Zustandsdefinition* $x_1 := x$, $x_2 := \dot{x}$, $x_3 := Q$ folgt aus Gl. (2.14) das *Zustandsmodell*

$$\dot{x}_1 = x_2$$

$$\dot{x}_2 = -\frac{k}{m}x_1 - \frac{1}{2\varepsilon_0 Am}x_3^2 + g$$

$$\dot{x}_3 = -\frac{D}{\varepsilon_0 AR}x_3 - \frac{1}{\varepsilon_0 AR}x_1 x_3 + \frac{1}{R}u \,.$$

(2.15)

Modelldiskussion Wie man erkennt, stellt Gl. (2.15) ein gewöhnliches Zustandsmodell ohne algebraische Variablen bzw. Gleichungen dar. Dies war auch so zu erwarten, da bereits ein Satz unabhängiger generalisierter Koordinaten q_1, q_2 ohne Zwangsbedingungen vorgelegen hatte.

Auf eine weitere Besonderheit sei anhand dieses Beispiels hingewiesen. Wie man erkennt, liefern die EULER-LAGRANGE-Gleichungen als Differenzialgleichungssystem 2. Ordnung mit *zwei Freiheitsgraden* nicht, wie bei rein mechanischen Systemen üblich, ein Zustandsmodell mit *vier* Zuständen, sondern in Gl. (2.15) treten lediglich *drei* Zustände in Erscheinung. Das begründet sich daraus, dass im elektrischen Teilsystem mit der Kapazität lediglich ein potenzieller Energiespeicher vorhanden ist und damit die elektrische Koordinate keinen Beitrag zur kinetischen Gesamtenergie liefert. In weiterer Folge fehlt dann auch die typischerweise 2. Ableitung nach der Zeit der elektrischen Koordinate, die Anlass für eine weitere Zustandsgröße wäre. ∎

Handhabbarkeit Der Charme des LAGRANGEschen Formalismus liegt in seiner Universalität für die Definition der Energiefunktionen und der automatisierbaren formalen Abarbeitung. Die eigentliche kreative Modellierungsaufgabe besteht im Aufstellen der generalisierten Koordinaten und Zwangsbedingungen sowie der Energiefunktionen. Das Aufstellen der Gleichungssysteme (2.8) bzw. (2.11) kann man einem Computeralgebraprogramm übertragen. Besonders gut eignet sich der LAGRANGEsche Formalismus für Problemstellungen hinreichend *niedriger Ordnung* mit *glatten Nichtlinearitäten*. Bei Systemen höherer Ordnung werden die analytischen Ableitungen der EULER-LAGRANGE-Gleichungen allerdings sehr bald unhandlich.

Multidomäneneigenschaften Das Beispiel 2.1 zeigt sehr schön die Stärken des LAGRANGEschen Formalismus. Bemerkenswert ist die einfache Kombination der unterschiedlichen Domänen auf Modellebene. Ausgehend von den elementaren konstitutiven Beziehungen für jeden vorhandenen Energiespeicher und den geometrischen bzw. algebraischen Abhängigkeiten der Problemkoordinaten ergeben sich über Auswerten der EULER-LAGRANGE-Gleichungen sozusagen automatisch die domänenübergreifenden *Wechselwirkungen* zwischen dem elektrischen und mechanischen Teilsystem, d.h. in dem vorliegenden Fall die *ladungsabhängige* und *luftspaltunabhängige* mechanische *COULOMB-Kraft*

$$F_{Coul}(t) = \frac{\cdot Q(t)^2}{2\varepsilon_0 A} \qquad (2.16)$$

sowie die *luftspaltabhängige Kondensatorspannung*

$$u_C(t) = \frac{D + x(t)}{\varepsilon_0 A} Q(t). \qquad (2.17)$$

2.3.3 Energiebasierte Modellierung – HAMILTONsche Gleichungen

Spezielle Zustandsdefinition – Kanonischer Impuls Die Überführung der EULER-LAGRANGE-Gleichungen als ein Differenzialgleichungssystem 2. Ordnung in ein gleichwertiges Differenzialgleichungssystem 1. Ordnung kann über eine sehr spezielle, aus der analytischen Mechanik motivierte *Zustandsdefinition* erfolgen (Reinschke 2006).

Man definiert als Zustandsvariablen die bekannten generalisierten Lagekoordinaten q_i sowie als neue Größen die zu ihnen *konjugierten* Koordinaten p_i

$$p_i := \frac{\partial L(\mathbf{q}, \dot{\mathbf{q}})}{\partial \dot{q}_i}, \ i = 1, ..., N_{FG}. \qquad (2.18)$$

Die Größen p_i werden auch als *kanonischer Impuls*[12] bezeichnet. Dass die p_i von der physikalischen Interpretation tatsächlich einem generalisierten Impuls entsprechen, kann man leicht durch Auswerten der Gl. (2.18) unter Berücksichtigung von $L = T^* - U$ und der Beziehung (2.2) mit $f = \dot{q}$ erkennen.

---

[12] Der Begriff „kanonisch" bedeutet in der Physik soviel wie *natürlich* oder *regelmäßig*.

Die kanonischen Impulsgrößen p_i genügen wegen Gl. (2.8) (unter Annahme eines autonomen Systems) dem folgenden Differenzialgleichungssystem 1. Ordnung

$$\dot{p}_i = \frac{\partial L(\mathbf{q}, \dot{\mathbf{q}})}{\partial q_i}, \; i = 1, ..., N_{FG}.$$

Mit einem in unterschiedlicher Weise zu begründenden Kunstgriff (Reinschke 2006), (Kuypers 1997) lässt sich unter Zuhilfenahme von Gl. (2.18) die skalare *HAMILTON-Funktion* $\mathcal{H}(\mathbf{q}, \mathbf{p})$ einführen, die sich aus der LAGRANGE-Funktion über die folgende LEGENDRE-Transformation berechnet

$$\mathcal{H}(\mathbf{q}, \mathbf{p}) := \mathbf{p}^T \dot{\mathbf{q}} - L(\mathbf{q}, \dot{\mathbf{q}}). \tag{2.19}$$

Mit der so eingeführten HAMILTON-Funktion und dem kanonischen Impuls lassen sich die EULER-LAGRANGE-Gleichungen nach einigen Zwischenrechnungen in folgender äquivalenter Form schreiben

$$\dot{q}_i = \frac{\partial \mathcal{H}(\mathbf{q}, \mathbf{p})}{\partial p_i} \quad \dot{p}_i = -\frac{\partial \mathcal{H}(\mathbf{q}, \mathbf{p})}{\partial q_i}, \; i = 1, ..., N_{FG}. \tag{2.20}$$

Die $2N_{FG}$ Differenzialgleichungen (2.20) werden die *HAMILTONschen Gleichungen* oder auch *kanonische Bewegungsgleichungen* (wegen ihrer formalen Einfachheit und symmetrischen Struktur) genannt, die $2N_{FG}$ Zustandsgrößen q_i, p_i bezeichnet man als *kanonische Variable*. Ganz allgemein werden Systeme, die sich durch eine Funktion $\mathcal{H}(\mathbf{q}, \mathbf{p})$ und ein Differenzialgleichungssystem (2.20) beschreiben lassen, *HAMILTONsche Systeme* genannt.

Eine gewisse Hürde stellt im konkreten Fall die Berechnung der HAMILTON-Funktion (2.19) dar. Man beachte, dass diese eine Funktion von $\mathbf{q}, \mathbf{p}$ ist, jedoch auf der rechten Seite der Gl. (2.19) noch die generalisierten Geschwindigkeiten $\dot{\mathbf{q}}$ auftreten. Um die Geschwindigkeiten zu eliminieren, wertet man Gl. (2.18) aus und erhält so $\dot{q}_i = \dot{q}_i(\mathbf{q}, \mathbf{p})$.

Sonderfall Für den *Sonderfall* von skeleronomen (zeitunabhängigen), holonomen Zwangsbedingungen, bei ruhenden Koordinaten und konservativen Kräften kann man sich diesen umständlichen Rechenweg allerdings ersparen und die Tatsache ausnützen, dass in diesem Fall (nur unter den angeführten Voraussetzungen!) die HAMILTON-Funktion die *Gesamtenergie* des betrachteten Systems beschreibt (Kuypers 1997), d.h.

$$\mathcal{H} = T^* + U = E_{ges} .$$

Bedeutung Die HAMILTONschen Gleichungen (2.20) sind zu den LAGRANGEschen Gleichungen völlig gleichwertig, insofern gelten für sie alle dort diskutierten Eigenschaften. Der HAMILTONsche Zugang erscheint im allgemeinen Fall etwas unhandlicher (und wird auch wesentlich seltener gelehrt), er bietet jedoch gewisse Vorteile bezüglich einer geometrischen Interpretation der Bewegung im Koordinaten/Impuls Zustandsraum (auch *Phasenraum* genannt). Für die Modellierung von mechatronischen Systemen hat der HAMILTONsche Ansatz in der vorgestellten elementaren Form keine nennenswerte Bedeutung, er stellt jedoch die Basis für den in Abschn. 2.3.6 vorgestellten Port-HAMILTONIAN-Formalismus dar[13].

2.3.4 Mehrpolbasierte Modellierung – KIRCHHOFFsche Netzwerke

Motivation Die abstrakte Abbildung technischer Systeme in *Netzwerke* erlaubt einen weiteren sehr mächtigen Ansatz zur domänenübergreifenden Modellbildung mechatronischer Systeme. Methoden und Verfahren zur Netzwerkmodellierung und –analyse wurden speziell innerhalb der Elektrotechnik entwickelt und durch leistungsstarke Rechnerwerkzeuge für hochkomplexe Anwendungen im Bereich der Mikroelektronik auch industriell auf breiter Front nutzbar gemacht. Bemerkenswerterweise lassen sich aber auch mechanische, akustische, fluidische und thermische Systeme sehr schön als Netzwerke abstrahieren, die verallgemeinerten KIRCHHOFFschen Gesetzen genügen. Solche Netzwerke werden als *KIRCHHOFFsche Netzwerke* bezeichnet. Aufgrund der sehr gut entwickelten Methoden und Werkzeuge für elektrische Netzwerke ist es nahe liegend, die Netzwerksmodelle der anderen genannten Domänen als äquivalente elektrische Netzwerke abzubilden, man spricht dann von „*elektroanalogen*" Netzwerken (Ballas et al. 2009). Durch Anwendung der Analogiebeziehungen ist es also möglich, Netzwerke unterschiedlicher Domänen auf einer gemeinsamen abstrakten Ebene als ein gemeinsames Systemmodell abzubilden.

---

[13] In der Mechanik haben die HAMILTONschen Gleichungen jedoch eine große Bedeutung für die Statistische Mechanik und Quantenmechanik, s. (Kuypers 1997).

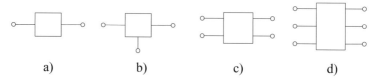

a)   b)   c)   d)

Abb. 2.27. Konzentrierte Netzwerkelemente: a) Zweipol = Eintor, b) Dreipol, c) Vierpol = Zweitor, d) Mehrtor

Konzentrierte Netzwerkelemente Im Folgenden sollen Netzwerke mit *konzentrierten Elementen* (engl. *lumped elements*) betrachtet werden. Diese örtlich und funktionell abgegrenzten Elemente können über Schnittstellen (Klemme, Pol, engl. *terminal* bzw. Klemmenpaar, *Tor,* engl. *port*) mit anderen gekoppelten Elementen (= *Netzwerk*) wechselseitig Energie austauschen. Man spricht dann von einem Zweipol, Dreipol, Vierpol bzw. Eintor oder Mehrtor (Abb. 2.27). Örtlich konzentriert bedeutet, dass räumlich bedingte Laufzeiteffekte (Wellenausbreitung) keine Rolle spielen.

Differenz- und Flussgrößen Das Wirkverhalten eines Netzwerkelementes kann durch zwei elementare Klemmengrößen beschrieben werden (Abb. 2.28):

- *Flussgröße f* (engl. *flow*), beschreibt Größen, die das Netzwerkelement durchströmen, d.h. in das Netzwerkelement hinein bzw. heraus fließen (z.B. elektrischer Strom), sie kann an einem Netzwerkpunkt (Klemme) gemessen werden
- *Differenzgröße e* (engl. *effort*), beschreibt Größen, die zwischen Klemmen des Netzwerkelementes appliziert werden können (z.B. elektrische Spannung), sie kann zwischen zwei verschiedenen Netzwerkpunkten (Klemmen) gemessen werden.

In der internationalen Literatur haben sich die in Tabelle 2.4 angeführten gleichwertigen Begriffe für Fluss- und Differenzgrößen eingebürgert.

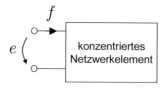

Abb. 2.28. Differenzgröße e und Flussgröße f eines Netzwerkelementes

Tabelle 2.4. Verschiedene Bezeichnungen für Fluss- und Differenzgrößen

Differenzgröße	*Flussgröße*
Potenzialgröße	Flussgröße
effort variable (engl.), „*e*"	*flow* variable (engl.), „*f*"
across variable (engl.)	through variable (engl.)

Domänenspezifische Fluss- und Differenzgrößen Eine nahe liegende Zuordnung von Fluss- und Differenzgrößen zu konkreten physikalischen Größen ist durch eine einfache Energiebetrachtung möglich. Der entstehende *Leistungsfluss* (= Energiefluss pro Zeiteinheit) kann je Netzwerkelement eindeutig durch das Produkt von zwei Systemgrößen – *konjugierte Leistungsvariable* – beschrieben werden. Wählt man dafür Fluss- und Differenzgrößen, dann ist die domänenspezifische Wahl dieser Größen dahingehend frei (und damit leider nicht einheitlich), als lediglich das *Produkt = Differenzgröße x Flussgröße* die physikalische Dimension einer Leistung haben muss.

Einige Beispiele für domänenspezifische Leistungsvariablen sind in den Tabellen 2.2 und 2.3 zu finden. Man beachte dabei die unterschiedlichen gebräuchlichen Definitionen für mechanische Systeme (*e:=Kraft   f:= Geschwindigkeit* bzw. *e:= Geschwindigkeit / f:= Kraft*, in beiden Fällen ergibt das Produkt eine Leistung).

Fluss- und Differenzgrößen können allerdings aus Gründen der Zweckmäßigkeit auch abweichend von oben angeführter Konvention gewählt werden. Bei mechanischen Systemen, z.B. Stellantrieben, interessiert eher die Achsposition. Hier kann man ohne weiteres *f:= Kraft* und *e:= Position* wählen, das Produkt ergibt in diesem Fall eine Energie, d.h. die aufgewandte Arbeit. In jedem Fall soll sich allerdings durch das Produkt eine energierelevante Größe ergeben.

Verschaltungsgesetze Die Verschaltung der Netzwerkelemente erfolgt unter Beachtung der folgenden elementaren Erhaltungsgesetze (Reinschke u. Schwarz 1976), (Abb.2.29):

- *Schnittgesetz für Flussgrößen* (KIRCHHOFFscher Knotensatz)
  Die algebraische Summe aller Flussgrößen (einströmend, ausströmend) in jedem beliebigen Netzwerkknoten verschwindet zu jedem Zeitpunkt.

- *Umlaufgesetz für Differenzgrößen* (KIRCHHOFFscher Maschensatz)
  Die algebraische Summe aller Differenzgrößenunterschiede auf einem beliebigen geschlossenen Netzwerkpfad verschwindet zu jedem Zeitpunkt.

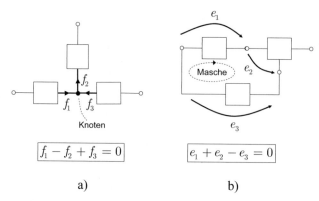

Abb. 2.29. Verallgemeinerte KIRCHHOFFsche Gesetze: a) Schnittgesetz, b) Umlaufgesetz

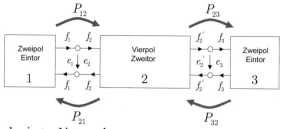

Abb. 2.30. Torbasiertes Netzwerk

Torbasierte Netzwerke Als wichtigste Netzwerkelemente werden so genannte *Zweipole* bzw. *Eintore* und *Vierpole* bzw. *Zweitore* genutzt, die entstehenden Netzwerke nennt man *torbasierte Netzwerke* (Bild 2.30). Bei der Verschaltung ist darauf zu achten, dass an den Verschaltungsklemmen immer nur gleichartige Fluss- und Differenzgrößen anliegen.

Elementare Zweipole Charakteristische *konstitutive* Beziehungen zwischen Differenz- und Flussgrößen lassen sich mittels der folgenden elementaren zweipoligen Netzwerkelemente beschreiben:

- *Verbraucher*

$$e(t) = \alpha \cdot f(t) \tag{2.21}$$

- *Flussgrößenspeicher*

$$f(t) = \beta \frac{d}{dt} e(t) \quad \text{bzw.} \quad e(t) = e(t_0) + \frac{1}{\beta} \int_{t_0}^{t} f(\tau)\, d\tau \tag{2.22}$$

- *Differenzgrößenspeicher*

$$e(t) = \gamma \frac{d}{dt} f(t) \quad \text{bzw.} \quad f(t) = f(t_0) + \frac{1}{\gamma} \int_{t_0}^{t} e(\tau)\, d\tau \,. \tag{2.23}$$

Tabelle 2.5 Elementare zweipolige Netzwerkelemente (allgemein, elektrisch, mechanisch)

	Verbraucher	Flussgrößen-speicher	Differenzgrößen-speicher
allgemein	f e	α	f e	β	f e	γ
elektrisch $e := $ Spannung $f := $ Strom	R	C	L
mechanisch $e := $ Geschwindigkeit $f := $ Kraft	$1/b$	m	$1/k$

Die in den Beziehungen (2.21) bis (2.23) verwendeten Proportionalitätsfaktoren α, β, γ stellen die Parameter der konzentrierten Netzwerkelemente dar. In der vorliegenden Form sind diese Parameter als konstant spezifiziert, so dass sich *lineare zeitinvariante* Beziehungen zwischen den Leistungsvariablen e und f ergeben. Im allgemeinen Fall können aber auch zeitinvariante und nichtlineare Beziehungen möglich sein (s. auch konstitutive Gleichungen in Abschn. 2.3.1 und Abb. 2.23).

Analogiebeziehungen Domänenspezifisch werden die Parameter α, β, γ üblicherweise mit individuellen Namen und Symbolen belegt (Tabellen 2.2, 2.3), diese Zuordnung erfolgt jedoch zum Leidewesen des Ingenieurs sehr uneinheitlich. In diesem Zusammenhang sei speziell auf die Zuordnung für *mechanische* Systeme verwiesen. In der angewandten *Netzwerktheorie* (Reinschke u. Schwarz 1976), (Ballas et al. 2009) hat sich die in Tabelle 2.3 dargestellte Zuordnung für Differenz- und Flussgrößen eingebürgert. Der Leser möge selbst verifizieren, dass sich damit die in Tabelle 2.5 und Tabelle 2.6 dargestellte elektroanaloge Zuordnung für die mechanischen Netzwerkparameter erschließt.

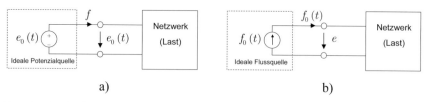

a)   b)

Abb. 2.31. Ideale Netzwerkquellen: a) Potenzialquelle, b) Flussquelle

Tabelle 2.6. Elektroanaloge Zuordnung mechanischer Netzwerkparameter

Flussgröße f	Kraft bzw. Drehmoment F bzw. τ
Differenzgröße e	Geschwindigkeit bzw. Drehgeschwindigkeit v bzw. ω
Verbraucher R	Reibungsmitgang (= 1/Reibungskoeffizient) $h = 1/b$
Kapazität C	Masse bzw. Trägheitsmoment m bzw. J
Induktivität L	Nachgiebigkeit (= 1/Federsteifigkeit) $n = 1/k$

Unabhängigkeit von Leistungsgrößen   Kennzeichnend für torbasierte Netzwerke ist, dass immer nur eine der beiden konjugierten Leistungsgrößen unabhängig gesteuert werden kann. Als wichtiges Beispiel seien ideale (verlustfreie) Quellen für Differenz- und Flussgrößen betrachtet (Abb. 2.31). Bei einer *Potenzialquelle* (Quelle für Differenzgrößen) kann die Ausgangsdifferenzgröße $e_0(t)$ unabhängig von der anliegenden Last gesteuert werden, wogegen sich die Flussgröße $f(t)$ lastabhängig einstellt. Entsprechendes gilt für *Flussquellen*, wo die Flussgröße $f_0(t)$ lastunabhängig gesteuert werden kann.

Wandler   Die bis jetzt eingeführten domänenspezifischen zweipoligen Netzwerkelemente können nur innerhalb einer physikalischen Domäne verschaltet werden, d.h. es können nur gleichartige Differenz- und Flussgrößen an den Netzwerktoren gekoppelt werden. Um die Interaktion unterschiedlicher Domänengrößen zu modellieren, z.B. elektro-mechanisch, mechanisch-hydraulisch, translatorisch-rotatorisch, werden die in Abb. 2.30 (Netzwerkelement 2) gezeigten Wandlerelemente *Zweitor* bzw. *Vierpol* benötigt[14].

---

[14] Mit so genannten *Mehrtoren* kann in erweiterter Form die gleichzeitige Interaktion zwischen mehr als zwei Domänen beschrieben werden.

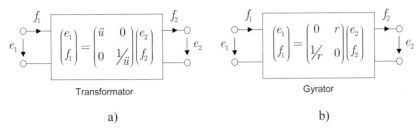

Abb. 2.32. Ideale Wandler (verlustfrei): a) Transformator, b) Gyrator

Transformator vs. Gyrator Diese Wandlerelemente beschreiben einen verallgemeinerten Leistungsfluss zwischen unterschiedlichen Toren, speziell sind an den beiden Toren auch unterschiedliche physikalische Domänen möglich, z.B. $(e_1, f_1) \triangleq$ elektrisch und $(e_2, f_2) \triangleq$ mechanisch. In Abb. 2.32 sind zwei elementare *Zweitore* (*Vierpole*) dargestellt: ein idealer *Transformator (Übertrager)* und ein idealer *Gyrator*.

Beide Zweitore repräsentierten eine *verlustfreie* Leistungsübertragung, d.h. es gilt unabhängig von den speziellen Leistungsgrößen $e_1 \cdot f_1 = e_2 \cdot f_2$.

Bei einem *Transformator* bestimmt die Wandlerkonstante $\ddot{u}$ die Relation zwischen gleichartigen Leistungsgrößen (e_1, e_2) bzw. (f_1, f_2) der beiden Tore, bei einem *Gyrator* werden mit der Wandlerkonstanten r unterschiedliche Leistungsgrößen (e_1, f_2) bzw. (e_2, f_1) an unterschiedlichen Toren in Bezug gesetzt.

Die physikalische Dimension der Wandlerkonstanten $\ddot{u}$, r ergibt sich aus den domänenspezifischen Leistungsvariablen. In Abb. 2.33 sind technische Beispiele für *transformatorische* Wandler und in Abb. 2.34 ist ein technisches Beispiel für einen *gyratorischen* Wandler gezeigt.

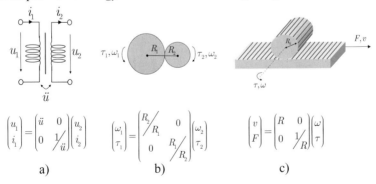

Abb. 2.33. Elementare mechatronische Wandler (ideal, verlustfrei) mit Transformatorverhalten: a) elektrischer Transformator, b) mechanisches Getriebe, c) Zahnrad – Zahnstange

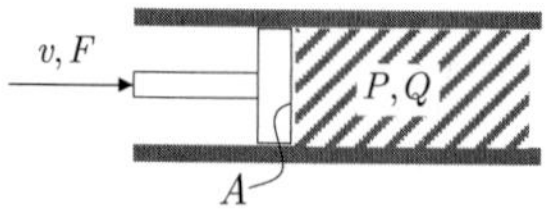

$$\begin{pmatrix} v \\ F \end{pmatrix} = \begin{pmatrix} 0 & \dfrac{1}{A} \\ A & 0 \end{pmatrix} \begin{pmatrix} P \\ Q \end{pmatrix}$$

Abb. 2.34. Elementarer mechatronischer Wandler (ideal, verlustfrei) mit Gyrator-verhalten: hydraulischer Wandler

In der dargestellten Matrizenschreibweise bezeichnet die Übertragungsmatrix die so genannte Kettenmatrix der Vierpoltheorie.

Mechanische Wandler – Variablendefinition Es sei darauf hingewiesen, dass wegen der beliebigen leistungserhaltenden Zuordnung von domänenspezifischen Leistungsgrößen die Beschreibung technischer Wandler nicht eindeutig ist. Besondere Achtsamkeit ist bei *mechanischen Wandlern* geboten. In Abb. 2.35 ist ein verlustloser Gleichstrommotor als Beispiel für einen idealen elektromechanischen Wandler gezeigt. Je nachdem welche physikalischen Größen den Leistungsvariablen *effort – e* und *flow – f* zugeordnet werden, kann ein und dasselbe technische System als *Transformator* oder *Gyrator* beschrieben werden. Dies ist vor allem dann zu beachten, wenn derartige Systeme mit Rechnerwerkzeugen und vorgefertigten Bibliotheken modelliert werden.

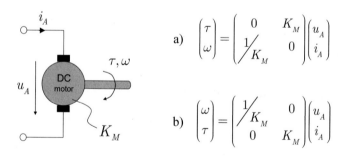

a) $\begin{pmatrix} \tau \\ \omega \end{pmatrix} = \begin{pmatrix} 0 & K_M \\ \dfrac{1}{K_M} & 0 \end{pmatrix} \begin{pmatrix} u_A \\ i_A \end{pmatrix}$

b) $\begin{pmatrix} \omega \\ \tau \end{pmatrix} = \begin{pmatrix} \dfrac{1}{K_M} & 0 \\ 0 & K_M \end{pmatrix} \begin{pmatrix} u_A \\ i_A \end{pmatrix}$

Abb. 2.35. Verlustloser Gleichstrommotor als idealer elektromechanischer Wandler: a) mechanische Leistungsvariablen *effort* := τ, *flow* := ω → Gyrator, b) mechanische Leistungsvariablen *effort* := ω, *flow* := τ → Transformator, K_M bezeichnet die Motorkonstante

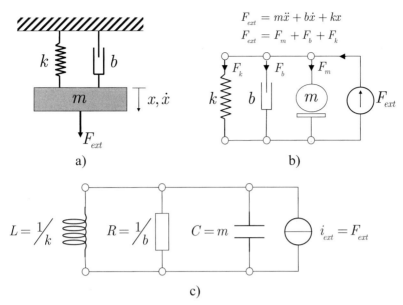

Abb. 2.36. Beispiel für topologische Konstruktionsregeln: a) physikalisch-technischer Aufbau eines mechanischen Systems, b) mechanisches Netzwerk, c) elektroanaloges Netzwerk

Topologische Konstruktionsregeln Ausgehend von einer physikalisch orientierten topologischen Struktur der Netzwerkelemente lässt sich das abstrakte topologische Netzwerkmodell auf der Basis eines ungerichteten Grafen mit standardisierten Netzwerkelementen (z.B. Tabelle 2.5) mit Hilfe folgender elementarer Regeln konstruieren (Abb. 2.36):

- *Gemeinsames Potenzial:* Elemente mit einem gemeinsamen Potenzial werden im abstrakten Netzwerkgraf *parallel* verbunden
- *Gemeinsamer Fluss:* Elemente mit einem gemeinsamen Fluss werden im abstrakten Netzwerkgraf *seriell* verbunden.

Verbindungsregel für träge Massen Ein Pol des Massesymbols (der mit dem *Balken*) muss immer mit einem *Inertialsystem* verbunden sein (entspricht „Erde" in einem elektrischen Netzwerk).

Dies begründet sich aus der Gültigkeit des 2. NEWTONschen Axioms und damit der Trägheitskraft $m\ddot{x}$ in einem Inertialraum. Man beachte, dass es in vielen Fällen ausreicht, ein *nichtbeschleunigtes* Referenzkoordinatensystem als *„virtuelles" inertiales* Koordinatensystem zu betrachten, z.B. ein fest mit der Erde verbundenes Koordinatensystem mit konstanter inertialer Orientierung oder ein mit einem Fahrzeug fest verbundenes Koordinatensystem, wenn sich das Fahrzeug mit konstanter Geschwindigkeit bewegt (also nicht beschleunigt) bewegt (s. Abschn. 4.3.2, Beispiel 4.1).

KIRCHHOFFsche Netzwerke sind definiert durch

- Flussgrößen f
- Differenzgrößen e
- Erhaltungssatz für Flussgrößen (Schnittgesetz, Knotensatz)
- Erhaltungssatz für Differenzgrößen (Umlaufgesetz, Maschensatz)
- konstitutive Gleichungen $f = f(e)$ bzw. $e = e(f)$

Beispiel 2.2   *Elektrostatisches Halblager – Mehrpolmodellierung.*

Systemkonfiguration   Für das bereits aus Beispiel 2.1 bekannten elektrostatische Halblager (Abb. 2.26) soll ein mehrpolbasiertes Systemmodell hergeleitet werden.

Aus der technischen Anordnung lassen sich unmittelbar ein lokal begrenztes elektrisches und ein mechanisches Netzwerk herauslösen. Diese beiden Netzwerke sind als (vorerst) getrennte Netzwerke in Abb. 2.37 dargestellt.

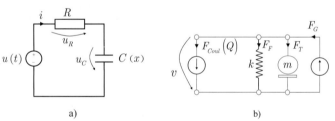

a)   b)

Abb. 2.37. Elektrostatisches Halblager – Getrennte domänenspezifische Netzwerke: a) elektrisches Netzwerk, b) mechanisches Netzwerk

Mathematisches Modell – DAE-System   Für jedes dieser Netzwerke können nun die elementaren Verschaltungsgesetze angewendet werden und die konstitutiven Gleichungen für die Netzwerkelemente aufgestellt werden.

(a) Elektrisches Netzwerk
   Umlaufgesetz für Differenzgrößen (elektrische Spannungen, KIRCHHOFFscher Maschensatz)

$$\sum_i u_i = 0 : \quad u = u_R + u_C \tag{2.24}$$

Konstitutive Gleichungen

$$i = \dot{Q}$$

$$u_R = R \cdot \dot{Q}$$

$$u_C = \frac{1}{C(x)} Q = \frac{D + x}{\varepsilon_0 A} Q \tag{2.25}$$

(b) Mechanisches Netzwerk

Schnittgesetz für Flussgrößen (Kräfte, 3. NEWTONsches Axiom)

$$\sum_i F_i = 0 : \quad F_T = F_G - F_F - F_{Coul} \tag{2.26}$$

Konstitutive Gleichungen

$$F_T = m\ddot{x}$$

$$F_G = mg \quad F_{Coul}(Q) = \frac{1}{2\varepsilon_0 A} Q^2 \tag{2.27}$$

$$F_F = kx$$

Das Gleichungssystem (2.24) bis (2.27) beschreibt vollständig das bereits in Beispiel 2.1 modellierte Systemverhalten, allerdings hier in Form eines allgemeinen DAE-Systems in dem alle beteiligten physikalischen Domänen eingebunden sind (domänenunabhängiges Systemmodell). Durch geeignete Manipulationen kann man dieses DAE-System ohne große Schwierigkeiten in die Zustandsform (2.15) überführen (dem Leser sei dieser Weg zur Übung empfohlen).

In diesem Sinne liefert die netzwerkbasierte Modellierung also gleichwertige Resultate wie der LAGRANGEsche Formalismus (was den verständigen Leser auch nicht weiter überraschen wird).

Nichtlineare Netzwerkdarstellung (Multidomänen) Die netzwerkbasierte Modellierung bietet jedoch noch weitere Besonderheiten, die bis jetzt noch nicht genutzt wurden. Das DAE-System (2.24) bis (2.27) stellt zwar eine vollständige Berechnungsvorschrift für das Systemverhalten dar, die topologischen Zusammenhänge innerhalb der Netzwerke sind jedoch nicht mehr transparent. Die elektromechanische Kopplung der beiden physikalischen Domänen erfolgt über die ladungsabhängige COULOMB-Kraft und die lageabhängige Kapazität. Diese im DAE-System und auch in Abb. 2.37 nur indirekt sichtbare Kopplung kann aber in einer erweiterten Netzwerkdarstellung besser sichtbar gemacht werden, wenn ein *Zweitor* (Wandler) als *Kopplungselement* zwischen den beiden Netzwerken eingeführt wird (Abb. 2.38). Aufgrund der nichtlinearen Kopplungscharakteristik kann jedoch keines der oben eingeführten einfachen Wandlerelemente verwendet werden.

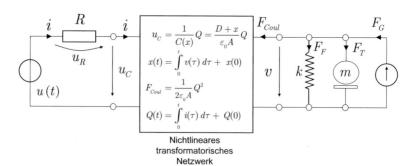

Abb. 2.38. Elektrostatisches Halblager – Gekoppelte domänenspezifische Netzwerke (nichtlinear)

Auf der mechanischen Seite kann man die mechanische Anordnung ebenfalls durch domänenspezifische mechanische Netzwerkelemente beschreiben. Das entstandene Netzwerk ist nun direkt gekoppelt, es zeigt klar die physikalische Systemtopologie und den Kopplungsmechanismus, jedoch besitzt es eine *heterogene* Struktur bezüglich der *physikalischen Domänen*. Es versteht sich von selbst, dass die Anwendung des Schnittgesetzes und Maschenumlaufgesetzes zu den gleichen DAE-Gleichungen führt.

Lineare Netzwerkdarstellung   Die Stärken der Netzwerkdarstellung können vor allem bei linearen Netzwerken genutzt werden, z.B. Vierpoldarstellung, grafische und analytische Netzwerkanalyse (Reinschke u. Schwarz 1976). Eine lineare Beschreibung ist im vorliegenden Fall beispielsweise möglich, wenn *kleine Auslenkungen* um eine Ruhelage des Systems betrachtet werden. Die Linearisierung von Systemmodellen wird näher im Abschn. 2.6 betrachtet, deshalb sollen hier nur die Ergebnisse dargestellt werden.

Ruhelage (Kompensation des Eigengewichtes der Kugel durch eine Ladung Q^0 bzw. Spannung u^0)

$$x^0 = \dot{x}^0 = 0, \; Q^0 = \sqrt{2\varepsilon_0 A m g}, \; u^0 = D\sqrt{\frac{2mg}{\varepsilon_0 A}} \tag{2.28}$$

Linearisierte konstitutive Gleichungen des Wandlers ($\Delta i, \Delta u_c, \Delta F, \Delta v$ Auslenkungen um die Ruhelage)

$$\Delta F = \sqrt{\frac{2mg}{\varepsilon_0 A}}\Delta Q$$

$$\Delta u_c = \sqrt{\frac{2mg}{\varepsilon_0 A}}\Delta x + \frac{1}{C_0}\Delta Q \qquad \text{mit } C_0 := \frac{\varepsilon_0 A}{D} \tag{2.29}$$

Lineares elektroanaloges Netzwerk Für die Netzwerkdarstellung (Abb. 2.38) sollen nun einheitliche Netzwerkelemente verwendet werden, beispielsweise *elektrische* Elemente aus Tabelle 2.5. Für die mechanischen Elemente sind die entsprechenden Analogien aus Tabelle 2.6 zu verwenden. Etwas trickreicher ist eine geeignete Darstellung des Wandlernetzwerkes. Die konstitutiven Beziehungen (2.29) setzen nämlich nicht, wie benötigt, $\triangle F \leftrightarrow \triangle i$ in Beziehung, sondern $\triangle F \leftrightarrow \triangle Q = \int \triangle i \, d\tau$. Dieser Zusammenhang kann symbolisch elegant durch die LAPLACE-Transformierte des Integrals dargestellt werden, dann ergibt sich ein algebraischer Zusammenhang $\triangle F \leftrightarrow \left(\frac{1}{s}\right)\triangle i$ und in weiterer Folge mit einer „komplexen" Wandlerkonstanten $\frac{N}{s}$ ein *transformatorisches* Wandlernetzwerk (s. Abb. 2.39).

Das so entstandene Netzwerk weist nun eine *homogene* Struktur bezüglich der *physikalischen Domänen* auf. Entweder interpretiert man es als ein *verallgemeinertes* Netzwerk mit abstrakten verallgemeinerten Komponenten oder als *elektroanaloges* Netzwerk mit *elektrischen* Netzwerkelementen. Die letztgenannte Interpretation bietet sich besonders dann an, wenn ein entsprechendes Rechnerwerkzeug für elektrische Netzwerke für weitergehende Analyse- und Simulationsaufgaben zur Verfügung steht.

Mit etwas Geschick und Erfahrung lässt sich das eben diskutierte lineare Netzwerk in ein (einfacheres) äquivalentes lineares Netzwerk mit einem *reellen verlustfreien Gyrator* als Koppelnetzwerk überführen (Abb. 2.40)[15].

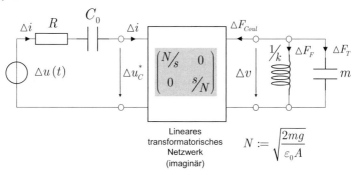

Abb. 2.39. Elektrostatisches Halblager – Elektroanaloges lineares Netzwerk (kleine Auslenkungen um Gleichgewichtslage), Variante 1 mit imaginärem *Transformatornetzwerk*

---

[15] Die hier betrachtete Anordnung des elektrostatischen Halblagers ist äquivalent einem *elektrostatischen Plattenwandler*, wie er z.B. in Ballas R G, Pfeifer G, Werthschützky R (2009) *Elektromechanische Systeme in Mikrotechnik und Mechatronik*, Springer oder (Senturia 2001) ausführlich diskutiert wird. Eine weitergehende Diskussion des Systemverhaltens (negatives k_C !) erfolgt in Kap. 6.

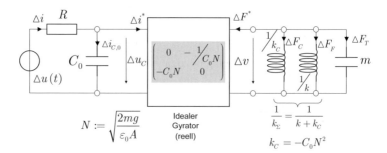

Abb. 2.40. Elektrostatisches Halblager – Elektroanaloges lineares Netzwerk (kleine Auslenkungen um Gleichgewichtslage), Variante 2 mit reellem *Gyratornetzwerk*

Handhabbarkeit und Multidomäneneigenschaften Das eben diskutierte Beispiel zeigt sehr schön die Stärken und Schwächen einer netzwerkbasierten Modellierung. Aus der Netzwerktopologie, den elementaren Verschaltungsgesetzen (Schnittgesetz, Maschensatz) und den konstitutiven Gleichungen der (konzentrierten) Netzwerkparameter lässt sich systematisch ein mathematisches Modell in Form eines (hochdimensionalen) DAE-Systems konstruieren. Dieses kann durch geeignete (automatisierbare) Manipulationen in eine kompaktere Form gebracht werden, z.B. Zustandsdarstellung (dies ist aber aus prinzipiellen Gründen in bestimmten Fällen nur mit Einschränkungen möglich, s. Abschn. 2.4).

Zu den Vorzügen ist sicherlich auch die physikalische Topologie erhaltende Struktur des Netzwerksmodells zu zählen. Damit eröffnet sich eine hervorragende Möglichkeit der *Modularisierung* von physikalischen Modellen durch Partitionierung in Teilnetzwerke, mit einer klaren technischen Komponentenzuordnung. Netzwerkparadigmen sind deshalb die Grundlage für moderne *objektorientierte* Modellierungs- und Simulationswerkzeuge (s. Abschn. 2.3.9).

Für lineare Netzwerkmodelle steht zudem ein gut erforschter methodischer Apparat für die *Netzwerkanalyse* zur Verfügung (z.B. auch unter Ausnutzen von topologischen Eigenschaften (Reinschke u. Schwarz 1976)). Speziell für elektrische Netzwerke ist auch eine hervorragende Werkzeugunterstützung verfügbar, womit auch komplexe mechatronische Systeme sehr effizient domänenübergreifend als *elektroanaloge* Netzwerke modellierbar sind.

Als nachteilig muss jedoch angesehen werden, dass es nicht immer ganz trivial ist, die domänenübergreifenden Analogiebeziehungen in korrekter

Weise einzusetzen. Dies wird speziell durch die uneinheitliche physikalische Zuordnung zu den konjugierten Leistungsvariablen erschwert (besonders schlimm bei mechanischen Elementen!). Mitunter trickreich und damit eine Barriere für einen Zugang zur „Netzwerkwelt" für Nichtelektrotechniker ist die Umformung auf Standardstrukturen (s. Abb. 2.40), um beispielsweise Bibliotheken von Rechnerwerkzeugen nutzen zu können.

2.3.5 Mehrpolbasierte Modellierung – Bondgraphen

Power Bonds Einen speziellen netzwerkorientierten Modellierungsansatz bieten die so genannten *Bondgraphen* (engl. *bond graphs*, *bond* = Bindung). Dieser Ansatz hat in den letzten Jahren speziell im Bereich der Mechatronik an Popularität gewonnen, wobei vielfach der enge Bezug zur bedeutend älteren Netzwerkmodellierung verschwiegen wird. Bondgraphen benutzen eine kompaktere grafenorientierte Darstellung der Netzwerkelemente und ihrer Verbindungen durch Leistungsvariable (*power bonds*, s. Abb. 2.41 links).

Grafenorientiertes Modell Anstelle von zwei gerichteten Kanten (Pfeilen) für Fluss- und Differenzgrößen wird lediglich eine einzige gewichtete und gerichtete Kante verwendet, wo in kompakter Form eine symbolische Bezeichnung der Fluss- und Differenzgrößen und ihrer definitorischen Wirkrichtungen eingetragen sind. Die Netzwerkparameter erscheinen als bewertete Endnoten im Bondgraphen. Weiterhin sind spezielle Verbindungsknoten (*junctions*) definiert. Mittels definitorischer Zuordnungen ist eine 1:1 Abbildung heterogener Netzwerke in einen domänenhomogenen Bondgraphen mehr oder weniger leicht möglich.

Um einen Eindruck zum Modellaufbau zu gewinnen, ist in Abb. 2.41 das zum Netzwerkmodell Abb. 2.38 äquivalente Bondgraphen-Modell (Geitner 2008) des elektrostatischen Halblagers aus Abb. 2.26 gezeigt.

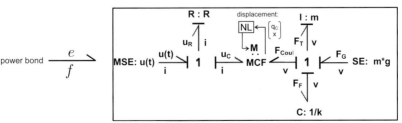

Abb. 2.41. Bondgraphen-Modell des elektrostatischen Halblagers (Abb. 2.26), äquivalentes Modell zu Netzwerkmodell in Abb. 2.38, aus (Geitner 2008)

Handhabbarkeit Je nach Vertrautheit mit dem jeweiligen Modellierungs-
formalismus mag dem Anwender die eine oder die andere Darstellung ü-
bersichtlicher erscheinen. Da die Modellierung mit Bondgraphen methodisch nicht Neues gegenüber der Netzwerkmodellierung bietet, soll dieser
Ansatz hier nicht weiter diskutiert werden. Der interessierte Leser sei auf
die zahlreiche Literatur zu diesem Thema verwiesen, z.B. (Paynter 1961),
(Cellier 1991), (Damic u. Montgomery 2003), (Karnopp et al. 2006).

Notation für Leistungsvariable Auf einen anwendungsrelevanten Hinweis soll jedoch nicht verzichtet werden, falls der Leser *mechanische
Bondgraphenmodelle* aus der Literatur für eigene Zwecke adaptieren
möchte. Im Gegensatz zur Netzwerkwelt, werden in der Bondgraphenge-
meinschaft üblicherweise (aber auch hier bestätigen unglücklicherweise
die Ausnahmen die Regel) die in Tabelle 2.2 angeführten physikalischen
Zuordnungen für die Leistungsvariablen gewählt, d.h. *effort:= Kraft bzw.
Drehmoment, flow:= Geschwindigkeit bzw. Drehgeschwindigkeit*, womit
sich in Konsequenz auch die Zuordnungen der Netzwerkparameter ändern.
Man beachte also beim Umgang mit Bondgraphenmodellen sorgfältig die
definitorischen Zuordnungen zu den domänenspezifischen Größen.

2.3.6 Energie-/ Mehrpolbasierte Modellierung – Port-HAMILTONIAN-Formalismus

Grundidee Die Vorteile von universellen skalaren Energiefunktionen und
die exzellente Modularisierbarkeit von KIRCHHOFFschen Netzwerken verknüpft der noch eher junge Modellierungsansatz mittels *Port-
HAMILTONIAN-Systemen* (Maschke u. van der Schaft 1992), (Cervera et al.
2007).

Ein *Port-HAMILTONIAN (pH) System* kann man sich folgendermaßen
konstruiert denken. Man betrachte ein (vorerst rein konservatives) physikalisches Teilsystem mit der HAMILTON-Funktion $\mathcal{H}(\mathbf{q}, \mathbf{p})$, das durch externe generalisierte Kräfte $\mathbf{f}$ erregt wird. Dann wird das dynamische Verhalten des Teilsystems durch die HAMILTONschen Gleichungen beschrieben

$$\dot{\mathbf{q}} = \frac{\partial \mathcal{H}(\mathbf{q}, \mathbf{p})}{\partial \mathbf{p}}$$

$$\dot{\mathbf{p}} = -\frac{\partial \mathcal{H}(\mathbf{q}, \mathbf{p})}{\partial \mathbf{q}} + \mathbf{f}$$

(2.30)

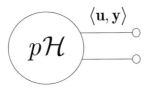

Abb. 2.42. Port-HAMILTONIAN System mit Leistungstor

Die umgesetzte Leistung lässt sich durch das Produkt von konjugierten Leistungsvariablen beschreiben, d.h. im konkreten Fall durch das Skalarprodukt

$$P = \dot{\mathbf{q}}^T \mathbf{f} \, .$$

Leistungstor Interpretiert man Gl. (2.30) als ein Netzwerkelement mit leistungsbezogenen Klemmengrößen $\mathbf{u} = \mathbf{f}$ und $\mathbf{y} = \dot{\mathbf{q}}$ [16], so wird das System in seinem Wirkverhalten nach Außen hin (*Schnittstelle*) durch die *vektoriellen* Klemmengrößen $\langle \mathbf{u}, \mathbf{y} \rangle$ und in seiner internen Struktur (*Funktionalität*) durch die *skalare* HAMILTON-FUNKTION $\mathcal{H}(\mathbf{q}, \mathbf{p})$ beschrieben (Abb. 2.42).

Man prüft leicht nach, dass folgende Beziehung für die Energieerhaltung gilt:

$$\frac{d}{dt}\mathcal{H} = \frac{\partial^T \mathcal{H}}{\partial \mathbf{q}} \dot{\mathbf{q}} + \frac{\partial^T \mathcal{H}}{\partial \mathbf{p}} \dot{\mathbf{p}} = \frac{\partial^T \mathcal{H}}{\partial \mathbf{p}} \mathbf{u} = \dot{\mathbf{q}}^T \mathbf{u} = \mathbf{y}^T \mathbf{u}$$

d.h. die Energiezunahme des Systems ist gleich der am Tor $\langle \mathbf{u}, \mathbf{y} \rangle$ zugeführten Leistung.

Aus Abb. 2.42. erkennt man auch eine kompakte und alternative Darstellung eines verallgemeinerten Netzwerkelementes mit einem *Leistungstor*, das man in bekannter Weise mit anderen Teilsystemen nach den Verschaltungsregeln KIRCHHOFFscher Netzwerke verkoppeln kann. Man kann zeigen, dass die Verschaltung von p$\mathcal{H}$-Systemen wieder ein p$\mathcal{H}$-System ergibt (van der Schaft u. Maschke 1995).

Verallgemeinertes p$\mathcal{H}$-System Die HAMILTONschen Gleichungen (2.30) lassen sich in folgender Weise darstellen

---

[16] Man bezeichnet $\mathbf{u}$ und $\mathbf{y}$ als *kollokierte* Ein- und Ausgänge des p$\mathcal{H}$-Systems.

$$\dot{\mathbf{x}} = \mathbf{J}\frac{\partial \mathcal{H}(\mathbf{x})}{\partial \mathbf{x}} + \mathbf{Gu} \qquad \mathbf{x} = \begin{pmatrix} \mathbf{q} & \mathbf{p} \end{pmatrix}^T$$

$$\text{mit}$$

$$\mathbf{y} = \mathbf{G}^T \frac{\partial \mathcal{H}(\mathbf{x})}{\partial \mathbf{x}} \qquad \mathbf{J} = \begin{pmatrix} \mathbf{0} & \mathbf{E} \\ \mathbf{-E} & \mathbf{0} \end{pmatrix}, \quad \mathbf{G} = \begin{pmatrix} \mathbf{0} \\ \mathbf{E} \end{pmatrix}, \ \mathbf{J} = -\mathbf{J}^T \qquad (2.31)$$

wobei die schiefsymmetrische Matrix $\mathbf{J}$ die *interne Struktur* des Systems beschreibt (im Sinne einer verallgemeinerten geometrischen Struktur). Diese Matrix nennt man auch POISSON-Strukturmatrix und das durch sie beschriebene System (2.31) wird als System mit POISSON-Struktur bezeichnet (van der Schaft u. Maschke 1995).

Die in Gl. (2.31) eingeführte mathematische Beschreibung lässt sich weiter verallgemeinern und ergänzen um dissipative Elemente und man erhält ein *allgemeines Port-HAMILTONIAN-System* mit Dissipation

$$p\mathcal{H} := \begin{cases} \dot{\mathbf{x}} = [\mathbf{J}(\mathbf{x}) - \mathbf{R}(\mathbf{x})]\dfrac{\partial \mathcal{H}(\mathbf{x})}{\partial \mathbf{x}} + \mathbf{G}(\mathbf{x})\mathbf{u} \\[2mm] \mathbf{y} = \mathbf{G}^T(\mathbf{x})\dfrac{\partial \mathcal{H}(\mathbf{x})}{\partial \mathbf{x}} \end{cases} \quad \text{mit} \quad \begin{matrix} \mathbf{J}(\mathbf{x}) = -\mathbf{J}^T(\mathbf{x}) \\[2mm] \mathbf{R}(\mathbf{x}) \geq 0 \end{matrix} \qquad (2.32)$$

mit schiefsymmetrischer Strukturmatrix $\mathbf{J}$ und positiv definiter symmetrischer Dissipationsmatrix $\mathbf{R}$.

Bedeutung Aus dieser sehr kurz gehaltenen Darstellung des Port-HAMILTONIAN-Formalismus sollte klar geworden sein, wo die Stärken hinsichtlich der Modellbildung liegen. Der p$\mathcal{H}$-Formalismus unterstützt über die Leistungstore eine modulare Modellierung auf physikalischer Ebene und erlaubt die direkte Kopplung von physikalischen Strukturen (äquivalent zu KIRCHHOFFschen Netzwerken und Bondgraphen). Als zusätzlichen Vorteil erkennt man die kompakte Beschreibung der internen Funktionalität über die skalare HAMILTON-FUNKTION sowie die anschauliche Abbildung der internen (Wirk-) Struktur des Systems in der POISSON-Strukturmatrix bzw. der Dissipationsmatrix. Die große Herausforderung besteht jedoch in der Konstruktion einer geeigneten HAMILTON-Funktion.

Wie eingangs erwähnt, ist der Port-HAMILTONIAN-Formalismus noch relativ jung und Gegenstand der aktuellen Forschung. In diesem Zusammenhang sollte erwähnt werden, dass die Bedeutung des p$\mathcal{H}$-Formalismus weit über die engeren Aufgaben der Modellierung hinausgeht. So liefert die formalisierte Systembeschreibung (2.32) als POISSON-Struktur wertvolle Eigenschaften, die direkt für die Auslegung von nichtlinearen Regelalgorithmen und Stabilitätsnachweisen dienen (Ortega et al. 2002), (Kugi u. Schlacher 2002), (Kugi u. Schlacher 2001), (Fuchshumer et al. 2003). Ein weiterer Schwerpunkt der aktuellen Forschung behandelt die Erweiterung auf unendlich dimensionale Systembeschreibungen (mittels partieller Differenzialgleichungen) (van der Schaft u. Maschke 2002).

2.3.7 Signalgekoppelte Netzwerke

Eine wichtige Fragestellung im Rahmen der Modellbildung behandelt die Modularisierung von Verhaltensmodellen. Dies ist speziell dann von Interesse, wenn die Verhaltensmodelle in Form von Modellbibliotheken innerhalb rechnergestützter Simulationswerkzeuge verwendet werden sollen. Folgende Fragen sind in diesem Zusammenhang zu beantworten:

- Wann und unter welchen Bedingungen können Modelle physikalischer (Teil-) Systeme direkt miteinander verschaltet werden?
- Warum sind Signalflussmodelle physikalischer Systeme nur bedingt modularisierbar?

Beide Fragestellungen hängen fundamental mit dem Problem der *Rückwirkung* bzw. *Rückwirkungsfreiheit* von Systemen zusammen.

Leistungsfluss   Die physikalische Kopplung zwischen technischen Systemen erfolgt immer über einen Leistungsfluss (Abb. 2.43). Das bedeutet, dass auch bei den Verhaltensmodellen an einer jeden Systemschnittstelle die jeweiligen konjugierten Leistungsvariablen Potenzialgröße e und Flussgröße f zu betrachten sind, die transportierte Energie ist bekanntlich gleich dem Produkt der Leistungsvariablen. Im allgemeinen Fall müssen Schnittstellen zwischen Systemmodellen also immer ein *Paar* von *konjugierten Leistungsvariablen* (e, f) enthalten. Als weitere Bedingung muss erfüllt sein, dass *beide* Schnittstellengrößen kompatibel bezüglich der betrachteten *physikalischen Domäne* und der verwendeten *physikalischen Einheiten* sind, d.h. $[e_1] = [e_2]$ und $[f_1] = [f_2]$ in Abb. 2.43. Es dürfen also beispielsweise nur elektrische Leistungsvariablen gleicher physikalischer Domänen (Volt, Ampere) miteinander gekoppelt werden, die direkte Kopplung von elektrischen und mechanischen Schnittstellengrößen ist dagegen trivialer Weise untersagt.

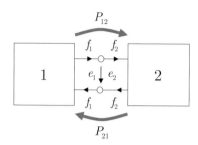

Abb. 2.43. Kopplung von Modellen physikalischer Systeme

Rückwirkung Warum sind in der Regel beide Leistungsvariablen zu berücksichtigen?

Bei einem Zweitor ist lediglich eine der beiden Leistungsvariablen frei vorgebbar, die andere Leistungsgröße ist durch das Koppelnetzwerk bestimmt. Wenn in dem gekoppelten System in Abb. 2.43 beispielsweise die Potenzialgröße e_1 mittels einer idealen Potenzialquelle beliebig einstellbar ist, dann ist die sich einstellende Flussgröße f_1 und in Konsequenz wegen der Kopplungsbedingung auch die Flussgröße f_2 abhängig von der Struktur des Systems 2 (= Last für System 1). Im Rahmen des Leistungsflusses P_{12} spricht man in diesem Sinne von einer *Rückwirkung* des Systems 2 auf das System 1. Die Flussgröße f_1 kann also nur berechnet werden, wenn die innere Struktur bzw. das Klemmenverhalten des Systems 2 bekannt ist.

> Systemkopplung über *Leistungsfluss* ist stets *rückwirkungsbehaftet.*

Signalfluss – Rückwirkungsfreiheit Wie verhalten sich aber nun Modelle, bei denen kein signifikanter Leistungsfluss stattfindet?

Dies ist beispielsweise dann der Fall, wenn eine der beiden Leistungsvariablen einen sehr kleinen Wert besitzt. Bei einer Systemkonfiguration nach Abb. 2.43 stellt sich bei einem sehr großen Eingangswiderstand des Systems 2 nur eine verschwindend kleine Flussgröße f_1 bzw. f_2 ein. Die übertragene Leistung $P_{12} = e_1 \cdot f_1$ ist also ungefähr Null. Damit ist die Schnittstelle zwischen den beiden Systemen 1 und 2 nur noch von *einer einzigen* Schnittstellengröße abhängig, in diesem Falle von der Potenzialgröße e_1. Die spezielle Charakteristik des Systems 2 hat keinerlei Einfluss auf die Potenzialgröße e_1. Man spricht in diesem Zusammenhang von *Rückwirkungsfreiheit* zwischen den beiden Systemen 1 und 2 und einer *Signalkopplung* über eine einzige Schnittstellengröße (*Signal*).

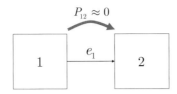

Abb. 2.44. Signalflussgraf bei verschwindendem Leistungsfluss zwischen den Systemen 1 und 2 (Rückwirkungsfreiheit)

Definition 2.6. *Signalfluss* – Unter einem Signalfluss zwischen zwei physikalischen Systemen versteht man einen Informationsfluss mit vernachlässigbarem Leistungsfluss, d.h. eine der beiden konjugierten Leistungsvariablen der Systemschnittstelle ist ungefähr Null. Die von Null verschiedene Leistungsvariable wird als *Koppelsignal* zwischen den beiden Systemen bezeichnet. Unter diesen Bedingungen wird die Schnittstelle zwischen zwei Systemen einzig durch das Koppelsignal beschrieben.

Signalflussgraf – Signalflussplan Diese rückwirkungsfreie Wirkungsbeziehung zwischen den beiden Systemen 1 und 2 nach Abb. 2.43 wird üblicherweise in Form eines *Signalflussgrafen* dargestellt (Abb. 2.44). Bekannte Beispiele für Signalflussgrafen sind beispielsweise *regelungstechnische Blockschaltbilder* (auch *Signalflussplan* genannt).

Bei signalgekoppelten Netzwerken sind (in der Regel) alle *Flussgrößen gleich Null*, die *Differenzgrößen* (gemessen gegenüber einem gemeinsamen Bezugspunkt) dienen als *Signalgrößen* und beschreiben alleine den Wirkfluss.

Bei Systemkopplung über *Signale* wird immer *Rückwirkungsfreiheit* der Teilsysteme vorausgesetzt.

Beispiel 2.3   *Rückwirkungsbehaftetes RC-Netzwerk.*

Systemkonfiguration   In Abb. 2.45 ist ein RC-Netzwerk gezeigt, welches eingangsseitig durch eine ideale Potenzialquelle u_Q erregt wird und ausgangsseitig durch einen Zweipol mit der Impedanz $\hat{Z}_L$ belastet wird.

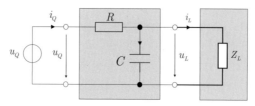

Abb. 2.45. Belastetes RC-Netzwerk

Modellbildung Das mathematische Modell des RC-Netzwerkes ist formal durch die Gln. (2.24), (2.25) gegeben (es ist lediglich eine konstante Kapazität C zu verwenden). Mit der konstitutiven Lastbeziehung (LAPLACE-transformierte Größen)

$$U_L(s) = Z_L \cdot I_L(s)$$

folgt für die eingangsseitigen Schnittstellengrößen[17]

$$U_Q(s) = \left(1 + \frac{R}{Z_L} + RCs\right) U_L(s)$$

$$I_Q(s) = \left(\frac{1}{Z_L} + Cs\right) U_L(s)$$

sowie für die *lastabhängige* Eingangsimpedanz

$$Z_Q(s) = \frac{U_Q(s)}{I_Q(s)} = \frac{1 + \dfrac{R}{Z_L} + RCs}{\dfrac{1}{Z_L} + Cs}. \qquad (2.33)$$

Signalflussplan Auch in der signalflussorientierten Darstellung als Blockschaltbild (Übertragungsfunktion) ist die Lastabhängigkeit in unschöner Weise im Systemmodell erkennbar. Es ist wohl möglich, die Lastimpedanz als eigenen Block darzustellen, das Modell des RC-Netzwerkes ist jedoch ebenfalls abhängig von der Lastimpedanz Z_L. In diesem Falle kann man also im *signalflussorientierten* grafischen Modell (Abb. 2.46) nicht mehr die ursprüngliche physikalische Struktur wieder finden und es ist damit keine modulare signalflussorientierte Modellierung auf physikalischer Komponentenebene möglich.

---

[17] Ein äquivalentes Modell in Berechnungsstruktur in Form von *linearen Differenzialgleichungen* erhält man in bekannter Weise durch Anwenden der inversen LAPLACE-Transformation.

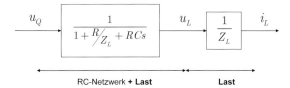

Abb. 2.46. Rückwirkungsbehaftetes RC-Netzwerk als signalflussorientiertes Blockschaltbild mit verwischter physikalischer Systemtopologie ∎

Beispiel 2.4 *Rückwirkungsfreie Beschaltung eines RC-Netzwerkes.*

Systemkonfiguration In Abb. 2.47 ist dasselbe RC-Netzwerk wie in Beispiel 2.3 gezeigt, allerdings ist hier die Lastimpedanz über einen so genannten *Trennverstärker* angekoppelt. Der Trennverstärker besitzt eine hochohmige Eingangsstufe (Eingangsstrom $i_E \approx 0$), ausgangsseitig wird eine niederohmige Spannungsquelle $u_A(u_E) = V \cdot u_E$ durch die Eingangsspannung u_E gesteuert. Die eingangsseitige Leistungsaufnahme ist verschwindend klein, die ausgangsseitige Leistungsabgabe (bestimmt durch die Lastimpedanz Z_L) wird durch die gesteuerte Spannungsquelle bewerkstelligt. Man beachte jedoch, dass dazu eine externe Hilfsenergiequelle nötig ist. Im rückwirkungsbehafteten Fall aus Beispiel 2.3 wurde die Leistung für die Last Z_L von der Spannungsquelle u_Q aufgebracht.

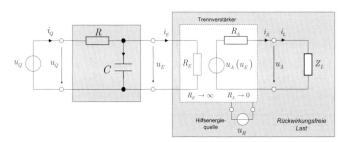

Abb. 2.47. Belastetes RC-Netzwerk mit Trennverstärker

Modellbildung Das mathematische Modell des Netzwerkes ist wiederum formal durch die Gln. (2.24), (2.25) gegeben und es gilt wegen $i_E \approx 0$

$$\begin{pmatrix} U_{Q}(s) \\ I_{Q}(s) \end{pmatrix} = \begin{pmatrix} 1 + RCs & R \\ Cs & 1 \end{pmatrix} \begin{pmatrix} U_{E}(s) \\ 0 \end{pmatrix}.$$

Mit $u_{A}(u_{E}) = V \cdot u_{E}$ folgt

$$U_{A}(s) = \frac{V}{1 + RCs} U_{Q}(s)$$

$$I_{Q}(s) = \frac{Cs}{1 + RCs} U_{Q}(s)$$
(2.34)

In diesem Falle ist die erregungsseitige Eingangsimpedanz des Netzwerkes unabhängig von der Last (vergleiche Gln.(2.33), (2.34)). Die lastseitige Spannung u_{A} kann rückwirkungsfrei (unabhängig von der konkreten Last) durch die Spannungsquelle $u_{A}\left(u_{E}\right)$ gesteuert werden.

Signalflussplan Dieser Sachverhalt ist auch im signalflussorientierten Blockschaltbild (Übertragungsfunktion, Abb.2.47) sichtbar. Man erkennt im Blockschaltbild weiterhin die physikalische Topologie erhaltende Entkopplung von RC-Netzwerk und Last durch den Trennverstärker. In diesem Falle kann man also im signalflussorientierten grafischen Modell sehr schön die ursprüngliche physikalische Struktur wieder finden. Nur unter den vorliegenden Voraussetzungen ist eine *signalflussorientierte* modulare Modellierung auf physikalischer Komponentenebene möglich.

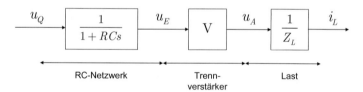

Abb. 2.48. Rückwirkungsfreies RC-Netzwerk als signalflussorientiertes Blockschaltbild mit klarer Zuordnung zur physikalischen Systemtopologie

■

Weitere Beispiele für rückwirkungsfreie Systemschnittstellen und damit mögliche signalgekoppelte Modelle sind *Messverstärker, Leistungsstufen* für Stellglieder sowie *informationsverarbeitende* Systeme und Funktionen der *analogen* und *digitalen Signalverarbeitung*. Bei letzteren können die bekannten regelungstechnischen Blockschaltbilder (Übertragungsfunktionen) in gewohnter Weise verwendet werden.

2.3.8 Modellkausalität

Kausale vs. akausale Modelle Im Rahmen der Modellbildung von technischen Systemen begegnen einem häufig die Begriffe *kausale* und *akausale Modelle*, zumeist in Verbindung mit bestimmten Modellierungsparadigmen oder Simulationswerkzeugen. Im Folgenden soll versucht werden, diese unscharfen und zum Teil nicht korrekt gebrauchten Bezeichnungen in einen konsistenten Rahmen zu stellen und deren Bedeutung zu erläutern.

Systemtheoretische Kausalität Der Begriff der *Kausalität* soll im Rahmen des Systementwurfes für technische Systeme im Einklang mit der eingeführten systemtheoretischen Bedeutung verwendet werden.

Definition 2.7. *Kausalität* – Ein System mit einer Eingangsgröße $u(t)$ und einer Ausgangsgröße $y(t)$ [18] heißt *kausal*, wenn zu einem beliebigen Zeitpunkt t_1 sein Ausgang $y(t_1)$ nur vom Verlauf der Eingangsgröße $u(t)$ bis zum Zeitpunkt t_1 beeinflusst wird (Abb. 2.49). Ein System wird *akausal* genannt, wenn es obige Eigenschaft nicht erfüllt.

Im Kern sagt obige Definition aus, dass bei einem realisierbaren technisch, physikalischen System keine zukünftigen Eingangsgrößen den aktuellen Ausgang beeinflussen können. In diesem Sinne sind natürlich auch alle betrachteten mechatronischen Systeme *per definitionem kausal* im obigen Sinne und das gleiche wird man konsequenterweise auch von Verhaltensmodellen fordern[19].

Abb. 2.49. Kausalstruktur (Ursache $\rightarrow$ Wirkung) eines Systems

---

[18] Die hier verwendete Beschränkung auf Eingrößensysteme (SISO – single input / single output) kann leicht durch eine äquivalente Formulierung auf Systeme mit einer beliebigen Anzahl von Eingangs- und Ausgangsgrößen erweitert werden.

[19] Eine Ausnahme bilden dabei allerdings sogenannte *Prädiktionsmodelle,* die im obigen Sinne *akausal* sind.

Kausalstruktur Mit obiger Definition wird das Systemverhalten aber auch ganz klar mit einer *Ursache-Wirkung* Relation (Eingang-Ausgang, Anregung-Antwort) verknüpft. Bei einem unbeschalteten Mehrtormodell (offene Klemmen) müssen durch die Fragestellung, in welcher Art ein spezielles *Experiment* auszuführen ist (z.B. Simulation, Frequenzgang, theoretische Rauschanalyse), bestimmte Systemvariablen als Ursache und Wirkung definiert werden. Erst mit einem klar definierten Experimentrahmen wird im Modell damit eine bestimmte *Kausalstruktur* in Form einer eindeutigen *Ursache-Wirkung Relation* festgelegt. In diesem Sinne ist es also völlig falsch, bei einem unbeschalteten Mehrtor von einem „kausalen" oder „akausalen" Modell zu sprechen[20].

Eigentlich ist ja gemeint, ob in einem abstrakten Modell die experimentabhängigen Ursache-Wirkung Relationen und damit die kausale Berechnungsstruktur fest vorgegeben oder noch offen sind. Korrekterweise müsste man also von Modellen mit *bestimmter* oder *unbestimmter Kausalstruktur* sprechen.

Kausalstrukturen bei Netzwerkmodellen Netzwerkmodelle besitzen ohne nähere Spezifikation der eingangs- oder ausgangseitigen Beschaltung generell eine *unbestimmte Kausalstruktur*. In Abb. 2.50 ist ein lineares Netzwerkmodell gezeigt, das durch seine Kettenmatrix **A** beschrieben sei[21]

$$\begin{pmatrix} e_1 \\ f_1 \end{pmatrix} = \mathbf{A} \begin{pmatrix} e_2 \\ f_2 \end{pmatrix} = \begin{pmatrix} a_{11} & a_{12} \\ a_{21} & a_{22} \end{pmatrix} \begin{pmatrix} e_2 \\ f_2 \end{pmatrix}. \tag{2.35}$$

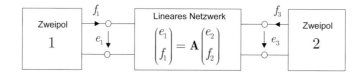

Abb. 2.50. Lineares Netzwerk mit unbestimmter Kausalstruktur

---

[20] Als „akausal" apostrophierte Modelle (z.B. Netzwerke, Bondgraphen, objektorientierte Modelle) werden häufig mit äußerst günstigen Eigenschaften in den Blickpunkt gerückt. Mit einer solch widersinnigen Bezeichnung werden die tatsächlich vorhandenen Stärken dieser Modelle jedoch völlig unnotwendig konterkariert.

[21] Im Allgemeinen kann es sich hierbei auch um komplexe Elemente $a_{ij}(s)$ handeln, d.h. es können beliebige passive (verallgemeinerte) Netzwerkelemente R, L, C verschaltet sein.

Die eigentlichen Modellgleichungen sind in der Matrix **A** abgebildet. Wie sich das Netzwerk gegenüber externen „Anregungen" verhält, hängt von der äußeren Beschaltung des Netzwerkes durch die Zweipole 1 und 2 ab.

Jeder dieser Zweipole könnte einen passiven Verbraucher oder ein aktives Netzwerk, z.B. eine Quelle, darstellen. Als Anregung bzw. Ursache einer Kausalstruktur sind nur unabhängige Quellen möglich, d.h. entweder eine Potenzial- oder Flussquelle. Die vorgegebene Beschreibung (2.35) lässt noch völlig offen, (a) welcher der beiden Zweipole als Quelle wirkt und (b) welche Art von Quelle betrachtet wird, d.h.

$$\text{Potenzialquelle} \quad e_i(t), \quad i = 1, 2$$

$$\text{Flussquelle} \quad f_i(t), \quad i = 1, 2.$$

Insofern ist das Modell (2.35) als vollständig zu betrachten. Um ein konkretes Experiment ausführen zu können, muss jedoch noch eine Kausalstruktur mit einer Anregungsgröße und einer oder mehreren Antwortgrößen festgelegt werden. Wenn beispielsweise als Anregung eine Potenzialquelle $e_1(t)$ gewählt wird (Zweipol 1) und als Antwort die Potenzialgröße $e_2(t)$ bei ausgangsseitigem Leerlauf (Zweipol 2, Eingangswiderstand ist unendlich) betrachtet wird, dann ist eine *eindeutige Kausalstruktur* definiert und das Experiment kann ausgeführt werden (Zeitverhalten, Frequenzgang. Rauschantwort, etc.). In diesem Sinne spricht man dann von einem Modell mit *bestimmter Kausalstruktur*.

Beispiel 2.5   *Kausalstrukturen eines RC-Netzwerkes.*

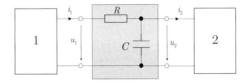

Abb. 2.51. RC-Netzwerk mit unbestimmter externer Beschaltung

Unbestimmte externe Beschaltung   Man betrachte das in Abb. 2.51 dargestellte RC-Netzwerk mit *unbestimmter externer Beschaltung*. Ein mathematisches Verhaltensmodell lässt sich unmittelbar durch Anwendung der in Abschn. 2.3.3 eingeführten Modellierungsmethodik aufstellen (Schnittgesetz, Maschensatz, konstitutive Gleichungen mit konzentrierten, stationären Parametern). Mithilfe der LAPLACE-transformierten

Systemgrößen und der komplexen Kettenmatrix lässt sich dieses Modell kompakt darstellen als

$$\begin{pmatrix} U_1(s) \\ I_1(s) \end{pmatrix} = \begin{pmatrix} 1 + RCs & R \\ Cs & 1 \end{pmatrix} \begin{pmatrix} U_2(s) \\ I_2(s) \end{pmatrix} = \mathbf{A}(s) \begin{pmatrix} U_2(s) \\ I_2(s) \end{pmatrix}. \qquad (2.36)$$

Wie leicht ersichtlich, kann Gl. (2.36) nach allen Seiten hin im Sinne von Ursache-Wirkungsbeziehungen betrachtet werden. Ohne nähere Spezifikation der äußeren Beschaltung, d.h. Zwangsbedingungen für die eingangs- und ausgangsseitigen Leistungsvariablen u_1, i_1, u_2, i_2 bleibt die *Kausalstruktur* des Modells (2.36) *unbestimmt*.

Last Als erste Experimentkonkretisierung sei der Zweipol 2 näher spezifiziert: es soll ein passives Netzwerk mit unendlich großem Eingangswiderstand betrachtet werden, d.h. es soll kein Strom in den Zweipol 2 fließen können (Leerlauf an Klemme 2 des RC-Netzwerkes).

Quelle Damit ist nun klar, dass Zweipol 1 als eine Quelle zu betrachten ist (Abb. 2.52). Allerdings ist damit noch keineswegs die Kausalstruktur eindeutig bestimmt. Es bleibt nach wie vor offen, welche der beiden Leistungsvariablen der Quelle unabhängig vorgegeben werden soll und als *Anregung* des Netzwerkes (= *Eingang einer Kausalstruktur*) dient. Ebenso ist noch zu definieren, welche der Systemgrößen als *Antwortgrößen* (= *Ausgänge einer Kausalstruktur*) betrachtet werden sollen.

Ein mathematisches Modell des unbelasteten RC-Netzwerkes mit unbestimmter Quelle in Form eines DAE-Systems hat nun folgende Form

$$u_Q - u_R - u_C = 0$$

$$u_R = R i_Q$$

$$\dot{u}_C = \frac{1}{C} i_Q \qquad (2.37)$$

$$u_Q(i_Q) = 0$$

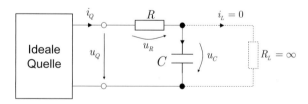

Abb. 2.52. Unbelastetes RC-Netzwerk mit unbestimmter Quelle

Wie man leicht erkennt, liegt mit dem Modell (2.37) eine an sich vollständige Verhaltensbeschreibung vor, es ist lediglich die algebraische Beziehung zwischen Quellenspannung und Quellenstrom noch unbestimmt.

Experimente Um ein konkretes Verhalten untersuchen zu können (Experimente), müssen in einer weiteren Experimentkonkretisierung geeignete, unabhängig einstellbare Anregungsgrößen definiert werden. Dazu sind im vorliegenden Fall lediglich die beiden Quellenleistungsvariablen mögliche Kandidaten.

Fall A: *Ideale Spannungsquelle* → Anregung $u_Q = u_Q(t)$, keine Einschränkungen für $i_Q(t)$, als Antwortgrößen sollen alle zeitveränderlichen Systemgrößen betrachtet werden (Abb. 2.53.a)

Mathematisches Modell für *Experiment A* (durch einfache Manipulationen am Modell (2.37))

$$\dot{u}_C = -\frac{1}{RC}u_C + \frac{1}{RC}u_Q$$

$$i_Q = -\frac{1}{R}u_C + \frac{1}{R}u_Q \qquad (2.38)$$

$$u_R = u_Q - u_C \qquad .$$

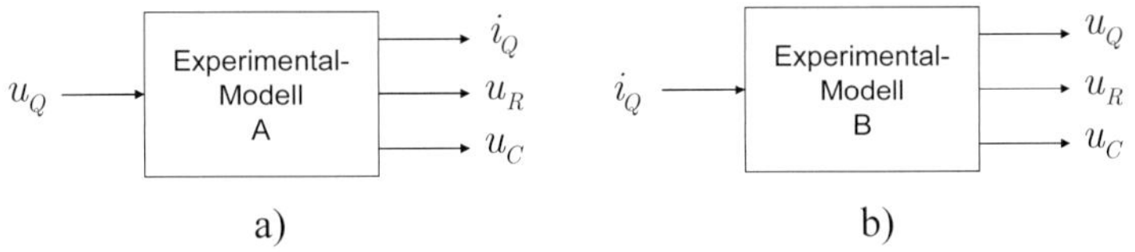

Abb. 2.53. Kausalstrukturen für mögliche Experimentalmodelle des RC-Netzwerkes: a) Spannungsanregung, b) Stromanregung

Fall B: *Ideale Stromquelle* → Anregung $i_Q = i_Q(t)$, keine Einschränkungen für $u_Q(t)$, als Antwortgrößen sollen alle zeitveränderlichen Systemgrößen betrachtet werden (Abb. 2.53.b)

Mathematisches Modell für *Experiment B* (ebenfalls durch einfache Manipulationen am Modell (2.37))

$$u_Q = Ri_Q + \frac{1}{C}\int i_Q(\tau)\,d\tau$$

$$u_R = Ri_Q \qquad (2.39)$$

$$\dot{u}_C = \frac{1}{C}i_Q \qquad .$$

Für beide Experimente ergeben sich nunmehr klare Kausalstrukturen der Experimentalmodelle (2.38), (2.39), die überdies auch eine kausale Berechnungsstruktur aufweisen, d.h. alle unbekannten Größen (Ausgänge, Systemantworten) lassen sich bei bekannten Anregungsfunktionen $u_Q(t)$ bzw. $i_Q(t)$ explizit aus den DAE-Systemen (2.38) bzw. (2.39) berechnen (dies ist eine entscheidende Eigenschaft für Simulationsexperimente). ∎

Berechnungskausalität   Ein unterschiedlicher Kausalitätsbegriff verbindet sich mit der simulationstechnischen Lösung eines DAE-Systems, sprich der Ausführung eines (Simulations-) Experimentes. Der Begriff der *Berechnungskausalität* bezeichnet eine geeignete *Struktur* und *Reihenfolge* der Gleichungen des DAE-Modells, die eine *sequenzielle numerische* Lösung des DAE-Systems erlauben.

Beispielsweise erlaubt das Gleichungssystem (2.37) selbst bei definierter Quellenbeziehung in der angegebenen Struktur keine sequenzielle Berechnung. Demgegenüber liegt in Gl. (2.38) eine kausale Berechnungsstruktur vor. Aus der ersten Gleichung kann bei vorgegebener Quellenspannung u_Q die Kondensatorspannung u_C berechnet werde, im nächsten Schritt kann mit u_Q und nunmehr bekanntem u_C der Quellenstrom i_Q und im dritten Schritt die Spannung am Widerstand (Schritt 2 und 3 könnten auch vertauscht werden). Diese Gleichungsmanipulationen werden in modernen Simulationswerkzeugen mittels symbolischer Berechnung automatisiert ausgeführt.

Eine erweiterte Interpretation der Berechnungskausalität fordert zusätzlich auch noch eine *explizite* Gleichungsdarstellung der Form $a = f(b, c)$ bei bekannten Größen b und c im Unterschied zu einer impliziten Darstellung $a = f(a, b, c)$. Implizite Gleichungen stellen für moderne Simulationswerkzeuge eigentlich keine besonderen Probleme dar, sodass die explizite Gleichungsdarstellung heutzutage keine unbedingte Forderung darstellt.

Kausalstrukturen vs. Modellierungsansätze

Mehrpole und Mehrtore   Es ist bemerkenswert, dass sich bei der mehrpolbasierten Modellierung sozusagen automatisch Modelle in Form von

DAE-Systemen mit unbestimmter Kausalstruktur ergeben. Das bedeutet wiederum, dass erst zum Experimentzeitpunkt die Kausalstruktur durch Festlegen der Eingangs- und Ausgangsgrößen festgelegt werden muss. Das einmal erstellte DAE-Modell ist also universell wieder verwendbar (s. Gl. (2.37)). Allerdings müssen dann *vor* Ausführung des eigentlichen Experimentes geeignete Gleichungsmanipulationen zur Erzeugung einer kausalen Berechnungsstruktur durchgeführt werden. Diese Aufgabe kann man jedoch einem rechnergestützten Werkzeug übertragen, ebenso wie das Erstellen der DAE-Systemgleichungen aus der Netzwerktopologie. Dieser Ansatz wird etwa bei modernen gleichungsorientierten Modellierungs- und Simulationswerkzeugen verfolgt, z.B. objektorientierte Modellierung mit MODELICA (Tiller 2001), netzwerkbasierte Modellierung mit VHDL-AMS (Schwarz et al. 2001).

LAGRANGEscher Formalismus   Betrachtet man im Vergleich den Modellierungsansatz mittels des LAGRANGEschen Formalismus, so erkennt man, dass dort wesentlich früher im Modellierungsprozess eine Spezifikation der Kausalstruktur erfolgen muss. Bereits beim Aufstellen der LAGRANGEschen Gleichungen müssen nämlich die generalisierten Koordinaten festgelegt werden. Diese müssen bekanntlich unabhängig und unbeschränkt sein. Im Beispiel 2.5 würde man bei einer Spannungsanregung die Ladung als generalisierte Koordinate verwenden, bei einer Stromanregung hingegen die Flussverkettung (s. auch Tabelle 2.2). Ferner muss die Anregungsfunktion in Form externer verallgemeinerter Kräfte bzw. Potenzialfunktionen festgelegt werden. Damit kommt man dann unmittelbar zu jeweils speziellen Modellen mit bestimmter Kausalstruktur, die natürlich letztlich identisch zu äquivalenten netzwerkbasierten Modellen sind (s. Gln. (2.38), (2.39)).

Bewertung   Unter diesen angeführten Gesichtspunkten wird zu Recht der netzwerkbasierte Modellierungsansatz in der Fachöffentlichkeit favorisiert. Er ist speziell wegen der guten Werkzeugunterstützung hervorragend geeignet für (sehr) große und komplexe Systeme. Allerdings sei nochmals darauf verwiesen, dass die Vorteile mehrpolbasierter physikalischer Modellierung auf der gleichungsorientierten Beschreibung mit unbestimmter Kausalstruktur beruhen und nicht fälschlicherweise auf „akausalen" Modellen.

2.3.9 Modulare Modellierung mechatronischer Systeme

DAE-System als Verhaltensmodell Spricht man von modularer Modellierung mechatronischer Systeme, so verbindet man damit in erster Linie den Wunsch, die *physikalische Topologie* des realen Systems in äquivalenter Weise im Verhaltensmodell nachbilden zu können. Das berechenbare Verhaltensmodell (s. auch Abb. 2.4) ist dabei in allgemeiner Form durch ein *Differenzial-algebraisches Gleichungssystem – DAE-System* [22] gegeben (hier in semi-expliziter Form, s. Abschn. 2.4)

$$\dot{\mathbf{x}} = \mathbf{f}\left(\mathbf{x}, \mathbf{z}, \mathbf{u}, t\right) \qquad (2.40)$$

$$\mathbf{0} = \mathbf{g}\left(\mathbf{x}, \mathbf{z}, t\right). \qquad (2.41)$$

Als typisches Beispiel für ein mechatronisches System sei die in Abb. 2.54 dargestellte *geregelte Antriebsachse* (z.B. Roboter, Werkzeugmaschine) betrachtet.

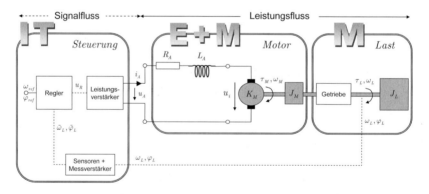

Abb. 2.54. Beispiel eines Multidomänenmodells – Geregelte Antriebsachse (z.B. Roboter, Werkzeugmaschine)

---

[22] Dies trifft in jedem Fall für den Großteil der physikalischen Systemkomponenten zu, die sich durch *zeitkontinuierliche Modelle* beschreiben lassen. Schaltvorgänge, mechanische Kontaktprobleme, Haftreibung sowie zeit- und ereignisdiskrete Phänomene (vorwiegend im Rahmen der Informationsverarbeitung) können mittels spezieller Modellerweiterungen, durch so genannte *hybride Modelle* beschrieben werden (s. Abschn. 2.5).

Anforderungen Ein brauchbares *modulares Verhaltensmodell* für ein mechatronisches System muss folgende allgemeine *Anforderungen* erfüllen:

1. die *physikalische Systemtopologie* soll im Gleichungssystem (2.40), (2.41) sichtbar bleiben, z.b. Ankerinduktivität inkl. Klemmenbeziehungen zu Ankerwiderstand und Motor, Getriebe mit Klemmenbeziehungen zu Motor- und Lastachse.

2. Modelle einzelner Systemelemente sollen leistungserhaltend *austauschbar* sein, z.b. starres Getriebe durch elastisches Getriebe, starre Last durch Mehrkörpersystem.

3. Modelle von Systemelementen sollen *hierarchisch* komponierbar sein (Dekomposition, Aggregation), z.b. aggregiertes Motormodell $\rightarrow$ neues Modell *Motor*, dekomponiertes Getriebemodell $\rightarrow$ detailliertes Komponentenmodell.

4. Systemkomponenten *unterschiedlicher physikalischer Domänen* (Multidomänen) sollen durch *einheitliche Modelle* beschrieben werden; diese Anforderung ist auf Berechnungsebene über das DAE-System (2.40),(2.41) automatisch erfüllt, sie ist jedoch ebenso erwünscht für abstrakte Modellvorstufen (grafenorientiertes Modell).

5. Es sollen *Kopplungsmöglichkeiten* für *leistungsfluss-* und *signalfluss-orientierte* Modelle vorhanden sein, z.b. Steuerung # Motor, Steuerung # Last.

Die Anforderungen 2 und 3 legen allgemein die Verwendung von *Modellbibliotheken* nahe, Anforderung 4 lässt sich mit *domänenspezifischen* Modellbibliotheken umsetzen.

Rechnergestützte Werkzeuge Für den praktischen Umgang mit modularen Systemmodellen ist speziell die Nutzung von *rechnergestützten Werkzeugen* von Interesse (Handhabung großer Systeme, Entwurfsautomatisierung, etc.). Dabei ist zu unterscheiden zwischen der eigentlichen *Modellerstellung* und dem *Experimentieren* mit diesen Modellen (Simulation, Analyse), s. dazu Abschn. 2.1. An dieser Stelle interessiert vorerst die Modellerstellung (Gln.(2.40),(2.41)), spezielle Aspekte zur simulationstechnischen Umsetzung werden in Kap. 3 diskutiert.

Im Folgenden werden in kompakter Form Stärken und Schwächen der bisher vorgestellten unterschiedliche Modellierungsansätze hinsichtlich ihrer Eignung für eine rechentechnische Umsetzung in Form modularer physikalischer Modelle diskutiert.

Energiebasierte modulare Modellierung

Stärken – Schwächen Der in Abschn. 2.3.2 vorgestellte LAGRANGEsche Formalismus ist eigentlich nicht für eine modulare Modellierung geeignet. Die Anforderungen 2 und 4 können auf Energieebene in entkoppelten Koordinaten durch geeignete Modellbibliotheken umgesetzt werden, ebenso kann die Umwandlung in das DAE-System mittels Computeralgebraprogrammen (Differenziation der LAGRANGE-Funktion) im Prinzip automatisiert werden. Die Systemverkopplung reflektiert sich in der Verkopplung der Problemkoordinaten. Die dahinter verborgene Verkopplung der Leistungsflüsse ergibt sich indirekt über die Differenziation der LAGRANGE-Funktion und ist im DAE-System nur schwer durchschaubar. Dies ist auch wohl der Grund, dass sich auf dieser Modellierungsbasis keine Multidomänenwerkzeuge am Markt durchgesetzt haben.

Mehrpol-/ Torbasierte modulare Modellierung

Stärken – Schwächen Aus den Ausführungen der vorangegangenen Kapitel ist wohl schon klar geworden, dass im Grunde nur *mehrpol-/ mehrtorbasierte* Modellierungsansätze die obigen Anforderungen voll und ganz erfüllen können. Sie beinhalten inhärent bereits alle erforderlichen Eigenschaften wie *leistungserhaltende Schnittstellen, offene Kausalstrukturen* und *Multidomäneneigenschaften* über Analogiebeziehungen bzw. *verallgemeinerte Netzwerkelemente* (s. Beispiele 2.2 bis 2.4).

Die *Hierarchieanforderung* lässt sich auch leicht, zumindest bei linearen Modellen, durch kompakte *Vierpolbeschreibungen* mit komplexen Elementen erreichen (s. Gl. (2.36)).

An dieser Stelle kann nachträglich sehr anschaulich die Einführung der in der Netzwerktheorie genutzten speziellen Zuordnung der Leistungsvariablen zu mechanischen Größen gerechtfertigt werden (s. Tabelle 2.3). Es gilt demnach die Zuordnung

Flussgröße := *Kraft bzw. Drehmoment*

Potenzialgröße := *Geschwindigkeit bzw. Drehgeschwindigkeit.*

Betrachtet man beispielsweise für die geregelte Antriebsachse nach Abb. 2.54 die *starre Kopplung* zwischen Motorachse und Getriebe (τ_M, ω_M), so folgt aus physikalischer Sicht, dass an der Schnittstelle die Drehgeschwindigkeiten identisch sein müssen und nicht die Drehmomente. Dieser Sachverhalt ist gemäß den Gesetzen der Netzwerktheorie aber nur für Potenzialgrößen erfüllt, woraus folgt, dass die *(Dreh-) Geschwindigkeit* als *Potenzialgröße* eingeführt werden muss (s. Beispiel 2.7).

Man beachte, dass in der Bondgraphenwelt in der Regel gerade die andere Zuordnung nach Tabelle 2.2 verwendet wird, was eine starre Kopplung erschwert (s. Beispiel 2.6)

Unter Nutzung der vorteilhaften Eigenschaften der torbasierten Modellierung sind eine Reihe leistungsfähiger Modellierungs- und Simulationswerkzeuge entstanden, die insbesondere *domänenspezifische Modellbibliotheken* auf physikalischer Ebene unterstützen und die Modellierungsaufgabe beträchtlich erleichtern, z.B. (Schwarz et al. 2001), (Geitner 2006).

Beispiel 2.6   *Torbasiertes Modell (Bondgraph) einer Antriebsachse.*

Systemkonfiguration Man betrachte die geregelte Antriebsachse aus Abb. 2.54. Im Folgenden ist insbesondere die starre Kopplung zwischen der Motorwelle und dem lastseitigen Getriebe von Interesse. Diese physikalisch vorliegende Schnittstelle sollte in einem modularen Verhaltensmodell möglichst unverändert wiederzufinden sein.

Bondgraphenbasiertes Verhaltensmodell Wie bereits im vorhergehenden Text ausgeführt, verwenden die meisten Bondgraphenwerkzeuge Kräfte / Momente als mechanische Potenzialgrößen. Dies macht, wie oben ausgeführt, bei einer starren Kopplung von Wellen prinzipielle Schwierigkeiten. In Abb. 2.55a ist ein Bondgraphen-Modell gezeigt (Geitner 2008), wo diese starre Kopplung zwar direkt implementiert ist, allerdings unter Verlust der physikalisch-objektbezogenen Modularität. Die Kopplung ist nur realisierbar, indem antriebsseitig (Motor) das gesamte Trägheitsmoment $J_{ges} = J_M + J_L$ berücksichtigt wird.

Demgegenüber ist in Abb. 2.56a ein streng physikalisch-objektbezogenes, modulares Bondgraphen-Modell gezeigt, wo Motor und Last mit ihren individuellen Trägheitsparametern versehen sind (Geitner 2008). Allerdings muss hier zur Wahrung der Schnittstellenkonsistenz, d.h. Kopplung der Flussgrößen „Geschwindigkeiten", eine *virtuelle elastische Kopplung* über eine möglichst steife Feder eingebracht werden. Dadurch werden Relativbewegungen zwischen den beiden Wellen ermöglicht, die jedoch nur bei sehr großer Federsteifigkeit sehr klein bleiben. Zusätzlich zu dieser durchaus problematischen *Modellverfälschung* handelt man sich noch ein neues Problem für das simulationstechnische Experimentieren ein. Das neu entstandene Modell ist ein steifes Differenzialgleichungs- bzw. DAE-System und im Rahmen von Simulationsexperimenten numerisch nur schwierig lösbar (s. Kap.3).

Für beide betrachteten Fälle sind in Abb. 2.55b und Abb. 2.56b bondgraphenbasierte Rechnermodelle gezeigt (hier eingebunden in das Werkzeug SIMULINK, (Geitner 2006)).

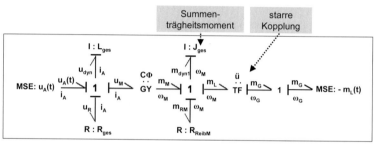

a)

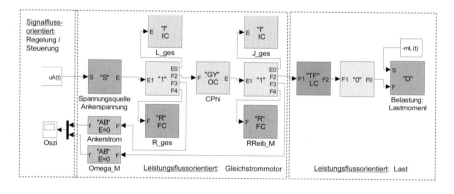

b)

Abb. 2.55. Bondgraphen-Modell für die geregelten Antriebsachse aus Abb. 2.54 mit einer *starren* Motor-Getriebe-Kopplung: a) Bondgraph, b) bondgraphenbasiertes Rechnermodell eingebettet in SIMULINK, aus (Geitner 2008)

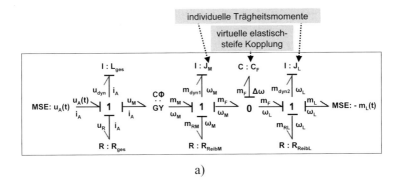

a)

b)

Abb. 2.56. Bondgraphen-Modell für die geregelten Antriebsachse aus Abb. 2.54 mit einer *virtuellen elastisch-steifen* Motor-Getriebe-Kopplung: a) Bondgraph, b) bondgraphenbasiertes Rechnermodell eingebettet in SIMULINK, aus (Geitner 2008)   ∎

Signalorientierte modulare Modellierung

Stärken – Schwächen Eine Modularisierung mit signalflussorientierten Modellen unter Beachtung der eingangs aufgestellten Anforderungen 1 bis 4 ist nur für *gerätetechnische Funktionsgruppen*, die *rückwirkungsfrei* gekoppelt sind, sinnvoll möglich.

In Abb. 2.54 wären das beispielsweise unabhängige Module für „Sensor-Messverstärker", „Regler", „Leistungsverstärker" sowie ein geschlossenes (aggregiertes) Modul „Motor + Last".

Aus prinzipiellen Gründen sind keine Bibliotheksmodule für elementare physikalischen Elemente und Teilsysteme mit Leistungsfluss sinnvoll nutzbar (Problem der Rückwirkung, s. Abschn. 2.3.5).

Falls die *Rückwirkungsfreiheit* hinreichend gut erfüllt ist, ist das Arbeiten mit *Signalflussgrafen* jedoch sehr einfach und bestens im Rahmen regelungstechnischer Betrachtungen eingeführt. Lineare Systemmodelle können außer für Simulationsexperimente auch vorteilhaft unmittelbar für Analyseaufgaben weiter genutzt werden (Regelkreisstruktur, aggregierte Übertragungsfunktionen, etc.).

Auf Signalebene kann man sehr schön mit signalflussorientierten Bibliotheken hantieren, als elementare Module eignen sich dafür lineare und nichtlineare *algebraische Operatoren* (z.B. Summation, Multiplikation mit konstanten Parametern) sowie Module zur *Integration* (Integrierglieder). Damit lassen sich sehr effizient Modelle in *Zustandsform*[23]

$$\dot{\mathbf{x}} = \mathbf{f}\left(\mathbf{x}, \mathbf{u}, t\right) \qquad (2.42)$$

$$\mathbf{y} = \mathbf{g}\left(\mathbf{x}, \mathbf{u}, t\right) \qquad (2.43)$$

modularisieren.

Es sei allerdings bemerkt, dass die Verschaltung von Zustandsmodellen (2.42), (2.43) nur dann problemlos möglich ist, wenn keine *algebraischen Schleifen* auftreten (entspricht einem DAE-System mit höherem Index, s. Abschn. 2.4).

Aufgrund des methodisch leichteren Zuganges sind rechnergestützte Werkzeuge für Modellierung, Simulation und Analyse auf signalflussorientierter Basis (MATLAB / SIMULINK, LABVIEW) in der Praxis erheblich weiter verbreitet, als solche auf Netzwerkbasis. Deshalb wird in vielen Fällen intuitiv ein signalflussorientierter Modellierungsansatz bevorzugt, wenngleich dies erhebliche *Einschränkungen* bezüglich modularer physikalischer Modellbibliotheken mit sich bringt.

Ein charakteristisches Beispiel für die prinzipiellen Einschränkungen in der Modulisierbarkeit wurde bereits in Abschn. 2.3.7 aufgeführt (s. Beispiel 2.3). Das Problem der starren Kopplung bei mechanischen Systemen wird in Abschn. 2.4 (DAE-Systeme, Index-3-Systeme) ausführlich diskutiert. Auch hier kommen, wie bei dem Bondgraphenmodell, nur zwei nicht

---

[23] Hierbei repräsentiert in bekannter Weise $\mathbf{u}$ den Vektor der Eingangsgrößen, $\mathbf{y}$ den Vektor der Ausgangsgrößen, $\mathbf{x}$ den Zustandsvektor, s. auch Abschn.2.6.

wirklich befriedigende Ausweichlösungen in Frage: ein *gemeinsames* Modell mit beiden Massen (Objektbezug geht verloren) oder eine *elastische Kopplung* mit hinreichend großer Steifigkeit (steifes Differenzialgleichungssystem).

Objektorientierte Modellierung physikalischer Systeme

Objektorientierung – Zweifache Bedeutung   Die bereits diskutierten Vorteile der *netzwerkbasierten* Modellierung lassen sich für eine rechentechnische Umsetzung in sehr effizienter Weise mit *objektorientierten* Konzepten des Softwareentwurfes kombinieren. Die so bezeichnete *objektorientierte Modellierung physikalischer Systeme* nutzt das Attribut „objektorientiert" in zweifacher Weise

- objektorientiert im *konzeptionellen* Sinne durch Nutzung von *gekapselten Verhaltensmodellen* physikalischer Komponenten (z.B. Kapazität, Getriebe, Masse, Motor) unter Beibehaltung von leistungsrelevanten Beziehungen
- objektorientiert im *softwaretechnischen* Sinne durch Nutzung von *gekapselten Softwareeinheiten* mit klassischen softwarerelevanten objektorientierten Eigenschaften (Polymorphismus, Vererbung, hierarchische Modellklassen, etc.)

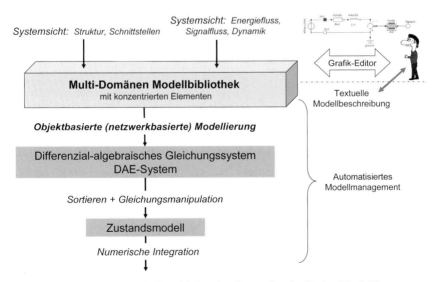

Abb. 2.57. Modellhierarchie für objektorientierte physikalische Modellierung

Objektorientierte Rechnerwerkzeuge Die auf dieser Basis aufgebauten *Rechnerwerkzeuge* ermöglichen neben einer *benutzerfreundlichen Modellerstellung* eine weitgehend automatisierte Modellaufbereitung und eine rechnergeführte experimentelle Modellnutzung mittels Simulation und verschiedener Analyseverfahren (Arbeitspunktberechnung, Linearisierung, Frequenzgangsberechnung, etc.). Im Grunde genommen handelt es sich dabei um verallgemeinerte Netzwerkanalysatoren mit einer Multidomänen-Mensch-Maschine-Schnittstelle.

In Abb. 2.57 ist die verallgemeinerte Modellhierarchie für eine objektorientierte physikalische Modellierung dargestellt, man vergleiche mit der allgemeinen Modellhierarchie Abb. 2.4.

Modellbeschreibungssprachen Der eigentliche Kern des objektorientierten Modellierungsansatzes ist die *textuelle Modellbeschreibungssprache*. Hier sind die Konzepte der Netzwerkmodellierung und des objektorientierten Softwareentwurfes vereint, wie

- mathematische Beschreibung realer Prozesse in gekapselten Objekten
- Modelle werden in Form von (Objekt-) Klassen umgesetzt
- hierarchische Klassenstrukturen: Vater-Sohn-Konzept $\Rightarrow$ Spezialisierung in unteren Hierarchieebenen
- Vererbung (engl. *inheritance*) von Eigenschaften erfolgt von in der Hierarchie darüber liegenden Klassen
- Polymorphismus: geerbte Eigenschaften können lokal überschrieben werden bzw. es gilt bei Mehrfachdefinition die Eigenschaft des nächsten Vorfahren
- Verwendung der (in Klassenform vordefinierten) Modelle in Form von (Objekt-) Instanzen
- vereinfachte wieder Verwendbarkeit von Modellen bzw. Teilmodellen.

Sprache MODELICA Als ein wichtiges Beispiel sei die Sprache MODELICA[24] (Otter 1999a), (Tiller 2001) erwähnt, die einige spezielle Eigenschaften bietet:

- modellspezifische statt mathematisch-orientierte Beschreibung
- anwendungsneutral
- Quasi-Standard für objektorientierte Modellierungssprachen
- unterstützt gemischt kontinuierlich-diskrete Systeme (hybride Systeme)
- Berücksichtigung von physikalischen Einheiten.

---

[24] www.modelica.org

Die Übersetzung des textuellen Modells in ein DAE-System und die nachfolgende Modellmanipulation erfolgt in den Rechnerwerkzeugen weitgehend automatisiert mittels leistungsfähiger *Transformationsalgorithmen* (Otter 1999b; Otter u. Bachmann 1999a; Otter u. Bachmann 1999b).

Grafische Editoren   Als zusätzliche Option, modellierungsmethodisch zwar nicht relevant, aber für den Benutzer sehr hilfreich (und attraktiv!), stehen bei einigen Werkzeugen leistungsfähige *grafische Editoren* zur Verfügung, wo heterogene (z.B. mechatronische) Systeme mittels domänenspezifischer *Objektdiagramme* grafisch komponiert werden können und automatisch in die textuelle Beschreibungssprache übersetzt werden.

Vorteile bei der Anwendung   Die speziellen *Vorteile* von objektorientierten Modellierungswerkzeugen liegen im einfachen Zugang durch den Anwender (speziell wenn grafische Editoren verfügbar sind), die leichte wieder Verwendbarkeit von einmal erstellten Modellen (evolutionäre Modellbibliotheken), der inhärent physikalisch korrekten Modellkomposition aufgrund des Netzwerkansatzes und eines höchst effizienten, automatisierbaren Modellmanagements.

Betrachtet man vordergründig die Modellhierarchie in Abb. 2.57, dann hat man den Eindruck, als Anwender müsse man lediglich den richtigen Baukasten öffnen und die Bauelemente in physikalisch relevanter Weise anordnen und verschalten und … ein korrektes Systemmodell ist erzeugt!

Nun, gerade in diesem einfachen Nutzerzugang (ohne notwendiges technisches Verständnis) und in dem im Verborgenen ablaufenden, automatisierten Modellmanagement liegt aus Erfahrung des Autors ein nicht zu unterschätzendes Gefahrenpotenzial.

Probleme bei der Anwendung   Selbst wenn man unterstellt, dass die Rechnerwerkzeuge über validierte Software verfügen (welche Software ist aber wirklich fehlerfrei?), dann verbleiben noch immer genügend viele Möglichkeiten, ein nicht korrektes Modell oder ein prinzipiell numerisch schlecht konditioniertes Modell zu erzeugen, das erst beim Experimentieren (Simulation) seine Probleme offenbart (die oftmals gar nicht offenkundig sichtbar sind). Es sei darauf hingewiesen, dass *alle* möglichen Problemquellen, die im *Kapitel 3 – Simulationstechnische Aspekte* diskutiert werden, auch und gerade bei objektorientierten Modellen möglich sind. In vielen Fällen kann man diesen Problemen durch geeignete Parametrierung der Simulationsalgorithmen begegnen, in anderen Fällen aber nur durch geeignete Modelländerungen. Dieses Wissen ist unverzichtbar, auch und gerade bei Verwendung von objektorientierten Rechnerwerkzeugen.

Beispiel 2.7 *Objektorientiertes Modell einer Antriebsachse.*

Systemkonfiguration Es sei wiederum die geregelte Antriebsachse aus Abb. 2.54 betrachtet. In den bisherigen Modellbeispielen (Bondgraphen, signalbasiert) konnte die starre Kopplung zwischen der Motorwelle und dem lastseitigen Getriebe nur sehr eingeschränkt innerhalb eines physikalisch-modularen Modells abgebildet werden. Der im Folgenden gezeigte Modellierungsansatz mit der Modellierungssprache MODELICA erlaubt *frei konfigurierbare, torbasierte* Modellschnittstellen und ermöglicht damit eine bedeutend vorteilhaftere Erzeugung von physikalisch-modularen Modellen und Modellbibliotheken.

MODELICA-Verhaltensmodell Das im Folgenden dargestellte objektorientierte Verhaltensmodell basiert auf (Schwarz u. Zaiczek 2008) und ist charakterisiert durch:

- mechanische Seite: Tor für Drehmoment und Drehwinkel,
- elektrische Seite: Zweipole, die zusammen ein elektrisches Tor bilden,
- "Erde" (entspricht *Ground* auf der Ebene des "Schaltbildes auf der obersten Ebene") darf auch in einer von Hand aufgeschriebenen Systembeschreibung nicht vergessen werden,
- Last: geschwindigkeitsproportionale Dämpfung (Wert "d") proportional zur Drehgeschwindigkeit,
- als "*protected*" deklarierte Variable können außerhalb ihres Geltungsbereiches nicht verwendet werden (Kapselung, typische Eigenschaft für Objektorientierung).

Die Modelle sind so notiert, dass sie auch für einen ungeübten Betrachter einfach zu überschauen sind. Dadurch sollten die Modellhierarchie und das Schnittstellenkonzept für den verständigen Leser selbsterklärend sein. Um die Modelle mit einem Rechnerwerkzeug simulieren zu können, müssen sie in geeigneter Weise präpariert werden (z.B. Anordnung der Module als *files* in *directories* oder Zusammenfassung zu *packages*), dies sind jedoch Fragen der Implementierung und jenseits der hier interessierenden Modellierungsmethodik. Zum detaillierten Verständnis der Modellierungssprache MODELICA sei der interessierte Leser auf z.B. (Tiller 2001) verwiesen.

Starre mechanische Kopplung Hier zeigt sich nun eine der Stärken des *torbasierten* Ansatzes einer Modellierungssprache wie MODELICA. Durch die *nutzerspezifische* Wahl der Fluss- und Differenzgrößen können im vorliegenden Fall an den mechanischen Toren der Antriebs- und Lastwelle geeignete konsistente Größen definiert werden, die eine starre Kopplung unmittelbar unterstützen. In diesem Fall ist es naheliegend, Bewegungsgrößen als Potenzialgröße zu wählen, also die *Winkelgeschwindig-*

keit oder den *Drehwinkel* der Welle. Beide Größen sind gleichermaßen erlaubt (s. Bemerkungen in Abschn. 2.3.4 im Absatz Domänenspezifische Fluss- und Differenzgrößen) und sie müssen als Potenzialgrößen bzw. als physikalische Größen im Fall der starren Wellenkopplung identisch sein. Im Falle eines Stellantriebes, wie im vorliegenden Fall, wird man zweckmäßigerweise den *Drehwinkel* als Potenzialgröße wählen. Natürlich sind die konstitutiven Klemmengleichungen an die Wahl der Torgrößen anzupassen.

MODELICA **Programm-Module** (vollständiges Modell, aus (Schwarz u. Zaiczek 2008))

```
model Motor_Mehrpol_gesamt "besteht aus Motor + Spannungsquelle + Last + Erde"
// Beschreibung des Gesamtsystems, "oberste" Modellierungsebene
// Motor wird mit Spannungsquelle und Last verbunden
// Auflistung aller verwendeten Modelle
  Motor_Mehrpolmodell MM;
  QuelleZweipol quelle;
  Last_Daempfung last;
  Erde erde;
// Verbindung der Modelle
equation
  connect( quelle.p, MM.p );
  connect( quelle.n, MM.n );
  connect( quelle.n, erde.p );
  connect( MM.portM, last.port );
end Motor_Mehrpol_gesamt;
```

```
model Motor_Mehrpolmodell "Motor als wiederverwendbarer Mehrpol"
//Parameter des Modells: alle normiert, also ohne Maßeinheiten
  parameter Real RA = 1;
  parameter Real LA = 1;
  parameter Real JM = 2;
  parameter Real KM = 3;
  //elektrische und mechanische Anschlüsse
  Pol p              " bilden zusammen      " ;
  Pol n              " ein elektrisches Tor " ;
  MechanicalPort portM;
  //"protected" schützt die inneren Daten vor äußerem Zugriff
(objektorientiert!)
  protected
  Real tauE;
  Real uA;
  Real iA;
  Real ui;
  Real tauM;
  Real omM;
  Real omE;
  Real phiE;

equation
  //Inneres Modell
  uA = RA*iA + LA*der(iA) + ui;
  tauM = tauE + JM*der(omM);
  tauM = KM*iA;
  ui = KM*omM;
  omE = omM;
  der(phiE)=omE;

  // Kommunikation mit der Umgebung, Interface
  p.v-n.v = uA;
  p.i = iA;
  p.i+n.i = 0                "elektrische Torbedingung";
  portM.tau = tauE;
  portM.phi = phiE;
end Motor_Mehrpolmodell;
```

```
connector MechanicalPort
  Real phi;
  flow Real tau;
end MechanicalPort;
```

```
model Last_Daempfung
  MechanicalPort port;
  parameter Real d=1;
equation
  port.tau = -d*der(port.phi);
end Last_Daempfung;
```

```
model QuelleZweipol
  parameter Real wert=1.0;
  Pol p;
  Pol n;
equation
  p.v-n.v = if time >= 0 then wert else 0.0   "Sprungfunktion als Beispiel" ;
  p.i+n.i = 0 "elektrische Torbedingung";
end QuelleZweipol;
```

```
model Erde "notwendig zur Festlegung des Bezugsknotens"
  Pol p;
equation
  p.v=0;
end Erde;
```

```
connector Pol
  Real v "Potential am Anschluß";
  flow Real i "Strom fließt in den Anschluß hinein";
end Pol;
```

Verhaltensmodell als Objektdiagramm Die Vorteile einer objektorientierten Modellierungssprache wie MODELICA lassen sich vorteilhaft für anwendungsfreundliche rechnergestützte Modellierungs- und Simulationswerkzeuge nutzen, wie z.B. DYMOLA[25] und SIMULATIONX[26]. Dabei sind vor allem sogenannte *Objektdiagramme* hilfreich, die eine einfache Modellerstellung ermöglichen (zu möglichen Gefahren siehe Text oben).

In Abb. 2.58 ist ein solches Objektdiagramm, erstellt mit dem Werkzeug DYMOLA, gezeigt (Schwarz u. Zaiczek 2008). Dazu wurden Grundelementen der MODELICA-Standardbibliothek genutzt. Auf der mechanischen Seite ist hier keine Last angeschlossen (Leerlauf des Motors).

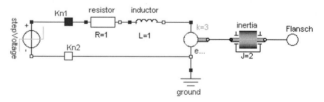

Abb. 2.58. DYMOLA-Objektdiagramm für den Motor der geregelten Antriebsachse aus Abb.2.53, aus (Schwarz u. Zaiczek 2008)

Zu dem Objektdiagramm gehört eine *textuelle* Strukturbeschreibung, die vom Simulator automatisch erzeugt wird, aber auch von Hand eingegeben werden könnte (vgl. Werkzeugarchitektur in Abb. 2.57). Für jede Modellkomponente (`Resistor`, `Inductor`, `EMF`, `Inertia`, ...) sind in einer Modellbibliothek die gekapselten Programmmodule (s. oben) und abrufbare Funktions- und Schnittstellenbeschreibungen (z.B. Bedeutung der Parameterwerte `R`, `L`, `k`, `J`) abgelegt. Beispielhaft ist im Folgenden ein Auszug aus der automatisch erstellten Strukturbeschreibung dargestellt. Die Funktionsbeschreibung der Modellmodule ist äquivalent zu den oben dargestellten MODELICA-Modellen.

Dymola / Modelica Strukturbeschreibung (Auszug)

```
model Motor_mit_Spannungssprung
// Auflistung aller Komponenten
  Modelica.Electrical.Analog.Basic.Resistor resistor(R=1) ;
  Modelica.Electrical.Analog.Basic.Inductor inductor(L=1) ;
  Modelica.Electrical.Analog.Basic.EMF eMF(k=3) ;
  Modelica.Mechanics.Rotational.Inertia inertia(J=2) ;
  Modelica.Electrical.Analog.Interfaces.NegativePin Kn2 ;
  Modelica.Electrical.Analog.Interfaces.PositivePin Kn1 ;
  Modelica.Mechanics.Rotational.Interfaces.Flange_b Flansch ;
  Modelica.Electrical.Analog.Sources.StepVoltage stepVoltage ;
  Modelica.Electrical.Analog.Basic.Ground ground ;
// Verbindung aller Komponenten untereinander
equation
  connect(resistor.n, inductor.p) ;
  connect(inertia.flange_a, eMF.flange_b) ;
  connect(eMF.n, Kn2) ;
  connect(inertia.flange_b, Flansch) ;
  connect(inductor.n, eMF.p) ;
  connect(resistor.p, Kn1) ;
  connect(stepVoltage.p, Kn1) ;
  connect(stepVoltage.n, Kn2) ;
  connect(eMF.n, ground.p) ;
end Motor_mit_Spannungssprung;
```

∎

2.4 Differenzial-algebraische Gleichungssysteme

2.4.1 Einführung in DAE-Systeme

DAE-Systeme Im Rahmen der Verhaltensmodellierung von mechatronischen Systemen treten häufig *Differenzialgleichungssysteme* auf, die durch *algebraische Nebenbedingungen* beschränkt werden. Die bereits in Abschn. 2.3.4 diskutierte mehrpolbasierte Modellierung mittels KIRCHHOFFscher Netzwerke führt in sozusagen natürlicher Weise auf solche Modellformen, ebenso wie die Anwendung der EULER-LAGRANGE-

Gleichungen 1. Art unter Berücksichtigung von holonomen und nichtholo-nomen Zwangsbedingungen[27].

Man nennt solche Gleichungssysteme *Differenzial-algebraische Glei-chungssysteme* oder *Algebro-Differenzialgleichungen* bzw. im Englischen *Differential Algebraic Equations (DAE)*. Wie in Kap. 3 gezeigt werden wird, müssen zur numerischen Lösung solcher Modelle spezielle Vorge-hensweisen angewendet werden.

An dieser Stelle kann aus Platzgründen nur eine knappe Einführung mit wichtigen Begriffen und Zusammenhängen für das grundsätzliche Ver-ständnis von DAE-Systemen im Zusammenhang mit den hier behandelten Modellen physikalischer Systeme gegeben werden. Für eine weitere Ver-tiefung sei auf die sehr gut lesbaren und ausführlichen Monografien (Cellier u. Kofman 2006) und (Brenan et al. 1996) verwiesen.

Darstellungsformen

- *implizites* DAE-System

$$0 = \tilde{\mathbf{f}}\left(\dot{\mathbf{x}}, \mathbf{x}, \mathbf{z}, \mathbf{u}, t\right)$$

  $\mathbf{x}(t) \in \mathbb{R}^{n}$ Zustandsvariablen, treten differenziert auf

  $\mathbf{z}(t) \in \mathbb{R}^{m}$ algebraische Variablen

  $\mathbf{u}(t) \in \mathbb{R}^{r}$ Eingänge (vorgegeben)

  $\tilde{\mathbf{f}} : \mathbb{R}^{n} \times \mathbb{R}^{n} \times \mathbb{R}^{m} \times \mathbb{R}^{r} \times \mathbb{R} \to \mathbb{R}^{n+m}$ ... Satz von Differenzial-gleichungen und algebraischen Gleichungen

Beachte: es sind insgesamt $(n+m)$ Gleichungen nötig für die $(n+m)$ Unbekannten $\mathbf{x}(t)$, $\mathbf{z}(t)$

- *semi-explizites* DAE-System

$$\dot{\mathbf{x}} = \mathbf{f}\left(\mathbf{x}, \mathbf{z}, \mathbf{u}, t\right) \tag{2.44}$$

$$0 = \mathbf{g}\left(\mathbf{x}, \mathbf{z}, t\right) \tag{2.45}$$

$\mathbf{f} : \mathbb{R}^{n} \times \mathbb{R}^{m} \times \mathbb{R}^{r} \times \mathbb{R} \to \mathbb{R}^{n}$, $\mathbf{g} : \mathbb{R}^{n} \times \mathbb{R}^{m} \times \mathbb{R} \to \mathbb{R}^{m}$

---

[27] Diese Modelle bestehen aus einem Differenzialgleichungssystem 2. Ordnung und können leicht auf die hier benutzte Standardform als Differenzialglei-chungssystem 1. Ordnung transformiert werden.

Index eines DAE-Systems

Schwierigkeitsgrad zur Lösung einer DAE   Die Klassifikation von DAE-Systemen erfolgt üblicherweise durch eine spezielle Maßzahl, genannt *Index* i des DAE-Systems. Diese Maßzahl beschreibt gewissermaßen den Schwierigkeitsgrad zur Lösung des DAE-Systems. Ein gewöhnliches Differenzialgleichungssystem besitzt den Index $i = 0$, DAE-Systeme haben $i > 0$. Man spricht von DAE-Systemen mit *höherem Index*, wenn $i \geq 2$ ist.

Allerdings gibt es unterschiedliche Indexdefinitionen, sodass gegebenenfalls eine unterschiedliche Einordnung erfolgen kann. Im Folgenden soll die gebräuchlichste Indexdefinition, der *differenzielle Index*, genutzt werden.

Definition 2.8. *Differenzieller Index* – Unter dem *differenziellen Index* versteht man die minimale Anzahl von Differenziationen, die auf die Gleichungen des DAE-Systems anzuwenden sind, um zu einem gewöhnlichen expliziten Differenzialgleichungssystem zu gelangen.

2.4.2 DAE-Indexprüfung

Ziel: Feststellen des *differenziellen Indexes*, d.h. minimale Anzahl der Differenziationen d/dt von Gl.(2.45), damit unter Einbeziehung von Gl.(2.44) ein explizites Differenzialgleichungssystem entsteht.

Index-1-Systeme

$$\frac{d}{dt} \mathbf{g}\left(\mathbf{x}, \mathbf{z}\right) = \frac{\partial \mathbf{g}}{\partial \mathbf{x}} \dot{\mathbf{x}} + \frac{\partial \mathbf{g}}{\partial \mathbf{z}} \dot{\mathbf{z}} = \mathbf{0}$$

mit Gl.(2.44) folgt: $\dfrac{\partial \mathbf{g}}{\partial \mathbf{x}} \mathbf{f} + \dfrac{\partial \mathbf{g}}{\partial \mathbf{z}} \dot{\mathbf{z}} = \mathbf{0}$

- *Index-1-Bedingung*

$$\det\left(\frac{\partial \mathbf{g}}{\partial \mathbf{z}}\right) = \det \begin{pmatrix} \dfrac{\partial g_1}{\partial z_1} & \cdots & \dfrac{\partial g_1}{\partial z_m} \\ \vdots & \ddots & \vdots \\ \dfrac{\partial g_m}{\partial z_1} & \cdots & \dfrac{\partial g_m}{\partial z_m} \end{pmatrix} \neq 0 \qquad (2.46)$$

Wenn Gl. (2.46) gilt, dann kann die algebraische Nebenbedingung als ein System von Differenzialgleichungen 1. Ordnung geschrieben werden

$$\dot{\mathbf{z}}\left(\mathbf{x},\mathbf{z},\mathbf{u}\right) = -\left(\frac{\partial \mathbf{g}}{\partial \mathbf{z}}\right)^{-1}\frac{\partial \mathbf{g}}{\partial \mathbf{x}}\mathbf{f}\,.$$

Beispiel 2.8   *RC-Netzwerk.*

Systemkonfiguration   Man betrachte ein unbelastetes RC-Netzwerk nach Abb. 2.52 mit einer idealen (verlustlosen) Spannungsquelle $u_Q(t)$ und konstanten Bauelementen R, C.

Eine Verhaltensmodellierung als KIRCHHOFFsches Netzwerk liefert als mathematisches Modell

Bilanzgleichung: $u_Q - u_R - u_C = 0$

Konstitutive Gleichungen: $u_R = R i_Q$

$$\dot{u}_C = \frac{1}{C} i_Q$$

und mit den definitorischen Beziehungen

$$x := u_C,\ z_1 := i,\ z_2 := u_R,\ u := u_Q$$

das DAE-System in semi-expliziter Standardform

$$\dot{x} = f(\mathbf{z}) = \frac{1}{C} z_1$$
$$0 = g_1(\mathbf{z}) = R z_1 - z_2$$
$$0 = g_2(x,\mathbf{z},u) = x + z_2 - u$$

Die Index-1-Bedingung

$$\det\left(\frac{\partial \mathbf{g}}{\partial \mathbf{z}}\right) = \det\begin{pmatrix} \dfrac{\partial g_1}{\partial z_1} & \dfrac{\partial g_1}{\partial z_2} \\ \dfrac{\partial g_2}{\partial z_1} & \dfrac{\partial g_2}{\partial z_2} \end{pmatrix} = \det\begin{pmatrix} R & -1 \\ 0 & 1 \end{pmatrix} = R \neq 0$$

ist für alle $R > 0$ erfüllt und somit handelt es sich hier um ein DAE-System mit dem differenziellen Index 1.   ∎

Index-2-Systeme[28]

$$\dot{\mathbf{x}} = \mathbf{f}\left(\mathbf{x}, \mathbf{z}, \mathbf{u}\right)$$

$$\mathbf{0} = \mathbf{g}\left(\mathbf{x}\right) \tag{2.47}$$

$$\frac{d}{dt}\left[\frac{d}{dt}\mathbf{g}\left(\mathbf{x}\right)\right] = \frac{d}{dt}\left[\frac{\partial \mathbf{g}}{\partial \mathbf{x}}\dot{\mathbf{x}}\right] = \frac{d}{dt}\left[\frac{\partial \mathbf{g}}{\partial \mathbf{x}}\mathbf{f}\left(\mathbf{x}, \mathbf{z}, \mathbf{u}\right)\right] = \mathbf{0} \Rightarrow \ldots \% \ldots + \frac{\partial \mathbf{g}}{\partial \mathbf{x}}\frac{\partial \mathbf{f}}{\partial \mathbf{z}}\dot{\mathbf{z}} = \mathbf{0}$$

- *Index-2-Bedingung*[29]

$$\det\left(\frac{\partial \mathbf{g}}{\partial \mathbf{x}}\frac{\partial \mathbf{f}}{\partial \mathbf{z}}\right) = \det\left(\begin{pmatrix} \frac{\partial g_1}{\partial x_1} & \cdots & \frac{\partial g_1}{\partial x_n} \\ \vdots & \ddots & \vdots \\ \frac{\partial g_m}{\partial x_1} & \cdots & \frac{\partial g_m}{\partial x_n} \end{pmatrix}\begin{pmatrix} \frac{\partial f_1}{\partial z_1} & \cdots & \frac{\partial f_1}{\partial z_m} \\ \vdots & \ddots & \vdots \\ \frac{\partial f_n}{\partial z_1} & \cdots & \frac{\partial f_n}{\partial z_m} \end{pmatrix}\right) \neq 0 \tag{2.48}$$

Wenn Gl. (2.48) gilt, dann kann die algebraische Nebenbedingung (2.47) wiederum als ein System von Differenzialgleichungen 1. Ordnung geschrieben werden: $\dot{\mathbf{z}} = \dot{\mathbf{z}}\left(\mathbf{x}, \mathbf{z}, \mathbf{u}\right)$.

Beispiel 2.19 *Lineares Index-2-System.*

Aufgabenstellung Bestimmen Sie den differenziellen Index des folgenden DAE-Systems ($\phi\left(t\right)$ ist eine vorgegebene Zeitfunktion)

$$\dot{x} = f\left(x, z\right) = (z - x)a$$

$$0 = g\left(x, t\right) = x - \phi\left(t\right).$$

Lösung

Test Index-1-Bedingung: $\dfrac{\partial g}{\partial z} = 0$ Bedingung verletzt ➜ Index > 1.

Test Index-2-Bedingung: $\dfrac{\partial g}{\partial x}\dfrac{\partial f}{\partial z} = 1 \cdot a \neq 0$ ➜ Index $i = 2$. ∎

---

[28] Aus Gründen der einfacheren Darstellung werden hier Index-2 Kandidaten betrachtet, bei denen die Index-1-Bedingung Gl. (2.46) in jedem Fall *nicht* erfüllt ist, d.h. die algebraischen Zwangsbedingungen sind *unabhängig* von den algebraischen Variablen.
[29] Beachte: Diese Bedingung gilt nur für den Fall $\mathbf{g} = \mathbf{g}\left(\mathbf{x}\right)$, d.h. *unabhängig* von algebraischen Variablen $\mathbf{z}$.

Index-3-Systeme

Negativ-Indextest   Falls Gl. (2.48) nicht gilt, dann besitzt das DAE-System einen Index $i > 2$. In den meisten Fällen handelt es sich dann um Index-3-Systeme. Dies ist bereits als ein sehr schwieriges Problem zu betrachten und soll an folgendem typischen Beispiel erläutert werden.

Beispiel 2.10   *Starr gekoppeltes 2-Massensystem.*

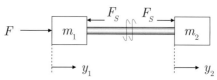

Abb. 2.59. Starr gekoppeltes 2-Massensystem

Systemkonfiguration   Zwei Massenelemente seien durch eine starre Verbindung gekoppelt (Abb. 2.59). Gesucht sind die Bewegungsgleichungen und die Zwangskraft in der Koppelstange, sowie eine Klassifikation des entstehenden DAE-Systems.

Modellbildung   Mittels LAGRANGEscher Gleichungen 1. Art folgen die *Bewegungsgleichungen*[30]

$$m_1 \cdot \ddot{y}_1 = F - F_\mathrm{S}$$
$$m_2 \cdot \ddot{y}_2 = F_\mathrm{S}$$

und die *holonome* Zwangsbedingung (starre Kopplung)

$$y_2 - y_1 = 0$$

Mit den Definitionen $x_1 := y_1$, $x_2 := \dot{y}_1$, $x_3 := y_2$, $x_4 := \dot{y}_2$, $u := F, z := F_S$ folgt das äquivalente DAE-System in *semi-expliziter* Form:

$$\begin{pmatrix} \dot{x}_1 \\ \dot{x}_2 \\ \dot{x}_3 \\ \dot{x}_4 \end{pmatrix} = \begin{pmatrix} x_2 \\ -\dfrac{1}{m_1}z + \dfrac{1}{m_1}u \\ x_4 \\ \dfrac{1}{m_2}z \end{pmatrix} = \mathbf{f}\left(\mathbf{x}, z, u\right) \qquad (2.49)$$

---

[30] Die Zwangskraft F_S repräsentiert den LAGRANGE-Multiplikator aus Gl. (2.11).

$$0 = x_3 - x_1 = g(\mathbf{x}) \tag{2.50}$$

Beachte: $m = 1$, d.h. es liegt *eine* algebraische Variable und *eine* algebraische Gleichung vor.

Indexprüfung

Index-1-Bedingung $\dfrac{\partial g}{\partial z} = 0$ ➜ verletzt

Index-2-Bedingung $\dfrac{\partial g}{\partial \mathbf{x}}\dfrac{\partial \mathbf{f}}{\partial z} = \begin{pmatrix} -1 & 0 & 1 & 0 \end{pmatrix} \begin{pmatrix} 0 \\ -1/m_1 \\ 0 \\ 1/m_2 \end{pmatrix} = 0$ ➜ Index > 2

!

Indexbestimmung Welchen Index hat das DAE-System (2.49), (2.50)? *Lösung*: entsprechend der Definition des differenziellen Index wird die minimale Anzahl der Differenziationen d/dt von Gl.(2.50) ermittelt, damit unter Einbeziehung von Gl. (2.49) ein explizites Differenzialgleichungssystem entsteht.

(1) $\dfrac{d}{dt}$ Gl. (2.50) ➜ $\qquad \dot{x}_3 - \dot{x}_1 = 0$

mit Gl. (2.49) folgt $\qquad x_4 - x_2 = 0 \tag{2.51}$

(2) $\dfrac{d}{dt}$ Gl.(2.51) ➜ $\qquad \dot{x}_4 - \dot{x}_2 = 0$

mit Gl. (2.49) folgt $\qquad \left(\dfrac{1}{m_1} + \dfrac{1}{m_2}\right)z - \dfrac{1}{m_1}u = 0 \tag{2.52}$

(3) $\dfrac{d}{dt}$ Gl.(2.52) ➜ $\qquad \left(\dfrac{1}{m_1} + \dfrac{1}{m_2}\right)\dot{z} - \dfrac{1}{m_1}\dot{u} = 0$

DGL $\qquad \boxed{\dot{z} = \dfrac{m_2}{m_1 + m_2}\,\dot{u}} \tag{2.53}$

➜ Index = 3, weil die ursprüngliche algebraische Zwangsbedingung (2.50) 3-mal differenziert werden musste, um eine DGL (2.53) für die algebraische Variable z zu erhalten.

Dieser Sachverhalt gilt ganz *allgemein* für mechanische Systeme mit *starrer Kopplung*. ∎

2.4.3 DAE-Indexreduktion

Ziel   Lösung eines DAE-Systems (2.44), (2.45) mit einem *expliziten* numerischen Integrationsverfahren (*ODE – ordinary differential equation – Solver*, z.B. RUNGE-KUTTA).

Lösung   Das DAE-System wird mittels *Indexreduktion* in ein System gewöhnlicher Differenzialgleichungen umgeformt, d.h. die algebraischen Variablen werden auch durch ein Differenzialgleichungssystem definiert. Ein fundamentales Problem ist dabei jedoch die Bestimmung von konsistenten Anfangswerten $\mathbf{x}(0)$, $\mathbf{z}(0)$ für die Zustandsvariablen und algebraischen Variablen.

Indexreduktion um Faktor-k

- k-mal die algebraischen Gleichungen (2.45) *differenzieren*:

$$\frac{d^k}{dt^k}\left(\mathbf{g}\left(\mathbf{x},\mathbf{z},t\right)\right) = \mathbf{0}\,,\text{ d.h. wegen } \mathbf{g}:\mathbb{R}^n\times\mathbb{R}^m\times\mathbb{R}\to\mathbb{R}^m \text{ gibt es } m \text{ neue}$$

  Differenzialgleichungen

- k-Sätze von konsistenten *Anfangswerten* aus dem nichtlinearen Gleichungssystem:

$$\mathbf{g}(\mathbf{x}(0),\mathbf{z}(0),t=0) = \mathbf{0} \quad \dots \text{ algebraische Gleichungen}$$

$$\left.\begin{array}{l} \dfrac{d}{dt}\Big[\mathbf{g}(\mathbf{x},\mathbf{z},t)\Big]_{\mathbf{x}=\mathbf{x}(0),\mathbf{z}=\mathbf{z}(0),t=0} = \mathbf{0} \\[1em] \vdots \\[1em] \dfrac{d^{k-1}}{dt^{k-1}}\Big[\mathbf{g}(\mathbf{x},\mathbf{z},t)\Big]_{\mathbf{x}=\mathbf{x}(0),\mathbf{z}=\mathbf{z}(0),t=0} = \mathbf{0} \end{array}\right\} \dots (k-1) \text{ Ableitungen}$$

- $\mathbf{x}(0)$, $\mathbf{z}(0)$ müssen das oben angeführte Gleichungssystem erfüllen, d.h. sie können im Allgemeinen nicht unabhängig voneinander gewählt werden.

Weiterführende Verfahren   Die Indexreduktion von DAE-Systemen ist das zentrale Schlüsselelement zum erfolgreichen Arbeiten mit objektorientierten physikalischen Modellen. Wie noch im nächsten Kap. 3 gezeigt wird, können nur DAE-Systeme mit hinreichend niederem Index in brauchbarer Form numerisch stabil gelöst werden. Deshalb versucht man immer, DAE-Systeme mit höherem Index durch eine Indexreduktion in eine gut handhabbare Form zu bringen. Neben den bereits eingangs angeführten weiterführenden Literaturstellen sei der interessierte Leser auf drei zentrale Originalveröffentlichungen verwiesen: (Pantelides 1988), (Cellier u. Elmqvist 1993), (Mattsson u. Söderlind 1993).

Beispiel 2.11   *Indexreduktion für starr gekoppeltes 2-Massensystem.*

Algebraische Bedingungen – Konsistente Anfangsbedingungen Die Rechenschritte in Beispiel 2.10 führen auf das DAE-System (2.49), (2.50). Wegen der 3-fach differenzierten algebraischen Zwangsbedingung ergeben sich die folgenden algebraische Bedingungen für die gesamte Trajektorie (vgl. Gln. (2.51) bis (2.53)) bzw. ebenso für $t = 0$, woraus *konsistente* Anfangsbedingungen folgen:

$$\left. \begin{array}{l} x_1(t) \overset{!}{=} x_3(t) \\[2mm] x_2(t) \overset{!}{=} x_4(t) \\[2mm] z(t) \overset{!}{=} \dfrac{m_2}{m_1 + m_2} \, u(t) \end{array} \right\} \forall t \Rightarrow t = 0 : \quad \boxed{\begin{array}{l} x_1(0) \overset{!}{=} x_3(0) \\[2mm] x_2(0) \overset{!}{=} x_4(0) \\[2mm] z(0) \overset{!}{=} \dfrac{m_2}{m_1 + m_2} \, u(0) \end{array}} \tag{2.54}$$

Mit der Anfangswertbedingung (2.54) und dem Differenzialgleichungssystem (2.49), (2.53) lässt sich nun leicht ein kausales blockorientiertes Simulationsmodell konstruieren, wobei die Ableitung der Eingangsgröße (Abb. 2.60a) durch Integration der Gl. (2.53) eliminiert werden kann (Abb. 2.60b).

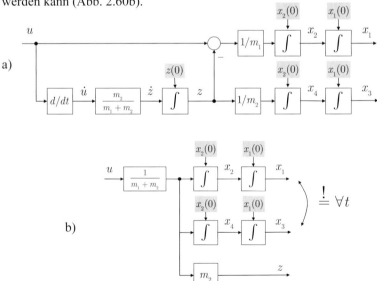

Abb. 2.60. Signalflussorientiertes Simulationsmodell des starr gekoppelten 2-Massensystems: a) mit Integrator für algebraische Variable z , b) äquivalente Darstellung mit aufgelöstem Integrator für algebraische Variable z ∎

2.5 Hybride Systeme

2.5.1 Allgemeine Struktur eines hybriden Systems

Hybrides System – Begriffsklärung In vielen technischen Systemen, vor allem wenn man die Systemgrenzen hinreichend weit setzt (s. Abschn. 2.1) bzw. das Systemverhalten genügend genau modelliert, wird man das gleichzeitige Auftreten von zeitkontinuierlichen und ereignisdiskreten Phänomenen beobachten. Man spricht dann von einem *hybriden ereignis-diskreten-kontinuierlichen* System, im Folgenden kurz „*hybrides* System" genannt[31].

Hybride Systembeschreibungen müssen bei mechatronischen Systemen zum Beispiel immer dann herangezogen werden, wenn sich das beschreibende mathematische Modell im laufenden Betrieb durch vorgegebene äußere Einwirkungen (Bedienhandlungen) oder durch zustandsabhängige Bedingungen (mechanische Kontaktprobleme, zustandsabhängige Parameteränderungen) ändert. Dieses hybride dynamische Verhalten aufgrund von zeitkontinuierlichen und ereignisdiskreten Veränderungen und speziell die daraus resultierenden Interaktionen müssen in geeigneter Weise in einem *gemeinsamen* Systemmodell abgebildet werden (Engell et al. 2002), (Buss 2002).

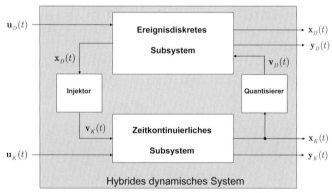

Abb. 2.61. Allgemeine Struktur eines hybriden dynamischen Systems

---

[31] Oftmals werden auch gemischt *zeitkontinuierlich-zeitdiskrete* Modelle als *hybrid* bezeichnet. Simulationstechnisch sind solche Modelle als Spezialfall eines hybriden ereignisdiskret-kontinuierlichen Systems zu betrachten, wobei die Ereignisse zu wohl definierten, vorausbestimmbaren periodischen Zeitpunkten auftreten. Das Prinzip der ereignisbasierten Schrittweitensteuerung (Abschn. 3.7) ist hier in stark vereinfachter Form sinngemäß anwendbar.

Hybride Systemstruktur Die allgemeine Systemstruktur eines *hybriden ereignisdiskreten-kontinuierlichen* Systems (kurz: *hybrides* System) ist in Abb.2.60 dargestellt (Lunze 2002). Ein hybrides System umfasst folgende Teilsysteme und Systemgrößen:

$\mathbf{x}_K, \mathbf{u}_K, \mathbf{y}_K$	kontinuierliche Zustände/Eingänge/Ausgänge
$\mathbf{x}_D, \mathbf{u}_D, \mathbf{y}_D$	diskrete Zustände/Eingänge/Ausgänge
Zeitkontinuierliches Subsystem	repräsentiert das prinzipielle zeitkontinuierliche Verhalten des Systems
Ereignisdiskretes Subsystem	repräsentiert unterschiedliche Betriebszustände des Systems
Injektor	Eindeutige Abbildung eines auf einer endlichen Menge von Symbolen definierten diskretwertigen Signals auf ein reellwertiges Signal
Quantisierer	Wertediskrete Abbildung eines reellwertigen Signals

Die diesbezügliche Forschung ist noch relativ jung und speziell für den Entwurf und die Analyse von hybriden Systemen haben sich noch keine allgemein gültigen und leicht handhabbaren Verfahren etabliert. Etwas besser sieht es mit der methodischen Unterstützung und der werkzeugtechnischen Umsetzung für die Modellierung und Simulation aus. Dies ist insofern von praktischer Bedeutung, weil es damit möglich wird, komplexes hybrides Systemverhalten zumindest auf Modellebene experimentell vorauszusagen (Entwurfsverifikation). Im Folgenden werden die wichtigsten hybriden Phänomene in mathematischer Notation eingeführt (Lunze 2002), ein spezieller praxisrelevanter Ansatz – *Netz-Zustandsmodelle* (Nenninger et al. 1999) – vorgestellt und simulationstechnische Besonderheiten diskutiert.

2.5.2 Hybride Phänomene

Hybrides System Vorgegeben sei folgende Systembeschreibung des *kontinuierlichen Subsystems*[32]

$$\dot{\mathbf{x}} = \mathbf{f}^1(\mathbf{x}, \mathbf{u}, t) \;\; \text{mit } \mathbf{x} \in M_1 \tag{2.55}$$

---

[32] Sinngemäß kann diese Darstellung geradlinig auf DAE-Systeme übertragen werden, d.h. die angeführten Bedingungen für das Vektorfeld der Ableitungen der Zustandsgrößen (= rechte Seite der DGL) gelten äquivalent für das Vektorfeld der algebraischen Nebenbedingungen.

$$\dot{\mathbf{x}} = \mathbf{f}^2\left(\mathbf{x}, \mathbf{u}, t\right) \ \text{ mit } \mathbf{x} \in M_2 \qquad (2.56)$$

$$\dot{\mathbf{x}} = \mathbf{f}^\delta \delta\left(m^\delta\left(\mathbf{x}, \mathbf{u}, t\right)\right) \qquad (2.57)$$

mit der *Diskontinuitätshyperfläche*

$$m\left(\mathbf{x}, \mathbf{u}, t\right) = 0 . \qquad (2.58)$$

Unstetigkeiten im Vektorfeld Ein Charakteristikum hybrider Systeme sind Unstetigkeiten im Vektorfeld der Ableitungen der Zustandsgrößen (= rechte Seite der Differenzialgleichungen (2.55) - (2.57)). In diesen Fällen ist die Glattheit dieser Vektorfelder verletzt, d.h. es gibt Zustände $\mathbf{x}_s$, für die *keine* LIPSCHITZ Bedingung der Art

$$\left\|\mathbf{f}^i\left(\mathbf{x}_s, \mathbf{u}, t\right) - \mathbf{f}^j\left(\tilde{\mathbf{x}}, \mathbf{u}, t\right)\right\| \leq L \cdot \left\|\mathbf{x}_s - \tilde{\mathbf{x}}\right\|, \ \ i, j \in \{1, 2, \delta\}$$

$$\|\bullet\| \ \text{beliebige Vektornorm}, \ \ L \ \in \mathbb{R}^+ \text{ endlich} \qquad (2.59)$$

existiert (gilt sinngemäß auch für $\mathbf{u}$, falls sich Komponenten $u_j\left(t\right)$ sprungförmig ändern).

Zustandsmengen Die Zustandsmengen M_1, M_2 beschreiben Gebiete im n-dimensionalen Zustandsraum $\mathbb{R}^n$, in denen die zugehörigen Vektorfelder $\mathbf{f}^1\left(\mathbf{x}, \mathbf{u}, t\right), \mathbf{f}^2\left(\mathbf{x}, \mathbf{u}, t\right)$ die Dynamik des kontinuierlichen Subsystems definieren. Die Grenzfläche zwischen M_1 und M_2 wird durch die *Diskontinuitätshyperfläche* (2.58) beschrieben. Systeme mit einer Beschreibung nach Gl.(2.55), (2.56) zeichnen sich dadurch aus, dass die *Zustände* selbst an den Diskontinuitätshyperflächen *stetig* bleiben, wogegen bei einem System nach Gl. (2.57) so genannte *Zustandssprünge* auftreten (Abb. 2.62).

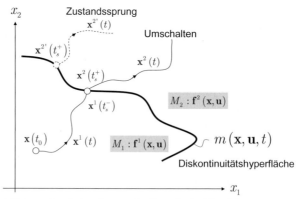

Abb. 2.62. Diskontinuitätseigenschaften hybrider Phänomene

Hybrides Verhalten von dynamischen Systemen lässt sich systematisiert durch folgende vier *hybriden Phänomene* beschreiben. Im konkreten Fall kann eine beliebige Kombination dieser Phänomene auftreten.

Autonomes Umschalten

Eintritt der Trajektorie des kontinuierlichen Systemanteils in eine bestimmte Menge des kontinuierlichen Zustandsraumes, wodurch ein Wechsel des diskreten Zustandes bedingt wird, der in Folge die kontinuierliche Systemdynamik ändert ($\Rightarrow$ Gln. (2.55), (2.56), (2.58); Zustandsgrößen bleiben stetig).

Gesteuertes Umschalten

Ein *externer* Eingriff löst einen Wechsel des diskreten Zustandes aus, wodurch sich in Folge die kontinuierliche Systemdynamik ändert ($\Rightarrow$ Gln. (2.55), (2.56), (2.58), nichtstetige Änderung von $\mathbf{u}(t)$; Zustandsgrößen bleiben stetig).

Autonomer Zustandssprung

Eintritt der Trajektorie des kontinuierlichen Systemanteils in eine bestimmte Menge des kontinuierlichen Zustandsraumes, wodurch ein Wechsel des diskreten Zustandes bedingt wird, der unmittelbar einen Sprung des kontinuierlichen Zustandes (bzw. Teilmenge der Zustandsgrößen) auslöst ($\Rightarrow$ Gl. (2.57)).

Dieser Sachverhalt sei an einem *System 1. Ordnung* veranschaulicht:

$$\left. \begin{aligned} \dot{x}(t) &= a \cdot \delta\big(x(t) - x_s\big) \\ x(t_s) &= x_s \end{aligned} \right\}$$

Bei Überschreiten des Schwellwertes x_s springt der Zustand unmittelbar um einen Betrag a, d.h. die Ableitung wird in diesem Fall unendlich, was durch den DIRAC-Impuls[33] $\delta(\bullet)$ modelliert wird.

$$\Rightarrow \quad x(t_s + 0) = x(t_s - 0) + a \quad \text{bzw.} \quad x(t_s) = x(t_s^-) + a = x_s + a$$

---

[33] Genau genommen handelt es sich um eine DIRAC-Distribution, weil das Argument eine Zeitfunktion darstellt.

Gesteuerter Zustandssprung

Ein externer Eingriff löst einen Wechsel des diskreten Zustandes aus, wodurch in Folge unmittelbar ein Sprung des kontinuierlichen Zustandes ausgelöst wird ($\Rightarrow$ Gl. (2.57)).

Zur Veranschaulichung sei wiederum ein *System 1. Ordnung* betrachtet:

$$\left.\begin{aligned} \dot{x}(t) &= a \cdot \delta\big(u(t) - u_s\big) \\ u(t_s) &= u_s \end{aligned}\right\}$$

$$\Rightarrow \quad x(t_s + 0) = x(t_s - 0) + a \quad \text{bzw.} \quad x(t_s) = x(t_s^-) + a$$

Beachte: $u(t)$ ist kontinuierlich, d.h. besitzt keinen Sprung bzw. DIRAC-Charakter.

Häufiger tritt *Umschalten* auf (z.B. strukturvariable Regelung), *Sprünge* sind eher selten, z.B. bei Kollision von Körpern.

2.5.3 Modellform Netz-Zustandsmodell

Modellstruktur Die allgemeine Struktur eines *Netz-Zustandsmodells (NZM)* ist in Abb.2.62 dargestellt. Das ereignisdiskrete (ED) Subsystem ist dabei durch ein *Interpretiertes-PETRI-Netz – IPN* (mit Ein-/ Ausgängen) realisiert (Litz 2005). Zusammen mit der Sprungbedingung für kontinuierliche Zustände im kontinuierlichen Subsystem (*Erweitertes Zustandsraummodell – EZM*) lassen sich mit einem Netz-Zustandsmodell alle angeführten hybriden Phänomene modellieren (Nenninger et al. 1999).

Eigenschaften von Netz-Zustandsmodellen

- *Ereignisdiskretes Subsystem*
  Durch die Verwendung von Interpretierten-PETRI-Netzen (IPN) erhält man eine große Modellierungsvielfalt, weil sowohl rein sequenzielle als auch nebenläufige Prozesse modelliert werden können (Zustandsmaschinen vs. Synchronisationsgrafen); die Interpretation erfolgt in der üblichen Art und Weise: die Schaltbedingungen an den Transitionen entsprechen den Eingänge des ED-Subsystems und die Platzausgaben den Ausgängen des ED-Subsystems.
- *Hybrider Modellzustand*
  $$\mathbf{x}_H(t) = \big(\mathbf{x}_D(t), \mathbf{x}_K(t)\big)^T$$

- *Diskreter Modellzustand*
  Beschreibt den aktuellen Markierungsvektor des Interpretierten-PETRI-Netzes IPN (Markenzahl)
- Zeitverhalten der diskreten Modellgrößen $x_D(t)$, $u_D(t)$
  stückweise konstant, bis zum Eintreten eines Schaltereignisses zum Zeitpunkt t^-
- *D/K-Interface, Injektion*
  Verhalten der kontinuierlichen Modellgröße $v_K(t)$; stückweise konstant, bis zum Eintreten eines *Schaltereignisses* zum Zeitpunkt t^-
- *Schaltzwang der Transition j*
  Wenn die Transition j gemäß Markenbelegung aktiviert ist und der boolesche Schaltausdruck $b_j(t)$ wahr ist, dann schaltet die Transition j unmittelbar; falls mehrere Transitionen nebeneinander schaltfähig sind, dann schalten alle gleichzeitig
- Reinitialisierung des kontinuierlichen Modellzustandes x_K
  Bei einem externen/autonomen Zustandssprung wird der kontinuierliche Zustandsvektor $x_K(t^+)$ gemäß Sprunggleichung aktualisiert
- *K/D-Interface, Quantisierung*
  Grenzwertüberschreitungen des kontinuierlichen Modellzustandes x_K; Bei Eintreten des kontinuierlichen Zustandsvektors $x_K(t)$ in eine Zustandsmenge M_i wird eine zugeordnete interne Modellvariable $v_{Di}(t)$ gleich 1 gesetzt (d.h. $v_{Di}(t) = 0$ für $x_K(t) \notin M_i$).

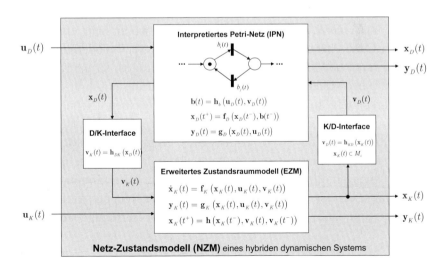

Abb. 2.63. Allgemeines Netz-Zustandsmodell (NZM)

Modellierung des ereignisdiskreten Subsystems Für eine detaillierte Beschreibung ereignisdiskreter Modellierungsparadigmen muss aus Platzgründen in diesem Buch verzichtet werden. Für den mit dieser Modellwelt nicht vertrauten Leser sei auf die sehr lesenswerte Monografie (Litz 2005) verwiesen, wo insbesondere die hier verwendete Modellform *Interpretiertes-PETRI-Netz (IPN)* ausführlich beschrieben ist.

PETRI-Netze sind als Beschreibungsmittel für Netz-Zustandsmodelle nicht zwingend. Sie erscheinen allerdings gegenüber sequenziellen *Automatenmodellen* deshalb eher geeignet, weil bei mehreren diskreten Systemgrößen mittels paralleler PETRI-Netze eine übersichtlichere ED-Systemstruktur entsteht. Es sei aber darauf hingewiesen, dass zur ganzheitlichen Verhaltensanalyse des ED-Subsystems der gesamte *Erreichbarkeitsgraf* der PETRI-Netze herangezogen werden muss, der wiederum einen sequenziellen Automaten (mit gegebenenfalls sehr vielen Zuständen) darstellt. Insofern ergibt sich kein Aufwandsunterschied zwischen diesen beiden Darstellungsformen. Die Verwendung ist eher eine Geschmacksfrage des Entwerfers.

Rechentechnische Umsetzung mit STATECHARTS Die rechentechnische Umsetzung von Netz-Zustandsmodellen erfordert eine gemeinsame Plattform für zeitkontinuierliche und ereignisdiskrete Modelle. Sowohl für Automatenmodelle als auch PETRI-Netz-Modelle existieren nur eingeschränkt offene Simulationsplattformen, die eine Modellintegration mit zeitkontinuierlichen Modellen erlauben. Einen praktikablen Ausweg bietet das Modellierungsparadigma *STATECHARTS* (Harel 1987), womit sehr effizient hierarchische und nebenläufige Automatenstrukturen modellierbar sind. Allerdings sind bei der Darstellung von nebenläufigen, strukturbeschränkten PETRI-Netz-Modellen besondere Transformationseinschränkungen bei deren Darstellung mittels STATECHARTS zu beachten (Schnabel et al. 1999).

Die Attraktivität von STATECHARTS zur ereignisdiskreten Modellierung bei hybriden Systemen ist nicht zuletzt dadurch begründet, dass dieses Modellierungsparadigma erfolgreich in kommerziellen Simulationswerkzeugen umgesetzt ist[34] und damit gut handhabbare Rechnerplattformen zur effizienten Simulation von hybriden Systemen zur Verfügung stehen.

---

[34] z.B. das Werkzeug STATEFLOW als Komponente von MATLAB / SIMULINK.

Beispiel 2.12   *Eingelenkmanipulator mit Kollision.*

Systemkonfiguration   Ein elastisch geführter Eingelenkmanipulator
(masseloser Arm der Länge l, Endeffektormasse m, Federsteifigkeit k,
Motormoment τ, Gleichgewichtslage bei $\theta = 0$) bewegt sich horizontal
auf einer ebenen Unterlage mit lageabhängigen geschwindigkeitspropor-
tionalen Reibungskoeffizienten μ_1, μ_2 (Abb. 2.64). Entlang der gezeigten
x-Achse kann es zu Kollisionen mit einer harten Begrenzung (Annahme:
elastischer Stoß) kommen.
Für dieses System soll ein *Netz-Zustandsmodell* bestimmt werden.

Modellbildung   Bei diesem System treten zwei *hybride Phänomene* auf:

- *autonomes Umschalten*: in Folge der ortsabhängigen Reibung μ_1,
  μ_2 ändert sich das Vektorfeld der Bewegungsgleichung bei Überschreiten des Lagewinkels (Zustandsgröße) $\theta > \alpha$
- *autonomer Zustandssprung*: im Kontaktfall $\theta = 90°$ bleibt unter
  Annahme eines elastischen Stoßes die Zustandsgröße θ stetig, es
  tritt jedoch ein Sprung in der Zustandsgröße $\dot{\theta}$ auf, die Drehgeschwindigkeit ändert ihr Vorzeichen und den Betrag entsprechend
  dem *Restitutionskoeffizienten* ρ, $0 \leq \rho \leq 1$.

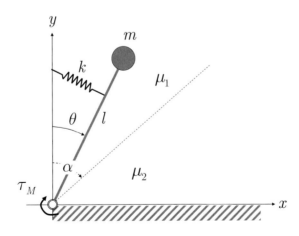

Abb. 2.64. Eingelenkmanipulator mit Kollision

In der Zustandsebene $\theta, \dot{\theta}$ lassen sich drei disjunkte Zustandsmengen $\mathcal{M}_1, \mathcal{M}_2, \mathcal{M}_3$ definieren, diesen Zustandsmengen werden wiederum im K/D Interface (binären) Variablen $v_{Di} \in \{0,1\}$, $i = 1,2,3$ zugeordnet.

$$v_{Di} \begin{cases} 1 & f\ddot{u}r \quad \mathbf{x}_k \in \mathcal{M}_i \\ 0 & f\ddot{u}r \quad \mathbf{x}_k \notin \mathcal{M}_i \end{cases}, i = 1,2,3 \qquad \begin{aligned} v_{D1} : & \quad \mathcal{M}_1 = \{\theta \,|\, 0 \leq \theta < \alpha\} \\ v_{D2} : & \quad \mathcal{M}_2 = \{\theta \,|\, \alpha \leq \theta < 90°\} \\ v_{D3} : & \quad \mathcal{M}_3 = \{\theta \,|\, \theta \geq 90°\} \end{aligned}$$

Das Wechselspiel des Aufenthaltes der Trajektorie $\mathbf{x}_K(t)$ in den Zustandsmengen kann durch ein einfaches strukturbeschränktes PETRI-Netz vom Typ *Zustandsmaschine* beschrieben werden (Abb. 2.65). Die Diskreten Zustände $x_{Di} \in \{0,1\}$, $i = 1,2,3$ beschreiben die aktuelle Aufenthaltsmenge von $\mathbf{x}_K(t)$.

Im D/K Interface werden aus den diskreten Zuständen zeitkontinuierliche Schaltvariable $v_{Ki}(t)$ erzeugt, für die gilt

$$v_{Ki}(t) = \begin{cases} 0 & f\ddot{u}r \quad x_{Di} = 0 \\ 1 & f\ddot{u}r \quad x_{Di} = 1 \end{cases}.$$

Mit den Schaltvariablen $v_{Ki}(t)$ kann dann zeitgerecht im Zustandmodell das Vektorfeld geändert werden bzw. der Zustandssprung modelliert werden. Das gesamte Netz-Zustandsmodell ist in Abb.2.65 dargestellt.

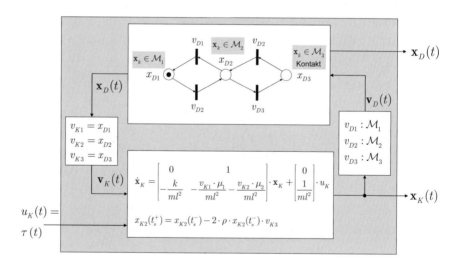

Abb. 2.65. Netz-Zustandsmodell für Eingelenkmanipulator mit Kollision

2.6 Lineare Systemmodelle

Lineare Verhaltensanalyse Die in diesem Buch betrachtet Klasse von mechatronischen Systemen mit konzentrierten Elementen wird, wie in den vorangegangenen Kapiteln gezeigt, in allgemeiner Form durch ein System von *nichtlinearen* Differenzial-algebraischen Gleichungen beschrieben. Die im weiteren Verlauf genutzten Methoden zur Verhaltensanalyse und des Reglerentwurfes basieren jedoch auf *linearen zeitinvarianten* (*LTI – linear time invariant*) Modellen. Im Folgenden soll deshalb ein kleines Repetitorium zur *lokalen Linearisierung* (auch *JACOBI-Linearisierung*) nichtlinearer dynamischer Systeme gegeben werden. Diese Art der Linearisierung ist in vielen Wissenschaftsdisziplinen bestens eingeführt und soll hier als Vervollständigung des Methodenbaukastens diskutiert werden.

Lokale Linearisierung Als Voraussetzung für eine lokale Linearisierung betrachtet man das dynamische Verhalten in der Umgebung von bestimmten Lösungen (Trajektorien) des nichtlinearen Systems. In diesem Sinne ist selbst bei einem vollständig bekannten (nichtlinearen) Modell das Ergebnis immer eine *lineare Approximation* des tatsächlichen Verhaltens und damit nicht mehr repräsentativ, wenn „größere" Abweichungen von den Referenzlösungen betrachtet werden. Die Ergebnisse auf Basis von solchen linearisierten Modelle sind also immer mit der nötigen Vorsicht zu bewerten und die „hinreichend kleinen Auslenkungen" sind im Einzelfall sorgfältig zu verifizieren.

Exakte Linearisierung Der interessierte Leser sei auf eine erweiterte Form der Linearisierung verwiesen, die in den letzten zwei Jahrzehnten vor allem die regelungstechnischen Möglichkeiten beträchtlich erweitert hat. Bei der *exakten Linearisierung* (*exact linearization)* bzw. *Eingangs-Ausgangslinearisierung* (*input-output linearization*) bzw. *feedback linearization*, z.B. (Isidori 2006), wird durch eine nichtlineare Transformation (z.B. über eine Rückkopplung) ein „lineares" System erzeugt (nicht etwa „linearisiert", sondern in der Tat „linear"), für welches dann lineare Regelgesetze angewendet werden können (Beispiele für Robotersteuerungen s. (Sciavicco u. Siciliano 2000)). In diesen Fällen wird also bei exakter Kenntnis des ursprünglichen nichtlinearen Modells ein *exakt lineares System* erzeugt. Da diese linearen Modelle aber für allgemeine Verhaltensanalysen nur bedingt nutzbar sind, soll im Weiteren die *lokale Linearisierung* weiter verfolgt werden.

2.6.1 Lokale Linearisierung nichtlinearer Zustandsmodelle

Systembeschreibung Als Spezialfall eines DAE-Systems sei das folgende nichtlineare Zustandsraummodell betrachtet

$$\dot{\mathbf{x}} = \mathbf{f}(\mathbf{x}, \mathbf{u}) \tag{2.60}$$

$$\mathbf{y} = \mathbf{g}(\mathbf{x}, \mathbf{u}) \tag{2.61}$$

$$\mathbf{f} : \mathbb{R}^n \times \mathbb{R}^r \to \mathbb{R}^n, \, \mathbf{g} : \mathbb{R}^n \times \mathbb{R}^r \to \mathbb{R}^m.$$

Für eine vorgegebene Eingangsgröße $\mathbf{u}_*(t)$ und die daraus resultierende Lösung $\mathbf{x}_*(t)$ der Differenzialgleichung (2.60) gilt definitionsgemäß

$$\begin{aligned} \dot{\mathbf{x}}_* &= \mathbf{f}(\mathbf{x}_*, \mathbf{u}_*) \\ \mathbf{y}_* &= \mathbf{g}(\mathbf{x}_*, \mathbf{u}_*) \end{aligned} \tag{2.62}$$

Betrachtet man nun (beliebige) Abweichungen $\mathbf{x}(t) = \mathbf{x}_*(t) + \triangle\mathbf{x}(t)$ der *Referenzlösung* als Ergebnis geänderter Eingangsgrößen $\mathbf{u}(t) = \mathbf{u}_*(t) + \triangle\mathbf{u}(t)$, so folgt aus Gln. (2.60), (2.61)

$$\begin{aligned} \dot{\mathbf{x}}_* + \triangle\dot{\mathbf{x}} &= \mathbf{f}(\mathbf{x}_* + \triangle\mathbf{x}, \mathbf{u}_* + \triangle\mathbf{u}) \\ \mathbf{y}_* + \triangle\mathbf{y} &= \mathbf{g}(\mathbf{x}_* + \triangle\mathbf{x}, \mathbf{u}_* + \triangle\mathbf{u}) \end{aligned} \tag{2.63}$$

wobei für den Ausgangsgrößenvektor $\mathbf{y} = \mathbf{y}_* + \triangle\mathbf{y}$ gesetzt wurde.

Lineare Approximation Ersetzt man in Gl. (2.63) die Vektorfelder $\mathbf{f}$ und $\mathbf{g}$ durch ihre *linearen Approximationen* (Taylorentwicklung) und betrachtet *kleine Auslenkungen* $\triangle\mathbf{x}, \triangle\mathbf{u}$, so kann man Terme höherer Ordnung vernachlässigen und es folgt

$$\begin{aligned} \dot{\mathbf{x}}_* + \triangle\dot{\mathbf{x}} &= \mathbf{f}(\mathbf{x}_*, \mathbf{u}_*) + \mathbf{A}\triangle\mathbf{x} + \mathbf{B}\triangle\mathbf{u} \\ \mathbf{y}_* + \triangle\mathbf{y} &= \mathbf{g}(\mathbf{x}_*, \mathbf{u}_*) + \mathbf{C}\triangle\mathbf{x} + \mathbf{D}\triangle\mathbf{u} \end{aligned} \tag{2.64}$$

mit

$$\begin{aligned} A_{ij} &= \frac{\partial f_i}{\partial x_j}(x_*, u_*), \quad \mathbf{A} \in \mathbb{R}^{n \times n} & C_{ij} &= \frac{\partial g_i}{\partial x_j}(x_*, u_*), \quad \mathbf{C} \in \mathbb{R}^{m \times n} \\ B_{ij} &= \frac{\partial f_i}{\partial u_j}(x_*, u_*), \quad \mathbf{B} \in \mathbb{R}^{n \times r} & D_{ij} &= \frac{\partial g_i}{\partial u_j}(x_*, u_*), \quad \mathbf{D} \in \mathbb{R}^{m \times r}. \end{aligned} \tag{2.65}$$

Wegen (2.62) vereinfacht sich Gl. (2.64) zu der Standarddarstellung eines *linearen Zustandsmodells*

$$\triangle \dot{\mathbf{x}} = \mathbf{A} \triangle \mathbf{x} + \mathbf{B} \triangle \mathbf{u}$$
$$\triangle \mathbf{y} = \mathbf{C} \triangle \mathbf{x} + \mathbf{D} \triangle \mathbf{u} \quad . \tag{2.66}$$

Die Systemmatrizen (2.65) stellen in bekannter Form die *JACOBI-Matrizen* der Vektorfelder **f** und **g** dar, z.B.

$$\mathbf{A} := \frac{\partial \mathbf{f}}{\partial \mathbf{x}}(\mathbf{x}_*, \mathbf{u}_*) = \begin{bmatrix} \dfrac{\partial f_1}{\partial x_1}(\mathbf{x}_*, \mathbf{u}_*) & \cdots & \dfrac{\partial f_1}{\partial x_n}(\mathbf{x}_*, \mathbf{u}_*) \\ \vdots & & \vdots \\ \dfrac{\partial f_n}{\partial x_1}(\mathbf{x}_*, \mathbf{u}_*) & \cdots & \dfrac{\partial f_n}{\partial x_n}(\mathbf{x}_*, \mathbf{u}_*) \end{bmatrix} . \tag{2.67}$$

In diesem Sinne nennt man das Zustandssystem (2.66) die *lokale Linearisierung* oder *JACOBI-Linearisierung* von (2.60), (2.61).

Gl. (2.67) sagt aus, dass zu jedem Betrachtungszeitpunkt $\tilde{t}$ die partiellen Ableitungen des jeweiligen Vektorfeldes zu berechnen sind und anschließend die Variablen x_i, u_j durch die entsprechenden Werte $x_{i*}(\tilde{t})$, $u_{j*}(\tilde{t})$ der Referenzlösung zu ersetzen sind. Dabei ergeben sich die folgenden zwei charakteristischen Fälle.

Linearisierung um eine Ruhelage   Für konstante Eingangsgrößen $\mathbf{u}_*(t) = \mathbf{u}_{*0} = const.$ berechnet(n) sich die *Ruhelage*(n) $\mathbf{x}_{*0} = const.$ des Systems (2.60) aus dem algebraischen Gleichungssystem

$$\mathbf{0} = \mathbf{f}\left(\mathbf{x}_{*0}, \mathbf{u}_{*0}\right) \tag{2.68}$$

Mit den (konstanten) Lösungen $\mathbf{u}_{*0}$, $\mathbf{x}_{*0}$ von Gl. (2.68) folgen *konstante* Systemmatrizen (2.65) und damit ein lineares *zeitinvariantes* (LTI) Zustandsmodell

$$\triangle \dot{\mathbf{x}} = \mathbf{A}_0 \triangle \mathbf{x} + \mathbf{B}_0 \triangle \mathbf{u}$$
$$\triangle \mathbf{y} = \mathbf{C}_0 \triangle \mathbf{x} + \mathbf{D}_0 \triangle \mathbf{u} \quad . \tag{2.69}$$

Das Tupel $\left(\mathbf{x}_{*0}, \mathbf{u}_{*0}\right)$ wird auch *Arbeitspunkt* des Systems (2.60) genannt und demgemäß spricht man auch von einer *Linearisierung* um den Arbeitspunkt $\left(\mathbf{x}_{*0}, \mathbf{u}_{*0}\right)$.

Linearisierung um eine Trajektorie   Für allgemeine, nichtkonstante Eingangsgrößen $\mathbf{u}_*(t)$ muss neben diesen zeitveränderlichen Größen auch die zeitveränderliche *Lösungstrajektorie* $\mathbf{x}_*(t)$ zur Berechnung der Systemmatrizen (2.65) herangezogen werden[35], wodurch sich zeitveränderliche Systemmatrizen ergeben und insgesamt ein *lineares zeitvariantes (LTV – linear time variant) Zustandssystem*

$$\triangle\dot{\mathbf{x}} = \mathbf{A}(t)\cdot\triangle\mathbf{x} + \mathbf{B}(t)\cdot\triangle\mathbf{u}$$
$$\triangle\mathbf{y} = \mathbf{C}(t)\cdot\triangle\mathbf{x} + \mathbf{D}(t)\cdot\triangle\mathbf{u} \qquad (2.70)$$

entsteht.

In bekannter Weise bestimmen die Eigenwerte der Systemmatrix $\mathbf{A}$ die Dynamik und Eigenstabilität des lokal linearisierten Systems.

Beispiel 2.13   *Partikelbewegung unter viskoser Reibung.*

Systemkonfiguration   Man betrachte eine Punktmasse m, die auf einer Ebene gravitationsfrei unter Einwirkung viskoser Reibung (Reibungskoeffizient μ) mittels einer Kraft $\vec{F}$ bewegt werden kann. Über eine geeignete Messeinrichtung kann die aktuelle Entfernung r der Punktmasse vom Koordinatenursprung (*range measurement*) gemessen werden (Abb. 2.66).

Gesucht ist ein lineares Zustandsmodell für eine Referenztrajektorie $\vec{s}_*(t)$, $\vec{v}_*(t)$, $\vec{F}_*(t)$.

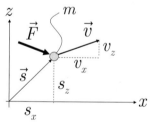

Abb. 2.66. Linearisierung eines nichtlinaireren Zustandsmodells

---

[35] Diese Lösungstrajektorie erhält man durch Lösen des nichtlinearen Systemmodells (2.60). Dies ist nur in Ausnahmefällen analytisch möglich. Im Rahmen von Simulationsexperimenten verwendet man als $\mathbf{x}_*(t)$ die Approximationswerte der numerischen Lösung. Zur stochastischen Verhaltensanalyse (Kap. 11) kann man vorab (numerisch) berechnete Nominaltrajektorien verwenden.

Modellbildung
- Bewegungsgleichung der Punktmasse:

$$m\dot{\vec{v}} = \vec{F} - \mu |\vec{v}|^2 \frac{\vec{v}}{|\vec{v}|}.$$

- Messgleichung:

$$r = |\vec{s}|$$

- Nichtlineares Zustandsmodell:

$$x_1 := s_x, \; x_2 := v_x, \; x_3 := s_z, \; x_4 := v_z$$
$$u_1 := F_x, \; u_2 := F_z, \quad y := r$$

$$\dot{x}_1 = x_2$$
$$\dot{x}_2 = -\frac{\mu}{m} x_2 \sqrt{x_2^2 + x_4^2} + \frac{1}{m} u_1$$
$$\dot{x}_3 = x_4$$
$$\dot{x}_4 = -\frac{\mu}{m} x_4 \sqrt{x_2^2 + x_4^2} + \frac{1}{m} u_2$$

$$y = \sqrt{x_1^2 + x_3^2}$$

- Linearisiertes Zustandsmodell (zeitvariant wegen $x_{i*}(t)$):

$$\Delta\dot{x}_1 = \Delta x_2$$
$$\Delta\dot{x}_2 = -\frac{\mu}{m} \frac{2x_{2*}^2 + x_{4*}^2}{\sqrt{x_{2*}^2 + x_{4*}^2}} \Delta x_2 - \frac{\mu}{m} \frac{2x_{2*}x_{4*}}{\sqrt{x_{2*}^2 + x_{4*}^2}} \Delta x_4 + \frac{1}{m} \Delta u_1$$
$$\Delta\dot{x}_3 = \Delta x_4$$
$$\Delta\dot{x}_4 = -\frac{\mu}{m} \frac{2x_{2*}x_{4*}}{\sqrt{x_{2*}^2 + x_{4*}^2}} \Delta x_2 - \frac{\mu}{m} \frac{2x_{4*}^2 + x_{2*}^2}{\sqrt{x_{2*}^2 + x_{4*}^2}} \Delta x_4 + \frac{1}{m} \Delta u_2$$

$$\Delta y = \frac{2x_{1*}}{\sqrt{x_{1*}^2 + x_{3*}^2}} \Delta x_1 + \frac{2x_{3*}}{\sqrt{x_{1*}^2 + x_{3*}^2}} \Delta x_3$$

■

2.6.2 Lokale Linearisierung nichtlinearer DAE-Systeme

Gegeben sei ein *semi-explizites* zeitinvariantes DAE-System

$$\dot{\mathbf{x}} = \mathbf{f}\left(\mathbf{x}, \mathbf{z}, \mathbf{u}\right)$$

$$0 = \mathbf{g}\left(\mathbf{x}, \mathbf{z}\right)$$

$$\mathbf{f} : \mathbb{R}^n \times \mathbb{R}^m \times \mathbb{R}^r \rightarrow \mathbb{R}^n, \; \mathbf{g} : \mathbb{R}^n \times \mathbb{R}^m \rightarrow \mathbb{R}^m$$

(2.71)

In Verallgemeinerung der Ergebnisse aus Abschn. 2.6.1 folgt für kleine Änderungen $\triangle\mathbf{x}, \triangle\mathbf{z}, \triangle\mathbf{u}$ bezüglich einer Referenzlösung $\mathbf{x}_*, \mathbf{z}_*, \mathbf{u}_*$, d.h. $\mathbf{x} = \mathbf{x}_* + \triangle\mathbf{x}$, $\mathbf{z} = \mathbf{z}_* + \triangle\mathbf{z}$, $\mathbf{u} = \mathbf{u}_* + \triangle\mathbf{u}$, das *lokal linearisierte DAE-System*

$$\triangle\dot{\mathbf{x}} = \mathbf{A}\triangle\mathbf{x} + \mathbf{B}\triangle\mathbf{u} + \mathbf{F}\triangle\mathbf{z}$$

$$0 = \mathbf{G}\triangle\mathbf{x} + \mathbf{H}\triangle\mathbf{z}$$

mit den Systemmatrizen

$$A_{ij} = \frac{\partial f_i}{\partial x_j}\left(x_*, z_*, u_*\right), \quad \mathbf{A} \in \mathbb{R}^{n \times n}$$

$$B_{ij} = \frac{\partial f_i}{\partial u_j}\left(x_*, z_*, u_*\right), \quad \mathbf{B} \in \mathbb{R}^{n \times r}, \qquad G_{ij} = \frac{\partial g_i}{\partial x_j}\left(x_*, z_*\right), \quad \mathbf{G} \in \mathbb{R}^{m \times n}$$

$$F_{ij} = \frac{\partial f_i}{\partial z_j}\left(x_*, z_*, u_*\right), \quad \mathbf{F} \in \mathbb{R}^{n \times m} \qquad H_{ij} = \frac{\partial g_i}{\partial z_j}\left(x_*, z_*\right), \quad \mathbf{H} \in \mathbb{R}^{m \times m}$$

Man beachte, dass entsprechend dem Index des DAE-Systems die Matrizen $\mathbf{G}$ und $\mathbf{H}$ auch singulär werden können.

2.6.3 LTI-Systeme – Übertragungsfunktion – Frequenzgang

Frequenzbereichsdarstellung Ausgehend von mathematischen Modellen des untersuchten mechatronischen Systems in DAE-Form (2.71) bzw. Zustandsform (2.60), (2.61) lässt sich eine gekoppelte Verhaltensanalyse besonders anschaulich an *linearisierten Modellen* im *Frequenzbereich* durchführen. Das wichtigste Handwerkzeug in diesem Buch zur Beurteilung des Systemverhaltens sind damit *Übertragungsfunktionen* der betrachteten Systemelemente. In bekannter Weise kann aus dem linearen (LTI) Zustandsmodell (2.69) mittels *LAPLACE-Transformation* die Übertragungsfunktion berechnet werden (Lunze 2009), (Litz 2005), (Ogata 1992).

Als wichtiger repräsentativer Fall soll im Folgenden ein LTI System mit *einer* Eingangsgröße und *einer* Ausgangsgröße (*SISO, single input – single output*) betrachtet werden

$$\dot{\mathbf{x}} = \mathbf{A} \cdot \mathbf{x} + \mathbf{b} \cdot u \qquad \mathbf{x}, \mathbf{b}, \mathbf{c} \in \mathbb{R}^n, \ \mathbf{A} \in \mathbb{R}^{n \times n}$$

$$y = \mathbf{c}^T \cdot \mathbf{x} + d \cdot u \qquad d, u, y \in \mathbb{R} \tag{2.72}$$

Übertragungsfunktion

Berechnungsvorschrift Durch Anwendung der LAPLACE-Transformation auf Gl. (2.72) und einfache Manipulation der so entstehenden algebraischen Gleichungen in der komplexen Variablen s erhält man die *Übertragungsfunktion G(s)*

$$G(s) = \frac{Y(s)}{U(s)} = \mathbf{c}^T (s\mathbf{E} - \mathbf{A})^{-1} \mathbf{b} + d \tag{2.73}$$

wobei *U(s)* und *Y(s)* die LAPLACE-Transformierten der Eingangsgröße *u(t)* und der Ausgangsgröße *y(t)* darstellen (Abb. 2.67, Transformationsrichtung von links nach rechts).

Die *Übertragungsfunktion G(s)* ist eine gebrochen rationale Funktion der Form

$$G(s) = \frac{Y(s)}{U(s)} = \frac{b_m \cdot s^m + \cdots + b_1 \cdot s + b_0}{s^n + a_{n-1} \cdot s^{n-1} + \cdots + a_1 \cdot s + a_0} =$$

$$= \frac{Z_G(s)}{N_G(s)} = b_m \frac{\displaystyle\prod_{j=1}^{m}(s - n_j)}{\displaystyle\prod_{i=1}^{n}(s - p_i)} \qquad , m \le n \tag{2.74}$$

mit dem *Zählerpolynom* $Z_G(s)$, dem *Nennerpolynom* $N_G(s)$, den *Nullstellen* n_i und den *Polen* p_j. Zählergrad m = Nennergrad n bedeutet eine direkte Durchschaltung des Einganges u auf den Ausgang y und ist gleichbedeutend mit $d \ne 0$ in Gl. (2.72).

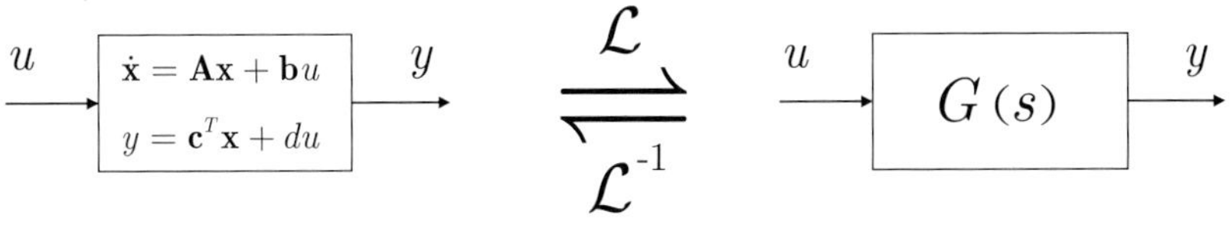

Abb. 2.67. LTI-System – Übertragungsfunktion (SISO, single input – single output)

Pole und Nullstellen Das dynamische Verhalten und speziell die Stabilität des Systems wird durch die *Pole* der Übertragungsfunktion *G(s)* bestimmt, die in der Regel identisch den *Eigenwerten* der Systemmatrix **A** sind[36]. Die *Nullstellen* der Übertragungsfunktion hängen in komplizierter und analytisch nur bedingt beschreibbarer Weise mit dem *Eingangsvektor* **b** und dem *Ausgangsvektor* **c** des Zustandsmodells zusammen[37].

Rücktransformation in Zustandsmodell Bei gegebener Übertragungsfunktion G(s) (2.74) lassen sich eine unendliche Anzahl verschiedener Zustandsdarstellungen angeben (Abb. 2.67, Transformationsrichtung von rechts nach links), eine mögliche Form ist die so genannte *Regelungsnormalform* (Lunze 2009), für $m = n$ folgt

$$\begin{pmatrix} \dot{x}_1 \\ \dot{x}_2 \\ \vdots \\ \dot{x}_n \end{pmatrix} = \begin{pmatrix} 0 & 1 & 0 & \cdots & 0 \\ 0 & 0 & 1 & \cdots & 0 \\ \vdots & & & \ddots & \\ 0 & 0 & 0 & \cdots & 1 \\ -a_0 & -a_1 & -a_2 & \cdots & -a_{n-1} \end{pmatrix} \cdot \begin{pmatrix} x_1 \\ x_2 \\ \vdots \\ x_n \end{pmatrix} + \begin{pmatrix} 0 \\ 0 \\ \vdots \\ 1 \end{pmatrix} \cdot u$$

$$y = \left((b_0 - b_n a_0) \quad (b_1 - b_n a_1) \quad \cdots \quad (b_{n-1} - b_n a_{n-1}) \right) \cdot \begin{pmatrix} x_1 \\ x_2 \\ \vdots \\ x_n \end{pmatrix} + b_n u$$

(2.75)

Die Transformation *Zustandsmodell ↔ Übertragungsfunktion* ist somit nur in einer Richtung eindeutig (links → rechts in Abb. 2.67). Dies ist insofern von Bedeutung, als man beim Rückübersetzen einer Übertragungsfunktion in ein Zustandsmodell (rechts → links in Abb. 2.67) durch entsprechende Wahl der Zustandsgrößen eine mehr oder weniger gut geeignete Zustandsdarstellung für die numerische Integration erhalten kann (s. Kap. 3).

---

[36] Dies ist immer dann *nicht* erfüllt, wenn das Zustandsmodell (2.72) *nicht steuerbar* oder *nicht beobachtbar* ist (Lunze 2009). In diesen Fällen kürzen sich gewisse Pole und Nullstellenterme in Gl. (2.74), d.h. die Anzahl der Pole der Übertragungsfunktion ist dann *kleiner* als die Anzahl der Eigenwerte von **A**.

[37] Wenn das Zustandssystem (2.73) die „Regelstrecke" eines mechatronischen Systems beschreibt (z.B. mechanische Struktur, Mehrkörpersystem), dann hängen die Nullstellen der Übertragungsfunktion zwischen Stellglied und Messglied also vom Stellort bzw. Messort am Mehrkörpersystem ab. Dieses fundamentale Verhalten wird im Detail im Kap. 4 diskutiert.

Frequenzgang

Aus der Übertragungsfunktion *G(s)* erhält man in bekannter Weise den *Frequenzgang* $G(j\omega)$ (Lunze 2009)

$$G\left(j\omega\right) = G\left(s\right)\big|_{s=j\omega} = \left|G\left(j\omega\right)\right| \cdot \mathrm{e}^{j \cdot \arg G(j\omega)} . \qquad (2.76)$$

Der Frequenzgang (2.76) repräsentiert eine *nichtparametrische* Beschreibung des LTI Systems (2.72) in Form des frequenzabhängigen *Amplitudenganges* (auch *Betragskennlinie*) $\left|G\left(j\omega\right)\right|$ und des frequenzabhängigen *Phasenganges* (auch *Phasenkennlinie*) $\arg G\left(j\omega\right)$ und kann auf sehr effiziente Weise auch *experimentell* ermittelt werden (s. Abschn. 2.7).

Modelleigenschaften Die nichtparametrische Beschreibung erweist sich vor allem dann als sehr vorteilhaft, wenn das LTI System eine hohe Systemordnung aufweist und transzendente Anteile beinhaltet (Totzeitterme in Form von Exponentialfunktionen in $j\omega$). In diesen Fällen reflektiert sich die höhere Modellkomplexität lediglich in einem größeren Detaillierungsgrad von $G(j\omega)$. Wie noch im weiteren Verlauf gezeigt werden wird, lassen sich speziell das Verhalten von *Mehrkörpersystemen* und der Einfluss von wesentlichen physikalischen Parametern auf überaus anschauliche Weise im Frequenzgang deuten.

Grafische Darstellung Die übliche Darstellung des Frequenzganges in Form einer *Ortskurve* $G(j\omega)$ in der komplexen Ebene erweist sich für eine praktische Handhabung von komplexeren Systemen als sehr unhandlich. Deshalb wird in diesem Buch vorwiegend die bekannte Darstellung in Form von *logarithmischen Frequenzkennlinien* bzw. *BODE-Diagrammen* verwendet (Lunze 2009). Hierbei werden die Betrags- und Phasenkennlinien in getrennten Diagrammen über der Frequenz dargestellt. Durch die teilweise logarithmische Darstellung ist eine einfache Konstruktion bzw. Skizzierung per Hand möglich. Dies kann im Übrigen sehr effizient zur Überprüfung (im Sinne von „Verifikation", s. Abschn. 2.1) von Rechnerresultaten genutzt werden. Für spezielle Betrachtungen im Rahmen des Reglerentwurfes eignet sich darüber hinaus besonders gut eine Darstellung des Frequenzganges in der Phasen- und Betragsebene, im so genannten NICHOLS-Diagramm. Dessen Verwendung wird eingehend im Rahmen des robusten Reglerentwurfes auf Basis des NYQUIST-Kriteriums in *Schnittpunktform* erklärt (Kap. 10).

Reglerentwurf Neben den vorteilhaften Modelleigenschaften bietet der Frequenzgang auch hervorragende Möglichkeiten für den *Reglerentwurf*. Auf der Basis von Frequenzgängen steht ein großer regelungstechnischer Methodenbaukasten zur Verfügung, um Fragen zur *Stabilität* geschlossenen Wirkungsketten (NYQUIST-Kriterium) und zur Synthese von *robusten Regelalgorithmen* zu beantworten. Zu beiden Fragestellungen werden im Kap. 10 praktikable methodische Ansätze für mechatronische Systeme im Detail vorgestellt.

Beispiel 2.14 *Zweimassenschwinger mit Kraftanregung*

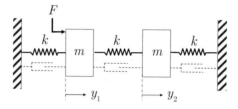

Abb. 2.68. Zweimassenschwinger mit sehr kleinen Dämpfungen

Systemkonfiguration und Modellbildung Eine beliebige der gezeigten Methoden zur physikalischen Modellierung aus Abschn. 2.3 führt auf folgende *Bewegungsgleichungen* für das gekoppelte Zweimassensystem aus Abb. 2.68 unter Vernachlässigung der als sehr klein angenommenen Dämpfungen

$$\begin{aligned} m\ddot{y}_1 + 2ky_1 - ky_2 &= F \\ m\ddot{y}_2 - ky_1 + 2ky_2 &= 0 \end{aligned} \tag{2.77}$$

Mit der Zustandsdefinition $x_1 := y_1$, $x_2 := y_2$, $x_3 := \dot{y}_1$, $x_4 := \dot{y}_2$ und $u := F$ folgt das *Zustandsmodell*

$$\dot{\mathbf{x}} = \begin{pmatrix} 0 & 0 & 1 & 0 \\ 0 & 0 & 0 & 1 \\ -\dfrac{2k}{m} & \dfrac{k}{m} & 0 & 0 \\ \dfrac{k}{m} & -\dfrac{2k}{m} & 0 & 0 \end{pmatrix} \mathbf{x} + \begin{pmatrix} 0 \\ 0 \\ \dfrac{1}{m} \\ 0 \end{pmatrix} u \tag{2.78}$$

$$y = \begin{pmatrix} 1 & 0 & 0 & 0 \end{pmatrix} \mathbf{x}$$

Durch LAPLACE-Transformation von Gl. (2.77) oder über Beziehung (2.73) erhält man aus Gl. (2.78) die *Übertragungsfunktion* zwischen der Erregerkraft F und der Massenauslenkung y_1

$$G(s) = \frac{Y_1(s)}{F(s)} = V \frac{1 + \dfrac{s^2}{\omega_Z^2}}{\left(1 + \dfrac{s^2}{\omega_{P1}^2}\right)\left(1 + \dfrac{s^2}{\omega_{P2}^2}\right)} \qquad (2.79)$$

$$\omega_{P1} = \sqrt{\frac{k}{m}}, \quad \omega_{P2} = \sqrt{\frac{3k}{m}}, \quad \omega_Z = \sqrt{\frac{2k}{m}}, \quad V = \frac{2}{3k}.$$

Man nennt ω_{P1}, ω_{P2} die *Eigenfrequenzen* des Mehrkörpersystems. Für eine nähere physikalische Interpretation dieser Eigenfrequenzen sowie des Zählerterms mit ω_Z (Antiresonanzfrequenz) sei auf Kap. 4 verwiesen.

Die *Betragskennlinie* des Frequenzganges $G(j\omega)$ in Form des BODE-Diagramms ist in Abb. 2.69 gezeigt (in der grafischen Darstellung ist eine endliche, sehr kleine Dämpfung angenommen). Man erkennt deutlich die Eigenfrequenzen sowie die Antiresonanzfrequenz.

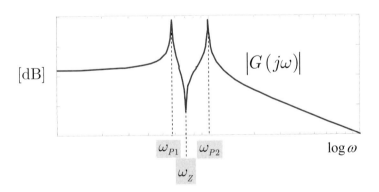

Abb. 2.69. BODE-Diagramm (Betragskennlinie) des Zweimassenschwingers

Elastische Strukturen – Harmonische Oszillatoren   Beispiel 2.14 zeigt typische Verhaltenseigenschaften mechatronischer Systeme. Beim „zielgerichteten Bewegen massebehafteter Körper" sind in der Regel immer *elastisch* gekoppelte *Mehrkörpersysteme (MKS)* beteiligt. Entweder ist die mechanische Struktur elastisch aufgehängt oder die Krafteinkopplung erfolgt über nicht starre, sondern elastische Strukturen. Diese speziellen Eigenschaften in Form von *Eigenfrequenzen* (Eigenmoden) der elastischen Mehrkörpersysteme sind wesentlich transparenter in der Übertragungsfunktion zu erkennen (*konjugiert komplexe Polpaare*) als im Zustandsmodell. Besonders schön sind die Eigenfrequenzen im Betragsverlauf der BODE-Diagramme des Frequenzganges erkennbar (Spitzen). Berücksichtigt man die Möglichkeiten des Reglerentwurfes anhand des Frequenzganges des *offenen* Kreises, dann stellen die BODE-Diagramme der offenen Kette *Stellglied – mechanische Struktur (MKS) – Messglied* zentrale Analyse- und Entwurfshilfsmittel dar.

Notation   Für eine prägnante und aussagekräftige Darstellung von Übertragungsfunktionen mechatronischer Systeme wird in den nachfolgenden Kapiteln, wenn immer es nützlich ist, folgende *Kurzschreibweise* für Linearfaktoren und quadratische Faktoren der Übertragungsfunktion verwendet:

$$\boxed{\begin{aligned} [\omega_i] &:= 1 + \frac{s}{\omega_i} \\[2mm] \{d_i, \omega_i\} &:= 1 + 2d_i \frac{s}{\omega_i} + \frac{s^2}{\omega_i^2} \\[2mm] \{\omega_i\} &:= 1 + \frac{s^2}{\omega_i^2} \end{aligned}} \qquad (2.80)$$

Die Darstellung (2.80) erlaubt in besonderem Maße eine prägnante Spezifikation von Eigenmoden durch die *Eigenfrequenz* ω_i und gegebenenfalls durch die Dämpfung d_i.

Die Übertragungsfunktion (2.79) aus Beispiel 2.14 würde sich dann folgendermaßen darstellen

$$G(s) = K \frac{\{\omega_Z\}}{\{\omega_{P1}\}\{\omega_{P2}\}}.$$

2.7 Experimentelle Ermittlung des Frequenzganges

2.7.1 Allgemeine Überlegungen

Als Ergänzung zur theoretisch-analytischen Modellbildung können vorteilhaft Methoden und Verfahren der experimentellen Modellbildung genutzt werden. Man unterscheidet dazu je nach Modellform

- *parametrische* Modelle, z.B. Übertragungsfunktionen mit einer endlichen Anzahl von Parametern ➜ *Parameterschätzverfahren*
- *nichtparametrische* Modelle, z.B. Impulsantwort, Frequenzgang ➜ *signalorientierte Schätzverfahren*

Parametrische Modelle Parameterschätzverfahren eignen sich sehr gut zur Bestimmung von Modellen hinreichend *niedriger* Ordnung und eventuell sogar zur direkten Schätzung von physikalischen Parametern, unter Berücksichtigung der *wesentlichen* statischen und dynamischen Systemeigenschaften. Bei mechatronischen Systemen mit ausgeprägten Mehrkörpersystemeigenschaften (viele Eigenfrequenzen) und komplexer Dynamik würde dies zu einer sehr hohen Modellordnung führen.

Nichtparametrisches Modelle – Frequenzgang Wie in den nachfolgenden Kapiteln gezeigt wird, lassen sich die Systemeigenschaften von komplexen mechatronischen Systemen sehr effizient und umfassend mit Übertragungsfunktionen bzw. *Frequenzgängen* beschreiben. Mit den in Kap. 10 vorgestellten Verfahren zum *robusten Reglerentwurf* auf der Basis von Frequenzgängen ist es im Prinzip möglich, ohne Kenntnis der physikalischen Systemparameter, lediglich unter Nutzung der Kenntnis des kompletten dynamischen Verhaltens zwischen Aktuator und Sensor (inklusive Totzeiten!), den Reglerentwurf durchzuführen. Da, wie im Folgenden gezeigt wird, die messtechnische Ermittlung des Frequenzganges auf sehr effiziente Weise durchgeführt werden kann, bieten sich bei mechatronischen Systemen experimentell ermittelte *nichtparametrische* Modelle in Form des Frequenzganges als ideale Ergänzung zur theoretisch-analytischen Modellbildung an.

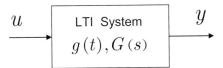

Abb. 2.70. Lineares zeitinvariantes System

2.7.2 Methodische Ansätze

Systemkonfiguration Zur weiteren Diskussion sei das in Abb. 2.70 dargestellte lineare zeitinvariante System betrachtet. Definitionsgemäß stellt der Frequenzgang

$$G(jw) = \frac{Y(j\omega)}{U(j\omega)}$$

das Verhältnis der LAPLACE- bzw. FOURIER-Transformierten der Ausgangs- und Eingangsgröße des Systems dar. Eine nahe liegende Prinzipanordnung zur messtechnischen Bestimmung von $G(j\omega)$ am Beispiel eines mechatronischen Systems ist in Abb. 2.71 gezeigt.

Folgende methodischen Ansätze haben sich in der Praxis bewährt und sind durch entsprechende industrielle Gerätetechnik unterstützt bzw. auf einfache Weise signaltechnisch umsetzbar (z.B. Signalverarbeitung mittels MATLAB).

Harmonische Anregung

Signalgenerator:	$u(t) = U_0 \sin \omega t$, $\omega \in \left[\omega_{min}, \omega_{max}\right]$
Signalauswertung:	nach Abklingen der Einschwingvorgänge wird das Amplitudenverhältnis $\lvert Y(j\omega)\rvert / \lvert U(j\omega)\rvert$ und die Phasenverschiebung $\arg Y(j\omega) - \arg U(j\omega)$ bestimmt
Vorteil:	einfache Signalverarbeitung
Nachteil:	Einschwingvorgang muss abgewartet werden; große Amplituden bei Erregung von MKS-Eigenfrequenzen → Gefahr der mechanische Überbeanspruchung!

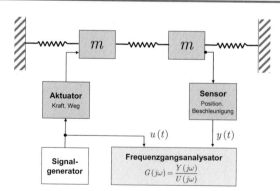

Abb. 2.71. Prinzipanordnung zur Frequenzgangmessung

Impulsanregung, Impulshammer

Signalgenerator:	$u(t) = U_0 \cdot \delta(t)$
Signalauswertung:	Es wird direkt die Impulsantwort $g(t)$ gemessen, d.h. $Y(s) = L\{g(t)\} \cdot L\{u(t)\} = G(s) \cdot U_0$, $G(j\omega)$ kann dann leicht über FFT berechnet werden
Vorteil:	kleine Anregungsenergie bei MKS- Eigenfrequenzen
Nachteil:	aufwändige Signalverarbeitung (FFT); nur direkte Kraftanregung des MKS möglich

Rauschanregung

Signalgenerator:	$u(t) = zufälliges\ Signal$
Signalauswertung:	Es wird direkt die Impulsantwort $g(t)$ gemessen, d.h. $Y(s) = L\{g(t)\} \cdot L\{u(t)\} = G(s) \cdot U_0$; $G(j\omega)$ kann leicht aus der Folge $\left(g\left(kT_A\right)\right)$ über FFT berechnet werden
Vorteil:	kleine Anregungsenergie bei MKS-Eigenfrequenzen; sehr robust gegenüber Signalstörungen; direkte Kraft- und Wegerregung des MKS möglich (bei geeigneten Aktuatoren)
Nachteil:	aufwändige Signalverarbeitung (FFT)

2.7.3 Frequenzgangsmessung mittels Rauschanregung

Einführende Bemerkungen Als besonders geeignet hat sich in der Praxis die Frequenzgangsmessung mittels Rauschanregung bewährt. Unter Nutzung der Korrelationsfunktion lässt sich insbesondere die Auswirkung von zufälligen Signalstörungen sehr effizient ausgleichen. Im Folgenden werden die wesentlichen systemtheoretischen Konzepte skizziert, die leicht in einem Rechnerwerkzeug (z.B. MATLAB) umsetzbar sind. Für eine hochwertige Umsetzung, z.B. Einbeziehen von Fensterfunktionen, sei auf entsprechende weiterführende Literatur verwiesen (Rabiner u. Gold 1975).

Berechnungsgang Man betrachte ein LTI-System nach Abb. 2.70 mit
- $u(t)$ ... Realisierung eines (mittelwertfreien) ergodischen Zufallsprozesses
- $g(t)$ ... Impulsantwort des LTI-Übertragungssystems.

Die Ausgangsgröße $y(t)$ berechnet sich dann über das Faltungsintegral

$$y(t) = g(t) * u(t) = \int\limits_{-\infty}^{\infty} g(\tau) \, u \, (t - \tau) \, d\tau \qquad (2.81)$$

Die FOURIER-Transformierte eines Signals $x(t)$, $x \in \left\{ u, y, g \right\}$ ist definitionsgemäß

$$X\left(j\omega\right) := \int\limits_{-\infty}^{\infty} x(t) \, e^{-j\omega t} \, dt \; .$$

Für das LTI-System aus Abb. 2.70 gilt

$$Y\left(j\omega\right) = G\left(j\omega\right) U\left(j\omega\right)$$

Die *Kreuzkorrelationsfunktion* $r_{uy}(\tau)$ der Signale $y(t), u(t)$ ist definiert als

$$r_{uy}\left(\tau\right) := \lim_{T_0 \to \infty} \frac{1}{2T_0} \int\limits_{-T_0}^{T_0} u(t) \, y(t + \tau) \, dt \qquad (2.82)$$

Ersetzt man in Gl. (2.82) $y(t)$ durch Gl. (2.81), so erhält man

$$r_{uy}\left(\tau\right) := \lim_{T_0 \to \infty} \frac{1}{2T_0} \int\limits_{-T_0}^{T_0} u(t) \left[\int\limits_{-\infty}^{\infty} g\left(\lambda\right) u\left(t + \tau - \lambda\right) d\lambda \right] dt$$

Wegen der Vertauschbarkeit der Integrale folgt

$$r_{uy}(\tau) = \int\limits_{-\infty}^{\infty} g(\lambda) \left[\lim_{T_0 \to \infty} \frac{1}{2T_0} \int\limits_{-T_0}^{T_0} u(t) \, u(t + \tau - \lambda) \, dt \right] d\lambda \; . \qquad (2.83)$$

Mit der Autokorrelationsfunktion $r_{uu}(\tau)$ des Eingangssignals $u(t)$ (s. auch Gl. (2.82)) ergibt sich

$$r_{uu}\left(\tau - \lambda\right) = \lim_{T_0 \to \infty} \frac{1}{2T_0} \int\limits_{-T_0}^{T_0} u(t) \, u(t + \tau - \lambda) \, dt \; . \qquad (2.84)$$

Aus den Gln. (2.83) und (2.84) erhält man somit das Faltungsintegral für die Korrelationsfunktionen

$$r_{uy}(\tau) = \int\limits_{-\infty}^{\infty} g(\lambda)\, r_{uu}\left(\tau - \lambda\right) d\lambda = g(\tau) * r_{uu}(\tau) \tag{2.85}$$

Die FOURIER–Transformation von Gl. (2.85) liefert

$$S_{uy}(j\omega) = G(j\omega)\, S_{uu}(j\omega) \tag{2.86}$$

mit

$$S_{uy}(j\omega) = \int\limits_{-\infty}^{\infty} r_{uy}(\tau)\, e^{-j\omega\tau}\, d\tau \quad \text{Kreuzleistungsdichtespektrum} \tag{2.87}$$

$$S_{uu}(j\omega) = \int\limits_{-\infty}^{\infty} r_{uu}(\tau)\, e^{-j\omega\tau}\, d\tau \quad \text{Autoleistungsdichtespektrum.} \tag{2.88}$$

Der Frequenzgang $G(j\omega)$ lässt sich somit über der Leistungsdichtespektren (2.87) und (2.88) mit Gl. (2.86) bestimmen zu

$$\boxed{G(j\omega) = \frac{S_{uy}(j\omega)}{S_{uu}(j\omega)}} \tag{2.89}$$

Die messtechnische Erfassung der Leistungsdichtespektren (2.87), (2.88) ist leicht möglich. Beispielsweise stellt MATLAB folgende vorgefertigte Funktionen zur Verarbeitung von Signalfolgen $\left(u(kT_a)\right)$, $\left(y(kT_a)\right)$ zur Verfügung:

- `psd` *power spectral density estimate* (Autoleistungsdichtespektrum)

- `csd` *cross spectral density estimate* (Kreuzleistungsdichtespektrum).

Messrauschen Bei geringen Signalstörungen (Messrauschen) erlaubt schon die Mittelung von wenigen Einzelfrequenzgängen eine repräsentative Schätzung des Frequenzganges (s. Beispiel 2.15). Speziell die MKS-Eigenfrequenzen und die komplexen Nullstellen (Kollokationsproblematik) wie auch negative Phasenverschiebungen durch Totzeiten und Tiefpassglieder lassen sich auf diese Weise elegant ermitteln. Im Grunde genommen kann man die gemessenen Frequenzgänge (nach eventueller Glättung von „Ausreißern") direkt mit einem Rechnerwerkzeug (z.B. MATLAB) für den robusten Reglerentwurf gemäß Kap. 10 weiterverwenden.

Beispiel 2.15   *Experimentelle Frequenzgangsermittlung für Zwei-Massenschwinger Kraftanregung.*

Systemkonfiguration   Für das in Abb.2.68 gezeigte Mehrkörpersystem sollen mittels Rauschanregungsverfahren experimentell der Frequenzgang $G(j\omega) = Y_1(j\omega) \,/\, F(j\omega)$ und die mechanischen Parameter (m, k) ermittelt werden.

Experimentrahmen   Als Signalmodell für die Rauschanregung mit einer breitbandigen Rauschquelle wird ein Formfilter 2. Ordnung mit $\omega_n = 10 \text{ rad/s}$, $d_n = 1$ angenommen (Abb. 2.72). Die Messwerte von u und y werden mit einer Abtastzeit $T_a = 0.1$ s aufgenommen nach Abklingen von Einschwingvorgängen und in Blöcken zu 1024 Werten gespeichert. Es werden dann jeweils zehn nach Gl. (2.89) berechnete Frequenzgänge gemittelt und als *geschätzter* Frequenzgang ausgegeben.

Diskussion   Die Ergebnisse der Frequenzgangsschätzung sind in Abb. 2.73 für ungestörte und gestörte Messgrößen dargestellt. Selbst unter Annahme von Messstörungen sind die Eigenresonanzen und die Antiresonanzfrequenz sehr deutlich zu erkennen. Bei hohen Frequenzen ist der gemessene Frequenzgang im gestörten Fall aufgrund des kleinen Signal-Rausch-Verhältnisses allerdings nicht mehr brauchbar (kleines Ausgangssignal aufgrund des Betragsabfalls von –40dB/Dekade).

Aus den gemessenen Eigen- und Antiresonanzfrequenzen lassen sich mit Hilfe des mathematischen Modells nach Gl. (2.79) recht gut die Massen und Federsteifigkeiten der Anordnung abschätzen (als Kontrolle für den interessierten Leser: $m \approx 10$ kg, $k \approx 400$ N/m). Die Dämpfungen sind auch in der Praxis aufgrund von Messunsicherheiten nur relativ ungenau absolut abschätzbar (Überaussteuerung in den Eigenresonanzen, Unteraussteuerung in den Antiresonanzen). In jedem Fall erlaubt ein experimentell ermitteltes Frequenzgangsmodell nach Abb. 2.73b einen direkten Zugang für einen *robusten Reglerentwurf*, wie in Kap. 10 näher ausgeführt wird.

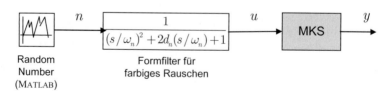

Abb. 2.72. Signalmodell für Frequenzgangsmessung

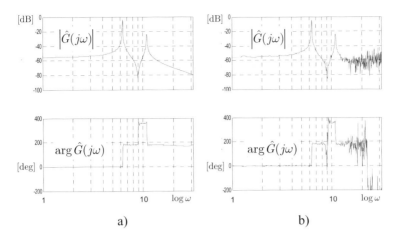

Abb. 2.73. Geschätzte Frequenzgänge (BODE-Diagramme) für Zwei-Massenschwinger, Mittelwerte aus 10 gemessenen Frequenzgängen: a) ohne Messrauschen, b) mit Messrauschen   ∎

Literatur zu Kapitel 2

Angermann A, Beuschel M, Rau M, Wohlfarth U (2005) *Matlab-Simulink-Stateflow. Grundlagen, Toolboxen, Beispiele.* München, Oldenbourg Wissenschaftsverlag

Ballas R G, Pfeifer G, Werthschützky R (2009) *Elektromechanische Systeme in Mikrotechnik und Mechatronik*, Springer

Brenan K E, Campbell S L, Petzold L R (1996) *Numerical Solution of Initial-Value Problems in Differential-Algebraic Equations*, SIAM

Buss M (2002) *Methoden zur Regelung Hybrider Dynamischer Systeme*, Fortschritt-Berichte, VDI Reihe 8, Nr. 970

Cellier F E (1991) *Continuous System Modeling*, Springer

Cellier F E, Elmqvist H (1993) Automated formula manipulation supports object-oriented continuous-system modelling. *IEEE Control System Magazine* 13(2): 28-38

Cellier F E, Kofman E (2006) *Continuous System Simulation.* Berlin, Springer

Cervera J, van der Schaft A J, Banos A (2007) Interconnection of port-Hamiltonian systems and composition of Dirac structures. *Automatica* 43(2): 212-225

Conrad M, Fey I, Sadeghipour S (2005) Systematic Model-Based Testing of Embedded Automotive Software *Electronic Notes in Theoretical Computer Science* 111: 13-26

Damic V, Montgomery J (2003) *Mechatronics by Bond Graphs*, Springer

Engell S, Frehse G, Schnieder E, Eds. (2002) *Modelling, analysis, and design of hybrid systems.* Springer

Fuchshumer S, Grabmair G, Schlacher K, Keintzel G (2003) Automatisierungstechnik in der Mechatronik — zwei Beispiele aus der Stahlindustrie *e&i* 120(5): 164-171

Geitner G H (2006) Power Flow Diagrams Using a Bond Graph Library under Simulink. *Proc. of 32nd Annual Conference on IEEE Industrial Electronics, IECON 2006-*: 5282-5288

Geitner G H (2008) Bondgraphen-Modelle für ausgewählte mechatronische Anschauungsbeispiele. *Persönliche Kommunikation*, Elektrotechnisches Institut, Technische Universität Dresden

Harel D (1987) Statecharts - A Visual Formalism for Complex Systems. *Science of Computer Programming* 8: 231-274

Hatley D J, Pirbhai I A (1987) *Strategies for Real-Time System Specification.* New York, NY., Dorset House

Hatley D J, Pirbhai I A (1993) *Strategien für die Echtzeitprogrammierung.* München, Wien, Hanser

IEEE (1997) IEEE Trial-Use Recommended Practice for Distributed Interactive Simulation -Verification, Validation, and Accreditation. *IEEE Std 1278.4-1997.* I. C. Society

Isidori A (2006) *Nonlinear Control Systems*, Springer

Karnopp D C, Margolis D L, Rosenberg R C (2006) *System dynamics: modeling and simulation of mechatronic systems*, John Wiley & Sons, Inc.

Koycheva E, Janschek K (2007) Performance analysis of system models with UML and Generalized Nets. *EUROSIM 2007, 6th EUROSIM Congress on Modelling and Simulation.* Ljubljana, Slovenia

Kugi A, Schlacher K (2001) Dissipativit&ts- und passivitätsbasierte Regelung nichtlinearer mechatronischer Systeme. *e&i* 120(1): 40-48

Kugi A, Schlacher K (2002) Analyse und Synthese nichtlinearer dissipativer Systeme: Ein Überblick (Teil 2). *at - Automatisierungstechnik* 50(3): 103-111

Kuypers F (1997) *Klassische Mechanik*, Wiley-VCH

Litz L (2005) *Grundlagen der Automatisierungstechnik*, Oldenbourg Verlag München Wien

Lunze J (2002) What Is a Hybrid System? In *Modelling, Analysis, and Design of Hybrid Systems.* S. Engell, G. Frehse E. Schnieder, Springer: 3-14

Lunze J (2009) *Regelungstechnik 1: Systemtheoretische Grundlagen, Analyse und Entwurf einschleifiger Regelungen*, Springer

Maschke B M, van der Schaft A J (1992) Port-controlled Hamiltonian systems: Modelling origins and system theoretic properties. *IFAC Symposium on Nonlinear Control Systems Design (NOLCOS) 1992.* Bordeaux, France: 359-365

Mattsson S E, Söderlind G (1993) Index Reduction in Differential-Algebraic Equations Using Dummy Derivatives. *SIAM Journal on Scientific Computing* 14(677-692)

Nenninger G, Schnabel M, Krebs V (1999) Modellierung, Simulation und Analyse hybrider dynamischer Systeme mit Netz-Zustands-Modellen. *at-
Automatisierungstechnik* 47(3): 118-126

Oestereich B (2006) *Analyse und Design mit der UML 2.1 - Objektorientierte
Softwareentwicklung*, Oldenbourg Wissenschaftsverlag

Ogata K (1992) *System Dynamics*, Prentice Hall

Ortega R, van der Schaft A J, Maschke B M, Escobar G (2002) Interconnection
and damping assignment passivity-based control of port-controlled Hamiltonian systems. *Automatica* 38: 585-596

Otter M (1999a) Obkjektorientierte Modellierung Physikalischer Systeme, Teil 2.
at-Automatisierungstechnik 47(2): A5-A8

Otter M (1999b) Obkjektorientierte Modellierung Physikalischer Systeme, Teil 4.
at-Automatisierungstechnik 47(4): A13-A16

Otter M, Bachmann B (1999a) Obkjektorientierte Modellierung Physikalischer
Systeme, Teil 5. *at-Automatisierungstechnik* 47(5): A17-A20

Otter M, Bachmann B (1999b) Obkjektorientierte Modellierung Physikalischer
Systeme, Teil 6. *at-Automatisierungstechnik* 47(6): A21-A24

Pantelides C C (1988) The consistent initialization of differential-algebraic systems. *SIAM Journal of Scientific and Statistical Computing* 9: 213-231

Paynter H M (1961) *Analysis and Design of Engineering Systems*, MIT Press,
Cambridge, Mass.

Rabiner L R, Gold B (1975) *Theory and Application of Digital Signal Processing.*
Englewood Cliffs, New Jersey, Prentice Hall

Rau A (2002) *Model-Based Development of Embedded Automotive Control Systems*, Universität Tübingen, Dissertation

Reinschke K (2006) *Lineare Regelungs- und Steuerungstheorie*, Springer

Reinschke K, Schwarz P (1976) *Verfahren zur rechnergestützten Analyse linearer
Netzwerke*, Akademie Verlag Berlin

Schnabel M, Nenninger G, Krebs V (1999) Konvertierung sicherer Petri-Netze in
Statecharts. *at - Automatisierungstechnik* 47(12): 571-580

Schnieder E (1999) *Methoden der Automatisierung. Beschreibungsmittel, Modellkonzepte und Werkzeuge für Automatisierungssysteme.* Braunschweig,
Wiesbaden, Vieweg

Schultz D G, Melsa J L (1967) *State functions and linear control systems*,
McGraw-Hill Book Company

Schwarz P, Clauß C, Haase J, Schneider A (2001) VHDL-AMS und Modelica -
ein Vergleich zweier Modellierungssprachen. *15. Symposium Simulationstechnik ASIM 2001.* Paderborn: 85-94

Schwarz P, Zaiczek T (2008) Torbasierte Rechnermodelle für ausgewählte mechatronische Anschauungsbeispiele. *Persönliche Kommunikation*, Fraunhofer
Institut Integrierte Schaltungen, Institutsteil Entwurfsautomatisierung, Dresden

Sciavicco L, Siciliano B (2000) *Modelling and Control of Robot Manipulators*,
Springer

Short M, Pont M J (2008)   Assessment of high-integrity embedded automotive control systems using hardware in the loop simulation. *Journal of Systems and Software* 81(7): 1163-1183

Tiller M M (2001)   *Introduction to Physical Modeling with Modelica*, Kluwer Academic Publishers

van der Schaft A J, Maschke B M (1995) The Hamiltonian formulation of energy conserving physical systems with external ports. *Archiv für Elektronik und Übertragungstechnik* 49: 362-371

van der Schaft A J, Maschke B M (2002) Hamiltonian representation of distributed parameter systems with boundary energy flow. *Journal of Geometry and Physics* 42: 166-194

Vogel-Heuser B (2003) *Systems Software Engineering*. München, Oldenbourg

Wellstead P E (1979) *Introduction to Physical System Modelling*. London, Academic Press Ltd.

Yourdon E (1989) *Modern Structured Analysis*, Yourdon Press

3 Simulationstechnische Aspekte

Hintergrund Das Experimentieren mit verhaltensbasierten Systemmodellen gehört zu den Standardaufgaben im Rahmen des Systementwurfes und die resultierenden Simulationsergebnisse sind die Grundlage für weit reichende Entwurfsentscheidungen. Oftmals arbeitet man mit bereits vorhandenen Modellbibliotheken, in der Regel nutzt man heute (kommerzielle) rechnergestützte Simulationswerkzeuge. Damit ist für diese extrem wichtige Entwurfsaufgabe eine oftmals gefährliche Distanz zwischen „computerisiertem" Simulationsmodell und (im Extremfall naiven) Benutzer gegeben, bei ungünstigen Konstellationen kann dies leicht zu fehlerhaften Simulationsergebnissen führen. Deshalb ist die Kenntnis von *simulationstechnischen* Besonderheiten und Lösungsansätzen auch und gerade bei Verwendung von modernen Simulationswerkzeugen eine essenzielle Fähigkeit von Systemingenieuren. Erst dadurch wird es möglich, potenzielle Probleme überhaupt zu erkennen und durch geeignete Maßnahmen zu beheben, sei es auf Modellebene oder durch gezielte Auswahl und Parametrierung von vorhandenen Simulatorfunktionen – *„Werkzeugnutzung mit Verständnis und Verstand"*.

Inhalt Kapitel 3 In diesem Kapitel werden ausgewählte *simulationstechnische* Aspekte diskutiert, die spezielle Probleme und Lösungsansätze im Zusammenhang mit Modellen *mechatronischer Systeme* beschreiben. Insofern werden grundlegende Kenntnisse der numerischen Integration und der allgemeinen Simulationstechnik vorausgesetzt. Nach einer kurzen Diskussion der *numerischen Stabilität*, des fundamentalen Einflusses der Integrationsschrittweite und Eigenschaften verschiedener Integrationsverfahren werden diesbezüglich typische simulationstechnische Probleme und Lösungsansätze im Zusammenhang mit Mehrkörpersystemen vorgestellt: *steife* Systemkonfigurationen mit betragsmäßig stark unterschiedlichen Eigenmoden sowie schwach bis *ungedämpfte Eigenmoden*. Für *lineare* Mehrkörpermodelle *hoher Ordnung* (FEM – Finite Element Methode) wird ein sehr effizientes und hochgenaues Integrationsverfahren mittels *Transitionsmatrix* vorgestellt. Die nichttriviale numerische Integration von *Differenzial-algebraischen Gleichungssystemen (DAE-Systeme)* und die Handhabung von *hybriden Phänomenen* werden anhand grundlegender Konzepte erläutert. Ein abschließendes Beispiel demonstriert in geschlossener Form die simulationstechnische Modellaufbereitung eines DAE-Modells. ∎

3.1 Systemtechnische Einordnung

Modellbildung vs. Simulation   Systementwurf als „Arbeiten mit Modellen" beinhaltet zwei miteinander eng verwobene Aufgaben: das Erstellen von Modellen (Modellbildung) und das Experimentieren mit Modellen (Simulation). Aus der Abb. 2.3. sollte klar geworden sein, dass die Aussagefähigkeit eines Simulationsresultates, d.h. die Repräsentativität gegenüber dem realen System bzw. die Verhaltensabweichungen, von der Summe der Modellfehler und Simulationsfehler abhängt. Durch die gewählte Modellklasse wird der Schwierigkeitsgrad der Simulationsaufgabe bestimmt und in weiterer Folge auch die möglichen Simulationsfehler. Ein kompaktes Modell in Form eines Systems gewöhnlicher Differenzialgleichungen in Minimalkoordinaten lässt sich simulationstechnisch mit weniger Aufwand berechnen als ein hochredundantes DAE-System einer objektorientierten Modellierung. Insofern ist also immer zwischen dem Aufwand für das Erstellen der Modelle bzw. zwischen der erforderlichen Modellgüte und dem Aufwand zur Durchführung der Simulationen zu abzuwägen.

Rechnergestützte Simulation   Moderne Entwurfswerkzeuge unterstützen neben der rechnergestützten Modellerstellung auch in komfortabler Weise das Durchführen von Simulationsexperimenten. Dieser Komfort ist aus Nutzersicht gesehen durchaus gewünscht, birgt jedoch große Gefahren, wenn die betrachteten Modelle ungünstige Eigenschaften besitzen. Wenngleich bei guten Rechnerwerkzeugen gewisse Kontrollfunktionen eingebaut sind, so kann eine falsche Parametrierung der Lösungsalgorithmen zu völlig falschen Simulationsergebnissen führen. In besonders bösen Fällen, z.B. bei komplexen Modellen, sind diese Fehler nur schwer zu bemerken. In den Rechnerwerkzeugen werden meist nur die Syntax der Modelle, deren Parameter und deren Experimentparameter geprüft. Die dahinter stehende Semantik bleibt in der Regel aus prinzipiellen Gründen unkontrolliert und damit eine latente Fehlerquelle.

Verständiges Nutzung von Simulationswerkzeugen   Im Folgenden interessiert speziell die Semantik der *numerischen* Lösungsverfahren für *Differenzialgleichungssysteme* und *DAE-Systeme*, d.h. die Lösungsalgorithmen (numerische Integrationsverfahren) und die Bedeutung deren wichtiger Parameter (Schrittweite, Fehlerordnung, …). Dieses Wissen soll die verständige Auswahl und Handhabung gängiger Verfahren, wie sie in kommerziellen Rechnerwerkzeugen eingesetzt sind erleichtern.

Voraussetzungen Es wird davon ausgegangen, dass der Leser mit den grundlegenden Konzepten der *numerischen Integration* vertraut ist (explizite vs. implizite Verfahren, Einschritt- vs. Mehrschrittverfahren, RUNGE-KUTTA-Verfahren, Schrittweitensteuerung zur Fehlerkontrolle). Falls nötig, wird zum Einlesen oder zur Auffrischung relevante Literatur aus dem Gebiet der *numerischen Mathematik* empfohlen, z.B. (Schwarz u. Köckler 2009). Etwas stärker auf Simulationsprobleme dynamischer Systeme zugeschnittene Verfahren finden sich in der Monografie (Cellier u. Kofman 2006).

3.2 Elemente numerischer Integrationsverfahren

3.2.1 Numerische Integration von Differenzialgleichungen

Simulationsexperiment Für ein rechnergestütztes Simulationsexperiment muss eine Näherungslösung der interessierenden Systemantwort als Lösung des zugrunde liegenden mathematischen Modells berechnet werden. Man sagt dann häufig: „Das mathematische Modell wird simuliert."

Hierzu sei vorerst das folgende gewöhnliche nichtlineare *Zustandsmodell* mit einer Eingangsgröße $u(t)$ und einer Ausgangsgröße $y(t)$ (Abb. 3.1) betrachtet[1]

$$\dot{\mathbf{x}} = \tilde{\mathbf{f}}\left(\mathbf{x}, u, t\right) \tag{3.1}$$

$$y = \mathbf{g}\left(\mathbf{x}, u, t\right). \tag{3.2}$$

Zur *Simulation* dieses Systems interessiert im Allgemeinen der Zeitverlauf der Lösung $\mathbf{x}(t)$ bzw. $y(t)$ für ein abgeschlossenes Zeitintervall $\left[t_0, t_f\right]$. In diesem Fall kann man davon ausgehen, dass der Verlauf der Eingangsgröße $u(t)$ im Zeitintervall $\left[t_0, t_f\right]$ bekannt ist.

---

[1] Dieses Modell stellt ein DAE-System mit dem Index 0 dar (vgl. Abschn. 2.4). Die Lösung eines DAE-Systems mit höherem Index wird in Abschn. 3.6 diskutiert.

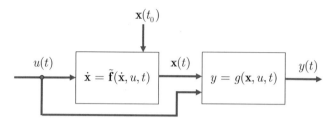

Abb. 3.1. Zustandsmodell eines dynamischen Systems mit einer Eingangsgröße und einer Ausgangsgröße (SISO, single input – single output)

Damit ist zur Berechnung der Ausgangsgröße $y(t)$ über Gl. (3.2) im betrachteten Zeitintervall $\left[t_0, t_f\right]$ nur noch die Ermittlung von $\mathbf{x}(t)$ als Lösung des Systems von n-Differenzialgleichungen 1. Ordnung (3.1) von Bedeutung.

Unter den oben gemachten Annahmen kann man folgendes grundlegende Problem formulieren – *numerische Integration von Differenzialgleichungen*: Gesucht ist eine Approximation $\hat{\mathbf{x}}(t)$ des zeitlichen Verlaufes der Lösung $\mathbf{x}(t)$ des Differenzialgleichungssystems[2]

$$\dot{\mathbf{x}} = \mathbf{f}\left(\mathbf{x}, t\right), \quad \mathbf{x}(t_0) = \mathbf{x}_0 \in \mathbb{R}^n. \tag{3.3}$$

Einschrittverfahren – explizit vs. implizit   Eine Approximationslösung für Gl. (3.3) erhält man für eine endliche Anzahl von Stützpunkten $\hat{\mathbf{x}}(t_k)$ mittels einer Differenzenapproximation der Differenzialgleichung (3.3) bzw. der ihr zugeordneten Integralgleichung. Betrachtet man zur Berechnung eines neuen Approximationswertes $\hat{\mathbf{x}}(t_{k+1})$ lediglich den zuletzt berechneten Wert $\hat{\mathbf{x}}(t_k)$, so erhält man folgende allgemeine Rekursionsformel für ein so genanntes *Einschrittverfahren*

$$\hat{\mathbf{x}}(t_{k+1}) = \hat{\mathbf{x}}(t_k) + h\varphi\left(\hat{\mathbf{x}}(t_k), \hat{\mathbf{x}}(t_{k+1}), t_k, h\right) \tag{3.4}$$

mit der *Fortschrittsfunktion* $\varphi(\cdot)$ und der *Schrittweite h*. Falls die Fortschrittsfunktion unabhängig von $\hat{\mathbf{x}}(t_{k+1})$ ist, spricht man von einem *expliziten* Verfahren (z.B. EULER, RUNGE-KUTTA) , andernfalls von einem *impliziten* Verfahren (z.B. Trapezverfahren), (Schwarz u. Köckler 2009).

Die spezielle Wahl der Fortschrittsfunktion $\varphi(\cdot)$ sowie der Schrittweite h bestimmt die Güte der Approximationslösung (Abb. 3.2).

---

[2] Es wird ein glattes Vektorfeld $\mathbf{f}(\cdot)$ vorausgesetzt. Bei Unstetigkeiten in $\mathbf{f}(\cdot)$, z.B. bei Sprüngen in den eingeprägten Anregungsfunktionen oder den Zustandsvariablen $\mathbf{x}(t)$, sind besondere Vorkehrungen zu treffen, s. Abschn. 3.7.

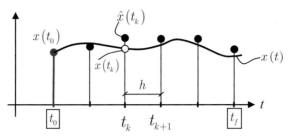

Abb. 3.2. Numerische Integration – Approximationslösung $\hat{x}$ einer Differenzial-gleichung

3.2.2 Begriffe zur Stabilität

Definition 3.1. *Lokaler Diskretisierungsfehler* – Unter dem *lokalen Diskretisierungsfehler* (LDF) für ein explizites Einschrittverfahren[3] an der Stelle t_{k+1} versteht man den Wert

$$\mathbf{d}_{k+1} := \underbrace{\left\{\mathbf{x}(t_{k+1}) - \mathbf{x}(t_k)\right\}}_{\substack{\text{Einschritt-Änderung} \\ \text{der \underline{exakten} Lösung}}} - \underbrace{h \cdot \varphi\left(\mathbf{x}(t_k), t_k, h\right)}_{\substack{\text{Einschritt-Änderung} \\ \text{durch Anwendung des} \\ \text{Integrationsalgorithmus} \\ \left(\text{auf \underline{exaktes} } \mathbf{x}(t_k)\right)}} \, .$$

Der LDF $\mathbf{d}_{k+1}$ stellt die Abweichung dar, um den die *exakte* Lösungsfunktion $\mathbf{x}(t_k)$ die Integrationsvorschrift in *einem einzelnen Schritt* nicht erfüllt. Der LDF ist damit ein Maß, wie gut die Näherungslösung Gl. (3.4) die exakte Lösung $\mathbf{x}(t_k)$ approximiert.

Definition 3.2. *Globaler Diskretisierungsfehler* – Unter dem *globalen Diskretisierungsfehler* (GDF) an der festen Stelle t_k versteht man den Wert

$$\mathbf{g}_k := \mathbf{x}(t_k) - \hat{\mathbf{x}}(t_k) \, .$$

Der GDF $\underline{g}_i$ stellt damit die Abweichung der approximierten Lösung $\hat{\mathbf{x}}(t_k)$ gegenüber der exakten Lösung $\mathbf{x}(t_k)$ dar und beinhaltet insbesondere die akkumulierten Fehler (LDF, GDF) aller vorangegangenen Schritte $j = 0, 1, ..., (k-1)$.

---

[3] Für andere Verfahren (z.B. implizite Verfahren, Mehrschrittverfahren) ist der LDF sinngemäß definiert.

Definition 3.3. *Konsistenz* – Ein numerisches Integrationsverfahren zur Lösung einer Anfangswertaufgabe heißt *konsistent*, wenn die Summe der Lokalen Diskretisierungsfehler R_{LDF} bei gegen Null gehender Schrittweite ebenfalls gegen Null geht:

$$\lim_{h \to 0} \left(\frac{1}{h} R_{LDF} \right) = 0 \, .$$

Definition 3.4. *Konvergenz* – Ein numerisches Integrationsverfahren zur Lösung einer Anfangswertaufgabe heißt *konvergent*, wenn der Globale Diskretisierungsfehler bei gegen Null gehender Schrittweite für das gesamte Integrationsintervall ebenfalls gegen Null geht:

$$\lim_{h \to 0} \left(\hat{x}_k - x_k \right) = \lim_{h \to 0} g_k = 0 \quad \forall k, \quad \text{d.h.} \quad t \in [t_0, t_f] \, .$$

Stabilität

Es ist zu unterscheiden:

- *Stabilität des Systemmodells*
  Eingeführte Stabilitätskonzepte sind z.B. Eingangs-/Ausgangsstabilität (BIBO), (asymptotische) Zustandsstabilität (Lunze 2009). Man spricht von einem *eigenstabilen* System, wenn das Systemmodell stabil im obigen Sinne ist.
- *Numerische Stabilität des Integrationsalgorithmus*
  Ein numerisches Integrationsverfahren zur Lösung einer Anfangswertaufgabe heißt *numerisch stabil*, wenn „kleine Fehler" der Integrationsgrößen $\hat{x}_k$ auch nur „kleine Fehler" der zu berechnenden Folgeschritte $\hat{x}_{k+1}$ bewirken (hinreichende Fehlerdämpfung), (Schwarz u. Köckler 2009).

Mit den oben gegebenen Definitionen folgt der folgende elementare

---

Satz 3.1. Ein numerisches Integrationsverfahren ist genau dann *konvergent*, wenn es *konsistent* und numerisch *stabil* ist.

Die Eigenschaften Konvergenz, Konsistenz und numerische Stabilität sind somit auf enge Weise verknüpft und stellen grundlegende Eigenschaften für Simulationsexperimente dar. In kommerziellen Simulationswerkzeugen sind in der Regel zwar eine reichliche Anzahl von konsistenten Integrationsverfahren als Bibliotheksfunktionen integriert (nur solche machen überhaupt Sinn!), es ist damit jedoch *nicht* automatisch gesichert, auch eine konvergente Approximationslösung zu erhalten (nichts anderes erwartet man aber von einem sinnvollen Simulationsexperiment!). Gemäß obigem Satz ist zusätzlich auch numerische Stabilität gefordert und diese ist in fundamentaler Weise von der Schrittweite h abhängig, die wiederum als frei wählbarer Simulationsparameter bei entsprechendem Unverständnis auch beliebig falsch eingestellt werden kann (s. Abschn. 3.2.3).

Es ist anschaulich klar, dass für eine höhere Genauigkeit der Approximationslösung eine möglichst *kleine* Schrittweite h gewählt werden sollte. Andererseits erhöht sich dadurch für ein festes Simulationsintervall der Rechenaufwand (größere Zahl von Rekursionsschritten), sodass für kürzere Rechenzeiten eher eine möglichst große Schrittweite wünschenswert ist. Im konkreten Fall wird man also immer eine Abwägung zwischen Rechengenauigkeit und Rechenaufwand über eine geeignete Wahl der Schrittweite h zu treffen haben.

3.2.3 Numerische Stabilität

Lineare Testanfangswertaufgabe   Alle numerischen Integrationsverfahren können als zeitdiskrete dynamische Systeme in Form von Systemen von nichtlinearen Differenzengleichungen aufgefasst werden. Damit können bekannte Stabilitätskonzepte und -kriterien auch zur Analyse von numerischen Stabilitätseigenschaften herangezogen werden.

Man betrachtet dazu folgende *lineare* (eigenstabile) *Testanfangswertaufgabe*:

$$\dot{x} = \lambda x, \quad \text{mit:} \ x(0) = x_0, \ \lambda < 0. \tag{3.5}$$

Für das *EULER-Verfahren*

$$\hat{x}_{k+1} = \hat{x}_k + h \cdot f\left(\hat{x}_k\right)$$

folgt mit Gl. (3.5) beispielsweise die lineare Differenzengleichung

$$\hat{x}_{k+1} = (1 + h \cdot \lambda)\,\hat{x}_k. \tag{3.6}$$

Die allgemeine Lösung von Gl. (3.6) lautet:

$$\hat{x}_{k+1} = (1 + h \cdot \lambda)^{k+1} \cdot x_0. \tag{3.7}$$

Numerische Stabilität ist dann gegeben, wenn die Folge der Approximationswerte aus Gl. (3.7) $\left(\hat{x}_k\right) = \left(x_0, \hat{x}_1, \hat{x}_2, \ldots\right)$ für $k \to \infty$ gegen den stationären Endwert der exakten Lösung $x_\infty = 0$ konvergiert, d.h. wenn gilt (*numerische Stabilitätsbedingung*):

$$|1 + h \cdot \lambda| < 1. \tag{3.8}$$

Die Bedingung (3.8) deckt sich mit der bekannten Stabilitätsbedingung „Betrag des Eigenwertes kleiner 1" für die lineare Differenzengleichung (3.6), s. (Lunze 2008).

Eigenstabiles System Bei einem *eigenstabilen* System ($\lambda < 0$) ist die numerische Stabilitätsbedingung (3.8) genau dann erfüllt, wenn gilt:

$$h\lambda < 0 \quad \text{bzw.} \quad h < \frac{2}{-\lambda} = h_{krit}, \tag{3.9}$$

die zulässige Schrittweite ist also nach *oben* hin durch h_{krit} begrenzt.

Beispiel 3.1   *Explizites EULER-Verfahren.*

Die Abb. 3.3 zeigt den Einfluss der Integrationsschrittweite h auf die Simulationslösung, für $h \geq 2$ (bei $\lambda = -1$) ist die numerische Integration instabil, s. Gl. (3.9).

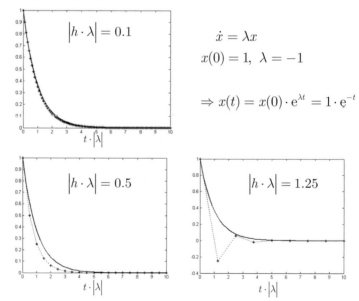

$$\dot{x} = \lambda x$$
$$x(0) = 1, \ \lambda = -1$$

$$\Rightarrow x(t) = x(0) \cdot e^{\lambda t} = 1 \cdot e^{-t}$$

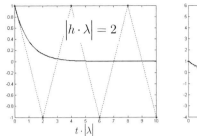 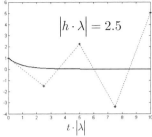

Abb. 3.3. Numerische Stabilität in Abhängigkeit von der Schrittweite

■

Absolute numerische Stabilität

Definition 3.5. *Absolute Stabilität* – Für ein Einschrittverfahren, welches für die *Testanfangswertaufgabe*

$$\dot{x} = \lambda x, \ x(t_0) = x_0 \tag{3.10}$$

auf die Rekursionsvorschrift

$$\hat{x}_{k+1} = \varphi_R(h\lambda)\hat{x}_k \tag{3.11}$$

führt, heißt die Menge $B := \left\{\mu \in \mathbb{C}, \ \left|\varphi_R(\mu)\right| < 1\right\}$ das *Gebiet der absoluten Stabilität*, wobei gilt $\mu = h\lambda$.

Die Integrationsschrittweite h ist also stets so zu wählen, dass für $\mathrm{Re}(\lambda) < 0$ stets $(h \cdot \lambda) \in B$ bleibt.

Für verschiedene explizite und implizite Einschrittverfahren ergeben sich für die lineare Testanfangswertaufgabe (3.5) die in Tabelle 3.1 dargestellten charakteristischen Polynome in $\mu = h\lambda$.

Für RUNGE-KUTTA-Verfahren sind die zugehörigen Stabilitätsgebiete in der komplexen Ebene (entsprechend komplexer Eigenwerte) in Abb. 3.4 dargestellt, die Stabilitätsintervalle für reelle Eigenwerte sind in Tabelle 3.2 gegeben. Die Rekursionskoeffizienten von $\varphi_R(\mu)$ ergeben sich als nach dem p-ten Glied abgebrochene Taylorreihenentwicklung der Exponentialfunktion, für den Grenzübergang $p \to \infty$ ergibt sich die Exponentialfunktion selbst.

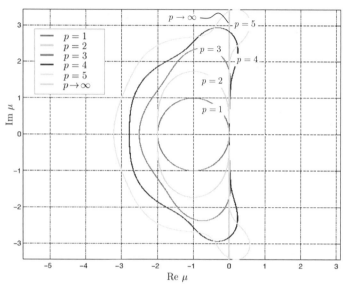

Abb. 3.4. Stabilitätsgebiete für RUNGE-KUTTA-Verfahren, aus (Potthoff 2003)

Tabelle 3.1. Gebiete der absoluten Stabilität für Einschrittverfahren

Explizite Einschrittverfahren Fehlerordnung p	$\varphi_R(\mu)$, $\mu = h\lambda$
$p = 1$: EULER vorwärts (EUL)	$1 + \mu$
$p = 2$: Verbesserte Polygonzugm. (VPG)	$1 + \mu + \dfrac{1}{2}\mu^2$
$p = 3$: RUNGE-KUTTA 3. Ordnung (RK3)	$1 + \mu + \dfrac{1}{2}\mu^2 + \dfrac{1}{3!}\mu^3$
$p = 4$: RUNGE-KUTTA 4. Ordnung (RK4)	$1 + \mu + \dfrac{1}{2}\mu^2 + \dfrac{1}{3!}\mu^3 + \dfrac{1}{4!}\mu^4$
$p = 5$: RUNGE-KUTTA 5. Ordnung (RK5)	$1 + \mu + \dfrac{1}{2}\mu^2 + \dfrac{1}{3!}\mu^3 + \dfrac{1}{4!}\mu^4 + \dfrac{1}{5!}\mu^5$
$p \to \infty$: Transitionsmatrix (LIN)	e^μ
Implizite Einschrittverfahren Fehlerordnung p	$\varphi_R(\mu)$, $\mu = h\lambda$
$p = 2$: Trapezmethode (TRA)	$\dfrac{1 + \dfrac{1}{2}\mu}{1 - \dfrac{1}{2}\mu}$

Tabelle 3.2. Reelle Stabilitätsintervalle für RUNGE-KUTTA-Verfahren (vgl. Abb. 3.4)

Fehlerordnung p	1	2	3	4	5
Intervall für reelle $h\lambda$	[-2.0, 0]	[-2.0, 0]	[-2.51, 0]	[-2.78, 0]	[-3.21, 0]

Besonders beachtenswert ist das numerische Stabilitätsgebiet *für explizite* Integrationsverfahren mit $p \to \infty$ (Transitionsmatrix – LIN) sowie für *implizite* Integrationsverfahren (Beispiel Trapezmethode – TRA, Tabelle 3.1 unten). In beiden Fällen ist das Gebiet der absoluten Stabilität die gesamte offene linke μ-Halbebene. Für eigenstabile Systeme ($\lambda < 0$) liefert also jedes beliebige $h > 0$ einen *stabilen* Integrationsalgorithmus (entscheidender Vorteil bei *steifen* Differenzialgleichungssystemen).

3.3 Steife Systeme

Technischer Hintergrund Komplexe Systemmodelle von realen technischen Systemen sind in der Regel durch stark unterschiedliche Zeitkonstanten der Teilsysteme charakterisiert, man spricht in solchen Fällen von *steifen Systemen.*

Dieser Begriff lässt sich anschaulich an Mehrkörpersystemen deuten. In Abb. 3.5 ist ein Zwei-Massensystem mit unterschiedlichen Federsteifigkeiten dargestellt. Die *steifere* der beiden Federn (k_2) resultiert in der betragsmäßig größeren Eigenfrequenz ω_2 entsprechend imaginären Eigenwerten $\lambda_2 = \pm j\omega_2$. In äquivalenter Weise deutet man auch betragsmäßig große reelle Eigenwerte (bzw. kleine Zeitkonstanten) als „steif".

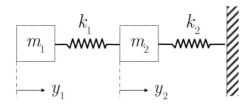

Abb. 3.5. Steifes Mehrkörpersystem für $k_2 \gg k_1$

Lokale Linearisierung – JACOBI-Matrix   Im Falle von nichtlinearen Systembeschreibungen der Form:

$$\dot{\mathbf{x}}(t) = \mathbf{f}(\mathbf{x}, t)$$

lassen sich quantitative Aussagen über die Dynamik des Systems für einen *festen Zeitpunkt* t_k (und genähert im Intervall $[t_k, t_k + h]$) über lokale Linearisierung der Trajektorie an der Stelle $\mathbf{x}(t_k)$ herleiten. Man betrachte dazu die *JACOBI-Matrix* $\mathbf{J}$:

$$\mathbf{J}(t_k) = \begin{bmatrix} \dfrac{\partial f_1}{\partial x_1} & \dfrac{\partial f_1}{\partial x_2} & \cdots & \dfrac{\partial f_1}{\partial x_n} \\[2mm] \dfrac{\partial f_2}{\partial x_1} & \dfrac{\partial f_2}{\partial x_2} & \cdots & \dfrac{\partial f_2}{\partial x_n} \\[2mm] \vdots & \vdots & & \vdots \\[2mm] \dfrac{\partial f_n}{\partial x_1} & \dfrac{\partial f_n}{\partial x_2} & \cdots & \dfrac{\partial f_n}{\partial x_n} \end{bmatrix}_{t=t_k,\, \mathbf{x}=\mathbf{x}(t_k)} .$$

Steifheit   Die Eigenwerte λ_j $(j = 1, \ldots, n)$ von $\mathbf{J}(t_k)$ beschreiben die Dynamik des Systems zum betrachteten Zeitpunkt t_k. Die *Steifheit S* des Systems wird durch folgenden Quotient charakterisiert:

$$S = \frac{\max(|\lambda_j|)}{\min(|\lambda_j|)} \qquad j = 1, \ldots, n$$

mit $S \gg 1$ bei steifen Systemen.

Lineares Testsystem – Verfahrensvergleich   Die Problematik sei an folgendem linearen System erläutert:

$$\dot{\mathbf{x}} = \mathbf{\Lambda}\mathbf{x} , \quad \mathbf{x}(0) = \mathbf{x}_0 .$$

- *Verbesserte Polygonzugmethode – VPG (Fehlerordnung $p = 2$)*

$$\mathbf{k}_1 = \mathbf{A}\hat{\mathbf{x}}_i$$

$$\mathbf{k}_2 = \mathbf{A}\left(\hat{\mathbf{x}}_k + \frac{h}{2}\mathbf{A}\,\hat{\mathbf{x}}_k\right)$$

$$\hat{\mathbf{x}}_{k+1} = \hat{\mathbf{x}}_k + h\left(\mathbf{A}\,\hat{\mathbf{x}}_k + \frac{h}{2}\mathbf{A}^2\,\hat{\mathbf{x}}_k\right) = \left(\mathbf{I} + h\,\mathbf{A} + \frac{h^2}{2}\mathbf{A}^2\right)\hat{\mathbf{x}}_k = \mathbf{\Phi}_{VPG}\,\hat{\mathbf{x}}_k .$$

- *Trapezmethode* – TRA (Fehlerordnung $p = 2$)

$$\hat{\mathbf{x}}_{k+1} = \hat{\mathbf{x}}_k + \frac{h}{2}\left(\mathbf{A}\hat{\mathbf{x}}_k + \mathbf{A}\hat{\mathbf{x}}_{k+1}\right)$$

$$\hat{\mathbf{x}}_{k+1} = \left(\mathbf{I} - \frac{h}{2}\mathbf{A}\right)^{-1} \cdot \left(\mathbf{I} + \frac{h}{2}\mathbf{A}\right)\hat{\mathbf{x}}_k = \mathbf{\Phi}_{TRA} \cdot \hat{\mathbf{x}}_k .$$

Für den speziellen Fall, dass $\mathbf{A}$ als Diagonalmatrix gegeben ist (durch Modaltransformation möglich) ergibt sich für ein *System 2. Ordnung*:

$$\mathbf{A} = \begin{bmatrix} \lambda_1 & 0 \\ 0 & \lambda_2 \end{bmatrix} , \quad \lambda_1 \ll \lambda_2 \ \dots \text{Eigenwerte des Systems}$$

$$\mathbf{\Phi}_{VPG} = \begin{bmatrix} 1 + h\lambda_1 + \dfrac{h}{2}\lambda_1^2 & 0 \\ 0 & 1 + h\lambda_2 + \dfrac{h}{2}\lambda_2^2 \end{bmatrix}$$

$$\mathbf{\Phi}_{TRA} = \begin{bmatrix} \dfrac{1 + \dfrac{h}{2}\lambda_1}{1 - \dfrac{h}{2}\lambda_1} & 0 \\ 0 & \dfrac{1 + \dfrac{h}{2}\lambda_2}{1 - \dfrac{h}{2}\lambda_2} \end{bmatrix}$$

Um numerische Stabilität sicherzustellen ist die Schrittweite h so zu wählen, dass alle Diagonalelemente der Matrizen $\mathbf{\Phi}_{VPG}$, $\mathbf{\Phi}_{TRA}$ jeweils dem Betrage nach kleiner als 1 sind (vgl. *absolute Stabilität*).

Bei der *expliziten VPG-Methode* bestimmt damit der betragsgrößte Eigenwert λ_2 („schnellste" Lösungskomponente) die Schrittweite. Bei steifen Systemen müssen die restlichen „langsamen" Lösungskomponenten (λ_1) auch mit dieser „kleinen" Schrittweite integriert werden. Dies geht ganz klar auf Kosten der Rechenzeit.

Der Vorteil der *impliziten TRA-Methode* wird hier deutlich, da eine größer gewählte Schrittweite zwar die Verfahrensfehler für die schnelle Komponente λ_1 vergrößert, insgesamt jedoch auch bei beliebig großen Schrittweiten absolute Stabilität der Integration gewährleistet wird.

Beispiel 3.2   *Steifes System 2. Ordnung.*

$$G(s) = \frac{Y(s)}{U(s)} = \frac{1}{\left(1 + \dfrac{s}{a_1}\right)\left(1 + \dfrac{s}{a_2}\right)} = \frac{a_1 a_2}{s^2 + \left(a_1 + a_2\right)s + a_1 a_2}$$

Zustandsmodell
$$\dot{\mathbf{x}} = \begin{pmatrix} 0 & 1 \\ -a_1 a_2 & -\left(a_1 + a_2\right) \end{pmatrix}\mathbf{x} + \begin{pmatrix} 0 \\ 1 \end{pmatrix}u$$

$$y = \begin{pmatrix} a_1 a_2 & 0 \end{pmatrix}\mathbf{x} .$$

Eigenwerte $\lambda_1 = -a_1, \lambda_2 = -a_2 .$

Zulässige Schrittweite bei einem expliziten Einschrittverfahren mit Fehlerordnung $p = 1$ (z.B. EUL) bzw. $p = 2$ (z.B. VPG), d.h. $\mu = h\lambda \in [-2.0, 0]$.

Zahlenbeispiel
$$a_1 = 1 \quad \Rightarrow \quad h_{1,\text{max}} \leq 2$$
$$a_2 = 0.01 \quad \Rightarrow \quad h_{2,\text{max}} \leq 200$$

➔ maximal zulässige Schrittweite: $\underline{\underline{h_{\text{max}}}} = \min\left(h_{1,\text{max}}, h_{2,\text{max}}\right) = \underline{\underline{2}}$!   ∎

Vermeidung langer Rechenzeiten   Möchte man unverhältnismäßig große Rechenzeiten vermeiden, können folgende Vorgehensweisen genutzt werden:

- Verwendung eines absolut stabilen *impliziten* Integrationsverfahrens (z.B. TRA). Vorteil: beliebig große Schrittweiten möglich; Nachteil: schrittweitenabhängiger Verfahrensfehler.
- *Lineare* Simulation mit Hilfe der *Transitionsmatrix* (s. Abschn. 3.5). Vorteil: hohe Genauigkeit bei beliebig großen Schrittweiten; Nachteil: nur bei linearen System möglich, Einschränkungen bezüglich Zeitverhalten der Eingangsgrößen (stückweise konstant, Eingangsgrößenmodelle)
- *Modelländerung* indem „steife" Teilsysteme durch proportionale lineare bzw. nichtlineare Übertragungsglieder approximiert werden.

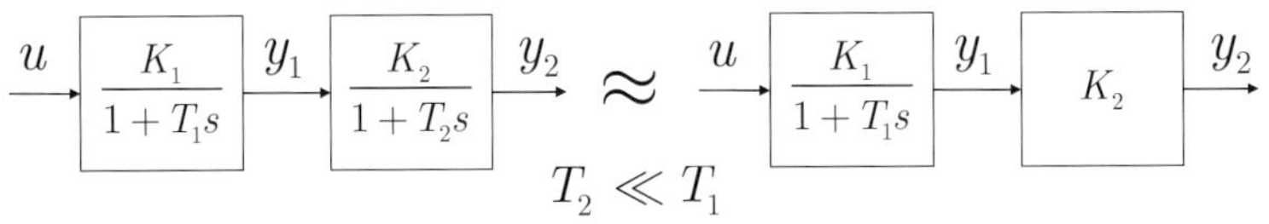

$$u \;\rightarrow\; \boxed{\dfrac{K_1}{1+T_1 s}} \;\xrightarrow{y_1}\; \boxed{\dfrac{K_2}{1+T_2 s}} \;\xrightarrow{y_2}\; \approx \; u \;\rightarrow\; \boxed{\dfrac{K_1}{1+T_1 s}} \;\xrightarrow{y_1}\; \boxed{K_2} \;\xrightarrow{y_2}$$

$$T_2 \ll T_1$$

Abb. 3.6. Modelländerung bei breitbandigen Tiefpassgliedern

Modelländerung – Modellreduktion Die letztangeführte Möglichkeit einer Modelländerung sollte in jedem Fall als ernsthafte Ausweichalternative herangezogen werden. Allerdings muss immer kritisch hinterfragt werden, ob diese Änderung auch wirklich zulässig ist, um das gesamte Systemverhalten in gewünschter Weise zu charakterisieren. In vielen Fällen können gut gedämpfte Tiefpassglieder in einem angepassten Frequenzbereich (innerhalb der Regelungsbandbreite) durch Proportionalglieder approximiert werden – *Modellreduktion* (Abb. 3.6, z.B. schnelle Stellglieder, breitbandige Messverstärker).

Hochfrequente Eigenmoden von Mehrkörpersystemen Mit wesentlich größerer Sorgfalt sind jedoch hochfrequente Eigenmoden von Mehrkörpersystemen (MKS) zu behandeln. In vielen Fällen werden diese Eigenfrequenzen beim Reglerentwurf vernachlässigt (*Spillover*-Effekt, s. Abschn. 10.3). Gerade in der Simulation soll aber dann gezeigt werden, dass derartige Modellunbestimmtheiten keine unerwünschten Auswirkungen auf den gesamten Regelkreis im Sinne einer robusten Stabilität haben. Demgemäß ist es also geradezu untersagt, diese Eigenfrequenzen in der Simulation zu unterdrücken. Für diese Fälle bietet die Simulation mittels der Transitionsmatrix wegen der im Allgemeinen linearen MKS-Beschreibung (z.B. Finite-Elemente-Methode, FEM) eine ideale Lösungsalternative (s. Abschn. 3.5).

3.4 Schwach gedämpfte Systeme

Eigenfrequenzen bei Mehrkörpersystemen Eine vielfach nicht beachtete Schwierigkeit tritt bei der Simulation von schwach gedämpften, im Extremfall ungedämpften, schwingungsfähigen Systemen zutage (harmonischer Oszillator). Speziell bei Mehrkörpersystemen werden zweckmäßigerweise hochfrequente Eigenmoden im Rahmen von Empfindlichkeits- und Robustheitsuntersuchungen mit *verschwindender Dämpfung* betrachtet, um robuste Stabilität nachzuweisen.

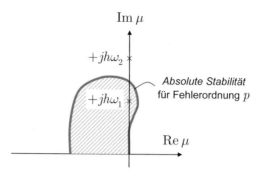

Abb. 3.7. Ungedämpfte Eigenmoden mit expliziten Einschrittverfahren (nur obere Halbebene dargestellt)

Harmonischer Oszillator In Abb. 3.7 sind zwei typische Fälle für einen harmonischen Oszillator (ungedämpfte Eigenschwingung) dargestellt. Für den konjugiert komplexen Eigenwert $\lambda_2 = \pm j\omega_2$ suggeriert das Konzept der absoluten Stabilität im konkreten Fall, dass die Schrittweite h soweit zu verkleinern ist, dass $\mu_2 = \pm jh\omega_2$ innerhalb der Grenzkurve des Gebietes der absoluten Stabilität zu liegen kommt. Dies ist für den konjugiert komplexen Eigenwert $\lambda_1 = \pm j\omega_1$ bereits der Fall. Liefert also eine Simulation für $\mu_1 = \pm jh\omega_1$ ein korrektes Ergebnis?

Die Antwort lautet: Nein! Die exakte Lösung für einen harmonischen Oszillator lautet in diesem Fall $y(t) = y(0) \cdot \sin(\omega_1 t + \varphi_0)$, d.h. eine *ungedämpfte* harmonische Schwingung. Das Gebiet der absoluten Stabilität garantiert jedoch für die approximative diskrete Lösung mittels Differenzengleichung (3.11) eine *abklingende* Folge gemäß der Eigenschaft „Eigenwerte der Differenzengleichung sind betragsmäßig kleiner Eins".

Problem expliziter Einschrittverfahren Das bedeutet, dass der grenzstabile Fall eines harmonischen Oszillators mit einem expliziten Einschrittverfahren prinzipiell *nicht* korrekt lösbar ist (so wie natürlich generell lineare Modelle mit instabilen Eigenwerten). Das eingeschwungene Verhalten kann nicht korrekt nachgebildet werden, es tritt eine verfahrensbedingte Dämpfung auf[4]. Lediglich für den Fall mit Fehlerordnung $p \to \infty$ (d.h. Transitionsmatrix – LIN) ergibt sich eine korrekte Dauerschwingung. Dies zeigt einmal mehr die Vorteile dieses Verfahrens bei Mehrkörpersystemen (s. Abschn. 3.5).

---

[4] Dies gilt allgemein für eigeninstabile Systeme, d.h. Re $\lambda_i > 0$.

Fehlergleichung Dieses unschöne Verhalten für endliche Fehlerordnung p lässt sich leicht anhand einer *Fehlergleichung* verifizieren (Potthoff 2003). Aus der exakten Lösung $x(t) = x(0) \cdot e^{\lambda t}$ der Testanfangswertaufgabe (3.10) und deren approximierter Lösung $\hat{x}_{k+1} = \varphi_R(h\lambda)\hat{x}_k$ (Gl.(3.11) erhält man die Fehlergleichung des *globalen Diskretisierungsfehlers GDF*

$$\triangle x_{k+1} = x\big((k+1)\cdot\mu\big) - \hat{x}_{k+1} = \Big(e^{(k+1)\cdot\mu} - \varphi_R^{\ k}(\mu)\Big)\cdot x(0).$$

Für $p = 1$ lautet beispielsweise die Fehlergleichung

$$\triangle x_{k+1} = \Big(e^{(k+1)\cdot\mu} - (1+\mu)^k\Big)\cdot x(0).$$

Bei *instabilem* Eigenverhalten, also $\mathrm{Re}\,\mu > 0$, ergibt sich die divergente Fehlergleichung des *globalen Diskretisierungsfehlers GDF*

$$\lim_{k\to\infty}\left[\left(1+\mu+\frac{1}{2!}\mu^2+...\right)^{k+1} - (1+\mu)^k\right] = \infty \text{ für } \mu > 0.$$

Für andere Verfahren und Fehlerordnungen kann das Verhalten äquivalent diskutiert werden.

Welche Möglichkeiten hat man nun zur Verfügung, trotzdem diesen in der Praxis äußerst wichtigen Fall simulationstechnisch korrekt zu lösen?

Lösungsmöglichkeiten Für *lineare* Modelle bietet sich das bereits mehrfach angeführte Verfahren mittels *Transitionsmatrix* an (s. Abschn. 3.5). Wenn eine *nichtlineare* Simulation und damit die Verwendung eines allgemeinen numerischen Integrationsverfahrens unbedingt erforderlich sind, lässt sich dieses Problem nur über eine Beschränkung des globalen Diskretisierungsfehlers $GDF = \mathcal{O}(h^p)$ beherrschen. Dazu muss eine hinreichend kleine Schrittweite gewählt werden. Hinreichend klein bedeutet dabei nicht nur, dass $\mu = h\lambda$ innerhalb des Gebietes der absoluten Stabilität liegen muss. Vielmehr muss $\mu = h\lambda$ in der Nähe des Nullpunktes platziert werden, was jedoch mit einer beträchtlichen Vergrößerung der Rechenzeit verbunden ist.

Beispiel 3.3 *Harmonischer Oszillator.*

Ein ungedämpftes Masse-Feder-System (m, k) stellt einen harmonischen Oszillator mit der Resonanzfrequenz $\omega_0 = \sqrt{k/m}$ dar. Bei verschwindender äußerer Anregung wird dieses System durch folgende autonome Differenzialgleichung beschrieben:

$$\dot{\mathbf{x}} = \begin{pmatrix} 0 & 1 \\ -\omega_0^{\,2} & 0 \end{pmatrix} \mathbf{x}, \quad \mathbf{x}(0) = \begin{pmatrix} x_{10} & x_{20} \end{pmatrix}^T$$

Mit den Zahlenwerten $\omega_0 = 1$ und $\mathbf{x}(0) = \begin{pmatrix} 1 & 0 \end{pmatrix}^T$ folgt die *exakte* Lösung $x(t) = \cos(t)$.

In Abb. 3.8 ist diese exakte Lösung im Vergleich mit *Approximations-lösungen* $\hat{x}_k$ mittels eines RUNGE-KUTTA-Verfahrens 4. Ordnung (RK4) und mittels Transitionsmatrix (LIN) für unterschiedliche (feste) Schrittweiten h dargestellt. Man erkennt, dass RK4 nur bei hinreichend kleinen Schrittweiten (und damit hinreichend kleinem GDF) die Dauerschwingung wiedergibt, wogegen LIN unabhängig von der Schrittweite sehr exakt das wahre Verhalten simuliert. Bei hochfrequenten Eigenmoden einer mechanischen Struktur müsste die Schrittweite also nicht nur innerhalb des absoluten Stabilitätsbereiches gewählt werden, sondern sogar noch hinreichend kleiner, um den unerwünschten Dämpfungsvorgang zu vermeiden (führt zu noch längeren Rechenzeiten!).

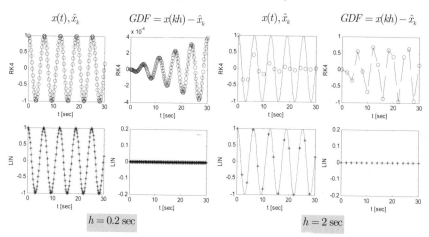

Abb. 3.8. Approximationslösungen für einen harmonischen Oszillator $\left(\omega_0 = 1\right)$ ∎

3.5 Lineare Systeme hoher Ordnung

Mehrkörpersysteme Die in diesem Buch vorgestellten Verhaltensmodelle relevanter physikalischer Phänomene für den Systementwurf mechatronischer Systeme sind weitestgehend linear. Speziell die Bewegungsgleichungen von Mehrkörpersystemen stehen in der Regel in linearer Form zur Verfügung (FEM), allerdings bei hinreichend genauer Modellierung mit einer hohen Systemordnung. Wie bereits mehrfach diskutiert, müssen in der Simulation alle Eigenmoden, d.h. auch die hochfrequenten, in der Regel schwach gedämpften, Eigenmoden mitgeführt werden. Damit hat man es häufig mit linearen, schwach gedämpften und steifen Systemen hoher Ordnung zu tun. Die Grenzen und Schwierigkeiten von allgemeinen numerischen Integrationsverfahren wurden bereits in den vorangegangenen Kapiteln eingehend diskutiert.

Lösungsansatz – Transitionsmatrix Im Folgenden wird ein alternativer Lösungsansatz zur numerischen Lösung der dynamischen Systemgleichungen vorgestellt, der sich der analytischen Lösung eines linearen Differenzialgleichungssystems mit Hilfe der *Transitionsmatrix* bedient. Dieses Verfahren zeichnet sich durch deutlich geringeren Rechenaufwand (Rechenzeit) bei beliebig hoher Rechengenauigkeit aus.

Für die folgenden Ausführungen betrachte man das *lineare, zeitinvariante System*

$$\dot{\mathbf{x}} = \mathbf{A}\mathbf{x} + \mathbf{B}\mathbf{u} \qquad \mathbf{x}(t_0) = \mathbf{x}_0 \in \mathbb{R}^n \tag{3.12}$$
$$\mathbf{y} = \mathbf{C}\mathbf{x} + \mathbf{D}\mathbf{u}$$

$$\text{mit} \quad \begin{aligned} &\mathbf{x} \in \mathbb{R}^n, \mathbf{u} \in \mathbb{R}^m, \mathbf{y} \in \mathbb{R}^p \\ &\mathbf{A} \in \mathbb{R}^{n\times n}, \mathbf{B} \in \mathbb{R}^{n\times m}, \mathbf{C} \in \mathbb{R}^{p\times n}, \mathbf{D} \in \mathbb{R}^{p\times m} . \end{aligned}$$

3.5.1 Allgemeine numerische Integrationsverfahren

Explizite Einschrittverfahren Würde man eines der üblichen *Einschrittverfahren* der numerischen Integration anwenden, dann würde sich der folgende effektive Rechenalgorithmus ergeben:

- EULER-Verfahren

$$\hat{\mathbf{x}}_{k+1} = \left\{\mathbf{I} + h \cdot \mathbf{A}\right\} \cdot \hat{\mathbf{x}}_k + h \cdot \mathbf{B} \cdot \mathbf{u}_k$$

$$\hat{\mathbf{x}}_{k+1} = \tilde{\boldsymbol{\Phi}}^{(1)} \cdot \hat{\mathbf{x}}_k + \tilde{\mathbf{H}}^{(1)} \cdot \mathbf{u}_k , \tag{3.13}$$

- RUNGE-KUTTA-Verfahren 4. Ordnung

$$\hat{\mathbf{x}}_{k+1} = \left\{ \mathbf{I} + h\mathbf{A} + \frac{h^2}{2}\mathbf{A}^2 + \frac{h^3}{6}\mathbf{A}^3 + \frac{h^4}{24}\mathbf{A}^4 \right\} \hat{\mathbf{x}}_k +$$

$$+ \left\{ h\mathbf{B} + \frac{h^2}{2}\mathbf{A}\,\mathbf{B} + \frac{h^3}{6}\mathbf{A}^2\,\mathbf{B} + \frac{h^4}{24}\mathbf{A}^3\,\mathbf{B} \right\} \mathbf{u}_k$$

$$\hat{\mathbf{x}}_{k+1} = \tilde{\boldsymbol{\Phi}}^{(4)} \cdot \hat{\mathbf{x}}_k + \tilde{\mathbf{H}}^{(4)} \cdot \mathbf{u}_k \,. \qquad (3.14)$$

Zeitinvariante Rekursionsformel Die Anwendung der bekannten numerischen Integrationsverfahren auf das lineare Differenzialgleichungssystem
(3.12) lässt sich also auf einfache Rekursionsformeln (3.13) bzw. (3.14)
zurückführen. Bemerkenswert dabei ist jedoch, dass die *Koeffizientenmat-
rizen* dieser Rekursionsformeln (wegen der Zeitinvarianz von Gl.(3.12))
für *alle Schritte konstant* sind, das heißt, dass sie nur *einmal vor* dem eigentlichen Simulationslauf berechnet werden müssen.

3.5.2 Lösung mit der Transitionsmatrix

Analytische Lösung Ein tiefer gehendes Verständnis gewinnt man durch
einen Vergleich mit der *exakten analytischen Lösung* des Differenzialgleichungssystems (3.12) unter Verwendung der *Transitionsmatrix* (auch *Fun-
damentalmatrix*) $\boldsymbol{\Phi}(t)$, s. (Lunze 2009)

$$\mathbf{x}(t) = \boldsymbol{\Phi}(t - t_0) \cdot \mathbf{x}(t_0) + \int_{t_0}^{t} \boldsymbol{\Phi}(t - \tau) \cdot \mathbf{B} \cdot \mathbf{u}(\tau)\, d\tau \,. \qquad (3.15)$$

Wendet man Gl. (3.15) auf ein Integrationsintervall $\left[t_k, t_k + h \right]$ an, so folgt

$$\mathbf{x}(t_k + h) = \boldsymbol{\Phi}(h) \cdot \mathbf{x}(t_k) + \int_{t_k}^{t_k+h} \boldsymbol{\Phi}\left(t_k + h - \tau \right) \cdot \mathbf{B} \cdot \mathbf{u}(\tau)\, d\tau \,. \qquad (3.16)$$

Unter der Annahme

$$\mathbf{u}(t) = \mathbf{u}(t_k) = const. \ \text{ für } \ t \in \left[t_k, t_k + h \right) \qquad (3.17)$$

folgt aus Gl. (3.16) die folgende *Rekursionsformel* für die *exakte Lösung*
bei *beliebiger Schrittweite h*

$$\mathbf{x}(t_k + h) = \boldsymbol{\Phi}(h) \cdot \mathbf{x}(t_k) + \left[\int_0^h \boldsymbol{\Phi}(\tau) \cdot \mathbf{B} \cdot d\tau \right] \cdot \mathbf{u}(t_k),$$

$$\mathbf{x}(t_k + h) = \boldsymbol{\Phi}(h) \cdot \mathbf{x}(t_k) + \mathbf{H}(h) \cdot \mathbf{u}(t_k), \tag{3.18}$$

$$\text{mit} \quad \mathbf{H}(h) := \int_0^h \boldsymbol{\Phi}(\tau) \cdot \mathbf{B} \cdot d\tau. \tag{3.19}$$

Für die *Transitionsmatrix* $\boldsymbol{\Phi}(h)$ und die *diskrete Eingangsmatrix* $\mathbf{H}(h)$ gelten die bekannten Beziehungen

$$\boldsymbol{\Phi}(h) := e^{\mathbf{A} \cdot h} = \mathbf{I} + h \cdot \mathbf{A} + \frac{h^2}{2!} \cdot \mathbf{A}^2 + \frac{h^3}{3!} \cdot \mathbf{A}^3 + \cdots, \tag{3.20}$$

$$\mathbf{H}(h) = \left\{ h \cdot \mathbf{I} + \frac{h^2}{2!} \mathbf{A} + \frac{h^3}{3!} \mathbf{A}^2 + \frac{h^4}{4!} \mathbf{A}^3 + \cdots \right\} \cdot \mathbf{B}. \tag{3.21}$$

Folgerungen für allgemeine numerische Integrationsverfahren

Approximation der Transitionsmatrix Ein Vergleich der Gln. (3.20), (3.21) mit Gln. (3.13), (3.14) zeigt, dass die dargestellten numerischen Integrationsverfahren mit *Approximationen* der exakten Lösung arbeiten. Das heißt, die *Transitionsmatrix* $\boldsymbol{\Phi}(h)$ bzw. die *diskrete Eingangsmatrix* $\mathbf{H}(h)$ wird durch eine entsprechende (geringe) Anzahl von Reihengliedern approximiert.

Dabei ist der Zusammenhang mit der Fehlerordnung p unmittelbar ersichtlich, z.B. RK4 besitzt $p = 4$ mit dem lokalen Diskretisierungsfehler $LDF = \mathcal{O}\left(h^5\right)$, damit approximiert $\tilde{\boldsymbol{\Phi}}^{(4)}$ die exakte Transitionsmatrix $\boldsymbol{\Phi}(h)$ bis zur Ordnung h^4. Implizite Verfahren (z.B. Trapezmethode) approximieren $\boldsymbol{\Phi}(h)$ durch PADÉ-Approximationen (vergleiche auch Tabelle 3.1).

Allgemeine Rekursionsformel für Einschrittverfahren Die *allgemeine Rekursionsformel* für Einschrittverfahren bei *linearen zeitinvarianten Systemen* lässt sich somit vereinfacht folgendermaßen formulieren

$$\hat{\mathbf{x}}(t_k + h) = \tilde{\boldsymbol{\Phi}}(h) \cdot \hat{\mathbf{x}}(t_k) + \tilde{\mathbf{H}}(h) \cdot \mathbf{u}(t_k)$$

$$\hat{\mathbf{y}}(t_k) = \mathbf{C} \cdot \hat{\mathbf{x}}(t_k) + \mathbf{D} \cdot \mathbf{u}(t_k). \tag{3.22}$$

3.5.3 Genauigkeit der Simulationslösungen

Einflüsse auf Simulationsgenauigkeit Die *Genauigkeit* der simulierten Lösung $\hat{\mathbf{x}}(t_k)$ hängt also in fundamentaler Weise nur noch von folgenden Faktoren ab:

- *Genauigkeit der Approximationen* $\tilde{\boldsymbol{\Phi}}(h)$, $\tilde{\mathbf{H}}(h)$,
- *Gültigkeit* der Annahme (3.17), das heißt, Eingangsgrößen $\mathbf{u}(t)$ sind *konstant im Integrationsintervall* $[t_k, t_k + h]$.

Die Wahl der Schrittweite h hat für die Simulationsgenauigkeit somit nicht mehr dieselbe elementare Bedeutung wie bei den allgemeinen numerischen Integrationsverfahren.

Offline-Berechnung von $\tilde{\boldsymbol{\Phi}}, \tilde{\mathbf{H}}$ Die Bestimmung von hinreichend genauen Approximationen $\tilde{\boldsymbol{\Phi}}, \tilde{\mathbf{H}}$ gemäß Gln. (3.20), (3.21) ist vollständig entkoppelt vom eigentlichen Simulationsalgorithmus (3.22). Damit wird selbst bei *hoher Integrationsgenauigkeit* der *Rechenaufwand* für die Simulation nur durch die *Systemordnung* bestimmt, das heißt, die Dimension der Systemmatrizen $\mathbf{A}, \mathbf{B}, \mathbf{C}, \mathbf{D}$ bzw. $\tilde{\boldsymbol{\Phi}}, \tilde{\mathbf{H}}$.

Die Berechnung von $\tilde{\boldsymbol{\Phi}}$ und $\tilde{\mathbf{H}}$ kann offline mit entsprechend numerisch stabilen Algorithmen erfolgen.

Bei *zeitvarianten Systemen* (z.B. strukturvariable Systeme) muss eine neue Berechnung von $\tilde{\boldsymbol{\Phi}}$ und $\tilde{\mathbf{H}}$ jedoch immer dann neu erfolgen, wenn sich die Systemparameter $\mathbf{A}, \mathbf{B}$ ändern.

Konstanz der Eingangsgrößen Die zweite fundamentale Eigenschaft betrifft die *Konstanz der Eingangsgrößen* innerhalb des Integrationsintervalls. Im Allgemeinen wird diese Eigenschaft natürlich nicht exakt erfüllbar sein. In diesen Fällen ist die Integrationsschrittweite h entsprechend den Änderungsgeschwindigkeiten bzw. geforderten Genauigkeiten hinreichend klein auszuwählen.

In folgenden Konstellationen ist jedoch die Forderung (3.17) *exakt* erfüllt und damit eine *beliebig genaue* Lösung erreichbar:

1. $u_i(t)$ sind *Sprungfunktionen* (Abb. 3.9), d.h. $u_i(t) = c_i \cdot \sigma(t)$, $i = 1, \ldots, m$. Es gibt keine Einschränkungen für die Schrittweite h.

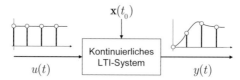

Abb. 3.9. Konstante Eingangsgrößen

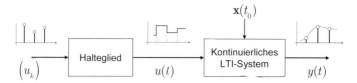

Abb. 3.10. Treppenförmige Eingangsgrößen bei Abtastregelungen

2. $u_i(t)$ sind *Treppenfunktionen*, d.h. $u_i(t) = c_i$ für $t \in [t_k, t_k + h]$, $i = 1, ..., m$.

   Diese Eigenschaft ist z.B. bei *Abtastsystemen* erfüllt, wenn $u_i(t)$ Ausgangsgrößen von digitalen Reglern sind (Abb. 3.10). In diesen Fällen kann als maximale Integrationsschrittweite die entsprechende Abtastperiode verwendet werden. Bei *unterschiedlichen* Abtastperioden $T_{a,j}$ (z.B. Kaskadenregelungen) ist die Integrationsschrittweite h so zu wählen, dass gilt:

   $$h_{\max} = \text{größter gemeinsamer Teiler}\left(T_{a,j}\right), \; j = 1, 2, ...$$

   Bei kleiner gewählten Schrittweiten kann auch das Verhalten *zwischen* den Abtastzeitpunkten *exakt* im Rahmen der Rechengenauigkeit simuliert werden.

3. $u_i(t)$ lassen sich als *Lösungen von linearen Differenzialgleichungen* modellieren (*Eingangsgrößenmodelle*). Dazu wird das Differenzialgleichungssystem um diese Eingangsgrößenmodelle erweitert, der Signalverlauf über geeignete Wahl der Anfangswerte parametriert und dieses *erweiterte* System gemäß Gl.(3.22) simuliert (Abb. 3.11).

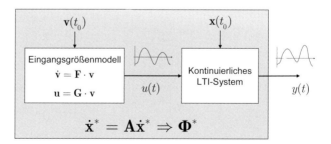

Abb. 3.11. Eingangsgrößenmodell

Allgemeines Eingangsgrößenmodell

$$\dot{\mathbf{v}} = \mathbf{F} \cdot \mathbf{v}$$
$$\mathbf{u} = \mathbf{G} \cdot \mathbf{v} \,.$$

Erweitertes System

$$\mathbf{x}^* := \begin{bmatrix} \mathbf{x} & \mathbf{v} \end{bmatrix}^T$$

$$\dot{\mathbf{x}}^* = \underbrace{\begin{pmatrix} \mathbf{A} & \mathbf{B} \cdot \mathbf{G} \\ \mathbf{0} & \mathbf{F} \end{pmatrix}}_{\mathbf{A}^*} \mathbf{x}^* , \qquad \mathbf{x}^*\left(0\right) = \begin{pmatrix} \mathbf{x}_0 \\ \mathbf{v}_0 \end{pmatrix} .$$

In diesem Fall ist die zu $\mathbf{A}^*$ zugehörige Transitionsmatrix $\mathbf{\Phi}^*(t) = e^{\mathbf{A}^* t}$ zur Simulation zu verwenden. Man beachte, dass jetzt nur die homogene Lösung des Systems zu berechnen ist. Auch hier gibt es *keine* Einschränkungen für die Schrittweite h. Eine Strukturänderung in den Eingangsgrößen $\mathbf{u}$ erfordert jedoch unbedingt eine Neuberechnung von $\mathbf{\Phi}^*(h)$.

Beispiel 3.4 *Eingangsgrößenmodell für harmonische Anregung.*

$$u(t) = U_0 \cdot \sin\left(\omega_0 t + \phi\right), \quad t \ge 0$$

Eingangsgrößenmodell:

$$v_1(t) := u(t) = U_0 \cdot \sin\left(\omega_0 t + \phi\right)$$
$$v_2(t) := \dot{v}_1(t) = U_0 \cdot \omega_0 \cdot \cos\left(\omega_0 t + \phi\right)$$
$$\dot{v}_2(t) = -U_0 \cdot \omega_0^2 \sin\left(\omega_0 t + \phi\right) = -\omega_0^2 \cdot v_1(t)$$

$$\Rightarrow \quad \mathbf{v} := \begin{pmatrix} v_1 & v_2 \end{pmatrix}^T$$

$$\dot{\mathbf{v}} = \begin{pmatrix} 0 & 1 \\ -\omega_0^2 & 0 \end{pmatrix} \mathbf{v} , \qquad \mathbf{v}(0) = \begin{pmatrix} U_0 \cdot \sin \phi \\ U_0 \cdot \omega_0 \cdot \cos \phi \end{pmatrix} ,$$

$$u = \begin{pmatrix} 1 & 0 \end{pmatrix} \mathbf{v} \,.$$

3.6 Numerische Integration von DAE-Systemen

Referenzmodell Im Folgenden wird aus Gründen der Übersichtlichkeit das skalare System mit *einer* Zustandsvariablen und *einer* algebraischen Variablen behandelt

$$\dot{x} = f(x, z) \tag{3.23}$$

$$0 = g_1(x, z) \tag{3.24}$$

$$\text{oder} \quad 0 = g_2(x). \tag{3.25}$$

Die Übertragung auf vektorielle Systeme ist sinngemäß.

In einem jeden Integrationsschritt sind gleichzeitig die der Differenzialgleichung (3.23) entsprechenden Differenzengleichung *und* die algebraische Gl. (3.24) bzw. (3.25) zu erfüllen.

Direkte DAE-Lösung Im Folgenden sollen einige prinzipielle Ansätze zur *direkten* numerischen Lösung von DAE-Systemen untersucht werden. Damit ist gemeint, dass ohne weitere Modellumformung, das originale DAE-System mit einem bestimmten *differenziellen Index* (s. Abschn. 2.4.1) betrachtet wird.

Die Alternative besteht ja bekannterweise darin, das DAE-System über eine Indexreduktion (s. Abschn. 2.4.3) in ein System gewöhnlicher Differenzialgleichungen überzuführen. Diese Problematik wurde bereits in den vorangegangenen Abschnitten eingehend diskutiert.

Für weiterführende Ansätze sei auf die Monografien (Brenan et al. 1996), (Cellier u. Kofman 2006) sowie die problembezogenen Aufsätze (Otter 1999), (Otter u. Bachmann 1999a), (Otter u. Bachmann 1999b) verwiesen.

3.6.1 Explizite Integrationsverfahren

Explizite Gleichungslösung Das Charakteristikum von expliziten Integrationsverfahren besteht darin, dass sich die Approximationswerte der Lösung der Differenzialgleichung explizit aus einem rekursiven Gleichungssystem berechnen lassen, d.h. die Gleichungen können in geeigneter Form *sequenziell* gelöst werden (geringer Rechenaufwand).

Die grundlegende Problematik von expliziten Integrationsverfahren bei DAE-Systemen lässt sich bereits sehr anschaulich mit dem einfachen *expliziten EULER-Verfahren* demonstrieren.

Index-1-Systeme

Es gilt definitionsgemäß $\partial g/\partial z \neq 0$, d.h. $g := g_1(x,z)$.
Die EULERsche Rekursionsformel lautet für einen *vorgegebenen* Anfangswert x_0 (*beliebig*):

$$k = 0: \qquad 0 = g_1(x_0, \hat{z}_0) \qquad \Rightarrow \hat{z}_0 \tag{3.26}$$

$\Rightarrow$ Geeignetes $\hat{z}_0$ aus algebraischer Gl. (3.24) bei vorgegebenem x_0.

$$k = 1: \begin{cases} \hat{x}_1 = x_0 + f(x_0, \hat{z}_0) & \Rightarrow \hat{x}_1 \tag{3.27} \\\\ 0 = g_1(\hat{x}_1, \hat{z}_1) & \Rightarrow \hat{z}_1 \tag{3.28} \end{cases}$$

$\Rightarrow$ $\hat{x}_1$ aus Differenzengleichung (3.27) bei bekanntem x_0, $\hat{z}_0$,
$\Rightarrow$ $\hat{z}_1$ aus algebraischer Gl. (3.28) bei bekanntem $\hat{x}_1$.

Index-1-Systeme sind mit einem *expliziten* Integrationsverfahren durch sequenzielles Lösen der Differenzengleichung ($\rightarrow \hat{x}_{k+1}$) und der algebraischen Gleichung ($\rightarrow \hat{z}_{k+1}$) *lösbar*.
Zusatzaufgabe: Bestimmung von *konsistenten* Anfangswerten x_0, $\hat{z}_0$.

Ein explizites Integrationsverfahren kann unverändert genutzt werden, es muss jedoch in jedem Integrationsschritt mit einem *zusätzlichen* algebraischen Gleichungslöser ergänzt werden.

Index-2-Systeme

Es gilt definitionsgemäß $\partial g/\partial z = 0$, d.h. $g := g_2(x)$.
Die EULERsche Rekursionsformel lautet für einen *geeigneten* Anfangswert x_0:

$$k = 0: \qquad 0 = g_2(x_0) \qquad \Rightarrow x_0 \tag{3.29}$$

$\Rightarrow$ x_0 muss die algebraische Gl. (3.25) erfüllen und ist *nicht* frei wählbar!

$$k = 1: \left\{ \begin{array}{l} \hat{x}_1 = x_0 + f\left(x_0, z_0\right) \\[2ex] 0 = g_2(\hat{x}_1) \end{array} \right\} \Rightarrow \hat{x}_1, z_0 \qquad \begin{array}{l}(3.30)\\[2ex](3.31)\end{array}$$

$\Rightarrow$ *Nicht sequenziell* lösbar für $\hat{x}_1, z_0$. Die beiden Gln. (3.30), (3.31) stellen ein *implizites* nichtlineares, algebraisches Gleichungssystem dar, zur Lösung wird ein *impliziter* Gleichungslöser benötigt, z.B. NEWTON-RAPHSON (Schwarz u. Köckler 2009).

DAE-Systeme mit *Index* $\geq$ *2* sind mit einem *expliziten* Integrationsverfahren prinzipiell *nicht* lösbar.

Es wird ein *impliziter Gleichungslöser* für die gleichzeitige Lösung der Differenzgleichung und der algebraischen Gleichung benötigt.

3.6.2 Implizite Integrationsverfahren

Implizite Gleichungslösung Wie bekannt, beinhalten implizite numerische Integrationsverfahren bereits einen impliziten Gleichungslöser. Diesen rechnerischen Mehraufwand nimmt man bei der numerischen Integration deshalb gerne in Kauf, weil dadurch die absolute numerische Stabilität auch bei großen Schrittweiten (wichtig für steife Systeme) in jedem Falle gewahrt bleibt. Insofern scheint es naheliegend, zur numerischen Lösung von DAE-Systemen *implizite* numerische Integrationsverfahren zu verwenden, um simultan die Differenzengleichung und die algebraischen Zwangsbedingungen zu lösen. Allerdings wird sich zeigen, dass dies nur für bestimmte Klassen von DAE-Systemen möglich ist.

Trapezmethode für DAE-Systeme

Implizite Rekursionsformel Für das DAE-System nach Gl. (3.23) und der algebraischen Gleichung $g = 0$ nach Gln. (3.24) bzw. (3.25) folgt für den *Trapezalgorithmus*[5] – *TRA* – für die numerische Integration (Schwarz u. Köckler 2009) mit der Integrationsschrittweite h

$$\hat{x}_{k+1} = \hat{x}_k + \frac{h}{2}\left[f(\hat{x}_k, \hat{z}_k) + f(\hat{x}_{k+1}, \hat{z}_{k+1})\right]$$
$$0 = g(\hat{x}_{k+1}, \hat{z}_{k+1}). \tag{3.32}$$

NEWTON-RAPHSON-Iteration   Durch Umformung von Gl. (3.32) erhält man ein nichtlineares System von algebraischen Gleichungen zur Bestimmung der unbekannten neuen Approximationswerte $\hat{x}_{k+1}, \hat{z}_{k+1}$

$$\varphi_{k+1}\left(\mathbf{p}_{k+1}\right) := \begin{pmatrix} \varphi_{1,k+1} \\ \varphi_{2,k+1} \end{pmatrix} = \begin{pmatrix} \hat{x}_{k+1} - \hat{x}_k - \dfrac{h}{2}\left[f(\hat{x}_k, \hat{z}_k) + f(\hat{x}_{k+1}, \hat{z}_{k+1})\right] \\ g(\hat{x}_{k+1}, \hat{z}_{k+1}) \end{pmatrix} \tag{3.33}$$

mit $\mathbf{p}_{k+1} := \left(\hat{x}_{k+1} \quad \hat{z}_{k+1}\right)^T$

$$\Rightarrow \quad \varphi_{k+1}\left(\mathbf{p}_{k+1}\right) = \mathbf{0}. \tag{3.34}$$

Die Lösung des nichtlinearen Gleichungssystems (3.34) kann in bekannter Weise mittels des Verfahrens von NEWTON-RAPHSON erfolgen und führt auf die nichtlineare Rekursionsvorschrift

$$\mathbf{p}_{k+1,i+1} = \mathbf{p}_{k+1,i} - \mathbf{J}\left(\mathbf{p}_{k+1,i}\right)^{-1} \cdot \varphi_{k+1}\left(\mathbf{p}_{k+1,i}\right) \tag{3.35}$$

Iterationen über i, bis gilt $\left\|\mathbf{p}_{k+1,i+1} - \mathbf{p}_{k+1,i}\right\| \le \varepsilon$.

Numerische Konvergenz   Eine zentrale Rolle für die Konvergenz der NEWTON-RAPHSON-Iteration Gl. (3.35) spielt die *JACOBI-Matrix*[6]

$$\mathbf{J}\left(\mathbf{p}\right) = \begin{pmatrix} \dfrac{\partial \varphi_1}{\partial x_{i+1}} & \dfrac{\partial \varphi_1}{\partial z_{i+1}} \\ \dfrac{\partial \varphi_2}{\partial x_{i+1}} & \dfrac{\partial \varphi_2}{\partial z_{i+1}} \end{pmatrix} = \begin{pmatrix} 1 - \dfrac{h}{2}\dfrac{\partial f}{\partial x} & -\dfrac{h}{2}\dfrac{\partial f}{\partial z} \\ \dfrac{\partial g}{\partial x} & \dfrac{\partial g}{\partial z} \end{pmatrix}. \tag{3.36}$$

---

[5] Dieses Verfahren wurde beispielhaft wegen seiner Einfachheit ausgewählt, andere implizite Einschrittverfahren zeigen vergleichbare Eigenschaften.

[6] Die JACOBI-Matrix wird in Simulationswerkzeugen entweder numerisch berechnet oder es kann eine analytische Funktion zur Auswertung bereitgestellt werden.

Aus Beziehung (3.35) folgt, dass für *numerische Konvergenz* der Iteratio-
nen im Integrationsschritt $(k+1)$ die *Inverse* der JACOBI-Matrix (3.36)
existieren muss, d.h. es muss gelten

$$\boxed{\det \mathbf{J}\left(\mathbf{p}\right) = \left(1 - \frac{h}{2}\frac{\partial f}{\partial x}\right)\frac{\partial g}{\partial z} + \frac{h}{2}\frac{\partial f}{\partial z}\frac{\partial g}{\partial x} \neq 0}. \tag{3.37}$$

Im Folgenden soll die elementare Bedingung (3.37) für unterschiedliche
DAE-Indizes und beliebig kleinen Schrittweiten $h \to 0$ (nötig für hohe
numerische Genauigkeit) untersucht werden.

Index-1-Systeme

Wegen definitionsgemäßer *Erfüllung* der *Index-1-Bedingung* $\partial g_1/\partial z \neq 0$
(s. Gl. (2.46)) folgt

$$\lim_{h \to 0}\left(\det \mathbf{J}\right) = \frac{\partial g_1}{\partial z} \neq 0. \tag{3.38}$$

> *Index-1-Systeme* sind mit *impliziten Verfahren (TRA)* generell *gut
> lösbar,* unabhängig von der gewählten Schrittweite (selbst bei sehr
> kleinen Schrittweiten).

Index-2-Systeme

Wegen definitionsgemäßer *Verletzung* der *Index-1-Bedingung* $\partial g_2/\partial z = 0$
(s. Gl. (2.48)) folgt

$$\det \mathbf{J} = \frac{h}{2}\frac{\partial f}{\partial z}\frac{\partial g_2}{\partial x} \neq 0 \quad \text{für } h \neq 0. \tag{3.39}$$

Man beachte aber, dass für *sehr kleine* Schrittweiten h gilt

$$\det \mathbf{J} \approx 0 \quad \text{bzw.} \quad \lim_{h \to 0}\left(\det \mathbf{J}\right) = 0. \tag{3.40}$$

> *Index-2-Systeme* sind mit *impliziten Verfahren (TRA)* nur mit *hinrei-
> chend großer Schrittweite* gut lösbar.
>
> Bei sehr kleinen Schrittweiten wird die JACOBI-Matrix wegen
> $\det \mathbf{J} \approx 0$ für die benötigte Inversion innerhalb der NEWTON-
> RAPHSON-Iteration schlecht konditioniert und damit nicht mehr
> brauchbar.

Index-3-Systeme

Wegen definitionsgemäßer *Verletzung* der Index-2-Bedingung Gl. (2.48) folgt unabhängig von der Schrittweite

$$\det \mathbf{J} = \frac{h}{2} \frac{\partial f}{\partial z} \frac{\partial g_2}{\partial x} = 0.$$

> ***Index-3-Systeme*** sind mit *impliziten Verfahren (TRA)* prinzipiell <u>nicht</u> *lösbar.*

Zusammenfassung – Integrationsalgorithmen für DAE-Systeme

> **Index ≤ 2:** *implizite* Verfahren universell gut brauchbar, bei kleinen Schrittweiten eventuell Skalieren der algebraischen Variablen (s. Abschn. 3.6.3).
>
> **Index = 3:** *Indexreduktion* um 1, d.h. differenzielle Zwangsbedingungen (PFAFFsche Form) → Index-2-System, weiteres Vorgehen s. oben.

3.6.3 Skalierung bei Index-2-Systemen

Vermeidung von Singularitäten der JACOBI-Matrix   Die Singularität bzw. schlechte Konditionierung der JACOBI-Matrix für Index-2-Systeme bei kleinen Schrittweiten kann durch eine geeignete Skalierung vermieden werden. Dazu skaliert man die algebraischen Variablen nach dem folgenden Schema.

Lösungsansatz   Die NEWTON-RAPHSON-Iteration Gl. (3.35) lässt sich für einen festen Zeitindex k (hier nicht dargestellt) auch folgendermaßen schreiben

$$\mathbf{J}(\mathbf{p}) \cdot \left(\mathbf{p}_{i+1} - \mathbf{p}_i \right) = \varphi(\mathbf{p}_i),$$

wobei für ein Index-2-System nach Gln. (3.23), (3.25) gilt

$$\tilde{\mathbf{J}} \cdot \tilde{\mathbf{p}} = \begin{pmatrix} 1 - \dfrac{h}{2}\dfrac{\partial f}{\partial x} & -\dfrac{h}{2}\dfrac{\partial f}{\partial z} \\[3mm] \dfrac{\partial g_2}{\partial x} & 0 \end{pmatrix} \begin{pmatrix} p_{1,i+1} - p_{1,i} \\[2mm] h \cdot \left(p_{2,i+1} - p_{2,i} \right) \end{pmatrix}. \tag{3.41}$$

Dabei wurde in Gl. (3.41) die Multiplikation des rechten oberen Elementes der JACOBI-Matrix mit der Schrittweite h durch eine gleichwertige Multiplikation der zweiten Zeile des Parametervektors ersetzt, die algebraische Variable z wird also mit h skaliert. Dieser Trick macht die *Determinante* der geänderten *Jacobi*-Matrix $\tilde{\mathbf{J}}$ nun *unabhängig von der Schrittweite* h

$$\Rightarrow \quad \det \tilde{\mathbf{J}} = \frac{\partial f}{\partial z}\frac{\partial g}{\partial x}$$

und damit wird die NEWTON-RAPHSON-Iteration auch bei kleinen Schrittweiten gut konditioniert.

3.6.4 Konsistente Anfangswerte

Bedingungen   Um die Erfüllung der algebraischen Zwangsbedingung (3.24) einzuhalten, müssen *konsistente Anfangswerte* $x(0)$, $z(0)$ gewählt werden. Dabei sind folgende Fälle zu unterscheiden:

- *DAE-Systeme mit Index = 1*
  $\partial g/\partial z$ ist nicht singulär (d.h. $g = g_1(x, z)$), deshalb kann $x(0)$ frei gewählt werden und ein konsistentes $z(0)$ kann über Lösung der algebraischen Zwangsbedingung $g_1\big(x(0), z(0)\big) = 0$ ermittelt werden.

- *DAE-Systeme mit Index $\geq$ 2*
  $\partial g/\partial z$ ist singulär (d.h. $g = g_2(x)$), damit kann $x(0)$ *nicht* mehr *frei* gewählt werden, weil $z(0)$ nicht mehr alleine aus der algebraischen Zwangsbedingung bestimmbar ist, sondern es müssen zusätzliche Bedingungen (algebraische Gleichungen in x, z) aus der Differenzialgleichung abgeleitet werden (s. Abschn. 3.6.4).

Probleme bei Inkonsistenz   *Inkonsistente* Anfangswerte führen mindestens zu Fehlern in den ersten Simulationsschritten oder zu einer vollständig falschen Lösung. In einigen Werkzeugen erfolgt eine automatische Prüfung und Sicherung konsistenter Anfangswerte. Das Auffinden konsistenter Anfangswerte ist bei komplexen Problemen jedoch in der Regel eine schwierige und nichttriviale (!) Aufgabe. Insofern sind rechnergestützte Lösungen immer sorgfältig in dieser Beziehung zu kontrollieren.

Drift-off-Phänomen Selbst bei der Wahl von konsistenten Anfangswerten werden in der Regel die algebraischen Zwangsbedingungen aufgrund numerischer Rundungsfehler im Zuge der numerischen Integration nicht exakt eingehalten (Probleme durch erhöhte Lösungsmannigfaltigkeit).

Eine Abhilfe bieten spezielle *Stabilisierungsverfahren* zur numerischen Integration von DAE-Systemen. Ein elementares Verfahren verwendet eine *Linearkombination* der originalen und differenzierten (entsprechend der Indexreduktion) algebraischen Zwangsbedingungen – BAUMGARTE-Stabilisierung (Baumgarte 1972), zur praktischen Umsetzung s. (Ascher et al. 1994). Alternative Verfahren nutzen in jedem Integrationsschritt eine Projektion der Approximationslösung auf die Manigfaltigkeit der algebraischen Zwangsbedingungen – *Projektionsmethoden*, z.B. (Eich 1993). Ein Vergleich dieser Methoden ist beispielsweise in (Burgermeister et al. 2006) zu finden.

3.7 Simulationstechnische Ansätze für hybride Phänomene

Unstetigkeiten Simulationstechnisch stellt das Erkennen und die Handhabung von Unstetigkeiten (Umschalten, Zustandssprung) die größte Herausforderung dar. Einfach gestaltete Unstetigkeiten können durch eine automatische Schrittweitensteuerung mit integrierter Schätzung des Lokalen Diskretisierungsfehlers (z.B. RUNGE-KUTTA-FEHLBERG Verfahren, (Schwarz u. Köckler 2009)) beherrscht werden. Ohne genaue Kenntnis der tatsächlich implementierten Schrittweitensteuerung sind jedoch diesbezügliche Simulationsergebnisse immer mit größter Skepsis zu bewerten. Für eine möglichst exakte Simulation hybrider Phänomene empfiehlt es sich, spezielle Vorkehrungen und Verfahren einzusetzen, z.B. (Otter et al. 1999a), (Otter et al. 1999b).

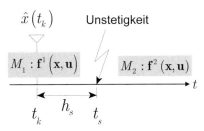

Abb. 3.12. Ereignisabhängige Schrittweitensteuerung

3.7.1 Umgang mit Unstetigkeiten

Grundlegende Problematik Die grundlegende Problematik ist in Abb. 3.12 dargestellt. Am Beginn des Integrationsschrittes $k+1$, also zum Zeitpunkt t_k ist das Vektorfeld $\mathbf{f}^1(\mathbf{x},\mathbf{u},t)$ (rechte Seite der DGL) aktuell. Würde man den Integrationsschritt mit einer Schrittweite $h > h_s$ ausführen, so würde man einen Approximationswert $\hat{\mathbf{x}}^1(t_k + h)$ erhalten, der nur über $\mathbf{f}^1(\mathbf{x},\mathbf{u},t)$ berechnet wurde. Tatsächlich ist aber für $t \geq t_s$ das Vektorfeld $\mathbf{f}^2(\mathbf{x},\mathbf{u},t)$ für die Integration zu berücksichtigen, dies würde korrekterweise zu einem $\hat{\mathbf{x}}^2(t_k + h)$ führen, wobei in der Regel $\hat{\mathbf{x}}^1 \neq \hat{\mathbf{x}}^2$ ist (vgl. auch Abb.2.62).

Prinzipieller Lösungsansatz Um derart falsche Simulationsergebnisse zu vermeiden, ist das im folgenden Algorithmus dargestellte, prinzipielle Vorgehen zur *ereignisabhängigen Schrittweitensteuerung* zu empfehlen[7].

- *Algorithmus zur ereignisabhängigen Schrittweitensteuerung*

(1)	Erkennen von Unstetigkeiten im nachfolgenden Integrationsintervall
(2)	Bestimmung von t_s
(3)	Anpassung der Schrittweite: $h_s = t_s - t_k$
(4)	Integration Schritt $k+1$: $\hat{x}(t_k) \xrightarrow{\;\;h_s\;\;} \hat{x}(t_s - 0)$

[7] In „guten" Simulationswerkzeugen ist ein solcher Algorithmus in der Regel implementiert, man muss sich im konkreten Fall jedoch immer von dessen Implementierungsgüte überzeugen!

(5)	Ausführen der Unstetigkeitsbedingung am Unstetigkeitszeitpunkt t_s: (a) sprungförmige Eingangsgrößen: $u\left(t_s + 0\right) = neuer\_Wert$ (b) stetige Zustände: $\hat{x}\left(t_s + 0\right) = \hat{x}(t_s - 0)$ (z.B. sprungförmiger Eingang) (c) unstetige Zustände: $\hat{x}\left(t_s + 0\right) = neuer\_Wert$
(6)	Integration nächster Schritt: $\hat{x}\left(t_s + 0\right) \xrightarrow{\;h_{\mathrm{NEU}}\;} \hat{x}\left(t_s + h_{\mathrm{NEU}}\right)$ mit h_{NEU} gemäß vorgegebenen Wünschen bzw. Randbedingungen (Lokaler Diskretisierungsfehler, numerische Stabilität, ...)

3.7.2 Ereignisdetektion

Ereigniszeitpunkte m dargestellten Algorithmus zur ereignisabhängigen Schrittweitensteuerung stellen die Schritte (1) und (2) die eigentlichen Herausforderungen dar: das *Erkennen* eines Ereignisses und die Bestimmung des *Ereigniszeitpunktes* t_s.

Die hybriden Phänomene Umschalten und Zustandssprung können simulationstechnisch generell mit Hilfe von *Diskontinuitätshyperflächen* der Form

$$m(\mathbf{x}, \mathbf{u}, t) = 0 \tag{3.42}$$

und einer *Schwellwertabfrage* modelliert werden.

Für die Modellform Netz-Zustandsmodell kann mit Gl. (3.42) das K/D-Interface (Zustandsmengen und deren Grenzflächen) sehr kompakt beschrieben werden. Die ereignisdiskreten Signale $\mathbf{v}_D(t)$ lassen sich dann als *binäre* Signale über den Vorzeichenwechsel einer Monitorfunktion

$$z\left(t_s\right) = m\left(\mathbf{x}\left(t_s\right), \mathbf{u}\left(t_s\right), t_s\right) \overset{!}{=} 0 \tag{3.43}$$

beschreiben, z.B.

$$v_D(t) = \begin{cases} 0 & \text{für } \left|z(t)\right| \leq \varepsilon \\ 1 & \text{für } \left|z(t)\right| > \varepsilon \end{cases} \tag{3.44}$$

wobei ε eine geeignete kleine Schranke darstellt.

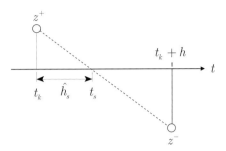

Abb. 3.13. Ereignisdetektion mit Monitorfunktion

Der Ereigniszeitpunkt t_s lässt sich iterativ über Einschließungsverfahren gemäß Abb. 3.13 und die Beziehung

$$\hat{h}_s = h \frac{|z^+|}{|z^+| + |z^-|}, \quad \mathrm{sign}\, z^+ \neq \mathrm{sign}\, z$$

ermitteln.

Implementierung in Simulationswerkzeugen Diese Art der Ereignisdetektion ist in guten Simulationswerkzeugen als eigener Funktionsblock (z.B. SIMULINK: *hit crossing*) oder Teilfunktion bei ereignisdiskreten Blöcken (z.B. SIMULINK / STATEFLOW: *flankengesteuerte Signaleingange*) vorhanden. In jedem Fall muss ein Eingriff in den Integrationsalgorithmus bzw. dessen Schrittweitensteuerung gewährleistet sein[8].

3.8 Simulationsbeispiel – Mathematisches Pendel

Systemkonfiguration – Aufgabenstellung Als anschauliches Beispiel eines auf den ersten Blick sehr einfach wirkenden mechanischen DAE-Systems sei das in Abb. 3.14 gezeigte *mathematisches Pendel* betrachtet. Im Folgenden sollen die wichtigsten Schritte im Umgang mit DAE-Modellen im Rahmen der Modellbildung und Simulation demonstriert werden, wobei sowohl ein *signalorientierter* als auch ein *gleichungsorientierter* Modellierungs- und Simulationsansatz gezeigt werden soll.

---

[8] Es sei nochmals darauf hingewiesen, dass es sich immer empfiehlt, die Funktionsweise von speziellen Implementierungen sorgfältig auszutesten. Nicht immer werden die in der Bedienungsanleitung versprochenen Leistungen von Simulationswerkzeugen auch tatsächlich erfüllt, s. dazu das Verhalten von SIMULINK / STATEFLOW Blöcken bei der Ereignisdetektion, in (Buss 2002), Abschn. 6.3.

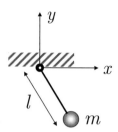

Abb. 3.14. Mathematisches Pendel

Gesucht sind für das in Abb. 3.14 dargestellte mathematische Pendel:
- Bewegungsgleichungen inklusive der Zwangskraft im Stab (DAE-System)
- signalorientiertes Simulationsmodell (blockorientiert, z.B. MATLAB / SIMULINK)
- gleichungsorientiertes Simulationsmodell (objektorientiert, z.B. MODELICA)

Lösung-1: Bewegungsgleichungen als DAE-System

Mit den generalisierte Koordinaten $\mathbf{q} = (x \quad y)^T$ und den generalisierten Geschwindigkeiten $\dot{\mathbf{q}} = \mathbf{v} = (v_x \quad v_y)^T$ erhält man für die *kinetische Koenergie* des Systems $T^* = m/2 \cdot (v_x^2 + v_y^2)$. Es existiert eine *holonome* Zwangsbedingung der Form $f(\mathbf{q}) = x^2 + y^2 - l^2 = 0$. Als eingeprägte Kraft wirkt hier lediglich die Schwerkraft $\mathbf{F} = (0 \quad -mg)^T$.

Die allgemeine Form der EULER-LAGRANGE-Gleichungen 1. Art lautet (s. Abschn. 2.3.2, hier vereinfacht für die vorliegende Konfiguration)

$$\frac{d}{dt}\frac{\partial T^*}{\partial \dot{\mathbf{q}}} - \frac{\partial T^*}{\partial \mathbf{q}} = \mathbf{F} + \lambda \cdot \begin{pmatrix} \dfrac{\partial f}{\partial x} \\[2mm] \dfrac{\partial f}{\partial y} \end{pmatrix} \tag{3.45}$$

$$f(\mathbf{q}) = 0$$

mit λ ... LAGRANGE-Multiplikator, der die Zwangskraft in der Koppelstange modelliert (= Einhaltung der holonomen Zwangsbedingung).
Die Auswertung der Gl. (3.45) liefert

$$\begin{pmatrix} m & 0 \\ 0 & m \end{pmatrix} \cdot \dot{\mathbf{v}} = \begin{pmatrix} 0 \\ -mg \end{pmatrix} + \lambda \begin{pmatrix} 2x \\ 2y \end{pmatrix}$$

$$x^2 + y^2 - l^2 = 0 \ .$$

Mit $\lambda = -\tilde{\lambda} \cdot m/2$ ergibt sich das DAE-System in semi-expliziter Form ($u(t) = g = const.$)

$$\dot{\mathbf{x}} = \mathbf{f}(\mathbf{x}, \tilde{\lambda}, u) \quad \text{bzw.} \quad \boxed{\begin{aligned} \dot{x} &= v_x \\ \dot{v}_x &= -\tilde{\lambda}x \\ \dot{y} &= v_y \\ \dot{v}_y &= -\tilde{\lambda}y - g \end{aligned}} \tag{3.46}$$

$$0 = \mathbf{g}(\mathbf{x}) \quad \text{bzw.} \quad \boxed{0 = x^2 + y^2 - l^2}. \tag{3.47}$$

Lösung-2: Indexreduktion – konsistente Anfangswerte

Die mechanische Konfiguration „starre Kopplung der Masse m an die Zwangsführung" legt ein Index-3-System nahe. Diese Vermutung lässt sich leicht mittels Indexprüfung beweisen (s. Abschn. 2.4.2).

Zur Bestimmung von konsistenten Anfangswerten für eine blockorientierte Simulation wird nun eine systematische Indexreduktion gem. Abschn. 2.4.3 durchgeführt.

Die algebraische Nebenbedingung des ursprünglichen Index-3-Systems liefert die *erste Anfangswertgleichung*

$$\boxed{0 = x^2 + y^2 - l^2}. \tag{3.48}$$

Erste Indexreduktion durch Differenziation von Gl. (3.48) ergibt

$$0 = \frac{d}{dt}\left(x^2 + y^2 - l^2\right) = 2x\dot{x} + 2y\dot{y}.$$

Einsetzen aus der Differenzialgleichung (3.46) liefert die algebraische Nebenbedingung des Index-2-Systems bzw. *zweite Anfangswertgleichung*

$$\boxed{0 = xv_x + yv_y}. \tag{3.49}$$

Zweite Indexreduktion durch Differenziation von Gl. (3.49) ergibt

$$0 = \frac{d}{dt}\left(xv_x + yv_y\right) = x\dot{v}_x + \dot{x}v_x + \dot{y}v_y + y\dot{v}_y.$$

Einsetzen aus der Differenzialgleichung (3.46) liefert die algebraische Nebenbedingung des Index-1-Systems bzw. *dritte Anfangswertgleichung*

$$\boxed{0 = v_x^2 + v_y^2 - gy - \tilde{\lambda}l^2}\,. \qquad (3.50)$$

Dritte Indexreduktion durch Differenziation von Gl. (3.50) ergibt

$$0 = \frac{d}{dt}\left(v_x^2 + v_y^2 - gy - \tilde{\lambda}l^2\right) = 2v_x\dot{v}_x + 2v_y\dot{v}_y - g\dot{y} - \dot{\tilde{\lambda}}l^2\,.$$

Einsetzen aus der Differenzialgleichung (3.46) liefert schließlich die gewünschte *Differenzialgleichung* für die *algebraische Variable* $\tilde{\lambda}$ (dies ist gleichbedeutend mit der Einführung einer neuen Zustandsgröße $\tilde{\lambda}$)

$$\boxed{\dot{\tilde{\lambda}} = -\frac{2\tilde{\lambda}xv_x + 2\tilde{\lambda}yv_y + 3gv_y}{l^2}}\,. \qquad (3.51)$$

Als Ergebnis erhält man mit den Gln. (3.46) und (3.51) ein DAE-System mit dem *Index = 0*, d.h. ein *gewöhnliches Differenzialgleichungssystem* 1. Ordnung.

Zur Bestimmung von *konsistenten Anfangswerten* $x(0)$, $v_x(0)$, $y(0)$, $v_y(0)$, $\tilde{\lambda}(0)$ steht das nichtlineare *Gleichungssystem* (3.48) bis (3.50) zur Verfügung.

Lösung-3: Signalorientiertes Simulationsmodell

Die Differenzialgleichungen (3.46), (3.51) können direkt in ein signalorientiertes Simulationsmodell umgesetzt werden. In Abb. 3.15 ist beispielhaft eine Implementierung mittels MATLAB / SIMULINK gezeigt.

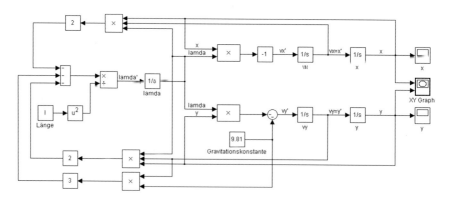

Abb. 3.15. SIMULINK Modell für das mathematische Pendel

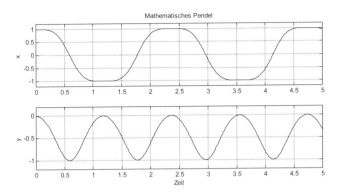

Abb. 3.16. Mathematisches Pendel – Signalorientierte Simulation – waagrechte Anfangsauslenkung

Lösung-4: Simulationsexperimente – Signalorientiertes Modell

Waagrechte Ruheauslenkung Für die Stablänge $l = 1$ ergeben sich für eine waagrechte Ruheauslenkung $y_0 = 0$ mit den konsistenten Anfangswerte (s. Gln. (3.48) bis (3.50))

$$\mathbf{x}_0 = \begin{pmatrix} x_0 & v_{x0} & y_0 & v_{y0} & \tilde{\lambda}_0 \end{pmatrix}^T = \begin{pmatrix} 1 & 0 & 0 & 0 & 0 \end{pmatrix}^T.$$

die in Abb. 3.16 dargestellten Zeitverläufe.

45°-Ruheauslenkung Bei einer Ruheauslenkung des Pendels mit $\varphi_0 = 45°$ ergeben sich als *konsistente Anfangswerte*

$$\mathbf{x}_0 = \begin{pmatrix} x_0 & v_{x0} & y_0 & v_{y0} & \tilde{\lambda}_0 \end{pmatrix}^T = \begin{pmatrix} \dfrac{1}{\sqrt{2}} & 0 & -\dfrac{1}{\sqrt{2}} & 0 & 6.9367 \end{pmatrix}^T. \quad (3.52)$$

Wie leicht nachzuprüfen ist, erfüllt der Satz *inkonsistenter Anfangswerte*

$$\mathbf{x}_0 = \begin{pmatrix} x_0 & v_{x0} & y_0 & v_{y0} & \tilde{\lambda}_0 \end{pmatrix}^T = \begin{pmatrix} \dfrac{1}{\sqrt{2}} & 0 & -\dfrac{1}{\sqrt{2}} & 0 & 10 \end{pmatrix}^T \quad (3.53)$$

nicht die Gln. (3.48) bis (3.50).

Das Zeitverhalten für die unterschiedlichen Anfangswertbelegungen ist in Abb. 3.17 dargestellt. Die fehlerhafte Lösungstrajektorie bei unkonsistenten Anfangswerten ist in Abb. 3.17b gut erkennbar[9], vgl. die korrekte Trajektorie in Abb. 3.17a.

---

[9] Achtung: dies ist nicht immer so offensichtlich, z.B. bei komplexen Modellen.

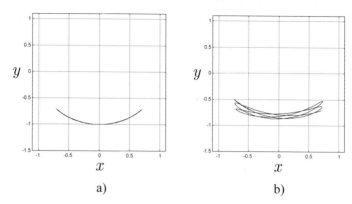

Abb. 3.17. Mathematisches Pendel – Signalorientierte Simulation – Anfangsauslenkung $\varphi_0 = 45°$: a) konsistente Anfangswerte, b) inkonsistente Anfangswerte

Lösung-5: Gleichungsorientiertes Simulationsmodell

Das DAE-System (3.46), (3.47) kann *direkt*, ohne weitere Umformung, in ein gleichungsorientiertes Simulationswerkzeug implementiert werden. In Abb. 3.18 ist beispielhaft eine MODELICA-Implementierung gezeigt. In den meisten MODELICA-basierten Werkzeugen werden auch automatisch konsistente Anfangswerte erzeugt. Die Simulationsresultate decken sich bei korrekter Implementierung mit Abb. 3.16 bzw. Abb. 3.17a.

```
model pendel
   parameter Real l=1;        /* Pendellänge */
    constant Real g=9.81;     /* Erdanziehung */

    Real x;                   /* x-Koordinate */
    Real y;                   /* y-Koordinate */
    Real lambda;              /* Lagrange-Multiplikator */
    Real vx;              /* x-Komponente der Geschwindigkeit */
    Real vy;              /* y-Komponente der Geschwindigkeit */
equation
    der(x)  = vx;
    der(vx) = -x*lambda;
    der(y)  = vy;
    der(vy) = -g - y*lambda;
    0 = x^2 + y^2 - l^2;
end pendel;
```

Abb. 3.18. Mathematisches Pendel – Gleichungsorientierte Implementierung in MODELICA

Alternativmodell – Gewöhnliches Differenzialgleichungssystem

Polarkoordinaten vs. kartesische Koordinaten Das bisher behandelte mathematische Modell des Pendels ist in *kartesischen* Koordinaten x, y formuliert (Abb. 3.14). Der werte Leser möge sich selbst überzeugen, dass ein alternatives Modell des Pendels in *Polarkoordinaten* die folgende Form eines gewöhnlichen Differenzialgleichungssystems ohne algebraische Nebenbedingungen besitzt (DAE-System mit Index = 0)

$$\dot{\varphi} = \omega$$
$$\dot{\omega} = -\frac{g}{l}\sin\varphi \ . \tag{3.54}$$

Das Modell (3.54) ist ohne Schwierigkeiten mit gewöhnlichen expliziten Integrationsalgorithmen zu simulieren.

Modellierungs- vs. Simulationsaspekte Mit dieser abschließenden Modellbetrachtung sei der Hinweis verbunden, dass im Rahmen des Systementwurfes immer Modellierungs- und Simulationsaspekte gegeneinander abzuwägen sind. Viele Simulationsprobleme kann man gegebenenfalls durch eine Modellmodifikation überhaupt nicht entstehen lassen. Im vorliegenden Fall gelang dies ohne jeglichen Verlust an Modellierungsgüte bezüglich der Bewegungsgrößen (Winkel, Winkelgeschwindigkeit). Im zweiten Modell Gl. (3.54) fehlt allerdings die Zwangskraft. Wenn diese nicht gefragt ist, dann ist das zweite Modell aus simulationstechnischer Sicht eher zu empfehlen.

Literatur zu Kapitel 3

Ascher U M, Chin H, Reich S (1994) Stabilization of DAEs and invariant manifolds. *Numerische Mathematik* 67: 131–149

Baumgarte J (1972) Stabilization of constraints and integrals of motion in dynamical systems. *Computer Methods in Applied Mechanics and Engineering* 1: 1-16

Brenan K E, Campbell S L, Petzold L R (1996) *Numerical Solution of Initial-Value Problems in Differential-Algebraic Equations*, SIAM

Burgermeister B, Arnold M, Esterl B (2006) DAE time integration for real-time applications in multi-body dynamics. *ZAMM - Z. Angew. Math. Mech.* 86(10): 759–771

Buss M (2002) *Methoden zur Regelung Hybrider Dynamischer Systeme*, Fortschritt-Berichte, VDI Reihe 8, Nr. 970

Cellier F E, Kofman E (2006) *Continuous System Simulation*. Berlin, Springer

Eich E (1993) Convergence Results for a Coordinate Projection Method Applied to Mechanical Systems with Algebraic Constraints. *SIAM Journal on Numerical Analysis* 30(5): 1467-1482

Lunze J (2008) *Regelungstechnik 2: Mehrgrößensysteme, Digitale Regelung,* Springer

Lunze J (2009) *Regelungstechnik 1: Systemtheoretische Grundlagen, Analyse und Entwurf einschleifiger Regelungen*, Springer

Otter M (1999) Obkjektorientierte Modellierung Physikalischer Systeme, Teil 4. *at-Automatisierungstechnik* 47(4): A13-A16

Otter M, Bachmann B (1999a) Obkjektorientierte Modellierung Physikalischer Systeme, Teil 5. *at-Automatisierungstechnik* 47(5): A17-A20

Otter M, Bachmann B (1999b) Obkjektorientierte Modellierung Physikalischer Systeme, Teil 6. *at-Automatisierungstechnik* 47(6): A21-A24

Otter M, Elmqvist H, Mattson S E (1999a) Obkjektorientierte Modellierung Physikalischer Systeme, Teil 7. *at-Automatisierungstechnik* 47(7): A25-A28

Otter M, Elmqvist H, Mattson S E (1999b) Obkjektorientierte Modellierung Physikalischer Systeme, Teil 8. *at-Automatisierungstechnik* 47(8): A29-A32

Potthoff U (2003) Zur Stabilität von numerischen Integrationsverfahren. *Interner Bericht*, Institut für Regelungs- und Steuerungstheorie, Technische Universität Dresden

Schwarz H R, Köckler N (2009) *Numerische Mathematik*, Vieweg + Teubner

4 Funktionsrealisierung – Mehrkörperdynamik

Hintergrund   Mechatronische Produkte sind durch mechanisch ausgerichtete Produktaufgaben charakterisiert. Unter dem Einfluss von Kräften und Drehmomenten sollen *massebehaftete* Körper gezielt bewegt werden. Die zu bewegende mechanische Struktur bestimmt maßgeblich die *Regelstrecke* für das zu entwerfende mechatronische System. Damit kommt dem Verständnis und einer geeigneten abstrakten Beschreibungsbasis der physikalischen Phänomene bewegter mechanischer Strukturen eine Schlüsselrolle zu.

Inhalt Kapitel 4   In diesem Kapitel werden anhand der Modellklasse *Starrkörpersysteme* grundlegende physikalische Phänomene der *Mehrkörperdynamik* diskutiert, die zur Verhaltensbeschreibung im Rahmen des Systementwurfes hilfreich sind. Nach einer Einführung in die Begriffswelt der *Mehrkörpersysteme* (MKS) und einer gerafften Wiederholung wichtiger physikalischer Grundlagen werden die Begriffe *Freiheitsgrad* und *Zwangsbedingung* vertieft, die fundamental die Modellordnung eines Mehrkörpersystems bestimmen. Als grundlegende Modellform im Zeitbereich werden die *MKS-Bewegungsgleichungen* in Minimalkoordinaten und in linearer Zustandsbeschreibung eingeführt. Das systeminhärente Zeitverhalten von konservativen Mehrkörpersystemen wird anhand des Eigenwertproblems und der Begriffe *Eigenschwingungen, Eigenwerte, Eigenformen* erläutert und auf *dissipative* Mehrkörpersysteme erweitert. Im Weiteren wird tiefer gehend das *Übertragungsverhalten im Frequenzbereich* untersucht und es werden typische Merkmale von *MKS-Übertragungsfunktionen* diskutiert. Dabei wird besonderes Augenmerk auf eine physikalische Interpretation von Polen und Nullstellen gelegt und der Bezug zu MKS-Konfigurationsparametern hergestellt. Entscheidend für das Übertragungsverhalten und damit für die erreichbaren Regelungsleistungen ist die Wahl des *Mess-* und *Stellortes*. Dazu werden der Begriff der *Kollokation* und die systemtheoretischen Auswirkungen von *räumlicher Separation* von Sensoren und Aktuatoren detailliert erläutert. Die Schlüsselrolle der *Nullstellen* (*Antiresonanzfrequenzen*) der MKS-Übertragungsfunktionen wird im Detail behandelt. Eine Diskussion des *Migrationsverhaltens* von MKS-Nullstellen in Abhängigkeit von Systemparametern rundet die Betrachtungen ab. ∎

4.1 Systemtechnische Einordnung

Der Produktzweck eines mechatronischen Systems wird in zentraler Weise durch die Funktion „*erzeuge Bewegungen*" bestimmt. Unter dem Einfluss von Kräften und Drehmomenten sollen massebehaftete Körper gezielt gewünschte Bewegungsprofile (zeitliche Verläufe von Position/Lage, Geschwindigkeiten, Beschleunigungen) ausführen (Abb. 4.1). Die zu bewegenden massebehafteten Objekte sind in aller Regel komplexe, zusammengesetzte Gebilde mit unterschiedlichen Materialeigenschaften (mechanische Struktur). Für eine praktikable Handhabung im Rahmen des Systementwurfes bieten sich als geeignete abstrakte Betrachtungsebene sogenannte *Mehrkörpersysteme (MKS)* an. Konkret interessiert dabei das dynamische Wirkverhalten zwischen Kraft-/ Drehmomentanregung und den Bewegungsgrößen, repräsentiert durch die *Mehrkörperdynamik*.

Systemtechnische Bedeutung   Systemtechnisch betrachtet stellt die Funktion „*erzeuge Bewegungen*" den Kern der Regelstrecke des mechatronischen Systems dar. Insofern versteht sich von selbst deren besondere Bedeutung im Rahmen des Entwurfsprozesses. Von entscheidender Bedeutung für eine optimierte Auslegung des gesamten Systems ist jedoch eine hinreichend genaue Kenntnis der Zusammenhänge zwischen technisch-physikalischen Einflussparametern und dem dynamischen Übertragungsverhalten. Denn in vielen Fällen existieren freie konstruktive Gestaltungsmöglichkeiten der mechanischen Struktur, die einfachere Lösungen im Regelungskonzept und damit eine einfachere Systemlösung ermöglichen.

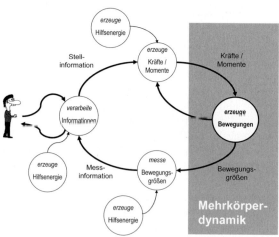

Abb. 4.1. Funktionelle Dekomposition eines mechatronischen Systems – Funktionsrealisierendes Phänomen *Mehrkörperdynamik*

Leistungsrückwirkung   Wie leicht nachzuvollziehen ist, erfolgt eine Kopplung der Funktionen „*erzeuge Kräfte/Momente*" und „*erzeuge Bewegungen*" über einen Leistungsfluss mit entsprechender physikalischer Rückwirkung (s. Abschn. 2.3.7). Diese Verhaltenseigenschaft ist in Abb. 4.1 durch den Rückwirkungsfluss angedeutet. Insofern spielt die Funktion „*erzeuge Bewegungen*" und ihre technische Realisierung auch eine tragende Rolle bei der Auslegung des Stellsystems, das sich ja hinter der Funktion „*erzeuge Kräfte/Momente*" verbirgt. Demgegenüber ist in der Regel die Kopplung zur Funktion „*messe Bewegungsgrößen*" rückwirkungsfrei und als Signalkopplung modellierbar. Dies begründet sich nicht zuletzt aus der Forderung, dass die technische Realisierung einer Messaufgabe die gemessene physikalische Größe möglichst wenig beeinflussen und verfälschen soll.

4.2 Mehrkörpersysteme

Konzeptionell stellt man sich ein Mehrkörpersystem (MKS) als ein Gebilde von Teilkörpern vor, die über verschiedene Koppelelemente miteinander verbunden sind und auf die äußere und innere Kräfte einwirken. In Bezug auf Materialeigenschaften der Teilkörper und Koppelelemente unterscheidet man zwischen *starren* (nicht deformierbar) und *elastischen* (deformierbar, flexibel) Elementen. Zur mathematischen Beschreibung des Systemverhaltens nutzt man im ersten Fall Konzepte der *Starrkörpermechanik* (→ Differenzialgleichungssysteme, DAE-Systeme), im zweiten Fall Konzepte der *Kontinuumsmechanik* (→ partielle Differenzialgleichungssysteme) (Schwertassek u. Wallrap 1999).

Modellklasse Starrkörpersysteme   Für die Betrachtungen des Systementwurfes im Rahmen dieses Buches erweist sich als Abstraktionsbasis die spezielle Modellklasse *Starrkörpersysteme*, das sind Mehrkörpersysteme mit starren Teilkörpern und nicht deformierbaren, konzentrierten Koppelelementen, als hinreichend detailgetreu und gut handhabbar (Abb. 4.2).

Bei einem Starrkörpermodell besitzen lediglich die Teilkörper Masseeigenschaften (Masse, Trägheitsmoment), alle anderen Elemente werden als masselos betrachtet und dienen zur Modellierung von geometrischen Zwangsbedingungen bzw. zur Abbildung von inneren Kräften.

Im Rahmen der Modellierung sind also gegebenenfalls die konkreten technischen Komponenten bezüglich Funktion und Masseeigenschaften zu separieren, d.h. die Masse einer speziellen Komponente ist in geeigneter Weise einem starren Teilkörper zuzuordnen.

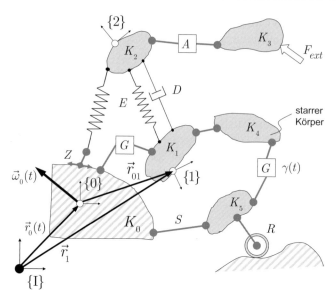

Abb. 4.2. Physikalisch-technisches Anschauungsmodell eines *Starrkörpersystems:* K_i starrer Körper (Masse, Trägheit), G Gelenk / Getriebe (masselos), S Koppelstange (masselos), E elastisches Verbindungselement (Feder, masselos), D Dämpferelement (masselos), Z Reibungskraft, R rollendes Rad, A Kraft-/ Drehmomentaktuator (masselos), F_{ext} externe Kraft, {I} Inertialsystem, {i} körperfestes Koordinatensystem

Kinematische Koppelelemente Vorgegebene geometrische Beziehungen zwischen Teilkörpern werden durch kinematische Koppelemente modelliert. Konkret betrachtet werden *Koppelstangen S, Gelenke* und *Getriebe G* und *rollende Räder R* mit gegebenenfalls eingeprägten Bewegungsprofilen $\gamma(t)$ (Abb. 4.2). Die inneren Kräfte zur Aufrechterhaltung der geometrischen Bindungen nennt man *Zwangskräfte.*

Kraftelemente Die Erzeugung von bewegungsabhängigen inneren Kräften wird über *elastische Verbindungen (Federelemente) E*, geschwindigkeitsabhängige *Dämpferelemente D* und bewegungsabhängige *Reibungskräfte Z* modelliert. Unter der Annahme von kleinen Bewegungsamplituden lassen sich die elastischen Kopplungen und Dämpferelemente häufig hinreichend genau durch *lineare Beziehungen* beschreiben. Die allgemeinen Reibungskräfte (Haft-, Gleitreibung) ergeben sich allerdings immer als nichtlineare Beziehungen. In mechatronischen Systemen finden sich ferner aktive Kraftquellen in Form von *Kraft-/ Drehmomentaktuatoren A* (Abb. 4.2).

Externe Kräfte Ergänzt werden die Kraftanregungen durch äußere Kräfte F_{ext}, die an den Teilkörpern angreifen. Darunter versteht man Kräfte, die im Gegensatz zu den inneren Kräften im Inertialsystem zu einer Vergrößerung des Gesamtimpulses führen, z.B. Potenzialkräfte, Rückstosskräfte (allerdings nur unter Vernachlässigung der verlorenen Treibstoffmasse).

Koordinatensysteme Die Bewegungen der Teilkörper werden durch die relative Position und Orientierung (Lage) von Koordinatensystemen beschrieben. Als Basisreferenz dient ein geeignet gewähltes Inertialsystem {I}, jedem Teilkörper i ist ein körperfestes Koordinatensystem {i} zugeordnet.

Bewegtes Bezugssystem Die mechanische Struktur eines mechatronischen Systems kann bezüglich des gewählten Inertialraumes häufig große Bewegungen mit gegebenenfalls nichtlinearen Bewegungsgesetzen ausführen (z.B. Fahrzeug, Manipulator, Teleskop). Vielfach interessiert jedoch lediglich die Bewegung von einigen Teilkörpern bezüglich einer bewegten Basis (z.B. Körper K_3 gegenüber Körper K_0 in Abb. 4.2 bzw. Radaufhängung gegenüber bewegtem Fahrzeugrahmen). Dies bedeutet dann auch häufig, dass die betrachteten Relativbewegungen klein bleiben und damit die Nutzung von linearen Materialmodellen (Feder, Dämpfer) erlauben. In einem solchen Fall dient das bewegte Bezugsystem als Referenz, z.B. Koordinatensystem {0} in Abb. 4.2 mit einer translatorischen bzw. rotatorischen Führungsbewegung $\vec{r}_0(t)$ bzw. $\vec{\omega}_0(t)$. Mit einiger Sorgfalt sind jedoch die Bewegungsgleichungen abzuleiten[1].

Offene vs. geschlossene kinematische Kette Eine wichtige Eigenschaft von Mehrkörpersystemen ist deren *Topologie*. Man versteht darunter die räumliche und wirkungsmäßige Anordnung der einzelnen MKS-Elemente. Systemtheoretisch interessant ist die Unterscheidung zwischen einer offenen und geschlossenen kinematischen Kette (Schwertassek u. Wallrap 1999).

- *Offene kinematische Kette – Baumstruktur*: Ein MKS zerfällt in zwei getrennte Teilsysteme, wenn alle kinematischen Koppelelemente zwischen jedem beliebigen Paar von Teilkörpern entfernt werden, z.B. Körperkette $K_0 - K_1 - K_2 - K_3$ in Abb. 4.2.

---

[1] Beachte: Das 2. NEWTONsches Axiom gilt nur in einem Inertialraum, s. dazu auch *Floating Frame of Reference Formulation* in Schwertassek R, Wallrap O (1999) *Dynamik flexibler Mehrkörpersysteme*, Vieweg.

- *Geschlossene kinematische Kette – Kinematische Schleife*: Bedingung für Baumstruktur ist nicht erfüllt, z.B. Körperkette $K_0 - K_1 - K_4 - K_5$ in Abb. 4.2.

Beim Aufstellen der Bewegungsgleichungen für kinematische Schleifen ist die Verträglichkeit der Bewegungen der Teilkörper in der kinematischen Schleife in korrekter Weise sicherzustellen (Schließbedingung).

4.3 Physikalische Grundlagen

Die relevanten physikalischen Grundlagen finden sich ausführlich in vielen guten Mechaniklehrbüchern, z.B. (Pfeiffer 2008), (Kuypers 1997), (Pfeiffer 1992), und gehören zum Standardwissen eines Ingenieurs. Deshalb sollen hier lediglich die im Folgenden wichtigen Konzepte und Naturgesetze eingeführt werden, um die wichtigsten Zusammenhänge vor Augen zu haben und um eine einheitliche Nomenklatur zu pflegen.

4.3.1 Kinematik vs. Kinetik

Kinematik Die *Kinematik* ist die Lehre der Bewegung von Punkten und Körpern im Raum, beschrieben durch die translatorischen (rotatorischen) Bewegungsgrößen Weg, Geschwindigkeit, Beschleunigung (Lage/Orientierung, Winkelgeschwindigkeit, Winkelbeschleunigung), ohne die Ursachen der Bewegung in Form von Kräften (Drehmomenten) zu betrachten.

Kinetik Die *Kinetik* beschreibt die Änderung der translatorischen (rotatorischen) Bewegungsgrößen unter Einwirkung von Kräften (Drehmomenten) im Raum.

Für die Bewegung einer Punktmasse in einem Inertialraum sind die Begriffe Kinematik und Kinetik in Abb. 4.3 veranschaulicht (koordinatenfreie Darstellung).

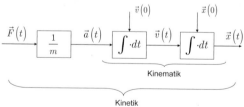

Abb. 4.3. Kinematik und Kinetik einer Punktmasse in einem Inertialraum

Relativkinematik Grundlegend für die Bewegungsbeschreibung in einem bewegten Bezugssystem sind die relativen kinematischen Beziehungen bezüglich unterschiedlicher Koordinatensysteme. Man betrachte beispielhaft die beiden Körper K_0 und K_1 in Abb. 4.2. Der Körper K_0 erfahre eine eingeprägte translatorische Führungsbewegung $\vec{r}_0(t)$ und eine rotatorische Führungsbewegung $\vec{\omega}_0(t)$. Die Körper K_0 und K_1 sind über ein Gelenk kinematisch gekoppelt, die Relativposition der körperfesten Koordinatensysteme sei $\vec{r}_{01}$.

Die *Absolutgeschwindigkeit* des Koordinatenursprungs von $\{1\}$ beträgt dann[2]

$$\vec{v}_1 = \dot{\vec{r}}_1^{[I]} = \underbrace{\dot{\vec{r}}_0^{[I]} + \vec{\omega}_0 \times \vec{r}_{01}}_{\substack{\text{Führungs-}\\\text{geschwindigkeit}}} + \underbrace{\dot{\vec{r}}_{01}^{[0]}}_{\substack{\text{Relativ-}\\\text{geschwindigkeit}}} \tag{4.1}$$

und die *Absolutbeschleunigung* (ebenfalls in koordinatenfreier Darstellung)

$$\vec{a}_1 = \ddot{\vec{r}}_1^{[I]} = \underbrace{\ddot{\vec{r}}_0^{[I]} + \dot{\vec{\omega}}_0^{[I]} \times \vec{r}_{01} + \vec{\omega}_0 \times \left(\vec{\omega}_0 \times \vec{r}_{01}\right)}_{\substack{\text{Führungs-}\\\text{beschleunigung}}} + \underbrace{2\vec{\omega}_0 \times \dot{\vec{r}}_{01}^{[0]}}_{\substack{\text{Coriolis-}\\\text{beschl.}}} + \underbrace{\ddot{\vec{r}}_{01}^{[0]}}_{\substack{\text{Relativ-}\\\text{beschl.}}} \tag{4.2}$$

Im Falle eines *rotierenden* Bezugssystems $\vec{\omega}_0 \neq \vec{0}$ ist also bei der Bestimmung von *relativen translatorischen* Bewegungsgrößen größte Sorgfalt anzuwenden, da diese nicht ausschließlich aus den Differenzen der entsprechenden inertialen Translationsgrößen gebildet werden.

4.3.2 Starre Körper

Starrkörper Ein Starrkörper besteht aus einer räumlich ausgedehnten Menge von Massenpunkten m_i, deren gegenseitiger Abstand zeitlich konstant ist. Es sind also keine Verformungen (Deformationen) des Körpers möglich.

---

[2] $\dot{\vec{x}}^{[A]}$ bedeutet die zeitliche Ableitung bezüglich eines Koordinatensystems $\{A\}$, d.h. die im Koordinatensystem $\{A\}$ angeschriebenen Komponenten des Vektors $\vec{x}$ werden formal total nach der Zeit abgeleitet.

Massenmittelpunkt – Schwerpunkt Der *Massenmittelpunkt* eines Starrkörpers ist jener Punkt, auf den sich (gedanklich und rechnerisch) die gesamte Masse $m_\Sigma = \Sigma m_i$ des Körpers konzentrieren lässt und auf den man die Trägheitskräfte des Körpers reduzieren kann. Der *Schwerpunkt* beschreibt hingegen den Punkt, in dem die auf den Körper wirkende Schwerkraft zu wirken scheint. Massenmittelpunkt und Schwerpunkt stimmen nur dann überein, wenn über die Ausdehnung des Körpers der Gravitationsgradient gleich null ist (konstantes Gravitationspotenzial). Dies ist mit guter Näherung immer bei hinreichend kleiner Körpersausdehnung erfüllt und nur dann ist der Gebrauch der Synonyme *Massenmittelpunkt* $\triangleq$ *Schwerpunkt* gerechtfertigt. Im Folgenden wird unter den beschriebenen Voraussetzungen der Begriff *Schwerpunkt* verwendet.

Trägheitstensor Die Trägheitsmomente eines Starrkörpers beschreiben die Massenträgheit bezüglich Drehbewegungen um feste Körperachsen[3]. Man schreibt die Menge aller möglichen Trägheitsmomente kompakt in bekannter Form als Tensor 2. Stufe (hier in Matrixschreibweise als symmetrische Matrix $\in \mathbb{R}^{3\times3}$)

$$\mathbf{I} = \begin{pmatrix} I_{11} & I_{12} & I_{13} \\ I_{12} & I_{22} & I_{23} \\ I_{13} & I_{23} & I_{33} \end{pmatrix} \qquad (4.3)$$

mit den *Trägheitsmomenten* I_{11}, I_{22}, I_{33} und den *Deviationsmomenten* I_{12}, I_{13}, I_{23}.

Bei geeigneter Wahl des Referenzpunktes (Schwerpunkt) und der Drehachsen (*Hauptträgheitsachsen*, z.B. orthogonale Symmetrieachsen bei achsensymmetrischen Körpern) vereinfacht sich der Tensor (4.3) zu

$$\mathbf{I}_S = \begin{pmatrix} I_1 & 0 & 0 \\ 0 & I_2 & 0 \\ 0 & 0 & I_3 \end{pmatrix} \qquad (4.4)$$

mit den *Hauptträgheitsmomenten* I_1, I_2, I_3.

---

[3] Für eine genaue mathematisch-physikalische Definition s. z.B. (Kuypers 1997). Hier interessieren lediglich definitorische Zuordnungen und Bezeichnungen.

Drehimpuls Der *Drehimpuls* $\vec{h}$ (auch *Drall* genannt) beschreibt allgemein das Moment des Impulsvektors bezüglich eines frei gewählten Referenzpunktes[4]. Bei einem Starrkörper bezieht man den Drehimpuls vorteilhaft auf den Schwerpunkt, dann bezeichnet als $\vec{h}_S$. Dann kann der Drehimpuls $\vec{h}_S$ in einem körperfesten Koordinatensystem {i} als affine Abbildung des augenblicklichen Drehgeschwindigkeitsvektors $\vec{\omega}$ dargestellt werden[5]

$$^i\left(\vec{h}_S\right) = {}^i\mathbf{h}_S = {}^i\mathbf{I}_S \cdot {}^i\left(\vec{\omega}\right) = {}^i\mathbf{I}_S \cdot {}^i\omega \tag{4.5}$$

Man erkennt aus Gln. (4.3) bis (4.5), dass Drehimpulsvektor und Drehgeschwindigkeitsvektor nur im Spezialfall eines kugelsymmetrischen Körpers immer parallel sind.

Impulssatz – 2. NEWTONsches Axiom Die Änderung des Gesamtimpulses $\vec{p}(t)$ einer (Punkt-) Masse m in einem Inertialsystem ist proportional der Summe der von außen angreifenden Kräfte $\vec{F}_\Sigma(t)$ und geschieht in Wirkrichtung der Summenkraft

$$\dot{\vec{p}}^{[I]}(t) = \vec{F}_\Sigma(t). \tag{4.6}$$

Setzt man für den Impuls $\vec{p} = m\vec{v}$, so folgt aus Gl. (4.6)

$$\dot{\vec{p}}^{[I]}(t) = \dot{m}^{[I]} \cdot \vec{v} + m \cdot \dot{\vec{v}}^{[I]} = \vec{F}_\Sigma(t).$$

Für eine konstante Masse folgt die vereinfachte Beziehung

$$m \cdot \dot{\vec{v}}^{[I]} = m \cdot \vec{a}(t) = \vec{F}_\Sigma(t). \tag{4.7}$$

Schwerpunktsatz Für einen Starrkörper gilt der Impulssatz (4.7) für die Bewegung des Schwerpunktes $\vec{r}_S$ mit der darin konzentrierten Masse m_Σ in der Form

$$m_\Sigma \cdot \ddot{\vec{r}}_S^{[I]} = \vec{F}_\Sigma(t). \tag{4.8}$$

Drehimpulssatz – Drallsatz Betrachtet man für einen Starrkörper das Moment der Impulsänderung bezüglich eines festen Raumpunktes, z.B.

---

[4] s. Fußnote 2
[5] $^i(\vec{x})$ beschreibt die Darstellung eines Vektors $\vec{x}$ in Koordinaten eines Koordinatensystems $\boxed{i}$.

Schwerpunkt, so folgt aus dem Schwerpunktsatz (4.8) unter Berücksichtigung des Drehimpulses für die zeitliche Änderung des Drehimpulses unter Einwirkung äußerer Drehmomente $\vec{\tau}_{S,\Sigma}$, jeweils bezogen auf den Schwerpunkt des Starrkörpers

$$\dot{\vec{h}}_S^{[I]} = \vec{\tau}_{S,\Sigma} \, . \tag{4.9}$$

Wählt man für den Drehimpuls die Koordinatendarstellung nach Gl. (4.5) so folgt aus Gl. (4.9)

$$\frac{d}{dt}^{[I]} \left({}^i\mathbf{I}_S \cdot {}^i\omega \right) = {}^i\tau_{S,\Sigma} \, . \tag{4.10}$$

Es sei bemerkt, dass Gl. (4.10) auch dann gilt, wenn sich der Schwerpunkt bewegt oder beschleunigt wird.

EULERsche Kreiselgleichungen   Aus Zweckmäßigkeitsgründen wählt man als Bezugssystem jedoch nicht ein Inertialsystem sondern ein körperfestes Koordinatensystem {i}[6], vorteilhaft mit dem Ursprung im Schwerpunkt und parallel zu den Hautträgheitsachsen. Da das körperfeste Koordinatensystem mit der Augenblicksdrehgeschwindigkeit $\vec{\omega}$ rotiert, erhält man aus Gl. (4.10) für die zeitliche Ableitung des Drehimpulses bezüglich körperfesten Koordinaten[7] bei konstantem Trägheitstensor die *EULERschen Kreiselgleichungen*

$$ {}^i\mathbf{I}_S \cdot {}^i\dot{\omega}^{[i]} + {}^i\omega \times \left({}^i\mathbf{I}_S \cdot {}^i\omega \right) = {}^i\tau_{S,\Sigma} \tag{4.11}$$

bzw. in skalarer Form

$$
\begin{aligned}
I_1 \cdot \dot{\omega}_1 + \omega_2\omega_3 \left(I_3 - I_2 \right) &= \tau_{1,\Sigma} \\
I_2 \cdot \dot{\omega}_2 + \omega_1\omega_3 \left(I_1 - I_3 \right) &= \tau_{2,\Sigma} \\
I_3 \cdot \dot{\omega}_3 + \omega_1\omega_2 \left(I_2 - I_1 \right) &= \tau_{3,\Sigma}
\end{aligned}
\tag{4.12}
$$

wobei $\omega_i, \tau_{i,\Sigma}$ die Projektionen der Vektoren auf die körperfesten Koordinatenachsen (hier gleich den Hauptträgheitsachsen) sind und die zeitlichen

---

[6] Der Trägheitstensor ist nur in einem körperfesten Koordinatensystem konstant.

[7] Es gilt allgemein für einen Vektor $\vec{x}$ die Beziehung $\dot{\vec{x}}^{[I]} = \dot{\vec{x}}^{[i]} + \vec{\omega} \times \vec{x}$, mit der Drehgeschwindigkeit $\vec{\omega}$ des körperfesten Koordinatensystems {i} gegenüber einem Inertialsystem {I} und $\dot{\vec{x}}^{[i]}$ der zeitlichen Ableitung bezogen auf das körperfeste Koordinatensystem {i}.

Ableitungen bezüglich des rotierenden körperfesten Koordinatensystems zu nehmen sind.

Kreiselmomente Der Kreuzproduktterm in Gl. (4.11) beschreibt die sogenannten *Kreiselmomente* eines rotierenden Körpers. Für vereinfachte Betrachtungen wird häufig die Rotation um eine feste Körperachse isoliert untersucht. Aus Gl. (4.12) erkennt man, dass eine entkoppelte Untersuchung von räumlichen Rotationsbewegungen ohne Modellfehler überhaupt nur dann möglich ist, wenn alle Kreiselterme verschwinden. Dies ist bei kugelsymmetrischen Körpern erfüllt ($I_1 = I_2 = I_3$) oder wenn der Drehgeschwindigkeitsvektor $\vec{\omega}$ exakt parallel zu einer der Hauptträgheitsachsen ist (hier verschwinden die jeweils orthogonalen Komponenten). Falls dies nicht erfüllt ist, treten bei einer künstlichen Fesselung Lagermomente auf bzw. bei einer ungefesselten Bewegung verkoppelte Bewegungszustände (Nutationsbewegung).

Starrkörper vs. Punktmasse Wenn bei der Betrachtung von Bewegungen eines Körper dessen Orientierung keine Rolle spielt, dann kann man diesen Körper als eine *Punktmasse* (Massenpunkt) modellieren. Dies ist immer dann der Fall, wenn lediglich die Bewegung des Massenmittelpunktes betrachtet wird (z.B. Bahnbewegung eines Satelliten) oder wenn die rotatorischen Bewegungsfreiheitsgrade künstlich eingeschränkt sind (z.B. Führungsschiene).

Beispiel 4.1   *Bewegtes Bezugssystem – Virtuelles Inertialsystem.*

Zur Erläuterung des Modellierungsansatzes „Bewegtes Bezugssystem" sei die in Abb. 4.4 gezeigte Anordnung betrachtet (vgl. Körper K_0 und K_1 in Abb. 4.2, hier allerdings durch Kraftelemente verbunden).

Die beiden durch eine lineare Feder k elastisch gekoppelten starren Körper 0 (Masse m_0) und 1 (Masse m_1) sollen in einem Inertialraum {I} durch einen Kraftaktuator A (innere Stellkraft F_A) sowie durch eine auf den Körper 1 wirkende externe Kraft F_1 angeregt, *reine Horizontalbewegungen* ausführen. Für $x_1 - x_0 = l_{01}$ sei die Feder entspannt.

Modellbildung Nach Freischneiden der Körper und Anwendung des Schwerpunktsatzes Gl. (4.8) auf dieses Zweikörpersystem erhält man die Bewegungsgleichungen in Inertialkoordinaten[8]

---

[8] Im freigeschnittenen zweimal Einmassensystem sind die Stellkraft F_A und die Federkraft wie *äußere* Kräfte zu behandeln, für das gekoppelte Zweimassensystem sind sie jedoch *innere* Kräfte.

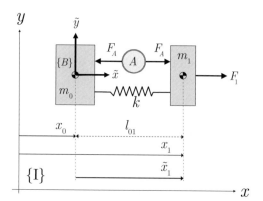

Abb. 4.4. Ungefesseltes Zweikörpersystem mit Kraftkopplung

$$m_0 \ddot{x}_0 + k x_0 - k x_1 = -F_A - k l_{01}$$
$$m_1 \ddot{x}_1 + k x_1 - k x_0 = F_A + k l_{01} + F_1 \; . \tag{4.13}$$

Beschreibt man die Bewegung des Körpers 1 relativ zu einem im Schwerpunkt von Körper 0 angebrachten körperfesten Koordinatensystem $\{B\}$, so erhält man unter Berücksichtigung der Koordinatentransformation (Relativkoordinaten $\tilde{x}_1$, keine Rotation, s. Gl. (4.2))

$$\tilde{x}_1 = x_1 - x_0$$

und Umformung die Bewegungsgleichungen in *hybriden* Koordinaten $(x_0, \tilde{x}_1)$

$$(m_0 + m_1) \ddot{x}_0 + m_1 \ddot{\tilde{x}}_1 = F_1 \tag{4.14}$$

$$m_1 \ddot{\tilde{x}}_1 + k \tilde{x}_1 + m_1 \ddot{x}_0 = F_A + k l_{01} + F_1 \; . \tag{4.15}$$

Modellanalyse Aus den *hybriden Bewegungsgleichungen* (4.14), (4.15) kann man nun folgende Schlüsse ziehen.

1. Für $m_0 \gg m_1$, d.h. bewegte Basis mit *großer Masse* m_0, bleibt die Rückwirkung des Körpers 1 auf die Basis (Körper 0) hinreichend klein, d.h. $\ddot{x}_0 \approx 0$ aus Gl. (4.14). In diesem Fall stellt das Bezugssystem $\{B\}$ für die *Relativbewegung* $\tilde{x}_1$ ein *virtuelles Inertialsystem* dar.

2. Bei einer geführten, *nicht beschleunigten* Bewegung des Körpers 0 (z.B. positionsgeregelte Bewegung $x_0(t) = const.$ oder $\dot{x}_0(t) = const.$) stellt das Bezugssystem $\{B\}$ für die *Relativbewegung* $\tilde{x}_1$ ebenfalls ein *virtuelles Inertialsystem* dar (wegen $\ddot{x}_0 = 0$ in Gl. (4.15)).

In diesen Fällen kann also als *äquivalentes System* das in Abb. 4.5 gezeigte vereinfachte *Einkörpersystem* betrachtet werden. Die Aktuatorkraft F_A wirkt hier als quasi externe Kraft, die Feder stützt sich am virtuellen

Inertialsystem ab, die Bewegungen des Körpers 1 werden relativ zum virtuellen Inertialsystem {B} betrachtet.

Eine weitere Vereinfachung ergibt sich, wenn man die Bewegung des Körpers 1 relativ zur Ruheposition der entspannten Feder definiert, $\tilde{\tilde{x}}_1 := \tilde{x}_1 - l_{01}$. Dann entfällt auch noch der Term mit der potenziellen Kraft in Gl. (4.15) und man erhält die Bewegungsgleichung des Körpers 1 in der einfachen Form (quasi inertial)[9]

$$m_1 \ddot{\tilde{\tilde{x}}}_1 + k\tilde{\tilde{x}}_1 = F_A + F_1.$$ (4.16)

Im Folgenden wird, wenn immer möglich, von dieser vereinfachten Modellvorstellung Gebrauch gemacht.

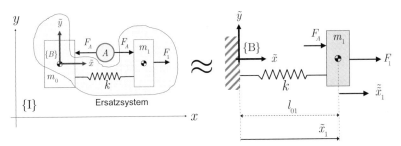

Abb. 4.5. Ersatzmodell mit virtuellem Inertialsystem bei translatorisch bewegter Basis (nicht beschleunigt)   ∎

4.3.3 Freiheitsgrade und Zwangsbedingungen

Generalisierte Lagekoordinaten – Konfigurationsraum Für die Bestimmung von Bewegungsabläufen im Raum interessieren bei *Punktmassen* deren Position (je 3 Parameter) sowie bei *starren Körpern* deren Position (je 3 Parameter) und Orientierung (je 3 Parameter). Solche Parameter werden als *generalisierte Lagekoordinaten* q_i bezeichnet. Dabei ist es zweitrangig (jedoch aus Zweckmäßigkeitsgründen durchaus wichtig), in welchem Koordinatensystem diese Parameter definiert werden. Insgesamt

---

[9] Man beachte allerdings, dass bei Messung über einen Beschleunigungsaufnehmer auf Körper 1 immer die *inertiale* Beschleunigung $\ddot{x}_1$ gemessen wird (Inertialmessung). Dasselbe gilt auch für Messungen von Drehgeschwindigkeiten mittels Kreiselsensoren.

sind bei einem Mehrkörpersystem mindestens[10] N_q solcher generalisierter Koordinaten zur Beschreibung nötig, wobei gilt

- N_P Punktmassen $\Rightarrow N_q \geq 3N_P$
- N_K Starrkörper $\Rightarrow N_q \geq 6N_K$.

Der Vektor der generalisierten Koordinaten

$$\mathbf{q} = \begin{pmatrix} q_1 & q_2 & \cdots & q_{Nq} \end{pmatrix}^T \tag{4.17}$$

beschreibt dann die *Konfiguration* des Mehrkörpersystems und in diesem Sinne nennt man den **q**-Raum auch *Konfigurationsraum* des Mehrkörpersystems[11].

Zwangsbedingungen In der Regel sind nicht alle N_q Koordinaten unabhängig wählbar, d.h. die Positionierung und Orientierung der Punktmassen bzw. Körper unterliegt gewissen konstruktiven Einschränkungen, z.B. Führung in einer Schiene, starre Kopplung, kinematische Kopplung über Gelenke. Derartige *Zwangsbedingungen* reduzieren den frei gestaltbaren Konfigurationsraum. Man unterscheidet folgende Arten von Zwangsbedingungen

- *holonom*: beschränken die Lage des Systems; integrierbare kinematische Beziehungen (s. unten),
- *nichtholonom*: beschränken Geschwindigkeit und ggf. Lage; nicht integrierbare kinematische Beziehungen (s. unten),
- *rheonom*: explizit von der Zeit abhängig,
- *skleronom*: unabhängig von der Zeit.

---

[10] Aus Zweckmäßigkeitsgründen verwendet man häufig redundante Beschreibungen, z.B. *Richtungskosinusmatrix* $\in \mathbb{R}^{3 \times 3}$ zur Beschreibung von 3 Orientierungen

[11] Im Rahmen der energiebasierten Modellierung mit dem LAGRANGEschen Formalismus (Kapitel 2.3.2) wurden auch generalisierte Koordinaten eingeführt. Aus didaktischen Gründen wurde dort *jedem* Energiespeicher vorerst eine Koordinate zugewiesen, also sowohl jeder Masse = Speicher für kinetische Energie und jeder Feder = Speicher für potenzieller Energie. Aufgrund der Verschaltungsbedingungen der Federelemente lassen sich deren Koordinaten eliminieren und es verbleiben letztlich nur die Koordinaten der Massenelemente. Diese Eigenschaft wurde hier ausgenutzt, weshalb der Konfigurationsraum hier nur noch die Lagekoordinaten der Massenelemente umfasst.

Mechanische Freiheitsgrade   Als mechanische Freiheitsgrade eines Mehrkörpersystems bezeichnet man die Anzahl dessen unabhängiger generalisierter Lagekoordinaten. Wie noch zu zeigen ist, bewirken lediglich die $N_{ZB,hol}$ *holonomen* Zwangsbedingungen eine Reduktion der Freiheitsgrade, sodass für die Anzahl der Freiheitsgrade N_{FG} folgt

$$N_P \text{ Punktmassen} \quad \Rightarrow \quad N_{FG} = 3N_P - N_{ZB,hol}$$

$$N_K \text{ Starrkörper} \quad \Rightarrow \quad N_{FG} = 6N_K - N_{ZB,hol}.$$
(4.18)

Die Anzahl der Freiheitsgrade N_{FG} spielt im Folgenden eine zentrale Rolle und ist ein wichtiger Modellparameter.

Redundante Koordinaten – Minimalkoordinaten   Falls $N_q > N_{FG}$ ist, beinhalten die generalisierten Koordinaten gewisse Redundanzen, man nennt einen solchen Satz deshalb *redundante Koordinaten*. Für $N_q = N_{FG}$ erhält man dagegen einen Satz von *unabhängigen* Lagekoordinaten mit minimaler Dimension und spricht dann von *Minimalkoordinaten*. Eine besonders günstige Wahl stellen jene Minimalkoordinaten dar, deren Komponenten in einem gegebenen Konfigurationsraum zusätzlich *unbeschränkt* variiert werden dürfen. Dies ist eine wichtige Voraussetzung zur Anwendung der LAGRANGEschen Gleichungen 2. Art (s. Abschn. 2.3.2).

Holonome Zwangsbedingungen   Algebraische Gleichungen in den generalisierten Lagekoordinaten (keine Geschwindigkeiten!) beschreiben generell *holonome* Zwangsbedingungen

$$h_j\left(q_1, q_2, ..., q_{N_q}, t\right) = 0, \quad j = 1, ..., N_{ZB,hol} \quad \text{bzw.} \quad \mathbf{h}(\mathbf{q}, t) = \mathbf{0}. \quad (4.19)$$

Mit jeder der Gleichungen aus (4.19) ist es möglich, eine der Koordinaten q_i durch die verbleibenden Koordinaten auszudrücken, d.h.

$$q_i = \tilde{h}_j\left(q_1, ..., q_{i-1}, \quad q_{i+1}, ..., q_{N_q}, t\right).$$

Jede holonome Zwangsbedingung reduziert daher die Anzahl der mechanischen Freiheitsgrade um eins (Beispiele s. Tabelle 4.1).

Nichtholonome Zwangsbedingungen   Können die Beschränkungen *nicht* durch algebraische Gleichungen oder integrierbare Differenzialgleichungen ausgedrückt werden, z.B. *Ungleichungsbeschränkungen* in generalisierten Lagekoordinaten

$$h\left(q_1, q_2, ..., q_{Nq}\right) \leq 0,$$

so spricht man von *nichtholonomen* Zwangsbedingungen. Diese stellen zwar betriebsmäßige Einschränkungen der Lagekoordinaten dar, es ist jedoch damit keine Reduktion der Freiheitsgrade verbunden. Es werden alle vorhandenen Koordinaten für die Beschreibung des Bewegungsablaufes benötigt (Beispiele s. Tabelle 4.1).

Differenzielle Zwangsbedingungen – PFAFFsche Form Die Unterscheidung und Handhabung von holonomen und nichtholonomen Zwangsbedingungen fällt wesentlich leichter, wenn man deren *differenzielle Form* betrachtet, d.h. den Zusammenhang zwischen Differenzialen (infinitesimalen Änderungen bzw. Geschwindigkeiten) der generalisierten Koordinaten.

Aus Gl. (4.19) folgt als totales Differenzial nach der Zeit

$$\frac{\partial h_j\left(\mathbf{q}, t\right)}{\partial q_1}\dot{q}_1 + \frac{\partial h_j\left(\mathbf{q}, t\right)}{\partial q_2}\dot{q}_2 + ... + \frac{\partial h_j\left(\mathbf{q}, t\right)}{\partial q_{Nq}}\dot{q}_{Nq} + \frac{\partial h_j\left(\mathbf{q}, t\right)}{\partial t} = 0 \qquad (4.20)$$

$$j = 1, ..., N_{ZB}.$$

Mit den JACOBI-Matrizen von $\mathbf{h}(\mathbf{q}, t)$

$$\mathbf{H}_q\left(\mathbf{q}, t\right) = \left[H_{ji}\right] = \left[\frac{\partial h_j}{\partial q_i}\right] = \begin{pmatrix} \dfrac{\partial h_1}{\partial q_1} & \cdots & \dfrac{\partial h_1}{\partial q_{Nq}} \\ \vdots & \ddots & \vdots \\ \dfrac{\partial h_{N_{ZB}}}{\partial q_1} & \cdots & \dfrac{\partial h_{N_{ZB}}}{\partial q_{Nq}} \end{pmatrix},$$

$$(4.21)$$

$$\mathbf{h}_t\left(\mathbf{q}, t\right) = \left[h_{t,j}\right] = \begin{pmatrix} \dfrac{\partial h_1}{\partial t} \\ \vdots \\ \dfrac{\partial h_{N_{ZB}}}{\partial t} \end{pmatrix}$$

folgt aus Gl. (4.20) die differenzielle Form der holonomen Zwangsbedingungen in Matrixnotation (auch *PFAFFsche Form* genannt)

$$\boxed{\mathbf{H}_q\left(\mathbf{q}, t\right) \cdot \dot{\mathbf{q}} + \mathbf{h}_t\left(\mathbf{q}, t\right) = \mathbf{0}}. \qquad (4.22)$$

Verallgemeinerte Darstellung von Zwangsbedingungen Die Gl. (4.22) spezifiziert formal einen algebraischen Zusammenhang zwischen generalisierten Koordinaten q und generalisierten Geschwindigkeiten $\dot{q}$ bzw. ein Differenzialgleichungssystem für die generalisierten Koordinaten in einer speziellen Struktur. Solche formalen Zusammenhänge können ebenso für *nichtholonome* Zwangsbedingungen formuliert werden, sodass Gl. (4.22) als verallgemeinerte Darstellung von holonomen *und* nichtholonomen Zwangesbedingungen interpretiert werden kann.

Integrabilitätsbedingung für holonome Zwangsbedingungen Da für holonome Zwangsbedingungen die Darstellungen als algebraisches Gleichungssystem (4.19) und als Differenzialgleichungssystem (4.22) völlig gleichwertig sind, muss es immer möglich sein, aus Gl. (4.22) *durch Integration* die algebraische Darstellung (4.19) zu erhalten – Gl. (4.22) nennt man in diesem Sinne eine *integrierbare Differenzialgleichung*. Damit dies erfüllt ist, muss für *holonome* Zwangsbedingungen folgende *Integrabilitätsbedingung* für die Elemente der JACOBI-Matrizen (4.21) erfüllt sein

$$\boxed{\frac{\partial H_{ki}}{\partial q_j} = \frac{\partial H_{kj}}{\partial q_i}} \quad \text{und} \quad \boxed{\frac{\partial H_{ki}}{\partial t} = \frac{\partial h_{t,k}}{\partial q_i}} \quad \forall i,j,k \tag{4.23}$$

Test auf nichtholonome Zwangsbedingungen Wenn für differenzielle Zwangsbedingungen der Form (4.22) die Integrabilitätsbedingung (4.23) *nicht erfüllt* wird, dann handelt es sich um *nichtholonome* Zwangsbedingungen.

Beispiele In Tabelle 4.1 sind eine Reihe von typischen Beispielen für holonome und nichtholonome Zwangsbedingungen und Möglichkeiten zur Wahl der generalisierten Koordinaten dargestellt. Der werte Leser möge als Übung selbst die relevanten Eigenschaften (Freiheitsgrade … Integrabilitätsbedingung) überprüfen.

Auflösen von Zwangsbedingungen beim Systementwurf Während der Entwurfsphase ist es das Ziel, mit möglichst einfachen, aber dennoch repräsentativen Entwurfsmodellen zu arbeiten. Für kompakte Entwurfsmodelle ist es daher anzustreben, vorhandene *holonome* Zwangsbedingungen zu nutzen, um damit einen Satz von *Minimalkoordinaten* zu erzeugen. Damit ist es dann bei Abwesenheit von *nichtholonomen* Zwangsbedingungen *immer* möglich, das DAE-Modell in redundanten Koordinaten in ein reines *Zustandsmodell* in *Minimalkoordinaten* zu überführen und mittels gängiger Methoden zu analysieren.

Beim Vorhandensein von *nichtholonomen* Zwangsbedingungen kann man sich dieser aber auch vielfach durch spezielle Modellannahmen (Achtung: Modelleinschränkung!) entledigen. Wenn etwa im Beispiel C Tabelle 4.1 x_2 in der Modellbetrachtung auf die erlaubten Grenzen beschränkt wird, entfällt die Zwangsbedingung. Im Beispiel L Tabelle 4.1 wurde die holonome Zwangsbedingung (1) ausgenutzt, um die nichtholonome Zwangsbedingung (2a) holonom zu machen.

Tabelle 4.1. Beispiele für Zwangsbedingungen

	MKS-Konfiguration	**Generalisierte Koordinaten**	**Zwangsbedingungen Freiheitsgrade**
A		2 Punktmassen ebene Bewegung $$\mathbf{q} = \begin{pmatrix} x_1 & y_1 & x_2 & y_2 \end{pmatrix}^T$$ *Minimalkoordinaten, unbeschränkt* $N_q = 4$	keine ZB $N_{ZB,hol} = 0$, $N_{FG} = 4$
B		2 Punktmassen ebene Bewegung $$\mathbf{q} = \begin{pmatrix} x_1 & y_1 & x_2 & y_2 \end{pmatrix}^T$$ redundante Koordinaten $N_q = 4$	starre Kopplung holonome ZB $$\left(x_2 - x_1\right)^2 + \left(y_2 - y_1\right)^2 = d^2$$ $N_{ZB,hol} = 1$, $N_{FG} = 3$
C		2 Punktmassen ebene Bewegung $$\mathbf{q} = \begin{pmatrix} x_1 & y_1 & x_2 \end{pmatrix}^T$$ Minimalkoordinaten beschränkt $N_q = 3$	*nichtholonome* ZB $$x_1 - d \leq x_2 \leq x_1 + d$$ $N_{ZB,hol} = 0$, $N_{FG} = 3$
D		2 Punktmassen ebene Bewegung $$\mathbf{q} = \begin{pmatrix} q_1 & q_2 & q_3 \end{pmatrix}^T$$ *Minimalkoordinaten unbeschränkt* $N_q = 3$	keine ZB $N_{ZB} = 0$, $N_{FG} = 3$

Tabelle 4.1 (Fortsetzung 1). Beispiele für Zwangsbedingungen

MKS-Konfiguration	Generalisierte Koordinaten	Zwangsbedingungen Freiheitsgrade
E	2 Punktmassen ebene Bewegung $$\mathbf{q} = \begin{pmatrix} x_1 & y_1 & x_2 & y_2 \end{pmatrix}^T$$ redundante Koordinaten $N_q = 4$	(1) starre Kopplung holonome ZB $$\left(x_2 - x_1\right)^2 + \left(y_2 - y_1\right)^2 = d^2$$ (2) kinematische Führung holonome ZB $$y_1 = f(x_1)$$ $N_{ZB,hol} = 2$, $N_{FG} = 2$
F	2 Punktmassen ebene Bewegung $$\mathbf{q} = \begin{pmatrix} q_1 & q_2 & q_3 \end{pmatrix}^T$$ redundante Koordinaten $N_q = 3$	kinematische Führung holonome ZB $$q_2 = f(q_1)$$ $N_{ZB,hol} = 1$, $N_{FG} = 2$
G	2 Punktmassen ebene Bewegung $$\mathbf{q} = \begin{pmatrix} q_1 & q_2 \end{pmatrix}^T$$ *Minimalkoordinaten unbeschränkt* $N_q = 2$	keine ZB $N_{ZB} = 0$, $N_{FG} = 2$
H	Punktmasse räumliche Bewegung $$\mathbf{q} = \begin{pmatrix} z & r & \varphi \end{pmatrix}^T$$ redundante Koordinaten $N_q = 3$	(1) kinematische Führung holonome ZB $$r + z \tan \alpha_0 = 0$$ (2) Zwangsführung holonome/rheonome ZB $$\varphi - \omega_0 t = 0$$ $N_{ZB,hol} = 2$, $N_{FG} = 1$
I	Starrkörper+Punktmasse ebene Bewegung $$\mathbf{q} = \begin{pmatrix} y_S & z_S & \theta & r & \varphi \end{pmatrix}^T$$ redundante Koordinaten $N_q = 5$	(1) Zwangsführung holonome ZB, 2x $$z_S = const, \quad \theta = const$$ (2) starre Kopplung holonome ZB $$r = l_0$$ $N_{ZB,hol} = 3$, $N_{FG} = 2$

Tabelle 4.1. (Fortsetzung 2). Beispiele für Zwangsbedingungen

MKS-Konfiguration	Generalisierte Koordinaten	Zwangsbedingungen Freiheitsgrade
J 	2 Punktmassen ebene Bewegung Zielverfolgung $m_1 \rightarrow m_0$ $\mathbf{q} = \begin{pmatrix} x_0 & y_0 & x_1 & y_1 \end{pmatrix}^T$ Minimalkoordinaten beschränkt $N_q = 4$	Normalgeschwindigkeit=0 *nichtholonome*/rheonome ZB $\mathbf{v}_1^T \cdot \mathbf{n}_1 = 0$ $\dot{x}_1(y_1 - y_0) +$ $+\dot{y}_1(v_0 t - x_1) = 0$ $N_{ZB,hol} = 0 , \; N_{FG} = 4$
K 	Rollendes Rad (breit) auf Ebene $\mathbf{q} = \begin{pmatrix} x & y & \theta \end{pmatrix}^T$ Minimalkoordinaten beschränkt $N_q = 3$	(1) Normalgeschw.=0 *nichtholonome* ZB $\dot{\mathbf{q}}^T \cdot \mathbf{n} = 0$ $\dot{x} \sin \theta - \dot{y} \cos \theta = 0$ $N_{ZB,hol} = 0 , \; N_{FG} = 3$
L 	Ungelenkter Wagen auf Ebene $\mathbf{q} = \begin{pmatrix} x & y & \theta \end{pmatrix}^T$ redundante Koordinaten $N_q = 3$	(1) konst. Fahrtrichtung holonome ZB $\dot{\theta} = 0$ bzw. $\theta = \theta_0$ (2a) Normalgeschw.=0 *nichtholonome* ZB $\dot{\mathbf{q}}^T \cdot \mathbf{n} = 0$ $\dot{x} \sin \theta - \dot{y} \cos \theta = 0$ <u>Achtung:</u> dies ist eine versteckte holonome ZB! Denn unter Berücksichtigung von ZB1 erhält man mit $\theta = \theta_0 \; \Rightarrow$ ZB(2b) (2b) holonome ZB $\dot{x} \sin \theta_0 - \dot{y} \cos \theta_0 = 0$ $N_{ZB,hol} = 2 , \; N_{FG} = 1$

4.4 MKS-Modelle im Zeitbereich

4.4.1 Modellhierarchie für Systementwurf

LTI-Zustandsmodelle Für die in diesem Buch vorgestellten Aufgaben und Methoden des Systementwurfes interessieren gut handhabbare Verhaltensmodelle, die insbesondere eine Verhaltensanalyse im Frequenzbereich ermöglichen (s. Kap. 10 Reglerentwurf, Kap. 11 Stochastische Verhaltensanalyse). Dazu eignen sich hervorragend *LTI-Zustandsmodelle* im Zeitbereich aus denen bequem die interessierenden Übertragungsfunktionen und Frequenzgänge berechnet werden können (s. Abschn. 2.6.3).

Physikalische Modellbildung – DAE Systeme Als Ergebnis einer physikalischen Modellbildung (s. Multidomänenmodellierung in Kap. 2 oder MKS-spezifische Methoden, z.B. NEWTON-EULER) ergeben sich im Allgemeinen Bewegungsgleichungen mit N_q redundanten Lagekoordinaten in

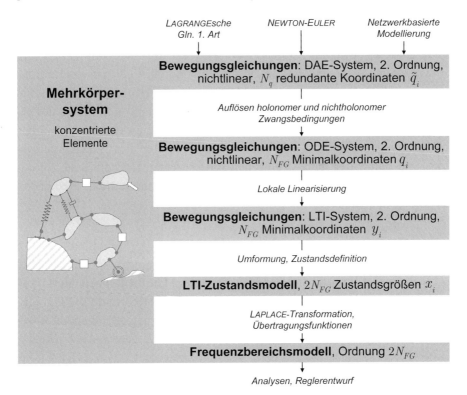

Abb. 4.6. Modellhierarchie Mehrkörpersysteme für den Systementwurf

Form nichtlinearer DAE-Systeme, wobei die algebraischen Gleichungen holonome und nichtholonome Zwangsbedingungen repräsentieren (Abb. 4.6 oben). Diese Modelle besitzen in der Regel einen hohen Detaillierungsgrad und sie sind speziell für eine simulationstechnische Verifikation von Systementwürfen geeignet.

Modellvereinfachungen Auf dem Weg zu den für Entwurf und Analyse gewünschten LTI-Zustandsmodellen (Abb. 4.6 unten) sind die in Abb. 4.6 gezeigten Modellvereinfachungen durchzuführen. Damit einhergehend ist natürlich immer eine verminderte Repräsentativität des modellierten physikalischen Verhaltens verbunden. Dieser Sachverhalt ist in jedem Modellierungsschritt sorgfältig zu überprüfen.

Bewegungsgleichungen in Minimalkoordinaten Für die Beurteilung des *räumlich-zeitlichen* Verhaltens sind besonders die linearisierten Bewegungsgleichungen in Minimalkoordinaten von Bedeutung. Dabei handelt es sich um ein System von Differenzialgleichungen 2. Ordnung in N_{FG} *unabhängigen Lagekoordinaten*. Die Lagekoordinaten selbst beschreiben die räumliche Diskretisierung des Mehrkörpersystems. Mathematisch bildet sich dieses räumlich-zeitliche Verhalten sehr transparent *in den Eigenschwingungen* (*Eigenmoden*) ab, beschrieben durch *Eigenvektoren* und *Eigenwerte* (*Eigenfrequenzen*) der LTI-Bewegungsgleichungen (s. Abschn. 4.5). Die Anzahl dieser Eigenschwingungen (gleich N_{FG}), die Lage der Eigenfrequenzen und die räumliche Verteilung (Eigenvektoren) bestimmen in vorhersagbarer Weise das Übertragungsverhalten des Mehrkörpersystems und damit der mechatronischen Regelstrecke. Deshalb sind die aus diesem Eigenwertproblem gewonnen Aussagen von zentraler Bedeutung für den Systementwurf.

4.4.2 MKS-Bewegungsgleichungen

DAE-System in redundanten Koordinaten Die bekannten Verfahren der Multidomänenmodellbildung (s. Kap. 2) oder MKS-Modellierung, z.B. NEWTON-EULER (Pfeiffer 1992) liefern die Bewegungsgleichungen in redundanten Lagekoordinaten $\tilde{\mathbf{q}}$ als nichtlineares *DAE-System* der Form

$$\tilde{\mathbf{M}}(\tilde{\mathbf{q}}, t) \cdot \ddot{\tilde{\mathbf{q}}} + \tilde{\mathbf{g}}(\tilde{\mathbf{q}}, \dot{\tilde{\mathbf{q}}}, \lambda, t) = \tilde{\mathbf{f}}(\tilde{\mathbf{q}}, \dot{\tilde{\mathbf{q}}}, t)$$

$$\mathbf{H}_{\tilde{q}}\left(\tilde{\mathbf{q}}, t\right) \cdot \dot{\tilde{\mathbf{q}}} + \mathbf{h}_t\left(\tilde{\mathbf{q}}, t\right) = \mathbf{0}$$

$$(4.24)$$

mit $\tilde{\mathbf{q}} \in \mathbb{R}^{Nq}$ redundante generalisierte Lagekoordinaten, $\lambda \in \mathbb{R}^{N_{ZB}}$ Zwangskräfte, $\tilde{\mathbf{M}} \in \mathbb{R}^{Nq \times Nq}$ Massenmatrix, $\tilde{\mathbf{g}} \in \mathbb{R}^{Nq}$ generalisierte Kreisel- und Fesselungskräfte (gyroskopisch, Coriolis, dissipativ, etc.), $\tilde{\mathbf{f}} \in \mathbb{R}^{Nq}$ eingeprägte generalisierte Kräfte, $\mathbf{H}_{\tilde{q}} \in \mathbb{R}^{N_{ZB} \times Nq}$, $\mathbf{h}_t \in \mathbb{R}^{N_{ZB}}$ JACOBI-Matrizen der Zwangsbedingungen (s. Gl. (4.22)).

Terminus Bewegungsgleichung Da als höchste Zeitableitung der Lagekoordinaten die zweite Ableitung vorkommt, spricht man bei Gl. (4.24) und allen nachfolgend angeführten Derivaten von den *Bewegungsgleichungen* des Mehrkörpersystems. Bei den später eingeführten *Zustandsgleichungen* treten lediglich erste Zeitableitungen auf.

ODE-System in Minimalkoordinaten Eliminiert man in Gl. (4.24) die überzähligen Koordinaten und die Zwangskräfte durch Auflösen der Zwangsbedingungen[12], so verbleiben $N_{FG} = N_q - N_{ZB}$ unabhängige Koordinaten $\mathbf{q}$, sogenannte *Minimalkoordinaten*. Somit lässt sich das DAE-System (4.24) als System von gewöhnlichen Differenzialgleichungen *(ODE – ordinary differential equations) – ODE-System –* darstellen

$$\widehat{\mathbf{M}}(\mathbf{q},t) \cdot \ddot{\mathbf{q}} + \mathbf{g}(\mathbf{q},\dot{\mathbf{q}},t) = \mathbf{f}(\mathbf{q},\dot{\mathbf{q}},t) \qquad (4.25)$$

mit $\mathbf{q} \in \mathbb{R}^{N_{FG}}$ *Minimalkoordinaten*, $\widehat{\mathbf{M}} \in \mathbb{R}^{N_{FG} \times N_{FG}}$ *Massenmatrix* (symmetrisch, positiv definit), $\mathbf{g} \in \mathbb{R}^{N_{FG}}$ generalisierte Kreisel- und Fesselungskräfte (gyroskopisch, Coriolis, dissipativ, etc.), $\mathbf{f} \in \mathbb{R}^{N_{FG}}$ eingeprägte generalisierte Kräfte.

LTV-System in Minimalkoordinaten Eine lokale Linearisierung (s. Abschn. 2.6.1) um eine Referenztrajektorie $\mathbf{q}_*(t)$ liefert für kleine Abweichungen $\mathbf{y}_*(t)$, d.h.

$$\mathbf{q}(t) = \mathbf{q}_*(t) + \mathbf{y}_*(t)$$

ein *lineares zeitvariantes (LTV)* Differenzialgleichungssystem der Form

$$\mathbf{M}_*(t) \cdot \ddot{\mathbf{y}}_* + \mathbf{P}_*(t) \cdot \dot{\mathbf{y}}_* + \mathbf{Q}_*(t) \cdot \mathbf{y}_* = \mathbf{f}_*(t) \qquad (4.26)$$

mit $\mathbf{M}_*$ symmetrische, positiv definite Massenmatrix. Die Matrizen $\mathbf{P}_*, \mathbf{Q}_*$ beschreiben geschwindigkeitsabhängige und lageabhängige Kräfte, der Vektor $\mathbf{f}_*$ repräsentiert äußere Kräfte.

---

[12] Für holonome Zwangsbedingungen trivial, für *nichtholonome* Zwangsbedingungen s. Vorgehen Beispiel L Tabelle 4.2 bzw. allgemeine Bemerkungen am Ende von Abschn. 4.3.3.

LTI-System in Minimalkoordinaten Wählt man für die Linearisierung als Referenz eine stationäre Größe (z.B. Ruhelage), d.h. $\mathbf{q}_*(t) = \mathbf{q}_{*0} = const.$ so erhält man mit

$$\mathbf{q}(t) = \mathbf{q}_{*0} + \mathbf{y}(t) \qquad (4.27)$$

ein *lineares zeitinvariantes (LTI)* Differenzialgleichungssystem der Form

$$\boxed{\mathbf{M} \cdot \ddot{\mathbf{y}} + \mathbf{P} \cdot \dot{\mathbf{y}} + \mathbf{Q} \cdot \mathbf{y} = \mathbf{f}(t)}. \qquad (4.28)$$

Spaltet man die Matrizen $\mathbf{P}, \mathbf{Q}$ jeweils in einen symmetrischen und schief-symmetrischen Anteil auf, dann folgt für die Bewegungsgleichungen

$$\boxed{\mathbf{M} \cdot \ddot{\mathbf{y}} + (\mathbf{B} + \mathbf{G}) \cdot \dot{\mathbf{y}} + (\mathbf{K} + \mathbf{N}) \cdot \mathbf{y} = \mathbf{f}(t)} \qquad (4.29)$$

mit den speziellen Eigenschaften der $N_{FG} \times N_{FG}$ -Matrizen

$$\mathbf{M} = \mathbf{M}^T > 0, \ \mathbf{B} = \mathbf{B}^T, \ \mathbf{G} = -\mathbf{G}^T, \ \mathbf{K} = \mathbf{K}^T, \ \mathbf{N} = -\mathbf{N}^T. \qquad (4.30)$$

Die Einzelterme in Gl. (4.29) repräsentieren folgende physikalische Eigenschaften: $\mathbf{M}\ddot{\mathbf{y}}$ ... Trägheitskräfte, $\mathbf{B}\dot{\mathbf{y}}$ ... geschwindigkeitsproportionale Dissipationskräfte, $\mathbf{G}\dot{\mathbf{y}}$ ... Kreiselkräfte (gyroskopische Kräfte), $\mathbf{K}\mathbf{y}$ ... konservative Lage- und Fesselungskräfte, $\mathbf{N}\mathbf{y}$ ... nichtkonservative Kräfte (z.B. zirkulatorische Kräfte, (Pfeiffer 1992)). Die speziellen *Symmetrieeigenschaften* (4.30) können vorteilhaft zur Modellverifikation herangezogen werden.

Konservatives Mehrkörpersystem Für den Fall $\mathbf{B} = 0$, $\mathbf{N} = 0$, $\mathbf{f} = 0$ liegt ein *konservatives* System vor, d.h. es gilt der Energieerhaltungssatz $T^* + U = const.$ Ist ferner $\mathbf{G} = 0$, so spricht man von einem *kreiselfreien* konservativen Mehrkörpersystem oder von einem Mehrkörpersystem in *einfacher MK-Struktur* (Pfeiffer 1992)

$$\boxed{\mathbf{M} \cdot \ddot{\mathbf{y}} + \mathbf{K} \cdot \mathbf{y} = 0}. \qquad (4.31)$$

Die Modellform (4.31) besitzt deshalb eine große Bedeutung, weil sich daraus unmittelbar das MKS-Eigenwertproblem formulieren lässt. Die inhärente Modelleigenschaft der Energieerhaltung kann im Übrigen vorteilhaft zur Verifikation von linearen und nichtlinearen MKS-Modellen herangezogen werden.

Beispiel 4.2   *Planarer Ellbogenmanipulator mit elastischen Gelenken.*

In Abb. 4.7 ist ein starrer Ellbogenmanipulator (m_1, I_{10}, m_2, I_{20}) mit masselosen, reibungsfreien, aber *elastischen* Gelenken (k_1, k_2) gezeigt. In den Gelenken können über masselose Antriebselemente Drehmomente (τ_1, τ_2) gegenüber dem Inertialsystem $\{I\}$ aufgebracht werden (z.B. Zahnriemenantrieb mit gemeinsamer Basis). Die Gelenkwinkel stehen als Absolutwinkel (q_1, q_2) gegenüber $\{I\}$ zur Verfügung[13].

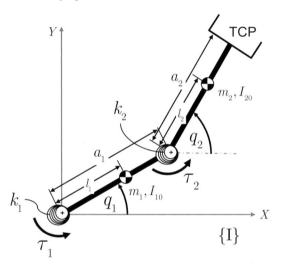

Abb. 4.7. Planarer Ellbogenmanipulator mit elastischen Gelenken (Absolutwinkel, Gelenkelastizitäten als Drehfedern k_1, k_2 modelliert)

Mit einer beliebigen der vorgestellten Modellierungsmethoden (elegant ist hier sicherlich der LAGRANGEsche Formalismus) erhält man mit den *Minimalkoordinaten* $\mathbf{q} = \begin{pmatrix} q_1 & q_2 \end{pmatrix}^T$ die folgenden *nichtlinearen Bewegungsgleichungen*:

$$\widehat{\mathbf{M}}(\mathbf{q}) \cdot \ddot{\mathbf{q}} + \widehat{\mathbf{C}}(\mathbf{q}, \dot{\mathbf{q}}) \cdot \dot{\mathbf{q}} + \widehat{\mathbf{K}} \cdot \mathbf{q} + \widehat{\mathbf{g}}(\mathbf{q}) = \tau \tag{4.32}$$

---

[13] Man beachte den Unterschied zu einem Manipulator mit *integrierten Motoren* in den Gelenken. Dort wirken die Drehmomente als innere Momente (*actio = reactio*), demzufolge werden dann auch die *Relativwinkel* zwischen den Gelenken gemessen und es ergibt sich ein unterschiedliches mathematisches Modell. In diesem Fall sind die Motormassen in den Gelenken zu berücksichtigen.

mit

$$\widehat{\mathbf{M}}(\mathbf{q}) = \begin{pmatrix} m_1 l_1^2 + m_2 a_1^2 + I_{10} & m_2 a_1 l_2 \, \cos\left(q_2 - q_1\right) \\ m_2 a_1 l_2 \, \cos\left(q_2 - q_1\right) & m_2 l_2^2 + I_{20} \end{pmatrix}$$

$$\widehat{\mathbf{C}}(\mathbf{q}, \dot{\mathbf{q}}) = -m_2 a_1 l_2 \, \sin\left(q_2 - q_1\right) \begin{pmatrix} 0 & \dot{q}_2 \\ -\dot{q}_1 & 0 \end{pmatrix}$$

$$\widehat{\mathbf{K}} = \begin{pmatrix} k_1 + k_2 & -k_2 \\ -k_2 & k_2 \end{pmatrix}$$

$$\widehat{\mathbf{g}}(\mathbf{q}) = g \begin{pmatrix} \left(m_1 l_1 + m_2 a_1\right) \cos q_1 \\ m_2 l_2 \, \cos q_2 \end{pmatrix} ,$$

(4.33)

wobei mit $\widehat{\mathbf{C}}(\mathbf{q}, \dot{\mathbf{q}}) \cdot \dot{\mathbf{q}}$ die Zentrifugalterme, mit $\widehat{\mathbf{K}} \cdot \mathbf{q}$ die elastischen Fesselungskräfte und mit $\widehat{\mathbf{g}}(\mathbf{q})$ die lageabhängigen Gravitationskräfte beschrieben werden. Die elastischen Fesselungskräfte $\widehat{\mathbf{K}} \cdot \mathbf{q}$ repräsentieren die Gelenkrückstellkräfte bei kleinen lokalen Auslenkungen um die aktuelle Lage q_1, q_2.

Bei einer *Linearisierung* um die *vertikale Gleichgewichtslage* $q_{10} = q_{20} = -90°$ ergeben sich aus Gl. (4.32) die *LTI-Bewegungsgleichungen* zu

$$\mathbf{M} \cdot \ddot{\mathbf{q}} + \mathbf{K} \cdot \mathbf{q} + \mathbf{K}_g \cdot \mathbf{q} = \tau$$

(4.34)

mit

$$\mathbf{M} = \begin{pmatrix} m_1 l_1^2 + m_2 a_1^2 + I_{10} & m_2 a_1 l_2 \\ m_2 a_1 l_2 & m_2 l_2^2 + I_{20} \end{pmatrix}$$

$$\mathbf{K} = \begin{pmatrix} k_1 + k_2 & -k_2 \\ -k_2 & k_2 \end{pmatrix}, \mathbf{K}_g = \begin{pmatrix} \left(m_1 l_1 + m_2 a_1\right) g & 0 \\ 0 & m_2 l_2 g \end{pmatrix} .$$

(4.35)

∎

Beispiel 4.3   *Mehrmassenschwingerkette.*

Ein häufig benutztes Mehrkörperersatzmodell für serielle elastische Strukturen sind *Schwingerketten*. Man unterscheidet translatorische und rotatorische Schwingerketten (letztere werden auch als *Torsionsschwinger* bezeichnet), s. Abb. 4.8. Die Systemmatrizen für eine allgemeine Schwingerkette mit elastischen und dissipativen Koppelelementen sind nachfolgend aufgeführt. Man beachte den regelmäßigen Aufbau, sowie die schwache Besetzung der Strukturmatrizen. Bei einer *ungefesselten* Struktur sind k_1 bzw. k_{N+1} gleich null zu setzen.

$$\mathbf{M} = diag\begin{pmatrix} m_1 & m_2 & m_3 & \dots & m_N \end{pmatrix} \text{ bzw. } diag\begin{pmatrix} I_1 & I_2 & I_3 & \dots & I_N \end{pmatrix}$$

$$\mathbf{K} = \begin{pmatrix} k_1 + k_2 & -k_2 & & & & \\ -k_2 & k_2 + k_3 & -k_3 & & & \\ & -k_3 & k_3 + k_4 & -k_4 & & \\ & & & \ddots & & -k_N \\ & & & & -k_N & k_N + k_{N+1} \end{pmatrix}$$

(4.36)

$$\mathbf{B} = \begin{pmatrix} b_1 + b_2 & -b_2 & & & & \\ -b_2 & b_2 + b_3 & -b_3 & & & \\ & -b_3 & b_3 + b_4 & & & \\ & & & \ddots & & -b_N \\ & & & & -b_N & b_N + b_{N+1} \end{pmatrix}$$

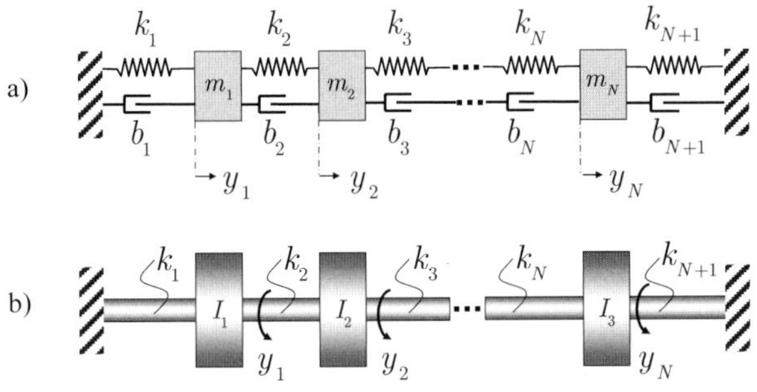

Abb. 4.8. Mehrmassenschwingerkette: a) Translationsschwinger (mit viskoser Dämpfung), b) Torsionsschwinger ∎

4.4.3 MKS-Zustandsmodell

Zustandsgrößen Bekanntlich ist die Wahl von Zustandsgrößen eines dynamischen Systems nicht eindeutig. Bei Bewegungsvorgängen und im Speziellen bei Mehrkörpersystemen erweist sich die Wahl von *Lagekoordinaten* (Positionen, Orientierungen) und *Geschwindigkeitskoordinaten* (Linear- und Drehgeschwindigkeiten) als Zustandsgrößen als besonders vorteilhaft.

LTI-Zustandsmodell   Ausgehend von dem LTI-Mehrkörpersystem in Minimalkoordinaten (4.28) erhält man mit der *Zustandsdefinition*

$$\mathbf{x} := \begin{pmatrix} \mathbf{y} & \dot{\mathbf{y}} \end{pmatrix}^T, \quad \mathbf{x} \in \mathbb{R}^{2N_{FG}} \tag{4.37}$$

das äquivalente LTI-Zustandsmodell

$$\dot{\mathbf{x}} = \begin{pmatrix} \mathbf{0} & \mathbf{E} \\ -\mathbf{M}^{-1}\mathbf{Q} & -\mathbf{M}^{-1}\mathbf{P} \end{pmatrix} \mathbf{x} + \begin{pmatrix} \mathbf{0} \\ \mathbf{M}^{-1} \end{pmatrix} \mathbf{f} = \mathbf{A} \cdot \mathbf{x} + \mathbf{B} \cdot \mathbf{f}, \tag{4.38}$$

wobei $\mathbf{A} \in \mathbb{R}^{2N_{FG} \times 2N_{FG}}$ die *Systemmatrix* und $\mathbf{B} \in \mathbb{R}^{2N_{FG} \times N_{FG}}$ die *Eingangsmatrix* darstellen.

Konservatives LTI-Zustandsmodell   Im Falle eines konservativen Mehrkörpersystems vereinfacht sich das Zustandsmodell zu

$$\dot{\mathbf{x}} = \begin{pmatrix} \mathbf{0} & \mathbf{E} \\ -\mathbf{M}^{-1}\mathbf{K} & \mathbf{0} \end{pmatrix} \mathbf{x} = \mathbf{A}_0 \cdot \mathbf{x}. \tag{4.39}$$

4.5 Eigenschwingungen

4.5.1 Eigenwertproblem für konservative Mehrkörpersysteme

Konservatives Mehrkörpersystem   Die systeminhärenten dynamischen Eigenschaften eines Mehrkörpersystems lassen sich anschaulich an dem konservativen MKS-Modell

$$\mathbf{M} \cdot \ddot{\mathbf{y}} + \mathbf{K} \cdot \mathbf{y} = \mathbf{0} \tag{4.40}$$

erläutern, d.h. Eingangsgrößen gleich Null, Dämpfungen ≈ 0, keine gyroskopischen Effekte, Anregungen alleine durch Auslenkungen $\mathbf{y}(0) = \mathbf{y}_0$, $\dot{\mathbf{y}}(0) = \dot{\mathbf{y}}_0$ aus der Ruhelage $\mathbf{y}_R = \dot{\mathbf{y}}_R = \mathbf{0}$.

Algebraisches Eigenwertproblem   Für das Zeitverhalten der generalisierten Lagekoordinaten macht man aufgrund der speziellen Struktur der Differenzialgleichung (4.40) den naheliegenden Ansatz einer ungedämpften Schwingung

$$\mathbf{y} = \mathbf{v} \cdot e^{j\omega t} \tag{4.41}$$

wobei $\mathbf{v} = \begin{pmatrix} v_1 & v_2 & \dots & v_{N_{FG}} \end{pmatrix}^T$ den Vektor der Schwingungsamplituden der Lagekoordinaten und ω die Schwingungsfrequenz darstellen. Setzt man (4.41) in die Bewegungsgleichungen (4.40) ein, so erhält man das *algebraische* (explizite) *Eigenwertproblem*

$$\left(-\omega^2 \cdot \mathbf{M} + \mathbf{K}\right) \cdot \mathbf{v} = \mathbf{0}$$

bzw. nach Umformung[14]

$$(\lambda \mathbf{E} - \mathbf{R}) \cdot \mathbf{v} = \mathbf{0} \tag{4.42}$$

$$\text{mit } \mathbf{R} = \mathbf{M}^{-1} \cdot \mathbf{K}, \quad \lambda = \omega^2$$

Das homogene algebraische Gleichungssystem (4.42) besitzt bekanntlich lediglich für

$$\det(\lambda \mathbf{E} - \mathbf{R}) = 0 \tag{4.43}$$

eine nichttriviale Lösung $\mathbf{v} \neq \mathbf{0}$. Aus Gl. (4.43) erhält man die N_{FG}-*Eigenwerte*

$$0 \leq \lambda_1 \leq \lambda_2 \leq \dots \leq \lambda_{N_{FG}}, \tag{4.44}$$

diese sind wegen der speziellen Eigenschaften (4.30) von $\mathbf{M}, \mathbf{K}$ allesamt nichtnegativ und reell, im Falle von $\mathbf{K} > 0$ (gefesselte Massen) sogar allesamt positiv reell (mehrfache Eigenwerte sind möglich).

Eigenfrequenz Die N_{FG}-*Eigenfrequenzen* (harmonische Schwingfrequenzen) ergeben sich zu

$$\omega_j = \pm\sqrt{\lambda_j}, \quad j = 1, \dots, N_{FG}. \tag{4.45}$$

Eigenvektor Jedem Eigenwert λ_j bzw. jeder Eigenfrequenz ω_j ist ein *Eigenvektor* $\mathbf{v}_j$ zugeordnet[15], der sich bei bekanntem λ_j aus

$$(\lambda_j \mathbf{E} - \mathbf{R}) \cdot \mathbf{v}_j = \mathbf{0} \tag{4.46}$$

berechnen lässt. Die Eigenvektoren sind bis auf einen konstanten Faktor festgelegt, können also nach unterschiedlichen Gesichtspunkten in ihrer Länge normiert werden, z.B. betragsgrößtes Element gleich eins.

---

[14] $\mathbf{M}^{-1}$ existiert immer wegen Voraussetzung $\mathbf{M} > 0$, s. (4.30).

[15] Identischer Eigenvektor $\mathbf{v}_j$ für die Eigenfrequenzen $\omega_j = \pm\sqrt{\lambda_j}$.

LTI-Zustandsmodell Die Eigenfrequenzen sind ebenso aus dem LTI-Zustandsmodell (4.39) ableitbar. Sie finden sich dort als die (rein imaginären) *Eigenwerte* σ_k der Systemmatrix $\mathbf{A}_0$

$$\sigma_k = \pm j\omega_j, \ k = 1,...,2N_{FG}, \quad j = 1,...,N_{FG}.$$

4.5.2 Eigenformen

Eigenform – Eigenmode Jedem Eigenwert λ_j ist eine partikuläre Lösung[16]

$$\mathbf{y}_j\left(t\right) = \mathbf{v}_j\left(a_j \cos \omega_j\, t + b_j \sin \omega_j\, t\right), \quad \omega_j = \sqrt{\lambda_j} \qquad (4.47)$$

der Bewegungsgleichungen (4.40) mit einer bestimmten Eigenfrequenz ω_j und einem Eigenvektor $\mathbf{v}_j$ zugeordnet.

Man bezeichnet ein Tupel $\{\omega_j, \mathbf{v}_j\}$ mit der Lösung (4.47) als *Eigenform* (auch *Eigenschwingung*, *Eigenmode*) des Mehrkörpersystems (4.40), da der Eigenvektor $\mathbf{v}_j$ aufgrund der freien Skalierung bloß die Form der Eigenschwingung festlegt (engl. *mode shape*) und nicht die tatsächliche Amplitude. Ein MKS-Modell der Form (4.40) besitzt also insgesamt N_{FG} Eigenmoden.

Allgemeine Lösung Die allgemeine Lösung von (4.40) ergibt sich durch eine lineare Überlagerung der N_{FG} Eigenformen. Für den Fall von unterschiedlichen Eigenwerten λ_j erhält man

$$\mathbf{y}(t) = \sum_{j=1}^{N_{FG}} \mathbf{v}_j\left(a_j \cos \omega_j\, t + b_j \sin \omega_j\, t\right), \quad \omega_j = \sqrt{\lambda_j}. \qquad (4.48)$$

Die $2N_{FG}$ freien Parameter a_j, b_j bestimmen die Phasenlagen der Eigenschwingungen, sie sind durch die $2N_{FG}$ vorgegebenen Parameter $\mathbf{y}_0, \dot{\mathbf{y}}_0$ eindeutig bestimmt. Jede Lagekoordinate $y_i(t)$, $i = 1,...,N_{FG}$ enthält also überlagerte Schwingungsanteile aller Eigenfrequenzen mit den jeweiligen (relativen) Schwingungsamplituden $v_{j,i}$.

---

[16] Äquivalente reelle Darstellung des komplexen Lösungsansatzes (4.41) mit den Eigenfrequenzen $\omega_j = \pm\sqrt{\lambda_j}$.

Anregung von Eigenformen Durch geeignete Wahl der Anfangswerte $\mathbf{y}_0, \dot{\mathbf{y}}_0$ lassen sich „reine" Eigenschwingungen erzeugen. In diesem Fall bewegt sich jeder Teilkörper mit derselben Eigenfrequenz ω_j entsprechend Gl. (4.47), alle anderen Eigenschwingungen werden unterdrückt. Eine geeignete Wahl ist eine Lageauslenkung entsprechend der Eigenvektorkomponenten bei verschwindenden Geschwindigkeiten, d.h. für eine Anregung der Eigenform j mit ω_j sind als Anfangswerte zu wählen[17]

$$\mathbf{y}_0 = \alpha \mathbf{v}_j, \quad \dot{\mathbf{y}}_0 = \mathbf{0}, \quad \alpha \in \mathbb{R} .$$

Geometrisch physikalische Interpretation der Eigenvektoren Die Komponenten der Eigenvektoren erlauben eine hilfreiche geometrisch physikalische Interpretation, die speziell im Zusammenhang mit Regelungsaufgaben von großer Bedeutung ist (Steuerbarkeit und Beobachtbarkeit, s. Abschn. 10.6). Wie bereits ausgeführt, repräsentieren die Eigenvektorkomponenten die relativen Schwingungsamplituden der entsprechenden

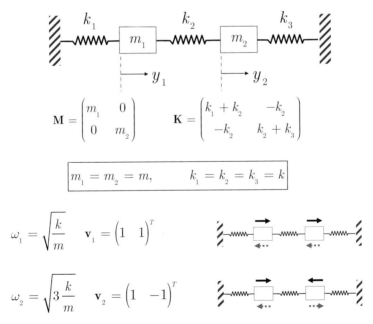

Abb. 4.9. Zweifach gefesselter Zweimassenschwinger – Eigenschwingungen

---

[17] Man überzeugt sich leicht, dass dies für die freien Koeffizienten in Gl. (4.48) bedingt: $a_j = 1, b_j = 0, \ a_k = b_k = 0$ für $k \neq j$,

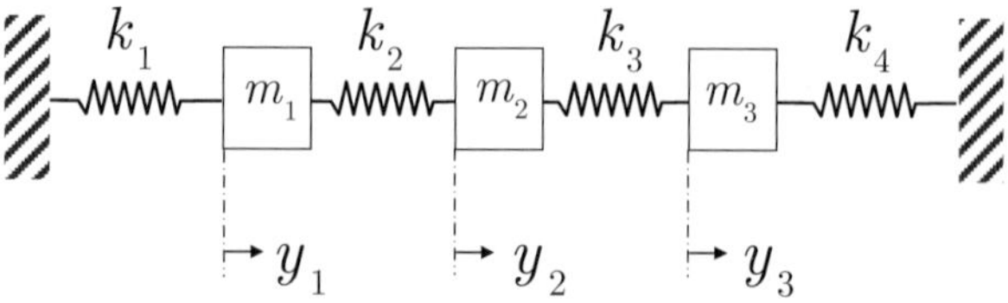

$$\mathbf{M} = \begin{pmatrix} m_1 & 0 & 0 \\ 0 & m_2 & 0 \\ 0 & 0 & m_3 \end{pmatrix} \qquad \mathbf{K} = \begin{pmatrix} k_1 + k_2 & -k_2 & 0 \\ -k_2 & k_2 + k_3 & -k_3 \\ 0 & -k_3 & k_3 + k_4 \end{pmatrix}$$

$$\boxed{m_1 = m_2 = m_3 = m\,, \qquad k_1 = k_2 = k_3 = k_4 = k}$$

$$\omega_1 = 0.765\sqrt{\frac{k}{m}} \qquad \mathbf{v}_1 = \begin{pmatrix} 0.5 & 0.707 & 0.5 \end{pmatrix}^T$$

$$\omega_2 = 1.414\sqrt{\frac{k}{m}} \qquad \mathbf{v}_2 = \begin{pmatrix} -0.707 & 0 & 0.707 \end{pmatrix}^T$$

$$\omega_3 = 1.848\sqrt{\frac{k}{m}} \qquad \mathbf{v}_3 = \begin{pmatrix} -0.5 & 0.707 & -0.5 \end{pmatrix}^T$$

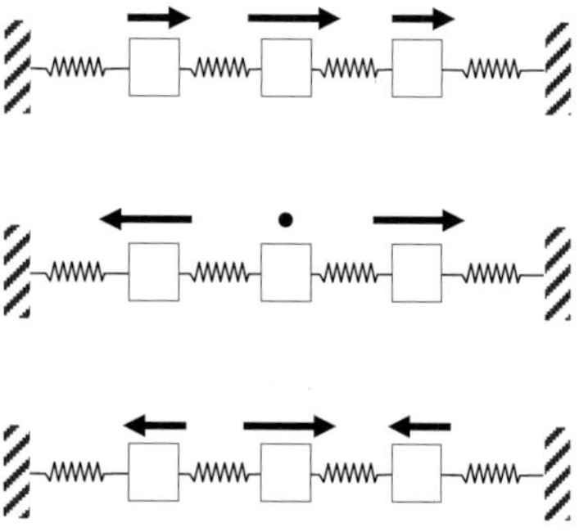

Abb. 4.10. Zweifach gefesselter Dreimassenschwinger – Eigenschwingungen

Teilkörper (die Absolutwerte sind ja erst durch die speziellen Anfangswerte festgelegt). Identische Werte der Eigenvektorkomponenten v_{ji} und v_{jk}

$$\mathbf{v}_j = \begin{pmatrix} \ldots & \alpha & \ldots & \alpha & \ldots \end{pmatrix}^T$$
$$\quad\quad i \quad\quad\quad k$$

bedeuten, dass für die Eigenform mit der Eigenfrequenz ω_j die Lagekoordinaten y_i und y_k *gleichphasig* mit *identischer Amplitude* schwingen (s. Abb. 4.9 Eigenform 1, Abb. 4.10 Eigenform 1 und 3). Eine Relativmessung dieser Koordinaten würde also die Eigenform ω_j nicht abbilden können (Beobachtbarkeitsdefekt, s. Abschn. 10.6). Entsprechend repräsentieren betragsgleiche Komponenten mit unterschiedlichen Vorzeichen gerade eine *gegenphasige* Eigenbewegung (Abb. 4.9 und Abb. 4.10, jeweils Eigenform 2). Auch die relativen Schwingungsamplituden unterschiedlicher Teilkörper kann man bequem dem Eigenvektor entnehmen.

Starrkörpereigenform Ein wichtiger Spezialfall ist die Gleichheit aller Eigenvektorkomponenten, d.h. der Eigenvektor hat die Form

$$\mathbf{v}_j = \begin{pmatrix} \alpha & \alpha & \dots & \alpha \end{pmatrix}^T . \tag{4.49}$$

In diesem Fall bewegen sich alle Teilkörper gleichphasig mit derselben Amplitude, *alle Relativbewegungen* der Teilkörper sind *null*, das Mehrkörpersystem verhält sich also wie ein starrer Körper (s. Abb. 4.9 Eigenform 1). In diesem Sinne spricht man bei einem Tupel $\{\omega_j, \mathbf{v}_j\}$ gemäß Gl. (4.49) von einer *Starrkörpereigenform* (Starrkörpermode) des Mehrkörpersystems. Starrkörpermoden treten immer bei *ungefesselten* Mehrkörpersystemen bei der Eigenfrequenz $\omega_{\text{Starrkörper}} = 0$ auf (freie Bewegung). Bei *gefesselten* Systemen finden sich Starrkörpermoden nur unter ganz bestimmten MKS-Parameterkonfigurationen (s. Abschn. 10.6).

Starrkörperähnliches Verhalten – Gleichtakteigenform Unter Berücksichtigung von Parameterunbestimmtheiten existieren bei gefesselten Systemen unter realen Bedingungen nur *starrkörperähnliche* Eigenformen. Allgemein gilt aber, dass die Eigenform mit der *kleinsten* Eigenfrequenz immer ausschließlich gleichphasige Eigenvektorkomponenten enthält[18] (bei gleicher Zählweise der Inertialgrößen), d.h. alle Teilkörper bewegen sich prinzipiell gleichphasig mit mehr oder weniger kleinen Relativbewegungen (s. z.B. Eigenform 1 in Abb. 4.10). Aus diesem Grund nennt man die Eigenform mit der kleinsten Eigenfrequenz eine *Gleichtakteigenform* (engl. *common mode*) oder – etwas unexakt – generell *Starrkörpereigenform* (engl. *rigid body mode*).

Schwingungsknoten Ein weiterer wichtiger Spezialfall ist bei verschwindenden Eigenvektorkomponenten gegeben, d.h.

$$\mathbf{v}_j = \begin{pmatrix} \dots & \underset{i}{0} & \dots \end{pmatrix}^T . \tag{4.50}$$

In diesem Fall wird der Teilkörper i bei Anregung der Eigenfrequenz ω_j überhaupt nicht ausgelenkt, die Eigenform j besitzt an dieser Stelle einen *Schwingungsknoten*, man spricht von einer virtuellen Einspannung (s.

---

[18] Dies ist heuristisch unmittelbar einsichtig: Wenn alle Körper gleichphasig und mit ungefähr gleichen Amplituden schwingen, dann schwingt die Gesamtmasse gegen die abstützenden Federn mit einer Frequenz $\omega = \sqrt{k_{\min}/m_\Sigma}$. Jede andere Schwingungsform enthält schwingende Substrukturen mit kleineren Teilmassen.

Abb. 4.10 Eigenform 2, Masse 2). Ein Bewegungssensor an diesem Teilkörper würde also diese Eigenform nicht abbilden können (wiederum Beobachtungsdefekt, s. Abschn. 10.6).

Orthonormale Eigenbasis   Aufgrund der speziellen Symmetrieeigenschaften sind die Eigenvektoren des Systems (4.40) zueinander *orthogonal*[19], d.h. es gilt

$$\mathbf{v}_j^T \cdot \mathbf{v}_k = \alpha_{jk} \delta_{jk}$$

$$\delta_{jk} = 1 \text{ für } j = k, \ \delta_{jk} = 0 \text{ für } j \neq k; \ \alpha_{jk} \neq 0,$$

(4.51)

bei Normierung auf $|\mathbf{v}_i| = 1$ formen sie also eine *orthonormale Eigenbasis*. Diese Eigenschaft ist nützlich für verschiedene Betrachtungen zur Diagonalisierbarkeit von Mehrkörpersystemen (*Modaldarstellung*) sowie zur Überprüfung von berechneten Eigenvektoren (s. z.B. Eigenvektoren der Beispiele in Abb. 4.9 und Abb. 4.10).

Modale Darstellung   Unter Zuhilfenahme der orthonormalen Eigenbasis (4.51) in Form der sogenannten *Modalmatrix*

$$\mathbf{V} = \begin{pmatrix} \mathbf{v}_1 & \mathbf{v}_2 & \dots & \mathbf{v}_{N_{FG}} \end{pmatrix}$$

(4.52)

lässt sich das konservative Mehrkörpersystem (4.40) mittels der regulären Koordinatentransformation

$$\mathbf{y} = \mathbf{V} \mathbf{z}$$

(4.53)

in ein entkoppeltes Differenzialgleichungssystem (Diagonalform)[20] in den *Modalkoordinaten* $\mathbf{z}$ transformieren

$$\breve{\mathbf{M}} \cdot \ddot{\mathbf{z}} + \breve{\mathbf{K}} \cdot \mathbf{z} = 0$$

$$\breve{\mathbf{M}} = \mathbf{V}^T \mathbf{M} \mathbf{V} = diag\left(\mu_j\right), \ \breve{\mathbf{K}} = \mathbf{V}^T \mathbf{K} \mathbf{V} = diag(\kappa_j), \ j = 1, \dots, N_{FG}$$

(4.54)

---

[19] Bei Normierung auf $|\mathbf{v}_i| = 1$ gilt $\alpha_{jk} = 1$, die Eigenvektoren sind dann *orthonormal*. Die Gl. (4.51) gilt unmittelbar für *unterschiedliche* Eigenwerte λ_j, bei *mehrfachen* Eigenwerten kann man sich über Umwege eine orthonormale Eigenbasis verschaffen (Gram-Schmidt-Orthonormalisierung).

[20] Aufgrund der speziellen Symmetrieeigenschaften von $\mathbf{M}, \mathbf{K}$ diagonalisiert die Modalmatrix $\mathbf{V}$ gleichermaßen die Massenmatrix *und* die Steifigkeitsmatrix.

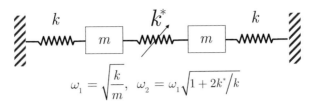

Abb. 4.11. Symmetrischer Zweimassenschwinger mit variabler Koppelsteifigkeit, Eigenfrequenzen ω_1, ω_2

Dabei stellen μ_j die *modalen Massen* und κ_j die *modalen Steifigkeiten* dar und es gilt

$$\omega_j = \sqrt{\frac{\kappa_j}{\mu_j}}\,.$$

Eine Modelldarstellung im *Modalraum* ergibt also N_{FG} entkoppelte Einmassenschwinger, welche die N_{FG} Eigenformen (Eigen*moden*) repräsentieren. Als beschreibende MKS-Parameter ergeben sich effektive Massen und Steifigkeiten für jede Eigenform[21].

Migration von Eigenfrequenzen Die Eigenfrequenzen eines Mehrkörpersystems sind konfigurationsinhärente Eigenschaften und hängen ihn fundamentaler Weise von der topologischen Anordnung, geometrischen Parametern und speziell von den *Steifigkeiten* der elastischen Koppelelemente und den *Massen* der Teilkörper ab. Generell gilt (s. Modaldarstellung)

- Massen vergrößern $\rightarrow$ Eigenfrequenzen werden verringert
- Steifigkeiten erhöhen $\rightarrow$ Eigenfrequenzen werden erhöht.

In Abb. 4.11 ist dieser Sachverhalt beispielhaft an einem symmetrischen Zweimassenschwinger mit variabler Koppelsteifigkeit k^* veranschaulicht. In diesem Fall bleibt bei Vergrößerung von k^* der Starrkörpermode ω_1 unverändert, wogegen sich die zweite Eigenfrequenz sukzessive erhöht, bei $k^* \rightarrow \infty$ entsteht eine starre Kopplung mit lediglich einer endlichen Eigenfrequenz.

---

[21] Wegen der freien Skalierbarkeit der Eigenvektoren sind allerdings auch die modalen Massen und Steifigkeiten nur bis auf konstante Skalierungsfaktoren bestimmt. Häufig skaliert man die modalen Massen auf eins, d.h. $\mu_j = 1$.

> **MKS-Eigenschwingungen** Ein Mehrkörpersystem mit N_{FG} *Freiheitsgraden* (unabhängige generalisierte Lagekoordinaten) besitzt ebenso viele *Eigenfrequenz*en ω_j und zugehörige *Eigenvektoren* $\mathbf{v}_j$. Die *relativen Schwingungsamplituden* der Lagekoordinaten werden durch die Komponenten der Eigenvektoren repräsentiert (gleichphasig, gegenphasig, Starrkörpermode, Schwingungsknoten).

4.5.3 Dissipative Mehrkörpersysteme

Energiedissipation durch viskose Reibung – Strukturdämpfung Bei realen mechanischen Strukturen ist immer Energiedissipation durch verschiedene Reibungsphänomene vorhanden. Neben nichtlinearen Effekten wie Haftreibung und Gleitreibung sind im Rahmen des Systementwurfes in besonderem Maße viskose Reibungsphänomene von Bedeutung, die sich durch lineare, *geschwindigkeitsproportionale* Reibungskräfte beschreiben lassen (*Strukturdämpfung*). Die Bewegungsgleichungen eines konservativen Mehrkörpersystems erweitern sich damit zu

$$\mathbf{M} \cdot \ddot{\mathbf{y}} + \mathbf{B} \cdot \dot{\mathbf{y}} + \mathbf{K} \cdot \mathbf{y} = \mathbf{0} \tag{4.55}$$

mit der (Struktur-) Dämpfungsmatrix $\mathbf{B} \in \mathbb{R}^{N_{FG} \times N_{FG}}$.

Relativgeschwindigkeit vs. Absolutgeschwindigkeit Im Rahmen der Modellbildung ist sorgfältig zu unterscheiden, in welcher Weise die viskosen Reibungskräfte einer Bewegung der Teilkörper entgegenwirken.

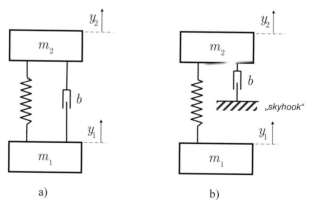

Abb. 4.12. Viskose Dämpfung bei Mehrkörpersystemen: a) proportional zu Relativgeschwindigkeit, b) proportional zu Absolutgeschwindigkeit (*Skyhook*-Prinzip)

In Abb. 4.12 sind zwei typische Fälle dargestellt. Für Dämpferelemente zwischen zwei Teilkörpern ist die *Relativgeschwindigkeit* maßgebend, d.h. die Reibungskraft auf Körper 2 lautet

$$F_{2r} = -b(\dot{y}_2 - \dot{y}_1),$$

wogegen bei reibungsmäßiger Abstützung gegen den Inertialraum die Absolutgeschwindigkeit maßgebend ist und die Reibungskraft

$$F_{2r} = -b\dot{y}_2$$

bewirkt (*Skyhook*-Prinzip, s. Abschn. 10.4.7). In den beiden Fällen ergeben sich also unterschiedliche Dämpfungsmatrizen **B**.

Zeitverhalten Das prinzipielle Zeitverhalten eines dissipativen Mehrkörpersystems lässt sich anschaulich an dem gedämpften *Einmassenschwingermodell*

$$m\ddot{y} + b\dot{y} + ky = 0$$

bzw. in normierter Form

$$\ddot{y} + 2d_0\omega_0\dot{y} + \omega_0^2 y = 0$$

$$\omega_0 = \sqrt{\frac{k}{m}}, \quad d_0 = \frac{1}{2}\frac{b}{k}\omega_0 = \frac{1}{2}\frac{b}{m}\frac{1}{\omega_0} \tag{4.56}$$

erläutern.

Die Differenzialgleichung (4.56) besitzt für $d_0 < 1$ (d.h. hinreichend *kleine* viskose Dämpfung) konjugiert komplexe Eigenwerte[22]

$$\sigma_{1,2} = -\delta \pm j\Omega = -d_0\omega_0 \pm j\omega_0\sqrt{1 - d_0^2}.$$

Bei von null verschiedener Dämpfung bleibt der Betrag der Eigenwerte zwar konstant gleich ω_0, die Eigenwerte wandern jedoch in die linke komplexe Halbebene (Abb. 4.13).

Aufgrund der Energiedissipation ergibt sich ein *abklingender* Einschwingvorgang der Form

[22] Man beachte die etwas unterschiedliche Definition der Eigenwerte zum Modell (4.40) mit einem rein *imaginären* Exponentialansatz. Im vorliegenden Fall wird für die Lösung der Differenzialgleichung vorteilhaft ein *komplexer* Exponentialansatz (Realteil ungleich null) gewählt.

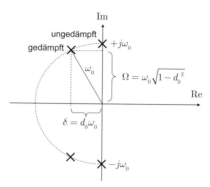

Abb. 4.13. Eigenwerte für dissipativen Einmassenschwinger

$$y(t) = e^{-\delta t}(A_1 \sin \Omega t + A_2 \cos \Omega t)$$

mit der Schwingfrequenz $\Omega = \omega_0 \sqrt{1 - d_o^{\,2}}$ und dem Dämpfungsfaktor $\delta = d_0 \omega_0$. Für kleine Dämpfungen ist die Schwingfrequenz also näherungsweise gleich der Eigenfrequenz ω_0 des ungedämpften Falles $b = 0$ bzw. $d_0 = 0$.

Passive vs. aktive Dämpfung Die vorhandene Strukturdämpfung bewirkt ein asymptotisches Abklingen der Einschwingvorgänge, allerdings gegebenenfalls mit einer sehr kleinen Abklingkonstanten δ (*passive Dämpfung*). Aus diesem Grunde wird man versuchen, mittels einer aktiven Beeinflussung über einen Regelkreis eine *aktive Dämpfung* einzubringen, um ungewollte Strukturschwingungen zu vermeiden (s. Kap. 10).

Parameterunbestimmtheiten der Dämpfungskonstanten Die Dämpfungskonstanten b_i der Strukturdämpfung sind im Allgemeinen nur sehr ungenau bekannt, lassen sich experimentell schwer ermitteln und sind häufig abhängig von Umweltbedingungen, sie sind deshalb als *unbestimmte Parameter* zu betrachten. Dies stellt besonders für den Reglerentwurf besondere Herausforderungen dar. Im Kap. 10 werden deshalb regelungstechnische Ansätze vorgestellt, die speziell unbekannte, im Extremfall sogar verschwindend kleine Dämpfungen berücksichtigen.

Proportionale Dämpfung – RAYLEIGH Dämpfung Aufgrund der bestehenden Unbestimmtheiten haben sich im Rahmen von Analyse- und Entwurfsfragen pragmatische *Annahmen* für die Strukturdämpfung bewährt. Den häufig gewählten speziellen Ansatz

$$\mathbf{B} = \alpha \mathbf{M} + \beta \mathbf{K}, \quad \alpha, \beta \in \mathbb{R} \tag{4.57}$$

bezeichnet man als *Proportionale Dämpfung* oder *RAYLEIGH Dämpfung* (Preumont 2002).

Modale Dämpfung Der RAYLEIGH-Ansatz (4.57) erweist sich als besonders vorteilhaft hinsichtlich der Modaldarstellung. Wendet man die Modaltransformation (4.53) auf das dissipative Mehrkörpermodell (4.55) mit der speziellen Dämpfungsmatrix (4.57) an, so erhält man die entkoppelte dissipative Modaldarstellung[23]

$$diag\left(\mu_j\right) \cdot \ddot{\mathbf{z}} + \left[\alpha \cdot diag\left(\mu_j\right) + \beta \cdot diag\left(\kappa_j\right)\right] \cdot \dot{\mathbf{z}} + diag\left(\kappa_j\right) \cdot \mathbf{z} = \mathbf{0}$$

$$diag\left(1\right) \cdot \ddot{\mathbf{z}} + diag\left(2d_j\omega_j\right) \cdot \dot{\mathbf{z}} + diag\left(\omega_j^2\right) \cdot \mathbf{z} = \mathbf{0} \tag{4.58}$$

mit den *modalen Dämpfungen*

$$d_j = \frac{1}{2}\left(\frac{\alpha}{\omega_j} + \beta\omega_j\right). \tag{4.59}$$

Wahl der RAYLEIGH-Dämpfungskonstanten Aus Gl. (4.59) erkennt man, dass bei *massenproportionaler Dämpfung* α die modale Dämpfung mit wachsenden Eigenfrequenzen abnimmt, wogegen bei *steifigkeitsproportionaler Dämpfung* β die modale Dämpfung mit wachsenden Eigenfrequenzen zunimmt. Speziell bei homogenen mechanischen Strukturen sind die relativen Dämpfungseigenschaften benachbarter Eigenmoden vielfach recht gut durch entsprechende Gewichte α, β beschreibbar. Falls die modalen Dämpfungen d_j, d_k von zwei Eigenmoden ω_j, ω_k mit $\omega_j < \omega_k$ bekannt sind (z.B. durch Messung aus Frequenzgang), so bestimmen sich die RAYLEIGH-Dämpfungskonstanten zu

$$\begin{pmatrix} \alpha \\ \beta \end{pmatrix} = 2\frac{\omega_j\omega_k}{\omega_k^2 - \omega_j^2}\begin{pmatrix} \omega_k & -\omega_j \\ -1/\omega_k & 1/\omega_j \end{pmatrix}\begin{pmatrix} d_j \\ d_k \end{pmatrix}. \tag{4.60}$$

---

[23] Man beachte, dass eine beliebige Dämpfungsmatrix $\mathbf{B}$ im Allgemeinen *nicht* durch die Modalmatrix $\mathbf{V}$ diagonalisiert wird. Aus diesem Grund unterstellt man zur bequemeren Berechnung die spezielle Form (4.57), weshalb diese von manchen Autoren auch als *Bequemlichkeitshypothese* bezeichnet wird.

Strukturdämpfungen für Systementwurf Es sei bemerkt, dass beim Entwurf von mechatronischen Systemen schon aus Robustheitsgründen eine Berücksichtigung von „exakten" Strukturdämpfungen gar nicht sinnvoll ist und damit auch keine diesbezügliche exakte Modellkenntnis erforderlich ist. Vielmehr muss durch einen robusten Reglerentwurf ein breites Spektrum von möglichen Strukturdämpfungen beherrschbar sein.

Modellanalyse dissipativer Mehrkörpersysteme

(1) Eigenwertanalyse des konservativen Anteils $\rightarrow \left\{ \omega_j, \mathbf{v}_j \right\}$

(2) Modaldarstellung $\rightarrow \left\{ \mu_j, \kappa_j \right\}$

(3) Modale Dämpfungen über RAYLEIGH-Ansatz $d_j = \dfrac{1}{2}\left(\dfrac{\alpha}{\omega_j} + \beta\omega_j \right)$

4.6 Übertragungsverhalten im Frequenzbereich

Eingangs-/ Ausgangsverhalten von Mehrkörpersystemen Für die Verhaltensanalyse eines mechatronischen Systems interessiert das Übertragungsverhaltens der Mehrkörperregelstrecke zwischen Anregungsgrößen und den Bewegungsgrößen der Teilkörper. Als Anregungen können neben den naheliegenden physikalischen Größen *Kraft* und *Drehmoment* aber auch ebenso kinematische Anregungen durch *eingeprägte Bewegungen* auftreten, z.B. Fußpunktanregungen über elastische Elemente oder Trägheitskräfte. Bei den Bewegungsgrößen interessieren neben den *Lagekoordinaten* (Position, Orientierung, absolut/relativ) ebenso die kinematisch abhängigen Größen *Geschwindigkeit* und *Beschleunigung*. Zur kompakten mathematischen Beschreibung des Übertragungsverhaltens bieten sich Frequenzbereichsmodelle in Form von *Übertragungsfunktionen* $G_{MKS}(s)$ bzw. *Frequenzgängen* $G_{MKS}(j\omega)$ an (Abb. 4.14), die sich unmittelbar aus den LTI-Bewegungsgleichungen ableiten lassen.

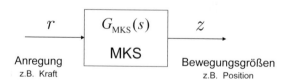

Abb. 4.14. Mehrkörpersystem als Übertragungssystem

Kraftanregung Die naheliegende Anregungsform ist durch äußere oder innere Kräfte bzw. Drehmomente gegeben. Zu beachten ist hier die Art der Anregung: absolut gegenüber Inertialraum oder relativ als innere Kraft zwischen Teilkörpern (Tabelle 4.2, linke Spalte).

Fußpunktanregung Wird das Mehrkörpersystem einer Führungsbewegung über eine elastische Ankopplung unterworfen, spricht man von einer *elastischen Fußpunktanregung*. Dadurch werden unmittelbar Federkräfte auf Teilkörper übertragen. In äquivalenter Weise kann eine zusätzliche Einkopplung von geschwindigkeitsabhängigen Reibungskräften über viskose Dämpferelemente erfolgen (Tabelle 4.2, mittlere Spalte). In diesem Falle sind die Anregungsgrößen *Wegänderungen* der Feder- bzw. Dämpferfußpunkte.

Trägheitsanregung Beschleunigte Führungsbewegungen erzeugen Massenkräfte der Teilkörper. In diesen Fällen repräsentieren diese Führungsbeschleunigungen die eigentlichen Anregungsgrößen (Tabelle 4.2, rechte Spalte).

Einmassenschwinger als Übertragungssystem Bei allen beschriebenen Anregungsformen ergeben sich bei einem Einmassenschwinger gleichartige Übertragungsfunktionen der Form

$$G(s) = V \frac{1}{1 + 2d_0 \dfrac{s}{\omega_0} + \dfrac{s^2}{\omega_0{}^2}} = \frac{V}{\{d_0; \omega_0\}},$$

wobei in bekannter Weise

$$\omega_0 = \sqrt{\frac{k}{m}}$$

die *Eigenfrequenz* des Einkörpersystems darstellt. Bei einer *Fußpunktanregung* mit *Feder-Dämpfer-Element* tritt noch ein differenzierender Zählerterm auf, der jedoch bei kleinen Dämpfungskonstanten keinen wesentlichen Einfluss auf den Frequenzgang besitzt (Tabelle 4.2, letzte Zeile).

Man erkennt die drei typischen Verhaltensbereiche:
- *Proportionales* Eingangs-/ Ausgangsverhalten unterhalb der Eigenfrequenz
- *Resonanzverhalten* bei einer harmonischen Anregung mit der Eigenfrequenz, Betragsüberhöhung umgekehrt proportional zur Strukturdämpfung
- große Dämpfung oberhalb der Eigenfrequenz.

Tabelle 4.2. Anregungsformen für Einmassenschwinger

Typ	Kraftanregung	Fußpunktanregung	Trägheitsanregung
Schema			
Bewegungs-gleichung	$m\ddot{y} + b\dot{y} + ky = F$	$m\ddot{y} + b\left(\dot{y} - \dot{w}\right) +$ $+\, k\left(y - w\right) = 0$	$m\ddot{y} + b\left(\dot{y} - \dot{w}\right) +$ $+\, k\left(y - w\right) = 0$ $m\ddot{p} + b\dot{p} + kp = m\ddot{w}$
Eingang $r(t)$ Ausgang $z(t)$	Kraft F Position y	Wegänderung w Position y	Beschleunigung $\ddot{w}$ Differenzweg $p=w\text{-}y$
Über-tragungs-funktion $G(s) = \dfrac{Z(s)}{R(s)}$	$\dfrac{V}{1 + 2d_0\,\dfrac{s}{\omega_0} + \dfrac{s^2}{\omega_0^2}}$ $V = \dfrac{1}{k}$	$\dfrac{V\left(1 + \dfrac{b}{k}\,s\right)}{1 + 2d_0\,\dfrac{s}{\omega_0} + \dfrac{s^2}{\omega_0^2}}$ $V = 1$	$\dfrac{V}{1 + 2d_0\,\dfrac{s}{\omega_0} + \dfrac{s^2}{\omega_0^2}}$ $V = \dfrac{1}{\omega_0^2}$
	$\omega_0 = \sqrt{\dfrac{k}{m}} \quad,\quad d_0 = \dfrac{1}{2}\dfrac{b}{k}\omega_0 = \dfrac{1}{2}\dfrac{b}{m}\dfrac{1}{\omega_0}$		
Frequenz-gang $G(j\omega)$			

a ... Kraftanregung, Trägheitsanregung,   b ... Fußpunktanregung

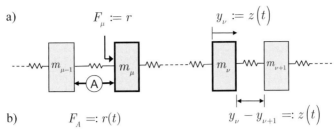

Abb. 4.15. Mehrkörpersystem mit Kraftanregung und Positionsmessung: a) absolut, b) relativ

Mehrkörpersystem als Übertragungssystem   Zur Spezifikation des Übertragungsverhaltens sind immer Art und Ort der Anregung bzw. Art und Ort der beobachteten Bewegungsgrößen anzugeben. In Abb. 4.15a wird beispielsweise am Teilkörper μ als Anregung eine inertiale Kraft F_μ appliziert und die Absolutauslenkung y_ν des Teilkörpers ν als Ausgangsgröße betrachtet, wogegen in Abb. 4.15b relativ wirksame Eingangs- und Ausgangsgrößen betrachtet werden.

Die zugehörigen Bewegungsgleichungen[24] lauten allgemein mit r als *Eingangsgröße* und z als *Ausgangsgröße*

$$
\begin{aligned}
\mathbf{M}\,\ddot{\mathbf{y}} + \mathbf{K}\,\mathbf{y} = \mathbf{p}_f\,r, \qquad & \mathbf{M}, \mathbf{K} \in \mathbb{R}^{N_{FG} \times N_{FG}} \\
z = \mathbf{p}_y^{\,T}\mathbf{y}, \qquad & \mathbf{y}, \mathbf{p}_f, \mathbf{p}_y \in \mathbb{R}^{N_{FG}}\,.
\end{aligned}
\tag{4.61}
$$

Die Vektoren $\mathbf{p}_f, \mathbf{p}_y$ stellen die Eingangs- und Ausgangsgewichte dar. Für *absolut* (inertial) wirksame Eingänge und Ausgänge wählt man entsprechend Abb. 4.15a

$$
\mathbf{p}_f = \begin{pmatrix} 0 & \dots & 1 & \dots & 0 \end{pmatrix}^T, \quad \mathbf{p}_y = \begin{pmatrix} 0 & \dots & 1 & \dots & 0 \end{pmatrix}^T\,.
$$
$$
\underset{\mu}{\uparrow}\underset{\nu}{\uparrow}
$$

Für *relativ* wirksame Eingänge und Ausgänge wählt man entsprechend Abb. 4.15b

$$
\mathbf{p}_f = \begin{pmatrix} 0 & -1 & 1 & \dots & 0 \end{pmatrix}^T, \quad \mathbf{p}_y = \begin{pmatrix} 0 & 0 & 1 & -1 & 0 \end{pmatrix}^T\,.
$$
$$
\underset{\mu-1}{\uparrow}\;\underset{\mu}{\uparrow}\underset{\nu}{\uparrow}\;\underset{\nu+1}{\uparrow}
$$

---

[24] Eine alternative Darstellung nutzt Modalkoordinaten nach Gl. (4.54), dort stellen die Eigenvektoren die Eingangs- und Ausgangsgewichte (Aktuator- / Sensorpositionen) dar, s. z.B. (Preumont 2002).

MKS-Übertragungsfunktion   Mit der Zustandsdarstellung (4.38) und LAPLACE-Transformation folgt für die *MKS-Übertragungsfunktion* (hier vereinfacht für den dämpfungsfreien Fall)[25]

$$G_{MKS}(s) = \frac{Z(s)}{R(s)} = \begin{pmatrix} \mathbf{p}_y \\ \mathbf{0} \end{pmatrix}^T \cdot \left[s\mathbf{E} - \begin{pmatrix} \mathbf{0} & \mathbf{E} \\ -\mathbf{M}^{-1}\mathbf{K} & \mathbf{0} \end{pmatrix} \right]^{-1} \cdot \begin{pmatrix} \mathbf{0} \\ \mathbf{M}^{-1}\mathbf{p}_f \end{pmatrix}$$

$$G_{MKS}(s) = V \frac{\displaystyle\prod_{k=1}^{m}\left(1 + \frac{s^2}{\omega_{zk}^2}\right)}{\displaystyle\prod_{j=1}^{N_{FG}}\left(1 + \frac{s^2}{\omega_{pj}^2}\right)} = V \frac{\displaystyle\prod_{k=1}^{m}\{\omega_{zk}\}}{\displaystyle\prod_{j=1}^{N_{FG}}\{\omega_{pj}\}}, \quad m < N_{FG}. \tag{4.62}$$

Pole der MKS-Übertragungsfunktion   Die *Pole* s_j, s_j^* der *Übertragungsfunktion* $G_{MKS}(s)$ ergeben sich aus den *Eigenfrequenzen* ω_j des *Mehrkörpersystems* (4.40), d.h.

$$\begin{aligned} s_j &= +j\omega_{pj} = +j\omega_j \\ s_j^* &= -j\omega_{pj} = -j\omega_j \end{aligned} \qquad j = 1,\ldots,N_{FG}. \tag{4.63}$$

Man erkennt dies leicht, da sich aufgrund der Matrixinversion in Gl. (4.62) das Nennerpolynom der MKS-Übertragungsfunktion zu

$$\Delta(s) = \det\left[s\mathbf{E} - \begin{pmatrix} \mathbf{0} & \mathbf{E} \\ -\mathbf{M}^{-1}\mathbf{K} & \mathbf{0} \end{pmatrix} \right]$$

ergibt, was wiederum zum algebraischen Eigenwertproblem (4.42) äquivalent ist[26]. Die *Pole* der Übertragungsfunktion sind also eindeutig durch die *Eigenfrequenzen* des Mehrkörpersystems bestimmt, insbesondere gibt es im dämpfungsfreien Fall genau N_{FG} imaginäre Polpaare (Abb. 4.16). Die

---

[25] In den häufigsten Anwendungen, z.B. Schwingerketten, treten die hier angeführten imaginären bzw. bei endlicher Dämpfung konjugiert komplexen Nullstellen auf. In speziellen Fällen können aber auch reelle Nullstellen auftreten, s. Abschn. 4.7.6..

[26] Dies ist ebenso aus der modalen Darstellung (4.54) erkennbar.

Pole sind im Übrigen *unabhängig* vom gewählten Ort der Anregung und der Beobachtung[27].

Nullstellen der MKS-Übertragungsfunktion   Über die Nullstellen der MKS-Übertragungsfunktion lassen sich leider nicht derartig konkrete Aussagen treffen, allerdings kann man einige allgemeine Eigenschaften bei *verschwindender Dämpfung* ablesen. In jedem Fall ist die Ordnung des Zählerpolynoms gerade und kann maximal $(2N_{FG} - 2)$ betragen. Wegen des Fehlens ungerader Potenzen im Zählerpolynom müssen die Nullstellen immer symmetrisch zur imaginären Achse liegen, d.h. es existieren entweder rein *imaginäre Nullstellenpaare* (dies ist der Regelfall) oder spiegelsymmetrische reelle Nullstellenpaare (negativ/positiv reell $\rightarrow$ Nichtminimalphasensystem). Bei Schwingerketten kann man zeigen, dass überdies die Lage der Nullstellenpaare eingeschränkt ist (jeweils nur eine Nullstelle zwischen zwei Polen, eine detaillierte Nullstellendiskussion erfolgt in Abschn. 4.7).

Die Lage der Nullstellen ist, im Gegensatz zu den Polen, sehr wohl vom gewählten Ort der Anregung und der Beobachtung abhängig. Eine typische Pol-/ Nullstellenkonfiguration für ein nichtdissipatives Mehrkörpersystem ist in Abb. 4.16 gezeigt.

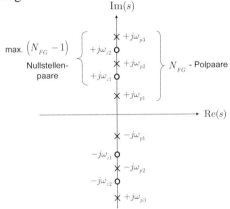

Abb. 4.16. Typische Pol-/ Nullstellenverteilung für die Übertragungsfunktion eines nicht dissipativen Mehrkörpersystems mit drei Eigenmoden

---

[27] Die beiden letzten Aussagen gelten allerdings nur mit der Einschränkung von *vollständiger Beobachtbarkeit* und *Steuerbarkeit* des *Mehrkörpersystems* (s. Abschn. 10.6). In speziellen Konfigurationen können bestimmte Pole (Eigenfrequenzen) durch lagegleiche Nullstellen der Übertragungsfunktion gekürzt werden. Physikalisch bedeutet dies, dass bestimmte Eigenfrequenzen nicht über das entsprechende Stell- und Messpaar beobachtet bzw. beeinflusst werden können.

Dissipative Mehrkörpersysteme   Nutzt man den RAYLEIGH-Dämpfungsansatz, so finden sich die *modalen Dämpfungen* d_j (4.59) gerade als die normierten Dämpfungen der quadratischen Terme des Nennerpolynoms der Übertragungsfunktion wieder, d.h.

$$G_{MKS}(s) = V \frac{\prod\limits_{k=1}^{m}\left(1 + 2d_{zk}\dfrac{s}{\omega_{zk}} + \dfrac{s^2}{\omega_{zk}^2}\right)}{\prod\limits_{j=1}^{N_{FG}}\left(1 + 2d_j\dfrac{s}{\omega_{pj}} + \dfrac{s^2}{\omega_{pj}^2}\right)} = V \frac{\prod\limits_{k=1}^{m}\left\{d_{zk}; \omega_{zk}\right\}}{\prod\limits_{j=1}^{N_{FG}}\left\{d_j; \omega_{pj}\right\}}, \quad m < N_{FG}. \quad (4.64)$$

Die konjugiert komplexen Pol-/ Nullstellenpaare verschieben sich mit zunehmender Strukturdämpfung in die linke s-Halbebene, entsprechend dem in Abb. 4.13 gezeigten Verhalten.

MKS-Frequenzgang   Der Frequenzgang (BODE-Diagramme) eines typischen dissipativen Mehrkörpersystems (4.64) ist in Abb. 4.17 dargestellt. Man erkennt die *Eigenfrequenzen* deutlich an den *Resonanzüberhöhungen* der Betragskennlinie und an den *negativen 180-Grad-Phasensprüngen*. Die konjugiert komplexen *Nullstellen* sind als *Betragssenken* und *positive 180-Grad-Phasensprünge* erkennbar.

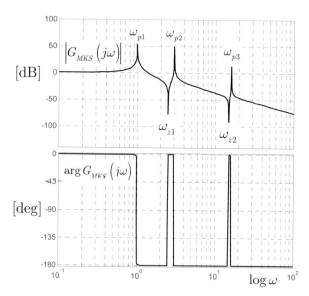

Abb. 4.17. Typischer Frequenzgang eines dissipativen Mehrkörpersystems mit drei Eigenmoden (vgl. Abb. 4.16)

Wegen der leichten messtechnischen Ermittlung des Frequenzganges (s. Abschn. 2.7) bietet sich diese Modellform als besonders brauchbar zur experimentellen Ermittlung der MKS-Modellparameter an. Aus einem gemessenen Frequenzgang können unmittelbar und mit hoher Genauigkeit die Eigenfrequenzen und Nullstellen abgeschätzt werden. Aus den Resonanzüberhöhungen kann zumindest die Größenordnung der modalen Dämpfungen hinreichend genau abgeschätzt werden und in weiterer Folge können die RAYLEIGH-Dämpfungsparameter α, β direkt über Beziehung (4.60) bestimmt werden.

Geschwindigkeits- und Beschleunigungsausgänge Bei Vorliegen eines Frequenzbereichsmodells mit Lagekoordinaten als Ausgang können sehr leicht die entsprechenden MKS-Übertragungsfunktionen (Frequenzgänge) für Geschwindigkeits- bzw. Beschleunigungsausgänge gewonnen werden, indem die elementaren Zusammenhänge im Bildbereich

$$\mathcal{L}\left\{\dot{y}\right\} = s\mathcal{L}\left\{y\right\} \quad \text{bzw.} \quad \mathcal{L}\left\{\ddot{y}\right\} = s^2\mathcal{L}\left\{y\right\}$$

ausgenutzt werden. Es gilt also

$$\frac{Y(s)}{R(s)} := G_{MKS}(s), \quad \frac{\dot{Y}(s)}{R(s)} = sG_{MKS}(s), \quad \frac{\ddot{Y}(s)}{R(s)} = s^2 G_{MKS}(s). \qquad (4.65)$$

Die Operationen (4.65) können auch sehr leicht numerisch direkt an den gemessenen Frequenzgängen $G_{MKS}(j\omega)$ durchgeführt werden, ohne $G_{MKS}(s)$ explizit zu bestimmen.

Steife Kopplungen Die Modellabstraktion einer „starren" Kopplung ist eine idealisierte Annahme, deren Gültigkeit man allerdings immer kritisch hinterfragen sollte. Streng genommen gibt es keine nicht deformierbaren Körper, selbst sehr steife Körper erfahren unter Einwirkung äußerer Kräfte sehr kleine Deformationen. Im Sinne einer elastischen Verbindung würde man hier von einer sehr steifen Feder mit hoher Federsteifigkeit $k \gg 1$ sprechen. Wie äußert sich nun eine derartige *quasi-starre* Kopplung im Verbund mit elastischen Kopplungen in einem Mehrkörpersystem? Als einfaches Beispiel betrachte man den Zweimassenschwinger mit variabler Koppelsteifigkeit k^* aus Abb. 4.18a. Für eine real starre Verbindung mit $k^* \to \infty$ reduziert sich die Anzahl der Freiheitsgrade auf $N_{FG} = 1$, die beiden Massen sind als eine gemeinsame Masse zu betrachten und es findet sich eine einzige Eigenfrequenz ω_{p1}. Bei *endlicher* Steifigkeit k^* erhält man dagegen wegen $N_{FG} = 2$ zwei Eigenfrequenzen und eine Nullstelle ω_z, die betragsmäßig immer zwischen den beiden Polen liegt.

Frequenzseparation steifer Systeme Anschaulich lassen sich die Verhältnisse im BODE Diagramm darstellen (Abb. 4.18b). Mit wachsendem k^* wandert das Nullstellen-/ Polpaar (ω_z, ω_{p2}) zu höheren Frequenzen, ohne das Übertragungsverhalten im unteren Frequenzbereich (Starrkörperverhalten) wesentlich zu beeinflussen. *Quasi-starre* (also *sehr steife*) Kopplungen führen zu *hochfrequenten* Eigenfrequenzen bzw. gegebenenfalls Nullstellen-/ Eigenfrequenzpaaren[28]. Dieses Verhalten lässt sich auch für Mehrkörpersysteme höherer Ordnung verallgemeinern.

Unmodellierte Eigenmoden Bei sehr detailgenauer und realitätsnaher Modellierung müsste man also jedes Starrkörpersystem durch eine große Anzahl quasi-starrer Kopplungen modellieren. Dies vermeidet man jedoch aus Gründen der Modellübersichtlichkeit und im Falle von Simulationsaufgaben aus Gründen der numerischen Integrationsstabilität (vgl. *Integration steifer Systeme* in Kap. 2). Für den Reglerentwurf verwendet man also aus pragmatischen Gründen in der Regel *vereinfachte Modelle* mit reduzierter Ordnung, bei denen diese „steifen" Eigenfrequenzen vernachlässigt werden, man spricht dann von *unmodellierten Eigenmoden* (Abb. 4.18b). Diese haben zwar keinen Einfluss im niederfrequenten Arbeitsbereich, sie müssen jedoch beim Reglerentwurf in Betracht gezogen werden, um Stabilitätsprobleme beim realen System zu vermeiden (s. *Spillover*-Problematik in Kap. 10).

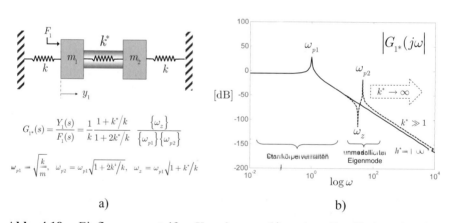

a)   b)

Abb. 4.18. Einfluss von steifen Kopplungen $k^* \gg 1$ – Zweifach gefesselter Zweimassenschwinger: a) mechanische Anordnung, b) Frequenzgang – Betragskennlinie

---

[28] Ob und an welchen Frequenzen Nullstellen auftreten hängt vom Mess- und Stellort ab, s. Abschn. 4.7.

MIMO-System – MKS-Übertragungsmatrix Vielfach muss man mehrere Anregungsgrößen gleichzeitig betrachten, z.B. Störkräfte und Aktuatorgrößen und/oder man ist an den Bewegungsgrößen mehrerer Teilkörper interessiert. In diesem Fall hat man das Mehrkörpersystem als *Mehrgrößensystem* mit mehreren Eingängen und Ausgängen zu betrachten (engl. *MIMO, multi input – multi output*). Im Frequenzbereich ergibt sich dann zwischen Eingangsgrößen $\mathbf{r}$ (Kräfte, Momente) und Ausgangsgrößen $\mathbf{z}$ (Bewegungsgrößen) die *MKS-Übertragungsmatrix*, die sich in Verallgemeinerung von (4.61) folgendermaßen berechnen lässt:

$$
\begin{aligned}
\mathbf{M}\,\ddot{\mathbf{y}} + \mathbf{K}\,\mathbf{y} &= \mathbf{P}_f\,\mathbf{r} \\
\mathbf{z} &= \mathbf{P}_y\,\mathbf{y}
\end{aligned}
\quad,\quad
\begin{aligned}
&\mathbf{M},\mathbf{K} \in \mathbb{R}^{N_{FG}\times N_{FG}},\, \mathbf{y} \in \mathbb{R}^{N_{FG}} \\
&\mathbf{r} \in \mathbb{R}^{nr},\, \mathbf{z} \in \mathbb{R}^{nz} \\
&\mathbf{P}_f \in \mathbb{R}^{N_{FG}\times nr},\, \mathbf{P}_y \in \mathbb{R}^{nz\times N_{FG}}
\end{aligned}
\tag{4.66}
$$

$$
\mathbf{G}_{MKS}(s) = \begin{pmatrix} \mathbf{P}_y & \mathbf{0} \end{pmatrix} \cdot \left[s\mathbf{E} - \begin{pmatrix} \mathbf{0} & \mathbf{E} \\ -\mathbf{M}^{-1}\mathbf{K} & \mathbf{0} \end{pmatrix} \right]^{-1} \cdot \begin{pmatrix} \mathbf{0} \\ \mathbf{M}^{-1}\mathbf{P}_f \end{pmatrix}
$$

$$
\mathbf{G}_{MKS}(s) = \begin{pmatrix} G_{1,1}(s) & \cdots & G_{1,nr}(s) \\ \vdots & G_{\nu,\mu}(s) & \vdots \\ G_{nz,1}(s) & \cdots & G_{nz,nr}(s) \end{pmatrix}
\tag{4.67}
$$

Das Element $G_{\mu,\nu}(s)$ der Übertragungsmatrix (4.67) beschreibt die Übertragungsfunktion zwischen dem μ-ten Eingang und dem ν-ten Ausgang des Mehrkörpersystems (4.66) . Es sei bemerkt, dass für ein Mehrkörpersystem ohne Steuerbarkeits- und Beobachtbarkeitsdefekte alle Übertragungsfunktionen $G_{\mu,\nu}(s)$ dasselbe Nennerpolynom und damit dieselben Pole besitzen. Sie unterscheiden sich lediglich durch unterschiedliche Zählerpolynome.

Zweimassenschwinger als MIMO-System Im nachfolgenden Abschn. 4.7.2 (Tabelle 4.3) sind alle relevanten Übertragungsfunktionen für einen zweifach gefesselten Zweimassenschwinger in allgemeiner Form aufgelistet. Dieses einfache System eignet sich als ein vielfach anwendbares Ersatzmodell für orientierende systemtechnische Betrachtungen komplexerer Anordnungen.

4.7 Mess- und Stellort

4.7.1 Allgemeiner Mehrmassenschwinger

Mess- und Stelleingriffe Aus gerätetechnischer und konstruktiver Sicht hat man bei einer mechanischen Struktur in der Regel Einschränkungen bezüglich der Wahl von Aktuatoren und Sensoren zu beachten. Im allgemeinen Fall werden Stelleingriff und Bewegungsmessung an unterschiedlichen Teilkörpern erfolgen. In Abb. 4.19 ist ein solcher Fall für einen allgemeinen Mehrmassenschwinger dargestellt.

Übertragungsfunktion Im vorliegenden Fall interessiert die Übertragungsfunktion zwischen der Krafteinleitung am Teilkörper μ und der Wegauslenkung aus der Ruhelage des Teilkörpers ν

$$
\underset{\substack{\uparrow \\ \text{Mess-/Stellort}}}{G_{\nu,\mu}(s)} = \frac{\mathcal{L}\left\{y_\nu\left(t\right)\right\}}{\mathcal{L}\left\{F_\mu\left(t\right)\right\}} = V_{\nu,\mu} \frac{\displaystyle\prod_{k=1}^{m}\left(1 + \frac{s^2}{\omega_{zk}^2}\right)}{\displaystyle\prod_{j=1}^{N}\left(1 + \frac{s^2}{\omega_{pj}^2}\right)} . \tag{4.68}
$$

wobei rechts oben "Nullstellen" und rechts unten "Pole" bezeichnet sind.

Wie bereits in Kap. 4.6 ausgeführt, unterscheiden sich die Übertragungsfunktionen für unterschiedliche Mess- und Stellorte lediglich in der statischen Verstärkung und in der *Lage* der *Nullstellen*. Die Lage und Anzahl der Nullstellen, und damit die Wahl von Mess- und Stellort, besitzen einen fundamentalen Einfluss auf das Übertragungsverhalten und sie bestimmen in ebenso fundamentaler Weise die erreichbaren Regelungsleistungen. Aus diesem Grunde lohnt sich eine genauere Betrachtung dieses Sachverhaltes am Beispiel des Mehrmassenschwingers aus Abb. 4.19.

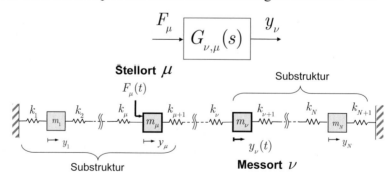

Abb. 4.19. Mehrmassenschwinger mit Krafteinleitung und Positionsmessung (hier absolute bzw. inertiale Größen)

4.7.2 Nullstellen eines Mehrmassenschwingers

Bewegungsgleichungen im Bildbereich LAPLACE-Transformation der Bewegungsgleichungen unter Beachtung der speziellen Massen- und Steifigkeitsmatrizen (4.36) liefert

$$
\underbrace{\begin{bmatrix} \tilde{M}_1(s) & -k_2 & & & \\ & \ddots & & & \\ -k_\lambda & \tilde{M}_\lambda(s) & -k_{\lambda+1} & & \\ & & \ddots & & \\ & & -k_N & \tilde{M}_N(s) \end{bmatrix}}_{\tilde{\mathbf{M}}(s)} \cdot \begin{bmatrix} Y_1(s) \\ \vdots \\ Y_\lambda(s) \\ \vdots \\ Y_N(s) \end{bmatrix} = \begin{bmatrix} 0 \\ \vdots \\ F_\lambda(s) \\ \vdots \\ 0 \end{bmatrix}
\tag{4.69}
$$

mit

$$
\tilde{M}_i(s) = m_i s^2 + k_i + k_{i+1} \quad \text{für} \quad i = 1, 2, \ldots, N
\tag{4.70}
$$

Die Übertragungsfunktion zwischen Stellort μ und Messort ν ergibt sich aus (4.69) zu

$$
G_{\nu,\mu}(s) = \frac{Y_\nu(s)}{F_\mu(t)} = \left[\tilde{\mathbf{M}}^{-1}(s)\right]_{\nu\mu} = \frac{(-1)^{\nu+\mu} \Lambda_{\nu\mu}(s)}{\det \tilde{\mathbf{M}}(s)}
\tag{4.71}
$$

mit $\Lambda_{\nu\mu}(s)$ Minor (Determinante) der Untermatrix durch Streichen der ν-ten Zeile und μ-ten Spalte von $\tilde{\mathbf{M}}(s)$. Für $\Lambda_{\nu\mu}(s)$ gilt wegen der speziellen Struktur von $\tilde{\mathbf{M}}(s)$:

$$
\Lambda_{\nu\mu}(s) = \det \boldsymbol{\Gamma}_1(s) \cdot \det \boldsymbol{\Gamma}_2(s) \cdot \det \boldsymbol{\Gamma}_3(s)
$$

$$
\boldsymbol{\Gamma}_1(s) = \begin{vmatrix} \tilde{M}_1(s) & -k_2 & \ldots \\ & \ddots & \\ \ldots & -k_{\mu-1} & \tilde{M}_{\mu-1}(s) \end{vmatrix}, \quad \boldsymbol{\Gamma}_2(s) = \begin{vmatrix} -k_{\mu+1} & \ddots \\ & -k_\nu \end{vmatrix},
\tag{4.72}
$$

$$
\boldsymbol{\Gamma}_3(s) = \begin{vmatrix} \tilde{M}_{\nu+1}(s) & -k_{\nu+2} & \ldots \\ & \ddots & \\ \ldots & -k_N & \tilde{M}_N(s) \end{vmatrix}
$$

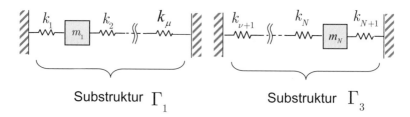

Substruktur Γ_1 Substruktur Γ_3

Abb. 4.20. Feder-Masse Subsysteme zur Nullstelleninterpretation bei Stellort μ und Messort ν

Physikalische Nullstelleninterpretation Die *Nullstellen* von $G_{\nu,\mu}(s)$ bzw. $\Lambda_{\nu\mu}(s)$ sind die *Eigenfrequenzen* der beiden Feder-Masse-Subsysteme zwischen den Massen m_1 und $m_{\mu-1}$ mit *festgehaltener* Masse m_μ (Substruktur $\Gamma_1(s)$ in Abb. 4.20) und zwischen den Massen $m_{\nu+1}$ und m_N mit *festgehaltener* Masse m_ν (Substruktur $\Gamma_3(s)$ in Abb. 4.20), s. auch (Miu 1993).

Zweimassenschwinger Als anschauliches Beispiel betrachte man den in Tabelle 4.3 dargestellten allgemeinen Zweimassenschwinger. Die Übertragungsfunktionen $G_{11}, G_{12}, G_{21}, G_{22}$ bezeichnen gerade die möglichen Fälle einer inertialen Krafteinleitung und absoluten Positionsmessung. Beispielsweise stellt im Falle G_{11} (Krafteinleitung *und* Messung an Masse m_1) die Nullstelle ω_{z11} bei festgebremster Masse m_1 gerade die Eigenfrequenz des Einmassenschwingers m_2 mit den parallel geschalteten Federn k_2, k_3 dar. Durch das Festbremsen geht ein Freiheitsgrad verloren, damit ist die Ordnung des Zählerpolynoms von G_{11} gegeben durch $N_{FG} - 1 = 2 - 1 = 1$.

Interessant sind die Fälle G_{12}, G_{21}. Hier existiert überhaupt keine endliche Nullstelle, d.h. die Ordnung des Zählerpolynoms ist gleich null. Dies deckt sich mit der oben gegebenen physikalischen Interpretation, da bei zwei festgebremsten Massen m_1, m_2 beide Bewegungsfreiheitsgrade verloren gehen und damit keine schwingungsfähige Substruktur übrigbleibt.

Symmetrischer Dreimassenschwinger Die dargestellten Nullstelleneigenschaften lassen sich ebenso an dem in Tabelle 4.4 aufgeführten symmetrischen *Dreimassenschwinger* verifizieren. Prinzipiell lässt sich die Struktur der Übertragungsfunktion eines Mehrmassenschwingers also recht leicht abschätzen.

Tabelle 4.3. Zweifach gefesselter Zweimassenschwinger

Schema	
Übertragungs-matrix	$$\begin{pmatrix} Y_1(s) \\ Y_2(s) \\ Y_R(s) \end{pmatrix} = \mathbf{G}(s) \begin{pmatrix} F_1(s) \\ F_2(s) \\ F_A(s) \end{pmatrix} = \left(\begin{array}{cc|c} G_{11}(s) & G_{12}(s) & G_{1A}(s) \\ \hline G_{21}(s) & G_{22}(s) & G_{2A}(s) \\ \hline G_{R1}(s) & G_{R2}(s) & G_{RA}(s) \end{array} \right) \begin{pmatrix} F_1(s) \\ F_2(s) \\ F_A(s) \end{pmatrix}$$ $$\mathbf{G}(s) = \left(\begin{array}{cc|c} V_{11}\dfrac{\{\omega_{z11}\}}{\Delta(s)} & V_{21}\dfrac{1}{\Delta(s)} & V_{1A}\dfrac{\{\omega_{z1A}\}}{\Delta(s)} \\[2ex] \hline V_{12}\dfrac{1}{\Delta(s)} & V_{22}\dfrac{\{\omega_{z22}\}}{\Delta(s)} & V_{2A}\dfrac{\{\omega_{z2A}\}}{\Delta(s)} \\[2ex] \hline V_{R1}\dfrac{\{\omega_{zR1}\}}{\Delta(s)} & V_{R2}\dfrac{\{\omega_{zR2}\}}{\Delta(s)} & V_{RA}\dfrac{\{\omega_{zRA}\}}{\Delta(s)} \end{array} \right)$$
Verstärkungen	$$V_{11} = \frac{k_2 + k_3}{k^*}, \quad V_{12} = V_{21} = \frac{k_2}{k^*}, \quad V_{22} = \frac{k_1 + k_2}{k^*}$$ $$V_{R1} = V_{1A} = -\frac{k_3}{k^*}, \quad V_{R2} = V_{1A} = \frac{k_1}{k^*}, \quad V_{RA} = \frac{k_1 + k_3}{k^*}$$ $$k^* = k_1 k_2 + k_1 k_3 + k_2 k_3$$
Pole	$\Delta(s) = \{\omega_{p1}\}\{\omega_{p2}\}, \quad \omega_{p1}, \omega_{p2}$ aus $$m_1 m_2 s^4 + \left[m_1 (k_2 + k_3) + m_2 (k_1 + k_2) \right] s^2 + k^* = 0$$ $$\Rightarrow s_{1,2} = \pm j\omega_{p1}, \quad s_{3,4} = \pm j\omega_{p2}$$
Nullstellen	$$\omega_{z11} = \sqrt{\frac{k_2 + k_3}{m_2}}, \quad \omega_{z22} = \sqrt{\frac{k_1 + k_2}{m_1}}, \quad \omega_{zRA} = \sqrt{\frac{k_1 + k_3}{m_1 + m_2}}$$ $$\omega_{zR1} = \omega_{z1A} = \sqrt{\frac{k_3}{m_2}}, \quad \omega_{zR2} = \omega_{z2A} = \sqrt{\frac{k_1}{m_2}}$$

Tabelle 4.4. Übertragungsmatrix eines symmetrischen Dreimassenschwingers

Schema	
Übertragungs-matrix[29]	$$\begin{pmatrix} Y_1(s) \\ Y_2(s) \\ Y_3(s) \end{pmatrix} = \mathbf{G}(s) \begin{pmatrix} F_1(s) \\ F_2(s) \\ F_3(s) \end{pmatrix} = \begin{pmatrix} G_{11}(s) & G_{12}(s) & G_{13}(s) \\ G_{21}(s) & G_{22}(s) & G_{23}(s) \\ G_{31}(s) & G_{32}(s) & G_{33}(s) \end{pmatrix} \begin{pmatrix} F_1(s) \\ F_2(s) \\ F_3(s) \end{pmatrix}$$ $$\mathbf{G}(s) = \begin{pmatrix} V_{11} \dfrac{\{\omega_{z1}\}\{\omega_{z3}\}}{\Delta(s)} & V_{12} \dfrac{\{\omega_{z2}\}}{\Delta(s)} & V_{13} \dfrac{1}{\Delta(s)} \\[2ex] V_{21} \dfrac{\{\omega_{z2}\}}{\Delta(s)} & V_{22} \dfrac{\{\omega_{z2}\}}{\Delta(s)} & V_{23} \dfrac{\{\omega_{z2}\}}{\Delta(s)} \\[2ex] V_{31} \dfrac{1}{\Delta(s)} & V_{32} \dfrac{\{\omega_{z2}\}}{\Delta(s)} & V_{33} \dfrac{\{\omega_{z1}\}\{\omega_{z3}\}}{\Delta(s)} \end{pmatrix}$$
Verstärkungen	$V_{11} = V_{33} = \dfrac{3}{4k},\quad V_{22} = \dfrac{1}{k},\quad V_{13} = V_{31} = \dfrac{1}{4k},$ $V_{12} = V_{21} = V_{23} = V_{32} = \dfrac{1}{2k}$
Pole	$\Delta(s) = \{\omega_{p1}\}\{\omega_{p2}\}\{\omega_{p3}\}$ $\omega_{p1} = \sqrt{\left(2 - \sqrt{2}\right)\dfrac{k}{m}}\qquad \omega_{p2} = \sqrt{2\dfrac{k}{m}},\qquad \omega_{p3} = \sqrt{\left(2 + \sqrt{2}\right)\dfrac{k}{m}}$
Nullstellen	$\omega_{z1} = \sqrt{\dfrac{k}{m}},\qquad \omega_{z2} = \omega_{p2} = \sqrt{2\dfrac{k}{m}},\qquad \omega_{z3} = \sqrt{3\dfrac{k}{m}}$

---

[29] Beachte Kürzungen von Nullstellen und Polen (angedeutet durch Kürzungsstriche).

Man beachte jedoch die nicht unbedingt offensichtlichen Fälle einer *Kürzung* von Polen (Eigenfrequenzen) mit Nullstellen, bei speziellen Parameterkonstellationen (hier Kürzung wegen $\omega_{z2} = \omega_{p2}$ z.B. in G_{21}). Diese Fälle stellen problematische *Beobachtbarkeits-* und *Steuerbarkeitsdefekte* dar und werden näher in Kap. 10 diskutiert.

4.7.3 Kollokierte Mess- und Stellanordnung

Kollokation   Wenn der Stelleingriff und die Beobachtung der Bewegungsgrößen (Messung) an ein und demselben Teilkörper[30] erfolgen, spricht man von einer *kollokierten* Mess- und Stellanordnung (engl. *collocation*).

MKS Nullstellenverteilung   Für einen N-Massenschwinger ist aus den Eigenschaften von (4.71) leicht erkennbar, dass bei einer kollokierten Übertragungsfunktion $(N-1)$ imaginäre Nullstellenpaare auftreten werden, entsprechend $(N-1)$ Eigenfrequenzen für die verbleibenden Substrukturen mit $(N-1)$ Teilkörpern bzw. Freiheitsgraden.

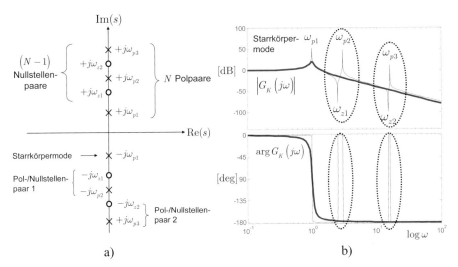

Abb. 4.21. Kollokierte Mess-/ Stellanordnung für Mehrkörpersystem mit drei Eigenmoden: a) Pol-/ Nullstellenverteilung, b) Frequenzgang (BODE-Diagramme)

---

[30] Man unterstellt entweder einen starren Teilkörper oder unterschiedliche Teilkörper mit einer kinematischen Kopplung, z.B. starre Koppelstange, starres Getriebe.

Typischerweise ergeben sich Übertragungsfunktionen der Form (Abb. 4.21)

$$G_K(s) = V \frac{1}{\{\omega_{p,1}\}} \cdots \frac{\{\omega_{z,i-1}\}}{\{\omega_{p,i-1}\}} \frac{\{\omega_{z,i}\}}{\{\omega_{p,i}\}} \frac{\{\omega_{z,i+1}\}}{\{\omega_{p,i+1}\}} \cdots \quad (4.73)$$

$$\omega_{z,i-1} < \omega_{p,i-1} < \omega_{z,i} < \omega_{p,i} < \omega_{z,i+1} < \omega_{p,i+1} .$$

Es liegt also immer genau eine Nullstelle *zwischen* zwei benachbarten Polen (*„sandwiched"*). Betrachtet man die betragsmäßige Reihenfolge, so startet man in jedem Fall mit dem Starrkörpermode (Gleichtaktmode) und daran schließen sich $(N-1)$ *Nullstellen-/ Polpaare* an (Abb. 4.21a). Man vergleiche auch G_{11}, G_{22} in Tabelle 4.3 bzw. G_{11}, G_{33} in Tabelle 4.4.

Frequenzgang Die aufgeführten Eigenschaften von (4.73) sind sehr anschaulich in den BODE-Diagrammen erkennbar (Abb. 4.21b). Besonders charakteristisch ist der *Phasenverlauf*. Der Starrkörpermode bringt einen negativen 180°-Phasensprung, wogegen die höherfrequenten Moden aufgrund der Nullstellen-/ Polpaare (Nullstelle betragsmäßig kleiner als Pol) keinen weiteren Nettobeitrag bringen. Phasenmäßig betrachtet, wirken die Nullstellen gewissermaßen als Phasenvorhalt (*phase lead*) und kompensieren den negativen Phasensprung der Eigenfrequenzen. Zum Vergleich ist auch ein Einmassenschwinger mit gleicher Starrkörpereigenfrequenz dargestellt. Die höherfrequenten Eigenmoden sind als quasi aufgesetzt zu betrachten. Bei Erhöhen der Steifigkeiten würden diese auch immer weiter zu höheren Frequenzen wandern, im niederfrequenten Bereich verbleibt dann das Einmassen-Starrkörperverhalten.

Regelungstechnische Interpretation Für die Stabilität eines Regelkreises ist bekanntlich speziell der Phasenverlauf in der Umgebung von -180° von Bedeutung (NYQUIST-Kriterium). Auf den ersten Blick verhält sich ein kollokiertes Mehrkörpersystem wie ein Einmassenschwinger und damit gut beherrschbar, da phasenmäßig nur die negative Phasendrehung des Starrkörpermodes wirksam ist (die -180°-Phasengrenze wird nicht überschritten). Auf den zweiten Blick erkennt man jedoch, dass immer vorhandene parasitäre Phasenverzögerungen (Sensor-/ Aktuatordynamik, Rechenzeit, etc.) bei höherfrequenten Eigenmoden die Phase jenseits von -180° verbiegen, wobei gleichzeitig große Betragswerte durch die Eigenresonanzen auftreten. Damit ergeben sich also auch in diesem Fall immer prinzipielle Stabilitätsprobleme[31]. Geeignete Regelungsansätze werden ausführlich in Kap. 10 diskutiert.

4.7.4 Nichtkollokierte Mess- und Stellanordnung

Separierter Mess- und Stellort In manchen Fällen ist es nicht möglich, Mess- und Stellort gleich zu wählen, d.h. Sensor und Aktuator befinden sich auf unterschiedlichen Teilkörpern[32] eines Mehrkörpersystems. Man spricht dann von einer *nichtkollokierten* (separierten) Mess- und Stellanordnung (engl. *non-collocation*).

MKS-Nullstellenverteilung Für einen N-Massenschwinger (4.71) müssen zur Bestimmung der schwingungsfähigen Substrukturen zwei Teilkörper festgehalten werden. Damit verbleiben maximal $(N-2)$ schwingfähige Teilkörper bzw. Freiheitsgrade und somit maximal $(N-2)$ imaginäre Nullstellenpaare. Typischerweise ergeben sich Übertragungsfunktionen der Form (Abb. 4.22)

$$G_{NK}(s) = V \frac{1}{\{\omega_{p,1}\}} \cdots \frac{\{\omega_{z,i-1}\}}{\{\omega_{p,i-1}\}} \frac{1}{\{\omega_{p,i}^*\}} \frac{\{\omega_{z,i+1}\}}{\{\omega_{p,i+1}\}} \cdots$$

$$\omega_{z,i-1} < \omega_{p,i-1} < \omega_{p,i}^* < \omega_{z,i+1} < \omega_{p,i+1}$$

(4.74)

Durch das nunmehr fehlende Nullstellenpaar müssen an irgendeiner Stelle zwei Pole aufeinander folgen (in Abb. 4.22 $s = \pm j\omega_{p1}, s = \pm j\omega_{p2}$). Man vergleiche auch G_{12}, G_{21} in Tabelle 4.3.

Frequenzgang Der Unterschied zu einer kollokierten Anordnung ist ganz augenscheinlich im Phasenverlauf erkennbar (Abb. 4.22b). Durch die fehlende Nullstelle bewirkt die nunmehr „nullstellenfreie" zweite Eigenfrequenz ω_{p2} einen zusätzlichen negativen 180°-Phasensprung, wodurch sich in Summe eine negative Phasendrehung von -360° ergibt.

---

[31] Kollokierten Anordnungen werden in der Literatur vielfach „eigenstabile" Regelungseigenschaften in der Form zugedichtet, dass bereits eine Proportionalrückführung immer zu einem stabilen Regelkreis führt. Dies ist jedoch nur für den akademischen Fall einer idealen Rückführung ohne jegliche Parasitärdynamik erfüllt und in allen praktisch relevanten Fällen nicht applikabel. Richtig ist allerdings, dass kollokierte Anordnungen regelungstechnisch einfacher beherrschbar sind als nichtkollokierte.

[32] Man unterstellt eine elastische Kopplung der Teilkörper.

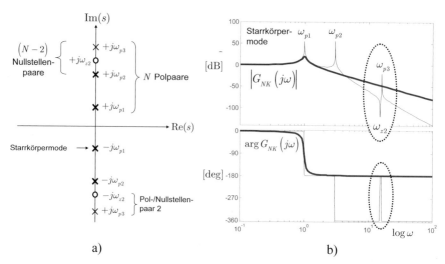

Abb. 4.22. Nichtkollokierte Mess-/ Stellanordnung für Mehrkörpersystem mit drei Eigenmoden: a) Pol-/ Nullstellenverteilung, b) Frequenzgang (BODE-Diagramme)

Die verbleibenden Nullstellen-/ Polpaare bewirken wiederum keinen weiteren Nettobeitrag. Man beachte, dass der kollokierte und nichtkollokierte Fall im Betragsverlauf bei größeren Strukturdämpfungen nicht ohne weiteres unterscheidbar ist (die Nullstelle ω_{z1} besitzt dann keine tiefe Betragssenke), jedoch sehr wohl im Phasenverlauf.

Separationsbreite von Mess- und Stellort Der Mehrmassenschwinger (4.71) erlaubt eine weitere interessante Interpretation. Je weiter Mess- und Stellort separiert sind, desto weniger schwingfähige Teilkörper bzw. Freiheitsgrade verbleiben für die schwingfähigen Substrukturen zur Bestimmung der Nullstellen. Wählt man beispielsweise die linken und rechten Außenkörper als Mess- und Stellort, dann existieren überhaupt keine Nullstellen, z.B. G_{13}, G_{31} in Tabelle 4.1.

Regelungstechnische Interpretation Im nichtkollokierten Fall wird also selbst ohne jegliche parasitäre Dynamik in jedem Fall die -180°-Phasengrenze überschritten, mit allen negativen Konsequenzen für die Stabilität. Dabei ist es unwesentlich, ob kleine oder große Strukturdämpfungen vorliegen, da auch bei großen Dämpfungen immer der Phasensprung auftritt (allerdings nicht so steil). Dadurch ist die regelungstechnische Behandlung von nichtkollokierten Anordnungen immer eine besondere Herausforderung.

4.7.5 Antiresonanz

Eine interessante Deutung der MKS-Nullstellen erlaubt die folgende Betrachtung. Als demonstratives Beispiel dient der in Abb. 4.23a dargestellte Zweimasseschwinger mit kollokierter Mess- und Stellanordnung auf Teilkörper 1. Aus dem Frequenzgang Abb. 4.23b ist ersichtlich, dass bei einer harmonischen Anregung mit der Nullstellenfrequenz $F_1(t) = \sin(\omega_z t)$ die Amplitude der betrachteten Ausgangsgröße $y_1(t)$ im eingeschwungen Zustand wegen $G_1(j\omega_{z1}) = 0$ gleich null ist. Wohin fließt die eingespeiste Energie?

Eine einfache Betrachtung zeigt, dass die Masse 1 wohl still steht, jedoch die Masse 2 gerade *gegenphasig* zur Anregung $F_1(t)$ in Resonanz schwingt (*Antiresonanz*). Die auf die Masse 1 wirkenden Kräfte heben sich also auf und Masse 1 wird dynamisch festgebremst. Im hier dargestellten nichtdissipativen Fall, wird also keine Energie in das Mehrkörpersystem eingespeist, die Kraft F_1 verrichtet keine Arbeit. Bei real vorhandener Dissipation (viskose Reibung) wird über F_1 gerade die dissipierte Reibungsarbeit aufgebracht.

Allgemein deckt sich diese Beobachtung mit dem aus Beziehung (4.71) ablesbaren Verhalten für *kollokierte und nichtkollokierte* Anordnungen, dass eben die Teilkörper von Mess- und Stellort durch die verbleibenden in Resonanz schwingenden Substrukturen dynamisch festgebremst werden (Nullstellen $\triangleq$ *Eigenresonanzen* der Substrukturen $\triangleq$ *Antiresonanzfrequenzen*).

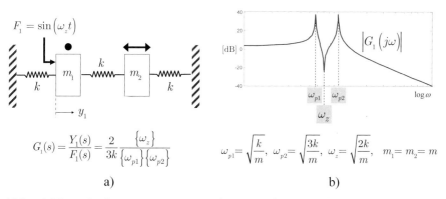

Abb. 4.23. Antiresonanzanregung eines Zweimassenschwingers: a) MKS-Schema, b) Frequenzgang

4.7.6 Migration von MKS-Nullstellen

Nullstellenlage Bei einem *nichtdissipativen* Mehrkörpersystem besitzt das Zählerpolynom einer beliebigen Übertragungsfunktion

$$G(s) = \frac{b_0 + b_2 s^2 + \dots + b_{2(M-1)} s^{2(M-1)} + b_{2M} s^{2M}}{\mathcal{N}_G(s)}, \quad M \leq N_{FG} - 1$$

der MKS-Übertragungsmatrix nur *gerade* Potenzen. Dies bedingt, dass die Nullstellen der Übertragungsfunktion symmetrisch zur imaginären Achse liegen müssen, d.h. diese liegen entweder auf der imaginären Achse (*imaginäre* Nullstellen*paare*, s. Abb. 4.24a Typ A) oder es gibt spiegelsymmetrische *reelle* Nullstellenpaare (s. Abb. 4.24a Typ B). Im Falle von *dissipativen* Systemen mit *kleinen* Dämpfungen ergeben sich ähnliche Verhältnisse, die imaginären Nullstellen wandern lediglich geringfügig in die linke komplexe Halbebene.

Einflussparameter für MKS-Nullstellen Die Lage der Nullstellen der MKS-Übertragungsfunktion hängt neben den MKS-Konfigurationsparametern (Geometrie, Massen, Steifigkeiten) in fundamentaler Weise

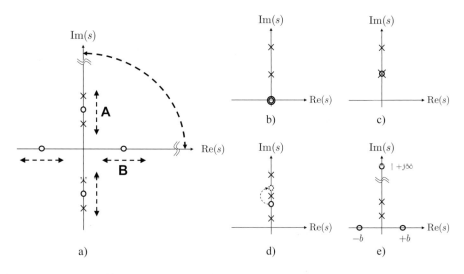

Abb. 4.24.   Nullstellen von nichtdissipativen Mehrkörpersystemen: a) Migrationspfade, b) Doppelnullstelle bei $s=0$, c) Nullstellenpaar kompensiert Polpaar, d) Pol-/ Nullstellenvertauschung, e) Nullstellenpaar bei $s = \pm j\infty$ bzw. reelles Nullstellenpaar $s = \pm b$

vom *Anregungs-* und *Beobachtungsort* ab (vgl. Gl. (4.61)). Hingegen ist die Lage der *Pole* der Übertragungsfunktion *unabhängig* vom Anregungs- und Beobachtungsort und hängt lediglich von den Konfigurationsparametern ab. Aus diesen Gründen ist zu erwarten, dass sowohl Änderungen der Konfigurationsparameter (gewollte oder ungewollte) als auch Variationen der Mess- und Stellpositionen eine *Migration* (Wanderung) der Nullstellen hervorrufen werden.

Migrationsmöglichkeiten für MKS-Nullstellen Die prinzipiellen Migrationsmöglichkeiten der Nullstellen sind in Abb. 4.24a angedeutet: symmetrisch entlang der imaginären Achse und symmetrisch entlang der reellen Achse. Dabei können unterschiedliche und wechselnde Konstellationen bezüglich der Polstellen auftreten, die wiederum fundamentale Auswirkungen auf das Übertragungsverhalten und die Regelungseigenschaften mit sich bringen.

Typische Konstellationen   Folgende typische Konstellationen können auftreten

1. Doppelnullstelle bei $s = 0$, Abb. 4.24b
2. Nullstellenpaar kompensiert Polpaar (Eigenfrequenzen), Abb. 4.24c
3. Pol-/ Nullstellenvertauschung bei geringfügigen Parameteränderungen, Abb. 4.24d
4. Nullstellenpaar bei $s = \pm j\infty$, Abb. 4.24e
5. reelles Nullstellenpaar $s = \pm b$, Abb. 4.24e.

Doppelnullstelle bei $s = 0$. Dieser Fall ist dann gegeben, wenn als Messeinrichtung ein Beschleunigungssensor verwendet wird, s. Gl. (4.65). Falls ebenfalls ein Doppelpol bei $s = 0$ vorhanden ist (d.h. Starrkörpermode eines ungefesselten Mehrkörpersystems), erfolgt eine exakte Kompensation. Damit ist der Starrkörpermode *nicht beobachtbar* und *nicht steuerbar* und über die Regelung auch nicht beeinflussbar.

Pol-/ Nullstellenkompensation Wenn das imaginäre Nullstellenpaar gerade ein betragsgleiches imaginäres Polpaar $s = \pm j\omega_{pi}$ kompensiert, dann erscheint die Eigenfrequenz ω_{pi} nicht mehr in der Übertragungsfunktion. Damit liegt für diesen Eigenmode ebenfalls ein *Beobachtbarkeits-* und *Steuerbarkeitsdefekt* vor. Durch Störungen angeregte Eigenschwingungen sind durch eine Regelung nicht beeinflussbar.

Pol-/ Nullstellenvertauschung Ein äußerst kritischer Fall liegt dann vor, wenn sich bei kleinen Parameteränderungen der MKS-Konfiguration die relative Lage von Pol- und Nullstellen ändert (Abb. 4.24d). Die dramatische Auswirkung lässt sich sehr viel besser im Frequenzgang erkennen. Im *Phasengang* ergibt sich eine *Phasenunbestimmtheit* von 360°, da für die in Abb. 4.24d gezeigte Wanderung anstelle des ursprünglichen +180°-Phasensprunges der Nullstelle bei der geänderten Konfiguration zuerst der −180°-Phasensprung der Polstelle kommt. Dies dreht die Stabilitätsverhältnisse komplett um und ist nur durch eine Betragsstabilisierung (kleine Verstärkung) in diesem Frequenzbereich beherrschbar. Dieses Verhalten tritt glücklicherweise nur bei nichtkollokierten Anordnungen auf.

Nullstellenpaar im Unendlichen Für gewisse Parameterkonstellationen können Nullstellen im Unendlichen verschwinden, was in einer *Ordnungsreduktion* des Zählerpolynoms resultiert. Dadurch entsteht ein (weiteres) benachbartes Polpaar ohne separierende Nullstelle, mit den nachteiligen Eigenschaften des doppelten −180°-Phasensprunges.

Reelles Nullstellenpaar – Nichtminimalphasenverhalten Sozusagen als stetige Fortsetzung des Variationsverhaltens beim Vorhandensein von imaginären Nullstellen im Unendlichen können auf der reellen Achse Nullstellenpaare aus dem Unendlichen hereinwandern (Abb. 4.24a, angedeuteter Kreisbogen). Damit entsteht ein symmetrisches reelles Nullstellenpaar bei $s = \pm b$. Aufgrund der Existenz einer Nullstelle in der *rechten* komplexen Halbebene ergibt sich ein sogenanntes *Nichtminimalphasenverhalten* mit unangenehmen regelungstechnischen Eigenschaften (Lunze 2009).

Verallgemeinerter ungefesselter Zweimassenschwinger

Um für die unterschiedlichen Nullstellenkonstellationen ein ingenieurmäßiges Gespür zu bekommen, sei der in Abb. 4.25 gezeigte verallgemeinerte Zweimassenschwinger ohne Fesselung betrachtet. Dieses Beispiel ist noch hinreichend einfach, um analytische Zusammenhänge nutzen zu können und zeigt dennoch alle wichtigen Konstellationen.

Bewegungsgleichungen Der vorliegende Zweimassenschwinger sei durch zwei Endkörper, eine masselose elastische Kopplung und eine verallgemeinerte Krafteinleitung an den Körpern 1 und 2 charakterisiert. Mit den verallgemeinerten Lagekoordinaten y_1, y_2 ergeben sich die Bewegungsgleichungen zu

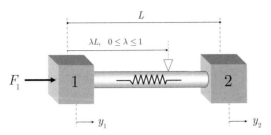

Abb. 4.25. Verallgemeinerter ungefesselter Zweimassenschwinger

$$\begin{pmatrix} m_{11} & m_{12} \\ m_{12} & m_{22} \end{pmatrix}\begin{pmatrix} \ddot{y}_1 \\ \ddot{y}_2 \end{pmatrix} + \begin{pmatrix} k & -k \\ -k & k \end{pmatrix}\begin{pmatrix} y_1 \\ y_2 \end{pmatrix} = \begin{pmatrix} F_1 \\ F_2 \end{pmatrix}. \tag{4.75}$$

Man beachte die voll besetzte Massenmatrix[33], wodurch sich auch über Gelenke gekoppelte Körper beschreiben lassen.

Übertragungsmatrix Als Übertragungsmatrix zwischen Krafteinleitung und Lagekoordinaten ergibt sich[34]

$$\begin{pmatrix} Y_1(s) \\ Y_2(s) \end{pmatrix} = \mathbf{G}(s)\begin{pmatrix} F_1(s) \\ F_2(s) \end{pmatrix} = \begin{pmatrix} V\dfrac{\{\omega_{z11}\}}{s^2\{\omega_0\}} & V\dfrac{[\omega_{z12}][-\omega_{z12}]}{s^2\{\omega_0\}} \\[2ex] V\dfrac{[\omega_{z12}][-\omega_{z12}]}{s^2\{\omega_0\}} & V\dfrac{\{\omega_{z22}\}}{s^2\{\omega_0\}} \end{pmatrix}\begin{pmatrix} F_1(s) \\ F_2(s) \end{pmatrix} \tag{4.76}$$

$$V = \frac{1}{m_{11} + m_{22} - 2m_{12}} \qquad \omega_{z11} = \sqrt{\frac{k}{m_{22}}}$$

$$\omega_{z22} = \sqrt{\frac{k}{m_{11}}}. \tag{4.77}$$

$$\omega_0 = \sqrt{k\,\frac{m_{11} + m_{22} - 2m_{12}}{m_{11}m_{22} - m_{12}^{\,2}}} \qquad \omega_{z12} = \sqrt{\frac{k}{m_{12}}}$$

---

[33] Man störe sich nicht an der voll besetzten Massenmatrix, die den allgemeinen Fall beschreibt. Aus den nachfolgenden Ausführungen wird klar, wann ein solcher Fall auftreten kann.

[34] In gewohnter Weise bedeutet $[a] := 1 + s/a$.

Nullstellendiskussion allgemein Die kollokierten Übertragungsfunktionen G_{11}, G_{22} zeigen keine Überraschungen, das einzige Nullstellenpaar liegt betragsmäßig immer zwischen den beiden Polpaaren. Die nichtkollokierten Fälle $G_{12} = G_{21}$ zeigen bereits zwei typische Konstellationen. Bei einer entkoppelten Massenmatrix ($m_{12} = 0$) wandert das Nullstellenpaar ins Unendliche. Neu ist die Konstellation bei voll besetzter Massenmatrix ($m_{12} \neq 0$), hier erscheint ein *nichtminimalphasiges* reelles Nullstellenpaar.

Verallgemeinerte Messgröße Eine tiefer gehende Einsicht in das Migrationsverhalten der Nullstellen gewinnt man, wenn man als verallgemeinerte Messgröße eine *Linearkombination* der Lagekoordinaten der beiden Körper betrachtet

$$z = \lambda_1 y_1 + \lambda_2 y_2. \tag{4.78}$$

Durch geeignete Wahl von λ_1, λ_2 lassen sich verschiedene *Messprinzipien* modellieren:

- *variabler Messort*: $z = \lambda L = (1 - \lambda)y_1 + \lambda y_2$, $0 \leq \lambda \leq 1$, $\lambda_1 = 1 - \lambda$, $\lambda_2 = \lambda$, s. Abb. 4.25,

- *Relativmessung*: $z = -y_1 + y_2$, $\lambda_1 = -1, \lambda_2 = 1$.

Technisches Beispiel für variablen Messort Durch Variation des Parameters λ lässt sich bequem der Messort zwischen Körper 1 und Körper 2 kontinuierlich verändern. Technisch-physikalisch liegt ein solcher Fall bei linearen elastischen *Longitudinalschwingstäben* (Abb. 4.26a), *Torsionsstäben* (Abb. 4.26b) oder elastischen Getrieben (Abb. 4.26c) vor. Über die Länge der Stäbe ergibt sich eine linear zunehmende Verformung der Form

$$z = y_1 - \frac{y_1 - y_2}{L} \lambda L = (1 - \lambda)y_1 + \lambda y_2,$$

die über einen an der Stelle $y = \lambda L$ angebrachten Positionssensor gemessen werden kann (Miu 1993).

Technisches Beispiel für gekoppelte Massenmatrix Bei translatorischen und rotatorischen Schwingerketten ergibt sich immer eine entkoppelte (diagonale) Massenmatrix. Betrachtet man jedoch beispielsweise einen *Zweiarmmanipulator* (s. Beispiel 4.2 sowie Abb. 4.26d), so kommen noch Koppelterme $m_{12} \neq 0$ ins Spiel, vgl. Gl. (4.35).

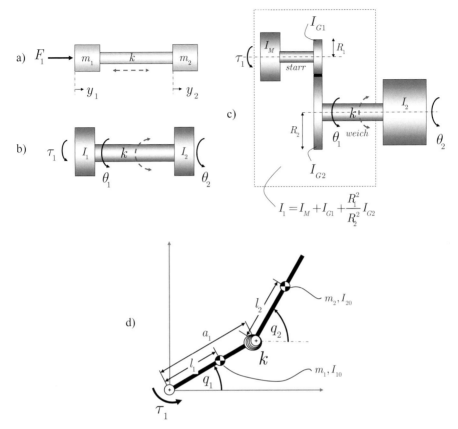

Abb. 4.26. Konkretisierte technische Varianten des verallgemeinerten ungefesselten Zweimassenschwingers: a) Longitudinalschwingstab, b) Torsionswelle, c) Antrieb mit elastischem Getriebe und Last, d) Zweiarmmanipulator mit Elastizität in Gelenk 2

Parametrisches Übertragungsverhalten Mit (4.76) und (4.78) lässt sich bei Anregung mit F_1 das verallgemeinerte Übertragungsverhalten

$$G_{z/F1}(s) = \frac{Z(s)}{F_1(s)} = \frac{(\lambda_1 + \lambda_2)}{(m_{11} + m_{22} - 2m_{12})} \frac{\{\omega_z\}}{s^2 \{\omega_0\}} \qquad (4.79)$$

berechnen, die *Antiresonanzfrequenz* ergibt sich zu

$$\omega_z^{\,2} = k \frac{\lambda_1 + \lambda_2}{\lambda_1 m_{22} - \lambda_2 m_{12}}. \qquad (4.80)$$

Parametrische Nullstellenanalyse – Variabler Messort Mit der oben eingeführten Substitution für λ_1, λ_2 gilt hier nun $\lambda_1 + \lambda_2 = 1$, sowie für die Antiresonanzfrequenz

$$\omega_z^{\,2} = k\,\frac{1}{m_{22} - \lambda(m_{22} + m_{12})}. \tag{4.81}$$

Der Übergang von einer *Nullstelle im Unendlichen* zu *Nichtminimalphasennullstellen* ist offenbar gerade dann gegeben, wenn die rechte Seite von Gl. (4.81) gleich null bzw. negativ wird, d.h.

$$\lambda^* \geq \frac{m_{22}}{m_{22} + m_{12}}. \tag{4.82}$$

Das *Gleichheitszeichen* in (4.82) bedeutet, dass beim Messort $y^* = \lambda^* L$ gerade ein Nullstellenpaar im Unendlichen liegt. Dies ist bei entkoppelter Massenmatrix also bei $\lambda^* = 1$ bzw. Messung am Körper 2 der Fall. Bei gekoppelter Massenmatrix rutscht der kritische Messpunkt nach links in Richtung Körper 1.

Das *Ungleichheitszeichen* beschreibt Messpositionen, bei denen *Nichtminimalphasennullstellen* auftreten. Bei entkoppelter Massenmatrix ist dieser Fall nicht möglich, bei *gekoppelter* Massenmatrix tritt dieser Fall prinzipiell immer bei nichtkollokierter Messung direkt am Körper 2 auf (vgl. (4.76).

Eine *Pol-/ Nullstellenkompensation* kann laut Gl. (4.81) nur für den flexiblen Eigenmode ω_0 auftreten, der zugehörige Messort lautet

$$\lambda_0 = \frac{\left(m_{22} - m_{12}\right)^2}{\left(m_{11} + m_{22} - 2m_{12}\right)\left(m_{22} + m_{12}\right)}.$$

Im symmetrischen Fall $m_{11} = m_{22}$ ergibt sich die kritische Messposition

$$\lambda_0 = \frac{1}{2}\frac{\left(m_{22} - m_{12}\right)}{\left(m_{22} + m_{12}\right)}. \tag{4.83}$$

Beim entkoppelten Fall ist das also genau in der Mitte der beiden Körper ($\lambda_0 = 0.5$) gegeben. Der Eigenmode ω_0 ist an dieser Stelle *nicht beobachtbar*. Dies ist allerdings nicht überraschend, da die zugehörige Eigenform an dieser Stelle einen *Schwingungsknoten* besitzt (Auslenkung ist null). Bei gekoppelter Massenmatrix verschiebt sich dieser Punkt ebenfalls weiter nach links.

Wählt man die Messposition in der Nähe des Schwingungsknotens, so kann sich bei Massenvariationen der Schwingungsknoten derart verschieben, dass eine *Pol-/Nullstellenvertauschung* stattfindet.

Parametrische Nullstellenanalyse – Relativmessung Bei Relativmessung gilt $\lambda_1 = -1, \lambda_2 = 1$, wodurch sich für das Nullstellenpaar (4.80) unabhängig von Konfigurationsparametern eine *Doppelnullstelle* bei $s = 0$ ergibt. Dadurch wird in der Übertragungsfunktion der Starrkörpermode kompensiert und ist in Folge weder beobachtbar noch steuerbar.

MKS-Nullstellen (Antiresonanzen) Für die Regelungseigenschaften eines mechatronischen Systems spielen die *Nullstellen* der MKS-Regelstrecke eine ebenso wichtige Rolle wie die Eigenformen (Eigenfrequenzen, Eigenvektoren). Während die Eigenformen konfigurationsinhärente Eigenschaften darstellen, hängen die Nullstellen sowohl von der MKS-Konfiguration *und* den betrachteten Mess- und Stellorten ab. Besondere Pol-/ Nullstellenkonstellationen ergeben sich bei *nichtkollokierten* Mess- und Stellanordnungen, wobei sich der Schwierigkeitsgrad einer gezielten Beeinflussung des Mehrkörpersystems mit wachsender örtlicher Separation von Mess- und Stellort erhöht. Somit ergeben sich über eine geeignete Wahl der Mess- und Stellorte wichtige gestaltbare Entwurfsfreiheitsgrade.

Literatur zu Kapitel 4

Kuypers F (1997) *Klassische Mechanik*, Wiley-VCH
Lunze J (2009) *Regelungstechnik 1: Systemtheoretische Grundlagen, Analyse und Entwurf einschleifiger Regelungen*, Springer
Miu D K (1993) *Mechatronics: electromechanics and contromechanics*, Springer
Pfeiffer F (1992) *Einführung in die Dynamik*. Stuttgart, B.G. Teubner
Pfeiffer F (2008) *Mechanical System Dynamics*, Springer
Preumont A (2002) *Vibration Control of Active Structures - An Introduction*, Kluwer Academic Publishers
Schwertassek R, Wallrap O (1999) *Dynamik flexibler Mehrkörpersysteme*, Vieweg

5 Funktionsrealisierung – Mechatronischer Elementarwandler

Hintergrund Die funktionelle Schnittstelle zwischen Informationsverarbeitung in Form elektrischer Signale und der mechanischen Struktur in Form von Kräften und Momenten bzw. Bewegungsgrößen ist für ein mechatronisches Produkt von zentraler Bedeutung. Die bidirektionale Energiewandlung zwischen elektrischer und mechanischer Energie schafft eine Schlüsselvoraussetzung für die Hauptproduktaufgabe „gezieltes Bewegen". Die heute zur Verfügung stehenden vielfältigen physikalischen Wandlungsprinzipien erlauben zudem eine funktionell wie konstruktiv kompakte Integration in das mechatronische Produkt - *mechatronischer Wandler*. Für den Systementwurf ist neben dem Verständnis der Wandlungsprinzipien im Besonderen der Einfluss von Wandlerparametern auf das Übertragungsverhalten von Interesse.

Inhalt Kapitel 5 In diesem Kapitel werden anhand eines *generischen mechatronischen Elementarwandlers* allgemeine Gemeinsamkeiten in Bezug auf Leistungskopplung und Übertragungsverhalten unabhängig von konkret vorliegenden physikalischen Wandlungsphänomenen diskutiert: *Krafterzeugung, elektrische Eigenschaften, Kausalstrukturen* und *dynamische Verhaltensmodelle*. In diesem Sinne bildet dieser Elementarwandler die methodische Klammer und den Modellrahmen für die detaillierten Darstellungen von physikalischen Wandlerprinzipien in nachfolgenden Kapiteln. Ausgehend von einer energiebasierten Modellierung auf Basis der *EULER-LAGRANGE-Gleichungen* werden nichtlineare und linearisierte *konstitutive Wandlergleichungen* für einen verlustlosen unbeschalteten Wandler abgeleitet. Für den linearisierten Wandler wird eine spezielle *Vierpolparametrierung* als zentrale Beschreibungsbasis für nachfolgende *Modellerweiterungen* hinsichtlich elektrischer und mechanischer Beschaltung eingeführt (*Spannungs- vs. Stromquelle, verlustbehafteter Wandler, Starrkörper- vs. Mehrkörperlast*). Die vorliegenden Modelle erlauben eine allgemeine Diskussion *generischer Verhaltenseigenschaften* wie Eigenfrequenzen, Wandlersteifigkeiten, Übertragungsfunktionen, elektromechanischer Koppelfaktor, wobei höchstens eine wandlertypische Differenzierung in kapazitives oder induktives Verhalten nötig ist. Mit drei technisch bedeutsamen Anwendungsaspekten zur *Schwingungsdämpfung* (mechatronischer *Resonator*), zur *Energieerzeugung* (mechatronischer *Schwinggenerator*) und zum *Selfsensing* werden diese allgemeinen Modellbetrachtungen abgerundet. ■

5.1 Systemtechnische Einordnung

Mechatronische Wandler Systemtechnisch betrachtet stellen die Funktionen *„erzeuge Kräfte / Momente"* und *„messe Bewegungsgrößen"* die *Aktuatorik* bzw. *Sensorik* eines mechatronischen Systems dar (Abb. 5.1). Dabei werden Systemgrößen unterschiedlicher physikalischer Domänen kausal in Bezug gesetzt: *elektrische* Größen als Schnittstelle zur Informationsverarbeitung und *mechanische* Größen als Schnittstelle zur mechanischen Struktur. In diesem Sinne spricht man bei der gerätetechnischen Realisierung von einem *Wandler* (engl. *transducer*). Als Wandlungsprinzipien nutzt man verschiedene physikalische Phänomene: z.B. Elektrostatik, Piezoelektrizität, Elektromagnetismus (diese werden in den folgenden Kapiteln wegen Ihrer breiten Anwendung auch genauer diskutiert). Aufgrund der in der Regel hohen räumlichen und funktionellen Integrationsdichte werden solche Wandler im Folgenden als *mechatronische Wandler* bezeichnet.

Kausalstruktur Für beide Wandlungsaufgaben interessiert das Übertragungsverhalten in der aus Abb. 5.1 ersichtlichen Kausalrichtung. Häufig sind aufgrund kompakter Konstruktionsprinzipien die Wandlerelemente direkt in die mechanische Struktur integriert. Damit spielen neben den üblichen funktionalen Eigenschaften wie *Linearität*, *Dynamik* auch konstruktiv bedingte *Parameterabhängigkeiten* eine wichtige Rolle für die Verhaltensanalyse im geschlossenen Wirkungskreis.

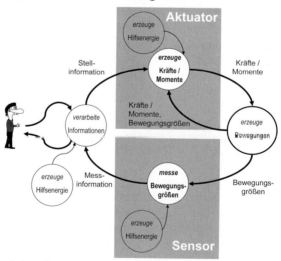

Abb. 5.1. Funktionelle Dekomposition eines mechatronischen Systems – *Mechatronische Wandler* zur Realisierung von Sensor- und Aktuatorfunktionen

Leistungsrückwirkung Da es sich bei der *Krafterzeugung* um eine Leistungswandlung *elektrisch → mechanisch* und damit um eine Leistungskopplung zur mechanischen Struktur handelt, sind die bestehenden *Leistungsrückwirkungen* in die Wandlerverhaltensmodelle einzubeziehen (beachte Rückwirkung in Abb. 5.1). Ein aussagefähiges Verhaltensmodell eines Aktuators muss also stets die beschleunigte mechanische Last berücksichtigen. Für orientierende Untersuchungen kann man sich allerdings recht gut auf Einmassenmodelle beschränken, die für detaillierte Betrachtungen gegen Mehrkörpermodelle auszutauschen sind.

Bei *sensorischen* Funktionen soll ja definitionsgemäß die eigentliche Prozessgröße möglichst wenig durch den Messaufbau verfälscht werden. Die Bewegungsmessung erfolgt in der Regel über sensorinterne Testmassen, die mit der mechanischen Hauptstruktur starr (wenn möglich) oder elastisch (manchmal unvermeidbar) gekoppelt sind. Aufgrund der geringen Sensortestmasse existiert in solchen Fällen praktisch keine Leistungsrückwirkung auf die mechanische Struktur. Die zu messenden Bewegungsgrößen können dann als *rückwirkungsfreie Fußpunktanregungen* von Testmassen innerhalb des Sensors modelliert werden (beachte die unidirektionale Kausalstruktur für die Sensorfunktion in Abb. 5.1). Auf der lokalen Wandlerebene ist dann allerdings die Leistungsrückwirkung mit der *Sensortestmasse* sehr wohl zu berücksichtigen. Hier reichen aber in der Regel einfache Einmassenmodelle aus.

Mechatronischer Elementarwandler Unabhängig von den konkret vorliegenden physikalischen Wandlungsphänomenen lassen sich für das abstrakte Modell eines sogenannten *mechatronischen Elementarwandlers* allgemeine Eigenschaften in Bezug auf Leistungskopplung und Übertragungsverhalten formulieren:

- *Krafterzeugung* als Funktion von Geometrie, mechanischen Einflussgrößen und elektrischer Ansteuerung
- *Elektrische Eigenschaften* als Funktion von Geometrie und mechanischen Einflussgrößen
- *Kausalstrukturen* und *dynamische Verhaltensmodelle*.

In diesem Sinne bildet dieser Elementarwandler die methodische Klammer und den Modellrahmen für die detaillierten Darstellungen von physikalischen Wandlerprinzipien in den nachfolgenden Kapiteln. Um darstellerische Redundanzen zu vermeiden, wird in diesem Kapitel auf erläuternde physikalisch orientierte Beispiele verzichtet, diese können den weiteren Kapiteln entnommen werden. Das Hauptaugenmerk der folgenden Darstellungen ist also auf eine einheitliche formale Beschreibung und Notation als Referenz für die nachfolgenden Kapitel gerichtet.

5.2 Allgemeines Elementarwandlermodell

5.2.1 Systemkonfiguration

Für den Systementwurf interessiert das dynamische Wirkverhalten zwischen Anregungs- und Wirkgrößen eines Wandlers. In Abb. 5.2 ist eine verallgemeinerte Systemkonfiguration eines beschalteten mechatronischen Elementarwandlers mit *einem* mechanischen Freiheitsgrad dargestellt, womit sowohl *Aktuator-* als auch *Sensorfunktionen* modellierbar sind.

Mechanisch besteht der Wandler aus einem still stehenden Wandlerelement – *Ständer* – und einem parallel zur Wandlerkraftrichtung bewegliches Wandlerelement – *Anker*. Der Ständer ist starr mit einer die resultierende Kraft aufnehmenden Basisstruktur verbunden. Der Anker ist an eine bewegliche massebehaftete Struktur – *Last* – angekoppelt. In Abb. 5.2 ist als Last stellvertretend ein *Starrkörper* mit der Masse m gezeichnet, für komplexere Gebilde denke man sich anstelle dessen ein *Mehrkörpersystem (MKS)* nach Kap. 4.

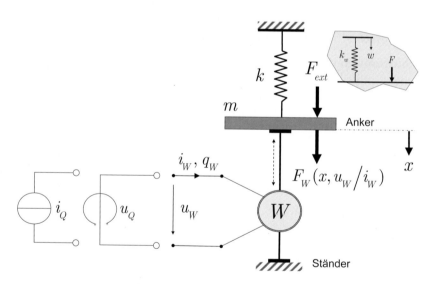

Abb. 5.2. Prinzipaufbau eines beschalteten mechatronischen Elementarwandlers W mit einem mechanischen Freiheitsgrad, elektrisch beschaltet mit Spannungs- oder Stromquelle, mechanisch beschaltet mit einem elastisch gefesselten Starrkörper und einer externen Kraftanregung (inertial bzw. relativ zu Fußpunkt)

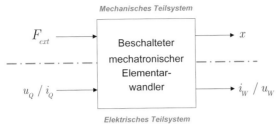

Abb. 5.3. Systemorientierte Kausalstruktur eines beschalteten mechatronischen Elementarwandlers

Zur Erzeugung der Wandlerkraft F_W wird elektrische *Hilfsenergie* in Form einer gesteuerten *Spannungsquelle* u_Q oder einer gesteuerten *Stromquelle* i_Q benötigt.

Vielfach ist aus physikalischen Gründen nur eine unipolare Krafterzeugung möglich, weshalb der Anker gefesselt werden muss. Dies geschieht in Abb. 5.2 durch eine *elastische Fesselung* mit der Steifigkeit k, für eine *ungefesselte* Masse ist $k = 0$ zu wählen.

Als mechanische Anregungsgröße wird eine verallgemeinerte externe *Kraftanregung* $F_{ext}(t)$ angenommen. Eine eingeprägte (rückwirkungsfreie) Fußpunktanregung $w(t)$ kann *elastisch* über $F_w = k_w \cdot (w - x)$ oder *starr* mit $x(t) = w(t)$ entsprechend $k_w \to \infty$ modelliert werden.

Systemorientierte Kausalstrukturen Aus der Systemkonfiguration Abb. 5.2 lässt sich die in Abb. 5.3 gezeigte systemorientierte Kausalstruktur eines mechatronischen Elementarwandlers gewinnen. Als Anregungsgrößen sind die unabhängigen Größen der elektrische Hilfsenergiequelle $u_Q(t)$ / $i_Q(t)$, sowie die mechanische Größe $F_{ext}(t)$ zu betrachten. Als Wirkgrößen sind die Ankerverschiebung $x(t)$ und die von der variablen Wandlergeometrie abhängigen elektrischen Leistungsgrößen Wandlerstrom $i_W(t)$ bzw. Wandlerspannung $u_W(t)$ von Interesse.

Wandler als Aktuator Wird der Wandler als *Kraftaktuator* betrieben, dann stellen $u_Q(t)$ / $i_Q(t)$ direkt die zeitvarianten Stelleingänge dar. Die Ankopplung an die zu bewegende mechanische Struktur muss rückwirkungsbehaftet als Starrkörper m oder gegebenenfalls als Mehrkörpersystem (s. Kap. 4) modelliert werden. Die externe Kraftanregung beschreibt betriebsabhängige Störeinwirkungen. Als Wirkgröße interessiert die Bewegungsgröße $x(t)$ der mechanischen Last bzw. die abhängige Größe der Hilfsenergiequelle.

Wandler als Sensor Als Sensor ist der Wandler nach Abb. 5.2 in der Lage, über die auslenkungsabhängige Wandlergeometrie Kräfte $F_{ext}(t)$ bzw. Wegauslenkungen $x(t)$ abzubilden. Dies kann direkt über eine Spannungsmessung $u_W(t)$ bzw. Strommessung $i_W(t)$ erfolgen oder indirekt über eine Wegmessung $x(t)$. In diesen Fällen wird der Wandler an einem stationären elektrischen Arbeitspunkt $u_Q = U_0 = const.$ bzw. $i_Q = I_0 = const.$ betrieben. Als relevante Wandlermasse m ist dann lediglich die Ankermasse (z.B. Elektrode bei kapazitivem Wandler) zu berücksichtigen. Die Anregungsgrößen $F_{ext}(t)$ können vielfach über eine *rückwirkungsfreie* Einkopplung nach Abb. 5.2 modelliert werden.

Gesteuerte Hilfsenergiequellen Die Wandler benötigen auf elektrischer Seite in der Regel eine elektrische Hilfsenergiequelle. Im Aktuatorbetrieb wird darüber die für die mechanische Anregung nötige Leistung (klein bis sehr groß) bereitgestellt.

Tabelle 5.1. Gesteuerte elektrische Hilfsenergiequellen (ideal, verlustlos)

Im Sensorbetrieb wird der Wandler an einem stationären Arbeitspunkt bei in der Regel kleiner bis sehr kleiner Leistungsaufnahme betrieben. In Tabelle 5.1 sind Symbol, Vierpolersatzschaltbild und ein Realisierungsbeispiel für eine *gesteuerte Spannungsquelle* und eine *gesteuerte Stromquelle* angeführt. Der Steuereingang (Steuerspannung) u_E repräsentiert im Aktuatorbetrieb eine *leistungslose* Signalgröße (Stellsignal), im Sensorbetrieb kann darüber ein Arbeitspunkt eingestellt werden. In jedem Fall betrachtet man diese Quellen als ideal, d.h. *verlustlos*, im gegenteiligen Fall wird darauf gesondert hingewiesen.

Für die in diesem Kapitel folgenden Betrachtungen wird der Steuereingang u_E aus Gründen der Übersichtlichkeit weggelassen und im Weiteren lediglich von (steuerbaren) Hilfsenergiequellen $u_Q(t)$, $i_Q(t)$ gesprochen.

5.2.2 Modellierungsansatz

Modellanforderungen   Im Rahmen des Systementwurfes sind auf Modellebene im Besonderen folgende Aspekte von Bedeutung:

* *nichtlineares Großsignalverhalten* zum Erkennen von möglichen Betriebseinschränkungen (z.B. instabile Betriebsbereiche)
* *stabile Ruhelagen* zur Bestimmung von stationären Arbeitspunkten
* *Kleinsignalverhalten* im Zeit- und Frequenzbereich zur Charakterisierung des Übertragungsverhaltens und als Basis für Reglerentwurf und Verhaltensanalyse
* *strukturelle Transparenz* von Multidomänenphänomenen der Wandlungsprinzipien
* *transparente Zuordnung* von physikalisch / technischen Parametern zu Modellparametern.

Aus methodischer Sicht ist weiterhin ein *allgemeiner Modellierungsrahmen* wünschenswert, an dem sich konkrete physikalische Wandlungsprinzipien in einheitlicher Form diskutieren lassen.

Modellhierarchie   Die Diskussion verschiedener Wandlungsprinzipien unter Nutzung bestimmter physikalischer Phänomene wird sich in den folgenden Kapiteln an der in Abb. 5.4 dargestellten *Modellhierarchie* orientieren. Dazu werden im vorliegenden Kapitel die *verallgemeinerbaren* Zusammenhänge als gemeinsames methodisches Gerüst an einem verallgemeinerten mechatronischen Elementarwandler nach Abb. 5.2 diskutiert.

Referenzkonfiguration Die grundlegenden Betrachtungen werden an einer *verlustlosen* Wandleranordnung mit einer einfachen, elastisch gefesselten Starrkörperlast geführt. Dies führt auf ein konservatives System, beinhaltet alle wesentlichen Multidomäneneigenschaften und erleichtert einen transparenten Zugang und überschaubare analytische Zusammenhänge zum Verständnis des Systemverhaltens. Realisierungsnahe Modellerweiterungen um dissipative Phänomene und Mehrkörperlasten werden am Ende dieses Kapitel vorgestellt.

Modellierungsmethoden   Die Aufgaben des Systementwurfes erfordern die Darstellung unterschiedlicher Verhaltenseigenschaften eines physikalisch – technischen Systems. Die in Kap. 2 vorgestellten Modellierungsparadigmen und Modellformen sind als Methodenbaukasten für den Systementwurf zu sehen. Das hier vorgestellte Modellierungsvorgehen mag als *ein* Beispiel dienen, wie die individuellen Stärken der einzelnen Methoden in geschickter Weise für die Aufgaben des Systementwurfes genutzt werden können[1]. Im Folgenden werden drei unterschiedliche Modellierungsansätze kombiniert.

Auf physikalischer Ebene wird eine *energiebasierte Modellierung* über *Energiefunktionen* genutzt und weiter über die *EULER-LAGRANGE-Gleichungen* ein grundlegendes nichtlineares Verhaltensmodell erzeugt.

Zur darstellerischen Stringenz der Kernfunktionalität des Wandlers wird ein *Mehrtormodell* in Form eines linearen *Vierpols* mit *konstitutiven Vierpolparametern* eingeführt.

Im Kontext mit einer konkreten externen elektrischen und mechanischen Beschaltung des Wandlers werden schließlich unter Zuhilfenahme der konstitutiven Vierpolparameter *signalbasierte lineare Zeit- und Frequenzbereichsmodelle* abgeleitet, die für die hier bevorzugten Ansätze für Reglerentwurf und Verhaltensanalyse einen optimalen Kompromiss zwischen Modelltransparenz und Handhabbarkeit bieten.

---

[1] Aus methodischer Sicht mag ein „durchgängiges" Arbeiten in einer einzigen Modellwelt durchaus die höchste Form der Modellierungsästhetik sein. Dies ist jedoch meist mit Kompromissen und Klimmzügen verbunden. Aus der pragmatischen Sicht des Systementwurfes und der praktischen Erfahrung des Autors eröffnen sich jedoch durch ein geschicktes Spielen auf der „Methodenklaviatur" deutlich transparentere Lösungszugänge für die vielfältigen Aufgaben des Systementwurfes. In diesem Sinne möge der geneigte Leser den hier vorgestellten Modellierungsansatz als einen wohlgemeinten Versuch für einen wohlklingenden „Methodenakkord" sehen. Womit eben durchaus offen bleibt, dass auch andere Modellierungsansätze ebenso „wohlklingend" sein mögen.

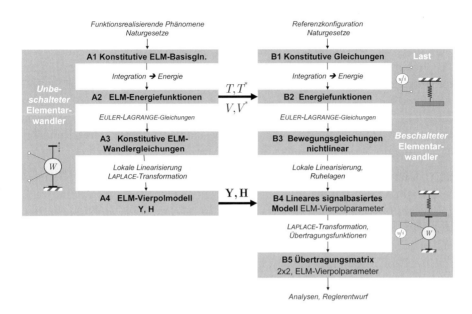

Abb. 5.4. Modellhierarchie *Mechatronischer Elementarwandler* für den Systementwurf (ELM = elektrisch-mechanisch)

Modellzweig A – Unbeschalteter Elementarwandler

Die *grundlegende Wandlerfunktionalität* wird an einem *unbeschalteten –
unbelasteten – Wandlermodell* diskutiert (linker Modellzweig A in Abb.
5.4).

Konstitutive ELM-Basisgleichungen – A1 Als Ausgangspunkt dienen
die *konstitutiven elektrisch-mechanischen (ELM) Basisgleichungen A)*
zwischen Energie- und Leistungsgrößen der betrachteten physikalischen
Domänen (elektrisch – mechanisch, s. Abb. 5.2). Es zeigt sich, dass hierfür
ein *domänenunabhängiger* allgemeiner Ansatz existiert, sodass alle weiteren Betrachtungen weitgehend *generisch* geführt werden können.

ELM-Energiefunktionen – A2 Über formale Integration der konstitutiven
ELM-Basisgleichungen A1 werden die *ELM-Energiefunktionen A2* in
Form von Energie und Koenergie gewonnen und in der LAGRANGE-
Funktion zusammengefasst. Diese können bequem in skalarer Form für ei-
nen beschalteten Wandler weiterverwendet werden (Schnittstelle zu Mo-
dellzweig B).

Konstitutive ELM-Wandlergleichungen – A3   Für den unbeschalteten Wandler bieten die ELM-Energiefunktionen die Basis zur formalen Berechnung der *Wandlerkräfte* mittels der *EULER-LAGRANGE-Gleichungen*. Als Nebenprodukt rekonstruiert man die als Ausgangspunkt definierten konstitutiven ELM-Basisgleichungen[2] A1. Die Modelle A3 formen die *nichtlinearen konstitutiven ELM-Wandlergleichungen* des *unbeschalteten Wandlers*[3]. Diese beschreiben die vollständige bidirektionale elektrisch-mechanische Kopplung des Wandlers, sie sind leistungserhaltend und besitzen eine noch unbestimmte Kausalstruktur.

ELM-Vierpolmodell – A4   Für eine kompakte Darstellung des Kleinsignalverhaltens werden die lokal linearisierten Gleichungen A3 in eine *Vierpoldarstellung A4* transformiert. Dieses *ELM-Vierpolmodell* repräsentiert in allgemeiner Form die *linearen konstitutiven ELM-Wandlergleichungen* des *unbeschalteten Wandlers* für einen noch allgemein gehaltenen Arbeitspunkt. Die im Allgemeinen komplexen Matrizen $\mathbf{Y}, \mathbf{H}$ repräsentieren dabei in kompakter Form das Wandlerverhalten und beschreiben weitgehend transparent die Verknüpfung mit den physikalischen Wandlerparametern (dies ist eine wichtige Eigenschaft für die Entwurfsoptimierung). Das ELM-Vierpolmodell ist leistungserhaltend und kann in geeigneter Form mit der externen Beschaltung kombiniert werden (Schnittstelle zu Modellzweig B).

Generische Eigenschaften   Prinzipiell sind die vorgestellten Modellansätze ganz allgemein für abstrakte physikalische Modelle mit *konzentrierten Parametern* (engl. *lumped parameters*) gültig. Aus pragmatischer und didaktischer Sicht werden die detaillierten Betrachtungen auf *elektrisch lineare* sowie *mechanisch-elektrisch lineare* konstitutive Gleichungen beschränkt, d.h. Sättigung, Hysterese sind ausgeschlossen. Mit den gemachten Einschränkungen liefern jedoch die generischen Modelle aus Modellzweig A für die wichtigsten physikalischen Wandlungsprinzipien (elektrostatisch, elektrodynamisch, elektromagnetisch, piezoelektrisch, hydraulisch) sehr brauchbare und aussagefähige Verhaltensmodelle. Diese erhält man einfach dadurch, indem den Modellparametern aus Modellzweig A konkrete konstitutive ELM-Basisgleichungen A1 zugrunde gelegt werden.

---

[2] Diese Eigenschaft kann man vorteilhaft zur Überprüfung der Berechnungen nutzen.

[3] Wenn keine zusätzlichen Abhängigkeiten der Energie- und Leistungsgrößen mit Größen der *externen* Beschaltung existieren (z.B. nichtlineares elektrisches Verhalten (Hysterese), nichtkollokiertes Mehrkörpersystem als Last), könnte man auch direkt die Gleichungen (A3) nach (B3) transferieren.

Modellzweig B – Beschalteter Elementarwandler

Die für die *mechatronische Produktaufgabe* interessierende Wandlerfunktionalität – Interaktion zwischen bewegten mechanischen Strukturen und informationsverarbeitenden Funktionen über elektrische Schnittstellen – wird an einem *beschalteten* – elektrisch und mechanisch belasteten – *Wandlermodell* diskutiert (rechter Modellzweig B in Abb. 5.4). Das Vorgehen orientiert sich methodisch an dem Modellzweig A.

Referenzkonfiguration   Die gewählte Referenzkonfiguration beschränkt sich aus pragmatischen didaktischen Gründen auf die in Abb. 5.2 angedeutete externe Beschaltung mit *verlustfreien Hilfsenergiequellen* (Spannung, Strom) und einer nicht dissipativen *elastischen Fesselung* einer *Starrkörperlast*.

Konstitutive Gleichungen – B1   Für die externe Beschaltung müssen ebenso die *physikalisch konstitutiven Beziehungen B1* definiert werden. Dies ist für die Referenzbeschaltung (verlustlose elektrische Hilfsenergiequelle, elastisch gefesselter Starrkörper) trivial. Für davon abweichende externe Komponenten sind die entsprechenden Beziehungen zu definieren.

Energiefunktionen – B2   Über formale Integration der konstitutiven Gleichungen B1 werden wiederum *Energiefunktionen B2* in Form von Energie und Koenergie gewonnen. Diese müssen um die ELM-Energiefunktionen A2 des unbeschalteten Wandlers ergänzt werden.

Bewegungsgleichungen – B3   Unter Nutzung der Gesamtenergiefunktionen B1 + A2 erhält man über die *EULER-LAGRANGE-Gleichungen* die *nichtlinearen Bewegungsgleichungen B3* des beschalteten Wandlers. Diese sind von fundamentaler Bedeutung, weil erst damit das vollständige Wandlerverhalten gemäß Abb. 5.3 definiert ist. Insbesondere kann man damit das *stationäre Verhalten* analysieren und meist vorhandene *instabile* Arbeitsbereiche ermitteln. Wenn vorhanden, stellen die durch B3 definierten stabilen *Ruhelagen* sinnvolle Arbeitspunkte für einen Wandlerbetrieb im Kleinsignalbereich dar.

Lineares signalbasiertes Modell mit ELM-Vierpolparametern – B4
Mit den aus den nichtlinearen Bewegungsgleichungen B3 ermittelten Ruhelagen lässt sich über eine lokale Linearisierung ein *lineares signalbasiertes Modell B4* erzeugen. Durch eine einfache Manipulation kann man die linearen konstitutiven ELM-Gleichungen des unbeschalteten Wandlers separieren und damit die ELM-Vierpolparameter A4 nutzbar machen. Bei einer direkten Nutzung des linearen signalbasierten Modells B4 für Zeitbe-

reichsanalysen sind bei komplexen Vierpolparametern kleinere Anpassungen nötig.

Übertragungsmatrix – B5   Über LAPLACE-Transformation des linearen signalbasierten Modells B4 erhält man die *Übertragungsmatrix B5* für die in Abb. 5.3 dargestellte *(2x2) MIMO*-Kausalstruktur. Durch die Nutzung der ELM-Vierpolparameter (A4) des unbeschalteten Wandlers ergibt sich eine äußerst transparente Korrespondenz zwischen *Übertragungseigenschaften* (Verstärkungen, Pole, Nullstellen) und *elektromechanischen* physikalisch orientierten Parametern (Steifigkeiten, wirksame Kapazitäten / Induktivitäten, Kopplungen, elektrische und mechanische Konfigurationsparameter). Die Übertragungsmatrix B5 dient damit als primäre Arbeitsbasis für alle weitergehenden Arbeitsschritte der Verhaltensanalyse, des Reglerentwurfes und der Systemoptimierung.

Generische Eigenschaften   Alle Modellstufen im Modellzweig B liefern *generische Modelle* mit den verallgemeinerten Wandlerparametern aus Modellzweig A und den ebenfalls allgemein gehaltenen Modellparametern der Referenzkonfiguration. Damit sind die Modellergebnisse aus Modellzweig A und B bei Verwendung von *konkreten physikalischen* Parametern (konstitutive Gleichungen A1, B1) unmittelbar nutzbar.

Die vorgestellte Modellhierarchie und die genutzten Modellierungsmethoden stellen jedoch auch einen allgemeinen Rahmen für individuelle *Modellerweiterungen* dar. Wandlerseitige und lastseitige Erweiterungen können leicht auf der Ebene der konstitutiven Gleichungen A1, B1 eingebracht werden. Die formalen Rechenvorschriften können dann in äquivalenter Weise übernommen und angewandt werden.

5.3 Unbeschalteter Elementarwandler

5.3.1 Energiebasiertes Modell

Modellhierarchie   Der Modellierung liegt die in Abb. 5.5 dargestellte Wandleranordnung ohne externe Quellen und Verbraucher zugrunde, d.h. elektrisch wie mechanisch unbeschaltet. Eine Übersicht über die Modellierungsschritte entsprechend einer Konkretisierung des Modellzweiges A in Abb. 5.4 ist in Abb. 5.6. dargestellt und wird in den nachfolgenden Abschnitten im Detail diskutiert.

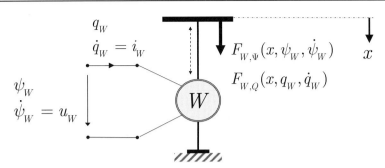

Abb. 5.5. Unbeschalteter mechatronischer Elementarwandler – Prinzipaufbau

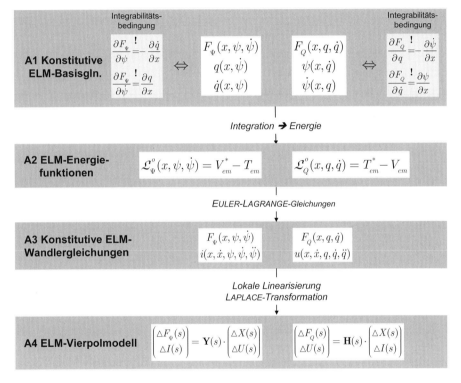

Abb. 5.6. Modellhierarchie für den unbeschalteten mechatronischen Elementarwandler (vgl. Modellzweig A in Abb. 5.4; Index W wurde hier aus Übersichtlichkeitsgründen weggelassen)

Konservatives System Die in Abb. 5.5 dargestellte Wandleranordnung des elektrisch wie mechanisch unbeschalteten Elementarwandlers enthält keine dissipativen Elemente, das betrachtete physikalische System ist also ein *konservatives* System.

Mechanisches Teilsystem Das mechanische Teilsystem sei durch einen masselosen Ständer charakterisiert und enthalte keine eigenen kinetischen Energiespeicher (träge Massen). Gegebenenfalls sei ein wandlerinterner potenzieller Energiespeicher (Feder, z.B. bei Festkörperwandlern) vorhanden.

Mechanische Koordinaten Zur energiebasierten Modellierung werden geeignete generalisierte Koordinaten benötigt, welche die in Abschn. 2.3.1 definierten Eigenschaften erfüllen müssen. Entsprechend den dort gemachten Ausführungen wählt man naheliegend die *Ankerposition* x als generalisierte Koordinate.

Elektrisches Teilsystem Das elektrische Teilsystem sei bezüglich der elektrisch-mechanischen Krafterzeugung durch lediglich *einen elektrischen Energiespeicher* charakterisiert[4], d.h. Speicherung entweder über elektrisches Feld (kapazitives Verhalten) *oder* Speicherung über magnetisches Feld (induktives Verhalten).

Generalisierte elektrische Koordinaten Für das *elektrische* Teilsystem stehen prinzipiell zwei Kandidaten für generalisierten Koordinaten zur Verfügung: die beiden konjugierten generalisierten Energievariablen *Ladung* q_W und *Flussverkettung* ψ_W. Zudem sind unterschiedliche Möglichkeiten der Ansteuerung mittels einer *spannungsgesteuerten* Spannungsquelle u_Q oder einer *stromgesteuerten* Spannungsquelle i_Q zu beachten. Da man die Beschreibungsformen beliebig kombinieren kann, hat man also die Qual der Wahl von insgesamt vier Möglichkeiten. In welcher Weise diese günstig im Sinne der in diesem Buch verfolgten Ziele zu kombinieren sind, wird nachfolgend begründet.

---

[4] Dies bedeutet keine Einschränkung der hier betrachteten Klasse technischer Wandler. Unter der Annahme von *quasistationären elektromagnetischen* Feldern (zeitliche Änderung hinreichend klein gegenüber räumlichen Ausbreitungserscheinungen im Beobachtungszeitraum) kann die Wechselwirkung elektromagnetischer Felder räumlich lokal konzentriert betrachtet werden (Modell mit konzentrierten Parametern): (a) *elektrische* Felder, wo im Vergleich zu anderen Stellen eine besonders hohe elektrische Energiedichte erreicht wird (z.B. zwischen zwei durch ein Dielektrikum getrennten Elektroden) oder (b) *magnetische* Felder, wo im Vergleich zu anderen Stellen eine besonders hohe magnetische Energiedichte erreicht wird (z.B. in einer Spule mit vielen Windungen). Diese Einschränkung erlaubt eine sehr transparente Darstellung fundamentaler Wandlereigenschaften. Bei realen Wandlern immer vorhandene zusätzliche parasitäre Energiespeicher bzw. dissipative Elemente werden in nachfolgenden Abschnitten gesondert betrachtet.

Elektrische Koordinaten Die beiden elektrischen Koordinaten
- *Ladung* q_W [Coulomb, C = As]
- *Verketteter Fluss* ψ_W [Weber, Wb = Vs]

stellen *konjugierte Energievariablen* im Sinne des in Abschn. 2.3.1 definierten axiomatischen Gebäudes dar (Abb. 5.7b).

Damit gelten die *definitorischen* differenziellen Beziehungen

$$u_W := \dot{\psi}_W \,, \quad i_W := \dot{q}_W \qquad (5.1)$$

zwischen den Energievariablen und den *konjugierten Leistungsvariablen*
- Spannung $u_W = \dot{\psi}_W$ [Volt, V]
- Strom $i_W = \dot{q}_W$ [Ampere, A].

Konstitutive ELM-Basisgleichungen Die konstitutiven Gleichungen beschreiben allgemein den funktionellen Zusammenhang zwischen Energie- und Leistungsvariablen. Damit werden die einem konkreten Wandler zugrunde liegenden fundamentalen physikalischen Eigenschaften abgebildet. Diese werden durch *Naturgesetzmäßigkeiten* beschrieben und sie sind die einzigen frei wählbaren Beziehungen in dem in Abb. 5.7 definierten axiomatischen Gebäude.

Die konstitutiven Gleichungen beschreiben dabei sowohl die wandlerinterne Fähigkeit zur Speicherung von Energie (mechanisch, elektrisch / magnetisch) als auch die interne Verkopplung des Energieaustausches (elektrisch – mechanisch).

Formal lauten also die *konstitutiven ELM-Basisgleichungen* in unterschiedlicher Koordinatendarstellung (PSI-Koordinaten, Q-Koordinaten, vgl. auch Abb. 5.7)

$$
\boxed{
\begin{aligned}
F_{W,\Psi} &= F_{W,\Psi}(x, \psi_W, \dot{\psi}_W) \\
q_W &= q_W(x, \dot{\psi}_W) \text{ kapazitiv} \\
\dot{q}_W &= \dot{q}_W(x, \psi_W) \text{ induktiv}
\end{aligned}
}
\ \text{bzw.}\
\boxed{
\begin{aligned}
F_{W,Q} &= F_{W,Q}(x, q_W, \dot{q}_W) \\
\psi_W &= \psi_W(x, \dot{q}_W) \text{ induktiv} \\
\dot{\psi}_W &= \dot{\psi}_W(x, q_W) \text{ kapazitiv}
\end{aligned}
}
. \qquad (5.2)
$$

Die Gleichungen (5.2) in den beiden Koordinatendarstellungen sind äquivalent und sind je nach bevorzugter Darstellung eines physikalischen Phänomens in der einen oder anderen Form zu verwenden.

Man beachte auch, dass nicht in jedem Falle alle Gleichungen gegeben sein müssen. Aufgrund der Annahme eines *konservativen Systems* reicht beispielsweise *eine* elektrische konstitutive Basisgleichung zur vollständigen Funktionsbeschreibung aus, falls keine wandlerinternen potenziellen mechanischen Energiespeicher vorhanden sind. Die passende konstitutive Beziehung für die Wandlerkraft kann dann nämlich systematisch rekonstruiert werden, wie im Folgenden gezeigt wird.

Aus diesem Grund werden die konstitutiven Gleichungen (5.2) in diesem Buch als sogenannte *Basis*gleichungen bezeichnet, weil sie bestimmte physikalische Phänomene beschreiben. Im Gegensatz dazu werden die vollständig rekonstruierten konstitutiven Gleichungen als konstitutive *Wandler*gleichungen bezeichnet, weil damit das gesamte Wandlerverhalten beschrieben wird.

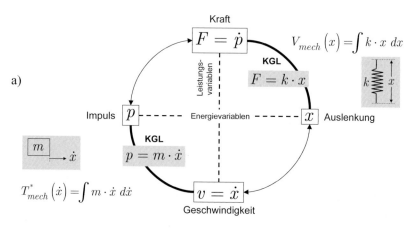

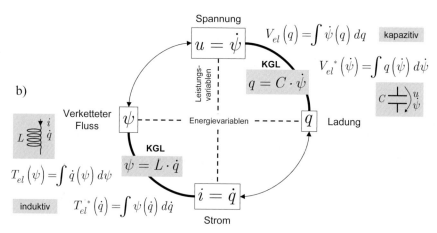

Abb. 5.7. Generalisierte Koordinaten: a) *mechanische* Energie- und Leistungsvariablen mit linearen mechanischen konstitutiven Gleichungen, b) *elektrische* Energie- und Leistungsvariablen mit elektrisch linearen konstitutiven Gleichungen (KGL = konstitutive Gleichungen)

In Tabelle 5.2 sind für einige praktisch wichtige Fälle Beispiele für konstitutive *ELM-Basisgleichungen* aufgeführt. In der Tat wird in vielen Fällen durch Naturgesetze bzw. empirisch ermittelte Zusammenhänge lediglich das elektrische konstitutive Verhalten beschrieben.

Elektrisch lineares Verhalten   Als Konkretisierung von Beziehung (5.2) sei für das elektrische Teilsystem ein *elektrisch lineares Verhalten* angenommen, d.h. die *elektrisch konstitutiven* Beziehungen lauten

$$\boxed{q_W(x, \dot{\psi}_W) := C(x) \cdot \dot{\psi}_W} \qquad \boxed{\psi_W(x, \dot{q}_W) := L(x) \cdot \dot{q}_W} \qquad (5.3)$$

wobei $C(x)$, $L(x)$ im Allgemeinen *nichtlineare* Funktionen der Ankerposition x sind (Tabelle 5.2 Typ A und B, vgl. auch Abb. 5.7b).

Die linke Gleichung (5.3) beschreibt elektrisch *kapazitives* Wandlerverhalten (Kopplung über elektrisches Feld) mit der Wandlerkapazität $C(x)$ [Farad, F=C/V], wogegen die rechte Gleichung (5.3) elektrisch *induktives* Wandlerverhalten (Kopplung über magnetisches Feld) mit der Wandlerinduktivität $L(x)$ [Henry, Wb/A] beschreibt. Die konstitutiven geometrischen Eigenschaften $C(x)$, $L(x)$ des Wandlers lassen sich entweder analytisch (Feldberechnung) oder experimentell bestimmen und werden für die weiteren Betrachtungen als gegeben vorausgesetzt.

Alternativ zu Gl. (5.3) sei auch die spezielle konstitutive Beziehung

$$\boxed{\psi_W(x, i_W) = \psi_W(x) := g_\psi(x)} \qquad (5.4)$$

betrachtet (Tabelle 5.2 Typ C). Mit Gl. (5.4) wird beispielsweise die elektrodynamische *LORENTZ-Kraft* modelliert. Beachtenswerterweise beschreibt Gl. (5.4) keine Energiespeicherung, sondern eine reine verlustfreie Energiewandlung.

In allen betrachteten Fällen Typ A,B,C ist eine Spezifikation des Wandlerverhaltens rein über die elektrischen konstitutiven Beziehungen Gln. (5.3), (5.4) ausreichend. Die fehlende Kraftbeziehung kann daraus eindeutig rekonstruiert werden.

Elektrisch-mechanisch lineares Verhalten   Falls im Wandler auch inhärente potenzielle mechanische Energiespeicher vorhanden sind, dann muss auch die mechanische konstitutive Beziehung[5] spezifiziert werden. Als

---

[5] Zumindest der Anteil, der die mechanische Energiespeicherung beschreibt, da dieser nicht in der elektrischen Koppelbeziehung abgebildet ist.

praktisch wichtiger Fall sei eine sowohl *mechanisch* wie *elektrisch lineare* Beziehung betrachtet, z.B. elektrisch kapazitives Verhalten in elektrischen PSI-Koordinaten

$$F_{W,\Psi}(x, \dot{\psi}_W) = a \cdot x + b \cdot \dot{\psi}_W$$
$$q_W(x, \dot{\psi}_W) = b \cdot x + c \cdot \dot{\psi}_W \; . \tag{5.5}$$

Durch Gl. (5.5) werden typischerweise *Festkörperwandler* (z.B. *Piezowandler*) im linearen Arbeitsbereich beschrieben. Die aussteuerungsunabhängigen Koeffizienten a, c beschreiben die mechanische bzw. elektrische Speicherfähigkeit wogegen der Koeffizient b den elektromechanischen Energieaustausch beschreibt. Die Symmetrie der beiden Gleichungen bezüglich der Kopplung b ist im Übrigen für konservative Systeme zwingend, wie noch zu zeigen ist.

Die zu Gl. (5.5) äquivalente Darstellung in Q-Koordinaten entnimmt man der rechten Spalte in Tabelle 5.2 Typ D.

Elektrisch-mechanisch polynomiales Verhalten Eine praktisch sehr interessante Modellerweiterung gegenüber dem ELM linearen Verhalten bietet sich durch eine *polynomiale* Beschreibung der konstitutiven Gleichungen an, wie in Tabelle 5.2 mit dem Typ E angedeutet. Ein solches Modell kann man sich beispielsweise durch experimentelle Modellbildung für Großsignalverhalten an einem Festkörperwandler entstanden denken, d.h. eine nichtlineare Modellerweiterung gegenüber Gl. (5.5).

Mit Polynomen 2. Ordnung in den Variablen $x, \dot{\psi}$ liefert beispielsweise der Ansatz

$$F_\Psi = a_0 + a_1 x + \mathbf{c_1} \dot{\psi} + \mathbf{c_2} x \dot{\psi} + a_2 \frac{x^2}{2} + \mathbf{c_3} \frac{\dot{\psi}^2}{2}$$

$$q = b_0 + \mathbf{c_1} x + b_1 \dot{\psi} + \mathbf{c_3} x \dot{\psi} + \mathbf{c_2} \frac{x^2}{2} + b_2 \frac{\dot{\psi}^2}{2} \tag{5.6}$$

einen Satz *konsistenter* konstitutiver Gleichungen für $F_{W,\Psi}(x, \dot{\psi})$ und $q_W(x, \dot{\psi})$ bei *kapazitivem* Wandlerverhalten. Auch hier ist die Symmetrie in Gl. (5.6) bezüglich der Kopplungsfaktoren $\mathbf{c_1}, \mathbf{c_2}, \mathbf{c_3}$ unter der Annahme eines konservativen Systems zwingend und bei einer eventuellen Approximation von Messreihen zu beachten[6].

---

[6] Bei hinreichend genau ermittelten Parametern der elektrischen konstitutiven Gleichung wäre es also ausreichend, die mechanischen Parameter a_0, a_1, a_2 messtechnisch zu ermitteln.

Tabelle 5.2. Beispiele für konstitutive ELM-Basisgleichungen

Typ	PSI-Koordinaten (x, ψ)	Q-Koordinaten (x, q)
A. Elektrisch linear kapazitiv	$q = C(x) \cdot \dot\psi$	$\dot\psi = \dfrac{1}{C(x)} \cdot q$
B. Elektrisch linear induktiv	$\dot q = \dfrac{1}{L(x)} \cdot \psi$	$\psi = L(x) \cdot \dot q$
C. Elektrisch linear induktiv, ohne Speicher	---	$\psi = g(x)$
D. Elektrisch-mechanisch linear, kapazitiv	$F_\Psi = a \cdot x + b \cdot \dot\psi$ $q = b \cdot x + c \cdot \dot\psi$	$F_Q = \left(a - \dfrac{b^2}{c}\right) \cdot x + \dfrac{b}{c} q$ $\dot\psi = -\dfrac{b}{c} x + \dfrac{1}{c} q$
E. Elektrisch-mechanisch polynomial[7]	- kapazitiv - $F_\Psi = \mathrm{polynom}_F(x, \dot\psi; N)$ $q = \mathrm{polynom}_q(x, \dot\psi; N)$	- induktiv - $F_Q = \mathrm{polynom}_F(x, \dot q; N)$ $\psi = \mathrm{polynom}_\psi(x, \dot q; N)$

Verketteter Fluss vs. Elektrische Spannung Auf den ersten Blick mag die Verwendung des verketteten Flusses als eine generalisierte Koordinate etwas befremdlich erscheinen. Üblicherweise nutzt man diese Größe nur in Verbindung mit magnetischen Feldern. Was bedeutet diese Größe in Verbindung mit einem kapazitiven Speicher? Warum verwendet man nicht die elektrische Spannung als generalisierte Koordinate?

Aus Abb. 5.7b erkennt man, dass sich über die definitorischen Beziehungen für einen kapazitiven Energiespeicher C eine direkte Beziehung zum verketteten Fluss ψ in Form dessen zeitlichen Differenzials $\dot\psi$ her-

---

[7] $\mathrm{polynom}(x, y; N)$ … Polynom vom Grad N in den Variablen x, y

stellen lässt. Damit ist kapazitives elektrisches Verhalten also auch genauso gut mittels der zeitlichen Ableitung des verketteten Flusses darstellbar.

Würde man andererseits die elektrische Spannung als generalisierte Koordinate einführen, so müsste man zur Wahrung der physikalischen Zusammenhänge die konstitutive Gleichung für induktives Verhalten in unhandlicher Weise mit dem Integral der elektrischen Spannung schreiben.

Energiefunktionen   Für den EULER-LAGRANGE-Modellierungsansatz werden die skalaren Energie- und Koenergiefunktionen benötigt. Während bei mechanischen Systemen mit der üblichen Wahl der Position als generalisierte Koordinate das Tupel kinetische *Koenergie* T^* und potenzielle *Energie* V ausreicht, werden für elektrische Systeme aus Darstellungsgründen (wie nachfolgend näher ausgeführt) *alle* Energiefunktionen T, T^*, V, V^* benötigt.

Elektromechanische Energie   Die Berechnung der Energiefunktionen erfolgt gemäß Abb. 5.7 über die Integration der konstitutiven Gleichungen (5.2). Aufgrund der Abhängigkeit der Wegintegrale von zwei unabhängigen Variablen ist bei der Integration ein sorgfältiges Herangehen nötig.

Man betrachte exemplarisch die *elektrisch lineare konstitutive* Beziehung für *kapazitives* Verhalten mit der Substitution $u_W = \dot{\psi}_W$

$$q_W(x, u_W) = C(x) \cdot u_W. \tag{5.7}$$

Gemäß definitorischer Beziehung nach Abb. 5.7 bestimmt sich die potenzielle Energie aus dem Wegintegral der konstitutiven Gleichungen, wobei über die generalisierten Koordinaten, hier x und q_W, zu integrieren ist.

Dazu benötigt man deshalb rein formal auch noch die mechanisch konstitutive Beziehung $F_W = F_W(x, u_W)$. Praktisch gesehen reicht jedoch die Kenntnis der allgemeinen Eigenschaft (wird später bewiesen)

$$F_W(x, u_W = 0) = 0 \tag{5.8}$$

aus, d.h. der Wandler ist bei verschwindender elektrischer Anregung kräftefrei.

Wegen der Voraussetzung eines konservativen Systems ist der Wert des Wegintegrals *unabhängig* vom gewählten Integrationsweg. Diese allgemeine Eigenschaft kann man vorteilhaft nützen, um einen für die Berechnung günstigen Integrationspfad frei zu wählen. In Abb. 5.8b ist ein möglicher günstiger Pfad gezeigt.

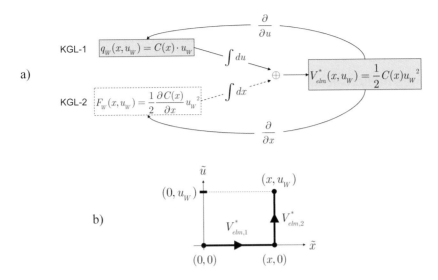

Abb. 5.8. Zur Integration der konstitutiven ELM-Basisgleichungen am Beispiel eines elektrisch linearen kapazitiven Wandlers: a) Zusammenhänge zwischen konstitutiven Gleichungen (KGL) und potenzieller Koenergie, b) Beispiel für einen günstigen Integrationspfad für die konstitutive Gleichung (5.7)

Für die potenzielle Energiefunktion $V_{elm}^{*}(x, u_W)$ (hier potenzielle Koenergie) ergibt sich somit (s. Abb. 5.8a Pfeilrichtung von links nach rechts)

$$V_{elm}^{*}(x, u_W) = V_{elm,1}^{*} + V_{elm,2}^{*} = \underbrace{\int_{0}^{x} F_W(\tilde{x}, u_W{=}0)\, d\tilde{x}}_{0} + \underbrace{\int_{0}^{u_W} q_W(x, \tilde{u})\, d\tilde{u}}_{\frac{1}{2} C(x)\cdot u_W^{2}} \quad (5.9)$$

Das erste Wegintegral (= mechanisch verrichtete Arbeit) ist bei konstant gehaltenem $u = 0$ aufgrund der Eigenschaft (5.8) gleich null. Für das zweite Wegintegral (= elektrisch verrichtete Arbeit) wird die Koordinate x als konstant betrachtet, damit ist auch $C(x)$ als konstant zu sehen und es kann entkoppelt über die elektrische Spannung u integriert werden.

Für $C(x) = C_0 = const.$ erhält man die bekannte Beziehung für die gespeicherte Energie eines Kondensators. Aufgrund des speziellen linearen Ansatzes (5.7) ergibt sich auch im gekoppelten Fall ein formal gleiches Ergebnis, die Energieänderung ist proportional zur Änderung der wegabhängigen Kapazitätsfunktion $C(x)$. Dies ist jedoch dann nicht mehr gegeben, wenn die Kapazitätsfunktion auch von elektrischen Größen abhängig ist, also $C(x, u)$ gilt. In diesem Falle kann das Wegintegral nicht mehr in der gezeigten Art entkoppelt werden.

Integrabilitätsbedingung Die Eigenschaft der Wegunabhängigkeit des Energieintegrals (5.9) ist fundamental und besitzt einen engen Bezug zu speziellen Eigenschaften der konstitutiven Gleichungen.

Dem Energieintegral (5.9) ist folgende Darstellung als *vollständiges Differenzial* äquivalent

$$dV^*_{elm}(x, u_W) = F_W(x, u_W) \cdot dx + q_W(x, u_W) \cdot du_W \qquad (5.10)$$

$$F_W(x, u_W) = \frac{\partial V^*_{elm}(x, u_W)}{\partial x}, \quad q_W(x, u_W) = \frac{\partial V^*_{elm}(x, u_W)}{\partial u_W}. \qquad (5.11)$$

Im Falle eines *konservativen Potenzialfeldes*, als solches wurde $V^*_{elm}(x, u_W)$ ja gerade vorausgesetzt, muss gelten (Bronstein et al. 2005)

$$\frac{\partial^2 V^*_{elm}(x, u_W)}{\partial x \, \partial u_W} \stackrel{!}{=} \frac{\partial^2 V^*_{elm}(x, u_W)}{\partial u_W \, \partial x}. \qquad (5.12)$$

Die als *Integrabilitätsbedingung* des vollständigen Differenzials bekannte Beziehung (5.12) lässt sich mit Hilfe der *konstitutiven Gleichungen* (5.11) auch schreiben als

$$\frac{\partial F_W(x, u_W)}{\partial u_W} \stackrel{!}{=} \frac{\partial q_W(x, u_W)}{\partial x}. \qquad (5.13)$$

Allgemeine Integrabilitätsbedingungen Die *Integrabilitätsbedingung* (5.13) für die *konstitutiven Gleichungen* repräsentiert die Energie erhaltende elektromechanische Kopplung der konstitutiven Wandlergleichungen[8], s. auch (Karnopp et al. 2006).

---

[8] Man spricht in diesem Zusammenhang auch manchmal von einer MAXWELL *symmetry* bzw. MAXWELL *reciprocity condition*. Eine ebenfalls gebräuchliche äquivalente Aussage zu Gl. (5.13) ist, dass die JACOBI-*Matrix* der konstitutiven Gleichungen *symmetrisch* sein muss. Für die letztere Aussage beachte man allerdings, dass bei Verwendung von q und ψ als Koordinaten (also nicht $\dot{q}$, $\dot{\psi}$) eine *schiefsymmetrische* JACOBI-Matrix erforderlich ist. Dies begründet

Das eben gezeigte Vorgehen lässt sich geradlinig auf die Q-Koordinatendarstellung übertragen. Zusammengefasst erhält man dann für die beiden möglichen Koordinatendarstellungen die folgenden *allgemeinen Integrabilitätsbedingungen* für die angegebenen konstitutiven Gleichungen bei jeweils kapazitivem bzw. induktivem Verhalten

$$
\bullet \; \textit{PSI-Koordinaten} \quad
\begin{aligned}
& F_\Psi(x,\psi,\dot\psi) \\
& \text{kap: } q(x,\dot\psi) \\
& \text{ind: } \dot q(x,\psi)
\end{aligned}
\quad \Leftrightarrow \quad
\boxed{
\begin{aligned}
& \text{kap: } \frac{\partial F_\Psi}{\partial \dot\psi} \overset{!}{=} \frac{\partial q}{\partial x} \\[1.5ex]
& \text{ind: } \frac{\partial F_\Psi}{\partial \psi} \overset{!}{=} -\frac{\partial \dot q}{\partial x}
\end{aligned}
}
\tag{5.14}
$$

$$
\bullet \; \textit{Q-Koordinaten:} \quad
\begin{aligned}
& F_Q(x,q,\dot q) \\
& \text{kap: } \dot\psi(x,q) \\
& \text{ind: } \psi(x,\dot q)
\end{aligned}
\quad \Leftrightarrow \quad
\boxed{
\begin{aligned}
& \text{kap: } \frac{\partial F_Q}{\partial q} \overset{!}{=} -\frac{\partial \dot\psi}{\partial x} \\[1.5ex]
& \text{ind: } \frac{\partial F_Q}{\partial \dot q} \overset{!}{=} \frac{\partial \psi}{\partial x}
\end{aligned}
}
\tag{5.15}
$$

Reziprozität – Reziproke Wandler Mit den Bedingungen (5.14), (5.15) lassen sich nun auch leicht die zuvor genannten besonderen Symmetrieeigenschaften der Modelle nach Gl. (5.5) und Gl. (5.6) erklären bzw. äquivalente Symmetrien für die Wandlertypen A bis C voraussagen. Konkret bedeutet dies, dass die elektrisch-mechanischen Kopplungen symmetrisch sind. Ähnliche Symmetrien sind aus der Vierpoltheorie (Mehrtore) bekannt. Man spricht dort von *Reziprozität* bezüglich zweier Tore ν und μ, wenn bei Erregung am ν-ten Tor am μ-ten Tor die gleiche Antwort gemessen wird, wie am ν-ten Tor bei Erregung am μ-ten Tor (Reinschke u. Schwarz 1976). In diesem Sinne bezeichnet man die Eigenschaften Gl. (5.5) und Gl. (5.6) auch als *Reziprozitätsbeziehungen* bzw. spricht man bei deren Gültigkeit von *reziproken Wandlern*.

Rekonstruktion der konstitutiven Gleichungen Die Gl. (5.11) beschreibt eine fundamentale Eigenschaft eines konservativen Systems. Bei Kenntnis der Energiefunktion $V_{elm}^*(x, u_W)$ kann man die vollständigen konstitutiven Gleichungen über die Beziehung (5.11) rekonstruieren. Im vorliegenden Fall hatte man mit Gl. (5.7) lediglich das konstitutive elektri-

---

sich in dem nachfolgend begründeten Zusammenhang $F_W = -\partial V_{elm}(q)\,/\,\partial x$ bzw. $F_W = -\partial T_{elm}(\psi)\,/\,\partial x$ (negatives Vorzeichen!) bei Verwendung der Energiefunktionen $V(q), T(\psi)$ anstelle der Koenergiefunktionen $V^*(\dot\psi), T^*(\dot q)$.

sche Verhalten definiert. Aufgrund der speziellen Eigenschaft (5.8) und der Wegunabhängigkeit des Wegintegrals konnte die Energiefunktion $V_{elm}^*(x, u_W)$ ausschließlich unter Nutzung der konstitutiven elektrischen Gleichung berechnet werden. Die Beziehung (5.11) erlaubte dann aber, sozusagen gratis, die Bestimmung des zugehörigen *konstitutiven mechanischen* Verhaltens $F_W(x, u_W)$, welches aus der elektromechanischen Kopplung resultiert (s. Abb. 5.8a KGL-2, unterer Pfeil, Richtung rechts nach links)

Im *vorliegenden* Fall reicht also alleine die konstitutive elektrische Gleichung (5.7) aus, um das vollständige elektromechanische Verhalten des Wandlers zu beschreiben. Dies ist allerdings nicht immer der Fall. Man überlegt sich leicht, dass dies dann *nicht* mehr möglich ist, wenn die Bedingung (5.8) nicht erfüllt ist oder wenn ein wandlerinterner mechanischer Energiespeicher (Feder) vorhanden ist. In diesen Fällen müssen auch die mechanischen konstitutiven Eigenschaften explizit definiert werden.

ELM-Energiefunktionen   Wegen der gemachten Voraussetzungen gilt das Ergebnis (5.9) in analoger Form für alle Energieterme, die aus den konstitutiven ELM-Gleichungen (5.2) resultieren, sodass allgemein folgt

- *ELM-Energiefunktionen* $T_{elm}^*(x, \dot{q}_W)$, $V_{elm}(x, q_W)$ in *Q- (Ladungs-) Koordinaten* mit den generalisierten Koordinaten x, q_W

- *ELM-Energiefunktionen* $T_{elm}(x, \psi_W)$, $V_{elm}^*(x, \dot{\psi}_W)$ in *PSI- (Flussverkettungs-) Koordinaten* mit den generalisierten Koordinaten x, ψ_W.

Für den speziellen Fall von *elektrisch linearen* konstitutiven ELM-Basisgleichungen ergibt sich

$$T_{elm}^*(x, \dot{q}_W) = \frac{1}{2} L(x) \cdot \dot{q}_W^2 \ , \quad V_{elm}(x, q_W) = \frac{1}{2} \frac{1}{C(x)} \cdot q_W^2 \qquad (5.16)$$

$$T_{elm}(x, \psi_W) = \frac{1}{2} \frac{1}{L(x)} \cdot \psi_W^2 , \quad V_{elm}^*(x, \dot{\psi}_W) = \frac{1}{2} C(x) \cdot \dot{\psi}_W^2 \qquad (5.17)$$

Man beachte in den Gln. (5.16), (5.17) die sich aufgrund der gewählten Koordinaten ergebenden Kombinationen der Energie- und Koenergieterme. Ferner ist leicht die LEGENDRE-Transformation zwischen Energie- und Koenergietermen zu verifizieren (s. Abschn. 2.3.1).

LAGRANGE-Funktion Die Energieterme (5.16), (5.17) beschreiben nun vollständig den unbeschalteten mechatronischen Elementarwandler nach Abb. 5.5. Für die weitere Berechnung werden sie in bekannter Weise zur LAGRANGE-Funktion $\mathcal{L}$ zusammengefasst (Kuypers 1997). In der nachfolgenden Schreibweise wird die eingangs gemachte Annahme berücksichtigt, dass nur entweder ein kapazitiver oder ein induktiver Energiespeicher vorhanden ist ("$\vee$" ist als *ODER* zu interpretieren).

- *LAGRANGE-Funktion* in *Q-Koordinaten* (gen. Koordinaten x, q_W)

$$\mathcal{L}_Q^o(x, q_W, \dot{q}_W) = \left[T_{elm}^*(x, \dot{q}_W)\right]_{ind} \vee \left[-V_{elm}(x, q_W)\right]_{kap} \tag{5.18}$$

- *LAGRANGE-Funktion* in *PSI-Koordinaten* (gen. Koordinaten x, ψ_W)

$$\mathcal{L}_\Psi^o(x, \psi_W, \dot{\psi}_W) = \left[V_{elm}^*(x, \dot{\psi}_W)\right]_{kap} \vee \left[-T_{elm}(x, \psi_W)\right]_{ind}. \tag{5.19}$$

Die beiden LAGRANGE-Funktionen $\mathcal{L}_Q^o$ und $\mathcal{L}_\Psi^o$ sind völlig gleichwertig, sie unterscheiden sich lediglich in ihrer Koordinatendarstellung.

Hinweis zur Koenergie Man beachte speziell die Kombination der Energieterme in Gl. (5.19). Aufgrund der gewählten Definition der Energiegrößen ist streng darauf zu achten, dass die *LAGRANGE-Funktion* immer als Differenz „*Koenergie- minus Energiefunktionen*" anzusetzen ist.

Bei der Wahl von generalisierten Impulskoordinaten als generalisierte Koordinaten (hier verketteter Fluss ψ_W) erscheint die potenzielle Energie in Koenergieform V_{elm}^*.

In der bei mechanischen Systemen geläufigen Koordinatenwahl mit der generalisierten Auslenkung als generalisierte Koordinate (im elektrischen Fall hier Ladung q_W) erhält man dagegen die kinetische Energie in Koenergieform T_{em}^* (s. Gl. (5.18)).

Aus der letzteren Darstellung resultiert die allgemein benutzte (jedoch im allgemeinen Sinne nicht korrekte) Formulierung der LAGRANGE-Funktion als „Differenz zwischen kinetischen und potenziellen Energiefunktionen" (stimmt eben nur bei dieser speziellen Wahl der generalisierten Koordinaten).

Dieser feine, aber immens wichtige Unterschied entfällt, wenn aus den konstitutiven Gleichungen entsprechend dem physikalischen Hintergrund von vorneweg sogenannte *elektrische* und *magnetische* Energie- und Koenergiefunktionen definiert werden und dann konsequent mit der Koenergie gerechnet wird, z.B. (Preumont 2006), (Senturia 2001).

5.3.2 Konstitutive ELM-Wandlergleichungen

EULER-LAGRANGE-Gleichungen Die Bewegungsgleichungen des unbeschalteten Elementarwandlers erhält man in bekannter Weise über die *EULER-LAGRANGE-Gleichungen*, die in ihrer allgemeinen Form für die Darstellung in *Q-Koordinaten* wie folgt aussehen:

$$x: \quad \frac{d}{dt}\left[\frac{\partial \mathcal{L}_Q^o(x,q_W,\dot{q}_W)}{\partial \dot{x}}\right] - \frac{\partial \mathcal{L}_Q^o(x,q_W,\dot{q}_W)}{\partial x} = F_{gen}$$

$$q_W: \quad \frac{d}{dt}\left(\frac{\partial \mathcal{L}_Q^o(x,q_W,\dot{q}_W)}{\partial \dot{q}_W}\right) - \frac{\partial \mathcal{L}_Q^o(x,q_W,\dot{q}_W)}{\partial q_W} = u_{gen}.$$

(5.20)

Die generalisierten Anregungsgrößen F_{gen}, u_{gen} hängen von der externen Beschaltung des Wandlers ab. Da $\mathcal{L}_Q^o(x,q_W,\dot{q}_W)$ nicht von $\dot{x}$ abhängt, ist der linke Term in der x-Gleichung von Gl. (5.20) gleich null.

Konstitutive ELM-Wandlergleichungen Die linken Seiten von Gl. (5.20) repräsentieren nun gerade die durch den Wandler erzeugte mechanische Kraft F_W und elektrische Spannung u_W in Abhängigkeit der generalisierten Koordinaten x, q_W. Führt man die Differenziation unter Beachtung von Gl. (5.18) aus, so erhält man die *konstitutiven ELM-Wandlergleichungen* in *Q-Koordinaten* in der allgemeinen Form[9]

$$F_{W,Q}(x,q_W,\dot{q}_W) = \left[\frac{\partial T_{elm}^*(x,\dot{q}_W)}{\partial x}\right]_{ind} \vee \left[-\frac{\partial V_{elm}(x,q_W)}{\partial x}\right]_{kap}$$

$$u_W(x,\dot{x},q_W,\dot{q}_W,\ddot{q}_W) = \left[\frac{d}{dt}\left(\frac{\partial T_{elm}^*(x,\dot{q}_W)}{\partial \dot{q}_W}\right)\right]_{ind} \vee \left[\frac{\partial V_{elm}(x,q_W)}{\partial q_W}\right]_{kap}$$

(5.21)

---

[9] Man beachte, dass in Gl. (5.20) die erste Gleichung das Kräftegleichgewicht $\Sigma F_i = F_W + F_{gen} = 0$ bzw. $-F_W = F_{gen}$ beschreibt, d.h. die linke Seite von Gl. (5.20) ist gleich $-F_W$, womit sich die Vorzeichensetzung in Gl. (5.21) begründet. Man überprüft leicht, dass damit auch im Einklang mit der Koordinatendefinition in Abb. 5.2 die positive Wandlerkraft in Richtung der positiven x-Koordinate wirkt. Die zweite Gleichung beschreibt die Wandlerspannung $\dot{\psi}_W$, also das zeitliche Differenzial der zugrundeliegenden konstitutiven Gleichung. Im Falle einer Kopplung über das Magnetfeld bedeutet dies $\frac{d}{dt}\left[\psi_W(x,\dot{q}_W)\right]$.

Tabelle 5.3. Konstitutive ELM-Wandlergleichungen in unterschiedlicher Koordinatendarstellung (ELM = elektrisch-mechanisch, "$\vee$" ist als *ODER* zu interpretieren), s. auch Abb. 5.5

<table>
<tr><td colspan="2" align="center">PSI-Koordinaten</td></tr>
<tr>
<td>Allgemein</td>
<td>

$$F_{W,\Psi}(x,\psi_W,\dot{\psi}_W) = \left[\frac{\partial V_{elm}^*(x,\dot{\psi}_W)}{\partial x}\right]_{kap} \vee \left[-\frac{\partial T_{elm}(x,\psi_W)}{\partial x}\right]_{ind}$$

$$i_W(x,\dot{x},\psi_W,\dot{\psi}_W,\ddot{\psi}_W) = \left[\frac{d}{dt}\left(\frac{\partial V_{elm}^*(x,\dot{\psi}_W)}{\partial \dot{\psi}_W}\right)\right]_{kap} \vee \left[\frac{\partial T_{elm}(x,\psi_W)}{\partial \psi_W}\right]_{ind}$$

</td>
</tr>
<tr>
<td>

Elektrisch lineares Verhalten

s. Gl. (5.3)

</td>
<td>

$$F_{W,\Psi}(x,\psi_W,\dot{\psi}_W) = \left[\frac{1}{2}\frac{\partial C(x)}{\partial x}\dot{\psi}_W^2\right]_{kap} \vee \left[\frac{1}{2}\frac{1}{L(x)^2}\frac{\partial L(x)}{\partial x}\psi_W^2\right]_{ind}$$

$$i_W(x,\dot{x},\psi_W,\dot{\psi}_W,\ddot{\psi}_W) = \left[C(x)\ddot{\psi}_W + \frac{\partial C(x)}{\partial x}\dot{x}\dot{\psi}_W\right]_{kap} \vee \left[\frac{1}{L(x)}\psi_W\right]_{ind}$$

</td>
</tr>
<tr><td colspan="2" align="center">Q-Koordinaten</td></tr>
<tr>
<td>Allgemein</td>
<td>

$$F_{W,Q}(x,q_W,\dot{q}_W) = \left[\frac{\partial T_{elm}^*(x,\dot{q}_W)}{\partial x}\right]_{ind} \vee \left[-\frac{\partial V_{elm}(x,q_W)}{\partial x}\right]_{kap}$$

$$u_W(x,\dot{x},q_W,\dot{q}_W,\ddot{q}_W) = \left[\frac{d}{dt}\left(\frac{\partial T_{elm}^*(x,\dot{q}_W)}{\partial \dot{q}_W}\right)\right]_{ind} \vee \left[\frac{\partial V_{elm}(x,q_W)}{\partial q_W}\right]_{kap}$$

</td>
</tr>
<tr>
<td>

Elektrisch lineares Verhalten

s. Gl. (5.3)

</td>
<td>

$$F_{W,Q}(x,q_W,\dot{q}_W) = \left[\frac{1}{2}\frac{\partial L(x)}{\partial x}\dot{q}_W^2\right]_{ind} \vee \left[\frac{1}{2}\frac{1}{C(x)^2}\frac{\partial C(x)}{\partial x}q_W^2\right]_{kap}$$

$$u_W(x,\dot{x},q_W,\dot{q}_W,\ddot{q}_W) = \left[L(x)\ddot{q}_W + \frac{\partial L(x)}{\partial x}\dot{x}\dot{q}_W\right]_{ind} \vee \left[\frac{1}{C(x)}q_W\right]_{kap}$$

</td>
</tr>
</table>

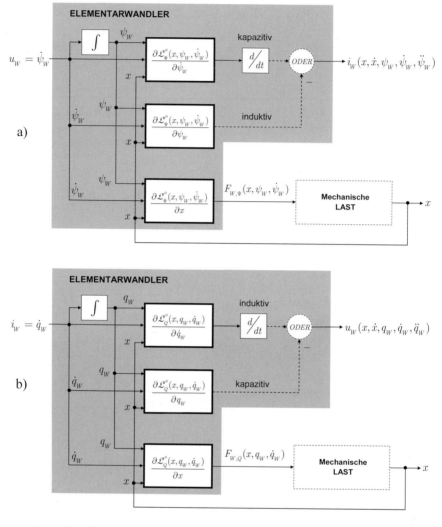

Abb. 5.9. Nichtlineares allgemeines Modell des unbeschalteten Elementarwandlers: a) PSI-Koordinaten, b) Q-Koordinaten

Die Gln. (5.21) beschreiben nun vollständig die *bidirektionale elektrisch-mechanische* Kopplung des Wandlers, sie sind leistungserhaltend und besitzen eine noch unbestimmte Kausalstruktur. Damit sind sie in beliebiger Weise als Sensor oder Aktuator bzw. mit Spannungs- oder Stromquelle zu interpretieren.

In äquivalenter Weise kann man eine zu Gl. (5.21) gleichwertige Darstellung für eine Wandlerbeschreibung in *PSI-Koordinaten* angeben. Dann wird allerdings durch die EULER-LAGRANGE-Gleichung für die elektrische Koordinate der erzeugte *Wandlerstrom* i_W in Abhängigkeit der generalisierten Koordinaten x, ψ_W definiert.

In Tabelle 5.3 sind die konstitutiven ELM-Wandlergleichungen für beide Darstellungsformen – Q-Koordinaten, PSI-Koordinaten – nochmals gegenübergestellt. Die Tabelle 5.3 enthält ferner die ausgewerteten Gleichungen für ein *elektrisch lineares* Wandlerverhalten (vgl. Gl. (5.3)).

Folgerungen Man erkennt aus Tabelle 5.3 die wichtige allgemeine Eigenschaft des unbeschalteten Elementarwandlers

$$F_{W,Q}(x,0,0) = F_{W,\Psi}(x,0,0) = 0\,, \tag{5.22}$$

d.h. der Wandler ist bei verschwindender elektrischer Anregung kräftefrei (diese Eigenschaft wurde bereits in Gl. (5.8) bei der Diskussion der Wegunabhängigkeit des Energieintegrals ausgenutzt).

Weiterhin sind die konstitutiven Gleichungen jetzt in einheitlichen Koordinaten q_W oder ψ_W angeschrieben und auf elektrischer Seite werden damit direkt die Klemmengrößen *Strom* und *Spannung* definiert.

Nichtlineares allgemeines Wandlermodell Die strukturellen Zusammenhänge der elektromechanischen Kopplung in den Wandlergleichungen sind aus Abb. 5.9. erkennbar. Dies ist eine allgemeingültige Darstellung für einen Wandler mit einem konzentrierten elektrischen Energiespeicher mit alternativ kapazitivem oder induktivem Verhalten, es ist lediglich die im konkreten Fall gültige LAGRANGE-Funktion einzusetzen.

5.3.3 ELM-Vierpolmodell

Kleinsignalverhalten Für eine gut handhabbare Beschreibung des Übertragungsverhaltens des Wandlers bietet sich eine Verhaltensanalyse bezüglich kleiner Auslenkungen um einen Arbeitspunkt an – *Kleinsignalverhalten*. Dazu ist das nichtlineare Wandlermodell nach Tabelle 5.3 lokal um einen in der Regel festen Arbeitspunkt zu linearisieren. Die Bestimmung von konkreten Arbeitspunkten hängt jedoch von der externen Beschaltung ab und wird in einem späteren Abschnitt eingehend diskutiert. Für die formale Ableitung eines linearisierten Verhaltensmodells reichen deshalb vorerst allgemein definierte Arbeitspunkte aus.

Lokale Linearisierung – Q-Koordinaten Es seien vorerst die konstituti-ven ELM-Wandlergleichungen in Q-Koordinaten Gl. (5.21) betrachtet. Ohne Einschränkung der Allgemeinheit kann man als mögliche stationäre *Arbeitspunkt* definieren

$$x_R, \boxed{\dot{x}_R = 0}, \qquad q_{WR}, \; \dot{q}_{WR}, \; \boxed{\ddot{q}_{WR} = 0}. \tag{5.23}$$

Damit erhält man die um den Arbeitspunkt Gl. (5.23) *linearisierten* kon-stitutiven ELM-Wandlergleichungen in der Form

$$\triangle F_{W,Q}(x, q_W, \dot{q}_W) = K_{Fx} \triangle x + \left[K_{Fq} \triangle q_W \right]_{kap} \vee \left[K_{F\dot{q}} \triangle \dot{q}_W \right]_{ind}$$

$$\triangle u_W(x, \dot{x}, q_W, \dot{q}_W, \ddot{q}_W) = \left[K_{Ux} \triangle x + K_{Uq} \triangle q_W \right]_{kap} \vee \tag{5.24}$$

$$\left[K_{U\dot{x}} \triangle \dot{x} + K_{U\dot{q}} \triangle \dot{q}_W + K_{U\ddot{q}} \triangle \ddot{q}_W \right]_{ind}$$

mit den konstanten (im Allgemeinen arbeitspunktabhängigen) *Wandlerko-effizienten*

$$K_{F\lambda} := \frac{\partial}{\partial \lambda} F_{W,Q}(x, q_W, \dot{q}_W) \; \Big|_{x=x_R, q_W=q_{WR}, \dot{q}_W=\dot{q}_{WR}}$$

$$K_{U\mu} := \frac{\partial}{\partial \mu} u_W(x, \dot{x}, q_W, \dot{q}_W, \ddot{q}_W) \; \Big|_{x=x_R, \dot{x}=0, q_W=q_{WR}, \dot{q}_W=\dot{q}_{WR}, \ddot{q}_W=0} \tag{5.25}$$

$$\lambda = x, q_W, \dot{q}_W; \quad \mu = x, \dot{x}, q_W, \dot{q}_W, \ddot{q}_W; \qquad K_{U\ddot{q}} = 0$$

Integrabilitätsbedingungen – Reziprozitätsbeziehungen Man überzeugt sich leicht, dass aufgrund der Integrabilitätsbedingungen (5.15) folgende Reziprozitätsbeziehungen für die Wandlerkoeffizienten gelten müssen

$$\boxed{K_{Fq} \overset{!}{=} -K_{Ux}} \quad \text{und} \quad \boxed{K_{F\dot{q}} \overset{!}{=} K_{U\dot{x}}}. \tag{5.26}$$

Algebraische konstitutive Gleichungen – Q-Koordinaten Der nicht be-sonders gut handhabbaren zeitlichen Ableitungen von x und q_W entledigt man sich leicht durch LAPLACE-Transformation von Gl. (5.24) und man erhält dann unter Beachtung von $K_{U\ddot{q}} = 0$ die *algebraischen konstitutiven Gleichungen* mit *komplexen* Koeffizienten

$$\triangle F_{W,Q}(s) = K_{Fx} \triangle X(s) + \left[K_{Fq} \frac{1}{s} \triangle \dot{Q}_W(s) \right]_{kap} \vee \left[K_{F\dot{q}} \triangle \dot{Q}_W(s) \right]_{ind}$$

$$\triangle U_W(s) = \left[K_{Ux} \triangle X(s) + K_{Uq} \frac{1}{s} \triangle \dot{Q}_W(s) \right]_{kap} \vee \qquad (5.27)$$

$$\left[K_{U\dot{x}} s \triangle X(s) + K_{U\dot{q}} s \triangle \dot{Q}_W(s) \right]_{ind}$$

oder in verallgemeinerter Form mit der Substitution $\triangle i_W = \triangle \dot{q}_W$ bzw. $\triangle I_W(s) = \triangle \dot{Q}_W(s)$ in Matrixnotation

$$\begin{pmatrix} \triangle F_{W,Q}(s) \\ \triangle U_W(s) \end{pmatrix} = \begin{pmatrix} K_{Fx} & \left[\dfrac{K_{Fq}}{s} \right]_{kap} \vee \left[K_{F\dot{q}} \right]_{ind} \\ \hline \left[K_{Ux} \right]_{kap} \vee \left[K_{U\dot{x}} s \right]_{ind} & \left[\dfrac{K_{Uq}}{s} \right]_{kap} \vee \left[K_{U\dot{q}} s \right]_{ind} \end{pmatrix} \begin{pmatrix} \triangle X(s) \\ \triangle I_W(s) \end{pmatrix} \cdot (5.28)$$

Vierpoldarstellung Die Gestalt der konstitutiven Gleichungen (5.28) legt deren Interpretation als elektromechanischen *Vierpol* nahe (s. Abb. 5.10, vgl. Abschn. 2.3.4). Im vorliegenden Fall werden auf der mechanischen Seite die *Wandlerkraft* $F_{W,Q}$ als *Flussgröße* und die *Ankerposition* x als *Differenzgröße* interpretiert. Gleichwertig könnte man aber auch die Ankergeschwindigkeit $\dot{x}$ als mechanische Differenzgröße bzw. die Ladung q_W als elektrische Flussgröße interpretieren[10].

Vierpol-Hybridform Die Gleichungsform (5.28) ist in der Vierpoltheorie unter dem Namen *erste Hybridform* mit der Koeffizientenmatrix **H** bekannt (Philippow 2000), (Reinschke u. Schwarz 1976)

$$\begin{pmatrix} \triangle F_{W,Q}(s) \\ \triangle U_W(s) \end{pmatrix} = \mathbf{H}(s) \cdot \begin{pmatrix} \triangle X(s) \\ \triangle I_W(s) \end{pmatrix} = \begin{pmatrix} H_{11}(s) & H_{12}(s) \\ H_{21}(s) & H_{22}(s) \end{pmatrix} \begin{pmatrix} \triangle X(s) \\ \triangle I_W(s) \end{pmatrix}. \qquad (5.29)$$

---

[10] Es sei an dieser Stelle bemerkt, dass auch eine prinzipiell andere Zuordnung der mechanischen Fluss- und Differenzgrößen möglich ist, nämlich *Flussgröße = Geschwindigkeit (Weg)* und *Differenzgröße = Kraft*. Welche Variante man wählt ist prinzipiell willkürlich. Die oben genutzte Wahl begründet sich aus Zweckmäßigkeitsgründen und einer gewissen Modellkompatibilität zu modularen netzwerkbasierten Modellierungskonzepten (vgl. Abschn. 2.3.9).

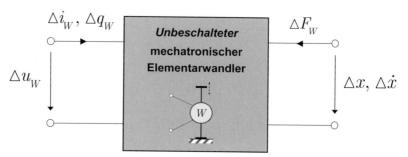

Abb. 5.10. Vierpoldarstellung der konstitutiven Wandlergleichungen eines mechatronischen Elementarwandlers

Lokale Linearisierung in PSI-Koordinaten Formal vollzieht man die lokale Linearisierung des Wandlermodells in PSI-Koordinaten nach Tabelle 5.3 völlig analog zur eben dargestellten Linearisierung in Q-Koordinaten.

Als mögliche stationäre *Arbeitspunkt* lassen sich ohne Einschränkung der Allgemeinheit definieren

$$x_R, \boxed{\dot{x}_R = 0}, \qquad \psi_{WR}, \ \dot{\psi}_{WR}, \ \boxed{\ddot{\psi}_{WR} = 0}. \tag{5.30}$$

Damit erhält man die um den Arbeitspunkt Gl. (5.23) *linearisierten* konstitutiven ELM-Wandlergleichungen in der Form

$$\Delta F_{W,\Psi}(x, \psi_W, \dot{\psi}_W) = K^*_{Fx}\Delta x + \left[K^*_{F\psi}\Delta \psi_W\right]_{ind} \vee \left[K^*_{F\dot{\psi}}\Delta \dot{\psi}\right]_{kap}$$

$$\Delta i_W(x, \dot{x}, \psi_W, \dot{\psi}_W, \ddot{\psi}_W) = \left[K_{Ix}\Delta x + K_{I\psi}\Delta \psi_W + K_{I\dot{\psi}}\Delta \dot{\psi}\right]_{ind} \vee \tag{5.31}$$

$$\left[K_{I\dot{x}}\Delta \dot{x} + K_{I\ddot{\psi}}\Delta \ddot{\psi}_W\right]_{kap}$$

mit den konstanten (aber arbeitspunktabhängigen) *Wandlerkoeffizienten*

$$K^*_{F\lambda} := \frac{\partial}{\partial \lambda}F_{W,\Psi}(x, \psi_W, \dot{\psi}_W)\ \Big|_{x=x_R, \ \psi_W=\psi_{WR}, \ \dot{\psi}_W=\dot{\psi}_{WR}}$$

$$K_{I\mu} := \frac{\partial}{\partial \mu}i_W(x, \dot{x}, \psi_W, \dot{\psi}_W, \ddot{\psi}_W)\ \Big|_{x=x_R, \ \dot{x}=0, \ \psi_W=\psi_{WR}, \ \dot{\psi}_W=\dot{\psi}_{WR}, \ \ddot{\psi}_W=0} \tag{5.32}$$

$$\lambda = x, \psi_W, \dot{\psi}_W; \quad \mu = x, \dot{x}, \psi_W, \dot{\psi}_W, \ddot{\psi}_W; \quad K_{I\dot{\psi}} = 0$$

Integrabilitätsbedingungen – Reziprozitätsbeziehungen Man überzeugt sich leicht, dass aufgrund der Integrabilitätsbedingungen (5.14) folgende Reziprozitätsbeziehungen für die Wandlerkoeffizienten gelten müssen

$$\boxed{K_{F\dot{\psi}} \overset{!}{=} - K_{Ix}} \quad \text{und} \quad \boxed{K_{F\psi} \overset{!}{=} K_{I\dot{x}}} \tag{5.33}$$

Algebraische konstitutive Gleichungen – PSI Koordinaten Die gleichen Überlegungen wie zuvor führen über LAPLACE-Transformation unter Beachtung von $K_{I\dot{\psi}} = 0$ und mit der Substitution $u_W = \dot{\psi}_W$ auf die *algebraischen konstitutiven Gleichungen* mit *komplexen* Koeffizienten in Matrixnotation

$$\begin{pmatrix} \triangle F_{W,\Psi}(s) \\ \triangle I_W(s) \end{pmatrix} = \begin{pmatrix} K_{Fx}^* & \Bigg| & \left[\dfrac{K_{F\psi}^*}{s}\right]_{ind} \vee \left[K_{F\psi}^*\right]_{kap} \\ \hline \left[K_{Ix}\right]_{ind} \vee \left[K_{I\dot{x}}s\right]_{kap} & \Bigg| & \left[\dfrac{K_{I\psi}}{s}\right]_{ind} \vee \left[K_{I\ddot{\psi}}s\right]_{kap} \end{pmatrix} \begin{pmatrix} \triangle X(s) \\ \triangle U_W(s) \end{pmatrix}. \tag{5.34}$$

Vierpol-Admittanzform Die Gleichungsform (5.34) ist in der Vierpoltheorie unter dem Namen *Admittanzform bzw. Leitwertform* mit der Koeffizientenmatrix **Y** bekannt (Philippow 2000), (Reinschke u. Schwarz 1976)

$$\begin{pmatrix} \triangle F_{W,\Psi}(s) \\ \triangle I_W(s) \end{pmatrix} = \mathbf{Y}(s) \cdot \begin{pmatrix} \triangle X(s) \\ \triangle U_W(s) \end{pmatrix}. \tag{5.35}$$

Tabelle 5.4. Korrespondenzen zwischen Admittanz- und Hybridform der konstitutiven ELM-Wandlergleichungen (ELM = elektrisch-mechanisch)

Admittanzform	Hybridform
$Y_{11} = \dfrac{\det \mathbf{H}}{H_{22}} = H_{11} - \dfrac{H_{12} \cdot H_{21}}{H_{22}}$	$H_{11} = \dfrac{\det \mathbf{Y}}{Y_{22}} = Y_{11} - \dfrac{Y_{12} \cdot Y_{21}}{Y_{22}}$
$Y_{12} = H_{12} / H_{22}$	$H_{12} = Y_{12} / Y_{22}$
$Y_{21} = -H_{21} / H_{22}$	$H_{21} = -Y_{21} / Y_{22}$
$Y_{22} = 1 / H_{22}$	$H_{22} = 1 / Y_{22}$

Tabelle 5.5. ELM-Vierpolmatrizen für technische Wandlerprinzipien

	$\begin{pmatrix} F_{W,\Psi} \\ I_W \end{pmatrix} = \mathbf{Y}(s) \cdot \begin{pmatrix} X \\ U_W \end{pmatrix}$ $\mathbf{Y}(s)$	$\begin{pmatrix} F_{W,Q} \\ U_W \end{pmatrix} = \mathbf{H}(s) \cdot \begin{pmatrix} X \\ I_W \end{pmatrix}$ $\mathbf{H}(s)$
Elektrostatischer Wandler Variabler Plattenab- stand s. Kap. 6	$\begin{pmatrix} k_{el,U} & K_{el,U} \\ sK_{el,U} & sC_R \end{pmatrix}$	$\begin{pmatrix} k_{el,U} - \dfrac{K_{el,U}^{\,2}}{C_R} & \dfrac{K_{el,U}}{sC_R} \\[2ex] -\dfrac{K_{el,U}}{C_R} & \dfrac{1}{sC_R} \end{pmatrix}$
Piezoelektrischer Wandler s. Kap. 7	$\begin{pmatrix} -k_{pz,U} & -K_{pz,U} \\ -sK_{pz,U} & sC_{pz} \end{pmatrix}$	$\begin{pmatrix} -k_{pz,U} - \dfrac{K_{pz,U}^{\,2}}{C_{pz}} & -\dfrac{K_{pz,U}}{sC_{pz}} \\[2ex] \dfrac{K_{pz,U}}{C_{pz}} & \dfrac{1}{sC_{pz}} \end{pmatrix}$
Elektromagnetischer Wandler (Reluktanzkraft) s. Kap.8	$\begin{pmatrix} k_{em,U} & \dfrac{K_{em,U}}{s} \\[2ex] -K_{em,U} & \dfrac{1}{sL_R} \end{pmatrix}$	$\begin{pmatrix} k_{em,U} + L_R K_{em,U}^{\,2} & L_R K_{em,U} \\[1ex] sL_R K_{em,U} & sL_R \end{pmatrix}$
Elektrodynamischer Wandler (LORENTZ Kraft) s. Kap. 8	$\begin{pmatrix} -\dfrac{K_{ED}^{\,2}}{L_{sp}} & \dfrac{K_{ED}}{sL_{sp}} \\[2ex] -\dfrac{K_{ED}}{L_{sp}} & \dfrac{1}{sL_{sp}} \end{pmatrix}$	$\begin{pmatrix} 0 & K_{ED} \\[1ex] sK_{ED} & sL_{sp} \end{pmatrix}$
Rückwirkungsfreier Aktuator z.B. servohydraulisch	$\begin{pmatrix} k & \dfrac{K}{K_{U/I}} \\[2ex] \boxed{0} & \dfrac{1}{K_{U/I}} \end{pmatrix}$	$\begin{pmatrix} k & K \\[1ex] \boxed{0} & K_{U/I} \end{pmatrix}$

Dualismus der Vierpolgleichungen   Die Vierpolgleichungen (5.28), (5.34) zeigen in zweierlei Hinsicht einen *Dualismus*.

Da es sich bei der Beschreibung um ein und dasselbe physikalische Sys- tem handelt und beide Darstellungsformen das gleiche Klemmenverhalten

beschreiben, müssen die beiden Darstellungen in Admittanz- und Hybridform vollkommen äquivalent sein. Aus der Modelläquivalenz resultiert in
Konsequenz aber auch eine *Darstellungsäquivalenz* zwischen Admittanz-
und Hybridform. Diese ist hier natürlich völlig im Einklang mit der Vierpoltheorie, die bekannten Korrespondenzen zwischen Admittanz- und
Hybridform (Philippow 2000) sind in Tabelle 5.4 aufgelistet. Die entsprechenden Korrespondenzen zwischen den physikalischen Wandlerparametern folgen aus Gln. (5.25), (5.32).

Klemmenverhalten Die Vierpolgleichungen beschreiben umfassend die
Mechanismen der elektromechanischen Kopplungen des Wandlers auf
Kleinsignalebene. Über die Verwendung von komplexen Koeffizienten eröffnet man sich die Möglichkeit, bequem differenzielle oder integrale Abhängigkeiten zwischen den Klemmengrößen zu beschreiben. Insofern ist es
auch zweitrangig, ob man als mechanische Differenzgröße Position oder
Geschwindigkeit bzw. als elektrische Flussgröße Strom oder Ladung
wählt.

Wandlerfamilien Bezüglich des elektrischen Klemmenverhaltens lassen
sich folgende *Wandlerfamilien* spezifizieren (s. Tabelle 5.5):

- *kapazitive* Wandler: *elektrostatisch, piezoelektrisch*
- *induktive* Wandler: *elektrodynamisch, elektromagnetisch*
- *rückwirkungsfreie* Wandler: elektrische Ansteuerung entkoppelt von
  mechanischer Bewegung.

Interpretation der Vierpolparameter Die Vierpolparameter besitzen eine sehr transparente physikalische Bedeutung, sodass aus deren Beschaffenheit im konkreten Fall schon sehr viel Information über das Systemverhalten bezogen werden kann.

- *ELM-Steifigkeit, differenzielle Wandlersteifigkeit, mechanische Impedanz*[11] $H_{11} = F_x$, $Y_{11} = F_x^*$ beschreibt die arbeitspunktabhängige inhärente Steifigkeit des *unbelasteten* Wandlers, d.h. die erzeugte Kraft ist
  proportional zur Ankerbewegung. Die Koeffizienten sind immer reell.
  Eine positive Steifigkeit entspricht dem Verhalten einer gewöhnlichen

---

[11] In der Literatur bezeichnet man als *mechanische Impedanz* nicht eindeutig entweder das Verhältnis *Kraft/Weg* oder das Verhältnis *Kraft/Geschwindigkeit*. Die
differenzielle Steifigkeit meint die lineare Approximation (= Tangente) der
Kraft-Weg Kennlinie des Wandlers im aktuell betrachteten Arbeitspunkt x_R.

linearen Feder. Eine negative Steifigkeit bewirkt bei Reduktion der Steifigkeit der externen elastischen Fesselung eine sogenannte *elektromechanische Erweichung*, bei verschwindender Steifigkeit wird die erzeugte Kraft unabhängig von der Ankerauslenkung.

- *Elektrische Impedanz* $H_{22}(s)$, *elektrische Admittanz* $Y_{22}(s)$ beschreibt das elektrische Klemmenverhalten des *unbelasteten* Wandlers. Entsprechend der zugrundeliegenden konstitutiven ELM-Basisgleichungen ergibt sich ein *kapazitives* oder *induktives* elektrisches Klemmenverhalten.

- *ELM-Kopplungselemente* $H_{12}(s), H_{21}(s)$, $Y_{12}(s), Y_{21}(s)$ beschreiben die elektromechanischen Kopplungsmechanismen des unbelasteten Wandlers. Auf mechanischer Ebene werden mit $H_{12}(s), Y_{12}(s)$ die ELM-Krafterzeugungsmechanismen beschrieben, wogegen auf elektrischer Ebene mit $H_{21}(s), Y_{21}(s)$ die Erzeugung von bewegungsinduzierten elektrischen Größen (Polarisationsströme, induzierte Spannungen) beschrieben wird.

5.4 Beschalteter Elementarwandler

5.4.1 Energiebasiertes Modell

Mechanische Energie Für die nach Abb. 5.2 gegebene elastisch gefesselte Starrkörperlast ergibt sich gegenüber dem unbeschalteten Wandler nach Abb. 5.4 je ein kinetischer Energiespeicher (Masse m) und ein potenzieller Energiespeicher (Feder k) mit den linearen und vom elektrischen Teilsystem unabhängigen konstitutiven Beziehungen (s. Tabelle 2.2)

$$F = kx, \quad p = m\dot{x}$$

Die Integration ist hier problemlos möglich und man erhält nach Abb. 5.7.a die bekannten Energiefunktionen

$$V_{mech}(x) = \frac{1}{2}kx^2, \quad T_{mech}^*(\dot{x}) = \frac{1}{2}m\dot{x}^2. \tag{5.36}$$

LAGRANGE-Funktion Für das Gesamtsystem „beschalteter Wandler" hat man lediglich die LAGRANGE-Funktion des unbeschalteten Wandlers um die mechanischen Energieterme zu ergänzen und man erhält mit Gln. (5.18), (5.19) für den *beschalteten Wandler*

- *LAGRANGE-Funktion* in *Q-Koordinaten* mit den generalisierten Koordinaten x, q_W

$$\mathcal{L}_Q(x, \dot{x}, q_W, \dot{q}_W) = \mathcal{L}_Q^o(x, q_W, \dot{q}_W) + T_{mech}^*(\dot{x}) - V_{mech}(x) \qquad (5.37)$$

- *LAGRANGE-Funktion* in *PSI-Koordinaten* mit den generalisierte Koordinaten x, ψ_W

$$\mathcal{L}_\Psi(x, \dot{x}, \psi_W, \dot{\psi}_W) = \mathcal{L}_\Psi^o(x, \psi_W, \dot{\psi}_W) + T_{mech}^*(\dot{x}) - V_{mech}(x). \qquad (5.38)$$

5.4.2 Nichtlineare Bewegungsgleichungen

EULER-LAGRANGE-Gleichungen   Die Bewegungsgleichungen des beschalteten Elementarwandlers erhält man in analoger Weise zum unbeschalteten Fall über die *EULER-LAGRANGE-Gleichungen*. Hierzu hat man lediglich anstelle von $\mathcal{L}_Q^o$ bzw. $\mathcal{L}_\Psi^o$ die LAGRANGE-Funktionen (5.37) bzw. (5.38) zu berücksichtigen. Etwas mehr Gedanken muss man sich jedoch bezüglich der Anregungsfunktionen machen.

Kausalstruktur – Spannungs- / Stromansteuerung   Im Gegensatz zum unbeschalteten Wandler ist bei der Definition von externen Anregungsgrößen (rechte Seite der EULER-LAGRANGE-Gleichungen) die Festlegung einer Kausalstruktur nötig. Auf *mechanischer* Seite ist die Sache recht einfach, hier wirkt die *externe Kraft* $F_{ext}(t)$ als Anregung (Abb. 5.2) und repräsentiert die generalisierte Kraft F_{gen}.

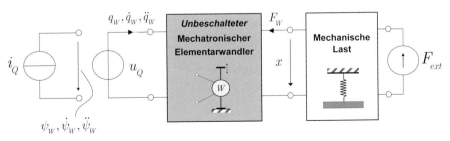

Abb. 5.11. Beschalteter Elementarwandler in Vierpoldarstellung

Auf *elektrischer* Seite stehen nach Abb. 5.2 aber zwei mögliche Anregungen zur Wahl: eine gesteuerte *Spannungsquelle* $u_Q(t)$ oder eine gesteuerte *Stromquelle* $i_Q(t)$. In Abb. 5.11. ist eine zu Abb. 5.2 äquivalente Vierpoldarstellung gezeigt. Damit ergeben sich nun insgesamt vier Modellfamilien, da jede Anregungsform $u_Q(t)$, $i_Q(t)$ entweder in Q- oder PSI-Koordinaten darstellbar ist. Diese vier Varianten sind in Tabelle 5.6 skizziert und sollen nun weiter diskutiert werden.

Spannungsquelle allgemein Bei einer gesteuerten Spannungsquelle können $u_Q(t)$ und damit die Flussverkettung $\psi_Q(t)$ bzw. deren zeitliche Ableitungen $\dot{\psi}_Q(t), \ddot{\psi}_Q(t)$ *unabhängig* von der Klemmenbeschaltung vorgegeben werden.

Der sich einstellende Ladungstransport wird durch $q_W(t)$, $\dot{q}_W(t) = i_W(t)$, $\ddot{q}_W(t)$ repräsentiert und ist *abhängig* von der Klemmenbeschaltung. Diese Eigenschaften haben nun wichtige Auswirkungen auf die Modelldarstellung.

Tabelle 5.6. Nichtlineare Bewegungsgleichungen des beschalteten Elementarwandlers: elektrische und mechanische Koordinaten vs. Hilfsenergiequellen

Koordinaten	PSI-Koordinaten (x, ψ_W)	Q-Koordinaten (x, q_W)
Ideale Spannungs-quelle $u_Q(t)$	Gen. Koordinate: x $$x: \frac{d}{dt}\left(\frac{\partial \mathcal{L}_\Psi}{\partial \dot{x}}\right) - \frac{\partial \mathcal{L}_\Psi}{\partial x} = F_{ext}$$ $$i_W = i_W\left(x, \dot{x}, \psi_Q(t), \dot{\psi}_Q(t), \ddot{\psi}_Q(t)\right)$$	Gen. Koordinaten: x, q_W $$x: \frac{d}{dt}\left(\frac{\partial \mathcal{L}_Q}{\partial \dot{x}}\right) - \frac{\partial \mathcal{L}_Q}{\partial x} = F_{ext}$$ $$u_W(x, \dot{x}, q_W, \dot{q}_W, \ddot{q}_W) = u_Q(t)$$
Ideale Stromquelle $i_Q(t)$	Gen. Koordinaten: x, ψ_W $$x: \frac{d}{dt}\left(\frac{\partial \mathcal{L}_\Psi}{\partial \dot{x}}\right) - \frac{\partial \mathcal{L}_\Psi}{\partial x} = F_{ext}$$ $$i_W(x, \dot{x}, \psi_W, \dot{\psi}_W, \ddot{\psi}_W) = i_Q(t)$$	Gen. Koordinate: x $$x: \frac{d}{dt}\left(\frac{\partial \mathcal{L}_Q}{\partial \dot{x}}\right) - \frac{\partial \mathcal{L}_Q}{\partial x} = F_{ext}$$ $$u_W = u_W\left(x, \dot{x}, q_Q(t), \dot{q}_Q(t), \ddot{q}_Q(t)\right)$$

In *Q-Koordinatendarstellung* ist neben der Ankerposition x auch die Ladungskoordinate q_W eine abhängige Größe und damit eine generalisierte Koordinate. Bei der Auswertung der EULER-LAGRANGE-Gleichungen ist also auch nach der Ladungskoordinate q_W zu differenzieren und man erhält eine zusätzliche Differenzialgleichung (linke Seite: konstitutive ELM-Wandlergleichung für u_W, rechte Seite: $u_{gen} = u_Q$) zur Bestimmung von q_W bezüglich der Anregung $u_Q(t)$. Um $x(t)$ und $q_W(t)$ zu bestimmen, muss also das *gekoppelte* Differenzialgleichungssystem in Tabelle 5.4, erste Zeile, rechte Spalte, gelöst werden.

In *PSI-Koordinatendarstellung* liegt eine andere, einfachere Sachlage vor. Die beschreibende elektrische Koordinate $\psi_W(t) = \psi_Q(t)$ ist eindeutig durch die Quellenspannung $u_Q(t)$ bestimmt, sie wirkt als unabhängige Eingangsgröße und ist damit *keine* generalisierte Koordinate. Die abhängige elektrische Klemmengröße $i_W(t)$ ist einfach über eine algebraische Beziehung (= konstitutive ELM-Wandlergleichung für i_W, Tabelle 5.3) aus dem Quellenfluss $\psi_Q(t)$ und seinen zeitlichen Ableitungen sowie der mechanischen Koordinate $x(t)$ und ihrer zeitlichen Ableitung berechenbar. Damit verbleibt als einzige generalisierte Koordinate die Ankerposition x und in Konsequenz eine einzige Differenzialgleichung für x mit den nichtlinearen Wandlerkräften als Anregung von elektrischer Seite und der externen Kraft als Anregung von mechanischer Seite (Tabelle 5.4, erste Zeile, linke Spalte).

Spannungsquelle – PSI-Darstellung Die beiden Darstellungsformen in Q- und PSI-Koordinaten sind natürlich bezüglich Eingangs- / Ausgangsverhalten völlig äquivalent. Die *PSI-Darstellung* ist allerdings darstellerisch transparenter, da die elektrische Anregung lediglich über einen Vorwärtszweig wirkt. Die elektrisch-mechanische Rückkopplung wirkt lediglich innerhalb des mechanischen Systems. Aus diesen Gründen wird im Folgenden bei der Betrachtung von *spannungsgesteuerten* Wandlern bevorzugt die Darstellung in *PSI-Koordinaten* verwendet werden. In Abb. 5.12a ist die allgemeine Kausalstruktur eines spannungsgesteuerten Wandlers mit den relevanten Modellgrößen skizziert.

Stromquelle allgemein Bei Verwendung einer gesteuerten Stromquelle $i_Q(t)$ nach Abb. 5.2 und Abb. 5.11 können die Überlegungen zur Spannungssteuerung im Sinne der Modelldualität direkt übertragen werden.

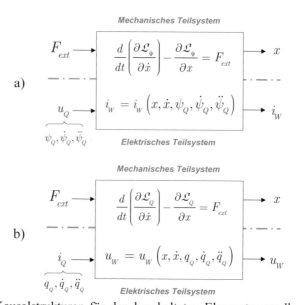

Abb. 5.12. Kausalstrukturen für den beschalteten Elementarwandler: a) ideale Spannungsquelle – PSI-Koordinaten, b) ideale Stromquelle – Q-Koordinaten

In *PSI-Koordinatendarstellung* verbleiben zwei generalisierte Koordinaten x, ψ_W und damit ein gekoppeltes Differenzialgleichungssystem (Tabelle 5.4, zweite Zeile, linke Spalte).

Die *Q-Koordinatendarstellung* führt hier auf die einfachere Darstellungsvariante, da in diesem Falle die abhängige Wandlerspannung u_W direkt aus einer algebraischen Beziehung der Quellenladung und ihrer zeitlichen Ableitungen sowie der Ankerposition und ihrer zeitlichen Ableitung berechenbar ist (Tabelle 5.4, zweite Zeile, rechte Spalte).

Stromquelle – Q-Darstellung Aufgrund der besseren darstellerischen Transparenz wird im Folgenden bei der Betrachtung von stromgesteuerten Wandlern bevorzugt die Darstellung in Q-Koordinaten verwendet werden. In Abb. 5.12b ist die allgemeine Kausalstruktur eines stromgesteuerten Wandlers mit den relevanten Modellgrößen skizziert.

Elektrisch lineares Verhalten Für den angenommenen Spezialfall eines *elektrisch linearen* Wandlerverhaltens (vgl. Gl. (5.3)) sind die *nichtlinearen Bewegungsgleichungen* in Tabelle 5.7 für eine externe Beschaltung nach Abb. 5.2 bzw. Abb. 5.11 aufgelistet. Die bevorzugten, weil darstellerisch einfacheren, Modellvarianten sind grau hinterlegt.

Tabelle 5.7. Nichtlineare Bewegungsgleichungen des beschalteten Elementarwandlers für Spannungs- und Stromquellen in unterschiedlicher Koordinatendarstellung für *lineares elektrisches* Verhalten, s. Gl. (5.3)

Spannungsquelle $u_Q(t)$

PSI-Koordinaten

$$m\ddot{x} + kx + \left[-\frac{1}{2}\frac{\partial C(x)}{\partial x}\dot{\psi}_Q^2\right]_{kap} \vee \left[-\frac{1}{2}\frac{1}{L(x)^2}\frac{\partial L(x)}{\partial x}\psi_Q^2\right]_{ind} = F_{ext}$$

$$i_W = \left[C(x)\cdot\ddot{\psi}_Q + \frac{\partial C(x)}{\partial x}\cdot\dot{x}\cdot\dot{\psi}_Q\right]_{kap} \vee \left[\frac{1}{L(x)}\cdot\psi_Q\right]_{ind}$$

Q-Koordinaten

$$m\ddot{x} + kx + \left[-\frac{1}{2}\frac{\partial L(x)}{\partial x}\dot{q}_W^2\right]_{ind} \vee \left[-\frac{1}{2}\frac{1}{C(x)^2}\frac{\partial C(x)}{\partial x}q_W^2\right]_{kap} = F_{ext}$$

$$\left[L(x)\cdot\ddot{q}_W + \frac{\partial L(x)}{\partial x}\cdot\dot{x}\cdot\dot{q}_W\right]_{ind} \vee \left[\frac{1}{C(x)}\cdot q_W\right]_{kap} = u_Q$$

Stromquelle $i_Q(t)$

PSI-Koordinaten

$$m\ddot{x} + kx + \left[-\frac{1}{2}\frac{\partial C(x)}{\partial x}\dot{\psi}_W^2\right]_{kap} \vee \left[-\frac{1}{2}\frac{1}{L(x)^2}\frac{\partial L(x)}{\partial x}\psi_W^2\right]_{ind} = F_{ext}$$

$$\left[C(x)\cdot\ddot{\psi}_W + \frac{\partial C(x)}{\partial x}\cdot\dot{x}\cdot\dot{\psi}_W\right]_{kap} \vee \left[\frac{1}{L(x)}\cdot\psi_W\right]_{ind} = i_Q$$

Q-Koordinaten

$$m\ddot{x} + kx + \left[-\frac{1}{2}\frac{\partial L(x)}{\partial x}\dot{q}_Q^2\right]_{ind} \vee \left[-\frac{1}{2}\frac{1}{C(x)^2}\frac{\partial C(x)}{\partial x}q_Q^2\right]_{kap} = F_{ext}$$

$$u_W = \left[L(x)\cdot\ddot{q}_Q + \frac{\partial L(x)}{\partial x}\cdot\dot{x}\cdot\dot{q}_Q\right]_{ind} \vee \left[\frac{1}{C(x)}\cdot q_Q\right]_{kap}$$

5.4.3 Ruhelagen – Arbeitspunkte

Bestimmungsgleichungen für Ruhelagen Für die systemtechnische Handhabung des allgemeinen Wandlermodells nach Tabellen 5.4 und 5.7 interessieren *stationäre* Arbeitspunkte bei stationären Anregungsgrößen. Beschränkt man sich bei der weiteren Betrachtung auf die bevorzugten Darstellungsformen gemäß Tabelle 5.4 und 5.7, so ist lediglich die mechanische Bewegungsgleichung zur Bestimmung von möglichen Ruhelagen von Relevanz.

In einem stationären Arbeitspunkt muss sich der Anker in Ruhestellung befinden, d.h. es muss gelten, $\dot{x} = \ddot{x} = 0$, woraus man unmittelbar die (triviale) allgemeine *Ruhelagenbedingung*

$$\boxed{\dot{x}_R = 0} \tag{5.39}$$

für die Ankergeschwindigkeit erhält.

Damit verbleibt als einzige auswertbare Bedingung für mögliche *stationäre Ankerpositionen (Ruhelage)* x_R bei einer stationären mechanischen Anregung $F_{ext}(t) = F_0$ eine nichtlineare algebraische Bestimmungsgleichung in folgender Form

- PSI-Koordinaten, $\psi_{Q,0}, \dot{\psi}_{Q,0}$ stationäre Quellengrößen

$$\boxed{kx_R - F_{W,\Psi}(x_R, \psi_{Q,0}, \dot{\psi}_{Q,0}) = F_0} \tag{5.40}$$

- Q-Koordinaten, $q_{Q,0}, \dot{q}_{Q,0}$ stationäre Quellengrößen

$$\boxed{kx_R - F_{W,Q}(x_R, q_{Q,0}, \dot{q}_{Q,0}) = F_0}, \tag{5.41}$$

wobei die Wandlerkräfte F_W entsprechend den konstitutiven Wandlergleichungen nach Tabelle 5.3 bestimmt sind.

Stationäre elektrische Quellengrößen Eine detaillierte Diskussion der Ruhelagenbestimmung macht nur Sinn für konkrete Wandlerkonfigurationen mit explizit definierten konstitutiven Beziehungen, dazu sei auf die nachfolgenden Kapitel verwiesen. Insbesondere hängt die sinnvolle Definition von stationären Quellengrößen von den konstitutiven elektrischen Eigenschaften des Wandlers ab.

Kräftegleichgewicht Eine allgemeine Eigenschaft der Ruhelagenbedingungen Gln. (5.40), (5.41) kann jedoch bereits an dieser Stelle in allgemeiner Form diskutiert werden. Mit den Gln. (5.40) und (5.41) wird im statio-

nären Fall das *Kräftegleichgewicht* zwischen der Federkraft der elastischen Fesselung und der Differenz aus externer Kraft und Wandlerkraft beschrieben, d.h.

$$F(x_R) = kx_R = F_0 - F_W(x_R, elektr. Größen).$$

Man darf ganz allgemein erwarten, dass bei einer nichtlinearen Kraft-Weg-Kennlinie des Wandlers grundsätzlich *mehrere Schnittpunkte* mit der linearen Federkennlinie existieren (Abb. 5.13).

Stabilität der Ruhelagen vs. differenzielle Wandlersteifigkeit Das Stabilitätsverhalten der Ruhelagen lässt sich leicht aus dem Verhalten der *differenziellen Steifigkeit* des Wandlers (s. Abschn. 5.3.3 und Abb. 5.13)

$$K_{elm} := \frac{\partial}{\partial x} F_W(x, elektr. Größen) \Big|_{x=x^*} \qquad (5.42)$$

an der betrachteten Ruhelage $x^* = x_{R,i}$ bestimmen. Die linearisierte mechanische Bewegungsgleichung besitzt die allgemeine Form

$$m \cdot \Delta\ddot{x} + \left(k - K_{elm}\right) \cdot \Delta x = \Delta F_{ext} \qquad (5.43)$$

mit der *resultierenden Steifigkeit* des elektrisch aktivierten Wandlers

$$K_W = k - K_{elm}. \qquad (5.44)$$

Damit ergeben sich die folgenden allgemein gültigen Aussagen zum Stabilitätsverhalten[12] einer Ruhelage:

- *stabile* Ruhelage: $\boxed{K_W > 0 \Leftrightarrow k > K_{elm}}$ (x_{R1} in Abb. 5.13a)
- *instabile* Ruhelage: $K_W \leq 0 \Leftrightarrow k \leq K_{elm}$ ($x_{R2},...,x_{R5}$ in Abb. 5.13a).

Mechanisch wirkt die (differenzielle) Wandlersteifigkeit K_{elm} wie eine zur elastischen Fesselung parallel geschalteten Feder mit der Steifigkeit $-K_{elm}$ (Abb. 5.13b).

Im *stabilen* Fall erhöht sich bei negativem K_{elm} die Gesamtsteifigkeit, bei *positivem* K_{elm} erniedrigt sich hingegen die Gesamtsteifigkeit. Im letzteren Fall spricht man von einer *elektromechanischen Erweichung*.

---

[12] Anzuwenden ist hier das Konzept der *Zustandsstabilität* (Lunze 2009). Das dynamische System (5.43) ist bei $K_W = 0$ wegen des doppelten Eigenwertes $\lambda_{1,2} = 0$ und der nicht diagonalähnlichen Systemmatrix (zustands-) *instabil*. Bei endlicher mechanischer Dämpfung liegt bei $K_W = 0$ mit einem einfachen Eigenwert $\lambda = 0$ zwar *Grenzstabilität* vor, was aber nur von akademischen Interesse ist, praktisch ist dieser Fall auch als *instabil* zu bezeichnen.

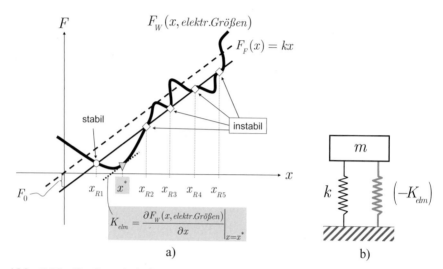

a)   b)

Abb. 5.13. Kräfteverhältnisse am beschalteten mechatronischen Elementarwandler: a) Kraft-Weg-Diagramm bei konstanten elektrischen Wandlergrößen, b) mechanische Ersatzschaltung

Im *instabilen* Fall $K_W < 0$ steigt die Wandlerkraft bei einer differenziellen Wegänderung des Ankers stärker an, als die Federkraft. Somit überwiegt die Wandlerkraft und der Anker wird ungebremst in Richtung der Wandlerkraft gezogen (s. *Pull-in*-Phänomen bei elektrostatischen Wandlern).

Der Fall $K_W = 0$ ist sozusagen das Eingangstor zum instabilen Bereich. Wandler- und Federkraft halten sich gerade noch das Gleichgewicht. Jede geringste Ankerauslenkung in Richtung des positiven Wandlerkraftgradienten hat eine ungebremste Bewegung, wie oben beschrieben, zur Folge.

Kraftkennfeld Die Wandlerkraft ist gemäß Tabelle 5.3 neben der Ankerposition x auch von den elektrischen Ansteuergrößen abhängig (Spannung oder Strom, je nach gewählter Darstellung). Damit lässt sich das statische Verhalten mittels eines *Kraftkennfeldes* $F_W(x, \lambda)$ beschreiben, wobei λ im konkreten Fall die relevante elektrische Wirkgröße beschreibt.

Mathematisch stellt das Kraftkennfeld eine Fläche höherer Ordnung dar. In diesem Sinne ist die in Abb. 5.13 gezeigte Kraft-Weg-Kennlinie des Wandlers lediglich eine Schnittkurve des Wandlerkennfeldes $F_W(x, \lambda_0)$ für einen konstanten Wert λ_0 der elektrischen Wirkgröße.

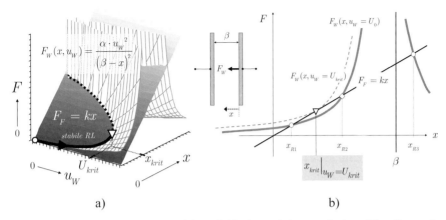

a)   b)

Abb. 5.14. Beispiel für ein Kraftkennfeld eines elektrostatischen Wandlers mit variablem Elektrodenabstand und Spannungssteuerung (z.B. Plattenwandler, s. Abschn. 6.4): a) Kraftkennfeld allgemein, b) Kraft-Weg-Kennlinien für konstante Wandlerspannung

Als anschauliches Beispiel für einen technischen Wandler ist in Abb. 5.14a das Kraftkennfeld eines *elektrostatischen Wandlers* (Typ: Plattenwandler) dargestellt. Im gezeigten Fall sei die Plattenspannung steuerbar.

Die zugehörige Schnittkurve für eine konstante Wandlerspannung ist aus Abb. 5.14b ersichtlich. Man erkennt drei Ruhelagen, wovon nur zwei (x_{R1}, x_{R3}) stabil sind. Letztlich ist jedoch nur die Ruhelage x_{R1} tatsächlich als Arbeitspunkt nutzbar, da x_{R3} außerhalb des Arbeitsbereiches liegt.

Geometrische Interpretation der Ruhelagengleichung Die Ruhelagengleichungen (5.40), (5.41) können anschaulich als Schnittkurve des Wandlerkennlinienfeldes mit der Federkraftebene interpretiert werden (Abb. 5.14b).

Anfahren von Arbeitspunkten Bei einer angenommenen festen Steifigkeit k der elastischen Fesselung und einer stationären mechanischen Anregung (externe Kräfte) ist der wirksame Arbeitspunkt (Ruhelage) einzig von der elektrischen Ansteuergröße (Spannung, Strom) abhängig. Es sei exemplarisch der *elektrostatische Wandler* in Abb. 5.14 betrachtet. Da im elektrisch nicht aktivierten Zustand die Wandlerkraft gleich null ist (s. Gl. (5.22)), bewegt man sich bei zunehmender elektrischer Ansteuergröße (hier Spannung) auf einer Spannungs-Kraftkurve nach Abb.5.14a (= durchgezogene Schnittkurve der Wandlerkrafthüllfläche mit der Federkraftebene). Diese Spannungs-Kraft-Kurve bildet die Summe aller *stabilen* Ruhelagen, die aus dem elektrisch inaktiven Zustand (quasistatisch) anfahrbar sind, s. Abb. 5.14a,b.

Kritische elektrische Ansteuerung Wie man am Beispiel des elektrostatischen Wandlers in Abb. 5.14 erkennt, gibt es eine *kritische Spannung* U_{krit}, ab der keine weiteren anfahrbaren Ruhelagen mehr existieren. Man erkennt aus Abb. 5.10b, dass sich dahinter gerade der bereits angesprochene *grenzstabile* Fall verbirgt. Die Grenzen U_{krit} und das zugehörige x_{krit} stellen maximale Betriebsaussteuerungen dar, mit x_{krit} wird die maximal mögliche Ankeraussteuerung charakterisiert. Da sich die Schnittkurven mit der Neigung der Federkraftebene ändern, sind diese Betriebsgrenzen auch von der elastischen Fesselung k abhängig.

Die in Abb. 5.14a eingezeichnete gestrichelte Schnittkurve stellt die Summe aller *instabilen* Ruhelagen dar (vgl. mittlere Ruhelage x_{R2} in Abb. 5.14b).

5.4.4 Lineares signalbasiertes Wandlermodell

Nichtlineares Wandlermodell Die nichtlinearen Bewegungsgleichungen gemäß Tabelle 5.4 bestehen in den bevorzugten Koordinaten für Spannungs- und Stromansteuerung lediglich aus je *einer* nichtlinearen Differenzialgleichung 2. Ordnung für die mechanische Koordinate x. Diese Differenzialgleichung hat die folgende allgemeine Form

$$m \cdot \ddot{x} + k \cdot x - F_W(x, u_Q \,/\, i_Q) = F_{ext}. \qquad (5.45)$$

mit der von den elektrischen Quellengrößen abhängigen Wandlerkraft F_W. Zusätzlich hat man noch die *algebraische Ausgangsgleichung* für die abhängige elektrische Klemmengröße i_W bei Spannungssteuerung bzw. u_W bei Stromsteuerung zu beachten (s. Tabelle 5.4, Tabelle 5.7).

Lokale Linearisierung – Kleinsignalverhalten Für eine gut handhabbare Beschreibung des Wandlerübertragungsverhaltens im Kleinsignalbereich gewinnt man aus Gl. (5.45) ein linearisiertes Modell in bekannter Weise durch *lokale Linearisierung* für hinreichend kleine Abweichungen von den *Ruhelagen* (s. Abschn. 2.6.1), d.h.

$$x = x_R + \triangle x, \quad \dot{x} = \dot{x}_R + \triangle \dot{x} = \triangle \dot{x} \qquad (5.46)$$

bzw. für kleine Abweichungen von den stationären elektrischen Quellen- und mechanischen Anregungsgrößen

$$u_Q = U_0 + \Delta u_Q, \quad i_Q = I_0 + \Delta i_Q, \quad F_{ext} = F_0 + \Delta F_{ext}. \quad (5.47)$$

Hier stellt sich nun glücklicherweise heraus, dass in den vorausgegangenen Abschnitten schon die wesentlichen Vorarbeiten gemacht wurden. Die linearen Terme der Gl. (5.45) können im linearisierten Modell direkt übernommen werden. Die partiellen Ableitungen der Wandlerkräfte und der abhängigen elektrischen Klemmengrößen nach den einzelnen Variablen wurden bereits bei der Berechnung des *ELM-Vierpolmodells* in Abschn. 5.3.3 berechnet und sind in den Gln. (5.24), (5.25), (5.31), (5.32) definiert.

Lineares Wandlermodell in Bildbereichsdarstellung Da mit dem linearen Wandlermodell in Zeitbereichsdarstellung in weiterer Folge nicht hantiert wird, soll auf eine explizite Darstellung aus Platzgründen verzichtet werden[13].

Stattdessen wird die LAPLACE-Transformierte des linearen Wandlermodells betrachtet und die ELM-Vierpolparametrierung mittels *Hybridform* $\mathbf{H}(s)$ nach Gln. (5.29) und Admittanzform $\mathbf{Y}(s)$ nach Gl. (5.35) eingeführt. Ein Vergleich mit den bevorzugten Koordinatendarstellungen für die elektrische Ansteuerung zeigt unmittelbar die vorteilhafte Zuordnung der ELM-Vierpolparameter zum beschalteten linearen Wandlermodell:

- *Spannungssteuerung* ⇔ *Admittanzform* $\mathbf{Y}$
- *Stromsteuerung* ⇔ *Hybridform* $\mathbf{H}$.

Spannungsgesteuerter Wandler – Signalbasiertes Modell Unter Berücksichtigung der Systemkonfiguration nach Abb. 5.2, der linearisierten Wandlergleichungen und der konstitutiven Wandlergleichungen (5.35) erhält man folgendes Modell eines beschalteten Elementarwandlers bei *Spannungssteuerung* (verlustlos, ideales elektrisches Teilsystem)

Mechanische Last: $ms^2 \cdot \Delta X(s) = -k \cdot \Delta X(s) + \Delta F_{W,u}(s) + \Delta F_{ext}(s)$

Elektromechanische Kopplung: $\begin{pmatrix} \Delta F_{W,u}(s) \\ \Delta I_W(s) \end{pmatrix} = \mathbf{Y}(s) \cdot \begin{pmatrix} \Delta X(s) \\ \Delta U_Q(s) \end{pmatrix}.$ $\qquad (5.48)$

---

[13] Die Zeitbereichsdarstellung lässt sich direkt aus Gln. (5.24), (5.31), (5.45) ableiten.

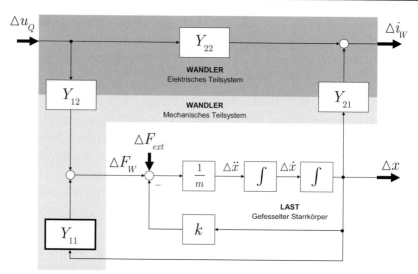

Abb. 5.15. Signalflussplan eines beschalteten mechatronischen Elementarwandlers bei *Spannungssteuerung* (verlustlos, mechanische Last: elastisch gefesselter Starrkörper)

Der zugehörige Signalflussplan ist in Abb. 5.15 gezeigt. Man erkennt daraus deutlich die physikalische Interpretation der Vierpolparameter:

- Y_{11} repräsentiert die *elektromechanische Wandlersteifigkeit*; $Y_{11} > 0$ bedeutet elektromechanische Erweichung; positives $Y_{11} \geq k$ führt zur Instabilität des Wandlers.

- Y_{12}, Y_{21} repräsentieren den elektromechanischen Energieaustausch.

- Y_{22} repräsentiert die *elektrische Admittanz* des Wandlers.

Stromgesteuerter Wandler – Signalbasiertes Modell Als duales Modell zum spannungsgesteuerten Wandler lässt sich unter äquivalenten Voraussetzungen mit den konstitutiven Wandlergleichungen (5.29) ein signalbasiertes Modell eines beschalteten Elementarwandlers bei *Stromsteuerung* (ideales elektrisches Teilsystem) angeben

Mechanische Last: $ms^2 \cdot \Delta X(s) = -k \cdot \Delta X(s) + \Delta F_{W,i}(s) + \Delta F_{ext}(s)$

$$\text{Elektromechanische Kopplung:} \quad \begin{pmatrix} \Delta F_{W,u}(s) \\ \Delta U_W(s) \end{pmatrix} = \mathbf{H}(s) \cdot \begin{pmatrix} \Delta X(s) \\ \Delta I_Q(s) \end{pmatrix}. \tag{5.49}$$

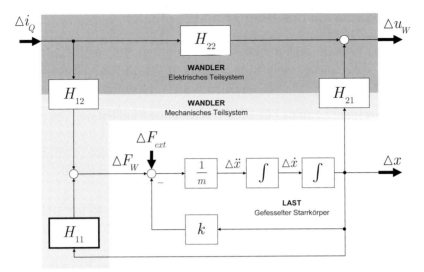

Abb. 5.16. Signalflussplan eines beschalteten mechatronischen Elementarwandlers bei *Stromsteuerung* (verlustlos, mech. Last: elastisch gefesselter Starrkörper)

Aus dem Signalflussplan in Abb. 5.16 erkennt man die elektrisch duale Struktur zur Spannungssteuerung sowie die äquivalente physikalische Interpretation der Vierpolparameter:

- H_{11} repräsentiert die *elektromechanische Wandlersteifigkeit;* $H_{11} > 0$ bedeutet elektromechanische Erweichung; positives $H_{11} \geq k$ führt zur Instabilität des beschalteten Wandler.

- H_{12}, H_{21} repräsentieren den elektromechanischen Energieaustausch.

- H_{22} repräsentiert die *elektrische Impedanz* des Wandlers.

5.4.5 Übertragungsmatrix

Frequenzbereichsmodell   Zur anschaulichen Beurteilung des Übertragungsverhaltens des Wandlers nutzt man vorteilhaft die Frequenzbereichsdarstellung.

Die *Übertragungsmatrix* $\mathbf{G}(s)$ zwischen den Wandlereingängen $\triangle F_{ext}$, $\triangle u_Q$ bzw. $\triangle i_Q$ und den Wandlerausgängen $\triangle x$, $\triangle i_W$ bzw. $\triangle u_W$ gemäß Abb. 5.3 beschreibt vollständig das Sensor- bzw. Aktuatorverhalten des Wandlers. Man erhält die Übertragungsmatrix für Spannungs- bzw. Stromsteuerung durch einfache Manipulation des linearen Wandlermodells Gl. (5.48) bzw. (5.49), s. Tabelle 5.8.

5.4.6 Diskussion des Übertragungsverhaltens

Die im Folgenden geführte Diskussion geht von reellen Vierpolelementen Y_{11}, H_{11} aus. Dies ist unter den gemachten Annahmen und für die in den nachfolgenden Kapiteln untersuchten Wandlertypen immer der Fall.

Wandlereigenfrequenz In allen Übertragungskanälen der Übertragungsmatrizen $\mathbf{G}_U(s)$ bzw. $\mathbf{G}_I(s)$ aus Tabelle 5.8 erscheint die aussteuerungsabhängige Wandlereigenfrequenz Ω_U bzw. Ω_I. Diese wird bei Spannungssteuerung (Stromsteuerung) und fester Lastmasse m durch die resultierende Wandlersteifigkeit $k_{W,U} = k - Y_{11}$ ($k_{W,I} = k - H_{11}$) bestimmt (s. auch Abb. 5.15 bzw. Abb. 5.16). Die elektromechanischen Wandlersteifigkeiten Y_{11} bzw. H_{11} spielen so für das mechanische Verhalten ein zentrale Rolle.

In bestimmten Fällen kann beispielsweise durchaus $Y_{11} = 0$ sein, d.h. bei *Spannungssteuerung* erfolgt keine Verschiebung der mechanischen Eigenfrequenz $\Omega_0 = \sqrt{k/m}$, diese wird dann alleine durch die elastische Fesselung bestimmt. Beim gleichen Wandler würde sich jedoch bei *Stromsteuerung* wegen $H_{11} = \det \mathbf{Y}/Y_{22} \neq 0$ durchaus eine elektromechanische Verschiebung der Eigenfrequenz ergeben.

Mechanische Interpretation der Wandlereigenfrequenzen Eine mechanisch-physikalische Interpretation der Wandlereigenfrequenzen zusammen mit einem Hinweis für deren messtechnische Ermittlung ist für *spezielle* Wandlertypen[14] aus Abb. 5.17 ersichtlich. Man betrachte eine mechanische Anregung F_{ext} der Wandlermasse bei gleichzeitig verschwindender elektrischer Anregung.

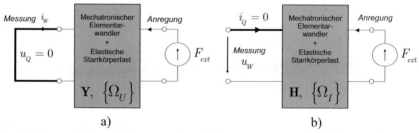

a)   b)

Abb. 5.17. Zur physikalischen Bedeutung und Messung der Wandlereigenfrequenzen: a) $\{\Omega_U\}$ – Eigenfrequenz bei eingangsseitigem Kurzschluss, b) $\{\Omega_I\}$ – Eigenfrequenz bei eingangsseitigem Leerlauf

---

[14] Voraussetzung: auch ohne elektrische Hilfsenergie existiert bei Krafteinwirkung ein Ladungsfluss, z.B. *piezoelektrische* und *elektrodynamische* Wandler.

Tabelle 5.8. Übertragungsmatrix für Spannungssteuerung bzw. Stromssteuerung eines mechatronischen Elementarwandlers (mechanische Last: elastisch gefesselter Starrkörper)

Spannungssteuerung	Stromsteuerung
$\begin{pmatrix} \triangle X(s) \\ \triangle I_W(s) \end{pmatrix} = \begin{pmatrix} G_{x/F,U} & G_{x/u} \\ G_{i/F} & G_{i/u} \end{pmatrix} \begin{pmatrix} \triangle F_{ext}(s) \\ \triangle U_Q(s) \end{pmatrix}$	$\begin{pmatrix} \triangle X(s) \\ \triangle U_W(s) \end{pmatrix} = \begin{pmatrix} G_{x/F,I} & G_{x/i} \\ G_{u/F} & G_{u/i} \end{pmatrix} \begin{pmatrix} \triangle F_{ext}(s) \\ \triangle I_Q(s) \end{pmatrix}$
$\mathbf{G}_U(s) = \begin{pmatrix} \dfrac{V_{x/F,U}}{\{\Omega_U\}} & \dfrac{V_{x/u}}{\{\Omega_U\}} \\[3mm] \dfrac{V_{i/F}}{\{\Omega_U\}} & V_{i/u}\dfrac{\{\Omega_I\}}{\{\Omega_U\}} \end{pmatrix}$	$\mathbf{G}_I(s) = \begin{pmatrix} \dfrac{V_{x/F,I}}{\{\Omega_I\}} & \dfrac{V_{x/i}}{\{\Omega_I\}} \\[3mm] \dfrac{V_{u/F}}{\{\Omega_I\}} & V_{u/i}\dfrac{\{\Omega_U\}}{\{\Omega_I\}} \end{pmatrix}$
$k_{W,U} := k - Y_{11} = k_{W,I} + \dfrac{H_{12}\cdot H_{21}}{H_{22}}$	$k_{W,I} := k - H_{11} = k_{W,U} + \dfrac{Y_{12}\cdot Y_{21}}{Y_{22}}$
$\boxed{\Omega_U^{\;2} := \dfrac{k_{W,U}}{m}}$	$\boxed{\Omega_I^{\;2} := \dfrac{k_{W,I}}{m}}$
$\dfrac{Y_{12}\cdot Y_{21}}{Y_{22}} \in \mathbb{R} \begin{cases} <0: & \Omega_U > \Omega_I \text{ ind.} \\ =0: & \Omega_U = \Omega_I \\ >0: & \Omega_U < \Omega_I \text{ kap.} \end{cases}$	$\dfrac{H_{12}\cdot H_{21}}{H_{22}} \in \mathbb{R} \begin{cases} <0: & \Omega_U < \Omega_I \text{ kap.} \\ =0: & \Omega_U = \Omega_I \\ >0: & \Omega_U > \Omega_I \text{ ind.} \end{cases}$
$V_{x/F,U} := \dfrac{1}{k_{W,U}}, \quad V_{x/u} := \dfrac{Y_{12}}{k_{W,U}}$ $V_{i/F} := \dfrac{Y_{21}}{k_{W,U}}, \quad V_{i/u} := Y_{22}\dfrac{k_{W,I}}{k_{W,U}}$	$V_{x/F,I} := \dfrac{1}{k_{W,I}}, \quad V_{x/i} := \dfrac{H_{12}}{k_{W,I}}$ $V_{u/F} := \dfrac{H_{21}}{k_{W,I}}, \quad V_{u/i} := H_{22}\dfrac{k_{W,U}}{k_{W,I}}$

Im Falle eines *elektrischen Klemmenkurzschluss* ($u_Q = 0$) schwingt die Wandlermasse gegen die ELM-Steifigkeit Y_{11} mit der Eigenfrequenz Ω_U (Abb. 5.17a). Lässt man die elektrischen Klemmen offen – *elektrischer Leerlauf* – so schwingt die Wandlermasse gegen die ELM-Steifigkeit H_{11} mit der Eigenfrequenz Ω_I (Abb. 5.17b).

Relative Lage Eigenresonanz vs. Antiresonanz In Tabelle 5.8 sind die Bedingungen zur Bestimmung der relativen Lage von Eigenresonanz Ω_U bzw. Ω_I und Antiresonanz Ω_I bzw. Ω_U aufgeführt. Diese hängt offensichtlich vom Verhältnis des Produktes der Vierpolkoppelterme zum elektrischen Vierpolterm ab. Für die hier behandelten Wandlertypen ist dieses Verhältnis immer reell (auch bei komplexen Vierpolparametern), sodass die angegebenen Beziehungen allgemeine Eigenschaften des Wandlers darstellen.

Proportionaler Arbeitsbereich Das Übertragungsverhalten wird in allen Wandlerkanälen durch die elektromechanische Eigenresonanz geprägt. Damit ergibt sich für Sensor- und Aktuatorbetrieb ein prinzipielles Frequenzverhalten gemäß Abb. 5.18a, wobei $\tilde{G}: G_{x/F}, G_{x/u}^{kap}, G_{x/i}^{ind}, G_{u/F}^{kap}, G_{i/F}^{ind}$ bedeutet (*kap* bzw. *ind* meint kapazitives bzw. induktives Verhalten bezüglich der elektrischen Klemmen). Man beachte, dass nur in bestimmten Fällen der Verstärkungsfaktor V in Tabelle 5.8 reell ist und damit proportionales quasistatisches Übertragungsverhalten entsteht, s. Kap. 6 bis 8.

Sowohl für den Betrieb als *Sensor* ($G_{x/F}, G_{u/F}^{kap}, G_{i/F}^{ind}$ – Abbildung von mechanischen Größen) als auch für den Betrieb als *Aktuator* ($G_{x/u}^{kap}, G_{x/i}^{ind}$ – Erzeugung von Kräften) ist man an einer *proportionalen* Abbildung zwischen Ein- und Ausganggrößen interessiert. Dies ist allerdings nur für den Frequenzbereich *unterhalb* der Eigenfrequenz gegeben (Abb. 5.18a).

Für einen möglichst großen nutzbaren Frequenzbereich ist also die Wandlereigenfrequenz $\Omega = \sqrt{k_W/m}$ möglichst *groß* zu wählen. Bei gegebener Last kann die Eigenfrequenz über eine geeignete Wahl der Wandlersteifigkeit k_W in Abhängigkeit der elastischen Fesselung k sowie der Wandlerparameter Y_{11} bzw. H_{11} eingestellt werden.

Dynamische Steifigkeit – Mechanische Impedanz Von besonderer Bedeutung für das mechanische Klemmenverhalten ist die Übertragungsfunktion $G_{x/F}$. Deren reziproker Wert

$$\frac{1}{G_{x/F}(s)} = \frac{\triangle F(s)}{\triangle X(s)} = k_W \cdot \left(1 + \frac{s^2}{\Omega^2}\right) := Z_{mech}(s) \tag{5.50}$$

definiert die sogenannte *dynamische Steifigkeit* bzw. *mechanische Impedanz*[15] des Wandlers (Abb. 5.18b). Damit lassen sich anschaulich die me-

---

[15] Korrekterweise muss man zwischen der *statischen* mechanischen Impedanz H_{11} bzw. Y_{11}, s. Abschn. 5.3.3 und der hier vorliegenden *dynamischen* mechanischen Impedanz $G_{x/F}^{-1}(j\omega)$ unterscheiden.

chanischen Eigenschaften zwischen Kraft- und Wegänderungen beschreiben.

Im vorliegenden Fall verhält sich der Wandler bei hinreichend kleinen Frequenzen unterhalb der Eigenresonanz Ω wie ein elastisches Federelement mit der Steifigkeit k_W. Im Bereich der Eigenresonanz wird der Wandler unendlich weich und oberhalb der Eigenfrequenz verhält sich der Wandler mechanisch wie eine sehr steife Feder.

Elektrisches Klemmenverhalten   Das elektrische Klemmenverhalten wird durch die Übertragungsfunktionen $G_{i/u}, G_{u/i}$ beschrieben. Dabei stellt $G_{u/i}(s)$ die *elektrische Impedanz* und $G_{i/u}(s)$ die *elektrische Admittanz* des Wandlers dar.

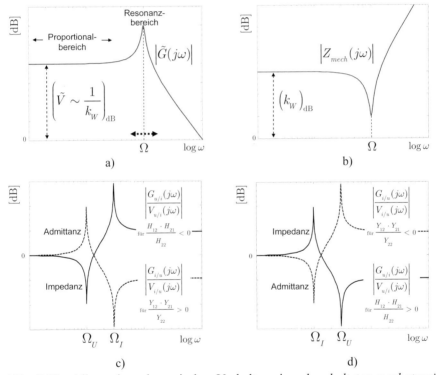

Abb. 5.18. Allgemeines dynamisches Verhalten eines *beschalteten mechatronischen Elementarwandlers* (Last: gefesselter Starrkörper, mechanisch gedämpft): a) Aktuatorverhalten bzw. Sensorverhalten mit $\tilde{G}$: $G_{x/F}$, $G_{x/u}^{kap}$, $G_{x/i}^{ind}$, $G_{u/F}^{kap}$, $G_{i/F}^{ind}$, b) dynamische Steifigkeit bzw. mechanische Impedanz $Z_{mech}(j\omega)$, c) auf komplexe Verstärkung normierte elektrische Admittanz bzw. Impedanz bei *kapazitivem* Wandlerverhalten $(\Omega_U < \Omega_I)$, d) auf komplexe Verstärkung normierte elektrische Admittanz bzw. Impedanz bei *induktivem* Wandlerverhalten $(\Omega_U > \Omega_I)$.

Da es sich physikalisch um ein und denselben Wandler handelt und sich lediglich die Klemmensicht unterscheidet, gilt natürlich

$$G_{u/i}(s) = \frac{1}{G_{i/u}(s)}.$$

Das dynamische Verhalten wird auch hier durch die jeweilige Wandlereigenfrequenz Ω_U bzw. Ω_I dominiert. In diesem Resonanzfrequenzbereich ist also mit großen Eingangsströmen bzw. -spannungen zu rechnen, dies stellt besondere Anforderung an die Hilfsenergiequelle.

Beachtenswert ist jedoch auch das Auftreten einer *Antiresonanz* bei der jeweils *dualen* Eigenfrequenz Ω_I bzw. Ω_U. Hier erfolgt eine Stromauslöschung bzw. Spannungsauslöschung durch die Überlagerung von bewegungsinduzierten und elektrisch induzierten Strömen bzw. Spannungen.

Elektrische Interpretation der Wandlereigenfrequenzen In Abb. 5.18c und Abb. 5.18d sind die auf die (komplexe) Verstärkung normierten elektrischen Admittanzen und Impedanzen dargestellt. Man erkennt das charakteristische elektrische Klemmenverhalten mit je einer *Resonanz* (= *maximale* Admittanz bzw. Impedanz) und *Antiresonanz* (= *minimale* Admittanz bzw. Admittanz), deren Lage davon abhängt, ob der Wandler kapazitives Verhalten (Abb. 5.18c) oder induktives Verhalten (Abb. 5.18d) besitzt. Die Lage und der relative Abstand dieser Wandlereigenfrequenzen sind charakteristische Eigenschaften eines Wandlers und sie beschreiben die Fähigkeit des Wandlers zur elektromechanischen Energiewandlung (s. Abschn. 5.6 Elektromechanischer Koppelfaktor). Aufgrund der gleichzeitigen charakteristischen Ausprägung beider Wandlereigenfrequenzen Ω_U, Ω_I in den Übertragungsfunktionen $G_{i/u}, G_{u/i}$ eignet sich in besonderem Maße eine *elektrische Klemmenmessung*[16] zur experimentellen Bestimmung dieser charakteristischen Wandlerparameter.

Wandlerempfindlichkeit vs. Eigenfrequenz Aus Nutzersicht ist man im Aktuator- und Sensorbetrieb an einer möglichst *großen* Wandlerempfindlichkeit interessiert, d.h. maximale Ausgangsleistung bei begrenzter Eingangsleistung. Die Empfindlichkeit ist unmittelbar aus den Verstärkungen V der Übertragungsfunktionen in Tabelle 5.8 ablesbar. In allen Übertragungsfunktionen liegt eine reziproke Abhängigkeit der Verstärkung von der Wandlersteifigkeit k_W vor. Für eine große Empfindlichkeit ist die

---

[16] Es wird kein Sensor für mechanische Größen benötigt.

Wandlersteifigkeit k_W also möglichst *klein* einzustellen, was jedoch unmittelbar eine gleichzeitige Verringerung der Eigenfrequenz Ω bedingt (Abb. 5.18a). Dadurch wird aber in weiterer Konsequenz der proportionale Arbeitsbereich des Wandlers ($\approx$ konstante Betragskennlinie) merklich reduziert.

Möchte man bei einem Wandler also die bestmögliche Empfindlichkeit ausnutzen, muss man eine niederfrequente Eigenresonanz in Kauf nehmen und deren störende Eigenschaften im geschlossenen Regelkreis mit geeigneten Regelungsmaßnahmen aktiv bekämpfen (s. Kap. 10).

Resonanzbetrieb – Elektrische Abstimmung der Eigenfrequenz In einigen Anwendungen möchte man den Wandler als Aktuator mit einer harmonischen mechanischen Auslenkung *konstanter Frequenz* betreiben, z.B. *scanning mirror* (Schuster et al. 2006), (Schenk et al. 2000), *vibratory gyroscope* (Apostolyuk 2006). In diesen Fällen nutzt man die extrem hohe Empfindlichkeit (Verstärkung) im Bereich der Resonanzfrequenz Ω. Um Betrag und Phase der Schwingung anwendungsspezifisch genau einzustellen und konstruktive bzw. betriebsbedingte Parametervariationen zu kompensieren, kann eine Abstimmung der Eigenfrequenz über eine geeignete Wahl der *Ruhespannung* U_0 bzw. des Ruhestroms I_0 erfolgen (Abb. 5.18a).

Wandlerstabilität – Charakteristisches Polynom Man erkennt aus den Signalflussplänen Abb. 5.15 und Abb. 5.16 die wandlerinterne Rückkopplungsstruktur. Die mechanische Rückkopplung über die Federkraft ist per se immer eigenstabil. Beachtenswert ist jedoch die elektromechanische Rückkopplung über Y_{11} bzw. H_{11}. Diese Rückkopplung wirkt formal wegen des positiven Vorzeichens als Mitkopplung und reduziert bei positiven Wandlersteifigkeiten die negative Rückkopplung der Federkraft. Für $Y_{11} \geq k$ (Spannungssteuerung) bzw. $H_{11} \geq k$ (Stromsteuerung) überwiegt die positive elektromechanische Rückkopplung und der Wandler wird instabil. Dieses Verhalten erkennt man auch deutlich am *charakteristischen Polynom* $\Delta(s)$ der Übertragungsmatrizen aus Tabelle 5.8

$$\text{Spannungssteuerung:} \quad \Delta_U(s) := k_{W,U} + ms^2 = k - Y_{11} + ms^2$$

$$(5.51)$$

$$\text{Stromsteuerung:} \quad \Delta_I(s) := k_{W,I} + ms^2 = k - H_{11} + ms^2 .$$

Für die betrachteten kritischen Fälle erkennt man aus Gl. (5.51), dass für $Y_{11} = k$ (Spannungssteuerung) bzw. $H_{11} = k$ (Stromsteuerung) ein *Doppelpol* bei $s - 0$ vorliegt (Grenzstabilität) und bei weiterer Vergrößerung der Wandlersteifigkeiten ein Pol entlang der positiven reellen Achse wandert (exponentielle Instabilität).

In beiden Fällen kann der Wandler aber durchaus als sehr brauchbares Stellglied eingesetzt werden (z.B. elektrostatisches Lager, magnetisches Lager). Die inhärente Instabilität des Wandlers muss dann allerdings durch geeignete Regelungsmaßnahmen aktiv bekämpft werden (s. Kap. 10).

5.5 Verlustbehafteter Wandler

5.5.1 Allgemeines Verhalten

Dissipative Phänomene Gegenüber den bisher gemachten idealisierenden Annahmen sind bei realen Wandlern dissipative Phänomene auf mechanischer und elektrischer Seite zu beachten. Innerhalb des *mechanischen* Teilsystems treten *viskose Reibungsphänomene* in Erscheinung. Diese Effekte können lastseitig als zusätzliche mechanische Dämpfung eingebracht werden (Abb. 5.19). Dadurch bleibt die Systemordnung (Anzahl der Zustandsgrößen) erhalten und es ändern sich lediglich in bekannter Weise geringfügig die Eigenfrequenzen gegenüber dem ungedämpften Fall. Die imaginären Polpaare der Eigenfrequenzen wandern etwas in die linke *s*-Halbebene (s. Abschn. 4.5.3), dieses Verhalten kann leicht ohne größere Rechnung qualitativ im Gesamtmodell berücksichtigt werden.

Ohmsche Verluste Bei elektrischen Systemen sind realistischerweise immer ohmsche Verluste zu berücksichtigen. Diese haben ihre Ursache in einem nicht vernachlässigbaren Innenwiderstand der gesteuerten Hilfsenergiequellen, Widerstand der Zuleitungen oder Isolationsverlusten (Abb. 5.19). Üblicherweise betrachtet man ohmsche Verluste als unliebsame parasitäre Effekte und versucht die Verlustwiderstände an die idealisierenden Bedingungen anzunähern.

Ohmsche Rückkopplung Systemtheoretisch bewirken ohmsche Widerstände in bestimmten Systemkonfigurationen eine *elektrische (analoge) Rückkopplung*. Diese Eigenschaft kann man bei einem mechatronischen

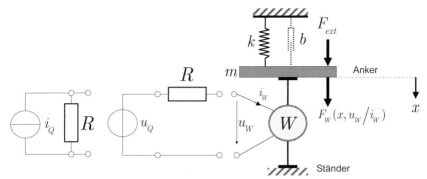

Abb. 5.19. Verlustbehafteter mechatronischer Elementarwandler

Wandler unter geschickter Nutzung der physikalischen Rückkopplungseigenschaften ganz gezielt dazu einsetzen, das *dynamische Übertragungsverhalten* auf lokaler Ebene günstig zu beeinflussen. Damit erschließt sich über eine geeignete Wahl eines ohmschen Widerstandes ein wichtiger *Entwurfsfreiheitsgrad* zur Optimierung des Systemverhaltens bei *minimalem* Realisierungsaufwand.

Widerstandskonfigurationen Ohmsche Verlustwiderstände können prinzipiell als *Serienwiderstand* einer Klemmenzuleitung (verlustlos: $R = 0$) oder als *Parallelwiderstand* eines Klemmenpaares (verlustlos: $R \to \infty$) modelliert werden (Abb. 5.19). Deren Auswirkung auf das Systemverhalten und die Modellbeschreibung hängt fundamental von der Art der gewählten Hilfsenergiequelle ab.

Serienwiderstand – Spannungssteuerung Bei dieser in Abb. 5.20a dargestellten elektrischen Konfiguration ist die Wandlerspannung u_W nicht mehr, wie im verlustlosen Fall gleich der unabhängigen Quellenspannung, sondern ist nun abhängig vom aktuellen Laststrom i_W. Dieses zum verlustlosen Wandler unterschiedliche Verhalten ist im Verhaltensmodell zu berücksichtigen und führt zu einer belastungsabhängigen *Rückkopplung* über das elektrische Teilsystem des Wandlers.

Serienwiderstand – Stromsteuerung Aus Abb. 5.20b erkennt man, dass ein Serienwiderstand keinerlei Einfluss auf die unabhängige Wandlereingangsgröße $i_W = i_Q$ besitzt. Damit ergibt sich *keinerlei* Verhaltensänderung gegenüber dem verlustlosen Fall.

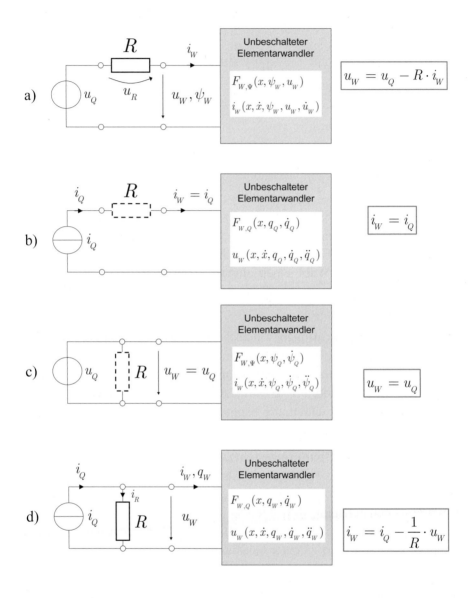

Abb. 5.20. Elektrische Konfigurationen für verlustbehaftete mechatronische Elementarwandler: a) Serienwiderstand + Spannungsquelle, b) Serienwiderstand + Stromquelle, c) Parallelwiderstand + Spannungsquelle, d) Parallelwiderstand + Stromquelle

Parallelwiderstand – Spannungssteuerung Diese in Abb. 5.20c dargestellte Konfiguration ist dual zum oben diskutierten Fall Serienwiderstand bei Stromsteuerung. Hier bleibt der Parallelwiderstand ohne Einfluss auf die unabhängige Wandlereingangsgröße $u_W = u_Q$ und bewirkt *keine* Verhaltensänderung gegenüber dem verlustlosen Fall.

Parallelwiderstand – Stromsteuerung Bei dieser in Abb. 5.20d dargestellten Konfiguration erkennt man ebenfalls ein duales Verhalten zum eingangs diskutierten Fall Serienwiderstand bei Spannungssteuerung. Der Wandlerstrom i_W ist nun nicht mehr gleich dem unabhängigen Quellenstrom, sondern ist abhängig von der aktuellen Wandlerklemmenspannung u_W. Dies wiederum bewirkt eine belastungsabhängige *Rückkopplung* über das elektrische Teilsystem des Wandlers und ist deshalb im Verhaltensmodell zu berücksichtigen.

Widerstandsunempfindliche Konfigurationen Aus obiger Analyse folgt das wichtige allgemeingültige Ergebnis, dass die Konfigurationen [*Serienwiderstand + Stromquelle*] bzw. [*Parallelwiderstand + Spannungsquelle*] unempfindlich gegenüber ohmschen Verlustwiderständen sind.

Falls es sich um *störende parasitäre* ohmsche Phänomene handelt, stellen diese Konfigurationen also *günstige* und *robuste* Systemkonfigurationen dar und sind deshalb zu bevorzugen.

Wie noch zu zeigen ist, besitzt eine Widerstandsrückkopplung aber auch sehr *positive* Systemeigenschaften. Bezüglich dieses Aspektes sind die beiden Konfigurationen jedoch als sehr *ungünstig* einzustufen, da sich hiermit die Rückkopplungseigenschaften nicht nutzen lassen bzw. ungenutzt bleiben. Im Folgenden werden diese Konfigurationen deshalb nicht weiter betrachtet.

5.5.2 Nichtlineares Modell – Ruhelagen

Serienwiderstand – Spannungssteuerung

Bewegungsgleichungen Mit den nichtlinearen Bewegungsgleichungen des verlustlosen Wandlers aus Tabelle 5.8 und der Spannungsbeziehung aus dem Maschensatz gemäß Abb. 5.20a erhält man folgendes nichtlineare Modell für den *spannungsgesteuerten* Elementarwandler mit *Serienwiderstand*

$$m\ddot{x} + kx + \left[-\frac{1}{2}\frac{\partial C(x)}{\partial x}\dot{\psi}_W^2 \right]_{kap} \vee \left[-\frac{1}{2}\frac{1}{L(x)^2}\frac{\partial L(x)}{\partial x}\psi_W^2 \right]_{ind} = F_{ext}$$

$$\dot{\psi}_W + \left[RC(x)\ddot{\psi}_W + R\frac{\partial C(x)}{\partial x}\dot{x}\cdot\dot{\psi}_W \right]_{kap} \vee \left[R\frac{1}{L(x)}\psi_W \right]_{ind} = u_Q$$

(5.52)

$$i_W = \left[C(x)\cdot\ddot{\psi}_W + \frac{\partial C(x)}{\partial x}\cdot\dot{x}\cdot\dot{\psi}_W \right]_{kap} \vee \left[\frac{1}{L(x)}\cdot\psi_W \right]_{ind}.$$

Gegenüber dem verlustlosen Wandler ergibt sich nun ein *gekoppeltes* Differenzialgleichungssystem für die beiden Koordinaten x und ψ_W. Der Wandlerstrom ergibt sich aus einer algebraischen Beziehung der Flussverkettung und ihrer Ableitungen.

Ruhelagen Die Änderung des stationären Verhaltens gegenüber dem verlustlosen Wandler kann folgendermaßen leicht abgeschätzt werden. Der ohmsche Widerstand hat nur dann Einfluss auf die relevanten Systemgrößen, wenn ein Stromfluss besteht. Im stationären Fall kann bestenfalls ein konstanter Strom fließen, d.h. $i_{W,R} = const$.

Im Falle eines *kapazitiven* Wandlerverhaltens ist ein Stromfluss im stationären Zustand nicht möglich, woraus sich eine *identische* Ruhelagenbedingung mit dem verlustlosen Wandler begründet.

Eine Veränderung ergibt sich jedoch bei *induktivem* Wandlerverhalten. Hier ermöglicht der Serienwiderstand überhaupt erst bei $u_Q \neq 0$ für ein stationäres Verhalten mit dem *stationären Ruhestrom*

$$i_{W,R} = \frac{U_0}{R}$$

Mit

$$\psi_{W,R} = L(x_R)\cdot i_{W,R} = L(x_R)\frac{U_0}{R}$$

folgt dann aus der Bewegungsgleichung für die Ankerposition die *Ruhelagenbedingung*

$$kx_R - \frac{1}{2}\frac{\partial L(x)}{\partial x}\bigg|_{x=x_R} \cdot \frac{U_0^2}{R^2} = F_0.$$

(5.53)

Parallelwiderstand – Stromsteuerung

Bewegungsgleichungen Mit den nichtlinearen Bewegungsgleichungen des verlustlosen Wandlers aus Tabelle 5.8 und der Strombeziehung aus dem Knotensatz gemäß Abb. 5.20c erhält man das folgende nichtlineare Modell für den *stromgesteuerten* Elementarwandler mit *Parallelwiderstand*

$$
\boxed{
\begin{aligned}
m\ddot{x} + kx + \left[-\frac{1}{2}\frac{\partial L(x)}{\partial x}\dot{q}_W^2 \right]_{ind} &\vee \left[-\frac{1}{2}\frac{1}{C(x)^2}\frac{\partial C(x)}{\partial x}q_W^2 \right]_{kap} = F_{ext} \\
\dot{q}_W + \left[\frac{1}{R}L(x)\cdot\ddot{q}_W + \frac{1}{R}\frac{\partial L(x)}{\partial x}\cdot\dot{x}\cdot\dot{q}_W \right]_{ind} &\vee \left[\frac{1}{R}\frac{1}{C(x)}\cdot q_W \right]_{kap} = i_Q
\end{aligned}
}
\tag{5.54}
$$

$$
u_W = \left[L(x)\cdot\ddot{q}_W + \frac{\partial L(x)}{\partial x}\cdot\dot{x}\cdot\dot{q}_W \right]_{ind} \vee \left[\frac{1}{C(x)}\cdot q_W \right]_{kap}
$$

Gegenüber dem verlustlosen Wandler ergibt sich hier wiederum ein *gekoppeltes* Differenzialgleichungssystem für die beiden Koordinaten x und q_W. Die Wandlerklemmenspannung ergibt sich aus einer algebraischen Beziehung der transportierten Wandlerladung und ihrer Ableitungen.

Ruhelagen Auch hier gelten in analoger Weise die oben geführten Überlegungen bezüglich des Einflusses des ohmschen Widerstandes auf mögliche Ruhelagen. Es ist lediglich zu beachten, dass im verlustlosen Fall $R \to \infty$ gilt.

Im Falle eines *induktiven* Wandlerverhaltens erfolgt bei endlichem R im stationären Zustand lediglich ein Stromfluss über die Induktivität, der Widerstand ist praktisch nicht existent und damit ergeben sich *identische* Ruhelagenverhältnisse wie beim verlustlosen Wandler.

Bei einem *kapazitiven* Wandlerverhalten sorgt der Parallelwiderstand für eine *stationäre Wandlerspannung*

$$
u_{W,R} = R\cdot I_0,
$$

woraus sich weiter die *Ruhelagenbedingung*

$$
kx_R - \frac{1}{2}\left.\frac{\partial C(x)}{\partial x}\right|_{x=x_R} \cdot R^2 I_0^2 = F_0
\tag{5.55}
$$

ergibt.

5.5.3 Lineares signalbasiertes Modell

Berechnung Aus den nichtlinearen Bewegungsgleichungen (5.52) bzw. (5.54) und mit den relevanten Ruhelagen lässt sich in bekannter Weise über lokale Linearisierung ein lineares Wandlermodell erzeugen. Man überzeugt sich leicht, dass aufgrund der elektrischen Beschaltung mit einem linearen Widerstand R keine Änderung der Linearisierungskoeffizienten gegenüber dem verlustlosen Fall ergeben. Damit lässt sich unmittelbar aus dem Modell des verlustlosen Falles (s. Abb. 5.15, 5.16) ein signalbasiertes Modell für den verlustbehafteten Wandler ableiten.

Serienwiderstand – Spannungssteuerung / Impedanzrückkopplung In Abb. 5.21a ist das Blockschaltbild des spannungsgesteuerten Wandlers mit Serienwiderstand dargestellt. Die Vierpolparameter berechnen sich entsprechend dem verlustlosen Wandler, gegebenenfalls sind aktualisierte Ruhelagen zu verwenden.

Man erkennt aus Abb. 5.21a sehr schön die belastungsabhängige Rückkopplungsstruktur über den Serienwiderstand – *Impedanzrückkopplung*.

Parallelwiderstand – Stromsteuerung / Admittanzrückkopplung Das Blockschaltbild des stromgesteuerten Wandlers mit Parallelwiderstand ist in Abb. 5.21b dargestellt. Für die Vierpolparameter gelten die gleichen Eigenschaften wie oben besprochen und im Besonderen die belastungsabhängige Rückkopplungsstruktur über den Parallelwiderstand – *Admittanzrückkopplung*.

Berechnung des Übertragungsverhaltens Aus dem in Abb. 5.21 gezeigten Blockschaltbild lässt sich im konkreten Fall über elementare Manipulationen die Übertragungsmatrix berechnen und in weiterer Folge das Übertragungsverhalten analysieren. Für verallgemeinerte Aussagen mit allgemeinen Parameterkorrespondenzen zeigt sich der Vorteil der eingeführten Vierpolparametrierung. Die auf den ersten Blick unübersichtlich erscheinende vermaschte Rückkopplungsstruktur lässt sich bei näherer Betrachtung sehr transparent über diese Vierpolparameter analysieren.

5.5.4 Konstitutive Vierpolgleichungen mit Verlustwiderstand

Verlustbehafteter Vierpol Die Vierpoldarstellung des unbeschalteten Elementarwandlers (s. Abb. 5.10) lässt sich leicht mit *Verlustwiderständen* erweitern und ist in Abb.5.22 dargestellt. Das Klemmenverhalten des so entstandenen *verlustbehafteten unbeschalteten Elementarwandlers* kann nach etwas Zwischenrechnung durch erweiterte Vierpolparameter $\tilde{\mathbf{Y}}, \tilde{\mathbf{H}}$ beschrieben werden (s. Tabelle 5.9). Formal können dann $\tilde{\mathbf{Y}}, \tilde{\mathbf{H}}$ genauso gehandhabt werden, wie die verlustlosen Vierpolparameter $\mathbf{Y}, \mathbf{H}$.

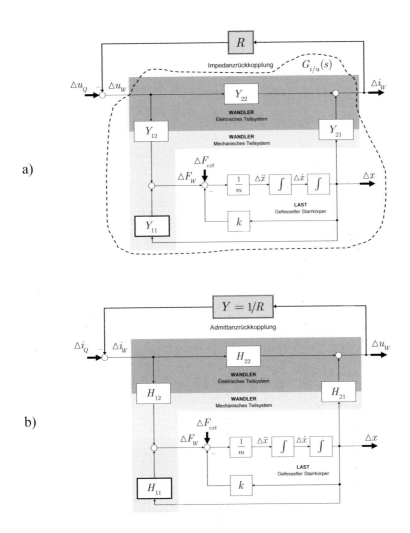

Abb. 5.21. Lineares signalbasiertes Modell eines verlustbehafteten mechatronischen Elementarwandlers: a) Serienwiderstand – Spannungssteuerung → *Impedanzrückkopplung*, b) Parallelwiderstand – Stromsteuerung → *Admittanzrückkopplung* ($\mathbf{Y}, \mathbf{H}$ ...Vierpolparameter des verlustlosen Wandlers)

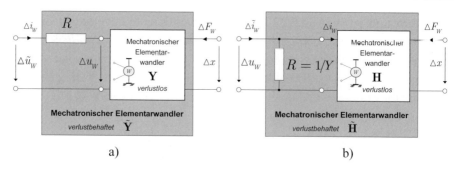

a)   b)

Abb. 5.22. Vierpoldarstellung der konstitutiven Wandlergleichungen eines *verlustbehafteten*, unbeschalteten mechatronischen Elementarwandlers: a) Serienwiderstand R , b) Parallelwiderstand $R = 1 / Y$

Tabelle 5.9. Korrespondenzen für die Vierpolparameter der konstitutiven Wandlergleichungen bei einem verlustbehafteten Wandler (Größen ohne „∼" beschreiben den verlustlosen Wandler)

Serienwiderstand R	Parallelwiderstand $R = 1\big/Y$
$\tilde{Y}_{11} = \dfrac{Y_{11} + R \cdot \det \mathbf{Y}}{1 + R \cdot Y_{22}}$	$\tilde{H}_{11} = \dfrac{H_{11} + Y \cdot \det \mathbf{H}}{1 + Y \cdot H_{22}}$
$\tilde{Y}_{12} = \dfrac{Y_{12}}{1 + R \cdot Y_{22}}$	$\tilde{H}_{12} = \dfrac{H_{12}}{1 + Y \cdot H_{22}}$
$\tilde{Y}_{21} = \dfrac{Y_{21}}{1 + R \cdot Y_{22}}$	$\tilde{H}_{21} = \dfrac{H_{21}}{1 + Y \cdot H_{22}}$
$\tilde{Y}_{22} = \dfrac{Y_{22}}{1 + R \cdot Y_{22}}$	$\tilde{H}_{22} = \dfrac{H_{22}}{1 + Y \cdot H_{22}}$

5.5.5 Lineare Verhaltensanalyse

Übertragungsmatrix über Vierpolparameter   Aufgrund der formalen Gleichheit der *verlustbehafteten* Vierpolparameter $\tilde{\mathbf{Y}}, \tilde{\mathbf{H}}$ mit den *verlustlosen* Vierpolparametern $\mathbf{Y}, \mathbf{H}$ kann man unmittelbar die Berechnungskorrespondenzen für die *Übertragungsmatrix* aus Tabelle 5.8 nutzen. Es ist allerdings zu beachten, dass nunmehr speziell $\tilde{Y}_{11}(s), \tilde{H}_{11}(s)$ nicht mehr reell sind und deshalb einige weitere Umformungen nötig sind. Dies wird im

Weiteren für einige typische Wandlertypen soweit wie möglich in allgemeiner Form demonstriert und ist somit leicht auf konkrete technische Konfigurationen übertragbar.

Widerstandsrückkopplung vs. Wandlerdynamik   Entscheidend für die Wandlerdynamik ist der Einfluss der Widerstandsrückkopplung auf die Lage der Pole der Übertragungsmatrix. Bekanntlich sind die Pole der Übertragungsmatrix gleich den Wurzeln des charakteristischen Polynoms, sodass im Folgenden dieses näher untersucht wird. Es ist dabei zu erwarten, dass über die Widerstandsrückkopplung sowohl die Eigenresonanzen und ihre Dämpfungen geändert werden, als auch zusätzliche dynamische Effekte eingebracht werden.

Serienwiderstand – Spannungssteuerung

Charakteristisches Polynom   Entsprechend Gl. (5.51) berechnet sich das *charakteristische Polynom* für den spannungsgesteuerten Wandler mit Serienwiderstand formal zu[17]

$$\tilde{\Delta}_U(s) := \tilde{k}_{W,U} + ms^2 = k - \tilde{Y}_{11}(s) + ms^2 .$$

Mit der Korrespondenz für $\tilde{Y}_{11}(s)$ aus Tabelle 5.9 folgt nach einigen elementaren Umformungen[18]

$$\tilde{\Delta}_U(s) = \left(\frac{k - Y_{11}}{m} + s^2 \right) + R \cdot Y_{22}(s) \cdot \left(\frac{k - \det \mathbf{Y}(s)/Y_{22}(s)}{m} + s^2 \right). \quad (5.56)$$

Nutzt man die Korrespondenzen für den verlustlosen Wandler aus Tabelle 5.8, so kann man das charakteristische Polynom Gl. (5.56) nochmals vereinfacht mithilfe der *Wandlereigenfrequenzen* Ω_U, Ω_I bei *Spannungssteuerung* bzw. *Stromsteuerung* ausdrücken

$$\boxed{\tilde{\Delta}_U(s) = \left(\Omega_U^{\ 2} + s^2 \right) + R \cdot Y_{22}(s) \cdot \left(\Omega_I^{\ 2} + s^2 \right).} \quad (5.57)$$

Elektrische Impedanzrückkopplung   Eine physikalische Interpretation der charakteristischen Gleichung (5.57) erhält man aus einer genaueren

---

[17] Beachte: $\tilde{Y}_{11}(s)$ ist komplex, s. Tabelle 5.9.
[18] Man beachte, dass Y_{11} und $\det \mathbf{Y}(s) / Y_{22}(s) = H_{11}$ für die hier betrachteten Wandlertypen stets reell sind.

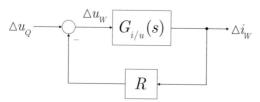

Abb. 5.23. Elektrische Impedanzrückkopplung als Regelkreis (s. Abb. 5.21a)

Betrachtung der Rückkopplungsstruktur in Abb. 5.21a. Die Impedanz-rückkopplung bewirkt eine negative elektrische Rückkopplung über das elektrische Wandlerteilsystem, das durch die Übertragungsfunktion (s. Tabelle 5.8)

$$G_{i/u}(s) = \frac{\mathcal{Z}_{i/u}(s)}{\mathcal{N}_{i/u}(s)}$$

repräsentiert wird.

Diese Konfiguration ist zur besseren Transparenz nochmals in Abb. 5.23 als Regelkreis dargestellt. Man überzeugt sich leicht, dass das Nennerpolynom der Übertragungsfunktion des geschlossenen Kreises

$$T_{i/uq}(s) = \frac{\mathcal{Z}_{i/u}(s)}{\mathcal{N}_{i/u}(s) + R \cdot \mathcal{Z}_{i/u}(s)} = \frac{\mathcal{Z}_{i/u}(s)}{\tilde{\Delta}_{U}(s)} \tag{5.58}$$

erwartungsgemäß gleich der charakteristischen Gleichung (5.57) ist. Im Übrigen besitzen auch alle anderen Übertragungsfunktionen des verlustbehafteten Wandlers dasselbe Nennerpolynom und damit dieselben Pole (eine mögliche Kürzung durch Beobachtbarkeits- oder Steuerbarkeitsdefekte ist hier ausgeschlossen).

Zusätzliche Dynamik Aus Gl. (5.57) ist erkennbar, dass ein komplexes $Y_{22}(s)$ eine Erhöhung der Systemordnung zur Folge hat. In den meisten Fällen repräsentiert $Y_{22}(s)$ ein *kapazitives* oder *induktives* Verhalten ($\sim s$ oder $\sim 1/s$), sodass beim verlustbehafteten Wandler ein zusätzlicher reeller Pol auftritt, d.h.

$$\tilde{\Delta}_{U}(s) = \left(\tilde{\Omega}_{U}^{2} + 2\tilde{d}_{U}\tilde{\Omega}_{U} \cdot s + s^{2} \right)\left(\tilde{\omega}_{U} + s \right) \tag{5.59}$$

Obwohl es sich nur um ein Polynom 3. Ordnung handelt, ist eine explizite analytische Bestimmung der Wurzeln von Gl. (5.57) bzw. der Parameter $\tilde{\Omega}_{U}, \tilde{d}_{U}, \tilde{\omega}_{U}$ aus Gl. (5.59) mit ihren Abhängigkeiten von den physikalischen Wandlerparametern nicht wirklich praktikabel und anschaulich. Hier soll zur Veranschaulichung ein anderer Weg gewählt werden, der zudem noch leicht verallgemeinerbar ist.

Wurzelortskurven für variablen Widerstand Bei festen Wandlerparametern hängen die Wurzeln der charakteristischen Gleichung alleine vom (variablen) Widerstand R ab. Diese Abhängigkeit lässt sich sehr schön sowohl qualitativ, aber im konkreten Fall auch quantitativ, mittels der bekannten Methode der *Wurzelortskurven* bestimmen (Lunze 2009), (Föllinger 1994).

Da im vorliegenden Fall die Wurzeln von $\mathcal{Z}_{i/u}(s)$, $\mathcal{N}_{i/u}(s)$ explizit bekannt sind, lassen sich leicht *allgemeingültige qualitative* Aussagen zur Nullstellenverteilung von $\tilde{\Delta}_U(s)$ machen. Im konkreten Fall können bei Vorliegen von numerischen Parametern auch leicht weitergehende *quantitative* Aussagen gemacht werden (Systemoptimierung).

Die Polwanderung des verlustbehafteten Wandlers lässt sich sehr transparent durch die Systemparameter Ω_U, Ω_I, Y_{22} des verlustlosen Wandlers beschreiben und zeigt das in Abb. 5.24 gezeigte qualitative Wanderungsverhalten der Pole der Übertragungsfunktion (bzw. $\tilde{\Omega}_U$, $\tilde{d}_U$, $\tilde{\omega}_U$) in Abhängigkeit des Verlustwiderstandes R .

Elektromechanische Dämpfung von Eigenfrequenzen Aus Abb. 5.24 lässt sich eine bemerkenswerte Eigenschaft der Impedanzrückkopplung ablesen: die *mechanisch ungedämpfte* Eigenresonanz Ω_U wird durch die elektrische Rückkopplung *gedämpft* und verschiebt sich in die linke *s*-Halbebene $\rightarrow \{\tilde{d}_U, \tilde{\Omega}_U\}$. Allerdings ist mit einer stetigen Erhöhung des Widerstandswertes *keine beliebig große* Dämpfung erreichbar, da dann die Nullstellen von $\tilde{\Delta}_U(s)$ wieder zurück in Richtung der imaginären Achse zu $\pm j\Omega_I$ wandern.

Maximale Dämpfung Aufgrund der einfachen Geometrieverhältnisse der Wurzelortskurven lässt sich mit etwas Zwischenrechnung[19] eine Bedingung *für die maximal erreichbare Dämpfung* $\tilde{d}_U^{\max}$ für kapazitives und induktives Wandlerverhalten angeben, s. auch (Preumont 2006)

$$\boxed{\tilde{d}_U^{\max} = \frac{|\Omega_U - \Omega_I|}{2\min(\Omega_U, \Omega_I)}.}$$ (5.60)

[19] Man nutzt dazu die Winkelbedingung für einen Punkt der Wurzelortskurve (Lunze 2006) und die geometrische Bedeutung von $\tilde{d}_U$, s. Abschn. 4.5.3.

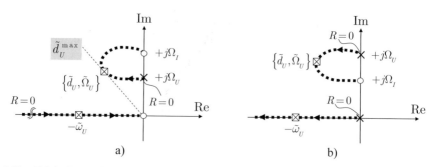

Abb. 5.24. Wurzelortskurven für die Pole eines *spannungsgesteuerten* Elementarwandlers mit *Serienwiderstand R*: a) *kapazitives* Wandlerverhalten, b) *induktives* Wandlerverhalten (nur obere *s*-Halbebene dargestellt, relative Lage von Ω_U, Ω_I im Einklang mit den allgemeinen Beziehungen aus Tabelle 5.8)

Die zugehörigen *optimalen Widerstandswerte* ergeben sich zu

$$R_{kap}^{\max} = \frac{1}{C_W} \frac{1}{\Omega_I} \sqrt{\frac{\Omega_U}{\Omega_I}}, \qquad R_{ind}^{\max} = L_W \Omega_U \sqrt{\frac{\Omega_U}{\Omega_I}}, \qquad (5.61)$$

wenn C_W, L_W die effektive Kapazität bzw. Induktivität bei *festgebremstem* Anker an den elektrischen Klemmen des Wandlers darstellen[20].

Analoge passive Dämpfung   Die Widerstandsrückkopplung bietet eine einfache Möglichkeit, eine *passive* mechanische Dämpfung über *analoge elektrische* Wirkprinzipien in die angekoppelte mechanische Struktur einzubringen. Dies kann dann von Bedeutung sein, wenn aus konstruktiven Gründen ein mechanischer Eingriff schwierig ist (z.B. Piezo-Festkörperwandler).

Diese Rückkopplung ist eine systeminhärente Eigenschaft und benötigt keinerlei Regelungseinrichtung. Wie aus Abb. 5.23 ersichtlich, sind damit auch keinerlei Stabilitätsprobleme verbunden, solange nicht zusätzliche parasitäre Effekte zu berücksichtigen sind (s. Kap. 10).

Verzögerungsdynamik   Als weiteren Effekt erkennt man aus Abb. 5.24 die Wanderung des zusätzlichen reellen Pols $s = -\tilde{\omega}_U$ in Abhängigkeit des Serienwiderstandes. Dabei ergibt sich ein unterschiedliches Verhalten für kapazitives und induktives Wandlerverhalten. Bei *kapazitivem* Verhalten steigt mit wachsendem R die elektrische Zeitkonstante

---

[20] Es handelt sich um die Vierpolelemente $Y_{22}(s)$, $H_{22}(s)$.

$\tau_{el} = 1/\tilde{\omega}_U = RC_{eff}$ (Abb. 5.24a), wogegen bei *induktivem* Verhalten die elektrische Zeitkonstante $\tau_{el} = 1/\tilde{\omega}_U = L_{eff}/R$ mit wachsendem R abnimmt (Abb. 5.24b).

Zusätzlich beweist sich aus Abb. 5.24b auch die bekannte Tatsache, dass ein induktiver Wandler bei Spannungssteuerung nur mit Serienwiderstand ein stabiles Verhalten besitzt (instabiler Pol $s = 0$ für $R = 0$).

Entwurfsoptimierung Eine optimierte Systemauslegung wird also versuchen, bei einem spannungsgesteuerten Wandler den *effektiven Serienwiderstand* nicht als parasitäres Störphänomen zu betrachten. Stattdessen sollte dieser in der Realität unvermeidbare Serienwiderstand zielgerichtet als zusätzlicher *Entwurfsfreiheitsgrad* genutzt werden, um kosten- und aufwandsgünstig relevante Systemanforderungen zu erfüllen.

Parallelwiderstand – Stromsteuerung

Charakteristisches Polynom Für einen stromgesteuerten Wandler mit Parallelwiderstand lassen sich alle bisherigen Überlegungen zum spannungsgesteuerten Wandler sinngemäß übertragen. Aus Zweckmäßigkeitsgründen nutzt man hier besser den Leitwert $Y = 1/R$ des Parallelwiderstandes und man erhält gemäß Gl. (5.51) als *charakteristisches Polynom*

$$\boxed{\tilde{\Delta}_I(s) = \left(\Omega_I^{\ 2} + s^2\right) + Y \cdot H_{22}(s) \cdot \left(\Omega_U^{\ 2} + s^2\right)}. \qquad (5.62)$$

Wurzelortskurven für variablen Widerstand Die Nullstellen des charakteristischen Polynoms $\tilde{\Delta}_I(s)$ lassen sich wieder über eine Wurzelortsbetrachtung bestimmen. In Abb. 5.25 sind die qualitativen Verläufe für *kapazitives* und *induktives* Wandlerverhalten dargestellt. Man erkennt (wenig überraschend) ein *duales* Verhalten zum spannungsgesteuerten Wandler mit Serienwiderstand.

Analoge passive Dämpfung Bei einem stromgesteuerten Wandler lässt sich eine analoge passive Dämpfung der mechanischen Eigenresonanz mittels eines Parallelwiderstandes R zur Stromquelle realisieren (s. Gl.(5.61)).

Resistive Shunting Eine interessante Variante leitet sich aus diesem Prinzip für *Piezo-Festkörperwandler* ab. Entfernt man die Stromquelle, d.h. $i_Q = 0$, so wird durch einen über die Wandlerklemmen liegenden Widerstand der im Piezowandler durch mechanische Spannungen (Kräfte) erzeugte Polarisationsstrom in Wärme umgewandelt und damit genau die eben beschriebene mechanische Dämpfung erzeugt (engl. *resistive shunting*) (Preumont 2006).

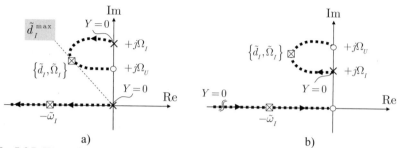

Abb. 5.25. Wurzelortskurven für die Pole eines *stromgesteuerten* Elementarwandlers mit *Parallelwiderstand* R: a) *kapazitives* Wandlerverhalten, b) *induktives* Wandlerverhalten (nur obere s-Halbebene dargestellt, relative Lage von Ω_U, Ω_I im Einklang mit den allgemeinen Beziehungen aus Tabelle 5.8)

5.5.6 Allgemeine Impedanz- und Admittanzrückkopplung

Allgemeine Impedanzen und Admittanzen   Eine *elektrische Rückkopplung* über eingangseitige Serienimpedanzen oder Paralleladmittanzen nach Abb. 5.20 muss sich nicht notwendigerweise auf rein ohmsche Widerstände beschränken. Die bisher für ohmsche Widerstände R abgeleiteten Beziehungen in Abschn. 5.5.5 lassen sich direkt auf allgemeine elektrische Eingangsbeschaltungen übertragen, wenn in allen relevanten Gleichungen folgende Substitutionen vorgenommen werden

$$\text{Spannungssteuerung:} \quad R \to Z_{RK}(s)$$

$$\text{Stromsteuerung:} \quad Y = 1/R \to Y_{RK}(s).$$

Die *allgemeine Serienimpedanz* $Z_{RK}(s)$ bzw. *Paralleladmittanz* $Y_{RK}(s)$ beschreibt sowohl passive als auch aktive elektrische Netzwerke.

Charakteristisches Polynom   Die Auswirkung einer komplexen Eingangsbeschaltung sei *exemplarisch* an einem *spannungsgesteuerten* Wandler erläutert (Abb. 5.26). Ersetzt man in Gl. (5.58) den ohmschen Widerstand durch die allgemeine Serienimpedanz $Z_{RK}(s)$, so erhält man die folgende Übertragungsfunktion für das elektrische Wandlerteilsystem

$$T_{i/uq}(s) = \frac{\mathcal{Z}_{i/u}(s)}{\mathcal{N}_{i/u}(s) + Z_{RK}(s) \cdot \mathcal{Z}_{i/u}(s)} = \frac{\mathcal{Z}_{i/u}(s)}{\Delta_U(s)},$$

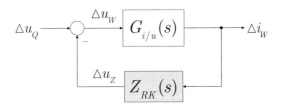

Abb. 5.26. Impedanzrückkopplung mit allgemeiner Serienimpedanz bei einem spannungsgesteuerten Wandler

wobei das Nennerpolynom bzw. charakteristische Polynom nunmehr in elementarer Weise von $Z_{RK}(s)$ abhängt.

Zusätzliche Entwurfsfreiheitsgrade Die Betrachtungen in Abschn. 5.5.5 zu den Auswirkungen des Widerstandes R auf die Lage der Pole des rückgekoppelten Wandlers haben gezeigt, dass eine Verschiebung der ungedämpften mechanischen Eigenresonanzen nur in einem relativ engen Bereich möglich ist.

Die maximal erreichbare Dämpfung ist dabei strukturell von den Wandlerresonanzen abhängig. Über ein komplexwertiges $Z_{RK}(s)$ lassen sich nun zusätzliche Nullstellen und Pole einbringen, die bei geeigneter Wahl ein vorteilhaftes Verbiegen der Wurzelortskurven ermöglichen. Je nach Realisierungsaufwand erhöht sich damit die Anzahl der Entwurfsfreiheitsgrade (s. Beispiel 5.1).

Passive vs. aktive elektrische Netzwerke Realisierungstechnisch am einfachsten sind passive R-L-C-Netzwerke, die sowohl im Makro- und Mikrobereich leicht lokal am und im Wandler platziert werden können. Nachteilig ist hier allerdings zu bemerken, dass nur relativ eingeschränkte Pol-Nullstellen-Muster realisiert werden können. Mit aktiven Netzwerken unter Nutzung von beschalteten Halbleiterelementen lassen sich wesentlich freizügiger günstige Pol-Nullstellen-Muster realisieren. Auch dies ist heutzutage sowohl im Makro- wie Mikrobereich möglich.

Beispiel 5.1 *Kapazitiver Wandler mit R-L-Impedanzrückkopplung.*

In Abb. 5.27 ist schematisch das elektrische Tor eines spannungsgesteuerten kapazitiven Wandlers dargestellt. Im gewählten Arbeitspunkt sei

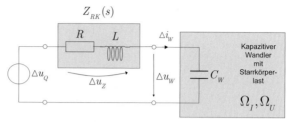

Abb. 5.27. Spannungsgesteuerter kapazitiver Wandler mit ohmsch-induktiver Serienimpedanz

der elektrische Eingang durch die effektive Wandlerkapazität C_W (z.B. Ruhelagenkapazität) repräsentiert.

An den Eingangsklemmen sei ein R-L-Zweipol mit der allgemeinen Serienimpedanz

$$Z_{RK}(s) = \frac{\Delta U_z(s)}{\Delta I_W(s)} = R + L \cdot s$$

wirksam.

Aufgabe Gesucht ist eine qualitative Beschreibung der dynamischen Eigenschaften des beschalteten Wandlers in Abhängigkeit der Beschaltungsparameter R und L.

Lösung Das *charakteristische Polynom* der Übertragungsmatrix ergibt sich unter Beachtung der Korrespondenzen aus Tabelle 5.5 und Gl. (5.57) zu

$$\breve{\Delta}_U(s) = \left(\Omega_U^{\,2} + s^2\right) + \left(R + L \cdot s\right) \cdot C_W \cdot s \cdot \left(\Omega_I^{\,2} + s^2\right). \tag{5.63}$$

Die Wurzeln von $\breve{\Delta}_U(s)$ hängen nun von zwei Entwurfsparametern R und L ab.

Für $R = L = 0$ ergibt sich erwartungsgemäß die ungedämpfte Wandlerresonanz Ω_U. Ziel der R-L-Beschaltung ist eine möglichst große Bedämpfung dieser Eigenfrequenz durch eine optimale Wahl L^{opt}, R^{opt} der Beschaltungsimpedanz. Das charakteristische Polynom besitzt nun die Ordnung vier besitzt, damit ist eine parametrische Nullstellenbestimmung zur Suche von L^{opt}, R^{opt} selbst mit Computeralgebraprogrammen nicht praktikabel. Deshalb sollen auch hier mittels Wurzelortskurven die qualitativen Abhängigkeiten der Nullstellen von Gl. (5.63) von den Beschaltungsparametern R und L ermittelt werden.

Im vorliegenden Fall lässt sich das Wurzelortsverfahren nicht direkt auf Gl. (5.63) anwenden, da es sich um die Abhängigkeit von *zwei Parametern* handelt. Eine kleine Umformung des Blockschaltbildes der elektrischen Rückkopplung legt aber folgendes Vorgehen nahe (Abb. 5.28). Durch *sequenzielles Schließen* der parallelen Rückführungen über die Induktivität und den ohmschen Widerstand ist es möglich, in jedem Schritt nur jeweils einen Entwurfsparameter zu variieren.

Entsprechend der gewählten Reihenfolge des Schließens der Rückführungen lässt sich das charakteristische Polynom folgendermaßen partitionieren:

$$\breve{\Delta}_U(s) = \left[\underbrace{\left(\Omega_U^{\,2} + s^2 \right)}_{} + L \cdot C_W s^2 \underbrace{\left(\Omega_I^{\,2} + s^2 \right)}_{} \right] \;+\; R \cdot C_W s \left(\Omega_I^{\,2} + s^2 \right)$$

$$\underbrace{\phantom{\left(\Omega_U^{\,2} + s^2 \right) \quad \quad \quad \quad \quad \left(\Omega_I^{\,2} + s^2 \right)}}_{}$$

$$\underbrace{\mathcal{N}_1(s) \qquad\qquad\qquad\qquad \mathcal{Z}_1(s)}_{\mathcal{N}_2(s)} \qquad\qquad\qquad\qquad \underbrace{\qquad\qquad}_{\mathcal{Z}_2(s)}$$

Schritt 1: $R = 0$ und *Variation* von L

Die Wurzelortskurven für $\mathcal{N}_1(s)$, $\mathcal{Z}_1(s)$ mit *variablem* L sind in Abb. 5.29a gezeichnet. Mit wachsendem L erscheint aus dem Unendlichen kommend ein weiteres imaginäres Polpaar. Die physikalische Interpretation ergibt sich aus der Betrachtung der elektrischen Beschaltung in Abb. 5.27. Die Reihenschaltung von L und C_W stellt einen *ungedämpften Serienschwingkreis* dar und das imaginäre Polpaar repräsentiert die zugehörige elektrische Eigenfrequenz. Allgemein gilt für die elektrische Eigenresonanz $\Omega_{el} \geq \Omega_I$. Für eine feste Einstellung $L = L^*$ ergeben sich die wirksamen Eigenfrequenzen Ω_U^*, Ω_{el}^*, die aber nach wie vor ungedämpft sind.

Schritt 2: festes L^* und *Variation* von R

Mögliche Verläufe der Wurzelortskurven für $\mathcal{N}_1(s)$, $\mathcal{Z}_1(s)$ mit variablem R bei festem L^* sind in Abb. 5.29b bis Abb. 5.29d gezeichnet. Je nach den relativen Größenverhältnissen der Parameter $L^*, C_R, \Omega_U, \Omega_I$ ergeben sich unterschiedliche Verläufe der Wurzelortskurven. Für ein festes $R = R^{**}$ ergeben sich wirksame Eigenfrequenzen Ω_U^{**}, Ω_{el}^{**}, die nunmehr mit d_U^{**}, d_{el}^{**} gedämpft sind und die endgültige Dynamik des beschalteten Wandlers beschreiben.

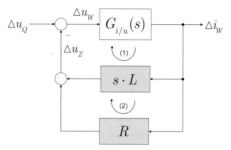

Abb. 5.28. Impedanzrückkopplung: sequenzielles Schließen von parallelen Rückkopplungsschleifen

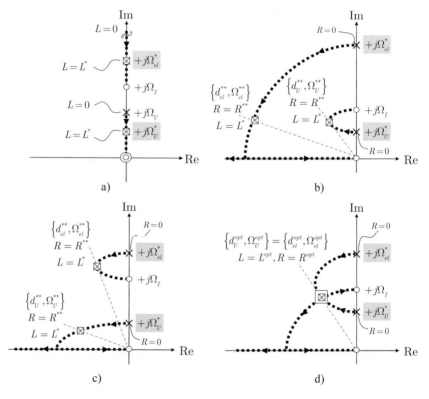

Abb. 5.29. Wurzelortskurven für *kapazitiven Wandler* mit *R-L Impedanzrückkopplung*: a) <u>Schritt-1</u>: $R = 0$ und *Variation* von L liefert zusätzliche elektrische Eigenresonanz Ω_{el}^{*}; b) und c) <u>Schritt 2</u>: festes L^{*} und *Variation* von R mit unterschiedlichen Größenverhältnissen der Systemparameter liefert unterschiedliche Dämpfungen d_{U}, d_{el}; d) <u>Schritt-2</u>: optimale Parameter L^{opt}, R^{opt} für gleichzeitig maximale Dämpfung $d_{U}^{opt}, d_{el}^{opt}$ von beiden Eigenresonanzen $\Omega_{U}^{opt}, \Omega_{el}^{opt}$.

Verhaltensdiskussion Alle Varianten Abb. 5.29b bis Abb. 5.29d führen auf ein *stabiles* Verhalten des *rückgekoppelten* Wandlers. Da beide Eigenfrequenzen $\Omega_U^{**}, \Omega_{el}^{**}$ gleichermaßen in allen Wandlerübertragungsfunktionen erscheinen, ist es von großer Bedeutung, dass beide Eigenfrequenzen maximal gedämpft sind. Die Beschaltung mit $R \neq 0$ lenkt die Wurzelortszweige in die linke s-Halbebene und erzeugt das gewünschte dissipative Verhalten. An den beiden Varianten Abb. 5.29b und Abb. 5.29c erkennt man, dass die gleichzeitige Dämpfungsmaximierung nicht ohne weiteres durch unabhängiges Einstellen der Beschaltungsparametern R und L zu erreichen ist. Bei Änderung der relativen Größenverhältnisse ändert sich zwar die Form der Wurzelortskurven, eine der beiden Eigenfrequenz bleibt jedoch immer wesentlich kleiner bedämpft. Man kann zeigen, dass die *optimale* Beschaltung L^{opt}, R^{opt} qualitativ zu Wurzelortskurven nach Abb. 5.29d führt (Preumont 2006). In diesem Falle fallen elektrische und mechanische Wandlereigenfrequenz zusammen $\Omega_{el}^{opt} = \Omega_U^{opt}$ und besitzen identische Dämpfungen $d_{el}^{opt} = d_U^{opt}$. Für die *optimalen Parameter* gilt (Preumont 2006)

$$
\begin{aligned}
\Omega_U^{opt} &= \Omega_I, \quad d^{opt} = \frac{1}{2}\sqrt{\frac{\Omega_I^{\,2}}{\Omega_U^{\,2}} - 1} \\[2mm]
L^{opt} &= \frac{1}{C_W}\frac{\Omega_U^{\,2}}{\Omega_I^{\,4}}, \quad R^{opt} = \frac{2}{C_W}\frac{\Omega_U^{\,2}}{\Omega_I^{\,3}}\sqrt{\frac{\Omega_I^{\,2}}{\Omega_U^{\,2}} - 1}
\end{aligned}
\tag{5.64}
$$

Ein Vergleich der maximal erreichbaren Dämpfung bei R-L Impedanzrückkopplung (s. Gl. (5.64)) und reiner *ohmscher* Impedanzrückkopplung (s. Gl.(5.60)) zeigt die stärkere Wirksamkeit der komplexwertigen Impedanz, denn es gilt

$$
d_{R-L}^{opt} \approx \sqrt{d_R^{\max}} \ .
$$

Diese *größere Dämpfung* der *mechanischen* Eigenfrequenzen erkauft man sich jedoch durch die zusätzliche elektrische Eigenfrequenz. Deren Einfluss muss bei einem Reglerentwurf für das gesamte mechatronische System natürlich mit berücksichtigt werden (s. Kap. 10). Man kann man ferner zeigen, dass die größere Dämpfung nur in einem engen Abstimmungsbereich der Wandlereigenfrequenz wirksam ist (Preumont 2006) und bei Verstimmung bald hinter die ohmsche Dämpfung zurückfällt.

Bei möglichen Parameterunbestimmtheiten oder Parametervariationen ist letztlich die wesentlich einfachere ohmsche Impedanzrückkopplung die effektivere und robustere Systemlösung.

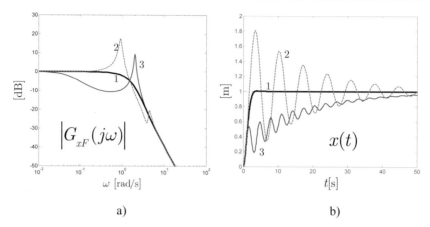

a)   b)

Abb. 5.30. Typische Verhaltenseigenschaften des R-L rückgekoppelten kapazitiven Wandlers: a) Störfrequenzgang, b) Störantwort auf Eingangskraftsprung; Kurven $1 = R^{opt}$, $2 = 0.1 \times R^{opt}$, $3 = 10 \times R^{opt}$; alle Kurven mit L^{opt}

In Abb. 5.30 sind typische Verhaltenseigenschaften eines R-L-rückgekoppelten kapazitiven Wandlers dargestellt (Zahlenbeispiel: $k = 2$, $m = 1$, $k_{el,U} = 1$, $K_U = \sqrt{3}$, $C_R = 1 \Rightarrow \Omega_U = 1$, $\Omega_I = 2$ mit den optimalen Impedanzparametern $R^{opt} = 0.433$, $L^{opt} = 0.0625$). Die gezeigten Antworten entsprechen den Wurzelortskurven aus Abb. 5.29d mit variablem R: man erkennt in Abb. 5.30a deutlich die beiden schwach gedämpften Polpaare für kleines R (Kurve 2) bzw. das schwach gedämpfte Polpaar bei $\omega \approx \Omega_I$ für großes R (Kurve 3).

Diskussion der Analysemethodik Prinzipiell hätte man bei der Konstruktion der Wurzelortskurven durch eine andere Partitionierung (Vertauschen der Reihenfolge des Schließens der Rückführungen L und R) auch die Reihenfolge der Parametervariation vertauschen können. Man überzeugt sich aber leicht, dass in diesem Falle im Schritt 1 zuerst R variiert wird und man als Ergebnis die Wurzelortskurven entsprechend Abb. 5.24a erhält. Wenn man diese Pole bei $R = R^{**}$ festhält, ist die Konstruktion der Wurzelortskurven im Schritt 2 mit variablem L nicht mehr so einleuchtend, wie im hier beschriebenen Fall. In welcher Reihenfolge günstiger variiert wird, ist von der speziellen Konfiguration abhängig und muss im Einzelfall geprüft werden.

Eine alternative anschauliche Betrachtungsweise bietet der *Frequenzgang* mit den Darstellungsformen Frequenzkennlinien (BODE-*Diagramme*) bzw. *NICHOLS-Diagramm*. Die Verwendung dieser Analysemethoden wird im Kap. 10 ausführlich behandelt. ∎

Elektrisch analoge Rückkopplung Eine Beeinflussung des elektrischen Wandlereinganges mittels Impedanz- und Admittanzrückkopplung bewirkt über die Leistungskopplung mit dem mechanischen System eine merkbare und im günstigen Falle hilfreiche Beeinflussung der mechatronischen Regelstrecke durch Erhöhen der mechanischen Dämpfung. Genau betrachtet wirkt diese Rückkopplung wie ein *lokaler Regelkreis*, in etwa vergleichbar mit dem inneren Kreis einer Kaskadenregelung.

Aus *Entwurfssicht* begibt man sich mit dieser Maßnahme in den Grenzbereich des *regelungstechnischen Entwurfes* eines mechatronischen Systems. Dies zeigt einmal mehr die verzahnte Entwurfsproblematik des mechatronischen Systementwurfes. Verglichen mit anderen in der Literatur bekannten Darstellungsformen bietet gerade die hier angewandte regelungstechnische Betrachtungsweise (Rückkopplung, Wurzelortskurven) sehr transparent Einblicke in Systemzusammenhänge.

Aus *Realisierungssicht* bemerkenswert ist vor allem, dass es sich hier um eine *aufwandsminimale analoge Rückkopplung* handelt. Diese benötigt weder einen Sensor noch eine explizite Regeleinrichtung, zudem vermeidet man jegliche Probleme einer digitalen Regelung.

An dieser Stelle etabliert sich also die schon vielfach tot gesagte *analoge Regelung* sozusagen durch eine Hintertüre nachhaltig als Schlüssellösung bei High-tech Mechatronikprodukten.

5.6 Elektromechanischer Koppelfaktor

5.6.1 Allgemeine Bedeutung und Eigenschaften

Elektromechanische Energiewandlung Die wesentliche Eigenschaft eines mechatronischen Wandlers ist dessen Fähigkeit der Energieumwandlung von elektrischer in mechanische Energie und umgekehrt. Dabei kann selbst bei der idealisierenden Annahme einer *verlustlosen* Energiewandlung nicht die gesamte an den elektrischen bzw. mechanischen Klemmen zugeführte Energie in die jeweils komplementäre Energieform umgewandelt werden. Der Grund dafür liegt in der Fähigkeit eines mechatronischen Wandlers, gleichzeitig sowohl elektrische wie mechanische Energie zu speichern. Man betrachte exemplarisch die ELM-Vierpolgleichungen in Admittanzform (s. Gl. (5.35)).

$$\begin{pmatrix} \Delta F_{W,\Psi}(s) \\ \Delta I_{W}(s) \end{pmatrix} = \mathbf{Y}(s) \cdot \begin{pmatrix} \Delta X(s) \\ \Delta U_{W}(s) \end{pmatrix} = \begin{pmatrix} Y_{11} & Y_{12} \\ Y_{21} & Y_{22} \end{pmatrix} \cdot \begin{pmatrix} \Delta X(s) \\ \Delta U_{W}(s) \end{pmatrix}.$$

Das Element Y_{11} repräsentiert das mechanische Klemmenverhalten des Wandlers in Form einer Wandlerfedersteifigkeit und damit die Fähigkeit des Wandlers, intern potenzielle mechanische Energie zu speichern. Das Element Y_{22} wiederum repräsentiert das elektrische Klemmenverhalten des Wandlers in Form einer Wandlerkapazität bzw. Wandlerinduktivität und damit die Fähigkeit, wandlerintern elektrische bzw. magnetische Energie zu speichern. Einzig die beiden Diagonalelemente Y_{12}, Y_{21} beschreiben die wandlerinterne elektromechanische Interaktion und damit die eigentliche Energiewandlung.

Elektromechanischer Koppelfaktor – Definition Zur quantitativen Beschreibung der Fähigkeit eines mechatronischen Wandlers (verlustlos, mechanisch beschaltet), einen Teil der zugeführten Wandlerenergie als mechanische bzw. elektrische Energie an eine Last abzugeben, definiert man die nichtnegative Maßzahl *elektromechanischer (ELM) Koppel- bzw. Kopplungsfaktor*[21] κ^2

$$\boxed{\kappa^2 := \frac{\text{abgegebene Energie (mechanisch bzw. elektrisch)}}{\text{zugeführte Energie (elektrisch bzw. mechanisch)}}}, \quad 0 \leq \kappa^2 \leq 1. \quad (5.65)$$

In Abb. 5.31 ist schematisch der Energiefluss für einen mechatronischen Aktuator und Sensor dargestellt. Falls $\kappa^2_{el \to mech} = \kappa^2_{mech \to el} = \kappa^2$ gilt, spricht man von einem *reziproken* Wandler.

Man beachte, dass der durch Gl. (5.65) definierte Koppelfaktor *keinen Wirkungsgrad* des Wandlers darstellt, sondern lediglich ein Maß für die verlustlose Energiewandlung repräsentiert. Da der Koppelfaktor die Energieverhältnisse des verlustlosen Wandlers beschreibt, ist der Koppelfaktor stets größer als der Wirkungsgrad.

---

[21] Gewöhnlich verwendet man dafür das Symbol k^2. Da im Folgenden der elektromechanische Koppelfaktor für den mit einem *elastischen Starrkörper* (m, k) mechanisch beschalteten Wandler betrachtet wird, wurde aus Gründen der darstellerischen Klarheit (Unterscheidung zur Laststeifigkeit k, Vermeidung von zu vielen Indizes) auf das neutrale Symbol κ zurückgegriffen.

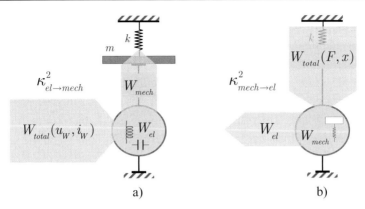

Abb. 5.31. Zur Definition des elektromechanischen Koppelfaktors: a) Aktuator-betrieb, b) Sensorbetrieb; reziproker Wandler für $\kappa^2_{el \to mech} = \kappa^2_{mech \to el} = \kappa^2$

ELM-Koppelfaktor – Allgemeine Darstellung Der elektromechanische (ELM) Koppelfaktor findet sich in der Literatur zu mechatronischen Wandlern vorwiegend in Verbindung mit *piezoelektrischen* Wandlern, z.B. (Mohammed 1966), (DIN 1988), (IEEE 1988), (Senturia 2001), (Preumont 2006) und nur vereinzelt in Verbindung mit anderen Wandlerformen z.B. (Tilmans 1996), (Senturia 2001), (Yaralioglu et al. 2003), (Preumont 2006), wobei die meisten Darstellungen auf die Parameter und Notation des jeweiligen Wandlertyps zugeschnitten sind.

Im Folgenden wird gezeigt, dass die in diesem Buch gewählte allgemeine Wandlerbeschreibung auf der Basis der ELM-Vierpolparameter eine *generalisierte* Darstellung des elektromechanischen Koppelfaktors erlaubt, die völlig *unabhängig* vom speziellen *Wandlertyp* ist.

5.6.2 Berechnungsmodell für den ELM-Koppelfaktor

Berechnungsvorgehen Im Folgenden soll der ELM-Koppelfaktor für einen mechanisch beschalteten Wandler mit einer elastischen Starrkörperlast berechnet werden (s. Abb. 5.2). Dies kann über Energiebilanzen für elektrisches Laden / Entladen (Abb. 5.31a) oder mechanisches Laden / Entladen (Abb. 5.31b) geschehen. Für einen reziproken Wandler ergeben sich für beide Betriebsabläufe dieselben ELM-Koppelfaktoren. In beiden Fällen ist die Berechnung aber insofern nicht trivial, weil sich wegen der fehlenden mechanischen Dämpfung keine stationären elektrischen und mechanischen Größen einstellen würden. Um diesen Umstand zu umgehen, soll im Folgenden eine *dissipative elektrische Ansteuerung* betrachtet werden, konkret eine ideale Spannungsquelle mit einem Serienwiderstand[22] (Abb. 5.32a). Damit ist in jedem Falle aufgrund der *Impedanzrückkopplung* (s. Abschn. 5.5) ein mechanisch stabiles, gedämpftes Verhalten sicher gestellt. Zudem ergeben sich unabhängig von der elektrischen Klemmencharakteristik endliche Energiegrößen (Ladung bei kapazitivem Verhalten bzw. verketteter Fluss bei induktivem Verhalten), sodass eine Energiebilanz über stationäre Größen möglich ist.

Experimentbeschreibung   Der schematische Experimentaufbau ist in Abb. 5.32a gezeigt, der zugehörige Experimentablauf ist aus Abb. 5.32b ersichtlich. Beispielhaft soll der ELM-Koppelfaktor über einen *elektrischen Lade- / Entladezyklus* bestimmt werden.

Dabei wird angenommen, dass keine externe Kraftanregung auf den Wandler wirkt und der Wandler elektrisch und mechanisch entladen ist.

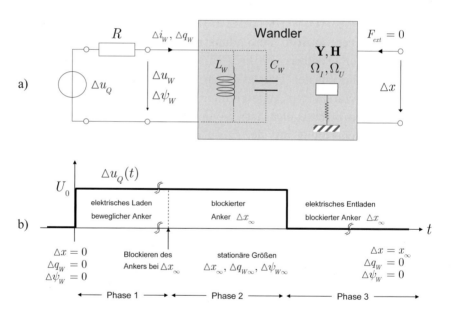

Abb. 5.32. Modell zur Berechnung des elektromechanischen Koppelfaktors: a) Wandlerkonfiguration, b) Experimentablauf für elektrisches Laden / Entladen

---

[22] Man kann alle Überlegungen in äquivalenter Weise mit denselben Ergebnissen für den ELM-Koppelfaktor auch mit einer idealen Stromquelle und einem Parallelwiderstand führen.

Wenn etwa über eine konstante Spannung ein Arbeitspunkt eingestellt ist (z.B. elektrostatischer Wandler, elektromagnetischer Wandler), dann werden die Energiebilanzen für Änderungen gegenüber diesem Arbeitspunkt betrachtet (differenzielle Energiebilanz). Damit ist auch die Verwendung des linearen Wandlermodells nahegelegt.

Klemmenbezogene Energiebilanz Bei der Wandleranordnung nach Abb. 5.32a interessiert die Energiebilanz bezüglich der elektrischen Klemmengrößen $\triangle u_W$, $\triangle i_W$. Obwohl die Ansteuerung an sich dissipativ ist, stellt der Wandler nach Abb. 5.32a bezüglich der elektrischen Klemmen ein *konservatives* System dar. Das ist insofern bedeutungsvoll, als die relevanten *Energieintegrale* über die elektrischen Koordinaten $\triangle \psi_W$, $\triangle q_W$ damit *wegunabhängig* bleiben.

Für die Berechnung ist es also völlig ausreichend, die *stationären* Werte zu betrachten, der „Weg" dahin über die transiente Trajektorie ist nicht weiter von Belang. Da über die Impedanzrückkopplung insgesamt ein stabiles Verhalten der elektrischen Energievariablen $\triangle \psi_W$, $\triangle q_W$ gesichert ist, eröffnet sich eine einfache Berechnung des stationären Verhaltens über den Endwertsatz[23] der LAPLACE-Transformation mit Hilfe des linearen Wandlermodells.

Phase 1 – Elektrisches Laden bei frei beweglichem Anker

Stationäre elektrische Klemmengrößen Für die Berechnung der elektrischen Klemmengrößen während der Aufladung des Wandlers ist die Übertragungsfunktion $T_{i/uq}(s)$ nach Gl. (5.58) des ohmsch rückgekoppelten Wandlers anzuwenden (s. Abb. 5.23). Einsetzen der ELM-Vierpolparameter nach Tabelle 5.8 liefert

$$T_{i/uq}(s) = \frac{\triangle I_W(s)}{\triangle U_Q(s)} = \frac{\dfrac{k_{W,I}}{k_{W,U}} Y_{22}(s) \cdot \left\{ \Omega_I \right\}}{\left\{ \Omega_U \right\} + R \cdot \dfrac{k_{W,I}}{k_{W,U}} Y_{22}(s) \cdot \left\{ \Omega_I \right\}}$$

---

[23] Die aufgeführten Bedingungen sichern die Existenz des Grenzwertes im Zeitbereich und ermöglichen damit überhaupt erst die äquivalente Berechnung des Grenzwertes im Bildbereich.

Damit erhält man für die Energievariablen folgende Darstellung im Bildbereich

$$\triangle Q_W(s) = \frac{1}{s}\triangle I_W(s) = \frac{1}{s}T_{i/uq}(s)\cdot\triangle U_Q(s)$$

$$\triangle \Psi_W(s) = \frac{1}{s}\triangle U_W(s) = \frac{1}{s}\Big(\triangle U_Q(s) - R\cdot\triangle I_W(s)\Big) =$$

$$= \frac{1}{s}\Big(1 - R\cdot T_{i/uq}(s)\Big)\cdot\triangle U_Q(s)$$

Für eine sprungförmige Quellenspannung $u_Q(t) = U_0\cdot\sigma(t)$ folgen nach Zwischenrechnung und Anwenden des Endwertsatzes der LAPLACE-Transformation (Lunze 2009) die *stationären* Werte[24]

$$\triangle Q_{W\infty} = U_0\frac{k_{W,I}}{k_{W,U}}\cdot\lim_{s\to 0}\left[\frac{1}{s}\frac{Y_{22}(s)}{1 + R\cdot\dfrac{k_{W,I}}{k_{W,U}}Y_{22}(s)}\right] \qquad (5.66)$$

$$\triangle \Psi_{W\infty} = U_0\cdot\lim_{s\to 0}\left[\frac{1}{s}\frac{1}{1 + R\cdot\dfrac{k_{W,I}}{k_{W,U}}Y_{22}(s)}\right] \qquad (5.67)$$

Man beachte, dass die stationären elektrischen Energievariablen in naheliegender Weise von der ELM-Wandleradmittanz $Y_{22}(s)$ abhängen, aber zusätzlich über die Wandlerparameter $k_{W,U}$, $k_{W,I}$ auch durch die *mechanische Kopplung* (Y_{11}, Y_{12}, Y_{21}) sowie die *externe mechanische* Beschaltung (k) bestimmt werden. Die von der Spannungsquelle zur Verfügung gestellten elektrischen Ladungen werden also auch zur „mechanischen Aufladung" des Wandlers verwendet.

---

[24] Die Existenz der Grenzwerte ist durch die ohmsche Impedanzrückkopplung prinzipiell gesichert, wobei nur zu beachten bleibt, dass im Falle einer kapazitiven bzw. induktiven Wandlerimpedanz jeweils die endliche Energievariable zu betrachten ist, d.h. q_W bei kapazitivem Wandler, ψ_W bei induktivem Wandler.

Stationäre Ankerposition Die konstante elektrische Erregung hat eine konstante Ankerauslenkung x_∞ zur Folge, wodurch mechanische potenzielle Energie in der Wandlerfeder Y_{11} und der Lastfesselung k gespeichert wird. Zur weiteren Berechnung ist es allerdings nicht notwendig, x_∞ explizit zu bestimmen.

Ladeenergie – Kapazitives Verhalten Bei kapazitivem Verhalten gilt für $Y_{22}(s) = C_W \cdot s$ und somit für die *akkumulierte Ladung*[25]

$$\triangle Q_{W\infty} = C_W \frac{k_{W,I}}{k_{W,U}} U_0.$$ (5.68)

Aufgrund der vorne diskutierten Wegunabhängigkeit des Energieintegrals folgt aus Gl. (5.68) die *gesamte* im Wandler *gespeicherte Energie*

$$\boxed{W_{el} = V^*_{Laden} = C_W \frac{k_{W,I}}{k_{W,U}} \frac{U_0^{\,2}}{2}.}$$ (5.69)

Ladeenergie – Induktives Verhalten Bei induktivem Verhalten gilt für $Y_{22}(s) = 1\,/\,(L_W \cdot s)$ und somit für den *akkumulierten verketteten Fluss*[26]

$$\triangle \Psi_{W\infty} = L_W \frac{k_{W,U}}{k_{W,I}} \frac{U_0}{R}.$$ (5.70)

In Analogie zum kapazitiven Wandler erhält man für die *gesamte* im Wandler *gespeicherte Energie*

$$\boxed{W_{el} = T^*_{Laden} = L_W \frac{k_{W,U}}{k_{W,I}} \frac{1}{2} \left(\frac{U_0}{R} \right)^2.}$$ (5.71)

Phase 2 – Festbremsen des Ankers bei elektrischer Erregung

Nach Erreichen der stationären Werte wird der Anker bei der stationären Auslenkung x_∞ unter konstanter Erregung $u_Q(t) = U_0$ festgebremst, d.h. es gilt $x(t) = x_\infty = const.$ für den weiteren Betrieb. Damit ergeben sich keine Änderungen in der Energiebilanz.

---

[25] Die Flussvariable $\psi_W(t)$ als Integral über die Wandlerspannung liefert im stationären Zustand wegen $u_{W\infty} = U_0$ keinen endlichen Wert. Dies ist auch nicht weiter relevant, weil im kapazitiven Fall ja die elektrische Feldenergie gespeichert wird.

[26] U_0/R beschreibt den stationären Strom durch die Wandlerinduktivität.

Phase 3 – Elektrische Entladung bei fest gebremstem Anker

Setzt man im elektrisch geladenen Zustand bei festgebremstem Anker mit $x(t) = x_\infty$ die Quellenspannung auf $\triangle u_Q = 0$ zurück (Kurzschluss bzw. Quasi-Kurzschluss bei Arbeitspunkteinstellung), so kann wegen der mechanischen Blockade lediglich die im elektrischen Energiespeicher (Kapazität, Induktivität) des Wandlers gespeicherte elektrische Energie zurück gewonnen werden.

Entladeenergie – Kapazitives Verhalten   Im stationären, mechanisch blockierten Zustand liegt an den Wandlerklemmen unverändert die Spannung U_0 an, womit sich als in der Wandlerkapazität C_W gespeicherte und elektrisch rückführbare Energie ergibt

$$V_{Entladen}^* = C_W \cdot \frac{U_0^{\,2}}{2}. \tag{5.72}$$

Entladeenergie – Induktives Verhalten   Bei induktivem Wandlerverhalten fließt im stationären, mechanisch blockierten Zustand unverändert der Ruhestrom U_0 / R, womit sich als in der Wandlerinduktivität gespeicherte und elektrisch rückführbare Energie ergibt

$$T_{Entladen}^* = L_W \cdot \frac{1}{2}\left(\frac{U_0}{R}\right)^2. \tag{5.73}$$

Energiebilanz – ELM-Koppelfaktor

Mechanische Energie   Ein Vergleich der zugeführten elektrischen Energie nach Gln. (5.69), (5.71) und der zurück gewonnen elektrischen Energie nach Gln. (5.72), (5.73) zeigt, dass die Differenz als mechanische Energie im Wandler gespeichert sein muss, d.h.

$$\begin{aligned} \text{kapazitiv:} \quad & W_{mech} = V_{Laden}^* - V_{Entladen}^* \\ \text{induktiv:} \quad & W_{mech} = T_{Laden}^* - T_{Entladen}^*. \end{aligned} \tag{5.74}$$

ELM-Koppelfaktor   Mit der Definition Gl. (5.65) und den berechneten Energiebilanzen für elektrisches Laden und Entladen erhält man den *ELM-Koppelfaktor* für

- *kapazitives* Wandlerverhalten, $k_{W,I} > k_{W,U}$, $\Omega_I > \Omega_U$ (s. Tabelle 5.8)

$$\kappa_{kap}^2 = \frac{W_{mech}}{W_{el}} = \frac{C_W \frac{k_{W,I}}{k_{W,U}} - C_W}{C_W \frac{k_{W,I}}{k_{W,U}}} = \frac{k_{W,I} - k_{W,U}}{k_{W,I}} = \frac{\Omega_I^2 - \Omega_U^2}{\Omega_I^2} \quad (5.75)$$

- *induktives* Wandlerverhalten, $k_{W,U} > k_{W,I}$, $\Omega_U > \Omega_I$ (s. Tabelle 5.8)

$$\kappa_{ind}^2 = \frac{W_{mech}}{W_{el}} = \frac{L_W \frac{k_{W,U}}{k_{W,I}} - L_W}{L_W \frac{k_{W,U}}{k_{W,I}}} = \frac{k_{W,U} - k_{W,I}}{k_{W,U}} = \frac{\Omega_U^2 - \Omega_I^2}{\Omega_U^2} \quad (5.76)$$

Allgemeiner ELM-Koppelfaktor Die typspezifischen Koppelfaktoren (5.75), (5.76) lassen sich in eine einzige, *typunabhängige* Beziehung umwandeln, sodass sich für den *ELM-Koppelfaktor* als *allgemeine* Beziehung ergibt

$$\kappa^2 = \frac{\left|k_{W,I} - k_{W,U}\right|}{\max\left\{k_{W,I}, k_{W,U}\right\}} = \frac{\left|\Omega_I^2 - \Omega_U^2\right|}{\max\left\{\Omega_I^2, \Omega_U^2\right\}}. \quad (5.77)$$

ELM-Koppelfaktor mit Vierpolparametern Ersetzt man in Gl. (5.77) die Wandlergrößen durch die *ELM-Vierpolparameter* (s. Tabelle 5.8), so erhält man folgende äquivalente Beziehungen für den allgemeinen ELM-Koppelfaktor

$$\kappa^2 = \frac{\left|Y_{11} - H_{11}\right|}{\max\left\{k - Y_{11}, k - H_{11}\right\}} =$$
$$= \frac{\left|\frac{Y_{12} \cdot Y_{21}}{Y_{22}}\right|}{\max\left\{k - Y_{11}, k - H_{11}\right\}} = \frac{\left|\frac{H_{12} \cdot H_{21}}{H_{22}}\right|}{\max\left\{k - Y_{11}, k - H_{11}\right\}} \quad (5.78)$$

Man beachte, dass die gemischten Produktterme jeweils reell sind und physikalisch die Dimension einer Federsteifigkeit besitzen.

Reziproke Wandler Man überzeugt sich leicht, dass die Ableitung des ELM-Koppelfaktors in analoger Weise auch über eine mechanische Anregung möglich ist, d.h. konstante Kraftanregung bei offenen / kurzgeschlossenen Elektroden. Im Falle eines *reziproken* Wandlers (alle Wandlertypen aus Tabelle 5.5 mit Ausnahme des rückwirkungsfreien Aktuators) erhält man dasselbe Ergebnis wie in Gln. (5.77), (5.78).

5.6.3 Diskussion des ELM-Koppelfaktors

Systemtechnische Bedeutung Der ELM-Koppelfaktor bietet eine bequeme und äußerst kompakte Möglichkeit, unterschiedliche Wandler derselben Familie und darüber hinaus sogar Wandler *unterschiedlicher* Familien miteinander bezüglich ihrer Energiewandlungsfähigkeiten zu vergleichen. Falls der ELM-Koppelfaktor nicht den Datenblättern direkt zu entnehmen ist, kann man ihn relativ leicht über die konstitutiven Wandlerparameter ermitteln (s. Tabelle 5.5 bzw. dedizierte Kapitel zu funktionsrealisierenden Phänomenen) oder auch experimentell bestimmen.

Experimentelle Bestimmung des Koppelfaktors Die Beschreibung des ELM-Koppelfaktors nach Gl. (5.77) legt eine messtechnische Bestimmung über eine Admittanz- bzw. Impedanzmessung an den elektrischen Klemmen des mechanisch belasteten Wandlers nahe. Maximum und Minimum der gemessenen Admittanz (Impedanz) ergeben die charakteristischen Wandlereigenfrequenzen Ω_U, Ω_I und daraus über Gl. (5.77) direkt den ELM-Koppelfaktor. Zu überprüfen ist lediglich, ob nennenswerte parasitäre elektrische Impedanzen vorhanden sind. Gegebenenfalls müssen diese gesondert bestimmt werden und rechnerisch bei der Auswertung berücksichtigt werden (Verschiebung der Wandlereigenfrequenzen, s. Abschn. 5.5).

Spreizung der Wandlereigenfrequenzen Die Spreizung der Wandlereigenfrequenzen Ω_U, Ω_I lässt sich über die Gln. (5.75), (5.76) folgendermaßen darstellen:

$$\text{kapazitiv: } \Omega_I{}^2 = \frac{\Omega_U{}^2}{1-\kappa^2}, \quad \text{induktiv: } \Omega_U{}^2 = \frac{\Omega_I{}^2}{1-\kappa^2} \tag{5.79}$$

Elektrische Admittanz unter mechanischer Belastung Die elektrische Admittanz des unbeschalteten Wandlers ist durch das Vierpolelement

$Y_{22}(s)$ in Gl. (5.35) gegeben (*kapazitives* Verhalten: $Y_{22}(s) = s \cdot C_W$, *induktives* Verhalten: $Y_{22}(s) = 1/(s \cdot L_W)$). Aufgrund der elektromechanischen Kopplung ergibt sich beim beschalteten Wandler prinzipiell eine Erhöhung des elektrisch relevanten Speichervermögens. Dies kann man aus der (komplexen) Verstärkung der Übertragungsfunktion $G_{i/u}(s)$ (Admittanz) ablesen

$$V_{i/u} = Y_{22}(s)\frac{k_{W,I}}{k_{W,U}} = \begin{cases} s \cdot \dfrac{C_W}{1-\kappa^2} = s \cdot \tilde{C}_W \\[3ex] \dfrac{1-\kappa^2}{s \cdot L_W} = \dfrac{1}{s \cdot \tilde{L}_W} \end{cases} \tag{5.80}$$

Die elektrischen Parameter $\tilde{C}_W$, $\tilde{L}_W$ repräsentieren die an den elektrischen Klemmen wirksamen elektrischen Speicherelemente unter Berücksichtigung der elektromechanischen Kopplung.

In reziproker Weise ergeben sich die elektrischen *Impedanzen* durch Inversion der Beziehungen in Gl. (5.80).

Mechanische Dämpfung bei Impedanz- / Admittanzrückkopplung In Abschn. 5.5.5 und Abschn. 5.5.6 wurde bereits der fundamentale Zusammenhang zwischen maximal erreichbarer mechanischer Dämpfung und dem ELM-Koppelfaktor aufgezeigt. Dabei wird ja bekanntlich über den elektromechanischen Energieaustausch im elektrischen Kreis an einem ohmschen Widerstand Energie dissipiert, wodurch das mechanische Teilsystem (ungedämpfter Feder-Masse-Schwinger) gedämpft wird.

Bei rein *ohmscher Impedanzrückkopplung* (Spannungssteuerung) bzw. *ohmscher Admittanzrückkopplung* (Stromsteuerung) gilt nach Gl. (5.60) und unter Berücksichtigung des ELM-Koppelfaktors für die maximal erreichbare mechanische Dämpfung (gleichermaßen für *kapazitives und induktives* Verhalten[27])

$$d_R^{\max} = \frac{|\Omega_U - \Omega_I|}{2\min(\Omega_U, \Omega_I)} \simeq \frac{1}{4}\frac{\kappa^2}{1-\kappa^2}. \tag{5.81}$$

---

[27] Näherung: $\dfrac{x^2 - y^2}{y^2} \simeq \dfrac{2 \cdot (x-y)}{y}$

In Abschn. 5.5.6 wurde die maximal erreichbare Dämpfung für einen kapazitiven Wandler bei *R-L-Impedanzrückkopplung* nach Gl. (5.64) bestimmt. Dieses Ergebnis lässt sich für Wandler mit elektrischer Resonanzbeschaltung verallgemeinern (s. Abschn. 5.7) und man erhält dann allgemein als maximale erreichbare mechanische Dämpfung bei *elektrischer Resonanzbeschaltung*

$$\boxed{d_{resonanz}^{max} = \frac{1}{2}\sqrt{\frac{\kappa^2}{1-\kappa^2}}.}$$
(5.82)

Bemerkenswerterweise hängt die maximal erreichbare mechanische Dämpfung bei einem mechatronischen Wandler mit elektrischer Rückkopplung also *einzig* vom ELM-Koppelfaktor ab.

Einfluss der Federsteifigkeiten Aus der allgemeinen Vierpolbeziehung (5.78) folgt, dass der ELM-Koppelfaktor umgekehrt proportional[28] zur Differenz von Laststeifigkeit und Wandlersteifigkeit ist, d.h.

$$\boxed{\kappa^2 \sim \frac{\alpha_1}{k - Y_{11} + \alpha_2}} \quad \text{bzw.} \quad \boxed{\kappa^2 \sim \frac{\beta_1}{k - H_{11} + \beta_2}.}$$
(5.83)

Aus Gl. (5.83) erkennt man, dass eine *steife Lastfesselung* (großes k) zu einer *Reduktion* des ELM-Koppelfaktors führt. Auf der anderen Seite werden durch eine weichere Lastfesselung zwar gleichermaßen der ELM-Koppelfaktor und die Wandlerempfindlichkeiten $V_{x/F}, V_{x/u}, V_{i/F}$ vergrößert, aber zugleich durch die dann kleinere Eigenresonanz Ω_U die nutzbare Bandbreite verringert.

Die *Wandlersteifigkeiten* Y_{11}, H_{11} spielen eine entscheidende Rolle. Im Falle einer *negativen* Wandlersteifigkeit $Y_{11} < 0, H_{11} < 0$ (elektrodynamische und piezoelektrische Wandler, s. Tabelle 5.5) wirkt diese wie eine zur Laststeifigkeit parallel geschaltete Feder und *vergrößert* die wirksame Steifigkeit mit den oben angesprochenen nachteiligen Auswirkungen.

Bei einer *positiven* Wandlersteifigkeit $Y_{11} > 0, H_{11} > 0$ (elektrostatische und elektromagnetische Wandler, s. Tabelle 5.5) ergibt sich zwar auch eine mechanische Parallelschaltung zur Laststeifigkeit, jedoch mit einer verringerten wirksamen Steifigkeit (*elektromechanische Erweichung*). Dieser an sich destabilisierende Effekt führt bemerkenswerter Weise zu einer *Vergrößerung* des ELM-Koppelfaktors.

---

[28] Die Parameter α_i, β_i ergeben sich aus Gl. (5.78).

Einfluss der Vierpolkoppelterme Die Beziehung (5.78) zeigt, dass für einen großen ELM-Koppelfaktor die Vierpolkoppelterme Y_{12}, Y_{21} bzw. H_{12}, H_{21} betragsmäßig möglichst groß zu wählen sind. Dies ist auch nicht anders zu erwarten, da diese Vierpolkoppelterme ja gerade die elektromechanische Kopplung des unbeschalteten Wandlers beschreiben.

Einfluss des elektrischen Wandlerspeichers Das elektrische Speichervermögen des Wandlers (kapazitiv, induktiv) wird durch die Wandlerparameter C_W, L_W beschrieben, die sich sowohl in den Vierpolelementen $Y_{22}(s)$ bzw. $H_{22}(s)$ als auch in den Koppelelementen (s. Tabelle 5.5) finden. Für den ELM-Koppelfaktor entscheidend sind jedoch die gemischten Produkte, wofür allgemein gilt (s. Tabelle 5.4)

$$\frac{Y_{12} \cdot Y_{21}}{Y_{22}} = -\frac{H_{12} \cdot H_{21}}{H_{22}} \tag{5.84}$$

bzw. unter Berücksichtigung der typspezifischen Wandlercharakteristik

$$\left| \frac{Y_{12} \cdot Y_{21}}{Y_{22}} \right| = \left| \frac{H_{12} \cdot H_{21}}{H_{22}} \right| = \begin{cases} \dfrac{\gamma_C}{C_W} & \text{kapazitiv} \\[2ex] \dfrac{\gamma_L}{L_W} & \text{induktiv} \end{cases} \tag{5.85}$$

Aus Gl. (5.78) folgt, dass allgemein die Produktterme nach Gl. (5.84) betragsmäßig *möglichst groß* gewählt werden müssen, um einen großen ELM-Koppelfaktor zu erreichen. Dies bedeutet wiederum für die beiden Wandlertypen, dass nach Gl. (5.85) die *elektrischen Wandlerspeicher* C_W, L_W so *klein* wie möglich zu wählen sind.

Dies deckt sich auch mit der eingangs geführten Energiebetrachtung zur Ableitung des ELM-Koppelfaktors. Die im elektrischen Energiespeicher gespeicherte Energie verbleibt ja beim elektrischen Lade- / Entladezyklus nicht im Wandler und steht somit nicht als mechanische Energie zur Verfügung.

Semi-aktive Vergrößerung des ELM-Koppelfaktors Der ELM-Koppelfaktor kann durch wandlerexterne schaltungstechnische Maßnahmen über eine Verringerung der elektrischen Wandlerspeicher vergrößert werden. Zu diesem Zweck werden in geeigneter Weise *negative Kapazitäten* bzw.

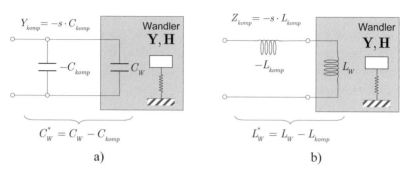

Abb. 5.33. Elektrische Wandlerbeschaltung mit negativen Impedanzen / Admittanzen: a) kapazitiver Wandler mit negativer Kompensationskapazität, b) induktiver Wandler mit negativer Kompensationsinduktivität

negative Induktivitäten in den elektrischen Ansteuerkreis des Wandlers geschaltet (Oleskiewicz et al. 2005), (Preumont 2006), (Marneffe u. Preumont 2008) bzw. (Funato et al. 1997). Für die in Abb. 5.33 dargestellten Konfigurationen ergeben sich als effektive Wandlerspeicher (s. Korrespondenzen in Tabelle 5.9)

$$C_W^* = C_W - C_{komp}, \quad L_W^* = L_W - L_{komp}$$

und bei unveränderten übrigen Wandlerparametern die *modifizierten* ELM-Koppelfaktoren mit C_W^*, L_W^* anstelle von C_W, L_W. Negative Impedanzen lassen sich über spezielle Beschaltungen von Operationsverstärkern realisieren (semi-aktive Netzwerke) und benötigen in jedem Falle Hilfsenergie.

Es ist bei dieser schaltungstechnischen Maßnahme allerdings zu beachten, dass *Stabilitätsprobleme* auftreten können, wenn die Kapazität zu weit reduziert wird, s. (Marneffe u. Preumont 2008).

5.7 Wandler mit Mehrkörperlast

5.7.1 Übertragungsverhalten

Mehrkörperlast   In manchen Anwendungen ist eine Modellierung der an den Wandler angekoppelten Last als elastisch gefesselter Starrkörper nicht ausreichend, z.B. wenn die Fesselung über eine nachgiebige Struktur erfolgt oder wenn die mechanische Last in sich flexibel ist. Eine typische Prinzipanordnung eines Wandlers mit angekoppelter Mehrkörperlast ist in

Abb. 5.34a gezeigt. Dabei ist angenommen, dass der Anker gleichzeitig die elektrisch relevante Elektrode repräsentiert, auf die die wandlereigene elektromechanische Kraft $F_W(x_{Anker}, u_W / i_W)$ ausgeübt wird, d.h. elektromechanische Krafteinleitung und elektrisch / magnetische Feldgrößen sind *kollokiert*.

Lineares Wandlermodell Zur Modellierung des Systemverhaltens des Wandlers mit Mehrkörperlast betrachte man exemplarisch einen *spannungsgesteuerten* Wandler nach Abb. 5.15. Man ersetzt hier lediglich den Einmassenschwinger durch ein *MKS-Zustandsmodell* und erhält ein zustandsorientiertes Blockschaltbild nach Abb. 5.34b. Zu beachten ist hier allerdings, dass die Krafteinleitung der *Wandlerkraft* und der *externen Kraft* an unterschiedlichen Teilkörpern erfolgen kann $(\mathbf{p}_{Anker}, \mathbf{p}_{ext})$.

Signalorientiertes Wandlermodell Zur transparenten Beurteilung des Übertragungsverhaltens wird das MKS-Zustandsmodell vorteilhaft in eine äquivalente Darstellung mittels Übertragungsfunktionen überführt (Abb. 5.34c). Aus dem Wirkfluss in Abb. 5.34b erkennt man, dass hier nur die beiden Übertragungsfunktionen zwischen Wandlerkraft und Ankerposition bzw. externer Kraft und Wandlerposition von Relevanz sind.

Für diese beiden Übertragungsfunktionen gilt

$$\frac{X_{Anker}(s)}{F_W(s)} = G_{MKS}(s) = \frac{\mathcal{Z}_{MKS}(s)}{\mathcal{N}_{MKS}(s)}$$

$$\frac{X_{Anker}(s)}{F_{ext}(s)} = G_F(s) \cdot G_{MKS}(s) = \frac{\mathcal{Z}_{ext}(s)}{\mathcal{Z}_{MKS}(s)} G_{MKS}(s) = \frac{\mathcal{Z}_{ext}(s)}{\mathcal{N}_{MKS}(s)}$$

(5.86)

wobei zu beachten ist, dass beide Übertragungsfunktionen in Gl. (5.86) dasselbe Nennerpolynom besitzen (weil es sich um ein und dasselbe dynamische System handelt, vollständige Beobachtbarkeit und Steuerbarkeit sei vorausgesetzt).

Kollokationsproblematik Die Übertragungsfunktionen unterscheiden sich lediglich in ihren Zählerpolynomen aufgrund des unterschiedlichen Ortes der Krafteinleitung. Die Übertragungsfunktion $G_{MKS}(s)$ ist vom *kollokierten* Typus (Beobachtungs- und Stellort ist der Anker), wogegen die Übertragungsfunktion $G_F(s) \cdot G_{MKS}(s)$ dann *nichtkollokierten* Charakter besitzt, falls die *externe* Kraft *nicht am Anker* angreift.

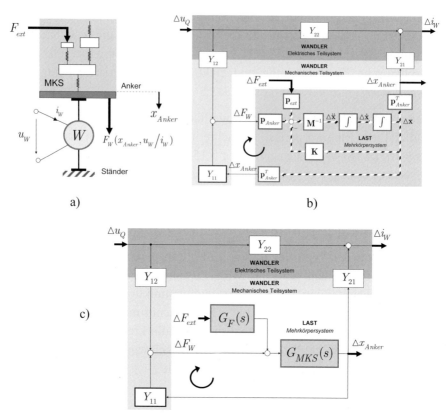

Abb. 5.34. Mechatronischer Elementarwandler mit Mehrkörperlast: a) Prinzipaufbau, b) Blockschaltbild des linearisierten beschalteten Wandlers mit zustandsbasiertem MKS-Modell, c) Blockschaltbild des linearisierten beschalteten Wandlers mit MKS-Übertragungsfunktionen

Wandlerübertragungsfunktionen Aufgrund der auf den Vierpolparametern basierenden einfachen Wandlerstruktur findet man aus dem Blockschaltbild Abb. 5.34c nach kurzer Zwischenrechnung die in Tabelle 5.10 aufgeführten Wandlerübertragungsfunktionen für Spannungs- und Stromsteuerung. Für den *stromgesteuerten* Wandler ergeben sich erwartungsgemäß *duale* Beziehungen zum *spannungsgesteuerten* Wandler: im Blockschaltbild nach Abb. 5.34c sind lediglich Strom und Spannung, sowie *H*- und *Y*-Parameter gegeneinander auszutauschen, ebenso in den Übertragungsfunktionen in Tabelle 5.10.

Die einzelnen Übertragungsfunktionen zeigen insgesamt eine transparente Struktur.

Tabelle 5.10. Übertragungsmatrix für Spannungssteuerung bzw. Stromssteuerung eines mechatronischen Elementarwandlers mit *Mehrkörperlast* (s. Abb. 5.34c, Gl. (5.86))

Spannungssteuerung	Stromsteuerung
$\begin{pmatrix} \triangle X(s) \\ \triangle I_W(s) \end{pmatrix} = \begin{pmatrix} \tilde{G}_{x/F,U} & \tilde{G}_{x/u} \\ \tilde{G}_{i/F} & \tilde{G}_{i/u} \end{pmatrix} \begin{pmatrix} \triangle F_{ext}(s) \\ \triangle U_Q(s) \end{pmatrix}$	$\begin{pmatrix} \triangle X(s) \\ \triangle U_W(s) \end{pmatrix} = \begin{pmatrix} \tilde{G}_{x/F,I} & \tilde{G}_{x/i} \\ \tilde{G}_{u/F} & G_{u/i} \end{pmatrix} \begin{pmatrix} \triangle F_{ext}(s) \\ \triangle I_Q(s) \end{pmatrix}$
$\tilde{\mathbf{G}}_U(s) = \begin{pmatrix} \dfrac{\mathcal{Z}_{ext}(s)}{\Delta_U(s)} & \dfrac{\mathcal{Z}_{MKS}(s) \cdot Y_{12}}{\Delta_U(s)} \\[2ex] \dfrac{\mathcal{Z}_{ext}(s) \cdot Y_{21}}{\Delta_U(s)} & Y_{22} \dfrac{\Delta_I(s)}{\Delta_U(s)} \end{pmatrix}$	$\tilde{\mathbf{G}}_I(s) = \begin{pmatrix} \dfrac{\mathcal{Z}_{ext}(s)}{\Delta_I(s)} & \dfrac{\mathcal{Z}_{MKS}(s) \cdot H_{12}}{\Delta_I(s)} \\[2ex] \dfrac{\mathcal{Z}_{ext}(s) \cdot H_{21}}{\Delta_I(s)} & H_{22} \dfrac{\Delta_U(s)}{\Delta_I(s)} \end{pmatrix}$

$$\Delta_U(s) := \mathcal{N}_{MKS}(s) - Y_{11} \cdot \mathcal{Z}_{MKS}(s)$$

$$\Delta_I(s) := \mathcal{N}_{MKS}(s) - H_{11} \cdot \mathcal{Z}_{MKS}(s)$$

Die *Nullstellen* $\mathcal{Z}_{MKS}(s)$, $\mathcal{Z}_{ext}(s)$ der *Mehrkörperlast* entsprechen den unterschiedlichen Krafteinleitungspunkten und sie treten in den entsprechenden Übertragungskanälen explizit in Erscheinung. Alle Übertragungsfunktionen je Ansteuerungsart besitzen *dieselben Pole*. Das *elektrische Klemmenverhalten* von Spannungs- und Stromsteuerung ist streng *dual* (Admittanz vs. Impedanz). Einzig in diesen Übertragungsfunktionen treten geänderte Nullstellen gegenüber den MKS-Übertragungsfunktionen auf, wobei diese aber jeweils den Polen der dualen Struktur entsprechen (charakteristische Polynome $\Delta_U(s)$, $\Delta_I(s)$).

Charakteristische Polynome Interessant ist eine detaillierte Analyse der charakteristischen Polynome $\Delta_U(s)$, $\Delta_I(s)$, da sich daraus ja das grundlegende dynamische Verhalten und Stabilitätsaussagen erschließen.

Als erste Eigenschaft fällt auf, dass die Pole des beschalteten Wandlers (Nullstellen der charakteristischen Polynome) ausschließlich von den Vierpolparametern Y_{11}, H_{11} beeinflusst werden. Diese Eigenschaft erkennt man auch sehr schön am Blockschaltbild Abb. 5.34b bzw. Abb. 5.34c.

Die qualitative Lage der Nullstellen der charakteristischen Polynome lässt sich leicht in allgemeiner Form über eine Betrachtung mit *Wurzel-ortskurven* (Lunze 2009) abschätzen. In den charakteristischen Polynomen $\Delta_U(s), \Delta_I(s)$ aus Tabelle 5.10 fungieren die Wandlersteifigkeiten Y_{11}, H_{11} als Rückführverstärkungen der Ankerrückkopplung nach Abb. 5.34c.

Da man für $G_{MKS}(s)$ eine *kollokierte* Struktur voraussetzen darf (s. Bemerkungen am Beginn dieses Abschnittes), besitzt $G_{MKS}(s)$ ein imaginäres Polpaar $\{\omega_{p0}\}$, welches die Gleichtakteigenform repräsentiert, und weitere betragsmäßig größere, alternierende imaginäre Nullstellen-/ Polpaare $\{\omega_{zi}\}, \{\omega_{pi}\}$. Die sich daraus ergebenden Wurzelortskurven für die Wandlerpole in Abhängigkeit der Wandlersteifigkeiten Y_{11}, H_{11} sind in Abb. 5.35 dargestellt.

Pol- und Nullstellenlagen   Je nach Wandlertyp (s. Tabelle 5.5) lassen sich aus Abb. 5.35 leicht die relativen Lagen der Pole und Nullstellen ablesen. Die Struktureigenfrequenzen werden bezogen auf die freie Struktur bei *positiven* Wandlersteifigkeiten zu *kleineren* Frequenzen hin verschoben, hingegen bei negativen Wandlersteifigkeiten hin zu höheren Frequenzen. Bei dieser Wanderung werden allerdings keine Nullstellen der offenen Struktur überschritten, sodass für die beschaltete flexible Last, die relative Lage von Polen und Nullstellen und damit die kollokierte Charakteristik erhalten bleiben.

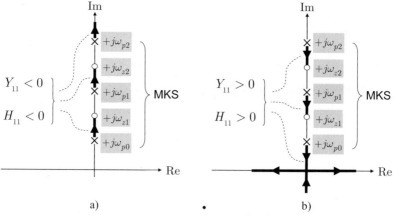

Abb. 5.35. Wurzelortskurven für die Pole des beschalteten Wandlers mit Mehrkörperlast (3 FG) : a) $Y_{11} < 0$ bzw. $H_{11} < 0$, b) $Y_{11} > 0$ bzw. $H_{11} > 0$

Man verifiziert diese allgemein gültigen Eigenschaften leicht für die bereits eingehend diskutierte elastisch gefesselte Starrkörperlast (Einmassenschwinger) mit $\omega_{p0} = \Omega_0 = \sqrt{k/m}$ und den Korrespondenzen aus Tabelle 5.8.

Stabilitätseigenschaften Aus dem Verlauf der Wurzelortskurven ist ersichtlich, dass aufgrund der kollokierten Mehrkörperkonfiguration durch die *mechanische Rückkopplung*[29] keine Stabilitätsprobleme auftreten können.

Der unterste Ast der Wurzelortskurven für positive Wandlersteifigkeiten führt zwar in die rechte *s*-Halbebene, er repräsentiert die bereits diskutierte *elektromechanische Erweichung* und tritt aber unabhängig von der mechanischen Konfiguration immer auf. Die zunehmende Wandlersteifigkeit kompensiert die Federsteifigkeit der elastischen Fesselung und führt bei vollständiger Kompensation zu einer ungefesselten mechanischen Last (grenzstabil, Doppelpol im Ursprung) und bei zusätzlicher Vergrößerung zu einem instabilen System.

5.7.2 Impedanz- und Admittanzrückkopplung

Elektrisches Klemmenverhalten Das elektrische Klemmenverhalten wird bekanntermaßen durch die Übertragungsfunktionen $G_{i/u}$, $G_{u/i}$ repräsentiert (s. Abb. 5.20). In diesen Übertragungsfunktionen erscheinen als Nullstellen ja gerade die Pole der jeweils dualen Übertragungsfunktion, diese entsprechen paarweise Ω_U, Ω_I für den Einmassenschwinger. Man überzeugt sich leicht anhand der Wurzelortskurven aus Abb. 5.35 und der Vierpolparameter für technische Wandlerprinzipien aus Tabelle 5.5, dass sich auch für $G_{i/u}$, $G_{u/i}$ eine *kollokierte* Charakteristik mit alternierenden Nullstellen- und Polpaaren ergibt.

Impedanz- / Admittanzrückkopplung Da die Mehrkörperlast letztlich nur eine Verallgemeinerung der elastischen Starrkörperlast (Einmassenschwinger) darstellt, sind keine prinzipiellen Unterschiede zu den in Abschn. 5.5 gefundenen Ergebnissen zu erwarten. Interessant ist allerdings der Einfluss der Struktureigenmoden.

---

[29] Nur diese wird hier betrachtet, da ein verlustloser Wandler vorausgesetzt wird. Im Falle einer *elektrischen* Rückkopplung (Impedanz, Admittanz), sind gesonderte Betrachtungen nötig.

Aufgrund der kollokierten Struktur der für die Rückkopplung relevanten Übertragungsfunktionen $G_{i/u}, G_{u/i}$ finden sich tatsächlich alle bekannten Eigenschaften wieder. Die Wandlereigenfrequenzen (hier die Struktureigenfrequenzen) werden allesamt gedämpft, allerdings mit unterschiedlich großer Wirkung. Näherungsweise sind die Auslegungsformeln für Starrkörperlasten auch hier anwendbar.

Zur anschaulichen Erläuterung sei exemplarisch in Beispiel 5.2 der bereits aus Beispiel 5.1 bekannte kapazitive Wandler betrachtet.

Beispiel 5.2   *Kapazitiver Wandler mit Mehrkörperlast und Impedanzrückkopplung.*

Es sei wiederum der in Abb. 5.27 dargestellte *spannungsgesteuerte kapazitive* Wandler betrachtet, allerdings jetzt mechanisch beschaltet mit einem ungedämpften *Zweimassenschwinger* (s. Tabelle 4.3, kollokierte Konfiguration) mit

$$G_{MKS}(s) = V_{MKS} \frac{\{\omega_{z1}\}}{\{\omega_{p0}\}\{\omega_{p1}\}}, \quad \omega_{p0} < \omega_{z1} < \omega_{p1} \qquad (5.87)$$

Es soll untersucht werden, inwiefern sich diese *MKS-Wandlerkonfiguration* für *(A) ohmsche Rückkopplung* und *(B) R-L-Rückkopplung* von dem Starrkörperwandler unterscheidet.

Elektrisches Klemmenverhalten   Die Übertragungsfunktion $G_{i/u}(s)$ des mechanisch mit der MKS-Struktur Gl. (5.87) beschalteten Wandlers lässt sich leicht über Abb. 5.35 abschätzen. Dazu muss allerdings eine vorläufige Annahme für einen speziellen Wandlertyp gemacht werden.

Für einen *elektrostatischen* Wandler folgt beispielsweise nach Tabelle 5.5 die Wandlersteifigkeiten $Y_{11} > H_{11} > 0$ und damit die in Abb. 5.36a gezeigte Pol- / Nullstellenkonfiguration für $G_{i/u}(s)$.

Wie man leicht nachprüfen kann, würde sich für den zweiten möglichen kapazitiven Wandlertyp, einen *piezoelektrischen Wandler* mit den Wandlersteifigkeiten $H_{11} < Y_{11} < 0$, qualitativ die gleiche Pol-/ Nullstellenkonfiguration ergeben, wobei die Äste der Wurzelortskurven hier nach oben zeigen und größere Eigenfrequenzen des beschalteten Wandlers ausweisen.

Bedingt durch die MKS-Struktur entstehen alternierende Pol- / Null-stellenpaare $(\Omega_{U0}, \Omega_{I0})$, $(\Omega_{U1}, \Omega_{I1})$, ähnlich wie bei der Starrkörperlast.

(A) Ohmsche Impedanzrückkopplung   Für die ohmsche Impedanz-rückkopplung wird lediglich ein Serienwiderstand R in den Hilfsspan-nungskreis geschaltet (s. Abb. 5.20a bzw. Abb. 5.23). Die zugehörigen Wurzelortskurven für die Pole des rückgekoppelten Wandlers sind in Abb. 5.36b gezeichnet.

Man erkennt das erwartete Dämpfungsverhalten der Struktureigenfre-quenzen (Pole $\boxtimes$). Es werden beide Pole des MKS in die linke s-Halbebene gezogen, allerdings mit unterschiedlicher Dämpfung. Es ist nun nicht möglich, mit einer Widerstandseinstellung, beide Pole maximal zu dämpfen.

(B) R-L-Impedanzrückkopplung   Für die R-L-Rückkopplung wird entsprechend Abb. 5.27 ein ohmscher Widerstand R und eine Induktivi-tät L seriell in den Hilfsspannungskreis geschaltet. Die systemtheoreti-sche Auswirkung dieser Maßnahme lässt sich in Analogie zu Beispiel 5.1 durch sequenzielles Schließen zuerst der L-Rückführung und anschlie-ßend der R-Rückführung (Abb. 5.28) erschließen. Die zugehörigen Wur-zelortskurven sind in Abb. 5.37 gezeichnet. Nach Schließen der L-Rückführung erscheint ein neues imaginäres Polpaar verursacht durch den L-C_W-Serienschwingkreis.

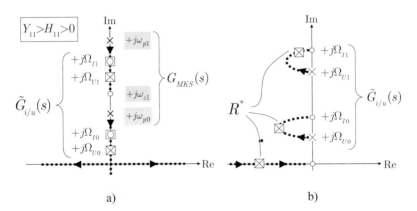

Abb. 5.36. Spannungsgesteuerter kapazitiver Wandler mit Zweimassen-schwinger als Last: a) Wurzelortskurven für elektrisches Klemmenver-halten eines elektrostatischen Wandlers, b) Wurzelortskurven für Pole des MKS-Wandlers mit *ohmscher* Impedanzrückkopplung

Bei Schließen der R-Rückführung sind für den Wurzelortsverlauf je nach Parametrierung die in Abb. 5.29b-d gezeigten Varianten möglich. Durch geeignete Wahl von L^{*}, R^{*} kann auch der in Abb. 5.37b gezeigte Wurzelortsverlauf eingestellt werden, der für die niederste Struktureigenfrequenz eine maximale Dämpfung realisiert. Allerdings ist die zweite Struktureigenfrequenz wesentlich schwächer gedämpft. Ähnlich wie bei ohmscher Impedanzrückkopplung, müssen auch hier Kompromisse bezüglich der maximal möglichen Dämpfung mehrerer Eigenfrequenzen eingegangen werden.

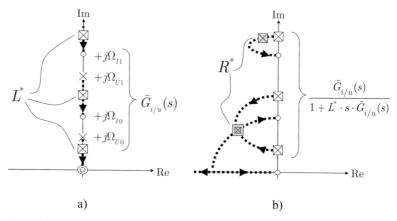

a)   b)

Abb. 5.37. Spannungsgesteuerter kapazitiver Wandler mit Zweimassenschwinger als Last und R-L-Impedanzrückkopplung: a) Wurzelortskurven für Pole des MKS-Wandlers bei Schließen der L-Rückführung, b) Wurzelortskurven für Pole des MKS-Wandlers bei Schließen der R-Rückführung

Allgemeines MKS-Dämpfungsverhalten Bei mehr als einer Eigenfrequenz kann durch ohmsche bzw. allgemeine Impedanzrückkopplung nur eine Eigenfrequenz wirklich gut gedämpft werden, die restlichen werden prinzipiell schwächer gedämpft. Aufgrund der stärkeren Selektivität der allgemeinen Impedanzrückkopplung (R-L-C-Schwingkreis), dämpft diese die übrigen Eigenfrequenzen schwächer als die wesentlich breitbandigere R-Rückführung. Im Einzelfall wird man also Kompromisse bezüglich Frequenzselektivität und Bandbreite eingehen müssen.

Multimode Damping Eine Möglichkeit, gleichzeitig mehrere Eigenfrequenzen möglichst optimal zu bedämpfen, bieten passive Netzwerke höherer Ordnung. Dazu werden mehrere unterschiedlich abgestimmte R-L-C-Schwingkreise in geeigneter Parallelstruktur in den elektrischen Wandlerkreis geschaltet (Hollkamp 1994), (Fleming et al. 2002) oder direkt Admittanzfunktionen höherer Ordnung mittels digitaler Filter (DSP) realisiert (Moheimani u. Behrens 2004).

Allgemeines Stabilitätsverhalten Aus den bisherigen Ausführungen und dem Demonstrationsbeispiel 5.2 ergibt sich ganz offenkundig, dass für die betrachtete Konfiguration eines *intern verlustfreien* Wandlers bei kollokierten MKS-Strukturen keinerlei Stabilitätsprobleme bestehen, die durch das Mehrkörpersystem selbst verursacht werden[30]. Dies ist auch tatsächlich solange gegeben, als keine wesentlichen parasitären Effekte zu Buche schlagen.

Gefährlich werden können parasitäre Phasenverzögerungen in der elektrischen Rückführung durch Streukapazitäten und Streuinduktivitäten. Dadurch können speziell hochfrequente Eigenmoden der mechanischen Struktur durch die elektrische Rückführung instabil werden, z.B. (Marneffe u. Preumont 2008).

Der Einfluss von parasitären Phasenverzögerungen ist allerdings in den bisher verwendeten Wurzelortskurven quantitativ schwer erkennbar. Einen wesentlich transparenteren Zugang bietet der *Frequenzgang* und speziell im Falle von schwach gedämpften Mehrkörpersystemen dessen Darstellung im *NICHOLS-Diagramm* (*Gain-Phase-Plot*) dessen Verwendung ausführlich in Kap. 10 diskutiert wird.

5.8 Mechatronischer Resonator

Mechanische Schwingungsdämpfung Eine wichtige Aufgabe bei Mehrkörpersystemen besteht in der künstlichen Bedämpfung von mechanischen Eigenfrequenzen. Oftmals ist es aus konstruktiven Gründen nicht möglich, direkt in der mechanischen Struktur dissipative Elemente zu platzieren. Einen Ausweg bieten sogenannte *mechanische Resonanzdämpfer* oder

---

[30] Zu beachten sind natürlich wandlerinhärente Stabilitätsprobleme durch elektrostatische Erweichung und *Pull-in*-Effekte, diese treten allerdings ebenso bei einer elastisch gefesselten Starrkörperlast in Erscheinung.

Schwingungstilger. In Abb. 5.38a ist der Prinzipaufbau an einem unge-dämpften Einmassenschwinger (m, k) erläutert. Dessen Eigenschwingung wird durch eine externe Störkraft angeregt und soll durch einen angekop-pelten *dissipativen* Einmassenschwinger – *Tilger* (engl. *tuned mass dam-per*) – (m_T, k_T, b_T) bedämpft werden. Dazu wird die Eigenfrequenz des Tilgers in geeigneter Weise so abgestimmt, dass durch die Überlagerung der Eigenschwingungen des gekoppelten Zweimassenschwingers (*Doppel-resonator*) kinetische Energie der Lastmasse m in den Tilgerkreis einge-koppelt wird und dort über das Dämpferelement b_T dissipiert wird (VDI 2006). Dieses Prinzip ist seit langer Zeit bekannt (Lehr 1930), (Hartog 1947) und hat sich in einem breiten industriellen Umfeld etabliert, bis hin zu Schwingungstilgern in Gebäuden und Brücken.

Mechatronischer Doppelresonator Die vorteilhaften Eigenschaften einer Beschaltung der elektrischen Klemmen mit passiven Netzwerken wurden bereits in den beiden vorangegangenen Abschnitten deutlich. Man erinnere sich speziell an die R-L-Resonanzbeschaltung des kapazitiven Wandlers aus Beispiel 5.1. Dieses Konzept lässt sich verallgemeinern und als mechatronisches Äquivalent – *mechatronischer Resonator* (Abb. 5.38b) – zum passiven Zweimassentilger aus Abb. 5.34a nutzen.

Im Falle eines kapazitiven Wandlers wird über die R-L Impedanzrück-kopplung ein (gedämpfter) elektrischer Resonator (R-L-C_W) an den me-chanischen Resonator (m, k) angekoppelt, es entsteht ein *mechatronischer Doppelresonator* ähnlich dem mechanischen Doppelresonator aus Abb. 5.38a (Hagood u. Flotow 1991), (Preumont 2002), (Moheimani 2003), (Neubauer et al. 2005).

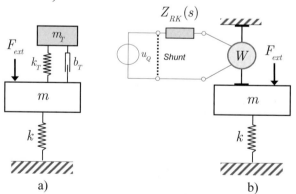

Abb. 5.38. Doppelresonanzdämpfer: a) klassischer passiver Schwingungstilger durch Zweimassenschwinger, b) mechatronischer Wandler mit Resonanzbeschal-tung (optional mit *Shunt* = passiver Wandler)

Tabelle 5.11. Äquivalente Konfigurationen (gleiches mathematisches Modell) eines mechatronischen Doppelresonators (= gekoppeltes elektrisch-mechanisches Schwingungssystem zur passiven Schwingungsdämpfung)

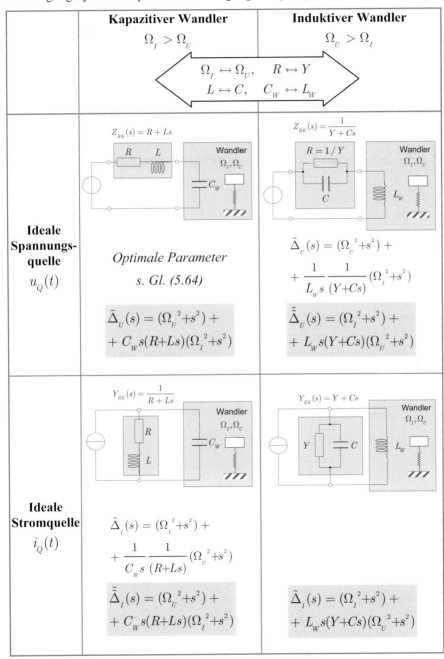

	Kapazitiver Wandler $\Omega_I > \Omega_U$	**Induktiver Wandler** $\Omega_U > \Omega_I$
	$\Omega_I \leftrightarrow \Omega_U, \quad R \leftrightarrow Y$ $L \leftrightarrow C, \quad C_W \leftrightarrow L_W$	
Ideale Spannungs-quelle $u_Q(t)$	$Z_{RK}(s) = R + Ls$ *Optimale Parameter* *s. Gl. (5.64)* $\tilde{\Delta}_U(s) = (\Omega_U^{\,2}+s^2) +$ $+ C_W s (R+Ls)(\Omega_I^{\,2}+s^2)$	$Z_{RK}(s) = \dfrac{1}{Y + Cs}$ $\tilde{\Delta}_U(s) = (\Omega_U^{\,2}+s^2) +$ $+ \dfrac{1}{L_W s}\dfrac{1}{(Y+Cs)}(\Omega_I^{\,2}+s^2)$ $\tilde{\tilde{\Delta}}_U(s) = (\Omega_I^{\,2}+s^2) +$ $+ L_W s (Y+Cs)(\Omega_U^{\,2}+s^2)$
Ideale Stromquelle $i_Q(t)$	$Y_{RK}(s) = \dfrac{1}{R + Ls}$ $\tilde{\Delta}_I(s) = (\Omega_I^{\,2}+s^2) +$ $+ \dfrac{1}{C_W s}\dfrac{1}{(R+Ls)}(\Omega_U^{\,2}+s^2)$ $\tilde{\tilde{\Delta}}_I(s) = (\Omega_U^{\,2}+s^2) +$ $+ C_W s (R+Ls)(\Omega_I^{\,2}+s^2)$	$Y_{RK}(s) = Y + Cs$ $\tilde{\Delta}_I(s) = (\Omega_I^{\,2}+s^2) +$ $+ L_W s (Y+Cs)(\Omega_U^{\,2}+s^2)$

Die Funktionsweise des mechatronischen Doppelresonators entspricht genau dem mechanischen Analogon, die systemtheoretische Wirkungsweise wurde in Beispiel 5.1 ausführlich diskutiert. Durch eine geeignete Abstimmung der Impedanzparameter von $Z_{RK}(s)$ kann eine maximale Dämpfung der beiden Eigenresonanzen eingestellt werden.

Äquivalente Konfigurationen Die in Beispiel 5.1 diskutierte Konfiguration eines spannungsgesteuerten kapazitiven Wandlers mit Impedanzrückkopplung ist nur eine von mehreren Möglichkeiten. In Tabelle 5.11 sind vier Konfigurationen für *kapazitive* und *induktive* Wandler bei *Spannungs*- und *Stromsteuerung* mit äquivalentem Dämpfungsverhalten dargestellt. Mit den dargestellten Umformungen und Korrespondenzen führen alle vier Konfigurationen auf *dasselbe charakteristische Polynom* und die daraus abgeleiteten *Entwurfsformeln* nach Gl. (5.64).

In allen vier dargestellten Fällen werden auf elektrischer Wandlerseite gedämpfte *R-L-C*-Resonanzkreise implementiert, wobei je nach Wandlertyp das im Wandler vorhandene elektrische Speicherelement durch ein externes komplementäres elektrisches Speicherelement zu ergänzen ist.

Hinweis zur *R-L-C*-Abstimmung Ziel der elektrischen Abstimmung ist eine Dämpfung der mechanischen Eigenresonanz $\Omega_0 = \sqrt{k/m}$. Aus der Entwurfsdiskussion zu Beispiel 5.1 sollte klar geworden sein, dass die Eigenwerte des optimal abgestimmten Resonators die Eigenwerte des gekoppelten Doppelresonators (m, k) und $(R - L - C)$ sind (s. Wurzelortskurven Abb. 5.29d). Insbesondere gilt bei optimaler Abstimmung nach Gl. (5.64) für die elektrischen Schwingkreisparameter

$$\Omega_{el}^{opt} = \frac{1}{\sqrt{LC}} = \frac{\Omega_I^{\,2}}{\Omega_U}$$

und *nicht* wie *fälschlicherweise* oft zu lesen $\Omega_{el} = 1/\sqrt{LC} = \Omega_0$.

5.9 Mechatronischer Schwinggenerator

Elektromechanische Energiewandlung Die bidirektionale Konversionsmöglichkeit eines mechatronischen Wandlers zwischen mechanischer und elektrischer Energie legt dessen Verwendung als elektromechanischen Energieerzeuger nahe. Dieses Prinzip wird natürlich seit langer Zeit zur Elektroenergieerzeugung im großen Maßstab mit elektrischen Generatoren unter Nutzung des Elektromagnetismus verwendet. In diesen Fällen wird die mechanische Energie in sehr speziell aufbereiteter Form zugeführt, z.B. über Turbinen, die aus Wasserkraft oder thermischen Prozessen gespeist werden.

Mechanische Umgebungsenergie – *Energy Harvesting* Durch den kompakten Aufbau und die unkonventionellen Wandlungsmechanismen mechatronischer Wandler sind in jüngster Vergangenheit verstärkt Konzepte zur Nutzung von mechanischer Umgebungsenergie in den Mittelpunkt der technisch-wissenschaftlichen Forschung gerückt. Da die mechanischen Energiequellen dazu nicht besonders aufbereitet werden, sondern vorhandene Energiequellen aus der Alltagsumgebung genutzt werden, spricht man von *energy harvesting* (engl. *harvesting* – ernten) bzw. *energy scavenging* (engl. *scavenging* – rückführen). Dieses Energieerzeugungsprinzip hat eine besonders große Bedeutung für die Autarkie von mobilen elektronischen Geräten wie Mobiltelefonen, Sensoren und medizinischen Implantaten (Priya 2007).

Technischer Aufbau Der Prinzipaufbau eines mechatronischen Schwinggenerators ist in Abb. 5.39 dargestellt. Eine seismische Masse ist elastisch über einen mechatronischen Wandler mit einem Gehäuse verbunden. Das Gehäuse wird durch eine äußere Anregung $w(t)$ mechanisch ausgelenkt, wodurch die seismische Masse über eine Fußpunkterregung (s. Abb. 5.2) erregt wird. Die im Masse-Feder-System gespeicherte Energie W_{mech} wird in dem mechatronischen Wandler in elektrische Energie W_{el} gewandelt, die an einer *Lastimpedanz* $Z_L(s)$ genutzt werden kann bzw.

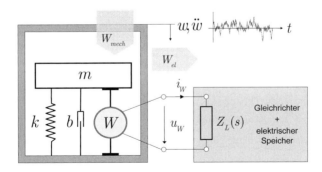

Abb. 5.39. *Energy Harvesting* – Prinzipanordnung eines mechatronischen Schwinggenerators mit seismischer Masse (Fußpunkt- / Beschleunigungsanregung)

nach Umwandlung über einen Gleichrichter in einem elektrischen Energiespeicher (Batterie, Akku) für späteren Verbrauch gespeichert werden kann
(Mateu u. Moll 2007).

Durch Verwendung einer seismischen Masse benötigt man keinerlei
Vorrichtungen zur Krafteinleitung, der Schwinggenerator kann leicht auf
bewegte mechanische Strukturen appliziert werden, z.B. Automobil, Fahr-
rad, Schuh, Prothese.

Für die technische Realisierung eignen sich in erster Linie solche Wandlungsprinzipien, die ohne eigene Hilfsenergieversorgung auskommen, also
elektrodynamische und *piezoelektrische* Wandler.

Äquivalenz zu mechatronischen Beschleunigungssensor   Die Anordnung aus Abb. 5.39 ist übrigens identisch (ohne die elektrische Energie-
speichereinheit) mit einem mechatronischen Beschleunigungssensor. Dort
werden die über das mechanische Teilsystem erzeugten elektrischen Ladungen oder Spannungen als repräsentative Messinformation genutzt. Bei
dieser Anwendung spielt die Frage der Hilfsenergiequelle üblicherweise
keine große Rolle, sodass alle kapazitiven und induktiven Wandlerprinzipien anwendbar sind.

Systemtechnische Diskussion   Die Energiewandlung wird hier über das
Übertragungsverhalten zwischen Beschleunigungseingang und elektrischen Klemmengrößen u_W / i_W bei Impedanzbeschaltung mit $Z_L(s)$ beschrieben. Dazu sind alle notwendigen Modelle aus den vorangegangenen
Abschnitten vorhanden.

Je nach Modellansatz muss bei einem spannungsgesteuerten Wandler
die Spannungsquelle im Kurzschluss, d.h. $u_Q = 0$, oder bei einem stromgesteuerten Wandler die Stromquelle im Leerlauf, d.h. $i_Q = 0$, betrieben
werden.

Für die gewählte Lastimpedanz $Z_L(s)$ werden dann in bekannter Weise
die Übertragungsfunktionen $G^*_{i/u}(s)$ bzw. $G^*_{u/i}(s)$ mit Impedanz- bzw.
Admittanzrückkopplung berechnet, wobei hier die einfachen Beziehungen
mit elastischer Starrkörperlast (s. Abschn. 5.5) ausreichen. Mit den rückgekoppelten Übertragungsfunktionen $G^*_{i/u}(s)$, $G^*_{u/i}(s)$ kann dann leicht die
für die Energiewandlung relevante Übertragungsfunktion $G^*_{i/\ddot{w}}(s)$ ermittelt
werden.

Aus der Diskussion des elektromechanischen Koppelfaktors (s. Abschn.
5.6) ist klar geworden, dass für eine möglichst effiziente Energiewandlung
ein möglichst großer Koppelfaktor κ^2 anzustreben ist. Die diesbezüglichen

Auslegungskriterien bezüglich Wandlertyps, Wandlerparameter und mechanischer Beschaltung wurden in Abschn. 5.6 ausführlich diskutiert.

Ein wichtiger Entwurfsaspekt ist die *dynamische Charakteristik* der *mechanischen Anregung* $w(t)$ in Bezug zur *Übertragungscharakteristik* des elektrisch beschalteten *Wandlers*. Wie bekannt, besitzt der Wandler bei einer elastischen Starrkörperlast eine ausgeprägte Resonanz, die von den Wandlerparametern und der mechanischen Beschaltung (k, m) abhängig ist. Aus der Struktur der Wandlerübertragungsfunktionen wird klar, dass ein Maximum der Energiewandlung zwischen Kraft- bzw. Beschleunigungseingang und Strom- bzw. Spannungsausgang gerade bei dieser Resonanzfrequenz auftritt.

Auf der anderen Seite besitzen die mechanischen Erregungsquellen in ihrem Signalspektrum oftmals ausgeprägte Maxima bei speziellen Erregungsfrequenzen, z.B. Aufbauschwingungen in einem Kraftfahrzeug, Motordrehzahl.

Ziel des Systementwurfes ist damit eine günstige Abstimmung der Wandlerauslegung (elektrisch-mechanische Beschaltung) auf das zur Verfügung stehende Erregungsspektrum (Shu u. Lien 2006), (Ward u. Behrens 2008), (Twiefel et al. 2008).

5.10 Self-sensing-Aktuator

5.10.1 Prinzipbeschreibung

Problemstellung Zur Lösung der Hauptaufgabe eines mechatronischen Systems „erzeuge gezielte Bewegungen" benötigt man in der Regel einen geschlossenen Wirkungskreis mit einer sensorischen Rückführung der kinematischen Größen (Position, Geschwindigkeit, Beschleunigung, siehe Kap.1). Bei räumlich begrenzten Ausführungsformen oder aus Kostengründen möchte man mit einem möglichst geringen Geräteaufwand auskommen. Da man kaum auf die Krafterzeugung und die Informationsverarbeitung verzichten kann, stellt sich die interessante Frage, unter welchen Umständen ein expliziter *Bewegungssensor entbehrlich* ist und sich trotzdem ein geschlossener Wirkungskreis verwirklichen lässt.

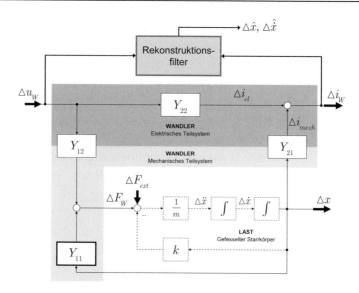

Abb. 5.40. *Self-sensing*-Grundprinzip am Beispiel eines linearisierten mechatronischen Elementarwandlers mit Spannungssteuerung

Grundidee eines *Self-sensing*-Aktuators   Aus dem in Abb. 5.40 dargestellten Signalflussplan eines linearisierten *spannungsgesteuerten*[31] mechatronischen *Elementarwandlers* (vgl. Abb. 5.15) erkennt man sehr deutlich, dass sich im Wandlerstrom Δi_W zwei Stromanteile überlagern: der über die Spannungsquelle gelieferte Strom $Y_{22} \Delta u_W$ sowie der mechanisch induzierte Strom $Y_{21} \Delta x$. Aus der Bebachtung des Wandlerstromes Δi_W sollten also prinzipiell die *Ankerauslenkung* Δx bzw. die *Ankergeschwindigkeit* $\Delta \dot{x}$ rekonstruierbar sein. Genau genommen handelt es sich hier um eine *modellgestützte Messung*, im internationalen Fachjargon spricht man im Zusammenhang mit *reziproken Wandlern* üblicherweise von *self-sensing* (engl.) bzw. von *Self-sensing-Prinzipien*.

Zur *Rekonstruktion* – auch *Schätzung* genannt – nutzt man vorteilhaft beide verfügbaren elektrische Klemmengrößen Δu_W und Δi_W, sodass sich die in Abb. 5.40 gezeigte Grundstruktur des *Rekonstruktionsfilters* ergibt. Die Ausgangssignalschätzwerte $\Delta \hat{x}$ für die Ankerauslenkung bzw. $\Delta \hat{\dot{x}}$ für die Ankergeschwindigkeit können dann direkt als Ersatzmessgrößen für die Regelung benutzt werden.

---

[31] Für einen stromgesteuerten Wandler ergeben sich völlig analoge Verhältnisse. Auch beim *nichtlinearen* Wandlermodell gelten äquivalente Zusammenhänge.

Man spricht in diesem Zusammenhang von einem *Self-sensing-Aktuator*, d.h. Stell- und Messfunktion sind in einer Geräteeinheit vereint. Aus funktioneller Systemsicht ist dieses Prinzip auch unter dem Namen *sensorlose Regelung* bekannt, da der Regelkreis ohne einen expliziten Sensor geschlossen werden kann.

Dieses Grundprinzip wird seit längerer Zeit bei *elektrischen Maschinen* angewendet (Gleichstrom-, Drehstrommotoren; Rekonstruktionsalgorithmus über die Gegen-EMK (Lorenz 1999)). Seit Beginn der 1990-er Jahre werden Self-sensing-Ansätze speziell bei *piezoelektrischen* Wandlern (Anderson et al. 1992), (Dosch et al. 1992) sowie *Magnetlagern* (Vischer u. Bleuler 1993) intensiv untersucht. Obwohl dieses Grundprinzip, wie im Folgenden gezeigt wird, bei allen reziproken Wandlern anwendbar ist, sind vergleichsweise relativ wenige Anwendungen bei anderen Wandlertypen bekannt.

Im Folgenden wird gezeigt, dass sich mit dem in diesem Kapitel vorgestellten generischen Modell eines mechatronischen Elementarwandlers die in der Literatur bekannten Self-sensing-Lösungskonzepte in ganz natürlicher und transparenter Weise erschließen.

5.10.2 Signalbasierte Self-sensing-Lösungsansätze

Direkte Signalrekonstruktion   Bei bekannten elektrisch-mechanischen Parametern des Wandlers (s. ELM-Vierpolparameter) folgt eine naheliegende signalorientierte Rekonstruktion gemäß Abb. 5.41a. Dem Rekonstruktionsfilter werden die Eingangsgröße Δu_W des Wandlers (Δu_W ist ohnehin durch den Regelungsalgorithmus bekannt) sowie der *gemessene Wandlerstrom* $\Delta \tilde{i}_W$ zugeführt und in der gezeigten Weise verarbeitet ($\hat{Y}_{22}$, $\hat{Y}_{21}$ stellen Schätzwerte der Wandlerparameter dar). Je nach Wandlertyp erfordern die (komplexen) Vierpolparameter $\hat{Y}_{22}(s)$, $\hat{Y}_{21}(s)$ im Zeitbereich eine Differenziation bzw. Integration, was realisierungstechnisch geeignet zu berücksichtigen ist (s. ELM-Vierpolmatrizen für technische Wandlerprinzipien in Tabelle 5.5).

Bei kapazitiv wirksamen Wandlern (elektrostatisch, piezoelektrisch) kann beispielsweise die driftbehaftete Integration über $1/\hat{Y}_{21}$ vermieden werden, indem lediglich der reelle Koeffizienten von $\hat{Y}_{21}(s)$ berücksichtigt wird (reines P-Glied). Damit wird die Ankergeschwindigkeit rekonstruiert, was für eine Geschwindigkeitsrückführung aber völlig ausreichend ist (s. aktive Schwingungsisolation in Abschn. 10.6.2).

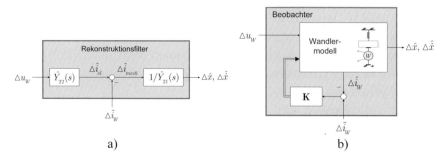

a)   b)

Abb. 5.41. *Signalorientierte Self-sensing-Lösungsansätze* bei einem spannungsgesteuerten mechatronischen Elementarwandler: a) direkte Signalrekonstruktion, b) LUENBERGER-Zustandsbeobachter

Zustandsbeobachter – LUENBERGER-Beobachter Aus regelungstechnischer Sicht ist die naheliegende Lösung die in Abb. 5.41b gezeigte *Beobachterstruktur* nach LUENBERGER (Lunze 2008). Dabei wird der (beschaltete) Elementarwandler als dynamisches System interpretiert und im Beobachterfilter als Modell nachgebaut. Dem Beobachter werden wie zuvor die Eingangsgröße Δu_W des Wandlers sowie der *gemessene Wandlerstrom* $\Delta \tilde{i}_W$ zugeführt. Das Beobachterfilter kann aus dem Vergleich des rekonstruierten Wandlerstromes $\Delta \hat{i}_W$ und des Messwertes $\Delta \tilde{i}_W$ ein internes Korrektursignal erzeugen und damit die internen Modellgrößen korrigieren. Bei korrekter Auslegung des Beobachters können im Modell hinreichend genaue Schätzwerte der Wandlergrößen rekonstruiert und vor allem Driftfehler vermieden werden. Bei gestörten Messwerten kann der Beobachteralgorithmus unter stochastischen Gesichtspunkten erweitert werden, z.B. KALMAN-Filter (Lunze 2008). Ein solches Vorgehen wurde beispielsweise schon sehr früh für die sensorlose Regelung eines *Magnetlagers* vorgeschlagen (Vischer u. Bleuler 1993).

Realisierungsproblem – Strommessung Die dargestellten signalbasierten Lösungsansätze besitzen in der gezeigten einfachen Form eine prinzipielle Realisierungsschwierigkeit: die Strommessung. In beiden Fällen wird von der Annahme einer rückwirkungsfreien Messung des Wandlerstromes Δi_W ausgegangen. Eine rückwirkungsfreie Strommessung ist unter realistischen Wandlerbedingungen nicht möglich. Hier muss auf elektrisch-analoger Ebene eingegriffen werden, wodurch das Wandlerverhalten prinzipiell beeinflusst wird. Gängige Lösungsvarianten zur analogen Strommessung werden im Folgenden im Zusammenhang mit einem vollständig elektrisch-analogen Rekonstruktionsprinzip diskutiert.

5.10.3 Elektrisch-analoge Self-sensing-Lösungsansätze

Strommessung über Serienwiderstand Die praktikabelste Möglichkeit der Strommessung besteht in einer *Spannungsmessung* über einem bekannten *ohmschen Messwiderstand* (Abb. 5.42a). Eine hochohmige und damit praktisch rückwirkungsfreie Spannungsmessung lässt sich über einfache Operationsverstärkerschaltungen realisieren (Philippow 2000), (Lunze 1991).

In der in Abb. 5.42a gezeigten Anordnung dient der zu den Wandlerklemmen in Serie geschaltete ohmsche Widerstand R_m als Messwiderstand. Strukturell ergibt sich dasselbe Bild wie in der im Abschn. 5.5 diskutierten Impedanzrückkopplung. Elektrisch bedeutet der Messwiderstand eine Spannungsrückkopplung bezüglich der Wandlerspannung $\triangle u_W$. Aus elektromechanischer Sicht bewirkt die Rückkopplung eine *geänderte Wandlerdynamik* des beschalteten Wandlers, d.h. Verschiebung der Wandlereigenfrequenz (Wandlermodelle s. Abschn. 5.5.5).

Aus der Messspannung $u_m = R_m \cdot \triangle i_W$ lässt sich auf einfache Weise ein Strommesswert $\triangle \tilde{i}_W = u_m / R_m$ rekonstruieren und beispielsweise für die oben aufgeführten signalbasierten Self-sensing-Lösungsansätze verwenden. Dabei sind allerdings die Wandlermodelle entsprechend der R_m-Impedanzrückkopplung anzupassen.

WHEATSTONE-Messbrücke Eine sehr elegante Möglichkeit, neben der ohnehin notwendigen elektrisch-analog durchzuführenden Strommessung ebenfalls die *Signalrekonstruktion elektrisch-analog* zu realisieren, besteht in der Verwendung einer *WHEATSTONE-Messbrücke* nach Abb. 5.42b.

Die aus der elektrischen Messtechnik wohlbekannte Struktur der WHEATSTONE-Messbrücke (Philippow 2000), (Lunze 1991) besteht aus einem *Messarm* und einem *Referenzarm*, die jeweils mit einem Spannungsteiler ausgestattet sind. Im vorliegenden Fall wird der Wandler, repräsentiert durch die Impedanz Z_W zusammen mit einer Serienimpedanz Z_m im *Messarm* (Abb. 5.42b rechts) platziert. Der *Referenzarm* (Abb. 5.42b links) besteht aus einer Reihenschaltung von Referenzimpedanzen Z_{1R}, Z_{2R}, die bis auf einen gemeinsamen Proportionalitätsfaktor ein Spiegelbild der Impedanzen des Messarmes darstellen. Als Eingangsgröße wird die Quellenspannung $\triangle u_Q$ betrachtet, als Ausgangsgröße interessiert die *Brückenspannung* u_{diff}.

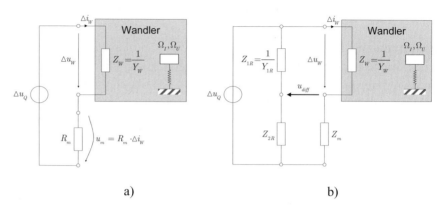

a)   b)

Abb. 5.42. *Elektrisch-analoge Self-sensing-Lösungsansätze* bei einem spannungs-gesteuerten mechatronischen Elementarwandler: a) Strommessung über Serienwi-derstand (Impedanzrückkopplung), b) WHEATSTONE-Messbrücke (Referenzarm (Z_{1R}, Z_{2R}), Messarm (Z_W, Z_m))

Brückenabgleich Unter Anwendung der KIRCHHOFFschen Knoten- und Maschengleichungen (s. Abschn. 2.3.4) ergibt sich die grundlegende *Brückengleichung* im Bildbereich

$$U_{diff}(s) = Z_m(s) \cdot \Delta I_W(s) - \frac{Z_{2R}(s)}{Z_{1R}(s) + Z_{2R}(s)} U_Q(s). \qquad (5.88)$$

Der Wandlerstrom Δi_W hängt von den physikalischen Wandlerparame-tern ab. Die im allgemeinen Fall komplexen Brückenimpedanzen Z_m, Z_{1R}, Z_{2R} werden geeignet so gewählt, dass aus elektrischer Sicht bei abgeglichener Brücke die Brückenspannung $u_{diff} = 0$ wird, die Brücke ist dann ausbalanciert. Da Z_W jedoch auch eine *elektromechanische* Kompo-nente besitzt, die im elektrischen Abbild Z_{1R} von Z_W nicht erscheint, wird diese elektromechanische Komponente bei elektrischem Abgleich in einem $u_{diff} \neq 0$ sichtbar. Im Prinzip realisiert die WHEATSTONE-Messbrücke aus Abb. 5.42b auf elektrisch-analoge Weise die signalorientierte Rechen-schaltung aus Abb. 5.41a.

Im Folgenden werden die Abgleichbedingungen und Verhaltensbe-schreibungen für verschiedene Konfigurationen näher beleuchtet.

WHEATSTONE-*Self-sensing ohne mechanische Rückwirkung*

Verhaltensmodell Es sei vorerst der einfache Fall betrachtet, dass der Wandler keine mechanische Rückwirkung auf die angekoppelte mechanische Struktur ausübt. Das ist näherungsweise dann gegeben, wenn die *Masse m* hinreichend *groß* im Vergleich zur Wandlerkraft $\triangle F_W$ ist oder wenn die Ankerbewegung als eine *eingeprägte Bewegung* beschrieben werden kann. Diese Betriebsbedingungen unterstellt man bei einem üblichen *Sensorbetrieb* eines Wandlers.

Für die vorliegenden Betriebsbedingungen kann das Vierpolmodell des *unbeschalteten* Wandlers herangezogen werden (s. Gl. (5.35)). Der Wandlerstrom setzt sich aus zwei unabhängigen Komponenten zusammen ($\triangle x$ ist als eine unabhängige eingeprägte Größe zu betrachten)

$$\triangle I_W(s) = Y_{12}(s)\cdot\triangle X(s) + Y_{22}(s)\cdot\triangle U_W(s) \,.$$

Aus der Maschengleichung ergibt sich weiterhin (komplexe Variable s aus Gründen der Übersichtlichkeit weggelassen)

$$\triangle U_Q = \triangle U_W + Z_m \triangle I_W$$

und nach kurzer Zwischenrechnung für den Wandlerstrom

$$\triangle I_W = \frac{Y_{22}}{1 + Y_{22}Z_m}\triangle U_Q + \frac{Y_{21}}{1 + Y_{22}Z_m}\triangle X \,. \tag{5.89}$$

Für die *Brückenspannung* folgt mit den Gln.(5.88), (5.89)

$$U_{diff} = \left[\frac{Y_{22}Z_m}{1 + Y_{22}Z_m} - \frac{Y_{1R}Z_{2R}}{1 + Y_{1R}Z_{2R}}\right]\triangle U_Q + \frac{Y_{21}Z_m}{1 + Y_{22}Z_m}\triangle X \,. \tag{5.90}$$

Brückenabgleich Die Brückenspannung wird unabhängig von der Eingangsspannung $\triangle u_Q$, wenn der Klammerausdruck in Gl. (5.90) gleich null wird, woraus sich die folgende *Abgleichbedingung* für eine *elektrische Balance* ergibt

$$\boxed{Y_{22} \cdot Z_m \overset{!}{=} Y_{1R} \cdot Z_{2R} \quad \text{bzw.} \quad Z_m = \frac{Y_{1R} \cdot Z_{2R}}{\hat{Y}_{22}} \,.} \tag{5.91}$$

Bei der optimalen Wahl von Z_m in Gl. (5.91) wurde berücksichtigt, dass für die elektrische Wandleradmittanz nur ein (mehr oder weniger genauer) Schätzwert $\hat{Y}_{22}$ vorliegt. Die anderen Netzwerkelemente werden als vollständig bekannt angenommen.

Mit dem definitorischen *Admittanzverhältnis*[32] $\sigma_Y := Y_{22} / \hat{Y}_{22}$ folgt schließlich mit Z_m aus Gl. (5.91) für die Brückenspannung

$$U_{diff} = \frac{Y_{1R} Z_{2R} \left(\sigma_Y - 1 \right)}{\left(1 + \sigma_Y \cdot Y_{1R} Z_{2R} \right)\left(1 + Y_{1R} Z_{2R} \right)} \Delta U_Q + \frac{Y_{21}}{\hat{Y}_{22}} \frac{Y_{1R} Z_{2R}}{1 + \sigma_Y \cdot Y_{1R} Z_{2R}} \Delta X .$$

Bei hinreichend genauer Kenntnis der Wandleradmittanz, d.h. $\sigma_Y \approx 1$, ist die Brückenspannung unabhängig von Δu_Q und proportional der Ankerauslenkung

$$\boxed{U_{diff} \approx \frac{Y_{21}}{\hat{Y}_{22}} \frac{Y_{1R} Z_{2R}}{1 + Y_{1R} Z_{2R}} \Delta X} . \tag{5.92}$$

Wahl der Brückenelemente Die Brückenabgleichbedingung (5.91) zeigt deutlich, dass der Referenzarm als Spiegelbild des Messarmes aufzubauen ist. Dabei können aber die Netzwerkelemente über einen gemeinsamen Proportionalitätsfaktor α frei skaliert werden, d.h.

$$Y_{1R} = \frac{1}{\alpha} Y_{22}, \quad Z_{2R} = \alpha Z_m . \tag{5.93}$$

Die Wandleradmittanz Y_{22} ist durch den konkret vorliegenden Wandler vorgegeben, mit der Messimpedanz Z_m liegt jedoch ein interessanter Entwurfsfreiheitsgrad vor.

Bei einem *kapazitiven Wandler* (elektrostatisch, piezoelektrisch, s. Tabelle 5.5) ergeben sich beispielsweise je nach Wahl von Z_m unterschiedliche Verhaltenseigenschaften. Mit $Y_{22}(s) = sC_W, Y_{21}(s) = sK_W$ folgt bei idealem Abgleich

$$\boxed{Z_m = R_m} \Rightarrow U_{diff}(s) = \frac{K_W}{C_W} \frac{sC_W R}{1 + sC_W R} \Delta X \sim s \cdot \Delta X(s) \tag{5.94}$$

---

[32] Dieses darf bei einem verlustlosen kapazitiven oder induktiven Verhalten als reell angenommen werden.

$$\boxed{Z_m = \frac{1}{sC_m}} \Rightarrow U_{diff}(s) = \frac{K_W}{C_W} \frac{C_W/C_m}{1 + C_W/C_m} \triangle X \sim \triangle X(s) \qquad (5.95)$$

Bei einer *kapazitiv-ohmschen* Brücke ist die Brückenspannung u_{diff} nach Gl. (5.94) zumindest für hinreichend kleine Frequenzen proportional der *Ankergeschwindigkeit*, wogegen bei einer rein *kapazitiven* Brücke die Brückenspannung proportional der *Ankerauslenkung* ist (Gl. (5.95)).

Dieser Zusammenhang wird für piezoelektrische Wandler seit längerer Zeit genutzt (Dosch et al. 1992), bei elektrostatischen Wandlern hingegen weitgehend ignoriert.

WHEATSTONE-Self-sensing mit mechanischer Rückwirkung

Mechanisch beschalteter Elementarwandler Im rückwirkungsbehafteten Aktuatorbetrieb sind die Modellgleichungen des beschalteten Elementarwandlers heranzuziehen, siehe Übertragungsmatrix in Tabelle 5.8.

In dieser Konfiguration gilt ebenfalls das Ersatzschaltbild aus Abb. 5.42b und ebenfalls die Brückengleichung (5.88). Gegenüber dem zuvor behandelten Fall ohne mechanische Rückwirkung wirkt hier als einzige unabhängige Größe die Quellenspannung $\triangle u_Q$. Der über die Ankerbewegung erzeugte Strom $\triangle i_{mech}$ ist implizit in der Übertragungsmatrix enthalten.

Man beachte, dass zwischen der Wandlerimpedanz Z_W bzw. Wandleradmittanz Y_W und der Übertragungsmatrix aus Tabelle 5.8 folgende Zusammenhänge gelten

$$Z_W(s) = \frac{\triangle U_W(s)}{\triangle I_W(s)} = G_{u/i}(s) \text{ bzw. } Y_W(s) = \frac{\triangle I_W(s)}{\triangle U_W(s)} = G_{i/u}(s). \qquad (5.96)$$

Als *Brückengleichung* erhält man nach kurzer Zwischenrechnung unter Beachtung von Gl. (5.96)

$$\boxed{U_{diff} = \frac{G_{i/u} Z_m - Y_{1R} Z_{2R}}{\left(1 + G_{i/u} Z_m\right)\left(1 + Y_{1R} Z_{2R}\right)} \triangle U_Q}. \qquad (5.97)$$

Brückenabgleich Die Gl. (5.97) beschreibt das Übertragungsverhalten zwischen der Eingangsspannung des Wandlers (Steuerspannung) $\triangle u_Q$ und einem fiktiven Messwert, repräsentiert durch die Brückenspannung u_{diff}.

In der Wandleradmittanz $G_{i/u}(s)$ reflektiert sich die komplette elektrome-chanische Kopplung des Wandlers. Aus Zweckmäßigkeitsgründen wird man in dem vorliegenden Fall nicht versuchen, über geeignete Wahl von Z_m, Z_{1R}, Z_{2R} die rechte Seite der Gl. (5.97) zu null zu machen. In Anleh-nung an den zuvor diskutierten Fall ohne mechanische Rückwirkung soll lediglich die rein elektrische Komponente $Y_{22}(s)$ der Wandleradmittanz in der Brücke kompensiert werden, um damit die mechanische Komponente sichtbar zu machen (s. auch Abb. 5.40). Damit folgt als *elektrische Ab-gleichbedingung* ebenfalls Gl. (5.91).

Verhaltensdiskussion Die Gl. (5.97) bietet eine bequeme Möglichkeit, das dynamische Verhalten eines belasteten Self-sensing-Aktuators zu un-tersuchen.

Als erste bemerkenswerte Eigenschaft erkennt man eine Separation der Pole des beschalteten Wandlers (Nullstellen von $(1 + G_{i/u}Z_m)$, s. Impe-danzrückkopplung Abschn. 5.5.5) und des Referenzbrückenzweiges (Null-stellen von $(1 + Y_{1R}Z_{2R})$). Unterstellt man kapazitives bzw. induktives Wandlerverhalten und eine ohmsche Messimpedanz Z_{2R}, dann verursacht der Referenzbrückenzweig einen zusätzlichen reellen Pol. Dies ist auch nicht weiter überraschend, wenn man sich vor Augen führt, dass der Refe-renzarm einen Parallelzweig zu den Klemmen der Spannungsquelle dar-stellt und damit den Wandlerzweig nicht beeinflusst.

Mit der Wahl der Brückenelemente lässt sich im niederfrequenten Be-reich ihn analoger Weise wie beim Fall ohne mechanische Rückwirkung entweder *auslenkungs-* oder *geschwindigkeitsproportionales* Verhalten er-zielen. Aus Platzgründen wird hier auf eine tiefere Diskussion verzichtet. Das in der Literatur diskutierte Verhalten, z.B. bei Piezowandlern (Dosch et al. 1992), (Brusa et al. 1998), (Preumont 2006), lässt sich aus Gl. (5.97) und den Beziehungen aus Tabelle 5.5 und Tabelle 5.8 mit wenigen Re-chenschritten herleiten.

Mehrkörperlast – Kollokationsproblematik Auf eine wichtige Eigen-schaft von Self-sensing-Aktuatoren sei im Zusammenhang mit Mehrkör-perlasten hingewiesen. Da beim vorgestellten Self-sensing-Prinzip die Krafteinleitung und Bewegungsmessung prinzipiell an ein und demselben Teilkörper (hier Anker) erfolgen, liegt eine *inhärent kollokierte* Mess- und Stellanordnung mit allen vorteilhaften Eigenschaften vor.

Auch die damit verbundene besondere Struktur der Übertragungsfunkti-on $U_{diff}(s)/\Delta U_Q(s)$, wie alternierende Resonanz- und Antiresonanzfrequenzen, lässt sich direkt aus der Gl. (5.97) herleiten, wenn für $G_{i/u}(s)$ die entsprechende MKS-Formulierung aus Abschn. 5.7 verwendet wird.

Realisierungsprobleme   Bei allen beschriebenen Vorteilen des Self-sensing-Prinzipes seien aber auch nicht die Probleme bei der Umsetzung an realen Anwendungen verschwiegen. Der erfahrene Ingenieur mag mit Recht vermuten, dass ein *kompensationsbasierter* Lösungsansatz, wie hier vorgestellt, sehr empfindlich auf Parametervariationen und Modellunbestimmtheiten reagiert. In der Tat werden Robustheitsprobleme bei Modellfehlern bezüglich interner Wandlerverluste bzw. nicht modellierter parasitärer elektrischer Effekte und bei einer starken Abhängigkeit der Wandlerparameter von Umwelteinflüssen berichtet. In solchen Fällen können unter Umständen *adaptive Ansätze* deutliche Verbesserungen bringen, z.B. (Chan u. Liao 2009).

Self-sensing vs. Impedanzrückkopplung   Genau betrachtet, nutzt die in Abschn. 5.5 eingehend diskutierte *Impedanzrückkopplung* ja auch nichts anderes, als die Self-sensing-Eigenschaften eines reziproken Wandlers. Dort wird zwar nicht explizit die Ankerbewegung rekonstruiert, aber über die elektrische Rückkopplung wird ja ebenfalls ein Rückführsignal proportional zur Ankerbewegung erzeugt. Deshalb wird in der Literatur auch manchmal im Zusammenhang mit einer Impedanzrückkopplung von Self-sensing gesprochen, z.B. (Paulitsch et al. 2006).

Literatur zu Kapitel 5

Anderson E H, Hagood N W, Goodliffe J M (1992) Self-sensing piezoelectric actuation - Analysis and application to controlled structures *Proceedings of the 33rd AIAA/ASME/ASC/AHS Structures,*
Structural Dynamics and Materials Conference Dallas, TX: 2141-2155

Apostolyuk V (2006) Theory and Design of Micromechanical Vibratory Gyroscopes. In *MEMS/NEMS Handbook, Techniques and Applications.* C. T. Leondes, Springer. 1: 173-195

Bronstein I N, Semendjajew K A, Musiol G, Mühlig H (2005) *Taschenbuch der Mathematik,* Verlag Harri Deutsch

Brusa E, Carabelli S, Carraro F, Tonoli A (1998) Electromechanical Tuning of Self-Sensing Piezoelectric Transducers. *Journal of Intelligent Material Systems and Structures* 9(3): 198-209

Chan K, Liao W (2009) Self-sensing actuators with passive damping for adaptive vibration control of hard disk drives. *Microsystem Technologies* 15(3): 355-366

DIN (1988) Leitfaden zur Bestimmung der dynamischen Eigenschaften von piezoelektrischer Keramik mit hohem elektromechanischem Koppelfaktor; Identisch mit IEC 60483, Ausgabe 1976. *DIN IEC 60483: 1988-04*. DIN

Dosch J J, Inman D J, Garcia E (1992) A Self-Sensing Piezoelectric Actuator for Collocated Control. *Journal of Intelligent Material Systems and Structures* 3(1): 166-185

Fleming A J, Behrens S, Moheimani S O R (2002) Optimization and implementation of multimode piezoelectric shunt damping systems. *Mechatronics, IEEE/ASME Transactions on* 7(1): 87-94

Föllinger O (1994) *Regelungstechnik, Einführung in die Methoden und ihre Anwendung*, Hüthig Verlag

Funato H, Kawamura A, Kamiyama K (1997) Realization of negative inductance using variable active-passive reactance (VAPAR). *Power Electronics, IEEE Transactions on* 12(4): 589-596

Hagood N W, Flotow A v (1991) Damping of structural vibrations with piezoelectric materials and passive electrical networks. *Journal of Sound and Vibration* 146(2): 243-268

Hartog J P D (1947) *Mechanical Vibrations*, McGraw-Hill

Hollkamp J J (1994) Multimodal Passive Vibration Suppression with Piezoelectric Materials and Resonant Shunts. *Journal of Intelligent Material Systems and Structures* 5(1): 49-57

IEEE (1988) IEEE standard on piezoelectricity. *ANSI/IEEE Std 176-1987*

Karnopp D C, Margolis D L, Rosenberg R C (2006) *System dynamics: modeling and simulation of mechatronic systems*, John Wiley & Sons, Inc.

Kuypers F (1997) *Klassische Mechanik*, Wiley-VCH

Lehr E (1930) Untersuchung der erzwungenen Koppelschwingungen eines elektromechanischen Systems unter Verwendung eines graphischen Verfahrens. *Archiv für Elektrotechnik* XXIV.: 330-348

Lorenz R D (1999) Advances in electric drive control. *Electric Machines and Drives, 1999. International Conference IEMD '99*: 9-16

Lunze J (2008) *Regelungstechnik 2: Mehrgrößensysteme, Digitale Regelung*, Springer

Lunze J (2009) *Regelungstechnik 1: Systemtheoretische Grundlagen, Analyse und Entwurf einschleifiger Regelungen*, Springer

Lunze K (1991) *Einführung in die Elektrotechnik*, Verlag Technik Berlin

Marneffe B d, Preumont A (2008) Vibration damping with negative capacitance shunts: theory and experiment. *Smart Materials and Structures* 17(035015): 9

Mateu L, Moll F (2007) System-Level Simulation of a Self-Powered Sensor with Piezoelectric Energy Harvesting. *Sensor Technologies and Applications, 2007. SensorComm 2007. International Conference on*: 399-404

Mohammed A (1966) Expressions for the Electromechanical Coupling Factor in Terms of Critical Frequencies. *The Journal of the Acoustical Society of America* 39(2): 289-293

Moheimani S O R (2003) A survey of recent innovations in vibration damping and control using shunted piezoelectric transducers. *Control Systems Technology, IEEE Transactions on* 11(4): 482-494

Moheimani S O R, Behrens S (2004) Multimode piezoelectric shunt damping with a highly resonant impedance. *Control Systems Technology, IEEE Transactions on* 12(3): 484-491

Neubauer M, Oleskiewicz R, Popp K (2005) Comparison of Damping Performance of Tuned Mass Dampers and Shunted Piezo Elements. *PAMM* 5(1): 117-118

Oleskiewicz R, Neubauer M, Krzyzynski T, Popp K (2005) Synthetic Impedance Circuits in Semi-Passive Vibration Control with Piezo-Ceramics - Efficiency and Limitations. *PAMM* 5(1): 121-122

Paulitsch C, Gardonio P, Elliott S J (2006) Active vibration damping using self-sensing, electrodynamic actuators. *Smart Materials and Structures* 15: 499–508

Philippow E (2000) *Grundlagen der Elektrotechnik*, Verlag Technik Berlin

Preumont A (2002) *Vibration Control of Active Structures - An Introduction*, Kluwer Academic Publishers

Preumont A (2006) *Mechatronics, Dynamics of Electromechanical and Piezoelectric Systems*, Springer

Priya S (2007) Advances in energy harvesting using low profile piezoelectric transducers. *Journal of Electroceramics* 19(1): 167-184

Reinschke K, Schwarz P (1976) *Verfahren zur rechnergestützten Analyse linearer Netzwerke*, Akademie Verlag Berlin

Schenk H, Durr P, Haase T, Kunze D, Sobe U, Lakner H, Kuck H (2000) Large deflection micromechanical scanning mirrors for linear scans and pattern generation. *Selected Topics in Quantum Electronics, IEEE Journal of* 6(5): 715-722

Schuster T, Sandner T, Lakner H (2006) Investigations on an Integrated Optical Position Detection of Micromachined Scanning Mirrors. *Photonics and Microsystems, 2006 International Students and Young Scientists Workshop*: 55-58

Senturia S D (2001) *Microsystem Design*, Kluwer Academic Publishers

Shu Y C, Lien I C (2006) Analysis of power output for piezoelectric energy harvesting systems. *Smart Materials and Structures* 15: 1499–1512

Tilmans H A C (1996) Equivalent circuit representation of electromechanical transducers: I. Lumped-parameter systems. *Journal of Micromechanics and Microengineering*(6): 157–176

Twiefel J, Richter B, Sattel T, Wallaschek J (2008) Power output estimation and experimental validation for piezoelectric energy harvesting systems. *Journal of Electroceramics* 20(3): 203-208

VDI (2006) Schwingungsdämpfer und Schwingungstilger - Schwingungstilger und Schwingungstilgung. V. D. I. VDI. 3833 Blatt 2::2006-12

Vischer D, Bleuler H (1993) Self-sensing active magnetic levitation. *Magnetics, IEEE Transactions on* 29(2): 1276-1281

Ward J K, Behrens S (2008) Adaptive learning algorithms for vibration energy harvesting. *Smart Materials and Structures* 17: 035025 (035029pp)

Yaralioglu G G, Ergun A S, Bayram B, Haeggstrom E, Khuri-Yakub B T (2003) Calculation and measurement of electromechanical coupling coefficient of capacitive micromachined ultrasonic transducers. *Ultrasonics, Ferroelectrics and Frequency Control, IEEE Transactions on* 50(4): 449-456

6 Funktionsrealisierung – Elektrostatische Wandler

Hintergrund Die Elektrostatik gilt als die am längsten bekannte Erscheinungsform von Elektrizität und hat es doch erst am Ende des 20. Jahrhunderts zu wirklicher technischer Bedeutung in Form von mikromechatronischen Systemen (*MEMS – Micro-Electro-Mechanical Systems*) gebracht. Aufgrund der physikalisch bedingten mikroskaligen Krafterzeugung können die vielfältigen Einsatzmöglichkeiten als Sensor und Aktuator auch nur im mikroskaligen Bereich ausgespielt werden. Besonders attraktiv sind elektrostatische Wandler durch ihren relativ einfachen konstruktiven Aufbau. Es sind lediglich leitfähige Materialien als Elektroden erforderlich. So können mit etwas Bewegungsraum und Luft als Dielektrikum auf kleinstem Bauraum *hochpräzise* und *hochdynamische* mechatronische Systeme zur Bewegung kleiner und *kleinster Massen* geschaffen werden. Interessanterweise sind viele der für die technische Umsetzung relevanten Phänomene erst in der letzten Dekade des vergangenen Jahrhunderts wissenschaftlich detailliert untersucht worden, sodass diese Klasse von mechatronischen Systemen durchaus auch in Zukunft noch für viele wissenschaftliche Überraschungen gut ist.

Inhalt Kapitel 6 In diesem Kapitel werden grundlegende physikalische Phänomene und technisch bedingte Verhaltensbesonderheiten von elektrostatischen Wandlern diskutiert. Zu Beginn werden die allgemeinen Modellzusammenhänge des *mechatronischen Elementarwandlers* aus Kap. 5 für elektrostatische Wandlungsprinzipien *konkretisiert*. Im Weiteren werden detaillierte Betrachtungen zu prinzipiell unterschiedlichen Wandlerkonfigurationen mit *transversaler* und *longitudinaler Bewegungsrichtung* bezüglich Elektrodenoberfläche sowie zur Ansteuerung mittels *Spannungs-* oder *Stromquellen* geführt. Von grundlegender Bedeutung ist das eingehend diskutierte *Pull-in*-Phänomen (Schnapp-Effekt) für die stationären und dynamischen Betriebseigenschaften elektrostatischer Wandler. Einen weiteren Schwerpunkt nimmt die Diskussion von unterschiedlichen *Differenzialwandlerkonfigurationen* (Kammstrukturen, *elektrostatisches Lager*) ein. Dabei werden detailliert die Verhaltenseigenschaften und Konstruktionsprinzipien von technisch relevanten *Kammstrukturen* betrachtet, mit denen eine technisch interessante *Kraftvervielfachung* bei kompakter Baugröße möglich wird. ■

6.1 Systemtechnische Einordnung

Elektrostatische Wandler Leistungswandler unter Nutzung von *elektrostatischen* Phänomenen gehören zu den Standardkomponenten mechatronischer Systeme und werden sowohl zu Erzeugung von Kräften und Drehmomenten (Aktuatoren) als auch zur Messung von Bewegungsgrößen (Sensoren) eingesetzt werden. Aufgrund der relativ kleinen Energiedichten können zwar nur kleine Kräfte erzeugt werden, elektrostatische Prinzipien lassen sich jedoch hervorragend miniaturisieren und werden deshalb fast ausschließlich in *mikromechatronischen* Systemen (*Mikrosysteme, MEMS – Micro-Electro-Mechanical Systems*) angewendet. Technologisch gesehen sind elektrostatische Wandlerprinzipien speziell für Mikrosysteme deshalb so attraktiv, weil man im Gegensatz zu elektromagnetischen oder piezoelektrischen Prinzipien keine speziellen Werkstoffe benötigt. Es sind lediglich *leitfähige* Materialien als Elektroden erforderlich, z.B. Silizium, also Materialien, die ohnehin zur Standardpalette der Mikrosystemtechnik gehören. Auf kleinstem Bauraum erreicht man damit eine hohe Präzision und hohe Dynamik bei der Bewegung kleiner und kleinster Massen. Elektrostatische Wandler benötigen elektrische Hilfsenergie in Form von Gleichspannungsquellen.

Systemtechnische Bedeutung Systemtechnisch betrachtet stellen die mittels elektrostatischer Phänomene realisierbaren Funktionen *„erzeuge Kräfte/Momente"* und *„messe Bewegungsgrößen"* die Aktuatorik bzw. Sensorik eines mechatronischen Systems dar (Abb. 6.1).

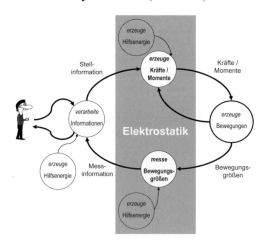

Abb. 6.1. Funktionelle Dekomposition eines mechatronischen Systems – Funktionsrealisierung mittels *Elektrostatik*

Für beide Aufgaben interessiert das Übertragungsverhalten in der aus Abb. 6.1 ersichtlichen Kausalrichtung. Häufig sind aufgrund kompakter Konstruktionsprinzipien die elektrischen Komponenten direkt in die mechanische Struktur integriert. Damit spielen die funktionalen Eigenschaften *Linearität*, *Dynamik* und konstruktiv bedingte *Parameterabhängigkeiten* bezüglich des Übertragungsverhaltens eine wichtige Rolle für die Reglerauslegung.

Mechatronisch relevante Phänomene Elektrostatische Wandler vermögen *elektrische Ladungen* zu speichern, dieses Speichervermögen lässt sich durch die *Kapazität* einer Anordnung beschreiben. Geeignete Anordnungen bestehen aus leitfähigen *Elektroden* und einem eingeschlossenen nicht leitfähigen Medium (*Dielektrikum*). Die zwischen den gespeicherten Ladungen wirkenden *Feldkräfte* können über räumlich verschiebbare Elektroden an mechanische Strukturen gekoppelt werden. Sowohl die Kapazität als auch Richtung und Größe der elektrostatischen Kräfte hängen von konstruktiven und materiellen Eigenschaften der Wandleranordnung ab. Für den Systementwurf sind also folgende Modellzusammenhänge von Interesse:

- *Kapazität* als Funktion von Geometrie und Material
- *Elektrostatische Kräfte* als Funktion von Geometrie, Material, elektrischer Ansteuerung
- *Übertragungsverhalten* inklusive mechanischer Leistungsrückwirkung.

6.2 Physikalische Grundlagen

Elektrostatisches Feld Unter einem elektrostatischen Feld versteht man allgemein das Feldstärkefeld von *ruhenden* Ladungen, d.h. es entsteht kein elektrisches Strömungsfeld. Solche statischen Felder bilden sich zwischen *Elektroden* aus, die durch ein *nichtleitendes Medium* (Dielektrikum) getrennt sind. Um frei bewegliche Elektroden zu erhalten, wird als Dielektrikum Luft gewählt. Für die hier betrachteten mechatronisch relevanten Phänomene interessiert der *Feldverlauf* in dem Nichtleiter zwischen den Elektroden.

Elementarwandler Diese Feldberechnung ist für reale Anordnungen eine nichttriviale Aufgabe und würde den Rahmen dieses Buches bei weitem sprengen. Im Folgenden werden einfache, generische Anordnungen – *elektrostatische Elementarwandler* – mit einem homogenen Feldverlauf betrachtet, um die wichtigen systemtechnisch relevanten Zusammenhänge aufzuzeigen. Es zeigt sich, dass diese einfachen Anordnungen auch für orientierende Entwurfsüberlegungen von realen Anordnungen sehr gut brauchbar sind. Im Rahmen von weiterführenden Feinentwürfen müssen dann natürlich genauere Feldmodelle erarbeitet werden. Dazu und für eine vertiefte Darstellung der physikalischen Grundlagen sei auf entsprechende Lehrbücher verwiesen, z.B. (Küpfmüller et al. 2006), (Philippow 2000), (Lunze 1991).

MAXWELLsche Gleichungen für elektrostatisches Feld Die grundlegenden physikalischen Beziehungen definieren die *MAXWELLschen Gleichungen*[1] für *elektrostatische* Felder in isotropen *Nichtleitern* (keine Ladungsbewegung zwischen den Elektroden). Sie lauten in Integralform[2] (*s* sei die Randkurve der Fläche *A*)

Feldgleichung:
$$\oint_s \vec{E} \cdot d\vec{s} = 0 \qquad (6.1)$$

Kontinuitätsgleichung:
$$\oint \vec{D} \cdot d\vec{A} = q_C \qquad (6.2)$$

Materialgleichung:
$$\vec{D} = \varepsilon \vec{E} \qquad (6.3)$$

mit den Größen

- *Feldstärke* $\vec{E}$ [V/m]
- Verschiebungsflussdichte $\vec{D}$ [As/m^2]
- elektrische *Ladung* q_C [As], gespeichert innerhalb der Hüllfläche *A*
- *Dielektrizitätskonstante, Permittivität* $\varepsilon = \varepsilon_r \varepsilon_0$ [A · s/V · m],

$$\varepsilon_0 = 8,854 \cdot 10^{-12}\,\text{A} \cdot \text{s/V} \cdot \text{m}\,,\ \varepsilon_r \geq 1\ \text{materialabhängig.}$$

---

[1] James Clerk MAXWELL, 1831-1879, schottischer Physiker. Die nach ihm benannten Gleichungen fassen verschiedene, zu seiner Zeit bekannten empirischen Gesetze und eigene Ergänzungen zu elektromagnetischen Phänomenen erstmals in einer einheitlichen Form als axiomatisches Gebäude zur Beschreibung des Elektromagnetismus zusammen (in mehreren Versionen um 1865).

[2] In der *Integralform* verknüpfen die MAXWELLschen Gleichungen physikalische Größen an verschiedenen Orten miteinander: Größen, die innerhalb einer Fläche wirken mit anderen Größen, die auf der Berandung dieser Fläche wirken (*Fernwirkgesetze*). Im Gegensatz zur Integralform verknüpfen die *differenziellen* Gleichungen rot $\vec{E} = 0$, div $\vec{D} = \rho$ nur physikalische Größen miteinander, die am gleichen Ort und zur gleichen Zeit wirksam sind (*Nahewirkungsgesetze*). Da bei der Beschreibung von Wandlern die Geometrie von Bedeutung ist, wird im Folgenden (und im Kapitel 8) die Intergralform verwendet.

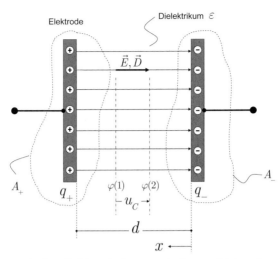

Abb. 6.2. Elektrostatisches Feld zwischen zwei ebenen Elektroden (Plattenkondensator, homogenes Feld)

Unter Beachtung von Gl. (6.1) lassen sich die folgenden Beziehungen aufstellen (Abb. 6.2):

- Skalares *Potenzialfeld* $\varphi(\vec{r})$ [V] des elektrostatischen Feldes[3]

$$\vec{E} = -\operatorname{grad}\varphi \ , \tag{6.4}$$

- *Potenzialdifferenz,* elektrische *Spannung*[4] u_C [V]

$$\int_{P_1}^{P_2} \vec{E} \cdot d\vec{s} = \varphi(P_1) - \varphi(P_2) =: u_C \ . \tag{6.5}$$

Kondensator Die in Abb.6.2 gezeigte Anordnung ist in der Lage, Ladungen auf den Elektroden zu speichern. Eine solche Einrichtung nennt man allgemein einen *Kondensator*. Aufgrund der ebenen Elektrodengestaltung nennt man die in Abb. 6.2 gezeigte Anordnung einen *Plattenkondensator*. Eine besondere Eigenschaft dieser sehr regelmäßigen Anordnung ist ein homogener paralleler Verlauf der Feldlinien innerhalb des Elektrodenrau-

---

[3] Beachte: wegen Wirbelfreiheit in Gl. (6.1) gilt $\operatorname{rot}\operatorname{grad}\varphi = \vec{0}$.

[4] Genannt auch *Polarisationsspannung* aufgrund der Feldausbreitung in Nichtleitern mittels dielektrischer Polarisation.

mes bei einem isotropen Dielektrikum (richtungsunabhängige Materialeigenschaften).

Kapazität Die auf den Elektroden eines Kondensators gespeicherte Ladung ist gemäß Gl. (6.2) proportional der elektrischen Feldstärke und diese ist wegen Gl. (6.5) wiederum proportional der anliegenden Spannung zwischen den beiden Elektroden, sodass man formal die skalare Beziehung

$$q_C = C \cdot u_C \tag{6.6}$$

schreiben kann. Den Proportionalitätsfaktor bezeichnet man als die *Kapazität* C [As/V] der Elektrodenanordnung, sie berechnet sich zu

$$C = \frac{q_C}{u_C} = \frac{\oint_A \vec{D} \cdot d\vec{A}}{\int_s \vec{E} \cdot d\vec{s}} = \varepsilon \frac{\oint_A \vec{E} \cdot d\vec{A}}{\int_s \vec{E} \cdot d\vec{s}}. \tag{6.7}$$

Die Kapazität hängt also sowohl von den *Materialeigenschaften* des Dielektrikums (ε) als auch von der *Elektrodengeometrie* ab.

Kapazität eines Plattenkondensators Für einen Plattenkondensator mit einer *verschiebbaren Elektrode* (Abb. 6.2, x sei die Auslenkung aus der Ruhelage) ergibt sich unter Beachtung eines homogenen Feldes und Gl. (6.7) die elementare Beziehung für dessen Kapazität

$$C(x) = \frac{q_C}{u_C} = \frac{\|\vec{D}\| A}{\|\vec{E}\|(d-x)} = \frac{\varepsilon \|\vec{E}\| A}{\|\vec{E}\|(d-x)} = \frac{\varepsilon A}{d-x} \tag{6.8}$$

wobei A die Fläche einer Elektrode (Platte) bezeichnet.

6.3 Elektrostatischer Elementarwandler

6.3.1 Systemkonfiguration

Elektrodenanordnung Die elektrostatische Krafterzeugung kann auf unterschiedliche Art für Wandlerfunktionen ausgenutzt werden. Prinzipiell dient eine bewegliche Elektrode (Anker) zur Umformung von mechanischer in elektrische Energie bzw. umgekehrt.

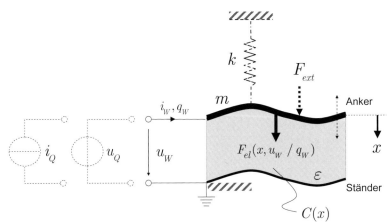

Abb. 6.3. Prinzipaufbau eines elektrostatischen Elementarwandlers mit einem mechanischen Freiheitsgrad (eindimensional bewegliche Elektrode, hier beispielhaft transversal zu Elektrodenoberfläche). Gestrichelt gezeichnet ist die externe Beschaltung alternativ mit Spannungs- oder Stromquelle und elastischer Fesselung.

Diese bewegliche Elektrode wird dann in geeigneter Weise mit der mechanischen Struktur verbunden und kann damit Kräfte übertragen bzw. aufnehmen. In Abb. 6.3 ist eine prinzipielle Elektrodenanordnung mit einer zu den Elektroden transversalen Bewegungsmöglichkeit gezeichnet (variabler Elektrodenabstand). Häufig wird auch eine Longitudinalbewegung der Elektroden bei konstantem Elektrodabstand genutzt.

Dielektrikum Als Dielektrikum dient in der Regel Luft, sodass die Luftspaltdimensionierung die Bewegungsmöglichkeit der Elektrode und damit den Wandlerhub bestimmt.

Fesselung Aufgrund der stets anziehend wirkenden elektrostatischen Kraft ist eine elastische Fesselung der beweglichen Elektrode unabdingbar (Ausnahme *Differenzialwandler*, s. Abschn. 6.6.4).

6.3.2 Konstitutive elektrostatische Wandlergleichungen

Konstitutive elektrostatische Basisgleichung Die grundlegende konstitutive Beziehung zwischen der elektrischen Energievariablen q_W und der elektrischen Leistungsvariablen $\dot{\psi}_W = u_W$ nach Abb. 5.7b ist durch die Gl. (6.6) gegeben (Kopplung über elektrisches Feld), d.h.

$$q_W = C(x) \cdot \dot{\psi}_W = C(x) \cdot u_W \, . \qquad (6.9)$$

Konstitutive ELM-Wandlergleichungen Mit der konstitutiven Beziehung (6.9) erhält man mit den Ergebnissen aus Abschn. 5.3.2 (s. Tabelle 5.3) unmittelbar die *konstitutiven ELM-Wandlergleichungen* für den elektrostatischen Wandler in unterschiedlicher Koordinatendarstellung

- *PSI-Koordinaten*

$$F_{el,\Psi}(x, u_W) = \frac{1}{2} \frac{\partial C(x)}{\partial x} u_W{}^2$$

$$i_W(x, \dot{x}, u_W, \dot{u}_W) = C(x) \cdot \dot{u}_W + \frac{\partial C(x)}{\partial x} \cdot \dot{x} \cdot u_W ,$$

(6.10)

- *Q-Koordinaten*

$$F_{el,Q}(x, q_W) = \frac{1}{2} \frac{1}{C(x)^2} \frac{\partial C(x)}{\partial x} q_W{}^2$$

$$u_W(x, q_W) = \frac{1}{C(x)} \cdot q_W .$$

(6.11)

Die Gln. (6.10), (6.11) beschreiben die elektrostatischen Kraftgesetze und das Klemmenverhalten des unbeschalteten Wandlers in Abhängigkeit von einer der beiden, als unabhängig angenommenen, elektrischen Klemmengrößen.

Elektrostatische Kraft Wie aus den Gln. (6.10), (6.11) ersichtlich, wirkt die zwischen den geladenen Elektroden wirkende Kraft – *elektrostatische Kraft* F_{el} – immer *unidirektional*, unabhängig von der Polarität der elektrischen Klemmengrößen.

Bei bekannter, geometrisch parametrierter Kapazität $C(x)$ der Elektrodenanordnung lässt sich also unmittelbar nach den Beziehungen (6.10), (6.11) die elektrostatische Wandlerkraft berechnen.

Kraftrichtung Für die *Kraftrichtung* am elektrostatischen Wandler gilt allgemein der folgende

---

Satz 6.1. *Elektrostatische Kraftrichtung*   (Philippow 2000)

Die elektrostatische Kraft ist immer so gerichtet, dass sie die *Kapazität* der Anordnung zu *vergrößern* sucht.

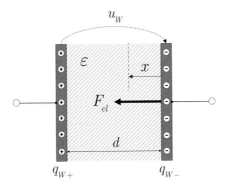

Abb. 6.4. Elektrostatische Kraft zwischen zwei geladenen Elektroden (Platten-wandler)

Elektrostatische Kraft eines Plattenwandlers Zur Veranschaulichung der elektrostatischen Kraftgesetze betrachte man den einfachen Platten-wandler in Abb. 6.4., wobei die rechte Elektrode als beweglich angenommen sei. Die auf diese Elektrode wirkende Kraft ist gemäß Gln. (6.8) und (6.10) für eine variable Wandlerspannung u_W gegeben durch

$$F_{el}(x, u_W) = \frac{1}{2} u_W^{\,2} \frac{\partial}{\partial x}\left(\frac{\varepsilon A}{d - x}\right) = \frac{1}{2} u_W^{\,2} \frac{\varepsilon A}{(d - x)^2} \,. \qquad (6.12)$$

Ersetzt man in Gl. (6.12) die Kondensatorspannung durch die Wandler-ladung q_W gem. Gl. (6.8) (oder gleichwertig durch Auswerten von Gl. (6.11)), so erhält man die bereits aus Beispiel 2.1 bekannte COULOMB-Kraft

$$F_{el}(q_W) = \frac{1}{2} \frac{q_W^{\,2}}{\varepsilon A} \,. \qquad (6.13)$$

Man beachte, dass im Gegensatz zur spannungsabhängigen elektrostati-schen Kraft nach Gl. (6.12) die ladungsabhängige COULOMB-Kraft bei ei-nem Plattenwandler vom *Elektrodenabstand unabhängig* ist.

Verallgemeinerung – Kraft auf Grenzflächen Die Elektroden in Abb. 6.4 bilden Grenzflächen zwischen einem Leiter und einem Dielektrikum und Gln. (6.12), (6.13) beschreiben die Kraftwirkung auf diese Grenzflä-chen.

Man kann diese Fragestellung für Grenzflächen zwischen verschiedenen Dielektrika in einem elektrostatischen Feld verallgemeinern. Es gilt generell der folgende

---

Satz 6.2. *Kraftrichtung auf Grenzflächen*   (Philippow 2000)

Die gesamte auf eine Grenzfläche wirkende Kraft greift immer *senkrecht* zur Grenzfläche an. Die Kraftrichtung ist unabhängig von der Richtung der Feldstärke und ist immer in Richtung des Dielektrikums mit der *kleineren* Dielektrizitätskonstanten gerichtet.

Am Beispiel einer parallelen Elektrodenanordnung sind in Abb. 6.5 zwei technisch wichtige Fälle dargestellt: Grenzfläche normal bzw. parallel zum elektrischen Feld. Für beide (geometrisch einfachen) Fälle lassen sich die entstehenden Kräfte einfach berechnen.

Grenzfläche normal zum Feld (parallele Elektroden) Man denke sich in Abb. 6.5a zwischen den beiden Dielektrika $\varepsilon_1, \varepsilon_2$ eine dünne Metallfolie, durch die das Feld nicht verändert wird und worauf lediglich durch Influenz Ladungen erzeugt werden (Lunze 1991). Dann können die Kräfte auf diese virtuelle Elektrode direkt nach Gl. (6.13) berechnet werden

$$F_{el,1} = \frac{1}{2}\frac{q_W^2}{\varepsilon_1 A}, \quad F_{el,2} = \frac{1}{2}\frac{q_W^2}{\varepsilon_2 A}$$

$$F_{el,\Sigma} = F_{el,1} - F_{el,2} = \frac{1}{2}\frac{q_W^2}{A}\left(\frac{1}{\varepsilon_1} - \frac{1}{\varepsilon_2}\right).$$

(6.14)

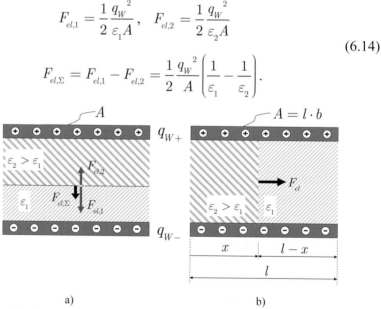

a)   b)

Abb. 6.5. Kräfte auf Grenzflächen im Dielektrikum am Beispiel eines Plattenkondensators: a) Grenzfläche normal zum Feld, b) Grenzfläche parallel zum Feld

Für $\varepsilon_2 > \varepsilon_1$ ist die resultierende Kraft $F_{el,\Sigma}$ in der dargestellten Zähl-richtung also positiv und zeigt in Richtung von ε_1. Dies ist auch ganz im Einklang mit einer Vergrößerung der Gesamtkapazität der Anordnung, d.h. dem Ausdehnungswunsch des Dielektrikums ε_2.

Grenzfläche parallel zum Feld (parallele Elektroden) In Abb. 6.5b ist der komplementäre Fall mit zur Grenzfläche parallel laufenden Feldlinien dargestellt. Für diese Anordnung erhält man die Kraft über Auswertung der elementaren Kraftbeziehung aus Gl. (6.10), wenn man die Gesamtka-pazität aus der Parallelschaltung der beiden Teilkapazitäten berücksichtigt:

$$C = C_1 + C_2 = \frac{1}{d}\left(\varepsilon_1 A_1 + \varepsilon_2 A_2\right) \;\Rightarrow\; C(x) = \frac{\varepsilon_1 bl}{d} + \frac{b}{d}x\left(\varepsilon_2 - \varepsilon_1\right)$$

$$F_{el} = \frac{1}{2}u_W^2 \frac{\partial C(x)}{\partial x} = \frac{1}{2}u_W^2 \frac{b}{d}\left(\varepsilon_2 - \varepsilon_1\right). \qquad (6.15)$$

Die Kraftrichtung deckt sich bei $\varepsilon_2 > \varepsilon_1$ natürlich wieder mit den oben angeführten Sätzen und offenbart eine bemerkenswerte Eigenschaft. Wenn das Dielektrikum 1 aus Luft besteht ($\varepsilon_1 \approx \varepsilon_0$), dann wird ein bewegliches Dielektrikum 2 (ε_2) stetig in den Plattenkondensator hineingezogen. Nur eine *zentrierte* Position stellt dann eine *stabile* Ruhelage dar.

6.3.3 ELM-Vierpolmodell

Lokale Linearisierung   Die konstitutiven elektrostatischen Kraftglei-chungen (6.10), (6.11) sind in jedem Fall quadratisch nichtlinear bezüg-lich der unabhängigen elektrischen Klemmengröße u_W bzw. q_W und in vielen Fällen auch noch nichtlinear bezüglich der Ankerauslenkung x. Aus diesen Gründen ist für eine Kleinsignalbetrachtung eine lokale Line-arisierung um einen stationären Arbeitspunkt durchzuführen. Ohne Ein-schränkung der Allgemeinheit kann man als mögliche *stationäre Arbeits-punkte* definieren

$$x_R,\; \dot{x}_R = 0,\quad u_{W,R},\; \dot{u}_{W,R} = 0,\;\text{ bzw. } q_{W,R} \qquad (6.16)$$

wobei die von Null verschiedenen stationären Größen in Gl. (6.16) für eine konkrete Elektrodenanordnung in Abhängigkeit von $C(x)$ zu berechnen sind (s. Beispiele in nachfolgenden Abschnitten).

Vierpol-Admittanzform Ausgehend von den konstitutiven Wandlerglei-chungen (6.10) erhält man unter Nutzung der allgemeingültigen Ergebnis-se aus Abschn. 5.3.3 die *Vierpol-Admittanzform* des unbeschalteten elekt-rostatischen Wandlers

$$\begin{pmatrix} \Delta F_{el,\Psi}(s) \\ \Delta I_W(s) \end{pmatrix} = \mathbf{Y}_{el}(s) \cdot \begin{pmatrix} \Delta X(s) \\ \Delta U_W(s) \end{pmatrix} = \begin{pmatrix} k_{el,U} & K_{el,U} \\ s \cdot K_{el,U} & s \cdot C_R \end{pmatrix} \begin{pmatrix} \Delta X(s) \\ \Delta U_W(s) \end{pmatrix} \quad (6.17)$$

mit den definitorischen Beziehungen für die *arbeitspunktabhängigen Wandlerparameter*

- *Elektrostatische Spannungssteifigkeit* $k_{el,U} := \dfrac{1}{2} u^2 \dfrac{\partial^2 C(x)}{\partial x^2}\Big|_{\substack{u=u_{W,R} \\ x=x_R}}$

- *Spannungsbeiwert* $\qquad\qquad K_{el,U} := u \dfrac{\partial C(x)}{\partial x}\Big|_{u=u_{W,R},\ x=x_R}$ (6.18)

- *Ruhekapazität* $\qquad\qquad\quad C_R := C(x)\big|_{x=x_R}$.

Vierpol-Hybridform In äquivalenter Weise erhält man über die konstitu-tiven Wandlergleichungen (6.11) die *Vierpol-Hybridform* des unbeschalte-ten elektrostatischen Wandlers

$$\begin{pmatrix} \Delta F_{el,Q}(s) \\ \Delta U_W(s) \end{pmatrix} = \mathbf{H}_{el}(s) \cdot \begin{pmatrix} \Delta X(s) \\ \Delta I_W(s) \end{pmatrix} = \begin{pmatrix} k_{el,I} & \dfrac{K_{el,I}}{s} \\ -K_{el,I} & \dfrac{1}{s \cdot C_R} \end{pmatrix} \begin{pmatrix} \Delta X(s) \\ \Delta I_W(s) \end{pmatrix} \quad (6.19)$$

mit den definitorischen Beziehungen für die *arbeitspunktabhängigen Wandlerparameter*

- *Elektrostatische Stromsteifigkeit*

$$k_{el,I} := \dfrac{q^2}{C^2(x)} \left[\dfrac{1}{2} \dfrac{\partial^2 C(x)}{\partial x^2} - \dfrac{1}{C(x)} \left(\dfrac{\partial C(x)}{\partial x} \right)^2 \right]\Bigg|_{q=q_{W,R},\ x=x_R} \quad (6.20)$$

- *Strombeiwert* $\qquad\qquad K_{el,I} := q \dfrac{1}{C^2(x)} \dfrac{\partial C(x)}{\partial x}\Big|_{q=q_{W,R},\ x=x_R}$

wobei die *Ruhekapazität* C_R entsprechend Gl. (6.18) definiert ist.

Beziehungen zwischen Vierpolparametern Man überzeugt sich leicht, dass für die Parameter der Admittanz- und Hybridform die folgenden Beziehungen gelten (s. Tabelle 5.4)

$$k_{el,U} = k_{el,I} + C_R K_{el,I}{}^2, \qquad K_{el,U} = C_R K_{el,I}$$

$$k_{el,I} = k_{el,U} - \frac{K_{el,U}{}^2}{C_R}, \qquad K_{el,I} = \frac{K_{el,U}}{C_R} . \tag{6.21}$$

6.3.4 Beschalteter elektrostatischer Wandler

Mechanische Fesselung Aufgrund der unidirektionalen elektrostatischen Kraftwirkung (quadratische Abhängigkeit von den elektrischen Klemmengrößen, Kraftrichtung immer in Richtung Vergrößerung der Wandlerkapazität) ist eine *elastische Fesselung* der Ankerelektrode *unumgänglich* (s. Abb. 6.3). Dabei muss die Federkraft der Fesselung die Wandlerkraft kompensieren. Die Berechnung der Ruhelagen und eine Analyse des stationären Verhaltens erfolgt für einige häufig vorkommende Elektrodenkonfigurationen in den nachfolgenden Abschnitten.

Lineares Verhaltensmodell Das lineare Verhaltensmodell des beschalteten elektrostatischen Wandlers lässt sich mit den Vierpolparametern aus Gln. (6.17), (6.19) leicht aus dem generischen Modell aus Abschn. 5.4.4 gewinnen. Die Signalflusspläne für einen spannungsgesteuerten bzw. stromgesteuerten Wandler sind in Abb. 6.6 bzw. 6.7 gezeigt (vgl. Abb. 5.15, Abb. 5.16).

ELM-Koppelfaktor Unter Beachtung der Korrespondenzen aus Abschn. 5.6 erhält man die arbeitspunktabhängige allgemeine Beziehung für den *ELM-Koppelfaktor* eines *elektrostatischen* Wandlers (nur definiert für gefesselte Ankerelektrode)

$$\kappa_{el}{}^2 = \frac{1}{1 + \dfrac{C_R}{K_{el,U}{}^2}\left(k - k_{el,U}\right)} = \frac{C_R \cdot K_{el,I}{}^2}{k - k_{el,I}} . \tag{6.22}$$

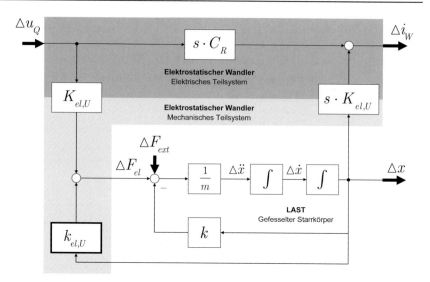

Abb. 6.6. Signalflussplan eines beschalteten *elektrostatischen* Wandlers bei *Spannungssteuerung* (linearisiertes Modell um stabilen Arbeitspunkt, verlustlos, ideale Spannungsquelle, mechanische Last: elastisch gefesselter Starrkörper, vgl. Abb. 6.3)

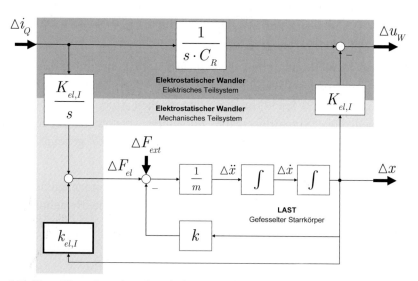

Abb. 6.7. Signalflussplan eines beschalteten *elektrostatischen* Wandlers bei *Stromsteuerung* (linearisiertes Modell um stabilen Arbeitspunkt, verlustlos, ideale Stromquelle, mechanische Last: elastisch gefesselter Starrkörper, vgl. Abb. 6.3)

Wandlersteifigkeit – Elektrostatische Erweichung Die (differenziellen) elektrostatischen Wandlersteifigkeiten aus Gln. (6.18), (6.20) besitzen vier beachtenswerte Eigenschaften:

- Die Wandlersteifigkeit $k_{el,I}$ bei Stromsteuerung ist immer *kleiner* als die Steifigkeit $k_{el,U}$ bei Spannungsteuerung.
- In der Regel sind beide Steifigkeiten größer als Null, was gemäß Abschn. 5.4.3 zu einer Erniedrigung der Gesamtsteifigkeit $(k - k_{el})$ des Wandlers führt (hier: elektrostatische Erweichung)
- Unter gewissen Bedingungen kann die differenzielle Wandlersteifigkeit bei *Stromsteuerung* Null bzw. negativ werden.
- Die Steifigkeiten ändern sich mit der Ruhelage, d.h. mit der elektrischen Aussteuerung des Wandlers. Dies ist zum einen als *Parametervariation* bei der Reglerauslegung in Verbindung mit einem elektrostatischen Wandler zu beachten. Andererseits bedeutet dies im Zusammenhang mit der elektrostatischen Erweichung die Gefahr einer *Instabilität* des Arbeitspunktes (s. *Pull-in*-Phänomen).

6.3.5 Konstruktionsprinzipien

In Tabelle 6.1 sind verschiedene Konstruktionsprinzipien mit einem mechanischen Freiheitsgrad dargestellt. Grundsätzlich lassen sich Wandler in Typen mit einem *variablen* und *konstanten* Elektrodenabstand einteilen.

Variabler Elektrodenabstand Die in Tabelle 6.1 dargestellten Typen A und B mit variablem Elektrodenabstand nutzen die transversalen Kräfte auf die Elektrodenoberflächen. Der genutzte Bewegungsfreiheitsgrad ist dann parallel zur Feldrichtung. Bei dem Kippwandler Typ B ist zu beachten, dass der Feldverlauf innerhalb des Elektrodenraumes nicht mehr homogen ist, was sich in einer komplizierten Beschreibung niederschlägt. Die beiden angeführten Approximationen können für überschlägige Untersuchungen verwendet werden. Die Typ A entsprechende Approximation-1 liefert dabei etwas kleinere Kräfte als tatsächlich auftreten. Das Kraftgesetz ist prinzipiell *umgekehrt proportional* zum *Quadrat* des Elektrodenabstandes.

Konstanter Elektrodenabstand Bei konstantem Plattenabstand kann entweder die überdeckte Elektrodenfläche oder das Dielektrikum variiert werden. Im Typ C und D wirken auf die Kondensatorplatten konstante translatorische bzw. rotatorische Kräfte, solange keine vollständige Elektrodenüberdeckung vorliegt. Die Kraft ist wiederum derart gerichtet, dass die Kapazität der Anordnung maximal wird. Im Typ E werden die Kräfte auf Grenzflächen des Dielektrikums ausgenutzt. Auch hier wirkt die konstante elektrostatische Kraft solange, bis das Dielektrikum den Elektrodenraum vollständig ausfüllt.

Geometrische Skalierung Um eine Vorstellung über die Größenordnung von elektrostatischen Kräften zu bekommen, betrachte man eine typische Anwendung der Wandlerkonfiguration Typ B für Mikrokippspiegel. Bei einer Spiegelfläche $500\mu m \times 500\mu m$, einem Elektrodenabstand von $20\mu m$ und einer Betriebsspannung von $100\,V$ ergibt sich eine elektrostatische Kraft $F_{el} \approx 30\mu N$. Diese sehr kleine Kraft ist durchaus ausreichend um ein Siliziumplättchen im Mikrogrammbereich bewegen zu können. Aufgrund der Kraftgesetze (6.12) und (6.15) hat eine geometrische Skalierung der Elektrodenanordnung um den Faktor λ jedoch keinerlei Auswirkung auf die Krafterzeugung, wogegen sich die zu bewegende Masse bei homogener Dichte um den Faktor λ^3 erhöht. Eine deutliche Vergrößerung der Kräfte erreicht man lediglich durch eine absolute Vergrößerung der Betriebsspannung oder durch eine relative Verkleinerung des Elektrodenabstandes. Beiden Lösungen sind jedoch deutliche technische Grenzen gesetzt. Hohe Betriebsspannungen sind sowohl durch die zulässige Durchbruchfeldstärke als auch durch Handhabungsgrenzen bestimmt. Kleinere Elektrodenabstände bei größeren Längendimensionen sind fertigungstechnisch nicht möglich und von den reduzierten Bewegungsmöglichkeiten gesehen überhaupt nicht brauchbar.

Mit diesen Eigenschaften erklärt sich auch die stiefmütterliche Nutzung elektrostatischer Wandlerprinzipien in makroskopischen Anwendungen (z.B. elektrische Messgeräte, Nadelelektrometer (Küpfmüller et al. 2006)). Einen Durchbruch in mechatronischen Anwendungen ermöglichten erst die Fortschritte in der Mikrosystemtechnik in der jüngeren Vergangenheit. Erst dadurch sind auf mikroskaligen Geometriedimensionen die sehr kleinen Kräfte sinnvoll nutzbar (Senturia 2001), (Gerlach u. Dötzel 2006).

Tabelle 6.1. Elektrostatische Elementarwandler mit einem mechanischen Freiheitsgrad x bzw. φ

Wandlertyp	Wandlermodell
A *Plattenwandler – transversal* variabler Elektrodenabstand	$x < d_0$ $$C(x) = \frac{\varepsilon A}{d_0 - x}$$ $$F_{el}(x,U) = \frac{1}{2}U^2 \frac{\varepsilon A}{(d_0 - x)^2}$$
B *Kipp-Plattenwandler* variabler Elektrodenabstand	$l \gg d$ $$C(\varphi) = -\frac{\varepsilon b}{\varphi}\ln\left(1 - \frac{l\varphi}{d}\right)$$ $$\tau_{el}(\varphi,U) = \frac{\varepsilon A}{2}U^2\left[\frac{\ln\left(1-\dfrac{l\varphi}{d}\right)}{l\varphi^2} + \frac{1}{d\varphi\left(1-\dfrac{l\varphi}{d}\right)}\right]$$ **Approximation-1 für** $\varphi \ll 1$ $$C(\varphi) \approx \frac{\varepsilon A}{d - \dfrac{l}{2}\varphi}$$ $$\tau_{el}(\varphi,U) \approx \frac{\varepsilon A l}{2}U^2 \frac{1}{\left(d - \dfrac{l}{2}\varphi\right)^2}$$ **Approximation-2 für** $\varphi \ll 1$ $$C(\varphi) \approx \frac{\varepsilon b l}{d}\left[1 + \frac{1}{2}\frac{l\varphi}{d} + \frac{1}{3}\left(\frac{l\varphi}{d}\right)^2\right]$$ $$\tau_{el}(\varphi,U) \approx \frac{1}{2}\frac{\varepsilon b l^2}{d^2}U^2\left[\frac{1}{2} + \frac{2}{3}\frac{l\varphi}{d}\right]$$

Tabelle 6.1. (Fortsetzung) Elektrostatische Elementarwandler mit einem mechanischen Freiheitsgrad x bzw. φ

	Wandlertyp	Wandlermodell
C	*Plattenwandler – longitudinal* variable Fläche	$0 \leq x \leq l$ $$C(x) = \frac{\varepsilon b \left(l - x\right)}{d}$$ $$F_{el}(U) = -\frac{1}{2}\frac{\varepsilon b}{d}U^2$$
D	*Drehkondensator* variable Fläche	$0 \leq \varphi \leq \pi$ $$C(\varphi) = \frac{\varepsilon R^2}{2d}\varphi$$ $$\tau_{el}(U) = \frac{1}{2}\frac{\varepsilon R^2}{2d}U^2$$
E	*Linearwandler* variables Dielektrikum	$0 \leq x \leq l$ $$C(x) = \frac{\varepsilon_0\, bl}{d} + \frac{b}{d}x\left(\varepsilon_1 - \varepsilon_0\right)$$ $$F_{el}(U) = \frac{1}{2}\frac{b}{d}\left(\varepsilon_1 - \varepsilon_0\right)U^2$$

6.4 Wandler mit variablem Elektrodenabstand und Spannungssteuerung

6.4.1 Allgemeines Verhaltensmodell

Wandlertyp Elektrostatische Wandler mit variablem Elektrodenabstand ermöglichen eine Ankerbewegung *transversal* zur Elektrodenoberfläche und besitzen einen Prinzipaufbau nach Typ A und B in Tabelle 6.1.

Konfigurationsgleichungen Bei einem *variablen* Elektrodenabstand kann man bei einem homogenen Feld folgenden allgemeinen Ansatz für die *Wandlerkapazität* und die elektrostatische *Krafterzeugung* bei Spannungssteuerung treffen

$$C_W(x) := \frac{\alpha}{\beta - x} \quad , \quad C_0 := C_W(0) = \frac{\alpha}{\beta} \qquad (6.23)$$

$$\Rightarrow \quad \frac{\partial C_W(x)}{\partial x} = \frac{\alpha}{\left(\beta - x\right)^2} \, , \quad F_{el}(x, u_W) = \frac{1}{2}\, u_W^{\;2}\, \frac{\alpha}{\left(\beta - x\right)^2} \, .$$

Stationäres Verhalten

Ruhelagen Die Ruhelagen x_R für statische Anregungen $u_Q(t) = U_0$, $F_{ext}(t) = F_0$ ergeben sich gem. Gl. (5.40) aus der kubischen Bestimmungsgleichung

$$\frac{2}{\alpha}\left(kx_R - F_0\right)\left(\beta - x_R\right)^2 = U_0^{\;2} \, . \qquad (6.24)$$

Von den möglichen drei Lösungen der Gl. (6.24) führt, wie nachfolgend gezeigt wird, lediglich eine Lösung zu einer prinzipiell stabilen Ruhelage. Dies jedoch auch nur unter bestimmten Konstellationen (s. *Pull-in*-Phänomen). Für die weiteren Betrachtungen erweist sich eine Parametrierung der Ruhelagen durch das Tupel (x_R, F_0) als günstig[5].

---

[5] Das zugehörige U_0 lässt sich über Gl. (6.24) bestimmen. Die Handhabung und Interpretation der Ruheauslenkung x_R als Betriebsparameter ist anschaulicher als die Quellenspannung.

Pull-in-Phänomen – Schnappeffekt Im stationären Fall müssen sich bei verschwindender mechanischen Anregung $F_{ext} = 0$ die Federkraft $F_F = kx_R$ und die elektrostatische Kraft $F_{el}(x_R, U_0)$ das Gleichgewicht halten, dies entspricht gerade der Ruhelagenbedingung Gl. (6.24). Eine stabile Ruhelage ergibt sich jedoch nur dann, wenn die *differenzielle Steifigkeit* $\partial F_\Sigma / \partial x$ der auf die Elektrode wirkenden Summenkraft $F_\Sigma = F_F - F_{el}$ positiv ist. Im besten Fall ergibt sich eine einzige stabile Ruhelage, wie aus Abb. 6.8 ersichtlich ist (vgl. auch Abb. 5.13).

Für $x_R = \beta/3$ existiert wegen $\partial F_\Sigma / \partial x = 0$ ein labiles Gleichgewicht und für $x_R > \beta/3$ überwiegt der Gradient der elektrostatischen Kraft. Die bewegliche Elektrode wird dann ungebremst auf die ruhende Elektrode gezogen – *Pull-in-Phänomen* (Senturia 2001), (Gerlach u. Dötzel 2006) – in der deutschsprachigen Literatur auch als *Schnappeffekt* bezeichnet.

In diesem Sinne nennt man diese kritische Ruheauslenkung deshalb *Pull-in-Auslenkung* (s. Abb. 6.8)

$$x_{pi} = \frac{\beta}{3}.$$ (6.25)

Mit Gln. (6.25) und (6.24) erhält man die zu Gl. (6.25) gleichwertige Beziehung für die zugehörige Ruhespannung U_{pi} – *Pull-in-Spannung* – bei der *Pull-in*-Elektrodenauslenkung x_{pi} zu

$$U_{pi} = \sqrt{\frac{8}{27} \frac{\beta^3}{\alpha} k}.$$ (6.26)

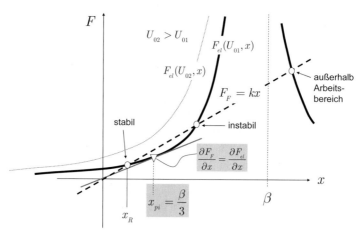

Abb. 6.8. *Pull-in*-Phänomen – Kraftgesetze für den stationären Betrieb bei *verschwindender* mechanischer Anregung $F_{ext} = 0$

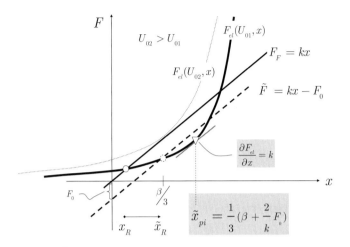

Abb. 6.9. *Pull-in*-Phänomen – Kraftgesetze für den stationären Betrieb bei *statischer* mechanischer Anregung $F_{ext} = F_0 = const. \neq 0$

Für einen *stabilen Betrieb* unter Vermeidung des Pull-in-Phänomens muss also für den stationären Arbeitspunkt gefordert werden

$$x_R < x_{pi} \quad \text{bzw.} \quad U_0 < U_{pi}. \tag{6.27}$$

Aufgrund des *Pull-in*-Phänomens kann man bei einer Spannungsansteuerung also prinzipiell nur *ein Drittel* des Elektrodenluftspaltes für die Bewegungsführung ausnutzen. Eine Möglichkeit zur künstlichen elektrischen Vergrößerung des Bewegungsbereiches wird in Abschn. 6.4.2 aufgezeigt.

Pull-in-Grenzen bei statischer mechanischer Anregung In Abb. 6.9 sind die relevanten Kraftgesetze bei einer zusätzlichen *statischen mechanischen Kraft* F_0 veranschaulicht. Man erkennt, dass sich durch die Parallelverschiebung der Federkraftkennlinie um den Betrag $(-F_0)$ sowohl die Ruhelagen als auch die *Pull-in*-Grenzen ändern zu

$$\tilde{x}_{pi} = \frac{1}{3}(\beta + \frac{2}{k}F_0), \quad \tilde{U}_{pi} = \sqrt{\frac{8}{27}\frac{\left(k\beta - F_0\right)^3}{\alpha k^2}}. \tag{6.28}$$

Dynamisches Verhalten

Wandlerparameter Durch Einsetzen von $C_W(x)$ nach Gl. (6.23) in Gl. (6.18) und mit der Definition einer *relativen Ruheauslenkung* $X_R := x_R / \beta$ ergeben sich die arbeitspunktabhängigen Vierpolparameter

- *Elektrostatische Spannungssteifigkeit* $k_{el,U} := \dfrac{2(k \cdot X_R - F_0/\beta)}{1 - X_R} \left[\dfrac{\mathrm{N}}{\mathrm{m}}\right]$

- *Spannungsbeiwert* $\qquad K_{el,U} := \dfrac{\sqrt{2 C_0 (k \cdot X_R - F_0/\beta)}}{1 - X_R} \quad \left[\dfrac{\mathrm{N}}{\mathrm{V}}\right], \left[\dfrac{\mathrm{As}}{\mathrm{m}}\right]$ (6.29)

- *Ruhekapazität* $\qquad C_R := C_0 \dfrac{1}{1 - X_R} \quad \left[\dfrac{\mathrm{As}}{\mathrm{V}}\right].$

Übertragungsmatrix Aus Gl. (6.29) und Tabelle 5.8 folgt die *Übertragungsmatrix* $\mathbf{G}(s)$ zu

$$\begin{pmatrix} \Delta X(s) \\ \Delta I_W(s) \end{pmatrix} = \mathbf{G}(s) \begin{pmatrix} \Delta F_{ext}(s) \\ \Delta U_Q(s) \end{pmatrix} = \begin{pmatrix} V_{x/F,U} \dfrac{1}{\{\Omega_U\}} & V_{x/u} \dfrac{1}{\{\Omega_U\}} \\ V_{i/F} \dfrac{s}{\{\Omega_U\}} & V_{i/u} \cdot s \dfrac{\{\Omega_0\}}{\{\Omega_U\}} \end{pmatrix} \begin{pmatrix} \Delta F_{ext}(s) \\ \Delta U_Q(s) \end{pmatrix} \quad (6.30)$$

mit den Parametern

$$k_{W,U} = k - k_{el,U}, \quad \Omega_U^{\;2} = \frac{k_{W,U}}{m}, \quad \Omega_0^{\;2} = \frac{k}{m} \quad \text{mit } \Omega_U < \Omega_0$$

$$V_{x/F,U} = \frac{1}{k_{W,U}}, \quad V_{x/u} = V_{i/F} = \frac{K_{el,U}}{k_{W,U}}, \quad V_{i/u} = C_R \frac{k}{k_{W,U}}.$$

(6.31)

Interessant ist hier, dass die *Antiresonanz* der elektrischen Klemmenübertragungsfunktion (elektrische Admittanz) durch die mechanische Eigenresonanz Ω_0 gegeben ist. Da diese Nullstellen wiederum gleich den Wandlerpolen bei Stromsteuerung sind, bedeutet dies, dass bei Stromsteuerung offensichtlich die differenzielle Wandlersteifigkeit gleich Null ist. Diese Eigenschaft wird im nachfolgenden Abschnitt näher diskutiert.

Elektrostatische Erweichung vs. Verstärkungsvariation Die Wandler-steifigkeit $k_{W,U}$ in Gl. (6.31) ist arbeitspunktabhängig, d.h. sie ändert sich mit der Ruheauslenkung x_R gemäß

$$k_{W,U} = \frac{k(1 - 3X_R) + 2F_0/\beta}{\left(1 - X_R\right)}.$$

Mit wachsendem x_R strebt $k_{W,U}$ gegen Null (elektrostatische Erweichung), beim *Pull-in* wird $k_{W,U} = 0$ (vgl. Gln. (6.25) bzw. (6.28)).

Dies bedeutet wiederum für die *Verstärkungen* der Übertragungsfunktionen gemäß Gl. (6.31) eine rasante Vergrößerung in der Nähe der *Pull-in*-Ankerauslenkung. Damit erhöht sich einerseits arbeitspunktabhängig die Wandlerempfindlichkeit. Andererseits ist diese extreme Parametervariation sorgfältig beim Reglerentwurf zu berücksichtigen, wenn der Wandler als Aktuator in einem geschlossenen Wirkungskreis betrieben wird.

Charakteristisches Polynom – Wandlerstabilität Für die Stabilitätsanalyse wichtig ist das *charakteristische Polynom* $\Delta_U(s)$ der Übertragungsmatrix $\mathbf{G}(s)$

$$\Delta_U(s) = s^2 + \Omega_U^{\,2} = s^2 + \frac{k_{W,U}}{m} = s^2 + \frac{k(1 - 3X_R) + 2F_0/\beta}{m\left(1 - X_R\right)}. \qquad (6.32)$$

Man findet in Gl. (6.32) gerade die *Pull-in*-Bedingungen (6.25) bzw. (6.28) als Stabilitätsgrenze (Doppelpol bei $s = 0$ bzw. $k_{W,U} = 0$) wieder.

ELM-Koppelfaktor Durch Einsetzen der Wandlerparameter (6.29) in Gl. (6.22) erhält man den *ELM-Koppelfaktor* für den spannungsgesteuerten Plattenwandler

$$\kappa_{el}^{\,2} = \frac{2\left(kX_R - F_0/\beta\right)}{k\left(1 - X_R\right)} = \frac{k_{el,U}}{k}. \qquad (6.33)$$

Der ELM-Koppelfaktor hängt nach Gl. (6.33) also in fundamentaler Weise von der *relativen Bewegungsgeometrie* des Wandlers ab, d.h. von der Ruheauslenkung x_R bezogen auf den spannungslosen Elektrodenabstand β. Gegebenenfalls ist noch ein Offset wirksam, der von der statischen mechanischen Anregung F_0 herrührt. Der rechte Ausdruck in Gl. (6.33) setzt den ELM-Koppelfaktor in Bezug zu den Wandlersteifigkeiten.

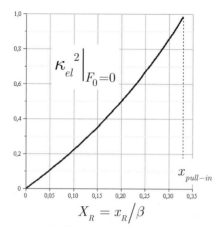

$$X_R = x_R / \beta$$

Abb. 6.10. ELM-Koppelfaktor $\kappa_{el}^{\ 2}$ bei $F_0 = 0$ in Abhängigkeit von der Ruheauslenkung x_R für einen spannungsgesteuerten elektrostatischen Plattenwandler
mit variablem Elektrodenabstand

In Abb. 6.10 ist der ELM-Koppelfaktor in Abhängigkeit von der stabilen Ruheauslenkung x_R für $F_0 = 0$ dargestellt. Mit zunehmender Ruheauslenkung steigt offensichtlich die umgesetzte mechanische Leistung. Allerdings wird der Wandler mit zunehmender Ruheauslenkung aufgrund der
elektrostatischen Erweichung zunehmend instabil, sodass große Koppelfaktoren nur bei starker Bewegungseinschränkung möglich sind, um ein
Pull-in zu vermeiden.

6.4.2 Vergrößerung des Bewegungsbereiches durch Serienkapazität

Geometrische Bewegungsrestriktionen Das *Pull-in*-Phänomen reduziert
beträchtlich den Bewegungsbereich eines spannungsgesteuerten Wandlers.
Der Wandler in Abb. 6.11a kann lediglich bis $x_{pi} = \beta/3$ stabil betrieben
werden. Wünscht man einen Bewegungshub von $x_{max} = \beta$, so müsste
man mechanisch den ungeladenen Elektrodenabstand auf 3β vergrößern
(Abb. 6.11b). Nach Gl. (6.26) ist für diesen Stellhub aber wegen der Ver-
dreifachung des Luftspaltes die $\sqrt{3^3} \approx 5$-fache Steuerspannung gegenüber
der Ursprungsvariante in Abb. 6.11a notwendig. Der vergrößerte Luftspalt
resultiert in einer kleineren Gesamtkapazität der Anordnung, die man sich
aus einer Serienschaltung der ursprünglichen Plattenanordnung mit der
erweiterten nach Abb. 6.11b denken kann.

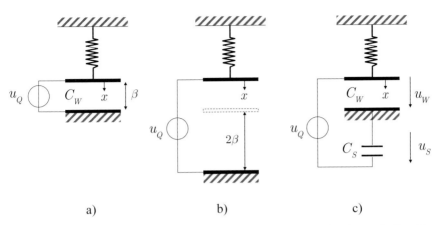

a)   b)   c)

Abb. 6.11. Spannungsgesteuerter Plattenwandler: a) Elektrodenabstand β – Bewegungshub $0 \leq x < \beta/3$, b) erhöhter Elektrodenabstand 3β – erhöhter Bewegungshub $0 \leq x < \beta$, c) kleiner Elektrodenabstand β mit Serienkapazität C_S – erhöhter Bewegungshub $0 \leq x < \beta$

Serienkapazität Eine praktikable Möglichkeit zur Vergrößerung des stabilen Bewegungsbereiches bei *gleichbleibender Elektrodengeometrie* ist durch die Verwendung einer *Serienkapazität* gemäß Abb. 6.11c möglich (Seeger u. Crary 1997), (Chan u. Dutton 2000). Damit kann nun mit dem Originalwandler der gesamte Elektrodenhub β genutzt werden.

Die Gesamtkapazität der Anordnung nach Abb. 6.11c berechnet sich zu

$$C_{\Sigma}(x) = \frac{C_W \cdot C_S}{C_W + C_S} = \frac{\alpha}{\beta + \dfrac{\alpha}{C_S} - x} = \frac{\alpha}{\tilde{\beta} - x}. \tag{6.34}$$

Man erkennt aus Gl. (6.34) eine *fiktive Vergrößerung* des Elektrodenabstandes des ungeladenen Wandlers auf $\tilde{\beta}$. Die *Pull-in*-Grenzen sind bei gleichbleibenden Verhaltenseigenschaften nun auf $\tilde{\beta}$ zu beziehen.

Möchte man also den in Abb. 6.11b gezeigten elektrostatischen Bewegungshub β realisieren, so muss die Serienkapazität

$$C_S \geq \frac{1}{2}\frac{\alpha}{\beta} = \frac{1}{2}C_0$$

gewählt werden.

Wirkungsweise Die Wirkungsweise der Serienkapazität beruht auf einer aussteuerungsabhängigen Spannungsteilung gemäß

$$u_W = \frac{C_S}{C_W + C_S}\, u_Q = \frac{\beta - x}{\dfrac{\alpha}{C_S} + \beta - x}\, u_Q .$$

Damit wird bei steigender Quellenspannung u_Q und dadurch steigender Auslenkung x bzw. steigender Wandlerkapazität C_W die Polarisations- spannung u_W am Wandler automatisch reduziert (elektrische Rückkopp- lung). Die elektrostatische Kraft folgt nun also dem Gesetz

$$F_{el}(x, u_W) = \frac{\alpha}{2}\frac{1}{(\beta - x)^2}\left(\frac{(\beta - x)}{\left(\dfrac{\alpha}{C_S} + \beta - x\right)}\, u_Q\right)^2 = \frac{\alpha}{2}\frac{1}{\left(\dfrac{\alpha}{C_S} + \beta - x\right)^2}\, u_Q^{\,2} .$$

Vorteile – Nachteile – Grenzen Die elektrische Hubvergrößerung erlaubt eine unverändert *kompakte Geometrie*. Durch die Spannungsteilereigen- schaft ist allerdings eine *höhere Steuerspannung* erforderlich als bei direk- ter Wandleransteuerung. Zusätzlich begrenzen *parasitäre Kapazitäten* den stabilen Betrieb (Chan u. Dutton 2000).

6.4.3 Passive Dämpfung mit Serienwiderstand

Wandler mit Spannungsquelle und Serienwiderstand In Abb. 6.12 ist eine Anordnung eines spannungsgesteuerten Plattenwandlers mit einem ohmschen Serienwiderstand R gezeigt. In Abschn. 5.5 wurden eingehend die Verhaltenseigenschaften eines verlustbehafteten Elementarwandlers diskutiert, die sich nun an diesem Wandlertyp konkretisieren lassen. Über die elektromechanische Kopplung wird bekanntlich im elektrischen Kreis mechanische Energie dissipiert, was einer passiven Dämpfung des mecha- nischen Einmassenschwingers entspricht. In diesem Sinne ist der ohmsche Serienwiderstand also als ein wichtiger Entwurfsfreiheitsgrad zu betrach- ten.

Stationäres Verhalten Da im stationären Fall der Stromfluss des Wandlers gleich Null ist (Spannungsgleichgewicht $u_W = u_Q$ gibt es keine Änderung der Ruhelagen und Pull-in-Bedingungen gegenüber dem verlustlosen Plattenwandler.

Dynamisches Verhalten – Kleinsignalverhalten Zur Berechnung des um die stabile Ruhelage (U_0, x_R) linearisierten Wandlermodells kann man unmittelbar die Korrespondenzen aus den Tabellen 5.7 und 5.8 mit den ELM-Vierpoladmittanzparametern Gl. (6.17) bzw. Gl. (6.29) benutzen und man erhält nach einigen Rechenschritten[6] schließlich

$$
\begin{pmatrix} \triangle X(s) \\ \triangle I_W(s) \end{pmatrix} = \begin{pmatrix} V_{x/F,U} \dfrac{[\tilde{\omega}_Z]}{\tilde{\mathcal{N}}(s)} & V_{x/u} \dfrac{1}{\tilde{\mathcal{N}}(s)} \\ V_{i/F} \dfrac{s}{\tilde{\mathcal{N}}(s)} & V_{i/u} \cdot s \dfrac{\{\Omega_0\}}{\tilde{\mathcal{N}}(s)} \end{pmatrix} \begin{pmatrix} \triangle F_{ext}(s) \\ \triangle U_Q(s) \end{pmatrix}
$$

(6.35)

$$
\tilde{\mathcal{N}}(s) := \left(1 + 2\tilde{d}_U \dfrac{s}{\tilde{\Omega}_U} + \dfrac{s^2}{\tilde{\Omega}_U{}^2}\right) \cdot \left(1 + \dfrac{s}{\tilde{\omega}_U}\right), \quad \tilde{\omega}_Z = \dfrac{1}{R \cdot C_R}.
$$

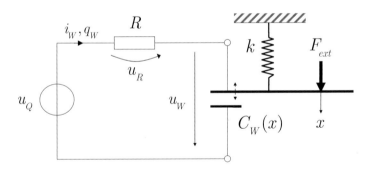

Abb. 6.12. Spannungsgesteuerter elektrostatischer Plattenwandler mit variablem Elektrodenabstand und Serienwiderstand: Prinzipanordnung

---

[6] Die genannten Beziehungen lassen sich ohne großen Aufwand mit einem Computeralgebraprogramm (z.B. MAPLE, MATHEMATICA) auswerten. Damit können auch leicht für andere Elektrodenanordnungen geschlossene Formeln für die Übertragungsmatrix in Abhängigkeit der physikalischen Parameter gefunden werden.

wobei die Verstärkungen identisch zum verlustlosen Wandler nach Gl. (6.31) sind[7].

Eine Änderung ist bei den Polstellen erkennbar. Neben dem nunmehr gedämpften komplexen Polpaar $\{\tilde{d}_U, \tilde{\Omega}_U\}$ der mechanischen Eigenresonanz erscheint ein zusätzlicher reeller Pol $[\tilde{\omega}_U]$ über die RC Eingangsbeschaltung. Ferner ist im mechanischen Übertragungskanal ein differenzierendes Verhalten mit einer reellen Nullstelle $[\tilde{\omega}_Z]$ erkennbar.

Wurzelortskurven in Abhängigkeit vom Widerstand Die Abhängigkeit der Polstellen $\{\tilde{d}_U, \tilde{\Omega}_U\}$, $[\tilde{\omega}_U]$ vom Widerstand R wurde in Abschn. 5.5.5 eingehend diskutiert. Für den vorliegenden Fall gelten exakt die Wurzelortskurven aus Abb. 5.24a und bestätigen das erwartete Dämpfungsverhalten der elektrischen Rückkopplung.

Maximale Dämpfung Mit der Definition $X_R := x_R / \beta$ folgt gemäß Abschn. 5.5.5 für die *maximal* erreichbare *Dämpfung* der Wandlereigenfrequenz

$$d^{\mathrm{max}} = \frac{1}{2}\left(\sqrt{\frac{1 - X_R}{1 - 3X_R + \dfrac{2F_0}{k\beta}}} - 1\right).$$
(6.36)

Als *optimalen Widerstandswert* findet man gemäß Abschn. 5.5.5

$$R^{\mathrm{max}} = \frac{1 - X_R}{\Omega_0 \cdot C_0}\left(\frac{1 - 3X_R + \dfrac{2F_0}{k\beta}}{1 - X_R}\right)^{1/4}.$$
(6.37)

Interessanterweise hängt die maximal erreichbare Dämpfung der Wandlereigenfrequenz einzig von der *relativen Bewegungsgeometrie* des Wandlers ab und steigt mit wachsender Ruhelage x_R bzw. X_R, wie in Abb. 6.13a für $F_0 = 0$ dargestellt ist.

---

[7] Dies war auch nicht anders zu erwarten, da sich nach obigen Ausführungen beim ohmsch belasteten Wandler die gleichen stationären Werte wie beim verlustlosen Wandler ergeben.

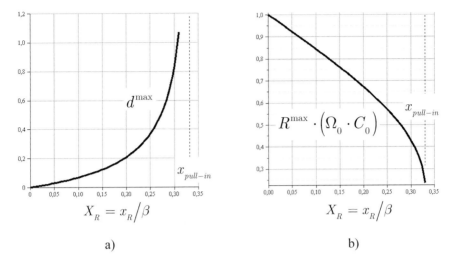

Abb. 6.13. Spannungsgesteuerter elektrostatischer Plattenwandler mit variablem Elektrodenabstand und Serienwiderstand: a) maximal erreichbare Dämpfung Gl. (6.36) bei $F_0 = 0$; b) optimaler Widerstand für maximale Dämpfung Gl. (6.37) bei $F_0 = 0$

Diese Eigenschaft ist auch durchaus plausibel, wenn man sie mit dem Verhalten des ELM-Koppelfaktors vergleicht (s. Abb. 6.10). Ein großer ELM-Koppelfaktor bedeutet, dass ein großer Anteil an mechanischer Energie in elektrische Energie umgewandelt wird und damit im Widerstand R dissipiert werden kann.

Der zugehörige optimale Widerstand nach Gl. (6.37) ist in Abb. 6.13b in Abhängigkeit der Ruheauslenkung ebenfalls für $F_0 = 0$ gezeichnet.

Wurzelortskurven in Abhängigkeit von der Ruheauslenkung Ein interessantes Verhalten ergibt sich beim verlustbehafteten Wandler für die Abhängigkeit der Wandlereigenfrequenz von der Ruheauslenkung x_R. Dazu formt man das *charakteristische Polynom* $\Delta(s)$ der Übertragungsmatrix $\mathbf{G}(s)$ folgendermaßen um (zur einfacheren Darstellung sei $F_0 = 0$ betrachtet):

$$\Delta(s) = \left(s^2 + \frac{k}{m} \right)\left(s + \frac{\beta}{R\alpha} \right) - x_{1R}\frac{1}{R\alpha}\left(s^2 + \frac{3k}{m} \right). \qquad (6.38)$$

Mit der normierten Ruheauslenkung $\tilde{X}_R := x_R/R\alpha$ erhält man aus Gl. (6.38) die folgende Darstellung zur Konstruktion der *Wurzelortskurven* von $\Delta(s)$ in Abhängigkeit von $\tilde{X}_R$

$$\underbrace{\left(s^2 + \Omega_0^2\right)\left(s + 1/RC_0\right)}_{\mathcal{N}(s)} - \underbrace{\tilde{X}_R\left(s^2 + 3\Omega_0^2\right)}_{-\tilde{X}_R \cdot \mathcal{Z}(s)} = 0 . \qquad (6.39)$$

$$\mathcal{N}(s) \qquad -\tilde{X}_R \cdot \quad \mathcal{Z}(s) \quad = 0$$

Abhängig vom Verhältnis mechanische zu elektrische Zeitkonstante ergeben sich zwei unterschiedliche Verhalten.

Bei einem *kleinen* Widerstand $1/RC_0 \geq 3\Omega_0$ ist klar die elektrostatische Erweichung (Verkleinerung der Eigenfrequenz) und eine nur mäßige Erhöhung der Dämpfung des komplexen Polpaares erkennbar (Abb. 6.14a).

Bei einem *größeren* Widerstand, d.h. $1/RC_0 < 3\Omega_0$ (Abb. 6.14b), bleibt die mechanische Eigenfrequenz Ω_0 bei zunehmender Ruheauslenkung x_R in etwa konstant. Die Impedanzrückkopplung wirkt sozusagen versteifend.

In beiden Fällen zeigt sich sehr anschaulich das *Pull-in*-Phänomen, da bei $x_R = x_{pi}$ gerade ein reeller Pol in die rechte s-Halbebene wandert.

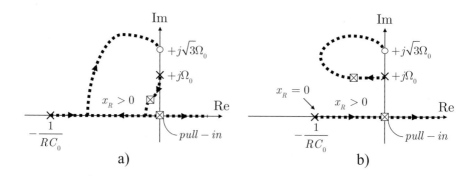

a)   b)

Abb. 6.14. Wurzelortskurven für die Eigenwerte eines spannungsgesteuerten Plattenwandlers (variabler Elektrodenabstand) in Abhängigkeit von der Ruheauslenkung x_R: a) Konfiguration mit $1/RC_0 \geq 3\Omega_0$, b) Konfiguration mit $1/RC_0 < 3\Omega_0$ (jeweils nur obere Halbebene gezeichnet)

Beispiel 6.1   *Elektrostatischer Plattenwandler mit variablem Elektrodenabstand.*

Wandleraufgabe Es wird ein spannungsgesteuerter Plattenwandler mit einem variablen Elektrodenabstand betrachtet. Der Wandler soll zur Messung von externen Kräften (z.B. Drucksensor) verwendet werden.

Physikalisches Modell Die *physikalischen Parameter* orientieren sich an einem MEMS Wandler in $6\,\mu m$ Polysilicon Layer Technologie mit integrierter $0.8\,\mu m$ CMOS Elektronik (Seeger u. Boser 2003):

$$\beta = 1.5\ \mu m,\ \ C_0 = 0.4\ pF,\ \ k = 8\ N/m,\ \ m = 5.63\ \mu g\ .$$

Der Wandler besitze eine verschwindend kleine mechanische Dämpfung.

Charakterisierung des Wandlers Zur Einschätzung der Betriebsmöglichkeiten des Wandlers werden zunächst *elementare Verhaltenskenndaten* ermittelt:

- ○   Eigenfrequenz des *spannungslosen Wandler*: $f_0 = 6\ kHz$ bzw. $\Omega_0 = 37700\ rad/s$
- ○   theoretisch nutzbarer Bewegungshub: $x_{pi} = \beta/3 = 0.5\ \mu m$
- ○   *Pull-in*-Spannung bei $F_0 = 0$: $U_{pi,0} = 3.65\ V$
- ○   maximale Wandlerkraft bei x_{pi}: $F_{W,pi} = k \cdot x_{pi} = 4\ \mu N$

Interessant ist noch die *maximal* erlaubte *externe Kraft*, ohne dass ein *Pull-in* auftritt. Dazu löst man Gl. (6.28) nach F_0 auf und man erhält

$$F_{0,max} = k\beta - \sqrt[3]{\frac{27}{8}\,\beta \cdot C_0 \cdot k^2 \cdot U_0^{\,2}}\ . \qquad (6.40)$$

Die Gl. (6.40) gilt für den stationären Fall, dient aber auch als Anhaltspunkt für die maximale Kraftamplitude $F_0 + \triangle F_{ext}$ für dynamische Anregungen. Mit zunehmender Ruheauslenkung (proportional U_0) reduziert sich also die erlaubte externe Kraft. Bei $U_0 = U_{pi}$ wird nach Gl. (6.26) $F_{0,max} = 0$.

A. Keine statische Kraftanregung $F_0 = 0\ \Rightarrow\ F_{ext} = \triangle F_{ext}(t)$
Aufgrund des ungedämpften mechanischen Teilsystems ist für den dynamischen Betrieb das Dämpfungsverhalten bei unterschiedlichen Ruheauslenkungen von Interesse. Mittels *ohmscher Impedanzrückkopplung* soll das mechanische Teilsystem dissipativ bedämpft werden, die maximal möglichen Dämpfungen sind durch Gl. (6.36) bestimmt.

In Abb. 6.15 sind die *Frequenzgänge* $G_{x/F}(j\omega)$ sowie die *Sprungantworten* für das *Kleinsignalverhalten* bei den an Tabelle 6.2 spezifizierten *Ruheauslenkungen* dargestellt.

Man erkennt deutlich die steigende Dämpfung und die steigende Wandlerempfindlichkeit (Verstärkung $V_{x/F}$ in Abb. 6.15a bzw. statische Verstärkung der Sprungantworten in Abb. 6.15b) mit wachsender Ruheauslenkung. Für ein vernünftiges Einschwingverhalten ist also eher eine größere Ruheauslenkung zu wählen. Allerdings verbleibt bei der dynamisch attraktivsten Variante $X_R = 0.3$ nach Gl. (6.40) nur noch ein – nicht praktikabler – erlaubter Krafthub von 0.02 μN.

Ein praktikabler Kompromiss zwischen hinreichender mechanischer Dämpfung und ausreichendem Krafthub könnte die Variante $X_R = 0.2$ mit $F_{0,\max} = 0.5 \ \mu N$ darstellen.

Tabelle 6.2. Betriebsparameter des elektrostatischen Wandlers für verschwindende statische Kraftanregung $F_0 = 0$

Kurve in Abb. 6.15	$X_R = x_R / \beta$	$d^{\max}$	$R^{\max} \ [M\Omega]$	$U_0 \ [V]$
1	0.1	0.07	56	2.7
2	0.2	0.21	45	3.4
3	0.3	0.82	29	3.64

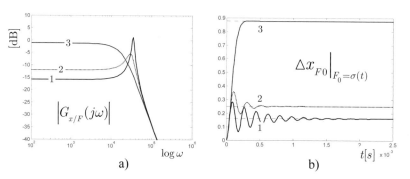

a)   b)

Abb. 6.15. Spannungsgesteuerter elektrostatischer Plattenwandler bei $F_0 = 0$ und verschiedenen Ruheauslenkungen: a) Frequenzgänge $G_{x/F}(j\omega)$, b) Sprungantworten (jeweils Einheitssprung, man beachte die unterschiedliche Verstärkung); Legende s. Tabelle 6.2

B. Statische Kraftanregung $F_{ext} = F_0 + \triangle F_{ext}(t)$

Ausgehend von den oben genannten Überlegungen wird bei nicht verschwindender statischer Kraftanregung $F_0 \neq 0$ als Kompromiss die Ankerruhelage $X_R = 0.2$ bzw. $x_R = 0.3 \ \mu m$ gewählt.

Zur Veranschaulichung des *Grossignalverhaltens* ist in Abb. 6.16 das Ergebnis einer nichtlinearen Simulation von typischen Betriebsphasen dargestellt. Während der gesamten Simulation ist der Serienwiderstand gemäß Tabelle 6.2, Zeile 2, wirksam, die Betriebsspannung $u_Q(t)$ wurde sukzessive sprungförmig auf die entsprechenden stationären Werte aus Tabelle 6.2 verändert.

Am Beginn der Simulation wird der Anker des Wandlers aus dem spannungslosen Zustand in verschiedene Ruhelagen gefahren – *Anfahren von Arbeitspunkten*. Um einen Vergleich zum in Abb. 6.15 dargestellten Kleinsignalverhalten herzustellen, wurden die gleichen Ruheauslenkungen gewählt. Es bestätigt sich das erwartete Dämpfungsverhalten mit wachsender Ruheauslenkung.

Nach $t = 5 \ ms$ wird in der Ruheauslenkung $X_R = 0.2$ eine sprungförmige externe Kraft F_0 auf den Anker eingeprägt – *Kraftmessung*. Der Wandler antwortet darauf nach Abklingen der Einschwingvorgänge mit einer stationären Ankerauslenkung $\triangle x_{F0}$, die als Messgröße für die applizierte Kraft ausgewertet werden kann (dies sei dem geneigten Leser als Übung empfohlen; Lösung: $F_0 = 0.2 \ \mu N$).

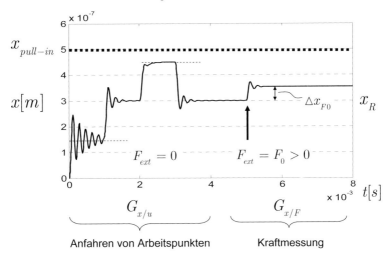

Abb. 6.16. Spannungsgesteuerter elektrostatischer Plattenwandler bei $F_0 \neq 0$ – Grossignalverhalten, nichtlineare Simulation; Betriebsparameter nach Tabelle 6.2, Zeile 2. ∎

6.5 Wandler mit variablem Elektrodenabstand und Stromsteuerung

Konfigurationsgleichungen Die Ansteuerung eines Plattenwandlers mittels einer steuerbaren Stromquelle ergibt ungleich *einfachere* Verhältnisse gegenüber einer Spannungssteuerung. Bei einem variablen Elektrodenabstand gilt bei einem homogenen Feld für die *Wandlerkapazität* ebenfalls der Kapazitätsansatz (6.23). Für die elektrostatische *Krafterzeugung* ergibt sich bei direkter Ladungssteuerung jedoch der *abstandsunabhängige* Zusammenhang

$$F_{el}(q_W) = \frac{1}{2}\frac{q_W^{\;2}}{\alpha}.\tag{6.41}$$

Da die wirksame elektrostatische COULOMB-Kraft (6.41) lediglich von der aufgebrachten Ladung q_W abhängt, die ja wiederum direkt über die Stromquelle gesteuert wird, kann über den Ladungstransport direkt und *rückwirkungsfrei* die elektrostatische Kraft auf die massebehaftete Elektrode eingeleitet werden.

Stationäres Verhalten

Ruhelagen Aus Gl. (5.41) ergibt sich unmittelbar für eine stationäre Ladung $q_Q(t) = Q_0$ die Ruhelagenbedingung

$$x_R = \frac{1}{2\alpha k}Q_0^{\;2} + \frac{1}{k}F_0\tag{6.42}$$

mit der statischen mechanischen Anregung $F_{ext}(t) = F_0$.

Sofern der Ruhestrom $I_0 = 0$ eingehalten wird, kann über eine geeignete Ladungsmenge Q_0 also *jeder* gewünschte Elektrodenabstand x_R gemäß Gl. (6.42) *stabil* eingestellt werden.

Pull-in bei Stromsteuerung Unter diesen idealisierenden Annahmen, tritt bei einem Plattenwandler mit Stromsteuerung also *kein Pull-in-Phänomen* in Erscheinung. Damit lässt sich vorteilhaft der gesamte Elektrodenabstand als Bewegungshub ausnützen.

Diese Eigenschaft darf aber fälschlicherweise nicht in dem Sinne verallgemeinert werden, dass bei einer Strom- bzw. Ladungssteuerung generell *kein Pull-in*-Phänomen auftritt. Diese Aussage gilt tatsächlich *nur für eine parallele Elektrodenanordnung* mit einem *homogenen Feldverlauf.*

In (Elata 2006) wird beispielsweise gezeigt, dass für einen *Kippwandler* nach Tabelle 6.1 B sehr wohl auch bei Ladungssteuerung ein *Pull-in*-Verhalten entstehen kann. Dies begründet sich aus dem nichthomogenen Feldverlauf, sodass für eine genauere Analyse bei einem Kippwandler auch die detaillierten Modelle aus Tabelle 6.1 zu verwenden sind.

Bei nicht vernachlässigbaren *parasitären* Kapazitäten zeigt sich ebenfalls ein *Pull-in*-Verhalten bei stromgesteuerten Wandlern mit paralleler Elektrodenanordnung (Seeger u. Boser 1999), (Seeger u. Boser 2003).

***Pull-in*-Grenzen bei Spannungs- vs. Stromsteuerung**   Das *Pull-in*-Verhalten lässt sich also auch bei Stromsteuerung nicht völlig ausschließen. Allerdings lässt sich allgemein zeigen, dass der stabile Aussteuerungsbereich bei *Stromsteuerung* generell *größer* ist als bei Spannungssteuerung (Elata 2006), (Bochobza-Degani et al. 2003).

Aus der Stabilitätsanforderung, dass die differenzielle Steifigkeit der Gesamtanordnung des Wandlers stets positiv sein muss (vgl. Abschn. 6.4.1) folgt die Forderung

$$\frac{\partial F_{el}}{\partial x} < \frac{\partial F_F}{\partial x} \, ,$$

d.h. die elektrostatische Steifigkeit soll über einen möglichst großen Aussteuerungsbereich x möglichst klein sein. Aus einem Vergleich der elektrostatischen Steifigkeiten für Spannungs- bzw. Stromsteuerung aus den Kraftbeziehungen Gl. (6.10) und Gl. (6.11) folgt unmittelbar die allgemeingültige Beziehung

$$\frac{\partial F_{el}(x, q_W)}{\partial x} = \frac{\partial F_{el}(x, u_W)}{\partial x} - \frac{q_W^2}{C_W(x)^3} \left(\frac{\partial C_W(x)}{\partial x} \right)^2 . \tag{6.43}$$

Da für technisch sinnvolle Anwendungen $C_W(x) > 0$ angenommen werden darf, ist die elektrostatische Steifigkeit eines stromgesteuerten Wandlers also stets kleiner als die eines vergleichbaren spannungsgesteuerten Wandlers. Daraus folgt wiederum der oben beschriebene größere stabile Aussteuerungsbereich des stromgesteuerten Wandlers.

Dynamisches Verhalten

Wandlerparameter Durch Einsetzen von $C_W(x)$ aus Gl. (6.23) in Gl. (6.20) und mit der Definition einer *relativen Ruheauslenkung* $X_R := x_R / \beta$ ergeben sich die arbeitspunktabhängigen Vierpolparameter

- *Elektrostatische Stromsteifigkeit* $k_{el,I} := 0 \quad \left[\dfrac{N}{m}\right]$

- *Strombeiwert* $K_{el,I} := \sqrt{\dfrac{2}{C_0}(k \cdot X_R - F_0/\beta)} \quad \left[\dfrac{V}{m}\right], \left[\dfrac{N}{As}\right]$ (6.44)

- *Ruhekapazität* $C_R := C_0 \dfrac{1}{1 - X_R} \quad \left[\dfrac{As}{V}\right].$

Übertragungsmatrix Aus Gl. (6.44) und Tabelle 5.8 folgt die *Übertragungsmatrix* $\mathbf{G}(s)$ zu

$$
\begin{pmatrix} \triangle X(s) \\ \triangle U_W(s) \end{pmatrix} = \mathbf{G}(s) \begin{pmatrix} \triangle F_{ext}(s) \\ \triangle I_Q(s) \end{pmatrix} = \begin{pmatrix} V_{x/F,I} \dfrac{1}{\{\Omega_0\}} & V_{x/i} \dfrac{1}{s \cdot \{\Omega_0\}} \\[3mm] V_{u/F} \dfrac{1}{\{\Omega_0\}} & V_{u/i} \cdot \dfrac{\{\Omega_U\}}{s \cdot \{\Omega_0\}} \end{pmatrix} \begin{pmatrix} \triangle F_{ext}(s) \\ \triangle I_Q(s) \end{pmatrix}
$$
(6.45)

mit den Parametern

$$
k_{W,U} = k - k_{el,U}, \quad \Omega_U^{\ 2} = \frac{k_{W,U}}{m}, \quad \Omega_0^{\ 2} = \frac{k}{m} \quad \text{mit } \Omega_U < \Omega_0
$$
(6.46)
$$
V_{x/F,I} = \frac{1}{k}, \quad V_{x/i} = \frac{K_{el,I}}{k}, \quad V_{u/F} = -\frac{K_{el,I}}{k}, \quad V_{u/i} = \frac{1}{C_R}\frac{k_{W,U}}{k}.
$$

Dynamisches Verhalten Das dynamische Verhalten ist geprägt durch die von der Aussteuerung *unabhängige* mechanische Eigenfrequenz Ω_0 und das integrale Verhalten des Steuerkanals über die Stromquelle (vgl. auch Abb. 6.7). Es existiert *keine elektromechanische Rückkopplung*, das Systemverhalten ist also deutlich übersichtlicher als bei einer Spannungssteuerung. Beim Reglerentwurf ist lediglich die aussteuerungsabhängige Empfindlichkeit (Verstärkung) $V_{x/i}$ als Parametervariation zu berücksichtigen (positiver Gradient für wachsende x_R).

6.6 Differenzialwandler

6.6.1 Generische Wandlerkonfiguration

Wirkungsprinzip Als eine Erweiterung eines Plattenwandlers mit variablem Elektrodenabstand ist die *Differenzialanordnung* nach Abb. 6.17 zu betrachten. Die bewegliche Elektrode befindet sich zwischen zwei ortsfesten Elektroden, die im allgemeinen Fall getrennt mit u_{WI}, u_{WII} angesteuert werden können. Entsprechend den zwischen variabler und festen Elektroden wirksamen Kapazitäten

$$C_I(x) = \frac{\alpha}{\beta_I - x}, \qquad C_{II}(x) = \frac{\alpha}{\beta_{II} + x}, \qquad \alpha = \varepsilon_0 A \qquad (6.47)$$

wirken auf die bewegliche Elektrode (Anker) zwei *entgegen gerichtete* elektrostatische Kräfte (Kraftrichtung s. Abb. 6.17)

$$F_{el,I}(x, u_{WI}) = \frac{\alpha}{2} \frac{u_{WI}^2}{\left(\beta_I - x\right)^2}, \qquad F_{el,II}(x, u_{WII}) = \frac{\alpha}{2} \frac{u_{WII}^2}{\left(\beta_{II} + x\right)^2}. \qquad (6.48)$$

Je nach Ansteuergesetz für u_{WI}, u_{WII} ergeben sich für den Differenzialwandler unterschiedliche Verhaltenseigenschaften, welche nachfolgend näher betrachtet werden.

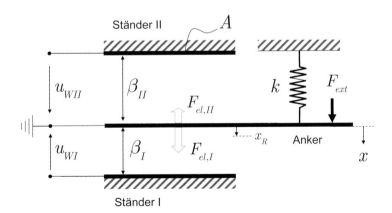

Abb. 6.17. Allgemeine Anordnung eines elektrostatischen Differenzialwandlers

Generische Konfigurationen Differenzialwandler findet man in der Literatur in verschiedenen Ausführungsformen. Diese können hinsichtlich *geometrischer* und *elektrischer Symmetrieeigenschaften* und hinsichtlich der *Fesselung* des Ankers unterschieden werden (s. Tabelle 6.3). Interessante Systemeigenschaften einer Differenzialkonfiguration sind die Möglichkeiten einer *N*-fach Kaskadierung bei kompakter Baugröße mit einer *N*-fachen Vervielfachung der elektrostatischen Kraft sowie die Erzeugung von bidirektionalen Kräften (nur unsymmetrische Konfigurationen). Wichtige Grundprinzipien und Grundtypen werden in den folgenden Abschnitten näher diskutiert.

Tabelle 6.3. Konfigurationen für elektrostatische Differenzialwandler mit variablem Elektrodenabstand (Legende: n.a. = nicht anwendbar)

Geometrisch / mechanische Konfiguration $\beta_{II} = \lambda \cdot \beta_I$		Elektrische Konfiguration	
		symmetrisch *Gleichtakt* $u_{WI} = u_{WII} = U_0 + \triangle u$	unsymmetrisch *Gegentakt* $u_{WI} = U_{0I} + \triangle u$ $u_{WII} = U_{0II} - \triangle u$
symmetrisch $\lambda = 1$	ungefesselt $k = 0$	-- n.a. -- elektrostat. Bifurkation Abschn. 6.6.2	*Elektrostatisches Lager* Abschn. 6.6.4
	gefesselt $k \neq 0$	-- n.a. -- elektrostat. Bifurkation Abschn. 6.6.2	*Einzelwandler* schlechtes Aufwand-Nutzen Verhältnis
unsymmetrisch $\lambda > 1$	ungefesselt $k = 0$	-- n.a. -- unidirektionale Krafterzeugung, fehlende Gegenkraft	*Elektrostatisches Lager* Abschn. 6.6.4
	gefesselt $k \neq 0$	*N-fach Kammwandler transversal* Abschn. 6.6.3	*Achsensymmetrischer N-fach Doppelkammwandler transversal* Abschn. 6.6.5

6.6.2 Gleichtaktansteuerung – Mechanisch symmetrische Konfiguration

Symmetrische Konfigurationen Als Spezialfall betrachte man eine *geometrisch symmetrische* Anordnung mit $\beta_I = \beta_{II} = \beta$ bei einer gleichzeitig *elektrisch symmetrischen* Ansteuerung $u_{W_I} = u_{W_{II}} = U_0 + \triangle u$ – *Gleichtaktansteuerung*. Aus Gründen der Übersichtlichkeit sei eine verschwindende externe Kraft $F_{ext} = 0$ angenommen, d.h. bei entspannter Feder und ungeladenen Elektroden befindet sich die bewegliche Ankerelektrode genau in der Mitte der Ständerelektroden.

Ruhelagen Im stationären Fall folgen aus dem Gleichgewicht der Federkraft und der elektrostatischen Summenkraft die beiden Ruhelagenbedingungen (vgl. Gl. (6.23) zweite Zeile)

$$x_R = 0 \qquad\qquad (6.49)$$

$$U_0^{\,2} = k\frac{\beta^3}{2\alpha}\left[1 - \left(\frac{x_R}{\beta}\right)^2\right]^2 . \qquad\qquad (6.50)$$

Man kann zeigen, dass von den drei durch Gln. (6.49) und (6.50) definierten Ruhelagen nur die Ruhelage $x_R = 0$ eine *stabile* Ruhelage ist.

Wandlersteifigkeit Zur Beurteilung des stabilen Bereiches für Steuerspannung bei $x_R = 0$ wertet man für die Wandlersteifigkeit $K_\Sigma(x, u) = \partial F_\Sigma / \partial x$ die Bedingung $K_\Sigma(x_R = 0, U_0) < 0$ aus und erhält daraus die Stabilitätsbedingung

$$U_0^{\,2} < k\frac{\beta^3}{2\alpha} = U_{pi}^{\,2} \quad \text{bei} \quad x_R = 0. \qquad\qquad (6.51)$$

Elektrostatische Bifurkation Die Zusammenhänge der Gln. (6.49) bis (6.51) sind in Abb. 6.18 veranschaulicht. Für eine Ruhespannung $\left|U_0\right| < U_{pi}$ besitzt der Wandler eine einzige stabile Ruhelage $x_R = 0$ (durchgezogene Linie).

Bei Überschreiten von U_{pi} wird durch jegliche geringe Störung die Ankerelektrode auf eine der beiden Ständerelektroden gezogen (punktierte Linien).

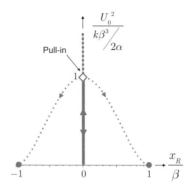

Abb. 6.18. Elektrostatische Bifurkation bei einem symmetrischen Differenzialwandler: Ortskurve der Ruhelagen x_R , durchgezogen = stabil, punktiert = instabil , nach (Elata 2006)

Das *Pull-in*-Verhalten ist in diesem Falle also *nichtdeterministisch*, man spricht auch von einer *Bifurkation* der Ruhelagen (Elata 2006). Aus den genannten Gründen ist eine Differenzialkonfiguration nach Abb. 6.17 in elektrisch-mechanisch *symmetrischer* Konfiguration also technisch *nicht* brauchbar.

6.6.3 Gleichtaktansteuerung – Transversaler Kammwandler

Anker-Offset Ein definiertes Bewegungsverhalten des Differenzialwandlers bei Gleichtaktsteuerung mit $u_{WI} = u_{WII} = U_0 + \triangle u$ lässt sich durch einen Anker-Offset erreichen (s. Abb. 6.17), d.h.

$$\beta_I = \beta, \quad \beta_{II} = \lambda \cdot \beta, \quad \lambda \geq 1. \tag{6.52}$$

Damit wirken auf den Anker zwei ungleich große elektrostatische Kräfte, wobei die am kleineren Elektrodenspalt wirkende Kraft $F_{el,I}$ primär für die Bewegungserzeugung genutzt wird, die rückseitig wirkende Kraft $F_{el,II}$ schwächt die resultierende Wandlerkraft. Generell wird man also λ für eine minimale Kraftschwächung möglichst groß wählen. Genau betrachtet ist diese Konfiguration des Differenzialwandlers, als Einzelkomponente betrachtet, aufgrund der systembedingten Kraftschwächung eigentlich nichts anderes als ein „schlechter" Plattenwandler. Dieser erste Eindruck täuscht allerdings, wie im Folgenden gezeigt wird.

Kraftvervielfachung – Kammstruktur Die unsymmetrische Gleichtaktkonfiguration bietet aus Systemsicht ein interessantes Potenzial für eine

Kraftvervielfachung bei *begrenztem Bauvolumen.* Eine Addition von elektrostatischen Kräften kann man konstruktiv dadurch erreichen, dass man mehrere bewegliche Elektroden mechanisch in Reihe schaltet und starr an die Lastmasse koppelt – *Kammstruktur* am *Anker* mit N Zähnen (Abb. 6.19). Auf der Gegenseite benötigt man entsprechende N Paare von Ständerelektroden. Würde man diese Elektrodenpaare tatsächlich explizit aufbauen, würde dies viel Bauraum beanspruchen und man müsste die jeweiligen Außenelektroden gegeneinander isolieren. Um den verfügbaren Bauraum optimal auszunutzen, versucht man deshalb jede Elektrode mehrfach zu nutzen und erhält dann auch am *Ständer* eine *Kammstruktur* mit minimal $(N+1)$ Elektroden (Abb. 6.19).

Gleichtaktansteuerung   Die volumenminimale mechanische Anordnung der Kammstrukturen nach Abb. 6.19 bedingt jedoch elektrisch, dass alle Ständerelektrodenpaare im *Gleichtakt* angesteuert werden, d.h. es gilt gerade $u_{WI}(t) = u_{WII}(t) = U_0 + \triangle u(t)$.

Transversales Bewegungsprofil   Aufgrund der aus Abb. 6.17 und Abb. 6.19 erkennbaren elektrostatischen Kraftrichtungen ist die damit verbunden Bewegungsrichtung *transversal* zur Elektrodenorientierung – *transversaler Kammwandler* (Imamura et al. 1996).

   Es sei darauf hingewiesen, dass neben diesen Transversalkräften auf den Anker auch noch Lateralkräfte wirken (in Richtung der Längsausdehnung der Elektroden, vgl. longitudinaler Plattenwandler Typ C in Tabelle 6.1).

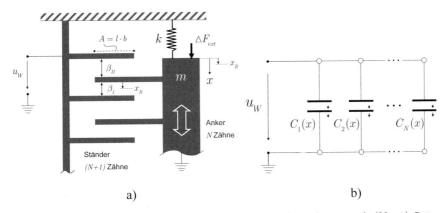

a)   b)

Abb. 6.19.   Transversaler Kammwandler mit N Ankerzähnen und $(N+1)$ Ständerzähnen (Feder entspannt für $x = 0$): a) Prinzipaufbau, b) elektrische Ersatzschaltung

Diese Kraftwirkung wird explizit bei *Lateralkammwandlern* genutzt (s. Abschn. 6.7). Im vorliegenden Fall muss dieser laterale Freiheitsgrad des Ankers jedoch durch geeignete konstruktive Maßnahmen mittels holonomer Zwangsbedingungen beschränkt werden. Bei elastischer Lateralfesselung ergeben sich gekoppelte Bewegungsgleichungen (Elata 2006).

Konfigurationsgleichungen – Transversaler Kammwandler Für einen transversalen Kammwandler nach Abb. 6.19 ergeben sich die folgenden Konfigurationsgleichungen ($\alpha = \varepsilon_0 A$)

- *Wandlerkapazität* $C_W(x) = N \cdot \alpha \cdot \left(\dfrac{1}{\beta - x} + \dfrac{1}{\lambda \cdot \beta + x} \right)$ (6.53)

- *Wandlerkraft* $F_{el}(x, u_W) = N \dfrac{\alpha}{2} u_W^2 \cdot \left(\dfrac{1}{\left(\beta - x\right)^2} - \dfrac{1}{\left(\lambda \cdot \beta + x\right)^2} \right)$ (6.54)

sowie die *Ruhelagenbedingung*

$$U_0^2 = k \cdot x_R \cdot \left(N \dfrac{\alpha}{2} \left(\dfrac{1}{\left(\beta - x_R\right)^2} - \dfrac{1}{\left(\lambda \cdot \beta + x_R\right)^2} \right) \right)^{-1} . \qquad (6.55)$$

Aus den Konfigurationsgleichungen (6.53), (6.54) erkennt man die positiven und negativen Eigenschaften der Kammstruktur. Durch die N Zahnpaare ergibt sich eine N-fache elektrostatische Kraft gegenüber einem einfachen Differenzialwandler. Als Nachteil muss man allerdings N parallel wirksame Kapazitäten $C_i(x)$ in Kauf nehmen (Abb. 6.18b), die entsprechend große Polarisationsströme bewirken.

Konfigurationsoptimierung Für eine Maximierung der Wandlerkraft sind nach Gl. (6.54) die Anzahl N der Zähne sowie das Elektrodenabstandsverhältnis λ gleichermaßen möglichst groß zu wählen. Zusätzlich möchte man einen möglichst großen Verstellhub x erreichen. Eine Maximierung aller drei genannten Entwurfsparameter würde zu unakzeptablen Baugrößen führen (geometrische Explosion).

In der Regel ist ein Limit für die *Baugröße*, d.h. die *Länge L* der Kammstruktur, sowie ein gewünschter Bewegungshub x_{max} vorgegeben. Als freie Entwurfsparameter bleiben dann die *Zahnanzahl N* und das *Elektrodenabstandsverhältnis* λ. Hier ist ein Mittelweg zwischen Kraftreduktion durch die rückseitig wirkende Kraftkomponente (großes λ) und Kraftmultiplikation (großes N) zu wählen.

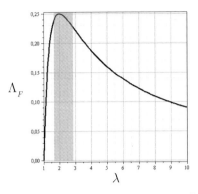
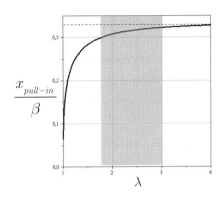

Abb. 6.20. Transversaler Kammwandler mit Gleichtaktansteuerung: a) *Geometriefaktor* für die *Wandlerkraft* bei $x = 0$ (normiert) und b) *Pull-in*-Hub in Abhängigkeit des Elektrodenabstandsverhältnisses λ (grau hinterlegte Bereiche zeigen günstige – optimale – Werte für λ)

Einen optimalen Wert für das Elektrodenabstandsverhältnis λ erhält man durch folgende einfache Betrachtung. Aus der begrenzten Baugröße – *Kammlänge L* – resultiert als geometrische Randbedingung[8]

$$N \cdot \beta \cdot \left(1 + \lambda\right) = L \qquad (6.56)$$

wobei sich β an dem geforderten Bewegungshub orientiert ($\beta \approx 3x_{max}$, um *Pull-in* zu vermeiden). Eliminiert man N in der Kraftgleichung (6.54) mittels Gl. (6.56), so erhält man die Wandlerkraft für $x = 0$ [9] bei konstanter Kammlänge L zu

$$F_{el}(0, u_W) = \frac{\alpha}{2} u_W^{\,2} \frac{L}{\beta^3} \cdot \left[\frac{1}{1+\lambda}\left(1 - \frac{1}{\lambda^2}\right)\right] = \frac{\alpha}{2} u_W^{\,2} \frac{L}{\beta^3} \cdot \Lambda_F(\lambda). \qquad (6.57)$$

Der Verlauf des dimensionslosen Geometriefaktors $\Lambda_F(\lambda)$ in Abhängigkeit des freien Entwurfsparameters λ ist in Abb. 6.20a dargestellt. Man erkennt, dass die *maximal* mögliche *Wandlerkraft* bei $\lambda_{opt} = 2.4$ erreicht wird. Für eine optimale Realisierung wird man λ_{opt} geringfügig so variieren, dass sich über Gl. (6.56) eine *ganzzahlige Zähnezahl* $N_{opt} \in \mathbb{N}$ ergibt (grau hinterlegter Bereich in Abb. 6.20a).

---

[8] Die Dicke der Zähne sei gegenüber dem Luftspalt vernachlässigt. Die Ergebnisse für optimale λ-Werte werden dadurch nur unwesentlich beeinflusst.

[9] Man überzeugt sich leicht, dass sich für $0 \leq x/\beta < 0.33$ keine nennenswerten qualitativen Unterschiede zum betrachteten Fall ergeben.

Pull-in-Verhalten Aus der Beziehung $\partial F_{el}/\partial x = k$ und der Ruhelagen-bedingung (6.55) folgt eine Bestimmungsgleichung für den *Pull-in*-Hub $x_{pull-in}$ in Abhängigkeit von λ. Eine grafische Auswertung dieser etwas unhandlichen Gleichung ist in Abb. 6.20b dargestellt. Gegenüber einem einfachen Plattenwandler (großes λ) ergibt sich für den optimalen λ-Bereich eine geringfügige *Reduktion* des *Pull-in*-Hubes.

Wandlerparameter Das dynamische Verhalten wird wiederum durch die arbeitspunktabhängigen *Vierpolparameter* beschrieben ($X_R := x_R/\beta$:

- *Elektrostatische Spannungssteifigkeit*

$$k_{el,U} := k \, \frac{2X_R}{1 - X_R} \, \frac{\left(\lambda - 1\right)\left(\lambda + 3X_R\right) + 1 + 3X_R^{\,2}}{\left(\lambda + X_R\right)\left(\lambda - 1 + 2X_R\right)} \quad \left[\frac{\mathrm{N}}{\mathrm{m}}\right]$$

- *Spannungsbeiwert*

$$K_{el,U} := \frac{\sqrt{2C_0 \cdot k \cdot X_R}}{1 - X_R} \, \frac{\sqrt{N \cdot \left(\lambda + 1\right)\left(\lambda - 1 + 2X_R\right)}}{\left(\lambda + X_R\right)} \quad \left[\frac{\mathrm{N}}{\mathrm{V}}\right], \left[\frac{\mathrm{As}}{\mathrm{m}}\right] \quad (6.58)$$

- *Ruhekapazität* $\quad C_R := N \cdot C_0 \left(\dfrac{1}{1 - X_R} + \dfrac{1}{\lambda + X_R}\right) \quad \left[\dfrac{\mathrm{As}}{\mathrm{V}}\right]$

- *ELM-Koppelfaktor* $\quad \kappa_{el}^{\,2} = \dfrac{2X_R}{1 - X_R} \, \dfrac{\left(\lambda - 1 + 2X_R\right)^2}{\left(\lambda - 1\right)\left(\lambda + X_R\right)} \, .$

Die Vierpolparameter werden gegenüber dem einfachen Plattenwandler mit einem von λ abhängigen Faktor korrigiert.

Für die *Übertragungsmatrix* gelten die bekannten Beziehungen nach Gl. (6.30).

Ungefesselter Anker Für die bisherigen Betrachtungen war es von ent-scheidender Bedeutung, dass eine Gegenkraft – hier: Federkraft $F_F = k \cdot x$ – der unidirektionalen elektrostatischen Summenkraft F_{el} das Gleichgewicht hält. Bei Gleichtaktansteuerung lässt sich lediglich der Be-trag von F_{el} verändern, die Kraftrichtung zeigt immer konstant in Richtung des kleinerer Luftspaltes. Aus diesem Grund ist diese Anordnung für einen ungefesselten Anker generell *nicht geeignet*.

6.6.4 Gegentaktansteuerung – Elektrostatisches Lager

Ungefesselter Anker In manchen Anwendungen besteht aus konstruktiven Gründen keine Möglichkeit, den Anker elastisch zu fesseln. In diesem Falle schwebt der Anker sozusagen frei im Raum, d.h. $k = 0$ in Abb. 6.17. Um den Anker in diesem Falle gezielt zu bewegen (positionieren, Kompensation von Störkräften), muss die resultierende elektrostatische Kraft ihr Vorzeichen wechseln können. Dies ist prinzipiell mit der Differenzialelektrodenanordnung nach Abb. 6.17 möglich.

Elektrostatisches Gegentaktprinzip Die Wandleranordnung nach Abb. 6.17 erzeugt eine resultierende Wandlerkraft ($\alpha = \varepsilon_0 A$)

$$F_{el}(x, u_{WI}, u_{WII}) = \frac{\alpha}{2} \left[\frac{u_{WI}^2}{\left(\beta_I - x\right)^2} - \frac{u_{WII}^2}{\left(\beta_{II} + x\right)^2} \right]. \tag{6.59}$$

Durch geeignete *unsymmetrische* Wahl der Wandlerspannungen u_{WI}, u_{WII} bzw. der Elektrodenabstände β_I, β_{II} lassen sich die Beträge der beiden Terme in Gl. (6.59) verändern, wodurch sowohl *positive* wie *negative* Wandlerkräfte F_{el} erzeugbar sind.

Ohne Einschränkung der Allgemeinheit kann man folgenden Ansatz für die elektrische Wandleransteuerung wählen

$$\begin{aligned} u_{WI} &= U_{0I} + \triangle u \\ u_{WII} &= U_{0II} - \triangle u\,. \end{aligned} \tag{6.60}$$

Über die beiden statischen Ruhespannungen U_{0I}, U_{0II} kann der Arbeitspunkt (Ruheposition x_R, statische Lagerkraft $F_{el,0} = F_{el}(x_R, U_{0I}, U_{0II})$) frei eingestellt werden, wogegen mit der dynamischen Komponente $\triangle u(t)$ bidirektionale dynamische Lagerkräfte erzeugt werden können.

Stationäres Verhalten – Ruhelagen Bei einer konstanten externen Kraft $F_{ext}(t) = F_0$ folgt aus Gln. (6.59), (6.60) und $\beta_I = \beta$, $\beta_{II} = \lambda \cdot \beta$ als Ruhelagenbedingung

$$\frac{\alpha}{2} \frac{U_{0I}^2}{\left(\beta - x_R\right)^2} - \frac{\alpha}{2} \frac{U_{0II}^2}{\left(\lambda \cdot \beta + x_R\right)^2} + F_0 = 0\,. \tag{6.61}$$

Ohne Einschränkung der Allgemeinheit kann $x_R = 0$ gesetzt werden, da über das Unsymmetrieverhältnis λ die Ruheposition des Ankers frei definiert werden kann.

Je nach *Vorzeichen* der statischen *Störkraft* F_0 erhält man aus Gl. (6.61) eine der folgenden Beziehungen für die Ruhespannungen

$$F_0 > 0 : \quad U_{0II}{}^2 = \lambda^2 \cdot \left[U_{0I}{}^2 + F_0 \cdot \frac{2\beta^2}{\alpha} \right]$$

$$F_0 < 0 : \quad U_{0I}{}^2 = \left[U_{0II}{}^2 \frac{1}{\lambda^2} - F_0 \cdot \frac{2\beta^2}{\alpha} \right] \qquad (6.62)$$

$$F_0 = 0 : \quad \frac{U_{0II}}{U_{0I}} = \lambda \ .$$

Wandlerparameter Das dynamische Verhalten für hinreichend kleine Bewegungen um die Ruhelage x_R wird wiederum durch die arbeitspunktabhängigen *Vierpolparameter* beschrieben. Für $x_R = 0$ sowie $C_0 := \alpha/\beta$ folgt:

• *Elektrostatische Spannungssteifigkeit*

$$k_{el,U} = \frac{C_0}{\beta^2} \cdot \left[U_{0I}{}^2 + \frac{1}{\lambda^3} U_{0II}{}^2 \right]$$

• *Spannungsbeiwert* $\quad K_{el,U} = \frac{C_0}{\beta} \cdot \left[U_{0I} + \frac{1}{\lambda^2} U_{0II} \right] \qquad (6.63)$

• *Ruhekapazität* $\quad C_R = C_0 \cdot \left[1 + \frac{1}{\lambda} \right] \ .$

Die *Übertragungsmatrix* erhält man wiederum aus den bekannten Beziehungen nach Gl. (6.30).

Instabiles Übertragungsverhalten Als dominierende Verhaltenseigenschaft eines elektrostatischen Lagers mit einem *ungefesselten* Anker erkennt man ein *instabiles* Übertragungsverhalten, denn es gilt mit den Wandlerparametern (6.63) nach Gl. (6.32) für das *charakteristische Polynom* der Übertragungsmatrix

$$\Delta_U(s) = s^2 - \frac{k_{el,U}}{m} = s^2 - \Omega_{U0}{}^2 = \left(s + \Omega_{U0}\right)\left(s - \Omega_{U0}\right) \qquad (6.64)$$

mit

$$\Omega_{U0} := \frac{1}{\beta}\sqrt{\frac{C_0}{m} \cdot \left[U_{0I}{}^2 + \frac{1}{\lambda^3}U_{0II}{}^2\right]}. \qquad (6.65)$$

In allen Übertragungskanälen der Wandlerübertragungsmatrix tritt also ein *instabiler Pol* $s = +\Omega_{U0}$ in der rechten s-Halbebene auf.

Damit kann ein elektrostatisches Lager also nicht mittels einer offenen Steuerung betrieben werden, zur *Stabilisierung* ist immer eine (lokale) *Regelung* vonnöten. Aufgrund des exponentiell instabilen Charakters und darüber hinaus nichtlinearen Wandlerverhaltens stellt der Entwurf geeigneter Regelgesetze eine besondere Herausforderung für den Systementwurf dar (Han et al. 2005), (Han et al. 2006).

Beispiel 6.2   *Elektrostatisch gelagerter Kreisel.*

In Abb. 6.21 ist die Prinzipanordnung der Vertikalaufhängung eines elektrostatisch gelagerten Kreisels dargestellt. In einer Vakuumkammer (Gehäuse) wird ein kugelförmiger Rotor mit leitender Oberfläche in Rotation versetzt und reibungsfrei mittels eines elektrostatischen Feldes zwischen den beiden Elektroden gehalten. Die Drallachse des Rotors bleibt bei einer Verdrehung des Gehäuses inertial fest stehen, mittels einer Messung der Achsenorientierung gegenüber dem Gehäuse kann die Rotation

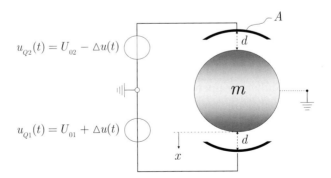

Abb. 6.21. Prinzipanordnung eines elektrostatisch gelagerten Kreisels

des Gehäuses gegenüber dem Inertialraum gemessen werden (Inertialsensor), (Damrongsak et al. 2008), (Bencze et al. 2007), (Han et al. 2005).

Die folgenden *technischen Daten* seien gegeben (s. Abb. 6.21, Zahlenwerte orientieren sich an einem ausgeführten Kreisel aus (Han et al. 2005)):

Rotormasse $m = 10$ g, Luftspalt (nominal) $d = 70$ μm,

Elektrodenfläche $A = 6.6$ cm^2, Spannungsquelle $u_{Q,\max} = 1500$ V.

Zu ermitteln sind die Parameter für die elektrische Ansteuerung sowie die Modelldaten für die ungeregelte Anordnung.

Ruhespannungen   Das elektrostatische Lager muss in jedem Fall die Gewichtskraft $F_0 = m \cdot g = 0.0981$ N des Rotors kompensieren. Damit folgt aus Gl. (6.62) die Bedingung für die Ruhespannungen ($\lambda = 1$)

$$U_{02}{}^2 = U_{01}{}^2 + mg\,\frac{2d^2}{\varepsilon_0 A} = U_{01}{}^2 + \left(405\right)^2 \; \left[V^2\right]. \qquad (6.66)$$

Die Ruhespannung U_{01} ist ein freier Entwurfsparameter. Aus Gl. (6.63) erkennt man, dass die Ruhespannungen die Lagersteifigkeit $k_{el,U}$ bestimmen. Für eine gute Störunterdrückung (vgl. Gln. (6.30), (6.31)) benötigt man eine hinreichend *große Steifigkeit* bzw. hinreichend große Ruhespannungen. Im vorliegenden Fall wird in Anlehnung an (Han et al. 2005) $U_{01} = 750$ V gewählt, woraus mit Beziehung (6.66) für $U_{02} = 852$ V folgt.

Dynamische Lagerkräfte   Mit der maximalen Versorgungsspannung $u_{Q,\max} = 1500$ V erhält man als maximale (einseitige) Lagerkraft

$$F_{el,\max} = \frac{\varepsilon_0 A}{2d^2}\,u_{Q,\max}^2 = 1.34 \text{ N}.$$

Abzüglich der stationären Lagerkraft des oberen Lagers verbleibt also für eine *maximale Aufwärtsbeschleunigung* im dynamischen Betrieb

$$a_{\max} = \frac{1}{m}\left(F_{el,\max} - \frac{\varepsilon_0 A}{2d^2}U_{02}{}^2\right) = 9.3 \text{ g}.$$

Wandlerparameter   Als *Ruhekapazität* pro Elektrode erhält man $C_0 = 83$ pF und damit als Lagerkapazität $C_R = 166$ pF (belastet die Spannungsquelle).

Für die arbeitspunktabhängige Parameter findet man: *Lagersteifigkeit* $k_{el,U} = 2.2 \cdot 10^4$ N/m, *Spannungsbeiwert* $K_U = 1.9 \cdot 10^{-3}$ N/V, *Lagerknickfrequenz* $\Omega_{U,0} = 1500$ rad/s.

■

6.6.5 Gegentaktansteuerung – Achsensymmetrischer Doppelkammwandler

Wandlerkonfiguration Bei einer Gegentaktansteuerung müssen die beiden Ständerelektroden des Differenzialwandlers mit unterschiedlichen Spannungen beaufschlagt werden. Damit ist eine direkte Umsetzung dieses Konzeptes in einer transversalen Kammstruktur zur N-fach Kraftvervielfachung aus konstruktiven Gründen nicht attraktiv. Die in Abschn. 6.6.3 vorgestellte konstruktiv einfache Kammstruktur bedingt eine Gleichtaktansteuerung. Nun kann man die Vorteile der Gegentaktansteuerung durch eine einfache konstruktive Maßnahme mit den Vorteilen des transversalen Kammwandlers verbinden.

Man nutzt für den Gegentaktbetrieb je einen transversalen Kammwandler A, B im *Gleichtaktbetrieb* und verbindet die beiden Anker über eine starre Kopplung. Allerdings muss die Elektrodenanordnung der beiden Teilwandler A, B geometrisch *achsensymmetrisch* ausgeführt werden, um im Gegentaktbetrieb gleichgerichtete Kräfte zu erhalten. Elektrisch werden die beiden Teilwandler A, B ebenfalls unsymmetrisch im Gegentakt angesteuert (Horsley et al. 1998), (Horsley et al. 1999). In Abb. 6.22 ist eine solche Konfiguration in Form eines *achsensymmetrischen Doppelkammwandlers* dargestellt.

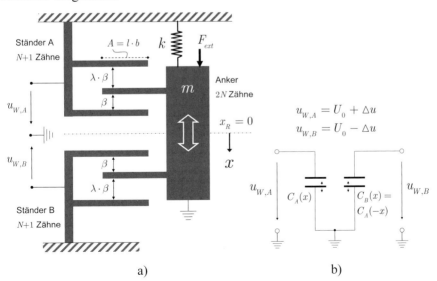

a)   b)

Abb. 6.22. Achsensymmetrischer Doppelkammwandler mit Gegentaktansteuerung: a) Prinzipaufbau, b) elektrisches Ersatzschaltbild

Konfigurationsgleichungen Für den in Abb. 6.22 dargestellten achsen-symmetrischen Doppelkammwandler ergeben sich die folgenden Konfigurationsgleichungen ($\alpha = \varepsilon_0 A$)

$$C_{W,A}(x) = N\alpha \left(\frac{1}{\beta - x} + \frac{1}{\lambda\beta + x} \right)$$

• *Wandlerkapazität* $C_{W,B}(x) = N\alpha \left(\frac{1}{\beta + x} + \frac{1}{\lambda\beta - x} \right)$ (6.67)

$$C_W(x) = C_{W,A}(x) + C_{W,B}(x)$$

$$F_{el,A}(x, u_{W,A}) = N\frac{\alpha}{2} u_{W,A}^2 \left(\frac{1}{(\beta - x)^2} - \frac{1}{(\lambda\beta + x)^2} \right)$$

• *Wandlerkraft* $F_{el,B}(x, u_{W,B}) = N\frac{\alpha}{2} u_{W,B}^2 \left(\frac{1}{(\lambda\beta - x)^2} - \frac{1}{(\beta + x)^2} \right)$ (6.68)

$$F_{el}(x, u_{W,A}, u_{W,B}) = F_{el,A}(x, u_{W,A}) + F_{el,B}(x, u_{W,B}) \ .$$

Als stabile *Ruhelage* findet man aufgrund der achsensymmetrisch geometrischen Anordnung $x_R = 0$ bei $U_0 \neq 0$ und $U_0 < U_{pull-in}$ mit der *Pull-in-Spannung*

$$U_{pull-in} = \sqrt{\frac{k\beta^3}{2\alpha} \frac{\lambda^3}{\lambda^3 + 1}} \ .$$ (6.69)

Wandlerparameter Das dynamische Verhalten für hinreichend kleine Bewegungen um die Ruhelage $x_R = 0$ wird wiederum durch die arbeitspunktabhängigen *Vierpolparameter* beschrieben. Mit $C_0 := \alpha/\beta$ folgt:

• *Elektrostatische Spannungssteifigkeit*

$$k_{el,U} := NU_0^2 \frac{2C_0}{\beta^2} \cdot \left[1 + \frac{1}{\lambda^3} \right] \quad \left[\frac{N}{m} \right]$$

• *Spannungsbeiwert* $K_{el,U} := NU_0 \frac{2C_0}{\beta} \cdot \left[1 - \frac{1}{\lambda^2} \right] \quad \left[\frac{N}{V} \right], \left[\frac{As}{m} \right]$ (6.70)

• *Ruhekapazität* $C_R := N \cdot 2C_0 \cdot \left[1 + \frac{1}{\lambda} \right] \quad \left[\frac{As}{V} \right] \ .$

Die *Übertragungsmatrix* ergibt sich aus den bekannten Beziehungen nach Gl. (6.30).

Arbeitspunkteinstellung Die Einstellung des Arbeitspunktes mittels einer Ruhespannung $U_0 \neq 0$ hat bei diesem Wandler keinen Einfluss auf die Ruheauslenkung, diese ist immer $x_R = 0$. Die Ruhespannung U_0 bestimmt hier lediglich über die elektrostatische Steifigkeit $k_{el,U}$ und den Spannungsbeiwert K_U die Wandlereigenfrequenz und die Verstärkungsfaktoren mit den bekannten Auswirkungen auf das Systemverhalten.

Geometrische Auslegung Der Geometriefaktor λ gehorcht den gleichen Gesetzmäßigkeiten wie bei dem in Abschn. 6.6.3 diskutierten transversalen Kammwandler mit Gleichtaktansteuerung. Ein optimaler Wert für eine begrenzte Baulänge ist ebenfalls für $\lambda \approx 2$ gegeben (vgl. Abb. 6.20). Aus Gl. (6.70) erkennt man auch, dass bei einer annähernd symmetrischen Elektrodengeometrie $\lambda \approx 1$ der elektrische Steuerdurchgriff (Verstärkung über K_U) annähernd Null wird und der Wandler damit unbrauchbar wird. Für eine exemplarische Auslegung für den Lesekopf eines CD-Laufwerkes sei auf (Horsley et al. 1998) verwiesen.

6.7 Wandler mit konstantem Elektrodenabstand

6.7.1 Allgemeines Verhaltensmodell

Konfigurationsgleichungen Wandler mit einem konstanten Plattenabstand nutzen Querkräfte zum elektrischen Feld entsprechend geometrischer Anordnungen C bis E in Tabelle 6.1. Dabei wird entweder die Elektrodenfläche oder die Überdeckungsfläche des Dielektrikums variiert, sodass folgender verallgemeinerter Ansatz für die Wandlerkapazität und die elektrostatische Kraft verwendet werden kann (vgl. Tabelle 6.1)

$$C_W(x) := C_0 + \gamma \cdot x \;\; \Rightarrow \;\; \frac{\partial C_W(x)}{\partial x} = \gamma \,. \tag{6.71}$$

Wandlerkräfte Mit der Kapazitätsfunktion (6.71) folgt aus den ELM-Wandlergleichungen (6.10), (6.11) die Wandlerkraft in

- *PSI-Koordinaten* ($u_W = \dot{\psi}$)

$$F_{el,\Psi}(u_W) = \frac{1}{2}\gamma \cdot u_W^{\,2} \tag{6.72}$$

- *Q-Koordinaten*

$$F_{el,Q}(x, q_W) = \frac{1}{2}\frac{\gamma}{\left(C_0 + \gamma x\right)^2} \cdot q_W^{\,2} \tag{6.73}$$

Man beachte, dass bei *Spannungssteuerung* die Wandlerkraft nach Gl. (6.72) *unabhängig* von der Auslenkung ist, wogegen sich bei Stromsteuerung eine nichtlineare Abhängigkeit von der Elektrodenstellung ergibt. In gewisser Weise liegt hier also ein duales Verhalten zum Plattenwandler mit variablem Abstand vor.

Wandler mit Spannungssteuerung

Ruhelagen Aus Gl. (5.40) und Gl. (6.72) ergibt sich mit den statischen Anregungen $u_Q(t) = U_0$, $F_{ext}(t) = F_0$ die Ruhelagenbedingung

$$x_R = \frac{1}{2}\frac{\gamma}{k}U_0^{\,2} + \frac{1}{k}F_0. \tag{6.74}$$

Über eine geeignete Ruhespannung U_0 kann *jede* gewünschte Elektrodenposition x_R gemäß Gl. (6.74) *stabil* eingestellt werden.

Wandlerparameter Das dynamische Verhalten wird wiederum durch die arbeitspunktabhängigen *Vierpolparameter* (Admittanzform, Gln. (6.17), (6.18)) beschrieben

- *Elektrostatische Spannungssteifigkeit* $k_{el,U} := 0 \quad \left[\dfrac{\text{N}}{\text{m}}\right]$

- *Spannungsbeiwert* $\qquad K_{el,U} := \gamma \cdot U_0 \quad \left[\dfrac{\text{N}}{\text{V}}\right], \left[\dfrac{\text{As}}{\text{m}}\right]$ $\qquad$ (6.75)

- *Ruhekapazität* $\qquad C_R := C_0 + \gamma \cdot x_R \quad \left[\dfrac{\text{As}}{\text{V}}\right].$

Die *Übertragungsmatrix* ergibt sich aus den bekannten Beziehungen nach Gl. (6.30).

Dynamisches Verhalten Die Wandlereigenfrequenz hängt wegen der verschwindenden elektrostatischen Steifigkeit alleine von der elastischen Fesselung ab und ist insofern arbeitspunk*tunabhängig*. Damit ist sie ebenso wie der Spannungsbeiwert konstant, was einerseits konstante Übertragungsfunktionen bewirkt (keine arbeitspunktabhängige Parametervariation, wichtig für Reglerentwurf). Andererseits kann sie aber auch nicht über die elektrische Ansteuerung verstimmt werden, was für Oszillatoranwendungen wiederum als Defizit zu werten ist.

***Pull-in*-Verhalten bei Spannungssteuerung** Wie man aus der Ruhelagenbedingung sowie der elektrostatischen Steifigkeit erkennt, tritt bei den angenommen Feldverhältnissen *kein Pull-in* auf.

Wandler mit Stromsteuerung

Ruhelagen Aus Gl. (5.41) und Gl. (6.73) ergibt sich mit den statischen Anregungen $q_Q(t) = Q_0$, $F_{ext}(t) = F_0$ die Ruhelagenbedingung

$$2\left(k \cdot x_R - F_0\right)\left(\frac{C_0}{\gamma} + x_R\right)^2 = Q_0^{\,2}. \tag{6.76}$$

Von den drei möglichen Lösungen führt lediglich eine Lösung zu einer stabilen Ruhelage, die über Q_0 eingestellt werden kann.

Wandlerparameter Für das dynamische Verhalten ermittelt man die arbeitspunktabhängigen *Vierpolparameter* in Hybridform nach Gln. (6.19), (6.20) zu

- *Elektrostatische Stromsteifigkeit* $k_{el,I} := -\dfrac{\gamma^2}{\left(C_0 + \gamma x_R\right)^3} Q_0^{\,2} \quad \left[\dfrac{\mathrm{N}}{\mathrm{m}}\right]$

- *Strombeiwert* $K_{el,I} := \dfrac{\gamma}{\left(C_0 + \gamma x_R\right)^2} Q_0 \quad \left[\dfrac{\mathrm{V}}{\mathrm{m}}\right],\left[\dfrac{\mathrm{N}}{\mathrm{As}}\right] \quad (6.77)$

- *Ruhekapazität* $C_R := C_0 + \gamma \cdot x_R \quad \left[\dfrac{\mathrm{As}}{\mathrm{V}}\right].$

Die *Übertragungsmatrix* ergibt sich in Analogie zu den bekannten Beziehungen nach Gl. (6.30) bzw. Gl. (6.45).

Dynamisches Verhalten Alle Wandlerparameter sind nunmehr bei Stromsteuerung arbeitspunktabhängig und damit veränderlich mit der gewählten Ruhelage. Je größer die Flächenüberdeckung der beiden Elektroden ist, desto kleiner sind betragsmäßig die elektrostatische Steifigkeit und der Strombeiwert. Bei großen Bewegungshüben sind also beträchtliche Parametervariationen zu berücksichtigen.

Als günstig erweist sich allerdings das *negative* Vorzeichen der *elektrostatischen Steifigkeit*, wodurch eine prinzipielle Erhöhung der resultierenden Wandlersteifigkeit $k_{W,I} = k - k_{el,I}$ verbunden ist (elektrostatische Versteifung).

Pull-in-Verhalten bei Stromsteuerung Aus der grundlegenden Beziehung für eine stabile Ruhelage $k_{el,I} < k$ (vgl. Abschn. 5.4.3) und Gl. (6.77) folgt unmittelbar, dass für alle $x_R > 0$ grundsätzlich *kein Pull-in* auftreten kann.

6.7.2 Longitudinaler Kammwandler

Wandlerkonfiguration Zur Kraftvervielfachung lässt sich unmittelbar die bereits aus Abschn. 6.6.3 bekannte *Kammkonfiguration* nutzen. Im vorliegenden Fall wird jedoch der longitudinale Bewegungsfreiheitsgrad bezüglich der Kammelektroden genutzt, in Abb. 6.23 ist dies die y-Richtung).

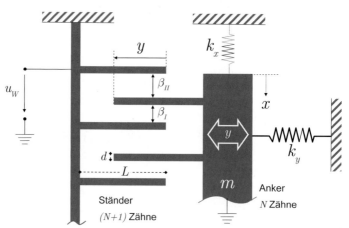

Abb. 6.23. Longitudinaler Kammwandler: Hauptbewegung in y-Richtung (longitudinal bezüglich Kammelektroden), steife transversale (laterale) Fesselung in x-Richtung

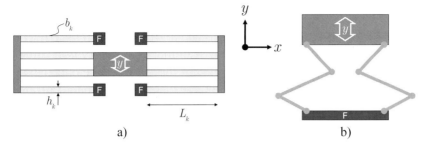

Abb. 6.24. Zweiseitige elastische Fesselung: a) gefaltete Biegefeder (nach (Legtenberg et al. 1996)), b) Krabbenfederbein; F … Fixierpunkt der Feder

Zweiseitige Fesselung Um eine reibungsfreie Bewegung zu ermöglichen, wird der Anker zweiseitig elastisch gefesselt (x und y –Richtung, s. Abb. 6.23). Naheliegenderweise muss man die Federkonstante in der *transversalen (lateralen)* Bewegungsrichtung (hier x –Richtung) möglichst groß wählen, wogegen in der *longitudinalen* Hauptbewegungsrichtung (hier y – Richtung) eine kleinere, den Wandlerkräften angepasste Federkonstante zu wählen ist. Zwei mögliche Ausführungsformen einer zweiseitigen elastischen Ankerfesselung sind in Abb. 6.24 gezeigt.

Konfigurationsgleichungen Für die Wandlerkapazität und Wandlerkräfte ergeben sich für eine Kammanordnung nach Abb. 6.23 bei einer Spannungssteuerung mit den bereits aus den vorherigen Abschnitten bekannten Beziehungen (b… Kammbreite, y_0… Kammüberdeckung im spannungslosen Zustand, N …Kammanzahl, Kammhöhe vernachlässigbar klein)

- *Wandlerkapazität*

$$C_W(x,y) = N\varepsilon_0 b(y_0 + y) \cdot \left(\frac{1}{\beta_I - x} + \frac{1}{\beta_{II} + x} \right) , \qquad (6.78)$$

- *Wandlerkraft in x -Richtung*

$$F_{el,x}(x,y,u_W) = \frac{N}{2}\varepsilon_0 b(y_0 + y) \cdot \left(\frac{1}{\left(\beta_I - x\right)^2} - \frac{1}{\left(\beta_{II} + x\right)^2} \right) \cdot u_W^{\ 2} , \qquad (6.79)$$

- *Wandlerkraft in y -Richtung*

$$F_{el,y}(x,u_W) = \frac{N}{2}\varepsilon_0 b \cdot \left(\frac{1}{\beta_I - x} + \frac{1}{\beta_{II} + x} \right) \cdot u_W^{\ 2} . \qquad (6.80)$$

Laterale Instabilität – Side Pull-in In *Longitudinalrichtung* (y-Richtung parallel zu Elektrodenoberfläche) tritt unter den idealisierten Annahmen (keine Streufelder, vernachlässigbare Kammhöhe) *kein Pull-in* auf (vgl. Abschn. 6.7.1). In Lateralrichtung x liegt jedoch eine Gleichtaktansteuerung eines Differenzialwandlers vor und es kann sehr wohl ein *Pull-in* auftreten (vgl. Abschn. 6.6.2). Dieses gekoppelte Verhalten soll im Folgenden näher untersucht werden (s. dazu auch (Legtenberg et al. 1996), (Chen u. Lee 2004), (Huang u. Lu 2004), (Borovic et al. 2006), (Elata 2006)).

Aus praktischen Gründen wird man eine in x-Richtung symmetrische Elektrodenanordnung mit $\beta_I = \beta_{II} = \beta$ wählen[10], sodass mit Gl. (6.51) für die *laterale (side) Pull-in*-Spannung folgt

$$U^2_{x,pi} = k_x \frac{\beta^3}{2\varepsilon_0 b \left(y_0 + y_R\right)},$$
(6.81)

wobei y_R die bei der anliegenden Spannung $U_{x,pi}$ eingenommene Ruhelage in Longitudinalrichtung bedeutet.

Die Ruhelage y_R berechnet sich mittels Gl. (6.74) für die vorliegende Wandleranordnung zu

$$y_R = \frac{\varepsilon_0 b}{k_y \beta} \cdot U^2_{x,pi}.$$
(6.82)

Setzt man y_R aus Gl. (6.82) in Gl. (6.81) ein, so erhält man nach einigen Umformungen die *laterale Pull-in* Bedingung

$$U^2_{x,pi} = \frac{\beta^2 k_y}{2b\varepsilon_0} \left[\sqrt{2 \frac{k_x}{k_y} + \frac{y_0^2}{\beta^2}} - \frac{y_0}{\beta} \right].$$
(6.83)

Unter der aus praktischen Gründen immer erfüllten Annahme $k_x \gg k_y$ vereinfacht sich die *laterale Pull-in-Bedingung* zu

$$U^2_{x,pi} \approx \frac{\beta^2 k_y}{2b\varepsilon_0} \left[\sqrt{2 \frac{k_x}{k_y}} - \frac{y_0}{\beta} \right].$$

[10] Dies bedeutet keine Einschränkung der Allgemeinheit, wie aus den Ausführungen in Abschn. 6.6.3 zu entnehmen ist.

Aus einem Vergleich mit Gl. (6.82) erhält man weiterhin die *longitudinale Pull-in-Auslenkung* für einen *lateralen Pull-in*

$$y_{x,pi} = \beta \sqrt{\frac{k_x}{2k_y}} - \frac{y_0}{2}.$$ (6.84)

Entwurfsrückschlüsse Der longitudinale Arbeitsbereich des Wandlers wird also in fundamentaler Weise durch das Steifigkeitsverhältnis von Longitudinal- zu Lateralrichtung bestimmt. Als zweiten wichtigen Entwurfsparameter erkennt man den Elektrodenabstand β. Diesen möchte man einerseits für *große Wandlerkräfte* möglichst *klein* halten, aus Gl. (6.84) folgt aber, dass ein enger Zahnabstand eher zu einem *lateralen Pull-in* führt.

Steifigkeitsvariationen von gefalteten Biegefedern Eine genauere Betrachtung der Steifigkeitseigenschaften von Biegefederstrukturen zeigt, dass sich für die in Abb. 6.24 dargestellten Konfigurationen im gedehnten Betrieb die Steifigkeitsverhältnisse k_x / k_y ungünstig verändern.

Für die in Abb. 6.24a gezeigte gefaltete Biegefeder gilt bei sehr *kleinen* Verformungen (Legtenberg et al. 1996) ($E \ldots$ Elastizitätsmodul)

$$k_x = 2Eb_k h_k / L_k \qquad \Rightarrow \frac{k_x}{k_y} = \left(\frac{L_k}{h_k}\right)^2 .$$
$$k_x = 2Eb_k h_k{}^3 / L_k{}^3$$

Für größere Verformungen δ_y in y-Richtung (dies ist bei diesem Wandlertyp ja gerade gewollt) tritt durch Kontraktion der Biegefeder eine auslenkungsabhängige Reduktion der Lateralsteifigkeit k_x auf (Legtenberg et al. 1996)

$$\delta k_x \sim 1/\delta_y .$$ (6.85)

Unter Berücksichtigung dieser auslenkungsabhängigen Erweichung nach Gl. (6.85) wird der stabile Arbeitsbereich (Vermeidung eines *lateralen Pull-in*) gemäß Beziehung (6.84) sogar noch weiter reduziert.

Dynamisches Verhalten Das dynamische Verhalten wird in bekannter Weise durch die ELM-Vierpolparameter bestimmt, die man geradlinig unter Beachtung der aktuellen Steifigkeits- und Ruhelagenbeziehungen aus dem Abschn. 6.6 ableiten kann.

Transversal- vs. Longitudinalkammwandler Die vorgestellten Kammstrukturen sind prinzipiell für transversale und longitudinale Bewegungen nutzbar. Sie besitzen jedoch fundamentale Verhaltensunterschiede bezüglich Bewegungshub und Wandlerkraft. Der *Longitudinalwandler* erlaubt wesentlich größere Verstellwege in Richtung der Kammzähne, eine Begrenzung ist letztlich nur durch den *lateralen Pull-in* gegeben (zusätzliche Durchbiegungen bei langen Zähnen).

Ein Vergleich der longitudinalen und transversalen Wandlerkräfte (s. Gln.(6.79),(6.80) zeigt bei einer vergleichbaren geometrischen Anordnung mit $\beta_I = \beta$, $\beta_{II} = \lambda\beta$ deutliche Vorteile des Transversalwandlers, denn es gilt

$$\frac{F_{el,trans}}{F_{el,long}} = \frac{L}{\beta}\frac{\lambda^2 - 1}{\lambda(\lambda - 1)} . \tag{6.86}$$

Für den technisch interessanten Bereich $\lambda \approx 2.4$ einer technisch sinnvollen Kammgeometrie mit $L \gg \beta$ folgt, dass die transversale Wandlerkraft um mindestens eine Größenordnung größer ist als die longitudinale Wandlerkraft.

Entwurfsempfehlung Bei großen Kraftanforderungen wird man unter Berücksichtigung von kleinen Verstellwegen eher einen transversalen Kammwandler einsetzen, wogegen sich bei großen Hubanforderungen unter Berücksichtigung von moderaten Wandlerkräften eher ein longitudinaler Kammwandler empfiehlt.

6.7.3 Kammwandler mit linear gestuften Kammzähnen

Abstimmungsproblem bei Resonatoranwendungen Die in den vorangegangenen Abschnitten vorgestellte Kammstruktur mit gleichmäßig langen Kammzähnen besitzt in der Longitudinalrichtung bei Spannungssteuerung die an sich angenehme Eigenschaft, dass keine elektrostatische Erweichung auftritt, d.h. aussteuerungs*unabhängig* gilt immer $k_{el,U} = 0$. Damit fehlt aber der Entwurfsfreiheitsgrad, bei einer Resonatorkonfiguration über eine Veränderung der Quellenspannung die Wandlereigenfrequenz über die Wandlersteifigkeit $k_W = k_{mech} - k_{el,U}(U_0)$ gezielt verstimmen zu können.

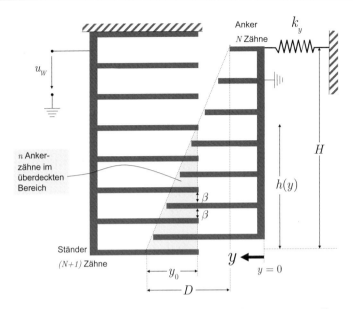

Abb. 6.25. Prinzipanordnung für einen longitudinalen Kammwandler mit linear gestuften Zähnen zur Abstimmung der elektrostatischen Steifigkeit über die Quellenspannung, nach (Lee u. Cho 1998).

Linear gestufte Kammzähne Die Ursache für die fehlende elektrostatische Erweichung liegt in der linear von der Ankerauslenkung abhängigen Kapazitätsfunktion Gl. (6.71), wodurch die für die elektrostatische Steifigkeit zuständige zweite Ortsableitung zu Null wird. Für eine von Null verschiedene elektrostatische Steifigkeit müsste die Kapazitätsfunktion also mindestens quadratisch von der Ankerauslenkung abhängen. Dies kann man durch eine geschickte konstruktive Gestaltung der Elektrodenanordnung erreichen. Eine leicht zu realisierende Möglichkeit besteht in einer Kammanordnung mit *linear gestuften Zähnen*, wie von (Lee u. Cho 1998) vorgeschlagen (Abb. 6.25).

Konfigurationsgleichungen Für die in Abb. 6.25 dargestellte Anordnung mit symmetrischem Elektrodenabstand β erhält man für den überdeckten Elektrodenbereich (schraffiert) näherungsweise die folgende *Kapazitätsfunktion* ($b \ldots$ Kammbreite, $y_0 \ldots$ Kammüberdeckung im spannungslosen Zustand, $n \ldots$ Anzahl der Ankerzähne im überdeckten Elektrodenbereich, Kammhöhe vernachlässigbar klein)

$$C_W(y) = n \frac{\varepsilon_0 b}{\beta}\left(y_0 + y\right). \tag{6.87}$$

Die Anzahl n der überdeckten Zähne berechnet sich näherungsweise zu

$$n \approx \frac{h(y)}{\beta} = \frac{H}{\beta D}\left(y_0 + y\right).$$ (6.88)

Aus den Gln. (6.87), (6.88) erhält man dann die folgenden Beziehungen für die relevanten Wandlerparameter

- *Wandlerkapazität* $C_W(y) \approx \dfrac{\varepsilon_0 b}{\beta^2} \dfrac{D}{H}\left(y_0 + y\right)^2$,

- *Wandlerkraft* $F_{el}(y, u_W) \approx \dfrac{\varepsilon_0 b}{\beta^2} \dfrac{D}{H}\left(y_0 + y\right) \cdot u_W^{\;2}$,

- *Elektrostatische Spannungssteifigkeit* $k_{el,U}(U_0) \approx \dfrac{\varepsilon_0 b}{\beta^2} \dfrac{D}{H} U_0^{\;2}$.   (6.89)

Die elektrostatische Steifigkeit Gl. (6.89) zeigt nun die gewünschte Abhängigkeit von der Ruhespannung U_0. Man beachte dass Gl. (6.89) zwar keine direkte Aussteuerungsabhängigkeit beschreibt, indirekt ist diese jedoch über die Ruhelagenbeziehung (6.74) gegeben.

Literatur zu Kapitel 6

Bencze W J, Eglington M E, Brumley R W, Buchman S (2007) Precision electrostatic suspension system for the Gravity Probe B relativity mission's science gyroscopes. *Advances in Space Research* 39(2): 224-229

Bochobza-Degani O, Elata D, Nemirovsky Y (2003) A general relation between the ranges of stability of electrostatic actuators under charge or voltage control. *Appl. Phys. Lett.* 82: 302-304

Borovic B, Lewis F L, Liu A Q, Kolesar E S, Popa D (2006) The lateral instability problem in electrostatic comb drive actuators: modeling and feedback control. *Journal of Micromechanics and Microengineering*(7): 1233

Chan E K, Dutton R W (2000) Electrostatic micromechanical actuator with extended range of travel. *Microelectromechanical Systems, Journal of* 9(3): 321-328

Chen C, Lee C (2004) Design and modeling for comb drive actuator with enlarged static displacement. *Sensors and Actuators A: Physical* 115(2-3): 530-539

Damrongsak B, Kraft M, Rajgopal S, Mehregany M (2008) Design and fabrication of a micromachined electrostatically suspended gyroscope. *Proceedings of the I MECH E Part C Journal of Mechanical Engineering Science* 222: 53-63

Elata D (2006) Modeling the Electromechanical Response of Electrostatic Actuators. In *MEMS/NEMS Handbook, Techniques and Applications*. C. T. Leondes, Springer. 4: 93-119

Gerlach G, Dötzel W (2006) *Einführung in die Mikrosystemtechnik*, Carl Hanser Verlag

Han F, Gao Z, Li D, Wang Y (2005) Nonlinear compensation of active electrostatic bearings supporting a spherical rotor. *Sensors and Actuators A: Physical* 119(1): 177-186

Han F, Wu Q, Gao Z (2006) Initial levitation of an electrostatic bearing system without bias. *Sensors and Actuators A: Physical* 130-131: 513-522

Horsley D A, Horowitz R, Pisano A P (1998) Microfabricated electrostatic actuators for hard disk drives. *Mechatronics, IEEE/ASME Transactions on* 3(3): 175-183

Horsley D A, Wongkomet N, Horowitz R, Pisano A P (1999) Precision positioning using a microfabricated electrostatic actuator. *Magnetics, IEEE Transactions on* 35(2): 993-999

Huang W, Lu G (2004) Analysis of lateral instability of in-plane comb drive MEMS actuators based on a two-dimensional model. *Sensors and Actuators A: Physical* 113(1): 78-85

Imamura T, Koshikawa T, Katayama M (1996) *Transverse mode electrostatic microactuator for MEMS-based HDD slider*. Micro Electro Mechanical Systems, 1996, MEMS '96, Proceedings. 'An Investigation of Micro Structures, Sensors, Actuators, Machines and Systems'. IEEE, The Ninth Annual International Workshop on 216-221

Küpfmüller K, Mathis W, Reibiger A (2006) *Theoretische Elektrotechnik*, Springer

Lee K B, Cho Y H (1998) A triangular electrostatic comb array for micromechanical resonant frequency tuning. *Sensors and Actuators A: Physical* 70(1-2): 112-117

Legtenberg R, Groeneveld A W, Elwenspoek M (1996) Comb-drive actuators for large displacements. *Journal of Micromechanics and Microengineering* 6: 320-329

Lunze K (1991) *Einführung in die Elektrotechnik*, Verlag Technik Berlin

Philippow E (2000) *Grundlagen der Elektrotechnik*, Verlag Technik Berlin

Seeger J I, Boser B E (1999) Dynamics and control of parallel-plate actuators beyond the electrostatic instability. *Tech. Dig. 10th Intl. Conf. Solid-State Sensors and Actuators (Transducers '99)*. Sendai, Japan: pp. 474-477

Seeger J I, Boser B E (2003) Charge control of parallel-plate, electrostatic actuators and the tip-in instability. *Microelectromechanical Systems, Journal of* 12(5): 656-671

Seeger J I, Crary S B (1997) *Stabilization of electrostatically actuated mechanical devices*. Solid State Sensors and Actuators, 1997. TRANSDUCERS '97 Chicago., 1997 International Conference on1133-1136 vol.1132

Senturia S D (2001) *Microsystem Design*, Kluwer Academic Publishers

7 Funktionsrealisierung – Piezoelektrische Wandler

Hintergrund Wohl kaum ein anderes elektromechanisches Wandlungsprinzip hat mehr zum Vordringen mechatronischer Produkte in den Konsumgüterbereich beigetragen wie die *Piezoelektrizität*. Als prominentester Vertreter sogenannter *unkonventioneller* Wandlungsprinzipien können Piezowerkstoffe ohne großen konstruktiven Aufwand als *Festkörperwandler* direkt in mechanische Strukturen integriert werden (*smart structures*), sie erzeugen große bis sehr große Kräfte auf kleinstem Bauraum, sie besitzen eine extrem hohe Dynamik und können in manchen Anwendungen sogar ohne Hilfsenergie betrieben werden (Schwingungsdämpfung, *shunting*) oder zur Energieerzeugung eingesetzt werden (*energy harvesting*).

Inhalt Kapitel 7 In diesem Kapitel werden grundlegende physikalische Phänomene piezoelektrischer Wandler und Verhaltenseigenschaften ihrer technischen Umsetzung diskutiert. Anhand der linearen *konstitutiven piezoelektrischen Materialgleichungen* werden einführend die relevanten Festkörpereigenschaften dargestellt und die *gängigen Beschreibungsformen* vorgestellt. Darauf aufbauend werden auf Grundlage des *mechatronischen Elementarwandlers* aus Kap. 5 die standardisierten Verhaltensmodelle (*ELM-Vierpolmodell, Übertragungsmatrix*) für *Spannungs*- bzw. *Stromsteuerung* abgeleitet und damit die Zusammenhänge zwischen konstruktiven Parametern, Werkstoffparametern und Verhaltenseigenschaften transparent gemacht. Ein weiterer Schwerpunkt widmet sich der Darstellung verschiedener gängiger Konstruktionsprinzipien wie *Scheibenwandler, Stapelwandler, Hebelübersetzung, Streifenwandler* und der Diskussion ihrer Verhaltenseigenschaften. In einem eigenen Abschnitt wird das Konzept der elektrischen Beschaltung mittels *Impedanzrückkopplung* (*shunting*) diskutiert und an einem Anwendungsbeispiel für einen *Beschleunigungssensor* im Detail demonstriert. Das speziell im Zusammenhang mit piezoelektrischen Wandlern wichtige Konzept des *mechanischen Resonanzbetriebes* wird anhand von kommerziell erfolgreich umgesetzten *Piezo-Ultraschallmotoren* erläutert und eingehend bezüglich Verhaltens- und Betriebseigenschaften diskutiert.

■

7.1 Systemtechnische Einordnung

Piezoelektrische Wandler Neben den „klassischen" Wandlerprinzipien unter Nutzung von elektrostatischen und elektromagnetischen Phänomenen haben sich eine Reihe sogenannter *unkonventioneller* Wandlerprinzipien etabliert, die andere physikalische Phänomene nutzen. Dabei hat sich in besonderem Maße die *Piezoelektrizität* als technisch hervorragend nutzbar erwiesen. Der bereits im Jahre 1880 von den Brüdern Pierre und Jacques CURIE demonstrierte *piezoelektrische Effekt* wurde schon bald in technischer Form z.B. als Schwingquarz oder Ultraschallwandler nutzbar gemacht. Den richtigen Durchbruch in Form eines breit anwendbaren *piezoelektrischen Wandlers* ermöglichten aber erst das 1950 an Walter P. Kistler erteilte Patent für einen *Ladungsverstärker* und die Verbindung mit *mikroelektronischen* Ansteuer- und Auswerteschaltungen. Heute haben sich piezoelektrische Wandler in vielen technischen Anwendungen eine Schlüsselposition erobert und bestimmen in fundamentaler Weise die erreichbaren Systemleistungen, z.B. Piezo-Einspritztechnik bei Diesel- und Benzinmotoren (s. Deutscher Zukunftspreis 2005). Als *Festkörperwandler* können diese Wandler ohne große zusätzliche konstruktive Elemente direkt in eine mechanische Struktur integriert werden (*smart structures*) und dort gleichermaßen als Sensor (Verformungsmessung) und Aktuator (Krafterzeugung) mit einer extrem hohen Dynamik wirken.

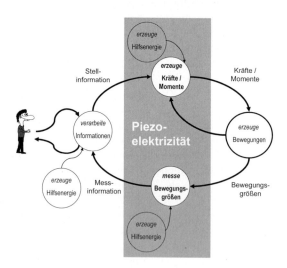

Abb. 7.1. Funktionelle Dekomposition eines mechatronischen Systems – Funktionsrealisierung mittels *Piezoelektrizität*

Systemtechnische Bedeutung Systemtechnisch betrachtet stellen die mittels piezoelektrischer Phänomene realisierbaren Funktionen *„erzeuge Kräfte/Momente"* und *„messe Bewegungsgrößen"* die Aktuatorik bzw. Sensorik des mechatronischen Systems dar (Abb. 7.1).

Für beide Aufgaben interessiert das Übertragungsverhalten in der aus Abb. 7.1 ersichtlichen Kausalrichtung. Wie bei anderen Wandlerprinzipien spielen funktionale Eigenschaften wie *Linearität*, *Dynamik* und konstruktiv bedingte *Parameterabhängigkeiten* bezüglich des Übertragungsverhaltens eine wichtige Rolle für die Verhaltenseigenschaften in einem geschlossenen Wirkungskreis.

Mechatronisch relevante Phänomene Aufgrund des *Festkörpercharakters* benötigt ein Piezowandler per se keine Fesselung der Elektroden, er kann direkt an eine mechanische Struktur angekoppelt werden (vereinfacht ausgedrückt: „Piezoelement ist gleich Wandler"). Damit werden die kompletten elektrischen und mechanischen Eigenschaften (inklusive elektrischmechanische Kopplung) primär durch die Materialeigenschaften des Wandlers beschrieben. Das Klemmenverhalten eines piezoelektrischen Wandlers ist elektrisch durch einen kapazitiven Energiespeicher und mechanisch durch einen potenziellen Energiespeicher (Feder), beides abhängig von Material und Geometrie, geprägt.

Für viele Anwendungsbetrachtungen ist eine *lineare* Verhaltensbeschreibung durchaus ausreichend, für manche Betrachtungen sind allerdings zusätzliche Hystereseeffekte zu berücksichtigen.

Bemerkenswerterweise können piezoelektrische Wandler in speziellen Anwendungsfällen auch ohne elektrische Hilfsenergie betrieben werden (Kurzschlussbetrieb, *shunting*), ansonsten werden vergleichsweise hohe Hilfsspannungen (100 … 1000V) benötigt.

Für den Systementwurf sind folgende Modellzusammenhänge von Interesse:

- *Kapazität, Federsteifigkeit, piezoelektrische Kopplungsparameter* als Funktion von Geometrie und Material
- *Piezoelektrische Kräfte* als Funktion von Geometrie, Material, elektrischer Ansteuerung
- *Übertragungsverhalten* inklusive mechanischer Leistungsrückwirkung.

7.2 Physikalische Grundlagen

Festkörperwandler Als Festkörper wird Materie im festen Aggregatzustand bezeichnet. Festkörper werden durch eine hohe Beständigkeit der Ordnung der Materiebausteine charakterisiert und sind aus mechatronischer Sicht hinsichtlich ihrer *elektrischen* und *mechanischen* Eigenschaften[1] und hier speziell bezüglich ausgeprägter elektrisch-mechanischer *Wechselwirkungen* interessant. Damit wird feste Materie direkt als Werkstoffelement zur elektromechanischen Energiewandlung in Form sogenannter *Festkörperwandler* nutzbar (Heimann et al. 2007), (Gerlach u. Dötzel 2006), (Janocha 2004). Im günstigsten Fall benötigt man keine zusätzlichen oder höchstens minimale konstruktive Maßnahmen, um das Wandlerelement direkt in eine mechanische Struktur zu integrieren (*smart structures*).

Im vorliegenden Buch werden aus Gründen der großen technischen Bedeutung speziell Festkörperwandler unter Nutzung des *piezoelektrischen* Effektes, d.h. Wechselwirkungen des elektrischen Feldes und kontinuumsmechanischer Materialeigenschaften, diskutiert. Die *Nomenklatur* orientiert sich im Folgenden an (IEEE 1988).

Elektrisch-mechanische Festkörpereigenschaften In Abb. 7.2 ist ein Festkörperelement aus einem *nichtleitenden* Material (Dielektrikum) mit einem Elektrodenpaar dargestellt. Um von den geometrischen Abmessungen unabhängig zu werden, betrachtet man zur Charakterisierung des *elektrischen* Verhaltens die bereits in Kap. 6 eingeführten elektrischen Feldgrößen

- *Feldstärke* (engl. *electric field*) $E = \dfrac{u}{L}$ [V/m]

- *Verschiebungsflussdichte* (engl. *electric displacement*) $D = \dfrac{q}{A}$ [As/m^2]

und zur Charakterisierung des *mechanischen* Verhaltens die bezogenen Größen

- *Dehnung* (engl. *strain*) $S = \dfrac{\Delta l}{L}$ [1]

- *mechanische Spannung* (engl. *stress*) $T = \dfrac{F}{A}$ [N/m^2].

---

[1] Weitere technisch genutzte Eigenschaften sind beispielsweise Wechselwirkungen mit Magnetfeldern (*magnetostriktive* Wandler) und Temperaturabhängigkeiten (z.B. *Formgedächtnislegierungen*). Diese werden in diesem Buch jedoch nicht weiter betrachtet.

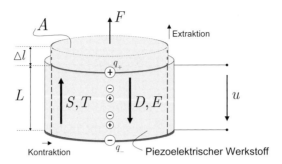

Abb. 7.2. Piezoelektrischer Festkörper – einachsiger Spannungszustand

Direkter piezoelektrischer Effekt Der *direkte piezoelektrische* Effekt beschreibt eine *elektrische* Festkörpereigenschaft, nämlich die Erzeugung einer elektrischen Polarisation (Verschiebung positiver und negativer Ladungen) in einem Nichtleiter durch eine mechanische Beeinflussung.

Die lineare konstitutive Materialgleichung für lokal kleine Verzerrungen im einachsigen Spannungszustand lautet

$$D = \varepsilon \cdot E + e \cdot S \qquad (7.1)$$

mit

- *Permittivität (Dielektrizitätskonstante, permittivity)* ε $[\mathrm{As/Vm}]$
- *Piezoelektrische Kraftkonstante* e $[\mathrm{As/m^2 = N/Vm}]$.

In bekannter Weise beschreibt der erste Term in Gl. (7.1) für einen nichtleitenden Festkörper die Ladungstrennung und Ausrichtung von elektrischen Dipolen (Polarisation), die durch ein angelegtes elektrisches Feld mit der Feldstärke E entsteht und über die materialabhängige Permittivität ε zu einem Verschiebungsfluss D führt (Abb. 7.2, vergleiche auch Plattenkondensator aus Kap. 6).

Bei besonderen Materialien kann eine solche Polarisation aber auch durch eine *mechanische Verschiebung*, hier charakterisiert durch die *Dehnung S*, erzwungen werden – *direkter piezoelektrischer Effekt* – zweiter Term in Gl. (7.1). Die zugehörige Proportionalitätskonstante e wird üblicherweise *Piezoelektrische (Kraft-) Konstante* genannt. Technisch kann dieser Effekt in naheliegender Weise für *sensorische* Aufgaben genutzt werden (elektrische Wegmessung bzw. Kraftmessung indirekt über eine Wegmessung).

Reziproker piezoelektrischer Effekt Der *reziproke (inverse) piezoelektrische* Effekt beschreibt eine *mechanische* Festkörpereigenschaft, nämlich die Erzeugung einer mechanischen Spannung durch ein elektrisches Feld.

Die lineare konstitutive Materialgleichung für lokal kleine Verzerrungen lautet im einachsigen Spannungszustand

$$T = c \cdot S - e \cdot E \tag{7.2}$$

mit

- *Elastizitätsmodul (YOUNG's modulus)* c $[\mathrm{N/m^2}]$.

Der erste Term in Gl. (7.2) beschreibt in bekannter Weise das linear elastische Verhalten eines Festkörpers, wonach Dehnung S und mechanische Spannung T über einen Proportionalitätsfaktor, den Elastizitätsmodul c, proportional sind (*HOOKEsches Gesetz*).

Bei piezoelektrischen Festkörpern kann eine *mechanische Spannung* aber auch durch ein *elektrisches Feld* mit der Feldstärke E eingeprägt werden – *reziproker piezoelektrischer Effekt* – zweiter Term in Gl. (7.2). Das negative Vorzeichen resultiert aus der definitorischen Richtungsgleichheit von mechanischer Spannung und Dehnung (Längenänderung $\triangle l$).

Bemerkenswert erscheint auf den ersten Blick, dass hier die gleiche Proportionalitätskonstante e erscheint, wie beim direkten piezoelektrischen Effekt nach Gl. (7.1). Wie noch gezeigt werden wird, ist dies unter der Annahme einer verlustlosen elektrisch-mechanischen Energiewandlung (*konservatives System*) immer gegeben (vgl. Integrabilitätsbedingung in Abschn. 5.3.1).

Technisch kann dieser Effekt in naheliegender Weise für *aktuatorische* Aufgaben in Form einer elektrischen Krafterzeugung genutzt werden.

Anisotrope konstitutive Materialgleichungen – Tensorform   Piezoelektrische Werkstoffe zeigen generell eine Richtungsabhängigkeit (*Anisotropie*) ihres elektrisch-mechanischen Verhaltens. Das bedeutet, dass im allgemeinen Fall die Variablen und Proportionalitätskonstanten der konstitutiven Gleichungen (7.1), (7.2) als *Tensoren* (Bronstein et al. 2005) interpretiert werden müssen.

Ferner ist zu beachten, dass die beiden durch Gln. (7.1), (7.2) beschriebenen Effekte immer gleichzeitig wirksam sind, was durch den Koppelfaktor e sichtbar wird. Damit muss natürlich auch immer das gekoppelte Gleichungssystem im Gesamten betrachtet werden.

Zur Darstellung setzt man den Wandler üblicherweise derart in ein kartesisches Koordinatensystem $(1, 2, 3)$, sodass die Polarisationsrichtung bzw. die Feldstärke in Richtung der 3-Achse zeigt (Abb. 7.3).

Die (T,D)-*Tensorform* der konstitutiven Materialgleichungen lautet dann in Entsprechung zu Gln. (7.1), (7.2)

$$T(S,E) = c^E \cdot S - e \cdot E$$
$$D(S,E) = e \cdot S + \varepsilon^S \cdot E$$

(7.3)

c^E ... Elastizitätsmodul bei $E = 0$, d.h. elektrischer Kurzschluss

ε^S ... Permittivität bei $S = 0$, d.h. mechanisch fest gebremst

e ... piezoelektrische Kraftkonstanten $[\mathrm{As/m^2 = N/Vm}]$.

Gleichwertig zu Gl. (7.3) findet man die (S,D)-*Tensorform* der konstitutiven Materialgleichungen

$$S(T,E) = s^E \cdot T + d \cdot E$$
$$D(T,E) = d \cdot T + \varepsilon^T \cdot E$$

(7.4)

s^E ... Nachgiebigkeit bei $E = 0$, d.h. elektrischer Kurzschluss

ε^T ... Permittivität bei $T = 0$, d.h. mechanischer Leerlauf

d ... piezoelektrische Ladungskonstanten $[\mathrm{As/N = m/V}]$.

In den Gln. (7.3), (7.4) stellen E, D Tensoren 1. Stufe (3 Komponenten) dar, ferner T, S, ε Tensoren 2. Stufe (9 Komponenten, davon 6 unabhängig), e, d Tensoren 3. Stufe (27 Komponenten, davon 18 unabhängig) und c, s Tensoren 4. Stufe (81 Komponenten, davon 21 unabhängig). Die Anzahl unabhängiger Tensorkomponenten resultiert aus Kristallsymmetrien und der Wahl des Koordinatensystems (Jordan u. Ounaies 2001), (IEEE 1988).

Materialparameter Man beachte in den Gln. (7.3), (7.4) die spezielle Bedeutung der Materialparameter $c^E, s^E, \varepsilon^S, \varepsilon^T$. Diese können unter den mittels Hochindizes spezifizierten Messbedingungen auch experimentell ermittelt werden (Indexgrößen werden jeweils Null gesetzt). Besondere Vorsicht ist jedoch bei der Spezifikation der Permittivität geboten, da es sich hier um zwei völlig unterschiedliche Betriebsbedingungen handelt (der Hochindex bzw. die Betriebsbedingung ist also immer mit anzugeben).

Die meisten Piezowerkstoffe, speziell Piezokeramiken, weisen eine sogenannte *transversale Isotropie* auf. Dies bedeutet, dass nur in der Polarisationsrichtung Anisotropie vorliegt, wogegen in allen dazu orthogonalen

Richtungen isotropes Verhalten vorliegt (zylindrische Symmetrie), damit werden eine Reihe der Materialtensorkomponenten gleich Null (Jordan u. Ounaies 2001).

Glücklicherweise sind für die technisch wichtigen Fälle nur wenige Richtungsabhängigkeiten von Bedeutung, sodass speziell für die weiteren Betrachtungen in diesem Buch die gesamte Tensorproblematik ausgeblendet werden kann und letztendlich mit skalaren Gleichungen vom Typ Gln. (7.1), (7.2) gearbeitet wird.

Längseffekt – Quereffekt   Die beiden technisch bedeutendsten Richtungsabhängigkeiten sind in Abb. 7.3 dargestellt: der *Längseffekt* mit Wirkparallelität von elektrischem Feld und mechanischen Größen T, S (Abb. 7.3a) und der *Quereffekt*, wo die elektrischen und mechanischen Wirkrichtungen orthogonal zueinander stehen (Abb. 7.3b).

Dieses Verhalten wird durch die Tensorkomponenten e_{33} bzw. d_{33} für den *Längseffekt* und die Tensorkomponenten e_{31} bzw. d_{31} für den *Quereffekt* beschrieben[2] (die restlichen Komponenten sind jeweils Null zu setzen). Diese Parameter, wie die restlichen Materialparameter, kann man den Datenblättern des Piezowerkstoffes (bzw. Wandlers) entnehmen, in der Regel auch direkt mit der angegebenen Indexbezeichnung.

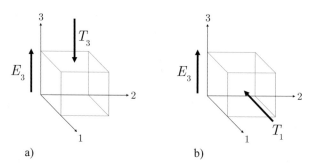

a)   b)

Abb. 7.3. Anisotroper Piezowerkstoff: a) Längseffekt (hier: $e_{33} > 0$, $d_{33} > 0$), b) Quereffekt (hier wegen Kontraktion: $e_{31} < 0$, $d_{31} < 0$)

---

[2] Der erste Index der d-Parameter und e-Parameter gibt jeweils die „elektrische" Richtungskomponente an $(E$ oder $D)$, der zweite Index spezifiziert die „mechanische" Richtungskomponente $(T$ oder $S)$. Aufgrund der Kristallsymmetrie und Wahl des Koordinatensystems lassen sich die Komponenten der Tensoren 3.Stufe d, e vereinfacht nur mit zwei Indizes darstellen (IEEE 1998).

Materialextraktion vs. -kontraktion Wie bereits in Abb. 7.2 angedeutet, sind bei einer Verformung des Festkörperelements immer gleichzeitig Extraktions- und Kontraktionseffekte zu beobachten, d.h. eine Längenvergrößerung bewirkt immer eine gleichzeitige orthogonale Querschnittsverkleinerung (s. Längseffekt in Abb. 7.2). Aus diesem Grund sind beispielsweise $e_{31} < 0$ und $d_{31} < 0$.

Skalare konstitutive Materialgleichungen Unter der Annahme eingeschränkter Richtungsabhängigkeiten (transversale Isotropie, Längseffekt, Quereffekt) lassen sich die Tensorgleichungen (7.3), (7.4) unter Berücksichtigung der entsprechenden wirksamen (d.h. von null verschiedenen) Tensorkomponenten in vereinfachter skalarer Form darstellen. Die beiden am häufigsten gebräuchlichen Darstellungsformen (T, D) bzw. (S, D) sowie die korrespondierenden Materialparameter sind in Tabelle 7.1 aufgeführt. Die beiden Darstellungsformen sind äquivalent, je nach Anwendungsfall ist die eine oder andere Version günstiger zu handhaben. Für die weniger häufig verwendeten Gleichungskombinationen (T, E), (S, E) ergeben sich andere Materialparameter, die jedoch ineinander umrechenbar sind (IEEE 1988). Man beachte in jedem Fall aber sorgfältig, welches Gleichungssystem einem Parametersatz zugrunde liegt (z.B. ε^S vs. ε^T !).

Der ebenfalls in Tabelle 7.1 dargestellte ELM-Koppelfaktor κ^2 deckt sich definitorisch mit dem allgemein in Kap. 5 definierten Koppelfaktor. Diese Äquivalenz wird im nachfolgenden Abschnitt deutlich werden. Bemerkenswerterweise ist der ELM-Koppelfaktor unabhängig von der konkreten Geometrie des Werkstoffelementes, da hier reine Materialgrößen aufscheinen.

Tabelle 7.1. Skalare konstitutive piezoelektrische Materialgleichungen

(T, D)-Form	(S, D)-Form
$\begin{pmatrix} T \\ D \end{pmatrix} = \begin{pmatrix} c^E & -e \\ e & \varepsilon^S \end{pmatrix} \begin{pmatrix} S \\ E \end{pmatrix}$	$\begin{pmatrix} S \\ D \end{pmatrix} = \begin{pmatrix} s^E & d \\ d & \varepsilon^T \end{pmatrix} \begin{pmatrix} T \\ E \end{pmatrix}$

Materialparameter $\quad s^E = \dfrac{1}{c^E}, \quad d = \dfrac{e}{c^E} = e \cdot s^E, \quad \varepsilon^T = \varepsilon^S + \dfrac{e^2}{c^E}$

ELM-Koppelfaktor $\quad \kappa^2 = \dfrac{e^2}{e^2 + c^E \cdot \varepsilon^S} = \dfrac{d^2}{s^E \cdot \varepsilon^T}$

Piezowerkstoffe Im Gegensatz zu elektrostatischen und elektromagnetischen Wandlern bestimmen bei Piezowandlern die Festkörperparameter neben der Wandlergeometrie entscheidend das Systemverhalten. Aus diesem Grund sind im konkreten Anwendungsfall die Materialdaten zu berücksichtigen (Datenblätter).

Grob gesprochen kann man zwischen natürlichen (kristallinen) Piezomaterialien (z.B. *Quarz*) und synthetischen Materialen (*Piezokeramiken, Piezokunststoffe*) unterscheiden. Unter den Piezokeramiken ist das *Blei-Zirkonat-Titanat – PZT –* sehr häufig als Wandlerwerkstoff vorzufinden.

Bei Piezokeramiken wird während der Herstellung (Sinterprozess) bei hinreichend hohen Temperaturen (oberhalb der CURIE-Temperatur) durch ein elektrisches Feld eine Polarisation hervorgerufen, die nach Abkühlung aufrecht erhalten wird. Damit ist die Keramik in einer bestimmten Form anisotrop piezoelektrisch. Diese Eigenschaft ist im Betrieb zu beachten, da die CURIE-Temperatur nicht mehr überschritten werden darf, um die Piezoeigenschaften nicht zu verlieren.

Generell weisen Piezokeramiken größere piezoelektrische Kopplungsparameter auf, wogegen Quarze wiederum eine bessere Temperaturstabilität besitzen. Für eine detaillierte Diskussion zu Piezowerkstoffen sei z.B. auf (Ballas et al. 2009) verwiesen.

Als kleiner orientierender Überblick sind in Tabelle 7.2 typische Materialparameter für Quarz und PZT zusammengestellt (Ballas et al. 2009).

Tabelle 7.2. Typische Materialparameter für piezoelektrische Werkstoffe, nach (Ballas et al. 2009), $\varepsilon_0 = 8.85 \cdot 10^{-12}$ As/Vm

Materialparameter	Quarz	PZT
c^E $[10^{10} \text{ N/m}^2]$	7.8	6
$\varepsilon^S/\varepsilon_0$, $\varepsilon^T/\varepsilon_0$ $[1]$	4.7, 4.7	900, 1400
e_{33}, e_{31} $[\text{As/m}^2 = \text{N/Vm}]$	0.18, -0.18	16, -5
d_{33}, d_{31} $[10^{-12} \text{ As/N} = \text{m/V}]$	2.3, -2.3	270, -80

Elektrisch-mechanische Wirkrichtungen Anhand der konstitutiven Materialgleichungen nach Tabelle 7.1 und der speziellen Materialparameter nach Tabelle 7.2 kann man sich nochmals die elektrisch-mechanischen Wirkrichtungen veranschaulichen. Die durch den Polarisierungsprozess vorgegebene Richtung kann an den Elektrodenklemmen entsprechend sichtbar gemacht werden (positive „+" / negative „-" Klemme).

Bei *offenen Elektroden* $(D = 0)$ wird gemäß Gl. (7.1) bei positiver Kraftkonstante $e > 0$ durch eine *positive Dehnung* (Verlängerung, Zugbeanspruchung) eine *negative* elektrische *Feldstärke* $E = -(e / \varepsilon) \cdot S$ erzeugt, d.h. entgegengerichtet zur inhärenten Polarisationsrichtung (bei $e < 0$ entgegengesetzte Wirkrichtung). Entsprechend bewirkt eine Kontraktion bzw. Druckbeanspruchung für $e > 0$ eine positive Feldstärke in Richtung der Polarisationsrichtung.

Bei verschwindender externer Kraft $(T = 0)$ bewirkt wiederum bei $e > 0$ eine *positive Feldstärke* in Polarisationsrichtung nach Gl. (7.2) eine *positive Dehnung* (Längenvergrößerung) $S = (e / c) \cdot E$ bzw. es wird eine negative Feldstärke für $e > 0$ eine negative Dehnung (Kontraktion) des Piezoelementes bewirken.

Maximale Feldstärke   Zur Vermeidung einer Zerstörung der Polarisationsstruktur (*Depolarisation*) darf die Feldstärke die folgenden typischen Obergrenzen nicht überschreiten:

- maximale Feldstärke in Polarisationsrichtung: $1 \ldots 2 \ \mathrm{kV/mm}$
- maximale Feldstärke entgegen Polarisationsrichtung: $300 \ \mathrm{V/mm}$.

Piezoelektrische Laminatstrukturen   Die oben beschriebenen linearen konstitutiven Materialgleichungen gelten generell für piezoelektrische Werkstoffe. Die in Abb. 7.2 und 7.3 gezeigten Gegebenheiten zeigen die Verhältnisse bei kompakten Piezomaterialen mit örtlich gleichförmig wirksamen elektrischen und mechanischen Größen (diskrete Wandler, beschreibbar durch Modelle mit konzentrierten Parametern).

Falls das Piezomaterial eine räumlich *ausgedehnte Struktur* besitzt, z.B. *Piezolaminate* mit Folienstruktur, dann müssen bei der Beschreibung die Ortsabhängigkeiten der Wirkgrößen berücksichtigt werden (beschreibbar durch Modelle mit verteilten Parametern). Im praktisch wichtigen Fall von elastischen mechanischen Strukturen, auf die die Piezofolie aufgebracht wird, bleiben die *Materialbeziehungen* (7.3), (7.4) voll gültig, allerdings ist für die *Dehnung* S eine *Ortsabhängigkeit* zu berücksichtigen. Dies führt im Sinne der *Kontinuumsmechanik* auf eine Beschreibung mittels partieller Differenzialgleichungen. Aus Platzgründen werden solche unendlichdimensionalen Modellansätze in diesem Buch nicht weiterverfolgt, der interessierte Leser sei auf weiterführende Literatur, z.B. (Preumont 2006), (Moheimani et al. 2003), (Kugi et al. 2006) verwiesen.

7.3 Piezoelektrischer Elementarwandler

7.3.1 Systemkonfiguration

Diskreter Wandler Im Folgenden werden technische Wandlerkonfigurationen betrachtet, wo mit hinreichend guter Näherung örtlich gleichförmig wirksame elektrische und mechanische Größen vorliegen. Damit lässt sich das Piezoelement mittels Modellen mit konzentrierten, ortsunabhängigen Parametern darstellen. In Abb. 7.4 ist eine derartige Anordnung in Form eines piezoelektrischen Elementarwandlers dargestellt. Die Richtungen der elektrischen und mechanischen Koordinaten entsprechen dem mechatronischen Elementarwandler aus Kap. 5, die piezoelektrische Kraft F_{pz} repräsentiert die Wandlerkraft F_W.

Externe Fesselung Die in Abb. 7.4 gezeigte externe elastische Fesselung ist im vorliegenden Fall nicht unbedingt notwendig und als optional zu betrachten. Aufgrund der Festkörpereigenschaften des Piezowerkstoffes kann eine Ankopplung des Wandlers an eine mechanische Struktur direkt über die Ständer- und Ankerelektroden erfolgen (direkte Integration in eine mechanische Struktur). Insofern sind Piezowandler mit minimalem konstruktivem Aufwand einsetzbar.

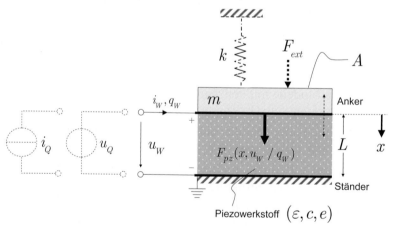

Abb. 7.4. Prinzipaufbau eines piezoelektrischen Elementarwandlers mit einem mechanischen Freiheitsgrad und Starrkörperlast (einachsiger Spannungszustand, hier beispielhaft unter Nutzung des Längseffektes). Gestrichelt gezeichnet ist die externe Beschaltung alternativ mit Spannungs- oder Stromquelle und optionaler elastischer Fesselung.

Analogie zum elektrostatischen Plattenwandler Eine Betrachtung der Anordnung in Abb. 7.4 vermittelt eine unmittelbare Assoziation mit einem elektrostatischen Plattenwandler (s. Kap. 6). Der primäre Unterschied besteht im Dielektrikum zwischen den plattenförmigen Elektroden. Beim *elektrostatischen Wandler* ist das Dielektrikum Luft, wodurch sich auch die unbedingte Fesselung (Feder k) des Ankers begründet. Beim *Piezowandler* fungiert das Festkörperdielektrikum sozusagen als elastischer Abstandshalter zwischen den Wandlerelektroden.

Phänomenologisch kann man den Piezowandler durchaus als einen elektrostatischen Wandler mit einer internen Feder bezeichnen, er verfügt sowohl über einen potenziellen elektrischen und mechanischen Energiespeicher. In diesem Sinne ist bezüglich des elektrischen (kapazitiven) Verhaltens eine weitgehende Analogie der beiden Wandlertypen zu erwarten.

7.3.2 Konstitutive piezoelektrische Wandlergleichungen

Geometrie vs. Materialgleichungen Die in Abschn. 7.2 vorgestellten konstitutiven Materialgleichungen beschreiben geometrieunabhängig die physikalischen piezoelektrischen Zusammenhänge. Für eine konkrete vorgegebene Wandleranordnung können über formale Integration der Materialgleichungen über die räumliche Ausdehnung die geometriebezogenen elektrischen und mechanischen Beziehungen erhalten werden. Im vorliegenden Fall sei die in Abb. 7.4 vorgegebene Geometrie eines diskreten Piezoelementes betrachtet.

Konstitutive ELM-Wandlergleichungen Ausgehend von den konstitutiven Materialgleichungen nach Tabelle 7.1 in (T, D)-Form[3] mit den Materialparametern (c^E, ε^S, e) erhält man für die Wandlerkonfiguration in Abb. 7.4

$$\frac{-(-F_{pz})}{A} = c^E \frac{(-x)}{L} - e \frac{u_W}{L} \qquad (7.5)$$

---

[3] Die (T, D)-Form führt unmittelbar auf die in Kap. 5 eingeführte Form der Wandlergleichungen. Die Berechnung könnte aber auch genauso gut mit jeder anderen Form der Materialgleichungen, z.B. (S, D)-Form, durchgeführt werden. Es können aber auch leicht andere Materialparameter wie z. B. (s^E, ε^T, d) entsprechend den Korrespondenzen in Tabelle 7.1 substituiert werden.

$$\frac{q_W}{A} = e\,\frac{(-x)}{L} + \varepsilon^S\,\frac{u_W}{L}.\tag{7.6}$$

Da die Dehnung S positiv für positive Δl ist, muss in den Gln. (7.5), (7.6) $\Delta l = -x$ gesetzt werden. Etwas mehr Überlegungen benötigt die linke Seite von Gl. (7.5). Laut Definition ist die mechanische Spannung T positiv bei Zug, d.h. gleichsinnig mit der Dehnung S. Dies bedingt das Minuszeichen in der Klammer (positives T entgegengesetzt zu positiver F_W-Richtung). Zudem beschreibt die mechanische Spannung T die entsprechend einer Längenänderung Δl wirksame äußere Kraft (vgl. Abb. 7.2), wodurch jedoch eine entgegen gerichtete (= Minuszeichen außerhalb der Klammer) wandlerinterne Gleichgewichtskraft, eben die Wandlerkraft F_{pz}, erzeugt wird.[4]

Durch Umformung der Gln. (7.5), (7.6) sowie Differenziation von Gl. (7.6) nach der Zeit erhält man die *konstitutiven piezoelektrischen ELM-Wandlergleichungen* in

• *PSI-Koordinaten*

$$F_{pz,\Psi}(x, u_W) = -k^E \cdot x - K_W \cdot u_W$$
$$i_W(\dot{x}, \dot{u}_W) = -K_W \cdot \dot{x} + C^S \cdot \dot{u}_W \tag{7.7}$$

• *Q-Koordinaten*

$$F_{pz,Q}(x, q_W) = -\left(k^E + \frac{K_W^{\,2}}{C^S}\right)\cdot x - \frac{K_W}{C^S}\cdot q_W$$
$$u_W(x, q_W) = \frac{K_W}{C^S}\cdot x + \frac{1}{C^S}\cdot q_W \tag{7.8}$$

mit den *Wandlerparametern*

• *Piezoelektrische Steifigkeit* (el. Kurzschluss) $k^E := \dfrac{c^E \cdot A}{L}$

• *Piezoelektrische Wandlerkonstante* $K_W := \dfrac{e \cdot A}{L}$ (7.9)

• *Piezokapazität* (mech. fest gebremst) $C^S := \dfrac{\varepsilon^S \cdot A}{L}.$

---

[4] Man beachte die jeweils gewählten Koordinatensysteme beim Vergleich der Wandlergleichungen von verschiedenen Autoren (unterschiedliche Vorzeichen bei sonst gleichen physikalischen Wandlerparametern).

Integrabilitätsbedingung Die konstitutiven ELM-Wandlergleichungen (7.7), (7.8) besitzen gerade die Gestalt der in Tabelle 5.2 gezeigten ELM-Basisgleichungen vom Typ D – *elektrisch-mechanisch lineares Verhalten*. Damit ist auch die Symmetrie bzw. Antisymmetrie von Gln. (7.7), (7.8) sowie der Materialgleichungen nach Tabelle 7.1 bezüglich der Koppelterme erklärt, da diese Symmetrie ja gerade durch die Integrabilitätsbedingung Gl. (5.13) definiert ist.

7.3.3 ELM-Vierpolmodell

Lineare Wandlergleichungen Aufgrund der gemachten Annahme einer *linearen Piezoelektrizität* können direkt die konstitutiven ELM-Wandlergleichungen (7.7), (7.8) als Basis für das ELM-Vierpolmodell des *unbeschalteten* piezoelektrischen Wandlers genommen werden[5].

Vierpol-Admittanzform Ausgehend von den konstitutiven Wandlergleichungen (7.7) erhält man unter Nutzung der allgemeingültigen Ergebnisse aus Abschn. 5.3.3 die *Vierpol-Admittanzform* des unbeschalteten piezoelektrischen Wandlers

$$\begin{pmatrix} F_{pz,\Psi}(s) \\ I_W(s) \end{pmatrix} = \mathbf{Y}_{pz}(s) \cdot \begin{pmatrix} X(s) \\ U_W(s) \end{pmatrix} = \begin{pmatrix} -k_{pz,U} & -K_{pz,U} \\ -s \cdot K_{pz,U} & s \cdot C_{pz} \end{pmatrix} \begin{pmatrix} X(s) \\ U_W(s) \end{pmatrix} \quad (7.10)$$

mit den definitorischen Beziehungen für die *Wandlerparameter* nach Gl. (7.9)

- *Piezoelektrische Spannungssteifigkeit* $k_{pz,U} := k^E = \dfrac{c^E \cdot A}{L} \left[\dfrac{\mathrm{N}}{\mathrm{m}}\right]$

- *Spannungsbeiwert* $K_{pz,U} := K_W = \dfrac{e \cdot A}{L} \left[\dfrac{\mathrm{N}}{\mathrm{V}}\right], \left[\dfrac{\mathrm{As}}{\mathrm{m}}\right]$ (7.11)

- *Piezokapazität* $C_{pz} := C^S = \dfrac{\varepsilon^S \cdot A}{L} \left[\dfrac{\mathrm{As}}{\mathrm{V}}\right]$.

---

[5] Den Umweg über die LAGRANGE-Funktion braucht man hier also nicht zu beschreiten. Wie leicht nachzuprüfen ist, würde diese folgendermaßen lauten

$$\mathcal{L}_\Psi^o(x, u_W) = -k^E \frac{x^2}{2} - K_W x u_W + C^S \frac{u_W^2}{2}.$$

Vierpol-Hybridform In äquivalenter Weise erhält man über die konstitutiven Wandlergleichungen (7.8) die *Vierpol-Hybridform* des unbeschalteten piezoelektrischen Wandlers

$$
\begin{pmatrix} F_{pz,Q}(s) \\ U_W(s) \end{pmatrix} = \mathbf{H}_{pz}(s) \cdot \begin{pmatrix} X(s) \\ I_W(s) \end{pmatrix} = \begin{pmatrix} -k_{pz,I} & -\dfrac{K_{pz,I}}{s} \\ K_{pz,I} & \dfrac{1}{s \cdot C_{pz}} \end{pmatrix} \begin{pmatrix} X(s) \\ I_W(s) \end{pmatrix} \tag{7.12}
$$

mit den definitorischen Beziehungen für die *Wandlerparameter* nach Gl. (7.11)

• *Piezoelektrische Stromsteifigkeit*

$$
k_{pz,I} := k_{pz,U} + \frac{K_{pz,U}{}^2}{C_{pz}} = \frac{A}{L}\left(c^E + \frac{e^2}{\varepsilon^S} \right) \quad \left[\frac{\mathrm{N}}{\mathrm{m}} \right] \tag{7.13}
$$

• *Strombeiwert* $K_{pz,I} := \dfrac{K_{pz,U}}{C_{pz}} = \dfrac{e}{\varepsilon^S} \quad \left[\dfrac{\mathrm{V}}{\mathrm{m}} \right], \left[\dfrac{\mathrm{N}}{\mathrm{As}} \right]$

wobei die *Piezokapazität* C_{pz} gleich wie in Gl. (7.11) definiert ist. Für die piezoelektrische Stromsteifigkeit gilt stets $k_{pz,I} > k_{pz,U}$.

Beziehungen zwischen Vierpolparametern Man überzeugt sich leicht, dass für die Parameter der Admittanz- und Hybridform die bekannten Korrespondenzen nach Tabelle 5.4 gelten.

Unbeschalteter ELM-Koppelfaktor Im Gegensatz zum elektrostatischen Wandler lässt sich wegen des inhärenten potenziellen mechanischen Energiespeichers bereits für den *unbeschalteten* piezoelektrischen Wandler der *ELM-Koppelfaktor* definieren. Unter Beachtung der Korrespondenzen aus Abschn. 5.6 erhält man (vgl. auch Gl. (6.21) sowie Tabelle 7.1) den unbeschalteten ELM-Koppelfaktor

$$
\kappa_{pz,0}{}^2 = \frac{1}{1 + \dfrac{C_{pz}}{K_{pz,U}{}^2} k_{pz,U}} = \frac{C_{pz} \cdot K_{pz,I}{}^2}{k_{pz,I}} = \frac{1}{1 + \dfrac{c^E \cdot \varepsilon^S}{e^2}} . \tag{7.14}
$$

Aus materialtechnischer Sicht sollte für einen möglichst großen Koppelfaktor ein Piezowerkstoff mit einer möglichst großen piezoelektrischen Kraftkonstanten e gewählt werden.

7.3.4 Beschalteter piezoelektrischer Wandler

Lineares Verhaltensmodell Das lineare Verhaltensmodell des *beschalteten* piezoelektrischen Wandlers lässt sich mit den Vierpolparametern aus Gln. (7.10), (7.12) leicht aus dem generischen Modell aus Abschn. 5.4.4 gewinnen. Die Signalflusspläne für einen spannungsgesteuerten bzw. stromgesteuerten Wandler sind in Abb. 7.5 bzw. 7.6 gezeigt (vgl. Abb. 5.15, Abb. 5.16). Der Wandler besitzt elektrisch kapazitives Verhalten und weist große phänomenologische Ähnlichkeiten mit einem elektrostatischen Plattenwandler auf.

Piezoelektrische Steifigkeit   Der wesentliche Unterschied zu einem elektrostatischen Plattenwandler liegt in der *negativen* piezoelektrischen Steifigkeit $(-k_{pz,U})$ bzw. $(-k_{pz,I})$. In den Signalflussplänen Abb. 7.5 bzw. 7.6 ist gut sichtbar, dass sich damit auch bei ungefesselter Last immer eine negative Rückstellkraft F_W ergibt und *kein pull-in* ähnlicher Effekt auftreten kann.

Optionale mechanische Fesselung   Aufgrund der Festkörperfesselung über das Piezoelement ist nicht unbedingt eine externe Fesselung notwendig, diese ist in Abb. 7.5 bzw. 7.6 als Option berücksichtigt.

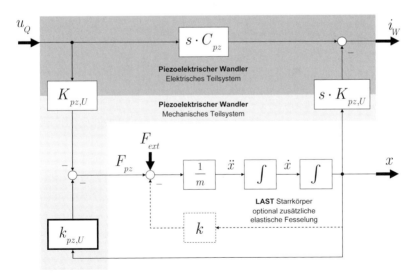

Abb. 7.5. Signalflussplan eines beschalteten *piezoelektrischen* Wandlers bei *Spannungssteuerung* (verlustlos, ideale Spannungsquelle, mechanische Last: Starrkörper, optional zusätzlich elastisch gefesselt, vgl. Abb. 7.4)

Dynamisches Verhalten

Übertragungsmatrix bei Spannungssteuerung Aus Gl. (7.10) und Tabelle 5.8 folgt die *Übertragungsmatrix* $\mathbf{G}(s)$ zu (s. auch Abb. 7.5)

$$
\begin{pmatrix} X(s) \\ I_W(s) \end{pmatrix} = \mathbf{G}(s) \begin{pmatrix} F_{ext}(s) \\ U_Q(s) \end{pmatrix} = \begin{pmatrix} V_{x/F,U} \dfrac{1}{\{\Omega_U\}} & V_{x/u} \dfrac{1}{\{\Omega_U\}} \\[3mm] V_{i/F} \dfrac{s}{\{\Omega_U\}} & V_{i/u} \cdot s \dfrac{\{\Omega_I\}}{\{\Omega_U\}} \end{pmatrix} \begin{pmatrix} F_{ext}(s) \\ U_Q(s) \end{pmatrix} \tag{7.15}
$$

mit den Parametern

$$
k_{W,U} = k + k_{pz,U}\,, \quad \Omega_U{}^2 = \frac{k_{W,U}}{m}\,, \quad k_{W,I} = k + k_{pz,I}\,, \quad \Omega_I{}^2 = \frac{k_{W,I}}{m}
$$

$$
\text{mit } \Omega_U < \Omega_I
$$

$$
V_{x/F,U} = \frac{1}{k_{W,U}} = \frac{1}{k_{pz,U}} \frac{1}{1 + \dfrac{k}{k_{pz,U}}}\,,
$$

$$
V_{x/u} = V_{i/F} = -\frac{K_{pz,U}}{k_{W,U}} = -\frac{e}{c^E} \frac{1}{1 + \dfrac{k}{k_{pz,U}}} \tag{7.16}
$$

$$
V_{i/u} = \tilde{C}_{pz} = C_{pz} \frac{k_{W,I}}{k_{W,U}} = C_{pz} \frac{1 + \dfrac{e^2}{c^E \cdot \varepsilon^S} + \dfrac{k}{k_{pz,U}}}{1 + \dfrac{k}{k_{pz,U}}} = C_{pz} \frac{1}{1 - \kappa_{pz}^2}
$$

Übertragungsmatrix bei Stromsteuerung Aus Gl. (7.12) und Tabelle 5.8 folgt die *Übertragungsmatrix* $\mathbf{G}(s)$ zu (s. auch Abb. 7.6)

$$
\begin{pmatrix} X(s) \\ U_W(s) \end{pmatrix} = \mathbf{G}(s) \begin{pmatrix} F_{ext}(s) \\ I_Q(s) \end{pmatrix} = \begin{pmatrix} V_{x/F,I} \dfrac{1}{\{\Omega_I\}} & V_{x/i} \dfrac{1}{s \cdot \{\Omega_I\}} \\[3mm] V_{u/F} \dfrac{1}{\{\Omega_I\}} & V_{u/i} \dfrac{\{\Omega_U\}}{s \cdot \{\Omega_I\}} \end{pmatrix} \begin{pmatrix} F_{ext}(s) \\ I_Q(s) \end{pmatrix} \tag{7.17}
$$

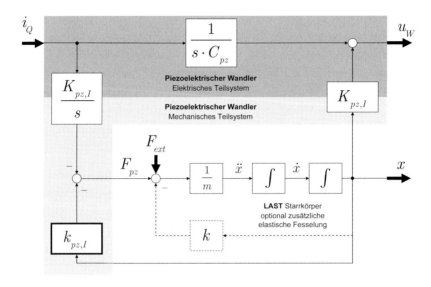

Abb. 7.6. Signalflussplan eines beschalteten *piezoelektrischen* Wandlers bei *Stromsteuerung* (verlustlos, ideale Stromquelle, mechanische Last: Starrkörper, optional zusätzlich elastisch gefesselt, vgl. Abb. 7.4)

mit den Parametern

$$k_{W,I} = k + k_{pz,I}, \ \Omega_I^2 = \frac{k_{W,I}}{m}, \quad k_{W,U} = k + k_{pz,U}, \ \Omega_U^2 = \frac{k_{W,U}}{m},$$

$$\text{mit } \ \Omega_U < \Omega_I$$

$$V_{x/F,I} = \frac{1}{k_{W,I}} = \frac{1}{k_{pz,U}} \frac{1 - \kappa_{pz}^2}{1 + \dfrac{k}{k_{pz,U}}},$$

$$V_{x/i} = -\frac{K_{pz,I}}{k_{W,I}} = -\frac{1}{e} \frac{L}{A} \kappa_{pz}^2, \quad V_{u/F} = \frac{K_{pz,I}}{k_{W,I}} = \frac{1}{e} \frac{L}{A} \kappa_{pz}^2 = \frac{\kappa_{pz}^2}{K_{pz,U}},$$

$$V_{u/i} = \frac{1}{\tilde{C}_{pz}} = \frac{1}{C_{pz}} \frac{k_{W,U}}{k_{W,I}} = \frac{1}{C_{pz}} \frac{1 + \dfrac{k}{k_{pz,U}}}{1 + \dfrac{e^2}{c^E \cdot \varepsilon^S} + \dfrac{k}{k_{pz,U}}} = \frac{1 - \kappa_{pz}^2}{C_{pz}}.$$

$$\tag{7.18}$$

Parametrierung mit optionaler Fesselungssteifigkeit In den Parametergleichungen (7.16), (7.18) wurde neben den Materialkonstanten c^E, ε^S, e und den Geometriemaßen L, A noch die bezogene Größe $k / k_{pz,U}$ eingeführt. Die ersten beiden Parametersätze erlauben eine direkte Abschätzung der Einflüsse von Material und Wandlergeometrie auf das Übertragungsverhalten. Mit dem Verhältnis $k / k_{pz,U}$ kann auch leicht der Einfluss einer zusätzlichen Ankerfesselung abgeschätzt werden, bei einem ungefesselten Wandler ist dieser Faktor einfach gleich null zu setzen.

Beschalteter ELM-Koppelfaktor Der ELM-Koppelfaktor wurde bereits ausführlich in Abschn. 5.6 diskutiert. Die dort gefundenen Eigenschaften für einen kapazitiven Wandlers können sehr schön an dem vorliegenden piezoelektrischen Wandler verifiziert werden.

Für den *beschalteten* Wandler findet man den *ELM-Koppelfaktor* gemäß Gl. (5.77) zu

$$\kappa_{pz}^2 = \frac{k_{W,I} - k_{W,U}}{k_{W,I}} = \frac{1}{1 + \dfrac{c^E \cdot \varepsilon^S}{e^2}\left(1 + \dfrac{k}{k_{pz,U}}\right)} \le \kappa_{pz,0}^2 . \tag{7.19}$$

Die zusätzliche Fesselungssteifigkeit k verringert also den ELM-Koppelfaktor gegenüber dem ungefesselten Fall, $\kappa_{pz,0}^2$ nach Gl. (7.14), wie bereits in Abschn. 5.6. allgemein ausgeführt wurde.

Wirksame Wandlerkapazität In den Gln. (7.16), (7.18) erkennt man, dass die wirksame Wandlerkapazität $\tilde{C}_{pz}$ deutlich größer ist als die Wandlerkapazität C_{pz} im mechanisch festgebremsten Zustand nach Gl. (7.9), denn es gilt

$$\tilde{C}_{pz} = C^T = \frac{\varepsilon^T \cdot A}{L} = C_{pz} \frac{1}{1 - \kappa_{pz}^2} . \tag{7.20}$$

Die wirksame Wandlerkapazität ist also gleich der Wandlerkapazität bei *mechanischem Leerlauf* (vgl. Gl. (7.4).

Eine durchaus gewollte Vergrößerung des ELM-Koppelfaktors hat demnach deutlich größere Wandlerströme zur Folge (höhere Anforderungen an die Hilfsenergiequelle).

Wandlereigenfrequenzen Generell gilt nach Abschn. 5.4 für die Eigenfrequenzen (vgl. Abb. 5.17)

- *Spannungssteuerung*: Eigenfrequenz Ω_U bei elektrischem *Kurzschluss*
- *Stromsteuerung*: Eigenfrequenz Ω_I bei elektrischem *Leerlauf*.

Aufgrund des kapazitiven Wandlerverhaltens gilt generell (s. Gl. (5.75))

$$\frac{\Omega_U}{\Omega_I} = \sqrt{1 - \kappa^2} \quad \text{bzw.} \quad \Omega_U < \Omega_I.$$

Charakteristisches Polynom – Wandlerstabilität Wie man aus den Nennerpolynomen der Übertragungsmatrizen $\mathbf{G}(s)$ der Gln. (7.15), (7.17) erkennt, liegt unabhängig von Spannungs- oder Stromsteuerung im verlustlosen Fall immer ein *grenzstabiles Wandlerverhalten* mit einem imaginären Polpaar entsprechend der Wandlereigenfrequenz vor. Die Wandlereigenfrequenzen Ω_U bzw. Ω_I hängen in bekannter Weise von der Wandlersteifigkeit $k_{pz,U}$, $k_{pz,I}$ ab. Bei zusätzlicher externer Fesselung k erhöht sich die Wandlersteifigkeit durch ebendiese parallel geschaltete Feder. Im Gegensatz zu einem elektrostatischen Wandler kann jedoch ein linearer piezoelektrischer Wandler nicht instabil werden.

Wandlerverstärkung – Wandlerempfindlichkeit Im *Aktuatorbetrieb* möchte man eine möglichst große *Wandlerverstärkung* $V_{x/u}, V_{x/i}$ bzw. im *Sensorbetrieb* eine möglichst große *Wandlerempfindlichkeit* $V_{i/F}, V_{u/F}$ haben.

Bei *Spannungssteuerung* liegt gemäß Gl. (7.16) eine direkte Proportionalität der relevanten Verstärkungen zur piezoelektrischen Kraftkonstanten e vor. Man wird für diesen Fall einen möglichst „guten" Piezowerkstoff mit einem großen Wert für e auswählen.

Bei *Stromsteuerung* ergibt sich aus Gl. (7.18) für große Werte von e allerdings ein näherungsweise konstantes bzw. leicht umgekehrt proportionales Verhältnis zu den relevanten Verstärkungen.

7.3.5 Konstruktionsprinzipien

Scheibenwandler

Ausführungsform Diskrete Wandler sind meist als Scheibenwandler mit runder oder quadratischer Querschnittsfläche unter Nutzung des *Längseffektes* ausgeführt (s. Abb. 7.2).

Scheibendicke vs. Betriebsspannung Als dimensionierendes Phänomen für die Scheibendicke L und damit für die erreichbare Wandlergröße gilt die maximal erlaubte elektrische Feldstärke. Mit den zuvor definierten maximalen Feldstärken ergeben sich zwei große Klassen von Piezowandlern:

- *Niedervoltwandler*: maximale Spannung typ. $100\ V$, Scheibendicke typ. $20 \ldots 100\ \mu m$
- *Hochvoltwandler*: maximale Spannung typ. $1000\ V$, Scheibendicke $0,5 \ldots 1\ mm$

Stellwege Die im Aktuatorbetrieb erreichbaren Stellwege bewegen sich für einen einzelnen Scheibenwandler im Promillebereich der Scheibendicke L. Aus diesem Grund müssen für viele Anwendungen zusätzliche Maßnahmen zur Stellwegverlängerung getroffen werden, von denen zwei häufig angewandte im Folgenden näher diskutiert werden.

Stapelwandler – Translatoren

Stellwegverlängerung durch Kaskadierung Aus prinzipiellen Gründen können mit piezoelektrischen Wandlern unter direkter Nutzung des Längs- und Quereffektes nur sehr kleine Stellwege realisiert werden (Promillebereich der Wandlerdicke). Eine naheliegende Erweiterungsmöglichkeit bei diskreten Wandlern ist die räumliche Kaskadierung von mehreren Wandlerelementen, sodass sich die einzelnen Stellwege addieren.

Stapelwandler In Abb. 7.7a ist eine Kaskadierung von N Piezoscheibenwandlern unter Nutzung des Längseffektes gezeigt – *Stapelwandler* (engl. *stack*). Die Wandlerelemente sind dabei *mechanisch* in *Reihe* und *elektrisch parallel* geschaltet (Abb. 7.7b). Man beachte bei dieser Variante, dass die zusammen liegenden Elektroden jeweils das gleiche elektrische Potenzial besitzen. Dadurch löst man ohne Mehraufwand das Isolationsproblem, da ungleichnamige Elektroden jeweils durch den dielektrischen Piezowerkstoff getrennt sind.

ELM-Vierpolmodell Durch die Reihen-Parallel Kaskadierung liegt an allen Wandlerelementen dieselbe elektrische Spannung an und alle Wandlerelemente werden vom selben Kraftfluss durchsetzt. Dieser Sachverhalt lässt sich vorteilhaft durch Umformung der Vierpol-Admittanzform Gl. (7.10) in die *Reihen-Parallelform* bzw. *zweite Hybridform* (Philippow 2000), (Reinschke u. Schwarz 1976) beschreiben

$$\begin{pmatrix} X(s) \\ I_W(s) \end{pmatrix} = \mathbf{D}_{pz}(s) \cdot \begin{pmatrix} F_{pz,\Psi}(s) \\ U_W(s) \end{pmatrix} = \begin{pmatrix} -\dfrac{1}{k_{pz,U}} & -\dfrac{K_{pz,U}}{k_{pz,U}} \\[2ex] -s\dfrac{K_{pz,U}}{k_{pz,U}} & s \cdot \left[\dfrac{K_{pz,U}^2}{k_{pz,U}} + C_{pz} \right] \end{pmatrix} \begin{pmatrix} F_{pz,\Psi}(s) \\ U_W(s) \end{pmatrix} . \quad (7.21)$$

Bei einer Kaskadierung mit N - Wandlerelementen ergibt sich als resultierende Vierpol Reihen-Parallelmatrix

$$\mathbf{D}_{N,pz} = N \cdot \mathbf{D}_{pz}(s) = \begin{pmatrix} -\dfrac{N}{k_{pz,U}} & -\dfrac{N}{k_{pz,U}} K_{pz,U} \\[2ex] -s\dfrac{N}{k_{pz,U}} K_{pz,U} & s \cdot \left[\dfrac{N}{k_{pz,U}} K_{pz,U}^2 + N C_{pz} \right] \end{pmatrix} . \quad (7.22)$$

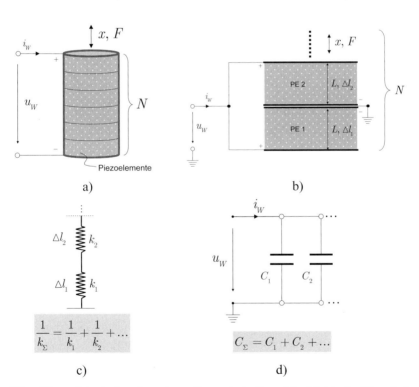

Abb. 7.7. Piezoelektrischer Stapelwandler: a) Aufbau, b) elektrische Verschaltung, c) mechanisches Ersatzschaltbild, d) elektrisches Ersatzschaltbild

Durch einen Koeffizientenvergleich von Gl. (7.22) mit der *Vierpol-Admittanzmatrix* (7.10) erhält man dann leicht die *Admittanz- und Hybrid-Vierpolparameter* des N-*Stapelwandlers*

$$k_{N,pz,U} = \frac{k_{pz,U}}{N} \qquad k_{N,pz,I} = \frac{k_{pz,I}}{N}$$

$$K_{N,pz,U} = K_{pz,U} \qquad K_{N,pz,I} = \frac{K_{pz,I}}{N} \qquad (7.23)$$

$$C_{N,pz} = N \cdot C_{pz} \ .$$

Das mechanische und elektrische Ersatzschaltbild ist in Abb. 7.7c und d dargestellt.

Verhaltensdiskussion Die Vervielfachung des Stellweges muss durch eine *Verringerung* der *Wandlersteifigkeit* gemäß Gl. (7.23) erkauft werden. Dadurch reduziert sich wiederum die Eigenresonanz des Wandlers, wodurch auch der Frequenzbereich einer konstanten Wandlerempfindlichkeit bzw. Wandlerverstärkung eingeschränkt wird.

Elektrisch ergibt sich eine *Vervielfachung* der wirksamen *Wandlerkapazität*, wodurch hohe Wandlerströme zu erwarten sind (Anforderung an die Hilfsenergiequelle).

Man überzeugt sich leicht durch Auswerten der Gln. (7.19), (7.23), dass sich der ELM-Koppelfaktor infolge der Kaskadierung nicht ändert, d.h. er ist von der Anzahl der Scheibenelemente unabhängig.

Beispiel 7.1 *Piezoelektrischer Stapelwandler.*

A. Einzelscheibe

Es werde ein *Hochvoltscheibenwandler* (PZT) mit einer Scheibendicke $L = 1\ \mathrm{mm}$ und einem quadratischem Querschnitt mit Kantenlänge $D = 10\ \mathrm{mm}$ (Fläche $A = 10^{-4}\ \mathrm{m}^2$) betrachtet.

Wandlerparameter Aus den Wandlergleichungen (7.15) bis (7.20) und Tabelle 7.2 ergeben sich folgende Wandlerparameter:

$$k_{pz,U} = 6\ \mathrm{kN}/\mu\mathrm{m}, \quad C_{pz} = 0.8\ \mathrm{nF}, \quad \kappa_{pz} = 0.6 \ .$$

Als wirksame Wandlerkapazität (meist im Datenblatt genannt) findet man mittels Gl. (7.20) $\tilde{C}_{pz} = 1.2$ nF , also deutlich größer als C_{pz} im festgebremsten Zustand.

Spannungssteuerung Als *Wandlerverstärkung* und *maximalen Stellweg* erhält man

$$V_{x/u} = \text{-}2.7 \cdot 10^{-10} \text{ m/V} \Rightarrow U_{Q,0} = 1000 \text{ V}: \quad \triangle x_{max} = 0.27 \ \mu\text{m} .$$

Wie man sieht, erzielt man mit einer doch beträchtlich hohen Spannung von 1 kV lediglich eine Längenänderung von 0.27 ‰ .

Stromsteuerung Als *Wandlerverstärkung* für das integrale Stellverhalten nach Gl. (7.17) erhält man

$$V_{x/i} = \text{-}0.22 \text{ m/As} . \tag{7.24}$$

B. Stapelkonfiguration

Bei einer Stapelanordnung mit $N = 10$ Scheiben ergeben sich mit einer resultierenden Wandlerdicke $L_{\Sigma} = 10$ mm folgende Wandlerparameter bei *Spannungssteuerung*

$$k_{N,pz,U} = 600 \text{ N/}\mu\text{m}, \quad \tilde{C}_{N,pz} = 12 \text{ nF}, \quad \kappa_{N,pz} = \kappa_{pz} = 0.6$$

$$V_{N,x/u} = \text{-}27 \cdot 10^{-10} \text{ m/V} \Rightarrow U_{Q,0} = 1000 \text{ V}: \quad \triangle x_{max} = 2.7 \ \mu\text{m} .$$

∎

Hebelübersetzung

Stellwegvergrößerung Eine naheliegende Entwurfsvariante zur Vergrößerung des Stellweges liegt in der Nutzung kinematischer Übersetzungen. Allerdings wird man eher übliche Getriebekonfigurationen vermeiden, um nicht die Vorteile der konstruktiven Einfachheit von Festkörperwandlern zu verlieren. Aus diesem Grund nutzt man häufig einfache kinematische Konstruktionen auf der Basis des Hebelgesetzes unter Verwendung von *Festkörpergelenken*.

Hebelkonstruktionen In Abb. 7.8a sind die Kräfteverhältnisse und kinematischen Beziehungen anhand einer einfachen Hebelkonstruktion erläutert. Das Stützgelenk wird durch ein Festkörpergelenk realisiert, wo die

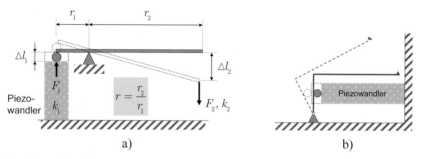

Abb. 7.8. Hebelübersetzung zur Vergrößerung von Stellwegen: a) Prinzipanordnung, b) Ausführungsbeispiel, nach (Physikinstrumente 2006)

elastischen Festköpereigenschaften eines möglichst verlustlosen Werkstoffes ohne besondere konstruktive Maßnahmen ausgenutzt werden. Mit dem *Übersetzungsverhältnis* $r = r_2/r_1$ folgen die bekannten Beziehungen

$$\Delta l_2 = r \cdot \Delta l_1, \quad F_2 = \frac{1}{r} \cdot F_1, \quad k_2 = \frac{1}{r^2} \cdot k_1. \tag{7.25}$$

Die gewünschte Stellwegvergrößerung muss man sich mit einer Kraftreduktion und einer sogar reziprok quadratischen Steifigkeitsreduktion erkaufen, wodurch sich eine drastische Reduktion der Wandlereigenfrequenz ergibt.

Eine konstruktiv platzsparende Ausführungsform für eine Hebelübersetzung ist in Abb. 7.8.b gezeigt.

Mechanische Vorspannung

Druck- vs. Zugbeanspruchung Piezoelektrische Werkstoffe sind aufgrund ihrer Kristallstruktur vorwiegend für Verformungen durch mechanische Druckspannungen ausgelegt. Bei zu großen Scher- und Zugspannungen droht eine Zerstörung, sodass die maximale Zugbelastung eines Piezoelements maximal 5-10% der zulässigen Druckbelastung betragen darf (Physikinstrumente 2006).

Zugentlastung durch Vorspannung Durch eine konstante Vorspannkraft $F_0 > 0$ in Druckrichtung kann für bipolare dynamische Kräfte ΔF erreicht werden, dass die auf den Piezowerkstoff wirkende Summenkraft $F_{ext} = F_0 + \Delta F$ innerhalb erlaubter Grenzen $[F_{max}^-, F_{max}^+]$ bleibt.

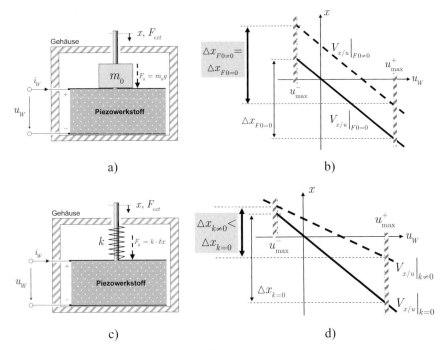

Abb. 7.9. Piezoelektrischer Wandler mit mechanischer Vorspannung zur Zugentlastung: a) Prinzipanordnung für konstante Gewichtsvorspannung, b) statische Verstärkung $V_{x/u}$ für konstante Gewichtsvorspannung, c) Prinzipanordnung für elastische Vorspannung mit Federkonstante k, b) statische Verstärkung $V_{x/u}$ für elastische Vorspannung mit Federkonstante k

Vorspannung mit konstanter Gewichtskraft Eine im Betrieb konstante Vorspannkraft kann durch eine konstante Gewichtskraft mittels einer *Zusatzlastmasse* m_0 realisiert werden (Abb. 7.9a). Dadurch verschiebt sich die statische Spannungs-/Auslenkungskennlinie parallel (Abb. 7.9b, Geradensteigung ist gleich der Verstärkung $V_{x/u}$). Innerhalb des erlaubten Betriebsspannungsbereiches[6] ist aber weiterhin der *gleiche Stellhub* $\triangle x$, wie ohne Vorspannung möglich. Als nachteilig ist allerdings zu werten, dass die Zusatzmasse m_0 grundsätzlich eine Verringerung der Wandlereigenfrequenz mit allen bekannten negativen Eigenschaften zur Folge hat. Weiterhin wirkt die Vorspannung nur in vertikaler Wandlerausrichtung.

---

[6] Bei zu großen negativen Betriebsspannungen (entgegen der herstellbedingten Polarisationsrichtung) würde eine Depolarisation auftreten, deshalb ist $u^-_{max} < u^+_{max}$.

Elastische Vorspannung Eine alternative und in der Regel angewendete Realisierungsvariante nutzt eine *komprimierte Vorspannungsfeder*, wie in Abb. 7.9c gezeigt. Als effektive Federsteifigkeit wirkt nun die Summe aus interner Piezosteifigkeit und Vorspannfedersteifigkeit k, sodass alle Formelzusammenhänge der Wandlergleichungen (7.15) bis (7.23) direkt anwendbar sind. Aufgrund der steiferen Fesselung ergibt sich eine günstige Vergrößerung der Wandlereigenfrequenz, aber gleichzeitig auch eine Verringerung der Wandlerverstärkungen bzw. Wandlerempfindlichkeiten. Nachteilig ist auch die damit verbundene *Reduktion* des maximalen *Stellhubes* $\triangle x$, wie aus Abb. 7.9d ersichtlich.

Streifenwandler – Kontraktoren

Laminatstruktur – Quereffekt Der piezoelektrische Quereffekt kann technisch in günstiger Weise mittels einer räumlich ausgedehnten Struktur genutzt werden. In Abb. 7.10 ist eine solche Laminatstruktur gezeigt, der piezoelektrische Werkstoff (*aktives Material*) ist als *Streifenelement* mit einem Trägerwerkstoff fest verbunden. Durch Anlegen einer elektrischen Spannung in der 3-Koordinatenrichtung wird über den Quereffekt (e_{31}, d_{31}) eine Längenänderung $\triangle\lambda$ in der orthogonalen 1-Koordinatenrichtung erzeugt. Aus den konstitutiven Materialgleichungen in (S, D)-Form folgt

$$\triangle\lambda = d_{31}\frac{\lambda}{\delta}u_W\,. \qquad (7.26)$$

Wie beim Scheibenwandler (Längseffekt) ist hier der realisierbare Stellweg von der Wandlergeometrie abhängig, insbesondere ist er proportional zur Streifenlänge λ.

Da der Quereffekt bei positiver elektrischer Spannung (d.h. Feldstärke parallel zur Polarisationsrichtung) eine Kontraktion bewirkt ($e_{31} < 0$ bzw. $d_{31} < 0$), spricht man bei Streifenwandlern auch häufig von *Kontraktoren*.

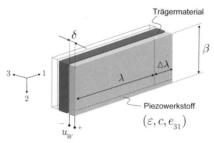

Abb. 7.10. Piezoelektrischer Streifenwandler

Unimorph – Bimorph Streifenwandler werden üblicherweise in der gezeigten Anordnung als Verbundstrukturen eingesetzt. Die in Abb. 7.10 gezeigte Anordnung wird als *Unimorph* bezeichnet, weil nur *eine* piezoelektrische Laminatstruktur mit einem Trägermaterial verbunden ist. Ein *Bimorph* besteht aus zwei aktiven Laminatschichten, optional durch ein Trägermaterial getrennt (angedeutet in Abb. 7.10).

Elektrodengestaltung   Über eine geeignete Elektrodengestaltung lässt sich die Art und Weise der Krafterzeugung zielgerichtet beeinflussen. In Abb. 7.11 sind zwei häufig verwendete Varianten gezeigt. Bei einer *rechteckigen* Elektrodengeometrie bewirkt eine angelegte elektrische Spannung an den Elektrodenrändern mechanische *Biegemoment*e (Abb. 7.11a). Durch eine *dreieckförmige* Elektrodengeometrie bewirkt eine elektrische Spannung an der Dreieckspitze eine *punktförmige Kraft* (Abb. 7.11b).

Zu beachten ist ferner, dass nur das durch die Elektrodenfläche überdeckte Piezomaterial einen aktiven Beitrag leistet. Falls der Wandler an einem Ende fest eingespannt ist, dann werden die Biegemomente von der Einspannung aufgenommen.

Eine detaillierte mathematische Beschreibung erfordert kontinuumsmechanische Betrachtungen, die aus Platzgründen in diesem Buch ausgeklammert werden müssen. Der interessierte Leser sei auf (Preumont 2006), (Kugi et al. 2006), (Irschik et al. 1997) verwiesen.

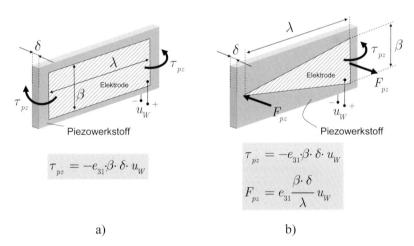

$$\tau_{pz} = -e_{31} \cdot \beta \cdot \delta \cdot u_W$$

$$\tau_{pz} = -e_{31} \cdot \beta \cdot \delta \cdot u_W$$

$$F_{pz} = e_{31} \frac{\beta \cdot \delta}{\lambda} u_W$$

a)   b)

Abb. 7.11. Elektrodenvarianten für piezoelektrische Streifenwandler: a) Rechteckform bewirkt Biegemomente, b) Dreieckform bewirkt eine punktförmige Kraft an der Elektrodenspitze (Bilder nach (Preumont 2006))

Biegebalken Eine ungleichmäßige Ausdehnung der beteiligten Schichten in einer Verbundstruktur bewirkt eine Verbiegung in orthogonaler Richtung – *Biegebalken*. Bei einem Unimorph wirkt das passive Trägermaterial als elastische Basis für die Piezoschicht. Bei einem Bimorph ordnet man die beiden Piezoschichten geeignet komplementär an, d.h. oben Extraktion – unten Kontraktion, s. Abb. 7.12.

Einseitig eingespannter Bimorph Eine häufig genutzte Anordnung von piezoelektrischen Streifenwandlern besteht aus einem einseitig eingespannten *Bimorph* (Abb. 7.12). Zur Herleitung eines detaillierten mathematischen Modells sei beispielsweise auf (Ballas et al. 2009) verwiesen. Die äquivalenten Vierpolwandlerparameter für einen diskreten Wandler lauten (Ballas et al. 2009)

$$k_{pz,U} = \frac{1}{4} c_{11}^E \frac{\beta \delta^3}{\lambda^3}, \quad K_{pz,U} = -\frac{3}{4} e_{31} \frac{\beta \delta}{\lambda}, \quad C_{pz} = C^S = 4\varepsilon_{33}^S \frac{\beta \lambda}{\delta} \quad . \quad (7.27)$$

Man beachte, dass hier unterschiedliche wirksame Flächen für elektrische und mechanische Feldgrößen auftreten.

Als *statische Verstärkung* für den *Aktuatorbetrieb* bei *Spannungssteuerung* ergibt sich aus Gln. (7.27), (7.16) beispielsweise

$$V_{x/u} = 3 \frac{e_{31}}{c_{11}^E} \frac{\lambda^2}{\delta^2} .$$

Wie erwartet, hängt die Verstärkung $V_{x/u}$ von der Wandlergeometrie ab.

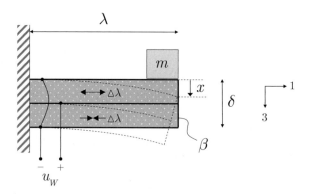

Abb. 7.12. Einseitig eingespannter piezoelektrischer Bimorph (nach (Ballas et al. 2009))

7.4 Wandler mit Impedanzrückkopplung

Elektrischer Leerlauf – Hochspannungsgenerator Eine besonders gefährliche Betriebsart für einen piezoelektrischen Wandler ist der *elektrische Leerlauf*, d.h. offene Wandlerklemmen, bei gleichzeitiger mechanischer Anregung durch äußere Kräfte (Stoßbelastung). Aufgrund der Polarisation können sehr hohe elektrische Spannungen entstehen, die sowohl eine Gefahr nach außen (Betreiber, andere Geräte) und auch nach innen (Wandlerzerstörung) darstellen.

Eine Abschätzung der induzierten Spannungen kann leicht über das Wandlermodell Gl. (7.17) bei Stromsteuerung gewonnen werden, wenn $i_Q = 0$ gesetzt wird (s. Abb. 7.6) und die Wandlerverstärkung

$$V_{u/F} = \frac{K_{pz,I}}{k_{W,I}} = \frac{1}{e}\frac{L}{A}\kappa_{pz}^2 \quad [\text{V/N}] \qquad (7.28)$$

betrachtet wird. Für den in Beispiel 7.1 betrachteten *Scheibenwandler*[7] ergibt sich beispielsweise ein Wert von $V_{u/F} = 0.22 \text{ V/N}$.

Impedanzschluss Um einen elektrischen Leerlauf zu vermeiden müssen die Wandlerklemmen mit einer geeigneten (niederohmigen) Impedanz $Z(s)$ verbunden werden – *Impedanzschluss* (engl. *impedance shunt*). In Abb. 7.13 sind geeignete Modellkonfigurationen für Spannungs- und Stromsteuerung dargestellt.

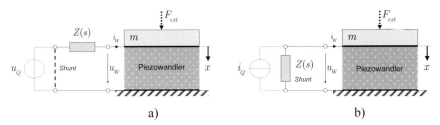

a)   b)

Abb. 7.13. Impedanzrückkopplung bei einem piezoelektrischen Wandler: a) Spannungssteuerung, passiver Impedanzschluss *(impedance shunt)* bei $u_Q = 0$; b) Stromsteuerung, passiver Impedanzschluss bei $i_Q = 0$

---

[7] Es bleibt dem geneigten Leser als Übungsaufgabe überlassen zu zeigen, dass bei einem *Stapelwandler* die mechanisch induzierte Spannung von der Anzahl der Scheiben unabhängig ist.

Passiver Impedanzschluss Piezoelektrische Wandler bieten insofern eine Besonderheit, als ein Impedanzschluss auch bei inaktiver Hilfsenergiequelle $u_Q = 0$ bzw. $i_Q = 0$ voll wirksam ist, man erhält ein rein *passives System* ohne jeglichen Hilfsenergiebedarf – *passiver Impedanzschluss* (s. Abb. 7.13). Die hohe Attraktivität von piezoelektrischen Wandlern begründet sich nicht zuletzt in dieser rein passiven Betriebsart.

Auslegung und Anwendungen Im einfachsten Fall wählt man $Z(s)$ als einen rein *ohmschen* Widerstand (*resistive shunting*, z.B. (Preumont 2006)) und nutzt diesen als zusätzlichen Entwurfsparameter. Die konkrete Auslegung, mögliche Erweiterungen durch komplexe Impedanzen $Z(s)$ und mögliche Anwendungen (elektromechanische Dämpfung, mechatronischer Resonator, Energy Harvesting) wurden eingehend bereits in Kap. 5 diskutiert.

Alle dort geführten Überlegungen bezüglich *kapazitiven* Wandlerverhaltens (z.B. induktive Impedanzen für Resonatorverhalten) können unmittelbar für piezoelektrische Wandler übernommen werden.

Beispiel 7.2 *Piezoelektrischer Beschleunigungssensor.*

Sensorkonfiguration Man betrachte einen piezoelektrischen Beschleunigungssensor nach Abb. 7.14a. Ein Scheibenwandler ist fest mit einem Gehäuse verbunden und mit einer Trägheitsmasse m mechanisch belastet. Die elektrischen Klemmen sind über einen ohmschen Widerstand R verbunden (*resistive shunting*).

Wirkungsweise Durch eingeprägte Gehäusebewegungen $z(t)$ erfährt die Trägheitsmasse eine Relativbewegung $\triangle x = x - z$ wodurch eine Kraft auf den Scheibenwandler ausgeübt wird. Der entstehende Polarisationsstrom i_W bzw. der Spannungsabfall u_W über dem Widerstand R ist ein Maß für die eingeprägte Gehäusebeschleunigung $a_z := \ddot{z}(t)$.

Modellbildung Gegenüber dem piezoelektrischen Elementarwandler aus Abb. 7.4 sind lediglich zwei Besonderheiten zu beachten, um die bisher eingeführten Verhaltensmodelle unmittelbar anwenden zu können.

Fußpunkterregung Die Elementarwandlermodelle beschreiben die Ankerbewegung *relativ* zu einem *ruhenden* (Ständer-) Fußpunkt in einem (virtuellen) Inertialsystem (vgl. Beispiel 4-1). Im vorliegenden Fall können diese Modelle einfach weiterverwendet werden, wenn die Bewegung

des Gehäuses (bewegter Fußpunkt) als Trägheitskraft $F_{ext} = -m\ddot{z}$ berücksichtigt wird[8].

Lastwiderstand   Die Berücksichtigung einer elektrischen Lastimpedanz
wurde ausführlich in Abschn. 5.5 behandelt. Am einfachsten arbeitet man
mit den konstitutiven Vierpolgleichungen mit Verlustwiderstand aus Tabelle 5.9.

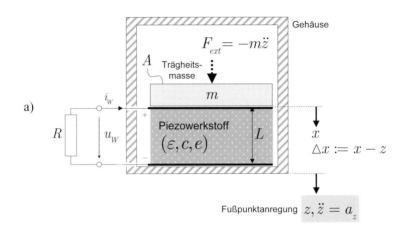

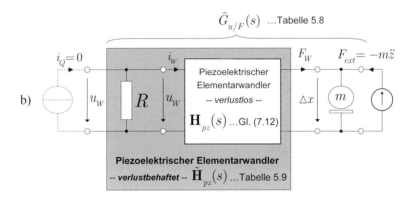

Abb. 7.14. Piezoelektrischer Beschleunigungssensor: a) Prinzipanordnung, b) Vierpolersatzschaltbild in Vierpol-Hybridform ($\mathbf{H}_{pz}$ nach Gl.
(7.12))

---

[8] Dies entspricht gerade dem Term $m_1\ddot{x}_0$ in Gl. (4.15), wobei x_0 der Fußpunkt-
bewegung z entspricht.

Im vorliegenden Fall bieten sich die Hybridparameter $\mathbf{H}_{pz}$ an, man kann dazu das Modell des stromgesteuerten Wandlers mit Quellenstrom $i_Q = 0$ heranziehen (Abb. 7.14b). Mit der aus den Vierpolparametern $\mathbf{H}_{pz}(s)$ des verlustlosen Wandlers nach Gl. (7.12) und der Lastimpedanz R gebildeten Hybridmatrix $\tilde{\mathbf{H}}_{pz}(s)$ nach Tabelle 5.9 kann man dann unmittelbar die gewünschten Wandlerübertragungsfunktionen mit den Formeln aus Tabelle 5.8. berechnen[9].

Übertragungsverhalten Unter Verwendung der Notation des Elementarwandlers ist hier die Übertragungsfunktion $\tilde{G}_{u/F}(s)$ von Interesse (Abb. 7.14b), wobei mit dem Symbol $\sim$ angedeutet ist, dass die Hybridparameter $\tilde{\mathbf{H}}_{pz}(s)$ zur Berechnung verwendet wurden. Somit erhält man als Übertragungsfunktion zwischen Gehäusebeschleunigung a_z und Wandlerspannung u_W

$$G_{u/a}(s) = \frac{U_W(s)}{A_z(s)} = -m \cdot \tilde{G}_{u/F}(s).$$

(7.29)

Eine Auswertung von Gl. (7.29) ergibt

$$G_{u/a}(s) = -mR \frac{K_{pz,U}}{k_{pz,U}} \frac{s}{1 + R\left(C_{pz} + \frac{K_{pz,U}^2}{k_{pz,U}}\right)s + \frac{m}{k_{pz,U}}s^2 + RC_{pz}\frac{m}{k_{pz,U}}s^3}$$

(7.30)

bzw. mit der Notation aus Abschn. 5.5.5

$$G_{u/a}(s) = -V_{u/a} \frac{s}{\left[\tilde{\omega}_U\right]\left\{\tilde{d}_U, \tilde{\Omega}_U\right\}}.$$

(7.31)

Wie bereits in Abschn. 5.5 ausführlich diskutiert, ergibt sich nun in der Übertragungsfunktion ein Nennerpolynom 3. Ordnung mit einem reellen Pol und einem (mehr oder weniger) gedämpften konjugiert komplexen Polpaar (Wandlereigenfrequenz). Die qualitative Abhängigkeit der Wandlerpole von der Lastimpedanz R ist anschaulich in Abb. 5.24a dargestellt.

Für den vorliegenden Beschleunigungssensor lassen sich diese qualitativen Aussagen durch eine quantitative Analyse von Gl. (7.30) folgendermaßen konkretisieren.

---

[9] Im vorliegenden Fall einer ohmschen Last ist das auch noch ganz gut per Hand möglich. Speziell bei komplexen Impedanzen (Berücksichtigung von parasitären Effekten durch Induktivitäten und Kapazitäten) empfiehlt sich jedoch die Verwendung eines Computeralgebrawerkzeuges (z.B. MAPLE, MATHEMATICA).

(a) *Elektrischer Leerlauf* ($R \to \infty$):

$$\lim_{R \to \infty} G_{u/a}(s) = -m \cdot G_{u/F}(s) = -m \frac{\kappa_{pz}^2}{K_{pz,U}} \frac{1}{\{\Omega_I\}} . \qquad (7.32)$$

Die Beziehung (7.32) deckt sich erwartungsgemäß mit der Übertragungs-funktion des verlustfreien Wandlers aus Gl. (7.17).

(b) *Reeller Wandlerpol* $\tilde{\omega}_U$: die beiden rechten Terme des Nennerpoly-noms von Gl. (7.30) sind für Frequenzen $\omega \ll \sqrt{k_{pz,U}/m} = \Omega_U$ vernach-lässigbar klein gegenüber den ersten beiden Termen, sodass im unteren Frequenzbereich näherungsweise gilt

$$G_{u/a}(s) \approx -mR \frac{K_{pz,U}}{k_{pz,U}} \frac{s}{1 + R\left(C_{pz} + \frac{K_{pz,U}^2}{k_{pz,U}}\right)s} = -mR \frac{K_{pz,U}}{k_{pz,U}} \frac{s}{[\tilde{\omega}_U]} \quad (7.33)$$

mit

$$\boxed{\tilde{\omega}_U :\approx \frac{1}{R\tilde{C}_{pz}}}, \quad \tilde{C}_{pz} = C_{pz} + \frac{K_{pz,U}^2}{k_{pz,U}} . \qquad (7.34)$$

Als wirksame Kapazität ist also die Wandlerkapazität bei mechanischem Leerlauf (vgl. Gl. (7.20)) zu betrachten.

(c) *Wandlereigenfrequenz*: bei hinreichend *großem* R gilt für Frequen-zen $\omega \gg \tilde{\omega}_U$ näherungsweise

$$G_{u/a}(s) \approx -m \frac{K_{pz,U}}{k_{pz,U}\tilde{C}_{pz}} \frac{1}{[\Omega_I]} = -m \frac{\kappa_{pz}^2}{K_{pz,U}} \frac{1}{[\Omega_I]} \qquad (7.35)$$

sodass für die Wandlereigenfrequenz folgt

$$\boxed{\tilde{\Omega}_U \approx \Omega_I} . \qquad (7.36)$$

Arbeitsbandbreite des Sensors Aus den Gln. (7.31) bis (7.36) ergibt sich das in Abb. 7.15 dargestellte typische Übertragungsverhalten im Frequenzbereich. Statische Beschleunigungen können aufgrund des diffe-renzierenden Verhaltens nicht detektiert werden. Für hohe Frequenzen begrenzt die Wandlereigenfrequenz den Betrieb als Sensor.

Für den *Frequenzbereich* $\tilde{\omega}_U < \omega < \tilde{\Omega}_U$ ergibt sich eine frequenzun-abhängige *Wandlerempfindlichkeit* (g ... Erdbeschleunigung)

$$K_{u/a} = -9.81 \cdot m \cdot \frac{\kappa_{pz}^2}{K_{pz,U}} \quad [\mathrm{V}/g].$$ (7.37)

Wandlerauslegung Eine Umformung von Gl. (7.37) mit physikalischen und konstruktiven Wandlerparametern liefert eine alternative Darstellung der Wandlerempfindlichkeit

$$K_{u/a} = - \underset{\substack{\text{Trägheits-}\\\text{masse}}}{m} \times \underset{\text{Geometrie}}{\frac{L}{A}} \times \underset{\text{Werkstoff}}{\frac{e}{e^2 + c^E \cdot \varepsilon^S}} .$$ (7.38)

Aus Gl. (7.38) erkennt man unterschiedliche Gestaltungsmöglichkeiten für eine möglichst große Wandlerempfindlichkeit. Eine *Vergrößerung* der Trägheitsmasse, eine kleine Scheibenfläche und eine große Scheibenhöhe vergrößern zwar die Wandlerempfindlichkeit, gleichzeitig *reduziert* sich jedoch durch jede dieser Maßnahmen die Wandlereigenfrequenz und damit die Arbeitsbandbreite. Der rechte Term beinhaltet reine *Werkstoffparameter*. Hier hat man nur beschränkte Gestaltungsmöglichkeiten, weil diese Parameter kombiniert nur in engen Variationsbereichen auftreten können. Wenn möglich, sind eher weichere Werkstoffe mit eher kleiner Permittivität zu bevorzugen (Produkt $c^E \cdot \varepsilon^S$ klein). Auch hier bewirkt jedoch ein kleines c^E (weicher Werkstoff) eine Verringerung der Wandlereigenfrequenz.

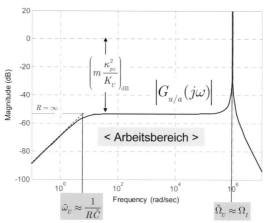

Abb. 7.15. Piezoelektrischer Beschleunigungssensor: Frequenzgang zwischen Gehäusebeschleunigung und Wandlerspannung; numerische Werte für Scheibenwandler aus Beispiel 7-1 mit $m = 10$ g.

Mit dem Lastwiderstand R kann man lediglich, aber dies bequem, die *untere Bandbreitengrenze* $\tilde{\omega}_U$ regulieren. Man wird den Widerstand also eher groß wählen. Dadurch wird allerdings auch nur eine sehr geringe Dämpfung für die Wandlereigenfrequenz eingebracht (vgl. Abb. 5.24a).

Letztlich hat man also beim Entwurf einen *Kompromiss* zwischen *Wandlerempfindlichkeit* und *Arbeitsbandbreite* zu treffen.

Numerisches Beispiel Zur Illustration einer technischen Ausführung sei ein Scheibenwandler ($N = 1$) aus Beispiel 7-1 zusammen mit einer Trägheitsmasse $m = 10$ g betrachtet. Die weiteren Wandlerparameter berechnen sich zu $K_{pz,U} = 1.6$ N/V, $\tilde{C}_{pz} = 1.2$ nF. Als Bandbreitengrenzen erhält man durch Auswertung der Gln. (7.34), (7.36) $\tilde{\omega}_U = 6.17$ rad/s (1 Hz) und $\tilde{\Omega}_U = 9.5 \cdot 10^5$ rad/s (150 kHz) und die Wandlerempfindlichkeit beträgt nach Gl. (7.37) $K_{u/a} = -21.6$ mV/g. Das Frequenzverhalten ist nochmals in Abb. 7.15 veranschaulicht ∎

7.5 Mechanischer Resonanzbetrieb

7.5.1 Proportional- vs. Resonanzbetrieb

Proportionaler Arbeitsbereich Das Übertragungsverhalten eines piezoelektrischen Wandlers ist durch die im Allgemeinen sehr schwach gedämpfte Wandlereigenresonanz geprägt, die allerdings in der Regel bei beträchtlich hohen Frequenzen liegt (10...200 kHz). Im Frequenzbereich unterhalb der Wandlereigenfrequenz liegt bezüglich der Ankerposition ein *proportionales* Verhalten mit geringer Phasennacheilung vor (Abb. 7.16). In diesem Frequenzbereich wird der Wandler bevorzugt für Mess- und Stellaufgaben genutzt.

Statische Wandlerverstärkung Die *statischen* Wandlerverstärkungen eines piezoelektrischen Wandlers sind generell sehr klein (z.B. $V_{x/u}$ im Aktuatorbetrieb in der Größenordnung 0.1...1 nm/V). Da aus festkörperphysikalischen und praktischen Gründen die Steuerspannungen auch auf maximal wenige Kilovolt begrenzt sind, sind generell nur sehr kleine Stellwege möglich.

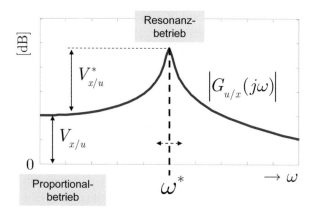

Abb. 7.16. Frequenzgang eines piezoelektrischen Elementarwandlers – Resonanzbetrieb (hier als Aktuator)

Resonanzbetrieb – Ultraschallwandler   Aus Abb. 7.16 erkennt man, dass im Resonanzbereich der Wandlereigenfrequenz eine beträchtliche Betragsüberhöhung – *dynamische Wandlerverstärkung $V_{x/u}^*$* – vorhanden ist.

Bei konstant gehaltener Amplitude der Steuerspannung werden bei dieser Frequenz also wesentlich größere Stellwege erreicht. Diese Eigenschaft kann man sich vorteilhaft in speziellen Anwendungen zu Nutze machen, der Wandler wird dann lediglich in einem engen Frequenzbereich um die Wandlereigenfrequenz ω^* betrieben – *Resonanzbetrieb*.

Die typischen Wandlereigenfrequenzen liegen im Bereich 20 ... 200 kHz, sodass im Resonanzbetrieb die akustische Abstrahlung des Wandlers im für den Menschen nicht hörbaren Ultraschallbereich liegt. In diesem Sinne spricht man dann auch von *Ultraschallwandlern* (engl. *ultrasonic tranducers*).

Resonanztuning   Naheliegenderweise wird man im Resonanzbetrieb eine hohe Güte des mechanischen Schwingkreises, d.h. eine möglichst kleine mechanische Dämpfung, anstreben. In diesem Fall wird man also auch die elektrische Eingangsimpedanz möglichst verlustlos halten (kleiner Innenwiderstand R der Hilfsspannungsquelle).

Bei hoher Schwingkreisgüte ist allerdings das Frequenzband der Resonanzüberhöhung sehr schmal, sodass eine genaue Abstimmung der Anregungsfrequenz der Spannungsquelle nötig ist. Die piezoelektrischen Festkörpereigenschaften hängen insbesondere auch von der Temperatur ab (Luck u. Agba 1998), sodass sich die Resonanzfrequenz ω^* während des

Betriebes ändern kann und eine Online-Adaption der Steuerfrequenz nötig wird.

Als weitere Erschwernis im Resonanzbetrieb ist die ungenaue Prädiktion bzw. umweltbedingte Variation der dynamischen Wandlerverstärkung $V_{x/u}^*$ zu beachten. Aus diesem Grund darf man also keine hohen Genauigkeitsanforderungen an den Wandler stellen, gegebenenfalls muss die Positionierungsgenauigkeit durch einen lokalen Regelkreis sichergestellt werden. Im Resonanzbetrieb interessiert vorwiegend die hohe Effizienz der Leistungsübertragung.

Eine weitere Betriebseinschränkung stellt die gezielte Veränderung (Abstimmung, engl. *tuning*) der Wandlereigenfrequenz dar. Im Gegensatz zu einem elektrostatischen Wandler kann man hier keine Feinabstimmung durch die Wahl der Wandlerruhespannung anwenden (s. Kap. 5, elektrostatische Erweichung und Variation der Wandlersteifigkeit in Abhängigkeit der Ruhespannung bzw. Ruheauslenkung). Beim piezoelektrischen Wandler kann man lediglich durch mechanische Eingriffe (Fesselungssteifigkeiten, Ankermasse) Einfluss nehmen, was eine Online-Adaption im Betrieb unmöglich macht.

7.5.2 Piezo-Ultraschallmotoren

Grundidee eines Ultraschallmotors Ein Piezowandler kann zwar per se nur sehr kleine Stellwege realisieren, im Resonanzbetrieb bei entsprechend großer Resonanzfrequenz aber trotzdem beträchtliche Geschwindigkeiten erzeugen, typischerweise bei einer Stellamplitude von 1 μm und Resonanzfrequenz von 50 kHz eine Geschwindigkeit von 0.3 m/s . Prägt man diese Vortriebsgeschwindigkeit in geeigneter Weise über eine bestimmte Zeitdauer einem Läufer ein, so kann man damit beliebig lange Stellwege mit einer sehr feinen Granulation erreichen. Besonders naheliegend ist dieses Prinzip an einem drehbaren Läufer – *Rotor* – umzusetzen, weshalb man angelehnt an die Wirkweise eines Motors in diesem Zusammenhang häufig von einem *Ultraschallmotor* (engl. *ultrasonic motor*) spricht.

Die erste technische Umsetzung dieser Idee (Barth 1973) ist in Abb. 7.17 skizziert. Die longitudinale Schwingung je eines Piezowandlers bewirkt eine Drehung des Rotors im Uhrzeigersinn (linker Aktuator) bzw. gegen den Uhrzeigersinn (rechter Aktuator).

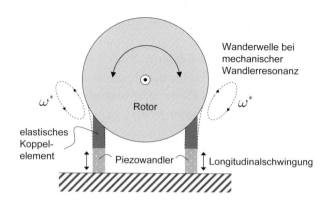

Abb. 7.17. Grundprinzip eines piezoelektrischen Ultraschallmotors, nach (Barth 1973)

Diese Idee erscheint konzeptionell zwar sehr einfach, die physikalische Wirkungsweise und die praktikable Umsetzung in technische Produkte sind jedoch äußerst anspruchsvoll.

Im Folgenden werden die zum Grundverständnis wichtigen Zusammenhänge *elliptische Rotation* und *Reibantrieb* diskutiert, für eine detaillierte Auslegung solcher Antriebe sei auf weiterführende Literatur verwiesen (Uchino 1998), (Uchino 1997), (Ueha u. Tomikawa 1993).

Wanderwelle vs. stehende Welle Für den Vortrieb eines Motorläufers ist eine über Ort und Zeit fortschreitende *Wanderwelle* (engl. *traveling wave*) nötig (Uchino 1998), (Kuypers 1997)

$$p_w(x,t) = A \cdot \cos(kx - \omega t) \qquad (7.39)$$

mit der Phasengeschwindigkeit $v_p = \omega/k$.

Eine *stehende* Welle (engl. *standing wave*),   mit örtlich periodischen Amplituden wird beschrieben durch

$$p_s(x,t) = A \cdot \cos kx \cdot \cos \omega t . \qquad (7.40)$$

Eine elementare Umformung von Gl. (7.39) zeigt, dass eine *Wanderwelle* durch eine *Überlagerung* von zwei stehenden Wellen Gl. (7.40) mit einer räumlichen und zeitlichen Phasenverschiebung von 90° erzeugt werden kann

$$p_w(x,t) = A \cdot \cos kx \cdot \cos \omega t + A \cdot \cos\left(kx - \pi/2\right) \cdot \cos\left(\omega t - \pi/2\right). \quad (7.41)$$

Da stehende Wellen sehr einfach mittels stationärer Aktuatoren realisiert werden können, stellt die Beziehung (7.41) den Schlüssel für die Erzeugung mechanischer Wanderwellen mit stationären Wandlerelementen auf kleinstem Bauraum dar.

Elliptische Trajektorie Aus kinematischer Sicht wird bei einem begrenzten Bauraum die Gl. (7.41) als eine *elliptische* Bewegungstrajektorie eines ausgewählten Aktuatorpunktes (meist Aktuatorspitze bzw. –kopf) gedeutet, wie nachfolgend erläutert wird.

In Abb. 7.18a ist die Prinzipanordnung einer räumlich orthogonalen Aktuatorkonfiguration gezeigt, womit bei zeitlich orthogonaler Ansteuerung ($\phi = 90°$) gerade die Bedingung (7.41) erfüllt wird. Im vorliegenden Fall entsteht dann eine *Bahnellipse*, auch als *elliptische Rotation* bezeichnet (Abb. 7.18b).

Formelmäßig kann man diese Trajektorie in einem Koordinatenssystem (x, y) bei Anregung mit der gleichen Frequenz ω^* durch eine LISSAJOUS-Figur beschreiben (Variablen s. Abb. 7.18)

$$\frac{x^2}{A_x^2} - \frac{2\cos\phi}{A_x A_y}\,xy + \frac{y^2}{A_y^2} = \sin^2\phi.$$

Für $\phi = 90°$ ergibt sich gerade die in Abb. 7.18b gezeigte achsenparallele Ellipse.

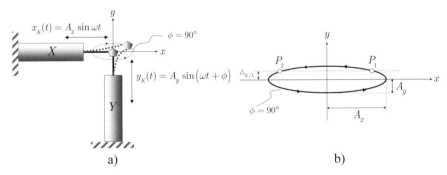

a)   b)

Abb. 7.18. Elliptische Rotation: a) Prinzipanordnung mit zwei orthogonalen longitudinalen Resonanzaktuatoren und elastischen Koppelstangen, b) Trajektorie des Aktuatorkopfes (LISSAJOUS-Figur); das Kurvenstück P_1P_2 repräsentiert den Bereich der Haftreibung beim Kontakt Aktuatorspitze - Läufer

Aus Abb. 7.18a erkennt man schon deutlich eine prinzipielle kinematische Problemstellung, die bei der technische Umsetzung zu lösen ist. Bei feststehendem Aktuatorständer (Fußpunkt) muss die Koppelstange (in der Fachliteratur auch als engl. *horn* bezeichnet) elastisch verformbar sein, um eine Ellipsenbahn zu ermöglichen (s. auch Abb. 7.17).

Resonante elliptische Rotation   Die in Abb. 7.18 gezeigte elliptische Bahnbewegung kann mit entsprechend großen Amplituden vorteilhaft bei der Wandlereigenfrequenz ω^* stimuliert werden. Bei der praktischen Umsetzung treten dabei aber zwei prinzipielle Schwierigkeiten auf.

Die räumliche und zeitliche Orthogonalität ist aufgrund von *Wandlertoleranzen* nur schwer einzuhalten (Hemsel et al. 2006), (Bauer 2001). Ein weiterer kritischer Aspekt ist die Elastizität der Koppelstangen. Diese ist ja durchaus gewünscht und für den Betrieb absolut notwendig. Allerdings können bei den hohen Betriebsfrequenzen ungewollte Eigenformen der Koppelstangen zur Wirkung kommen, die gerade eine Phasenauslöschung der Bewegungskomponenten bewirken können (Bauer 2001).

Longitudinal / transversal Koppler   Eine vorzügliche, mechatronisch geprägte, Entwurfsvariante ist die Kombination eines einzelnen *longitudinalen Piezowandlers* (z.B. Stapelwandler) mit einem passiven *longitudinal/transversal (L/T)* wirksamen *Koppelelement* (Abb. 7.19). Der L/T-Koppler übernimmt dabei die Aufgabe, die geeignete räumliche Phasenbeziehung zwischen Longitudinal- und Transversalbewegung herzustellen. Durch eine geeignete Abstimmung der konstruktiven Parameter mit den Festkörpereigenschaften des Wandlers kann man auch eine gute Übereinstimmung der Eigenmoden bzw. Eigenfrequenzen erreichen (Uchino 1997), (Ueha u. Tomikawa 1993).

Modulierte Reibungskräfte   Die Funktionsweise eines Ultraschallmotors wird neben der elliptischen Ankerbewegung in fundamentaler Weise durch die Kraftübertragung mittels Reibungskräften bestimmt. In Abb. 7.19 (ebenso wie in der einfachen Anordnung Abb. 7.17) ist der enge physische Kontakt zwischen Aktuatorspitze (Anker) und einem beweglichen Läufer sichtbar. Dieser Kontakt ist absolut notwendig, da letztlich über die wirksame Normalkraft F_N auf der Kontaktfläche zwischen Aktuatorspitze und Läuferoberfläche eine Haftkraft $F_H = \mu_H \cdot F_N$ mit dem Haftreibungskoeffizienten μ_H erzeugt wird. Die detaillierte Kontaktmechanik ist durchaus kompliziert, s. z.B. (Wallaschek 1998), für das Verständnis der Arbeitsweise eines Ultraschallwandlers seien nachfolgend die wesentlichen Effekte kurz skizziert.

Der Bewegungsvorgang besteht im Wesentlichen aus zwei Phasen: *Vorschub* des Läufers während einer *Haftreibungsphase* (Kurvenstück P_1P_2 in Abb. 7.18b) und *Zurückgleiten* des Aktuatorkopfes während einer *Gleitreibungsphase* (Kurvenstück P_2P_1 in Abb. 7.18b). Während der Haftreibungsphase wird durch die Längenänderung δx_K entsprechend der Steifigkeit der Kette L/T-Koppler – Läufer die Normalkraft und damit die Haftkraft F_H erhöht.

Durch ein Verbiegen der Koppelstange (die gewünschte Biegerichtung ist durch geeignete Maßnahmen sicherzustellen) wird bei weiterer Longitudinalextraktion des Aktuators eine Schubkraft F_L auf den Läufer ausgeübt und damit eine Vorschubbewegung eingeleitet. Bei der Kontraktion des Aktuators kann der Läufer aufgrund seiner Massenträgheit der Rückwärtsbewegung des Aktuatorkopfes nicht folgen, sodass sich dieser in der Gleitreibungsphase ohne Wegverlust am Läufer zum Punkt P_1 zurückbewegen kann. Um ein Durchrutschen des Läufers zu verhindern, muss der Kraftschluss durch eine Vorspannkraft F_0 durchgängig gegeben sein. Durch die dargestellte Bewegungsabfolge werden also die Reibkräfte moduliert und eine periodische Vorschubbewegung des Läufers erreicht.

Betriebsverhalten   Eine Prinzipanordnung für die elektrische Ansteuerung eines Ultraschallmotors und die Zeitverläufe relevanter Systemgrößen sind in Abb. 7.20 gezeigt.

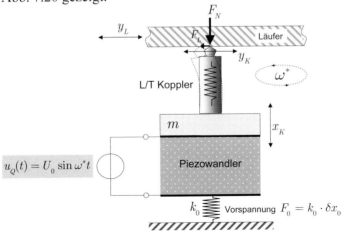

Abb. 7.19.   Prinzipanordnung eines Piezo-Ultraschallmotors mit einem elastischen longitudinal / transversal (L/T) Koppler

Die Läuferbewegung wird durch Pakete von Schwinganregungen realisiert, die über einen *Pulsbreitenmodulator* und einen *Oszillator* erzeugt werden. Da der Wandler eine endliche Zeit zum Anschwingen und Abbremsen benötigt, darf eine *minimale Einschaltdauer* τ_{min} nicht unterschritten werden, wodurch sich eine *minimale Schrittweite* $\triangle y_{min}$ für die *Läuferbewegung* ergibt (typ. $\triangle y_{min} = 5...50$ nm). Die erreichbaren *Läufergeschwindigkeiten* (Anstieg von $y_L(t)$ in Abb. 7.20b) liegen typischerweise im Bereich $0.1...1$ m/s. Die realisierbaren Läuferhübe sind rein konstruktiv begrenzt.

Da die elektrische Ansteuerung mit der mechanischen Wandlereigenfrequenz erfolgen muss, ist eine unangenehme Lastabhängigkeit zu beachten. Näherungsweise kann die Eigenfrequenz durch

$$\omega^* = \sqrt{\frac{k_\Sigma}{m_0 + m_L}}$$

abgeschätzt werden, wobei k_Σ die effektive Steifigkeit aus Piezowandler, Koppelstange und Vorspannung darstellt, m_0 ist die effektive Masse des unbelasteten Motors und m_L ist die Masse des Läufers.

Bei veränderlicher Läufermasse m_L ist einmal der *Oszillator* auf die geänderte Resonanzfrequenz zu *adaptieren* (Abb. 7.20a).

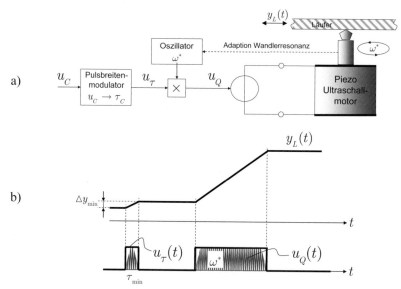

Abb. 7.20. Elektrische Ansteuerung eines Piezo-Ultraschallmotors: a) Prinzipanordnung, b) Zeitverläufe der Systemgrößen

Als weiterer Effekt *reduziert* sich beim belasteten Motor die Stellgeschwindigkeit v_L aufgrund der kleineren Resonanzfrequenz im Verhältnis

$$\frac{v_L}{v_0} = \sqrt{\frac{m_0}{m_0 + m_L}} \; .$$

Konstruktive Ausführungen Die konstruktive Umsetzung und systemtechnische Auslegung ist durch extrem viele Freiheitsgrade gekennzeichnet, sodass seit der Vorstellung des ersten Prototypen (Barth 1973) eine Unzahl unterschiedlicher Entwurfsvarianten für Rotations- und Linearantriebe vorgestellt worden sind. Einen guten Überblick dazu geben beispielsweise (Uchino 1997) oder (Hemsel et al. 2006), kommerziell erfolgreiche Umsetzungen finden sich beispielsweise in (Physikinstrumente 2006).

Literatur zu Kapitel 7

Ballas R G, Pfeifer G, Werthschützky R (2009) *Elektromechanische Systeme in Mikrotechnik und Mechatronik*, Springer

Barth H V (1973) Ultrasonic driven motor. *IBM Tech. Disclosure Bull.* 16: 2263

Bauer M G (2001) *Design of a Linear High Precision Ultrasonic Piezoelectric Motor*. Mechanical Engineering Department. Raleigh, North Carolina State University

Bronstein I N, Semendjajew K A, Musiol G, Mühlig H (2005) *Taschenbuch der Mathematik*, Verlag Harri Deutsch

Gerlach G, Dötzel W (2006) *Einführung in die Mikrosystemtechnik*, Carl Hanser Verlag

Heimann B, Gerth W, Popp K (2007) *Mechatronik*, Fachbuchverlag Leipzig im Carl Hanser Verlag

Hemsel T, Mracek M, Twiefel J, Vasiljev P (2006) Piezoelectric linear motor concepts based on coupling of longitudinal vibrations. *Ultrasonics, Ferroelectrics and Frequency Control, IEEE Transactions on* 44: e591–e596

IEEE (1988) IEEE standard on piezoelectricity. *ANSI/IEEE Std 176-1987*

Irschik H, Hagenauer K, Ziegler F (1997) An Exact Solution for Structural Shape Control by Piezoelectric Actuation. In *Smart Mechanical Systems-Adaptronics, Fortschrittberichte VDI, Reihe 11, Nr. 244*. U. Gabbert, VDI-Verlag, Düsseldorf: 93-98

Janocha H, Ed. (2004) *Actuators*. Springer-Verlag Berlin Heidelberg

Jordan T L, Ounaies Z (2001) Piezoelectric Ceramics Characterization, NASA. NASA/CR-2001-211225 ICASE Report No. 2001-28

Kugi A, Thull D, Meurer T (2006) Regelung adaptronischer Systeme, Teil I: Piezoelektrische Strukturen. *at-Automatisierungstechnik* 54(6): 259-269

Kuypers F (1997) *Klassische Mechanik*, Wiley-VCH

Luck R, Agba E I (1998) On the design of piezoelectric sensors and actuators. *ISA Transactions* 37: 65-72

Moheimani S O R, Halim D, Fleming A J (2003) *Spatial control of vibration : theory and experiments*, World Scientific, New Jersey

Philippow E (2000) *Grundlagen der Elektrotechnik*, Verlag Technik Berlin

Physikinstrumente. (2006). "Die ganze Welt der Nano- und Mikropositionierung." *Gesamtkatalog*, from www.physikinstrumente.de

Preumont A (2006) *Mechatronics, Dynamics of Electromechanical and Piezoelectric Systems*, Springer

Reinschke K, Schwarz P (1976) *Verfahren zur rechnergestützten Analyse linearer Netzwerke*, Akademie Verlag Berlin

Uchino K (1997) *Piezoelectric Actuators and Ultrasonic Motors*. Boston, Kluwer Academic Publishers

Uchino K (1998) Piezoelectric Ultrasonic Motors: Overview. *Journal of Smart Materials and Structures* 7: 273-285

Ueha S, Tomikawa Y (1993) *Ultrasonic Motors: Theory and Applications*. New York, Oxford University Press Inc.

Wallaschek J (1998) Contact mechanics of piezoelectric ultrasonic motors. *Smart Materials and Structures* 7: 369-381

8 Funktionsrealisierung – Wandler mit elektromagnetischer Wechselwirkung

Hintergrund Das technisch am längsten erschlossene Gebiet der elektromechanischen Energiewandlung nutzt die Phänomene der *elektromagnetischen Wechselwirkungen*. In vielfältiger Art und mit ausgeklügelten Lösungsansätzen sind heute solche Wandler in unserem Alltag vor allem im makromechatronischen Bereich in Form von *leistungsstarken* Generatoren, Antrieben und Schaltelementen sowie bewährten Sensorelementen präsent. Die aktuellen mechatronischen Forschungsthemen beschäftigen sich mit Fragen der Funktionsintegration, z.B. sensorlose (*self-sensing*) Lösungen. Aufgrund der speziellen werkstofftechnischen Voraussetzungen ist die Anwendung in der mikromechatronischen Welt auf spezielle Gebiete beschränkt, jedoch dort wo möglich, mit großem Potenzial verbunden. Für alle diese Aufgaben und Funktionserweiterungen ist ein tiefes Verständnis der inhärenten elektromagnetischen *Wandlungsmechanismen* essenziell.

Inhalt Kapitel 8 In diesem Kapitel werden die grundlegenden physikalischen Phänomene und Verhaltensbesonderheiten von Wandlern mit *elektromagnetischen Wechselwirkungen* diskutiert. Grundsätzlich werden zwei Wandlerfamilien nach dem zugrunde liegenden Kraftwirkungsprinzip unterschieden: *elektromagnetische (EM) Wandler – Reluktanzkraft* und *elektrodynamische (ED) Wandler – LORENTZ-Kraft*. Ausgehend von den MAXWELLschen Gleichungen werden für beide Familien die konstitutiven Wandlergleichungen abgeleitet, sodass eine unmittelbare Konkretisierung der allgemeinen Modelle des *mechatronischen Elementarwandlers* aus Kap. 5 möglich ist.

Für *elektromagnetische (EM) Wandler* mit *variabler Reluktanz* werden grundlegende Verhaltensphänomene im Zusammenhang mit der Art des *Arbeitsluftspaltes* (variabler vs. konstanter Luftspalt, nichtlineares Verhalten) abgeleitet und eingehend behandelt. Die praktisch wichtige Wandlerklasse von *EM-Differenzialwandlern* wird anhand der Aktuatorfunktion eines *magnetischen Lagers* erörtert. Die Grundprinzipien und Verhaltenseigenschaften von EM-Wandlern mit konstantem Luftspalt werden ausführlich am nichtlinearen Verhalten von *Reluktanzschrittmotoren* konkretisiert.

Das Verhalten von *elektrodynamischen (ED) Wandlern* wird anhand translatorischer und rotatorischer Ausführungen detailliert diskutiert und für die technisch bedeutsame Ausführungsform eines *Schwingspulenwandlers* weiter ausgeführt. ∎

8.1 Systemtechnische Einordnung

Wandler mit elektromagnetischer Wechselwirkung   Die Produkte in unserem täglichen Umfeld, wo elektromagnetische Wechselwirkungen genutzt werden, gehen weit über die hier im Fokus stehenden mechatronischen Produkte hinaus (elektromagnetische Wellenausbreitung, Energiewandlung über gekoppelte Felder, etc.). Für mechatronische Anwendungen ist im Besonderen die Wechselwirkung zwischen elektromagnetischen Feldern und mechanischen Kräften von Bedeutung. Spricht man von einem elektromechanischen Wandler, so denkt man in der Regel in erster Linie eben an Wandler, die *elektromagnetische Wechselwirkungen* zur mechanisch-elektrischen Leistungswandlung nutzen. In der Tat ist dieses Wandlerprinzip das technisch am längsten genutzte, sowie von der Marktverbreitung gesehen das bedeutendste und erfolgreichste Energiewandlungsprinzip. Der große Erfolg liegt in den hohen erzielbaren *Energiedichten,* wodurch sich vielfältige Anwendungen vom Makro- bis zum Mikrobereich erschließen (elektrische Motoren und Generatoren, Antriebe, Schalter, etc.). Allerdings kann man eine stärkere Ausprägung im *Makrobereich* bis hin zum *Kompaktbereich* feststellen.

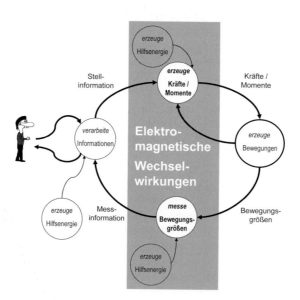

Abb. 8.1. Funktionelle Dekomposition eines mechatronischen Systems – Funktionsrealisierung mittels *elektromagnetischer Wechselwirkungen*

Dies liegt wohl darin begründet, dass für eine wirkungsvolle Nutzung der elektromagnetischen Phänomene spezielle *ferromagnetische Werkstoffe* (hohe magnetische Permeabilität) sowie möglichst großvolumige elektrische Leiteranordnungen (Flussverkettung) benötigt werden. Dies bevorzugt eben eher größer skalige Wandlerkonstruktionen, wogegen bei Mikrosystemen die speziellen Werkstoffe als Fremdkörper im Halbleiterumfeld zu sehen sind und die Volumenanforderungen eine extreme Miniaturisierung aus prinzipiellen Gründen erschweren.

Elektromagnetische vs. elektrodynamische Wandler   Vor einem Einstieg in eine detaillierte Diskussion von Wirk- und Konstruktionsprinzipien und Verhaltenseigenschaften ist unbedingt eine Begriffklärung notwendig. Wandler mit elektromagnetischer Wechselwirkung basieren auf zwei völlig verschiedenen physikalischen Phänomenen (Grundgesetzen): (a) *Feldkräften an Grenzflächen (variable Reluktanz)* sowie (b) der *LORENTZ-Kraft*. Demzufolge sind auch zwei verschiedene Wandlerklassen zu unterscheiden. Üblicherweise bezeichnet man die Wandler mit variabler Reluktanz als *elektromagnetische (EM) Wandler* und die Wandler auf Basis der LORENTZ-Kraft als *elektrodynamische (ED) Wandler*.

Leider hat sich aber an vielen Stellen eingebürgert, den Begriff „elektromagnetische Wandler" ganz allgemein als Oberbegriff für beide Wandlerprinzipien zu nutzen. Die dabei auftretende Begriffsverwirrung ist evident. Tatsächlich ist das beiden Wandlerprinzipien gemeinsame physikalische Phänomen die *elektromagnetische Wechselwirkung*, beschrieben durch die MAXWELLschen Gleichungen und die LORENTZ-Kraft. Aus Gründen einer klaren und eindeutigen Begriffswelt wird in diesem Buch deshalb als *Oberbegriff „Wandler mit elektromagnetischer Wechselwirkung"* verwendet und die darunter subsumierten Wandlertypen als *elektromagnetische (EM) Wandler* und *elektrodynamische (ED) Wandler* bezeichnet (Abb. 8.2).

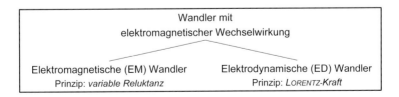

Abb. 8.2. Wandler mit elektromagnetischer Wechselwirkung – Wandlerklassen

Konsequenter und eindeutiger wären eigentlich Begriffe wie *Reluktanzwandler* bzw. *LORENTZ-Wandler*, womit direkt das genutzte physikalische Grundprinzip beschrieben wird[1].

Systemtechnische Bedeutung Systemtechnisch betrachtet stellen die mittels elektromagnetischer Phänomene realisierbaren Funktionen *„erzeuge Kräfte/Momente"* und *„messe Bewegungsgrößen"* die Aktuatorik bzw. Sensorik des mechatronischen Systems dar (Abb. 8.1).

Für beide Aufgaben interessiert das Übertragungsverhalten in der aus Abb. 8.1 ersichtlichen Kausalrichtung. Für eine optimierte Energiewandlung werden spezielle konstruktive Lösungen zur Leitung der Magnetflüsse und für die Gestaltung der stromführenden Leitungen benötigt, mindestens ein bewegliches Wandlerelement (Anker) muss mit der zu bewegenden (Aktuator) bzw. der bewegten (Sensor) mechanischen Struktur verbunden werden. Damit spielen neben funktionalen Eigenschaften wie Linearität und Dynamik insbesondere konstruktiv bedingte Parameterabhängigkeiten bezüglich des Übertragungsverhaltens eine wichtige Rolle für die Reglerauslegung.

Mechatronisch relevante Phänomene Wandler mit elektromagnetischer Wechselwirkung nutzen bekanntermaßen entweder *Reluktanzkräfte*, d.h. Kräfte an Trennflächen unterschiedlichen magnetischen Widerstandes (dies resultiert in einer geometrieabhängigen *Wandlerinduktivität*) oder die *LORENTZ-Kraft* eines stromdurchflossenen Leiters in einem Magnetfeld. Die Verhaltenseigenschaften der Krafterzeugung sind durchaus unterschiedlich: inhärent *nichtlinear* beim *EM-Wandler* und generell *linear* beim *ED-Wandler*. In beiden Fällen benötigt man gleichermaßen einen mit magnetischem Fluss durchsetzten *Luftspalt*, entweder direkt zur Krafterzeugung (EM-Wandler) oder für die bewegliche Stromspule (ED-Wandler). Damit spielt die Wandlergeometrie eine bestimmende Rolle für die Wandlerfunktionen und die Leistungseigenschaften. Für den Systementwurf sind also folgende Modellzusammenhänge von Interesse:

- *Induktivität* der Wandleranordnung als Funktion von Geometrie und Material
- *Elektromagnetische Kräfte* (Reluktanzkraft, LORENTZ-Kraft) als Funktion von Geometrie, Material, elektrischer Ansteuerung

---

[1] Für wenige spezielle Wandlerformen hat sich diese Begriffswelt durchaus etabliert, z.B. Reluktanzmotor, LORENTZ-Aktuator.

- *Übertragungsverhalten* inklusive mechanischer Leistungsrückwirkung.

Es wird sich zeigen, dass für den elektromagnetischen *Reluktanzwandler* eine bemerkenswerte phänomenologische und modellmäßige Äquivalenz zum *elektrostatischen* Wandler existiert. Die physikalischen Zusammenhänge sind allerdings im elektromagnetischen Fall bedeutend komplexer.

8.2 Physikalische Grundlagen

Elektromagnetische Felder Bewegte elektrische Ladungen in Form eines *elektrischen Stromes* $i(t)$ (technisch bedeutsam: *Linienstrom* $\vec{i}$ innerhalb eines räumlich ausgedehnten elektrischen Leiters) erzeugen bekanntermaßen in ihrer Umgebung eine magnetische Erregung, charakterisiert durch ein ortsabhängiges *magnetisches Feld* $\vec{H}(\vec{r}, t)$. Dieses Feld existiert mit unterschiedlicher materialabhängiger Wirksamkeit in der gesamten Umgebung des elektrischen Leiters. Es zeigt sich ferner, dass zeitliche Änderungen der magnetischen Feldgrößen wiederum ein ortsabhängiges elektrisches Feld $\vec{E}(\vec{r}, t)$ – „induziertes Gegenfeld" – in der Umgebung des elektrischen Leiters hervorrufen. Die ortsabhängigen elektrischen und magnetischen Felder sind also gekoppelt und können durch geeignete räumlich konstruktive Gestaltung der erregenden Linienströme technisch vielfältig nutzbar gemacht werden.

MAXWELLsche Gleichungen für quasistationäre Felder Die grundlegenden physikalischen Beziehungen definieren die *MAXWELLschen Gleichungen* für *quasistationäre* Felder[2] (Küpfmüller et al. 2006), (Philippow 2000). Die das magnetische Feld[3] betreffenden Gleichungen lauten in Integralform[4] (s. Abb. 8.2)

---

[2] Gemeint sind damit langsam veränderliche Felder. In diesem Fall ist die Konvektionsstromdichte $\vec{G}$ der Leitungsströme wesentlich größer als die Verschiebungsstromdichten $\partial \vec{D}/\partial t$, deshalb wird letztere in Gl. (8.1) vernachlässigt.

[3] Das FARADAYsches Gesetz Gl. (8.2) wird für die Ableitung der Elementarwandlergleichungen nicht explizit benötigt. Die entsprechende Induktionsbeziehung ergibt sich automatisch aus den LAGRANGEschen Gleichungen.

[4] Siehe Fußnote 2 in Kap.6.

Durchflutungsgesetz: $$\oint_{s_H} \vec{H} \cdot d\vec{s} = \int_{A_H} \vec{G}_\kappa \cdot d\vec{A} \tag{8.1}$$

FARADAYsches Gesetz: $$\oint_s \vec{E} \cdot d\vec{s} = -\frac{d}{dt} \int_A \vec{B} \cdot d\vec{A} \tag{8.2}$$

Kontinuitätsgleichung: $$\oint \vec{B} \cdot d\vec{A} = 0 \tag{8.3}$$

Materialgleichung: $$\vec{B} = \mu \vec{H} \tag{8.4}$$

mit den Größen

- *Leitungsstromdichte* (Konvektionsstromdichte) $\vec{G}_\kappa$ $[\mathrm{A/m^2}]$
- *Elektrische Feldstärke* $\vec{E}$ $[\mathrm{V/m}]$
- *Magnetische Feldstärke* $\vec{H}$ $[\mathrm{A/m}]$
- *Magnetische Flussdichte, Induktion* $\vec{B}$ $[\mathrm{Vs/m^2}=:\mathrm{Tesla}=\mathrm{T}]$
- *Permeabilität* $\mu = \mu_r \mu_0$ $[V \cdot \mathrm{s/A} \cdot \mathrm{m}]$,

  $\mu_0 = 4\pi \cdot 10^{-7} \ V \cdot \mathrm{s/A} \cdot \mathrm{m}$, $\mu_r \geq 1$ materialabhängig.

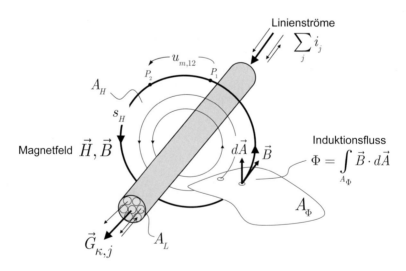

Abb. 8.2. Magnetfeld paralleler linienförmiger elektrischer Leiter

Aus dem Durchflutungsgesetz (8.1) folgt, dass ein magnetisches Feld ein Wirbelfeld darstellt und stets durch bewegte Ladungen hervorgerufen wird (bei Permanentmagneten durch Elementarströme und räumliche Ausrichtung der WEIßschen Bezirke (Philippow 2000)). Die Wirkung des magnetischen Feldes im umgebenden Medium wird durch die Materialgleichung (8.4) beschrieben. Die Kontinuitätsgleichung (8.3) beschreibt die Quellenfreiheit des magnetischen Feldes, d.h. die Feldlinien sind stets in sich geschlossen (im Gegensatz zum elektrostatischen Feld, wo die Feldlinien in elektrischen Ladungen beginnen bzw. enden).

Zur besseren Handhabung von Gl. (8.1) definiert man als *magnetische Spannung* u_m [A]

$$u_{m,12} := \int_{P_1}^{P_2} \vec{H} \cdot d\vec{s} \ . \tag{8.5}$$

Linienströme Das Durchflutungsgesetz (8.1) beschreibt das Entstehen eines Magnetfeldes mit der ortsabhängigen Feldstärke $\vec{H}(\vec{r})$ durch einen elektrischen Stromfluss. Im Kontext dieses Buches interessieren leitungsgebundene, linienhafte elektrische Ströme, sogenannte *Linienströme*

$$i = \int_{A_L} \vec{G}_\kappa \cdot d\vec{A}_L \ .$$

Durchflutung – Magnetomotorische Kraft (MMK) Aus dem Durchflutungsgesetz (8.1) folgt weiterhin, dass das Wegintegral über eine geschlossene magnetische Feldlinie mit der Pfadlänge s_H gleich der Summe der Leitungsströme ist, die von der Feldlinie umschlungen werden (Abb. 8.2), d.h.

$$\oint_{s_H} \vec{H} \cdot d\vec{s} = \int_{A_H} \vec{G}_\kappa \cdot d\vec{A} = \sum_j i_j =: \Theta \ . \tag{8.6}$$

Die Größe Θ [A] bzw. [AWdg, Amperewindungen] bezeichnet man als *Durchflutung* oder als *magnetomotorische Kraft (MMK)*. Aufgrund der Ursacheneigenschaft für das Magnetfeld $\vec{H}$ nennt man Θ auch häufig *magnetische Urspannung*.

Magnetischer Fluss Die Materialgleichung (8.4) beschreibt mittels der magnetischen Flussdichte $\vec{B}$ die Wirkung eines Magnetfeldes in einem

Medium (z.B. Luft, Eisen). Die Summe der eine Fläche A_Φ durchsetzenden Flussdichten wird als *magnetischer Fluss* Φ $[\mathrm{V \cdot s = Weber = Wb}]$ bezeichnet (Abb. 8.2)

$$\Phi := \int_{A_\Phi} \vec{B} \cdot d\vec{A} \,. \tag{8.7}$$

Homogenes Magnetfeld Das Durchflutungsgesetz (8.1) beschreibt den Zusammenhang zwischen dem erregenden Strom und dem *Umlaufintegral* der magnetischen Feldstärke, nicht jedoch die Feldstärke selbst. Dennoch bietet die Gl. (8.1) die Grundlage für die magnetische Feldberechnung (Philippow 2000). Für einfache symmetrische Anordnungen kann man sich auf dieser Grundlage leicht aussagefähige Entwurfsmodelle ableiten. Eine häufig leicht erfüllbare Annahme ist die Existenz eines *homogenen* Magnetfeldes, d.h. die Feldgrößen $\vec{H}, \vec{B}$ bzw. Φ sind in einem abgegrenzten Bereich unabhängig vom Ort (d.h. konstant). Dies ist beispielsweise im Inneren einer Zylinderspule (Abb. 8.3a) oder innerhalb eines homogenen ferromagnetischen Materials ($\mu_r \gg 1$) gegeben (Abb. 8.3b). Im letzteren Fall werden die Feldlinien vorwiegend im ferromagnetischen Material geführt, der magnetische Fluss lässt sich also auf einfache konstruktive Weise im Raum führen.

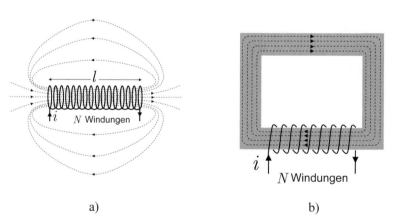

a)   b)

Abb. 8.3. Magnetischer Feldlinienverlauf: a) Zylinderspule, b) ferromagnetischer Kern (Streufeldlinien nicht gezeichnet)

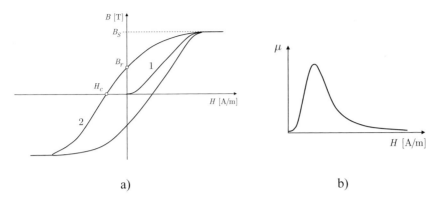

Abb. 8.4. Ferromagnetische Werkstoffe: a) Magnetisierungskennlinie (B_S Sätti-gungsinduktion, B_r Remanenzinduktion, H_c Koerzitivfeldstärke, 1... Neukurve, 2... Hysteresegrenzkurve, s. (Philippow 2000)), b) aussteuerungsabhängige Per-meabilitätskennlinie

Magnetisierungskennlinie Die Materialgleichung (8.4) beschreibt bei re-alen flussleitenden Medien ($\mu_r \gg 1$, ferromagnetische Stoffe) keinen li-nearen Zusammenhang. Bekanntermaßen sind tatsächlich sowohl *Sätti-gungseffekte* wie *Hystereseeffekte* zu berücksichtigen (Abb. 8.4a), die Permeabilität μ ist also nicht konstant, sondern aussteuerungsabhängig (Abb. 8.4b) (Philippow 2000), (Kallenbach et al. 2008).

Die Sättigungseffekte, charakterisiert durch die Sättigungsinduktion B_S , limitieren materialmäßig die maximal erreichbare Induktion und damit die maximal möglichen Wandlerkräfte (typische Werte $B_S = 1.2 ... 1.7$ T , (Kallenbach et al. 2008))

Beim Durchlauf der Hysteresekennlinie im dynamischen Betrieb (vari-abler Fluss) erfolgt eine Energiedissipation (Umwandlung in Wärme), die-se Effekte sind gegebenenfalls als Verluste im Verhaltensmodell eines Wandlers zu berücksichtigen (Schweitzer u. Maslen 2009).

Magnetischer Widerstand – Reluktanz Als wirksame Größen bei der Entstehung und räumlichen Ausbreitung eines Magnetfeldes spielen die *magnetische Spannung* $u_{m,12}$ nach Gl. (8.5) als *Potenzialgröße* und der *magnetische Fluss* Φ nach Gl. (8.7) als *Flussgröße* eine wichtige Rolle. Es ist nun naheliegend, in Analogie zu einem elektrischen Stromkreis das Verhältnis dieser beiden Größen als *magnetischen Widerstand* bzw. *Reluk-tanz* R_m einzuführen

$$R_m := \frac{u_{m,12}}{\Phi} \quad [\text{A/V} \cdot \text{s}]. \tag{8.8}$$

In einem *homogenen Magnetfeld* (Feldlinienlänge l, Querschnitt A) ist dann R_m eine konstante Größe, es gilt

$$R_m = \frac{u_{m,12}}{\Phi} = \frac{Hl}{\mu HA} = \frac{l}{\mu A}. \tag{8.9}$$

Man erkennt aus Gl. (8.9), dass der magnetische Widerstand nur von geometrischen Parametern und den magnetischen Eigenschaften des Mediums, wo der Magnetfluss stattfindet, abhängig ist.

Magnetischer Kreis – Magnetisches Netzwerk Für eine räumlich ausgedehnte Anordnung mit *abschnittsweise homogenen* Feldern lässt sich mittels des magnetischen Widerstandes sehr leicht ein *magnetisches Netzwerkmodell – magnetischer Kreis –* in Analogie zu einem elektrischen Netzwerk aufstellen (Abb. 8.5). Für jeden räumlich homogenen Abschnitt wird ein magnetischer Widerstand als konzentriertes Netzwerkelement definiert.

Aus dem Durchflutungsgesetz (8.1) folgen für die Anordnung in Abb. 8.5a die identischen Beziehungen

$$\int_{P2}^{P1} \vec{H}_{Fe} \cdot d\vec{s} + \int_{P1}^{P2} \vec{H}_{\delta} \cdot d\vec{s} = u_{m,Fe} + u_{m,\delta} = \Theta = Ni \tag{8.10}$$

$$H_{Fe} \cdot l_{Fe} + H_{\delta} \cdot \delta = \Phi_{Fe} \frac{l_{Fe}}{\mu_{Fe} A_{Fe}} + \Phi_{\delta} \frac{\delta}{\mu_0 A_{\delta}} = \Phi_{Fe} R_{Fe} + \Phi_{\delta} R_{\delta} = \Theta. \tag{8.11}$$

Die Formulierung (8.10) kann man in Analogie zu elektrischen Netzwerken als *KIRCHHOFFschen Maschensatz* für einen magnetischen Kreis interpretieren (magnetische Spannungen u_m, MMK Θ als magnetische Potenzialquelle, s. auch Abb. 8.6a).

Aus der Formulierung (8.11) erkennt man die Äquivalenz des magnetischen Flusses zum elektrischen Strom in einem elektrischen Netzwerk.

Der KIRCHHOFFsche *Knotenpunktsatz* für einen magnetischen Kreis ist in Abb. 8.6b dargestellt.

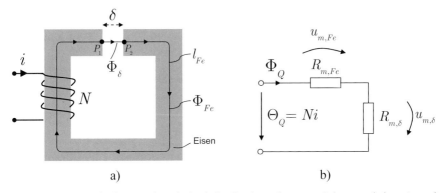

Abb. 8.5. Magnetischer Kreis – beispielhafte Anordnung: a) konstruktive Anordnung, b) magnetisches Netzwerk mit konzentrierten Parametern

Bezogen auf die Erregungsklemmen Θ_Q, Φ_Q lässt sich das magnetische Verhalten der gesamten Anordnung auf kompakte Weise durch den magnetischen Klemmenwiderstand $R_{m\Sigma}$ beschreiben. Diese Eigenschaft bietet letztendlich die Grundlage für die kompakte Formulierung der Elementarwandlergleichungen.

Magnetkreis mit Luftspalt Für die beispielhafte Anordnung in Abb. 8.5a findet man unter der Annahme vernachlässigbarer Streuflüsse ($\Phi_{Fe} \approx \Phi_\delta = \Phi_Q$)

$$\Theta_Q = \Phi_{Fe} R_{m,Fe} + \Phi_\delta R_{m,\delta} \approx \Phi_Q \left(R_{m,Fe} + R_{m,\delta} \right) \tag{8.12}$$

und unter Beachtung üblicher Materialdaten $\mu_{Fe} \gg \mu_0$

$$R_{m\Sigma} = R_{m,Fe} + R_{m,\delta} = \frac{l_{Fe}}{\mu_{Fe} A_{Fe}} + \frac{\delta}{\mu_0 A_\delta} \approx \frac{\delta}{\mu_0 A_\delta} . \tag{8.13}$$

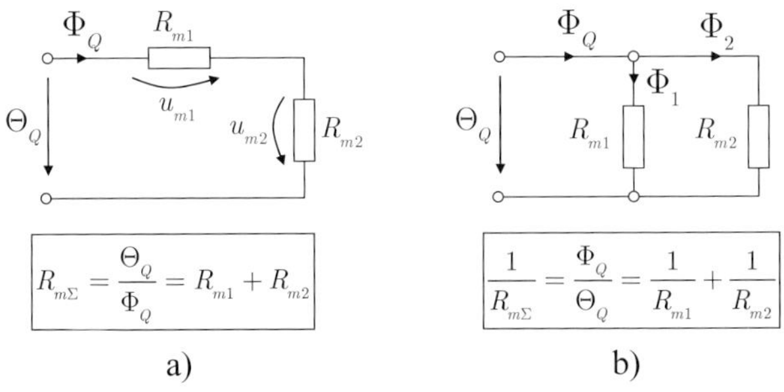

Abb. 8.6. Magnetischer Kreis – Magnetische Widerstände: a) Reihenschaltung (KIRCHHOFFscher Maschensatzsatz), b) Parallelschaltung (KIRCHHOFFscher Knotenpunktsatz)

In einem Magnetkreis mit Luftspalt wird der magnetische Widerstand (Reluktanz) also *primär* durch den *Luftspalt* bestimmt. Das hochpermeable Eisen bietet dem magnetischen Fluss einen vernachlässigbaren Widerstand und führt lediglich die magnetischen Feldlinien innerhalb des Eisenkerns in gewünschten räumlichen Bahnen.

Bei mehreren Luftspalten sind entsprechend der Flusstopologie (Reihe / Parallel) die Luftspaltwiderstände zu addieren.

Verketteter Fluss Die elektrische Rückwirkung eines zeitveränderlichen Magnetfeldes wird durch das FARADAYsche Gesetz (Induktionsgesetz) (8.2) beschrieben. Unter Berücksichtigung einer konkreten räumlichen Anordnung (hier: spulenförmige Leiteranordnung mit $k = 1, ..., N$ Leiterschleifen, geschlossener Pfad s entlang der elektrischen Feldlinien mit der eingeschlossenen Fläche A) erhält man

$$
u_{ind} = \oint_s \vec{E} \cdot d\vec{s} = -\frac{d}{dt} \int_{A=\sum_k A_k} \vec{B} \cdot d\vec{A} = -\frac{d}{dt} \sum_k \int_{A_k} \vec{B} \cdot d\vec{A} =
$$
$$
= -\frac{d}{dt} \sum_k \Phi_k \triangleq -\frac{d\Psi}{dt} .
$$
(8.14)

Die Gl. (8.14) besagt, dass bei zeitlicher Änderung des magnetischen Flusses in einer Leiterschleife eine elektrische Spannung E_{ind} (elektromotorische Kraft – EMK, Umlaufspannung) erzeugt (induziert) wird, die proportional dem mit den k Stromschleifen (s, A) verketteten magnetischen Fluss $\sum_k \Phi_k$ ist. Der magnetische Fluss Φ_k beschreibt den Fluss, den die k-te Windung mit der Fläche A_k umfasst.

In diesem Sinne definiert man als *verketteten* (magnetischen) *Fluss* Ψ

$$
\Psi := \sum_{(s,A),k} \Phi_k \quad [\text{V} \cdot \text{s} = \text{Weber} = \text{Wb}].
$$
(8.15)

Bei einer spiralförmig gewickelten Stromschleife mit N *Windungen* (Spule, $A_k = A_W$, $k = 1, ..., N$) und einem magnetischen Fluss Φ_W pro Windung beträgt der verkettete Fluss nach Gl. (8.15) beispielsweise

$$
\Psi_N = N \cdot \Phi_W .
$$
(8.16)

Der verkettete Fluss ist also *die* bestimmende Größe für die über das Magnetfeld induzierte Spannung E_{ind} (Addition der elektrischen Windungsspannungen) und damit für die Beschreibung der elektromagnetischen Rückwirkung auf einen elektrischen Leiter in einem Magnetfeld.

Als magnetischer Fluss sind dabei sowohl elektrisch erzeugte magnetische Flüsse $\Psi_\Theta(i)$ durch eine *magnetische Urspannung (MMK)* $\Theta(i)$ als auch Magnetflüsse Ψ_0 durch *Permanentmagneten* zu betrachten. Formal lässt sich also für den *verketteten Fluss* schreiben

$$\boxed{\Psi = \Psi_0 + \Psi_\Theta(i)} \ . \tag{8.17}$$

Mit Gl. (8.17) liegt nun die fundamentale *elektrische konstitutive* Beziehung gemäß des in Kap. 5 eingeführten energiebasierten Wandlermodells vor.

Induktivität Aus dem Durchflutungsgesetz (8.1) folgt, dass der durch einen Stromkreis erzeugte magnetische Fluss Φ_Θ und damit auch der verkettete magnetische Fluss Ψ_Θ zu jedem Zeitpunkt proportional dem Augenblickswert der Stromstärke i ist. Dies erlaubt den folgenden allgemeinen Ansatz für den Zusammenhang zwischen Erregungsstrom i und dem verketteten Fluss Ψ_Θ

$$\Psi_\Theta(i) = L(\text{Geometrie + Material}, i) \cdot i \ . \tag{8.18}$$

Der Proportionalitätsfaktor L $[\text{V} \cdot \text{s/A} = \text{Henry} = \text{H}]$ wird als *Induktivität* der Anordnung bezeichnet.

Die Induktivität beschreibt in kompakter Form die elektromagnetisch relevanten Eigenschaften einer elektromechanischen Anordnung. Der mechanische Aufbau findet sich in der geometrischen Abhängigkeit der Induktivität wieder. Bei veränderlicher Geometrie wird die Induktivität also auch von Bewegungskoordinaten abhängig (elektromechanischer Energieaustausch). Die elektrische (Rück-) Wirkung des Magnetfeldes äußert sich in den relevanten Materialeigenschaften (Permeabilität μ).

In der Regel sind nichtlineare Eigenschaften durch stromabhängige Sättigungseffekte zu berücksichtigen, d.h. $L = L(i)$, s. Abb. 8.7 (vgl. Abb. 8.4). Man unterscheidet dann zwischen der arbeitspunktabhängigen statischen Induktivität L_{st}^* und der differenziellen Induktivität L_d^* (s. Abb. 8.7). Das Verhalten in dem linearen Teil der $\Psi - i$ Kennlinie nennt man *magnetisch linear*, d.h. $\Psi = L_0 \cdot i$ (dann gilt Energie = Koenergie).

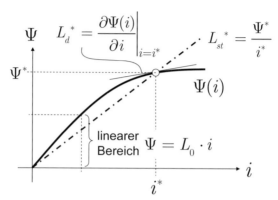

Abb. 8.7. Nichtlineare $\Psi - i$ Kennlinie und Induktivitätskenngröße

Bei den hier betrachteten elektromechanischen Wandlern ist die Induktivität im allgemeinen Fall sowohl von einer elektrischen Koordinate (Strom i) und einer mechanischen Koordinate (Auslenkung x) abhängig, man schreibt formal

$$L = L(x,i)\,. \tag{8.19}$$

Induktivität vs. magnetischer Widerstand   Für die Berechnung der Induktivität einer konkreten elektromagnetischen Anordnung (magnetischer Kreis) nutzt man mit Vorteil den Zusammenhang mit dem magnetischen Widerstand (Philippow 2000), (Lunze 1991).

Häufig lassen sich folgende *Annahmen* recht gut realisieren:
1. abschnittsweise homogene Magnetfelder
2. spulenförmige Leiteranordnung
3. alle N Spulenwindungen umfassen den gleichen Fluss, d.h.
   $\Psi_\Theta = N \cdot \Phi_W$
4. magnetischer Widerstand ist (näherungsweise) leicht berechenbar.

Dann gilt gemäß Gl. (8.8)

$$R_m = \frac{\Theta}{\Phi} = \frac{Ni}{\Phi} \;\Rightarrow\; \Phi = \Phi_W = \frac{Ni}{R_m}$$

und weiter mit Gl. (8.16)

$$\Psi_N = N \cdot \Phi_W = \frac{N^2}{R_m}i = L \cdot i\,.$$

Somit folgt für die Induktivität bei bekanntem magnetischem Widerstand $R_{m\Sigma}$ der *gesamten Anordnung* die allgemeine Beziehung

$$\boxed{L = \frac{N^2}{R_{m\Sigma}}} \,. \tag{8.20}$$

Die Induktivität einer Anordnung lässt sich also bei Gültigkeit der oben angeführten Annahmen relativ leicht parametrisch über den magnetischen Widerstand (Reluktanz) ermitteln.

Induktivität für magnetischen Kreis mit Luftspalt – Reluktanzwandler Für einen magnetischen Kreis mit Luftspalt entsprechend einer Anordnung nach Abb. 8.5a ergibt sich für die Induktivität bezüglich der elektrischen Klemmen

$$L = N^2 \, \frac{\mu_0 A_\delta}{\delta} \,. \tag{8.21}$$

Die Gl. (8.21) zeigt die typische Abhängigkeit der Induktivität von geometrischen Konstruktionsparametern bei elektromagnetischen (EM) Wandlern. Durch eine veränderliche Geometrie des Luftspaltes (variables δ bzw. A_δ durch einen beweglichen Anker) lassen sich die resultierende Reluktanz des magnetischen Kreises und damit die Induktivität der Anordnung variieren, daraus resultieren eine Abhängigkeit $L(\delta, A_\delta)$ und veränderliche elektromagnetische Eigenschaften. Daraus resultiert auch die alternative Bezeichnung elektromagnetischer (EM) Wandler – *Reluktanzwandler.*

Elektrodynamisches Kraftgesetz – LORENTZ-Kraft Als zusätzliches Naturgesetz zu den MAXWELLschen Gleichungen ist das *LORENTZ-Kraftgesetz*[5] *(elektrodynamisches Kraftgesetz)* für eine *bewegte Ladung* in einem *magnetischen Feld* von großer Bedeutung für Wandler mit elektromagnetischer Wechselwirkung (Küpfmüller et al. 2006), (Philippow 2000), (Lunze 1991).

Mit dem LORENTZ-Kraftgesetz,

$$\vec{F}_L = q \left(\vec{v} \times \vec{B} \right) \tag{8.22}$$

---

[5] Die zweite Komponente der LORENTZ-Kraft $\vec{F} = q\vec{E}$, die durch ein elektrisches Feld ausgeübte Kraft auf eine elektrische Ladung, ist hier nicht von Bedeutung und wird deshalb nicht weiter betrachtet.

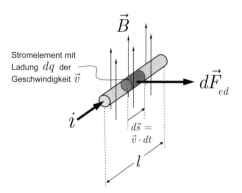

Abb. 8.8. LORENTZ-Kraft (elektrodynamische Kraft) $\vec{F}_{ed}$ auf eine bewegte Ladung in einem Magnetfeld

folgt die Kraft auf ein Stromelement (s. Abb. 8.8),

$$d\vec{F}_{ed} = dq\left(\vec{v} \times \vec{B}\right)\Big|_{dq\cdot\vec{v}=i\cdot d\vec{s}} = i\left(d\vec{s} \times \vec{B}\right).$$

Die Summenkraft auf einen stromdurchflossenen linienhaften Leiter der Länge l (auch beliebig krumm mit ortsabhängigem $\vec{B}$) – *Elektrodynamisches Kraftgesetz* – ergibt sich dann allgemein zu

$$\vec{F}_{ed} = i \int_{l} \left(d\vec{s} \times \vec{B}\right) . \tag{8.23}$$

Für den Spezialfall eines *geradlinigen Leiters* der Länge l im homogenen Magnetfeld gilt

$$\vec{F}_{ed} = l\left(\vec{i} \times \vec{B}\right) \tag{8.24}$$

wobei i in Richtung $\vec{l}$ weist.

8.3 EM Elementarwandler – variable Reluktanz

8.3.1 Systemkonfiguration

Magnetischer Kreis   Das Prinzip der elektromagnetischen Krafterzeugung (Reluktanzkraft) beruht auf einem veränderlichen magnetischen Widerstand – *variable Reluktanz* – in einem elektrisch erregten magnetischen Kreis. Die variable Reluktanz wird durch einen beweglichen *ferromagneti-*

schen Anker erzeugt, der sich in einem Luftspalt des im Allgemeinen feststehenden Teils – des Ständers – im magnetischen Kreises befindet.
Die den Magnetfluss bestimmenden Grenzflächen zwischen einem ferromagnetischen Material und dem Luftspalt werden *Polschuhe* oder kurz (Magnet-) *Pole* genannt und sind konstruktiv so ausgeführt, dass möglichst wenig Streufluss entsteht.
Der bewegliche Anker wird in geeigneter Weise mit der mechanischen Struktur verbunden und kann Kräfte übertragen bzw. Bewegungen aufnehmen. In Abb. 8.9 ist eine schematische Anordnung mit einer zu den Polschuhflächen orthogonalen (*transversalen*) Bewegungsmöglichkeit gezeichnet (*variabler Luftspalt*; hier nur schematisch dargestellt, technische Wandler nutzen einen geschlossenen Magnetkreis, s. Abschn. 8.3.5).
Häufig wird auch eine Longitudinalbewegung des Ankers gegenüber den Polstirnflächen genutzt, d.h. konstanter Luftspalt bei variabler Polfläche. In beiden Fällen ist die den Magnetfluss bestimmende Induktivität der Anordnung aufgrund des elementaren Zusammenhanges nach Gl. (8.20) abhängig von der geometrieabhängigen Luftspaltreluktanz.

Fesselung Aufgrund der stets unipolar wirkenden Reluktanzkraft ist eine elastische Fesselung des beweglichen Ankers unbedingt nötig (Ausnahme *EM Differenzialwandler, elektromagnetisches Lager*, s. Abschn. 8.6).

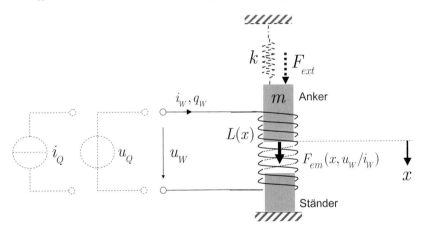

Abb. 8.9. Prinzipaufbau eines elektromagnetischen (EM) Elementarwandlers mit einem mechanischen Freiheitsgrad (eindimensional beweglicher Anker in einem Magnetkreis, elektromagnetische Krafterzeugung durch variable Reluktanz). Gestrichelt gezeichnet ist die externe Beschaltung alternativ mit Spannungs- oder Stromquelle und elastischer Fesselung.

8.3.2 Konstitutive elektromagnetische Wandlergleichungen

Konstitutive elektromagnetische Basisgleichung Die grundlegende konstitutive Beziehung zwischen der elektrischen Energievariablen ψ_W und der elektrischen Leistungsvariablen $\dot{q}_W = i_W$ nach Abb. 5.7 ist unter Annahme eines *verlustlosen elektrisch linearen* Verhaltens durch Gl. (8.18) gegeben[6] (Kopplung über magnetisches Feld, Induktivität unabhängig von der Durchflutung bzw. Erregungsstrom), d.h.

$$\psi_W = L(x) \cdot \dot{q}_W = L(x) \cdot i_W . \tag{8.25}$$

Die Wandlerinduktivität $L(x)$ hängt entsprechend Beziehung (8.13) primär von der Luftspaltgeometrie ab.

Konstitutive ELM-Wandlergleichungen Aus der konstitutiven Beziehung (8.25) erhält man mit den Ergebnissen aus Abschn. 5.3.2 (s. Tabelle 5.3) unmittelbar die *konstitutiven ELM-Wandlergleichungen* für den *elektromagnetischen (EM) Wandler* in unterschiedlicher Koordinatendarstellung

- *Q-Koordinaten*

$$F_{em,Q}(x, \dot{q}_W) = \frac{1}{2} \frac{\partial L(x)}{\partial x} \cdot \dot{q}_W^2$$

$$u_W(x, \dot{x}, \dot{q}_W, \ddot{q}_W) = L(x) \cdot \ddot{q}_W + \frac{\partial L(x)}{\partial x} \cdot \dot{x} \cdot \dot{q}_W , \tag{8.26}$$

- *PSI-Koordinaten*

$$F_{em,\Psi}(x, \psi_W) = \frac{1}{2} \frac{1}{L(x)^2} \frac{\partial L(x)}{\partial x} \psi_W^2$$

$$i_W(x, \psi_W) = \frac{1}{L(x)} \psi_W . \tag{8.27}$$

Die Gln. (8.26), (8.27) beschreiben die elektromagnetischen (EM) Kraftgesetze und das Klemmenverhalten des verlustlosen unbeschalteten Wandlers in Abhängigkeit einer der beiden als unabhängig angenommenen elektrischen Klemmengrößen.

---

[6] Gegebenenfalls ist dem stromabhängigen Induktionsfluss noch ein konstanter Induktionsfluss ψ_0 durch einen *Permanentmagneten* überlagert.

Elektromagnetische Kraft – Reluktanzkraft Wie aus den Gln. (8.26), (8.27) ersichtlich, wirkt die aufgrund der auslenkungsabhängigen Induktivität $L(x)$ wirkenden Kraft F_{em} – *Reluktanzkraft* – immer *unidirektional*, unabhängig von der Polarität der elektrischen Klemmengrößen.

Bei bekannter, geometrisch parametrierter Induktivität $L(x)$ des magnetischen Kreises lässt sich die elektromagnetische Wandlerkraft (Reluktanzkraft) also unmittelbar aus den Beziehungen (8.26), (8.27) berechnen.

Kraftrichtung Für die *Kraftrichtung* am elektromagnetischen (EM) Wandler gilt allgemein der folgende

---

Satz 8.1. *Elektromagnetische Kraftrichtung*[7]   (Philippow 2000)

Die elektromagnetische Kraft ist immer so gerichtet, dass sie die *Induktivität* (*Reluktanz*) des magnetischen Kreises zu *vergrößern* (*verkleinern*) sucht.

Elektromagnetische Kräfte zwischen magnetischen Polschuhen Zur Veranschaulichung der elektromagnetischen Kraftgesetze (8.26), (8.27) betrachte man die in Abb. 8.10 gezeigte vereinfachte Anordnung von magnetischen Polschuhen (elektrische Erregung nicht eingezeichnet), wobei der linke Polschuh als beweglich angenommen wird. Unter Vernachlässigung von Streuflüssen über Seitenflächen der Polschuhe ergibt sich die *Reluktanz* des Polluftspaltes bzw. *Induktivität* des magnetischen Kreises näherungsweise zu

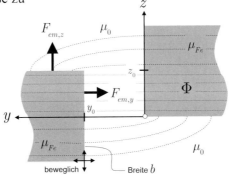

Abb. 8.10. Elektromagnetische Kräfte (Reluktanzkräfte) zwischen zwei magnetischen Polschuhen (Feldlinien schematisiert)

---

[7] Vergleiche den äquivalenten Satz 6.1 für einen *elektrostatischen* Wandler (Abschn. 6.3.2)

$$R_m(y, z) \approx \frac{y}{\mu_0 bz} \quad \text{bzw.} \quad L(y, z) \approx N^2 \frac{\mu_0 bz}{y}$$

Die auf diesen Polschuh wirkende *Reluktanzkraft* $\vec{F}_{em}$ kann in zwei orthogonale Komponenten zerlegt werden (hier in elektrischen *Q-Koordinaten*, d.h. eingeprägter Wandlerstrom i_W, s. Gl. (8.26))

$$F_{em,y}(y, z_0, i_W) = \frac{1}{2} i_W{}^2 \frac{\partial}{\partial y}\left(N^2 \frac{\mu_0 bz_0}{y} \right) = -\frac{1}{2} i_W{}^2 \frac{N^2 \mu_0 bz_0}{y^2} \qquad (8.28)$$

$$F_{em,z}(y_0, i_W) = \frac{1}{2} i_W{}^2 \frac{\partial}{\partial z}\left(N^2 \frac{\mu_0 bz}{y_0} \right) = \frac{1}{2} i_W{}^2 \frac{N^2 \mu_0 b}{y_0} \ . \qquad (8.29)$$

Die Kraftrichtungen der beiden Kraftkomponenten $F_{em,y}$ (*Normalkraft*, negativ, d.h. anziehend!) und $F_{em,z}$ (*Tangentialkraft*) decken sich erwartungsgemäß mit Satz 8.1. Je nach kinematischer Fesselung führt der bewegliche linke Polschuh in Abb. 8.10 eine Bewegung entsprechend der Kraftrichtungen $F_{em,y}$ und/oder $F_{em,z}$ aus. Meist wird einer der Bewegungsfreiheitsgrade y oder z durch eine holonome Zwangsbedingung (z.B. reibungsarme Führung) beschränkt.

Die zu den Gln. (8.28), (8.29) äquivalenten Kraftkomponenten in *PSI-Koordinaten* lauten unter Beachtung von Gl. (8.27)

$$F_{em,y}(z_0, \psi_W) = -\frac{1}{2} \psi_W{}^2 \frac{1}{N^2 \mu_0 bz_0} \qquad (8.30)$$

$$F_{em,z}(y_0, z, \psi_W) = \frac{1}{2} \psi_W{}^2 \frac{y_0}{N^2 \mu_0 b} \frac{1}{z^2} \ . \qquad (8.31)$$

Man erkennt, wie schon beim elektrostatischen Wandler, dass unter gewissen Bedingungen die Reluktanzkräfte *unabhängig* von der Auslenkung werden (abhängig von Wirkrichtung in Bezug zu Magnetfluss bzw. gewählte Koordinatendarstellung, s. Gln. (8.29), (8.30)).

Verallgemeinerung – Kraft auf Grenzflächen Die Polschuhe in Abb. 8.10 bilden Grenzflächen zwischen einem magnetischen Leiter (Eisen, $\mu_{Fe} \gg \mu_0$) und Luft (μ_0). Die Gln. (8.28) bis (8.31) beschreiben die Kraftwirkung auf diese Grenzflächen.

Man kann diese Fragestellung für Grenzflächen zwischen verschiedenen magnetischen Medien in einem elektromagnetischen Feld verallgemeinern. Es gilt generell der folgende

---

Satz 8.2. *Kraftrichtung auf Grenzflächen*[8]   (Philippow 2000)

Die gesamte auf eine Grenzfläche wirkende Kraft greift immer *senkrecht* zur Grenzfläche an. Die Kraftrichtung ist unabhängig von der Richtung der Feldstärke und ist immer in Richtung des Mediums mit der *kleineren* Permeabilität gerichtet.

Konstanter Induktionsfluss – Polkraft eines Permanentmagneten In einem magnetischen Kreis kann man einen konstanten und homogenen Induktionsfluss entweder mittels einer Spule mit Eisenkern und einem konstanten Erregerstrom oder wesentlich energiesparender mittels eines *Permanentmagneten* erzeugen. Normal zu den Polflächen des Permanentmagneten wirkt eine Reluktanzkraft, die man bequem über die Beziehung (8.27) berechnen kann.

Ersetzt man die Induktivität mittels Gl. (8.20) durch den magnetischen Widerstand und berücksichtigt die Grenzflächenverhältnisse gemäß Gl. (8.13) so erhält man die zur Kraftgleichung (8.27) äquivalente Beziehung für die *Polkraft* eines *Permanentmagneten*

$$\vec{F}_{em,PM} = \frac{B_{PM}^{\,2} A}{2\mu_0} \vec{n} = \frac{\Phi_{PM}^{\,2}}{2\mu_0 A} \vec{n} \qquad (8.32)$$

mit B_{PM} Induktionsflussdichte bzw. Φ_{PM} Induktionsfluss des Permanentmagneten, A Polfläche und $\vec{n}$ Einheitsvektor der Grenzfläche in Richtung Eisen (d.h. anziehende Kraft).

8.3.3 ELM-Vierpolmodell

Lokale Linearisierung Die konstitutiven elektromagnetischen Kraftgleichungen (8.26), (8.27) sind in jedem Fall quadratisch nichtlinear bezüglich der unabhängigen (eingeprägten) elektrischen Klemmengröße ψ_W bzw.

---

[8] Vergleiche den äquivalenten Satz 6.2 für einen *elektrostatischen* Wandler (Abschn. 6.3.2)

q_W und in vielen Fällen auch noch nichtlinear bezüglich der Ankerauslenkung x. Aus diesen Gründen ist für eine Kleinsignalbetrachtung eine lokale Linearisierung um einen stationären Arbeitspunkt durchzuführen. Ohne Einschränkung der Allgemeinheit kann man als mögliche *stationäre Arbeitspunkte* definieren

$$x_R = const., \quad \dot{x}_R = 0, \quad \dot{\psi}_{W,R} = 0, \quad bzw. \quad \ddot{q}_{W,R} = 0$$

$$\dot{q}_{W,R} = i_{W,R} = const. \quad bzw. \quad \psi_{W,R} = const.,$$

(8.33)

d.h. konstanter Durchflutungsstrom $i_{W,R}$ und konstanter Ruhefluss $\psi_{W,R}$.

Arbeitspunkteinstellung mit Permanentmagnet Wie im vorhergehenden Abschnitt gezeigt, lässt sich bei einem elektromagnetischer Wandler der Arbeitspunkt energiesparend durch einen *Permanentmagneten* im magnetischen Kreis einstellen. Damit kann auch im stromlosen Zustand eine *statische Wandlerkraft* nach Gl. (8.32) erzeugt werden (wichtiger Betriebsaspekt, z.B. Sicherheit).

Vierpol-Admittanzform Ausgehend von den konstitutiven Wandlergleichungen (8.27) erhält man unter Nutzung der allgemeingültigen Ergebnisse aus Abschn. 5.3.3 die *Vierpol-Admittanzform* des unbeschalteten elektromagnetischen (EM) Wandlers

$$\begin{pmatrix} \triangle F_{em,\Psi}(s) \\ \triangle I_W(s) \end{pmatrix} = \mathbf{Y}_{em}(s) \cdot \begin{pmatrix} \triangle X(s) \\ \triangle U_W(s) \end{pmatrix} = \begin{pmatrix} k_{em,U} & \dfrac{K_{em,U}}{s} \\ -K_{em,U} & \dfrac{1}{s}\dfrac{1}{L_R} \end{pmatrix} \begin{pmatrix} \triangle X(s) \\ \triangle U_W(s) \end{pmatrix}$$

(8.34)

mit den definitorischen Beziehungen für die *arbeitspunktabhängigen Wandlerparameter*

- *Elektromagnetische Spannungssteifigkeit*

$$k_{em,U} := \frac{\psi^2}{L(x)^2}\left[\frac{1}{2}\frac{\partial^2 L(x)}{\partial x^2} - \frac{1}{L(x)}\left(\frac{\partial L(x)}{\partial x}\right)^2\right]\Bigg|_{\psi=\psi_{W,R},\; x=x_R}$$

(8.35)

- *Spannungsbeiwert* $K_{em,U} := \psi\dfrac{1}{L(x)^2}\dfrac{\partial L(x)}{\partial x}\Bigg|_{\psi=\psi_{W,R},\; x=x_R}$

- *Ruheinduktivität* $L_R := L(x)\Big|_{x=x_R}$.

Vierpol-Hybridform In äquivalenter Weise erhält man über die konstitutiven Wandlergleichungen (8.26) die *Vierpol-Hybridform* des unbeschalteten elektromagnetischen (EM) Wandlers

$$\begin{pmatrix} \triangle F_{em,Q}(s) \\ \triangle U_W(s) \end{pmatrix} = \mathbf{H}_{em}(s) \cdot \begin{pmatrix} \triangle X(s) \\ \triangle I_W(s) \end{pmatrix} = \begin{pmatrix} k_{em,I} & K_{em,I} \\ sK_{em,I} & sL_R \end{pmatrix} \begin{pmatrix} \triangle X(s) \\ \triangle I_W(s) \end{pmatrix} \qquad (8.36)$$

mit den definitorischen Beziehungen für die *arbeitspunktabhängigen Wandlerparameter*

• *Elektromagnetische Stromsteifigkeit*

$$k_{em,I} := \frac{1}{2} \dot{q}^2 \left. \frac{\partial^2 L(x)}{\partial x^2} \right|_{\substack{\dot{q}=\dot{q}_{W,R} \\ x=x_R}} \qquad (8.37)$$

• *Strombeiwert* $K_{em,I} := \dot{q} \left. \frac{\partial L(x)}{\partial x} \right|_{\dot{q}=\dot{q}_{W,R}, \ x=x_R}$

wobei die *Ruheinduktivität* L_R gleich wie in Gl. (8.35) definiert ist.

Beziehungen zwischen Vierpolparametern Man überzeugt sich leicht, dass für die Parameter der Admittanz- und Hybridform die folgenden Beziehungen gelten (s. Tabelle 5.4)

$$k_{em,U} = k_{em,I} - \frac{K_{em,I}^2}{L_R}, \qquad K_{em,U} = \frac{K_{em,I}}{L_R}$$

$$k_{em,I} = k_{em,U} + L_R K_{em,U}^2, \qquad K_{em,I} = L_R K_{em,U} . \qquad (8.38)$$

8.3.4 Beschalteter elektromagnetischer (EM) Wandler

Mechanische Fesselung Aufgrund der unidirektionalen Wirkung der Reluktanzkraft (quadratische Abhängigkeit von den elektrischen Klemmengrößen, Kraftrichtung immer in Richtung Vergrößerung der Wandlerinduktivität) ist eine *elastische Fesselung* der Ankerelektrode *unumgänglich* (s. Abb. 8.9). Dabei muss die Federkraft der Fesselung die Wandlerkraft kompensieren. Die Berechnung der Ruhelagen und eine Analyse des stationären Verhaltens erfolgt für einige häufig vorkommende Ankerkonfigurationen in den nachfolgenden Abschnitten.

Lineares Verhaltensmodell Das lineare Verhaltensmodell des beschalteten elektromagnetischen (EM) Wandlers lässt sich mit den Vierpolparametern aus Gln. (8.34), (8.36) leicht aus dem generischen Modell aus Abschn. 5.4.4 gewinnen. Die Signalflusspläne für einen spannungsgesteuerten bzw. stromgesteuerten Wandler sind in Abb. 8.11 bzw. 8.12 gezeigt (vgl. Abb. 5.15, Abb. 5.16).

ELM-Koppelfaktor Unter Beachtung der Korrespondenzen aus Abschn. 5.6 erhält man die arbeitspunktabhängige allgemeine Beziehung für den *ELM-Koppelfaktor* eines *elektromagnetischen* (EM) Wandlers (nur definiert für gefesselte Ankerelektrode)

$$\kappa_{em}{}^2 = \frac{L_R \cdot K_{em,U}{}^2}{k - k_{em,U}} = \frac{1}{1 + \dfrac{L_R}{K_{em,I}{}^2}\left(k - k_{em,I}\right)} . \tag{8.39}$$

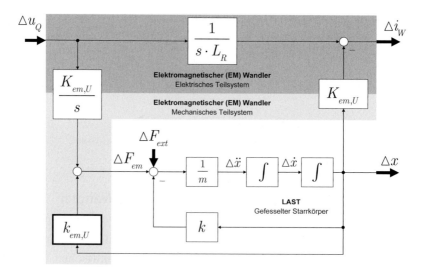

Abb. 8.11. Signalflussplan eines beschalteten *elektromagnetischen* (EM) Wandlers bei *Spannungssteuerung* (linearisiertes Modell um stabilen Arbeitspunkt, verlustlos, ideale Spannungsquelle, mechanische Last: elastisch gefesselter Starrkörper, vgl. Abb. 8.9)

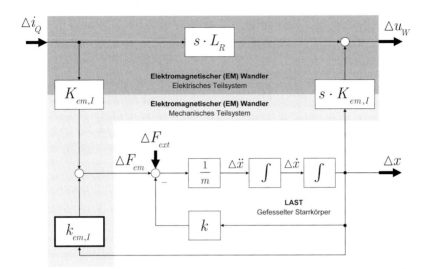

Abb. 8.12. Signalflussplan eines beschalteten *elektromagnetischen* (EM) Wandlers bei *Stromsteuerung* (linearisiertes Modell um stabilen Arbeitspunkt, verlustlos, ideale Stromquelle, mechanische Last: elastisch gefesselter Starrkörper, vgl. Abb. 8.9)

Wandlersteifigkeit – Elektromagnetische Erweichung Die (differenziellen) elektromagnetischen Wandlersteifigkeiten aus Gln. (8.35), (8.37) besitzen vier beachtenswerte Eigenschaften:

- Die Wandlersteifigkeit $k_{em,U}$ bei Spannungsteuerung ist immer *kleiner* als die Steifigkeit $k_{em,I}$ bei Stromsteuerung.
- In der Regel sind beide Steifigkeiten größer als Null, was gemäß Abschn. 5.4.3 zu einer Erniedrigung der Gesamtsteifigkeit $(k - k_{el})$ des Wandlers führt (hier: elektromagnetische Erweichung)
- Unter gewissen Bedingungen kann die differenzielle Wandlersteifigkeit bei *Spannungssteuerung* Null bzw. negativ werden.
- Die Steifigkeiten ändern sich mit der Ruhelage, d.h. mit der elektrischen Aussteuerung des Wandlers. Dies ist als *Parametervariation* bei der Reglerauslegung in Verbindung mit einem elektromagnetischen Wandler zu beachten. Im Zusammenhang mit der elektromagnetischen Erweichung resultiert daraus zusätzlich die Gefahr einer *Instabilität* des Arbeitspunktes (s. *Pull-in* Phänomen).

8.3.5 Konstruktionsprinzipien

Arbeitsluftspalt – Nebenluftspalt Elektromagnetische Wandler benötigen zur Nutzung der Reluktanzkraft prinzipiell einen Luftspalt zur gezielten Krafterzeugung, man nennt diesen Bereich deshalb *Arbeitsluftspalt* (Kallenbach et al. 2008). Daneben sind in bestimmten Wandlerkonfigurationen zur Flussführung, speziell zur Bewegungsführung des Ankers im Flussfeld, noch zusätzliche Luftspalte – *Nebenluftspalte* – unvermeidbar. Da diese Nebenluftspalte einen zusätzlichen magnetischen Widerstand darstellen und damit die Wandlerinduktivität verringern (s. Gl. (8.20)), wird man nach Möglichkeit die magnetischen Verluste durch Nebenluftspalte möglichst gering zu halten versuchen.

Grundtypen In Tabelle 8.1 sind verschiedene Konstruktionsprinzipien mit einem mechanischen Freiheitsgrad dargestellt. Grundsätzlich lassen sich EM Wandler in Typen mit einem *variablen* und *konstanten* Arbeitsluftspalt einteilen. Die Krafterzeugung folgt dabei entsprechend den in Abb. 8.10 gezeigten Prinzipien: Kraftrichtung parallel bzw. orthogonal zum Induktionsfluss im Arbeitsluftspalt.

Aufschluss für geeignete konstruktive Gestaltungsfreiheitsgrade geben die elementaren Beziehungen für die Induktivität Gl. (8.21) und für die Reluktanzkraft Gl. (8.26), die verallgemeinert mit einem veränderlichen geometrischen Konfigurationsparameter var folgendermaßen dargestellt werden können

$$L(\text{var}) \sim \frac{A_{Luftspalt}(\text{var})}{\delta(\text{var})} \quad \Rightarrow \quad F_{em} \sim \frac{\partial L(\text{var})}{\partial \text{ var}} \qquad (8.40)$$

wobei $A_{Luftspalt}$ die von Ständer und Anker überdeckte gemeinsame Polfläche und δ den effektiven Luftspalt des Induktionsflusses bedeuten. Für die *Krafterzeugung* bieten sich also sowohl die *Variation der Luftspaltpolfläche* $A_{Luftspalt}$ als auch die *Variation des Luftspaltes* δ an. In technischen Ausführungen werden diese beiden Möglichkeiten entweder exklusiv oder auch simultan genutzt, um bestimmte Weg-Kraft-Kennlinien zu erhalten.

In Tabelle 8.1 sind die relevanten Reluktanzkräfte exemplarisch in Abhängigkeit des Erregerstromes dargestellt (vgl. Gl. (8.26)). Man verifiziert an allen Beispielen leicht die Wirkrichtung der Reluktanzkraft gemäß Satz 8.1 und Satz 8.2. Die (genäherte) Bestimmung der Induktivitäten wurde über die relevanten magnetischen Luftspaltwiderstände nach Gl. (8.20) durchgeführt. Diese vereinfachten Modelle sind als eine erste Näherung für Systemuntersuchungen durchaus ausreichend und erlauben zumindest eine belastbare Abschätzung der Größenordnung der relevanten Verhaltensparameter. Für genauere Aussagen ist eine *detaillierte Feldmodellierung* nötig, s. beispielsweise (Kallenbach et al. 2008).

Variabler Arbeitsluftspalt Die in Tabelle 8.1 dargestellten Typen A bis D nutzen die Reluktanzkraft parallel zum Luftspaltinduktionsfluss (Normalkraft). Diese Kraft zieht den Anker immer gegen die Polfläche des Ständers. Der *Topfmagnet* (Typ D) besitzt einen Nebenluftspalt, der für die kinematische Führung des Ankers nötig ist (Spalt wird mit einem reibungsarmen nichtmagnetischen Material ausgefüllt). Die Reluktanzkraft zeigt die typische reziproke quadratische Abhängigkeit von der Arbeitsluftspaltlänge[9]. Der *Klappankermagnet* (Typ C) besitzt bei gleicher Dimensionierung des Ankers wie bei den Hubankertypen A, B eine wesentlich kleinere effektive Masse (etwa ein Drittel) und erlaubt damit schnellere Bewegungen (geringere Massenträgheit des Ankers).

Konstanter Arbeitsluftspalt Bei den in Tabelle 8.1 dargestellten Typen E bis G wird die Reluktanzkraft quer zum Luftspaltinduktionsfluss genutzt (Tangentialkraft), dazu wird die Polüberdeckungsfläche des Luftspaltes variiert. Diese Kraft ist stets so gerichtet, dass die Polflächen zunehmend überdeckt werden. Im konstruktiv günstigen Fall bei einem *Tauchanker* nach Typ E ergibt sich eine von der *Ankerauslenkung unabhängige* konstante Reluktanzkraft. Wird der Anker jedoch durch ein zweites Feld geführt, wie beim Tauchankertyp F, so zeigt sich auch hier eine auslenkungsabhängige Hubkraft-Weg-Kennlinie.

Dieses Reluktanzprinzip mit konstantem Luftspalt ist speziell für *Drehwandler* nach Typ G geeignet und soll im Folgenden kurz erläutert werden. Der magnetische Luftspaltwiderstand bzw. die Induktivität sind minimal bzw. maximal, wenn Anker- und Ständerpole genau deckungsgleich sind (Ankerwinkel $\varphi = 0$). Bei einem Ankerwinkel $\varphi = \pi/2$ kehren sich die Verhältnisse genau um. Damit lässt sich die vom Ankerwinkel φ abhängige Induktivität als Summe eines Gleichanteiles L_0 und eines näherungsweise harmonischen Anteils $L_V \cos 2\varphi$ darstellen, woraus der in Tabelle 8.1, Typ G, gezeigte Momentenverlauf resultiert. Dieses Prinzip wird beispielsweise bei *Reluktanzschrittmotoren* genutzt.

---

[9] Vergleiche mit einem elektrostatischen Plattenwandler mit variablem Elektrodenabstand.

Tabelle 8.1. Elektromagnetische (EM) Elementarwandler mit einem mechanischen Freiheitsgrad x bzw. φ (Kraft *positiv* in *Pfeilrichtung*)

	Wandlertyp	Wandlermodell
A	*Hubanker –U-Ständer* variabler Luftspalt	$$L(x) = N^2 \frac{\mu_0 A_{pol}}{2} \frac{1}{x}$$ $$F_{em}(x,I) = \frac{1}{2} I^2 N^2 \frac{\mu_0 A_{pol}}{2} \frac{1}{x^2}$$
B	*Hubanker – E-Ständer* variabler Luftspalt	$$L(x) = N^2 \frac{2\mu_0 A_{pol}}{3} \frac{1}{x}$$ $$F_{em}(x,I) = \frac{1}{2} I^2 N^2 \frac{2\mu_0 A_{pol}}{3} \frac{1}{x^2}$$
C	*Klappanker – U-Ständer* variabler Luftspalt	$\varphi \ll 1$ $$L(\varphi) \approx N^2 \frac{\mu_0 A_{pol}}{l} \frac{1}{\varphi}$$ $$\tau_{em}(\varphi,I) \approx \frac{1}{2} I^2 N^2 \frac{\mu_0 A_{pol}}{l} \frac{1}{\varphi^2}$$

Tabelle 8.1. (Fortsetzung)   Elektromagnetische (EM) Elementarwandler mit einem mechanischen Freiheitsgrad x bzw. φ (Kraft positiv in Pfeilrichtung)

Wandlertyp	Wandlermodell
D *Topfmagnet* variabler Arbeitsluftspalt	Zylinderquerschnitt mittlerer Flussquerschnitt: $D + \delta$ $$L(x) = N^2 \frac{\mu_0 \pi D^2 (D + \delta) a}{\delta D^2 + 4(D + \delta) a \cdot x}$$ $$F_{em}(x, I) = \frac{1}{2} I^2 N^2 \frac{4 \mu_0 \pi D^2 (D + \delta)^2 a^2}{\left(\delta D^2 + 4(D + \delta) a \cdot x \right)^2}$$
E *Tauchanker – Einfachständer* variable Fläche	Rechteckquerschnitt $$L(x) = N^2 \frac{\mu_0 b}{2\delta} \cdot x$$ $$F_{em}(x, I) = \frac{1}{2} I^2 N^2 \frac{\mu_0 b}{2\delta}$$ Zylinderquerschnitt mittlerer Flussquerschnitt: $D + \delta$ $$L(x) = N^2 \frac{\mu_0 \pi (D + \delta)}{\delta} \cdot x$$ $$F_{em}(I) = \frac{1}{2} I^2 N^2 \frac{\mu_0 \pi (D + \delta)}{\delta}$$

Tabelle 8.1. (Fortsetzung)   Elektromagnetische (EM) Elementarwandler mit einem mechanischen Freiheitsgrad x bzw. φ (Kraft positiv in Pfeilrichtung)

Wandlertyp	Wandlermodell
F *Tauchanker – U-Ständer* variable Fläche	Rechteckquerschnitt $L_0 = N^2 \dfrac{\mu_0 ab}{2\delta}$ Zylinderquerschnitt $L_0 = N^2 \dfrac{\mu_0 \pi (D+\delta)a}{\delta}$ mittlerer Flussquerschnitt: $D + \delta$ $L(x) = L_0 \dfrac{x}{a+x}$ $F_{em}(x,I) = \dfrac{1}{2} I^2 L_0 \dfrac{a}{\left(a+x\right)^2}$
G *Drehanker – zweipolig* variable Fläche	$R_{m,min} \approx \dfrac{2\delta_{min}}{\mu_0 A_{pol}} \Rightarrow L_{max} \approx N^2 \dfrac{\mu_0 A_{pol}}{2\delta_{min}}$ $R_{m,max} \approx \dfrac{2\delta_{max}}{\mu_0 A_{pol}} \Rightarrow L_{min} \approx N^2 \dfrac{\mu_0 A_{pol}}{2\delta_{max}}$ $L_0 := \dfrac{1}{2}\left(L_{min}+L_{max}\right) = \dfrac{N^2}{4}\mu_0 A_{pol}\left(\dfrac{1}{\delta_{max}}+\dfrac{1}{\delta_{min}}\right)$ $L_V := \dfrac{1}{2}\left(L_{max}-L_{min}\right) = \dfrac{N^2}{4}\mu_0 A_{pol}\left(\dfrac{1}{\delta_{min}}-\dfrac{1}{\delta_{max}}\right)$ $L(x) \approx L_0 + L_V \cos 2\varphi$ $\tau_{em}(x,I) \approx I^2 L_V \sin 2\varphi$

Polschuhgeometrie vs. Kraft-Hub-Kennlinie   Der magnetische Luftspaltwiderstand und damit Induktivität sowie Reluktanzkraft hängen in fundamentaler Weise von der Geometrie des Arbeitsluftpaltes ab.

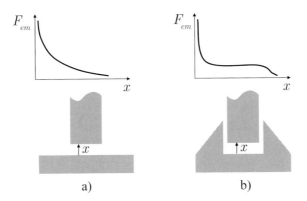

a)   b)

Abb. 8.13. Reluktanzkraft-Hub-Kennlinie für unterschiedliche Polschuhgeometrie: a) quadratisch reziproke $F_{em}(x)$ Kennlinie, b) stückweise auslenkungsunabhängige $F_{em}(x)$ Kennlinie (konstante Kraft), nach (Kallenbach et al. 2008)

Durch geeignete konstruktive Gestaltung der Polschuhe können die prinzipiellen Kraft-Hub-Eigenschaften der Reluktanzkraft – quadratisch reziprok bzw. hubunabhängig (konstant) kombiniert werden. In Abb. 8.13b ist qualitativ eine derartige Möglichkeit skizziert (Abb. 8.13a entspricht dem Verhalten nach Gl. (8.28)).

Spezifische Polkraft – Polflächenbedingung   Die Polkraft eines Elektromagneten ist nach Gl. (8.32) proportional zum Quadrat der Induktion und linear proportional zur Polfläche A_{Pol}. Für Entwurfszwecke repräsentiert die *spezifische Polkraft*

$$f_{em,Pol} = \frac{F_{em}}{A_{Pol}} = \frac{B^2}{2\mu_0} \quad \text{bzw.} \quad f_{em,Pol}^{\,[\text{N/cm}^2]} \approx 40 \cdot \left(B^{[\text{T}]}\right)^2 \qquad (8.41)$$

ein anschauliches Maß für die magnetisch realisierbare Polkraft unter elementaren geometrischen Randbedingungen.

Bei angenommener Induktion B (kleiner als Sättigungsinduktion B_S, typ. $B_S \approx 1.2 \dots 1.7$ T, vgl. Abb. 8.4) beschreibt Gl. (8.41) die Bedingung für die notwendige Polfläche A_{Pol}. Für $B = 1$ T erhält man also typischerweise eine spezifische Tragkraft von $f_{em,Pol} = 40$ N/cm^2.

Durchflutungsbedingung – Erregerspule   Die für eine bestimmte Reluktanzkraft notwendige Durchflutung kann leicht über die elementare Magnetkreisgleichung (8.12) abgeschätzt werden. Bei Vernachlässigung des magnetischen Widerstandes $R_{m,Fe}$ im flussführenden Eisen gegenüber dem Luftspaltwiderstand R_δ folgt aus Gl. (8.12)

$$\Theta^{[\mathrm{AWdg}]} = \frac{\delta}{\mu_0} B \approx 800 \cdot \delta^{[\mathrm{mm}]} \cdot B^{[\mathrm{T}]} \ . \tag{8.42}$$

Aus Gl. (8.42) folgt, dass für eine Induktion $B = 1$ T bei einem Arbeitsluftspalt $\delta = 1$ mm eine Durchflutung Θ von etwa 800 Amperewindungen nötig ist. Zusammen mit der benötigten Polfläche aus Gl. (8.41) bestimmt die Durchflutungsbedingung Gl. (8.42) die geometrischen Dimensionen sowie die elektrischen Eigenschaften (ohmsche Verluste) der Erregerspule (für detaillierte Auslegungsaspekte s. (Kallenbach et al. 2008), (Schweitzer u. Maslen 2009)).

Entwurfsrichtlinien – Magnetischer Kreis

- Induktion $B = 1$ T liefert spezifische Tragkraft von $f_{em,Pol} \approx 40 \ \mathrm{N/cm^2}$.

- Durchflutung $\Theta = 800$ AWdg liefert bei einem Arbeitsluftspalt $\delta = 1$ mm eine Induktion $B \approx 1$ T.

Ohmsche Wicklungsverluste Für die elektrische Ansteuerung im Allgemeinen nicht vernachlässigbar sind die ohmschen Verluste der Spulenwicklung der Erregerspule (Erwärmung, Spannungsabfall bei Spannungssteuerung, s. Abb. 8.14). In Abhängigkeit von Spulendrahtlänge l_{Draht}, Leitungsquerschnitt A_{Draht} und spezifischem Leitungswiderstand ρ_{Cu} ergibt sich für den ohmschen Wicklungswiderstand (Philippow 2000)

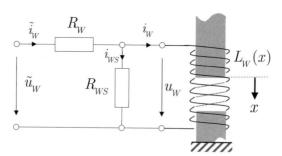

Abb. 8.14. Elektrisches Ersatzschaltbild unter Berücksichtung von ohmschen Wicklungsverlusten R_W und Wirbelstromverlusten R_{WS}

$$R_W = \rho_{Cu}\, \frac{l_{Draht}}{A_{Draht}}\,, \quad \rho_{Cu} = 0.018\ \frac{\Omega \cdot \mathrm{mm}^2}{\mathrm{m}}. \tag{8.43}$$

Wirbelstromverluste Durch einen zeitveränderlichen Magnetfluss wird im flussführenden, elektrisch leitfähigen Eisen eine Spannung induziert, die einen Kurzschlussstrom – *Wirbelstrom* – treibt. Diese Wirbelströme sind in ihrer Wirkung dem verursachenden Magnetfeld entgegengerichtet und äußern sich in einer erhöhten Leistungsaufnahme und lassen sich näherungsweise durch einen *Parallelwiderstand*[10] zur Spuleninduktivität modellieren, s. Abb. 8.14. Für den *Wirbelstromersatzwiderstand* gilt genähert (Kallenbach et al. 2008)

$$R_{WS} \approx \rho_{Fe}\, \frac{l_{WS}}{A_{WS}}\, N^2\,, \quad \rho_{Fe} \approx 0.1\ \frac{\Omega \cdot \mathrm{mm}^2}{\mathrm{m}} \tag{8.44}$$

mit l_{WS} … Länge eines elementaren Wirbelstrompfades und A_{WS} … Fläche die der Wirbelstrompfad einschließt (bzw. Flussquerschnitt eines homogenen Eisenkernelementes). Für einen möglichst großen Wirbelstromwiderstand benötigt man kleine Flussquerschnitte, diese erreicht man durch Blechung (Laminieren) des Eisenkerns (Kallenbach et al. 2008).

8.3.6 EM Wandler mit variablem Arbeitsluftspalt

Wandlertyp Elektromagnetische (EM) Wandler mit variablem Arbeitsluftspalt ermöglichen eine Ankerbewegung *transversal* (orthogonal) zur Polschuhstirnfläche und besitzen einen Prinzipaufbau nach Typ A bis D in Tabelle 8.1.

Konfigurationsgleichungen Bei einem *variablen* Arbeitsluftspalt kann man zur Berücksichtigung der effektiven Wandlerinduktivität die in Abb. 8.15 gezeigte einpolige Ersatzkonfiguration mit einem *Ersatzruheluftspalt* β benutzen. Die konkreten Werte für die generischen Wandlerparameter α, β lassen sich leicht für eine vorgegebene Anordnung ermitteln, s. z.B. Tabelle 8.1 Typ A bis D.

---

[10] Bei Stromregelung wird durch dieses einfache Modell das Zeitverhalten bei Schaltsprüngen nur eingeschränkt wiedergegeben. Für genauere Betrachtungen s. (Kallenbach, Eick et al. 2008).

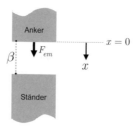

Abb. 8.15. Einpolige Luftspaltersatzkonfiguration eines elektromagnetischen (EM) Wandlers mit variablem Arbeitsluftspalt: β repräsentiert den *effektiven Arbeitsruheluftspalt* des Wandlers

Unter Annahme einer homogenen Feldverteilung ergibt sich der allgemeine Ansatz für die *Wandlerinduktivität* und die *Reluktanzkraft* bei *Spannungssteuerung (PSI-Koordinaten)* bzw. *Stromsteuerung (Q-Koordinaten)*

$$L_W(x) := \frac{\alpha}{\beta - x} \quad , \quad L_0 := L_W(0) = \frac{\alpha}{\beta} \tag{8.45}$$

$$\Rightarrow \quad \frac{\partial L_W(x)}{\partial x} = \frac{\alpha}{\left(\beta - x\right)^2}$$

$$F_{em}(x, \psi_W) = \frac{1}{2} \frac{1}{\alpha} \psi_W^{\,2} \,, \qquad F_{em}(x, i_W) = \frac{1}{2} i_W^{\,2} \frac{\alpha}{\left(\beta - x\right)^2} \,. \tag{8.46}$$

Äquivalenz / Dualität zu elektrostatischem Wandler Die Konfigurationsgleichungen (8.45), (8.46) vermitteln eine strukturelle Äquivalenz bzw. Dualität zu einem elektrostatischen (ES) Wandler mit *variablem Elektrodenabstand* (s. Abschn. 6.4, 6.5). Dabei erkennt man folgende Entsprechungen (EM vs. ES)

$$L_W \triangleq C_W, \qquad q_W \triangleq \psi_W, \qquad i_W = \dot{q}_W \triangleq u_W = \dot{\psi}_W \,. \tag{8.47}$$

Phänomenologisch ist also bei einem elektromagnetischen (EM) Wandler mit variablem Arbeitsluftspalt ein weitgehend äquivalentes (duales) Verhalten zu einem elektrostatischen (ES) Wandler mit variablem Elektrodenabstand zu erwarten. Letzteres wurde eingehend in den Abschnitten 6.4 und 6.5 diskutiert. Für den vorliegenden Fall hat man lediglich die Korrespondenzen nach Gl. (8.47) anzuwenden.

Um dennoch auch dieses Kapitel und damit die Verhaltenseigenschaften eines elektromagnetischen (EM) Wandlers geschlossen darzustellen, werden im Folgenden die wesentlichen Verhaltenseigenschaften und Modelle für den EM-Wandler explizit dargestellt, auf eine ausführliche Ableitung und Diskussion wird jedoch verzichtet. Dem Leser wird für ein tiefer gehendes Verständnis deshalb die Lektüre der entsprechenden Abschnitte aus Kap. 6 (Elektrostatische Wandler) empfohlen.

EM-Wandler mit Stromsteuerung

Ruhelagen Die Ruhelagen x_R für statische Anregungen $i_Q(t) = I_0$, $F_{ext}(t) = F_0$ ergeben sich gem. Gl. (5.41) und der *aussteuerungsabhängigen Wandlerkraft* F_{em} aus Gl. (8.46) in Q-Koordinaten aus

$$\frac{2}{\alpha}\left(kx_R - F_0\right)\left(\beta - x_R\right)^2 = I_0^{\;2} . \tag{8.48}$$

Von den möglichen drei Lösungen der Gl. (8.48) führt, wie aus Kap. 6 bekannt, höchstens eine Lösung zu einer prinzipiell stabilen Ruhelage. Für die weiteren Betrachtungen erweist sich wiederum eine Parametrierung der Ruhelagen durch das Tupel (x_R, F_0) als günstig.

Elektromagnetisches *Pull-in*-Phänomen Für eine stabile Ruhelage muss die *differenzielle Steifigkeit* $\partial F_\Sigma / \partial x$ der auf den Anker wirkenden Summenkraft $F_\Sigma = F_F - F_{em}$ positiv sein. Im besten Fall ergibt sich eine einzige stabile Ruhelage, wie aus Abb. 6.8 ersichtlich ist.

Bei $F_{ext} = 0$ existiert wie beim elektrostatischen Wandler für $x_R = \beta/3$ wegen $\partial F_\Sigma / \partial x = 0$ ein labiles Gleichgewicht und für $x_R > \beta/3$ überwiegt der Gradient der Reluktanzkraft. Der Anker wird dann ungebremst auf den ruhende Ständerpolschuh gezogen – *elektromagnetisches Pull-in Phänomen*.

Die kritischen *Pull-in Größen* (grenzstabile Ruheauslenkung bzw. grenzstabiler Ruhestrom) lauten

$$x_{pi} = \frac{\beta}{3}, \quad I_{pi} = \sqrt{\frac{8}{27}\frac{\beta^3}{\alpha} k} . \tag{8.49}$$

Pull-in Grenzen bei statischer mechanischer Anregung Bei einer zusätzlichen externen *statischen mechanischen Kraft* F_0 ändern sich die *Pull-in* Grenzen zu

$$\tilde{x}_{pi} = \frac{1}{3}(\beta + \frac{2}{k}F_0), \quad \tilde{I}_{pi} = \sqrt{\frac{8}{27}\frac{\left(k\beta - F_0\right)^3}{\alpha k^2}} . \qquad (8.50)$$

Wandlerparameter Durch Einsetzen von $L_W(x)$ aus Gl. (8.45) in Gl. (8.35) und mit der Definition einer *relativen Ruheauslenkung* $X_R := x_R / \beta$ ergeben sich die arbeitspunktabhängigen *Vierpolparameter*

- *Elektromagnetische Stromsteifigkeit* $k_{em,I} := \dfrac{2(k \cdot X_R - F_0/\beta)}{1 - X_R} \left[\dfrac{\text{N}}{\text{m}}\right]$

- *Strombeiwert* $\qquad K_{em,I} := \dfrac{\sqrt{2L_0(k \cdot X_R - F_0/\beta)}}{1 - X_R} \left[\dfrac{\text{Vs}}{\text{m}}\right], \left[\dfrac{\text{N}}{\text{A}}\right]$ (8.51)

- *Ruheinduktivität* $\qquad L_R := L_0 \dfrac{1}{1 - X_R} \left[\text{H}\right]$.

Übertragungsmatrix Aus Gl. (8.51) und Tabelle 5.8 folgt die *Übertragungsmatrix* $\mathbf{G}(s)$ zu

$$\begin{pmatrix} \triangle X(s) \\ \triangle U_W(s) \end{pmatrix} = \mathbf{G}(s) \begin{pmatrix} \triangle F_{ext}(s) \\ \triangle I_Q(s) \end{pmatrix} = \begin{pmatrix} V_{x/F,I}\dfrac{1}{\{\Omega_I\}} & V_{x/i}\dfrac{1}{\{\Omega_I\}} \\ V_{u/F}\dfrac{s}{\{\Omega_I\}} & V_{u/i}\cdot s\dfrac{\{\Omega_0\}}{\{\Omega_I\}} \end{pmatrix} \begin{pmatrix} \triangle F_{ext}(s) \\ \triangle I_Q(s) \end{pmatrix} \qquad (8.52)$$

mit den Parametern

$$k_{W,I} = k - k_{em,I}, \quad \Omega_I^2 = \frac{k_{W,I}}{m}, \quad \Omega_0^2 = \frac{k}{m} \quad \text{mit } \Omega_I < \Omega_0$$

$$V_{x/F,I} = \frac{1}{k_{W,I}}, \quad V_{x/i} = V_{u/F} = \frac{K_{em,I}}{k_{W,I}}, \quad V_{u/i} = L_R\frac{k}{k_{W,I}} .$$

(8.53)

Die *Antiresonanz* der elektrischen Klemmenübertragungsfunktion (elektrische Impedanz) ist aussteuerungsunabhängig durch die mechanische Eigenresonanz Ω_0 gegeben und entspricht der Wandlerresonanz bei Spannungssteuerung.

Elektromagnetische Erweichung vs. Verstärkungsvariation Die
Wandlersteifigkeit $k_{W,I}$ in Gl. (8.53) ist arbeitspunktabhängig und gegeben
durch

$$k_{W,I} = \frac{k(1 - 3X_R) + 2F_0/\beta}{\left(1 - X_R\right)}.$$ (8.54)

Mit wachsendem x_R strebt $k_{W,I}$ gegen null (*elektromagnetische Erweichung*), beim *Pull-in* wird $k_{W,I} = 0$ (vgl. Gln. (8.49) bzw. (8.50)).

Die *Verstärkungen* der Übertragungsfunktionen gemäß Gl. (8.53) erfahren damit eine rasante Vergrößerung in der Nähe der *Pull-in*-
Ankerauslenkung. Diese extreme Parametervariation ist sorgfältig beim
Reglerentwurf zu berücksichtigen, wenn der Wandler als Aktuator in einem geschlossenen Wirkungskreis betrieben wird.

Charakteristisches Polynom – Wandlerstabilität Für die Stabilitätsanalyse wichtig ist das *charakteristische Polynom* $\Delta_I(s)$ der Übertragungsmatrix $\mathbf{G}(s)$

$$\Delta_I(s) = s^2 + \Omega_I^{\,2} = s^2 + \frac{k_{W,I}}{m} = s^2 + \frac{k(1 - 3X_R) + 2F_0/\beta}{m\left(1 - X_R\right)}.$$ (8.55)

Man findet in Gl. (8.55) gerade die *Pull-in*-Bedingungen (8.49) bzw.
(8.50) als Stabilitätsgrenze (Doppelpol bei $s = 0$ bzw. $k_{W,I} = 0$) wieder.

ELM-Koppelfaktor Durch Einsetzen der Wandlerparameter (8.51) in Gl.
(8.39) erhält man den *ELM-Koppelfaktor* für den *stromgesteuerten EM-
Wandler*

$$\kappa_{em}^{\,2} = \frac{2\left(kX_R - F_0/\beta\right)}{k\left(1 - X_R\right)} = \frac{k_{em,I}}{k}.$$ (8.56)

Der ELM-Koppelfaktor nach Gl. (8.56) hängt in fundamentaler Weise
von der *relativen Bewegungsgeometrie* des Wandlers ab, d.h. von der Ruheauslenkung x_R bezogen auf den spannungslosen effektiven Arbeitsruheluftspalt β. Gegebenenfalls ist noch ein Offset wirksam, der von der statischen mechanischen Anregung F_0 herrührt.

Die grafische Darstellung der Gl. (8.56) ist äquivalent zum ELM-
Koppelfaktor des elektrostatischen Wandlers in Abb. 6.10.

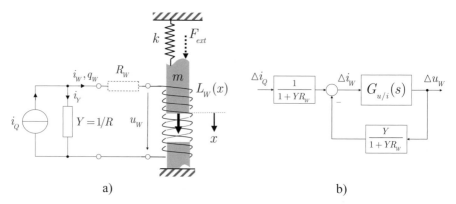

Abb. 8.16. Verlustbehafteter *stromgesteuerter* elektromagnetischer (EM) Wandler mit variablem Arbeitsluftspalt (Parallelwiderstand, Wicklungsverluste): a) Prinzipanordnung (Arbeitsluftspalt, Magnetflussführung nicht gezeichnet), b) Signalflussplan für elektrisches Tor ($G_{u/i}$ aus Gl. (8.45))

Mit zunehmender Ruheauslenkung steigt hier wiederum die umgesetzte mechanische Leistung. Der Wandler wird mit zunehmender Ruheauslenkung aufgrund der elektromagnetischen Erweichung jedoch zunehmend instabiler, sodass große Koppelfaktoren nur bei starker Bewegungseinschränkung möglich sind, um ein *Pull-in* zu vermeiden.

Passive Dämpfung mit Parallelwiderstand Mittels eines Parallelwiderstandes (*shunt*) zur Stromquelle (Abb. 8.16a) lässt sich bei einem stromgesteuerten EM-Wandler in bekannter Weise eine passive Dämpfung des mechanischen Schwingungsteilsystems des Wandlers einbringen (s. auch allgemeine Darstellung in Abschn. 5.5 bzw. Analogie zum elektrostatischen Wandler in Abschn. 6.4.3). In diesem Sinne ist der *ohmsche Parallelwiderstand* also wiederum als ein wichtiger *Entwurfsfreiheitsgrad* zu betrachten.

Stationäres Verhalten ohne Wicklungsverluste Im stationären Zustand erfolgt bei endlichem R lediglich ein Stromfluss über die Induktivität, der Widerstand ist praktisch nicht existent und damit ergeben sich *identische* Ruhelagenverhältnisse wie beim verlustlosen Wandler.

Dynamisches Verhalten – Kleinsignalverhalten ohne Wicklungsverluste Zur Berechnung des um die stabile Ruhelage (I_0, x_R) linearisierten Wandlermodells kann man unmittelbar die Korrespondenzen aus den Tabellen 5.7 und 5.8 mit den ELM-Vierpolhybridparametern Gl. (8.36) bzw. Gl. (8.51) benutzen. Um die Analogie der Formeln zum elektrostatischen

Wandler zu behalten, wird im Folgenden an den geeigneten Stellen anstelle des Widerstandes R der Leitwert $Y = 1/R$ verwendet. Nach etwas Zwischenrechnung erhält man[11]

$$
\begin{pmatrix} \triangle X(s) \\ \triangle U_W(s) \end{pmatrix} = \begin{pmatrix} V_{x/F,I} \dfrac{[\tilde{\omega}_Z]}{\tilde{\mathcal{N}}(s)} & V_{x/i} \dfrac{1}{\tilde{\mathcal{N}}(s)} \\ V_{u/F} \dfrac{s}{\tilde{\mathcal{N}}(s)} & V_{u/i} \cdot s \dfrac{\{\Omega_0\}}{\tilde{\mathcal{N}}(s)} \end{pmatrix} \begin{pmatrix} \triangle F_{ext}(s) \\ \triangle I_Q(s) \end{pmatrix}
$$
(8.57)

$$
\tilde{\mathcal{N}}(s) := \left(1 + 2\tilde{d}_I \frac{s}{\tilde{\Omega}_I} + \frac{s^2}{\tilde{\Omega}_I^{\,2}}\right) \cdot \left(1 + \frac{s}{\tilde{\omega}_I}\right), \quad \tilde{\omega}_Z = \frac{1}{Y \cdot L_R} = \frac{R}{L_R},
$$

wobei die Verstärkungen identisch zum verlustlosen Wandler nach Gl. (8.53) sind.

Neben dem nunmehr gedämpften komplexen Polpaar $\{\tilde{d}_I, \tilde{\Omega}_I\}$ der mechanischen Eigenresonanz erscheint ein zusätzlicher reeller Pol $[\tilde{\omega}_I]$ über die RL Eingangsbeschaltung. Ferner erkennt man im mechanischen Übertragungskanal ein differenzierendes Verhalten mit einer reellen Nullstelle $[\tilde{\omega}_Z]$.

Wurzelortskurven in Abhängigkeit vom Widerstand Die Abhängigkeit der Pole $\{\tilde{d}_I, \tilde{\Omega}_I\}$, $[\tilde{\omega}_I]$ vom Widerstand R wurde in Abschn. 5.5.5 eingehend diskutiert. Für den vorliegenden Fall gelten exakt die Wurzelortskurven aus Abb. 5.24b und bestätigen das erwartete Dämpfungsverhalten der elektrischen Rückkopplung.

Maximale Dämpfung Mit der Definition $X_R := x_R / \beta$ folgt gemäß Abschn. 5.5.5 für die *maximal* erreichbare *Dämpfung* der Wandlereigenfrequenz

$$
d^{\max} = \frac{1}{2}\left(\sqrt{\frac{1 - X_R}{1 - 3X_R + \dfrac{2F_0}{k\beta}}} - 1\right).
$$
(8.58)

---

[11] Zur Definition der Kenngrößen $\tilde{d}_I, \tilde{\Omega}_I, \tilde{\omega}_I$ des rückgekoppelten Wandlers s. Abschn. 5.5.5.

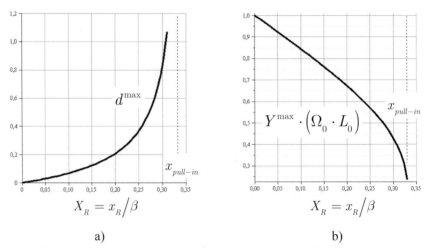

a)   b)

Abb. 8.17. Stromgesteuerter elektromagnetischer (EM) Wandler mit variablem Arbeitsluftspalt und Parallelwiderstand: a) maximal erreichbare Dämpfung Gl. (8.58) bei $F_0 = 0$; b) optimaler Leitwert für maximale Dämpfung Gl. (8.59) bei $F_0 = 0$

Als *optimalen Widerstandswert (Leitwert)* findet man gemäß Abschn. 5.5.5

$$\frac{1}{R^{\max}} = Y^{\max} = \frac{1 - X_R}{\Omega_0 \cdot L_0} \left(\frac{1 - 3X_R + \frac{2F_0}{k\beta}}{1 - X_R} \right)^{1/4} . \tag{8.59}$$

Wie beim elektrostatischen (ES) Wandler hängt die maximal erreichbare *Dämpfung* der Wandlereigenfrequenz einzig von der *relativen Bewegungsgeometrie* des Wandlers ab und steigt mit wachsender Ruhelage x_R bzw. X_R, wie in Abb. 8.17a für $F_0 = 0$ dargestellt ist.

Der zugehörige optimale Leitwert $Y^{\max} = 1/R^{\max}$ nach Gl. (8.59) ist in Abb. 8.17b in Abhängigkeit der Ruheauslenkung ebenfalls für $F_0 = 0$ gezeichnet (vgl. Abb. 6.13).

Wicklungsverluste Nicht vernachlässigbare ohmsche Verluste der Stromspule – *Wicklungsverluste R_W* – wirken sich bei Stromsteuerung nur begrenzt aus.

Im Normalbetrieb ohne Nebenschlusswiderstand ($Y = 0$ in Abb. 8.16a) erkennt man keine Auswirkung auf den eingeprägten Wandlerstrom

$i_W = i_Q$, das Übertragungsverhalten bleibt unverändert (s. Abschn. 5.5). Insbesondere ist der Serienwiderstand R_W für eine passive elektromechanische Dämpfung wirkungslos. Wird eine solche benötigt, muss man einen zusätzlichen endlichen *Nebenschlusswiderstand* $Y \neq 0$ einführen. Dadurch ändert sich der *Ruhestrom* auf $I_{W0} = I_0 / (1 + YR_W)$, dieser ist dann in die Ruhelagenbedingung (8.48) anstelle von I_0 einzusetzen.

Für den dynamischen *Kleinsignalbetrieb* beschreibt das in Abb. 8.16b gezeigte Blockschaltbild die elektrische Rückkopplung. Mit etwas Zwischenrechnung erhält man für das *charakteristische Polynom* des rückgekoppelten Wandlers

$$\Delta(s) = (R + R_W)(k - k_{em,I}) + kL_R \cdot s + (R + R_W)m \cdot s^2 + mL_R \cdot s^3 =$$
$$= \frac{1 + YR_W}{Y}(k - k_{em,I}) + kL_R \cdot s + \frac{1 + YR_W}{Y}m \cdot s^2 + mL_R \cdot s^3 \quad \cdot (8.60)$$

Ein Vergleich mit dem zuvor behandelten Fall ohne Wicklungsverluste zeigt, dass die *Einstellregeln* (8.58), (8.59) *unverändert* übernommen werden können, wenn anstelle von $R = 1/Y$ der Summenwiderstand $(R + R_W)$ bzw. der äquivalente Leitwert $Y / (1 + YR_W)$ verwendet wird.

EM-Wandler mit Spannungssteuerung

Systemverhalten – Modellbetrachtung   Die Prinzipanordnung eines spannungsgesteuerten EM-Wandlers (eingeprägte Wandlerspannung) ist in Abb. 8.18a gezeigt. Aus realisierungstechnischen Gründen ist ein spannungsgesteuerter Betrieb nur mit einem endlichen Serienwiderstand (Spulenwicklung) möglich. Aus Darstellungsgründen ist es jedoch zweckmäßig, als Basismodell vorerst einen verlustlosen EM-Wandler ($R = R_W = 0$ in Abb. 8.18a) mit dem verketteten Fluss $\psi = \int \dot{\psi}(\tau) \cdot d\tau$ als elektrische Koordinate zu betrachten und in einem zweiten Schritt ohmsche Verluste gesondert einzuführen.

Ruhelagen   Bei einem *stationären verketteten Fluss* Ψ_0 ergibt sich gem. Gl. (5.40) und der *aussteuerungsunabhängigen Wandlerkraft* F_{em} aus Gl. (8.46) in *PSI-Koordinaten* bei einer zusätzlichen statischen mechanischen Anregung $F_{ext}(t) = F_0$ die *Ruhelagenbedingung*

$$x_R = \frac{1}{2\alpha k}\Psi_0^2 + \frac{1}{k}F_0 . \quad (8.61)$$

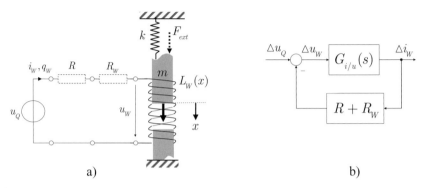

Abb. 8.18. Verlustbehafteter *spannungsgesteuerter* elektromagnetischer (EM) Wandler mit variablem Arbeitsluftspalt (Serienwiderstand, Wicklungsverlusten): a) Prinzipanordnung (Arbeitsluftspalt, Magnetflussführung nicht gezeichnet) b) Signalflussplan für elektrisches Tor ($G_{i/u}$ aus Gl. (8.45))

Über einen geeigneten verketteten Fluss Ψ_0 kann also im verlustlosen Fall theoretisch *jeder* gewünschte Elektrodenabstand x_R gemäß Gl. (8.61) *stabil* eingestellt werden.

Pull-in bei verlustloser Spannungssteuerung Unter den gemachten idealisierenden Annahmen eines homogenen Magnetfeldes zwischen planaren parallelen Polschuhen tritt bei einem *verlustlosen* EM-Wandler mit Spannungssteuerung also *kein Pull-in Phänomen* in Erscheinung. Im Folgenden wird gezeigt, dass dieser idealisierte, rein theoretische Fall im praktischen Betrieb keine Rolle spielt. Durch die für eine Spannungsquelle immer notwendige ohmsche Impedanzrückkopplung tritt leider ebenfalls ein *Pull-in* mit der bekannten Pull-in-Grenze $x_R < x_{pi} = \beta/3$ auf.

Wandlerparameter für den verlustlosen Wandler Durch Einsetzen von $L_W(x)$ aus Gl. (8.45) in Gl. (8.35) und mit der Definition einer *relativen Ruheauslenkung* $X_R := x_R / \beta$ ergeben sich die arbeitspunktabhängigen *Vierpolparameter*

- *Elektromagnetische Spannungssteifigkeit* $k_{em,U} := 0 \quad \left[\dfrac{\text{N}}{\text{m}}\right]$

- *Spannungsbeiwert* $K_{em,U} := \sqrt{\dfrac{2}{L_0}(k \cdot X_R - F_0/\beta)} \quad \left[\dfrac{\text{N}}{\text{Vs}}\right], \left[\dfrac{\text{A}}{\text{m}}\right] \quad (8.62)$

- *Ruheinduktivität* $L_R := L_0 \dfrac{1}{1 - X_R} \quad [\text{H}].$

Übertragungsmatrix Aus Gl. (8.51) und Tabelle 5.8 folgt die *Übertragungsmatrix* $\mathbf{G}(s)$ zu

$$
\begin{pmatrix} \triangle X(s) \\ \triangle I_W(s) \end{pmatrix} = \mathbf{G}(s) \begin{pmatrix} \triangle F_{ext}(s) \\ \triangle U_Q(s) \end{pmatrix} = \begin{pmatrix} V_{x/F,U} \dfrac{1}{\{\Omega_0\}} & V_{x/u} \dfrac{1}{s \cdot \{\Omega_0\}} \\[3mm] V_{i/F} \dfrac{1}{\{\Omega_0\}} & V_{i/u} \cdot \dfrac{\{\Omega_I\}}{s \cdot \{\Omega_0\}} \end{pmatrix} \begin{pmatrix} \triangle F_{ext}(s) \\ \triangle U_Q(s) \end{pmatrix}
$$

(8.63)

mit den Parametern

$$
k_{W,I} = k - k_{em,I}, \quad \Omega_I^2 = \frac{k_{W,I}}{m}, \quad \Omega_0^2 = \frac{k}{m} \quad \text{mit} \quad \Omega_I < \Omega_0
$$

$$
V_{x/F,U} = \frac{1}{k}, \quad V_{x/u} = \frac{K_{em,U}}{k}, \quad V_{i/F} = -\frac{K_{em,U}}{k}, \quad V_{i/u} = \frac{1}{L_R} \frac{k_{W,I}}{k}.
$$

(8.64)

Dynamisches Verhalten Das dynamische Verhalten ist geprägt durch die von der Aussteuerung *unabhängige* mechanische Eigenfrequenz Ω_0 und das integrale Verhalten des Steuerkanals über die Spannungsquelle (erfordert einen Serienwiderstand für stationäres Verhalten). Es existiert *keine elektromechanische Rückkopplung*, das Systemverhalten ist also im verlustlosen Fall deutlich übersichtlicher als bei einer Stromsteuerung.

Elektrisch dissipative Beschaltung – Wicklungsverluste und Dämpfungswiderstand Aus den bereits beschriebenen Gründen ist beim spannungsgesteuerten EM-Wandler in jedem Fall ein ohmscher Serienwiderstand zu berücksichtigen. Dieser ist in natürlicher Weise immer durch den (eher kleinen) *Wicklungswiderstand* R_W (Abb. 8.18a) vorhanden. Zusätzlich kann man zur Einstellung einer gewünschten elektromechanischen Dämpfung einen Serienwiderstand R (Abb. 8.18a) hinzufügen. Für den Dämpfungsentwurf ist damit der Summenwiderstand $R_\Sigma = R + R_W$ relevant, wobei der Wicklungswiderstand eher als Hilfe, denn als parasitäre Eigenschaft zu betrachten ist. Die Ableitung der entsprechenden Entwurfsformeln erfolgt analog zum stromgesteuerten EM-Wandler.

Maximale Dämpfung Durch Auswertung der bereits in Abschn. 5.5.5 abgeleiteten allgemeinen Beziehungen und mit den konkreten Wandlerparametern (8.62) folgt für die *maximal* erreichbare *Dämpfung* die bereits bekannte Beziehung Gl. (8.58).

Für den *optimalen Widerstandwert* findet man

$$R^{\mathrm{max}} = \frac{\Omega_0 \cdot L_0}{1 - X_R} \left(\frac{1 - X_R}{1 - 3X_R + \dfrac{2F_0}{k\beta}} \right)^{1/4} , \qquad (8.65)$$

was aber genau der Bestimmungsgleichung (8.59) für den Leitwert $Y^{\mathrm{max}} = 1 / R^{\mathrm{max}}$ des Nebenschlusswiderstandes der Stromquelle entspricht. Insofern sind die in Abb. 8.17 gezeigten grafischen Darstellungen der Entwurfsformeln ebenso hier gültig.

Äquivalenz der Impedanzrückkopplungen Die Äquivalenz der Entwurfsformeln für die Impedanzrückkopplung bei Strom- und Spannungssteuerung ist nicht überraschend, wenn man sich die Wirkungsweise der Impedanzrückkopplung vor Augen führt. Bei einer *idealen Spannungsquelle* ist bekanntermaßen der Innenwiderstand gleich null, bei einer *idealen Stromquelle* ist der Innenwiderstand gleich unendlich, s. Abb. 8.19a,b. Für das dynamische Verhalten ist rein die elektrische Rückkopplung maßgebend, s. Rückführzweige in Abb. 8.19c,d. Unter Beachtung der reziproken Struktur der Übertragungsfunktionen $G_{i/u}$, $G_{u/i}$ folgt dann unmittelbar die angesprochene Äquivalenz der Entwurfsformeln.

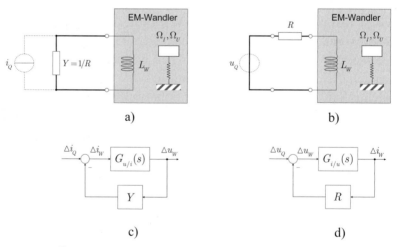

Abb. 8.19. Äquivalenz der Impedanzrückkopplung bei Strom- und Spannungssteuerung: a) Prinzipaufbau – Stromsteuerung, b) Prinzipaufbau – Spannungssteuerung, c) Signalflussplan – Stromsteuerung, d) Signalflussplan – Spannungssteuerung

***Pull-in* bei verlustbehafteter Spannungssteuerung** Dass der verlustbe-
haftete spannungsgesteuerte EM-Wandler ebenso ein Pull-in-Verhalten
zeigt, wie der stromgesteuerte EM-Wandler, kann man sich leicht folgendermaßen veranschaulichen. Das elektrische Übertragungsverhalten ist
nach Gl. (8.63) bestimmt durch

$$G_{i/u}(s) = \frac{1}{L_R} \frac{(s + \Omega_I^{\,2})}{s(s + \Omega_0^{\,2})}, \quad \Omega_0^{\,2} = \frac{k}{m}, \quad \Omega_I^{\,2} = \frac{k_{W,I}}{m} \; . \tag{8.66}$$

Für verschwindende externe mechanische Anregung $F_0 = 0$ folgt aus
Gl. (8.54)

$$\Omega_I^{\,2} = \Omega_0^{\,2} \frac{1 - 3X_R}{1 - X_R}, \quad X_R = \frac{x_R}{\beta}. \tag{8.67}$$

Bei einer Ruheauslenkung $x_R > x_{pi} = \beta/3$ besitzt $G_{i/u}$ zwei reelle
Nullstellen

$$s_{1,2} = \pm\Omega_I = \pm\Omega_0 \sqrt{(3X_R - 1) / (1 - X_R)} \; .$$

womit sich über die Impedanzrückkopplung nach Abb. 8.19d für die Pole des rückgekoppelten Systems die in Abb. 8.20 gezeigten *Wurzelortskurven* für einen variablen Widerstand R ergeben (gleich den Wurzeln des
charakteristischen Polynoms der Übertragungsmatrix $\tilde{\mathbf{G}}(s)$) . Die Wurzelortskurven besitzen immer einen Ast auf der positiven reellen Achse,
woraus sich das *instabile Wandlerverhalten* erklärt.

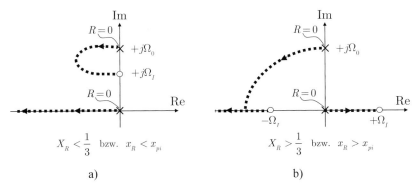

Abb. 8.20. *Verlustbehafteter* EM-Wandler mit *Spannungssteuerung* – Wurzelortskurven des charakteristischen Polynoms der Wandlerübertragungsmatrix in
Abhängigkeit vom Serienwiderstand (nur obere s –Halbebene dargestellt): a) Ankerhub kleiner als *Pull-in* Grenze (stabiles Wandlerverhalten), a) Ankerhub größer
als *Pull-in* Grenze (instabiles Wandlerverhalten)

Ein verlustbehafteter EM-Wandler ist also unter realistischen Verhältnissen auch bei Spannungssteuerung generell nur *unterhalb* des bekannten
Pull-in Ankerhubs $x_R < x_{pi} = \beta/3$ zu betreiben.

Stromsteuerung vs. Spannungssteuerung

Gesteuerte Hilfsspannungsquelle – Leistungsverstärker   Wie bereits
eingangs des Kap. 5 ausgeführt, repräsentiert die hier gehandhabte gesteuerte Hilfsspannungsquelle bei einem Aktuator den Leistungsverstärker
zwischen Reglerausgang und dem Wandler. Bei Wandlern mit elektromagnetischer Wechselwirkung werden gewöhnlich Leistungsverstärker
mit eingeprägten Strömen verwendet, d.h. spannungsgesteuerte Stromquellen (Spannungssteuerung, weil die Reglerausgänge in der Regel hochohmige, leistungsarme Spannungsquellen darstellen). Warum diese Praxis so
weit verbreitet ist, soll im Folgenden kurz beleuchtet werden.

Verzögerungsdynamik für Feldaufbau   Das elektrische Ersatzschaltbild
für das Klemmenverhalten eines verlustbehafteten elektromagnetischen
(EM) Wandlers ist in Abb. 8.21 gezeichnet. Entscheidend für die Krafterzeugung sind gemäß Gln. (8.26), (8.27) der Wandlerstrom $i_W = \dot{q}_W$ bzw.
der verkettete Fluss ψ_W. Beide Größen sind über Hilfsenergiequellen $i_Q(t)$
bzw. $u_Q(t)$ gezielt beeinflussbar. Es ist dabei naheliegend, einen möglichst
verzögerungsfreien Kraftaufbau anzustreben. Das elektrische dynamische
Verhalten wird durch folgende Gleichungen beschrieben (Abb. 8.21):

$$u_W = u_L + u_{ind} = L(x)\frac{di_W}{dt} + \frac{\partial L(x)}{\partial x} i_W \frac{dx}{dt} \qquad (8.68)$$

$$\tilde{u}_W = R\,i_W + u_W. \qquad (8.69)$$

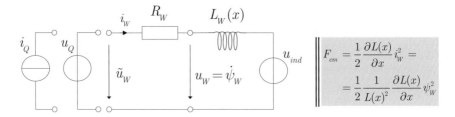

Abb. 8.21.   Elektrisches Ersatzschaltbild für das Klemmenverhalten eines verlustbehafteten elektromagnetischen (EM) Wandlers bei *Stromsteuerung* (eingeprägter
Steuerstrom $i_Q(t)$) bzw. *Spannungssteuerung* (eingeprägte Steuerspannung
$u_Q(t)$).

Je nach gewählter Hilfsenergiequelle ergibt sich eine unterschiedliche Verhaltensdynamik.

Stromsteuerung – Verzögerungsfreier Feldaufbau Bei einer *Stromquelle* gilt $i_W = i_Q$ und damit können die kraftrelevanten elektrischen Größen *Wandlerstrom* $i_W = i_Q$ bzw. *Wandlerfluss* $\psi_W = L(x) \cdot i_Q$ *verzögerungsfrei* beeinflusst werden. Weder die Selbstinduktionsspannungen u_L noch die Bewegungsinduktionsspannung u_{ind} wirken sich auf die Krafterzeugung aus, auch der Leitungswiderstand R_W spielt keine Rolle für den Feldaufbau. Diese Eigenschaften sind auch sehr schön im linearisierten Wandlermodell Abb. 8.12 zu erkennen. Dieses unverzögerte Steuerverhalten nützt man eben gerne mittels einer Stromsteuerung aus.

Spannungssteuerung – Verzögerter Feldaufbau Bei einer *Spannungsquelle* gilt $\tilde{u}_W = u_Q$ und die Gln. (8.68), (8.69) bestimmen damit den zeitlichen Verlauf der kraftrelevanten elektrischen Größen *Wandlerstrom* i_W bzw. *Wandlerfluss* ψ_W. Bei $R_W = 0$ wirken der Steuerspannung sowohl die Selbstinduktion u_L als auch die Bewegungsinduktion u_{ind} entgegen, der Fluss kann sich nur *verzögert* über zeitliche Integration $\psi_W = \int u_Q \cdot d\tau$ aufbauen. Im verlustbehafteten Fall $R_W \neq 0$ ergibt sich anstelle des Intergralverhaltens ein Verzögerungsverhalten 1. Ordnung mit der Zeitkonstanten $\tau_{em} = L_{eff}/R$. Auch diese Eigenschaften sind sehr schön im linearisierten Wandlermodell Abb. 8.11 zu erkennen. Aufgrund dieses verzögerten Steuerverhaltens verwendet man aus elektrischer Sicht ungern eine Spannungssteuerung für einen elektromagnetischen Wandler.

Mechanisch dynamisches Verhalten Wie eingangs in diesem Abschnitt ausgeführt, haben Strom- bzw. Spannungssteuerung auch unterschiedliche Auswirkungen auf das mechanisch dynamische Verhalten eines elektromagnetischen Wandlers.

Bei *Stromsteuerung* bewirkt bekanntlich die aussteuerungsabhängige elektromagnetische *Stromsteifigkeit* $k_{em,I}$ (Gl. (8.51)) eine Reduktion der mechanischen Fesselungssteifigkeit (elektromagnetische Erweichung), wogegen bei *Spannungssteuerung* die elektromagnetische Spannungssteifigkeit $k_{em,U}$ (Gl. (8.62)) gleich null wird. Damit ergeben sich unterschiedliche Eigenwerte des gekoppelten elektrisch-mechanischen Modells. In bestimmten Konfigurationen können sich daraus Vorteile für einen spannungsgesteuerten Betrieb ergeben, z.B. magnetisches Lager (Schweitzer u. Maslen 2009).

Beispiel 8.1   *Elektromagnetischer Aktuator.*

Um ein Gefühl für realistische Größenordnungen der Systemparameter zu bekommen betrachte man den folgenden generischen *einpoligen elektromagnetischen Aktuator* (Horizontallage $\triangleq$ horizontale Bewegung, damit kein Einfluss der Schwerkraft, d.h. $F_{ext} = F_0 = 0$).
Ankermasse $m = 100$ g,   Fesselungssteifigkeit   des   Ankers
$k = 3 \cdot 10^4$ N/m, Polfläche $A_{pol} = 1$ cm^2, Luftspalt ohne Erregung $\delta_0 = 1$ mm, Windungszahl der Erregerstromspule $N = 1000$, Leitungsquerschnitt der Stromspule $D = 0.2$ mm.

Elektrische Wandlerparameter Für die *elektrischen Wandlerparameter* folgt ($l_{Draht} \approx 40$ m)

$$L_0 = N^2 \frac{\mu_0 A_{pol}}{\delta_0} = 126 \text{ mH}, \quad R_W = \rho_{Cu} \frac{l_{Draht}}{A_{Draht}} \approx 18 \ \Omega.$$

Stationäres Verhalten Für eine stabile *Ruheauslenkung* muss gelten $x_R < x_{pi} = 0.33$ mm, gewählt wird $x_R = 0.15$ mm bzw. $X_R = 0.15$ mit dem Ruhestrom $I_0 = 0.23$ A (zum Vergleich *Pull-in*-Strom $I_{pi} = 0.265$ A).

Kleinsignalverhalten Als *Wandlerparameter* für das linearisierte *Kleinsignalverhalten* erhält man:
$\Omega_0 = 547$ rad/s bzw. $f_0 = 87$ Hz, $\Omega_I = 440$ rad/s bzw. $f_I = 70$ Hz, $V_{x/i} = 8.7$ mm/A.

Ohmsche Impedanzrückkopplung Für eine maximale *passive Dämpfung* mittels *ohmscher Impedanzrückkopplung* folgt: $d^{max} = 0.12$ bei $R^{max} = 90 \ \Omega$. Bei Verwendung einer *Stromquelle* ist damit ein *Nebenschlusswiderstand* von $R = R^{max} - R_W = 72 \ \Omega$ vorzusehen bzw. bei Verwendung einer *Spannungsquelle* ein ebenso großer *Serienwiderstand*.

Vertikalbetrieb – Schwerkraft – konstante Ruheauslenkung Man überzeugt sich leicht, dass bei *Vertikalbetrieb* durch die Wirkung der Schwerkraft auf den Anker, d.h. $F_0 = \pm m \cdot g = \pm 0.981$ N für die gleiche Ruheauslenkung $X_R = 0.15$ je nach Orientierung geänderte Ruheströme nötig sind, d.h. $I_0 = 0.2$ A bei $F_0 = +0.981$ N bzw. $I_0 = 0.25$ A bei $F_0 = -0.981$ N. Diese neuen Ruheströme würden bei einer stabilen *Positionsregelung* des Ankers über den Regelkreis automatisch eingestellt werden. Der optimale Dämpfungswiderstand ändert sich nur unwesentlich auf $R^{max} = 88 \ \Omega$ bzw. $R^{max} = 93 \ \Omega$, der Pull-in-

Strom ändert sich auf $I_{pi} = 0.253$ A bzw. $I_{pi} = 0.28$ A . Würde man den optimalen Dämpfungswiderstand $R^{max} = 90\ \Omega$ für Horizontallage beibehalten, dann wären Parametervariationen durch die variable Einbaulage des Aktuators für das Systemverhalten bei *positionsgeregeltem* Anker nicht bedeutsam, das System ist robust bezüglich Einbaulage.

Vertikalbetrieb – konstanter Ruhestrom Würde man demgegenüber den Aktuator bei gleichem Ruhestrom $I_0 = 0.23$ A (d.h. keine Positionsregelung des Ankers) betreiben, dann würde beim Drehen des Aktuators von der Horizontal- in die Vertikallage aufgrund der Schwerkraft eine Positionsänderung des Ankers auf $x_R = 0.21$ mm bzw. $x_R = 0.11$ mm auftreten.

Linearer Arbeitsbereich – Sättigungsgrad für Induktion Eine Überprüfung des Sättigungsgrades des Eisens ergibt nach Gl. (8.42) eine Ruheinduktion von $B_0 = NI_0\mu_0/\delta_0 = 0.29$ T . Damit ist ein genügend großer Abstand zur Sättigungsinduktion von typisch $B_S \approx 1.2\ ...\ 1.7$ T gegeben und der Wandler wird im magnetisch linearen Bereich betrieben. ∎

8.3.7 EM Differenzialwandler – Magnetisches Lager

Ungefesselter Anker – Differenzialwandler Wenn aus konstruktiven Gründen keine Möglichkeit besteht, den Anker elastisch zu fesseln, dann bietet sich das schon vom elektrostatischen Wandler her bekannte *Differenzialprinzip* für eine zweiseitige elektromagnetische Fesselung an. In Abb. 8.22 ist eine zweipolige Prinzipanordnung für eine vertikale Fesselung gezeigt. Der Anker schwebt sozusagen frei im Raum, die mechanische Fesselungssteifigkeit ist gleich null ($k = 0$). Eine gezielte Bewegung des Ankers (Positionieren, Kompensation von Störkräften) erfolgt über eine Gegentaktsteuerung der beiden Ständerspulenströme.

Dieses Lagerprinzip – *Magnetisches Lager* – eignet sich hervorragend für rotierende Wellen, es funktioniert reibungsfrei und erlaubt damit extrem hohe Drehzahlen der Welle bei minimalen Verlusten. Aufgrund der gegenüber elektrostatischen Lagern wesentlich höheren Energiedichte haben magnetische Lager eine weitaus größere Verbreitung erfahren und sind heute in vielen technischen Ausführungsformen als eingeführte (high-tech) Produkte verfügbar (Schweitzer u. Maslen 2009).

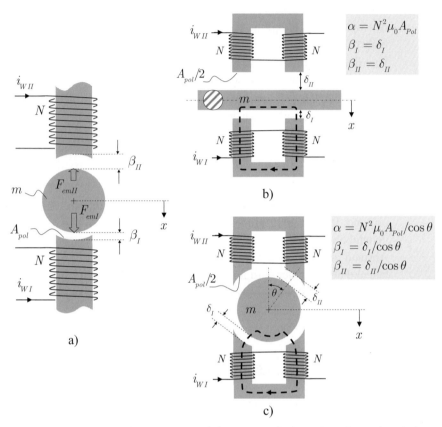

Abb. 8.22. *Magnetisches Lager* – elektromagnetischen Fesselung des Ankers (Rotor) in *Vertikalrichtung*: a) schematisch-geometrische zweipolige Ersatzanordnung (Rechenmodell), b) Radiallager – vierpolige technische Anordnung, Feldlinien *parallel* zur Rotorachse, c) Radiallager – vierpolige technische Anordnung, Feldlinien *orthogonal* zur Rotorachse

Die in Abb. 8.22a gezeigte schematische Ersatzanordnung dient im Folgenden als Rechenmodell. Technische Anordnungen eines vierpoligen Radiallagers zur elektromagnetischen Fesselung eines Freiheitsgrades (hier Vertikalrichtung) sind in Abb. 8.22b,c gezeigt, woraus man auch die Flussführung entnehmen kann. Die äquivalenten Parameter des einpoligen Ersatzmodells (in Abb. 8.22b,c rechts dargestellt) ergeben sich durch einen Vergleich mit dem Elementarhubwandler mit U-Ständer Typ A aus Tabelle 8.1. Die gezeigten Polanordnungen können in geeigneter Weise kombiniert werden, um eine Fesselung des Ankers (Rotors) in mehreren Raumrichtungen zu ermöglichen (Schweitzer u. Maslen 2009).

Äquivalenz / Dualität zu elektrostatischem Lager   Sowohl die Modell-struktur wie das Systemverhalten zeigen eine offensichtliche Äquivalenz bzw. Dualität zwischen elektrostatischem Lager (Abschn. 6.6.4) und elekt-romagnetischem Lager. Mit den bereits angesprochenen Entsprechungen (EM vs. ES) nach Gl. (8.47) können im Prinzip alle Ergebnisse des elekt-rostatischen Lagers aus Abschn. 6.6.4 direkt übernommen werden.

Um dennoch auch dieses Kapitel und damit die Verhaltenseigenschaften eines elektromagnetischen (EM) Lagers geschlossen darzustellen, werden im Folgenden die wesentlichen Verhaltenseigenschaften und Modelle für das elektromagnetische Lager in kompakter Form explizit dargestellt.

Wandlerkonfiguration – Stromsteuerung   Der bewegliche Anker be-findet sich zwischen zwei ortsfesten Polschuhen, die im allgemeinen Fall getrennt mit den *Spulenströmen* i_{WI}, i_{WII} angesteuert werden können. Ent-sprechend den in den beiden magnetischen Kreisen I, II wirksamen In-duktivitäten

$$L_I(x) = \frac{\alpha}{\beta_I - x}, \qquad L_{II}(x) = \frac{\alpha}{\beta_{II} + x}, \qquad \alpha = N^2 \mu_0 A_{pol} \qquad (8.70)$$

wirken auf den Anker zwei *entgegen gerichtete* elektromagnetische Kräfte (Kraftrichtung s. Abb. 8.22a)

$$F_{em,I}(x, i_{WI}) = \frac{\alpha}{2} \frac{i_{WI}^2}{\left(\beta_I - x\right)^2}, \qquad F_{em,II}(x, i_{WII}) = \frac{\alpha}{2} \frac{i_{WII}^2}{\left(\beta_{II} + x\right)^2}. \qquad (8.71)$$

Elektromagnetisches Gegentaktprinzip   Als resultierende Wandlerkraft folgt für die Wandleranordnung nach Abb. 8.22a mit $\alpha = N^2 \mu_0 A_{pol}$

$$F_{em}(x, i_{WI}, i_{WII}) = \frac{\alpha}{2} \left[\frac{i_{WI}^2}{\left(\beta_I - x\right)^2} - \frac{i_{WII}^2}{\left(\beta_{II} + x\right)^2} \right]. \qquad (8.72)$$

Durch geeignete *unsymmetrische* Wahl der Wandlerströme i_{WI}, i_{WII} bzw. der Arbeitsluftspalte β_I, β_{II} lassen sich die Beträge der beiden Terme in Gl. (8.72) verändern, wodurch sowohl *positive* wie *negative* Wandler-kräfte F_{em} erzeugbar sind.

Ohne Einschränkung der Allgemeinheit lässt sich folgender Ansatz für die elektrische Wandleransteuerung angeben – *Gegentaktprinzip* –

$$i_{WI} = I_{0I} + \Delta i$$
$$i_{WII} = I_{0II} - \Delta i \;.$$

$$(8.73)$$

Über die beiden statischen Ruheströme I_{0I}, I_{0II} kann der Arbeitspunkt (Ruheposition x_R, statische Lagerkraft $F_{em,0} = F_{em}(x_{R,} I_{0I}, I_{0II})$) frei eingestellt werden, wogegen mit der dynamischen Komponente $\Delta i(t)$ bidirektionale dynamische Lagerkräfte erzeugt werden können.

Stationäres Verhalten – Ruhelagen Bei einer konstanten externen Kraft $F_{ext}(t) = F_0$ folgt aus Gln. (8.72), (8.73) und $\beta_I = \beta$, $\beta_{II} = \lambda \cdot \beta$ als Ruhelagenbedingung

$$\frac{\alpha}{2} \frac{I_{0I}^{\,2}}{\left(\beta - x_R\right)^2} - \frac{\alpha}{2} \frac{I_{0II}^{\,2}}{\left(\lambda \cdot \beta + x_R\right)^2} + F_0 = 0 \;.$$

$$(8.74)$$

Ohne Einschränkung der Allgemeinheit kann $x_R = 0$ gesetzt werden, da über das Unsymmetrieverhältnis λ die Ruheposition des Ankers frei definiert werden kann.

Je nach *Vorzeichen* der statischen *Störkraft* F_0 erhält man aus Gl. (8.74) eine der folgenden Beziehungen für die Ruheströme

$$F_0 > 0 : \qquad I_{0II}^{\,2} = \lambda^2 \cdot \left(I_{0I}^{\,2} + F_0 \cdot \frac{2\beta^2}{\alpha} \right)$$

$$F_0 < 0 : \qquad I_{0I}^{\,2} = I_{0II}^{\,2} \frac{1}{\lambda^2} - F_0 \cdot \frac{2\beta^2}{\alpha}$$

$$(8.75)$$

$$F_0 = 0 : \qquad \frac{I_{0II}}{I_{0I}} = \lambda \;.$$

Wandlerparameter Das dynamische Verhalten für hinreichend kleine Bewegungen um die Ruhelage x_R wird wiederum durch die arbeitspunktabhängigen *Vierpolparameter* beschrieben. Für $x_R = 0$ sowie $L_0 := \alpha/\beta$ folgt:

- *Elektromagnetische Stromsteifigkeit*

$$k_{em,I} := \frac{L_0}{\beta^2} \cdot \left[I_{0I}^{\,2} + \frac{1}{\lambda^3} I_{0II}^{\,2} \right] \left[\frac{\mathrm{N}}{\mathrm{m}} \right]$$

$$(8.76)$$

- *Strombeiwert* $K_{em,I} := \dfrac{L_0}{\beta} \cdot \left[I_{0I} + \dfrac{1}{\lambda^2} I_{0II} \right]$ $\left[\dfrac{\text{Vs}}{\text{m}} \right], \left[\dfrac{\text{N}}{\text{A}} \right]$

- *Ruheinduktivität* $L_R := L_0 \cdot \left[1 + \dfrac{1}{\lambda} \right]$ $[\text{H}]$.

Die *Übertragungsmatrix* erhält man wiederum aus den bekannten Beziehungen nach Gl. (8.52).

Instabiles Übertragungsverhalten Als dominierende und typische Verhaltenseigenschaft eines elektromagnetischen Lagers mit einem *ungefesselten* Anker erkennt man ein *instabiles* Übertragungsverhalten, denn es gilt mit den Wandlerparametern (8.76) nach Gl. (8.55) für das *charakteristische Polynom* der Übertragungsmatrix

$$\Delta_I(s) = s^2 - \frac{k_{em,I}}{m} = s^2 - \Omega_{I0}^{\;2} = \left(s + \Omega_{I0} \right)\left(s - \Omega_{I0} \right) \qquad (8.77)$$

mit

$$\Omega_{I0} := \frac{1}{\beta} \sqrt{ \frac{L_0}{m} \cdot \left[I_{0I}^{\;2} + \frac{1}{\lambda^3} I_{0II}^{\;2} \right] }. \qquad (8.78)$$

In allen Übertragungskanälen der Wandlerübertragungsmatrix tritt also ein *instabiler Pol* $s = +\Omega_{I0}$ in der rechten *s*-Halbebene auf.

Damit kann ein elektromagnetisches Lager also nicht mittels einer offenen Steuerung betrieben werden, zur *Stabilisierung* ist immer eine (lokale) *Regelung* vonnöten. Trotz des exponentiell instabilen Charakters kann das Lager prinzipiell bereits mit einem PID-Regler stabilisiert werden. Für hohe dynamische Anforderungen sind allerdings komplexere Regelgesetze nötig (Schweitzer u. Maslen 2009).

Beispiel 8.2 *Elektromagnetisches Lager.*

In Abb. 8.23 ist die Polkonfiguration eines achtpoligen magnetischen Radiallagers dargestellt. Je zwei Polpaare bilden ein Lager nach Abb. 8.22c (Vertikallager Va1-Va2, Vb1-Vb2 bzw. Horizontallager Ha1-Ha2, Hb1-Hb2), daraus folgt ein Polspreizungswinkel $\theta = 22.5°$.

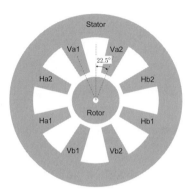

Abb. 8.23. Achtpoliges magnetisches Radiallager (Vertikallager Va1-Va2, Vb1-Vb2; Horizontallager Ha1-Ha2, Hb1-Hb2; vgl. Abb. 8.22c)

Die folgenden *technischen Daten* seien gegeben:
Rotormasse $m = 1\,\text{kg}$, symmetrischer Luftspalt $\delta = 1\,\text{mm}$, $\lambda = 1$, maximale Lagerkraft (vertikal, horizontal) $F_{em,\text{max}} = 1\,\text{kN}$, maximale Induktion $B_{\text{max}} = 1\,\text{T}$.

Zu ermitteln sind die Parameter für die magnetische und elektrische Auslegung sowie die Modelldaten für die ungeregelte Anordnung. Für das Vertikallager sind die Ruheströme zur Kompensation der Gewichtskraft des Rotors zu bestimmen.

Entwurfsvorgehen Die Auslegung erfolgt mit dem einpoligen Ersatzmodell nach Abb. 8.22a und der technischen Ausführung nach Abb. 8.22c. Dazu muss der physikalische Luftspalt δ in den Ersatzluftspalt $\beta = \delta/\cos\theta$ umgerechnet werden. Die berechneten Parameter des Ersatzmodells lassen sich dann leicht der technischen Ausführung entsprechend Abb. 8.22c zuordnen. Die Ersatzanordnung beschreibt also jeweils das komplette Vertikal- bzw. Horizontallager.

Polfläche Die benötigte gesamte Polfläche erhält man aus Gl. (8.41) zu $A_{Pol} = 17.4\,\text{cm}^2$.

Durchflutung Unter Beachtung der maximal zulässigen Induktion B_{max} ergibt sich aus Gl. (8.42) mit dem Ersatzluftspalt β eine maximale Durchflutung $\Theta_{\text{max}} = N \cdot I_{\text{max}} = 1040\,\text{AWdg}$. Hier hat man nun die Entwurfsfreiheit, diese Durchflutung über eine geeignete Kombination aus Windungszahl N und maximalem Spulenstrom I_{max} zu erzeugen. Unter der Entwurfs*annahme* von $I_{\text{max}} = 4\,\text{A}$ (z.B. Randbedingungen der Leistungselektronik) werden insgesamt je Ersatzpol $N = 260\,\text{Wdg}$ benötigt.

Arbeitspunktunabhängige Wandlerparameter Mit der nunmehr fest-
gelegten Pol- und Spulenkonfiguration lassen sich die arbeitspunktunab-
hängigen Wandlerparameter berechnen. Mit den Ersatzparametern
$\alpha = 1.6 \cdot 10^{-4}$ Vsm/A , $\beta = 1.1 \cdot 10^{-3}$ m folgt als Ruheinduktivität
$L_0 = 147$ mH je Ersatzpol bzw. Polpaar und nach Gl. (8.76) als *Lager-
induktivität* $L_R = 294$ mH (Vertikal- bzw. Horizontallager).
Zur Berechnung des Ohmschen *Wicklungswiderstandes* der Erregerspu-
len muss man die technische Ausführung Abb. 8.22c beachten. Je Pol ist
eine Fläche von $A_{Pol}/2$ mit N Windungen zu umwickeln. Bei einem angenommenen mittleren Polschuhumfang von $l_{Pol} = 16$ cm folgt je Spule
$l_{Spule} = N \cdot l_{Pol} \approx 42$ m und mit einem angenommenen Spulendrahtquer-
schnitt $\varnothing_{Draht} = 0.5$ mm aus Gl. (8.43) ein ohmscher Verlustwiderstand
$R_{Spule} = 3.8\ \Omega$ je Spule bzw. Pol gemäß Abb. 8.22c. Für ein Polpaar
(vertikal, horizontal) ist also der ohmsche *Ersatzwicklungswiderstand*
$R_W = 2R_{spule} = 7.6\ \Omega$ wirksam.

Ruheströme Im Ruhezustand ist durch das Vertikallager zusätzlich zur
Einspannruhekraft die Gewichtskraft $F_0 = mg$ für die symmetrische
Ruhelage $x_R = 0$ aufzubringen, s. erste Gleichung (8.75). Dabei ist einer
der beiden Ruheströme I_{0I}, I_{0II} als *freier Parameter* zu betrachten. Ge-
nerell wird man die Ruheströme möglichst groß wählen wollen, weil da-
durch eine große Einspannkraft einher geht. Allerdings wird bei hohen
Ruheströmen der dynamische Krafthub wegen $I_0 \pm \triangle i \leq I_{max}$ begrenzt.
Da im vorliegenden Fall keine weiteren Anforderungen bezüglich dyna-
mischen Krafthubs gegeben sind, kann beispielsweise
$I_{0I} = I_{max}/2 = 2$ A gewählt werden, womit aus Gl. (8.75) für
$I_{0II} = 2.036$ A folgt.

Arbeitspunktabhängige Wandlerparameter Mit den nunmehr bekannten Ruheströmen findet man aus den Gln. (8.76), (8.78) für die arbeitspunktabhängigen Wandlerparameter:
Lagersteifigkeit $k_{em,I} = 1.02$ kN/mm , *Strombeiwert* $K_{em,I} = 549$ N/A ,
Lagerknickfrequenz $\Omega_{I,0} = 1012$ rad/s bzw. $f_{I,0} = 161$ Hz . ∎

8.3.8 EM Wandler mit konstantem Arbeitsluftspalt

Wandlertyp Elektromagnetische (EM) Wandler mit konstantem Arbeitsluftspalt ermöglichen eine Ankerbewegung *parallel* zur Polschuhstirnfläche und besitzen einen Prinzipaufbau nach Typ E bis G in Tabelle 8.1.

Eigenschaften der Reluktanzkraft Obwohl alle drei gezeigten Wandler-typen nach dem gleichen Kraftprinzip funktionieren, ergeben sich auf den ersten Blick recht unterschiedliche Abhängigkeiten der Wandlerinduktivität und Reluktanzkraft von der Ankerposition.

Als Gemeinsamkeit bei allen drei Typen erkennt man jedoch, dass bei der dargestellten *Stromsteuerung* die auf den Anker wirkende Kraft (Tangentialkraft) jeweils den Anker in die volle Überdeckung mit dem fluss-führenden Polschuh zu bringen versucht und bei vollständiger Überdeckung verschwindet. Der Wandler befindet sich dann in einer stabilen *Ruhelage*. Beim Typ E ist die Reluktanzkraft konstant und unabhängig von der Ankerposition, beim Typ F ist sie für $a \gg x$ näherungsweise konstant und beim Typ G wirkt sie für kleine Auslenkungen als näherungsweise lineare Rückstellkraft. In allen drei Fällen ergeben sich jedoch ähnliche Verhaltenseigenschaften.

Konfigurationsgleichungen Exemplarisch soll eine Wandlerkonfiguration nach *Typ E* in Tabelle 8.1 betrachtet werden (s. auch Abb. 8.24). Unter Annahme einer homogenen Feldverteilung ergibt sich mit dem allgemeinen Ansatz Gl. (8.79) für die *Wandlerinduktivität* die *Reluktanzkraft* in *PSI-Koordinaten* bzw. *Q-Koordinaten* zu

$$L_W(x) := \gamma \cdot x \quad , \quad \gamma = N^2 \frac{\mu_0 b}{2\delta} \tag{8.79}$$

$$\Rightarrow \quad \frac{\partial L_W(x)}{\partial x} = \gamma$$

$$F_{em}(x, \psi_W) = \frac{1}{2} \frac{1}{\gamma} \frac{1}{x^2} \psi_W^{\,2} \, , \qquad F_{em}(i_W) = \frac{1}{2} \gamma \, i_W^{\,2} \, . \tag{8.80}$$

EM-Wandler mit Stromsteuerung

Ruhelagen Für statische Anregungen $i_Q(t) = I_0$, $F_{ext}(t) = F_0$ und der *Wandlerkraft* F_{em} aus Gl. (8.80) ergeben sich die Ruhelagen x_R gem. Gl. (5.41) in Q-Koordinaten (Stromsteuerung) zu

$$x_R = \frac{1}{2} \frac{\gamma}{k} I_0^{\,2} + \frac{1}{k} F_0 \tag{8.81}$$

Über einen geeigneten Ruhestrom I_0 kann *jede* gewünschte Ankerposition x_R gemäß Gl. (8.81) *stabil* eingestellt werden.

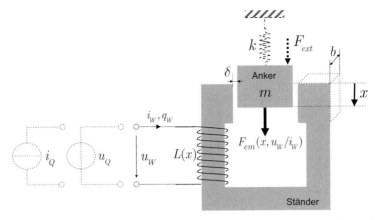

Abb. 8.24. Prinzipanordnung eines elektromagnetischen (EM) Wandlers mit konstantem Luftspalt, Ankerbewegung parallel zu den Polschuhen

Wandlerparameter Das dynamische Verhalten wird durch die arbeitspunktabhängigen *Vierpolparameter* (Hybridform, Gln. (8.36), (8.37)) beschrieben

- *Elektromagnetische Stromsteifigkeit* $k_{em,I} := 0 \quad \left[\dfrac{\text{N}}{\text{m}} \right]$

- *Strombeiwert* $K_{em,I} := \gamma \cdot I_0 \quad \left[\dfrac{\text{Vs}}{\text{m}} \right], \left[\dfrac{\text{N}}{\text{A}} \right]$ (8.82)

- *Ruheinduktivität* $L_R := \gamma \cdot x_R \quad [\text{H}]$.

Die *Übertragungsmatrix* ergibt sich aus den bekannten Beziehungen nach Gl. (8.52).

Dynamisches Verhalten   Die Wandlereigenfrequenz hängt wegen der verschwindenden elektromagnetischen Stromsteifigkeit alleine von der elastischen Fesselung ab und ist insofern arbeitspunkt*unabhängig*. Damit ist sie ebenso wie der Strombeiwert konstant, was konstante Übertragungsfunktionen bewirkt (keine arbeitspunktabhängige Parametervariation, wichtig für Reglerentwurf).

***Pull-in*-Verhalten bei Stromsteuerung**   Wie man aus der Ruhelagenbedingung sowie der elektromagnetischen Steifigkeit erkennt, tritt bei den angenommen Feldverhältnissen *kein Pull-in* auf.

EM-Wandler mit Spannungssteuerung

Ruhelagen Unter Beachtung der Ausführungen in Abschn. 8.3.6 zum *stationären verketteten Fluss* ergibt sich gem. Gl. (5.40) und der aussteuerungsunabhängigen *Wandlerkraft* F_{em} aus Gl. (8.80) in *PSI-Koordinaten* bei einer statischen mechanischen Anregung $F_{ext}(t) = F_0$ die *Ruhelagenbedingung*

$$2\gamma\,(kx_R - F_0)x_R^{\,2} = \Psi_0^{\,2}. \qquad (8.83)$$

Von den drei möglichen Lösungen führt lediglich eine Lösung zu einer stabilen Ruhelage, die über Ψ_0 eingestellt werden kann.

Wandlerparameter für den verlustlosen Wandler Für das dynamische Verhalten ermittelt man die arbeitspunktabhängigen *Vierpolparameter* in Admittanzform nach Gln. (8.34), (8.35) zu

- *Elektromagnetische Spannungssteifigkeit* $\quad k_{em,U} := -\dfrac{\Psi_0^{\,2}}{2\gamma\,x_R^{\,3}}\ \left[\dfrac{\mathrm{N}}{\mathrm{m}}\right]$

$$(8.84)$$

- *Spannungsbeiwert* $\quad K_{em,U} := \dfrac{\Psi_0}{\gamma\,x_R^{\,2}}\ \left[\dfrac{\mathrm{N}}{\mathrm{Vs}}\right], \left[\dfrac{\mathrm{A}}{\mathrm{m}}\right]$

und Ruheinduktivität L_R wie in Gl. (8.82).

Die *Übertragungsmatrix* ergibt sich in Analogie zu den bekannten Beziehungen nach Gl. (8.63).

Dynamisches Verhalten Alle Wandlerparameter sind nunmehr bei Spannungssteuerung arbeitspunktabhängig und damit veränderlich mit der gewählten Ruhelage. Je größer die Flächenüberdeckung der Polschuhe und des Ankers ist, desto kleiner sind betragsmäßig die elektromagnetische Spannungssteifigkeit und der Spannungsbeiwert. Bei großen Bewegungshüben sind also beträchtliche Parametervariationen zu berücksichtigen.

Als günstig erweist sich allerdings das *negative* Vorzeichen der *elektromagnetischen Steifigkeit*, wodurch eine prinzipielle Erhöhung der resultierenden Wandlersteifigkeit $k_{W,U} = k - k_{em,U}$ verbunden ist (elektromagnetische Versteifung).

Pull-in-Verhalten bei Spannungssteuerung Aus der grundlegenden Beziehung für eine stabile Ruhelage $k_{em,U} < k$ (vgl. Abschn. 5.4.3) und Gl. (8.84) folgt unmittelbar, dass für alle $x_R > 0$ grundsätzlich *kein Pull-in* auftreten kann.

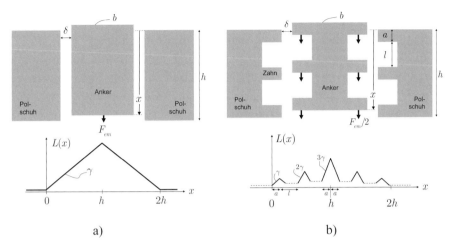

Abb. 8.25. Zahnung von Polschuhen und Anker – Konfiguration und Induktivitätsverlauf: a) Vollanker, b) gezahnter Anker

Zahnung von Anker und Polschuhen

Kraftvervielfachung Die Tatsache, dass die Tangentialkraft unabhängig von der überdeckten Polfläche $b \cdot x$ ist (s. Abb. 8.24), kann man sich für eine Kraftvervielfachung zunutze machen. Durch die konstruktive Anordnung von *Zähnen* an Anker und Polschuhen, wie in Abb. 8.25b gezeigt, ergibt sich bei jedem überdeckten Anker-Polschuh-Zahnpaar die gleiche Reluktanztangentialkraft F_{em} wie bei einem geometrisch äquivalenten Vollanker (Abb. 8.25a). Bei der in Abb. 8.25b gezeigten Ankerposition wird die dreifache Reluktanzkraft erzeugt wie beim vergleichbaren Vollanker in Abb. 8.25a. Allerdings ist diese Kraft nur über einen wesentlich kleineren Aussteuerungsbereich $x = h \pm a$ nutzbar.

8.3.9 Reluktanzschrittmotor

Aufbau und Funktionsweise Die im letzten Abschnitt vorgestellte gezahnte Anker- und Polschuhstruktur lässt sich vorteilhaft in Verbindung mit einer zeitlich und räumlich phasenverschobenen elektrischen Ansteuerung kombinieren. Solche Anordnungen mit einem ungefesselten, kinematisch geführten gezahnten Reluktanzrotor (Anker, Läufer) sind unter dem Namen *Reluktanzschrittmotor* bekannt und in einer Vielzahl von Ausführungsformen höchst erfolgreich in vielen Anwendungsbereichen eingeführt

(Kallenbach et al. 2008), (Rummich 2007), (Kreuth 1988). Die elektrische Erregung kann dabei sowohl im Stator wie im Rotor sitzen.

In Abb. 8.26a ist eine Prinzipanordnung eines rotatorischen Reluktanzschrittmotors mit drei elektrischen Phasen und vier Rotorzähnen gezeigt. Auf dem *Stator* sind in dem dargestellten Beispiel jeweils zwei Pole mit in Serie geschalteten Erregerwicklungen versehen und elektrisch getrennt ansteuerbar – *elektrische Phase* (Wicklungen gezeichnet für Phase $A - A'$, Wicklungen nicht gezeichnet für Phasen $B - B'$, $C - C'$). Die *Rotorpole* (Zähne) sind räumlich so angeordnet, dass zu einem Zeitpunkt nur ein Polpaar deckungsgleich mit einem der Statorpolpaare sein kann (hier Ausgangslage: $2 - 4$ deckungsgleich mit $B - B'$).

Einphasenansteuerung Wenn nun bei stromlosen Wicklungen $B - B'$, $C - C'$ in die Wicklung $A - A'$ ein Strom i_A eingeprägt wird, bewirkt dieser Stromfluss in bekannter Weise eine *tangentiale Reluktanzkraft* auf die Rotorpole 1 und 3 in Richtung der Statorpole A bzw. A'. Der Rotor wird sich nun in der gezeigten Richtung um einen Winkel $\Delta\varphi_S$ – *Schrittwinkel* – bewegen, bis die Pole $1 - 3$ deckungsgleich mit $A - A'$

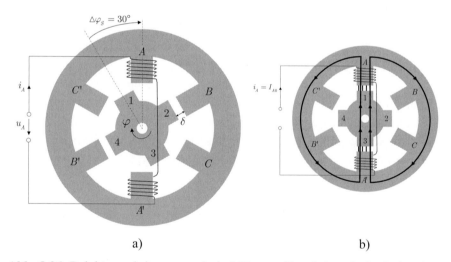

a)   b)

Abb. 8.26. Reluktanzschrittmotor mit drei Phasen (Ständer) und vier Polen (Rotor): a) Prinzipanordnung (nur eine elektrische Wicklung $A - A'$ gezeichnet, Wicklungen $B - B'$ und $C - C'$ entsprechend, mechanischer Schrittwinkel $\Delta\varphi_S$), Ausgangsstellung bei bestromter Wicklung $B - B'$, b) Endlage bei bestromter Wicklung $A - A'$ (magnetischer Flussverlauf angedeutet)

sind (Endlage s. Abb. 8.26b). Diese Pollage stellt bei anhaltendem Stromfluss i_A eine stabile Ruhelage dar, da bei einer weiteren Auslenkung die Rotorpole wieder in die ursprüngliche Pollage zurückgezogen werden. In der Ruhelage wirkt ein Haltemoment, das vom Stromfluss i_A entsprechend Gl. (8.80) abhängt. In dieser Betriebsart ist also jeweils nur eine Phase bestromt.

Der Stromfluss $i_A(t)$, an dessen zeitliches Profil bemerkenswerter Weise keine speziellen Anforderungen gestellt werden müssen, bewirkt somit ein *selbstgesteuerte* schrittweise Rotorbewegung um eine klar definierte Schrittlänge $\triangle\varphi_S$, woraus sich die Bezeichnung *Schrittmotor* von selbst erschließt.

Referenzkonfiguration Zur mathematischen Verhaltensbeschreibung sei die in Abb. 8.27 gezeigte Anordnung betrachtet. Die gezeigte Konfiguration lässt sich entweder als *räumlich abgewickelter* Stator und Rotor des rotatorischen Schrittmotors aus Abb. 8.26 oder als Prinzipanordnung eines *Linearschrittmotors* interpretieren. Zur verallgemeinerten Beschreibung sei deshalb die allgemeine Bewegungskoordinate x eingeführt, die entsprechenden Zuordnungen zu einem Rotationsmotor sind naheliegend.

Schrittwinkel Der Schrittwinkel eines Schrittmotors hängt von der räumlichen elektrisch-mechanischen Anordnung des Stators und Rotors ab. Der mechanische *Schrittwinkel* (Schrittlänge) ist durch folgende Beziehung gegeben (Kallenbach et al. 2008), (Kreuth 1988), (Ogata 1992)

$$\triangle x_S = \frac{\lambda}{N_{Phase} \cdot N_{RZ}} \tag{8.85}$$

mit λ Rotorumfanglänge (bei Rotationsmotor $\lambda = 2\pi$ bzw. $360°$), N_{Phase} Anzahl der elektrischen Phasen und N_{RZ} Anzahl der Rotorzähne[12].

Positionsabhängiger Kraftverlauf In Tabelle 8.1 Typ G wurde bereits der prinzipielle Zusammenhang zwischen Rotorlage und Induktivitäts- bzw. Kraft-/ Momentenverlauf dargestellt. Für die folgenden Betrachtungen wird die in Abb. 8.27 dargestellte Situation zur Verhaltensanalyse herangezogen.

---

[12] Für den Schrittmotor aus Abb. 8.26 folgt mit $N_{Phase} = 3$, $N_{RZ} = 4$, $\lambda = 360°$ der mechanische Schrittwinkel $\triangle\varphi_S = 30°$.

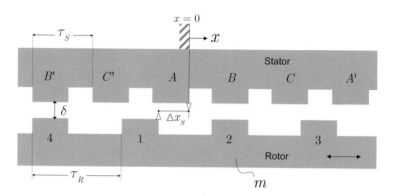

Abb. 8.27. Stator- und Rotorzahnstruktur eines Reluktanzschrittmotors (entspricht abgewickeltem Stator und Rotor aus Abb. 8.26 bzw. Linearschrittmotor für planare Bewegung)

Der Rotor ist im Schalttakt [i-1] an den Polen $4 - B'$, $2 - B$ eingerastet und im nächsten Schalttakt [i] soll das Spulenpaar $A - A'$ bestromt werden. Dazu interessiert der rotorabhängige Induktivitätsverlauf bezüglich des Pols A bezüglich des Rotorzahns 1, s. Markierungen der Bezugspunkte in dem in Abb. 8.27 gezeichneten *statorfesten* Koordinatensystem. Für den Induktivitätsverlauf der stromführenden Phase A gilt näherungsweise[13]

$$L_A(x) = L_0 + L_V \cos(\nu x), \quad \nu = \frac{2\pi}{\tau_R}. \tag{8.86}$$

Die Reluktanzkraft des Polpaares A–A' auf den Rotor ergibt sich mit Gl. (8.26) zu

$$F_{em,A} = -\frac{1}{2} i_A^2 \nu L_V \sin(\nu x). \tag{8.87}$$

Die in Abb. 8.27 gezeichnete Rotorposition zu Beginn des Schrittes [i] entspricht einer Anfangsauslenkung des Rotors $x = -\triangle x_S$.

---

[13] Durch geeignete Form der Polschuhe kann ein solcher Verlauf tatsächlich angenähert werden. Auch bei anderen Geometrien hat in jedem Fall die erste räumliche Harmonische der Induktivität $L(x)$ durch Gl. (8.86) definierte Eigenschaft: maximale Induktivität bei vollständiger Polüberdeckung, gerade Funktion bezüglich Rotorlage mit konstantem Anteil.

Bei einem Statorstrom $i_A(t) \neq 0$ wirkt für $x < 0$ eine positive Reluktanzkraft, der Rotor wird in Richtung des Polschuhes A gezogen, bei $x = 0$ wird *keine* Reluktanzkraft erzeugt und für $x > 0$ entsteht eine rückstellende Reluktanzkraft.

Konfigurationsgleichungen – Einphasenansteuerung Zum besseren Verständnis der Verhaltenseigenschaften eines Reluktanzschrittmotors ist ein Blick auf die *nichtlinearen Bewegungsgleichungen* hilfreich. Bei Stromsteuerung lauten diese bei *Impedanzrückkopplung* mit dem Nebenschlusswiderstand $R = 1/Y$ (vgl. Abschn. 5.5.2, Gl. (5.54), sowie Gl. (8.86)) und dem *Anfangswert* $x(0) = -\triangle x_S$

$$m\ddot{x} + \frac{1}{2} i_W^2 \, \nu \, L_V \, \sin\left(\nu x\right) = F_{ext}$$

$$Y\left(L_0 + L_V \cos\left(\nu x\right)\right) \frac{di_W}{dt} + \left(1 - Y\,\nu\,L_V \sin\left(\nu x\right)\dot{x}\right) i_W = i_Q \, . \tag{8.88}$$

Qualitatives Anschauungsmodell – Virtuelle Fußpunktanregung Ein einfaches Anschauungsmodell zum dynamischen Verhalten für eine Schrittanregung liefert die folgende Betrachtung. Bei $Y = 0$ und einem eingeprägten Strom (Stromsteuerung) darf man davon ausgehen, dass der Stromaufbau in der Erregerwicklung und damit die Krafterzeugung unverzögert erfolgen. Mit einem konstanten Erregerphasenstrom $i_A(t) = I_{A0}$ und einer Koordinatentransformation $\tilde{x} = x + \triangle x_S$ lautet die Bewegungsgleichung (8.88) bei verschwindender externer Kraftanregung $F_{ext} = 0$

$$m\ddot{\tilde{x}} = -\frac{1}{2} I_{A0}^2 \nu L_V \sin\left(\nu(\tilde{x} - \triangle x_S)\right), \quad \tilde{x}(0) = \dot{\tilde{x}}(0) = 0 \, . \tag{8.89}$$

Die autonome nichtlineare Differenzialgleichung (8.89) besitzt eine Ruhelage bei $\tilde{x} = \triangle x_S$ bzw. $x = 0$ [14].

Eine anschauliche Bedeutung der Gl. (8.89) erhält man über folgende Betrachtung. Mit der Abkürzung $F_0 := 1/2 \cdot I_{A0}^2 \nu L_V$ folgt aus Gl. (8.89) näherungsweise für hinreichend kleine Auslenkungen [15]

$$m\ddot{\tilde{x}} \approx -F_0 \nu \tilde{x} + F_0 \nu \triangle x_S \, . \tag{8.90}$$

---

[14] Die periodischen Vielfachen der Ruhelage sind hier nicht von Interesse.

[15] Für eine rein qualitative Betrachtung ist diese Annahme durchaus zulässig. Für quantitative Aussagen ist das nichtlineare Modell Gl. (8.89) heranzuziehen.

Von der Form her entspricht Gl. (8.90) einer *Fußpunktanregung* $\triangle x_S$ eines Masse-Feder-Systems mit der Federkonstanten $\tilde{k}_{em} = F_0 \nu$. Die Fußpunktanregung kann auch als eine *externe Kraft* $\tilde{F}_{ext} = F_0 \nu \triangle x_S = \tilde{k}_{em} \triangle x_S$ gedeutet werden, sodass Gl. (8.90) auch geschrieben werden kann

$$m \ddot{\tilde{x}} + \tilde{k}_{em} \tilde{x} = \tilde{F}_{ext}. \tag{8.91}$$

Der Einschwingvorgang aus der Anfangslage $\tilde{x}(0) = 0$ in die Endlage bei einem Schaltschritt lässt sich näherungsweise durch einen ungedämpften Einmassenschwinger mit der Kraftanregung $\tilde{F}_{ext} = \tilde{k}_{em} \triangle x_S$ beschreiben. Aufgrund der fehlenden Dämpfung ist die Ruhelage $\tilde{x}_R = \triangle x_S$ allerdings *nicht* asymptotisch stabil und der Rotor wird um diese Ruhelage ungedämpft schwingen.

Wandlerparameter – Einphasenansteuerung   Eine äquivalente und noch aussagefähigere Verhaltensbeschreibung erhält man über die *arbeitspunktabhängigen* Vierpolparameter in Hybridform nach Gln. (8.36), (8.37)

- *Elektromagnetische Stromsteifigkeit*

$$k_{em,I} := -\frac{1}{2} i_{A,R}^2 \, \nu^2 \, L_V \, \cos\left(\nu x_R\right) \quad \left[\frac{\mathrm{N}}{\mathrm{m}}\right] \tag{8.92}$$

- *Strombeiwert* $\quad K_{em,I} := -i_{A,R} \, \nu \, L_V \, \sin\left(\nu x_R\right) \quad \left[\frac{\mathrm{Vs}}{\mathrm{m}}\right], \left[\frac{\mathrm{N}}{\mathrm{A}}\right] \quad$ (8.93)

- *Ruheinduktivität* $\quad L_R(x) := L_0 + L_V \, \cos\left(\nu x_R\right) \; \left[\mathrm{H}\right].$ (8.94)

In obigen Beziehungen wurden die Linearisierungsarbeitspunkte $i_{A,R}$, x_R für die weitere Diskussion noch allgemein gehalten.

Die *Übertragungsmatrix* ergibt sich aus den Beziehungen nach Gl. (8.52), lediglich $k_{em,U}$ ist über Gl. (8.38) zu bestimmen.

Verhaltensdiskussion – Einphasenansteuerung   Als Arbeitspunkt für die Linearisierung wählt man naheliegend den stationären Spulenstrom $i_{A,R} = I_{A0}$ und die Ruhelage $x_R = 0$.

Obwohl es sich um eine aktuatorische Anwendung handelt, interessiert im vorliegenden Fall wegen der fiktiven Fußpunktanregung $\tilde{F}_{ext} = F_0 \nu \triangle x_S$ in erster Linie der Übertragungskanal $F_{ext} \to x$. Die elektromagnetische Steifigkeit $k_{em,I}$ deckt sich in diesem Fall erwartungsgemäß mit der über die Näherungsbetrachtung gefundenen Steifigkeit $\tilde{k}_{em}$ (Das unterschiedliche Vorzeichen resultiert aus definitorischen Zuordnung $k_{em,I} := \partial F_{em,I}/\partial x$).

Die Übertragungsfunktion

$$G_{x/F,I} = \frac{1}{k_{em,I}} \frac{1}{1 + s^2/\Omega_I^2}, \quad \Omega_I^2 = \frac{k_{em,I}}{m}$$

bzw. die auf die Fußpunkterregung $\triangle x_S$ bezogene Übertragungsfunktion

$$G_{x/\triangle x_S} = \frac{X(s)}{\triangle X_S(s)} = \frac{1}{1 + s^2/\Omega_I^2}$$

zeigen das erwartete grenzstabile Verhalten, d.h. ungedämpfte Schwingung um die Ruhelage (Endlage unter Polschuh A). Dieses ist natürlich für den praktischen Betrieb nicht akzeptabel, eine Dämpfung ist unbedingt erforderlich.

Passive Dämpfung – Schwach wirksame Impedanzrückkopplung Als naheliegende Lösung denkt man, wie bei den bisherigen Wandlertypen, an eine passive Dämpfung über *Impedanzrückkopplung*. Dass diese im vorliegenden Fall aus prinzipiellen Gründen nur *schwach wirksam* ist, zeigt ein Blick auf den Strombeiwert $K_{em,I}$ in der Umgebung der Ruhelage $x_R = 0$. Aus Gl. (8.93) folgt, dass in diesem Arbeitsbereich $K_{em,I} \approx 0$ ist. Damit ist die elektromechanische Kopplung praktisch nicht mehr existent, was man sehr schön am Signalflussplan Abb. 8.12 erkennen kann (s. auch nichtlineare Bewegungsgleichung (8.88))

Bei $K_{em,I} \neq 0$ wirkt die bewegungsinduzierte Spannung $u_{ind} = K_{em,I} \cdot \dot{x}$ über die elektrische Rückkopplung mit dem Nebenschlusswiderstand R als geschwindigkeitsproportionale Dämpfung. Aus der allgemeinen Struktur von $K_{em,I}$ nach Gl. (8.93) folgt, dass am Beginn des Schrittes im Schalttakt [i], d.h. der Rotor ist noch hinreichend weit von der Ruhelage $x_R = 0$ entfernt, wegen $K_{em,I} \neq 0$ durchaus eine elektromechanische Dämpfungswirkung vorhanden ist. Bei Annäherung an die Endlage $x_R = 0$ geht diese Rückkopplung allerdings verloren.

Mechanische Dämpfung Eine Dämpfung des Übergangvorganges in einem Schaltschritt [i] kann über eine Beeinflussung der *viskosen mechanischen Lagerreibung* des Rotors erfolgen. Dieser Eingriffsmöglichkeit sind jedoch aus leicht nachvollziehbaren Gründen Grenzen gesetzt, eine große Reibung kann bei zusätzlich großer externer Last auch zum Verlust von Schritten führen (Kreuth 1988).

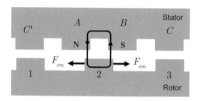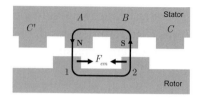

Abb. 8.28. Zweiphasenansteuerung (Erregung von A, B) des Reluktanzwandlers aus Abb. 8.26 – Mögliche Ruhelagen

Mehrphasenansteuerung Eine gängige Möglichkeit, das Betriebsverhalten von Reluktanzschrittmotoren zu verbessern, nutzt die gleichzeitige und koordinierte Ansteuerung mehrerer Phasen – *Mehrphasenansteuerung*. Dies eröffnet zum einen zusätzliche Ruhelagen des Rotors und zum anderen die Möglichkeit einer passiven oder aktiven Dämpfung der Rotorresonanz. Dieses Prinzip ist heute in unzähligen Variationen wissenschaftlich und technisch erschlossen (Krishnan 2001), (Miller 2002), (Ogata 1992).

In Abb. 8.28 ist ein Beispiel für die *Zweiphasenansteuerung* des Reluktanzmotors aus Abb. 8.26 gezeigt. Bei gleichzeitiger Bestromung der Phasen schließt sich der Magnetfluss in der gezeigten Weise und ermöglicht die dargestellten Ruhelagen. Da in diesen Fällen auf den Rotor zwei Reluktanzkraftkomponenten wirken, können über eine geeignete Variation der Phasenströme i_A, i_B in der Ruhelage auch dämpfende Korrekturkräfte erzeugt werden – *Schaltsteller, aktive Dämpfung* (Krishnan 2001), (Middleton u. Cantoni 1986).

Eine andere Art des koordinierten Schaltens der Erregerwicklungen besteht in einer Einphasensteuerung und gleichzeitigem Kurzschluss mit Impedanzrückkopplung anderer Phasenwicklungen – *passive elektromagnetische Dämpfung* (Hughes u. Lawrenson 1975), (Russell u. Pickup 1996).

Einzugsbereich für stabile Ruhelagen Besondere Beachtung verdienen beim Reluktanzschrittmotor die Fragen der Stabilität und des Einzugsbereiches der Ruhelage am Ende eines Schrittes. Dazu ist die Analyse des Stabilitätsverhaltens der nichtlinearen Bewegungsgleichung (8.88) nötig. Bei Stromsteuerung mit einem konstanten Spulenstrom reduziert sich die Analyse dann auf die mechanische Bewegungsgleichung (erste Gl. (8.88)) in Form einer nichtlinearen Schwingungsdifferenzialgleichung. Diese Analyse führt man zweckmäßigerweise im *Phasenraum* (Auslenkung, Geschwindigkeit) aus. Daraus lässt sich dann die Menge alle Anfangszustände $x(0)$, $\dot{x}(0)$ – *Einzugsbereich* – bestimmen, für die unter Berücksichtigung verschiedener mechanischer Lastfälle F_{ext} (z.B. COULOMBsche Reibung, Lastkraft) ein stabiles Einschwingen in die Ruhelage $x_R = 0$, d.h. Endlage des Schrittes [i], erfolgt. Diese Analysen sind gut erschlossen, aus Platzgründen sei hier auf Spezialliteratur verwiesen (Kreuth 1988).

Beispiel 8.3 *Reluktanzschrittmotor mit Einphasenansteuerung.*

Für einen stromgesteuerten Reluktanzschrittmotor mit folgenden Parametern soll das dynamische Schrittverhalten untersucht werden:

$N_{Phase} = 3$, $N_{RZ} = 4$ $\Rightarrow$ $\triangle\varphi_S = 30°$
$J = 100\ \mathrm{g\,cm}^2$, $I_0 = 0.5\ \mathrm{A}$, $L_0 = 18\ \mathrm{mH}$, $L_V = 15\ \mathrm{mH}$.

Wandlerparameter in der Ruhelage Für die Ruhelage (Endlage am Ende eines Schrittes) ergibt sich eine Steifigkeit von $k_{em,I} = 30\ \mathrm{N/mm}$ und damit eine Resonanzfrequenz $\Omega_I = 55\ \mathrm{rad/s}$ bzw. $f_I = 8.7\ \mathrm{Hz}$.

Passive Dämpfung – Impedanzrückkopplung Die Auswahl eines geeigneten Nebenschlusswiderstandes kann leicht mit Hilfe des linearisierten Modells abgeschätzt werden. Da eine Impedanzrückkopplung prinzipiell nur außerhalb der Endlage bei $\varphi \neq 0$ wirksam ist, kann man eine geeignete Zwischenlage zwischen der Endlage $\varphi = 0$ und dem Anfangswert $\varphi(0) = -\triangle\varphi_S = -30°$ zur Linearisierung heranziehen, z.B. $\tilde{\varphi}_R = 0.5 \cdot \varphi(0)$. Man erhält dafür aus Gln. (8.92) bis (8.94) und (8.38) die Wandlerparameter $\tilde{\Omega}_I = 39\ \mathrm{rad/s}$, $\tilde{\Omega}_U = 64\ \mathrm{rad/s}$, $\tilde{L}_R = 25.5\ \mathrm{mH}$. Der zugehörige optimale Widerstandswert R^{max} für die maximal mögliche Dämpfung ergibt sich aus der allgemeinen Bestimmungsgleichung (5.61) zu

$$\tilde{R}^{max} = \tilde{L}_R \tilde{\Omega}_U \sqrt{\tilde{\Omega}_U / \tilde{\Omega}_I} \approx 2\ \Omega\,. \tag{8.95}$$

In Abb. 8.29 ist das Einschwingverhalten auf der Basis der nichtlinearen Bewegungsgleichungen (8.88) mit $\tilde{R}^{max} = 2\ \Omega$ mit Kurve 1 dargestellt. Man erkennt die Wirkung der Impedanzrückkopplung während der Anfangsphase und die praktisch ungedämpfte Schwingung um die Endlage $\varphi = 0$ mit verkleinerter Amplitude. Man kann sich leicht mittels Parametervariation von $\tilde{R}^{max}$ überzeugen, dass der approximativ berechnete Wert nach Gl. (8.95) sehr gut die maximal erreichbare Dämpfung bestimmt. Damit sind das gewählte Vorgehen und die Anwendbarkeit der Entwurfsformel Gl. (5.61) auch für den nichtlinearen Fall gut bestätigt.

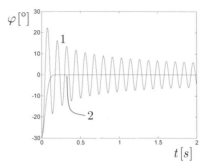

Abb. 8.29. Reluktanzschrittmotor – Einschwingverhalten für einen Schritt bei Einphasenansteuerung ($\varphi(0) = -30°$), Kurve 1… Impedanzrückkopplung mit $R^{max} = 2\ \Omega$, Kurve 2… mechanische Dämpfung $b = 10^{-3}$ Nms

Mechanische Dämpfung Das über einfache elektrische Maßnahmen erreichbare Dämpfungsverhalten ist für den praktischen Betrieb des Schrittmotors natürlich nicht ausreichend. Zum Vergleich ist in Abb. 8.29 mit Kurve 2 das Einschwingverhalten mit einer zusätzlichen *viskosen Dämpfung* von $b = 10^{-3}$ Nms dargestellt, womit erst ein brauchbares dynamisches Schaltverhalten erreicht wird. ∎

8.4 ED Elementarwandler – Lorentz-Kraft

8.4.1 Systemkonfiguration

Bewegliche Spule im Magnetfeld Die elektrodynamischen (ED) Wandler nutzen die eingangs eingeführte Lorentz-Kraft nach Gl. (8.22), d.h. die Kraft auf einen Stromleiter in einem Magnetfeld. In Abb. 8.30 ist eine technische Prinzipanordnung gezeigt, wo der Stromleiter als *Stromspule* ausgeführt und mit einer elastisch gefesselten Lastmasse m starr gekoppelt ist (hier: ein mechanischer Freiheitsgrad, eindimensional translatorische Bewegung). Kennzeichnend für einen elektrodynamischen (ED) Wandler ist ein auf die Spule wirkendes, in der Regel konstantes *Magnetfeld* $\vec{B}_0$, das entweder über einen Permanentmagneten oder elektrisch erregt wird.

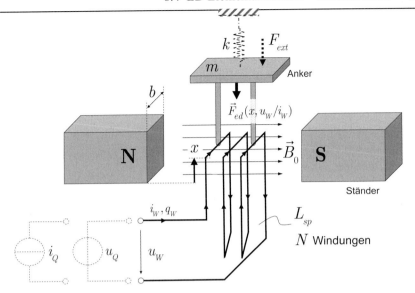

Abb. 8.30. Prinzipaufbau eines translatorischen elektrodynamischen (ED) Elementarwandlers mit einem mechanischen Freiheitsgrad (eindimensional beweglicher Anker, starr verbunden mit einer beweglichen Rechteckspule in einem homogenen, stationären Magnetfeld, elektrodynamische Krafterzeugung – LORENTZ-Kraft). Gestrichelt gezeichnet ist die externe Beschaltung alternativ mit Spannungs- oder Stromquelle und elastischer Fesselung.

8.4.2 Konstitutive elektrodynamische Wandlergleichungen

Konstitutive elektrodynamische Basisgleichungen Die grundlegende physikalische Größe für die elektromagnetische Wechselwirkung ist der verkettete Fluss der in Abb. 8.30 dargestellten Referenzanordnung. Nach Gl. (8.17) setzt sich der verkettete Fluss aus zwei Komponenten[16] zusammen

$$\psi_W(x, i_W) = \psi_{ed}(x) + \psi_\Theta(i_W) \tag{8.96}$$

Die erste Komponente $\psi_{ed}(x)$ beschreibt den magnetischen Fluss, der mit der Spule über das *extern* erregte *Magnetfeld* $\vec{B}_0$ verkettet ist. Anschaulich ist klar, dass dieser Fluss von der relativen Geometrie zwischen Spule und magnetischer Induktion abhängig. Diese variable Geometrie ist

---

[16] Die Flusskomponente ψ_0 in Gl. (8.17) kann als $\psi_{ed}(x = const.)$ interpretiert werden.

hier mit der variablen Ortskoordinate x des oberen Spulenrandes parametriert.

Die zweite Komponente $\psi_\Theta(i)$ beschreibt den über die Durchflutung $\Theta = N i_W$ im magnetischen Kreis der *Stromspule* entstehenden magnetischen Fluss gemäß Gl. (8.18). Dieses spulenerregte Magnetfeld breitet sich praktisch nur im eisenfreien Raum aus und ist deshalb weitgehend unabhängig von der Spulenposition x, denn es gilt mit den Gln. (8.13), (8.20) für die *Spuleninduktivität*

$$L_{sp} = \frac{N^2}{R_{m\Sigma}} \approx \frac{N^2 \mu_0 A_\delta}{\delta} = const. \; .$$

Für einen elektrisch linearen magnetischen Kreis erhält man aus Gl. (8.96) für die in Abb. 8.30 gezeigte Referenzanordnung die *konstitutive elektrodynamische Basisgleichung* in Q-Koordinaten

$$\psi_W(x, i_W) = K_{ED} \cdot x + L_{sp} \cdot i_W \tag{8.97}$$

mit L_{sp} Spuleninduktivität und der definitorischen *ED-Kraftkonstanten*

$$K_{ED} := N \cdot B_0 \cdot b \quad [\text{N/A}], \tag{8.98}$$

wobei N die Windungszahl der Stromspule, B_0 die magnetische Induktion des extern erregten Magnetfeldes und b die Breite des als homogen angenommenen magnetischen Flussfeldes darstellen.

Die zu Gl. (8.97) äquivalente *konstitutive elektrodynamische Basisgleichung* in *PSI-Koordinaten* erhält man durch einfache Umformung

$$i_W(x, \psi_W) = -\frac{K_{ED}}{L_{sp}} x + \frac{1}{L_{sp}} \psi_W \; . \tag{8.99}$$

Die weitere Ableitung erfolgt nun etwas detaillierter als beim elektromagnetischen (EM) Wandler, da die konstitutiven Beziehungen (8.97), (8.99) im grundlegenden Kap. 5 nur am Rande behandelt wurden.

ELM-Energiefunktionen In bekannter Weise erhält man aus den konstitutiven Basisgleichungen (8.97), (8.99) durch Integration die ELM-Energiefunktionen in

- *Q-Koordinaten*

$$T_{ed}^*(x, i_W) = K_{ED} \cdot x \cdot i_W + \frac{1}{2} L_{sp} \cdot i_W^2, \tag{8.100}$$

- *PSI-Koordinaten*[17]

$$T_{ed}(x, \psi_W) = \frac{1}{2L_{sp}} \left(\psi_W - K_{ED} \cdot x \right)^2 . \tag{8.101}$$

Konstitutive ELM-Wandlergleichungen Aus den ELM-Energiefunktionen (8.100), (8.101) folgen durch Differenziation entsprechend dem in Kap. 5 ausführlich dargestellten Vorgehen die *konstitutiven ELM-Wandlergleichungen* für den *elektrodynamischen (ED) Wandler* in unterschiedlicher Koordinatendarstellung

- *Q-Koordinaten*

$$F_{ed,Q}(i_W) = K_{ED} \cdot i_W$$

$$u_W(\dot{x}, \frac{di_W}{dt}) = K_{ED} \cdot \dot{x} + L_{sp} \cdot \frac{di_W}{dt} , \tag{8.102}$$

- *PSI-Koordinaten*

$$F_{ed,\Psi}(x, \psi_W) = -\frac{K_{ED}^{\ 2}}{L_{sp}} x + \frac{K_{ED}}{L_{sp}} \psi_W$$

$$i_W(x, \psi_W) = -\frac{K_{ED}}{L_{sp}} x + \frac{1}{L_{sp}} \psi_W . \tag{8.103}$$

Die Gln. (8.102), (8.103) beschreiben die *elektrodynamischen (ED) Kraftgesetze* und das Klemmenverhalten des verlustlosen unbeschalteten Wandlers in Abhängigkeit einer der beiden als unabhängig angenommenen elektrischen Klemmengrößen i_W bzw. $u_W = \dot{\psi}_W$.

Elektrodynamische Kraft – LORENTZ-Kraft Die Kraftgleichung in Gl. (8.102) mit eingeprägtem Spulenstrom i_W repräsentiert gerade die aus Gl. (8.22) bekannte LORENTZ-Kraft auf die stromdurchflossenen *oberen* Spulendrähte

$$F_{ed,Q}(i_W) = Nb \cdot \left(i_W \cdot B_0 \right) . \tag{8.104}$$

---

[17] Die Integration ist nicht trivial. Am einfachsten berechnet man die kinetische Energiefunktion aus der kinetischen Koenergiefunktion Gl. (8.100) mit der aus Kap. 2 bekannten LEGENDRE-Transformation $T(\psi) = i \cdot \psi - T^*(i)$.

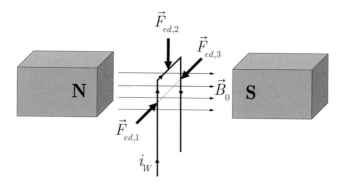

Abb. 8.31. Elektrodynamische Krafterzeugung mit einer Rechteckspule – LO-
RENTZ-Kräfte auf Spulendrähte: Kompensation von kollinearen Spulenkräften bei
antiparallel durchflossenen Spulendrähten

Die relevante Leiterlänge im Magnetfeld ist $l = N \cdot b$ und die Kraftrichtung ist im Einklang mit dem Kreuzprodukt aus Gl. (8.22).
Die LORENTZ-Kraft besitzt zwei bemerkenswerte unterschiedliche Eigenschaften gegenüber der in den vorhergehenden Abschnitten diskutierten Reluktanzkraft: $F_{ed,Q}(i_W)$ ist unabhängig von der Spulenauslenkung x
und ist linear abhängig vom Spulenstrom i_W. Über die Anordnung in Abb.
8.30 ist also eine *rückwirkungsfreie, lineare, bipolare Krafterzeugung* auf
den mechanisch angekoppelten Anker möglich.

Kompensation von LORENTZ-Kraftkomponenten Dass für die Spulen-
anordnung in Abb. 8.30 lediglich eine resultierende elektrodynamische
Kraft $\vec{F}_{ed}$ in Vertikalrichtung wirkt, kann man sich leicht an der in Abb.
8.31 gezeigten Darstellung veranschaulichen. Natürlich wirken auch auf
die vertikal ausgerichteten Spulendrähte LORENTZ-Kräfte $\vec{F}_{ed,1}$, $\vec{F}_{ed,3}$. Aufgrund der antiparallelen Stromrichtung heben sich diese Kräfte jedoch auf,
sodass nur die auf den oberen Spulendraht wirkende Kraft $\vec{F}_{ed,2}$ als resultierende elektrodynamische Kraft auf die Stromspule wirkt.

Energiespeicherung vs. Energiewandlung Der elektrodynamische
Wandler besitzt eine interessante und nicht ganz offensichtliche Eigenschaft bezüglich Energiespeicherung. Ein genauerer Blick auf die Energiefunktionen zeigt, dass lediglich in der Spuleninduktivität L_{sp} eine Energiespeicherung stattfindet, das externe Magnetfeld B_0 liefert keine Beiträge
und dient lediglich zur Energiewandlung.

8.4.3 ELM-Vierpolmodell

Lineares Verhalten Aus den konstitutiven Wandlergleichungen (8.102), (8.103) erkennt man schon das inhärent lineare Verhalten eines elektrodynamischen (ED) Wandlers. Aus diesem Grund ist keine weitere Linearisierung nötig und diese Gleichungen können direkt für die Vierpoldarstellung herangezogen werden.

Vierpol-Admittanzform Ausgehend von den konstitutiven Wandlergleichungen (8.103) in PSI-Koordinaten findet man für die *Vierpol-Admittanzform* des unbeschalteten elektrodynamischen (ED) Wandlers

$$
\begin{pmatrix} F_{ed,\Psi}(s) \\ I_W(s) \end{pmatrix} = \mathbf{Y}_{ed}(s) \cdot \begin{pmatrix} X(s) \\ U_W(s) \end{pmatrix} = \begin{pmatrix} k_{ed,U} & \dfrac{K_{ed,U}}{s} \\ -K_{ed,U} & \dfrac{1}{s}\dfrac{1}{L_{sp}} \end{pmatrix} \begin{pmatrix} X(s) \\ U_W(s) \end{pmatrix} \tag{8.105}
$$

mit den definitorischen Beziehungen für die konstanten (aussteuerungsunabhängigen) *Wandlerparameter*

- *Elektrodynamische Spannungssteifigkeit* $k_{ed,U} := -\dfrac{K_{ED}^{\,2}}{L_{sp}} \quad \left[\dfrac{\mathrm{N}}{\mathrm{m}}\right]$

- *Spannungsbeiwert* $\qquad K_{ed,U} := \dfrac{K_{ED}}{L_{sp}} \quad \left[\dfrac{\mathrm{N}}{\mathrm{Vs}}\right], \left[\dfrac{\mathrm{A}}{\mathrm{m}}\right]$ $\qquad$ (8.106)

- *Spuleninduktivität* $\qquad L_{sp} \; [\mathrm{H}]$

mit der ED-Konstanten K_{ED} aus Gl. (8.98).

Vierpol-Hybridform In äquivalenter Weise erhält man über die konstitutiven Wandlergleichungen (8.102) die *Vierpol-Hybridform* des unbeschalteten elektrodynamischen (ED) Wandlers

$$
\begin{pmatrix} F_{ed,Q}(s) \\ U_W(s) \end{pmatrix} = \mathbf{H}_{ed}(s) \cdot \begin{pmatrix} X(s) \\ I_W(s) \end{pmatrix} = \begin{pmatrix} k_{ed,I} & K_{ed,I} \\ sK_{ed,I} & sL_{sp} \end{pmatrix} \begin{pmatrix} X(s) \\ I_W(s) \end{pmatrix} \tag{8.107}
$$

mit den definitorischen Beziehungen für die konstanten (aussteuerungsunabhängigen) *Wandlerparameter*

- *Elektrodynamische Stromsteifigkeit* $k_{ed,I} := 0$ $\left[\dfrac{\mathrm{N}}{\mathrm{m}}\right]$

(8.108)

- *Strombeiwert* $K_{ed,I} := K_{ED}$ $\left[\dfrac{\mathrm{Vs}}{\mathrm{m}}\right], \left[\dfrac{\mathrm{N}}{\mathrm{A}}\right]$

mit der *Spuleninduktivität* L_{sp} sowie der *ED-Kraftkonstanten* K_{ED} aus Gl. (8.98).

8.4.4 Beschalteter elektrodynamischer (ED) Wandler

Übertragungsmatrix bei Stromsteuerung Aus Gl. (8.107) und Tabelle 5.8 folgt die *Übertragungsmatrix* $\mathbf{G}(s)$ mit dem zugehörigen Signalflussplan in Abb. 8.32

$$\begin{pmatrix} X(s) \\ U_W(s) \end{pmatrix} = \mathbf{G}(s) \begin{pmatrix} F_{ext}(s) \\ I_Q(s) \end{pmatrix} = \begin{pmatrix} V_{x/F,I}\dfrac{1}{\{\Omega_0\}} & V_{x/i}\dfrac{1}{\{\Omega_0\}} \\ V_{u/F}\dfrac{s}{\{\Omega_0\}} & V_{u/i}\cdot s\dfrac{\{\Omega_U\}}{\{\Omega_0\}} \end{pmatrix} \begin{pmatrix} F_{ext}(s) \\ I_Q(s) \end{pmatrix}$$

(8.109)

$$\Omega_0^{\,2} = \frac{k}{m}, \quad k_{W,U} = k + K_{ED}^{\,2}/L_{sp}, \quad \Omega_U^{\,2} = \frac{k_{W,U}}{m}, \quad \text{mit } \Omega_0 < \Omega_U$$

(8.110)

$$V_{x/F,I} = \frac{1}{k}, \quad V_{x/i} = V_{u/F} = \frac{K_{ED}}{k}, \quad V_{u/i} = L_{sp} + \frac{K_{ED}^{\,2}}{k}.$$

Die *Eigenresonanz* der elektrischen Klemmenübertragungsfunktion (elektrische Impedanz) ist unabhängig von der Aussteuerung durch die mechanische Eigenresonanz Ω_0 gegeben und entspricht, wie gewohnt, der Antiresonanz bei Spannungssteuerung.

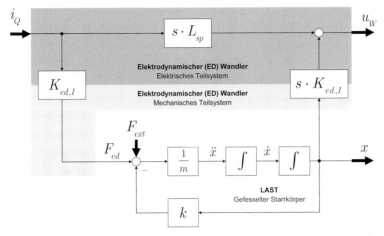

Abb. 8.32. Signalflussplan eines beschalteten *elektrodynamischen* (ED) Wandlers bei *Stromsteuerung* (verlustlos, ideale Stromquelle, ein translatorischer Freiheitsgrad, mechanische Last: elastisch gefesselter Starrkörper, vgl. Abb. 8.30). Beachte: elektrisch lineare Krafterzeugung $F_{ed} = K_{ed,I} \cdot i_Q$, mechanisch entkoppelt von der Ankerbewegung und unabhängig von der Spuleninduktivität (Gegen-EMK).

Übertragungsmatrix bei Spannungssteuerung   Aus Gl. (8.105) und Tabelle 5.8 folgt die *Übertragungsmatrix* $\mathbf{G}(s)$ mit dem zugehörigen Signalflussplan in Abb. 8.33

$$\begin{pmatrix} X(s) \\ I_W(s) \end{pmatrix} = \mathbf{G}(s) \begin{pmatrix} F_{ext}(s) \\ U_Q(s) \end{pmatrix} = \begin{pmatrix} V_{x/F,U} \dfrac{1}{\{\Omega_U\}} & V_{x/u} \dfrac{1}{s \cdot \{\Omega_U\}} \\[3ex] V_{i/F} \dfrac{1}{\{\Omega_U\}} & V_{i/u} \cdot \dfrac{\{\Omega_0\}}{s \cdot \{\Omega_U\}} \end{pmatrix} \begin{pmatrix} F_{ext}(s) \\ U_Q(s) \end{pmatrix} \quad (8.111)$$

mit den Parametern

$$\Omega_0^{\,2} = \frac{k}{m}, \quad k_{W,U} = k + K_{ED}^{\,2}/L_{sp}, \quad \Omega_U^{\,2} = \frac{k_{W,U}}{m}, \quad \text{mit } \Omega_0 < \Omega_U$$

$$V_{x/F,U} = \frac{1}{k_{W,U}}, \quad V_{x/u} = \frac{K_{ED}}{k_{W,U} L_{sp}}, \quad V_{i/F} = -\frac{K_{ED}}{k_W L_{sp}}, \quad V_{i/u} = \frac{1}{L_{sp} + \dfrac{K_{ED}^{\,2}}{k}}. \quad (8.112)$$

Bei Spannungssteuerung erkennt man eine Erhöhung der mechanischen Steifigkeit über die elektrodynamische Steifigkeit, wodurch wiederum die Eigenresonanz des Wandlers bestimmt ist.

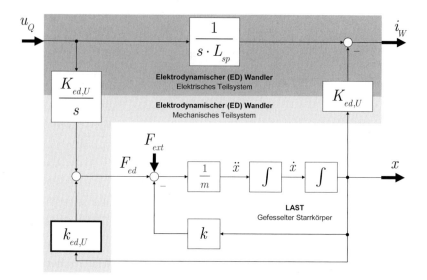

Abb. 8.33. Signalflussplan eines beschalteten *elektrodynamischen* (ED) Wandlers bei *Spannungssteuerung* (verlustlos, ideale Spannungsquelle, ein translatorischer Freiheitsgrad, mechanische Last: elastisch gefesselter Starrkörper, vgl. Abb. 8.30)

Verhaltensanalyse

ELM-Koppelfaktor   Unter Beachtung der Korrespondenzen aus Abschn. 5.6 erhält man die allgemeine Beziehung für den *ELM-Koppelfaktor* eines *elektrodynamischen* (ED) Wandlers

$$\kappa_{ed}^{\;2} = \frac{L_{sp} \cdot K_{ed,U}^{\;2}}{k - k_{ed,U}} = \frac{1}{1 + \dfrac{L_{sp}}{K_{ed,I}^{\;2}}\left(k - k_{ed,I}\right)} = \frac{1}{1 + \dfrac{k \cdot L_{sp}}{K_{ED}^{\;2}}}. \qquad (8.113)$$

Aus der Gl. (8.113) erkennt man schön den bereits eingangs angesprochenen Energiewandlungscharakter eines elektrodynamischen (ED) Wandlers. Bei vernachlässigbaren mechanischen $(k \to 0)$ und elektrischen $(L_{sp} \to 0)$ Energiespeichern, wirkt der (verlustlose) elektrodynamische (ED) Wandler als *idealer* elektromechanischer *Energiewandler* ($\kappa_{ed} = 1$). In jedem Falle sichert aber eine möglichst *große ED-Kraftkonstante* K_{ED} eine bestmögliche elektromechanische Energiewandlung ($\kappa_{ed} \approx 1$).

Mechanische Induktivität Ein Blick auf die statische Induktivität des elastisch gefesselten Ankers (Verstärkungsfaktoren $V_{u/i}$, $V_{i/u}$ der elektrischen Klemmenübertragungsfunktionen) zeigt einen interessanten Zusammenhang. Effektiv ist an den Klemmen offenbar die Wandlerinduktivität

$$L_W = L_{sp} + \frac{K_{ED}^{\;2}}{k} = L_{sp} + L_{ED,mech} \qquad (8.114)$$

wirksam. Wie man aus einer Auswertung der Übertragungsfunktionen Gl. (8.109) bis (8.112) entnimmt, repräsentiert der Vergrößerungsanteil $L_{ED,mech}$ – *mechanische Induktivität* – die wirksame Induktivität bei $L_{sp} = 0$ [18]. Durch die vergrößerte Wandlerinduktivität sind auch entsprechend höhere induzierte Wandlerspannungen u_W gegeben.

Elektrodynamische Grundsteifigkeit In analoger Weise ergibt sich auf mechanischer Seite ein Vergrößerungsanteil k_{EDG} – *elektrodynamische Grundsteifigkeit*. Dieser beschreibt die wirksame elektrodynamische Steifigkeit für den nicht gefesselten Anker mit $k = 0$, d.h.

$$k_{W,U} = k + K_{ED}^{\;2}/L_{sp} = k + k_{EDG}\,. \qquad (8.115)$$

Verlustbehafteter Wandler – Impedanzrückkopplung Sinngemäß gelten für den elektrodynamischen Wandler natürlich ebenso alle bereits beim elektromagnetischen Wandler eingehend diskutierten Eigenschaften bezüglich Impedanzrückkopplung (z.B. optimale Einstellparameter nach Abb. 8.17) und Strom- vs. Spannungssteuerung (s. Abschn. 8.3.6), s. auch Beispiel 8.4.

Der *ohmsche Wicklungswiderstand* der Stromspule tritt bei einer *Stromsteuerung* ebenso wenig in Erscheinung wie die bewegungsinduzierte elektrische Spannung. Aus diesem Grund werden häufig Leistungsverstärker mit Stromausgang verwendet. Die Übertragungsmatrix Gl. (8.109) beschreibt dann bereits vollständig das Wandlerverhalten. Will man bei Stromsteuerung jedoch eine zusätzliche mechanische Dämpfung einbringen, dann ist ein Nebenschlusswiderstand zu verwenden. In diesem Fall ändern sich die Übertragungsfunktionen in der bekannt abschätzbaren Weise.

---

[18] Für die Grenzwertbildung $L_{sp} \to 0$ bzw. $k \to 0$ muss man neben den Verstärkungen auch die gleichzeitige Abhängigkeit von Ω_0, Ω_U von L_{sp}, k beachten.

Bei Steuerung mit einer *Spannungsquelle* (Leistungsverstärker mit Spannungsausgang) ermöglicht der endliche ohmsche Wicklungswiderstand überhaupt erst einen stabilen Betrieb und für eine realistische Verhaltensanalyse sind in jedem Fall die impedanzrückgekoppelten Übertragungsfunktionen zu betrachten. Wird bei sehr kleiner externer mechanischer Dämpfung eine zusätzliche elektrodynamische Dämpfung benötigt, kann man den ohmschen Serienwiderstand bzw. eine komplexe Impedanz wiederum gezielt als Entwurfsfreiheitsgrad nutzen.

8.4.5 Konstruktionsprinzipien

Elektrodynamischer (ED) Drehwandler

Elektrische Maschinen Generell lassen sich mit Drehwandlern große rotatorische Bewegungsamplituden erreichen, die über Getriebeanordnungen auch für translatorische Freiheitsgrade nutzbar gemacht werden können. Alle klassischen *elektrischen Maschinen* (Elektromotoren, Elektrogeneratoren) basieren auf dem elektrodynamischen Prinzip. Die diesbezügliche Theorie und die Unzahl an Ausführungsformen gehören zum Standardrepertoire von Elektrotechnik- und Maschinenbaucurricula. Aus diesem Grund und aus Platzgründen wird deshalb auf eine ausführlichere Diskussion von Elektromaschinenaspekten verzichtet und auf die zahlreiche Fachliteratur verwiesen, z.B. (Müller u. Ponick 2006), (Müller u. Ponick 2009).

Um jedoch den Kontext mit den in diesem Buch erschlossenen Verhaltensmodellen herzustellen, werden im Folgenden einige allgemeingültige und grundlegende Aspekte an einfachen Ausführungsformen etwas näher beleuchtet.

Homogenes Magnetfeld Die Prinzipanordnung eines Drehwandlers mit einer Luftspule in einem homogenen Magnetfeld ist in Abb. 8.34a gezeichnet. Für die elektromechanische Wandlung ist in bekannter Weise der mit der Spule verkettete Fluss maßgebend. Mit den aus Abb. 8.34a ersichtlichen Parametern folgt hiefür in Abhängigkeit des mechanischen Freiheitsgrades φ in Anlehnung an Gl. (8.97)

$$\psi_W(\varphi, i_W) = \widehat{K}_{ED} \cdot \sin \varphi + L_{sp} \cdot i_W \qquad (8.116)$$

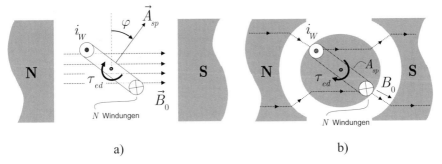

Abb. 8.34. Elektrodynamischer (ED) Drehwandler: a) Planare Polschuhe mit Luftspule (Drehspule), b) Radialfeld mit Eisenanker (Gleichstrommaschine)

mit der *ED-Momentenkonstanten*

$$\widehat{K}_{ED} := N \cdot B_0 \cdot A_{sp} \quad [\mathrm{Nm/A}]. \tag{8.117}$$

Die *konstitutiven ELM-Wandlergleichungen* lauten in *Q-Koordinaten*

$$\tau_{ed,Q}(\varphi, i_W) = \widehat{K}_{ED} \cdot \cos\varphi \cdot i_W$$

$$u_W(\varphi, \dot{\varphi}, \frac{di_W}{dt}) = \widehat{K}_{ED} \cdot \cos\varphi \cdot \dot{\varphi} + L_{sp} \cdot \frac{di_W}{dt} \ . \tag{8.118}$$

Wandlerparameter – Hybridform Aus Gl. (8.118) folgen bei stationären Größen $\varphi = \varphi_R$, $i_W = I_0$ die arbeitspunktabhängigen Wandlerparameter in Hybridform (Stromsteuerung)[19]

- *Elektrodynamische Stromsteifigkeit*

$$k_{ed,I}(\varphi_R, I_0) := -\widehat{K}_{ED} \cdot \sin\varphi_R \cdot I_0 \quad \left[\frac{\mathrm{Nm}}{\mathrm{rad}}\right] \tag{8.119}$$

- *Strombeiwert* $K_{ed,I}(\varphi_R) := \widehat{K}_{ED} \cdot \cos\varphi_R \quad \left[\frac{\mathrm{Vs}}{\mathrm{rad}}\right], \left[\frac{\mathrm{Nm}}{\mathrm{A}}\right].$

Übertragungsmatrix Aus Gl. (8.119) und Tabelle 5.8 erhält man in bekannter Weise die Übertragungsmatrix $\mathbf{G}(s)$ für den gefesselten $(k \neq 0)$ und ungefesselten $(k = 0)$ Fall.

---

[19] Die Wandlerparameter in *Admittanzform* (Spannungssteuerung) erhält man auf analoge Weise.

Wandlerstabilität Da für einen stabilen Betrieb $k_{ed,I} < 0$ gefordert ist, folgt aus Gl. (8.119) unmittelbar, dass im Drehwinkelbereich $180° < \varphi < 360°$ ein stabiler Betrieb nur mit einer Stromumkehr $I_0 < 0$ möglich ist. Bei einer Gleichstrommaschine leistet dies bekanntlich der Kommutator (Lunze 1991).

Maximales Drehmoment Aus der Momentengleichung (8.118) ist ersichtlich, dass das maximale Wandlermoment bei einem Drehwinkel $\varphi = 0$ erzeugt wird, d.h. die Spulenwindung liegt parallel zum Magnetfeld. Mit zunehmender Auslenkung verringert sich das Wandlermoment, bei $\varphi = 90°$, Spulenwindung normal auf Magnetfeld, wird überhaupt kein Drehmoment erzeugt.

Radiales Magnetfeld Eine für das Wandlerverhalten und Raumausnutzung bedeutend vorteilhaftere Variante ist in Abb. 8.34b gezeigt. Durch den flussführenden Eisenanker entsteht über dem Luftspalt ein radiales Magnetfeld und sichert immer einen Relativwinkel $\sphericalangle(\vec{A}_{sp}, \vec{B}_0) = 90°$ bzw. auslenkungsunabhängig immer ein maximales Drehmoment (konstante Wandlerparameter in Gl. (8.119) mit $\varphi_R = 0$). Weiterhin entsteht über dem wesentlich kleineren Luftspalt gegenüber Abb. 8.34a eine deutlich größere Induktion B_0, was bei gleicher elektrischer und magnetischer Dimensionierung größere Drehmomente ermöglicht.

Elektrodynamischer Schwingspulenwandler

Translationswandler – Prinzipanordnung Eine der am weitesten verbreiteten elektrodynamischen Wandlertypen stellt der *Schwingspulenwandler* (engl. *voice coil transducer*) dar. In Abb. 8.35 ist eine Prinzipanordnung mit vertikaler Bewegungsrichtung gezeigt. Gegenüber der Referenzanordnung in Abb. 8.30 ermöglicht die Schwingspulenanordnung eine bedeutend bessere Raumausnutzung. Das zylindrische Magnetfeld sichert eine maximale Flussverkettung mit der Spule. Der Luftspalt ist nach unten hin lediglich durch die Wicklungsbreite und etwas Bewegungsspiel begrenzt. Daraus folgt eine hohe magnetische Luftspaltinduktion B_0 und damit eine große *ED-Kraftkonstante*

$$K_{ED} = N_{B_0} \cdot B_0 \cdot 2\pi r_0 \tag{8.120}$$

wobei N_{B_0} die Anzahl der Spulenwindungen darstellt, die mit dem Magnetfluss der Polschuhe verkettet sind. Das Wandlermodell ist exakt durch die Gln. (8.102) bis (8.115) gegeben.

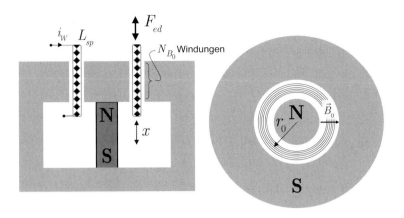

Abb. 8.35. Elektrodynamischer (ED) Schwingspulenwandler (*voice coil transducer*)

Anwendungen Schwingspulenwandler können gefesselt und ungefesselt betrieben werden und sind besonders wegen des linearen Betriebsverhaltens gefragt. Eine klassische Anwendung sind Lautsprecher und andere akustische Wandler, Abtast- und Autofokussysteme für Plattenlaufwerke, Schwingtische (engl. *shaker*) zur Kalibrierung und Materialprüfung (Ballas et al. 2009). Ein weiteres wichtiges Anwendungsfeld ist die passive und aktive Schwingungsdämpfung (engl. *vibration control*) von flexiblen mechanischen Strukturen (Mehrkörpersysteme). Diese mechatronische Anwendung wird in dem folgenden Beispiel 8.4 näher betrachtet.

Beispiel 8.4 *Schwingungsdämpfung mit einem Schwingspulenwandler.*

Aufgabenstellung Das in Abb. 8.36a dargestellte schwingungsfähige mechanische System vernachlässigbarer Dämpfung soll gegen den Einfluss von Störkräften F_{ext} isoliert werden. Das Anregungsspektrum der Störkräfte sei bedeutend größer als die Eigenresonanz $\Omega_0 = \sqrt{k_L/m_L}$ des Einmassenschwingers. Als Dämpfungsaktuator steht ein elektrodynamischer Schwingspulenwandler zur Verfügung. Die technische Lösung soll keine Hilfsenergie und keinen speziellen Sensor beinhalten.

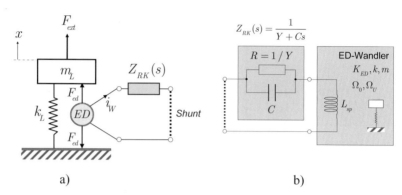

Abb. 8.36. Einmassenschwinger mit semi-aktiver Schwingungsisolation mittels eines Schwingspulenwandlers: a) Prinzipanordnung, b) Ersatzsystem (vgl. Tabelle 5.11)

Lösungskonzept Als sensorlose Lösung ohne eigene Hilfsenergie bietet sich die Impedanzrückkopplung an. Der elektrodynamische Wandler kann ebenso wie der piezoelektrische Wandler über bewegungsinduzierte Ströme und Spannungen ohne externe Hilfsenergie betrieben werden. Bei Klemmenkurzschluss über eine geeignete elektrische Lastimpedanz $Z_{RK}(s)$ kann die mechanische Energie in elektrische Energie umgewandelt werden und über ohmsche Anteile der Lastimpedanz $Z_{RK}(s)$ dissipiert werden (semi-aktive Schwingungsdämpfung, s. Abschn. 5.5.6 und 5.8).

Systemparameter Die Problemstellung orientiert sich an einem ausgeführten realen System (Behrens et al. 2003) mit den folgenden Parametern: mechanisches System $m_L = 0.15$ kg, $k_L = 56$ kN/m; ED-Wandler $K_{ED} = 3.4$ N/A, $L_{sp} = 1$ mH, $R_{sp} = 3.3\ \Omega$.

Lösungsentwurf Zur Lösung lassen sich direkt die Ausführungen und Entwurfsformeln der Abschnitte 5.5.6 und 5.8 nutzen. Da mit einer komplexen Impedanz generell eine größere Dämpfung erzielt werden kann, als mit rein ohmscher Impedanzrückkopplung, wird ein Impedanzansatz mit der in Abb. 8.36b dargestellten RC-Beschaltung gemacht. Dieser entspricht gerade der Standardstruktur in Tabelle 5.11 rechte Spalte. Im Folgenden wird ohne Einschränkung der Allgemeinheit das Modell Spannungsquelle mit Kurzschluss (*shunting*), Tabelle 5.11 oben rechts, betrachtet (kein Unterschied zu Stromquelle mit offenen Klemmen). Als Entwurfsformel ist lediglich die Gl. (5.64) aus Beispiel 5.1 nach den in Tabelle 5.11 angegebenen Richtlinien zu adaptieren und man erhält die *analytischen Entwurfsgleichungen*

$$C^{opt} = \frac{1}{L_W} \frac{\Omega_I^{\,2}}{\Omega_U^{\,4}}, \quad Y^{opt} = \frac{1}{R^{opt}} = \frac{2}{L_W} \frac{\Omega_I^{\,2}}{\Omega_U^{\,3}} \sqrt{\frac{\Omega_U^{\,2}}{\Omega_I^{\,2}} - 1} \qquad (8.121)$$

mit einem konjugiert komplexen Doppelpolpaar mit dem Betrag Ω_U und der *maximal* erreichbaren *Dämpfung*

$$d^{opt} = \frac{1}{2} \sqrt{\frac{\Omega_U^{\,2}}{\Omega_I^{\,2}} - 1} . \qquad (8.122)$$

Durch die Impedanzrückkopplung ergibt sich als relevante Störübertragungsfunktion zwischen Störkraft und Massenauslenkung (s. Übertragungsmatrix Gl. (8.111))

$$\tilde{G}_{x/F}(s) = \frac{X(s)}{F_{ext}(s)} = \tilde{G}_{x/F} - Z_{RK} \cdot G_{x/u} \cdot G_{i/F} \frac{1}{1 + Z_{RK} \cdot G_{i/u}} . \qquad (8.123)$$

Numerische Lösung Mit den gegebenen Systemparametern ergeben sich als charakteristische *Resonanzfrequenzen* $\Omega_I = \Omega_0 = 611 \; \mathrm{rad/s}$, $\Omega_U = 671 \; \mathrm{rad/s}$. Mit $L_W = L_{sp}$ erhält man aus Gl. (8.121) die optimalen Bauelementwerte $C^{opt} = 1.8 \; \mathrm{mF}$, $R^{opt} = 0.9 \; \Omega$. Für die Störübertragungsfunktion folgt aus Gl. (8.123)

$$G_{x/F}^{opt}(s) = 6.67 \frac{737^2 + 610s + s^2}{\left(671^2 + 305s + s^2\right)^2} . \qquad (8.124)$$

Als maximale *Dämpfung* der Doppelpole von $G_{x/F}^{opt}$ resultiert aus Gl. (8.122) $d^{opt} = 0.23$ (dies deckt sich erwartungsgemäß mit Gl. (8.124)). Die Betragskennlinie von $s \cdot G_{x/F}^{opt}$ (Geschwindigkeit) und die Störsprungantwort sind in Abb. 8.37 Kurven 1 gezeigt, man erkennt sehr schön den gewünschten Dämpfungseffekt (zum Vergleich: Betragskennlinie Kurve 0 *ohne* Impedanzrückkopplung).

Vergleichsentwurf In (Behrens et al. 2003) wurde eine andere Entwurfsstrategie verwendet, die sich am Vorgehen von (Hagood u. Flotow 1991) orientiert. Dazu wird eine RC-Serienschaltung verwendet, d.h. $Z_{RK}(s) = R + 1/Cs$, die optimalen Parameter ergeben sich zu $C^* = 2.7 \; \mathrm{mF}$, $R^* = 0.29 \; \Omega$. R^* wurde dabei über eine numerische $\mathcal{H}_2$-Norm-Minimierung gefunden. Als Störübertragungsfunktion ergibt sich ebenfalls mit Gl. (8.123)

$$G^*_{x/F}(s) = 6.67 \frac{608^2 + 290s + s^2}{\left(502^2 + 119s + s^2\right)\left(740^2 + 171s + s^2\right)} . \qquad (8.125)$$

Die Betragskennlinie von $s \cdot G^*_{x/F}$ (Geschwindigkeit) und die Störsprungantwort sind in Abb. 8.37 Kurven 2 gezeigt.

Verhaltensdiskussion Die beiden Entwurfsansätze führen zu sehr ähnlichem Systemverhalten. Der Vergleichsentwurf (Behrens et al. 2003) zeigt im Frequenzbereich eine etwas bessere Störunterdrückung (Maximum des Störfrequenzganges etwa 3 dB kleiner, jedoch etwas breiter ausgedehnt).

Im Zeitbereich sind beide Entwürfe gleichwertig, der hier propagierte Entwurf nach Gl. (8.121) zeigt aufgrund der größeren Dämpfung der Pole ein schnelleres Abklingen des Einschwingvorganges.

Realisierung der Rückkopplungsimpedanzen Im einfachsten Fall ist die Realisierung der Rückkopplungsimpedanz mit diskreten passiven Bauelementen möglich. In manchen Anwendungsfällen wird man jedoch aus praktischen oder faktischen Gründen auf eine elektronische Impedanzrealisierung über beschaltet Operationsverstärker zurückgreifen (Fleming et al. 2000), (Behrens et al. 2003), (Paulitsch et al. 2006).

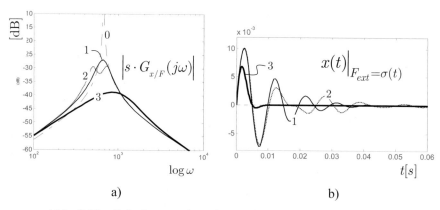

a)   b)

Abb. 8.37. Schwingungsdämpfung mit ED-Schwingspulenwandler und Impedanzrückkopplung: a) Betragskennlinie der Störübertragungsfunktion $s \cdot G_{x/F}$ (Geschwindigkeit/Störkraft),   b) Störsprungantwort für die Geschwindigkeit der Lastmasse ; Kurvenlegende: 0... $Z_{RK} = 0$,   1... Z_{RK} nach Gl. (8.121), 2... Z_{RK} nach (Behrens et al. 2003), 3... Z_{RK} nach Gl. (8.121) mit $L_{sp}/10$ bzw. $3.33 \cdot K_{ED}$

Aus praktischen Gründen ermöglicht eine elektronische Realisierung eine leichtere Abstimmung am realen System. Das vorliegende Beispiel zeigt aber einen faktischen Grund für eine elektronische Impedanzrealisierung. Der optimale ohmsche Widerstand ist wesentlich kleiner als der inhärente Spulenwiderstand. Dies kann über eine geeignete elektronische Lösung aber leicht realisiert werden.

Entwurfsvariation – Vergrößerung der Dämpfung Falls die vorliegende maximale Dämpfung nicht ausreicht, bietet die *analytische Dämpfungsformel* (8.122) eine tiefere Einsicht über mögliche Entwurfsvariationen. Aus Gl. (8.122) folgt, dass mit der zugrunde gelegten Impedanzrückkopplung die maximale erreichbare Dämpfung lediglich vom Verhältnis (Spreizung) der Wandlerresonanzfrequenzen Ω_U, Ω_I abhängt. Im vorliegenden Fall ist $\Omega_I = \Omega_0 = \sqrt{k_L/m_L}$, lediglich Ω_U ist über die Wandlerparameter veränderbar, es gilt nach Gl. (8.112)

$$\Omega_U{}^2 = \frac{1}{m}\left(k + \frac{K_{ED}{}^2}{L_{sp}}\right). \tag{8.126}$$

Eine Vergrößerung von Ω_U kann man entweder durch eine *Vergrößerung* der *ED-Kraftkonstanten* K_{ED} oder durch eine *Verkleinerung* der wirksamen *Spuleninduktivität* L_{sp} erreichen. Im ersten Fall muss man einen leistungsstärkeren Wandler verwenden, die zweite Variante kann man durch eine elektronische Induktivitätskompensation realisieren, z.B. (Paulitsch et al. 2006).

Aus der analytischen Dämpfungsformel (8.122) kann man auch unmittelbar auf die Größenordnung der Dämpfungserhöhung in Abhängigkeit der Entwurfsfreiheitsgrade K_{ED}, L_{sp} zurück schließen. So führt eine *Vergrößerung* von K_{ED} um den Faktor $\sqrt{10} = 3.33$ oder alternativ eine *Verkleinerung* von L_{sp} um den Faktor 10 gleichermaßen zu einer *Erhöhung* der *Dämpfung* auf $\tilde{d}^{opt} = 0.72$. Die entsprechenden Verhaltensantworten sind in Abb. 8.37 in den Kurven 3 dargestellt. ∎

Literatur zu Kapitel 8

Ballas R G, Pfeifer G, Werthschützky R (2009) *Elektromechanische Systeme in Mikrotechnik und Mechatronik*, Springer

Behrens S, Fleming A J, Moheimani S O R (2003) Electrodynamic vibration supression. *Proc. SPIE Smart Structures and Materials 2003: Damping and Isolation* 5052(344): 344–355

Fleming A J, Behrens S, Moheimani S O R (2000) Synthetic impedance for implementation of piezoelectric shunt-damping circuits. *Electronic Letters* 36(18): 1525–1526

Hagood N W, Flotow A v (1991) Damping of structural vibrations with piezoelectric materials and passive electrical networks. *Journal of Sound and Vibration* 146(2): 243-268

Hughes A, Lawrenson P J (1975) Electromegnetic damping in stepper motors. *Proc. Inst. Elec. Eng.* 122(8): 819-824

Kallenbach E, Eick R, Quendt P, Ströhla T, Feindt K, Kallenbach M (2008) *Elektromagnete*, Vieweg+Teubner

Kreuth H P (1988) *Schrittmotoren*, Oldenbourg Verlag

Krishnan R (2001) *Switched Reluctance Motor Drives:Modeling, Simulation, Analysis, Design, and Applications*, CRC Press

Küpfmüller K, Mathis W, Reibiger A (2006) *Theoretische Elektrotechnik*, Springer

Lunze K (1991) *Einführung in die Elektrotechnik*, Verlag Technik Berlin

Middleton R H, Cantoni A (1986) Electromagnetic Damping for Stepper Motors with Chopper Drives. *Industrial Electronics, IEEE Transactions on* IE-33(3): 241-246

Miller T J E (2002) Optimal design of switched reluctance motors. *Industrial Electronics, IEEE Transactions on* 49(1): 15-27

Müller G, Ponick B (2006) *Grundlagen elektrischer Maschinen - Elektrische Maschinen (Band 1)* Wiley-VCH

Müller G, Ponick B (2009) *Theorie elektrischer Maschinen - Elektrische Maschinen (Band 3)*, Wliey-VCH

Ogata K (1992) *System Dynamics*, Prentice Hall

Paulitsch C, Gardonio P, Elliott S J (2006) Active vibration damping using self-sensing, electrodynamic actuators. *Smart Materials and Structures* 15: 499–508

Philippow E (2000) *Grundlagen der Elektrotechnik*, Verlag Technik Berlin

Rummich E (2007) *Elektrische Schrittmotoren und -antriebe* expert verlag

Russell A P, Pickup I E D (1996) Analysis of single-step damping in a multistack variable reluctance stepping motor. *Electric Power Applications, IEE Proceedings -* 143(1): 95-107

Schweitzer G, Maslen E H, Eds. (2009) *Magnetic Bearings.* Springer

9 Funktionsrealisierung – Digitale Informations-verarbeitung

Hintergrund Die Funktionalität eines mechatronischen Produktes hängt in fundamentaler Weise von dessen informationstechnischen Fähigkeiten, populär ausgedrückt, von der *„Produktintelligenz"* in Form der *Betriebssoftware* ab. Damit sind diejenigen Fähigkeiten gemeint, hardwareorientierte Systemelemente in geeigneter Weise so anzusteuern, dass die auf hoher abstrakter Ebene formulierten Benutzerwünsche in eine bestmögliche, d.h. robuste und genaue, Bewegungsführung übertragen werden. Im Extremfall können für ein und dieselbe Hardwarekonfiguration durch unterschiedliche Softwarevarianten völlig unterschiedliche Produktaufgaben gelöst werden („intelligente Mechanik"). Systemtheoretisch betrachtet wird über die in der Betriebssoftware realisierten Regelungs- und Steuerungsalgorithmen der Regelkreis geschlossen und das resultierende dynamische Verhalten festgelegt, woraus sich die Quelle der „Produktintelligenz" erschließt.

Inhalt Kapitel 9 In diesem Kapitel werden geeignete Modellansätze für verhaltensrelevante Phänomene diskutiert, die durch die *digitale Realisierung* von Regelungs- und Steuerungsalgorithmen und der Datenkommunikation in einem mechatronischen System entstehen. Als generelle Beschreibungsform werden *Frequenzbereichsmodelle* gewählt, die eine anschauliche und mit zeitkontinuierlichen Modellen kompatible Verhaltensbeschreibung mittels *Frequenzgängen* ermöglichen. Aufbauend auf einer detaillierten Diskussion des *Abtastprozesses*, des *Signal-Aliasing* und der glättenden Wirkung des *Halteprozesses* werden ausführlich Modelleigenschaften von diskreten, getasteten *Übertragungsfunktionsmodellen* betrachtet. Neben dem *s*-Bereich wird auf eine konforme Frequenztransformation zurückgegriffen (q-Transformation, *transformierter Frequenzbereich*), woraus sich die direkte und exakte Nutzung von BODE-Diagrammen erschließt und ein stetiger Übergang zu kontinuierlichen Modellen bei sehr kleinen Abtastzeiten möglich ist. Eine besondere Betrachtung genießt das *Frequenzgang-Aliasing* bei *schwingungsfähigen* Systemen (Mehrkörpersysteme). Des Weiteren werden wichtige Modelleigenschaften der *Quantisierung* im Zusammenhang mit der Signalwandlung (analog-digital, digital-analog), sowie *Laufzeitverzögerungen* (Totzeiten) und *Echtzeitaspekte* im Rahmen der *Signalwandlung, Datenkommunikation* und *Reglerrealisierung* diskutiert. ∎

9.1 Systemtechnische Einordnung

Produktfunktionalität – Steuer- und Regelungsalgorithmen Die Erfüllung der speziellen Aufgaben eines mechatronischen Produktes (Produktzweck) wird in fundamentaler Weise durch die Informationsverarbeitung der Sensorsignale und der manuellen Eingaben des Bedieners bestimmt (Abb. 9.1). Durch die situationsgerechte Erzeugung von Stellsignalen für die Aktuatoren wird der Wirkungskreis geschlossen (Regelalgorithmen, Regelkreis) und erlaubt damit eine prinzipielle Robustheit gegenüber externen Störungen und immer existierenden Modellunbestimmtheiten. Die manuellen Bediensignale können in geeigneter Weise in Steuerkommandos bzw. Steuerabfolgen gewandelt werden und erlauben damit die automatische Abarbeitung von Betriebsabläufen (Steueralgorithmen). Populär ausgedrückt repräsentiert die Informationsverarbeitung die „Intelligenz" eines mechatronischen Produktes.

Systemtechnische Bedeutung Systemtechnisch betrachtet stellt die mittels digitaler Informationsverarbeitung realisierbare Funktion *„verarbeite Informationen"* die Steuerungs- und Regelungsalgorithmen des mechatronischen Systems dar (Abb. 9.1).

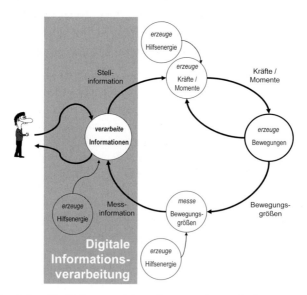

Abb. 9.1. Funktionelle Dekomposition eines mechatronischen Systems – Funktionsrealisierung mittels *digitaler Informationsverarbeitung*

Für die Auslegung eines mechatronischen Systems interessieren natürlich in erster Linie die mathematisch beschriebene Funktionalität zwischen Eingängen (Sensorsignale, Bediensignale) und Ausgang (Stellsignale) und das Systemverhalten des geschlossenen Wirkungskreises. Letztlich muss das gesamte physikalische Verhalten der Funktionskette *„erzeuge Kräfte/Momente"* – *„erzeuge Bewegungen"* – *„messe Bewegungsgrößen"* in geeigneter Form in den Steuerungs- und Regelungsalgorithmen abgebildet werden, um ein anforderungskonformes Systemverhalten sicher zu stellen. Die Auslegung dieser Steuer- und Regelungsalgorithmen basiert auf der Basis von repräsentativen physikalischen Modellen der oben genannten Funktionskette (siehe Kap. 4 bis 8) und ist nicht Gegenstand der Betrachtungen in diesem Kapitel. Einige ausgewählte Auslegungsgesichtspunkte zu Regelungsproblemen werden im nachfolgenden Kap. 10 behandelt.

Im Fokus dieses Kapitels stehen vielmehr die prägenden und meist parasitären Verhaltensphänomene, die erst durch die Anwendung und Nutzung von digitalen informationsverarbeitenden Realisierungen entstehen.

Analoge vs. digitale Informationsverarbeitung Eine elementare analoge Informationsverarbeitung auf lokaler Ebene wurde bereits im Rahmen der Impedanzrückkopplung diskutiert. Deren Vorteile sind evident: direktes Einwirken auf elektrisch analoger Ebene, in der Regel ohne spezielle Sensoren, minimale Signallaufzeiten bzw. große Bandbreiten des rückgekoppelten Systems. Diesen gern genutzten Vorteilen steht der Nachteil der eingeschränkten Funktionalität und schwierigen Änderbarkeit der analogen Implementierungen gegenüber. Die digitale Informationsverarbeitung unter Nutzung von leistungsfähigen Mikrorechnern offeriert umfangreiche Möglichkeiten der Implementierung von komplexen Steuerungs- und Regelungsalgorithmen bei gleichzeitig leichter Änderbarkeit. So kann die Funktionalität eines mechatronischen Produktes bei weitgehend gleicher Hardware (Mechanik, Sensoren, Aktuatoren) durch ein geändertes Programm (Software) angepasst und verändert werden. Dies begründet auch die heutzutage fast ausschließliche Realisierung der informationsverarbeitenden Funktionen durch Mikrorechner und andere digitale Recheneinheiten (FPGA, ASIC).

Mechatronisch relevante Phänomene In einem geschlossenen Wirkungskreis sind speziell die in Abb. 9.2 schematisch dargestellten Phänomene der digitalen Informationsverarbeitung für das Systemverhalten bestimmend:

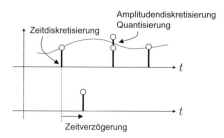

Abb. 9.2. Mechatronisch relevante Phänomene der digitalen Informationsverarbeitung: Zeitdiskretisierung, Zeitverzögerung, Amplitudendiskretisierung (Quantisierung)

- *Zeitdiskretisierung:* im Rechner liegen lediglich Proben (engl. *samples*) zu definierten Zeitpunkten der zeitkontinuierlichen Systemgrößen vor, mathematisch abstrakt beschrieben durch einen *Abtastprozess* (engl. *sampling*, lineares Phänomen)

- *Zeitverzögerung:* durch die im Allgemeinen sequenzielle Informationsverarbeitung entstehen prinzipielle Zeitverzögerungen (Laufzeit, Totzeit, engl. *time delay*) zwischen Einlesen von Sensorsignalen und der wirksamen Ausgabe von Stellsignalen (lineares Phänomen)

- *Amplitudendiskretisierung (Quantisierung):* die rechnerinterne Darstellung der zeitdiskreten Signale erfolgt aus prinzipiellen Gründen nur mit einer endlichen Wortlänge, woraus eine *Wertediskretisierung* der Signalwerte resultiert (Quantisierung, nichtlineares Phänomen).

9.2 Beschreibungsformen

9.2.1 Referenzkonfiguration

Digitaler Regelkreis Die Abb. 9.3 zeigt eine signalorientierte Darstellung des funktionalen Modells eines mechatronischen Systems aus Abb. 9.1 in Form eines digitalen Regelkreises mit physikalisch orientierten Systemelementen gezeigt.

Die Schnittstellen zwischen dem informationsverarbeitenden System – eingebetteter Rechner – und der „analogen" Umwelt werden durch *Analog-Digital-Wandler (ADC – Analog to Digital Converter)* und *Digital-Analog-Wandler (DAC – Digital to Analog Converter)* dargestellt.

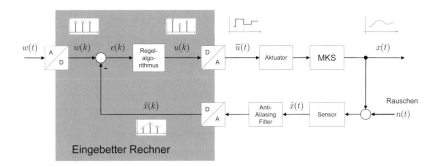

Abb. 9.3. Mechatronisches System als signalorientiertes Modell auf der Basis eines digitalen Regelkreises

Die Bediensignale können optional ebenfalls von analogen Quellen kommen (z.B. Steuerknüppel, Joystick) oder direkt im Rechner erzeugt werden. Zwischen Sensorausgang und Analog-Digital-Wandler ist ein spezielles Tiefpassfilter – *Anti-Aliasing-Filter* – zur Unterdrückung von Signalmehrdeutigkeiten aufgrund des Abtastprozesses zu erkennen.

Alle genannten Informationsverarbeitungsfunktionen stehen in modernen *eingebetteten Mikrorechnern* auf engstem Bauraum zur Verfügung, siehe schematische Darstellung in Abb. 9.4.

Hybride zeitkontinuierlich-zeitdiskrete Systemgrößen In Abb. 9.3 sind ebenfalls die unterschiedlichen Signalformen innerhalb der Wirkungsschleife ersichtlich: *zeitkontinuierliche* Signale zur Beschreibung von physikalisch „analogen" Größen (definiert zu jedem Zeitpunkt) und *zeitdiskrete* Signale zur Beschreibung von rechnerinternen Größen. Man beachte die spezielle, stufenförmige Form des zeitkontinuierlichen Ausgangssignals $\overline{u}(t)$ des Digital-Analog-Wandlers.

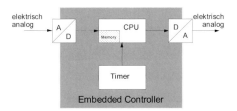

Abb. 9.4. Schematisierte Realisierung der Funktion „*verarbeite Informationen*" mit einem eingebetteten Mikrorechner

9.2.2 Modellansätze

Hybrider Systemcharakter vs. einheitliches Modell Aufgrund der hybriden Zusammensetzung der Systemgrößen in digitalen Regelkreisen stellt sich die prinzipielle Frage nach einer geeigneten Modellform. Für eine größtmögliche Aussagekraft wünscht man sich an die jeweilige Signalform angepasste Modelle (*hybride zeitkontinuierlich-zeitdiskrete Modelle*, siehe Abb. 9.5a). Diese sind jedoch in der Regel sehr unhandlich.

Um das Gesamtverhalten bequem geschlossen analysieren zu können, müssen alle Systemgrößen, d.h. Ein- und Ausgangsgrößen von Übertragungssystemen, in einer *einheitlichen Form* vorliegen, d.h. *zeitkontinuierlich* oder *zeitdiskret*.

Eine weitere Modellierungsoption betrifft die Frage *Zeitbereichs- vs. Frequenzbereichsmodell*. Welches Modellierungsparadigma man wählt, hängt sehr stark von den verwendeten Analyseverfahren ab. Im vorliegenden Buch werden aus den bekannten guten Gründen Frequenzbereichsmodelle in Form des *Frequenzganges* bevorzugt.

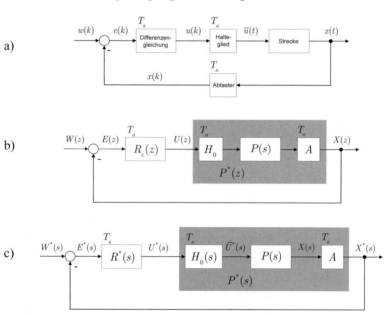

Abb. 9.5. Signalorientierte Beschreibungsformen eines digitalen Regelkreises: a) hybrides zeitkontinuierlich-zeitdiskretes Modell, b) zeitdiskretes Modell (*z*-Transformation), c) getastetes zeitkontinuierliches Modell (LAPLACE-Transformation, bevorzugtes Modell in diesem Buch), Erklärung der Symbole im Text

Die Anforderungen an eine für den Systementwurf geeignete Modellierungsform lassen sich prägnant folgendermaßen formulieren: (a) einheitliches Modell bezüglich Signalcharakter, (b) einfache Handhabung und Interpretation des Frequenzganges.

Signalorientiertes zeitdiskretes Modell Meist entscheidet man sich für eine *einheitliche zeitdiskrete Betrachtung,* indem man mit Zahlenfolgen rechnet und die z-Transformation im Bildbereich nutzt (Abb. 9.5b). Auf diesem Ansatz basieren viele mächtige Entwurfs- und Analyseverfahren (Lunze 2008), (Föllinger 1993). Er hat aber einen entscheidenden Nachteil, wenn man mit Frequenzgängen und speziell mit BODE-Diagrammen arbeiten möchte. Der Frequenzgang ist dann nämlich nicht mehr eine rationale Funktion in $j\omega$ sondern eine rationale Funktion in $e^{j\omega}$ bzw. eine transzendente Funktion in $j\omega$. Damit verlieren Frequenzgangsbetrachtungen jedoch viel von ihrer Attraktivität.

Signalorientiertes getastetes zeitkontinuierliches Modell Die alternative Betrachtungsweise beruht auf getasteten zeitkontinuierlichen Systemgrößen (Tou 1959). Damit bleibt man formal in der zeitkontinuierlichen Modellwelt und kann wie gewohnt die LAPLACE-Transformation anwenden. Aufgrund des Abtastprozesses entstehen jedoch mit der Abtastfrequenz periodische Frequenzgänge, die auch relativ schwer zu handhaben sind. Allerdings lassen sich unter gewissen Voraussetzungen für viele praktische Probleme ausreichend genaue Näherungsbeziehungen ausnutzen, um die gängigen Frequenzgangsbetrachtungen aus der zeitkontinuierlichen Welt auch hier mit geringfügigen Änderungen anzuwenden. Im Folgenden wird deshalb dieser Weg eingeschlagen, der eine geradlinige Anwendung aller bisher abgeleiteten Frequenzbereichsmodelle erlaubt.

9.3 Abtastung

Zeitdiskretisierung In einem Digitalrechner können keine kontinuierlichen Signale, sondern nur Zahlen sequenziell verarbeitet werden. Dazu müssen die zeitkontinuierlichen, analogen Signale in der Regel äquidistant mit der Abtastperiode T_a abgetastet, d.h. *zeitlich diskretisiert,* werden. Gerätetechnisch geschieht dies durch den Analog-Digital-Wandler, das abstrakte mathematische Modell dazu ist ein *Abtaster A* (siehe Abb. 9.5 und Abb. 9.6).

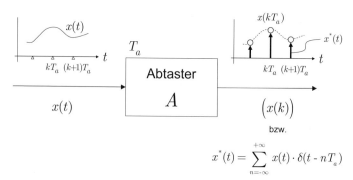

$$x^*(t) = \sum_{n=-\infty}^{+\infty} x(t) \cdot \delta(t - nT_a)$$

Abb. 9.6. Funktionsweise eines Abtasters A: Zahlenfolge $\big(x(k)\big)$, getastete Zeitfunktion $x^*(t)$

Genau genommen werden die Abtastwerte auch noch entsprechend der Bitbreite des Wandlers wertediskretisiert (quantisiert, z.B. 8 Bit $\Rightarrow 2^8{=}256$ Werte). Dies wird hier allerdings vernachlässigt.

Definition 9.1 *Abtaster – Zahlenfolge*   Ein *Abtaster* ordnet einer Funktion $x(t)$ die Zahlenfolge $\big(x(k)\big)$ zu, mit $x(k) := x(kT_a)$, $k = 0, \pm 1, \pm 2, \ldots$, siehe Abb. 9.6.

Definition 9.2 δ *-Abtaster – Getastete Zeitfunktion*   Ein δ *-Abtaster* ordnet einer Funktion $x(t)$ die Funktion

$$x^*(t) := \sum_{n=-\infty}^{+\infty} x(t) \cdot \delta(t - nT_a)$$

– *getastete Zeitfunktion* – zu, siehe Abb. 9.6 und Abb. 9.7.

Getastete Zeitfunktion im Bildbereich   Aufgrund der aus Abb. 9.7b erkenntlichen Periodizität kann der δ *-Impuls-Kamm* $\delta_T(t)$ in eine komplexe Fourierreihe entwickelt werden

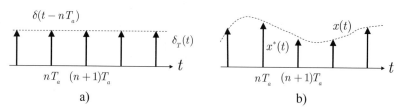

Abb. 9.7. Funktionsweise eines δ -Abtasters: a) δ -Impuls-Kamm, b) getastete Zeitfunktion $x^*(t)$

$$\delta_T(t) := \sum_{n=-\infty}^{+\infty} \delta(t - nT_a) = \sum_{n=-\infty}^{+\infty} c_n e^{jn\omega_a t} \quad , \quad \omega_a := \frac{2\pi}{T_a}$$

$$c_n = \frac{1}{T_a} \int_{-\frac{T_a}{2}}^{+\frac{T_a}{2}} \delta(t) \cdot e^{-jn\omega_a t} \cdot dt = \frac{1}{T_a} \int_{0^-}^{0^+} \delta(t) \cdot dt = \frac{1}{T_a}$$

$$\Rightarrow \quad \delta_T(t) = \frac{1}{T_a} \sum_{n=-\infty}^{+\infty} e^{jn\omega_a t} \quad .$$

Damit erhält man dann für die getastete Zeitfunktion

$$x^*(t) = \sum_{n=-\infty}^{+\infty} x(t) \cdot \delta(t - nT_a) = \frac{1}{T_a} \sum_{n=-\infty}^{+\infty} x(t) \cdot e^{jn\omega_a t}$$

und mittels des Dämpfungssatzes der LAPLACE-Transformation $\mathcal{L}\left\{f(t) \cdot e^{\alpha t}\right\} = F(s - \alpha)$

$$X^*(s) = \mathcal{L}\left\{x^*(t)\right\} = \frac{1}{T_a} \sum_{n=-\infty}^{+\infty} X(s + jn\omega_a) \tag{9.1}$$

bzw. mit $s = j\omega$ das *Frequenzspektrum* von $x^*(t)$

$$X^*(j\omega) = \underbrace{\frac{1}{T_a} X(j\omega)}_{\text{Basisspektrum}} + \underbrace{\frac{1}{T_a} \sum_{m=1}^{+\infty} X\left(j(\omega \pm m\omega_a)\right)}_{\substack{\text{Spiegelfrequenzspektrum} \\ \text{"Oberwellen"}}} \quad . \tag{9.2}$$

Periodische Zeitfunktionen (hier: δ-Impuls-Kamm) haben diskrete Frequenzspektren.

Periodisch mit T_a abgetastete Zeitfunktionen (hier: $x^*(t)$) haben periodische Frequenzspektren (Spiegelspektren) mit der (Frequenz-)Periode $\omega_a = 2\pi/T_a$ und einem um den Faktor $1/T_a$ abgeschwächten Betrag gegenüber dem Spektrum der Eingangsfunktion (hier: $x(t)$).

Beispiel 9.1   *Abtastung einer harmonischen Schwingung.*

Man betrachte die harmonische Schwingung

$$x(t) = \cos \omega_s t = \frac{1}{2}\left(e^{j\omega_s t} + e^{-j\omega_s t}\right).$$

Durch Abtastung mit der Abtastperiode T_a bzw. Abtastfrequenz $\omega_a = 2\pi/T_a > 2\omega_s$ entsteht das getastete Signal

$$x^*(t) = \frac{1}{2T_a} \sum_{n=-\infty}^{+\infty}\left(e^{j(\omega_s + n\omega_a)t} + e^{-j(\omega_s + n\omega_a)t}\right) =$$

$$= \frac{1}{2T_a}\left(e^{j\omega_s t} + e^{-j\omega_s t}\right) + \frac{1}{2T_a}\sum_{m=1}^{\infty}\left(e^{j(\omega_s \pm m\omega_a)t} + e^{-j(\omega_s \pm m\omega_a)t}\right).$$

In Abb. 9.8 sind das Zeitsignal $x(t)$, sein Spektrum sowie das Spektrum des getasteten Signals $x^*(t)$ für die Werte $\omega_s = 1$ und $\omega_a = 3$ dargestellt.

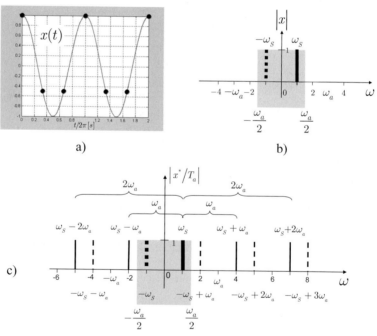

Abb. 9.8. Abtastung eines harmonischen Signals: a) kontinuierliches Signal, b) Spektrum des kontinuierlichen Signals, c) Spektrum des abgetasteten Signals

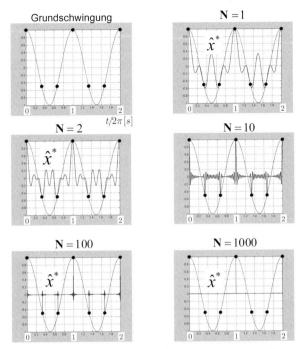

Abb. 9.9. Approximation von Abtastwerten einer harmonischen Schwingung durch eine endliche Zahl überlagerter Schwingungen

Dass das getastete Signal tatsächlich mit einer unendlichen Zahl von harmonischen Schwingungen konstruiert werden kann, ist in Abb. 9.9 gezeigt. Mit zunehmender Anzahl $m = 1, ..., N$ der Reihenglieder werden die Abtastpunkte $x(kT_a)$ immer stärker ausgeprägt. ∎

Bandbegrenzte Signale Für ein bandbegrenztes Signal $x(t)$, d.h. oberhalb einer Grenzfrequenz ω_G ist dessen Spektrum gleich null, ergibt sich für das zugehörige getastete Signal ein periodisches Spektrum wie in Abb. 9.9 gezeigt. Wenn $\omega_G < \omega_a/2$ gilt, sind die Spektren überlappungsfrei.

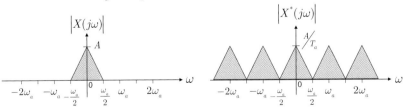

Abb. 9.10. Spektrum eines bandbegrenzten Signals

Abtasttheorem – NYQUIST-Frequenz In der Nachrichtentechnik und Signaltheorie wird die für den Abtastprozess charakteristische Grenzfrequenz $\omega_a/2$ (halbe Abtastfrequenz) als *NYQUIST-Frequenz* bezeichnet. Entsprechend dem *SHANNONschen Abtasttheorem* (Föllinger 1993) können Signale komplett aus der Abtastfolge rekonstruiert werden, wenn im Ursprungssignal keine Signalanteile oberhalb der NYQUIST-Frequenz vorhanden sind (wie in Abb. 9.10).

Die Signalrekonstruktion kann man sich anhand von Abb. 9.9 veranschaulichen, indem man sich aus dem abgetasteten Signal (Bild rechts unten, $N = 1000$) alle Oberwellen, d.h. Reihenelemente mit $N \geq 1$, mittels eines idealen Tiefpasses herausgefiltert denkt. In diesem Fall bleibt dann nur die Grundschwingung, Bild links oben, als Ergebnis übrig.

9.4 Aliasing

Mehrdeutigkeiten durch Spiegelfrequenzen Durch den Abtastprozess wird selbst bei einem bandbegrenzten Eingangssignal ein bis ins Unendliche reichendes (periodisches) Spiegelfrequenzspektrum der Ausgangspulsfolge erzeugt. Unangenehmerweise können Spiegelfrequenzen aber auch *innerhalb* des *Basisspektrums* des (bandbegrenzten) Eingangssignals entstehen. Dies ist immer dann der Fall, wenn das Eingangssignal Frequenzanteile größer als die NYQUIST-Frequenz $\omega_a/2$ enthält, siehe Abb. 9.11. Dies ist bei Regelkreisen aber der Standardfall, weil zumindest im Messrauschen immer beliebig hohe Frequenzen enthalten sind. Diese Spiegelfrequenzanteile im Basisfrequenzband führen zu einer Informationsverfälschung der Pulsfolge, dies wird im Englischen *Aliasing* genannt. Diese Spiegelfrequenzanteile im Basisspektrum werden als scheinbar niederfrequente Signalanteile interpretiert bzw. sie können nicht von tatsächlichen niederfrequenten Anteilen unterschieden werden.

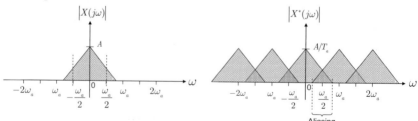

Abb. 9.11. *Aliasing* – Mehrdeutigkeiten durch Spiegelfrequenzen im Basisband bei Abtastung mit zu kleiner Abtastfrequenz

Die mit T_a bzw. $\omega_a = 2\pi/T_a$ abgetastete harmonische Schwingung mit der Frequenz $\omega_2 = \omega_1 \pm n\omega_a$ erzeugt die gleiche Zahlenfolge wie eine abgetastete harmonische Schwingung mit der Grundfrequenz ω_1.

Signale mit höherfrequenten Spiegelfrequenzen erscheinen am Ausgang des Abtasters als niederfrequente Zahlen- bzw. Pulsfolgen mit der entsprechenden Basisfrequenz. Die nachfolgenden zeitdiskreten Übertragungssysteme (digitale Regler, digitale Filter) werden bei externer Anregung mit hochfrequenten Signalen mit scheinbar niederfrequenten Signalen angeregt.

Beispiel 9.2 *Aliasing bei Abtastung einer harmonischen Schwingung.*

Aliasing Man betrachte die bereits aus Beispiel 9.1 bekannte harmonische Schwingung, die diesmal jedoch mit einer kleineren Abtastfrequenz $\omega_a/2 < \omega_S$ abgetastet wird. In Abb. 9.12a bis c sind Spektren und Zeitverläufe für $\omega_S = 2$ und $\omega_a = 3$ dargestellt.

Die kleinstmögliche Aliasfrequenz beträgt $\omega_{alias,min} = \omega_S - \omega_a = -1$, d.h. $\left|\omega_{alias,min}\right| < \omega_a/2$. Es gibt also Aliassignale (harmonische Trägerschwingungen für die Abtastwerte) mit kleinerer Frequenz als die Signalfrequenz. Das Grundsignal x kann nicht aus den Abtastwerten mittels einer idealen Tiefpassfilterung (Eckfrequenz $\omega_a/2$) rekonstruiert werden. Im Durchlassbereich des Tiefpasses befindet sich lediglich die Aliasfrequenz $\omega_{alias,min}$ und es wird ein Aliassignal x_{alias} als harmonische Trägerschwingung rekonstruiert (Abb. 9.12c). In äquivalenter Weise würde ein nachgeschalteter Regler diese Abtastfolge als niederfrequente Signal mit $\omega_{alias,min}$ interpretieren und entsprechend falsch bewerten.

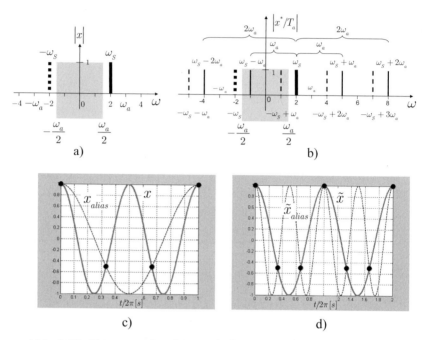

Abb. 9.12. Abtastung eines harmonischen Signals mit Aliasing: a) Spektrum des kontinuierlichen Signals, b) Spektrum des abgetasteten Signals, c) Signal und Aliassignal mit kleinstmöglicher Aliasfrequenz bei $\omega_a/2 < \omega_S$, d) Signal und Aliassignal mit kleinstmöglicher Aliasfrequenz bei $\omega_a/2 > \omega_S$, siehe Text.

Kein Aliasing   Als Vergleich ist in Abb. 9.12d ein Signalverlauf *ohne* Aliasing mit $\omega_S = 1$ und $\omega_a = 3$ dargestellt (vgl. Beispiel 9.1). Die kleinstmögliche Aliasfrequenz beträgt nun $\omega_{alias,min} = \omega_S - \omega_a = -2$, d.h. $\left|\omega_{alias,min}\right| > \omega_a/2 > \omega_S$ und damit größer als die Signalfrequenz. Die Trägerschwingung mit der kleinstmöglichen Frequenz ist nun die Signalfrequenz, das Grundsignal x kann durch ideale Tiefpassfilterung rekonstruiert werden.   ∎

Anti-Aliasing Filter   Das störende und immer existente Aliasingphänomen bei Abtastvorgängen lässt sich mit Einschränkungen durch den Einbau eines Tiefpassfilters vor dem Abtaster beheben – *Anti-Aliasing Filter*. Die Filtereckfrequenz wählt man zweckmäßigerweise gleich der halben Abtastfrequenz. Für eine größtmögliche Amplitudendämpfung oberhalb der halben Abtastfrequenz würde man die Filterordnung möglichst groß wählen. Dieser Maßnahme sind jedoch innerhalb einer *geschlossenen* Wirkungskette (Regelkreis) wegen der dann die *Regelkreisstabilität* störenden negativen Phasendrehung des Filters enge Grenzen gesetzt. In Abb. 9.13 ist der Frequenzgang eines Tiefpassfilters 2. Ordnung veranschaulicht. Im Durchlassbereich tritt bei $\omega = \omega_a/4$ bereits eine negative Phasendrehung von $\varphi = -43°$ auf, im Sperrbereich ist bei $\omega = 2\omega_a$ erst eine Betragsdämpfung um den Faktor $-24\ \mathrm{dB} \triangleq 0.06$ gegeben. Beide Eigenschaften zeigen die beschränkten Entwurfsmöglichkeiten.

Ein *Anti-Aliasing-Filter* mit einer Eckfrequenz $\omega_n = \omega_a/2$ verursacht folgende Signalverformungen:

• im *Durchlassbereich* $\omega_n < \omega_a/2$ erfolgt keine Amplitudendämpfung, jedoch bereits eine beträchtliche *negative Phasendrehung* (➜ Stabilitätsprobleme im Regelkreis!)

• im *Sperrbereich* $\omega_n \geq \omega_a/2$ erfolgt eine *endliche Amplitudendämpfung*, d.h. die hochfrequenten Signalanteile treffen nach wie vor auf den Abtaster und werden dort in niederfrequente Folgen umgewandelt, jedoch mit verringerten Amplituden

Anti-Aliasing-Filter können nur durch *analoge Filter* realisiert werden, d.h. es dürfen dafür *keine* digitalen Filter verwendet werden, weil die digitalen Filter ja auch mit ihrer individuellen Abtastzeit den Aliasingproblemen unterworfen sind.

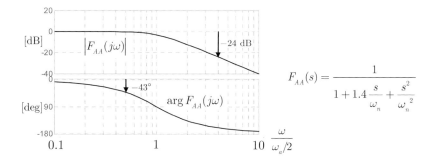

$$F_{AA}(s) = \cfrac{1}{1 + 1.4\,\cfrac{s}{\omega_n} + \cfrac{s^2}{\omega_n^{\,2}}}$$

Abb. 9.13. Tiefpass 2. Ordnung als Anti-Aliasing Filter

9.5 Halteglied

Signaltransformation – Signalextrapolation Die Zahlenfolge der Stellgröße muss in eine kontinuierliche Zeitfunktion (im Allgemeinen eine elektrische Spannung) umgewandelt werden, um ein kontinuierliches Einwirken der Stellgröße auf das analoge Teilsystem (Regelstrecke) zu gewährleisten. Dies ist ein *Extrapolationsproblem*, da zum Zeitpunkt kT_a der nächste Ausgabewert $u((k+1)T_a)$ ja noch nicht bekannt ist. Als einfachste Lösung kann der aktuelle Ausgabewert $u(kT_a)$ über das aktuelle Abtastintervall $\left[kT_a, (k+1)\,T_a\right)$ konstant gehalten werden.

Gerätetechnisch geschieht dies durch einen *Digital-Analog Wandler*. Das abstrakte mathematische Modell dazu ist ein *Halteglied* H_0 (siehe Abb. 9.5 und Abb. 9.14).

Genau genommen werden die Ausgabewerte auch noch entsprechend der Bitbreite des Wandlers wertediskretisiert (quantisiert, z.B. 10 Bit $\Rightarrow$ $2^{10} = 1024$ Werte). Dies wird hier allerdings vernachlässigt.

Definition 9.3 *Halteglied 0-ter Ordnung – Zahlenfolge* Ein Halteglied 0-ter Ordnung ordnet einer Zahlenfolge $\bigl(u(k)\bigr)$ die Funktion $\bar{u}(t)$ zu, mit $\bar{u}(t) := u(kT_a)$ für $kT_a \leq t < (k+1)\,T_a$, siehe Abb. 9.14.

Definition 9.4 *Halteglied 0-ter Ordnung – Getastete Zeitfunktion* Ein Halteglied 0-ter Ordnung ordnet einer getasteten Funktion $u^*(t)$ die Funktion $\bar{u}(t)$ zu, mit $\bar{u}(t) := u^*(kT_a)$ für $kT_a \leq t < (k+1)\,T_a$, siehe Abb. 9.14.

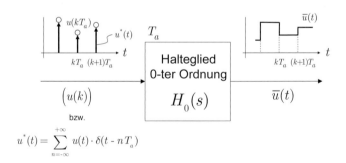

Abb. 9.14. Funktionsweise eines Haltegliedes 0-ter Ordnung H_0: Zahlenfolge $\bigl(u(k)\bigr)$, getastete Zeitfunktion $u^*(t)$, gefiltertes Ausgangssignal $\bar{u}(t)$

Ordnung des Haltegliedes   Die Funktionsweise eines Haltegliedes als *Extrapolator* wird aus Abb. 9.14 anschaulich klar. Verallgemeinert kann man die für das aktuelle Abtastintervall $\left[kT_a, (k+1)\,T_a\right)$ wirksame zeit-kontinuierliche Funktion $\bar{u}(t)$ durch ein Polynom N-ter Ordnung beschreiben. Im vorliegenden Fall ist dies ein Polynom 0-ter Ordnung, zu dessen Bestimmung lediglich ein Stützwert, hier $\bar{u}(kT_a) = u(kT_a)$, benötigt wird – *Halteglied 0-ter Ordnung* (engl. *zero order hold – ZOH*).

Wenn man weiter zurückliegende Folgenelemente berücksichtigt, lassen sich auch Polynome höherer Ordnung konstruieren – Halteglied N-ter *Ordnung*.

Der praktische Nutzen von Haltegliedern höherer Ordnung in geschlossenen Wirkungskreisen (Regelkreise) ist begrenzt, deshalb werden derartige Extrapolatoren im Folgenden nicht weiter behandelt. Eine ausführlichere systemtheoretische Diskussion ist in (Reinschke 2006) zu finden.

Halteglied als Übertragungssystem   Interpretiert man die Eingangsfolge $\big(u(k)\big)$ als getastete Impulsfolge $u^*(t)$, dann lässt sich das Halteglied als *lineares zeitkontinuierliches Übertragungssystem* mit der Übertragungsfunktion $H_0(s)$ interpretieren (Pulsamplitudenmodulation).

Aus Abb. 9.14 folgt für den Ausgang des Haltegliedes mit der Einheitssprungfunktion $\sigma(t)$

$$\bar{u}(t) = u(0)\sigma(t) + \big[u(1) - u(0)\big]\sigma(t - T_a) + \big[u(2) - u(1)\big]\sigma(t - 2T_a) + \dots$$

und weiter mit der LAPLACE-Transformation

$$\bar{U}(s) = u(0)\frac{1}{s} + \big[u(1) - u(0)\big]\frac{e^{-T_a \cdot s}}{s} + \big[u(2) - u(1)\big]\frac{e^{-2T_a \cdot s}}{s} + \dots$$

$$\bar{U}(s) = \frac{1 - e^{-T_a \cdot s}}{s}\Big\{u(0) + u(1) \cdot e^{-T_a \cdot s} + u(2) \cdot e^{-2T_a \cdot s} + \dots\Big\}$$

$$\bar{Y}(s) = \frac{1 - e^{-T_a \cdot s}}{s}Y^*(s) = H_0(s) \cdot Y^*(s)\ ,$$

somit folgt als *Übertragungsfunktion* eines *Haltegliedes 0-ter Ordnung*

$$H_0(s) = \frac{1 - e^{-T_a s}}{s}\ . \tag{9.3}$$

Linearität – Zeitvarianz Ein Halteglied 0-ter Ordnung ist ein *lineares* Übertragungssystem, das allerdings in seiner allgemeinen Form *zeitvariant* ist. In (Reinschke 2006), (Föllinger 1994) wird gezeigt, dass bei Vertauschung von Abtast- und Halteoperation unterschiedliche Ausgangssignale entstehen, wenn das Eingangssignal auf der Zeitachse nicht um ein ganzzahliges Vielfaches der Abtastperiode verschoben wird. Dieser Effekt tritt nicht in Erscheinung, wenn die Ausgabefolge $\big(u(k)\big)$ immer streng zeitsynchron mit der Halteoperation des Digital-Analog Wandlers verknüpft ist.

Frequenzgang Für die weiterführende Verhaltensdiskussion ist das Frequenzverhalten eines Haltegliedes 0-ter Ordnung von Interesse. Nach einer kurzen Zwischenrechnung erhält man aus Gl. (9.3) für den *Frequenzgang*

$$H_0(j\omega) = \frac{2 \cdot \sin\left(\dfrac{\omega T_a}{2}\right)}{\omega}\; e^{-j\omega\frac{T_a}{2}} = H_0(\omega)\cdot e^{-j\omega\frac{T_a}{2}} \tag{9.4}$$

$$H_0(j0) = T_a.$$

Die Frequenzgangsgleichung (9.4) offenbart zwei sehr interessante Eigenschaften des Haltegliedes 0-ter Ordnung. Der frequenzabhängige Betragsverlauf besitzt Tiefpassverhalten (siehe Abb. 9.15) und der frequenzabhängige *Phasenverlauf* entspricht einem Laufzeit- bzw. *Totzeitglied* mit einer äquivalenten Totzeit gleich der *halben Abtastperiode*.

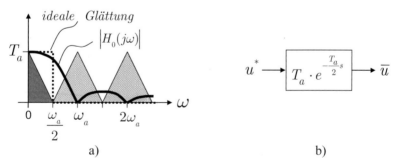

Abb. 9.15. Halteglied 0-ter Ordnung: a) Betragsverlauf des Frequenzganges (schematisiert), b) Ersatzsystem für hinreichend kleine Frequenzen $\omega < \omega_a/4$.

Tiefpasswirkung Aus Abb. 9.15a erkennt man sehr schön die Tiefpass-wirkung des Haltegliedes. Diese kann man sich auch heuristisch veran-schaulichen. Am Eingang des Haltegliedes liegt eine Impulsfolge mit ei-nem unendlich breitbandigen Spektrum an, wogegen am Ausgang eine geglättete Stufenfunktion erscheint. Die hochfrequenten Spiegelfrequenz-spektren sind also mehr oder weniger gut herausgefiltert.

Ersatzsystem – Totzeitglied Zur einfachen Beurteilung des Systemver-haltens innerhalb einer Übertragungskette lässt sich für hinreichend kleine Frequenzen $\omega < \omega_a/4$ wegen $H_0(\omega) \approx T_a$ die Übertragungsfunktion des Haltegliedes 0-ter Ordnung durch ein Totzeitglied mit der halben Abtast-periode als Ersatztotzeit annähern (Abb. 9.15b)

$$H_0(s) \approx T_a \cdot e^{-\frac{T_a}{2}s} \quad \text{für } \omega < \omega_a/4 \, . \tag{9.5}$$

Ideale Glättung In Abb. 9.15 ist gestrichelt der Amplitudengang für eine (nicht realisierbare) ideale Glättung gezeichnet. Würde man diese tatsäch-lich realisieren können, dann kann man sich deren Effekt sehr schön mit der Abb. 9.9 veranschaulichen. Die Impulsfolge am Eingang des Halte-gliedes entspricht in etwa dem Bild rechts unten mit $N = 1000$ Reihen-gliedern. Durch das ideale Glättungsfilter werden alle Reihenelemente $N \geq 1$ herausgefiltert und es bliebe dann am Ausgang des idealen Glät-tungsfilters lediglich die Grundschwingung, linkes Bild oben, übrig[1].

9.6 Getasteter Streckenfrequenzgang

Getastete Regelstrecke Als *getasteter Streckenfrequenzgang* wird der Frequenzgang zwischen der Pulsfolge der Stellgröße und der Pulsfolge der abgetasteten Regelgröße bezeichnet (s. Abb. 9.16). Darin enthalten ist die gesamte Übertragungskette < Halteglied – Aktuator – Mehrkörpersystem – Sensor – Anti-Aliasing Filter – Abtaster >, siehe Abb. 9.3. Eingangsseitig wirkt zuerst der Glättungseffekt durch das Halteglied auf die Spiegelfre-quenzen der Eingangspulsfolge, dann die individuellen Übertragungssei-

---

[1] Dies entspricht konzeptionell der Rekonstruktion eines bandbegrenzten kontinu-ierlichen Trägersignals aus einer Abtastfolge, wie am Ende des Abschn. 10.3 bei der Diskussion des SHANNONschen Abtasttheorems beschrieben.

genschaften der kontinuierlichen Regelstrecke (Vorsicht mit Eigenresonanzen bei Mehrkörpersystemen!) und schließlich der Abtastprozess mit
seinen erneut erzeugten Spiegelfrequenzspektren.

Durch die Überlagerung von unendlich vielen Spiegelfrequenzspektren ist
der getastete Streckenfrequenzgang auf den ersten Blick sehr unhandlich.
Unter sehr allgemeinen Voraussetzungen kann man aber erfreulicherweise
in vielen praktischen Fällen für überschlägige Verhaltensbetrachtungen
vereinfachte Näherungsbeziehungen für kleine bis mittlere Frequenzen bezogen auf die halbe Abtastfrequenz nutzen. In jedem Fall lassen sich die
Frequenzgänge mittels rechnergestützten Werkzeugen (z.B. MATLAB) einfach berechnen.

Getastete Streckenübertragungsfunktion   Aus dem Signalfluss in Abb.
9.16 folgt

$$X(s) = H_0(s) \cdot P(s) \cdot U^*(s)$$

$$X^*(s) = \frac{1}{T_a} \sum_{m=1}^{+\infty} X(s \pm jm\omega_a) =$$

$$= \frac{1}{T_a} \sum_{m=1}^{+\infty} H_0(s \pm jm\omega_a) \cdot P(s \pm jm\omega_a) \cdot U^*(s \pm jm\omega_a)$$

Aufgrund der Periodizität des Frequenzspektrums einer getasteten Zeitfunktion gilt $U^*(s) = U^*(s \pm jm\omega_a)$ und man erhält damit die *getastete
Streckenübertragungsfunktion*[2]

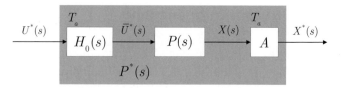

Abb. 9.16. Getastete Streckenübertragungsfunktion

---

[2] Mit Hilfe dieser Übertragungsfunktion kann man bei bekanntem Eingang $u^*(t)$
auch das Zeitverhalten der Ausgangsgröße $x(t)$ zu den Abtastzeitpunkten
$t = kT_a$ berechnen. Dies wird hier allerdings nicht weiter verfolgt, da für die
Verhaltensanalyse Frequenzbereichsbetrachtungen bevorzugt werden.
In (Reinschke 2006) wird darüber hinaus eine interessante Erweiterung gezeigt,
wie auch das Verhalten *zwischen* den Abtastzeitpunkten analytisch berechnet
werden kann.

$$P^*(s) := \frac{X^*(s)}{U^*(s)} = \frac{1}{T_a} \sum_{m=1}^{+\infty} H_0(s \pm jm\omega_a) \cdot P(s \pm jm\omega_a). \qquad (9.6)$$

Getasteter Streckenfrequenzgang In gewohnter Weise gewinnt man aus der Übertragungsfunktion Gl. (9.6) durch Ersetzen von $s = j\omega$ den Frequenzgang – *getasteter Streckenfrequenzgang* –

$$\boxed{P^*(j\omega) = \frac{1}{T_a} \sum_{m=1}^{+\infty} H_0\left(j(\omega \pm m\omega_a)\right) \cdot P\left(j(\omega \pm m\omega_a)\right).} \qquad (9.7)$$

Eigenschaften von P^* Bei dem Frequenzgang (9.7) handelt es sich um eine *transzendente Funktion*[3], da $H_0(s)$ nach Gl. (9.3) einen Term mit der Exponentialfunktion enthält. Aufgrund des komplexen Argumentes ist der Frequenzgang periodisch mit der Periode ω_a, für $\omega = \omega_a/2$ ist $P^*(j\omega)$ reell[4], der Betrag ist eine gerade Funktion der Frequenz, sodass sich die in Abb. 9.17 gezeigte schematische Darstellung ergibt. Für die Auswertung ist also lediglich das *Basisband* $0 \leq \omega \leq \omega_a/2$ von Interesse (grauer Bereich in Abb. 9.17).

Approximation für Tiefpassverhalten Die auf den ersten Blick komplizierte Gestalt von Gl. (9.7) lässt sich für Regelstrecken $P(s)$ mit Tiefpasscharakter bedeutend für Näherungsbetrachtungen vereinfachen.

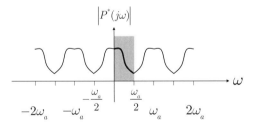

Abb. 9.17. Getasteter Streckenfrequenzgang (schematisiert)

---

[3] Auf das gleiche Ergebnis kommt man übrigens auch, wenn man die eher verbreitete Berechnung über die z-Übertragungsfunktion wählt und dann die Substitution $z = e^{j\omega T_a}$ durchführt (Lunze 2008), (Föllinger 1993). Eine detaillierte Diskussion der Eigenschaften von $P^*(j\omega)$ findet sich z.B. in (Tou 1959).

[4] Es treten immer Reihenterme der folgenden Art auf: ... $H_0 P(j(2n + 1)\omega_a/2) + {} + H_0 P(-j(2n + 1)\omega_a/2) + ... = 2\,\mathrm{Re}[... + H_0 P(j(2n + 1)\omega_a/2) + ...], n = 1,...$

In Gl. (9.7) leisten bei Tiefpassregelstrecken lediglich wenige Reihenelemente einen nennenswerten Beitrag

$$P^*(j\omega) = \frac{1}{T_a} H_0\left(j\omega\right) P\left(j\omega\right) + \frac{1}{T_a} H_0\left(j(\omega - \omega_a)\right) P\left(j(\omega - \omega_a)\right) + \dots \quad (9.8)$$

Der erste Term in Gl. (9.8) stellt den dominanten Anteil dar und der zweite Term ist der wesentliche Korrekturterm. Man überlegt sich leicht, dass die anderen Terme für eine gewählte Frequenz ω die Spiegelfrequenzen $\omega \pm m\omega_a$ enthalten, die betragsmäßig sehr groß werden und aufgrund des Tiefpassverhaltens von $H_0(j\omega)$ und bei einem angenommenen Tiefpassverhalten von $P^*(j\omega)$ keinen nennenswerten Beitrag liefern. Die Gl.(9.8) stellt also bereits eine recht gute Approximation von $P^*(j\omega)$ dar.

Für überschlägige Berechnungen kann man auch den dominierenden Term in Gl. (9.8) alleine benutzen und man erhält unter Beachtung von Gl. (9.5) die für den Bereich $\omega < \omega_a/4$ recht brauchbare Approximation

$$P^*(j\omega) \approx \frac{1}{T_a} H_0\left(j\omega\right) P\left(j\omega\right) = P\left(j\omega\right) \cdot e^{-j\omega \frac{T_a}{2}} . \quad (9.9)$$

Der getastete Frequenzgang kann also im unteren Frequenzbereich (bezogen auf die NYQUIST-Frequenz) recht gut durch den kontinuierlichen Frequenzgang der Regelstrecke mit einer Korrektur durch ein Totzeitglied approximiert werden, sodass primär der Phasenverlauf mit einer *negativen Phasenkorrektur* zu versehen ist.

In Abb. 9.18 sind getastete Frequenzgänge eines gut gedämpften schwingungsfähigen Systems für verschiedene Abtastzeiten gezeichnet (dargestellt ist jeweils nur das Basisband $0 \leq \omega \leq \omega_a/2$).

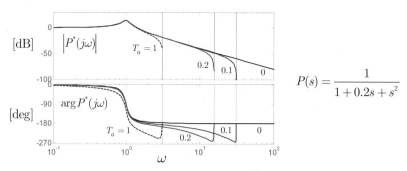

Abb. 9.18. Getastete Frequenzgänge $P^*(j\omega)$ für verschiedene Abtastzeiten

Der *getastete Streckenfrequenzgang* lässt sich bei *Tiefpassverhalten* der kontinuierlichen Regelstrecke < Halteglied – Aktuator – Mehrkörpersystem – Sensor – Anti-Aliasing Filter > für hinreichend kleine Frequenzen $\omega < \omega_a/4$ näherungsweise durch den mit einem Totzeitglied (Totzeit $= T_a / 2$) korrigierten kontinuierlichen Frequenzgang der Regelstrecke $P(j\omega)$ approximieren.

<u>Beachte</u>: Die negative Phasendrehung des Haltegliedes verschlechtert prinzipiell die Stabilitätseigenschaften des geschlossenen Regelkreises gegenüber einem kontinuierlichen Regelkreis. Bei gleichbleibender Kreisverstärkung wird die Phasenreserve durch die negative Phasendrehung des Totzeitanteiles stets kleiner.

9.7 Aliasing bei schwingungsfähigen Systemen

Schwingungsfähige Systeme – Mehrkörpersysteme Wie aus den vorangegangenen Kapiteln bekannt, enthält die Regelstrecke $P(s)$ bei mechatronischen Systemen sehr häufig schwach gedämpfte schwingungsfähige Anteile der Form

$$P(s) = \frac{\cdots}{\cdots\left(1 + 2d_0\,\dfrac{s}{\omega_0} + \dfrac{s^2}{\omega_0^{\,2}}\right)} \ , \quad d_0 \ll 1 \ ,$$

die von elastischen Fesselungen der beweglichen Ankerelemente bei elektromechanischen Wandlern oder von Mehrkörpersystemen herrühren. Bei solchen Systemen können auch bei großen Frequenzen bei kleiner mechanischer Dämpfung an den Eigenresonanzen große Beträge $\left|P(j\omega)\right|$ auftreten.

In Abb. 9.19 ist ein typischer Fall gezeigt, wo die Eigenfrequenz $\omega_0 > \omega_a/2$ größer als die NYQUIST-Frequenz ist. In diesem Falle gilt natürlich die Tiefpassapproximation nach Gl. (9.8) nicht mehr und für den Frequenzgang $P^*(j\omega)$ liefern auch noch ausgewählte zusätzliche Reihenelemente nennenswerte Beiträge. Für den in Abb. 9.19 dargestellten Fall ist für die Frequenz $\omega^* = \omega_0 - \omega_a$ ganz offensichtlich auch der Reihenterm

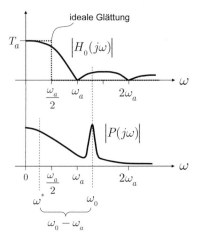

Abb. 9.19. Schwach gedämpfte schwingungsfähige Regelstrecke mit Eigenresonanz $\omega_0 > \omega_a/2$

$$P^*(j\omega^*) = ... \; \frac{1}{T_a} H_0\left(j(\omega^* + \omega_a)\right) P\left(j(\omega^* + \omega_a)\right) + ... =$$

$$= ... \; \frac{1}{T_a} H_0\left(j\omega_0\right) P\left(j\omega_0\right) + ...$$

von Bedeutung. Für das Halteglied ist bei der Frequenz ω_0 das Tiefpassverhalten schon recht gut wirksam. Der Streckenfrequenzgang bringt jedoch wegen $\left|P\left(j\omega_0\right)\right| \gg 1$ einen (sehr) großen Beitrag, der als Resonanzüberhöhung ebenso in $P^*(j\omega^*)$ sichtbar wird, allerdings bei der *Spiegelfrequenz* $\omega^* = \omega_0 - \omega_a$. Die hochfrequente Eigenresonanz ω_0 wird also in das (niederfrequente) Basisspektrum des getasteten Streckenfrequenzganges gespiegelt. In Abb. 9.20 ist dieser Sachverhalt für verschieden Abtastzeiten gezeigt.

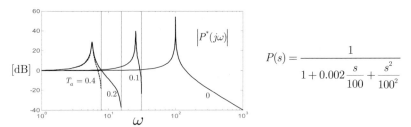

Abb. 9.20. Aliasing einer hochfrequenten Eigenresonanz im getasteten Streckenfrequenzgang

Aliasingresonanzfrequenzen   Aus den geometrischen Frequenzverhältnissen in Abb. 9.19 kann man sich leicht eine Bedingung für die Aliasingfrequenzen des Basisfrequenzbandes ableiten. Für *Aliasingfrequenzen* ω_i^* einer Eigenresonanz ω_i muss offensichtlich gelten

$$\omega_i^* := \left\{ \omega \;\middle|\; \omega = \omega_i \pm m\omega_a, \;\; m \in \mathbb{N} \;\; \text{und} \;\; |\omega| \leq \frac{\omega_a}{2} \right\}. \qquad (9.10)$$

Aliasingbedingung in der komplexen *s*-Ebene   Die Aliasingproblematik lässt sich auch sehr schön in der komplexen *s*-Ebene anhand der Polverteilung der kontinuierlichen Streckenübertragungsfunktion $P(s)$ zeigen. In Abb. 9.21 sind einige typische Polstellenbilder dargestellt. Letztlich ist für das Aliasing der *Imaginärteil* der Streckenpole maßgebend, mit der Bedingung für kein Aliasing

$$\left| \mathrm{Im}(s_i) \right| < \frac{\omega_a}{2}. \qquad (9.11)$$

Die Bedingung (9.11) beschreibt einen um die reelle Achse symmetrisch angeordneten horizontalen Streifen – *Basisstreifen* – siehe Abb. 9.21. Streckenpole in dieser Region beeinflussen nur Spiegelfrequenzen von $P^*(j\omega)$ außerhalb des Basisfrequenzbandes (NYQUIST-Band).

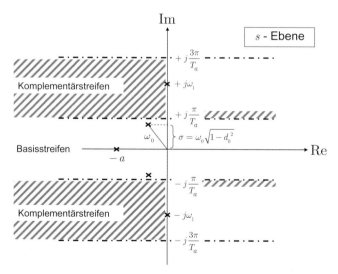

Abb. 9.21. Komplexe *s*-Ebene mit Polen der kontinuierlichen Streckenübertragungsfunktion $P(s)$

Streckenpole außerhalb des Basisstreifens, also innerhalb der in Abb. 9.21 gezeigten *Komplementärstreifen*, führen für $P^*(j\omega)$ zu Aliasingfrequenzen innerhalb des Basisfrequenzbandes.

Aus Abb. 9.21 erkennt man auch den Einfluss der Dämpfung von Eigenresonanzen, mit zunehmender Dämpfung bilden sich hochfrequente Eigenresonanzen aliasingfrei in $P^*(j\omega)$ ab. Der in Abb. 9.18 gezeigte Fall entspricht dem Polpaar mit ω_0 aus Abb. 9.21, der in Abb. 9.19 gezeigte Fall dem Polpaar mit ω_1 aus Abb. 9.21. Für *reelle Pole* $s = -a$ ist prinzipiell *kein Aliasing* gegeben.

Analytische Formel für Aliasingresonanzen Aus der analytisch relativ leicht berechenbaren Polstellentransformation des getasteten Frequenzganges in der äquivalenten Darstellung als z-Übertragungsfunktion bzw. als q-Übertragungsfunktion im *transformierten Frequenzbereich* (Gausch et al. 1993) lässt sich eine gegenüber Gl. (9.10) einfachere analytische Beziehung für die ungedämpften *Aliasingresonanzfrequenzen* angeben (Janschek 1978)

$$\boxed{\omega_i^* = \frac{2}{T_a}\arctan\frac{\sin\omega_i T_a}{1 + \cos\omega_i T_a}}. \qquad (9.12)$$

Man verifiziert leicht die Formel (9.12) anhand des Beispiels aus Abb. 9.20. Bemerkenswert, aber unter Beachtung der dargestellten Zusammenhänge nicht überraschend, ist die identische Aliasingresonanz $\omega_0^* = 5.75$ für die beiden Abtastperioden $T_a = 0.2$ und $T_a = 0.4$.

Probleme mit Aliasing im Frequenzgang Das gezeigte Aliasingverhalten bewirkt für das dynamische Verhalten zwei gefährliche Probleme. Die *Anregung* von *Eigenresonanzen* über die Stelleinrichtung (Aktuator) erfolgt bei den vergleichsweise niederen *Spiegelfrequenzen*, die um den niederfrequenten Betriebsbereich liegen und bei zeitkontinuierlicher Ansteuerung weit von der Resonanzfrequenz entfernt sind. In Abb. 9.22 ist ein solches Beispiel für unterschiedliche Anregungsfrequenzen der Stellfolge dargestellt. In jedem Fall wird die Eigenschwingung mit $\omega_0 = 100$ angeregt, bei Anregung einer Stellfolge mit der Aliasingresonanzfrequenz $\omega_0^* = 5.75$ erkennt man jedoch das Aufschaukeln (Resonanz) durch die Spiegelfrequenz $\omega = 5.75 + 6\,\omega_a = \omega_0$ der Anregungsfolge.

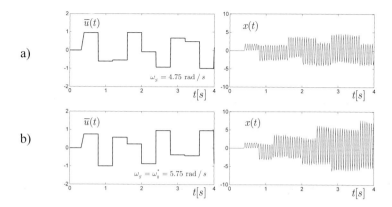

Abb. 9.22. Anregung von Aliasingresonanzfrequenzen am Beispiel von Abb. 9.20 mit $T_a = 0.4$ und harmonischer Anregungsträgerfunktion: a) $\omega_S = 4.75 \neq$ Aliasingresonanzfrequenz, b) $\omega_S = 5.75 =$ Aliasingresonanzfrequenz

Diese angeregten Eigenschwingungen werden über die Abtastung wiederum rechnerintern als niederfrequente Signale im Basisspektrum interpretiert und können zu *Stabilitätsproblemen* führen. Für die Reglerauslegung ist also in jedem Fall der *vollständige* getastete Streckenfrequenzgang $P^*(j\omega)$ nach Gl. (9.7) zu verwenden, wofür sich eine rechnergestützte Berechnung empfiehlt.

Vermeidung von Aliasing im Frequenzgang Die geschilderte Aliasingproblematik tritt prinzipiell immer auf, wenn Streckeneigenresonanzen $\omega_i > \omega_a/2$ vorhanden sind. Deren Einfluss kann allerdings beträchtlich vermindert werden, wenn die Eigenresonanzen durch das *Anti-Aliasing Filter* (als integraler Bestandteil von $P(s)$) hinreichend gut gefiltert werden. Im besten Fall ist dann ja $P(j\omega) \approx 0$ für $\omega > \omega_a/2$ (äquivalent zur ideale Glättung in Abb. 9.19). Man beachte dann allerdings, dass damit die angeregten Eigenresonanzen unbeobachtbar gemacht werden und über die Regelung nicht mehr beeinflussbar sind.

Kritisch bleiben aber in jedem Fall Eigenresonanzen im Bereich der Knickfrequenz des Anti-Aliasing Filters, da dort noch keine Filterwirkung vorhanden ist.

9.8 Digitale Regler

Realisierungsaspekte Digitale Regler werden in Rechenprogrammen realisiert. Dabei spielen zwei Einschränkungen eine wichtige Rolle. Prinzipiell könnten ja beliebig komplexe Algorithmen implementiert werden. Dieser Freiheitsgrad kann aber deshalb nur begrenzt genutzt werden, weil das Übertragungsverhalten des Regelalgorithmus (a) zur Regelstrecke passen muss und (b) analytisch so darstellbar sein muss, dass eine systemtheoretische Handhabung möglich ist (insbesondere für aussagekräftige Stabilitätsanalysen). Deshalb beschränkt man sich auch bei mechatronischen Systemen vielfach auf lineare zeitdiskrete Übertragungssysteme, die im Allgemeinen durch *lineare Differenzengleichungen* beschrieben werden können. In vielen Anwendungsfällen lassen sich bereits mit einer begrenzten Zahl von linearen Standardstrukturen (PID-Strukturen, Lead-Lag Glieder, Tiefpässe, Bandsperren, Bandpässe) belastbare Basisentwürfe für orientierende Systemuntersuchungen gewinnen, wie im nachfolgenden Kap. 10 gezeigt wird.

Die zweite wichtige Einschränkung betrifft das *Echtzeitverhalten*. Die bisherigen Modellannahmen setzen eine strenge periodische Abtastung und zeitsynchrone Ausgabe von Stellsignalfolgen voraus. Das bedeutet, dass alle Rechenoperationen innerhalb eines Abtastintervalls beendet sein müssen. Speziell bei eingebetteten Mikrorechnern muss man sich deshalb auch wegen der eingeschränkten Rechenleistung auf „einfache" Regelalgorithmen beschränken.

Regelalgorithmus – lineare Differenzengleichung Ein linearer Regelalgorithmus mit einer Eingangs- und einer Ausgangsgröße lässt sich bekanntermaßen allgemein durch eine *Differenzengleichung n-ter Ordnung* darstellen (Lunze 2008), (Föllinger 1993), siehe Abb. 9.23a

$$u(k) + a_1 u(k-1) + \ldots + a_n u(k-n) = b_0 e(k) + \ldots + b_m e(k-m). \quad (9.13)$$

Diese Darstellung stellt auch gleichzeitig eine mögliche Implementierungsvariante[5] dar, da sich $u(k)$ bei bekanntem $e(k)$ rekursiv aus den zurückliegenden Werten $u(k-i)$, $e(k-i)$ berechnen lässt.

---

[5] Verschiedene gleichwertige Zustandsraumdarstellungen lassen sich direkt daraus ableiten (Lunze 2008), die allerdings unterschiedliche Genauigkeitseigenschaften in ihrer rechentechnischen Implementierung besitzen (beschränkte Wortlängen).

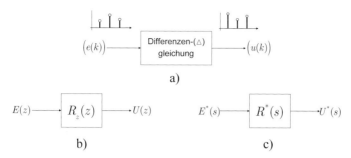

Abb. 9.23. Äquivalente Darstellungen für einen linearen Regelalgorithmus: a) *Differenzengleichung* (E/A-Modell: Zahlenfolgen), b) *z-Übertragungsfunktion* (E/A-Modell: Zahlenfolgen), c) *getastete s-Übertragungsfunktion* (E/A-Modell: Impulsfolgen)

z-Übertragungsfunktion   Für Entwurfs- und Analysezwecke kann man die Differenzengleichung (9.13) mittels *z*-Transformation als eine *z-Übertragungsfunktion* darstellen (Lunze 2008), (Föllinger 1993)

$$R_z(z) = \frac{U(z)}{E(z)} = \frac{b_0 + \ldots + b_m z^{-m}}{1 + a_1 z^{-1} + \ldots a_n z^{-n}} = \frac{b_0 z^m + \ldots + b_m}{z^n + a_1 z^{n-1} + \ldots a_n} . \qquad (9.14)$$

Diskreter Reglerfrequenzgang   Über die Transformationsfunktion $z = e^{T_a s}$ gewinnt man mit in üblicher Weise mit $s = j\omega$ aus $R_z(z)$ den *diskreten Reglerfrequenzgang* $R_z(e^{j\omega T_a})$. Dieser ist aber ist aber eine *transzendente Funktion* von ω und damit schwierig zu berechnen bzw. ebenso schwierig graphisch darzustellen.

Getastete Reglerübertragungsfunktion   Um sich der transzendenten Exponentialfunktion zu entledigen, kann man diese durch eine gebrochen rationale Funktion des Exponenten annähern, z.B. *PADÉ-Approximation* 1. Ordnung [6]

$$z = e^{sT_a} \approx \frac{1 + \dfrac{T_a}{2} s}{1 - \dfrac{T_a}{2} s} . \qquad (9.15)$$

---

[6] In der Literatur auch als *TUSTIN-Transformation* bekannt.

Mit der Substitution nach Gl. (9.15) kann man dann die z-Übertragungsfunktion Gl. (9.14) als Funktion der Variablen s schreiben und formal als *getastete Übertragungsfunktion* $R^*(s)$ darstellen. $R^*(s)$ ist nun eine gebrochen rationale Funktion in der Variablen s und mit der Substitution $s = j\omega$ liegt der *getastete Reglerfrequenzgang* $R^*(s)$ ebenfalls als gebrochen rationale Funktion in $j\omega$ vor, in äquivalenter Form wie bei einem zeitkontinuierlichen Übertragungssystem. Die anschaulichere Darstellungsform hat man sich jedoch durch die Näherung Gl. (9.15) erkaufen müssen, allerdings gilt für hinreichend kleine Frequenzen näherungsweise

$$R^*(j\omega) \approx R_z(e^{j\omega T_a}) \quad \text{für } \omega < \frac{\omega_a}{4}. \tag{9.16}$$

Aufgrund der Näherungsbeziehung (9.16) und der gebrochen rationalen Struktur von $R^*(s)$ kann man bei bekanntem Streckenfrequenzgang $P^*(j\omega)$ den Reglerentwurf in gewohnter Weise wie bei zeitkontinuierlichen Systemen durchführen. Insbesondere kann man bekannte Reglerstrukturen aus der zeitkontinuierlichen Entwurfswelt, wie z.B. PID-Strukturen, mit den bekannten und anschaulichen Zusammenhängen zwischen Reglerparametern und Frequenzgang nutzen.

Realisierung von $R^*(s)$ mittels Differenzengleichung Zur Interpretation und Realisierung der getasteten Reglerübertragungsfunktion $R^*(s)$ als Differenzengleichung muss man lediglich die bisher durchgeführten Schritte in umgekehrter Reihenfolge ausführen, wie in Abb. 9.24 gezeigt.

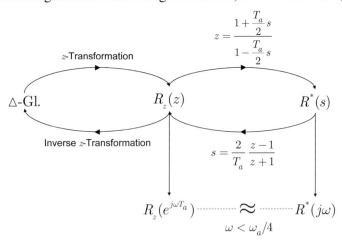

Abb. 9.24. Transformationsschema $\triangle$-Gleichung $\Leftrightarrow R_z(z) \Leftrightarrow R^*(s)$

Beispiel 9.3 *Zeitdiskreter Integral-Regler.*

In Anlehnung an einen zeitkontinuierlichen I-Regler wähle man die folgende getastete Übertragungsfunktion

$$R^*(s) = \frac{K}{s}.$$

Mit Hilfe der Rückwärtstransformationsvorschriften nach Abb. 9.24 erhält man im ersten Schritt die z-Übertragungsfunktion

$$R_z(z) = K \cdot \frac{T_a}{2} \frac{z+1}{z-1} = K \cdot \frac{T_a}{2} \frac{1+z^{-1}}{1-z^{-1}}$$

und weiter die Differenzengleichung 1. Ordnung

$$y(k) = K\frac{T_a}{2} \cdot \big[e(k) + e(k-1) \big] + y(k-1)$$

in der man die bekannte *Trapezregel* der numerischen Integration wieder erkennt.   ■

9.9 Transformierter Frequenzbereich

Darstellungsprobleme mit diskretem ω-Frequenzgang Die bisher benutzte Darstellungsformen des zeitdiskreten Verhaltens über den diskreten Frequenzgang der getasteten Regelstrecke $P^*(j\omega)$ und den diskreten Frequenzgang $R_z(e^{j\omega T_a})$ eines digitalen Reglers beschreiben zwar exakt die tatsächlichen Verhältnisse der Systemgrößen zu den Abtastzeitpunkten, sie sind jedoch nicht wirklich gut für das analytische Systemverständnis nutzbar. Um daraus handhabbare Verhaltensaussagen zu gewinnen, musste man approximative Beschränkungen einführen, die nur für hinreichend kleine Frequenzen gegenüber der NYQUIST-Frequenz gültig sind (z.B. Gl. (9.9), Gl. (9.15), Gl. (9.16)).

Transparente und exakte Beschreibung – q-Transformation Von dem approximativen Charakter der bisher genutzten Frequenzbereichsbeziehungen kann man sich einfach dadurch befreien, dass man die zentrale Beziehung (9.15) nicht als Approximation betrachtet, sondern als *Transfor-*

mationsgleichung zwischen der komplexen Variablen s bzw. z und einer neuen komplexen Variablen q *definiert*. Die so von (Schneider 1977) eingeführte *q-Transformation* unterscheidet sich von der seit langer Zeit genutzten *bilinearen Transformation*, z.B. (Tou 1959), unter anderem dadurch, dass ein direkter Bezug zu getasteten zeitkontinuierlichen Systemen hergestellt werden kann. Dadurch gelingt es, die Systembeschreibungen für zeitkontinuierliche und getastete zeitdiskrete Systeme sowohl in Struktur und Parametern in Abhängigkeit der Abtastzeit wie auch der Frequenz stetig ineinander übergehen zu lassen. Dies eröffnet transparente und weitgehend einfache analytische Zusammenhänge zwischen kontinuierlichen und diskreten Systemparametern und vor allem die unveränderte Anwendung der bekannten Frequenzbereichsmethoden der zeitkontinuierlichen Welt (BODE-Diagramme, Frequenzkennlinienverfahren, etc.). Die im Folgenden gezeigte kurze Einführung in die *q-Transformation* und den *transformierten Frequenzbereich* basiert auf (Janschek 1978), für eine aufbereitete Darstellung und den Einsatz dieses Modellierungsansatzes im Rahmen von Analyse und Entwurf sei auf (Gausch et al. 1993), (Horn u. Dourdoumas 2006) verwiesen.

Definition 9.5 *q-Transformation* Als q-Transformation sei die konforme Abbildung

$$q := \Omega_0 \tanh\left(\frac{s}{\Omega_0}\right) = \Omega_0 \frac{e^{\frac{s}{\Omega_0}} - e^{-\frac{s}{\Omega_0}}}{e^{\frac{s}{\Omega_0}} + e^{-\frac{s}{\Omega_0}}}, \quad \Omega_0 = \frac{2}{T_a}$$

$$s := \Omega_0 \operatorname{artanh}\left(\frac{q}{\Omega_0}\right) = \frac{1}{T_a} \ln \frac{1 + \dfrac{q}{\Omega_0}}{1 - \dfrac{q}{\Omega_0}}$$

(9.17)

mit $s = \delta + j\omega$, $q = \Delta + j\Omega \in \mathbb{C}$ definiert.

Beziehung zur z-Transformation Aus der Definitionsgleichung (9.17) und der bekannten Beziehung zwischen z und s Bereich folgt

$$z = e^{sT_a} = \frac{1 + \dfrac{q}{\Omega_0}}{1 - \dfrac{q}{\Omega_0}}.$$

(9.18)

Die Gl. (9.18) beschreibt eine *bilineare Transformation* zwischen den Variablen z und q und eine konforme Abbildung des Inneren des komplexen z-Einheitskreises auf die linke komplexe q-Halbebene[7].

Aus der Definitionsgleichung (9.18) kann man auch leicht auf die Anwendbarkeit der q-Transformation zur Beschreibung auf Zahlenfolgen schließen, wenn man die Rechenregeln der z-Transformation mit z bzw. z^{-1} gemäß Gl. (9.18) verwendet. Auf der Basis dieser Äquivalenz kann man alle Konzepte der z-Transformation zur Beschreibung von zeitdiskreten Systemen geradlinig übertragen (Übertragungsfunktionen, Rücktransformation einer q-Übertragungsfunktion in eine Differenzengleichung, etc.).

q-Übertragungsfunktion   Die *q-Übertragungsfunktion* $G_q(q)$ zwischen einem zeitdiskreten Eingangssignal $u(k)$ und einem zeitdiskreten Ausgangssignal $x(k)$ erhält man aus der entsprechenden z-Übertragungsfunktion $G_z(z)$ durch Substitution mittels Gl. (9.18)

$$G_q(q) = G_z(z)\Big|_{z=\frac{1+\frac{q}{\Omega_0}}{1-\frac{q}{\Omega_0}}} \tag{9.19}$$

Bild der imaginären Achse – transformierte Frequenz   Für $s = j\omega$ erhält man

$$q = j\Omega = \Omega_0 \frac{e^{j\frac{\omega}{\Omega_0}} - e^{-j\frac{\omega}{\Omega_0}}}{e^{j\frac{\omega}{\Omega_0}} + e^{-j\frac{\omega}{\Omega_0}}} = j\Omega_0 \tan\frac{\omega}{\Omega_0}$$

mit der *transformierten Frequenz*

$$\boxed{\Omega = \Omega_0 \tan\frac{\omega}{\Omega_0}}. \tag{9.20}$$

Die Gl. (9.20) beschreibt die zentrale Beziehung zwischen der „realen" Frequenz ω in der zeitkontinuierlichen Modellwelt und der transformierten Frequenz im q-Bildbereich.

Durch Gl. (9.20) wird das endliche ω-Basisfrequenzband $[0, \omega_a/2]$ auf die gesamte (unendliche) Ω-Achse abgebildet, siehe Abb. 9.25.

---

[7] Diese Eigenschaft wird bei der üblicherweise verwendeten bilinearen Abbildung genutzt, z.B. (Tou 1959).

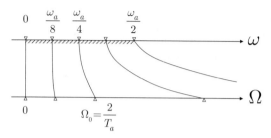

Abb. 9.25. Abbildung der ω-Achse auf die Ω-Achse

Transformierter Frequenzgang   Aus einer q-Übertragungsfunktion $G_q(q)$ erhält man den transformierten Frequenzgang durch Ersetzen von $q = j\Omega$, d.h.

$$G_q(j\Omega) = G_q(q)\Big|_{q=j\Omega} . \qquad (9.21)$$

Die Gl. (9.21) beschreibt zusammen mit Gl. (9.19) eine bemerkenswerte Eigenschaft der q-Übertragungsfunktion, wodurch diese so attraktiv für den praktischen Gebrauch wird (Abb. 9.26).

Nutzen für Systementwurf   Da $G_q(q)$ eine *gebrochen rationale Funktion* der Variablen q ist und wegen der Frequenztransformation Gl. (9.20) auf einem *unendlichen* Intervall der transformierten Frequenz definiert ist, kann man den Frequenzgang formal in der gleichen Form handhaben wie bei einem *zeitkontinuierlichen System*, das durch eine *s*-Übertragungsfunktion beschrieben wird. Insbesondere können *BODE-Diagramme* und deren einfache Konstruktionsregeln (Linear-/ quadratische Faktoren, Knickfrequenzen, asymptotische Verläufe etc.) *unverändert* übernommen werden.

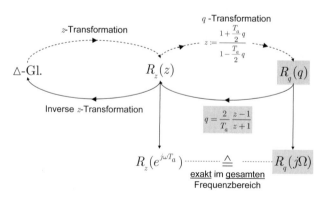

Abb. 9.26. Umgang mit q-Übertragungsfunktionen

Damit kann man nicht nur *exakte* Frequenzgänge im gesamten Frequenzbereich (im Gegensatz zu den Approximationen der vorangegangenen Abschnitte) auf einfache Weise konstruieren (auch per Hand), es können nun auch alle bekannten entwurfsrelevanten Struktur- und Parameterzusammenhänge (Verstärkung, Phasenvorhalt, etc.) wie gewohnt genutzt werden. Aufgrund der nichtlinearen Frequenzspreizung (Abb. 9.25) sind speziell für „hinreichend kleine" Frequenzen $\Omega < \Omega_0$ auch äquivalente Zusammenhänge zwischen Zeit- und Frequenzverhalten zu erwarten.

Getastetes kontinuierliches System mit Haltegliedeingang Von besonderer Nützlichkeit erweist sich die q-Transformation bei der Berechnung der Übertragungsfunktion eines getasteten zeitkontinuierlichen Systems mit einem Haltegliedeingang wie in Abb. 9.27 gezeigt (vgl. getastete Streckenübertragungsfunktion Abb. 9.16). Bei der gängigen Berechnung über die *z-Übertragungsfunktion* (Lunze 2008), (Föllinger 1993) erhält man nur unanschauliche Zusammenhänge zwischen den Parametern der *z*-Übertragungsfunktion und dem kontinuierlichen Modell $P(s)$ oder bei Verwendung eines Rechnerwerkzeuges[8] lediglich ein numerisches Modell mit festen Parametern. Die exakte Berechnung von $P^*(j\omega)$ liefert wiederum nur ein *nichtparametrisches* Frequenzgangsbild, bestenfalls kann man unter den bekannten Näherungsannahmen im unteren Frequenzbereich $P^*(s)$ durch $P(s)$ analytisch approximieren.

Mithilfe der *q-Transformation* ist in (Janschek 1978) gezeigt, dass ohne große Rechnung auch per Hand über den *gesamten Frequenzbereich* $0 \leq \Omega < \infty$ die Übertragungsfunktion mit allen wesentlichen Parametern mit einer hohen Genauigkeit *analytisch* angenähert werden kann. Die exakte Berechnung ist ohnehin geradlinig über die *z-Übertragungsfunktion* und anschließende Substitution Gl. (9.18) möglich (Abb. 9.28).

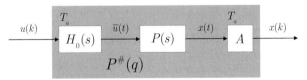

Abb. 9.27. q-Übertragungsfunktion für ein getastetes zeitkontinuierliches System mit Halteglied

---

[8] In MATLAB ist dazu mit $P(s)$ die Transformationsoption *„ZOH (zero order hold)"* zu wählen.

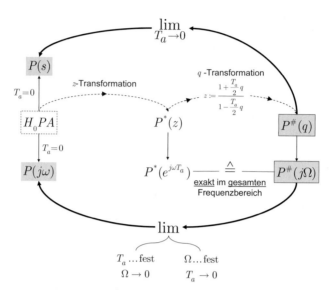

Abb. 9.28. Umgang mit der q-Übertragungsfunktion $P^{\#}(q)$ eines getasteten zeit-kontinuierlichen Systems $P(s)$ mit einem Haltegliedeingang

Satz 9.1 *Eigenschaften von $P^{\#}(q)$* (Beweis in (Janschek 1978)):
Für ein getastetes zeitkontinuierliches System (sprungfähig)

$$P(s) = \left[\frac{V}{s^r} \frac{\prod\limits_{j=1}^{m}\left(1+\dfrac{s}{b_j}\right)}{\prod\limits_{i=1}^{l}\left(1+\dfrac{s}{a_i}\right)} + d \right] \cdot e^{-sT_T} \qquad r+l = n > m \qquad (9.22)$$

mit *Haltegliedeingang* nach Abb. 9.27 und einer *Totzeit*

$$T_T = \lambda T_a, \ \ \lambda = 0,1,2,\dots$$

besitzt die zugehörige *q-Übertragungsfunktion[9]* $P^{\#}(q)$ die folgenden Eigenschaften:

---

[9] Der *Hochindex* # weist auf die besondere Systemstruktur nach Abb. 10.27 mit Haltegliedeingang hin. Eine q-Übertragungsfunktion für ein diskretes Übertragungssystem (z.B. Differenzengleichung) ohne diese Eigenschaft besitzt den *Tiefindex* q (vgl. Gl. (9.19)).

E1 $$P^{\#}(q) = \left[\frac{V}{q^r} \frac{\prod\limits_{k=1}^{n-1}\left(1+\dfrac{q}{B_k}\right)\left(1-\dfrac{q}{\Omega_0}\right)}{\prod\limits_{i=1}^{l}\left(1+\dfrac{q}{A_i}\right)} + d\right] \cdot \left(\frac{1-\dfrac{q}{\Omega_0}}{1+\dfrac{q}{\Omega_0}}\right)^{\lambda}$$ (9.23)

$$\Omega_0 = \frac{2}{T_a}$$

E2 $$A_i = \Omega_0 \tanh\left(\frac{a_i}{\Omega_0}\right)$$ (9.24)

E3 Verstärkungsfaktor V und Anzahl r der Pole im Ursprung bleiben erhalten.

E4 Die Nullstelle $(1 - q/\Omega_0)$ in der *rechten* Halbebene ist immer vorhanden und beschreibt den Haltevorgang.

E5 Unabhängig von der speziellen Gestalt $P(s)$ treten immer $n-1$ Nullstellen B_k auf.

E6 Stetiger Übergang $A_i \rightarrow a_i$ und $B_j \rightarrow b_j$ für $T_a \rightarrow 0$, siehe obere und untere Schleife mit Grenzwertbildung in Abb. 9.28.

E7 Für die Nullstellen B_k gibt es keinen äquivalenten analytischen Zusammenhang wie für die Pole (Gl. (9.24)), die Lage der Nullstellen B_k kann jedoch wie nachfolgend beschrieben abgeschätzt werden.

E8 Eine Nullstelle ist eine *wesentliche Nullstelle (WNS)*, wenn gilt $B_j \rightarrow b_j$ für $T_a \rightarrow 0$, andernfalls ist sie eine *unwesentliche Nullstelle (UWNS)*.

E9 WNS und UWNS können für kein T_a mit Polen A_i zusammenfallen.

E10 Reelle WNS und UWNS bleiben in ihrer *relativen* Lage zu reellen Polen erhalten, sofern gilt: ordnet man für die linke und rechte q-Halbebene Pole und Nullstellen ihrem Betrage nach, so dürfen nicht zwei Nullstellen aufeinander folgen

E11 Bei $q = 0$ kann keine WNS oder UWNS liegen, wenn $P(s)$ bei $s = 0$ keine Nullstelle besitzt.

E12 UWNS können, sofern sie Eigenschaft E10 erfüllen, nur *außerhalb* des Intervalls $[-\Omega_0, \Omega_0]$ liegen.

Umgang mit q-Übertragungsfunktionen mit Haltegliedeingang   In Abb. 9.28 ist ein Navigationsschema zum Umgang mit q-Übertragungsfunktionen $P^{\#}(q)$ mit Haltegliedeingang angegeben. Der gestrichelte Pfad zeigt die exakte Berechnung von $P^{\#}(q)$ über die z-Transformation, diesen Weg nutzt man auch für eine *numerische* Berechnung mit Rechnerwerkzeugen (z.B. MATLAB). Die eigentlichen Analyse- und Entwurfsschritte werden dann am Frequenzgang $P^{\#}(j\Omega)$ durchgeführt, der mittels Reglerfrequenzgängen $R(j\Omega)$ in gewohnter Weise manipuliert werden kann (z.B. Stabilitätssicherung mit NYQUIST-Kriterium, siehe Kap. 10). Die gefunden Reglerübertragungsfunktion $R(j\Omega)$ kann dann nach Abb. 9.26 in eine Differenzgleichung übergeführt werden.

Die Stetigkeitseigenschaften von $P^{\#}(q)$ erlauben aber auch eine tiefere *analytische* Einsicht in das Systemverhalten für veränderliche Abtastperiode. Mithilfe des Satzes 9.1 kann man die wesentlichen Struktureigenschaften und Systemparameter für praktische Fälle recht genau abschätzen und damit eine analytische Darstellung von $P^{\#}(q)$ in Abhängigkeit der Abtastperiode angeben. Damit bleiben auch die für $P(s)$ bekannten *physikalischen Abhängigkeiten* (siehe Kap. 4 bis 8) in der diskreten Übertragungsfunktion $P^{\#}(q)$ transparent und können beim Entwurf zielgerichtet berücksichtigt werden[10].

Exakte analytische Konstruktion   In manchen Fällen ist eine exakte analytische Konstruktion von $P^{\#}(q)$ aus $P(s)$ wünschenswert. Dies kann man aufgrund der Linearität nach dem in Abb. 9.29 gezeigten Schema machen. Man zerlegt $P(s)$ in Partialbrüche und nutzt analytische Korrespondenzen für die Elementarterme. Mit heutigen Computeralgebraprogrammen lässt sich dann auch wieder recht bequem $P^{\#}(q)$ aus den Partialbruchtermen zusammenbauen.

Für die Elementarterme sowie einige häufig vorkommende Übertragungsfunktionen sind in Tabelle 9.1 die entsprechenden Korrespondenzen aufgeführt. Man kann daran auch sehr schön die Eigenschaften von $P^{\#}(q)$ aus Satz 9.1 ablesen.

---

[10] Nach Einschätzung und Erfahrungen des Autors ist diese Eigenschaft der *entscheidende Vorteil* des Gebrauchs der q-Transformation gegenüber anderen Beschreibungsmitteln.

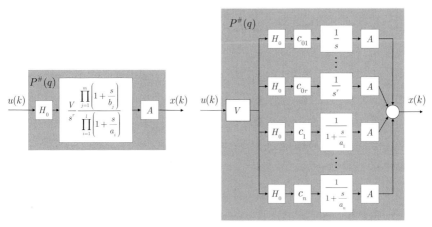

Abb. 9.29. Konstruktion von $P^{\#}(q)$ über elementare Übertragungsfunktionen und Partialbruchzerlegung

---

Beispiel 9.4   *q-Übertragungsfunktion für ein schwingungsfähiges System.*

Für das in Abb. 9.18 dargestellte gedämpfte schwingungsfähige System sollen für $T_a = 1$ s die q-Streckenübertragungsfunktion und die BODE-Diagramme konstruiert werden.

Lösung Aus Tabelle 9.1 K6 folgt mit $d_N = 0.1$, $\omega_N = 1$, $\beta = 0$

$$P^{\#}(q) = \frac{\left(1 + \dfrac{q}{58}\right)\left(1 - \dfrac{q}{2}\right)}{1 + 2 \cdot 0.12 \dfrac{q}{1.1} + \dfrac{q^2}{1.1^2}} = \frac{[58][-2]}{\{0.12; 1.1\}} .$$

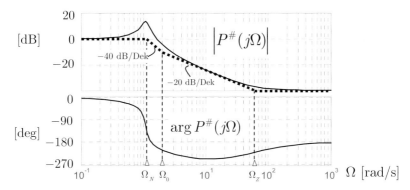

Abb. 9.30. BODE-Diagramme für Beispiel 9.4 (vgl. Abb. 9.18)   ∎

Tabelle 9.1. Korrespondenzen für $P(s)$, $P^{\#}(q)$

	$P(s)$	$P^{\#}(q)$
K1	$\dfrac{1}{s}$	$\dfrac{1 - \dfrac{q}{\Omega_0}}{q} \qquad \Omega_0 = \dfrac{2}{T_a}$
K2	$\dfrac{1 + \beta s}{s^2}$	$\dfrac{\left(1 + \beta^{\#} q\right)\left(1 - \dfrac{q}{\Omega_0}\right)}{q^2} \qquad \beta^{\#} = \beta$
K3	$\dfrac{1}{1 + \dfrac{s}{a}}$	$\dfrac{1 - \dfrac{q}{\Omega_0}}{1 + \dfrac{q}{A}} \qquad A = \Omega_0 \tanh\left(\dfrac{a}{\Omega_0}\right)$
K4	$\dfrac{1 + \beta s}{\left(1 + \dfrac{s}{a}\right)^2}$	$\dfrac{\left(1 + \beta^{\#} q\right)\left(1 - \dfrac{q}{\Omega_0}\right)}{\left(1 + \dfrac{q}{A}\right)^2} \qquad \begin{aligned} \beta^{\#} &= \beta\left[\left(\dfrac{a}{A}\right)^2 - \left(\dfrac{a}{\Omega_0}\right)^2\right] + \\ &\quad + \dfrac{1}{A} + a\left(\dfrac{1}{\Omega_0^2} - \dfrac{1}{A^2}\right) \end{aligned}$
K5	$\dfrac{1 + \beta s}{s\left(1 + \dfrac{s}{a}\right)}$	$\dfrac{\left(1 + \beta^{\#} q\right)\left(1 - \dfrac{q}{\Omega_0}\right)}{q\left(1 + \dfrac{q}{A}\right)} \qquad \beta^{\#} = \beta + \dfrac{1}{A} - \dfrac{1}{a}$
K6	$\dfrac{1 + \beta s}{1 + 2d_N \dfrac{s}{\omega_N} + \dfrac{s^2}{\omega_N^2}}$	$\dfrac{\left(1 + \beta^{\#} q\right)\left(1 - \dfrac{q}{\Omega_0}\right)}{1 + 2D_N \dfrac{q}{\Omega_N} + \dfrac{q^2}{\Omega_N^2}} \qquad \begin{aligned} &D_N, \Omega_N, \beta^{\#} \\ &\text{siehe nächste Seite} \end{aligned}$
K7	$\dfrac{\left(1 + \beta_1 s\right)\left(1 + \beta_2 s\right)}{s\left(1 + 2d_N \dfrac{s}{\omega_N} + \dfrac{s^2}{\omega_N^2}\right)}$	$\dfrac{\left(1 + \beta_1^{\#} q + \beta_2^{\#} q^2\right)\left(1 - \dfrac{q}{\Omega_0}\right)}{q\left(1 + 2D_N \dfrac{q}{\Omega_N} + \dfrac{q^2}{\Omega_N^2}\right)} \qquad \begin{aligned} &D_N, \Omega_N, \beta_1^{\#}, \beta_2^{\#} \\ &\text{siehe nächste Seite} \end{aligned}$

Tabelle 9.1. Korrespondenzen für $P(s)$, $P^{\#}(q)$, Fortsetzung

ad K6	$$A_N = \Omega_0 \frac{\sinh\left(2d_N \frac{\omega_N}{\Omega_0}\right)}{\cosh\left(2d_N \frac{\omega_N}{\Omega_0}\right) + \cos\left(2\frac{\omega_N}{\Omega_0}\sqrt{1-d_N^2}\right)}$$ $$B_N = \Omega_0 \frac{\sin\left(2\frac{\omega_N}{\Omega_0}\sqrt{1-d_N^2}\right)}{\cosh\left(2d_N \frac{\omega_N}{\Omega_0}\right) + \cos\left(2\frac{\omega_N}{\Omega_0}\sqrt{1-d_N^2}\right)}$$ $$\Omega_N = \sqrt{A_N^2 + B_N^2}\,,\quad D_N = \frac{A_N}{\Omega_N}\,,\quad \beta^{\#} = \frac{D_N}{\Omega_N} + \frac{\omega_N}{\Omega_N}\sqrt{\frac{1-D_N^2}{1-d_N^2}}\left(\beta - \frac{d_N}{\omega_N}\right)$$
ad K7	$$\beta_1^{\#} = \beta_1 + \beta_2 + 2\left(\frac{D_N}{\Omega_N} - \frac{d_N}{\omega_N}\right)$$ $$\beta_2^{\#} = \frac{1}{\Omega_N^2} + \frac{D_N}{\Omega_N}\left(\beta_1 + \beta_2 - 2\frac{d_N}{\omega_N}\right) +$$ $$+ \frac{\omega_N}{\Omega_N}\sqrt{\frac{1-D_N^2}{1-d_N^2}}\left(\beta_1\beta_2 - \frac{d_N}{\omega_N}\left(\beta_1 + \beta_2\right) + 2\frac{d_N^2}{\omega_N^2} - \frac{1}{\omega_N^2}\right)$$

9.10 Signalwandlung

Amplitudendiskretisierung – Quantisierung Die Systemgrößen außerhalb des eingebetteten Rechners werden als zeitkontinuierliche und wertekontinuierliche Größen $\in \mathbb{R}$ abstrahiert, d.h. alle Größen physikalischer Natur wie Kräfte/Momente oder analoge elektrische Signale. Innerhalb des eingebetteten Rechners stehen die Größen generell nur als *wertediskrete* Größen mit einer *endlichen Darstellungsgenauigkeit* zur Verfügung. Bei der Zahlendarstellung für Rechenoperationen approximiert man reelle Zahlen durch geeignet große Wortlängen (Gleitkommazahlen) und kann diese für viele Anwendungsfälle als *quasi-wertekontinuierlich* betrachten.

An den Rechnerschnittstellen Analog-Digital-Wandler bzw. Digital-Analog-Wandler sieht die Sache jedoch völlig anders aus. Dort kann man aus prinzipiellen Gründen nur mit einer mehr oder weniger großen Zahl von *Diskretisierungsstufen – Quantisierung –* arbeiten, die von der sogenannten Wandlerwortbreite bestimmt ist.

Wandlerwortbreite Unter der Wandlerwortbreite versteht man die Anzahl der binären Stellen – *N-Bit* – die für die wertediskrete Kodierung eines analogen, wertekontinuierlichen Signals zur Verfügung stehen z.B. *8-Bit* $\triangleq 2^8$ = 256 *Diskretisierungs-* bzw. *Quantisierungsstufen*, bei 12-Bit sind dies 2^{12} = 4096 Stufen und bei 16-Bit sind dies 2^{16} = 65536 Stufen.

Quantisierungsstufen Die absolute Größe der Diskretisierungsstufen hängt vom abzubildenden Originalzahlenbereich ab. In einem Signalwandler wird ein *Intervall*

$$\left[x\right] = \left[\underline{x}, \overline{x}\right] = \left\{x \middle| \underline{x} \le x \le \overline{x}; \quad \underline{x}, x, \overline{x} \in \mathbb{R}\right\}$$

mit der Intervallbreite $\Delta[x] = \overline{x} - \underline{x}$ auf ein ganzzahliges Intervall

$$\left[g\right] = \left[\underline{g}, \overline{g}\right] = \left\{g \middle| \underline{g} \le g \le \overline{g}; \quad \underline{g}, g, \overline{g} \in \mathbb{Z}\right\}$$

mit der Intervallbreite $\Delta[g] = \overline{g} - \underline{g} = 2^N$ abgebildet, wobei N die Wandlerwortlänge bedeutet.

Die *physikalische Größe* x beschreibt ein elektrisches Signal (z.B. bipolare Spannung, $\underline{x} = -10$ V, $\overline{x} = +10$ V), das bereits über die Messeinrichtung die Abbildung einer physikalischen Größe in eine elektrische Größe beinhaltet.

Die *rechnerinterne Größe* g kann man als eine Festkommazahl mit der Wortlänge N interpretieren, die sowohl unipolar (N Datenbits) oder bipolar (1 Vorzeichenbit, $N-1$ Datenbits) kodiert sein kann.

Als *physikalische Quantisierungsstufe*, die für die Verhaltensanalyse relevant ist, bezeichnet man

$$Q_x = \frac{\Delta[x]}{2^N}. \tag{9.25}$$

Quantisierungskennlinien Das Quantisierungsverhalten lässt sich in Form einer nichtlinearen Kennlinie darstellen. Dabei sind jedoch für die Signalwandlung die beiden in Abb. 9.31 dargestellten unterschiedlichen Quantisierungskennlinien von Bedeutung.

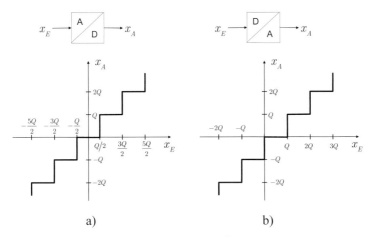

Abb. 9.31. Quantisierungskennlinien für Signalwandler: a) symmetrisch, Rundungsoperation, z.B. Analog-Digital-Wandler, b) unsymmetrisch, Abschneideoperation, z.B. Digital-Analog-Wandler ($Q \stackrel{\triangle}{=} Q_x$)

Der *Analog-Digital-Wandler* besitzt eine *symmetrische* Kennlinie, die der mathematischen *Rundungsoperation* entspricht (Abb. 9.31a), wogegen der *Digital-Analog-Wandler* durch eine *unsymmetrische* Kennlinie, entsprechend der mathematischen *Abschneideoperation*, beschrieben wird (Abb. 9.31b).

Verhaltenseigenschaften der Quantisierungskennlinien Im Kleinsignalverhalten ist besonders die Unempfindlichkeitszone um den Nullpunkt bedeutsam. Beim A/D-Wandler werden sehr kleine Eingangssignale $|x| < Q_x/2$ in symmetrischer Weise nicht detektiert und rechnerintern als $x = 0$ bewertet.

Beim D/A-Wandler sieht die Sachlage etwas komplizierter aus. Unterstellt man eine rechnerinterne Zahlendarstellung mit höherer Genauigkeit als die Wandlerwortlänge $N_{D/A}$, z.B. Festkommazahl $N_x > N_{D/A}$, dann wird bei einem bipolaren Wandlerbetrieb im Rahmen der Quantisierung bereits bei einem geringfügig negativen Wert von x_E (Vorzeichenbit gleich Eins) der kleinstmögliche negative Wandlerausgang $x_A = -Q_x$ erzeugt. Dies kann im geschlossenen Wirkungskreis zu einem unruhigen Flatterverhalten bis hin zu unerwünschten Grenzzyklen führen.

Eine *Symmetrierung* der D/A-Wandlerkennlinie kann man durch Addition eines Offsets von $Q_x/2$ vor der Ausgabe der Stellgröße erreichen. Dies ist immer dann möglich, wenn rechnerintern mit einer größeren Wortlänge gearbeitet wird.

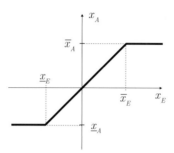

Abb. 9.32. Begrenzungskennlinie

Begrenzungskennlinie Die Signalwandler beinhalten aufgrund der Intervallabbildung eine *Begrenzungskennlinie* (Föllinger 1994) mit den Intervallgrenzen $\underline{x}, \overline{x}$, siehe Abb. 9.32. Diese zusätzliche nichtlineare Eigenschaft kann für die Analyse des Kleinsignalverhaltens vernachlässigt werden, wenn man unterstellt, dass die relevanten Systemgrößen nur innerhalb des linearen Bereiches $x_E \in \left[\underline{x}_E, \overline{x}_E \right]$ bleiben[11].

Lineares Ersatzmodell Für die Verhaltensanalyse eignet sich das in Abb. 9.33 dargestellte lineare Ersatzmodell einer Quantisierungskennlinie bestehend aus einer linearen Kennlinie mit einer amplitudenbegrenzten Ausgangsstörung $|d| \leq Q_x/2$ – *Quantisierungsrauschen* . Gewöhnlich nimmt man für das Quantisierungsrauschen eine *Gleichverteilung* an.

Der Vollständigkeit halber sind in Abb. 9.33 (rechtes Bild) noch die nichtlinearen Eigenschaften der Begrenzungskennlinie bzw. des Entstehungsmechanismus des Quantisierungsrauschens angedeutet (gestrichelt).

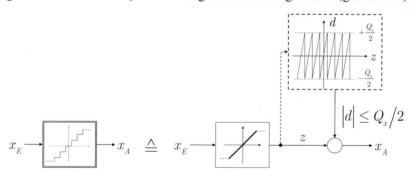

Abb. 9.33. Teillineares Ersatzmodell einer Quantisierungskennlinie (gestrichelte Teile im rechten Modell beschreiben nichtlineare Effekte)

---

[11] Dies trifft in gleicher Weise generell für alle betrachteten Systemgrößen zu.

Zeitverhalten Die Signalwandlung vom analogen in den digitalen Bereich und umgekehrt ist prinzipiell zeitbehaftet. Für die dynamische Verhaltensanalyse bedeutet dies eine *Zeitverzögerung (Totzeit)* $\tau_{A/D}, \tau_{D/A}$ zwischen Eingangssignal und Ausgangsignal. Beim A/D-Wandler werden häufig Verfahren zur Momentanwert-Umsetzung mit Zählmethoden oder integrierende Verfahren (Mittelwert-Umsetzer) mit Spannungs-Zeit Umsetzung (*Dual-Slope*) genutzt. Beide Umsetzungstypen benötigen eine gewisse Zeitspanne, um die Signale zu bewerten und als digitalen Wert zu interpretieren. Bei D/A-Wandlern werden häufig mit gewichteten Widerstandsnetzwerken beschaltete Operationsverstärkerschaltungen verwendet, wo im Wesentlichen die Einschwingzeit die maximale Taktfrequenz bestimmt. Aufgrund der prinzipiellen Funktionsweise gilt im Allgemeinen $\tau_{A/D} > \tau_{D/A}$, konkrete, technologiespezifische Werte können den jeweiligen Datenblättern entnommen werden. Für eine tiefer gehende Diskussion von Funktions- und Verhaltenseigenschaften sei auf weiterführende Fachliteratur verwiesen, z.B. (Färber 1994).

9.11 Digitale Datenkommunikation

Analoge Informationsvernetzung In der Übersichtsabbildung 9.1 ist die Informationskette *Messung – Informationsverarbeitung – Krafterzeugung* mit den zugehörigen Informationsflüssen schematisch dargestellt. In einfachen mechatronischen Systemen wird jede dieser Funktionseinheiten durch genau eine Geräteeinheit realisiert: Sensor, eingebetteter Mikrorechner, Aktuator. In diesen Fällen ist auch der Informationsfluss in Form elektrischer Mess- und Stellsignale in seiner Struktur sehr einfach. Speziell bei räumlich kompakten Lösungen, nutzt man dazu in der Regel elektrisch analoge Signale (Spannungen, Ströme) mit Punkt-zu-Punkt Verdrahtung, wodurch sich für das dynamische Verhalten keine nennenswerten Verhaltensauffälligkeiten ergeben (Färber 1994).

Räumlich verteilte Anordnungen Komplexere mechatronische Systeme, speziell makroskopischer Natur, werden häufig räumlich verteilt mit einer größeren Anzahl von Sensoren, Aktuatoren und Recheneinheiten – in diesem Kontext *Knoten* genannt – aufgebaut, z.B. Automobile, Werkzeug- und Verarbeitungsmaschinen. In diesen Fällen sind also viele Knoten mit unterschiedlichen Zuordnungsrelationen miteinander informationstechnisch zu verknüpfen. In diesem Zusammenhang spricht man dann von *Sensor-Rechner-Aktuator-Netzen*[12].

Kommunikationsstrukturen In Abb. 9.34 sind einige häufig genutzte Topologien für digitale Datenkommunikation dargestellt. Die angedeuteten Knoten K*i* stellen alle genannten informationstechnischen Geräte dar. Im Falle von Sensoren und Aktuatoren unterstellt man bereits integrierte Signalwandler, sodass alle Datenverbindungen als digital angenommen werden dürfen. Die in Abb. 9.34a-c gezeigten Strukturen nutzen jeweils *Punkt-zu-Punkt* Verbindungen, wogegen die in Abb. 9.34d dargestellte *Linienstruktur* ein gemeinsames Transportmedium – *Kommunikationsbus* – verwendet. Bei Punkt-zu-Punkt Verbindungen kann das Transportmedium exklusiv, konfliktfrei und mit minimalen Datenlaufzeiten genutzt werden, für eine vielfältige Verbindung der Knoten ist allerdings ein hoher Verdrahtungsaufwand erforderlich (Zweipunktstruktur, Abb. 9.34a). Bei der Stern- und Ringstruktur (Abb. 9.34b,c) erkauft man sich den geringeren Verdrahtungsaufwand mit eingeschränkter Konnektivität und größeren Datenlaufzeiten, wenn Informationen zwischen den Knoten transportiert werden sollen.

Besonders populär, weil sehr ökonomisch ist die Linienstruktur aus Abb. 9.34d. Über das mit allen Knoten gemeinsam verknüpfte Transportmedium (Zweidraht, Busleitung) können prinzipiell alle Knoten beliebig miteinander verknüpft werden, allerdings mit weitaus geringerem Verdrahtungsaufwand als bei der Zweipunktstruktur aus Abb. 9.34a.

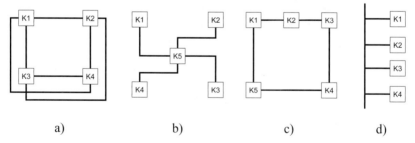

a)   b)   c)   d)

Abb. 9.34. Häufige Topologien für die Datenkommunikation: a) Zweipunktstruktur, b) Sternstruktur, c) Ringstruktur, d) Linienstruktur

---

[12] Häufig wird unscharf nur die Kurzform *Sensor-Aktor-Netz* verwendet, wobei entweder die Kopplung zu separaten Recheneinheiten implizit unterstellt ist oder eine lokale Informationsverarbeitung in den Sensoren und Aktuatoren angenommen wird.

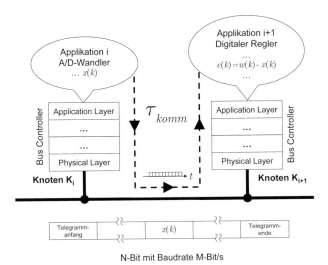

Abb. 9.35. Datenfluss in einem seriellen Bussystem: schematisiert am Beispiel zweier Knoten mit eigenen Controllern

Serielle Datenkommunikation Aus Gründen der Übertragungssicherheit und der Kommunikationsökonomie (Aufwand-/Nutzenverhältnis) wird außerhalb von Recheneinheiten bei nennenswerten Übertragungslängen in der Regel eine serielle Datenkommunikation verwendet. Dazu werden die digitalen Daten als binär kodierte Datenpakete – *Datentelegramm* – seriell auf einem Transportmedium übertragen. In Abb. 9.35 ist schematisch der Datenfluss zwischen zwei seriell verbundenen Knoten K_i, K_{i+1} für das Einlesen eines Abtastwertes vom A/D-Wandler (Knoten K_i) in den Mikrorechner (Knoten K_{i+1}) gezeigt.

Serielle Bussysteme Besonders ökonomisch ist eine serielle Datenkommunikation in Verbindung mit einer Linienbusstruktur nach Abb. 9.34c, man spricht dann von *seriellen Bussystemen* bzw. *Feldbussen*, wenn besondere Echtzeiteigenschaften vorhanden sind (Reissenweber 2009), (Schnell u. Wiedemann 2008), (Zimmermann u. Schmidgall 2008), (Färber 1994).

In Tabelle 9.2 sind drei Beispiele für weit verbreitete serielle Bussysteme aufgeführt, wobei der PROFIBUS und der CAN-Bus zu den Feldbussen gezählt werden.

Tabelle 9.2. Beispiele für serielle Bussysteme

Eigenschaft	Profibus	CAN-Bus[13]	Ethernet
Teilnehmer	max. 12	max. 64	sehr viele
Geschwindigkeit	12 Mbit/s	1 Mbit/s	10 ...1000 Mbit/s
Buszugriff	meist Master/Slave	CSMA/CA (Multi-Master	CSMA/CD (Multi-Master)
Nutzdaten / Telegramm	0 ...32 Byte	0 ...64 Byte	46 ... 1500 Byte
garantierte Reaktionszeiten	Ja	nur für Telegramme mit höchster Priorität	nein
Standardisierung	DIN EN 50 170	ISO DIS 11519 ISO DIS 11898	IEEE 802.3
Verbreitung	Hoch	hoch	sehr hoch
Bemerkungen	große Verbreitung in Deutschland/Europa	große Verbreitung in der Automobilindustrie	Internetzugang zunehmend auch in der Automatisierung

Kommunikationsprotokolle Der Aufbau der Datentelegramme für eine serielle Datenkommunikation orientiert sich in der Regel an dem *OSI-Schichtenmodell*[14] (Schnell u. Wiedemann 2008). In diesem Datenmodell werden Rahmenanforderungen an die strukturierte Verarbeitung von Datentelegrammen (Kommunikationsprotokoll) in Form von Schichten (engl. *layer*) gestellt. Die sequenzielle Verarbeitungshierarchie ist in Abb. 9.35 angedeutet. Je nach Implementierung müssen also für jeden Kommunikationsvorgang mehr oder weniger komplexe und zeitaufwändige Verarbeitungsschritte durchlaufen werden.

Buszugriffsverfahren Der prinzipielle Nachteil einer busbasierten Datenkommunikation besteht in der prinzipiell konfliktbehafteten Mehrfachnutzung des Transportmediums. Um diese Konflikte zu vermeiden und zur Sicherstellung von definierten Zeitanforderungen muss der Buszugang mittels geeigneter Verfahrensregeln koordiniert werden.

Man unterscheidet generell zwischen *kontrolliertem* und *zufälligem* Buszugriff.

Beim *kontrollierten, deterministischen Buszugriff* nach dem Master-Slave Prinzip greift ein Master-Knoten zyklisch auf seine Slave-Knoten zu

---

[13] CAN = Controller Area Network
[14] Open Systems Interconnection (OSI) Reference Model, standardisiert von der Internationalen Organisation für Normung (ISO).

oder vergibt zyklisch an jeden Slave-Knoten die Senderechte für eine bestimmte Zeit (Flying Master Prinzip). Damit wird garantiert, dass nach einer definierten Wartezeit jeder Slave-Knoten mindestens einmal seine Daten senden kann, so dass *definierte Reaktionszeiten* (Echtzeitbedingungen)
eingehalten werden können (Tabelle 9.2, Profibus). Nachteilig ist, dass die
Slave-Knoten auch dann abgefragt werden, wenn keine zu sendenden Daten anliegen und dass bei Ausfall des Masters gar keine Nachrichten mehr
übertragen werden.

Beim *zufälligen Buszugriff* – CSMA (Carrier Sense Multiple Access) –
hört jeder sendewillige Knoten den Bus ab und beginnt zu senden, wenn
der Bus frei ist. Die Reihenfolge der Sender ist nicht festgelegt, sondern
erfolgt nach Bedarf. Wenn ein zweiter Teilnehmer zur gleichen Zeit seine
Sendung beginnt, kommt es zur Kollision der Telegramme auf dem Über-
tragungsmedium. Bei einem Verfahren mit *Kollisionsvermeidung* –
CSMA/CA with Collision Avoidance – wird über eine Prioritätssteuerung
ein Telegramm mit höherer Priorität bevorzugt behandelt (Tabelle 9.2,
CAN-Bus). Bei einem Verfahren mit *Kollisionserkennung – CSMA/CD
with Collision Detection* – werden beide Telegramme zerstört und beide
Sender versuchen später erneut Zugang zum Bus zu erhalten (Tabelle 9.2,
Ethernet).

Bei zufälligen CSMA/CA Zugriffsverfahren können garantierte Reaktionszeiten nur für Telegramme mit hoher Priorität realisiert werden, wogegen für CSMA/CD-Verfahren keine definierten Reaktionszeiten garantiert
werden können.

Zeitverhalten Digitale Datenkommunikation, speziell seriellen Verfahren, beinhalten prinzipiell *Zeitverzögerungen* in Form von *Kommunikati-
onslaufzeiten* (Totzeiten) τ_{komm}. In Abb. 9.35 ist dies beispielhaft für den
Datentransport von einem A/D-Wandler (Sensormessung) zur Rechenein-
heit (Regelalgorithmus) gezeigt. Die Kommunikationslaufzeit τ_{komm} umfasst die Abarbeitungszeiten für die Datenaufbereitung der Kommunikationsprotokolle, die eigentliche Transportzeit auf dem Busmedium und
ebenso die Wartezeiten für den Buszugriff. Eine belastbare Abschätzung
dieser Laufzeiten ist für die Verhaltensanalyse eines mechatronischen Systems unverzichtbar. Das Laufzeitverhalten des Informationsflusses zwischen Sensoren – Steuerrechner – Aktuatoren ist in entscheidender Weise
mitbestimmend für die Stabilität des geschlossenen Wirkungskreises.

9.12 Echtzeitaspekte

Programmtechnische Reglerrealisierung In einem eingebetteten Mikrorechner erfolgt die programmtechnische Realisierung eines Regelalgorithmus mittels eines sequenziellen Programms nach folgendem Schema (vgl. Abb. 9.3).

Zu jedem *Abtastzeitpunkt* $t = kT_a$ wird folgende generische *Programmsequenz* (in Pseudocode) abgearbeitet:

$$
\begin{array}{ll}
\tau_A \left\{\begin{array}{ll}
\texttt{get\_ADC(x)} & \text{A/D-Wandlung, Datentransfer ADC} \rightarrow \text{CPU} \\
\texttt{get\_Sollwert(w)} & \text{Sollwertgenerierung}
\end{array}\right. \\[2em]
\tau_B \left\{\begin{array}{ll}
\texttt{e:=w-x} & \text{Bilden der Regelabweichung} \\
\texttt{u:=Regelalgo(e)} & \text{Regelalgorithmus, z.B. Differenzengleichung}
\end{array}\right. \\[1.5em]
\tau_C \left\{\begin{array}{ll}
\texttt{put\_DAC(u)} & \text{Datentransfer CPU} \rightarrow \text{DAC, D/A-Wandlung}
\end{array}\right.
\end{array}
$$

Die Operationen `get_ADC`, `get_Sollwert`, `Regelalgo` stellen Aufrufe von sprachspezifischen Programmmodulen dar, die Peripheriegeräte, Schnittstellen und Datenverbindungen bedienen sowie Regelalgorithmen aktivieren.

Zeitliches Verarbeitungsschema Aufgrund der sequenziellen Abarbeitung und endlichen Verarbeitungsgeschwindigkeit werden die Operationen

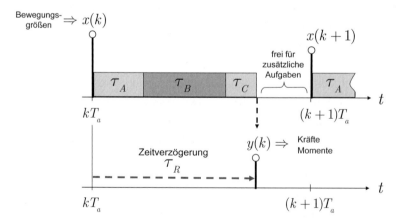

Abb. 9.36. Zeitliches Verarbeitungsschema eines digitalen Regelalgorithmus

mit den angedeuteten Verarbeitungszeiten τ_A, τ_B, τ_C ausgeführt[15]. Diese beinhalten bereits die in den vorhergehenden Abschnitten diskutierten Verarbeitungszeiten der Signalwandlung $\tau_{A/D}, \tau_{D/A}$ und Datenkommunikation τ_{komm}. Das zeitliche Verarbeitungsschema ist in Abb. 9.36 gezeigt.

Rechentechnische Zeitverzögerung Aus Abb. 9.36 erkennt man die prinzipielle rechentechnische Verzögerungszeit $\tau_R = \tau_A + \tau_B + \tau_C$ zwischen dem Betrachtungszeitpunkt $t = kT_a$ bzw. Abtastung der Regelgrößen (hier: Bewegungsgrößen) und der Wirkung der Stellgrößen (hier: Kräfte, Momente) auf die Regelstrecke, die erst zum Zeitpunkt $t = kT_a + \tau_R$ erfolgt. Insofern ist die bis dato in den Verhaltensmodellen angenommene zeitgleiche Wirkung von $x(k)$, $e(k)$ und $u(k)$ geeignet zu korrigieren. Im Frequenzbereichsmodell ist dies bequem über eine Rechentotzeit τ_R in Form eines *Totzeitgliedes* $e^{-s\tau_R}$ zu beschreiben.

Echtzeitbedingung Wie man aus Abb. 9.36 ersehen kann, müssen alle notwendigen Operationen des Zeitschrittes k beendet sein, bevor der nächste Zeitschritt $k + 1$ beginnen kann, d.h. es muss für alle Zeitschritte die sogenannte *Echtzeitbedingung* erfüllt sein

$$\tau_R = \tau_A + \tau_B + \tau_C < T_a . \tag{9.26}$$

Aus systemtheoretischer Sicht wird man versuchen, die Rechentotzeit τ_R möglichst klein zu halten, damit man mit einer möglichst *kleinen Abtastperiode* arbeiten kann, um die dynamischen Einflüsse durch den Abtast- und Halteprozess zu minimieren. Diesem Entwurfsziel sind aus Aufwandsgründen in der Regel Grenzen gesetzt, sodass auch hier ein geeigneter Entwurfskompromiss zu suchen ist.

In jedem Fall gilt aufgrund von Gl. (9.26) die *worst case* Abschätzung

$$\tau_{R,\max} = T_a . \tag{9.27}$$

Minimierung der Rechenverzögerung Durch die destabilisierende Wirkung der Rechentotzeit ist man an einer minimalen Rechenverzögerung interessiert. In gewissen Grenzen lässt sich diese für eine bestehende Hardwarerealisierung durch eine geschickte Programmstruktur gegenüber dem in Abb. 9.36 gezeigten Ablaufschema verringern.

---

[15] Die Rechenzeit für den Regelalgorithmus wird primär durch die Anzahl der Multiplikationen bestimmt, Additions-/Subtraktionszeiten sind demgegenüber vernachlässigbar klein.

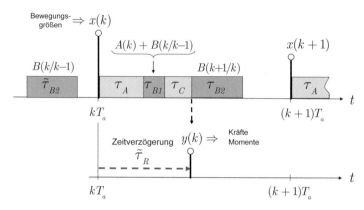

Abb. 9.37. Zeitliches Verarbeitungsschema für minimierte Rechenverzögerung

In der Reglerdifferenzengleichung (9.13) für die Stellgröße $u(k)$ sind alle Werte $u(k-i)$, $e(k-i)$, $i = 1, 2, \dots$ ja schon am Ende des Schrittes $k-1$ bekannt, sodass eine Teilsumme $B(k/k–1)$ schon am Ende des Schrittes $k-1$ nach dem folgenden Schema vorausberechnet werden kann

$$u(k) = \underbrace{b_0 e(k)}_{A(k)} + \underbrace{b_1 e(k–1) + \dots + b_m e(k–m) - a_1 u(k–1) - \dots - a_n u(k–n)}_{B(k/k–1)}.$$

Im Zeitschritt k ist dann lediglich der Term $A(k)$ und die Addition mit $B(k/k–1)$ zu berechnen, womit sich das in Abb. 9.37 gezeigte zeitoptimierte Rechenschema mit minimaler Rechentotzeit ergibt.

9.13 Entwurfsbetrachtungen

Relevante Phänomene Für den Systementwurf interessiert besonders das dynamische Verhalten eines mechatronischen Systems in einem geschlossenen Wirkungskreis. In den vorangegangenen Abschnitten wurden wesentliche Phänomene der *digitalen Informationsverarbeitung* diskutiert, die einen zumeist ungünstigen Einfluss auf das dynamische Verhalten ausüben. Es sind dies *Oberwellenspektren* und *Mehrdeutigkeiten* (Aliasing) durch den Abtastprozess, *Laufzeitverzögerungen* (Totzeiten) durch endliche Verarbeitungs- und Datentransportgeschwindigkeiten sowie nichtlineare Effekte durch *Quantisierung* und *Amplitudenbegrenzung* bei der Signalwandlung.

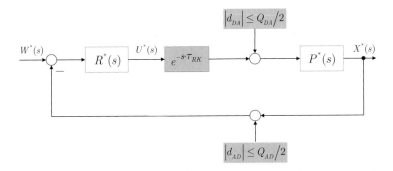

Abb. 9.38. Lineares Ersatzmodell für die Verhaltensanalyse eines digitalen Regelkreises (Anti-Aliasing Filter ist in $P^*(s)$ enthalten)

Lineares Ersatzmodell Für eine aussagefähige analytische Beurteilung des dynamischen Verhaltens eines digital geregelten mechatronischen Systems eignet sich das in Abb. 9.38 dargestellte lineare Ersatzmodell im Frequenzbereich. Mit den Übertragungsfunktionen $P^*(s)$, $R^*(s)$ lässt sich in bekannter Weise der Abtastprozess modellieren, $P^*(s)$ beinhaltet alle kontinuierlichen Systemelemente inklusive Anti-Aliasing-Filter. Das Totzeitglied $e^{-s T_{RK}}$ beschreibt die relevanten Laufzeiteffekte und die amplitudenbegrenzten Störeingänge repräsentieren das Quantisierungsrauschen.

Effektive Regelkreistotzeit Je nach Modellierungsgüte beinhaltet die effektive *Regelkreistotzeit* τ_{RK} unterschiedliche Effekte. In jedem Fall ist dies die in Abschn. 9.12 diskutierte Rechentotzeit τ_R, worin alle rechen- und informationstechnisch entstehenden Laufzeitverzögerungen aufsummiert werden. Zur Sicherstellung der Echtzeitbedingung wird man gemäß Gl. (9.27) als sinnvolles Entwurfsziel definieren $\tau_{R,\max} = T_a$.

Eine gewisse Freiheit besteht in der Modellierung von $P^*(s)$. Hier kann man entweder den exakten getasteten Frequenzgang $P^*(j\omega)$ nach Gl. (9.7) zugrunde legen oder mit dem approximierten Frequenzgang nach Gl. (9.9) arbeiten. Für diese beiden Fälle ergibt sich bei Einhaltung der Echtzeitbedingung für die maximale *effektive Regelkreistotzeit*

$$\tau_{RK} = \begin{cases} T_a & \text{für} \quad P^*(j\omega) \ \text{Gl.(10.7)} \\ \dfrac{3T_a}{2} & \text{für} \quad P^*(j\omega) \ \text{Gl.(10.9)} \end{cases} . \tag{9.28}$$

Analyseanforderungen   Für das Stabilitätsverhalten des geschlossenen Wirkungskreises dominierend sind die Laufzeiteffekte über das Totzeitglied $e^{-sT_{RK}}$. Die dadurch entstehenden frequenzabhängigen Phasenverzögerungen sind besonders im Kontext mit MKS-Eigenfrequenzen des mechanischen Teilsystems überaus stabilitätskritisch. Aus diesen Gründen müssen geeignete Analyseverfahren speziell in der Lage sein, belastbare Aussagen zum dynamischen Verhalten von *Regelkreisen* mit *Totzeiten* zu treffen. In diesem Kontext zeigen sich die Vorteile der sehr anschaulichen und gut handhabbaren Modelldarstellung im *Frequenzbereich*.

Im nachfolgenden Kap. 10 wird gezeigt werden, dass das bestens bekannte NYQUIST *Stabilitätskriterium* in Kombination mit einer speziellen Frequenzgangdarstellung in Form des NICHOLS-*Diagramms* hervorragend für die transparente Analyse aller diskutierten Phänomene von mechatronischen Systemen geeignet ist.

Variable Laufzeiten   Für die Stabilität des geschlossenen Wirkungskreises sind in besonderem Maße die Laufzeitverzögerungen (Totzeiten) kritisch. Die Laufzeiten für die Algorithmenabarbeitung, für die Signalwandlung und für die digitale Datenkommunikation bei kontrolliertem Buszugriff können recht gut durch Maximalwerte abgeschätzt werden (*worst case*, $\tau_{RK,\max}$).

Für Systeme mit *zufälligem Buszugriff* können jedoch vielfach keine garantierten oberen Schranken bestimmt werden. Besonders kritisch sind Fälle von Telegrammverlusten bei Kollisionen, wodurch stark variierende Latenzzeiten entstehen. Diese Phänomene können unangenehme bis katastrophale Auswirkungen auf das Systemverhalten des geschlossenen Wirkungskreises haben. Die Analyse und gezielte Beeinflussung dieser ungünstigen Eigenschaften über regelungstechnische Maßnahmen sind in jüngster Vergangenheit in den Mittelpunkt des wissenschaftlichen Interesses gerückt und sind unter dem Titel „Digital vernetzte Regelungssysteme" (*Networked Control Systems*) Gegenstand aktueller Forschung (at 2008).

Literatur zu Kapitel 9

at (2008)   Schwerpunktheft: Digital vernetzte Regelungssysteme. *at-Automatisierungstechnik* 56(1): 1-57

Färber G (1994) *Prozeßrechentechnik. Grundlagen, Hardware, Echtzeitverhalten.*, Springer, Berlin

Föllinger O (1993) *Lineare Abtastsysteme* München, Oldenbourg

Föllinger O (1994) *Regelungstechnik, Einführung in die Methoden und ihre Anwendung*, Hüthig Verlag

Gausch F, Hofer A, Schlacher K (1993) *Digitale Regelkreise*, Oldenbourg-Verlag

Horn M, Dourdoumas N (2006) *Regelungstechnik*, Pearson Studium

Janschek K (1978) *Über die Behandlung von Abtastsystemen im transformierten Frequenzbereich.* Institut für Regelungstechnik, Technische Universität Graz, Diplomarbeit

Lunze J (2008) *Regelungstechnik 2: Mehrgrößensysteme, Digitale Regelung*, Springer

Reinschke K (2006) *Lineare Regelungs- und Steuerungstheorie*, Springer

Reissenweber B (2009) *Feldbussysteme zur industriellen Kommunikation*, Oldenbourg Industrieverlag München

Schneider G (1977) Über die Beschreibung von Abtastsystemen im transformierten Frequenzbereich. *Regelungstechnik* 25(9): A26-A28

Schnell G, Wiedemann B, Eds. (2008) *Bussysteme in der Automatisierungs- und Prozesstechnik.* Vieweg+Teubner

Tou J T (1959) *Digital and Sampled-data Control Systems*, McGraw-Hill Book Company

Zimmermann W, Schmidgall R (2008) *Bussysteme in der Fahrzeugtechnik*, Vieweg+Teubner

10 Regelungstechnische Aspekte

Hintergrund   Das Systemverhalten eines mechatronischen Systems wird entscheidend durch den geschlossenen Wirkungskreislauf geprägt. Hier müssen *alle* relevanten *physikalischen Phänomene* von *allen* beteiligten *Systemkomponenten* auf einer gemeinsamen abstrakten Modellebene behandelt werden. Das rückgekoppelte Zusammenwirken aller Systemkomponenten kann damit auf die Betrachtungsebene eines *Regelkreises* zurückgeführt werden und mit bekannten Methoden der Regelungstheorie analysiert und gezielt gestaltet werden. In diesem Sinne spielt die Regelungstechnik für den Systementwurf eine zentrale Rolle: *„Mechatronics is much more than control, but there is no Mechatronics without control"*.

Inhalt Kapitel 10   In diesem Kapitel werden spezielle regelungstechnische Aspekte behandelt, die für den Entwurf mechatronischer Systeme von besonderer Relevanz sind und die in dieser thematischen Zusammenstellung nicht in der Standardliteratur zu finden sind. Bezogen auf die hier behandelte Modellklasse – *lineare Modelle im Frequenzbereich* – ist speziell das Verhalten von schwach gedämpften, elastisch gekoppelten *Mehrkörpersystemen* prägend für die Entwurfsproblematik. Beginnend mit einführenden Betrachtungen zu einer *Regelkreisstruktur* mit *zwei Entwurfsfreiheitsgraden* werden im Anschluss die bestimmenden *Modellierungsunbestimmtheiten* diskutiert. Zur Beurteilung von *robusten Stabilitätseigenschaften* wird das NYQUIST-Kriterium in der sonst wenig beachteten *Schnittpunkt-/ Frequenzkennlinienform* eingeführt. Zusammen mit der Darstellung des Frequenzganges im NICHOLS-*Diagramm* steht damit *das* fundamentale Werkzeug für einen transparenten und manuell durchführbaren Reglerentwurf zur Verfügung. Auf dieser Basis werden *robuste* und verallgemeinerbare *Regelungsstrategien* für spezielle Systemklassen vorgestellt: *Einmassenschwinger, kollokierte* und *nichtkollokierte Mehrkörpersysteme* sowie *aktive Schwingungsisolation*. Eine Sonderbetrachtung erfahren auch *Beobachtbarkeits- und Steuerbarkeitsprobleme* bei einer *Regelung in Relativkoordinaten* und wenn Mess- und Stellort in *Schwingungsknoten* platziert werden. Abschließend werden spezielle Probleme behandelt, die im Rahmen der Realisierung einer *digitalen Regelung* bei Mehrkörpersystemen auftreten können. ∎

10.1 Systemtechnische Einordnung

Robustheitsanforderungen Die übergeordnete Produktaufgabe eines mechatronischen Systems besteht in der Realisierung eines gezielten Bewegungsverhaltens unter wechselnden oder unbestimmten Betriebs- und Umweltbedingungen. Diese Aufgabe lässt sich in der Regel nur mittels einer geschlossenen Wirkungskette, eines Regelkreises, zufrieden stellend lösen. Die wichtige Rolle der Regelungstechnik im Rahmen des Systementwurfes wurde bereits eingangs angesprochen: *"Mechatronics is much more than control, but there is no Mechatronics without control"* (Janschek 2008).

Dabei stehen die folgenden Hauptaufgaben im Mittelpunkt der Entwurfsüberlegungen:

- *Robuste Stabilität* bei Parameterunbestimmtheiten und –variationen
- *Störungsunterdrückung* bezüglich unerwünschter Störeinflüsse
- *Führungsverhalten* bezüglich gewünschter Bewegungsvorgaben.

Die Frage der Stabilität des rückgekoppelten Gesamtsystems ist in diesem Kontext eine fundamentale und notwendige Voraussetzung für die nach außen deutlicher sichtbaren dynamischen Eigenschaften Führungsverhalten und Störunterdrückung (transientes und stationäres Verhalten).

Mechatronische Fragestellungen Im Grunde geht es hier um Fragen des *robusten Regelkreisentwurfes*. Dazu wurden in den letzten Dekaden innerhalb der regelungstechnischen Fachgemeinschaft zahlreiche Ansätze entwickelt und erfolgreich in unterschiedlichsten industriellen Anwendungen eingesetzt (Åström 2000), (Zhou u. Doyle 1998).

Für die hier interessierenden mechatronischen Systeme ergeben sich im Rahmen des Systementwurfes folgende Anforderungen an gut *handhabbare* Verfahren für den Regelkreisentwurf:

1. transparente Verhaltensaussagen bezüglich *Mehrkörpersystem- (MKS-) Eigenschaften* (Resonanzen, Antiresonanzen, Kollokation, Unbestimmtheiten bezüglich Dämpfungen, Eigenfrequenzen)
2. transparente Verhaltensaussagen bezüglich *parasitären Dynamikeigenschaften* (Laufzeiten, Verzögerungen) aller relevanter Systemkomponenten (Sensoren, Aktuatoren, Informationsverarbeitung)
3. praktikable Handhabung von *höheren Systemordnungen* (MKS mit mehreren Eigenfrequenzen plus parasitäre Dynamik)

4. transparente Berücksichtigung von Verhaltenseigenschaften der digitalen Informationsverarbeitung bzw. *digitalen Regelung*
5. Möglichkeit einer transparenten, *manuellen Reglerparametrierung*, um die analytischen Zusammenhänge mit physikalischen Systemparametern der Kap. 4 bis 9 explizit und gezielt berücksichtigen zu können
6. leichte Nutzung von *experimentell* ermittelten *Regelstreckenmodellen* (speziell Mehrkörpersystemeigenschaften).

10.2 Allgemeine Entwurfsüberlegungen

Entwurfsmethoden Für den Regelkreisentwurf, auch speziell unter dem Aspekt der *Robustheit* bezüglich Unbestimmtheiten (engl. *uncertainties*), stehen heute eine große Zahl an mächtigen Methoden und Verfahren, zum Teil auch rechnerunterstützt, zur Verfügung. Ein sehr schön aufbereiteter Überblick findet sich in (Åström 2000), für eine gut lesbare und tiefer gehende Einführung sei auf (Åström u. Murray 2008) und für eine detaillierte mathematische Beschreibung der gängigen Methoden und Verfahren sei auf (Zhou u. Doyle 1998), (Weinmann 1991) verwiesen, z.B. bekannte Schlagwörter wie μ-*Synthese*, $\mathcal{H}_2$ *Optimale Regelung*, $\mathcal{H}_\infty$ *Regelung*.

Diese Methoden werden im Rahmen dieses Buches allerdings aus den folgenden Gründen nicht vertieft. Sie erfordern zum Verständnis und zum Gebrauch einen größeren mathematischen Unterbau, der vom Leser nicht unbedingt vorausgesetzt werden kann und aus Platzgründen im Rahmen dieses Buches nicht zu leisten ist. Diese Methoden können bei einigermaßen realistischen Systemordnungen eigentlich nur rechnergestützt[1] eingesetzt werden. Dies bedeutet jedoch einen Verlust an Modelltransparenz (s. obige Anforderungen), was für die Intensionen des Systementwurfes, speziell für orientierende Untersuchungen, etwas nachteilig ist.

Um diese nachteiligen Aspekte zu vermeiden, wird im Folgenden ein Regelkreisentwurf im *Frequenzbereich* auf der Basis des *Frequenzganges* dargestellt. Damit lassen sich alle oben genannten Anforderungen sehr gut erfüllen und die benötigten mathematischen und systemtheoretischen Grundlagen dürfen beim Leser als bekannt vorausgesetzt werden. Einzig für die Handhabung der MKS-Eigenschaften mit schwach gedämpften Ei-

---

[1] MATLAB bietet dazu beispielsweise hervorragende Toolboxen.

genmoden ist eine Erweiterung gegenüber der üblichen Frequenzgangsdarstellung vorzunehmen (s. Abschn. 10.4):

- das ansonsten selten verwendete NICHOLS-Diagramm (Gain-Phase-Plot) wird als komplementäre Ergänzung zu den BODE-Diagrammen (logarithmische Frequenzkennlinien) eingeführt
- das NYQUIST-Kriterium wird in der selten verwendeten Schnittpunktform eingeführt.

Es wird sich zeigen, dass mit diesen zusätzlichen Darstellungsformen ein transparenter, manueller Regelkreisentwurf möglich ist, der wichtige Robustheitseigenschaften (MKS-Eigenfrequenzen und -Dämpfungen) anschaulich berücksichtigt. Damit können im Rahmen des Systementwurfes prinzipielle Reglerkonfigurationen festgelegt werden und Machbarkeitsaussagen gewonnen werden. Die so gefundenen Reglermodelle dienen dann für den regelungstechnischen Feinentwurf unter Nutzung der oben angeführten speziellen Entwurfsmethoden als brauchbare (engl. *feasible*) Startlösungen.

Regelkreiskonfiguration – Entwurfsfreiheitsgrade Es zeigt sich, dass die eingangs aufgeführten drei Hauptaufgaben robuste Stabilität, Störungsunterdrückung und Führungsverhalten nicht vollständig unabhängig voneinander gelöst werden können. Im Folgenden soll eine in der Praxis bewährte und vom Entwurfsvorgehen her gut handhabbare *Regelkreiskonfiguration* mit *zwei Freiheitsgraden* (im Sinne von *Entwurfsfreiheitsgraden*) als Grundlage für die weiteren Betrachtungen dienen (Abb. 10.1). Die beiden Entwurfsfreiheitsgrade können durch folgende sequenzielle Entwurfsschritte veranschaulicht werden:

- In einem *ersten Entwurfsschritt* werden mit Hilfe des *Regelalgorithmus* in der Rückführschleife, hier linearer Regler mit der Übertragungsfunktion $H(s)$, die beiden Aufgaben der robusten Stabilität und Störunterdrückung gelöst (allerdings nur mit gewissen wechselseitigen Kompromissen).
- In einem *zweiten Entwurfsschritt* kann dann auf der Basis für des geschlossenen Regelkreises das Führungsverhalten mit einer speziellen Aufbereitung der Führungsgrößen über *Filteralgorithmen*, hier lineare Filter $F(s)$, $A(s)$, in gewünschter Weise korrigiert werden.

Die *Entwurfsaufgabe* besteht also für die hier gezeigte Anordnung im Finden geeigneter *Strukturen* und *Parameter* für die dynamischen Übertragungssysteme $H(s)$, $F(s)$ bzw. $A(s)$.

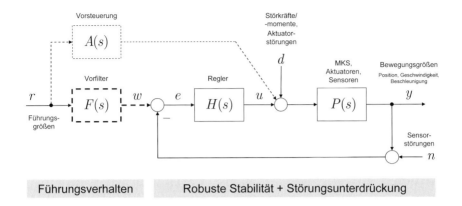

Abb. 10.1. Standardregelkreis mit zwei Entwurfsfreiheitsgraden (Regler, Vorfilter bzw. Vorsteuerung)

Regelkreis mit 2 Freiheitsgraden Die in Abb. 10.1 gezeigte Regelkreiskonfiguration besitzt zwei im Entwurf frei wählbare Korrektureinrichtungen, den eigentlichen *Regler* mit der Übertragungsfunktion $H(s)$ und ein *Vorfilter* mit der Übertragungsfunktion $F(s)$. Die als vorgegeben betrachtete Regelstrecke $P(s)$ beinhaltet die mechatronischen Systemkomponenten mechanische Struktur (Mehrkörpersystem – MKS), Aktuator- und Sensordynamik. Als Eingangsgrößen werden *Führungsgrößen* $r(t)$, *Störkräfte/ -momente* und *Aktuatorstörungen* $d(t)$ am Streckeneingang, sowie *Messstörungen* $n(t)$ im Rückführpfad betrachtet.

Entwurfsrelevante Systemübertragungsfunktionen Die für den Entwurf wichtigen Systemeigenschaften lassen sich in den folgenden Übertragungsfunktionen abbilden.

Kreisübertragungsfunktion, offener Kreis $L(s) := H(s)\,P(s)$ $\qquad$ (10.1)

Empfindlichkeit $\qquad\qquad\qquad\qquad S(s) := \dfrac{1}{1 + L(s)}$ $\qquad$ (10.2)

Komplementäre Empfindlichkeit $T(s) := \dfrac{L(s)}{1 + L(s)}$ $\qquad$ (10.3)

Führungsübertragung $T_r(s) := \dfrac{Y(s)}{R(s)} = \dfrac{F(s)\,L(s)}{1+L(s)} = F(s)\,T(s)$

$$\tilde{T}_r(s) := \frac{Y(s)}{R(s)} = \frac{A(s)\,P(s)+L(s)}{1+L(s)} = \left(\frac{A(s)}{H(s)}+1\right)T(s) \qquad (10.4)$$

Eingangsstörunterdrückung

$$T_d(s) := \frac{Y(s)}{D(s)} = \frac{P(s)}{1+L(s)} = P(s)\,S(s) \qquad (10.5)$$

Messstörunterdrückung $T_n(s) := \dfrac{Y(s)}{N(s)} = \dfrac{L(s)}{1+L(s)} = T(s)$ $\qquad (10.6)$

Stellgrößendurchgriff

$$T_{u,r}(s) := \frac{U(s)}{R(s)} = \frac{F(s)\,H(s)}{1+L(s)}$$

$$T_{u,n}(s) := \frac{U(s)}{N(s)} = \frac{H(s)}{1+L(s)} \qquad (10.7)$$

$$T_{u,d}(s) := \frac{U(s)}{D(s)} = \frac{L(s)}{1+L(s)} = T(s)$$

Einordnung der Regelkreiskonfiguration Die Grundidee der Regel-kreiskonfiguration aus Abb. 10.1 ist leicht nachvollziehbar: eine Arbeitsteilung zwischen (i) *Regelung* (geschlossene Wirkungskette) zur Bekämpfung der als nicht beeinflussbar angesehenen Parameterunbestimmtheiten und exogenen Störgrößen und (ii) *Steuerung* (offene Wirkungskette) für die Umsetzung der technisch beeinflussbaren Führungsgrößen.

In (Reinschke u. Lindert 2006) wird ein schöner historischer Überblick über Zwei-Freiheitsgrad-Strukturen gegeben, die bis (Graham 1946) zurückreichen und sich bis heute in vielen Varianten erfolgreich etabliert haben, z.B. (Reinschke 2006), (Hagenmeyer u. Zeitz 2004), (Kreisselmeier 1999).

Die hier betrachtete Konfiguration (Abb. 10.1) stellt keine Einschränkung der Allgemeinheit dar, vielmehr gilt, s. (Horowitz 1963): *"Some*

*structures have been presented as fundamentally different from the others.
It has been suggested that they have virtues not possessed by others, and
have been given special names ... all 2DOF configurations have basically
the same properties and potentials ....".*

Vorfilter vs. Vorsteuerung   Für den Steuerungsteil sind in Abb. 10.1
zwei mögliche Realisierungsvarianten skizziert: ein *Vorfilter* $F(s)$ und eine *Vorsteuerung* $A(s)$. Systemtheoretisch sind beide tatsächlich äquivalent, wie man aus dem Vergleich von $T_r(s)$ und $\tilde{T}_r(s)$ aus Gl. (10.4) erkennt: für

$$F(s) = \frac{A(s)}{H(s)} + 1 \qquad (10.8)$$

ergibt sich ein identisches Führungsverhalten.

Unterschiede ergeben sich lediglich in der Auslegung und in der Realisierung. Für die *Vorsteuerung* $A(s)$ ist ein Eingriff am Eingang der Stelleinrichtung (Aktuator) bzw. am Reglerausgang $H(s)$ nötig, wogegen das
Vorfilter $F(s)$ eine Sollwertverformung realisiert. Beide Maßnahmen sind
gleichermaßen leicht umzusetzen.

Bezüglich der Auslegung ist die *Vorsteuerungsvariante* etwas populärer,
weil konzeptionell leichter umzusetzen. Für ein möglichst *ideales* Führungsverhalten $\tilde{T}_r(s) = 1$ ist unabhängig von den dynamischen Eigenschaften der Rückkopplungsschleife (unabhängig von $L(s) = H(s)\,P(s)$)
einfach

$$A(s) = \frac{1}{P(s)} \qquad (10.9)$$

zu wählen. Realisierungstechnisch besteht allerdings das Problem, dass bei
Tiefpassverhalten von $P(s)$ für $A(s)$ eine nicht propere Übertragungsfunktion (Zählergrad > Nennergrad) entsteht. Die ideale Entwurfsbedingung kann deshalb nur in einem endlichen Frequenzbereich realisiert werden. In speziellen Fällen lässt sich die Bedingung (10.9) jedoch bei
hinreichend guter Modellkenntnis über einen Sollwertgenerator realisieren,
z.B. Robotersteuerungen (Sciavicco u. Siciliano 2000) und flachheitsba-
sierte Regelungsansätze (Rudolph 2003).

Für die hier im Mittelpunkt stehenden *MKS-Regelstrecken* mit unbestimmten Eigenmoden und Strukturdämpfungen verliert der Ansatz nach
Gl. (10.9) allerdings viel von seiner Attraktivität. Es zeigt sich, dass sich
eine nicht exakte Kompensation von $P(s)$ durch $A(s)$ auf das Führungs-

verhalten $\tilde{T}_r(s)$ empfindlicher auswirkt, als bei der Vorfiltervariante[2]. Wie aus Gl. (10.4) ersichtlich, müssen mit $F(s)$ lediglich „Unebenheiten" von $T_r(j\omega)$ im interessierenden Arbeitsfrequenzbereich kompensiert werden. Dabei ist günstig zu berücksichtigen, dass durch die Rückkopplung in $T(s)$ bereits Parametervariationen von $P(s)$ unterdrückt bzw. reduziert werden.

Aus diesen Gründen wird in den folgenden Betrachtungen die *Vorfiltervariante* als *Entwurfsbasis* verwendet (dick gestrichelter Zweig mit $F(s)$ in Abb. 10.1). Aufgrund der Äquivalenzbeziehung (10.8) kann natürlich auch jederzeit auf die Vorsteuerungsvariante bzw. vice versa umgerechnet werden.

Separation der Entwurfsaufgaben Die Systemübertragungsfunktionen zeigen sehr deutlich die eingangs erwähnte Separation der Entwurfsaufgabe. Mit dem *Regler* $H(s)$ sind das Störverhalten (10.5), (10.6) und die Stabilität (gleiche Nennerpolynome in allen rückgekoppelten Übertragungsfunktionen) beeinflussbar, allerdings nicht unabhängig voneinander. Mit dem *Vorfilter* $F(s)$ ist das Führungsverhalten (10.4) in gewissen Grenzen unabhängig einstellbar. Entscheidende Entwurfskompromisse hat man also in erster Linie bezüglich der *eingangsgrößen*abhängigen Störunterdrückung $(d(t), n(t))$ und der *parameter*abhängigen Stabilität einzugehen.

Systemtheoretische Entwurfseinschränkungen Die fundamentale Rolle der in Gln. (10.2) und (10.3) eingeführten Empfindlichkeit und komplementären Empfindlichkeit für ein rückgekoppeltes System ist in den Übertragungsfunktionen (10.5), (10.6) der Störungsunterdrückung ersichtlich. Im Idealfall sichern $S(j\omega) = 0$ bzw. $T(j\omega) = 0$ für die Regelgröße $y(t)$ eine vollständige Unterdrückung der unerwünschten Störgrößen $d(t)$ und $n(t)$. Realistischerweise wird man sich mit hinreichend kleinen Werten $|S(j\omega)| \ll 1$ bzw. $|T(j\omega)| \ll 1$ in einem möglichst weiten Frequenzbereich zufriedengeben müssen. Leider lassen sich jedoch $S(j\omega)$ und $T(j\omega)$ nicht unabhängig voneinander und schon gar nicht simultan beliebig klein halten. Wie leicht nachzuprüfen ist, gilt allgemein

---

[2] Verschiebungen von schwach gedämpften Eigenfrequenzen haben drastische Auswirkungen auf den Frequenzgang, nicht zu vergleichen mit Parametervariationen von üblicherweise betrachteten Tiefpassregelstrecken.

$$S(s) + T(s) = 1\,,$$

d.h. $S(j\omega)$ und $T(j\omega)$ können prinzipiell nur in komplementären Frequenzbereichen klein gehalten werden. Damit sind Eingangsstörungen und Messstörungen ebenfall nur in komplementären Frequenzbereichen unterdrückbar. Ebenso können $S(j\omega)$ und $T(j\omega)$ überhaupt nur in einem begrenzten Frequenzbereich klein gehalten werden, da nach dem *Gleichgewichtstheorem* (auch: *BODE-Integrale*) für ein $L(s)$ mit einem Polüberschuss[3] ≥ 2 gilt:

$$\int_0^\infty \log\left|S\left(j\omega\right)\right| d\omega = \pi \sum p_k\,, \quad \int_0^\infty \frac{\log\left|T\left(j\omega\right)\right|}{\omega^2}\, d\omega = \pi \sum \frac{1}{z_i}\,, \quad (10.10)$$

mit $p_k\ldots$ Pole und $z_k\ldots$ Nullstellen von $L(s)$ in der rechten Halbebene (Åström u. Murray 2008). Betragsmäßig kleine Empfindlichkeiten in einem Frequenzbereich bedingen also prinzipiell eine betragsmäßige Erhöhung in einem anderen Frequenzbereich („Wasserbetteffekt").

Zusätzliche Entwurfseinschränkungen an $H(s)$ existieren natürlich durch die geforderte Stabilität des geschlossenen Kreises, hierzu sei auf den Abschn. 10.4 verwiesen.

Realisierungsbedingte Entwurfseinschränkungen Bis dato wurden ausschließlich exogene Systemgrößen (Eingänge, Ausgänge) betrachtet. Wichtige Realisierungseinschränkungen resultieren aus gerätetechnischen Beschränkungen innerer Systemgrößen. Hier sei in erster Linie die Stellgröße $u(t)$ genannt, d.h. Beschränkungen der durch die Aktuatoren realisierbaren Stellkräfte/ -momente. Dieser Einfluss ist den verschiedenen Übertragungsfunktionen zum *Stellgrößendurchgriff* Gl. (10.7) für die jeweiligen Eingangsgrößen abgebildet. Allgemein wird man eine Beschränktheit der Beträge dieser Übertragungsfunktionen fordern.

Schlüsselrolle der Kreisübertragungsfunktion Alle eingeführten Systemübertragungsfunktionen hängen in fundamentaler Weise von der Kreisübertragungsfunktion $L(s) := H(s)\,P(s)$ nach Gl. (10.1) ab. Die Reglerübertragungsfunktion $H(s)$ tritt für das Übertragungsverhalten zwischen exogenen Größen explizit nicht mehr in Erscheinung, sondern nur

---

[3] Dies ist gleichbedeutend mit der Forderung $\lim_{s\to\infty} sL(s) = 0$. Für eine streng propere Kreisübertragungsfunktion $L(s)$ mit relativem Grad ≥ 1 ist die Formel (10.10) geringfügig zu erweitern, s. (Reinschke 2006).

noch über das Produkt mit der Streckenübertragungsfunktion $P(s)$. Damit lassen sich viele weitere Entwurfsbetrachtungen verallgemeinert ohne spezielle Kenntnis der Regelstrecke führen. Im Folgenden werden dazu mit Vorteil die Frequenzgänge der entsprechenden Übertragungsfunktionen betrachtet.

Generell lassen sich Frequenzbereiche mit großem und kleinem $|L(j\omega)|$ unterscheiden und daraus anschauliche Näherungsbetrachtungen für die Systemübertragungsfunktionen ableiten (s. Tabelle 10.1). Aufgrund von systemtheoretisch bedingten Stabilitätsproblemen und physikalischen Eigenschaften (Tiefpassverhalten) kann man bei Regelstrecken mit Tiefpasscharakter diese Bereiche wiederum niederen Frequenzen (= großer Betrag $|L(j\omega)|$) bzw. großen Frequenzen (= kleiner Betrag $|L(j\omega)|$) zuordnen.

Tabelle 10.1. Systemeigenschaften für betragsmäßig große/kleine Werte der Kreisübertragungsfunktion (schraffierte Bereiche bedeuten positive Beeinflussbarkeit durch Regler $H(s)$ bzw. Vorfilter $F(s)$)

	$|L(j\omega)| \gg 1$	$|L(j\omega)| \ll 1$
$|S(j\omega)|$	$1/|L(j\omega)| \approx 0$	≈ 1
$|T(j\omega)|, |T_n(j\omega)|, |T_{u,d}(j\omega)|$	≈ 1	$|L(j\omega)| \approx 0$
$|T_r(j\omega)|$	$|F(j\omega)|$	$|F(j\omega)| \cdot |L(j\omega)|$
$|T_d(j\omega)|$	$|P(j\omega)|/|L(j\omega)| = 1/|H(j\omega)|$	$|P(j\omega)|$
$|T_{u,r}(j\omega)|$	$|F(j\omega)|/|P(j\omega)|$	$|F(j\omega)| \cdot |H(j\omega)|$
$|T_{u,n}(j\omega)|$	$1/|P(j\omega)|$	$|H(j\omega)|$

Allgemeine Entwurfsregeln Aus Tabelle 10.1 ist deutlich der bereits angesprochene komplementäre Charakter der Systemeigenschaften erkennbar und es können folgende allgemein gültige *Entwurfsregeln* abgeleitet werden:

- Ein *großer Betrag* $|L(j\omega)|$ sichert automatisch eine kleine Empfindlichkeit und gutes Führungsverhalten ➜ für niedere Frequenzen durch I-Anteil in Strecke oder Regler realisierbar bzw. frequenzselektive große Reglerverstärkung.

- Ein *großer Betrag* $|L(j\omega)|$ bedingt eine große komplementäre Empfindlichkeit und damit eine schlechte Unterdrückung von Messstörungen; niederfrequente Messstörungen sind in der Regel nur durch frequenzselektive (komplexe) Reglernullstellen unterdrückbar (s. dazu aber nächsten Punkt).

- Für eine gute Unterdrückung von Eingangsstörungen ist ein großer Betrag $|L(j\omega)|$ bei *gleichzeitig* großem Betrag $|H(j\omega)|$ des Reglerfrequenzganges nötig ➜ Kompensationsregler mit frequenzselektiver kleiner Reglerverstärkung (komplexe Reglernullstellen) sind also in dieser Hinsicht kontraproduktiv und deshalb zu vermeiden.

- Ein *kleiner Betrag* $|L(j\omega)|$ sichert eine kleine komplementäre Empfindlichkeit und damit eine gute Unterdrückung von Messstörungen ➜ Reglerverstärkung nur so groß wie nötig machen, in jedem Fall ist Tiefpassverhalten bei hohen Frequenzen zu realisieren (Nennergrad $H(s)$ größer Zählergrad $H(s)$).

- Unzulänglichkeiten (Kompromisse) des geschlossenen Kreises können für das Führungsverhalten durch das Vorfilter $F(s)$ ausgeglichen werden, sodass gilt $F(j\omega)\cdot T(j\omega)=1$ bzw. $F(j\omega)=1/T(j\omega)$. Allerdings ist dabei speziell bei höheren Frequenzen zu beachten, dass $|F(j\omega)|\cdot|H(j\omega)|$ hinreichend klein bleibt, um eine Stellgliedsättigung zu vermeiden ➜ Tiefpassverhalten bei hohen Frequenzen für $F(s)$ und $H(s)$.

Besonderheiten bei Mehrkörpersystemen Bei mechatronischen Systemen ergeben sich speziell durch elastische Kopplungen der mechanischen Struktur (MKS – Mehrkörpersystem) einige besondere Probleme im Vergleich zu Regelstrecken mit ausgeprägtem Tiefpasscharakter. Dazu sei als illustratives Beispiel ein *schwach gedämpfter Einmassenschwinger* betrachtet (Abb. 10.2 a). Um sich vorerst von eventuellen Stabilitätsproblemen zu befreien (eine detaillierte Behandlung der robusten Stabilität erfolgt in Abschn. 10.4 und 10.5), seien *ideale* Aktuatoren und Sensoren ohne zusätzliche parasitäre Dynamik angenommen.

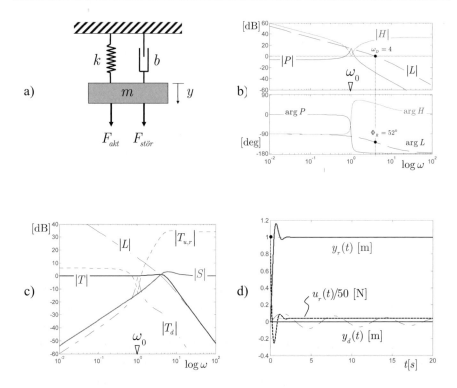

Abb. 10.2. Positionsregelung eines schwach gedämpften Einmassenschwingers mit einem PID Kompensationsregler: a) mechanisches Ersatzmodell, b) Frequenzgänge des offenen Kreises, c) Frequenzgänge des geschlossenen Kreises, d) Sprungantworten des geschlossenen Kreises bezüglich Führungsgrößen und Störkräften

Als Regeleinrichtung betrachte man einen realen *PID-Regler* $H(s)$ (s. Abschn. 10.5.2). Der Regler sei aus durchaus plausiblen Gründen als *Kompensationsregler* parametriert, d.h. die mechanische Eigenfrequenz ω_0 wird mit dem Reglerzähler kompensiert. Dabei ist idealisierend angenommen, dass die mechanischen Parameter exakt bekannt seien. Auf ein Vorfilter wird hier verzichtet. Damit erhält man die folgenden elementaren Systemübertragungsfunktionen

$$P(s) = V_P \, \frac{1}{1 + 2d_0 \, \dfrac{s}{\omega_0} + \dfrac{s^2}{\omega_0^{\,2}}}, \quad \omega_0 := \sqrt{\frac{k}{m}}, \quad d_0 := \frac{b}{2}\sqrt{\frac{1}{mk}} \qquad (10.11)$$

$$H(s) = V_H \frac{1 + 2d_Z \dfrac{s}{\omega_Z} + \dfrac{s^2}{\omega_Z{}^2}}{s\left(1 + \dfrac{s}{\omega_N}\right)}, \qquad d_Z = d_0, \ \omega_Z = \omega_0, \ \omega_N = 5\omega_0,$$

womit alle relevanten Übertragungsfunktionen des geschlossenen Kreises bei positiver Reglerverstärkung V_H inhärent stabil sind (alle Übertragungsfunktionen sind durchwegs proper, sie besitzen ein gemeinsames Nennerpolynom 2. Ordnung mit positiven Koeffizienten).

Die resultierenden Frequenzgänge sind in Abb. 10.2b,c dargestellt, die zugehörigen Sprungantworten des geschlossene Kreises sind in Abb. 10.2d zu sehen.

Führungsverhalten Man erkennt ein durchaus zufriedenstellendes Führungsverhalten: glatter Frequenzgang $\left|T(j\omega)\right| \approx 0\mathrm{dB}$ in einem weiten Frequenzbereich und eine gut gedämpfte Sprungantwort $y_r(t)$ konsistent mit Durchtrittsfrequenz ω_D und Phasenreserve Φ_R; die mechanische Resonanz ω_0 ist weder in den Frequenzgängen $L(j\omega)$, $T(j\omega)$ noch in der Führungssprungantwort $y_r(t)$ sichtbar. Der PID-Kompensationsregler ist also ein „perfekter" Regler? Mitnichten, diese Frage muss leider mit „Nein" beantwortet werden, wie nachfolgend gezeigt wird.

Störverhalten Das *Störverhalten* bezüglich Störungen am Streckeneingang ist absolut unbefriedigend. Durch Störkräfte angeregte Eigenschwingungen ω_0 werden durch den Regler $H(s)$ nicht aktiv bedämpft und klingen nur mit der inhärenten mechanischen Dämpfung ab (s. $y_d(t)$ in Abb. 10.2d). Der Regler besitzt ja gerade bei der Eigenfrequenz ω_0 eine komplexe Nullstelle mit einem „Verstärkungsloch" und blendet dieses Frequenzband des Rückkopplungssignals aus, der Regler ist für dieses Frequenzband also wirkungslos und blind. Für Führungsgrößen wirkt dieses Verstärkungsloch hingegen als Bandfilter im Vorwärtszweig, die Eigenfrequenz ω_0 wird aus dem Führungssignal herausgefiltert und kann deshalb die Eigenschwingung überhaupt nicht anregen. Das Resonanzverhalten bezüglich der Störkräfte ist auch schön am Störfrequenzgang $T_d(j\omega)$ erkennbar (Abb.10.2c).

Stellgrößenverhalten Ein weiteres Manko des vorliegenden PID-Kompensationsreglers ist das resultierende Stellgrößenverhalten. Bedingt durch die (sehr große) endliche Verstärkung des PID-Reglers $H(s)$ bei hohen Frequenzen (Zählergrad gleich Nennergrad) erkennt man aus dem Stellgrößendurchgriff $T_{u,r}(j\omega)$ der Führungsgröße, dass bei hohen Frequenzanteilen der Führungsgröße große Stellamplituden resultieren (Abb. 10.2c). Man vergleiche dazu auch den Stellgrößenverlauf $u_r(t)$ für einen Führungssprung (Abb. 10.2d). Das gleiche Übertragungsverhalten gilt im Übrigen auch für den Stellgrößendurchgriff von Messstörungen (s. Gl. (10.7)), d.h. hochfrequente Messstörungen können das Stellglied unangemessen beanspruchen und zu einem unnötigen „Flattern" führen.

Herausforderungen für den MKS-Reglerentwurf Dieses elementare Einführungsbeispiel des denkbar einfachsten geregelten Mehrkörpersystems hat bereits wichtige Unterschiede zu gängigen Entwurfsstrategien bei Regelstrecken mit Tiefpassverhalten aufgezeigt. Die üblichen Kompensationsansätze sind hier absolut unbrauchbar. Zudem muss realistischerweise mit *Parameterunbestimmtheiten* speziell der mechanischen Parameter Massen, Steifigkeiten, Strukturdämpfungen gerechnet werden, viele dieser Parameter sind entweder nur unzureichend bestimmbar oder sie sind zeitlichen Veränderungen unterworfen. Neben der Berücksichtigung des realen (parasitären) dynamischen Verhaltens von Mess- und Stellgliedern sind auch gezielt eingesetzte Tiefpassglieder im Rückführzweig zur Störgrößenunterdrückung bei hohen Frequenzen zu berücksichtigen. Zusätzliche unerwünschte dynamische Einflüsse entstehen durch die Verwendung digitaler Regelungskonzepte (Abtastung, Aliasing). Mit einer unbedingt erforderlichen Berücksichtigung von zusätzlicher parasitärer Dynamik im Regelkreis steht aber auch sofort das Stabilitätsproblem im Mittelpunkt des Entwurfsgeschehens. Diese Aufgabe wird vor allem dadurch erschwert, dass neben den bereits erwähnten Systemeigenschaften *Parameterunbestimmtheiten* und *parasitäre Dynamik* speziell die *hohe Systemordnung* des Mehrkörpersystems eine robuste und umfassende Stabilitätsbetrachtung notwendig macht. Entwurfslösungen ohne Berücksichtigung dieser speziellen Eigenschaften sind an einem realen mechatronischen System von vorneweg zum Scheitern verurteilt und dienen maximal als akademische Lehrbeispiele.

Transparenter manueller Reglerentwurf Die folgenden Kapitel versuchen, für alle angesprochenen Herausforderungen praktikable Strategien und Lösungsansätze für einen transparenten und weitgehend manuellen Reglerentwurf anzubieten. Mit den so gefundenen Reglern können bei hinreichend repräsentativen Entwurfsmodellen bereits zu einem frühen Zeitpunkt im Entwurfsprozess das erzielbare Systemverhalten und Implikationen auf beteiligte Systemkomponenten abgeschätzt werden. Die gefundenen Reglerstrukturen (in der Regel niederer Ordnung) und die zugehörigen Reglerparameter dienen als eine gute Basis (Startwerte) für weitergehende detaillierte Analysen und gegebenenfalls aufwändigere, rechnerunterstützte Reglerentwurfs- und Optimierungsverfahren.

10.3 Modellierungsunbestimmtheiten

10.3.1 MKS-Parameterunbestimmtheiten

Unbestimmte Systemparameter Elastische Mehrkörpersysteme mit konzentrierten Elementen werden neben ihren strukturellen Eigenschaften (Topologie des mechanischen Systems) durch die Modellparameter *Masse* m_i, *Steifigkeiten* k_i und *Dämpfungen* b_i der Einzelelemente charakterisiert (Abb. 10.3). Diese Modellgrößen lassen sich einerseits nur mit Einschränkungen hinreichend genau bestimmen, andererseits ändern sie sich während des Betriebs aufgrund von Umgebungseinflüssen (Temperatur, Feuchtigkeit, ...), Alterung oder durch veränderliche Betriebsbedingungen. Im Sinne der Entwurfsaufgabe sind diese schlecht determinierten Materialeigenschaften also als *unbestimmte Systemparameter* zu interpretieren. Für den Reglerentwurf interessiert in erster Linie das Übertragungsverhalten zwischen verschiedenen Eingangs- und Ausgangsgrößen, beschrieben durch Übertragungsfunktionen der Form

$$P_{MKS}(s) = V_{MKS}\,\frac{\displaystyle\prod_{j=1}^{M}\left\{d_{z,j};\omega_{z,j}\right\}}{\displaystyle\prod_{k=1}^{N}\left\{d_{p,k};\omega_{p,k}\right\}}, \tag{10.12}$$

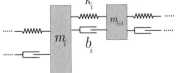

Abb. 10.3. Typische MKS-Struktur mit konzentrierten mechanischen Elementen

wobei die Parameter von $P_{MKS}(s)$ wiederum komplizierte Funktionen der MKS-Parameter sind, d.h.

$$V_{MKS} = V_{MKS}(m_i, k_i)$$

$$d_{z,j} = d_{z,j}(m_i, k_i, b_i), \quad d_{p,k} = d_{p,k}(m_i, k_i, b_i)$$

$$\omega_{z,j} = \omega_{z,j}(m_i, k_i, b_i), \quad \omega_{p,k} = \omega_{p,k}(m_i, k_i, b_i) .$$

Generell gilt für die *MKS-Frequenzen* $\omega_{p,k}, \omega_{z,j}$ der Zusammenhang

$$\omega_{p/z} \sim \sqrt{\frac{k^+}{m^+}} , \qquad (10.13)$$

wobei k^+, m^+ Linearkombinationen der Einzelelemente k_i, m_i darstellen. Je kleiner und leichter die beteiligten Masselelemente sind bzw. je steifer die elastischen Bindungen sind, desto größer sind die resultierenden MKS-Frequenzen.

Die *Dämpfungskonstanten* $d_{p,k}, d_{z,j}$ sind einerseits sehr schwierig zu bestimmen, andererseits variieren sie in einem weiten Bereich. Typische Werte sind für Stahl (Strukturen, Gelenke, Lager) $d \simeq 0.01...0.02$, für Leichtbaustrukturen (Verbundwerkstoffe) $d \simeq 0.001...0.005$ und für dissipative elastische Kopplungen $d \simeq 0.05...0.1...0.2$. Die sich daraus ergebenden tatsächlichen Betragsüberhöhungen der Frequenzgänge sind deshalb nur ungefähr abschätzbar. In jedem Falle gilt für die Dämpfungen $d_{p,k}, d_{z,j}$

$$\lim_{b_i \to 0} d_{p,k/z,j} = 0, \quad \forall i, j, k ,$$

sodass im Grenzfall *verschwindende* mechanische Dämpfungen $d = 0$ mit unendlich hohen Betragsüberhöhungen für *maximale Robustheit* berücksichtigt werden müssen.

Eine Übersicht der möglichen und in Betracht zu ziehenden Variationen der MKS-Frequenzgänge ist in Abb. 10.4 dargestellt.

10.3.2 Unmodellierte Eigenmoden

Hochfrequente Eigenmoden Im Allgemeinen werden sehr steife Verbindungselemente als ideal „starr" angenommen. Dies führt automatisch auf eine Reduktion der mechanischen Freiheitsgrade und damit zu einer Reduktion der Modellordnung und der Anzahl der Eigenmoden. Real liegen hier aber Eigenmoden mit sehr hohen Eigenfrequenzen entsprechend Gl. (10.13) vor. Bei FEM-Modellen sind Eigenmoden höherer Ordnung in der Regel durch kleine effektive Massen charakterisiert, wodurch sich ebenfalls hohe Eigenfrequenzen ergeben. In jedem Falle ist bei realen Systemen das strukturdynamische Verhalten bei hohen Frequenzen mit großen Unbestimmtheiten bezüglich Modellordnung und Modellparameter behaftet.

Modellreduktion – Vereinfachtes Entwurfsmodell Für den Reglerentwurf nutzt man vorteilhafter Weise ein MKS-Modell mit hinreichend niederer Ordnung, das *alle relevanten* Eigenschaften des realen Systems abbildet, man spricht von einer *Modellreduktion*. Die dazu bekannten Verfahren nutzen unterschiedliche Maßzahlen, um relevante und weniger relevante Eigenmoden zu identifizieren. Die resultierenden Entwurfsmodelle niederer Ordnung vernachlässigen also real existierende Eigenmoden, in der Regel treffen diese Vernachlässigungen die hochfrequenten Eigenmoden (Abb. 10.5).

Unmodellierte Eigenmoden – Spillover Die im Entwurfsmodell fehlenden (unmodellierten) Eigenmoden beeinflussen im realen System mit ihren dynamischen Eigenschaften natürlich das Stabilitätsverhalten des geschlossenen Regelkreises. Im ungünstigen Falle kann dies zu einem unerwünschten und gefährlichen instabilen Verhalten führen.

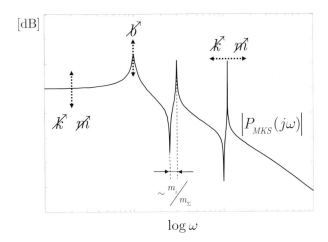

Abb. 10.4. Variationen von MKS-Frequenzgängen durch MKS-Parametervariationen

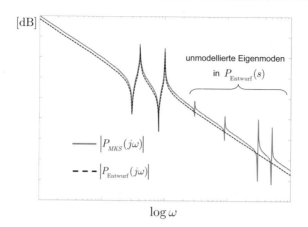

Abb. 10.5. MKS-Entwurfsmodell niederer Ordnung

Diese unerwünschte Interaktion der unmodellierten Eigenmoden in einer Regelschleife ist als *control spillover* bekannt (engl. *spillover* – Nebenwirkung, Überlauf). In diesem Sinne spricht man auch häufig von *Spillover-Eigenmoden*. Ein sinnvoller und realitätsbezogener Reglerentwurf muss also unbedingt diese unmodellierten Eigenmoden in geeigneter Form berücksichtigen, um mögliche Stabilitätsprobleme zu vermeiden.

10.3.3 Parasitäre Dynamik

Negative Phasendrehung   Mechatronische Systeme bestehen aus einer Vielzahl von Systemkomponenten, deren dynamisches Verhalten im Einzelnen oftmals nur sehr schwer oder mit ungerechtfertigtem Aufwand modellierbar ist. Besonders störend für das Stabilitätsverhalten des geschlossenen Regelkreises sind allerdings parasitäre dynamische Effekte durch negative Phasendrehungen aufgrund von Tiefpassverhalten und Laufzeiteffekten (Totzeiten). Besonders kritisch sind dabei die *Laufzeiteffekte*, modelliert durch ein Übertragungsglied

$$G(s) = e^{-\tau s},$$

da hier die negative Phasendrehung

$$\arg G(j\omega) = -\tau\omega \tag{10.14}$$

ohne eine gleichzeitige Betragsabsenkung wirkt, noch dazu linear ansteigend mit der Frequenz.

Damit sind besonders hochfrequente Eigenmoden (*spillover*) erstrangige Kandidaten für Stabilitätsprobleme. Ein sinnvoller und realitätsbezogener Reglerentwurf muss also auch unbedingt *parasitäre Laufzeiteffekte* in geeigneter Form berücksichtigen, um mögliche Stabilitätsprobleme zu vermeiden.

10.4 Robuste Stabilität für Mehrkörpersysteme

10.4.1 NYQUIST-Kriterium in Schnittpunktform

Geschlossener Regelkreis Die Beurteilung der Stabilität eines *geschlossenen* Regelkreises gemäß Abb. 10.6 lässt sich in bekannter und anschaulicher Weise mit Hilfe des NYQUIST-Kriteriums alleine aus der Kenntnis des Frequenzganges $L(j\omega)$ des *offenen* Kreises durchführen (Reinschke 2006), (Föllinger 1994), (Landgraf u. Schneider 1970).

Vorzüge des NYQUIST-Kriteriums Die hohe Attraktivität und Popularität dieses klassischen Stabilitätskriteriums resultiert aus mehreren Gründen. Der Frequenzgang des offenen Kreises (Kette: Regler–Stellglied–Regelstrecke–Messglieder) ist sowohl prinzipiell als auch praktisch leicht über analytische bzw. experimentelle Modellbildung ermittelbar. Ferner sind Änderungen in den Teilübertragungsfunktionen und ihre Auswirkungen auf den Frequenzgang des offenen Kreises mehr oder weniger gut sichtbar. In seiner allgemeinen Form gilt das NYQUIST-Kriterium auch für Systeme mit transzendenten Anteilen im Übertragungsverhalten und ist damit hervorragend für die Analyse von Systemen mit Laufzeitanteilen geeignet.

Grafische Interpretation Durch seine grafische Interpretation vermittelt das NYQUIST-Kriterium zudem für den Systementwurf einen sehr anschaulichen Zugang für ein umfassendes Systemverständnis. Für die praktische

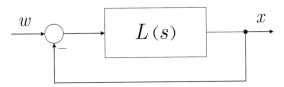

Abb. 10.6. Standardregelkreis für das NYQUIST-Kriterium

Handhabung ist allerdings eine geeignete und der betrachteten Problem-
klasse angepasste Darstellung und Interpretation des Frequenzganges von
großer Bedeutung.

Die allgemein verwendete Formulierung des Nyquist-Kriteriums über
die stetige *Winkeländerung* der Ortskurve $L(j\omega)$ lässt sich in völlig äquivalenter Form auch mittels spezieller *Schnittpunkte* der Ortskurve mit der
reellen Achse formulieren (Landgraf u. Schneider 1970), (Föllinger 1994).
Diese relativ selten genutzte Interpretation, als *Schnittpunktsform* bezeichnet, ermöglicht jedoch in Verbindung mit Frequenzkennlinien eine sehr
anschauliche Anwendung des NYQUIST-Kriteriums speziell bei Mehrkörpersystemen (MKS).

Systemvoraussetzungen Betrachtet sei ein Regelkreis gemäß Abb. 10.6
mit einer linearen Übertragungscharakteristik des offenen Kreises

$$L(s) = \frac{K_L}{s^r} \frac{Z(s)}{N(s)} \cdot e^{-T_t s} \quad , \quad Z(0) = N(0) = 1$$

mit folgenden Eigenschaften
1. es liegen keine Pole auf der imaginären Achse außer
2. maximal *drei* Pole bei $s = 0$ $(r = 0,1,2,3)$ (10.15)
3. die Anzahl der Pole in der rechten s-Halbebene sei gleich n_R
4. Verstärkungsfaktor K_L ist *positiv*
5. Grad $Z(s) <$ Grad $N(s) + r$ ohne gemeinsame Wurzeln von
   $Z(s)$ und $N(s)$
6. Totzeit $T_t \geq 0$.

Die oben angeführten einschränkenden Voraussetzungen dienen lediglich zur Vereinfachung des Kriteriums und erlauben die Behandlung von
praktisch allen wichtigen Fällen von Mehrkörpersystemen. Es werden insbesondere *konjugiert komplexe Pole* mit *beliebig kleiner* endlicher *Dämpfung* zugelassen, entsprechend (sehr) schwach gedämpften MKS-
Eigenmoden.[4] Damit werden explizit mehrere Schnittpunkte von $L(j\omega)$

---

[4] Bei realen Problemstellungen ist bei rein passiven Mehrkörpersystemen immer
eine endliche mechanische Dämpfung vorhanden und damit sind die Eigenschaften 1 und 2 praktisch immer erfüllt. Die verschiedentlich genutzte verein-
fachende Annahme von verschwindend kleiner Dämpfung der Eigenmoden
(rein imaginäre Pole) ist ein hypothetischer Grenzfall und wird vorteilhaft für
eine vereinfachte Analyse (Näherungsformeln für Eigenfrequenzen) von Mehrkörpersystemen benutzt.

mit dem Einheitskreis (0dB-Linie für die Betragskennlinie) zugelassen.[5] Mit maximal drei Integratoren im offenen Kreis ist ein Integral-Anteil im Regler zur Kompensation von konstanten Störkräften/ -momenten selbst bei frei beweglichen Massen (Doppelintegrator) eingeschlossen.

Definition 10.1 *Positive / negative Schnittpunkte* – Unter einem *positiven* bzw. *negativen* Schnittpunkt des Frequenzganges $L(j\omega)$ im Bereich $+0 \le \omega < +\infty$ versteht man solche Durchstoßpunkte von $L(j\omega^*)$ mit der negativen reellen Achse (Vorzeichenwechsel des Imaginärteils), für die gilt

$$|L(j\omega^*)| > 1 \ (\hat{=}\ 0\mathrm{dB}) \quad \text{und} \quad \arg L\left(j\omega^*\right) = (2q+1)\cdot 180° \qquad (10.16)$$

mit $q \in \mathbb{Z}$,

wobei entweder die *Phasenkennlinie steigt* (d.h. positiver Gradient) oder *fällt* (d.h. negativer Gradient), s. Abb. 10.7. Punkte, in denen die Ortskurve die reelle Achse lediglich berührt, ohne sie zu durchstoßen, werden nicht gezählt.

Im Falle $r = 2$ ist der Anfangspunkt $\omega^* = 0$ als halber Schnittpunkt mitzuzählen (Vorzeichen entsprechend dem Gradienten, d.h. $+1/2$ für steigende Phase bzw. $-1/2$ für fallende Phase).

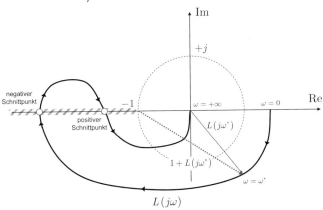

Abb. 10.7. Schnittpunkte der NYQUIST-Ortskurve

---

[5] Bei der üblicherweise verwendeten vereinfachten Form des NYQUIST-Kriteriums („positive Phasenreserve") wird lediglich *ein* Schnittpunkt mit dem Einheitskreis zugelassen (Föllinger 1994). Diese Bedingung ist keine wesentliche Einschränkung bei Regelstrecken mit Tiefpassverhalten (z.B. Verfahrenstechnik), sie wird jedoch in der Regel bei Mehrkörpersystemen verletzt.

Satz 10.1. *NYQUIST-Kriterium in Schnittpunktform*[6] (Föllinger 1994)

Der *geschlossene Regelkreis* $T(s) = L(s)/(1 + L(s))$ ist *stabil*, wenn für die Übertragungsfunktion des offenen Kreises $L(s)$ gemäß (10.16) gilt:

(B1) Für alle $\left| L(j\omega) \right| = 1$ ($\hat{=}$ 0dB) ist $\arg L(j\omega) \neq (2q + 1) \cdot 180°$

mit $q \in \mathbb{Z}$, d.h. es existiert kein Schnittpunkt mit dem „kritischen" Punkt -1.

(B2) Die *Differenz D* aus der *Anzahl* der positiven und negativen Schnittpunkte ist

$$D = \frac{n_R}{2} \qquad \text{für } r = 0, 1$$

$$D = \frac{n_R}{2} + \frac{1}{2} \qquad \text{für } r = 2$$

$$D = \frac{n_R}{2} + 1 \qquad \text{für } r = 3 \,.$$

Ist mindestens eine der Bedingungen (B1), (B2) *nicht* erfüllt, so ist der Regelkreis *instabil*.

Aus Satz 10.1 folgt auch unmittelbar der folgende

Satz 10.2. (Föllinger 1994)

Der *geschlossene Regelkreis* $T(s) = L(s)/(1 + L(s))$ ist in jedem Falle *instabil*, wenn die Übertragungsfunktion des offenen Kreises $L(s)$ eine *ungerade* Anzahl von Polen in der rechten s-Halbebene besitzt.

Von Bedeutung sind also lediglich die Schnittpunkte der Ortskurve $L(j\omega)$ mit der negativen reellen Achse (Frequenzkennlinien: $\arg L(j\omega^*) = (2q + 1) \cdot 180°$) *außerhalb* des Einheitskreises (Frequenzkennlinien: $\left| L(j\omega) \right|_{\text{dB}} > 0$). Diese Kenngrößen lassen sich für glatte Frequenzgänge sehr einfach aus den BODE-Diagrammen ermitteln, wie im nachfolgenden Beispiel gezeigt wird.

---

[6] Ein ausführlicher Beweis ist in (Föllinger 1994) zu finden.

Beispiel 10.1   *Doppelintegrierendes System.*

Der in Abb. 10.8 dargestellte Frequenzgang (BODE-Diagramme) eines doppelintegrierenden Übertragungssystems nach Gl. (10.15) mit $r = 2$ und $n_R = 0$ (keine Pole in der rechten s-Halbebene) beschreibt das Übertragungsverhalten des offenen Kreises eines Standardregelkreises (Abb. 10.6).

Zur Beurteilung der Stabilität des geschlossenen Regelkreises ist nach Satz 10.1 lediglich der schraffierte Frequenzbereich mit $|L(j\omega)| > 1$ bzw. $|L(j\omega)|_{dB} > 0\text{dB}$ zu betrachten. Es existieren zwei positive Schnittpunkte (davon einer beim Punkt $-\infty$ der Abszissenachse) und ein negativer Schnittpunkt, sodass für die Differenz der Anzahl der Schnittpunkte gilt

$$D = \frac{1}{2} - 1 + 1 = \frac{1}{2},$$

somit ist der geschlossene Regelkreis *stabil*.

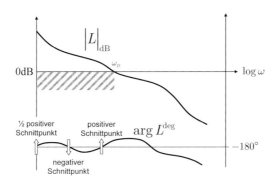

Abb. 10.8. BODE-Diagramme eines doppelintegrierenden Systems (prinzipielles Verhalten ohne konkrete Zahlenwerte) ∎

10.4.2 Stabilitätsanalyse im NICHOLS-Diagramm

Nichols-Diagramm   Bei Mehrkörpersystemen ist wegen der schwach gedämpften konjugiert komplexen Nullstellen und Pole der Übertragungsfunktion die grafische Darstellung des Frequenzganges mittels BODE-Diagramm für Stabilitätsbetrachtungen sehr unübersichtlich. Eine wesentlich anschaulichere Darstellung bietet die orthogonale Darstellung von *Betrag* (*dB*, Dezibel) und *Phase* (° bzw. *deg,* Grad) im so genannten NICHOLS-**Diagramm** (*Gain-Phase-Plot*)[7], s. Abb. 10.9.

Kritische Stabilitätsregionen Der für die Stabilität des geschlossenen Kreises interessante Bereich ist der Punkt -1 und die negative reelle Achse links davon. Im NICHOLS-Diagramm bilden sich diese Bereiche als eine unendliche Anzahl so genannter *kritischer Stabilitätsregionen* ab, d.h. in die Punkte ($\left. \left| L(j\omega) \right| \right|_{dB} = 0\text{dB}$, $\arg L(j\omega) = (2q+1) \cdot 180°$) bzw. in die oberen Halbgeraden bei $(2q+1) \cdot 180°$, mit $q \in \mathbb{Z}$ (s. Abb. 10.9).

Da der Punkt -1 ohnehin nicht berührt werden darf und man in jedem Fall eine Sicherheitsreserve einplanen sollte, kann man um den Punkt -1 ein Stabilitätsreservengebiet legen (*Gain-Phase-Sicherheitsgebiet, stability margin box*). Der Frequenzgang $L(j\omega)$ darf für einen stabilen Regelkreis diesen Sicherheitsbereich in keinem Falle schneiden.

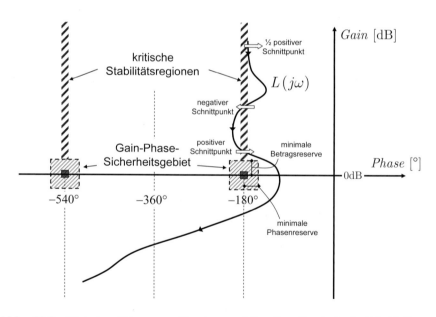

Abb. 10.9. NICHOLS-Diagramm für einen stabilen Regelkreis (vgl. Abb.10.8)

---

[7] Hier wie im Folgenden werden die *englischen Begriffe* aus Gründen der kürzeren und prägnanteren Schreib- bzw. Ausdrucksweise sowie wegen der Äquivalenz zu den Bezeichnungen bei gängigen Rechnerwerkzeug (MATLAB, MAPLE, etc.) gewählt.

Die Schnittpunkte von $L(j\omega)$ mit den kritischen Stabilitätsregionen bestimmen die Schnittpunkte für das NYQUIST-Kriterium, wobei ein Durchgang von links nach rechts als positiver Schnittpunkt gezählt wird (negativer Schnittpunkt entsprechend Durchgang von rechts nach links).

Elastische Eigenmoden   Jeder *kollokierte Eigenmode* (d.h. kollokierte Sensor-/ Aktuatoranordnung) in Form eines konjugiert komplexen Null-stellen- /Polpaares

$$G_1(s) = \frac{\left(1 + 2d_z \dfrac{s}{\omega_z} + \dfrac{s^2}{\omega_z^2}\right)}{\left(1 + 2d_p \dfrac{s}{\omega_p} + \dfrac{s^2}{\omega_p^2}\right)}$$

wird im NICHOLS-Diagramm als eine *Schleife* abgebildet (Abb.10.10 a,c).

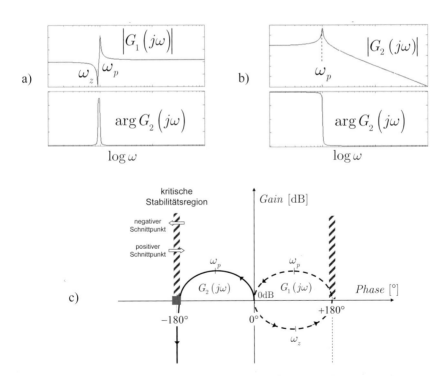

Abb. 10.10.   Darstellung von elastischen Eigenmoden: a) und b) BODE-Diagramme, c) NICHOLS-Diagramm

Alle *nichtkollokierten Eigenmoden* in Form von konjugiert komplexen Polpaaren

$$G_2(s) = \frac{1}{\left(1 + 2d_p\,\dfrac{s}{\omega_p} + \dfrac{s^2}{\omega_p^2}\right)}$$

werden als *Halbbögen* abgebildet (Abb. 10.10 b,c).

Die Höhen der Schleifen bzw. Halbbögen sind proportional den Dämpfungen d_z, d_p (Resonanzüberhöhungen), für verschwindend kleine Dämpfungen werden die vertikalen Durchmesser unendlich groß. Die Betragsmaxima bzw. Betragsminima liegen bei den Frequenzen ω_p bzw. ω_z.

Die Breite der Halbbögen ist typischerweise 180° (Phasensprung eines Verzögerungsgliedes 2. Ordnung). Die Breite der Schleifen kann maximal ebenfalls 180° betragen (bei sehr kleinen Dämpfungen), sie reduziert sich jedoch falls Nullstellen ω_z und Pole ω_p sehr eng beieinander liegen bzw. bei höheren Dämpfungen.

Vorteile des NICHOLS-Diagramms Die Vorteile der Darstellung im NICHOLS-Diagramm gegenüber den BODE-Diagrammen für die Anwendung des NYQUIST-Kriteriums sind offensichtlich. Selbst bei kleinem Nullstellen-Pol-Abstand und kleinen Dämpfungen ist der Frequenzgang mittels Schleifen und Halbbögen in jedem Falle gut aufgelöst und klar den kritischen Stabilitätsregionen zuzuordnen.

Der direkte Bezug zur Frequenzbezifferung geht zwar im NICHOLS-Diagramm verloren, mit einer komplementären Nutzung der BODE-Diagramme lassen sich jedoch die Pol-/ Nullstellenfrequenzen (Resonanzüberhöhungen) leicht lokalisieren und interpretieren.

Beispiel 10.2 *Mehrkörpersystem mit elastischen Eigenmoden.*

Gegeben sei die folgende Kreisübertragungsfunktion eines mechatronischen Systems mit MKS-Verhalten

$$L(s) = \frac{K_L}{s}\,\frac{1}{\underbrace{\{d_{p0},\omega_{p0}\}}_{Mode\ 0}}\,\underbrace{\frac{\{d_{z1},\omega_{z1}\}}{\{d_{p1},\omega_{p1}\}}}_{Mode\ 1}\,\underbrace{\frac{\{d_{z2},\omega_{z2}\}}{\{d_{p2},\omega_{p2}\}}}_{Mode\ 2}\cdots$$

Die Abb. 10.11 und Abb. 10.12 zeigen eine Gegenüberstellung des Frequenzganges $L(j\omega)$ als BODE-Diagramm (Betragskennlinie) und NICHOLS-Diagramm. Man erkennt deutlich die elastischen Eigenmoden (Starrkörpermode 0, elastische Moden 1, 2, 3), sowie eine zusätzliche negative Phasendrehung durch parasitäre Dynamik bzw. Totzeitverhalten von Aktuatoren, Sensoren und Informationsverarbeitung (in der Übertragungsfunktion nicht explizit aufgeführt).

Die Stabilitätsanalyse im NICHOLS-Diagramm ergibt:

- keine Schnittpunkte mit den kritischen Punkten (0dB, -180°), (0dB, -540°), etc.
- je ein positiver und negativer Schnittpunkt mit der kritischen Stabilitätsregion $\left|L(j\omega)\right| \geq 1$ und $\arg L(j\omega) = -180°$
- wegen $r = 1$ und $D = 1 - 1 = 0$ folgt, dass der geschlossen Regelkreis *stabil* ist.

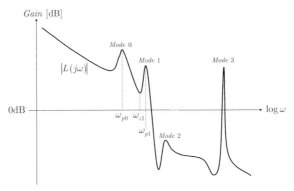

Abb. 10.11. Betragskennlinie für MKS mit elastischen Eigenmoden

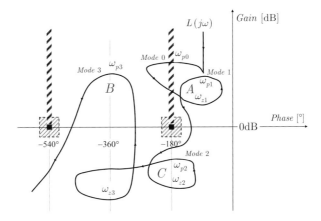

Abb. 10.12. NICHOLS-Diagramm für MKS mit elastischen Eigenmoden ∎

10.4.3 Robuste Stabilität von elastischen Eigenmoden

Falls der Frequenzgang des *offenen Kreises „Regler × MKS"* so gestaltet ist, dass die Eigenmoden in bestimmten Gebieten der *Gain-Phase-Ebene* liegen und diese Gebiete auch bei MKS-Parameterunbestimmtheiten (Steifigkeiten k, Massen m, Dämpfungen b) nicht verlassen, so ist der *geschlossene Regelkreises robust stabil* gegenüber diesen Parameterunbestimmtheiten.

Definition 10.2 *Robuste Stabilitätsgebiete* – Für den Frequenzgang $L(j\omega)$ der Kreisübertragungsfunktion seien die folgenden *robusten Stabilitätsgebiete* definiert (Abb. 10.13)

- *Phase-Lead-Stabilitätsgebiet* (Stabilisierung mit *Phasenvorhalt*[8])
    $$-180° < \arg L(j\omega) < 180°,$$
    es ist ausschließlich die *Phase* des Frequenzganges relevant, es gibt keine Bedingungen an den Betrag des Frequenzganges.

- *Phase-Lag-Stabilitätsgebiet* (Stabilisierung mit *Phasennacheilung*[9])
    $$-540° - k \cdot 360° < \arg L(j\omega) < -180° - k \cdot 360°, \quad k \in \mathbb{N},$$
    es ist ausschließlich die *Phase* des Frequenzganges relevant, es gibt keine Bedingungen an den Betrag des Frequenzganges.

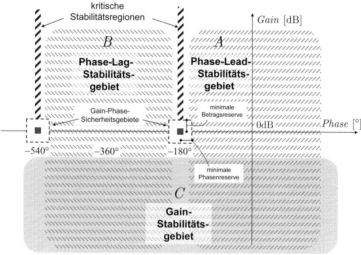

Abb. 10.13. Robuste Stabilitätsregionen für Mehrkörpersysteme

---

[8] engl. *phase lead*
[9] engl. *phase lag*

- *Gain-Stabilitätsgebiet* (Betragsstabilisierung)

  $$|L(j\omega) < 1|$$

  Es ist ausschließlich der *Betrag* des Frequenzganges relevant, es gibt keine Bedingungen an die Phase des Frequenzganges.

- *Kritische Stabilitätsregionen*

  $$|L(j\omega)| \geq 1 \quad \text{und} \quad \arg L(j\omega) = 180° \cdot (2q+1), \quad q \in \mathbb{Z}$$

  Anzahl und Typ der erlaubten Schnittpunkte entsprechend dem NYQUIST-Kriterium.

- *Gain-Phase-Sicherheitsgebiet* (*stability margin box*)

  $$\Delta_{dB} \leq \left|L(j\omega)\right|_{dB} \leq -\Delta_{dB} \quad \text{und}$$

  $$-\Delta_{\mathrm{arg}} \leq \arg L(j\omega) + 180° \cdot (2q+1) \leq \Delta_{\mathrm{arg}}, \quad q \in \mathbb{Z}$$

  mit Δ_{dB} *Betragsreserve* (*gain margin*), Δ_{arg} *Phasenreserve* (*phase margin*).

Man vergleiche mit dem in Abb. 10.12 dargestellten Frequenzgang aus Beispiel 10.2, die Eigenmoden sind dort den robusten Stabilitätsgebieten (A,B,C) zugeordnet. Eigenmode 1 und 3 sind beispielsweise robust stabil gegenüber beliebigen Variationen der Dämpfung, im Extremfall sogar bei verschwindend kleinen Dämpfungen. Eigenmode 2 ist bei annähernd konstanter Dämpfung robust stabil gegenüber Variationen der Eigenfrequenz bzw. beliebigen Phasenverschiebungen (Totzeiten).

Wissenschaftliche Einordnung   Interessanterweise wird diese Art der robusten Stabilitätsbetrachtung, speziell in Verbindung mit der grafischen Ortskurvendarstellung im NICHOLS-Diagramm, in der regelungstechnischen Standardliteratur kaum dargestellt. In der Praxis verbreitet und seit vielen Jahren bewährt ist dieser Zugang allerdings in der Luft- und Raumfahrtindustrie, z.B. zur Regelung von Raumfahrzeugen mit flexiblen Strukturen (Bittner et al. 1982), (Janschek u. Surauer 1987). In diesen Anwendungen, für die eine maximal aussagefähige Entwurfsverifikation vor dem operationellen Betrieb unabdingbar ist, zeigen sich auch die Stärken des Frequenzbereichszuganges: transparente Entwurfszusammenhänge, Einbeziehung parasitärer dynamischer Effekte bis hin zur Berücksichtigung nichtlinearer Phänomene (Bittner et al. 1982). Aufgrund dieses Anwendungsbezuges ist es auch nicht verwunderlich, dass die wenigen vorhandenen Buchzitate von Autoren mit ebendiesem Berufshintergrund stammen, z.B. (Lurie u. Enright 2000), (Sidi 1997).

10.5 Manueller Reglerentwurf im Frequenzbereich

10.5.1 Robuste Regelungsstrategien

Zielstellung Die nachfolgenden Betrachtungen beziehen sich auf die Gestaltung des Frequenzganges $L(j\omega)$ des offenen Kreises für einen Standardregelkreis gemäß Abb. 10.14. Dabei wird das Ziel verfolgt, den Frequenzgang $L(j\omega)$ durch dynamische Korrekturglieder so zu formen, dass innerhalb bestimmter Frequenzbereiche gewünschte Gebiete für robuste Stabilität in der *Gain-Phase-Ebene* belegt werden (engl. *loop shaping*). Falls es gelingt, den Frequenzgang $L(j\omega)$ trotz Variationen der Regelstreckenparameter (Mehrkörpersystem, Aktuatoren, Sensoren) in diesen Gebieten zu halten, dann ist ein *robust stabiles* Gesamtsystem gesichert.

Modellunbestimmtheiten und manueller Entwurf Bei mechatronischen Systemen sind speziell die Modellparameter der Strukturelastizitäten mit Unbestimmtheiten und zeitlichen Änderungen behaftet. Glücklicherweise lassen sich die Parametervariationen der Eigenfrequenzen und Dämpfungen von Eigenmoden im NICHOLS-Diagramm relativ gut entkoppelt darstellen. Damit bietet sich ein pragmatischer Zugang an, zielgerichtet gewisse physikalische Phänomene im Rahmen eines manuellen Reglerentwurfes zu berücksichtigen. Gegenüber rein formalen Verfahren lässt sich dabei auch die Reglerordnung von vornherein auf ein vernünftiges Maß begrenzen.

Betrachtete Regelkreiskonfiguration Ohne Einschränkung der Allgemeinheit wird den Überlegungen eine Einheitsrückkopplung und eine Serienschaltung Regler + Strecke $L(s) = H(s)P(s)$ im Vorwärtszweig zugrunde gelegt (Abb. 10.14). Andere Konfigurationen (s. Abschn. 10.2) unterscheiden sich lediglich im Zeitverhalten gegenüber Führungs- und Störgrößen. Bei mechatronischen Systemen beschreibt die Regelstrecke $P(s)$ die mechanische Struktur (Mehrkörpersystem), Aktuatoren und Sensoren, als Störgrößen am Streckeneingang werden in der Regel Störkräfte und -momente betrachtet.

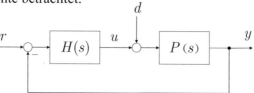

Abb. 10.14. Standardregelkreis mit einem Freiheitsgrad

Aktive Stabilisierung für niederfrequente Eigenmoden

Frequenzgangsbedingung: $L(j\omega) \in$ *Phase-Lead-Stabilitätsgebiet* mit $|L(j\omega)| \gg 1$.

Im unteren Frequenzbereich lässt sich prinzipiell leicht ein Phasenvorhalt gegenüber der kritischen $-180°$-Stabilitätsregion einstellen. Mit der zusätzlichen Betragsbedingung $|L(j\omega)| \gg 0\mathrm{dB}$ (z.B. durch einen Integralanteil) folgt für den geschlossenen Kreis generell ein stabiles Verhalten und innerhalb dieses Frequenzbereiches (Regelungsbandbreite $0 \le \omega \le \omega_B$) gilt $|T(j\omega)| = |L(j\omega)|/|1 + L(j\omega)| \approx 1$. Auch Schnittpunkte mit der kritischen $-180°$-Stabilitätsregion können akzeptiert werden, sofern sie die Stabilitätsbedingung nicht verletzen.

Verhaltenseigenschaften Die Betragsbedingung $|L(j\omega)| \gg 1$ ist in besonderem Maße für alle Eigenmoden in diesem Frequenzbereich erfüllt. Die Resonanzüberhöhungen bei den Eigenfrequenzen des offenen Kreises und die damit verbundenen Eigenbewegungen der Eigenschwingungen werden im geschlossenen Kreis *aktiv unterdrückt* (*aktive Stabilisierung*). Das Mehrkörpersystem folgt in diesem Frequenzbereich nahezu ideal den Sollwerteingangssignalen, in der Regel ist damit auch eine gute Störunterdrückung bezüglich Störkräften und Störmomenten verbunden.

Robustheitseigenschaften Alle Eigenmoden innerhalb der Regelungsbandbreite sind robust stabil bezüglich *beliebig kleiner* Dämpfung $d > 0$ und *hinreichend engen Grenzen* der Eigenfrequenzen, solange die kritischen Stabilitätsgrenzen (Phasenlage) nicht verletzt werden (s. Abb. 10.12, Mode 0 und 1).

Aktive Dämpfung für hochfrequente Eigenmoden

Frequenzgangsbedingung: $L(j\omega_{p,i}) \in$ *Phase-Lag-Stabilitätsgebiet* mit $|L(j\omega_{p,i})| \gg 1$.

Außerhalb der Regelungsbandbreite ist es aus prinzipiellen Gründen nicht mehr möglich, über einen größeren Frequenzbereich die Betragsbedingung $|L(j\omega)| \gg 1$ zu realisieren. Für hochfrequente Eigenmoden ist jedoch vielfach in natürlicher Weise $|L(j\omega_{p,i})| \gg 1$ erfüllt (speziell bei geringen Dämpfungen). Bei geeigneter stabilitätskonformer Phasenlage (*Phase-Lag-Stabilitätsgebiet* bzw. erlaubter Anzahl von Schnittpunkten mit den kritischen Stabilitätsregionen) gilt dann für diese hochfrequenten Eigenmoden ebenso $|T(j\omega_{p,i})| = L(j\omega_{p,i})/(1 + L(j\omega_{p,i})) \approx 1$.

Verhaltenseigenschaften Die Eigenbewegungen von Eigenmoden $\omega_{p,i}$ mit $\left|L\left(j\omega_{p,i}\right)\right| \gg 1$ im *Phase-Lag*-Stabilitätsgebiet werden in äquivalenter Weise aktiv beeinflusst (unterdrückt) wie bei einer aktiven Regelung. Da diese aktive Beeinflussung aber, bezogen auf den Frequenzbereich, nur lokal stattfindet, spricht man hier von einer *aktiven Dämpfung*. Damit wird aber in jedem Falle Eigenbewegungen, die durch Störkräfte/ -momente oder Nichtlinearitäten angeregt werden, über die Rückkopplung entgegengesteuert und die Schwingungen werden aktiv bedämpft.

Robustheitseigenschaften Alle Eigenmoden innerhalb des genannten Frequenzbereiches sind robust stabil bezüglich *beliebig kleiner* Dämpfung $d > 0$ und *hinreichend engen Grenzen* der Eigenfrequenzen, sofern die kritischen Stabilitätsgrenzen (Phasenlage) nicht überschritten werden. Dies ist eine ideale Maßnahme für Eigenmoden außerhalb der Regelungsbandbreite (mittlerer Frequenzbereich) mit hinreichend gut *abschätzbaren* Eigenfrequenzen und *beliebigen* Dämpfungen (s. Abb. 10.12, Mode 3).

Betragsstabilisierung bei Parameterunbestimmtheiten von Eigenfrequenzen

Frequenzgangsbedingung: $L\left(j\omega_{p,i}\right) \in$ *Gain-Stabilitätsgebiet.*

Speziell bei hohen Frequenzen ist wegen immer vorhandenen Tiefpassanteilen in natürlicher Weise eine Betragsabsenkung des offenen Kreises gegeben. Für den Fall $\left|L\left(j\omega\right)\right| < 0\mathrm{dB}$ bzw. $\left|L\left(j\omega\right)\right| < -\Delta_{dB}$ gelten keinerlei Phaseneinschränkungen für $L\left(j\omega\right)$, da keine kritischen Stabilitätsgrenzen überschritten werden.

Verhaltenseigenschaften Einmal angeregte Eigenbewegungen von Eigenmoden $\omega_{p,i}$ mit $\left|L\left(j\omega_{p,i}\right)\right| < 1$ können allerdings wegen $\left|T\left(j\omega_{p,i}\right)\right| = = \left|L\left(j\omega_{p,i}\right)\right| / \left|1 + L\left(j\omega_{p,i}\right)\right| \approx \left|L\left(j\omega_{p,i}\right)\right|$ nicht aktiv beeinflusst werden. Die Rückkopplung ist nicht wirksam, diese Eigenschwingungen werden lediglich durch die inhärente mechanische Dämpfung bedämpft.

Robustheitseigenschaften Falls die Betragsbedingung $\left|L\left(j\omega_{p,i}\right)\right| < 0\mathrm{dB}$ bzw. $\left|L\left(j\omega_{p,i}\right)\right| < -\Delta_{dB}$ innerhalb des Toleranzbereiches der mechanischen Dämpfungen nicht verletzt wird, ist robuste Stabilität bezüglich *beliebiger* Lage der Eigenfrequenzen gegeben. Dies ist eine ideale Maßnahme für *Spillover*-Eigenfrequenzen mit *unbekanntem* Frequenzbereich und *abschätzbaren* Dämpfungen (s. Abb. 10.12, Mode 2).

Phasenstabilisierung bei unsicherer Dämpfung

Frequenzgangsbedingung: $L\left(j\omega_{p,i}\right) \in$ *Phase-Lead-Stabilitätsgebiet* oder *Phase-Lag-Stabilitätsgebiet*.

Bei unbekannter Dämpfung von Eigenmoden $\omega_{p,i}$ und damit theoretisch sehr großen Betragsüberhöhungen garantiert alleine eine stabilitätskonforme Phasenlage robuste Stabilität. Je nach Frequenzbereich ist für die Phasenlage entweder *phase-lead* oder *phase-lag* zu bevorzugen. Im niederfrequenten Bereich kann *phase-lead* genutzt werden, wogegen im mittleren und höheren Frequenzbereich aus prinzipiellen Gründen nur *phase-lag* möglich ist.

Verhaltenseigenschaften   Je nach Betragseigenschaft $\left|L\left(j\omega_{p,i}\right)\right| <> 1$ ergibt sich eine passive inhärente Dämpfung oder eine aktive Bedämpfung der Eigenschwingung.

Robustheitseigenschaften   Alle Eigenmoden innerhalb des *Phase-Lead-/* und *Phase-Lag*-Frequenzbereiches sind robust stabil bezüglich *beliebig kleiner* Dämpfung $d > 0$ und *hinreichend engen Toleranzgrenzen* der Eigenfrequenzen, sofern die kritischen Stabilitätsgrenzen (Phasenlage) nicht überschritten werden. Dies ist eine ideale Maßnahme für *Spillover*-Eigenfrequenzen mit *abschätzbarem* Frequenzbereich und *unbekannten* Dämpfungen (s. Abb. 10.12, *phase-lead*: Mode 0 und 1, *phase-lag*: Mode 3).

10.5.2 Elementare Reglertypen für Mehrkörpersysteme

Im Folgenden wird gezeigt, dass für mechatronische Systeme mit ausgeprägten Strukturelastizitäten (elastische Mehrkörpersysteme) eine überschaubare Anzahl elementarer Übertragungsglieder für eine robuste Regelung ausreichend ist. Auf den ersten Blick und ob der Komplexität der Regelstrecke vielleicht etwas überraschend, dient in den meisten Fällen ein *PID-Regler* als *Rückgrat* für eine robuste Regelung. Allerdings ist die Parametrierung nach anderen Gesichtspunkten vorzunehmen als üblicherweise bei Tiefpassregelstrecken (vgl. Einführungsbeispiel in Abschn. 10.2). Um das Betrags- und Phasenverhalten in bestimmten Frequenzbereichen darüber hinaus gezielt zu korrigieren, beweisen sich erstaunlicherweise *Tiefpasselemente*, üblicherweise ob ihrer parasitären Phasenverzögerungen gemieden, als außerordentlich nützliche Korrekturglieder. Für eine frequenzselektive Korrektur eignen sich besonders *Notch-Filter* (Bandsperre) und *Anti-Notch-Filter* (Bandverstärkung).

In Ergänzung dazu kommen natürlich auch sonst übliche Standardelemente wie PD-Glieder (*Lead*-Kompensatoren), *Lag*-Kompensatoren etc. zum Einsatz. Das Grundverständnis für deren Verhaltenseigenschaften und Dimensionierungsgesichtspunkte seien vorausgesetzt bzw. sei auf die entsprechende Regelungstechnik-Standardliteratur verwiesen (Föllinger 1994), (Lunze 2009).

PID-Regler

Es sei der folgende *reale PID-Regler* in Parallelstruktur betrachtet (Abb.10.15):

$$H_{PID}(s) = K_P + K_I \frac{1}{s} + K_D \frac{s}{1 + T_N s} = V_{PID} \frac{1 + 2d_Z \dfrac{s}{\omega_Z} + \dfrac{s^2}{\omega_Z^2}}{s(1 + \dfrac{s}{\omega_N})} \tag{10.17}$$

$$\text{mit} \quad V_{PID} = K_I; \quad \omega_N = \alpha \omega_Z;$$

$$\frac{K_P}{K_I} = \frac{1}{\omega_Z}\left(2d_Z - \frac{1}{\alpha}\right); \quad \frac{K_D}{K_I} = \frac{1}{\omega_Z^2}\left[1 - \left(2d_Z - \frac{1}{\alpha}\right)\frac{1}{\alpha}\right]$$

Stationäre Genauigkeit Der Integralanteil sichert stationäre Genauigkeit bei Proportional-Verhalten der Regelstrecke oder kann als Störmomentschätzer für konstante Störkräfte/ -momente eingesetzt werden (unendliche Verstärkung bei der Frequenz Null → ideale Störunterdrückung, vgl. Gl. (10.5) und T_d in Tabelle 10.1).

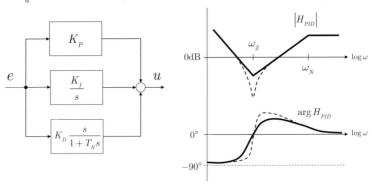

Abb. 10.15. Realer PID-Regler in Parallelstruktur

Positiver Phasenschieber Mit dem quadratischen Zählerterm kann für $\omega > 0.1\omega_Z$ eine *positive Phasendrehung* realisiert werden. Dies erlaubt im unteren Frequenzbereich bei einem hinreichend großen $d_Z \simeq 0.5...1$ eine *breitbandige positive Phasenkorrektur* und damit ein Verschieben von Eigenmoden in das *Phase-Lead*-Stabilitätsgebiet.

Aktive Dämpfung im *Phase-Lead-Stabilitätsgebiet* Für Eigenmoden im *Phase-Lead*-Stabilitätsgebiet lässt sich mit dem Betragsanstieg des Zählerterms für Frequenzen $\omega \ll \omega_Z$ und $\omega \gg \omega_Z$ ebenfalls breitbandig eine große Reglerverstärkung und damit eine gute Störunterdrückung bzw. aktive Bedämpfung von Eigenmoden in diesem Frequenzbereich erreichen (s. Beispiele 10.4, 10.5, 10.6, 10.7, 10.10, 10.11).

Phasenstabilisierung mit Tiefpassterm Der zusätzliche Nennerterm erster Ordnung (Verzögerungsterm) ist aus Realisierungsgründen notwendig (Zählergrad = Nennergrad). Man beachte, dass mit diesem Verzögerungsterm im Nenner bei geschickter Wahl die Phase von hochfrequenten Eigenmoden in das *Phase-Lag*-Stabilitätsgebiet geschoben werden kann und damit Robustheit selbst bei verschwindender Dämpfung sichergestellt ist. Mit einem *einzigen PID-Regler* lässt sich in günstigen Fällen also sowohl eine *aktive Regelung* der niedersten Eigenfrequenz und gleichzeitige *Phasenstabilisierung* von höheren Eigenfrequenzen bewerkstelligen (robuster Regler niederer Ordnung).

PI-Parametrierung In bestimmten Fällen benötigt man nicht das volle Potenzial der positiven Phasendrehung des quadratischen Zählerterms und man möchte den manchmal störenden Betragsanstieg oberhalb der Knickfrequenz ω_Z vermeiden. In diesen Fällen liefert eine leicht geänderte Parametrierung mit $K_D = 0$ die bekannte PI-Reglerstruktur (s. Beispiel 10.9)

$$H_{PI}(s) = V_{PI} \frac{1 + \dfrac{s}{\omega_Z}}{s} \tag{10.18}$$

PI-PD Parametrierung Man erkennt leicht, dass eine größere Bandbreite für eine positive Phasendrehung durch die Wahl von $d_Z > 1$ in Gl. (10.17) erreicht werden kann. In diesem Falle ist es für die Handhabung günstiger, den quadratischen Zählerterm in zwei lineare Terme aufzuspalten und man erhält eine Serienschaltung eines PI-Reglers und eines PD-Gliedes (*Lead-Kompensator*)

$$H_{PI/PD}(s) = V_{PI/PD}\, \frac{1 + \dfrac{s}{\omega_{Z1}}\; 1 + \dfrac{s}{\omega_{Z2}}}{\dfrac{s}{} \; 1 + \dfrac{s}{\omega_N}}, \quad \omega_{Z1} < \omega_{Z2} < \omega_N, \qquad (10.19)$$

vgl. dazu Beispiel 10.5.

Kompensation von Eigenmoden Gegebenenfalls kann mit dem quadratischen PID-Zählerterm der Starrkörpermode (kleinste Eigenfrequenz) näherungsweise kompensiert werden. Man beachte allerdings, dass eine exakte Kompensation in der Regel nicht möglich ist. Die Dämpfung d_Z sollte deshalb nicht zu klein gewählt werden, um steile Phasensprünge und Fehlkompensationen zu vermeiden. Über die Gefahren und Unzulänglichkeiten eines solchen Kompensationsreglers wurde bereits in Abschn. 10.2 berichtet, s. auch Beispiel 10.3. Aus diesen Gründen ist diese Art der Parametrierung nur mit *äußerster Vorsicht* und *Zurückhaltung* anzuwenden.

Universelle PID-Struktur In allen angeführten Beispielen kommt also eine verallgemeinerte PID-Struktur nach Gl. (10.17) zum Einsatz, wobei die speziellen Strukturen PI (10.18) und PI/PD (10.19) lediglich spezielle Parametrierungen von Gl. (10.17) darstellen. Insofern soll an dieser Stelle nochmals auf die grundlegende Bedeutung und Brauchbarkeit eines PID-Basisreglers bei mechatronischen Systemen, auch und gerade mit ausgeprägtem elastischen Mehrkörpereigenschaften, hingewiesen werden.

Tiefpass

$$H_{TP1}(s) = \frac{1}{\left(1 + \dfrac{s}{\omega_{TP}}\right)^i}, \quad i = 1, 2, \ldots \qquad (10.20)$$

$$H_{TP2}(s) = \frac{1}{\left(1 + 2 d_{TP}\, \dfrac{s}{\omega_{TP}} + \dfrac{s^2}{\omega_{TP}^2}\right)^i}, \quad i = 1, 2, \ldots \qquad (10.21)$$

Betragsstabilisierung   Für $\omega > \omega_{TP}$ können Eigenfrequenzen mit abschätzbarer Dämpfung damit hinreichend weit unter der 0dB-Linie gehalten werden, s. *Gain-Stabilitätsgebiet*. Dies ist die wohl am weitesten verbreitete Nutzung eines Tiefpassgliedes im Zusammenhang mit Strukturelastizitäten und bewirkt immer eine Betragsstabilisierung für hinreichend hohe Eigenfrequenzen. Ein solcher Tiefpass birgt aber noch weit mehr Entwurfsmöglichkeiten.

Negativer Phasenschieber   Bereits weit unterhalb der Knickfrequenz ω_{TP} macht sich die negative Phasendrehung bemerkbar. Damit lässt sich mit einem Tiefpass die Phase von bestimmten Eigenfrequenzen (speziell mit schlecht abschätzbarer Dämpfung) in gewünschte Phasenbereiche verschieben ☞ *Phase-Lag-Stabilitätsgebiet*. Man beachte, dass diese negative Phasendrehung wegen der destabilisierenden Auswirkung (Verminderung der Phasenreserve) üblicherweise vermieden wird. Bei Mehrkörpersystemen kann dies jedoch sogar nützlich und zweckdienlich sein.

Phasenseparation mit konjugiert komplexen Polen   Oftmals möchte man eine klare Separation von Eigenmoden in *Phase-Lead-/* und *Phase-Lag*-Bereiche, um mögliche Stabilitätsprobleme mit den kritischen Stabilitätsregionen bei unsicheren Dämpfungen zu vermeiden. In Abb. 10.12 würde beispielsweise Mode 2 bei sehr kleinen Dämpfungen zu einem instabilen geschlossenen Regelkreis führen. Andererseits möchte man aber die Eigenmoden des *Phase-Lead-Stabilitätsgebiet*es in der Phase nicht beeinflussen. In einem solchen Fall kann man einen Tiefpass mit konjugiert komplexen Polen, d.h. $d_{TP} \ll 1$ wählen. Legt man ω_{TP} noch in das *Phase-Lead-Stabilitätsgebiet*, aber oberhalb der höchsten *Phase-Lead*-Eigenfrequenz (Mode 1 in Abb. 10.12), so ergeben sich zwei Auswirkungen. Die parasitäre Resonanzüberhöhung des Tiefpasses wird über die Rückkopplung abgefangen, d.h. $\left| T\left(j\omega_{TP}\right)\right| \approx 1$ wegen $\left| L\left(j\omega_{TP}\right)\right| \gg 1$. Durch die geringe Dämpfung $d_{TP} \ll 1$ ergibt sich jedoch ein gewollter negativer Phasensprung, der sich nur auf Frequenzen $\omega > \omega_{TP}$ auswirkt. Damit können alle darüber liegenden Eigenmoden in der *Gain-Phase-Ebene* nach links verschoben werden (vgl. Beispiel 10.6). Dies ist aber nur dann wirklich gut möglich, wenn die Eigenfrequenzen hinreichend weit separiert sind. Gegebenenfalls müssen zusätzliche Korrekturmaßnahmen durchgeführt werden, um mögliche Stabilitätsprobleme in der kritischen $-540°$-Stabilitätsregion zu beheben.

Bandsperre / Notch-Filter [10]

$$H_{Notch}(s) = \frac{1 + 2d_Z \dfrac{s}{\omega_0} + \dfrac{s^2}{\omega_0^2}}{1 + 2d_N \dfrac{s}{\omega_0} + \dfrac{s^2}{\omega_0^2}} \quad \text{mit} \quad d_Z \ll d_N \qquad (10.22)$$

Kompensation von Eigenfrequenzen Im Frequenzbereich $\omega \approx \omega_0$ wirkt H_{Notch} als *Bandsperre* mit $\left| H_{Notch} \right| \ll 1$. Damit lassen sich näherungsweise Eigenfrequenzen $\omega_{pi} \approx \omega_0$ kompensieren bzw. in ihrer Amplitude bedämpfen. Man nutzt diese Eigenschaft bei Bedarf zur Betragsstabilisierung von Eigenmoden und versucht damit, die Anregung dieser Eigenschwingungen über die Rückkopplungsschleife zu vermindern. Man beachte aber, dass eine exakte Kompensation in der Regel nicht möglich ist, vor allem wenn die Lage der Eigenfrequenzen unsicher ist. Deshalb darf die Dämpfung d_Z nicht zu klein gewählt werden, um in einem möglichst breiten Frequenzband eine Betragsabsenkung zu erwirken (vergleiche quadratischen Zählerterm des PID-Reglers). In diesem Sinne ist ein Notch-Filter für derartige Zwecke nur mit großem Bedacht einzusetzen.

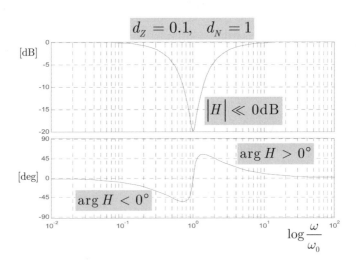

Abb. 10.16. Normierter Frequenzgang eines *Notch*-Filters für $d_Z = 0.1$, $d_N = 1$

---

[10] *notch* (engl.) – Kerbe; Kerbfilter

Positiver Phasenschieber   Eine wesentlich attraktivere Eigenschaft eines Notch-Filters ist dessen interessanter Phasenverlauf. Für $\omega > \omega_0$ erkennt man aus Abb. 10.16 eine *positive Phasendrehung*, ohne dass der Betrag angehoben wird[11]. Diese Eigenschaft kann man nun vorteilhaft nutzen, um speziell niederfrequente Eigenmoden aktiv zu stabilisieren, d.h. diese in das *Phase-Lead-Stabilitätsgebiet* der *Gain-Phase*-Ebene zu schieben. Die in jedem Falle vorhandene parasitäre negative Phasendrehung für $\omega < \omega_0$ ist dann überhaupt nicht hinderlich, sofern $|L(j\omega)| > 1$ bleibt und nur stabilitätskonforme Schnittpunkte mit der kritischen Stabilitätsregion -180° auftreten (s. beispielsweise Mode 0 in Abb. 10.12).

Nutzt man ein Notch-Filter für einen solchen Zweck, dann spielen begrenzte Variationen der Eigenfrequenzen keine bestimmende Rolle, weil eben nicht konkrete Eigenfrequenzen kompensiert werden, sondern der Fokus auf der positiven Phasendrehung in einem endlichen Frequenzband liegt.

Phasenkontraktion   Mit einem Notch-Filter lässt sich eine frequenzabhängige Phasenkontraktion in der *Gain-Phase*-Ebene erreichen. Bezogen auf die Notch-Frequenz ω_0 wird die Phase für kleinere Frequenzen zu negativen Werten (im NICHOLS-Diagramm nach links) bzw. für größere Frequenzen zu positiven Werten (im NICHOLS-Diagramm nach rechts) verschoben. Damit werden Eigenmoden unterhalb und oberhalb von ω_0 phasenmäßig enger zusammengebracht (*Phasenkontraktion*, vgl. Beispiele 10.8 und 10.9). Dies kann mit Vorteil dazu genutzt werden, Eigenmoden mit sehr kleinen Dämpfungen stabilitätsrobust im *Phase-Lag-Stabilitätsgebiet* zu platzieren.

---

[11] Bei einem üblichen Korrekturglied mit Phasenvorhalt (PD-Regler, Lead-Glied) wird die positive Phasendrehung mit einer Betragserhöhung bei hohen Frequenzen erkauft (Landgraf und Schneider 1970). Um diesen destabilisierenden Effekt bei hohen Frequenzen zu vermeiden, senkt man bei kleineren Frequenzen den Betrag mittels eines Lag-Gliedes (bei gleichzeitiger negativer Phasendrehung). Lässt man die Frequenzbereiche einer derartigen Lag-Lead-Korrektur zusammenwachsen, dann erhält man einen Frequenzgang ähnlich zu Abb. 11.x. In diesem Sinne lässt sich ein Notch-Filter als verallgemeinertes Lag-Lead-Korrekturglied mit konjugiert komplexen Nullstellen deuten.

Bandverstärkung / Anti-Notch-Filter

$$H_{Anti-Notch}(s) = \frac{1 + 2d_Z \dfrac{s}{\omega_0} + \dfrac{s^2}{\omega_0^2}}{1 + 2d_N \dfrac{s}{\omega_0} + \dfrac{s^2}{\omega_0^2}} \quad \text{mit } d_Z \gg d_N \qquad (10.23)$$

Frequenzgang Ein Anti-Notch-Filter besitzt gerade einen inversen Frequenzgang zum Notch-Filter, d.h. eine *bandselektive Verstärkung* bei ω_0 und eine *positive Phasendrehung* unterhalb ω_0 bzw. *negative Phasendrehung* oberhalb ω_0 (vgl. Abb. 10.16).

Bandselektive Verstärkung Der augenscheinliche Verwendungszweck eines Anti-Notch-Filters liegt in dessen bandselektiver Verstärkung rundum der Anti-Notch-Frequenz ω_0. Es sei daran erinnert, dass für eine gute Störunterdrückung von Eingangsstörungen (Störkräfte/ -momente) eine große Reglerverstärkung notwendig ist (vgl. Gl. (10.5) und T_d in Tabelle 10.1). Zur aktiven Bedämpfung von Eigenschwingungen, die durch externe Störkräfte/ -momente angeregt werden, ist ja gerade frequenzselektiv eine große Verstärkung gefordert. Ebenso können auf diese Weise harmonische Eingangsstörungen mit bekannter Frequenz (z.B. Unwucht rotierender Massen) frequenzselektiv durch den Regler unterdrückt werden. In beiden Fällen ist natürlich das Phasenverhalten (s. nächster Punkt) in die Stabilitätsbetrachtungen einzubeziehen.

Phasenseparation Eine weitere, oftmals nicht so sehr beachtete, Anwendung des Anti-Notch-Filters liegt in dessen Eigenschaften der Phasenseparation. Im Grunde nach entspricht dies dem inversen Verhalten des Notch-Filters in der *Gain-Phase*-Ebene. Bezogen auf die Anti-Notch-Frequenz ω_0 wird die Phase für kleinere Frequenzen zu positiven Werten (im NICHOLS-Diagramm nach rechts) bzw. für größere Frequenzen zu negativen Werten (im NICHOLS-Diagramm nach links) verschoben. Damit werden Eigenmoden unterhalb und oberhalb von ω_0 phasenmäßig auseinandergedrückt (*Phasenseparation*). Dies kann mit Vorteil dazu genutzt werden, Eigenmoden mit sehr kleinen Dämpfungen stabilitätsrobust in unterschiedliche phasenstabile Bereiche (z.B. *phase-lead* vs. *phase-lag*) zu separieren (vgl. Beispiel 10.7). Im Vergleich zum ebenfalls phasenseparierenden Tiefpass 2. Ordnung mit komplexen Polen ermöglicht das Anti-Notch-Filter eine bandbegrenzte Phasenkorrektur.

10.5.3 Transientes Verhalten bei Einheitsrückkopplung

Näherungsbeziehung Das Übergangsverhalten eines geschlossenen Regelkreises mit Einheitsrückkopplung (s. Abb. 10.14 bzw. Rückkopplungsteil der allgemeinen Konfiguration mit zwei Freiheitsgraden nach Abb. 10.1) lässt sich unter bestimmten Annahmen sehr anschaulich durch Kennwerte des Frequenzganges des offenen Kreises $L(j\omega)$ beschreiben. Falls das Verhalten des geschlossenen Kreises durch ein *dominierendes Polpaar* charakterisiert werden kann bzw. falls die *Betragskennlinie* $\left|L(j\omega)\right|$ folgenden Bedingungen erfüllt

$$\left|L(j\omega)\right| \gg 1 \qquad \text{für} \quad \omega < \omega_D$$

$$\left|L(j\omega)\right| \approx -20\,\text{dB/Dek} \qquad \text{für} \quad \omega \approx \omega_D$$

$$\left|L(j\omega)\right| \ll 1 \qquad \text{für} \quad \omega > \omega_D$$

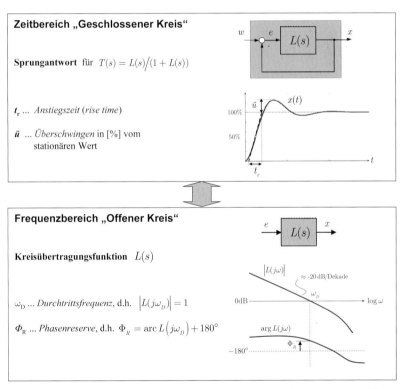

Abb. 10.17. Zusammenhang zwischen Kenngrößen des offenen und geschlossenen Standardregelkreises zur Beschreibung des transienten Verhaltens des geschlossenen Kreises

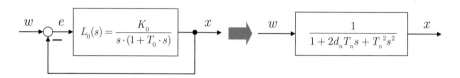

Abb. 10.18. Modellregelkreis 2-ter Ordnung (dominierendes Polpaar des geschlossenen Kreises)

wobei ω_D die *Durchtrittsfrequenz* mit $\left|L(j\omega_D)\right| = 1$ darstellt, dann gelten näherungsweise folgende Beziehungen

$$
\begin{array}{c}
\omega_D \cdot t_r \approx 1,5 \\
\Phi_R\left[Grad\right] + \ddot{u}\left[\%\right] \approx 70
\end{array}
\tag{10.24}
$$

Zur Definition und Bedeutung der Variablen in Gl. (10.24) s. Abb. 10.17.

Modellregelkreis mit dominierendem Polpaar Die angeführten Näherungsbeziehungen (10.24) wurden für den in Abb. 10.18 dargestellten Modellregelkreis 2. Ordnung hergeleitet. Das resultierende Gesamtsystem ist ebenfalls 2. Ordnung und durch ein Verzögerungsglied 2. Ordnung gegeben. Die folgende *heuristische* Deutung soll veranschaulichen, dass diese Näherungsbeziehungen nicht nur für diesen speziellen Modellregelkreis gelten, sondern für eine große Klasse von *„ähnlichen"* *Kreisübertragungsfunktionen* anwendbar sind.

Die Betragskennlinie $\left|L_0(j\omega)\right|$ des Modellregelkreises ist in Abb. 10.19 skizziert. Für technisch sinnvolle Phasenreserven liegt die Durchtrittsfrequenz in dem Frequenzbereich, in dem der Betragsabfall -20 dB/Dekade ist. Aufgrund der Rückkopplungseigenschaften ist für den Frequenzgang $T(j\omega)$ des geschlossenen Kreises der exakte Verlauf von $\left|L_0(j\omega)\right|$ ohne Belang, solange $\left|L_0(j\omega)\right| \gg 1$ ist. In diesem Frequenzbereich $\omega < \omega_D$ gilt dann nämlich immer $\left|T(j\omega)\right| \approx 1$.

Damit werden auch andere Kreisübertragungsfunktionen $L_1(s)$ und $L_2(s)$ (s. Abb. 10.19) ähnliche Frequenzgänge des geschlossenen Kreises im Bereich $\omega < \omega_D$ erzeugen. Es lässt sich zeigen, dass dieser Frequenzbereich $\omega \approx \omega_D$ bezüglich Phasenreserve entscheidend für die Charakteristik der Dynamik des geschlossenen Kreises ist.

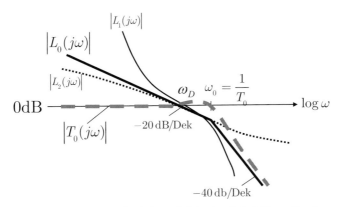

Abb. 10.19. Kreisübertragungsfunktion $L_0(s)$ des Modellregelkreises und modellähnliche Systeme $L_1(s), L_2(s)$

MKS-Regelstrecken Die Gültigkeit der Näherungsbeziehungen (10.24) ist eng an die Bedingung geknüpft, dass $|L(j\omega)|$ im Bereich der Durchtrittsfrequenz hinreichend glatt ist und mit –20dB/Dekade fällt. Dies ist gleichbedeutend, dass auch $|T(j\omega)|$ einen hinreichend glatten Verlauf und lediglich eine von der Phasenreserve abhängige Betragsüberhöhung besitzt (s. Abb. 10.19). Bei MKS-Regelstrecken ist diese Bedingung zum Beispiel dann nicht erfüllt, wenn komplexe Nullstellen mit geringer Dämpfung durch Antiresonanzfrequenzen oder Reglernullstellen Senken im Betragsverlauf hervorrufen. Dann finden sich diese Senken auch in $|T(j\omega)|$ wieder, was wiederum Änderungen im transienten Verhalten bedeutet. Oftmals handelt es sich dann um ein kriechendes Verhalten, systemtheoretisch bedingt durch komplexe Pol- und Nullstellenpaare mit geringer Dämpfung. Ein derartiges Verhalten wird im Beispiel 10.4 anschaulich illustriert.

10.5.4 Regelung eines Einmassenschwingers

Modellbetrachtung Als elementarstes und illustrative Mehrkörpersystem wurde einführend im Abschn. 10.2 ein Einmassenschwinger nach Gl. (10.11) betrachtet (Abb. 10.2a). Im Rahmen dieser Betrachtungen ohne parasitäre Dynamik und einer exakten Kompensation der Eigenfrequenz wurden bereits einige prinzipielle Defizite eines Kompensationsreglers deutlich.

Im Folgenden werden diese Defizite im Beispiel 10.3 nochmals auf der Basis realistischerer Annahmen mit parasitärer Dynamik und Kompensationsfehlern aus der Sicht der Stabilitätsanalyse verdeutlicht und die *Unbrauchbarkeit* solcher Kompensationskonzepte untermauert.

Robuste Regelungsstrategie Im weiteren Verlauf wird im Beispiel 10.4 eine alternative *robuste* Reglerauslegung mit *Phase-Lead-Stabilisierung* und *Vorfilter* vorgestellt, die alle Nachteile eines Kompensationsreglers vermeidet. Der vorgestellte Regleransatz kann durchaus als Basis für Mehrkörpersysteme höherer Ordnung genommen werden, wie in den nachfolgenden Kapiteln gezeigt werden wird.

Beispiel 10.3   *Kompensationsregelung eines Einmassenschwingers.*

Systemkonfiguration Es sei ein Einmassenschwinger nach Abb. 10.2a betrachtet. Die Regelstrecke inklusive parasitärer Dynamik (Aktuatoren, Sensoren) sei durch folgende Übertragungsfunktion gegeben:

$$P(s) = V_P \frac{1}{\{d_0; \omega_0\}} \frac{1}{[\omega_{par}]} \quad \text{mit} \quad \begin{matrix} V_P = 0.5; \ d_0 = 0.01; \ \omega_0 = 1 \\ \omega_{par} = 10\omega_0 \end{matrix}$$

Als Vergleich seien die beiden folgenden PID-Kompensationsregler betrachtet:

$$H_1(s) = 4\frac{\{0.01; \omega_0\}}{s[10\omega_0]}, \quad H_2(s) = 4\frac{\{0.1; \omega_0\}}{s[10\omega_0]}$$

H_1 kompensiert den nominalen Eigenmode „exakt", wogegen bei H_2 eine etwas größere Zählerdämpfung angenommen wurde. Das erzielbare Systemverhalten ist in Abb. 10.20 dargestellt.

Verhaltensdiskussion Wie zu erwarten, unterscheidet sich das Stabilitätsverhalten deutlich vom idealisierten Fall aus Abschn. 10.2. Durch die parasitäre Dynamik ist der Regelkreis nur noch bedingt stabil, immerhin ergeben sich aber hinreichende Stabilitätsreserven (Abb. 10.20b). Man verifiziert auch leicht die Gültigkeit der Näherungsbeziehungen (10.24) für das transiente Verhalten auf einen Führungssprung. Interessant ist das unterschiedliche Störverhalten für die beiden Regler. Mit dem Regler H_2 ergibt sich eine deutlich bessere Dämpfung von Kraftstörungen (Abb. 10.21d). Dies ist durch die größere Reglerverstärkung bei der Eigenfrequenz ω_0 bedingt, d.h. größere Dämpfung der Reglernullstelle (Abb. 10.21c).

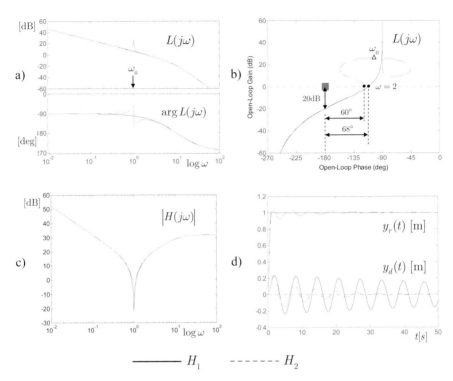

Abb. 10.20. Systemverhalten mit PID-Kompensationsregler: a) BODE-Diagramme offener Kreis, b) NICHOLS-Diagramm offener Kreis, c) Reglerfrequenzgang, d) Sprungantworten (y_r ... Führungssprungantwort, y_d ... Antwort auf Kraftstörungssprung)

MKS-Parametervariationen Realistischerweise muss man davon ausgehen, dass die MKS-Eigenfrequenz nicht exakt mit der Reglernullstelle kompensiert werden kann. Besonders kritisch ist dabei der Fall, dass die MKS-Eigenfrequenz ω_p *kleiner* ist als die PID-Reglernullstelle ω_z. Dies bedeutet, dass im NICHOLS-Diagramm eine Schleife nach links mit einem Phasensprung von bis zu -180° auftritt und zu Schnittpunkten mit der kritischen Stabilitätsregion führen kann. Dies kann bereits bei kleinen Abweichungen katastrophale Folgen haben, wie in Abb. 10.21 gezeigt ist. Falls die MKS-Eigenfrequenz nur um 5% kleiner als angenommen ist, dann führt die PID-Kompensation mit dem Regler H_1 bereits zu einem *instabilen* Regelkreis. Hier wohl eher zufällig bleibt der Regelkreis mit dem Regler H_2 stabil, trotz Schnittpunkten mit der kritischen Stabilitätsregion (konform mit dem NYQUIST-Kriterium in Schnittpunktform, vgl. Abschn. 10.4.1). Im Falle von H_2 ist die Wirksamkeit der Reglernullstelle wegen der größeren Dämpfung über ein breiteres Frequenzband verteilt und kompensiert damit etwas die schmalbandige negative Phasendrehung der

MKS-Eigenfrequenz. Dieses günstige Verhalten gibt übrigens schon die Richtung für eine robuste PID-Parametrierung vor, wie im Beispiel 10.4 gezeigt werden wird.

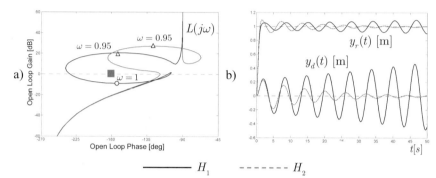

a)   b)

$$\text{——} H_1 \quad \text{-----} H_2$$

Abb. 10.21. Systemverhalten bei Parametervariation der MKS-Eigenfrequenz $\omega_p = 0.95 \cdot \omega_0$: a) NICHOLS-Diagramm offener Kreis, b) Sprungantworten (y_r ... Führung, y_d ... Kraftstörung)   ∎

Beispiel 10.4   *Robuste Regelung eines Einmassenschwingers.*

Systemkonfiguration   Es sei wiederum der Einmassenschwinger aus Beispiel 10.3 mit einem PID-Regler betrachtet. In diesem Fall wird der PID-Regler jedoch folgendermaßen parametriert:

$$H(s) = 1.2 \frac{\left\{0.4;\ 0.5\omega_0\right\}}{s\left[10\omega_0\right]} \qquad (10.25)$$

Phase-Lead-Stabilisierung   Vergleicht man mit der PID-Parametrierung aus Beispiel 10.3, so erkennt man, dass wegen der zu niedrigen Frequenzen hin verschobenen Reglernullstelle im *Bereich* der MKS-Eigenfrequenz eine breitbandige positive Phasendrehung wirksam ist und damit im NICHOLS-Diagramm der Halbbogen der MKS-Eigenfrequenz nach rechts (positive Phase) verschoben wird (Abb. 10.22). Gleichzeitig liegt jetzt die MKS-Eigenfrequenz bereits im ansteigenden (differenzierenden) Ast der Betragskennlinie des PID-Reglers (vgl. Abb. 10.15), was eine Betragsanhebung von $|L(j\omega)|$ bedeutet (Abb. 10.22). Der MKS-Eigenmode ist also im *Phase-Lead*-Stabilitätsgebiet platziert, mit allen Vorteilen einer Unempfindlichkeit gegenüber beliebig kleiner Dämpfung und hinreichend begrenzten Variationen der MKS-Eigenfrequenz.

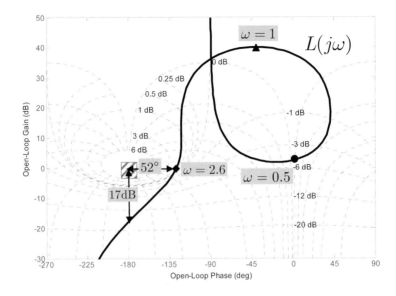

Abb. 10.22. NICHOLS-Diagramm für Einmassenschwinger mit robustem PID-Regler (*Phase-Lead*-Stabilisierung)

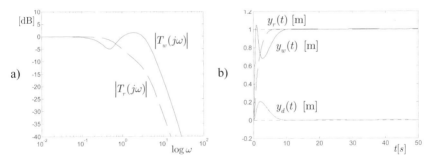

Abb. 10.23. Systemverhalten mit robustem PID-Regler: a) Betragskennlinien für Führungsverhalten bezüglich r (mit Vorfilter) und w (ohne Vorfilter), b) Sprungantworten (y_r … Führung r, y_w … Führung w, y_d … Kraftstörung)

Störverhalten Bedingt durch die relativ hohe Verstärkung des PID-Reglers bei der MKS-Eigenfrequenz werden Kraftstörungen am Streckeneingang sehr gut bedämpft und sehr rasch ausgeregelt (Abb. 10.23b).

Führungsverhalten Der über die Rückkopplung resultierende Führungsfrequenzgang $T_w(j\omega)$ zwischen dem Eingang w und der Ausgangsgröße y ist in Abb. 10.23a dargestellt. Man erkennt eine Betragssenke innerhalb des Durchlassbereiches von $T_w(j\omega)$, welche wiederum ein merkwürdiges Einschwingverhalten der Ausgangsgröße $y_w(t)$ zur Folge hat (Abb. 10.23b). Dies ist nun ein sehr prägnantes und *unvermeidbares* Phänomen bei Mehrkörpersystemen. Die Ursache ist sehr schön im NICHOLS-Diagramm des offenen Kreises erkennbar (Abb. 10.22). In dieser Abbildung ist zusätzlich ein Raster für die komplementäre Empfindlichkeit $T(j\omega)$ (Gl. (10.3)) eingezeichnet (diese ist ja hier identisch mit $T_w(j\omega)$). Aufgrund der Schleifen im Frequenzgang $L(j\omega)$ führen die unteren Halbbögen prinzipiell zu Werten $|T(j\omega)| < 1$. Diese Senken in $L(j\omega)$ sind bei MKS-Problemen praktisch immer existent, entweder durch den Reglerfrequenzgang (wie hier) oder durch die MKS-Nullstellen (Antiresonanzfrequenzen). Im vorliegenden Fall kann man sich leicht davon überzeugen, dass die Betragssenke nicht etwa durch die relativ kleine Zählerdämpfung des PID-Reglers hervorgerufen wird, sondern durch den Betragsknick bei der Zählerknickfrequenz (vgl. Abb. 10.15). Aufgrund der funktionalen Kopplung von $L(j\omega)$ und $T(j\omega)$ nach Gl. (10.3) sind diese Betragssenken in $T(j\omega)$ bei MKS-Strecken also unvermeidbar und deshalb kann mit einer *reinen Rückkopplung* prinzipiell nur ein bedingt gutes Führungsverhalten realisiert werden.

Vorfilterentwurf Unter Ausnutzung des zweiten Entwurfsfreiheitsgrades kann bei festliegendem Führungsfrequenzgang $T_w(j\omega)$ über eine geeignete Parametrierung eines Vorfilters $F(s)$ versucht werden, den Führungsfrequenzgang zwischen einer externen Führungsgröße r und dem Ausgang y in einem möglichst *breiten* Frequenzband möglichst *glatt* bei *0dB* zu halten (vgl. Abb. 10.1). Im vorliegenden Fall ist dies durch eine bandbegrenzte Betragsanhebung bei $\omega \approx 0.4$ und eine Betragsabsenkung bei $\omega \approx 2$ zu bewerkstelligen. Eine mögliche passende Filterübertragungsfunktion ist gegeben durch eine Anti-Notch/Lag-Kombination

$$F(s) = \frac{\{1;\, 0.5\}}{\{0.4;\, 0.5\}} \frac{[1.8]}{[0.35]}.$$ (10.26)

Das nunmehr zufriedenstellende Führungsverhalten ist in Abb. 10.23 dargestellt.

MKS-Parametervariationen Im vorliegenden Fall kommen sehr anschaulich alle bereits in Abschn. 10.5.1 diskutierten Vorteile einer *Phase-Lead*-Stabilisierung zum Tragen. Es ist in jedem Falle robuste Stabilität bei beliebig kleiner MKS-Dämpfung gegeben. Zusätzlich ist zu erwarten, dass begrenzte Variationen der MKS-Eigenfrequenz ebenso nur zu einer begrenzten Links-Rechts-Verschiebung der Frequenzgangsschleife von $L(j\omega)$ führen.

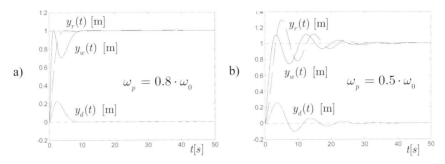

Abb. 10.24.   Systemverhalten mit robustem PID-Regler bei Parameter-variation der MKS-Eigenfrequenz, Sprungantworten y_r ... Führung r, y_w ... Führung w, y_d ... Kraftstörung: a) $\omega_p = 0.8 \cdot \omega_0$, b) $\omega_p = 0.5 \cdot \omega_0$

Aufgrund der großen Phasenreserve durch den Phasenvorhalt des PID-Reglers ist diesbezügliche eine hohe Robustheit gegeben. Bei unveränderten Regler-/ Filterparametern (10.25), (10.26) wurde die MKS-Eigenfrequenz drastisch auf $\omega_p = 0.8\omega_0$ bzw. $\omega_p = 0.5\omega_0$ geändert. Das nach wie vor zufriedenstellende und vor allem *stabile* Verhalten ist in Abb. 10.24 ersichtlich (vgl. PID-Kompensationsregler Abb. 10.21).   ∎

10.5.5 Kollokierte MKS-Regelung

Kollokierte Sensor-Aktuator-Anordnung   Bei Mehrkörpersystemen hoher Ordnung stellt sich sofort das Problem, welche Sensor-Aktuator-Anordnung vorliegt. Bei einer *kollokierten* Anordnung ergeben sich in den Sensor/Aktuator Übertragungsfunktionen bekanntlich immer alternierende Pol-/ Nullstellen Verteilungen der folgenden Art

$$P_{MKS}(s) = \cdots \frac{\left\{\omega_{z,i-1}\right\} \left\{\omega_{z,i}\right\} \left\{\omega_{z,i+1}\right\}}{\left\{\omega_{p,i-1}\right\} \left\{\omega_{p,i}\right\} \left\{\omega_{p,i+1}\right\}} \cdots$$

wobei gilt

$$\omega_{z,i-1} < \omega_{p,i-1} < \omega_{z,i} < \omega_{p,i} < \omega_{z,i+1} < \omega_{p,i+1} .$$

Dies ist bezüglich Stabilität insofern günstig, als die *negativen* 180°-Phasensprünge der *Eigenfrequenzen* $\omega_{p,j}$ jeweils durch *positive* 180°-

Phasensprünge der Antiresonanzfrequenzen $\omega_{z,j}$ abgefangen werden. Natürlich ist auch hier der Phasensprunge des niedersten Eigenmodes (Starrkörpermode) wirksam sowie die Phasennacheilung durch parasitäre Dynamik. Bezogen auf jeweils zwei benachbarte Eigenmoden können also nur beschränkte Phasenunterschiede und keine großen Phasensprünge auftreten. Im Großen betrachtet ergeben sich ähnlich Verhältnisse wie bei einem Einmassenschwinger mit zusätzlichen MKS-Eigenfrequenz- und Antiresonanzpaaren.

Robuste Regelungsstrategie Die robuste Regelungsstrategie orientiert sich an den gefundenen Ergebnissen beim Einmassenschwinger:

- *2 Freiheitsgrade* mit *Regler + Vorfilter*, um Defizite im Führungsverhalten durch Betragssenken im offenen Kreis bzw. beschränkte Rückkopplungsbandbreite auszugleichen
- *PID-Regler* mit *Phase-Lead*-Parametrierung, ermöglicht in günstigen Fällen eine robuste *Phase-Lead*-Stabilisierung eines ganzen Clusters von hinreichend eng beieinander liegenden Eigenmoden im unteren Frequenzbereich
- *Phasenschiebende Übertragungsglieder* (optional bei Bedarf), zur phasenmäßigen Separation von Eigenmoden bzw. Clustern von Eigenmoden für robuste *Phase-Lag*-Stabilisierung.

In den nachfolgenden Beispielen 10.5 und 10.6 wird die Anwendung dieser Regelungsstrategie an zwei typischen und leicht verallgemeinerbaren MKS-Konfigurationen demonstriert.

Beispiel 10.5 *Kollokierte Regelung eines Zweimassenschwingers.*

Systemkonfiguration Man betrachte den in Abb. 10.25 dargestellten elastisch gefesselten Zweimassenschwinger.

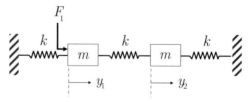

Abb. 10.25. Elastisch gefesselter Zweimassenschwinger

Für die *kollokierte* Sensor-Aktuator-Anordnung y_1/F_1 ergibt sich unter Berücksichtigung einer zusätzlichen *parasitären Dynamik* die folgende Übertragungsfunktion

$$P_{MKS}(s) = \frac{Y_1(s)}{F(s)} = V_P \frac{1}{\{d_{p0}, \omega_{p0}\}} \frac{\{d_z, \omega_z\}}{\{d_{p1}, \omega_{p1}\}} \frac{1}{[\omega_{par}]} \ ,$$

$$V_P = \frac{2}{3k}, \ \omega_{p0} = \sqrt{\frac{k}{m}}, \ \omega_{p1} = \sqrt{\frac{3k}{m}}, \ \omega_z = \sqrt{\frac{2k}{m}},$$

$$m = 1 \text{ kg}, \quad k = 10 \text{ N/m},$$

$$\omega_{p0} = 3.2 \text{ rad/s}, \ \omega_{p1} = 5.5 \text{ rad/s}, \ \omega_z = 4.5 \text{ rad/s},$$

$$d_{p0} = 0.05, \ d_{p1} = d_z = 0.0005,$$

$$\omega_{par} = 55 \text{ rad/s} \ .$$

Regelungskonzept Ein Reglerentwurf nach äquivalenten Gesichtspunkten wie in Beispiel 10.4 liefert folgende Übertragungsfunktionen für *Regler* und *Vorfilter*:

$$H(s) = 10 \frac{[0.32]}{s} \frac{[2]}{[50]} \tag{10.27}$$

$$F(s) = \frac{[0.2]}{[0.3]} \frac{1}{[4.5]^2} \frac{\{0.1; \ 4.5\}}{\{1; \ 4.5\}} \tag{10.28}$$

Das Systemverhalten des geregelten Systems ist in Abb. 10.26 dargestellt.

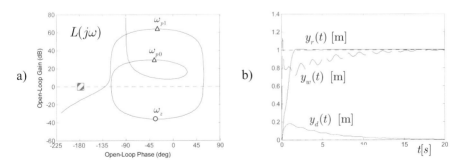

Abb. 10.26. Robuste Regelung eines elastisch gefesselten Zweimassenschwinger: a) NICHOLS-Diagramm offener Kreis, b) Sprungantworten (y_r ... Führung r, y_w ... Führung w, y_d ... Kraftstörung)

Diskussion Im vorliegenden Fall ist es möglich, die beiden relativ *eng beieinander* liegenden Eigenmoden *gemeinsam* im *Phase-Lead*-Stabilitätsgebiet zu platzieren. Damit ist für beide Eigenmoden robuste Stabilität gegeben.

Die Notwendigkeit eines Vorfilters für ein zufriedenstellendes Führungsverhalten begründet sich aus den lokalen Betragssenken von $L(j\omega)$ aufgrund des PID-Reglers und der MKS-Nullstelle (Antiresonanzfrequenz).

Die Parametrierung der dynamischen Korrekturglieder bietet zwei Besonderheiten. Der Regler ist als *PI/PD-Regler* gemäß Gl. (10.19) parametriert, um beide Eigenmoden über ein breiteres Frequenzband mit einer positiven Phasendrehung zu beeinflussen.

Im Vorfilter ist ein *Notch-Filter* mit $\omega_{Notch} \approx \omega_z$ erkennbar. Der Grund für diese Maßnahme lässt sich wie folgt beschreiben. Wie man leicht aus den in Abb. 10.27 dargestellten *Wurzelortskurven* (Lunze 2009) zu diesem Regelkreis erkennen kann, besitzt der geschlossene Regelkreis ein schwach gedämpftes Polpaar sehr nahe bei der Antiresonanzfrequenz ω_z. Die diesem Polpaar zugeordnete schwach gedämpfte Schwingung wird durch Eingangsgrößen (Führung, Störung) angeregt und ist aufgrund der unterschiedlichen Verstärkungen im Führungs- und Kraftstörungskanal bei der Führungssprungantwort stärker zu sehen. Aus diesem Grund wird diese Anregungsfrequenz im Führungskanal mit einem Notch-Filter ausgeblendet.

Das schwach gedämpfte Polpaar des geschlossenen Kreises bei der Antiresonanzfrequenz von P_{MKS} hat im Übrigen auch eine sehr anschauliche physikalische Bedeutung. Durch die Regelung wird die linke Masse ja sozusagen „festgebremst" und damit schwingt der Rest der MKS-Struktur gegen diese virtuell eingespannte Masse mit eben dieser Antiresonanzfrequenz.

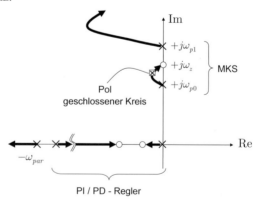

Abb. 10.27. Wurzelortskurven zur robusten Regelung eines elastisch gefesselten Zweimassenschwingers (nicht maßstäblich)   ■

Beispiel 10.6   *Robuste Regelung einer freien Masse mit angekoppelter flexibler Struktur.*

Systemkonfiguration In diesem Beispiel soll ein Mehrkörpersystem *höherer Ordnung* betrachtet werden. Die gewählte Konfiguration besteht aus einer freien (ungefesselten) Masse mit einer angekoppelten flexiblen Struktur. Als technische Anwendungsbeispiele dienen elastische Antriebsstränge, flexible Manipulatoren oder Satelliten mit flexiblen Auslegern. Das MKS-Streckenmodell mit konzentrierten Parametern inklusive *parasitärer Dynamik* habe die folgende Form:

$$P_{MKS}(s) = \frac{1}{s^2} \frac{\{3\}}{\{4\}} \frac{\{8\}}{\{10\}} \frac{\{90\}}{\{100\}} \frac{\{500\}}{\{510\}} \frac{1}{[50]}$$

Die Übertragungsfunktion sei experimentell ermittelt (z.B. Abschn. 2.7.3), von den Strukturdämpfungen sei lediglich bekannt, dass sie sehr klein sind. Die Regelung soll sicherstellen, dass konstante Störkräfte ausgeregelt werden und die Strukturschwingungen hinreichend bedämpft werden.

Regelungskonzept Da hier nur eine Störgrößenunterdrückung gefordert ist, reicht die Betrachtung einer Festwertregelung in einem Standardregelkreis nach Abb. 10.14. Die Forderung nach einer Kompensation von konstanten Störkräften erfordert einen Integralanteil im Regler. Die Umsetzung dessen ist nicht ganz trivial, weil bereits die MKS-Strecke einen Doppelintegrator (Starrkörpermode der freien Masse) enthält. Da für die Strukturdämpfungen keine weiteren Annahmen existieren, soll im Sinne einer *Worst-Case*-Auslegung mit *verschwindend kleinen Dämpfungen* für alle flexiblen Eigenmoden gerechnet werden. Es handelt sich offenbar um eine kollokierte Konfiguration, wie man leicht der Anordnung der Pole und Nullstellen entnehmen kann. Man erkennt ferner zwei Cluster mit Eigenmoden, die durch eine etwas größere Frequenzlücke separiert sind. Damit bietet sich folgende Regelungsstrategie an. Der niederfrequente Cluster mit den Eigenfrequenzen $\omega = (4, 10)$ soll zusammen mit dem Starrkörpermode $\omega = 0$ mittels eines PID-Reglers im *Phase-Lead*-Stabilitätsgebiet platziert werden. Aufgrund der parasitären Dynamik wird es nicht möglich sein, auch den hochfrequente Eigenmodecluster $\omega = (100, 510)$ im *Phase-Lead-Stabilitätsgebiet* zu halten. Deshalb soll dieser Cluster phasenrobust in das *Phase-Lag*-Stabilitätsgebiet geschoben werden. Dazu ist ein geeigneter Phasenschieber nötig. Diese Regelungsstrategie lässt sich mit folgendem robusten *Regler* realisieren:

$$H(s) = 0.003 \; \underbrace{\frac{\{1; \; 0.05\}}{s\,[40]}}_{PID} \; \underbrace{\frac{1}{\{0.1; \; 40\}}}_{TP2}$$

Diskussion Durch den I-Anteil im Regler ergibt sich im offenen Kreis ein dreifach integrierendes Verhalten. Dieses erfordert nach dem NYQUIST-Kriterium einen positiven Schnittpunkt mit dem kritischen Stabilitätsbereich bei -180°. Dies wird durch den Zähler des PID-Reglers realisiert (Abb. 10.28b). Die Wahl des zusätzlichen Tiefpasses zur Phasenseparation der beiden Eigenmodecluster wird in Abb. 10.28a,b deutlich. Für eine schmalbandige Phasenseparation wird die Tiefpasseckfrequenz in die Frequenzlücke gesetzt und eine relativ kleine Dämpfung gewählt. Damit ist nun das hochfrequente Eigenmodecluster phasenrobust im *Phase-Lag-Stabilitätsgebiet* platziert. Die Reglerverstärkung ist dann soweit wie möglich anzuheben, dass gerade noch eine hinreichende Betragsreserve gegenüber dem kritischen Punkt (0dB, -180°) besteht, im vorliegenden Fall $\Delta = 15\text{dB}$ bei $\omega = 30$.

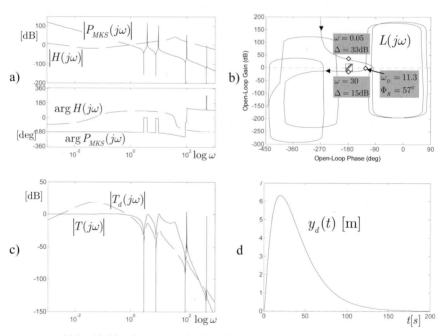

Abb. 10.28. Systemverhalten eines MKS mit freier Masse und flexibler Struktur: a) BODE-Diagramme offener Kreis und Regler, b) NICHOLS-Diagramm offener Kreis, c) Komplementäre Empfindlichkeit und Störübertragung, d) Sprungantwort auf Kraftstörung

Das Resultat für den geschlossenen Regelkreis ist in Abb. 10.28c,d gezeigt. Man erkennt die aktive Dämpfung der Struktureigenmoden und das gewünschte Zeitverhalten bei konstanten Störmomenten.

Unmodellierte Eigenmoden Die vorgestellte Strategie lässt sich sehr gut ganz allgemein für die Stabilisierung von unmodellierten Eigenmoden (*spillover*) nutzen. Oftmals ist von diesen Eigenmoden nur der ungefähre Frequenzbereich ohne weitere Kenntnis über Strukturdämpfungen bekannt. Falls es gelingt, diesen unsicheren Frequenzbereich gut in der Mitte des *Phase-Lag-Stabilitätsgebiet*es zu platzieren, ist eine hohe Robustheit gegeben.

Rolle des Tiefpassgliedes Man beachte, dass die Stabilisierung dieser Moden hier zwar durch das Tiefpassglied bewerkstelligt wird, jedoch *nicht* durch dessen *Betragsabsenkung*, sondern durch dessen Phasennacheilung. Fälschlicherweise geht man oftmals davon aus, dass mit einem Tiefpass alle hochfrequenten Eigenmoden bedämpft werden müssen sodass bei hohen Frequenzen $|L(j\omega)| < 0\text{dB}$ garantiert wird. Diese Forderung ist keinesfalls notwendig, wie das vorliegende Beispiel zeigt, und auch im Extremfall überhaupt nicht zu garantieren, wenn die Strukturdämpfungen sehr klein sind.

∎

10.5.6 Nichtkollokierte MKS-Regelung

Nichtkollokierte Sensor-Aktuator-Anordnung Im Gegensatz zur kollokierten Sensor-Aktuator-Anordnung befinden sich im *nichtkollokierten* Fall Krafteinleitung und Bewegungsmessung auf unterschiedlichen Masseelementen der MKS-Struktur. Damit ergeben sich in den Übertragungsfunktionen zwischen den Aktuatoren und Sensoren nicht mehr durchgehend alternierende Pol-/ Nullstellen Verteilungen. Es tritt nun der unangenehme Fall auf, dass zwei aufeinander folgende Eigenfrequenzen *nicht* mehr durch eine dazwischen liegende Antiresonanzfrequenz getrennt werden, d.h. die Streckenübertragungsfunktion hat die Form

$$P_{MKS}(s) = \cdots \frac{\{\omega_{z,i-1}\}}{\{\omega_{p,i-1}\}} \frac{1}{\{\omega_{p,i}^*\}} \frac{\{\omega_{z,i+1}\}}{\{\omega_{p,i+1}\}} \cdots , \quad (10.29)$$

wobei gilt

$$\omega_{z,i-1} < \omega_{p,i-1} < \omega_{p,i}^* < \omega_{z,i+1} < \omega_{p,i+1} .$$

Dies ist bezüglich der Stabilität insofern ungünstig, als der *negative* 180°-Phasensprung der *Eigenfrequenz* $\omega^*_{p,i}$ nun nicht mehr durch die hier fehlende Antiresonanzfrequenz $\omega_{z,i}$ abgefangen wird und es tritt durch die nächstfolgende Eigenfrequenz $\omega_{p,i+1}$ insgesamt ein *negativer Phasensprung* von *–360°* auf.

Damit ist es also prinzipiell nicht mehr möglich, Eigenmoden $\omega_{p,j}$, $j > i$ im *Phase-Lead-Stabilitätsgebiet* zu platzieren, da die dazu notwendige Phasendrehung auf nicht propere Übertragungsfunktionen bzw. nicht brauchbare und stabilitätsinkompatible Reglerverstärkungen führen würde. Bei nichtkollokierten Anordnungen ist also generell mit Leistungseinbußen und Kompromissen bezüglich Bandbreiten, Störunterdrückung und aktiver Dämpfung hochfrequenter Eigenmoden zu rechnen.

Robuste Regelungsstrategie Die robuste Regelungsstrategie für nichtkollokierte Sensor-Aktuator-Anordnungen orientiert sich weitgehend am kollokierten Fall mit wenigen spezifischen Akzenten

- *2 Freiheitsgrade* mit *Regler + Vorfilter*, um Defizite im Führungsverhalten durch Betragssenken im offenen Kreis bzw. beschränkte Rückkopplungsbandbreite auszugleichen
- *PID-Regler* mit *Phase-Lead*-Parametrierung, ermöglicht in günstigen Fällen eine robuste *Phase-Lead*-Stabilisierung *maximal eines* niederfrequenten Clusters von hinreichend eng beieinander liegenden Eigenmoden unterhalb der spezifischen Eigenfrequenz $\omega^*_{p,i}$ in Gl. (10.29).
- *Phasenschiebende Übertragungsglieder* zur phasenmäßigen Separation von Eigenmoden $\omega_{p,j} > \omega^*_{p,i}$ für eine robuste *Phase-Lag*-Stabilisierung.

In den nachfolgenden Beispielen 10.7 und 10.8 werden zwei typische nichtkollokierte Systemkonfigurationen behandelt und wiederum leicht verallgemeinerbare Regelungsstrategien präsentiert.

Beispiel 10.7 *Nichtkollokierte Regelung eines Zweimassenschwingers.*

Systemkonfiguration Man betrachte den in Abb. 10.29 dargestellten einfach gefesselten Zweimassenschwinger.

Für die *nichtkollokierte* Sensor-Aktuator-Anordnung y_2/F_1 ergibt sich mit den MKS-Parametern $m_1 = 50$ kg, $m_2 = 5$ kg, $k_1 = k_2 = 400$ N/m, $b_1 = b_2 = 0.05$ Ns/m und einer zusätzlichen *parasitären Dynamik* die folgende Übertragungsfunktion

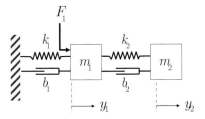

Abb. 10.29. Einfach gefesselter Zweimassenschwinger

$$P_{MKS}(s) = \frac{Y_2(s)}{F(s)} = V_P \frac{1}{\left\{d_{p0}, \omega_{p0}\right\}} \frac{1}{\left\{d_{p1}, \omega_{p1}\right\}} \frac{1}{\left[\omega_{par}\right]} ,$$

$$V_P = 0.025 \text{ m/N}, \quad \omega_{p0} = 2.7 \text{ rad/s}, \quad \omega_{p1} = 9.5 \text{ rad/s},$$

$$\omega_{par} = 40 \text{ rad/s}.$$

Für die gegebene Konfiguration soll ein robustes Regelungskonzept entwickelt werden, mit dem ein vernünftiges stationär genaues Führungsverhalten und eine hinreichende Störunterdrückung sichergestellt wird.

Regelungskonzept Aufgrund der Anforderungen wird hier wiederum eine Regelkreiskonfiguration mit zwei Freiheitsgraden vorgesehen. Die Auslegung des Rückkopplungsreglers orientiert sich an den oben dargelegten Gesichtspunkten, die Auslegung des Vorfilters erfolgt in der bekannten Weise. Man erhält die folgenden Übertragungsfunktionen für *Regler* und *Vorfilter*:

$$H(s) = 20 \; \underbrace{\frac{\left\{2;\; 2.7\right\}}{s\left[13.5\right]}}_{PID} \; \underbrace{\frac{\left\{1;\; 6.5\right\}}{\left\{0.2;\; 6.5\right\}}}_{Anti-Notch} ,$$

$$F(s) = \frac{\left[0.05\right]}{\left[0.5\right]} \frac{1}{\left\{1;\; 0.7\right\}} \frac{\left\{0.2;\; 2.7\right\}}{\left\{1;\; 2.7\right\}} .$$

Diskussion Das NICHOLS-Diagramm des offenen Kreises $L_0(j\omega)$ mit dem PID-Regler alleine ist in Abb. 10.30a gezeigt. Man erkennt, dass mit der Reglernullstelle lediglich der ersten Eigenmode in das *Phase-Lead-Stabilitätsgebiet* verschoben werden kann. Für den hochfrequenten Eigenmode kann man bestenfalls eine *Phase-Lag*-Stabilisierung erreichen. In der kritischen Stabilitätsregion ist eine *Phasenspreizung* notwendig,

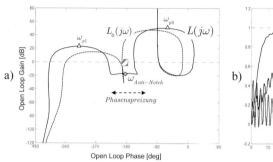 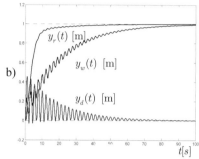

Abb. 10.30. Nichtkollokierte robuste Regelung eines einfach gefesselten Zweimassenschwinger: a) NICHOLS-Diagramm offener Kreis (L_0 nur PID-Regler, L ... PID und Anti-Notch), b) Sprungantworten (y_r ... Führung r, y_w ... Führung w, y_d ... Kraftstörung)

um die beiden Frequenzgangsschleifen auseinander zu drücken. Dazu kann in idealer Weise ein *Anti-Notch-Filter* genutzt werden, dessen charakteristische Frequenz $\omega_{Anti-Notch}$ geeignet in die Lücke zwischen den beiden Eigenfrequenzen gesetzt wird (s. $L(j\omega)$ in Abb. 10.30a). Durch die speziellen Betrags-/ Phasenverhältnisse lässt sich in diesem Falle die Reglerverstärkung nur begrenzt anheben, sodass nur eine begrenzte aktive Bedämpfung des ersten Eigenmodes $\omega_{p,0}$ realisiert werden kann ($y_w(t)$, $y_d(t)$ in Abb. 10.30b). Die Auslegung des *Vorfilters* berücksichtigt diesen Sachverhalt durch ein *Notch-Filter*, sodass Frequenzanteile $\omega_{p,0}$ der Führungsgröße herausgefiltert werden ($y_r(t)$ in Abb. 10.30b).

Insgesamt kann man also auch bei nichtkollokierten Anordnungen ein durchaus akzeptables Systemverhalten erzielen, allerdings mit deutlichen Kompromissen und Leistungseinbußen gegenüber einer kollokierten Anordnung.

∎

Beispiel 10.8 *Nichtkollokierte Regelung eines Mehrkörpersystems.*

Systemkonfiguration Ein Mehrkörpersystem höherer Ordnung besitze die nachfolgend experimentell ermittelte Übertragungsfunktion zwischen Kraftstellglied und Sensorausgang:

$$P_{MKS}(s) = \frac{1}{\{0.7;\ 1\}}\ \frac{1}{\{0.2;\ 2\}}\ \frac{\{0;2.5\}}{\{0;3\}}\ \frac{1}{\{0.2;\ 10\}}\ \frac{\{0;15\}}{\{0;16\}}\ \frac{1}{[40]}.$$

Für einige Eigenmoden ergeben sich sehr kleine Strukturdämpfungen (hier gleich null angenommen). Eine robuste Regelung soll sicherstellen, dass konstante Störkräfte ausgeregelt werden, die Strukturschwingungen hinreichend bedämpft werden und auf Sollwertsprünge stationär genau ohne Überschwingen reagiert wird.

Regelungskonzept Aufgrund der Forderung nach stationärer Genauigkeit ist auch hier wiederum ein I-Anteil vorzusehen. Ein Blick auf die MKS-Strecke zeigt, dass es sich offensichtlich um eine *nichtkollokierte* Anordnung handelt, die ersten beiden Eigenmoden werden nicht durch eine Nullstelle getrennt. Bei $\omega = 10$ findet sich zusätzlich ein schwach gedämpfter Schwingungsterm, der auch von einer Aktuator- oder Sensordynamik herrühren könnte. In jedem Fall bedingt er einen nochmaligen destabilisierenden Phasensprung um -180°. In dem vorliegenden Fall kann man sich leicht davon überzeugen, dass eine *Phase-Lead*-Stabilisierung des ersten Eigenmodes nur schwer möglich ist, da die anderen Eigenmoden sehr knapp beieinander liegen. Es fehlt eine Frequenzlücke, wie etwa im Beispiel 10.7. Deshalb soll als Regelungsstrategie eine *Phase-Lag*-Stabilisierung der *gesamten MKS-Struktur* weiter verfolgt werden. Die Durchtrittsfrequenz muss also unterhalb der ersten Eigenfrequenz liegen, womit die erreichbare Anstiegszeit nach unten begrenzt wird. Um für diesen Fall eine Phasenreserve größer als 70 Grad zu erreichen, genügt der Phasenvorhalt eines *PI-Reglers*. Eine Herausforderung bietet hier allerdings die Forderung, dass alle Eigenmoden robust im *Phase-Lag-Stabilitätsgebiet* zu platzieren sind. Aufgrund des zu erwartenden glatten Verhaltens von $|L(j\omega)|$ im Bereich der Durchtrittsfrequenz ist auch ein glattes Verhalten von $|T(j\omega)|$ im Durchlassbereich zu erwarten, sodass auf eine Betragskorrektur durch ein Vorfilter verzichtet werden kann. Unter Beachtung dieser Randbedingungen findet man den folgenden Regler:

$$H_1(s) = 0.05 \; \underbrace{\frac{[4]}{s}}_{PI} \; \underbrace{\frac{\{0.2;\; 10\}}{\{1;\; 10\}}}_{Notch}$$

Diskussion Das NICHOLS-Diagramm des offenen Kreises $L_0(j\omega)$ mit dem PI-Regler alleine ist in Abb. 10.31a gezeigt. Das Starrkörperverhalten (unterhalb des ersten Eigenmodes) ist erwartungsgemäß mit dem Vorhalt des PI-Reglers ausreichend stabilisiert. Die Eigenmoden reichen jedoch an beiden Flanken des *Phase-Lag-Stabilitätsgebiet*es an die kritischen Stabilitätsgebiete heran bzw. schneiden diese unzulässig.

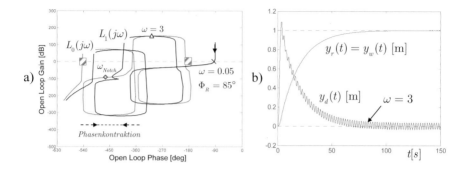

Abb. 10.31. Nichtkollokierte robuste Regelung eines Mehrkörpersystems:
a) NICHOLS-Diagramm offener Kreis (L_0 nur PI-Regler, L_1... PI+Notch),
b) Sprungantworten (y_r / y_w ... Führung r/w, y_d ... Kraftstörung)

Aus diesem Grund wird ungefähr in die Mitte des Eigenmodeclusters ein
Notch-Filter gelegt (hier zufälligerweise auf eine Eigenfrequenzen,
eine begrenzte Variation ändert das Systemverhalten jedoch nicht). Aufgrund des *Phasenverhaltens* des Notch-Filters wird nun die Phase in der
Umgebung der Notch-Frequenz gerade so *kontrahiert*, dass beide Eigen-
modeteilcluster (links/rechts bezogen auf die Notch-Frequenz) von den
kritischen Stabilitätsregionen weggezogen werden (s. $L_1(j\omega)$ in Abb.
10.31a).

Führungsverhalten Das Führungsverhalten ist wie erwartet glatt, eine
kleinere Anstiegszeit ist wegen des Betrags-/ Phasenverlaufes unterhalb
der kritischen Stabilitätsregion (0dB, -180°) nicht möglich. Die Verstärkung kann nicht angehoben werden, ohne die Betragsreserve unzulässig
zu verringern.

Störverhalten Das Störverhalten ist prinzipiell akzeptabel, störend ist
lediglich die ungedämpfte Eigenschwingung bei $\omega = 3$. Der Grund dafür
ist aus dem Reglerfrequenzgang ersichtlich (Abb.10.32).

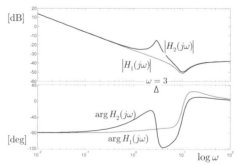

Abb. 10.32. Reglerfrequenzgang: H_1 ...PI+Notch, H_2 ...H1+Anti-Notch

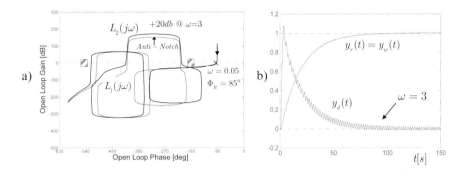

Abb. 10.33. Verbesserte Störunterdrückung mit zusätzlichem Anti-Notch-Filter: a) NICHOLS-Diagramm offener Kreis (L_1 ... Regler H_1, L_2 ... Regler H_2), b) Sprungantworten (y_r/y_w ... Führung r/w , y_d ... Kraftstörung)

Die Kreisübertragungsfunktion $L_1(j\omega)$ besitzt bei dieser Frequenz zwar wegen der verschwindenden Streckendämpfung einen sehr großen Wert, der Regler hat dort jedoch eine relativ kleine Verstärkung und damit eine schlechte Störunterdrückung (vgl. Gl. (10.5) und $T_d(j\omega)$ in Tabelle 10.1).

Anti-Notch-Filter zur Störunterdrückung Falls das Störverhalten so nicht akzeptabel ist, dann könnte man mit einem zusätzlichen *Anti-Notch-Filter* bei dieser Eigenfrequenz lokal begrenzt eine größere Reglerverstärkung einbringen (*+20dB* bei $\omega = 3$, s. Abb. 10.32)

$$H_2(s) = \underbrace{0.05 \, \frac{[4]}{s}}_{PI} \, \underbrace{\frac{\{0.2; \, 10\}}{\{1; \, 10\}}}_{Notch} \, \underbrace{\frac{\{1; \, 3\}}{\{0.1; \, 3\}}}_{Anti - Notch} .$$

Man beachte dabei aber, dass die Phasenspreizung des Anti-Notch-Filters (s. auch Beispiel 10.7) die Wirkung des Notch-Filters teilweise kompensiert (Abb. 10.33). Trotzdem ist mit dem erweiterten Regler eine deutliche aktive Dämpfung des Eigenmodes bei $\omega = 3$ gegeben und damit sind alle Entwurfsforderungen mit einem vergleichsweise einfachen und transparenten robusten Regler erfüllt. Im Praxisfall müsste jetzt natürlich noch die Auswirkung von Parametervariationen im Einzelnen untersucht werden.   ∎

10.6 Schwingungsisolation

10.6.1 Passive Schwingungsisolation

Schwingungsisolation Eine häufige Aufgabenstellung besteht in der Bewegungsisolation eines Objektes von störenden Umwelteinflüssen (Preumont 2002) , (Karnopp 1995). Eine Prinzipanordnung einer solchen Schwingungsisolation (*engl. vibration isolation*) ist in Abb. 10.34 gezeigt. Das zu isolierende Objekt, hier als Starrkörper mit der Masse m_0 angenommen, sei folgenden Störquellen ausgesetzt:

- *Fußpunktanregung* – hier handelt es sich um *eingeprägte Bewegungen* $z(t)$ der Basis, auf der das Objekt gelagert ist. Für den Fall, dass die Masse M_B der Basis deutlich größer ist als die Masse des Objektes (z.B. Gebäudefundament, Erdboden bei Erdbeben), spielen die auf die bewegte Basis wirkenden exogenen Kräfte keine Rolle für die Bewegung des zu isolierenden Objektes. Ebenso ist die Rückwirkung der (kleinen) Objektmasse vernachlässigbar.
- *Kraftanregung* – hier handelt es sich um eingeprägte Störkräfte, die direkt auf das Objekt wirken, z.B. Unwucht von rotierenden Massen (Automotor, Schwungräder).

In beiden Fällen sollen die Objektposition y_0 sowie ihre zeitlichen Ableitungen $\dot{y}_0, \ddot{y}_0$ möglichst wenig durch die Störquellen beeinflusst werden (die Beschleunigung ist beispielsweise für den Fahrkomfort eines Automobils von hoher Relevanz).

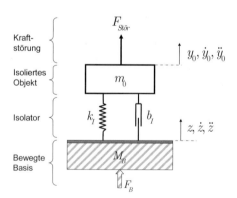

Abb. 10.34. Passiver Schwingungsisolator

Passiver Schwingungsisolator In der Anordnung nach Abb. 10.34 wird die Schwingungsisolation durch eine elastische Lagerung mit der Steifigkeit k_I und einer geschwindigkeitsabhängigen Dämpfung b_I erreicht (passives Feder-Dämpfer-System).

Die Wirkungsweise eines Isolators wird durch die sogenannte *Transmissibilität* (engl. *transmissivity*) ausgedrückt

$$T_{isol}(s) = \frac{L\{y_0(t)\}}{L\{z(t)\}} = \frac{L\{\dot{y}_0(t)\}}{L\{\dot{z}(t)\}} = \frac{L\{\ddot{y}_0(t)\}}{L\{\ddot{z}(t)\}} \ . \tag{10.30}$$

Die Beziehung (10.30) definiert generell das Verhältnis zwischen Bewegungsantwort zu Bewegungserregung für jeweils gleichartige Bewegungsgrößen Position, Geschwindigkeit und Beschleunigung.

Für die gezeigte Anordnung eines passiven Schwingungsisolators ergibt sich dessen Transmissibilität zu

$$T_{isol}(s) = \frac{k_I + b_I s}{k_I + b_I s + m_0 s^2} = \frac{1 + 2d_0 \dfrac{s}{\omega_0}}{1 + 2d_0 \dfrac{s}{\omega_0} + \dfrac{s^2}{\omega_0^2}} \ , \tag{10.31}$$

$$\text{mit } \omega_0 = \sqrt{\frac{k_I}{m_0}}, \quad \frac{2d_0}{\omega_0} = \frac{b_I}{k_I} \ .$$

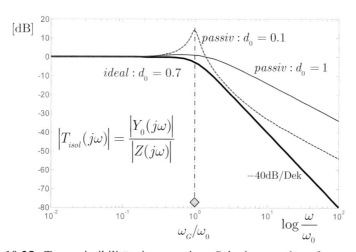

Abb. 10.35. Transmissibilität eines passiven Schwingungsdämpfers

Man erkennt aus Gl. (10.31) ein prinzipielles Tiefpassverhalten, d.h. Störungen mit Frequenzinhalten hinreichend oberhalb der Eigenresonanz ω_0 werden bedämpft, wogegen unterhalb der Eigenresonanz keine Störunterdrückung möglich ist. Als störend wirkt sich jedoch der von der mechanischen Dämpfung b abhängige, differenzierende Zählerterm mit der Knickfrequenz $\omega_0/2d_0$ aus.

Dieser Zählerterm bewirkt im Bereich der Resonanzfrequenz auch bei beliebig großer Dämpfung b prinzipiell eine Betragsüberhöhung und für hohe Frequenzen lediglich einen Betragsabfall von *-20dB/Dekade*. Ein stärkerer Betragsabfall oberhalb der Eigenresonanz (und hier auch nur in einem begrenzten Frequenzband) ist nur für sehr kleine Dämpfungen erreichbar, dies aber nur auf Kosten einer beträchtlichen Betragserhöhung im Bereich der Eigenresonanz (Abb. 10.35).

Idealerweise könnte man bei einem Wegfall des Zählerterms für hohe Frequenzen einen Betragsabfall von *-40dB/Dekade* und eine bestmögliche Frequenzbandseparation zwischen Durchlass- und Sperrbereich bei einer Dämpfung $d_0 = 0.7$ erreichen (Abb. 10.35). Für eine solche ideale bzw. idealähnliche Anordnung sei im Folgenden die charakteristische Frequenz ω_G als *Grenzfrequenz der Transmissibilität* bezeichnet[12]. Ein derartiges ideales Filterverhalten ist jedoch mit der gezeigten passiven Anordnung prinzipiell *nicht* möglich, sodass die Auslegung eines passiven Schwingungsisolators immer Kompromisse erfordert.

10.6.2 Aktive Schwingungsisolation – Skyhook-Prinzip

Relativgeschwindigkeit Die physikalische Begründung für die Unzulänglichkeiten eines passiven Schwingungsdämpfers liegt in der Wirkungsweise des Dämpferelementes. Die geschwindigkeitsabhängige Dämpfungskraft resultiert generell aus der *Relativbewegung* der beiden Befestigungspunkte des Dämpferelementes. Aus technischen Gründen kann hier lediglich die Relativgeschwindigkeit zwischen Basis und Objekt genutzt werden, wogegen die Bewegung der Masse gegenüber einem Inertialraum betrachtet wird (Inertialgeschwindigkeit, absolute Geschwindigkeit). Würde sich das Dämpferelement gegenüber dem Inertialraum abstüt-

---

[12] Siehe Abb. 10.35, bei ω_G liegt typischerweise eine Betragsabsenkung von -3dB vor, dies bezeichnet die Separation von Durchlass- und Sperrbereich.

zen, dann würde der Zählerterm in der Transmissibilität (10.31) überhaupt nicht in Erscheinung treten und man hätte ein reines Verzögerungsglied zweiter Ordnung vorliegen (vgl. ideales Verhalten in Abb. 10.35 und einführendes Beispiel in Abschn. 10.2).

Aktiver Isolator – _Skyhook_-Prinzip Das oben diskutierte ideale Dämpfungsverhalten lässt sich mit folgendem Kunstgriff verwirklichen. Durch Messung der _inertialen (absoluten)_ Geschwindigkeit des zu isolierenden Objektes kann gezielt mittels eines geeigneten Stellgliedes eine zur absoluten Geschwindigkeit proportionale Kraft erzeugt und dem Objekt aufgeprägt werden – das Objekt ist damit fiktiv im Inertialraum „eingehakt" (engl. _skyhook_, s. Abb. 10.36b) und geschwindigkeitsabhängig gedämpft.

Eine Prinzipanordnung für eine technische Realisierung dieses _Skyhook_-Prinzips ist in Abb. 10.36a gezeigt. Als Geschwindigkeitssensoren eignen sich inertiale Sensoren (Trägheitsmassen), über eine Regeleinrichtung wird ein geeignetes Korrektursignal erzeugt, die Realisierung der Dämpfungskräfte kann über elektromechanische oder hydraulische Stellglieder erfolgen. Kennzeichnend für die in Abb. 10.36 vorgestellte Anordnung ist, dass keinerlei passives Dämpferelement benötigt wird und eine _weiche_ Feder für die elastische Abstützung gewählt wird (kleine Eigenfrequenz) und die Stellkraft über die Basis (Fundament) abgestützt wird. Bei hinreichend großer Fundamentmasse ergibt sich dann auch keine weitere Rückwirkung.

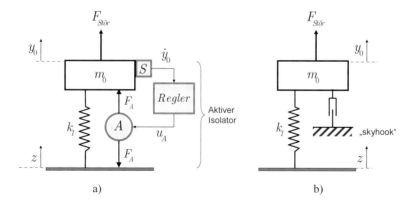

Abb. 10.36. Aktiver Schwingungsdämpfer – _Skyhook_-Prinzip: a) inertiale Geschwindigkeitsrückkopplung, b) äquivalente Dämpferanordnung

Geschwindigkeitsrückkopplung

Ideale Geschwindigkeitsrückkopplung Die dynamische Wirkung einer Geschwindigkeitsrückkopplung für die *Skyhook*-Anordnung nach Abb. 10.36 lässt sich unter idealisierten Annahmen (keine parasitäre Dynamik) durch das folgende mathematische Modell beschreiben:

MKS: $Y_0(s) = \dfrac{1}{k_I + m_0 s^2} \left[F_{st\ddot{o}r}(s) + F_A(s) + k_I Z(s) \right]$

Aktuator: $F_A(s) = V_A \cdot u_A(s)$

Regler: $u_A(s) = -H(s) \cdot s Y_0(s)\,.$

Für eine reine *Proportionalrückführung* der absoluten Geschwindigkeit

$$H(s) = V_H$$

ergibt sich damit für den *geschlossenen Regelkreis*

$$Y_0(s) = \frac{1}{\left\{ \tilde{d}_0 ; \omega_0 \right\}} Z(s) \; + \; \frac{1}{k_I} \frac{1}{\left\{ \tilde{d}_0 ; \omega_0 \right\}} F_{st\ddot{o}r}(s)$$

(10.32)

$$\text{mit } \omega_0 = \sqrt{\frac{k_I}{m_0}}, \quad \tilde{d}_0 = \frac{\omega_0}{2k_I} V_A V_H \; \Rightarrow \; V_H = \tilde{d}_0 \frac{2k_I}{\omega_0 V_A}\,.$$

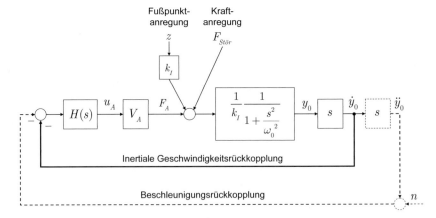

Abb. 10.37. *Skyhook*-Prinzip – Wirkschaltbild der inertialen Geschwindigkeitsrückkopplung vs. Beschleunigungsrückkopplung (gestrichelt)

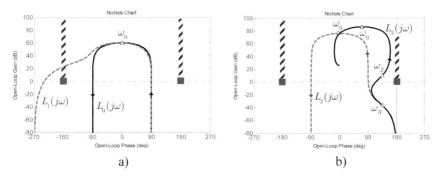

Abb. 10.38. NICHOLS-Diagramme für *Skyhook*-Prinzip (vgl. Abb. 10.37): a) Geschwindigkeitsrückkopplung mit L_0 … ideal, L_1 … mit parasitärer Dynamik, b) Beschleunigungsrückkopplung mit L_2 … Tiefpass 1. Ordnung ($\triangleq$ I-Regler mit Hochpass), L_3 … Lag-Glied als Regler (alle Ortskurven $L_i(j\omega)$ mit endlicher Dämpfung gezeichnet)

Man erkennt aus Gl. (10.32), dass durch eine geeignete Wahl der Rückführverstärkung V_H eine beliebige Dämpfung $\tilde{d}_0$ und damit eine *ideale Transmissibilität* nach Abb. 10.35 einstellbar ist. Die Auslegung der Eigenfrequenz erfolgt durch geeignete Wahl der Lagersteifigkeit k_I.

Regelkreisentwurf für Geschwindigkeitsrückkopplung Das oben abgeleitete Systemverhalten (10.32) gilt nur für idealisierte Annahmen. Um das Verhalten unter realistischen Bedingungen abzuschätzen, betrachte man die in Abb. 10.37 dargestellte äquivalente Regelkreiskonfiguration und das NICHOLS-Diagramm des offenen Kreises in Abb. 10.38a.

Der ideale Fall nach Gl. (10.32) wird durch $L_0(j\omega)$ repräsentiert. Man erkennt für positive Reglerverstärkungen eine unbeschränkte Stabilität. Berücksichtigt man jedoch zusätzliche parasitäre Dynamik (Sensoren, Aktuatoren, MKS-Strukturen), dann erkennt man deutlich offenkundige Stabilitätsprobleme und die Grenzen einer reinen Proportionalrückführung.

In diesen Fällen ist also ein aufwändigerer Reglerentwurf nach den in den vorhergehenden Kapiteln dargelegten robusten Regelungsstrategien notwendig.

Verbesserte Stabilitätsreserve Bemerkenswert ist hier, dass durch das differenzierende Verhalten der Geschwindigkeitsrückkopplung die Ortskurve bei $+90°$ beginnt und deutlich weiter von der kritischen $-180°$-Stabilitätsregion entfernt ist als bei nicht differenzierenden Regelstrecken. Dies bedeutet, dass in diesem Fall MKS-Eigenmoden einer angekoppelten flexiblen Struktur beispielsweise mit einem PID-Regler über eine deutlich größere Bandbreite in das *Phase-Lead*-Stabilitätsgebiet geschoben und damit aktiv gedämpft werden können, als vergleichsweise mit einer Positionsrückkopplung. Im letzteren Fall startet die Ortskurve ja bei 0° (Regler mit P-Verhalten) bzw. -90° (Regler mit I-Verhalten), wodurch bei höheren MKS-Eigenfrequenzen nicht mehr genügend positive Phasendrehung für eine *Phase-Lead*-Stabilisierung zur Verfügung steht. Eine solche Geschwindigkeitsrückkopplung in Verbindung mit einer Positionsregelung in Kaskadenstruktur (mehrschleifiger Regelkreis) birgt also deutliche dynamische Vorteile gegenüber einer einschleifigen Positionsregelung. Allerdings muss man sich diese Vorteile durch zusätzlichen Geräteaufwand in Form eines *Geschwindigkeitssensors* erkaufen.

Absolute Geschwindigkeitsmessung   Für die Umsetzung kritisch ist die messtechnische Erfassung der absoluten Geschwindigkeit, wozu sogenannte *Inertialsensoren* benötigt werden. Zur indirekten Messung der *translatorischen* absoluten Geschwindigkeit werden Bewegungen (Auslenkungen) einer Testmasse gemessen, die durch Trägheitskräfte erzeugt werden. Dieses Prinzip ist in *Beschleunigungssensoren* (engl. *accelerometer*) oder in einer speziellen rückgekoppelten Struktur als *Geophone* (Preumont 2006) verwirklicht. Zur direkten Messung der absoluten *Drehgeschwindigkeit* (Drehrate, engl. *angular rate*) nutzt man *Gyroskope* (Kreiselgeräte, engl. *gyroscope* oder *gyro*), die auf unterschiedlichen Messprinzipien basieren (gyroskopischer Effekt bei mechanischen Kreiseln, SAGNAC-Effekt bei faseroptischen Kreiseln, CORIOLIS-Kraft bei Festkörperkreiseln).

Beschleunigungsrückkopplung

Geschwindigkeitsrekonstruktion – Beschleunigungsrückkopplung Im translatorischen Fall nutzt man zur Geschwindigkeitsrekonstruktion gewöhnlich Beschleunigungssensoren und führt dem Regler demnach ein Beschleunigungssignal zu. Man spricht deshalb von einer *Beschleunigungsrückkopplung* (gestrichelte Rückführung in Abb. 10.37, gerätetechnische Anordnung s. Abb. 10.39).

Stabilitätsproblem bei I-Regler Intuitiv könnte man nun folgenden naheliegenden Regler mit *Integralanteil* ansetzen

$$H(s) = \frac{V_H}{s} \cdots \text{ bzw. } H(s) = V_H \frac{1 + \dfrac{s}{\omega_z}}{s} \cdots . \tag{10.33}$$

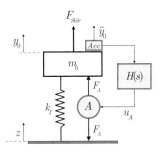

Abb. 10.39. Aktiver Schwingungsisolator mit Beschleunigungsrückkopplung

Mit einem Regler nach Gl. (10.33) rekonstruiert man de facto *hinter* dem Integrator gerade das Geschwindigkeitssignal. Auf den ersten Blick hat man nun dieselben Verhältnisse vorliegen wie bei der oben besprochenen Geschwindigkeitsrückkopplung (s. Abb. 10.38a).

Bei genauerer Betrachtung erweist sich diese Lösung aber als höchst problematisch. Für den I-Regler aus Gl. (10.33) erhält man als *charakteristisches Polynom* für den geschlossenen Regelkreis

$$\Delta(s) = s\left(k + V_H s + m s^2\right)$$

mit einer *instabilen* Wurzel im Ursprung. In den Übertragungsfunktionen $T_{\ddot{y}_0/z}$, $T_{u_A/z}$ tritt diese Wurzel $s = 0$ allerdings *nicht* in Erscheinung, wie leicht nachzuprüfen ist. Der Grund liegt in einer *Kürzung* mit einem ebensolchen Term im Zähler der Übertragungsfunktionen (s. Beobachtbarkeitsprobleme in Abschn. 10.7).

Offenkundig wird dieses Stabilitätsproblem erst bei Betrachtung der Übertragungsfunktionen $T_{u_A/n}$ bzw. $T_{y_0/n}$ zwischen der Messstörung n im Beschleunigungskanal und der Stellgröße u_A bzw. der Massenposition y_0 (Abb. 10.37), wo dieser instabile Pol sehr wohl aufscheint. Ein konstanter Messfehler (Offset, Bias), wie praktisch immer vorhanden, würde eine unendlich wachsend Stellkraft und Massenauslenkung bewirken. Aufgrund des differenzierenden Verhaltens über die Geschwindigkeitsmessung ist dieses instabile Verhalten im Regelkreis nicht sichtbar, es handelt sich um eine verborgene *Instabilität* interner Systemgrößen[13].

---

[13] In manchen Darstellungen wird dieser problematische Sachverhalt leider unterschlagen, z.B. (Preumont 2002).

Stabile Beschleunigungsrückkopplung Eine einfache Möglichkeit, diese Instabilität zu vermeiden liegt in der Verwendung eines *Hochpassfilters* am Ausgang des Integrators, um konstante Sensorsignalanteile herauszufiltern

$$H(s) = \frac{V_H}{s} \frac{\frac{s}{\omega_{HP}}}{1 + \frac{s}{\omega_{HP}}} = \frac{V_H}{\omega_{HP}} \frac{1}{1 + \frac{s}{\omega_{HP}}}.$$ (10.34)

Diese Serienschaltung wirkt letztlich wie eine Tiefpassfilterung (hier 1. Ordnung) des zurückgeführten Beschleunigungssignals (Li u. Goodall 1999).

Eine naheliegende Begründung für die Sinnfälligkeit eines Regleransatzes nach Gl. (10.34) findet man direkt im NICHOLS-Diagramm für die Beschleunigungsrückkopplung in Abb. 10.38b. Um Stabilitätsprobleme mit der kritischen Stabilitätsregion bei +180° zu vermeiden, muss hinreichend *unterhalb* der Eigenfrequenz ω_0 eine *negative* Phasendrehung eingebracht werden, im vorliegenden Fall durch den Tiefpass Gl. (10.34), s. $L_2(j\omega)$ in Abb. 10.38b. Für den Idealfall ohne parasitäre Dynamik ist der Regelkreis dann unbeschränkt stabil, es ergeben sich auch keine Kürzungen von Polen und Nullstellen, wie leicht nachzuprüfen ist. Bei parasitärer Dynamik treten jedoch die gleichen Probleme wie bei der Geschwindigkeitsrückkopplung auf (vgl. Abb. 10.38 a und b).

Robuste Stabilität mit *Lag*-Glied Aus dem Verlauf von $L_2(j\omega)$ in Abb. 10.38b erkennt man, dass lediglich im Frequenzbereich unterhalb der Eigenfrequenz ω_0 die Notwendigkeit einer negativen Phasendrehung besteht. Für hohe Frequenzen ist die −90°-Phasendrehung des Tiefpasses 1. Ordnung jedoch eher störend, da die Ortskurve zur kritischen Stabilitätsregion bei −180° gedrängt wird (dies ist ein Problem bei parasitärer Dynamik). Um dieses Abdrängen zu vermeiden, empfiehlt sich anstelle des Tiefpasses die Verwendung eines *Lag*-Gliedes[14]

---

[14] Von *phase lag* … Phasennacheilung; hier wird jedoch der Zählerterm genutzt, der bezogen auf die negative Phasendrehung des Nennerterms (Tiefpassverhalten) eine positive Phasendrehung bewirkt, für sehr hohe Frequenzen gegenüber seinen Knickfrequenzen besitzt das Lag-Glied eine verschwindende Phasendrehung. Das *Lag*-Glied entspricht also einem PI-Regler, wo anstelle des Integralanteils ein Tiefpassterm genutzt wird, s. auch (Landgraf u. Schneider 1970).

$$H_{Lag}(s) = V_H \, \frac{1 + \dfrac{s}{\omega_Z}}{1 + \dfrac{s}{\omega_N}} \; , \quad \omega_N < \omega_Z \, , \tag{10.35}$$

bei dem die Phasendrehung für hohe Frequenzen $0°$ beträgt. In Abb.
10.38b zeigt sich dieser günstige Einfluss dahingehend, dass die Ortskurve
im Frequenzbereich des Pol-Nullstellen-Paares $\omega_N - \omega_Z$ dem kritischen
Punkt $\left(0\mathrm{dB}, +180°\right)$ ausweicht (negative Phasendrehung, Ausbeulung
nach links) und dann wieder ungefähr an der $+180°$-Linie entlangläuft.
Ebenso bedeutsam ist die positivere Phase bei hohen Frequenzen, sodass
für hochfrequente MKS-Eigenmoden bei parasitärer Dynamik eine deutlich größere Phasenreserve vorhanden ist, als beim Tiefpass-Regler[15] (s.
auch Beispiel 10.9).

Entwurfsüberlegungen zum Skyhook-Prinzip

Entwurfsvorgaben Häufig ist folgende Aufgabenstellung vorgegeben:
Gegeben sind eine zu isolierende *Lastmasse* m_0 [kg], eventuell mit einer
angekoppelten flexibler Struktur (MKS), und eine *Grenzfrequenz* f_G [Hz],
ab der Anregungsstörungen $z(t)$ bzw. $F_{stör}(t)$ nach Abb. 10.36 mit einem
Betragsabfall von -40dB/Dekade unterdrückt werden sollen.

Systemauslegung Neben der Sensorik und einem geeigneten Aktuator
(Stellkraft, Stellweg) sind die Lagersteifigkeit k_I und der Regler $H(s)$
(Struktur, Parameter) zu ermitteln. Prinzipiell bestimmt natürlich die
Grenzfrequenz f_G die Lagersteifigkeit und damit die Eigenfrequenz des
Isolators

$$2\pi f_G \approx \omega_0 = \sqrt{k_I/m_0} \, . \tag{10.36}$$

Aus Gl. (10.36) lässt sich die Größenordnung von k_I abschätzen. Aufgrund der elektromechanischen Abstimmungsmöglichkeiten über die Beschleunigungsrückkopplung kann die Lagersteifigkeit allerdings in gewissen Bereichen variabel gehalten werden, wie noch gezeigt wird.

---

[15] Beachte: die Ortskurve $L_3(j\omega)$ besitzt für $\omega \to \infty$ wegen *Zählergrad* $H_{Lag} =$
Nennergrad H_{Lag} einen endlichen Betrag.

Bestimmend für den Reglerentwurf ist die niederste Eigenfrequenz, dies ist im Allgemeinen der Starrkörpermode mit $\omega_0 = \sqrt{k_I/m_0}$. Aus dem Ortskurvenverlauf in Abb. 10.38 wird klar, dass die Bandbreite des geschlossenen Regelkreises und damit die Eckfrequenz für die Transmissibilität (gewünscht gleich $\omega_G = 2\pi f_G$) kleiner als die Eigenfrequenz ω_0 sein müssen (näherungsweise gleich der Frequenz, wo die Ortskurve $L(j\omega)$ die 0db-Linie schneidet). Es gilt also allgemein $\omega_0 > \omega_G$, wobei sich technisch vernünftig ein Verhältnis

$$\omega_G = \alpha \cdot \omega_0 = \alpha \cdot \sqrt{k_I/m_0}, \quad 0.1 \leq \alpha \leq 0.7 \tag{10.37}$$

realisieren lässt. Innerhalb dieses α-Bereiches kann man bei *gegebenem* ω_0 (also k_I, m_0 fest ausgewählt) die Eckfrequenz ω_G der Transmissibilität über geeignete Reglerparameter *frei* einstellen, wie weiter unten gezeigt wird.

Damit kann man also elegant auf „elektronischem" Wege Kompromisse der mechanischen Auslegung ausgleichen, z.B. konstruktive und materialbezogene Randbedingungen des Lagers, Variationen der Lastmasse (wie man es von einem mechatronischen Entwurf erwartet).

Skyhook-Reglerparametrierung Bereits mit den oben eingeführten einfachen Reglerstrukturen erster Ordnung lässt sich auch bei Systemen höherer Ordnung ein vernünftiges Regelkreisverhalten erzielen, wobei der Lag-Regler (10.35) immer deutliche Verhaltensvorteile gegenüber dem Tiefpass-Regler (10.34) zeigt.

Die folgenden *Einstellregeln* für lineare Korrekturglieder erster Ordnung (Janschek 2009) sichern für den *Lag-Regler* bei einem Verhältnis $0.1 \leq \omega_G/\omega_0 \leq 0.7$ eine robuste Stabilität und in guter Näherung eine Transmissibilität nach Abb. 10.35 mit $d_0 \approx 0.7$ (typ. -3dB Betragsabfall bei ω_G):

Lag-Glied:
$$H_3(s) = V_H \frac{1 + \dfrac{s}{100\,\omega_N}}{1 + \dfrac{s}{\omega_N}} \tag{10.38}$$

mit den Reglerparametern

$$V_H = \frac{k_I}{V_A\,\omega_0^2} \frac{25.8}{\left(\omega_G/\omega_0\right)^{2.7}}, \quad \omega_N = 0.05\,\omega_0 \left(\omega_G/\omega_0\right)^{1.7}. \tag{10.39}$$

Der vergleichbare, aber nicht zu empfehlende *Tiefpass-Regler* lautet

$$\text{Tiefpass (I-Regler + Hochpass):} \quad H_2(s) = V_H \frac{1}{1 + \dfrac{s}{\omega_N}}. \tag{10.40}$$

Mit den Einstellregeln (10.38), (10.39) lässt sich bequem eine schnelle Abschätzung für ein realistisch erreichbares Systemverhalten machen. Diese Regeln sind ebenso für Systeme höherer Ordnung anwendbar, wie im nachfolgenden Beispiel 10.9 gezeigt werden wird.

Für weiterführende Überlegungen zur Regleroptimierung sei auf relevante Fachliteratur verwiesen, z.B. (Li u. Goodall 1999).

Verhaltenseigenschaften Lag-Regler vs. Tiefpass-Regler Für den Fall $\alpha = \omega_G/\omega_0 = 0.2$ sind zum Vergleich verschiedene Verhaltenseigenschaften des Lag- und Tiefpass-Reglers in Abb. 10.38b und Abb. 10.40 gezeigt. Die beiden Reglervarianten zeigen durchaus ähnliches Zeitverhalten für einen Störsprung $z(t) = \sigma(t)$ der Basis (Abb. 10.40b). Der *Lag-Regler* $H_3(s)$ besitzt jedoch laut Abb. 10.38b deutliche Vorteile bezüglich *Stabilitätsreserve* gegenüber parasitärer Dynamik und Variationen der Eigenfrequenz ω_0, z.B. durch Variation der Lastmasse m_0 und bezüglich *Isolierverhaltens* gegenüber hochfrequenten Anregungen (Abb. 10.40a).

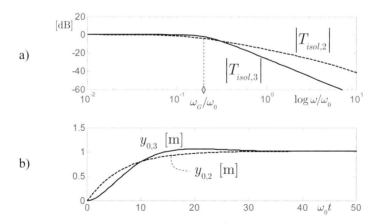

Abb. 10.40. Beschleunigungsrückkopplung – *Skyhook*-Prinzip: a) Transmissibilität, b) Sprungantwort bei Basisanregung $z(t)$; für beide Bilder gilt Index 2 = Tiefpass-Regler $H_2(s)$, Index 3 = Lag-Regler $H_3(s)$

Beispiel 10.9   *Skyhook-Dämpfer für Zweimassensystem.*

Systemkonfiguration   Das in Abb. 10.41 gezeigte Mehrkörpersystem soll mittels aktiver Schwingungsisolation nach dem *Skyhook*-Prinzip von Fußpunktanregungen des Fundamentes $z(t)$ mit einer *Grenzfrequenz* $f_G = 1$ Hz entkoppelt werden. Dazu stehen ein Beschleunigungsaufnehmer und ein Aktuator mit hoher Bandbreite zur Verfügung.
Die Anordnung besitzt die folgenden technischen Parameter:

MKS: $m_0 = 50$ kg, $m_1 = 5$ kg, $k_1 = 40000$ N/m, $b_1 = 0.01$ Ns/m

Parasitäre Dynamik: $\tau_{par} = 1/\omega_{par} = 0.025$ s

Lösungsansatz   Für die Wahl der Lagersteifigkeit sei beispielsweise ein Ansatz $\alpha = \omega_G/\omega_0 = 0.5$ gewählt. Daraus folgt mit Gl. (10.37) für die Eigenresonanz (niederste Eigenfrequenz)

$$\omega_0 \approx \sqrt{k_I / (m_0 + m_1)} \approx 2 \cdot 2\pi f_G = 12.1 \text{ rad/s} \tag{10.41}$$

und weiter aus Gl. (10.41) die erforderliche Lagersteifigkeit $k_I = 8000$ N/m .

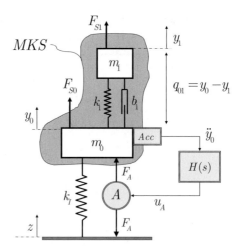

Abb. 10.41.   Zweimassensystem mit aktivem Schwingungsisolator – *Skyhook*-Prinzip mit Beschleunigungsrückführung

Daraus ergibt sich als *Entwurfsmodell* für die Streckenübertragungsfunktion

$$P(s) = \frac{1}{k_I} \frac{s^2}{\{d_{p0}; \omega_{p0}\}} \frac{\{d_z; \omega_z\}}{\{d_{p1}; \omega_{p1}\}} \frac{1}{[\omega_{par}]}$$

mit

$$\omega_{p0} = 12.1 \text{ rad/s}, \quad \omega_{p1} = 93.8 \text{ rad/s}, \quad \omega_z = 89.4 \text{ rad/s}.$$

Als *Regler* seien die beiden folgenden Varianten mit der Reglerparametrierung nach Gln. (10.38) bis (10.40) betrachtet

$$\text{I-Regler mit Hochpass:} \quad H_1(s) = \frac{9160 \cdot 0.19}{0.19} \frac{\frac{s}{0.19}}{1 + \frac{s}{0.19}}, \tag{10.42}$$

$$\text{Lag-Glied:} \quad H_2(s) = 9160 \frac{1 + \frac{s}{19}}{1 + \frac{s}{0.19}}. \tag{10.43}$$

Diskussion Der *Tiefpass*-Regler (10.42) offenbart zwei grundlegende Schwächen. Aufgrund der parasitären Dynamik ergibt sich ein Stabilitätsproblem in der kritischen $-180°$-Stabilitätsregion (Abb. 10.42a). Eine zusätzliche Phasennacheilung oder *Spillover*-Eigenmoden würden zu einem instabilen Regelkreis führen. Als zweite Schwäche erkennt man die geringe Bedämpfung des Eigenmodes ω_{p1}, wodurch sich in der Transmissibilität eine deutliche Resonanz im eigentlichen Sperrbereich ergibt (Abb. 10.42b). Diese schwach gedämpfte Resonanz ist wegen des kleinen Residuums zwar in der Sprungantwort Abb. 10.42c nicht sichtbar, dafür aber umso deutlicher in der *Relativbewegung* der beiden Massen (Abb. 10.42d).

Eine praktikable Abhilfe für beide Probleme bietet der *Lag-Regler* (10.43). Hier zeigt sich für den Eigenmode ω_{p1} der günstige Phasenverlauf des *Lag*-Gliedes, es ist nun eine komfortable Stabilitätsreserve zur kritischen Stabilitätsregion bei $-180°$ vorhanden. Aufgrund der günstigeren Phasenlage und des etwas größeren Betrages bei der Eigenfrequenz ω_{p1} ist dieser Eigenmode nun auch wesentlich besser gedämpft, wie die Relativbewegung in Abb. 10.42d zeigt.

Im Übrigen decken sich die Verhaltensaussagen dieses Systems höherer Ordnung sehr gut mit den Voraussagen der Einstellregeln, insbesondere zeigt die Transmissibilität das gewünschte Verhalten (Abb. 10.42b).

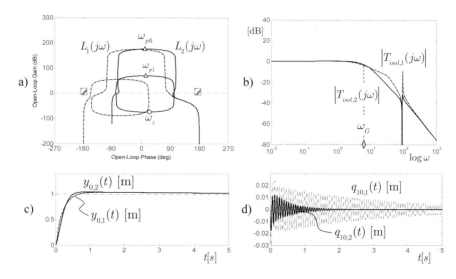

Abb. 10.42. Systemverhalten Zweimassensystem mit aktivem Schwingungsisolator (*Skyhook*-Prinzip): a) NICHOLS-Diagramm offener Kreis, b) Transmissibilität , c) Sprungantwort für Basisanregung, d) Sprungantwort der *Relativposition* $q_{10} = q_1 - q_0$ für Basisanregung $z(t)$; für alle Bilder gilt Index 1 = Tiefpass-Regler $H_1(s)$, Index 2 = Lag-Regler $H_2(s)$ ∎

10.6.3 Aktiver Tilger

Aktuator mit Inertialmasse – aktiver Tilger   Falls bei einem bewegten Fußpunkt eine Abstützung des krafterzeugenden Stellgliedes nicht möglich ist, kann ein Aktuator mit Inertialmasse nach Abb. 10.43 verwendet werden. Eine solche Anordnung, auch *aktiver Tilger* genannt, erzeugt ebenfalls über eine Rückkopplung der absoluten Geschwindigkeit eine Dämpfungskraft durch Trägheitskräfte der Aktuatormasse.

Dieses Konzept ist die aktive Variante zum passiven Schwingungsdämpfer bzw. mechatronischen Resonator aus Abschn. 5.8 (vgl. auch Beispiel 5.1 (Kapazitiver Wandler mit R-L-Impedanzrückkopplung) und Beispiel 8.4 (Schwingungsdämpfung mit einem Schwingspulenwandler). Wie in diesen Beispielen gezeigt wurde, ermöglicht die passive Schwingungsdämpfung mit lokaler elektrischer Rückkopplung nur eine eingeschränkte Einstellung der Dämpfung, dies allerdings mit minimalem Geräteaufwand und ohne Stabilitätsprobleme.

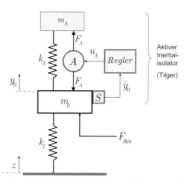

Abb. 10.43. Aktiver Schwingungstilger mit Inertialmasse (aktiver Tilger)

10.7 Beobachtbarkeits- und Steuerbarkeitsaspekte

10.7.1 Allgemeine Eigenschaften

Die in der Regelungstheorie bewährten Konzepte der *Zustandssteuerbarkeit* und *Zustandsbeobachtbarkeit* haben für Mehrkörpersysteme eine wichtige und zugleich anschauliche Bedeutung. In bestimmten Fällen sind nämlich einige Eigenmoden nicht mehr von Außen, d.h. über die vorliegende Sensor-Aktuator-Anordnung beeinflussbar. In diesen Fällen, können einmal angeregte Eigenschwingungen (z.B. durch externe Störkräfte) nicht aktiv gedämpft werden. Diese Eigenbewegungen finden dann aus Sicht des Regelkreises „im Verborgenen" statt und klingen nur mit ihrer mechanischen Eigendämpfung ab. Die folgenden Betrachtungen sollen diese Vorgänge etwas näher beleuchten und modellmäßig fassbar machen.

Mehrkörpersystem in Zustandsraumdarstellung   Ein Mehrkörpersystem mit n-Freiheitsgraden

$$\mathbf{M}\,\ddot{\mathbf{y}} + \mathbf{D}\,\dot{\mathbf{y}} + \mathbf{K}\,\mathbf{y} = \mathbf{P}\,\mathbf{f} \tag{10.44}$$

mit den Freiheitsgradkoordinaten $\mathbf{y} \in \mathbb{R}^n$, der Massematrix $\mathbf{M} \in \mathbb{R}^{n \times n}$, der Dämpfungsmatrix $\mathbf{D} \in \mathbb{R}^{n \times n}$, der Steifigkeitsmatrix $\mathbf{K} \in \mathbb{R}^{n \times n}$, den verallgemeinerten Kräften $\mathbf{f} \in \mathbb{R}^m$ und der Krafteinleitungsmatrix $\mathbf{P} \in \mathbb{R}^{n \times m}$ lässt sich durch Definition des *Zustandsvektors*[16]

---

[16] Bekanntermaßen ist die Zustandsdefinition nicht eindeutig, d.h. es lassen sich unendlich viele Zustandsgrößen durch Linearkombination der vorliegenden Zu-

$$\mathbf{x} := \begin{pmatrix} \mathbf{y} & \dot{\mathbf{y}} \end{pmatrix}^T, \quad \mathbf{x} \in \mathbb{R}^{2n} \qquad (10.45)$$

in folgende *MKS-Zustandsdarstellung* überführen

$$\dot{\mathbf{x}} = \begin{pmatrix} \mathbf{0} & \mathbf{E} \\ -\mathbf{M}^{-1}\mathbf{K} & -\mathbf{M}^{-1}\mathbf{D} \end{pmatrix} \mathbf{x} + \begin{pmatrix} \mathbf{0} \\ \mathbf{M}^{-1}\mathbf{P} \end{pmatrix} \mathbf{f} = \mathbf{A}_{MKS} \cdot \mathbf{x} + \mathbf{B}_{MKS} \cdot \mathbf{f}, \qquad (10.46)$$

wobei $\mathbf{A}_{MKS} \in \mathbb{R}^{2n \times 2n}$ die Systemmatrix und $\mathbf{B}_{MKS} \in \mathbb{R}^{2n \times n}$ die Eingangsmatrix darstellen.

Mit der Definition von *Messgrößen* $\mathbf{z} \in \mathbb{R}^m$ als Linearkombination der Zustandgrößen erhält man die Messgleichung

$$\mathbf{z} = \mathbf{C}_{MKS} \cdot \mathbf{x} = \begin{pmatrix} \mathbf{C}_p & \mathbf{C}_v \end{pmatrix} \mathbf{x} \qquad (10.47)$$

mit der Messmatrix (Ausgangsmatrix) $\mathbf{C}_{MKS} \in \mathbb{R}^{m \times 2n}$ und den Gewichten $\mathbf{C}_p, \mathbf{C}_v$ für die Positions- bzw. Geschwindigkeitssensoren.

In den Systemgleichungen (10.46) und (10.47) ist ohne Beschränkung der Allgemeinheit keine weitere Dynamik der Aktuatoren und Sensoren berücksichtigt, weil diese in der Regel keinen Einfluss auf die Steuerbarkeit und Beobachtbarkeit besitzen.

Definition 10.3. *Zustandssteuerbarkeit* – Das Mehrkörpersystem (10.46) wird *zustandssteuerbar* genannt, wenn der Zustandsvektor $\mathbf{x}$ aus einem beliebigen Anfangszustand $\mathbf{x}(0)$ mit Hilfe einer beschränkten Eingangsgröße $\mathbf{f}(t)$ in einem beliebigen endlichen Zeitintervall $(0, t_1)$ in jeden gewünschten Endzustand $\mathbf{x}(t_1)$ überführt werden kann.

Kriterium für Zustandssteuerbarkeit Zur Überprüfung der Zustandssteuerbarkeit kann man das bekannte *KALMAN-Kriterium* mit der *KALMANschen Steuerbarkeitsmatrix* $\mathbf{S}$ nutzen. Das Mehrkörpersystem (10.46) ist genau dann zustandssteuerbar, wenn

$$\mathbf{S} = \begin{pmatrix} \mathbf{B}_{MKS}, \mathbf{A}_{MKS}\mathbf{B}_{MKS}, \dots, \mathbf{A}_{MKS}^{2n-1}\mathbf{B}_{MKS} \end{pmatrix} \in \mathbb{R}^{2n \times 2n^2} \qquad (10.48)$$

Zeilenregulär ist, d.h.

---

stände bilden. Bei Bewegungsvorgängen stellt sich jedoch die Definition von *Positions-* und *Geschwindigkeitskoordinaten* als Zustandsgrößen als besonders zweckmäßig heraus.

$$\mathrm{Rg}\,\mathbf{S} = \mathrm{Rg}\left(\mathbf{B}_{MKS}, \mathbf{A}_{MKS}\mathbf{B}_{MKS}, \ldots, \mathbf{A}_{MKS}^{2n-1}\mathbf{B}_{MKS}\right) = 2n\,.$$

Definition 10.4. *Zustandsbeobachtbarkeit* – Das Mehrkörpersystem (10.46) wird unter Berücksichtigung der Messgleichung (10.47) *zustandsbeobachtbar* genannt, wenn aus der Kenntnis des Ausgangsvektors $\mathbf{z}(t)$ in einem beliebigen endlichen Zeitintervall $0 \leq t \leq t_1$ der Anfangszustand $\mathbf{x}(0)$ berechnet werden kann.

Kriterium für Zustandsbeobachtbarkeit   Zur Überprüfung der Zustandsbeobachtbarkeit kann man das bekannte *KALMAN-Kriterium* mit der *KALMANschen Beobachtbarkeitsmatrix* $\mathbf{W}$ nutzen. Das Mehrkörpersystem (10.46) ist genau dann zustandsbeobachtbar, wenn

$$\mathbf{W} = \begin{pmatrix} \mathbf{C}_{MKS} \\ \mathbf{C}_{MKS}\mathbf{A}_{MKS} \\ \vdots \\ \mathbf{C}_{MKS}\mathbf{A}_{MKS}^{2n-1} \end{pmatrix} \in \mathbb{R}^{m \cdot 2n \times 2n}$$

Spaltenregulär ist, d.h. $\hspace{10em}$ (10.49)

$$\mathrm{Rg}\,\mathbf{W} = \mathrm{Rg}\begin{pmatrix} \mathbf{C}_{MKS} \\ \mathbf{C}_{MKS}\mathbf{A}_{MKS} \\ \vdots \\ \mathbf{C}_{MKS}\mathbf{A}_{MKS}^{2n-1} \end{pmatrix} = 2n\,.$$

Dekomposition des Zustandsraumes   Falls die Bedingungen für Steuerbarkeit (10.48) oder Beobachtbarkeit (10.49) verletzt sind, kann man den von den Zustandsgrößen (10.45) aufgespannten Zustandsraum in komplementäre Unterräume partitionieren (Reinschke 2006):

- steuerbarer und beobachtbarer Unterraum $\Re_A$
- steuerbarer und nicht beobachtbarer Unterraum $\Re_B$
- nicht steuerbarer und beobachtbarer Unterraum $\Re_C$
- nicht steuerbarer und nicht beobachtbarer Unterraum $\Re_D$.

Durch eine geeignete reguläre Zustandstransformation

$$\mathbf{x} = \mathbf{T}\tilde{\mathbf{x}} = \mathbf{T}\begin{pmatrix} \tilde{\mathbf{x}}_A \\ \tilde{\mathbf{x}}_B \\ \tilde{\mathbf{x}}_C \\ \tilde{\mathbf{x}}_D \end{pmatrix} \tag{10.50}$$

lassen sich auch die Zustandsgrößen übersichtlich entsprechend der oben dargestellten Unterräume partitionieren (Reinschke 2006). Das entsprechende Zustandsmodell besitzt dann die Form

$$\dot{\tilde{\mathbf{x}}} = \tilde{\mathbf{A}}\tilde{\mathbf{x}} + \tilde{\mathbf{B}}\mathbf{f}$$
$$\mathbf{z} = \tilde{\mathbf{C}}\tilde{\mathbf{x}} . \tag{10.51}$$

Bekannterweise sind sowohl die Eigenwerte des Zustandsmodells (hier die MKS-Eigenfrequenzen) wie auch das Eingangs-/ Ausgangsverhalten invariant gegenüber einer regulären Zustandstransformation (10.50).

Übertragungsmatrix Für die Regelung zugänglich über Sensor-Aktuator-Paare erweist sich lediglich der sowohl steuerbare *und* beobachtbare Unterraum $\Re_A$. Dies sieht man deutlich, wenn man die Übertragungsmatrix $\mathbf{G}_{z/f}(s)$ des Mehrkörpersystems berechnet. Mithilfe des partitionierten Zustandsmodells (10.51) erhält man[17]

$$\mathbf{G}_{z/u}(s) = \tilde{\mathbf{C}} \cdot \left(s\mathbf{E}_{2n} - \tilde{\mathbf{A}}\right)^{-1} \cdot \tilde{\mathbf{B}} =$$

$$\left(\tilde{\mathbf{C}}_A\ \mathbf{0}\ \tilde{\mathbf{C}}_C\ \mathbf{0}\right)\begin{pmatrix} \left(s\mathbf{E}_{nA} - \tilde{\mathbf{A}}_A\right)^{-1} & * & * & * \\ \mathbf{0} & \left(s\mathbf{E}_{nB} - \tilde{\mathbf{A}}_B\right)^{-1} & * & * \\ \mathbf{0} & \mathbf{0} & \left(s\mathbf{E}_{nC} - \tilde{\mathbf{A}}_C\right)^{-1} & * \\ \mathbf{0} & \mathbf{0} & \mathbf{0} & \left(s\mathbf{E}_{nD} - \tilde{\mathbf{A}}_D\right)^{-1} \end{pmatrix}\begin{pmatrix} \tilde{\mathbf{B}}_A \\ \tilde{\mathbf{B}}_B \\ \mathbf{0} \\ \mathbf{0} \end{pmatrix}$$

$$\Rightarrow \quad \mathbf{G}_{z/u}(s) = \tilde{\mathbf{C}}_A \cdot \left(s\mathbf{E}_{nA} - \tilde{\mathbf{A}}_A\right)^{-1} \cdot \tilde{\mathbf{B}}_A . \tag{10.52}$$

Im Übertragungsverhalten sind also nur noch jene Zustandsgrößen sichtbar, die dem sowohl steuerbaren als auch beobachtbaren Unterraum $\Re_A$ angehören. Bezogen auf das Mehrkörpersystem bedeutet dies, dass nicht

---

[17] Die Matrizen $\tilde{\mathbf{A}}_i$, $\tilde{\mathbf{B}}_i$, $\tilde{\mathbf{C}}_i$, $i = A, B, C, D$ ergeben sich sinngemäß aus der Partitionierung.

alle Eigenmoden in der Übertragungsfunktion zwischen einem Sensor-Aktuator-Paar sichtbar sind. Die Anzahl der konjugiert komplexen Polpaare und damit die Ordnung der Übertragungsfunktion ist deshalb kleiner als die Anzahl der Freiheitsgrade n, im speziellen Fall also gleich $n_A/2$, wenn n_A die Dimension des sowohl steuerbaren als auch beobachtbaren Unterraumes $\Re_A$ des Mehrkörpersystems (10.51) bedeutet. Die den komplementären Unterräumen $\Re_B, \Re_C, \Re_D$ zugeordneten Eigenmoden sind in der entsprechenden Übertragungsfunktion *nicht sichtbar* und dementsprechend über das zugehörige Sensor-Aktuator-Paar auch *nicht beeinflussbar*[18]. Mathematisch gesehen erfolgt diese Ordnungsreduktion in der Übertragungsfunktion durch eine Kürzung der nicht steuer- bzw. beobachtbaren konjugiert komplexen Polpaare durch entsprechende Nullstellen.

10.7.2 MKS-Regelung in Relativkoordinaten

Anwendungen Ein potenzieller Fall für Steuerbarkeits- und Beobachtbarkeitsprobleme liegt bei der Regelung von Mehrkörpersystemen in Relativkoordinaten vor. Dies ist immer dann gegeben, wenn als Mess- bzw. Regelgrößen die relativen Positionen von zwei Masseelementen verwendet werden oder wenn sich ein Stellglied auf zwei beweglichen Masseelementen abstützt.

Beispiel Zweimassenschwinger Als anschauliches Beispiel zur Regelung in Relativkoordinaten betrachte man den in Abb. 10.44 dargestellten elastisch gefesselten Zweimassenschwinger mit $n = 2$ Freiheitsgraden. In der gezeigten Anordnung soll der Abstand der beiden Massen über eine Relativmessung $z = y_2 - y_1$ und einen zwischen diesen beiden Massen abgestützten Aktuator mit der Stellkraft F_A geregelt werden.

Mit den Zustandsgrößen $\mathbf{x} = \begin{pmatrix} y_1 & y_2 & \dot{y}_1 & \dot{y}_2 \end{pmatrix}^T$ ergibt sich folgendes Zustandsmodell für die MKS-Regelstrecke

$$
\begin{aligned}
\mathbf{x} &= \mathbf{A}\mathbf{x} + \mathbf{b}F_A \\
z &= \mathbf{c}^T\mathbf{x}
\end{aligned}
\tag{10.53}
$$

---

[18] Die Zustandstransformation (10.50) braucht nicht explizit ausgeführt zu werden, dies ist hier lediglich aus Demonstrationsgründen geschehen. Es bleiben beim Bilden der Übertragungsmatrix automatisch immer nur die *beobachtbaren und steuerbaren* Teilsysteme übrig.

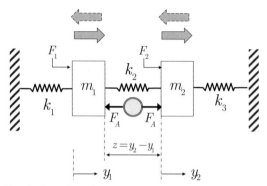

Abb. 10.44. Elastisch gefesselter Zweimassenschwinger

$$
\text{mit } \mathbf{A} = \begin{pmatrix} 0 & 0 & 1 & 0 \\ 0 & 0 & 0 & 1 \\ -\dfrac{k_1 + k_2}{m_1} & \dfrac{k_2}{m_1} & 0 & 0 \\ \dfrac{k_2}{m_1} & -\dfrac{k_2 + k_3}{m_1} & 0 & 0 \end{pmatrix}, \quad \mathbf{b} = \begin{pmatrix} 0 \\ 0 \\ -\dfrac{1}{m_1} \\ \dfrac{1}{m_2} \end{pmatrix}, \quad \mathbf{c} = \begin{pmatrix} -1 \\ 1 \\ 0 \\ 0 \end{pmatrix}.
$$

Beobachtbarkeitsanalyse Für die Beobachtbarkeit der MKS-Regelstrecke (10.53) ist die *KALMANsche Beobachtbarkeitsmatrix* (10.49) ausschlaggebend, die im vorliegenden Fall für eine Ausgangsgröße $z = y_2 - y_1$ gebildet werden muss, d.h.

$$
\mathbf{W} = \begin{pmatrix} \mathbf{c}^T \\ \mathbf{c}^T \mathbf{A} \\ \mathbf{c}^T \mathbf{A}^2 \\ \mathbf{c}^T \mathbf{A}^3 \end{pmatrix} =
$$

$$
\begin{pmatrix} -1 & 1 & 0 & 0 \\ 0 & 0 & -1 & 1 \\ \dfrac{k_1}{m_1} + \dfrac{k_2}{m_1} + \dfrac{k_2}{m_2} & -\dfrac{k_3}{m_2} - \dfrac{k_2}{m_1} - \dfrac{k_2}{m_2} & 0 & 0 \\ 0 & 0 & \dfrac{k_1}{m_1} + \dfrac{k_2}{m_1} + \dfrac{k_2}{m_2} & -\dfrac{k_3}{m_2} - \dfrac{k_2}{m_1} - \dfrac{k_2}{m_2} \end{pmatrix} \quad (10.54)
$$

Man erkennt aus (10.54), dass für den Fall

$$\frac{k_1}{m_1} = \frac{k_3}{m_2} \tag{10.55}$$

die dritte bzw. vierte Zeile der Matrix $\mathbf{W}$ von der ersten bzw. zweiten Zeile linear abhängig wird und damit insgesamt ein Rangdefekt von zwei auftritt, d.h.

$$\mathrm{Rg}\,\mathbf{W} = 2\,,$$

womit die Beobachtbarkeitsbedingung verletzt ist.

Steuerbarkeitsanalyse In äquivalenter Weise kann man sich davon überzeugen, dass im vorliegenden Fall auch die *Steuerbarkeitsbedingung* (10.48) verletzt wird, die Steuerbarkeitsmatrix hat ebenfalls einen Rangdefekt von zwei, d.h.

$$\mathrm{Rg}\,\mathbf{S} = 2\,.$$

Physikalische Interpretation – Starrkörpereigenform Der Beobachtbarkeitsdefekt bei Gültigkeit der Bedingung (10.55) lässt sich sehr anschaulich durch eine Eigenvektoranalyse des algebraischen MKS-Eigenwertproblems

$$\left(-\omega^2 \cdot \mathbf{M} + \mathbf{K}\right) \cdot \mathbf{v} = \mathbf{0} \tag{10.56}$$

erkennen (vgl. Gl. (10.44) bzw. Kap. 4).

Für den Fall einer *Starrkörpereigenform* sind alle Elemente des zugehörigen Eigenvektors gleich, d.h. der Eigenvektor hat die Form

$$\mathbf{v}_{\mathrm{Starrkörper}} = \begin{pmatrix} \alpha & \alpha & \dots & \alpha \end{pmatrix}^T\,. \tag{10.57}$$

Die zugehörige Eigenbewegung mit der Eigenfrequenz $\omega_{\mathrm{Starrkörper}}$ ist also dadurch charakterisiert, dass alle Masseelemente gleichphasig mit derselben Amplitude schwingen und damit die Relativbewegung zwischen allen Masseelementen gleich null ist (s. angedeutete Bewegungsform in Abb. 10.44). Diese Eigenform ist also mittels einer Relativmessung von Bewegungsgrößen nicht detektierbar.

Man kann leicht nachprüfen, dass beim betrachteten Zweimassen-schwinger gerade für die Bedingung (10.55) eine *Starrkörpereigenform* mit der Eigenfrequenz

$$\omega_{\text{Starrkörper}} = \sqrt{\frac{k_1}{m_1}} = \sqrt{\frac{k_3}{m_2}}$$

vorliegt. Damit erklärt sich auch anschaulich der vorliegende Beobacht-barkeitsdefekt.

In ähnlicher Weise lässt sich auch der hier ebenfalls vorliegende *Steuer-barkeitsdefekt* diskutieren. In diesem Fall können wegen der antisymmetri-schen Krafterzeugung mit F_A bei der Starrkörperfrequenz keine gleichpha-sigen Stellkräfte auf die Masseelemente eingeleitet werden, um die Starrkörperbewegung zu unterdrücken.

Gleichphasige Eigenformkomponenten Das eben diskutierte Verhalten gilt im Übrigen auch ganz allgemein, wenn eine Relativmessung zwischen MKS-Koordinaten vorgenommen wird, die *gleiche Elemente* in einem *Ei-genvektor* des algebraischen MKS-Eigenwertproblems (10.56) besitzen. Gilt für eine Eigenfrequenz ω_i mit dem Eigenvektor

$$\mathbf{v}_i = \begin{pmatrix} \dots & \alpha & \dots & \alpha & \dots \end{pmatrix}^T \\ \qquad\quad j \qquad\; k$$

für je zwei Komponenten $v_{i,j} = v_{i,k}$, dann ist diese Eigenfrequenz über ei-ne relative Messung der zugehörigen Freiheitsgradkoordinaten $(y_j - y_k)$ *nicht beobachtbar* bzw. durch einen relativen Stelleingriff über die zuge-hörigen Masseelemente (m_j, m_k) *nicht steuerbar*.

> **Steuerbarkeits- und Beobachtbarkeitsdefekte bei Regelung in Relativkoordinaten** Bei Existenz einer *Starrkörpereigenform* oder *gleichphasiger Eigenformkomponenten* sind diese Eigenformen mittels Messung und Stelleingriffen über Relativkoordinaten eben-dieser Komponenten weder steuerbar noch beobachtbar.

Übertragungsverhalten Im Falle eines Steuerbarkeits- oder Beobacht-barkeitsdefektes ist die Ordnung der MKS-Übertragungsfunktion zwischen Mess- und Stellort wenigstens um den Grad zwei kleiner als die Ordnung des Mehrkörpersystems. Diese reduzierte Ordnung erfolgt durch ein Kürzen der nicht beobachtbaren bzw. nicht steuerbaren Moden mit konjugiert komplexen Zählernullstellen.

Für den Fall des Zweimassenschwingers aus Abb. 10.44 stellen sich die Übertragungsfunktionen zwischen den gegen den Inertialraum wirkenden Kräften F_1, F_2 bzw. Relativkraft F_A und der Relativposition $z = y_2 - y_1$ wie folgt dar:

$$Z(s) = V_1 \frac{\{\omega_1\}}{\Delta(s)} F_1(s) + V_2 \frac{\{\omega_2\}}{\Delta(s)} F_2(s) + V_A \frac{\{\omega_A\}}{\Delta(s)} F_A(s)$$

$$\omega_1 = \sqrt{\frac{k_3}{m_2}}, \quad \omega_2 = \sqrt{\frac{k_1}{m_1}}, \quad \omega_A = \sqrt{\frac{k_1 + k_3}{m_1 + m_2}} \tag{10.58}$$

$$\Delta(s) = \frac{m_1 m_2}{\tilde{k}} s^4 + \frac{m_1(k_2 + k_3) + m_2(k_1 + k_2)}{\tilde{k}} s^2 + 1 = \{\omega_{p1}\}\{\omega_{p2}\}$$

$$\text{mit} \quad \tilde{k} = k_1 k_2 + k_1 k_3 + k_2 k_3.$$

Aus Gl. (10.58) ist erkennbar, dass bei Gültigkeit der Starrkörpereigenformbedingung (10.55) die Nullstellen aller drei Übertragungsfunktionen (Absolut- wie Relativkrafteinleitung) auf denselben Wert wandern. Für diesen Fall kann man auch leicht nachprüfen, dass eine der beiden Eigenfrequenzen ω_{p1} oder ω_{p2} ebenfalls diesen Wert besitzt und damit die erwartete Pol-Nullstellen-Kompensation eintritt. Der Starrkörpermode ist für den Regler nicht mehr sichtbar und weder über die Relativkraft F_A noch über die Absolutkräfte F_1, F_2 beeinflussbar. Ist die Starrkörperbedingung (10.55) *nicht* erfüllt, dann sind Zähler und Nenner aller drei Übertragungsfunktionen teilerfremd, wodurch beide Eigenfrequenzen ω_{p1}, ω_{p2} im Übertragungsverhalten sichtbar bleiben. Im Speziellen ist dann auch eine aktive Bedämpfung beider Eigenmoden mittels Regelung in Relativkoordinaten möglich. Dies sei im nachfolgenden Beispiel veranschaulicht.

Beispiel 10.10 *Regelung eines Zweimassenschwingers in Relativkoordinaten*

Systemkonfiguration Man betrachte die Anordnung eines Zweimassenschwingers nach Abb. 10.44 mit den speziellen Parametern:

$$m_1 = 10 \text{ kg}, \quad m_2 = 2 \text{ kg}, \quad k_1 = 1000 \text{ N/m}, \quad k_2 = 800 \text{ N/m}.$$

Fall A: $k_3 = 200$ N/m $\rightarrow P_1(s) = \dfrac{Z(s)}{F_A(s)} = 10^{-3} \dfrac{\{0;10\}}{\{0;10\}\{0;24,1\}}$

Fall B: $k_3 = 1000$N/m $\rightarrow P_2(s) = \dfrac{Z(s)}{F_A(s)} = 7.7 \cdot 10^{-4} \dfrac{\{0;12.9\}}{\{0;11.7\}\{0;30.7\}}.$

Im Fall A existiert eine Starrkörpereigenform mit der Starrkörpereigenfrequenz $\omega_{\text{Starrkörper}} = 10$, wodurch eine Pol-/ Nullstellenkürzung auftritt. Im Fall B bleibt die volle Steuerbarkeit und Beobachtbarkeit erhalten.
Die Ergebnisse für eine Regelung in Relativkoordinaten unter Berücksichtigung einer *parasitären Dynamik* mit einer Zeitkonstanten
$T_{par} = 1/\omega_{par} = 0.01 \text{ sec}$ und einem robusten *PID-Regler*

$$R_{PID} = 700 \frac{\{1;5\}}{s[50]}$$

sind in Abb. 10.45 dargestellt.

Diskussion des Systemverhaltens   Der robuste PID-Regler garantiert
nach einer ersten Betrachtung des NICHOLS-Diagramms in Abb. 10.45a
scheinbar für beide Fälle A und B eine robuste Stabilität. Tatsächlich ist
jedoch für den Fall A ein gefährlich instabiles Verhalten vorhanden.

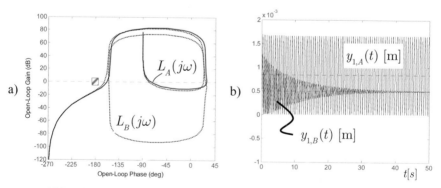

Abb. 10.45. Regelung eines Zweimassenschwingers in Relativkoordinaten: a) NICHOLS-Diagramm offener Kreis, b) Sprungantwort $y_1(t)$ auf
einen Störkraftsprung F_1 ; Index = A: nicht beobachtbarer Starrkörpermode, Index = B: beobachtbarer Starrkörpermode.

Diese erkennt man im Störverhalten bei einer Störkraftanregung auf Masse 1. In Abb. 10.45b ist die Störsprungantwort der Positionskoordinate y_1 dargestellt. In *Fall A* wird der Starrkörpermode natürlich ebenfalls mit angeregt, schwingt jedoch ungedämpft (bzw. mit mechanischer Eigendämpfung), da er nicht im Regelkreis sichtbar ist ($y_{1,A}(t)$). Enthält die Störkraft harmonische Komponenten mit der nicht beobachtbaren Eigenfrequenz, dann geht das Mehrkörpersystem in mechanische Resonanz, ohne dass dies im Regler sichtbar wird. Im *Fall B* sind hingegen beiden Eigenmoden steuer- und beobachtbar und werden deshalb aktiv bedämpft ($y_{1,B}(t)$).   ∎

10.7.3 Mess- und Stellort in Schwingungsknoten

Eine sorgfältige Wahl des Mess- und Stellortes ist besonders bei Mehrkörpersystemen höherer Ordnung bzw. unendlichdimensionalen Systemen von großer Bedeutung. Wird ein Messort in einen *Schwingungsknoten* einer *Eigenform* gelegt, dann sind die örtlichen Auslenkungen gleich null und durch einen Bewegungssensor nicht detektierbar (Abb. 10.46). Regelungstechnisch liegt in diesem Fall wiederum ein *Beobachtbarkeitsdefekt* vor. In äquivalenter Weise ergibt sich ein *Steuerbarkeitsdefekt*, wenn im Schwingungsknoten ein Aktuator platziert wird. Aufgrund der virtuellen Einspannung im Schwingungsknoten kann das Massenelement in dieser Bewegungsform nicht beeinflusst werden.

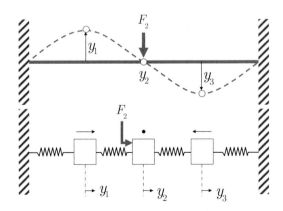

Abb. 10.46. Eigenform eines Mehrkörpersystems mit Schwingungsknoten

Beide Effekte äußern sich wiederum in einer reduzierten Übertragungsfunktion, wo die zugehörige Eigenform wegen der Pol-Nullstellen-
Kürzung nicht sichtbar ist. Mathematisch lässt sich dies bei einem Mehrkörpersystem mit konzentrierten Parametern sehr leicht an den Eigenvektoren des algebraischen MKS-Eigenwertproblems (10.56) erkennen.

Gilt für eine Eigenfrequenz ω_i mit dem Eigenvektor

$$\mathbf{v}_i = \left(\begin{matrix}\dots & 0 & \dots\end{matrix}\right)^T$$
$$ j$$

für eine Komponente $v_{i,j} = 0$, dann ist diese Eigenform mittels einer Bewegungsmessung über die zugehörige Freiheitsgradkoordinate y_j *nicht
beobachtbar* bzw. mittels eines Stelleingriffs über das zugehörige Masse-
element m_j *nicht steuerbar.*

**Steuerbarkeits- und Beobachtbarkeitsdefekte bei Mess- und
Stellort in Schwingungsknoten** Wenn der Mess- bzw. Stellort mit
einem Schwingungsknoten einer MKS-Eigenform zusammenfällt,
dann ist diese Eigenform nicht steuerbar und nicht beobachtbar.

10.8 Digitale Regelung

10.8.1 Allgemeines Entwurfsvorgehen

Die Umsetzung eines Regelungskonzeptes für ein mechatronisches System
erfolgt in der Regel mittels digitaler Regelung mit einem Mikrorechner als
Kernelement. Damit sind alle relevanten Systemgrößen als zeitdiskrete
Größen zu modellieren und entsprechend im Entwurfsmodell für den Regelkreis zu berücksichtigen. Nutzt man dazu die in Kap. 9 eingeführte Beschreibung als abgetastete Zeitsignale, so lassen sich für den Reglerentwurf alle bisher diskutierten Entwurfsprinzipien mit einigen wenigen
Erweiterungen geradlinig auch für digitale Regelungen anwenden. Durch
die gewählte Beschreibung im Frequenzbereich ist überdies ein nahtloser
Übergang zwischen kontinuierlichen und digitalen Lösungen gegeben, der

Einfluss der digitalen Signalverarbeitung ist unmittelbar und in höchstem Maße transparent in den Frequenzgängen erkennbar.[19]

Entwurfsmodell Als Entwurfsmodell möge die in Abb. 10.47 dargestellte Regelkreiskonfiguration dienen. Neben den bisher betrachteten Systemkomponenten Stellglied, Mehrkörpersystem, Sensoren und Regler sind die Analog-/ Digitalschnittstellen und das obligatorische Anti-Aliasing-Filter zu erkennen.

Daraus lassen sich die beiden folgenden für den Entwurf relevanten Systemübertragungsfunktionen abstrahieren:

- Diskrete MKS-Regelstrecke $P^*(s)$
- Diskreter Regler $H^*(s)$.

Man beachte, dass in der diskreten *MKS-Regelstrecke* $P^*(s)$ alle zeitkontinuierlich modellierten Systemelemente zusammengefasst sind, die sich außerhalb des Mikrorechners befinden, insbesondere natürlich auch das Anti-Aliasing-Filter. Diese kontinuierliche Regelstreckendynamik sei in der Übertragungsfunktion $P(s)$ zusammengefasst.

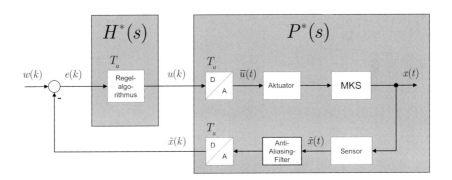

Abb. 10.47. Digitaler Regelkreis mit mechatronischen Systemkomponenten

---

[19] Nach Einschätzung des Autors bietet alleine die Beschreibung im Frequenzbereich diesen anschaulichen Zugang, weshalb diese Beschreibungsform als optimaler Ansatz für manuell durchführbare und intellektuell durchschaubare Systementwürfe gesehen wird. Die so gefundenen Basislösungen können dann als hervorragend geeignete, zulässige (engl. *feasible*) Startlösungen für stärker mathematisch formalisierte Entwurfs- und Optimierungsverfahren im Frequenzbereich und im Zeitbereich (Zustandsraummethoden) genutzt werden (Zhou u. Doyle 1998).

Die diskrete Übertragungsfunktion $P^*(s)$ ergibt sich unter der Annahme eines *Haltegliedes 0-ter Ordnung* mit der Übertragungsfunktion $H_0(s)$ (realisiert durch den Digital-Analog-Wandler) bekanntermaßen zu (vgl. Kap. 9)

$$P*(s) = \frac{1}{T_a} \sum_{n=-\infty}^{+\infty} H_0(s + jn\omega_a) \cdot P(s + jn\omega_a), \qquad (10.59)$$

wobei T_a die *Abtastperiode* und $\omega_a = 2\pi/T_a$ die *Abtastfrequenz* bedeuten.

Der *diskrete Regler* $H^*(s)$ repräsentiert eine im Mikrorechner implementierte lineare Differenzgleichung, die wiederum durch eine z-Übertragungsfunktion $H_D(z)$ dargestellt werden kann. Zwischen diesen beiden Darstellungsformen existiert folgende bekannte bijektive Korrespondenz:

$$H_D(z) = H^*(s) \Big|_{s=\frac{2}{T_a}\frac{z-1}{z+1}} \quad \text{bzw.} \quad H^*(s) = H_D(z) \Big|_{z=\frac{1+\frac{T_a}{2}s}{1-\frac{T_a}{2}s}} \cdot \qquad (10.60)$$

Die *Frequenzgänge* der Entwurfsübertragungsfunktionen erhält man durch die Substitutionen

$$P^*(j\omega) = P^*(s) \Big|_{s=j\omega},$$

$$H^*(j\omega) = H^*(s) \Big|_{s=j\omega}, \quad H_D(e^{j\omega T_a}) = H_D(z) \Big|_{z=e^{j\omega T_a}} \qquad (10.61)$$

$$\text{mit } 0 \leq \omega \leq \omega_a/2 .$$

Entwurfsvorgehen Der Frequenzgang $P^*(j\omega)$ hat prinzipiell dieselben MKS-Eigenschaften wie im kontinuierlichen Fall. Die charakteristischen konjugiert komplexen Pol-Nullstellen-Paaren bleiben im Wesentlichen erhalten, sodass alle eingeführten robusten Regelungsstrategien unter Nutzung des NICHOLS-Diagramms in äquivalenter Weise angewendet werden können.

Entwurfsschritte für digitale Regelung

1. Berechnung von $P^*(j\omega)$: (a) *exakt* über Gl. (10.59), (b) *näherungsweise* über $P^*(j\omega) \approx P(j\omega) \cdot e^{-j\omega\frac{T_a}{2}}$, $0 \leq \omega \leq \omega_a/4$

2. Bestimmung eines geeigneten *Reglers* $H^*(s)$ durch Anpassen des Frequenzganges $L^*(j\omega) = H^*(j\omega)\,P^*(j\omega)$ im NICHOLS-Diagramm unter Beachtung der robusten Regelungsstrategien aus Abschn. 10.5 bis 10.7. Näherungsweise kann mit einem kontinuierlichen $H(s)$ gerechnet werden, wenn die kritischen Frequenzbereiche hinreichend kleiner als $\omega_a/4$ sind.

3. Berechnung der *Reglerdifferenzengleichung* über $H(z)$ aus Gl. (10.60)[20]

4. *Entwurfsverifikation* durch *Simulation* des geschlossenen Regelkreises im Zeitbereich mit $H(z)$ aus Schritt 3 und der MKS-Regelstrecke mit einer der folgenden Optionen: (a) *zeitdiskret* $- P^*(s)$ wird als *Differenzengleichung* mit der Abtastperiode T_a dargestellt[21], (b) *zeitkontinuierlich* $- P(s)$ wird über *numerische Integration* mit hinreichend kleiner Schrittweite simuliert[22], (c) *zeitkontinuierlich* $- P(s)$ wird über die *Transitionsmatrix* mit problemangepasster Schrittweite simuliert[23].

Praxisorientiertes Vorgehen Aus der Erfahrung des Autors bewährt sich beim Reglerentwurf eine erste Konzeption mit dem kontinuierlichen System, gegebenenfalls mit einer Berücksichtigung des Laufzeitterms aus Schritt 1(b). Damit lassen sich die *bestmöglichen* Leistungen schon recht realistisch abschätzen. Im zeitdiskreten Fall ergeben sich gegenüber dem kontinuierlichen Fall aufgrund des zusätzlichen Anti-Aliasing-Filters und

---

[20] In MATLAB ist dazu die Transformationsoption „*Tustin*" zu wählen.

[21] In MATLAB ist dazu für $P(s)$ die Transformationsoption „*ZOH*" *(zero order hold)* zu wählen.

[22] Man beachte die prinzipiellen Probleme von expliziten Integrationsverfahren mit grenzstabilen Systemen (Abschn. 3.3). Solche Fälle liegen hier vor, wenn die Eigenmoden sehr schwach gedämpft bzw. ungedämpft sind. Gerade bei *Worst-Case*-Untersuchungen werden solche Grenzfälle bewusst durchgespielt.

[23] vgl. Abschn. 3.4, dies erlaubt speziell bei Systemen höherer Ordnung mit schwach gedämpften Eigenmoden die numerisch stabilste und effizienteste Simulationslösung.

der Spiegelfrequenzen von $P(s)$ immer ungünstigere dynamische Verhältnisse. Diese kann man bis zu einem gewissen Grad durch Geschick und Fingerspitzengefühl beim Anpassen der Frequenzgänge kompensieren, in jedem Fall muss man aber immer Abstriche und Kompromisse bezüglich Regelungsleistungen (Bandbreiten, Kreisverstärkung, Stabilitätsreserven) akzeptieren.

10.8.2 Dominante Starrkörpersysteme

Systemcharakteristik Als dominante Starrkörpersysteme seien solche Mehrkörpersysteme bezeichnet, wo im interessierenden Frequenzbereich nur ein Eigenmode oder ein eng zusammen liegendes Cluster von kollokierten Eigenmoden vorhanden ist. Diese Eigenmoden können dann leicht im *Phase-Lead*-Stabilitätsgebiet platziert werden und die Abtastzeit wird man zweckmäßigerweise so wählen, dass für alle Eigenfrequenzen $\omega_{p,i} \ll \omega_a/2$ gilt. In diesem Falle wird $P^*(j\omega)$ und damit auch $L^*(j\omega)$ im Bereich der die Stabilität bestimmenden Durchtrittsfrequenz ω_D das in Abb. 10.48 gezeigte Verhalten haben. Die Eigenmoden befinden sich also alle unterhalb der Durchtrittsfrequenz, d.h. $\omega_{p,i} < \omega_D$, und oberhalb dieser Durchtrittsfrequenz ergibt sich ein glatter Frequenzgang $P^*(j\omega)$ mit Tiefpassverhalten ohne Einfluss auf die Stabilität des geschlossenen Kreises.

Regelgüte in Abhängigkeit der Abtastzeit Unter den genannten Bedingungen lassen sich leicht die Verschlechterung der Regelgüte bei Einsatz eines digitalen Reglers und die maximal mögliche Abtastzeit abschätzen.

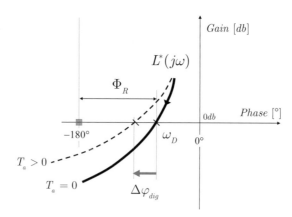

Abb. 10.48. Phasenverlust durch Abtast-/ Halteprozess und Anti-Aliasing-Filter

Der Einfluss der *digitalen Signalverarbeitung* wird näherungsweise durch einen *Laufzeitterm*

$$\Delta_a(s) = e^{-s\frac{T_a}{2}}$$

charakterisiert (s. Kap. 9).
Für das obligatorische *Anti-Aliasing-Filter* sei ein *Tiefpass 2. Ordnung* mit der Eckfrequenz gleich der halben Abtastfrequenz angenommen

$$F_{AA}(s) = \frac{1}{\left[0.7; \dfrac{\omega_a}{2}\right]}.\tag{10.62}$$

Damit ergibt sich als Einfluss der *digitalen Regelung* bei hinreichend kleinen Frequenzen näherungsweise

$$\Delta_{dig}(s) = \Delta_a(s) \cdot F_{AA}(s)$$

Da unterhalb der Eckfrequenz des Anti-Aliasing-Filters keine Betragsabsenkung stattfindet, wird die für $T_a = 0$ geltende Durchtrittsfrequenz ω_D auch bei $T_a > 0$ konstant bleiben. Der Frequenzgang wird im Falle der digitalen Regelung in diesem Frequenzbereich lediglich phasenmäßig im NICHOLS-Diagramm nach links (negative Phase) verschoben. Dies ergibt sich aus

$$\Delta\varphi_{dig} = \arg\Delta_{dig}(j\omega_D) = -\frac{T_a}{2}\omega_D - \arctan\frac{2\cdot 0.7\dfrac{\omega_D}{\omega_a/2}}{1-\left(\dfrac{\omega_D}{\omega_a/2}\right)^2}.\tag{10.63}$$

Für den praktisch relevanten Fall $\omega_D \ll \omega_a/2$ folgt aus (10.63) die einfache *Näherungsbeziehung* für den von der Abtastzeit abhängigen *Phasenverlust*[24]

$$\boxed{\Delta\varphi_{dig}^{[°]} \approx -\omega_D^{[1/s]} \cdot T_a^{[s]} \cdot \frac{180}{\pi}}\tag{10.64}$$

---

[24] Diese Beziehung gilt natürlich ganz allgemein in dem betrachteten Frequenzbereich.

oder gleichbedeutend das effektiv wirksame Modell für digitale Informationsverarbeitung und Anti-Aliasing-Filter[25]

$$\Delta_{dig}(s) \approx e^{-sT_a}.$$

Die Gl. (10.64) erlaubt nun eine einfache Abschätzung der Regelgüte in Abhängigkeit der Abtastzeit, wenn der *ursprüngliche* (zeitkontinuierliche) *Regler unverändert* beibehalten wird.

Man erkennt aus Abb. 10.48, dass im Falle der digitalen Regelung die ursprüngliche Phasenreserve Φ_R des kontinuierlichen Falls um $\Delta\varphi_{dig}$ reduziert wird, der Regelkreis wird also tendenziell destabilisiert. Falls die in Abschn. 10.5.3 getroffenen Annahmen gelten, dann kann mit Gl. (10.64) und Gl. (10.24) sogar das *transiente* Verhalten (*Überschwingen*) sehr einfach quantifiziert werden.

Maximale mögliche Abtastzeit Die *maximal mögliche Abtastzeit* bei unverändertem Regler lässt sich ebenfalls aus Gl. (10.64) abschätzen, wenn man als maximalen Phasenverlust die Phasenreserve Φ_R zulässt, d.h.

$$\boxed{T_{a,\max}^{\,[s]} \approx \Phi_R^{\,[°]} \frac{\pi}{180} \frac{1}{\omega_D^{\,[1/s]}}.} \qquad (10.65)$$

Beispiel 10.11   *Digitale Regelung eines Einmassenschwingers.*

Man betrachte den Einmassenschwinger aus Beispiel 10.4 mit dem robusten PID-Regler (10.25). Der Frequenzgang des offenen Kreises für verschiedene Abtastzeiten unter Berücksichtigung eines Anti-Aliasing-Filters (10.62) ist in Abb. 10.49 gezeigt. Man erkennt die zunehmend destabilisierende Wirkung bei zunehmender Abtastzeit. Ausgehend von der Phasenreserve $\Phi_R = 52°$ und Durchtrittsfrequenz $\omega_D = 2.6 \; 1/s$ im kontinuierlichen Fall erhält man aus der Näherungsbeziehung (10.65) als kritische Abtastzeit

$$T_{a,krit} = 52 \frac{\pi}{180} \frac{1}{2.6} = 3.5 \; s \,,$$

was sich sehr gut mit den exakten Frequenzgängen aus Abb. 10.49 deckt. Man beachte auch die jeweiligen Frequenzgrenzen in Abhängigkeit von

---

[25] Das Anti-Aliasing-Filter wirkt also unterhalb seiner Knickfrequenz näherungsweise wie ein Laufzeitglied mit der Laufzeit $T_a/2$.

der Abtastzeit. In dem vorliegenden Fall kann man auch gut die Näherungsbeziehung (10.24) für das transiente Verhalten des geschlossenen Regelkreises nutzen. Eine Verifikation dieser Zusammenhänge sei dem geneigten Leser überlassen.

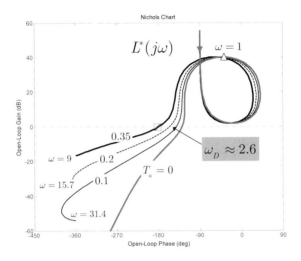

Abb. 10.49. Digitale Regelung eines Einmassenschwingers: NICHOLS-Diagramm des offenen Kreises mit PID-Regler bei verschiedenen Abtastzeiten

10.8.3 Systeme mit unmodellierten Eigenmoden (Spillover)

Hochfrequente Eigenmoden Bei Systemen mit hochfrequenten Eigenmoden, speziell bei nicht vernachlässigbaren unmodellierten Eigenmoden, muss man mit zum Teil doch beträchtlichen Änderungen im Frequenzgang $P^*(j\omega)$ gegenüber dem kontinuierlichen Fall rechnen. In diesem Fall kommen nämlich die *Spiegelfrequenzen* $\omega = \omega_i \pm n\omega_a$ voll zur Geltung.

Aliasing von Eigenfrequenzen Bekanntlich werden Eigenfrequenzen $\omega_i > \omega_a/2$ auf eine subharmonische Frequenz ω_i^* gespiegelt, die innerhalb des Basisfrequenzbandes $0 < \omega < \omega_a/2$ liegt (s. Abschn. 9.7). Damit verändert sich also prinzipiell der Frequenzgang im niederfrequenten Bereich, mit allen möglichen negativen Konsequenzen für die Stabilität des geschlossenen Regelkreises. Die Lage der Pol-Nullstellen-Schleifen im NICHOLS-Diagramm ist nun nicht mehr ohne weiteres vorhersagbar. Zusätzlich existiert hier natürlich auch der Einfluss der negativen Phasendrehung durch digitale Informationsverarbeitung und Anti-Aliasing-Filter, der mit Gl. (10.64) recht gut abgeschätzt werden kann.

Die möglichen Konsequenzen für den Reglerentwurf sind anschaulich an dem folgenden Beispiel gezeigt.

Beispiel 10.12   *Digitale Regelung einer freien Masse mit angekoppelter flexibler Struktur.*

Es sei die MKS-Strecke aus Beispiel 10.6 inklusive eines Anti-Aliasing-Filters betrachtet

$$P_{MKS}(s) = \frac{1}{s^2} \frac{\{3\}}{\{4\}} \frac{\{8\}}{\{10\}} \frac{1}{[50]} \frac{1}{\{0.7; 62.8\}} \cdot \frac{\{90\}}{\{100\}} \frac{\{500\}}{\{510\}}.$$

Wählt man die Abtastzeit zu $T_a = 0.05$ s, so liegen wegen $\omega_a/2 = \pi/T_a = 62.83$ die beiden Eigenmoden bei $\omega_{p,3} = 100$ und $\omega_{p,4} = 510$ außerhalb des Basisfrequenzbandes des diskreten Frequenzganges $P_{MKS}^*(j\omega)$. Für die Eigenfrequenz $\omega_{p,3} = 100$ ergibt sich beispielsweise als subharmonische Spiegelfrequenz

$$\omega_{p,3}^* = \omega_0 - \omega_a = 100 - 125.67 = -25.7$$

bzw. für die Eigenfrequenz $\omega_{p,4} = 510$

$$\omega_{p,4}^* = 100 - 4 \cdot 125.67 = -7.3$$

als subharmonische Spiegelfrequenz.
Zur Veranschaulichung ist der diskrete Frequenzgang des *offenen Kreises* $L^*(j\omega)$ inklusive dem *Regler*

$$H^*(s) = 0.003 \, \frac{\{1; \ 0.05\}}{s[40]} \, \frac{1}{\{0.1; \ 40\}} \tag{10.66}$$

in Abb. 10.28 gezeichnet. Die zu Gl. (10.66) zugehörige z-Übertragungsfunktion für $T_a = 0.05$ s lautet

$$H_D(z) = \frac{10.88 - 0.0545z - 21.82z^2 + 0.0546z^3 + 10.94z^4}{-0.8182z + 0.8182z^2 - z^3 + z^4}.$$

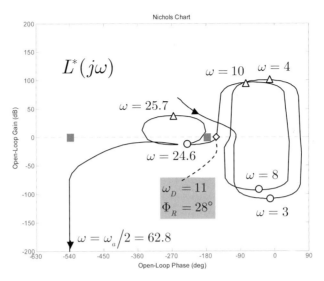

Abb. 10.50. Digitale Regelung eines Mehrkörpersystems mit hochfrequenten Eigenmoden: NICHOLS-Diagramm des offenen Kreises bei $T_a = 50\text{ms}$

Diskussion Vergleicht man mit dem kontinuierlichen Fall (s. Abb. 10.28b), so ist der Einfluss der digitalen Informationsverarbeitung und des Anti-Aliasing-Filters wiederum deutlich und vorhersagbar zu erkennen. Die beiden niederfrequenten Eigenmoden bleiben fast unverändert erhalten, lediglich die Phasenreserve bei der Durchtrittsfrequenz $\omega_D = 11$ verringert sich von $\Phi_R = 57°$ auf $\Phi_R = 28°$, ganz im Einklang mit der Näherungsbeziehung (10.64) für den Phasenverlust. Die subharmonische Eigenfrequenz $\omega^*_{p,3} = 25.7$ ist gut in $L^*(j\omega)$ sichtbar, allerdings mit reduzierter Stabilitätsreserve. Die zweite, hochfrequente Eigenfrequenz $\omega^*_{p,4} = 7.3$ ist allerdings nicht in $L^*(j\omega)$ sichtbar. Dies liegt offensichtlich daran, dass für die Eigenfrequenz $\omega_{p,4} = 510$ die Tiefpassanteile in $P_{MKS}(s)$ und des Haltegliedes bereits so stark wirksam sind, dass im diskreten Frequenzgang $P^*(j\omega)$ von dieser Eigenfrequenz keine nennenswerten Spiegelfrequenzterme zum Tragen kommen. Insgesamt ist also ein weniger robustes Stabilitätsverhalten mit verringerten Phasenreserven sichtbar. Werden größere Phasenreserven gewünscht, könnte man nun versuchen, mittels eines zusätzlichen phasenseparierenden Korrekturgliedes (Anti-Notch-Filter) den Frequenzgang im Bereich $\omega \approx 15$ zu spreizen. Mit dem vorhandenen Regler (10.66) erzielt man jedenfalls für Kraftstörungen ein fast unverändertes Zeitverhalten wie im kontinuierlichen Fall. Dies zu überprüfen sei dem geneigten Leser überlassen. ∎

11.8.4 Aliasing bei digitalen Reglern

Filterwirkung analoger vs. digitaler Regler Beim Übergang von einem
kontinuierlichen Regler zu einem digitalen Regler sei auf das folgende bekannte Phänomen aufmerksam gemacht. Ein *kontinuierlicher Regler* mit
Tiefpasscharakter unterdrückt inhärent hochfrequente Anteile, z.B. von
Sensorrauschen im Rückführkanal. Bei einem *digitalen Regler* mit äquivalenter Frequenzcharakteristik werden jedoch hochfrequente kontinuierliche
Eingangsgrößen im Rückführkanal abgetastet und es entstehen aufgrund
von Aliasingeffekten subharmonische Spiegelfrequenzen. Eine hochfrequente Sensorstörung kann damit ein niederfrequentes Reglereingangssig-
nal verursachen, das dann mit der niederfrequenten Frequenzcharakteristik
des Reglers bewertet wird. Als anschauliches Beispiel ist in Abb. 10.51
und Abb. 10.52 dieser Sachverhalt für einen *Integralregler* (*I-Regler*) dargestellt. Bei diesem Reglertyp werden Eingangssignale mit kleinen Frequenzen ja gerade mit einer großen Verstärkung bewertet. Man erkennt
dies deutlich in Abb. 10.52, wo im kontinuierlichen Fall der I-Regler eine
gute Störunterdrückung sicherstellt, wogegen der *digitale I-Regler* das
Eingangssignal unzulässig hoch bewertet und praktisch unabgeschwächt in
der Regelschleife hält. Dieser Effekt ist übrigens auch bei Verwendung
von einem Anti-Aliasing-Filter existent, allerdings mit verringerten Amplituden.

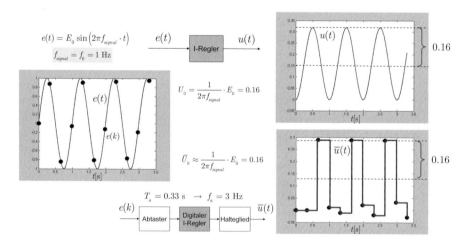

Abb. 10.51. Vergleich eines kontinuierlichen und digitalen I-Reglers bei Anregung mit niederfrequenten kontinuierlichen Eingangssignalen: Signalfrequenz
kleiner als halbe Abtastfrequenz ⇒ kein Aliasing.

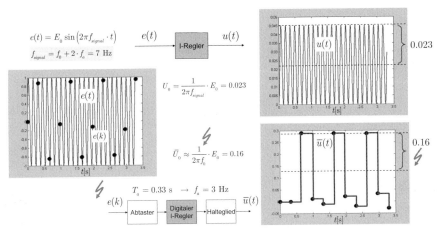

Abb. 10.52. Vergleich eines kontinuierlichen und digitalen I-Reglers bei Anregung mit hochfrequenten kontinuierlichen Eingangssignalen: Signalfrequenz *größer* als halbe Abtastfrequenz ⇒ Aliasing.

10.8.5 Aliasing bei Messrauschen

Hochfrequentes Messrauschen   Aliasingeffekte bei hochfrequentem Messrauschen können im Falle einer digitalen Regelung speziell bei schwach gedämpften Mehrkörpersystemen im Gegensatz zu einer kontinuierlichen (analogen) Regelung zu unliebsamen Effekten führen, wie im Folgenden gezeigt werden soll.

In Abb. 10.53 ist nochmals die prinzipielle Anordnung eines digitalen Regelkreises gezeigt, wobei diejenigen Systemelemente grau hervorgehoben sind, die für die folgenden Betrachtungen eine besondere Bedeutung besitzen. Das Messrauschen ist in der Regel ein mehr oder weniger breitbandiges Signal, dessen hochfrequente Signalanteile prinzipiellen Aliasingeffekten unterworfen sind. Die vom Analog-Digital-Wandler abgetastete Messgröße $\tilde{x}(k)$ enthält in jedem Falle subharmonische Signalanteile des Rauschsignals $n(t)$, das Anti-Aliasing-Filter begrenzt lediglich deren Amplituden. Über den Regelalgorithmus und das Halteglied (Digital-Analog-Wandler) werden diese subharmonischen Signale auf die MKS-Strecke weitergeleitet. Wenn zufälligerweise subharmonische Signalkomponenten mit schwach gedämpften MKS-Eigenfrequenzen zusammenfallen, dann werden in der Regelgröße $x(t)$ diese durch hochfrequente Messstörung angeregten Eigenschwingungen sichtbar sein.

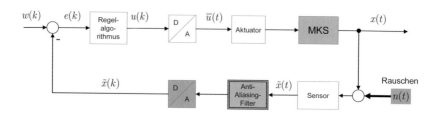

Abb. 10.53. Digitaler Regelkreis mit Messrauschen

Wie in Abschn. 10.2 ausgeführt wurde, ist aber gerade im niederfrequenten Bereich in der Regel eine schlechte Störunterdrückung gegeben, weil dort aufgrund der robusten Entwurfsstrategie wegen $\left|L^*(j\omega)\right|$ ja gerade nach Gl. (10.6) für die *Messstörunterdrückung* $\left|T_n^*(j\omega)\right| \approx 1$ gilt. Damit liegt der ungewöhnliche Fall vor, dass eine *hochfrequente Störung* einen unabgeschwächten niederfrequenten Störanteil in der Regelschleife hervorruft. Dieser ungemein wichtige und störende Sachverhalt sei an dem folgenden einfachen System erläutert.

Anschauungsbeispiel Vorgegeben sei ein *Mehrkörpersystem* mit folgenden Eigenfrequenzen

$$\text{Mode 1:} \qquad \omega_{p,1} = 10 \ \text{rad/s} \ \triangleq \ 1.6 \ \text{Hz}$$

$$\text{Mode 2:} \qquad \omega_{p,2} = 52.8 \ \text{rad/s} \ \triangleq \ 8.4 \ \text{Hz}$$

und der *Streckenübertragungsfunktion*

$$P_{MKS}(s) = \frac{1}{\{0.1;10\}} \frac{\{0.001;40\}}{\{0.001;52.8\}},$$

sowie eine *hochfrequente harmonische Messstörung*[26]

$$n(t) = N_0 \cdot \sin\left(\omega_s \cdot t\right), \quad \omega_s = 115.6 \ \text{rad/sec}. \tag{10.67}$$

---

[26] Hier wird lediglich zur Verdeutlichung *ein* spezielles *harmonisches* Signal betrachtet. In allgemeinen Fall ist die hier im Weiteren betrachtete Koinzidenz der betrachteten Frequenzanteile natürlich sehr unwahrscheinlich. Ein gleichartiges Verhalten gilt jedoch auch bei *breitbandigen Rauschsignalen*, die ja alle Frequenzanteile enthalten, d.h. auch diejenigen, die zu kritischen subharmonischen Anregungen führen können. Insofern hat die hier betrachtete Signalklasse doch eine *allgemeine Gültigkeit*.

Als Regler betrachte man folgenden analogen bzw. digitalen *I-Regler*

$$H(s) = H^*(s) = \frac{1.6}{s}\,.$$

Analoger Regler Im zeitkontinuierlichen Fall liegt die hochfrequente Störkomponente weit *außerhalb der Regelungsbandbreite*. Die Regelgröße wird wegen der Tiefpasswirkung des analogen Reglers und der MKS-Strecke nur marginal beeinflusst, der Einfluss der *Messstörung* ist also in diesem Falle *unbedeutend* (Abb. 10.54a).

Aliasingeffekte Wie bei jeder digitalen Regelung sind auch hier zwei Aliasingeffekte zu unterscheiden: *Signal-Aliasing* der hochfrequenten Sensorstörung und *Frequenzgang-Aliasing* durch hochfrequente MKS-Eigenmoden. Wählt man als *Abtastzeit* $T_a = 0.1$ s, so ergibt sich als *Abtastfrequenz*

$$\omega_a = 2\pi \,/\, T_a = 62.8 \text{ rad/s} \text{ bzw. } \frac{\omega_a}{2} = 31.4 \text{ rad/s}$$

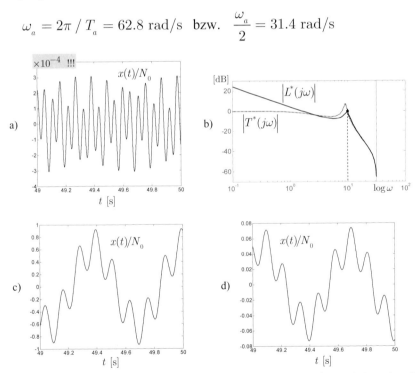

Abb. 10.54. Anregung von Eigenfrequenzen durch Messrauschen: a) Regelgröße – *analoger* I-Regler, b) Betragsverlauf für diskrete Frequenzgänge für $T_a = 0.1$ s, c) Regelgröße – *digitaler* I-Regler ($T_a = 0.1$ s) *ohne* Anti-Aliasing-Filter, d) Regelgröße – *digitaler* I-Regler ($T_a = 0.1$ s) *mit* Anti-Aliasing-Filter.

sowie als Signal-Aliasing die *subharmonische Spiegelfrequenz* der Messstörung innerhalb des Basisfrequenzbandes

$$\omega_s^* := \omega_s - 2\omega_a = -10 \text{ rad}/\text{s}. \tag{10.68}$$

Der digitale Regler interpretiert die Messstörung als Abtastfolge mit eben
dieser Frequenz ω_s^*.

Die zweite Eigenfrequenz $\omega_{p,2}$ wiederum erscheint im diskreten Frequenzgang als gespiegelte Eigenfrequenz $\omega_{p,2}^* = 10$ (s. Abschn. 9.7), die
hier zufälligerweise mit der niedersten Eigenfrequenz $\omega_{p,1}$ zusammenfällt.
Dies bedeutet andererseits, dass mit Signalfrequenzen $\omega = 10$ beide
MKS-Eigenfrequenzen gleichzeitig angeregt werden. Da zufälligerweise[27]
auch die Messstörung bei $\omega = \omega_s^* = 10$ eine subharmonische Spiegelfrequenz besitzt, liegt also eine mehrfach unangenehme Situation vor.

Digitaler Regler ohne Anti-Aliasing-Filter   In Abb. 10.54b sind die Beträge der diskreten Frequenzgänge der Kreisübertragungsfunktion $L^*(s)$
und der komplementären Empfindlichkeit $T^*(j\omega)$ (identisch der Messstörunterdrückung, s. Gl. (10.6)), beide *ohne* Aliasing-Filter, gezeichnet.
Man erkennt in $L^*(j\omega)$ bei der Frequenz $\omega = 10$ eine deutliche Resonanzüberhöhung, die durch die Überlagerung des recht gut gedämpften Eigenmodes $\omega_{p,1}$ und der Spiegelfrequenz $\omega_{p,2}^* = 10$ des schwach gedämpften zweiten Eigenmodes herrührt.

In der Messstörunterdrückung $T^*(j\omega)$ ergibt sich bei $\omega = 10$ gerade
ein Betrag $\left|T^*(j1)\right| \approx 0\,\text{dB} \stackrel{\wedge}{=} 1$. Dies ist auch gerade der Amplitudenfak-
tor, mit dem die harmonische Messstörung (10.67) verstärkt am Strecken-
ausgang erscheint, siehe Abb. 10.54c. Die hochfrequente Störung wird mit
einer niederfrequenten Spiegelfrequenz praktisch unabgeschwächt im Regelkreis auf die Regelgröße y übertragen, wie erwartet werden beide
MKS-Eigenmoden angeregt. Im digitalen Regelkreis hat die *hochfrequente
Messstörung* plötzlich eine *hohe Bedeutung* gewonnen.

Digitaler Regler mit Anti-Aliasing-Filter   Ein obligatorisches Anti-
Aliasing-Filter (hier 2. Ordnung) ändert nichts am prinzipiellen Verhalten,
es werden lediglich die *Auswirkungen* des Frequenzgang-Aliasing (geringere Resonanzüberhöhung) und Signal-Aliasing (kleinere Signalamplitude
am Abtaster) *reduziert*. In Abb. 10.54d ist die Regelgröße für diesen Fall

---

[27] Im Beispiel aus Demonstrationsgründen natürlich gezielt gewählt, s. Fußnote
vorhergehende Seite.

dargestellt, es erfolgt eine Betragsabsenkung der Messstörung mit dem Faktor $0.06 \triangleq -24\,\mathrm{dB}$. Verglichen mit dem analogen I-Regler ist diese Störunterdrückung nicht besonders groß. Dies liegt daran, dass die Störfrequenz noch innerhalb der ersten Dekade im Sperrbereich des Anti-Aliasing-Filters liegt.

Literatur zu Kapitel 10

Åström K J (2000) Model uncertainty and robust control. In *Lecture Notes on Iterative Identification and Control Design*. Lund, Sweden, Lund Institute of Technology: 63–100

Åström K J, Murray R M (2008) *Feedback systems: an introduction for scientists and engineers*, Princeton University Press

Bittner H, Fischer H D, Surauer M (1982) *Design of Reaction Jet Attitude Control Systems for Flexible Spacecraft*. Proceedings of 9-th IFAC/ESA Symposium "Automatic Control in Space 1982", Noordwijkerhout, The Netherlands

Föllinger O (1994) *Regelungstechnik, Einführung in die Methoden und ihre Anwendung*, Hüthig Verlag

Graham R E (1946) Linear Servo Theory. *Bell System Technical Journal*: 616-651

Hagenmeyer V, Zeitz M (2004) Flachheitsbasierter Entwurf von linearen und nichtlinearen Vorsteuerungen. *at-Automatisierungstechnik* 52(1): 3-12

Horowitz I M (1963) *Synthesis of Feedback Systems*. New York, Academic Press

Janschek K (2008) Optimized system performances through balanced control strategies (Editorial). *Mechatronics* 18(5-6): 262-263

Janschek K (2009) Skyhook-Einstellregeln für lineare Korrekturglieder erster Ordnung. *Interner Bericht*, Institut für Automatisierungstechnik, Technische Universität Dresden

Janschek K, Surauer M (1987) Decentralized/hierarchical control for large flexible spacecraft *10th IFAC World Congress*. Munich, Federal Republic of Germany. 6: 53-60

Karnopp D (1995) Active and Semi-Active Vibration Isolation. *Transactions of the ASME* 117(June): 177-185

Kreisselmeier G (1999) Struktur mit zwei Freiheitsgraden. *at-Automatisierungstechnik* 47(6): 266–269

Landgraf C, Schneider G (1970) *Elemente der Regelungstechnik*, Springer

Li H, Goodall R M (1999) Linear and non-linear skyhook damping control laws for active railway suspensions. *Control Engineering Practice* 7(7): 843-850

Lunze J (2009) *Regelungstechnik 1: Systemtheoretische Grundlagen, Analyse und Entwurf einschleifiger Regelungen*, Springer

Lurie B J, Enright P J (2000) *Classical feedback control with MATLAB*. New York, Marcel Dekker

Preumont A (2002) *Vibration Control of Active Structures - An Introduction*, Kluwer Academic Publishers

Preumont A (2006) *Mechatronics, Dynamics of Electromechanical and Piezoelectric Systems*, Springer

Reinschke K (2006) *Lineare Regelungs- und Steuerungstheorie*, Springer

Reinschke K, Lindert S-O (2006) *Anmerkungen zu regelungstechnischen Konzepten, insbesondere zur Stabilisierung von Regelkreisen mit instabilen Reglern.* Workshop GMA-Fachausschuss 1.40 Theoretische Verfahren der Regelungstechnik, Bostalsee, Deutschland, Lehrstuhl für Systemtheorie und Regelungstechnik (Prof. Kugi), Universität des Saarlandes:124-142

Rudolph J (2003) *Beiträge zur flachheitsbasierten Folgeregelung linearer und nichtlinearer Systeme endlicher und unendlicher Dimension.* Aachen, Shaker Verlag

Sciavicco L, Siciliano B (2000) *Modelling and Control of Robot Manipulators*, Springer

Sidi M J (1997) *Spacecraft Dynamics and Control: A Practical Engineering Approach.* New York, Cambridge University Press

Weinmann A (1991) *Uncertain Models and Robust Control*, Springer

Zhou K, Doyle J C (1998) *Essentials of Robust Control.* New Jersey, Prentice Hall

11 Stochastische Verhaltensanalyse

Hintergrund   Mechatronische Produkte sind meist auf eine hohe Regelungsgenauigkeit der mechanischen Zustandsgrößen ausgelegt. Damit gewinnen Kleinsignalverhalten und stochastische Einflussgrößen eine besondere Bedeutung für das Systemverhalten. Letztlich bestimmen die durch Sensoren, Aktuatoren und Umwelteinflüsse induzierten Rauschpegel die erreichbaren Genauigkeitseigenschaften. Grundlegend für belastbare Voraussagen sind aussagekräftige quantitative Berechnungsmöglichkeit, um die Auswirkung der stochastischen Eingangsgrößen bereits im Entwurfsmodell abschätzen zu können.

Inhalt Kapitel 11   In diesem Kapitel werden grundlegende methodische Elemente zur Modellierung und Verhaltensbeschreibung von dynamischen stochastischen Einflussgrößen diskutiert. Der erste und größere Teil widmet sich der Charakterisierung und Modellierung von Rauschprozessen. Nach einer kurzen Einführung über wichtige Begriffe der stochastischen Systemtheorie (*Zufallsgrößen, Zufallsprozesse*) wird insbesondere die *Spektraldarstellung* in den Mittelpunkt gerückt und das *Propagationsverhalten* bei LTI-Systemen behandelt. Als wichtige Modellkonzepte werden darüber hinaus *weiße* und *farbige Rauschprozesse* eingeführt. Aufbauend auf diese Grundlagen werden dann Modellierungskonzepte für *reale Rauschquellen* unter Zuhilfenahme von typischen Rauschspezifikationen aus Datenblättern diskutiert.

Im zweiten Teil wird die Störungsfortpflanzung bei zusammengesetzten Systemen untersucht und es werden geeignete Berechnungsverfahren in Form der analytischen, numerischen und simulationsbasierten *Kovarianzanalyse* vorgestellt. ∎

11.1 Systemtechnische Einordnung

Nichtdeterministische Betriebsbedingungen Eine der Hauptaufgaben des Systementwurfes ist die Voraussage des Systemverhaltens unter repräsentativen Betriebsbedingungen. In realen Systemen sind viele Systemeinflüsse inhärent stochastischer[1] Natur, woraus sich auch die Notwendigkeit entsprechender Beschreibungs- und Analysemethoden erklärt. Die genauigkeitsrelevanten Systemleistungen hängen speziell bei Hochpräzisionsanwendungen in fundamentaler Weise von den stochastischen Eingangsgrößen und dem Grad ihrer Unterdrückung ab. Im Gegensatz zu deterministischen Einflussgrößen lassen sich zufällige Einflüsse nicht zeitgenau voraussagen, weshalb zu deren Kompensation deterministische Konzepte wie Vorsteuerung (feedforward control) und Störgrößenaufschaltung prinzipiell nicht anwendbar sind. Eine gute Störunterdrückung stochastischer Einflussgrößen kann lediglich durch eine geeignete Reglerstruktur und -parametrierung (inklusive spezieller Filteralgorithmen, z.B. KALMAN-Filter) erreicht werden. Grundlegend für die Reglerauslegung ist aber eine aussagekräftige quantitative Berechnungsmöglichkeit, um die Auswirkung der stochastischen Eingangsgrößen bereits im Entwurfsmodell abschätzen zu können. Dieser Fragestellung wird im Weiteren näher erörtert.

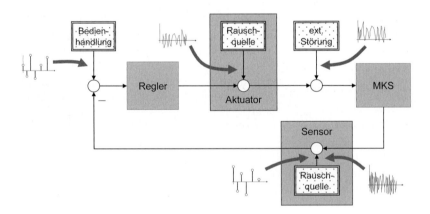

Abb. 11.1. Mechatronisches System mit stochastischen Eingangsgrößen

---

[1] Auch bezeichnet als *zufällig, regellos*

Stochastische Eingangsgrößen Eine schematische Übersicht über wichtige stochastische Eingangsgrößen eines mechatronischen Systems ist in Abb. 11.1 gezeigt:

- *Streckenstörungen*, z.B. externe Störkräfte, Einflussgrößen gekoppelter Systeme
- *Sensorstörungen*, Rauschen der Sensoren bzw. Messverstärker, häufigste Störquelle
- *Aktuatorstörungen*, inhärentes Rauschen der Hilfsenergiequellen bzw. Aktuatorkomponenten (z.B. hydraulisches Servoventil) und Leistungsverstärker
- *Bedienengriffe*, nicht voraussagbare Bedienhandlungen, z.B. *pilot-in-the-loop*.

Entsprechend ihrer Entstehungsursache sind diese Störgrößen als *zeitkontinuierliche Signalen* oder als *zeitdiskrete Zufallsfolgen* zu modellieren. In beiden Fällen werden die Verhaltenseigenschaften über *statistische* Parameter für die *Amplitudenverteilung* und über *spektrale* Parameter für die *dynamischen* Eigenschaften beschrieben.

Störungsmodellierung und Störungsfortpflanzung Im Rahmen dieses Buches interessieren zwei fundamentale Fragestellungen der stochastischen Verhaltensanalyse. Eine wesentliche Voraussetzung für eine stochastische Verhaltensanalyse ist die korrekte *Beschreibung der Störquellen* als stochastischer Prozess – die *Störungsmodellierung* in Abb. 11.2 links dargestellt. Die erforderlichen Informationen erhält man entweder aus Datenblättern der eingesetzten Komponenten oder durch eine eigene experimentelle Analyse. Im Weiteren interessiert die Frage, wie sich diese stochastischen Eingangsgrößen im mechatronischen System *fortpflanzen* und wie sie sich auf bestimmte Systemgrößen auswirken – die Störungsfortpflanzung, auch *Störungspropagation* genannt, in Abb. 11.2 rechts dargestellt. Diese Aufgabe lässt sich sehr effizient durch analytische Betrachtungen mittels der in Abschn. 11.6 vorgestellten *Kovarianzanalyse* lösen.

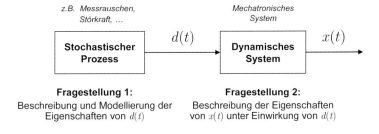

Abb. 11.2. Grundaufgaben der stochastischen Verhaltensanalyse

11.2 Elemente der stochastischen Systemtheorie

11.2.1 Zufallsgrößen

Zur quantitativen Beschreibung der Amplitudencharakteristik von zufälligen Systemgrößen nutzt man bekannte Methoden der Wahrscheinlichkeitstheorie zur statistischen Beschreibung von Zufallsexperimenten (Böhme 1993), (Giloi 1970).

Zufallsgröße Als Ergebnis eines Zufallexperimentes nimmt eine *Zufallsgröße* abhängig vom Zufall die Werte eines bestimmten Wertevorrates an.

Wahrscheinlichkeitsverteilung Die *Wahrscheinlichkeitsverteilungsfunktion*

$$F(x) = P\left\{\xi \leq x\right\} \tag{11.1}$$

beschreibt für eine Zufallsgröße x die Wahrscheinlichkeit, dass $\xi \leq x$ ist.

Verteilungsdichte Unter gewissen Voraussetzungen existiert für die Wahrscheinlichkeitsverteilung (11.1) eine *Verteilungsdichtefunktion* (engl. *probability density function – PDF*)

$$f(x) = \frac{dF(x)}{dx}, \tag{11.2}$$

sodass für Gl. (11.1) äquivalent gilt

$$F(x) = \int\limits_{-\infty}^{x} f(x') \, dx' = P\left\{\xi \leq x\right\}.$$

Statistische Parameter Die Form die Verteilungen wird mathematisch durch *statistische Parameter* (Zahlenwerte) beschrieben.

Erwartungswert Der *Erwartungswert* einer Zufallsgröße x ist definiert als die Summe aller Werte, welche die Zufallsvariable annehmen kann, wobei jeder Wert mit der Wahrscheinlichkeit seines Auftretens gewichtet ist

$$E[x] := \int\limits_{-\infty}^{+\infty} x \, f(x) \, dx \, .$$

Dies entspricht einer „Mittelung" (Mittelwert) aller möglichen Realisierungen der Zufallsgröße x.

Ebenso ist der Erwartungswert einer *Funktion* $g(x)$ definiert als

$$E[g(x)] := \int_{-\infty}^{+\infty} g(x)\, f(x)\; dx$$

Der Erwartungswertoperator ist ein *linearer Operator*, d.h. es gilt das *Superpositionsgesetz*

$$E[c_1 x_1 + c_2 x_2] = c_1 \cdot E[x_1] + c_2 \cdot E[x_2] \qquad (11.3)$$

mit Zufallgrößen x_1, x_2 und Konstanten $c_1, c_2 \in \mathbb{R}$.

Momente einer Verteilung   Elementare statistische Parameter einer Wahrscheinlichkeitsverteilung sind über spezielle Erwartungswerte – sogenannte *Momente* der Verteilung – definiert:

- *gewöhnliches* Moment n-ter Ordnung

$$E\left[x^n\right] := \int_{-\infty}^{+\infty} x^n\, f(x)\; dx \;, \qquad (11.4)$$

- *zentrales* Moment n-ter Ordnung

$$E\left[\left(x - E[x]\right)^n\right] := \int_{-\infty}^{+\infty} \left(x - E[x]\right)^n f(x)\, dx \;. \qquad (11.5)$$

Mittelwert einer Verteilung

$$\mu_x := E\left[x\right] := \int_{-\infty}^{+\infty} x \cdot f(x)\; dx \;. \qquad (11.6)$$

> Physikalische Dimension: $\dim \mu_x = \dim x$

Der *Mittelwert* (engl. *mean*) ist das gewöhnliche Moment 1. Ordnung (s. Gl. (11.4)) und beschreibt die *Lage* der Verteilungsfunktion.

Varianz einer Verteilung

$$\mathrm{var}(x) := \sigma_x^2 := E\left[\left(x - \mu_x\right)^2\right] := \int_{-\infty}^{+\infty} \left(x - \mu_x\right)^2 f(x)\, dx \;. \qquad (11.7)$$

> Physikalische Dimension: $\dim \mathrm{var}(x) = \left(\dim x\right)^2$

Die *Varianz* ist das zentrale Moment 2. Ordnung (s. Gl. (11.5)) und beschreibt die *Breitenausdehnung* der Verteilungsfunktion. Man beachte, dass gilt

$$\operatorname{var}(x) = E\left[x^2\right] - \mu_x^{\,2}. \tag{11.8}$$

Kovarianz Betrachtet man zwei Zufallsgrößen x_1 und x_2, so ist die *Kovarianz*[2] dieser beiden Größen definiert durch

$$\operatorname{cov}\left(x_1, x_2\right) := \sigma_{x1x2} := E\left[\left(x_1 - \mu_{x1}\right)\left(y - \mu_{x2}\right)\right] :=$$
$$= \int_{-\infty}^{+\infty}\int_{-\infty}^{+\infty}\left(x_1 - \mu_{x1}\right)\left(x_2 - \mu_{x2}\right) f\left(x_1, x_2\right) dx_1\, dx_2. \tag{11.9}$$

Physikalische Dimension: $\dim \operatorname{cov}(x_1, x_2) = \dim x_1 \times \dim x_2$

Damit gilt natürlich $\operatorname{cov}\left(x_1, x_1\right) = \operatorname{var}(x_1)$. Aus diesem Grund bezeichnet man häufig (nicht ganz exakt) die Varianz (11.7) auch ganz allgemein als *Kovarianz* der Zufallsgröße x_1 (s. Abschn. 11.6 Kovarianzanalyse).

Korrelationskoeffizient Die normierte Kovarianz

$$\rho_{x1x2} := \frac{\operatorname{cov}(x_1, x_2)}{\sigma_{x1}\sigma_{x2}} = \frac{\sigma_{x1x2}}{\sigma_{x1}\sigma_{x2}} \tag{11.10}$$

nennt man den *Korrelationskoeffizienten* der Zufallsvariablen x_1, x_2.

CAUCHY-SCHWARZ-Ungleichung

$$\sigma_{x1x2}^2 \le \sigma_{x1}^2 \cdot \sigma_{x2}^2 \quad \text{bzw.} \quad \left|\sigma_{x1x2}\right| \le \sigma_{x1} \cdot \sigma_{x2}. \tag{11.11}$$

Statistische Unabhängigkeit Wegen Gln. (11.10), (11.11) gilt allgemein

$$-1 \le \rho_{x1x2} \le 1.$$

Falls $\rho_{x1x2} = 0$ gilt, werden die beiden Zufallsvariablen x_1, x_2 *statistisch unabhängig* bzw. *unkorreliert* genannt.

---

[2] Man beachte die unterschiedliche Schreibweise der *Kovarianz*variablen σ_{xy} (nicht $\sigma_{xy}^{\,2}$!) im Vergleich zur *Varianz*variablen $\sigma_x^{\,2}$. Die hier benutzte Schreibweise ist aus zweierlei Gründen konsequent: (i) σ_{xy} kann auch negativ werden, (ii) $\dim \sigma_{xy} = \dim x \times \dim y$ äquivalent zu $\dim \sigma_x = \dim x$.

Kovarianzmatrix   Für einen Vektor $\mathbf{x} = \begin{pmatrix} x_1 & x_2 & \dots & x_n \end{pmatrix}^T$ von Zufallsgrößen ist die *Kovarianzmatrix* definiert als

$$\mathbf{P} := E\left[\mathbf{x}\mathbf{x}^T\right] = \begin{pmatrix} \sigma_{x1}^2 & \sigma_{x1x2} & \dots & \sigma_{x1xn} \\ \sigma_{x1x2} & \sigma_{x2}^2 & \dots & \vdots \\ \vdots & & \ddots & \vdots \\ \sigma_{x1xn} & \dots & \dots & \sigma_{xn}^2 \end{pmatrix}. \tag{11.12}$$

In der Hauptdiagonale von $\mathbf{P}$ stehen also die Varianzen der einzelnen Zufallsvariablen $x_1, x_2, \dots, x_n$, während die Kovarianzen in den Nebendiagonalelementen ein Maß für die gegenseitigen statistischen Abhängigkeiten der Zufallsgrößen sind.

Standardabweichung

$$\sigma_x := \sqrt{\mathrm{var}(x)}. \tag{11.13}$$

Physikalische Dimension: $\dim \sigma = \dim x$

Die *Standardabweichung* oder *Streuung* (engl. *standard deviation*) ist die Quadratwurzel der Varianz und beschreibt direkt die *Breitenausdehnung* der Verteilungsfunktion.

Quadratischer Mittelwert

$$E\left[x^2\right] = \sigma_x^2 + \mu_x^2 = \int_{-\infty}^{+\infty} x^2\, f(x)\, dx. \tag{11.14}$$

Physikalische Dimension: $\dim E\left[x^2\right] = \left(\dim x\right)^2$

Der *quadratischer Mittelwert* (engl. *mean square*) ist das gewöhnliche Moment 2. Ordnung (s. Gl. (11.4)). Man beachte den Bezug zur Varianz Gl. (11.8).

Effektivwert

$$x_{rms} = \sqrt{E\left[x^2\right]}. \tag{11.15}$$

Physikalische Dimension: $\dim x_{rms} = \dim x$

Der *Effektivwert* (engl. *root mean square – rms*) ist die Quadratwurzel des quadratischen Mittelwertes. Man beachte den Spezialfall einer *mittelwertfreien* Zufallsgröße

$$\mu_x = 0 \quad \Rightarrow \quad x_{rms} = \sigma_x . \tag{11.16}$$

Mittelwert einer Summe Für den Mittelwert einer Summe von Zufallsgrößen gilt

$$E[x_1 + x_2] = E[x_1] + E[x_2] = \mu_{x1} + \mu_{x2} . \tag{11.17}$$

Varianz einer Summe Für die Varianz einer Summe $x = x_1 + x_2$ von Zufallsgrößen gilt

$$\sigma_x^{\,2} = \sigma_{x1}^{\,2} + \sigma_{x2}^{\,2} + 2\sigma_{x1x2} . \tag{11.18}$$

Normalverteilung Die theoretisch wie praktisch gleichermaßen wichtigste Wahrscheinlichkeitsverteilung ist die *Normal-* oder *GAUß-Verteilung*[3] (engl. *normal* or *Gaussian distribution*). Sie ist vollständig definiert durch die beiden statistischen Parameter *Mittelwert* μ und *Streuung* σ über die Dichtefunktion (*GAUßsche Glockenkurve*, Abb. 11.3)

$$N\left(\mu,\sigma\right): \quad f(x) = \frac{1}{\sigma\sqrt{2\pi}} e^{-\frac{\left(x-\mu\right)^2}{2\sigma^2}} \quad . \tag{11.19}$$

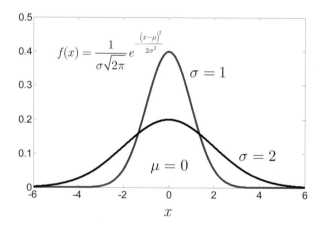

Abb. 11.3. Normalverteilung – GAUßverteilung

---

[3] Johann Carl Friedrich GAUß, (1777-1855), deutscher Mathematiker, Astronom, Geodät und Physiker.

Statistische Sicherheit Eine praktisch wichtige Kenngröße einer Wahrscheinlichkeitsverteilung ist die *statistische Sicherheit*

$$S(n) = \int\limits_{\mu-n\sigma}^{\mu+n\sigma} f(u)\,\mathrm{d}u = P\left\{\mu - n\sigma < x \le \mu + n\sigma\right\}$$

d.h. die Wahrscheinlichkeit $S(n)$, mit der Beobachtungen der Zufallsgröße x in ein vorgegebenes Werteintervall $(\mu - n\sigma, \mu + n\sigma]$ fallen. Dieses Werteintervall wird auch *Vertrauensintervall* genannt. Für die GAUßsche Glockenkurve erhält man die in Tabelle 11.1 dargestellten charakteristischen Werte.

Tabelle 11.1. Statistische Sicherheit und Vertrauensintervalle für die Normalverteilung

Vertrauensintervall	Statistische Sicherheit [%]
$n = 1:\quad \mu \pm \sigma$	68.2
$n = 2:\quad \mu \pm 2\sigma$	95.4
$n = 3:\quad \mu \pm 3\sigma$	99.7

In praktischen Fällen wird das Vertrauensintervall $n = 3:\quad \mu \pm 3\sigma$ vielfach näherungsweise mit den beobachteten *Minimal-* und *Maximalwerten* der Zufallsgröße gleichgesetzt („3σ-Wert"). Damit ist ein unmittelbarer Zusammenhang zwischen Extremwerten und der Standardabweichung herstellbar[4] (Abb. 11.4).

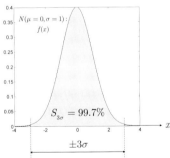

Abb. 11.4. Statistische Sicherheit und Vertrauensintervall der Normalverteilung

---

[4] Dies ist streng genommen nur dann zulässig, wenn zuvor sicher gestellt wurde, dass die beobachteten Zufallsgrößen tatsächlich einer Normalverteilung genügen. Dies wird oft stillschweigend aus physikalischen Gründen einfach unterstellt (s. *Zentraler Grenzwertsatz*), was im Einzelfall aber auch durchaus falsch sein kann.

Zentraler Grenzwertsatz Die fundamentale Bedeutung der Normalverteilung für technisch physikalische Phänomene resultiert aus einer interessanten allgemein gültigen mathematischen Eigenschaft von unabhängigen Zufallsgrößen. Der *zentrale Grenzwertsatz* sagt aus, dass jede Summe von unabhängigen Zufallsgrößen unter gewissen, sehr allgemeinen Bedingungen *asymptotisch normalverteilt* ist. Insbesondere gilt, dass eine Summe von sehr vielen unabhängigen Größen, von denen jede einzelne im Vergleich zur Streuung der Summe nur eine kleine Streuung besitzt, eine nahezu normale Verteilung hat. Damit kann bei der Berechnung der Kenngrößen von Vorgängen, die aus einer *Summe* von vielen *unabhängigen Einzelereignissen* bestehen, die *Normalverteilung* als repräsentatives Näherungsmodell zur Abschätzung herangezogen werden.

11.2.2 Regellose Zeitfunktionen – Zufallsprozesse

Neben der Amplitudencharakteristik zufälliger Systemgrößen interessiert ebenso deren zeitliches Verhalten. Hierzu wird für die mathematische Beschreibung das Konzept des *Zufallsprozesses* (stochastischer Prozess) genutzt (Böhme 1993), (Giloi 1970).

Zufallsprozess Wenn die zufälligen Ereignisgrößen von der Zeit abhängen, spricht man von *regellosen Zeitfunktionen*, ihre Grundgesamtheit oder Ensemble bezeichnet man als *Zufallsprozess* (Abb. 11.5). In diesem Falle sind natürlich auch die zugehörigen statistischen Parameter dieser regellosen Zeitfunktionen ebenfalls zeitabhängig.

Stationärer Zufallsprozess Falls die statistische Parameter eines Zufallsprozesses konstant und unabhängig vom gewählten Zeit-Nullpunkt sind, nennt man ihn *stationär*.

Ergodischer Zufallsprozess Wenn alle statistischen Parameter (Erwartungswerte), die für einen bestimmten Zeitpunkt berechnet werden (d.h. *alle* Mitglieder des Ensembles zum *selben* Zeitpunkt betrachtet) *identisch* sind mit den statistischen Parametern, die aus der *zeitlichen Erwartung eines* repräsentativen Mitgliedes des Ensembles gewonnen werden, so nennt man den Zufallsprozess *ergodisch*. Dies bedeutet, dass *ein beliebiges Mitglied* eines ergodischen Ensembles repräsentativ für das gesamte Ensemble (alle Mitglieder) ist (Abb. 11.5). Als wichtige praktische Folgerung können die statistischen Parameter alleine aus der *zeitlichen Mittelung eines* *beliebigen Mitgliedes* des Ensembles berechnet werden[5]. Man benötigt also *keine* Kenntnis der Verteilungsdichten, die statistischen *Erwartungswerte* können durch *zeitliche Erwartungswerte (Mittelwerte)* ersetzt werden. Dies ermöglicht einen unmittelbaren experimentellen Zugang zur Ermittlung der statistischen Parameter der Amplitudencharakteristik von messtechnisch erfassbaren zufälligen Systemgrößen.

Mittelwert – zeitlich

$$\mu = E\left[x(t)\right] = \lim_{T \to \infty} \frac{1}{2T} \int\limits_0^T x(t)\, dt \tag{11.20}$$

Quadratischer Mittelwert – zeitlich

$$E\left[x(t)^2\right] = \sigma^2 + \mu^2 = \lim_{T \to \infty} \frac{1}{2T} \int\limits_0^T x(t)^2\, dt \tag{11.21}$$

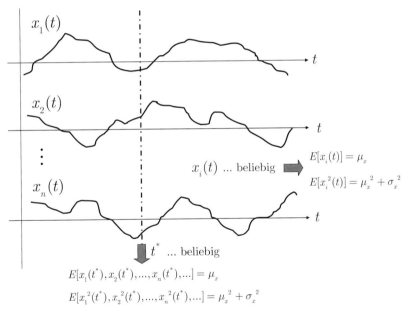

Abb. 11.5. Regellose Zeitfunktionen als Ensemblemitglieder eines ergodischen Zufallsprozesses

---

[5] Beispiel für ein stationäres Ensemble, das *nicht ergodisch* ist: Ensemble von konstanten Größen, da keines der Mitglieder repräsentativ für die anderen ist. Durch unendlich lange Beobachtung eines zufällig ausgewählten Ensemblemitgliedes kann nicht auf irgendein anderes geschlossen werden.

Autokorrelationsfunktion

$$r_{xx}(\tau) := E\Big[x(t)\,x(t+\tau)\Big] = \lim_{T\to\infty} \frac{1}{T} \int_{0}^{+T} x(t)\,x(t+\tau)\,dt$$

(11.22)

Physikalische Dimension: $\dim r_{xx} = \big(\dim x\big)^2$

Die *Autokorrelationsfunktion* ist ein Maß für den statistischen Zusammenhang zwischen den Funktionswerten $x(t)$ und $x(t+\tau)$, sie hängt ausschließlich von der Zeitdifferenz τ ab. In gewisser Weise charakterisiert
die Autokorrelationsfunktion die dem Signal *x(t)* eigene *Dynamik*. Die
Verschiebungszeit τ kann dabei als ein verallgemeinertes Zeitargument
des inneren Zusammenhanges betrachtet werden.

Für die Autokorrelationsfunktion gelten allgemein folgende wichtige
Eigenschaften:

(a) $r_{xx}(\tau) = r_{xx}(-\tau)$ ... gerade Funktion

(b) $r_{xx}(0) = E\Big[x(t)^2\Big] = \sigma^2 + \mu^2$

(c) $\mu = 0$ (mittelwertfrei): $r_{xx}(0) = \sigma^2$

(d) $\max_{\tau} r_{xx} = r_{xx}(0)$

(11.23)

(e) $r_{xx}(\infty) = E\Big[x(t)\Big]^2 = \mu^2$

(f) $\mu = 0$ (mittelwertfrei): $r_{xx}(\infty) = 0$.

Kreuzkorrelationsfunktion

$$r_{xy}(\tau) := E\Big[x(t)\,y(t+\tau)\Big] = \lim_{T\to\infty} \frac{1}{T} \int_{0}^{+T} x(t)\,y(t+\tau)\,dt \ .$$

(11.24)

Physikalische Dimension: $\dim r_{xy} = \dim x \times \dim y$

Die *Kreuzkorrelationsfunktion* ist ein Maß für den statistischen Zusammenhang zwischen zwei regellosen Zeitfunktionen $x(t)$ und $y(t)$.

Spektraldarstellung Zur Spektraldarstellung von Zeitfunktionen mittels
Fourier- und Laplace-Transformation benötigt man eine analytische
Beschreibung dieser Zeitfunktionen. Dies ist bei stochastischen Signalen
nicht gegeben, weshalb eine Spektraldarstellung nicht ohne weiteres möglich ist. Bei einem stochastischen Signal sind bestenfalls die Verteilung der

Wahrscheinlichkeiten, mit denen bestimmte Funktionswerte auftreten bzw. die statistischen Parameter (Momente) dieser Wahrscheinlichkeiten bekannt. Als Lösung dieses Dilemmas bietet sich Verwendung der *Autokorrelationsfunktion* $r_{xx}(\tau)$ als repräsentative *analytische* Beschreibung mit dem verallgemeinerten zeitlichen Argument „τ" an. Wie bereits oben ausgeführt, beinhaltet die Autokorrelationsfunktion sowohl die Information über die Amplitudenverteilung über die Momente μ und σ^2, als auch die Informationen über die inneren Zusammenhänge, die Eigendynamik des regellosen Signals $x(t)$. Zudem erfüllt $r_{xx}(\tau)$ praktisch alle formalen Voraussetzungen für eine FOURIER-Transformation.

Leistungsdichtespektrum Durch formale Anwendung der FOURIER-Transformation auf die Autokorrelationsfunktion (11.22) erhält man das *Leistungsdichtespektrum* (auch *spektrale Leistungsdichte*, engl. *power spectral density – PSD*)

$$\boxed{S_{xx}(\omega) = \int\limits_{-\infty}^{+\infty} r_{xx}(\tau)\,e^{-j\omega\tau}\,d\tau}\,.$$

(11.25)

Physikalische Dimension:

$$\dim S_{xx} = \left(\dim x\right)^2 / Hz \quad \text{bzw.} \quad \left(\dim x\right)^2 \times s\,.$$

Durch Rücktransformation des Leistungsdichtespektrums erhält man wiederum die Autokorrelationsfunktion

$$\boxed{r_{xx}(\tau) = \frac{1}{2\pi} \int\limits_{-\infty}^{+\infty} S_{xx}(\omega)\,e^{j\omega\tau}\,d\omega}\,.$$

(11.26)

Das Leistungsdichtespektrum (11.25) ist wegen der Eigenschaften der Autokorrelationsfunktion (reelle und gerade Funktion) ebenfalls reell und eine gerade Funktion.

Die Gln. (11.25) und (11.26) sind als *WIENER-CHINTSCHIN-Beziehungen* in der Literatur bekannt (Böhme 1993), (Giloi 1970) und stellen letztendlich den Schlüssel für eine kompakte Beschreibung von regellosen Signalen im Frequenzbereich dar. In weiterer Folge ermöglichen sie ebenfalls die einfache Berechnung der Störungsfortpflanzung bei Kenntnis der relevanten Übertragungsfunktionen.

Physikalische Interpretation Das Leistungsdichtespektrum $S(\omega)$ repräsentiert gemäß FOURIER-Integral die auf einzelne Frequenzen entfallende Leistung, woraus der Name *spektrale Leistungsdichte* resultiert. Die Autokorrelationsfunktion $r_{xx}(\tau)$ ist dem Charakter nach eine *Leistung*, d.h. *Energie (Arbeit) pro Zeit*. Für deterministische Zeitfunktionen sagt das PARSEVALsche Theorem (Föllinger 2007)

$$\int_{-\infty}^{+\infty} x(t)^2 \, dt = \frac{1}{2\pi} \int_{-\infty}^{+\infty} |X(\omega)|^2 \, d\omega$$

nun gerade aus, dass die gesamte in der Zeitfunktion enthaltene Energie gleich der gesamten im Spektrum enthaltenen Energie ist. Dies deckt sich mit den WIENER-CHINTSCHIN-Beziehungen wenn man $\tau = 0$ setzt.

11.2.3 LTI-Systeme mit stochastischen Eingangsgrößen

Man betrachte das in Abb. 11.6 gezeigte lineare zeitinvariante (LTI) Übertragungssystem mit der Gewichtsfunktion $g(t)$ bzw. der Übertragungsfunktion $G(s)$ und einer stochastischen Eingangsgröße $u(t)$, die durch einen stationären Zufallsprozess beschreibbar ist. Gesucht ist eine Beschreibung der Ausgangsgröße $y(t)$. Aufgrund des stationären Charakters der Eingangsgröße und der Linearität des Übertragungssystems wird auch die Ausgangsgröße $y(t)$ durch einen stationären Zufallsprozess beschreibbar sein (Giloi 1970). Dazu bietet sich die *Autokorrelationsfunktion*

$$r_{yy}(\tau) = \lim_{T \to \infty} \frac{1}{2T} \int_{-T}^{+T} y(t)\,y(t+\tau)\,dt \tag{11.27}$$

in natürlicher Weise als Beschreibungsgröße an. Auch im Falle stochastischer Eingangssignale gibt das *Faltungsintegral*

$$y(t) = g(t) * u(t) = \int_{0}^{\infty} g(q)\,u(t-q)\,dq \tag{11.28}$$

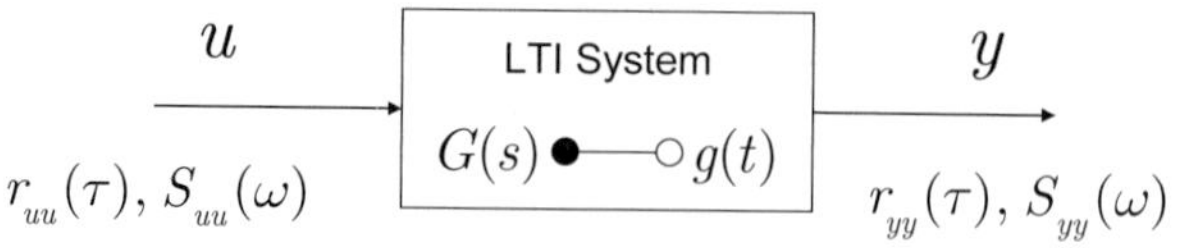

Abb. 11.6. Lineares zeitinvariantes Übertragungssystem mit stochastischer Eingangsgröße

eine Berechnungsvorschrift für das Ausgangssignal $y(t)$ bei bekanntem Eingang $u(t)$.

Ersetzt man nun $y(t)$ in Gl. (11.27) durch Gl. (11.28) und vertauscht die Reihenfolge der einzelnen Integrationen, so erhält man

$$r_{yy}(\tau) = \int\limits_0^\infty \int\limits_0^\infty g(q_1)\, g(q_2)\ \cdot$$
$$\cdot \lim_{T\to\infty} \frac{1}{2T} \int\limits_{-T}^{+T} u\big(t - q_1\big)\, u\big(t - q_2 + \tau\big)\ dt\ dq_1\ dq_2 \tag{11.29}$$

und weiter unter Beachtung der Definitionsgleichung (11.22) für die Autokorrelationsfunktion die folgende Beziehung

$$r_{yy}(\tau) = \int\limits_0^\infty \int\limits_0^\infty g(q_1)\ g(q_2)\ r_{uu}(q_1 - q_2 + \tau)\ dq_1\ dq_2. \tag{11.30}$$

Ersetzt man in Gl. (11.30) die Autokorrelationsfunktion $r_{uu}(\tau)$ durch das FOURIER-Integral

$$r_{uu}(\tau) = \frac{1}{2\pi} \int\limits_{-\infty}^{+\infty} S_{uu}(\omega)\, e^{j\omega\tau}\ d\omega$$

so erhält man[6]

$$r_{yy}(\tau) = \frac{1}{2\pi} \int\limits_{-\infty}^{+\infty} \int\limits_{-\infty}^{\infty} \int\limits_{-\infty}^{\infty} g(q_1)\, g(q_2)\, S_{uu}(\omega)\, e^{j\omega(q_1 - q_2 + \tau)}\ dq_1\ dq_2\ d\omega. \tag{11.31}$$

Unter Beachtung der FOURIER-Integrale

$$G(-j\omega) = \int\limits_{-\infty}^{+\infty} g(\tau)\, e^{j\omega q_1}\ dq_1 \quad \text{und} \quad G(j\omega) = \int\limits_{-\infty}^{+\infty} g(\tau)\, e^{-j\omega q_2}\ dq_2,$$

ergibt sich mit Gl. (11.26) aus Gl. (11.31) die folgende Beziehung

$$r_{yy}(\tau) = \frac{1}{2\pi} \int\limits_{-\infty}^{+\infty} S_{yy}(\omega)\, e^{j\omega\tau}\ d\omega =$$
$$= \frac{1}{2\pi} \int\limits_{-\infty}^{+\infty} G(j\omega) G(-j\omega)\, S_{uu}(\omega)\, e^{j\omega\tau}\ d\omega\ .$$

---

[6] Da für die Impulsantwort gilt $g(t) = 0$ für $t < 0$ kann man die unteren Grenzen der zugehörigen Integrale auch ohne weiteres auf $-\infty$ ausdehnen.

Ein Vergleich der beiden Integranden liefert schließlich das fundamentale Ergebnis

$$\boxed{S_{yy}(\omega) = \left|G(j\omega)\right|^2 \cdot S_{uu}(\omega)}.$$
(11.32)

Die Gl. (11.32) zeigt also, in welcher Weise die Leistungsdichtespektren der stochastischen Eingangs- und Ausgangsgröße miteinander verbunden sind. Man beachte, dass der Phasengang des Übertragungssystems hier keine Rolle spielt[7].

Die *Varianz* σ_y^2 des *Ausgangssignals* $y(t)$ ergibt sich unter Beachtung von (11.23)(c) und (11.26) als

$$\boxed{\sigma_y^2 = r_{yy}(0) = \frac{1}{2\pi} \int\limits_{-\infty}^{+\infty} \left|G(j\omega)\right|^2 S_{uu}(\omega)\, d\omega}.$$
(11.33)

Erhaltung der Wahrscheinlichkeitsverteilung Bekanntlich ändern lineare Operationen mit Zufallsgrößen nicht deren Wahrscheinlichkeitsverteilung. Aus diesem Grund wird die Amplitudenverteilung des Eingangssignals $u(t)$ beim Durchgang durch ein LTI-System nicht geändert, d.h. das Ausgangssignal $y(t)$ besitzt dieselbe Amplitudenverteilung wie das Eingangssignal (eine eingangsseitige Normalverteilung bleibt also erhalten).

11.3 Weißes Rauschen

Einen grundlegenden Zugang zur modellmäßigen Behandlung von Rauschquellen als Zufallsprozesse bietet das mathematische Konzept des *weißen Rauschens*. Damit sind Signale gemeint, bei denen beliebig dicht aufeinander folgende Signalwerte als statistisch unabhängig angenommen werden. Wie noch zu zeigen ist, sind solche Signale zwar nicht realisierbar, jedoch durchaus als fiktive Signale mathematisch formulierbar.

---

[7] Die Beziehung (11.32) ist nicht zu verwechseln mit einer ähnlichen Beziehung unter Nutzung des *Kreuzleistungsdichtespektrums* $S_{uy}(j\omega) = G(j\omega) \cdot S_{uu}(j\omega)$ (s. Abschn. 2.7.3), wo auch der Phasengang eine Rolle spielt und die deshalb zur Ermittlung der Übertragungsfunktion $G(s)$ genutzt werden kann.

Fiktives kontinuierliches weißes Rauschen Man kann sich *weißes Rauschen* $n(t)$ entstanden denken als eine Folge von dicht aufeinander folgenden, statistisch unabhängigen DIRAC-Impulsen mit einer bestimmten Wahrscheinlichkeitsverteilung der Amplituden (z.B. Normalverteilung). Aufgrund der Annahme der statistischen Unabhängigkeit gilt für die *Autokorrelationsfunktion* von $n(t)$

$$r_{nn}(\tau) = S_{n0} \cdot \delta(\tau), \tag{11.34}$$

d.h. $r_{nn}(\tau) \neq 0$ nur für $\tau = 0$, wenn das Signal $n(t)$ zeitlich deckungsgleich betrachtet wird (Abb.11.7b).

Das zugehörige *Leistungsdichtespektrum* des weißen Rauschens berechnet sich gemäß Gl. (11.25) zu

$$S_{nn}(\omega) = S_{n0} = const. \tag{11.35}$$

mit einer konstanten Leistungsdichte in einem unendlich breiten Frequenzband (Abb. 11.7c). Dies ist natürlich nur idealisiert möglich, woraus sich die Nichtrealisierbarkeit eines solchen Signals erklärt.

Kontinuierliches weißes Rauschen wird also durch *einen einzigen* Parameter spezifiziert, die konstante *spektrale Leistungsdichte* S_{n0} mit der physikalischen Dimension $\dim S_{nn} = \left(\dim n\right)^2 / Hz$.

Man beachte, dass dieses so definierte kontinuierliche *weiße Rauschen* lediglich eine reine *Rechengröße* mit den praktischen Eigenschaften (11.34), (11.35) darstellt. In diesem Sinne sei ein solches Signal als *fiktives* kontinuierliches weißes Rauschen bezeichnet. Dieses abstrakte Modell hat jedoch für die Modellierung von realen Rauschprozessen deswegen eine fundamentale Bedeutung, weil man sich jede reale Rauschquelle durch ein fiktives kontinuierliches weißes Rauschen erregt vorstellen kann.

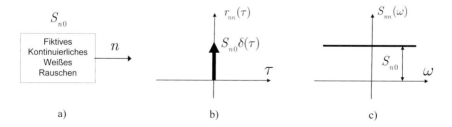

Abb. 11.7. Modellvorstellung für fiktives kontinuierliches weißes Rauschen: a) Rauschquelle, b) Autokorrelationsfunktion, c) Leistungsdichtespektrum

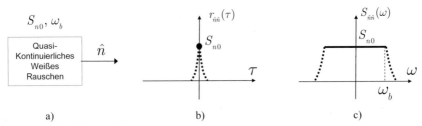

Abb. 11.8. Quasi-kontinuierliches weißes Rauschen: a) Rauschquelle, b) Auto-korrelationsfunktion, c) Leistungsdichtespektrum

Quasi-kontinuierliches weißes Rauschen Eine häufig genutzte Approximation von realen Rauschprozessen durch sogenanntes *quasi-kontinuierliches weißes Rauschen* $\hat{n}(t)$ ist immer dann möglich, wenn die Rauschquelle in einem endlichen Frequenzbereich $[0, \omega_b]$ eine konstante Leistungsdichte besitzt und die Bandbreite ω_b der Rauschquelle wesentlich größer ist als die Bandbreite des beeinflussten dynamischen Systems.

In diesem Fall verschwindet die spektrale Leistungsdichte $S_{\hat{n}\hat{n}}(\omega)$ für große Frequenzen und die gesamte Leistung bleibt damit endlich (Abb. 11.8).

Diskretes weißes Rauschen Eine geradlinige konzeptionelle Erweiterung stellt das sogenannte *diskrete weiße Rauschen* dar. Darunter versteht man eine zu *diskreten Zeitpunkten* $t_k = kT_a$ definierte mittelwertfreie *Zahlenfolge*

$$n(k) = \left\{ n(0), \quad n(T_\mathrm{a}), \quad n(2T_\mathrm{a}), \quad \ldots \quad n(kT_\mathrm{a}), \quad \ldots \right\} \tag{11.36}$$

mit *statistisch unabhängigen* Folgenelementen, d.h.

$$E\left[n(i) \cdot n(j) \right] = 0 \ \text{ für } i \neq j$$

und einer *Varianz*

$$E\left[n(k)^2 \right] = \sigma_n^2. \tag{11.37}$$

Ein derartiger (zeit)diskreter Rauschprozess ist also durch zwei Parameter spezifiziert: die *Varianz* σ_n^2 mit $\dim \sigma_n^2 = \left(\dim n \right)^2$ bzw. *Standardabweichung* σ_n mit $\dim \sigma_n = \dim n$ sowie *die Taktzeit* T_a.

Als realisierbares Modellsystem kann man sich darunter einen mittelwertfreien Zufallszahlengenerator mit der Varianz σ_n^2 und der Taktzeit (Abtastzeit) T_a vorstellen. Die Amplitudenverteilung ist je nach Anwendung geeignet auszuwählen, in der Regel wird man eine Normalverteilung hinterlegen.

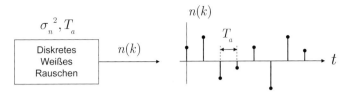

Abb. 11.9. Diskretes weißes Rauschen als zeitdiskreter Zufallsprozess

11.4 Farbiges Rauschen

Farbiger Rauschprozess Reale (messbare) Rauschsignale besitzen stets eine endliche Leistung. Dies bedingt wegen Gl. (11.26), dass das *Leistungsdichtespektrum bandbegrenzt* sein muss. In jedem Fall ist für sehr große Frequenzen ein Tiefpassverhalten mit einer Bandgrenze ω_b gegeben, in manchen Fällen gibt es im Durchlassbereich noch spezielle Frequenzbänder mit Sperr- bzw. Durchlassverhalten.

Dies legt das Konzept nahe, ein solches Verhalten durch eine geeignete *Filterung* des homogenen, unendlich breiten Leistungsdichtespektrums eines weißen Rauschprozesses zu erhalten (Abb. 11.10). Man spricht in diesem Falle von einem *farbigen Rauschen* (engl. *colored noise*) bzw. farbigen Rauschprozess[8] und verbindet damit eine fiktive weiße Rauschquelle mit einem *Formfilter* $F(s)$. In Abb. 11.11 sind drei mittelwertfrei farbige Rauschsignale mit gleicher Amplitudencharakteristik, aber unterschiedlicher Spektralcharakteristik (Bandbreiten) dargestellt.

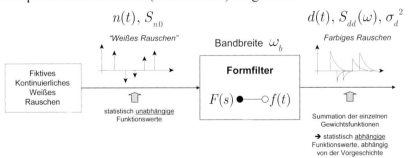

Abb. 11.10. Farbiger Rauschprozess entstanden aus einem bandbegrenzten weißen Rauschprozess (mittelwertfrei)

---

[8] Diese Bezeichnung resultiert aus einer Analogie zu weißem und bandbegrenztem Licht.

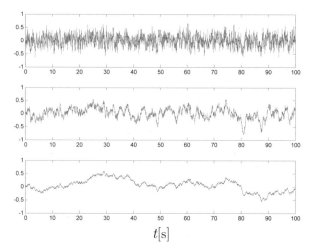

$$t[\mathrm{s}]$$

Abb. 11.11. Farbige Rauschsignale mit *gleicher* Amplitudencharakteristik $N(\mu = 0, \sigma = 0.2)$, aber *unterschiedlicher* Spektralcharakteristik (Bandbreite)

Parameter eines farbigen Rauschprozesses   Aus Abb. 11.10 ist leicht erkennbar, dass ein farbiger Rauschprozess prinzipiell durch *drei Parametersätze* definiert ist:

- *Leistungsdichte S_{n0} des erzeugenden weißen Rauschens*
- *Struktur* und *Parameter* des *Formfilters*
- *Spektrale Leistungsdichte $S_{dd}(\omega)$ des Ausgangssignals $d(t)$* bzw. dessen *Varianz $\sigma_d^{\,2}$*.

Man beachte jedoch, dass von diesen drei Parametersätzen nur jeweils *zwei unabhängig* sind. Die bekannte Beziehung (11.33) verknüpft ja gerade Ein- und Ausgangsgrößen eines linearen Systems, d.h. für eine Anordnung nach Abb. 11.10 gilt allgemein

$$\boxed{\sigma_d^{\,2} = S_{n0} \cdot \left[\frac{1}{2\pi} \int\limits_{-\infty}^{+\infty} \left| F(j\omega) \right|^2 d\omega \right]}. \qquad (11.38)$$

Formfilter   Häufig verwendete Formfiltermodelle sind *Verzögerungsglieder* erster und zweiter Ordnung (PT1, PT2). Bei digitalen Komponenten (speziell bei Sensoren) wird oftmals diskretes weißes Rauschen über ein *Halteglied 0-ter Ordnung* „gefiltert", in diesem Fall ist noch die Abtastzeit T_a als Parameter von Bedeutung.

Tabelle 11.2. Kovarianzbeziehungen für häufige Formfilter (S_{n0} ... Spektrale Leistungsdichte der fiktiven weißen Rauschquelle)

Formfilter	Kovarianz des Ausgangssignals
PT1: $\quad F(s) = \dfrac{K}{1 + T_0 s}$	$\sigma_d^2 = \dfrac{K^2}{2T_0} S_{n0}$
PT2: $\quad F(s) = \dfrac{K}{1 + 2d_0 T_0 s + T_0^2 s^2}$	$\sigma_d^2 = \left(\dfrac{K}{2}\right)^2 \dfrac{1}{d_0 T_0} S_{n0}$
Abtast- und Halteglied: $\quad F(s) = \dfrac{1 - e^{-T_a s}}{T_a\, s}$	$\sigma_d^2 = \dfrac{S_{n0}}{T_a}$

Kovarianzbeziehungen für häufige Formfilter Die Beziehung (11.38) erlaubt eine sehr bequeme Auslegung des Rauschmodells, falls das Integral bekannt ist. Da dieses nur von den Parametern des Formfilters abhängt, kann es für Standardtypen mehr oder weniger leicht analytisch berechnet werden. Einige wichtige Typen werden im Folgenden näher diskutiert (s. auch Tabelle 11.2), für weitere Typen sei auf *Anhang A* verwiesen.

PT1 Formfilter Die einfachste und häufig ausreichende Signalformung erhält man mit einem Verzögerungsglied (Tiefpass) 1. Ordnung[9]

$$F(s) = \frac{K}{1 + T_0 s} . \tag{11.39}$$

Die Kovarianzbeziehung (11.38) lautet für das Filter (11.39)

$$\sigma_d^2 = S_{n0} \cdot \left[\frac{1}{2\pi} \int_{-\infty}^{+\infty} \frac{K^2}{1 + T_0^2 \omega^2}\, d\omega\right] = S_{n0} \frac{K^2}{T_0} \frac{1}{\pi} \arctan \omega T_0 \Big|_{\omega=0}^{\infty} ,$$

woraus folgt

$$\boxed{\sigma_d^2 = S_{n0} \frac{K^2}{2T_0}} . \tag{11.40}$$

---

[9] Der dadurch beschriebene farbige Rauschprozess wird üblicherweise auch als ein MARKOV-Prozess 1. Ordnung bezeichnet und im Zusammenhang mit der Beschreibung im Zeitbereich durch Zustandsmodelle verwendet.

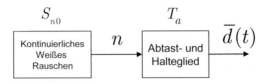

Abb. 11.12. Zeitkontinuierliches Rauschmodell für zeitdiskreten Rauschprozess

Abtast- und Halteglied Formfilter Ein breitbandiger Rauschprozess, der seinen Ursprung in einem digitalen, zeitdiskreten System hat und der lediglich über ein Halteglied gefiltert auf ein zeitkontinuierliches System wirkt, lässt sich durch kontinuierliches weißes Rauschen mit einem nachgeschalteten *Abtast- und Halteglied* modellieren (Abb. 11.12). In diesem Falle ergibt sich für die Kovarianzbeziehung (11.38) bei Verwendung eines Haltegliedes 0-ter Ordnung und unter Beachtung des Abtastprozesses (s. Kap. 10)

$$\sigma_{\bar{d}}^2 = S_{n0} \cdot \left[\frac{1}{2\pi} \int_{-\infty}^{+\infty} \frac{1}{T_a} \left(\frac{2\sin\left(\frac{\omega T_a}{2}\right)}{\omega} \right)^2 \mathrm{d}\omega \right]$$

und weiter die fundamentale Beziehung

$$\boxed{\sigma_{\bar{d}}^2 = S_{n0} \frac{1}{T_a}} \ . \tag{11.41}$$

Die Kovarianzbeziehung (11.41) ist insbesondere auch immer dann anwendbar, wenn eine *zeitdiskrete Rauschquelle* gemäß Gl. (11.37) plus Halteglied vorliegt und für Analysezwecke ein äquivalentes weißes Rauschen gesucht ist.

Korrelationszeit Im Zusammenhang mit farbigem Rauschen spricht man häufig von einem (zeit-) *korrelierten* Rauschen. Dies lässt sich anschaulich mit der bereits bekannten Hilfsvorstellung von weißem Rauschen als eine Folge von dicht beieinander liegenden, statistisch unabhängigen DIRAC-Impulsen erklären. Im Rahmen dieser Modellvorstellung setzt sich für eine Anordnung nach Abb. 11.10 das Ausgangssignal $d(t)$ aus einer Folge von überlagerten Impulsantworten zusammen. Zu einem bestimmten Zeitpunkt t^* finden sich in $d(t^*)$ also gemäß Superpositionsgesetz auch Signalanteile verursacht von Eingangsimpulsen $\delta(t^* - \tau)$. Es ist also in $d(t)$ zu jedem Zeitpunkt auch die Vorgeschichte (zeitliche Korrelation) sichtbar, abhängig vom „Gedächtnis" des Formfilters. In diesem Sinne spricht man auch von einer *Korrelationszeit* T_{korr} und meint damit die Zeitspanne, in der die Impulsantwort hinreichend abgeklungen ist, um keine Beiträge zu einem späteren Zeitpunkt zu leisten. Für gängige *Formfilter* ergeben sich folgende Korrelationszeiten:

- PT1-Glied: $T_{korr} = T_0$; Zeitkonstante T_0, d.h. Ausgang auf $1/e$ abgeklungen
- PT2-Glied: $T_{korr} = 2{,}15 \cdot T_0$; Zeitkonstante T_0, Dämpfung $d_0 = 1$
- Abtast- und Halteglied: $T_{korr} = T_a$; Abtastzeit T_a .

11.5 Modellierung von Rauschquellen

Physikalisch-technische Rauschquellen Physikalische Rauschquellen sind prinzipiell als farbige Rauschprozesse gemäß Abb. 11.10 zu modellieren. Als wesentliche Modellgrößen sind dabei die *Amplitudencharakteristik* (Verteilungsform, statistische Parameter) und die *Spektralcharakteristik* (Formfilter) zu spezifizieren. Im Rahmen von Entwurfsaufgaben hat man in der Regel *Datenblätter* bzw. *Erfahrungsgrößen* der betrachteten technischen Systemkomponenten zur Verfügung, aus denen die benötigte Modellinformation abzuleiten ist. Im Folgenden werden einige, in der Praxis häufig vorkommende, typische Konstellationen vorgestellt.

Spektralcharakteristik – Formfilter Die Spektralcharakteristik einer Rauschquelle ist nur in sehr seltenen Fällen explizit als frequenzabhängiges Leistungsdichtespektrum verfügbar. In Datenblättern spricht man häufig von einer *Bandbreite* $\omega_b = 2\pi f_b$ des Rauschsignals, der genaue Betragsverlauf bleibt oftmals im Dunkeln. Eine praktikable Annahme ist in diesen Fällen ein *Formfilter* erster oder zweiter Ordnung (PT1, PT2) wobei die Filterzeitkonstante $T_0 = 1/\omega_b$ gesetzt wird. Falls die Dynamik der elektrischen Ansteuereinheit in etwa bekannt ist, kann man mit guter Näherung das Formfilter daran orientieren. Immerhin entspringt das physikalische Rauschsignal ja gerade dieser Geräteeinheit. Bei einer digitalen Komponente (vorwiegend Sensor) ohne nennenswerte Dynamik in der Signalaufbereitung empfiehlt sich die Annahme eines Haltegliedes 0-ter Ordnung, um die Glättung der Rauschimpulsfolge zu beschreiben.

Amplitudencharakteristik   In vielen Fällen unterstellt man für die Amplitudencharakteristik mit guter Näherung eine *Normalverteilung* $N(\mu_d, \sigma_d)$. Sofern in der Komponentenbeschreibung (Datenblatt) keine expliziten Aussagen getroffen sind, wird eine Normalverteilung implizit unterstellt. Bei einem stationären Zufallsprozess ist der Mittelwert μ_d zwar eine Zufallsgröße, bleibt jedoch im Rahmen eines endlichen Betrachtungszeitraumes konstant. Aus diesem Grund nimmt man den Mittelwert aus der stochastischen Analyse heraus und behandelt ihn als eine *systematische*, konstante Einflussgröße (engl. *bias, offset*). Als stochastische Einflussgröße verbleibt dann ledoglich ein mittelwertfreier, normalverteilter Zufallsprozess $N(0, \sigma_d)$. In diesem Sinne ist die Amplitudencharakteristik alleine durch die *Standardabweichung* σ_d bzw. *Varianz* σ_d^2 des Rauschsignals $d(t)$ definiert. Sofern das Datenblatt diese Parameter nicht explizit als solche spezifiziert, findet man dort gewöhnlich drei typische, verklausulierte Spezifikationen für die Amplitudencharakteristik, die nachfolgend erläutert werden.

Spitze-Spitze-Wert   Eine Amplitudenspezifikation der Art

$$d_{ss} \text{ bzw. } d_{pp} \quad [\dim d] \tag{11.42}$$

meint eine *Min-Max-Bewertung* der auftretenden Signalamplituden des Rausch*ausgangs*signals $d(t)$ als *Spitze-Spitze (ss)* bzw. engl. *peak-to-peak (pp)* gemäß Abb. 11.13. Dieser Wert ist auch messtechnisch leicht ermittelbar. Unterstellt man eine Normalverteilung $N(0, \sigma_d)$ so liegen mit einer statistischen Sicherheit $S = 99.7\%$ die Amplitudenwerte von $d(t)$ innerhalb eines Intervalls

$$[-3\sigma_d, 3\sigma_d] \approx [d_{min}, d_{max}] = d_{ss} \,,$$

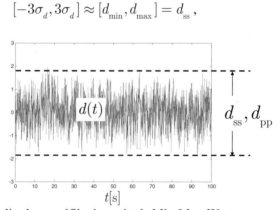

Abb. 11.13. Amplitudenspezifikation mittels Min-Max-Werten

woraus unmittelbar folgt

$$\boxed{\sigma_d \approx \frac{d_{\mathrm{ss}}}{6}}\,.$$

(11.43)

Man beachte, dass σ_d wegen Beziehung (11.38) vom verwendeten Form-filter abhängt. Bei Änderung des Formfilters (z.B. elektrische Beschaltung des Geräteverstärkers) ändert sich auch die Signalvarianz.

RMS-Wert Eine Amplitudenspezifikation der Art

$$d_{\mathrm{rms}} \quad [\dim d]$$

(11.44)

meint den *Effektivwert* (engl. *root mean square – rms*) des Rausch*aus-gangs*signals $d(t)$ gemäß Gl. (11.15) unter der *impliziten Annahme* einer mittelwertfreien Normalverteilung $N(0, \sigma_d)$. Damit gilt nach Gl. (11.16)

$$\boxed{\sigma_d = d_{\mathrm{rms}}}$$

(11.45)

Man beachte auch hier, dass σ_d wegen Gl. (11.38) vom verwendeten Formfilter abhängt.

Leistungsdichte Auf den ersten Blick ungewöhnlich sieht eine Amplitu-denspezifikation folgender Art aus (oftmals ohne Namen/Symbol, sondern nur als Zahlenangabe mit physikalischer Dimension):

$$S_{n0} \quad \left[\left(\dim d\right)^2 / Hz\right] \quad \text{bzw.} \quad \left[\left(\dim d\right)^2 \times \mathrm{s}\right]$$

$$\sqrt{S_{n0}} \quad \left[\dim d / \sqrt{Hz}\right] \quad \text{bzw.} \quad \left[\dim d \times \sqrt{\mathrm{s}}\right]$$

(11.46)

Eine solche Spezifikation meint offenbar *nicht* die Amplitudencharakteris-tik des Rausch*ausgangs*signals $d(t)$, sondern vielmehr explizit die *Leis-tungsdichte* des *eingangsseitigen weißen Rauschens* des Formfilters (s. Abb. 11.10). Falls keine andere Verteilungsfunktion spezifiziert ist, unter-stellt man auch hier eine Normalverteilung. Ein *Vorteil* dieser Amplituden-spezifikation liegt darin, dass diese *unabhängig* vom verwendeten Formfil-ter ist. Deshalb wird diese Spezifikation gerne bei Sensoren genutzt, bei denen durch eine externe Beschaltung die Signalbandbreite und dazu um-gekehrt proportional die Rauschamplituden eingestellt werden können.

Beispiel 11.1   *Rauschmodell für Drehratensensor.*

Aus dem Datenblatt eines Drehratensensors (Gyroskop) entnimmt man folgende Information:
- Rauschen: $0.25 \ \mathrm{deg/s_{rms}}$
    gemessen mit Messbandbreite $0.1\ldots30$ Hz

Die Rauschspezifikation meint offensichtlich den *RMS-Wert* (*Standardabweichung*) eines normal verteilten, mittelwertfreien farbigen Rauschens, d.h.

$$\sigma_d = 0.25 \ \mathrm{deg/s} \,.$$

Zur Vervollständigung des Rauschmodells müssen nun noch die weiße Rauschquelle, sowie das Formfilter spezifiziert werden. Als Anhaltspunkt für die Bandbreite dient die angegebene Messbandbreite $f_b = 30 \ Hz$. Offen bleibt die Ordnung des Formfilters. Hier sei exemplarisch ein *PT2-Formfilter* Filter gemäß Tabelle 11.2 mit den Parametern

$$T_0 = \frac{1}{2\pi f_b} = 0.0053 \ \mathrm{s} \ ,d_0 = 0.7, \ K = 1$$

angenommen.

Die spektrale *Leistungsdichte* der weißen Rauschquelle erhält man gemäß Tabelle 11.2 zu

$$S_{n0} = \sigma_d^{\ 2} 4 D_0 T_0 = \sigma_d^{\ 2} \frac{4 D_0}{\omega_0} = 9.4 \cdot 10^{-4} \ \frac{\mathrm{deg}^2}{\mathrm{s}} \,. \tag{11.47}$$

Das gesamte analytische Rauschmodell mit einem typischen Ausgangssignal ist in Abb. 11.14 dargestellt.

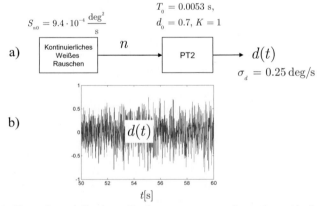

Abb. 11.14. Rauschmodell eines Drehratensensors: a) mathematisches Modell, b) Ausgangssignal   ■

Beispiel 11.2   *Rauschmodell für Magnetfeldsensor.*

Aus dem Datenblatt eines Magnetfeldsensors entnimmt man folgende Information:
- Rauschen: $30 \text{ nT}/\sqrt{\text{Hz}}$
- Grenzfrequenz: 100 Hz

Diese Rauschspezifikation meint offensichtlich die *Quadratwurzel der spektralen Leistungsdichte* eines äquivalenten weißen Rauschens, d.h.

$$\sqrt{S_{n0}} = 30 \text{ nT} / \sqrt{\text{Hz}} \;\Rightarrow\; S_{n0} = 900 \text{ nT}^2/\text{Hz} . \tag{11.48}$$

Formfilter Die Bandbreite eines geeigneten Formfilters ist der Spezifikation nicht unmittelbar zu entnehmen. Die angegebene Grenzfrequenz charakterisiert offensichtlich die *maximale physikalische* Bandbreite des Sensorelementes. Im konkreten Einsatzfall wird man die tatsächliche Bandbreite jedoch nur so groß wie nötig wählen, um die Rauschamplitude am Sensorausgang so gering wie möglich zu halten (vgl. die reziproke Beziehung Rauschkovarianz zu Bandbreite in Tabelle 11.2). Eine Bandbreitenanpassung kann entweder über eine geeignete Beschaltung des Sensorelementes oder durch einen Messverstärker erfolgen. Im vorliegenden Fall sei exemplarisch ein bandbegrenzter Messverstärker mit $f_b = 10$ Hz und PT1-Verhalten angenommen, sodass für das *Formfilter* folgt (vgl. Tabelle 11.2)

$$T_0 = \frac{1}{2\pi f_b} = 0.016 \text{ s} , \; K = 1 .$$

Ausgangssignal Die *Amplitudencharakteristik* des Ausgangssignals am Messverstärker erhält man über die Kovarianzbeziehung

$$\sigma_d = \sqrt{\frac{S_{n0}}{2T_0}} = 168 \text{ nT} .$$

Das vollständige analytische Rauschmodell des Magnetfeldsensors inklusive Messverstärker ist in Abb. 11.15 dargestellt.

Änderung in Messelektronik Man beachte bei der hier vorliegenden Rauschspezifikation den folgenden vorteilhaften Sachverhalt. Offensichtlich wird hier das *allgemeine* Rauschverhalten des Sensors charakterisiert. Wenn der Sensor im konkreten Einsatz mit einer Messelektronik mit anderer Frequenzcharakteristik versehen wird, dann ist einfach ein Formfilter mit dieser speziellen Charakteristik bei *gleichbleibender* spektraler Leistungsdichte (11.48) zu verwenden.

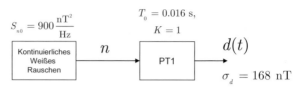

$$S_{n0} = 900\,\frac{\mathrm{nT}^2}{\mathrm{Hz}}$$

$$T_0 = 0.016\ \mathrm{s},$$
$$K = 1$$

Kontinuierliches Weißes Rauschen

n

PT1

$d(t)$

$$\sigma_d = 168\ \mathrm{nT}$$

Abb. 11.15. Rauschmodell eines Magnetfeldsensors ∎

11.6 Kovarianzanalyse

Störungsfortpflanzung Den mathematischen Schlüssel zur Beschreibung der Störungsfortpflanzung liefert die Kovarianzbeziehung (11.33), womit sich für ein LTI-System mit bekannter Übertragungsfunktion die Varianz der Ausgangsgröße bei bekanntem Leistungsdichtespektrum eines stochastischen Eingangssignals berechnen lässt (vgl. Abb. 11.6). Die Varianz beschreibt die Amplitudencharakteristik des Ausgangssignals und ist damit repräsentativ für die Auswirkung einer stochastischen Störung. Eine sehr einfache Beziehung ergibt sich speziell dann, wenn die stochastische Eingangsgröße ein weißes Rauschen repräsentiert. Das Leistungsdichtespektrum entartet dann zu einer Konstanten und es ergibt sich die einfache Beziehung (11.38). Dabei beinhaltet der Integrand die Übertragungsfunktion des kompletten Signalpfades zwischen weißer Rauschquelle und der betrachteten Systemgröße.

Zusammengesetzte Systeme In Abb. 11.16 ist die Hintereinanderschaltung von zwei LTI-Systemen mit einer weißen Rauschquelle am Eingang dargestellt. Gemäß Kovarianzbeziehung (11.38) gilt für die Varianz der Ausgangsgröße $x_2(t)$

$$
\begin{aligned}
\sigma_{x_2}^{\,2} &= S_{n0}\,\frac{1}{\pi}\int_0^\infty \left|G_1(j\omega)\cdot G_2(j\omega)\right|^2\,d\omega = \\
&= S_{n0}\,\frac{1}{\pi}\int_0^\infty \left|G_1(j\omega)\right|^2\cdot\left|G_2(j\omega)\right|^2\,d\omega
\end{aligned}
\tag{11.49}
$$

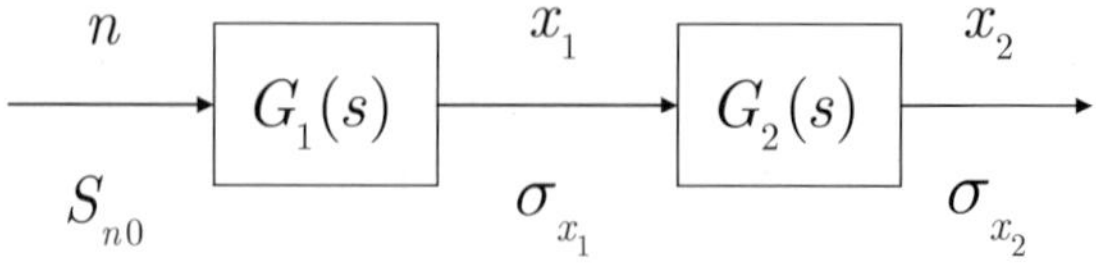

n $G_1(s)$ x_1 $G_2(s)$ x_2

S_{n0} σ_{x_1} σ_{x_2}

Abb. 11.16. Kovarianzberechnung bei einem zusammengesetzten System

Anwendungsfall – Farbige Rauschquelle und LTI-System Die in Abb. 11.16 gezeigte Anordnung stellt den Standardfall eines stochastisch gestörten LTI-Systems $G_2(s)$ mit einer farbigen Rauschquelle mit dem Formfilter $G_1(s)$ dar. Das farbige Rauschsignal $x_1(t)$ besitzt die Varianz

$$\sigma_{x_1}^{\;2} = S_{n0} \frac{1}{\pi} \int_0^\infty |G_1(j\omega)|^2 \, d\omega \tag{11.50}$$

wogegen die über das LTI-System propagierte Ausgangsgröße $x_2(t)$ die Varianz gemäß Gl. (11.49) besitzt.

Falsche Berechnungsweise Man beachte, dass im Allgemeinen gilt

$$\sigma_{x_2}^{\;2} = S_{n0} \frac{1}{\pi} \int_0^\infty |G_1(j\omega)|^2 \, |G_2(j\omega)|^2 \, d\omega \;\neq\; \sigma_{x_1}^{\;2} \cdot \frac{1}{\pi} \int_0^\infty |G_2(j\omega)|^2 \, d\omega \tag{11.51}.$$

Wäre die rechte Seite von (11.51) korrekt, dann würde dies bedeuten, dass die Standardabweichung (Varianz) σ_{x_2} $\left(\sigma_{x_2}^{\;2}\right)$ der Systemgröße x_2 lokal über die Varianz der Eingangsgröße x_1 berechenbar sein würde. Dies ist leider *nicht* der Fall, es muss im Integranden vielmehr die gesamte Kette von der weißen Rauschquelle n bis zur betrachteten Systemgröße x_2 berücksichtigt werden. Dies erhöht die Systemordnung der resultierenden Übertragungsfunktion und erschwert die analytische Berechenbarkeit des Integrals.

   Vereinfachung bei breitbandiger Rauschquelle Man betrachte die in Abb. 11.17a dargestellte Systemkonfiguration wobei $F(s)$ das Formfilter der Rauschquelle und $T(s)$ die Systemübertragungsfunktion (z.B. mechatronisches System) zwischen Rauscheingang und Ausgangsgröße $y(t)$ darstellt. Die Bandbreitenverhältnisse sind aus Abb. 11.17b ersichtlich.

   Die Bandbreite der Rauschquelle ist also wesentlich größer als die Bandbreite von $T(s)$ und damit vereinfacht sich Gl. (11.49) zu

$$\sigma_y^{\;2} = \frac{S_{n0}}{\pi} \int_0^{\omega^*} \underbrace{|F(j\omega)|^2}_{\approx\,1} \cdot |T(j\omega)|^2 \, d\omega \;+\; \frac{S_{n0}}{\pi} \int_{\omega^*}^\infty |F(j\omega)|^2 \cdot \underbrace{|T(j\omega)|^2}_{\approx\,0} \, d\omega$$

$$\sigma_y^{\;2} \approx \frac{S_{n0}}{\pi} \int_0^{\omega^*} |T(j\omega)|^2 \, d\omega = \frac{S_{n0}}{\pi} \int_0^\infty |T(j\omega)|^2 \, d\omega \; . \tag{11.52}$$

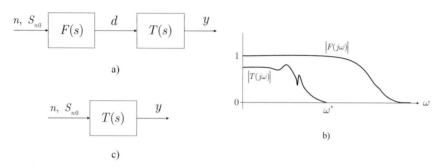

Abb. 11.17. Breitbandige Rauschquelle bei schmalbandigem LTI-System: a) Formfilter und LTI-System, b) Betragskennlinien von Formfilter und LTI-System, c) Ersatzkonfiguration bei breitbandigem Formfilter

In diesem Fall kann also auf das Formfilter insgesamt verzichtet werden und das LTI-System $T(s)$ kann direkt mit weißem Rauschen beaufschlagt werden (Abb. 11.17c).

Kovarianzanalyse Die hier gezeigte stochastische Verhaltensanalyse ist allgemein unter dem Namen *Kovarianzanalyse*[10] bekannt. Dabei berechnet man für ein gegebenes *LTI-System* unter *stationären* Verhältnissen die *Varianzen* von Systemgrößen unter der Annahme von *weißen Rauschquellen* an den Systemeingängen (vgl. Gl. (11.38)). Man erhält damit eine wichtige Information über die, mit einer bestimmten Wahrscheinlichkeit, auftretenden Amplituden dieser Systemgrößen.

Durch dieses Vorgehen ist es möglich, mit *einer einzigen* Berechnung die Gesamtheit aller stochastischen Ensembles einer bestimmten Eingangsgröße zu berücksichtigen. Nutzt man die analytischen Formeln nach Tabelle 11.2 bzw. *Anhang A* für die einfachen typisierten Übertragungsfunktionen, so erhält man wertvolle analytische Zusammenhänge zwischen Systemparametern und Signalvarianzen.

Im Rahmen des Systementwurfes kann man für überschlägige Entwurfsbetrachtungen oftmals die relevanten Übertragungsfunktionen durch Systeme 2. bis 3. Ordnung annähern und somit die oben angeführten analytischen Formeln direkt nutzen.

Numerische Kovarianzberechnung Zur Kovarianzberechnung für Systeme höherer Ordnung nutzt man vorteilhaft eine numerische Auswertung

---

[10] „Kovarianz" wir hier verallgemeinert für die „Varianz" des Ausgangssignals gebraucht (vgl. Bemerkung bei „Kovarianz" in Abschn. 12.2.1).

der Kovarianzbeziehungen (11.33) bzw. (11.38). Dies kann in naheliegender Weise über eine numerische Integration des Frequenzganges erfolgen, d.h. es wird einfach näherungsweise die Fläche unter der quadrierten Betragskennlinie berechnet. Tatsächlich wird jedoch in rechnergestützten Werkzeugen eher eine andere Vorgehensweise gewählt, die auf einer *Zustandsraumdarstellung* der Systemdynamik basiert (Gelb 1974). Das in Abb. 11.6 dargestellte LTI-System kann gleichbedeutend als Zustandsmodell dargestellt werden

$$\dot{\mathbf{x}} = \mathbf{A}\mathbf{x} + \mathbf{B}\mathbf{n}$$

$$\mathbf{y} = \mathbf{C}\mathbf{x}$$

$$E[\mathbf{n}(t)\mathbf{n}(\tau)^T] = \mathbf{S}_{n0}\delta(t-\tau) = \mathrm{diag}\Big\{S_{n1,0} \quad \dots \quad S_{nn,0}\Big\}\delta(t-\tau),$$

(11.53)

wobei Gl. (11.53) ein verallgemeinertes Mehrgrößensystem mit m Ausgangsgrößen $\mathbf{y}(t) \in \mathbb{R}^m$ darstellt und als Eingangsgrößen n statistisch unabhängige *weiße Rauschprozesse* $\mathbf{n}(t) \in \mathbb{R}^n$ gewählt wurden. Es kann gezeigt werden, dass die zeitbezogene *Kovarianzmatrix* $\mathbf{P}_x(t)$ des Zustandsvektors über ein lineares Matrix-Differenzialgleichungssystem – *Matrix-RICCATI-Gleichung* – berechnet werden kann

$$\dot{\mathbf{P}}_x(t) = \mathbf{A}\mathbf{P}_x(t) + \mathbf{P}_x(t)\mathbf{A} + \mathbf{B}\mathbf{S}_{n0}\mathbf{B}^{\mathbf{T}}.$$

(11.54)

Die *stationäre* Lösung $\mathbf{P}_{x,\infty}$ von Gl. (11.54), vergleichbar mit Gl. (11.38), ist die Lösung des algebraischen Gleichungssystems – *LYAPUNOV-Gleichung* –

$$\mathbf{A}\mathbf{P}_{x,\infty} + \mathbf{P}_{x,\infty}\mathbf{A} + \mathbf{B}\mathbf{S}_{n0}\mathbf{B}^{\mathbf{T}} = \mathbf{0},$$

(11.55)

woraus für die *stationäre Kovarianzmatrix* $\mathbf{P}_{y,\infty}$ der *Ausgangsgrößen* $\mathbf{y}(t)$ folgt

$$\mathbf{P}_{y,\infty} = \mathbf{C}\mathbf{P}_{x,\infty}\mathbf{C}^T.$$

(11.56)

Die Gl. (11.56) ist absolut gleichwertig zur spektralen Kovarianzbeziehung (11.38), besitzt jedoch einen großen Vorteil. Mit der LYAPUNOV-Gleichung (11.55) werden nicht nur die *Autokovarianzen* der Zustandsgrößen berechnet (Hauptdiagonalelemente von $\mathbf{P}_{x,\infty}$), sondern automatisch auch die Kreuzkovarianzen aller Zustandsgrößen (Nebendiagonalen), welche die internen Systemverkopplungen berücksichtigen. Entsprechendes gilt auch für die Ausgangskovarianzen (11.56). Damit ist die numerische

Berechnung speziell im Mehrgrößenfall wesentlich effizienter möglich, als über die Spektralbeziehung.

In MATLAB steht für die numerische Kovarianzberechnung beispielsweise die Funktion

$$[Py,Px]=covar(sys,Sn0)$$

zur Verfügung, wobei das LTI-System durch sys repräsentiert wird (die anderen Größen sind selbsterklärend).

Kovarianzberechnung über Simulation Die Kovarianz der Systemausgangsgrößen kann wegen der angenommenen Ergodizität des Rauschprozesses natürlich auch über eine zeitliche Mittelung berechnet werden (zeitlicher Erwartungswert, s. Gl. (11.21)). Dies kann näherungsweise im Rahmen eines Simulationsexperimentes erfolgen, wo über einen hinreichend großen Zeithorizont zu mitteln ist und geeignete Approximationen von weißen Rauschgeneratoren verwendet werden (s. Kap. 3). In der Regel ist der Rechenaufwand durch die numerische Integration über ein langes Zeitintervall größer als bei der spektralen Kovarianzberechnung.

Monte-Carlo-Simulation Deutliche prinzipielle Vorteile der simulationsbasierten Kovarianzberechnung zeigen sich bei *nichtlinearen* Systemen. Hier ist eine analytisch basierte Kovarianzberechnung näherungsweise nur über linearisierte Systemmodelle möglich. In Verbindung mit einer hinreichend *großen Anzahl* von Simulationsexperimenten an einem *nichtlinearen Simulationsmodell* lassen sich repräsentative statistische Parameter der interessierenden Systemgrößen bei sorgfältig gewählten unterschiedlichen stochastischen Parametern über eine *Ensemblemittelung* berechnen (*Monte-Carlo-Simulationen*). Hier sollte allerdings beachtet werden, dass aufgrund der Nichtlinearitäten des Systemmodells die Wahrscheinlichkeitsverteilungen der Ausgangsgrößen in der Regel *nicht* mehr normalverteilt sein werden. Die geschätzte Standardabweichung σ_y gibt dann nur noch eingeschränkt Auskunft über die tatsächlich auftretenden Amplituden von $y(t)$. In solchen Fällen sollten also auch höhere statistische Momente mitgeschätzt werden (Lin 1991).

Rauschanregung bei Mehrkörpersystemen Die elastischen Kopplungen bei Mehrkörpersystemen führen auf schwingungsfähige Teilsysteme mit der in Abb. 11.18 gezeigten Struktur. Bei einer breitbandigen Rauschanregung ergibt sich für die Varianz des Ausgangssignals (vgl. Gl. (11.52),

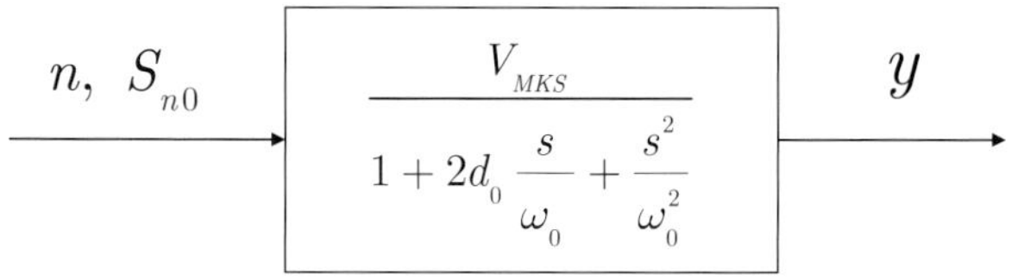

Abb. 11.18. Mehrkörper(teil)system mit Rauschanregung

in äquivalenter Weise auch für Systeme höherer Ordnung gültig, s. *Anhang A*)

$$\sigma_y^{\,2} = S_{n0} \left(\frac{V_{MKS}}{2} \right)^2 \frac{\omega_0}{d_0}. \qquad (11.57)$$

Erwartungsgemäß ergibt sich ein reziproker Zusammenhang zwischen Varianz und der Dämpfung d_0 des Eigenmodes, aber zusätzlich auch eine direkte proportionale Abhängigkeit mit der Eigenfrequenz ω_0. Das bedeutet also, dass bei breitbandiger Rauschanregung speziell schwach gedämpfte *Spillover*-Eigenmoden zu einer starken Erhöhung des Rauschpegels führen. Dieser ungünstige Einfluss kann durch eine geeignete Bandbreitenbegrenzung des Regelkreises kompensiert werden. Man beachte jedoch den möglichen negativen Einfluss auf die robuste Stabilität (s. Kap. 10). Weiterhin ist zu bemerken, dass wegen der häufig nur ungenau bekannten Dämpfung d_0 gerade bei kleinen Werten die Voraussagen (11.57) ebenfalls mit Unbestimmtheiten behaftet sind.

Beispiel 11.3 *Kovarianzanalyse für ein mechatronisches System.*

Aufgabenstellung Man betrachte ein starr gekoppeltes, beidseitig elastisch gefesseltes Zweimassensystem mit einem I-Regler (Abb. 11.19)

$$P_{MKS}(s) = \frac{Y(s)}{U(s)} = V_{MKS} \frac{1}{1 + 2d_0 \frac{s}{\omega_0} + \frac{s^2}{\omega_0^2}}$$

$$H(s) = \frac{V_I}{s}; \qquad V_I = 4; \ d_0 = 0.2$$

$$V_{MKS} = \frac{1}{2k}, \ \omega_0 = \sqrt{\frac{k}{m}}; \qquad k = 10 \ \text{N/sec}; \ m = 1 \ \text{kg}\ .$$

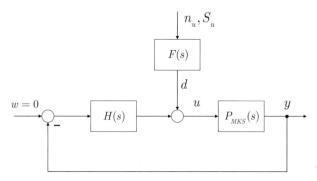

Abb. 11.19. Geregeltes Zweimassensystem mit stochastischen Aktuatorstörungen

Der Kraftaktuator besitze ein bandbegrenztes Rauschen ($f_b = 10\,\text{Hz}$, PT1) mit $F = 0.6\,\text{N}_{pp}$.
Gesucht ist die Rauschamplitude der Massenposition y.

Rauschmodell des Aktuators   Die Rauschspezifikation meint offensichtlich den Spitze-Spitze-Wert (*peak-to-peak*) eines farbigen Rauschprozesses. Unter der impliziten Annahme einer Amplitudennormalverteilung $N(0, \sigma_d)$ folgt für die Standardabweichung

$$\sigma_d = \frac{0.6\,\text{N}_{pp}}{6} = 0.1\,\text{N}\,.$$

Das Formfilter ergibt sich zu

$$F(s) = \frac{1}{1 + T_0 s} \quad \text{mit} \quad T_0 = \frac{1}{2\pi f_b} = 0.016\,\text{s}\,.$$

Mit der entsprechenden Korrespondenz aus Tabelle 11.2 folgt damit die spektrale Leistungsdichte der weißen Rauschquelle

$$S_u = \sigma_u{}^2 \cdot 2T_0 = 3.2 \cdot 10^{-4}\,\text{N}^2/\text{Hz}\,.$$

Rauschübertragungsfunktion   Als relevante Übertragungsfunktion zwischen weißer Rauschquelle n_u und Regelgröße y ergibt sich (s. auch Abb. 11.20a)

$$T_{y/n} = F(s) \cdot T_{y/d} = F(s)\frac{P(s)}{1 + H(s)P(s)}$$

$$T_{y/n} = F(s) \frac{\dfrac{1}{V_I} s}{1 + \dfrac{1}{V_L} s + \dfrac{2d_0}{V_L \omega_0} s^2 + \dfrac{1}{V_L \omega_0^2} s^3} \quad \text{mit } V_L = V_I \cdot V_{MKS} \quad (11.58)$$

Numerische Kovarianzanalyse Unter Verwendung der vorliegenden Zahlenwerte für die Systemparameter kann mithilfe eines Rechnerwerkzeuges nun unmittelbar die Varianz bzw. Standardabweichung der Regelgröße *y(t)* berechnet werden, z.B. mit der MATLAB-Funktion covar. Als Ergebnis erhält man $\sigma_{y,num} = 1.9$ mm .

Vereinfachte analytische Kovarianzanalyse Bei etwas genauerer Betrachtung bietet sich hier eine vereinfachte approximative Analyse mit Hilfe der analytischen Kovarianzbeziehungen an. Ein Bandbreitenvergleich zeigt, dass die Bandbreite des Formfilters $\omega_{b,F} = 62,8$ rad/s um mehr als eine Dekade größer ist, als die relevante Dynamik des Regelkreises

$$
\begin{aligned}
T_{y/d} &= \frac{\dfrac{1}{V_I} s}{\left(1 + T_1 s\right)\left(1 + 2\dfrac{\tilde{d}_0}{\tilde{\omega}_0} s + \dfrac{1}{\tilde{\omega}_0^2} s^2\right)} \approx \\[2em]
&\approx \frac{\dfrac{1}{V_I} s}{\left(1 + \dfrac{1}{V_L} s\right)\left(1 + 2\dfrac{d_0}{\omega_0} s + \dfrac{1}{\omega_0^2} s^2\right)}
\end{aligned}
\qquad (11.59)
$$

Die exakten Werte $T_1, \tilde{d}_0, \tilde{\omega}_0$ lassen sich leicht numerisch bestimmen, überschlägig kann man sogar mit der einfachen Näherung $T_1 \approx 1/V_L = 5$ rad/s, $\tilde{d}_0 \approx d_0$, $\tilde{\omega}_0 \approx \omega_0 = 3.16$ rad/s rechnen (eine Rechtfertigung für diese Annahme ergibt sich z.B. über eine qualitative Betrachtung mittels Wurzelortskurven).

Damit liegt für den Regelkreis also eine *quasi-kontinuierliche weiße* Rauschanregung vor, d.h. das Formfilter kann aus der weiteren Betrachtung herausgehalten werden (vgl. Abb. 11.17c).

Als *analytische* Kovarianzbeziehung für die vereinfachte Rauschübertragungsfunktion (11.59) entnimmt man dem *Anhang A*

$$T(s) = \frac{Ks}{\left(1 + 2d_0 T_0 s + T_0^2 s^2\right)\left(1 + T_1 s\right)} \quad \Rightarrow$$

$$\Rightarrow \quad \sigma_d^2 = \left(\frac{K}{2}\right)^2 \frac{\omega_0^3}{d_0} \frac{1}{1 + 2d_0 \omega_0 T_1 + \left(\omega_0 T_1\right)^2} \quad (11.60)$$

und man erhält mit den vorliegenden numerischen Parametern als *analytische* Voraussage für die Standardabweichung der Ausgangsgröße *y(t)*
$\sigma_{y,analyt} = 1.8$ mm .

Simulationsbasierte Kovarianzanalyse Implementiert man die Regelkreisstruktur nach Abb. 11.19 in ein Simulationswerkzeug (z.B. SIMULINK) und verwendet ein Simulationsmodell für einen farbigen Rauschprozess nach den Gesichtspunkten in Kap. 3, so erhält man bei einer Simulationsdauer von 2000 s und einer Schrittweite von 0.01 s mit einem RUNGE-KUTTA-4-Verfahren einen simulationsbasiert bestimmten Schätzwert für die Standardabweichung der Ausgangsgröße *y(t)* zu
$\sigma_{y,sim} = 1.9$ mm (s. Abb. 11.20b).

Diskussion Erwartungsgemäß decken sich die auf unterschiedlichem Wege gewonnenen Ergebnisse. Man beachte jedoch die Unterschiede bezüglich Berechnungsaufwand und Modelltransparenz. Das *analytisch* basierte Resultat erlaubt für den *Systementwurf* über die Beziehung (11.60) einen sehr guten Einblick in strukturelle Zusammenhänge und Parameterempfindlichkeiten. Dies bleibt meist auch noch dann gültig, wenn Beziehung (11.59) eine noch gröbere Approximation einer komplizierten Systemdynamik darstellt, tendenziell und von der Größenordnung her lässt sich das Systemverhalten in der Regel recht gut abschätzen.

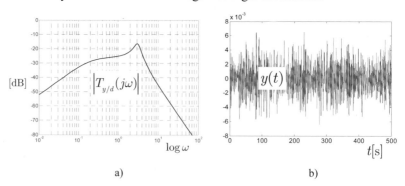

Abb. 11.20.   Störverhalten bei Aktuatorrauschen: a) Betragskennlinie Störfrequenzgang $\left|T_{y/d}(j\omega)\right|$, b) Ausgangsgröße $y(t)$

Die *numerische* bzw. *simulationsbasierte* Kovarianzberechnung ist rechnergestützt auch prinzipiell leicht bei beliebig komplexen Systemstrukturen einsetzbar. Damit lässt sich die Relevanz der analytischen Resultate (mit vereinfachten Modellen gewonnen) seriös bestätigen. Die Simulationsvariante ist überdies auch bei nichtlinearen Systemen anwendbar. In diesem Sinne sollten die vorgestellten drei Verfahren also immer in komplementärer, sich ergänzender Weise genutzt werden. ∎

Literatur zu Kapitel 11

Böhme J F (1993) *Stochastische Signale* Stuttgart, B.G. Teubner
Föllinger O (2007) *Laplace-, Fourier- und z-Transformation*, Hüthig Verlag
Gelb A, Ed. (1974) *Applied Optimal Estimation*. M.I.T. Press
Giloi W (1970) *Simulation und Analyse stochastischer Vorgänge* Oldenbourg Verlag
Lin C-F (1991) *Modern Navigation, Guidance, and Control Processing*, Prentice Hall

12 Entwurfsbewertung – Systembudgets

Hintergrund Das ultimative Ziel des Systementwurfes ist das Sicherstellen von Leistungseigenschaften eines technischen Systems, hier mechatronisches System, in Bezug zu gestellten Produktanforderungen. Der Erfüllungsgrad dieser Anforderungen sollte, wenn immer möglich, durch quantifizierbare Maßzahlen bewertbar sein. Diese Maßzahlen sollen die Verhaltenseigenschaften zeitabhängiger Systemgrößen in kompakter Form beschreiben (Informationsverdichtung) und im günstigsten Fall analytische Zusammenhänge mit wichtigen Entwurfsparametern abbilden. Letztlich hängt ein spezielles Systemverhalten (mechanische Zustandsgrößen, Energieaufnahme, Thermalverhalten, etc.) aber immer von mehreren, im Allgemeinen ebenfalls zeitveränderlichen Einflussgrößen ab. Aus diesem Grund sind die einzelnen Verhaltensmaßzahlen in geeigneter Weise zu überlagern, man spricht in diesem Zusammenhang vom Aufstellen eines *Budgets* bzw. *budgetieren* von Maßzahlen.

Inhalt Kapitel 12 In diesem Kapitel werden grundlegende methodische Ansätze zur *quantitativen Entwurfsbewertung* und zum Erstellen von *Systembudgets* diskutiert. Als zentrales Bewertungsmaß werden *Verhaltensmetriken* eingeführt, die sich am mathematischen Konzept der Metrik als verallgemeinerter Distanzbegriff orientieren. Aufbauend auf statistische Betrachtungsweisen werden allgemeine *Budgetierungsregeln* für *lineare* und *nichtlineare* Überlagerungen erläutert (*quadratische* vs. *Max-Summation*). Als wichtige Metrik für mechatronische Systeme wird die *Produktgenauigkeit* als Genauigkeit des Bewegungsverhaltens gegenüber einer Referenzbewegung eingeführt. Begründet durch unterschiedliches Zeitverhalten von Einflussgrößen (konstant, harmonisch, stochastisch) werden Budgetierungsansätze für *heterogene Metriken* diskutiert und Bezüge zu relevanten anwendungsspezifischen Metriken aus dem Bereich der Metrologie und Raumfahrt aufgezeigt. Als wichtige Anwendung von Systembudgets im Rahmen des Systementwurfes werden Zugänge zur *Entwurfsoptimierung* über Budgets vorgestellt. Zwei durchgerechnete Entwurfsbeispiele demonstrieren die Berechnung von und den Umgang mit Systembudgets. ■

12.1 Systemtechnische Einordnung

Systemanforderungen vs. Entwurfsbewertung Wie „gut" eine Entwurfslösung ist, das ist keine Frage einer subjektiven Einschätzung, sondern dies muss objektiv messbar sein. Die Messlatte hiefür stellen die *Systemanforderungen* dar, womit eindeutig die geforderten Systemleistungen spezifiziert sind (s. Abb. 1.9).

Eine goldene Regel der Anforderungsdefinition lautet, dass jede *funktionelle Anforderung „testbar"* sein muss, d.h. sie muss durch ein Experiment überprüfbar sein. Dass diese Experimente das erste Mal nicht erst am fertigen Produkt ausgeführt werden sollen, ist offensichtlich. Naheliegend ist deshalb ein Experimentieren an den Systemmodellen, die ohnehin im Rahmen des Systementwurfes anfallen. Damit lässt sich die Güte einer Entwurfslösung auch schon in frühen Entwicklungsphasen mit belastbaren Aussagen abschätzen.

Messbare Anforderungsspezifikationen – Verhaltenskenngrößen Im einfachsten Fall ist eine funktionelle Anforderung durch eine binäre Ja-Nein-Entscheidung überprüfbar, z.B. Gerät schaltet automatisch aus oder nicht. Viele Anforderungen zielen jedoch auf Verhaltenseigenschaften stationärer oder dynamischer Natur ab, z.B. Positionsgenauigkeit, Ausrichtstabilität, Übergangszeiten für Kraftaufbau.

Diese Verhaltenseigenschaften können in der Regel nicht durch Augenblickswerte beschrieben werden, sie setzen sich vielmehr aus unterschiedlichen Einzelgrößen heterogenen Ursprungs zusammen. Bei zeitveränderlichen, oftmals stochastischen Einfluss- und Systemgrößen sind weder Augenblickswerte noch zeitgenaue Zeitverläufe spezifizierbar und somit auch nicht messbar und nicht überprüfbar. Für eine Messung dieser Verhaltenseigenschaften sind also geeignete *Verhaltenskenngrößen* zu definieren, die experimentell sowohl an den Systemmodellen als auch am realen System ermittelbar sind. Im Folgenden werden solche geeignete Verhaltenskenngrößen zur Beschreibung der dynamischen Verhaltenseigenschaften von mechatronischen Systemen vorgestellt, man spricht in diesem Kontext auch von *Verhaltensmetriken*.

Der erfahrene Systementwickler wird aus praktischen Gründen die Systemanforderungen bereits auf Basis dieser Verhaltenskenngrößen definieren, um eine bestmögliche Überprüfbarkeit zu sichern. Insofern ist eine

Kenntnis solcher Verhaltensmetriken bereits bei der Definition der Systemanforderungen essenziell.

Budgetierung von Verhaltenskenngrößen   Zur systematischen Analyse der unterschiedlichen, in der Regel heterogenen, Einflussgrößen bietet sich intuitiv die Anwendung des *Superpositionsprinzips* an. Dies bedeutet, die unterschiedlichen Einflussgrößen und ihre Auswirkung getrennt zu analysieren und am Ende die Auswirkungen zu überlagern, man nennt dies *Budgetierung* von Verhaltenskenngrößen bzw. das Erstellen von *Systembudgets*. Als Schwierigkeit treten dabei jedoch der heterogene Charakter der Einflussgrößen und das im Allgemeinen *nichtlineare* Systemverhalten in Erscheinung. Beide Eigenschaften lassen sich durch geeignete Berechnungsverfahren beherrschen, was im Folgenden gezeigt wird.

Entwurfsbewertung – Entwurfsoptimierung   Wenn man in der Lage ist, Verhaltenseigenschaften *quantitativ* zu bewerten, dann kann man zwei Entwurfslösungen auf objektive Weise miteinander vergleichen und damit diejenige Lösung auswählen, die eine bessere Passfähigkeit bezüglich der Systemanforderungen besitzt – *Entwurfsbewertung*.

In weiterer Konsequenz besitzt man über die Verhaltensmetriken aber gleichzeitig auch ein hilfreiches Werkzeug, um optimierte Entwurfslösungen zu gewinnen – *Entwurfsoptimierung*. In einem Iterationsvorgang können Systemparameter gezielt geändert werden und mit Hilfe der Systemmodelle die geänderten Verhaltenseigenschaften ermittelt und bewertet werden. Für diese modellgestützte Optimierungsaufgabe sind speziell *analytische Verhaltensmodelle* hilfreich, da sich damit auch vielfach analytische Zusammenhänge für die Verhaltensmetriken konstruieren lassen. Dies unterstützt eine transparente und systematische Entwurfsoptimierung. Die in diesem Buch vorgestellten Verhaltensmodelle sind speziell dafür geeignet, wie ebenfalls im Folgenden dargestellt wird.

12.2 Verhaltensmetriken – Verhaltenskenngrößen

Verhaltensmodelle   Zur Beschreibung von spezifischen Verhaltenseigenschaften eines mechatronischen Systems nutzt man angepasste *Verhaltensmodelle*, die die interessierenden Eigenschaften mit hinreichender Güte abbilden (s. Abschn. 2.1). Neben dem Zeitverhalten der Bewegungsgrößen (Position, Geschwindigkeit, Beschleunigung) interessieren ebenso interne Gerätegrößen (elektrische Spannungen und Ströme, etc.), Ressour-cenauslastung (Hilfsenergie, Informationsverarbeitung), das thermische Verhalten, Massenbelegungen und vieles mehr. Alle diese, im Allgemeinen zeitveränderlichen, Eigenschaften lassen sich durch geeignet definierte *Systemgrößen* $y_i(t)$ abbilden. Das Verhalten dieser Systemgrößen hängt von aktuellen *Betriebs- und Umgebungsbedingungen* $u_j(t)$ sowie von *Konfigurationsparametern* $p_k(t)$ ab (Abb. 12.1).

Stationäre Verhaltenskenngrößen   Als pragmatischen Ausweg nutzt man zur Verhaltensspezifikation von zeitveränderlichen Systemgrößen davon abgeleitete Kenngrößen, die über einen definierten endlichen Zeithorizont verallgemeinerte *stationäre* Eigenschaften wie Mittelwerte, Maximalwerte, Varianzen etc. beschreiben. Durch diese „gemittelte" Betrachtungsweise können größere Klassen von Betriebs- und Umgebungsbedingungen sowie Parametervariationen kompakt abgebildet werden. Um trotzdem eine hohe Aussagerelevanz für das *gesamte* Zeitverhalten zu erhalten, sind geeignete mathematische Konzepte für die Bestimmung dieser Kenngrößen zu verwenden. Im Rahmen des *Systementwurfes* erfolgt die Bestimmung dieser Kenngrößen *rechnerisch* über die Verhaltensmodelle. Diese Kenngrößen können bei geeigneter Wahl bei der *Systemvalidation* mit geeigneten Verfahren am fertigen Produkt *experimentell* bestimmt werden.

Verhaltensmetrik   Zur Bestimmung von aussagekräftigen Kenngrößen orientiert man sich am mathematischen Konzept der *Metrik* als verallgemeinerten Distanzbegriff. Allgemein versteht man unter einer Metrik eine mathematische Funktion, die je zwei Elementen eines metrischen Raums

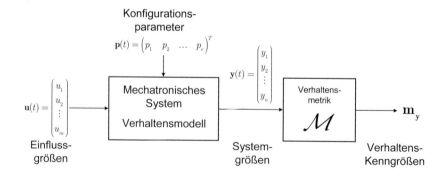

Abb. 12.1. Mechatronisches System mit Verhaltenskenngrößen

einen nicht negativen reellen Wert zuordnet, der den Abstand der beiden Elemente voneinander repräsentiert. Eine strengere axiomatische Definition lautet wie folgt:

Definition 12.1 *Verhaltensmetrik* – Es sei Ω eine beliebige Menge von Verhaltenseigenschaften eines Systems. Unter einer Verhaltensmetrik versteht man eine Abbildung $\mathcal{M}$: $\Omega \times \Omega \to \mathbb{R}$ mit den folgenden Eigenschaften für beliebige Elemente $a, b, c \in \Omega$

Definitheit:
$$\mathcal{M}(a,b) = 0 \Leftrightarrow a = b$$

Symmetrie:
$$\mathcal{M}(a,b) = \mathcal{M}(b,a) \tag{12.1}$$

Dreiecksungleichung:
$$\mathcal{M}(a,b) \le \mathcal{M}(a,c) + \mathcal{M}(c,b)$$

Aus den axiomatischen Beziehungen (12.1) folgt die abgeleitete Eigenschaft

$$\mathcal{M}(a,b) \ge 0 . \tag{12.2}$$

Wenn (12.1) gilt, dann bezeichnet man $\left(\Omega, \mathcal{M}\right)$ als einen *metrischen Verhaltensraum*.

Metriken für deterministische Systemgrößen Einen naheliegenden Ansatz für Verhaltensmetriken für deterministische Systemgrößen (beschrieben durch reelle Zahlen) bieten die bekannten *p-Normen*

$$\left\| m_y \right\|_p = \mathcal{M}_{t \in [t_0, t_f]}\left(y(t), y_{ref}\right) := \left(\sum_{j=1}^{n} \left| y(t_j) - y_{ref} \right|^p \right)^{1/p} \tag{12.3}$$

mit $t_j \in [t_0, t_f]$, $p \ge 1$.

Für *stationäre Größen* und für in einem Beobachtungsintervall $[t_0, t_f]$ konstante Systemgrößen eignet sich sehr gut die *1-Norm*, d.h. der *Absolutbetrag* (Abb. 12.2a,b). Hier reicht zur Berechnung ein einziges Element, d.h. $n = 1$.

Für *zeitveränderliche* Größen benötigt man hinreichend viele Beobachtungen $y(t_j)$, $j = 1, ... n$, $n \gg 1$ und nutzt dann entweder mit der *euklidische Norm* $p = 2$ eine *leistungsproportionale* Metrik oder mit der *Max-Norm* $p = \infty$ den maximalen Abstand zu einem Referenzwert (Abb. 12.2c).

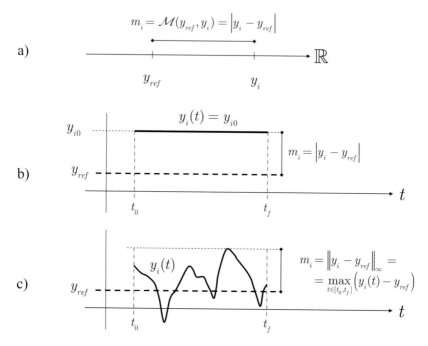

Abb. 12.2. Verhaltensmetriken für deterministische Signale: a) *Absolutbetrag* für stationäre Größe, b)*Absolutbetrag* für konstante Größe, c)*Max-Norm* für zeitveränderliche Größe

Metriken für stochastische Systemgrößen Bei stochastischen Systemgrößen müssen generell *Erwartungswerte* durch eine Metrik bewertet werden. *Varianzen* können direkt als Metrik verwendet werden (da nichtnegativ), bei *Mittelwerten* muss wie bei konstanten Größen (Abb. 12.2b) eine Betragsbildung (1-Norm) für das Abstandsmaß zu einem Referenzwert vorgenommen werden.

Max-Norm vs. 3σ-Werte Die *Max-Norm* ist für stochastische Systemgrößen nur sehr schwer experimentell zu bestimmen. Bei der häufig sinnvollen Annahme normalverteilter Größen macht sie auch wenig Sinn, da bei genügend langer Beobachtungszeit immer beliebig große Amplituden auftreten werden.

Aus praktischen Gründen orientiert man sich daher an „ungefähren Maximalwerten" in Form von sogenannten „*3σ-Werten*" der betrachteten Systemgrößen. Unterstellt man eine Normalverteilung $N(0, \sigma_y)$ so liegen mit einer statistischen Sicherheit $S = 99.7\%$ die Amplitudenwerte von $y(t)$ innerhalb eines Intervalls (s. Abschn. 11.2.1)

$$[-3\sigma_y, 3\sigma_y] \approx [y_{\min}, y_{\max}]$$

und man spezifiziert die Metrik mit einem Zusatz „(3σ)", z.B. 9mm (3σ). Die Metrik Standardabweichung bzw. Kovarianz ist sowohl rechnerisch wie experimentell leicht zu ermitteln (s. Abschn. 11.6).

12.3 Lineare Budgetierung von Kenngrößen

Lineare Überlagerung   In der Regel wird das Verhalten von Systemgrößen durch die simultane Anregung mehrerer Einflussgrößen bestimmt. Der Wirkzusammenhang zwischen Einflussgrößen $u_j(t)$ und einer Systemgröße $y_i(t)$ sei durch eine *lineare Funktionalbeziehung* $y_i = \mathcal{G}(u_1, u_2, ..., u_n)$ modellierbar. Aufgrund der Gültigkeit des Superpositionsgesetzes folgt für eine überlagerte Anregung

$$y_i = \mathcal{G}(u_1, u_2, ..., u_n) =$$
$$= \mathcal{G}(u_1, 0, ..., 0) + \mathcal{G}(0, u_2, ..., 0) + ... + \mathcal{G}(0, 0, ..., u_n) \qquad (12.4)$$

d.h. die Summenantwort ist aus einer linearen Überlagerung von Einzelantworten $y_{i/uj}$ berechenbar

$$y_{i/\Sigma} = y_{i/u1} + y_{i/u2} + ... + y_{i/un}. \qquad (12.5)$$

Es sei jeder Teilantwort eine individuelle Metrik

$$m_{yi/uj} = \mathcal{M}(y_{i/uj}, y_{ref}) \qquad (12.6)$$

zugeordnet (Abb. 12.3).
Um die Metrik des Summensignals durch die Einzelmetriken $m_{yi/uj}$ auszudrücken, müssen diese Kenngrößen *geeignet überlagert* werden (Abb.12.3)

$$m_{yi/\Sigma} = m_{yi/u1} \oplus m_{yi/u2} \oplus ... \oplus m_{yi/un}, \qquad (12.7)$$

wobei das Symbol $\oplus$ eine *geeignete Summationsvorschrift* beschreibt.
Man beachte, dass diese Kenngrößen ja nicht zeitgleiche Ereignisse beschreiben sondern das Zeitverhalten zu unterschiedlichen Zeitpunkten bzw. gemittelte Größen über einen endlichen Zeithorizont bewertet werden.

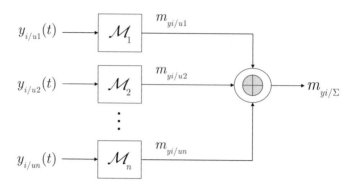

Abb. 12.3. Überlagerung von Kenngrößen

Überlagerung von Metriken – Budgetierung Für die folgenden Überlegungen betrachte man aus Gründen einer einfacheren Schreibweise die Überlagerung von Einzelmetriken m_j der Form

$$m_\Sigma = m_1 \oplus m_2 \oplus ... \oplus m_n .\qquad (12.8)$$

Gesucht ist eine Berechnungsvorschrift (12.8), die eine möglichst genaue Abschätzung für die Metrik m_Σ des Summensignals $y_{i/\Sigma}$ auf der Basis der Einzelmetriken m_j ermöglicht. Eine solche Auflistung und Berechnung nennt man *Budget* bzw. *Budgetierung* der Kenngrößen m_j.

Je nach dem Inhalt der Kenngrößen spricht man von einem *Unsicherheits*budget, *Fehler*budget, *Energie*budget, *Masse*budget, *Rechnerauslastungs*budget, *Busbelegungs*budget, etc.

Statistische Betrachtungsweise Betrachtet man die Systemgrößen $y_i(t)$ als stationäre Zufallsprozesse, so lässt sich die Amplitudencharakteristik der Teilantworten $y_{i/uj}, y_{i/uk}$ über die *Varianzen* $\sigma^2_{yi/uj}$, $\sigma^2_{yi/uk}$ modellieren. Die *statistische Abhängigkeit* von jeweils zwei Teilantworten $y_{i/uj}$ und $y_{i/uk}$ wird wiederum durch die *Kovarianz* $\sigma_{yi/uj,\,yi/uk}$ beschrieben. Für die Varianz der Überlagerung von zwei Teilantworten $y_{i/uj}, y_{i/uk}$ ergibt sich demnach gemäß Gl. (12.16)

$$\sigma^2_{yi/\Sigma} = \sigma^2_{yi/uj} + \sigma^2_{yi/uk} + 2\sigma_{yi/uj,\,yi/uk} .\qquad (12.9)$$

Die Kovarianz $\sigma_{yi/uj,\,yi/uk}$ ist in der Regel nicht bekannt bzw. nur mit größerem Aufwand zu ermitteln. Für praktische Anwendungen begnügt man sich daher mit der Betrachtung von zwei Extremfällen, einer *minimalen (best case)* und *maximalen (worst case) statistischen* Abhängigkeit[1]. Falls genauere Aussagen benötigt werden, muss $\sigma_{yi/uj,\ yi/uk}$ mit Hilfe der zugrunde liegenden Wahrscheinlichkeitsdichtefunktionen bestimmt werden und Gl. (12.9) ausgewertet werden.

Quadratische Summation Unter der Annahme, dass die beiden Teilantworten $y_{i/uj}, y_{i/uk}$ *statistisch unabhängig* sind, folgt für $\sigma_{yi/uj,\ yi/uk} = 0$, wodurch sich Gl. (12.9) vereinfacht zu

$$\sigma^2_{yi/\Sigma} = \sigma^2_{yi/uj} + \sigma^2_{yi/uk} \quad \text{bzw.} \quad \boxed{\sigma_{yi/\Sigma} = \sqrt{\sigma^2_{yi/uj} + \sigma^2_{yi/uk}}}. \tag{12.10}$$

In diesem Fall werden also die *Varianzen linear* überlagert. Anstelle der hier betrachteten speziellen Metrik „Varianz" kann man Gl. (12.10) auch für generalisierte Metriken m_i, m_k interpretieren, sodass für *statistisch unabhängige* Metriken m_i, m_k gilt

$$\boxed{m_{\Sigma,\text{rss}} = \sqrt{m_i^2 + m_k^2} =: m_i \oplus_{\text{rss}} m_k}. \tag{12.11}$$

Der *Operator* $\oplus_{rss}$ verknüpft die beiden Operanden mittels einer Operation „Wurzel der Quadratsumme", engl. *root sum square (rss)*. Aufgrund der statistischen Mittelung erfolgt also eine gewisse Kompensation der beiden Operanden.

Bei *statistischer Unabhängigkeit* der Einzelmetriken lässt sich die Budgetgleichung (12.8) also folgendermaßen schreiben

$$m_{\Sigma,\text{rss}} = m_1 \oplus_{\text{rss}} m_2 \oplus_{\text{rss}} \ldots \oplus_{\text{rss}} m_n. \tag{12.12}$$

Max-Summation Falls die beiden Teilantworten $y_{i/uj}, y_{i/uk}$ *statistisch abhängig* sind, folgt für $\sigma_{yi/uj,\ yi/uk} \neq 0$. Dann lässt sich mit Hilfe der CAUCHY-SCHWARZ-Ungleichung (11.11) zumindest eine *obere Schranke* für $\sigma_{yi/uj,\ yi/uk}$ angeben, sodass aus Gl. (12.9) eine obere Schranke für die Varianz der Überlagerung folgt

$$\sigma^2_{yi/\Sigma} \leq \sigma^2_{yi/uj} + \sigma^2_{yi/uk} + 2\sigma_{yi/uj}\sigma_{yi/uk} = \left(\sigma_{yi/uj} + \sigma_{yi/uk}\right)^2$$

---

[1] Wie im Folgenden gezeigt wird, können bei statistisch unabhängigen Einflussgrößen die Metriken *quadratisch* addiert werden, andernfalls müssen sie *linear* addiert werden. Die quadratische Addition liefert immer kleinere Summengrößen *(best case)* als die lineare Addition *(worst case)*.

$$\boxed{\sigma_{yi/\Sigma} \leq \sigma_{yi/uj} + \sigma_{yi/uk}} \; . \qquad (12.13)$$

In diesem Fall werden also die *Standardabweichungen linear* überlagert.
Auch hier kann man Gl.(12.13) wiederum für generalisierte Metriken
m_i, m_k verallgemeinern, sodass für *statistisch abhängige* Metriken m_i, m_k
gilt

$$\boxed{m_{\Sigma,\text{max}} = m_i + m_k =: m_i \oplus_{\text{max}} m_k} \qquad (12.14)$$

Der *Operator* $\oplus_{\text{max}}$ verknüpft die beiden Operanden mittels einer vor-
zeichenfreien Addition von positiven Größen. Die beiden Operanden überlagern sich zu jedem Betrachtungszeitpunkt in maximaler Wirkungsweise.
Bei *statistischer Abhängigkeit* der Einzelmetriken lässt sich die Budgetgleichung (12.8) also folgendermaßen schreiben

$$m_{\Sigma,\text{max}} = m_1 \oplus_{\text{max}} m_2 \oplus_{\text{max}} \dots \oplus_{\text{max}} m_n \; . \qquad (12.15)$$

Quadratische vs. Max-Summation – best vs. worst case Es ist leicht zu
zeigen, dass allgemein gilt

$$m_{\Sigma,rss} < m_{\Sigma,\text{max}} \; . \qquad (12.16)$$

Sofern eine quadratische Summation erlaubt ist, erhält man immer betragsmäßig kleinere Abschätzungen von Summenkenngrößen als bei linearer Überlagerung. In diesem Sinne spricht man im Zusammenhang mit einer *quadratischen (rss) Summation* von einer *best case* Betrachtung und
im Zusammenhang mit einer *Max-Summation* von einer *worst case* Betrachtung.

Die Max-Summation beinhaltet eine *konservative Überschätzung* der
tatsächlichen Summenkenngrößen, d.h. die tatsächlichen Funktionswerte
$y_{i,\Sigma}(t)$ können durchaus beträchtlich unter den durch die Metrik $m_{i,\Sigma,\text{max}}$
beschriebenen Schranken liegen. Auf der anderen Seite gibt $m_{i,\Sigma,\text{max}}$ aber
eine *sichere Abschätzung* der wirkungsmäßig maximal möglichen Überlagerung an (sichere obere Schranken). Je nach vorliegender Problemstellung kann man sich für die eine oder andere Variante zu entscheiden.

12.4 Nichtlineare Budgetierung von Kenngrößen

Nichtlineare Verhaltensmodelle Häufig müssen Systemgrößen über nichtlineare Verhaltensmodelle, im einfachsten Fall über eine *nichtlineare algebraische* Beziehung

$$y_\Sigma = g(y_1, y_2, \dots, y_n) \tag{12.17}$$

miteinander verknüpft werden. Im Folgenden wird gezeigt, wie sich Metriken dieser Systemgrößen in geeigneter Weise verknüpfen lassen (Taylor 1982)

Statistische Betrachtungsweise Man betrachte wiederum die Systemgrößen $y_i(t)$ als stationäre Zufallsprozesse mit den statistischen Kenngrößen

$$\mu_i = E[y_i] = \overline{y}_i, \quad \sigma_i = \sqrt{\mathrm{var}(y_i)}. \tag{12.18}$$

Dann lässt sich jede Systemgröße $y_i(t)$ modellieren als

$$y_i(t) = \overline{y}_i + \delta y_i(t), \quad E[\delta y_i] = 0, \quad \mathrm{var}(\delta y_i) = \sigma_i^2. \tag{12.19}$$

Unter der Annahme hinreichend kleiner Standardabweichungen σ_i lässt sich Gl. (12.17) lokal linearisieren und man erhält unter Vernachlässigung von Gliedern höherer Ordnung die lineare Approximation (hier exemplarisch für zwei Größen)

$$y_\Sigma = \overline{y}_\Sigma + \delta y_\Sigma \approx g(\overline{y}_1, \overline{y}_2) + \left.\frac{\partial g}{\partial y_1}\right|_{\overline{y}_1, \overline{y}_2} \cdot \delta y_1 + \left.\frac{\partial g}{\partial y_2}\right|_{\overline{y}_1, \overline{y}_2} \cdot \delta y_2 \tag{12.20}$$

mit den *Sensitivitätskoeffizienten*

$$\frac{\partial g}{\partial y_1}, \frac{\partial g}{\partial y_2}. \tag{12.21}$$

Die Varianz σ_Σ^2 der Überlagerungsgröße y_Σ lässt sich also mittels statistischer Überlagerung gemäß Gl. (12.9) berechnen und man erhält

$$\sigma_\Sigma^2 = \mathrm{var}(\delta y_\Sigma) = \left(\frac{\partial g}{\partial y_1}\right)^2 \sigma_1^2 + \left(\frac{\partial g}{\partial y_2}\right)^2 \sigma_2^2 + 2\frac{\partial g}{\partial y_1}\frac{\partial g}{\partial y_2}\sigma_{12}. \tag{12.22}$$

Bei *statistischer Unabhängigkeit* von δy_1, δy_2 folgt analog zu Gl. (12.10)

$$\sigma_{\Sigma} = \sqrt{\left(\frac{\partial g}{\partial y_1}\right)^2 \sigma_1^2 + \left(\frac{\partial g}{\partial y_2}\right)^2 \sigma_2^2} \qquad (12.23)$$

bzw. bei *korrelierten* Größen δy_1, δy_2 erhält man als Abschätzung eine obere Schranke

$$\sigma_{\Sigma} \le \left|\frac{\partial g}{\partial y_1}\right| \sigma_1 + \left|\frac{\partial g}{\partial y_2}\right| \sigma_2 . \qquad (12.24)$$

Nichtlineare Überlagerung der Metriken Die für die spezielle Metrik „Varianz" hergeleiteten Beziehungen (12.23), (12.24) lassen sich wiederum für generalisierte Metriken verallgemeinern und man erhält für die beiden Summationsansätze

- *Quadratische Summation*

$$m_{\Sigma} = \sqrt{\left(\frac{\partial g}{\partial y_1}\right)^2 m_1^2 + \left(\frac{\partial g}{\partial y_2}\right)^2 m_2^2} = \left(\frac{\partial g}{\partial y_1} m_1\right) \oplus_{\mathrm{rss}} \left(\frac{\partial g}{\partial y_2} m_2\right) \qquad (12.25)$$

- *Max-Summation*

$$m_{\Sigma} = \left|\frac{\partial g}{\partial y_1}\right| m_1 + \left|\frac{\partial g}{\partial y_2}\right| m_2 = \left(\left|\frac{\partial g}{\partial y_1}\right| m_1\right) \oplus_{\mathrm{max}} \left(\left|\frac{\partial g}{\partial y_2}\right| m_2\right) . \qquad (12.26)$$

Beispiel 12.1   *Planarer Manipulator mit einem Freiheitsgrad.*

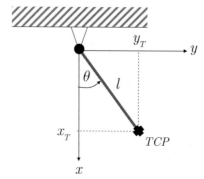

Abb. 12.4. Planarer Manipulator mit einem Freiheitsgrad

Aufgabenstellung Der in Abb. 12.4 gezeigte planare Manipulator mit den konstruktiven Parametern $l = 80$ cm, $\theta_{max} = \pm45°$ besitzt einen rotatorischen Freiheitsgrad θ. Eine unterlagerte Gelenkregelung sichert für eine bestimmte Klasse von Führungssignalen eine Regelungsgenauigkeit von $\delta\theta = 0.9°$ (3σ)
Gesucht ist die Positioniergenauigkeit des *Tool Center Points (TCP)* in kartesischen Koordinaten.

Statisches Verhaltensmodell Die kartesischen Koordinaten des *Tool Center Point* sind mit der geregelten Manipulatorachse θ über folgende nichtlineare geometrische Beziehung verknüpft

$$x_T = l \cdot \cos\theta$$
$$y_T = l \cdot \sin\theta .$$

Die kartesischen Positionsunsicherheiten ergeben sich mittels Sensitivitätskoeffizienten zu

$$\delta x_T = \left|\frac{\partial x_T(\theta)}{\partial\theta}\right| \cdot \delta\theta = \left(l \cdot \sin\theta\right) \cdot \delta\theta ,$$

$$\delta y_T = \left|\frac{\partial y_T(\theta)}{\partial\theta}\right| \cdot \delta\theta = \left(l \cdot \cos\theta\right) \cdot \delta\theta .$$

Beide Komponenten $\delta x_T, \delta y_T$ hängen von der Winkelauslenkung θ ab. Man verifiziert leicht, dass die jeweils maximalen Positionsunsicherheiten bei folgenden Winkelauslenkungen θ^* auftreten[2]

$$\left(\delta x_T\right)_{max} = \left(l \cdot \sin\theta\right)\Big|_{\theta^*=45°} \cdot \delta\theta =$$

$$= \left(80 \cdot 0,707\right)\frac{\text{cm}}{\text{rad}} \cdot 0.9° \cdot \frac{\pi}{180°} = 0,89 \text{ cm } (3\sigma)$$

$$\left(\delta y_T\right)_{max} = \left(l \cdot \cos\theta\right)\Big|_{\theta^*=0°} \cdot \delta\theta =$$

$$= \left(80 \cdot 1\right)\frac{\text{cm}}{\text{rad}} \cdot 0.9° \cdot \frac{\pi}{180°} = 1,26 \text{ cm } (3\sigma)$$

Die berechneten kartesischen TCP-Unsicherheiten besitzen dieselbe Metrik „3σ" wie die zugrundeliegende Basisgröße $\delta\theta$, d.h. die berechnete

---

[2] Man beachte, dass die Sensitivitätskoeffizienten die physikalische Dimension [cm/rad] besitzen und deshalb die Winkelunsicherheit auf [rad] zu korrigieren ist.

Positioniergenauigkeit *approximiert* die *maximal möglichen* kartesischen Positionsabweichungen gegenüber einem vorgegebenen Sollwert (mit einer angenäherten statistischen Sicherheit $S = 99.7\%$).   ∎

Beispiel 12.2   *Planarer Manipulator mit zwei Freiheitsgraden.*

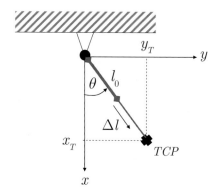

Abb. 12.5. Planarer Manipulator mit zwei Freiheitsgraden

Aufgabenstellung In Abb. 12.5 ist ein gegenüber Beispiel 12.1 erweiterter planarer Manipulator gezeigt, der eine zusätzliche geregelte translatorische Achse mit dem Freiheitsgrad Δl besitzt. Eine unterlagerte Achsenregelungen sichert für eine bestimmte Klasse von Führungssignalen eine Regelungsgenauigkeit von $\delta\theta = 0.9°$ (3σ) und $\delta\Delta l = 2$ mm (3σ). Die konstruktiven Parametern lauten: $l_0 = 40$ cm , $\Delta l \in [0, 40 \text{ cm}]$, $\theta_{\max} = \pm 45°$.
Gesucht ist die Positioniergenauigkeit des *Tool Center Points (TCP)* in kartesischen Koordinaten.

Statisches Verhaltensmodell Die kartesischen Koordinaten des *Tool Center Points* sind mit den beiden geregelten Manipulatorachsen $\theta, \Delta l$ über folgende nichtlineare geometrische Beziehung verknüpft, hier am Beispiel der x-Koordinate ausgeführt

$$x_T = (l_0 + \Delta l) \cdot \cos\theta .$$

Die Sensitivitätskoeffizienten ergeben sich zu

$$\left|\frac{\partial x_{T}(\theta,\Delta l)}{\partial \theta}\right| = (l_{0} + \Delta l) \cdot \sin\theta \,,$$

$$\left|\frac{\partial x_{T}(\theta,\Delta l)}{\partial \Delta l}\right| = \cos\theta \,.$$

Da man annehmen darf, dass die beiden Manipulatorachsen $\theta, \Delta l$ unkorreliert sind, kann man eine *quadratische Summation* der beiden Unsicherheitsanteile vornehmen,

$$\delta x_{T,rss} = \sqrt{\left|\frac{\partial x_{T}}{\partial \theta}\right|^{2} \cdot \delta\theta^{2} + \left|\frac{\partial x_{T}}{\partial \Delta l}\right|^{2} \cdot \delta\Delta l^{2}} =$$

$$= \sqrt{(l_{0} + \Delta l)^{2} \cdot \sin^{2}\theta \cdot \delta\theta^{2} + \cos^{2}\theta \cdot \delta\Delta l^{2}}$$

Die maximale kartesische Unsicherheit ergibt sich für $\Delta l^{*} = 40$ cm, $\theta^{*} = 45°$ mit

$$\left(\delta x_{T,rss}\right)_{\max} = \sqrt{\left(0,89\,\text{cm}\right)^{2} + \left(0.14\,\text{cm}\right)^{2}} = 0{,}90\,\text{cm}\ (3\sigma)\,.$$

Man erkennt, dass die Positionierungsunsicherheit der Linearachse Δl gegenüber der Winkelunsicherheit vernachlässigbar ist und praktisch keinen Einfluss auf die kartesische Unsicherheit besitzt. ∎

12.5 Produktgenauigkeit

Produktaufgabe – Produktgenauigkeit Die übergeordnete Produktaufgabe eines mechatronischen Systems besteht in der Realisierung eines gezielten Bewegungsverhaltens (s. Abschn. 1.1). Damit ist die Genauigkeit, mit der das *Bewegungsverhalten* gegenüber einer *Referenzbewegung* (Führungsgröße) realisiert wird, eine zentrale Produkteigenschaft. Diese Eigenschaft soll im Folgenden als *Produktgenauigkeit* bezeichnet werden.

In Abb. 12.6 sind exemplarisch für eine einschleifige Regelkreiskonfiguration mit Einheitsrückführung die relevanten Systemgrößen dargestellt. Als Regelgröße y kann man sich in erster Linie die mechanischen Zustandsgrößen *Position* und *Geschwindigkeit* vorstellen, aber auch durchaus andere interne Systemgrößen eines mechatronischen Systems.

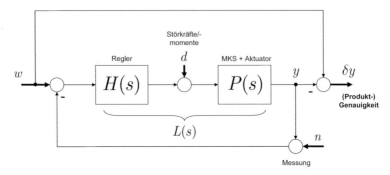

Abb. 12.6. Produktgenauigkeit eines mechatronischen Systems und dynamische Einflussgrößen

Abb. 12.7. Budgetierungsmodell „Produktgenauigkeit" für mechatronisches System

Lineare Superposition dynamischer Einflussgrößen Als relevante dynamische Einflussgrößen erkennt man die Führungsgröße w, sowie Kraft-/Drehmomentenstörungen d und Messstörungen n. Die *Produktgenauigkeit* δy ergibt sich unter Beachtung der entsprechenden Übertragungsfunktionen zu

$$\delta y = T_{\delta y/w} \cdot w + T_{\delta y/d} \cdot d + T_{\delta y/n} \cdot n =$$
$$= \frac{1}{1+L} w - \frac{P}{1+L} d + \frac{L}{1+L} n \qquad (12.27)$$

Man kann damit die Produktgenauigkeit unmittelbar als eine lineare Superposition der Teilantworten δy_i auf die Eingangsgrößen w, d und n budgetieren (Abb. 12.7).

Konstante Eingangsgrößen Die Berechnung von Teilantworten auf konstante Eingangsgrößen $u_i(t) = U_{i0} = const.$ (z.B. Offset, Bias) lässt sich leicht mittels des *Endwertsatzes* der LAPLACE-Transformation durchführen[3]

$$\delta y_{\infty,ui} = \lim_{s \to 0} s \cdot T_{y/ui}(s) \frac{U_{i0}}{s} = \lim_{s \to 0} T_{y/ui}(s) \cdot U_{i0} .$$ (12.28)

Harmonische Eingangsgrößen Für harmonische Eingangsgrößen $u_i(t) = U_{i0} \sin \omega_* t$ erhält man die Amplituden der Teilantworten über den *Frequenzgang*

$$\delta y_{h,ui} = U_{i0} \cdot T_{y/ui}(j\omega_*) .$$ (12.29)

Transiente Amplituden Die Bestimmung von transienten Amplituden auf sprungförmige Änderungen von Eingangsgrößen lässt sich für die in Abb. 12.6 gezeigte Standardkonfiguration in vielen Fällen mittels der bekannten Näherungsbeziehung Gl. (10.21) über die *Durchtrittsfrequenz* und *Phasenreserve* der Kreisübertragungsfunktion $L(j\omega)$ durchführen (s. Abschn. 10.4.3). Bei komplizierten Verhältnissen ist eine simulative Bestimmung zu empfehlen.

Stochastische Eingangsgrößen Die Teilantworten auf stochastische Eingangsgrößen erhält man über die in Kap. 11 ausführlich dargestellte *Kovarianzanalyse*.

12.6 Budgetierung heterogener Metriken

Heterogenes Zeitverhalten von Einflussgrößen Die unterschiedlichen Einflussgrößen besitzen in der Regel unterschiedliche zeitliche Eigenschaften. Für die Beurteilung des Systemverhaltens kommt man in den meisten Fällen mit folgenden drei Klasseneigenschaften von Zeitverläufen aus: *konstant, harmonisch, zufällig.* Für jede dieser Klassen verwendet man geeignete Metriken (s. Abschn. 12.1), um die gewünschten Eigenschaften zu beschreiben. Die Superposition dieser individuellen Metriken soll dann den Gesamteinfluss der zugrundeliegenden Einflussgrößen auf die interessierende Systemgröße beschreiben (Abb. 12.8).

---

[3] Voraussetzung ist natürlich die Stabilität der Übertragungsfunktion $T_{y/ui}(s)$.

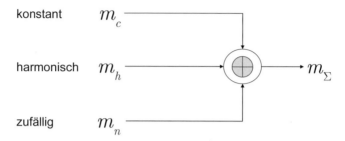

Abb. 12.8. Superposition heterogener Metriken

Im Falle der Produktgenauigkeit (s. Abschn. 12.4) kann beispielsweise jede der Eingangsgrößen $w(t)$, $d(t)$, $n(t)$ sowohl konstante, harmonische und zufällige Komponenten enthalten. Was letztlich interessiert, ist aber *ein einziger* Zahlenwert für die erreichbare Bewegungsgenauigkeit δy, der durch eine geeignete Superposition abzuschätzen ist.

Superpositionsregel Daraus ergibt sich für die Superpositionsoperation die elementare Grundforderung, dass die Teilmetriken *äquivalente* Eigenschaften beschreiben müssen, d.h. entweder alle beschreiben Maximalwerte oder alle beschreiben Varianzen bzw. Standardabweichungen. In der Praxis haben sich die in Tabelle 12.1 dargestellten Metriken zur Beschreibung von Betragseigenschaften bewährt[4].

Tabelle 12.1. Superpositionsfähige Max-Metriken für unterschiedliche Klassen von Zeitverläufen

Zeitverlauf	Metrik
konstant	m_c: 1-Norm
harmonisch	m_h: $\lvert Amplitude \rvert$
zufällig (Normalverteilung)	m_n: 3σ

Praxisnaher Budgetansatz Für die Berechnung der überlagerten Gesamtmetrik m_Σ aus Teilmetriken von konstanten, harmonischen und zufäl-

---

[4] Im konkreten industriellen Umfeld sind gegebenenfalls projektspezifische Metriken zu berücksichtigen. Diese sind im Rahmen der Anforderungsdefinition, s. Abschn. 1.2, klar und eindeutig zu definieren.

ligen Einflussgrößen hat sich der folgende Budgetansatz in der Praxis bewährt (s. Abb. 12.8)

$$m_\Sigma = m_{c,\mathrm{rss}} + \begin{Bmatrix} m_{h,\max} \\ m_{h,\mathrm{rss}}{}^{1)} \end{Bmatrix} + m_{n,\mathrm{rss}} \,, \tag{12.30}$$

1) gilt nur für gleiche Frequenz und statistisch unabhängige Phase

$$m_\Sigma = \sqrt{m_{c,1}{}^2 + \ldots m_{c,n}{}^2} + \begin{Bmatrix} \dfrac{\left|m_{h,1}\right| + \ldots + \left|m_{h,k}\right|}{\sqrt{m_{h,1}{}^2 + \ldots m_{h,k}{}^2}} \end{Bmatrix} + \sqrt{m_{n,1}{}^2 + \ldots m_{n,r}{}^2} \,. \tag{12.31}$$

Im Falle einer quadratischen Summation (*rss – root sum square*) ist natürlich im konkreten Fall zu überprüfen, ob die entsprechenden Teilmetriken
tatsächlich statistisch unabhängig sind. Falls dies nicht der Fall ist, müssen
diese Komponenten linear addiert werden (Max-Summation).

In Abb. 12.9 sind einige typische Zeitverläufe und ihre Superposition
dargestellt. Man verifiziert daran leicht den Budgetansatz (12.30), (12.31).
Bei harmonischen Größen ist eine quadratische Summation wirklich nur
dann erlaubt, wenn entweder rein leistungsproportionale Metriken interessieren oder wenn Zeitverläufe mit gleicher Frequenz und statistisch unabhängiger Phase überlagert werden. In allen anderen Fällen sind aufgrund
des Schwebungsverhaltens für eine maximale Amplitudenabschätzung die
Einzelamplituden linear zu überlagern (Abb. 12.10).

Anwendungsspezifische Metriken   In welcher Weise welche Größen
budgetiert werden, hängt von der spezifischen Anwendung und den beteiligten Parteien ab. Hierzu gibt es keine globalen Standards. Da ein Verhal-
tensbudget ja immer den Zweck verfolgt, eine Produktanforderung in
kompakter Form zu quantifizieren, müssen die Budgetierungsregeln immer
für jedes Projekt explizit vereinbart werden. Häufig treffen dabei Interes-
senskonflikte der unterschiedlichen Gewerke aufeinander. Bei einer quadratischen „*rss*" Summation sind ja immer größere Teilbeiträge erlaubt, um
einen Summenkennwert zu erhalten, als bei einer Max-Summation. So findet man bei der Systemintegration oftmals das Bestreben der Zulieferer
von Subsystemen und Komponenten, den Summenkennwert (z.B. Positioniergenauigkeit) quadratisch zu ermitteln. Damit lassen sich eigene Über-

schreitungen von Anforderungen leichter kompensieren. Die Beurteilung, ob die Einzelbeiträge tatsächlich statistisch unabhängig sind, ist manchmal eher eine Glaubensfrage, denn wirklich objektiv zu ermitteln. Wenn immer möglich, wird man sich deshalb an verfügbare Standards zu halten versuchen, von denen exemplarisch zwei näher diskutiert werden sollen.

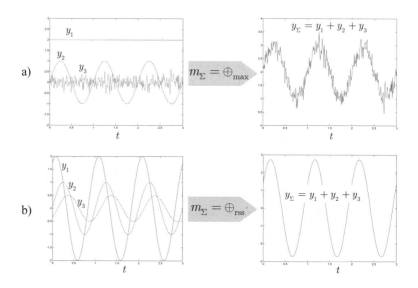

Abb. 12.9. Superposition von Zeitverläufen und zugehörigen Metriken: a) konstante, harmonische und zufällige Größen, b) harmonische Schwingungen gleicher Frequenz

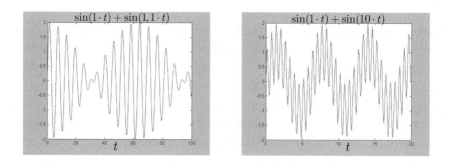

Abb. 12.10. Überlagerung zweier harmonischer Schwingungen mit unterschiedlicher Frequenz

Metrologischer Budgetansatz Aus dem Bereich der Messtechnik lassen sich in naheliegender Weise die Regeln zur Ermittlung von *Messunsicherheiten*[5] (engl. *uncertainty*) unmittelbar für Genauigkeitsbudgets bei mechatronischen Systemen anwenden. Immerhin ist ja der Vorgang des „Messens" eine elementare Systemfunktion eines mechatronischen Produktes. Das dazu anwendbare international standardisierte Regelwerk ist die sogenannte *GUM – Guide to the expression of uncertainty in measurement* (ISO 1995), (Kirkup u. Frenkel 2006).

Im Groben unterscheidet man in der GUM zwischen zwei Arten der Auswertung

- **Typ A Auswertung**: Ermittlung der Unsicherheit durch eine *statistische Analyse* einer Serie von Beobachtungen

- **Typ B Auswertung**: Ermittlung der Unsicherheit durch *andere Verfahren* als eine statistische Analyse einer Serie von Beobachtungen.

Die Budgetierung der Einzelbeiträge der Unsicherheiten erfolgt dann nach ähnlichen Gesichtspunkten wie zuvor erläutert.

Positioniergenauigkeitsbudgets Ein international anerkanntes Handbuch zur Bestimmung von Genauigkeitsbudgets bei Positionierungsaufgaben bietet das *Pointing Error Handbook* der European Space Agency (ESA 1993). Auch hier ist der Begriff *error* begrifflich korrekter als *uncertainty* zu deuten. In diesem Handbuch werden speziell Einflüsse auf die Positioniergenauigkeit von Raumfahrzeugen und deren Instrumente untersucht. Neben ausführlichen statistischen Modellen sind besonders die vorgestellten Prinzipien zur hierarchischen Dekomposition von Budgets sehr interessant. Man beachte, dass Raumfahrtsysteme prinzipiell technisch hochkomplex sind und stark arbeitsteilig ausgeführt werden. Damit kommt der Systemdekomposition in Subsysteme und Komponenten eine besondere Rolle zu. Letztlich interessiert auch hier nur die Gesamtgenauigkeit der Ausrichtung eines Teleskops auf einen Himmelskörper. Diese hängt aber fundamental von der Summe und Interaktion der beteiligten Komponenten ab. Damit müssen auch die Genauigkeitsanforderungen auf Subsysteme und Komponenten herunter gebrochen werden und die immer vorhandenen Imponderabilien über geeignete mathematische Modelle und Budgetierun-

---

[5] Man spricht heute nicht mehr von Mess*fehlern* (*measurement error*) sondern begrifflich korrekter eben von Unsicherheiten, mit denen ein Messergebnis behaftet ist.

gen berücksichtigt werden. Insofern ist die Referenz (ESA 1993) eine hervorragende Basis für allgemeine mechatronische Systeme mit *hochgenauen* Positionierungsaufgaben.

12.7 Entwurfsoptimierung über Budgets

Metriken als Systemkenngrößen Budgetierte Verhaltensmetriken eignen sich hervorragend als Basis für die Variantendiskussion und Optimierung von Entwurfslösungen. Die vorliegenden Metriken beschreiben in kompakter und quantitativer Form bestimmte Verhaltensmerkmale des betrachteten Systems. Insofern sind unterschiedliche Entwurfsvarianten objektiv auf der Basis von Kenngrößen vergleichbar. Durch die speziellen algebraischen Eigenschaften (12.1), (12.2) der Metriken sichert deren Budgetierung für überlagerte Systemgrößen in jedem Fall kumulierte Summenkenngrößen, die wiederum in äußerst kompakter Form ein komplexes Systemverhalten repräsentieren können, z.B. als „Produktgenauigkeit".

Entwurfsaufgabe Diese Summenkenngrößen hängen aber sowohl von vorgegebenen festen Systemparametern als auch von frei wählbaren Entwurfsparametern ab. Eine „günstige" Wahl dieser Entwurfsparameter wird zu einer „guten" Entwurfslösung führen, eine „ungünstige" Wahl eher zu einer unerwünscht „schlechten" Entwurflösung. Die hohe Kunst des Systementwurfs besteht nun darin, geeignet „günstige" Entwurfsparameter zu bestimmen.

Entwurfsoptimierung Die oben beschriebene Entwurfsaufgabe kann mithilfe von Verhaltensmodellen und -metriken sowie klaren Budgetierungsregeln als mathematisches Optimierungsproblem formuliert und gelöst werden, s. Abb. 12.11 (vgl. Abb. 1.8).

Man betrachte frei gestaltbare *Entwurfsparameter* $\mathbf{par} = \left\{ par_i \right\}$, $i = 1, ..., N$, aus einer *Definitionsmenge* Ω_{par}. Beispiele für solche Entwurfsparameter sind Parameter von Signalformen für Führungsgrößen (z.B. Rampenanstieg), Geräteeigenschaften (Dynamik, Bias, Rauschparameter, etc.), konstruktive Eigenschaften (Massen, Geometrie, etc.). Die Definitionsmenge Ω_{par} repräsentiert Entwurfsvorgaben wie Gerätetyp, Schranken für Volumen, Masse und ähnliches mehr.

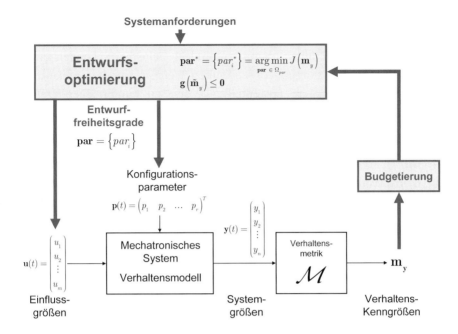

Abb. 12.11.   Entwurfsoptimierung unter Nutzung von Verhaltensmodellen und budgetierten Verhaltensmetriken

Gesucht sind diejenigen *optimalen Entwurfsparameter* $\mathbf{par}^* = \left\{ par_i^* \right\}$, die ein *Gütefunktional* $J\left(\mathbf{m}_y\right)$, gebildet aus Verhaltensmetriken $\mathbf{m}_y$, minimieren. Als Gütefunktional eignen sich beispielsweise die Produktgenauigkeit , Gesamtmasse, Gesamtvolumen oder Leistungsverbrauch der Hilfsenergie.

Häufig sind noch zusätzliche systembedingte *Nebenbedingungen* einzuhalten, die verallgemeinert durch eine algebraische Ungleichungsbedingung von geeigneten Metriken $\tilde{\mathbf{m}}_y$ beschrieben werden können, z.B. maximale Kräfte, Beschleunigungen, Geschwindigkeiten.

Diese Entwurfsaufgabe lässt sich kompakt als folgendes *beschränktes Optimierungsproblem* formulieren:

$$\mathbf{par}^* = \left\{ par_i^* \right\} = \underset{\mathbf{par}\, \in\, \Omega_{par}}{\arg\min} J\left(\mathbf{m}_y\right)$$
$$\mathbf{g}\left(\tilde{\mathbf{m}}_y\right) \leq \mathbf{0} \ . \tag{12.32}$$

Das Optimierungsproblem (12.32) kann je nach Vorliegen von geeigneten Metriken entweder *analytisch* oder *numerisch* gelöst werden. Zu bevorzugen sind analytische Ansätze, weil damit eine bessere Einsicht in System-zusammenhänge möglich ist. Dies gelingt meist nur bei vereinfachten Mo-dellen. Allerdings können damit zumindest belastbare Tendenzen und prinzipielle Abschätzungen vorgenommen werden. Für komplexere Sys-temstrukturen greift man vorteilhafter Weise zu numerischen Optimie-rungsverfahren, um (12.32) auszuwerten (z.B. MATLAB Optimization Toolbox).

12.8 Entwurfsbeispiele

Im Folgenden soll die Anwendung der Budgetierungsregeln an zwei einfa-chen, praxisorientierten Beispielen gezeigt werden.

Analysemodelle Die hier verwendeten Systemmodelle – *Analysemodelle* – sind typische Verhaltensmodelle für orientierende Abschätzungen am Beginn eines Entwicklungsprojektes und beschreiben das prinzipielle dy-namische Verhalten des untersuchten Systems. Durch die niedrige Sys-temordnung können sehr gut *analytische* Formeln zur Bestimmung der Metriken verwendet werden und es wird dadurch möglich, analytische Abhängigkeiten von den gestaltbaren Systemparametern aufzuzeigen. Die-se können unmittelbar für eine Variantendiskussion auf quantitativ objek-tiver Basis genutzt werden.

Verfeinerte Budgets In fortgeschrittenen Entwurfsphasen, können die vereinfachten Analysemodelle beliebig detailliert werden (höhere System-ordnung durch parasitäre Dynamik, MKS Eigenmoden, komplexere Reg-lerstrukturen) und die entsprechenden Metriken müssen dann natürlich auf numerische Weise bestimmt werden. Die bereits im ursprünglichen Analy-semodell angewendeten Budgetierungsregeln können jedoch unverändert übernommen werden. Insofern ist mit einem solchen Vorgehen eine konsi-stente Verfeinerung der Leistungsanalysen möglich.

Beispiel 12.3   *Positionierungsbudget für Satellitenlageregelung.*

Für einen lagegeregelten Satelliten soll für eine gegebene Systemkonfigu-ration mittels eines vereinfachten Analysemodells nach Abb. 12.12 die erreichbare *Ausrichtgenauigkeit* und *Lagestabilität* ermittelt werden.

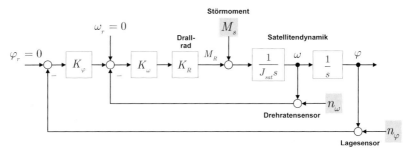

Abb. 12.12. Lageregelkreis für einen Satelliten (ein rotatorischer Freiheitsgrad, vereinfachtes Analysemodell)

Analysemodell Für den geschlossenen Regelkreis folgt eine Systemordnung $n = 2$, wobei mittels der Proportionalverstärkungen K_φ, K_ω die Bandbreite ω_0 und Dämpfung d_0 des geschlossenen Kreises über den Zusammenhang

$$K_\varphi = \frac{\omega_0}{2d_0}, \quad K_\omega = \frac{2d_0\omega_0 J_{sat}}{K_R}$$

in weiten Bereichen frei einstellbar ist.

Es handelt sich hier um eine *Festwertregelung* ($\varphi_r = \omega_r = 0$), sodass als Einflussgrößen für die Ausrichtgenauigkeit das *Störmoment* M_s und das *Rauschen* n_φ, n_ω des *Lagesensors* und des *Drehratensensors* zu betrachten sind.

Mit der bereits bekannten Abkürzung

$$\{d_0 ; \omega_0\} := 1 + 2d_0\,\frac{s}{\omega_0} + \frac{s^2}{\omega_0^2}$$

folgen als relevante Übertragungsfunktionen

$$T_{\varphi/Ms}(s) = \frac{K_1}{\{d_0 ; \omega_0\}}, \quad T_{\omega/Ms}(s) = \frac{K_1 \cdot s}{\{d_0 ; \omega_0\}}, \quad K_1 = \frac{1}{J_{sat}\omega_0^2},$$

$$T_{\varphi/n\varphi}(s) = -\frac{1}{\{d_0 ; \omega_0\}}, \quad T_{\omega/n\varphi}(s) = -\frac{s}{\{d_0 ; \omega_0\}}, \qquad (12.33)$$

$$T_{\varphi/n\omega}(s) = -\frac{K_2}{\{d_0 ; \omega_0\}}, \quad T_{\omega/n\omega}(s) = -\frac{K_2 \cdot s}{\{d_0 ; \omega_0\}}, \quad K_2 = \frac{2d_0}{\omega_0} \ .$$

Satellitenparameter Das *Trägheitsmoment* des starren Satelliten beträgt $J_{sat} = 4.2 \ \mathrm{kgm}^2$.

Regelungsbandbreite Aufgrund anderer Entwurfsüberlegungen soll eine Regelungsbandbreite von $\omega_0 = 0.4 \ \mathrm{rad/s}$ bei einer Dämpfung $d_0 = 0.7$ realisiert werden.

Lagesensor Aus dem Datenblatt entnimmt man folgende Angaben

sampling rate 2 Hz, accuracy 0.135 deg.

Beim Lagesensor handelt es sich offenbar um einen digitalen Sensor mit einer wesentlich größeren Abtastfrequenz als die zu erwartende Regelungsbandbreite. Als repräsentatives Rauschmodell eignet sich diskretes weißes Rauschen mit

$$\sigma_\varphi = \mathrm{accuracy}(3\sigma)\big/3 = 0.045 \ \ \mathrm{deg}$$

und einem nachgeschalteten Halteglied mit $T_a = 0.5 \ \mathrm{s}$. Die spektrale Leistungsdichte der kontinuierlichen weißen Rauschquelle ergibt sich damit nach Gl. (12.39) zu

$$S_\varphi = \sigma_\varphi^2 \cdot T_a = 0.001 \ \mathrm{deg}^2/\mathrm{Hz} \,. \tag{12.34}$$

Drehratensensor Aus dem Datenblatt entnimmt man folgende Angaben

update rate 100 Hz, noise 1 deg/√hr.

Dieses Rauschsignal kann aufgrund der sehr hohen Abtastfrequenz direkt als kontinuierliche weiße Rauschquelle modelliert werden. Man beachte aber, dass hier die Quadratwurzel der Rauschleistungsdichte[6] mit speziellem Zeitbezug (*hour*) spezifiziert ist, d.h.

$$S_\omega = \left(1 \ \mathrm{deg}/\sqrt{\mathrm{hr}}\right)^2 = 2.8 \cdot 10^{-4} \ \mathrm{deg}^2/\mathrm{s} \,. \tag{12.35}$$

Störmomente Ein typisches Störmomentprofil, verursacht durch aerodynamische Störmomente und andere periodisch mit der Umlauffrequenz Ω_0 variierenden Störeinflüsse, sei folgendermaßen definiert

$$M_s(t) = M_{s0} + M_{s1} \sin \Omega_0 t \,,$$
$$M_{s0} = 5 \cdot 10^{-4} \ \mathrm{Nm}, \ M_{s1} = 5 \cdot 10^{-4} \ \mathrm{Nm}, \ \Omega_0 = 0.001 \ \mathrm{rad/s} \,. \tag{12.36}$$

Rauschantworten Die Auswirkung des Sensorrauschens lässt sich mit den Übertragungsfunktionen (12.33) und Rauschleistungsdichten (12.34),

---

[6] Man lasse sich nicht durch die physikalischen Einheiten verwirren, denn es gilt: $[(\mathrm{deg/s})^2/\mathrm{Hz}]=[\mathrm{deg}^2/\mathrm{s}]$.

(12.35) wegen der niedrigen Systemordnung über eine analytische *Kovarianzbeziehung* (Abschn. 11.6) wie folgt bestimmen:

Varianz des Lagefehlers

$$\sigma_{\varphi/\varphi}{}^2 = \frac{1}{4}\frac{\omega_0}{d_0}S_\varphi \qquad [\text{deg}^2]$$

$$\sigma_{\varphi/\omega}{}^2 = \frac{d_0}{\omega_0}S_\omega \qquad [\text{deg}^2]$$

(12.37)

Varianz des Drehratenfehlers

$$\sigma_{\omega/\varphi}{}^2 = \frac{1}{4}\frac{\omega_0{}^3}{d_0}S_\varphi \qquad [\text{deg}^2/\text{s}^2]$$

$$\sigma_{\omega/\omega}{}^2 = d_0\omega_0 S_\omega \qquad [\text{deg}^2/\text{s}^2]$$

(12.38)

Störmomentantworten   Die Auswirkung des *konstanten Störmomentes* erhält man über das Endwerttheorem der LAPLACE-Transformation nach Gl. (12.28) zu

$$\delta\varphi_c = \frac{M_{s0}}{J_{sat}\cdot\omega_0{}^2}\cdot\frac{180}{\pi} \qquad [\text{deg}]$$

$$\delta\omega_c = 0 \qquad [\text{deg/s}]$$

(12.39)

Über die Auswertung der relevanten Frequenzgänge (12.33) an der Stelle $s = j\Omega_0$ erhält man als Auswirkung des *harmonischen Störmomentes* unter Beachtung von $\Omega_0 \ll \omega_0$

$$\delta\varphi_h \approx \frac{M_{s1}}{J_{sat}\cdot\omega_0{}^2}\cdot\frac{180}{\pi} \qquad [\text{deg}]$$

$$\delta\omega_h \approx \frac{M_{s1}\cdot\Omega_0}{J_{sat}\cdot\omega_0{}^2}\cdot\frac{180}{\pi} \qquad [\text{deg/s}].$$

(12.40)

Budgetierung   Zur Berechnung des Gesamtbudgets für die Ausrichtgenauigkeit und die Lagestabilität dürfen die Rauschquellen des Lagesensors und des Drehratensensors als statistisch unabhängig betrachtet werden und man erhält mit dem Budgetansatz (12.31)

Ausrichtgenauigkeit (3σ)

$$\delta\varphi_\Sigma = \delta\varphi_c + \delta\varphi_h + \sqrt{\left(3\sigma_{\varphi/\varphi}\right)^2 + \left(3\sigma_{\varphi/\omega}\right)^2} \quad [\text{deg}] \qquad (12.41)$$

Lagestabilität (3σ)

$$\delta\omega_\Sigma = \delta\omega_c + \delta\omega_h + \sqrt{\left(3\sigma_{\omega/\varphi}\right)^2 + \left(3\sigma_{\omega/\omega}\right)^2} \quad [\text{deg/s}]. \qquad (12.42)$$

Eine numerisches Auswertung der Gln. (12.41), (12.42) für die vorgegebene Reglereinstellung mit $\omega_0 = 0.4$ rad/s und $d_0 = 0.7$ ist in Tabelle 12.2 dargestellt. Das typische Zeitverhalten mit allen überlagerten Störeinflüssen zeigt das Simulationsergebnis in Abb. 12.13.

Tabelle 12.2. Genauigkeitsbudget Lageregelkreis für Regelungsbandbreite $\omega_0 = 0.4$ rad/s bei $d_0 = 0.7$

Störeinfluss	Lage [deg]	Drehrate [deg/s]
konstantes Störmoment	0.043	0
harmonisches Störmoment	0.043	$4.3 \cdot 10^{-5}$
Rauschen Lagesensor	0.036 (3σ)	0.014 (3σ)
Rauschen Drehratensensor	0.073 (3σ)	0.025 (3σ)
Gesamt	$\delta\varphi_\Sigma = 0.16$	$\delta\omega_\Sigma = 0.03$

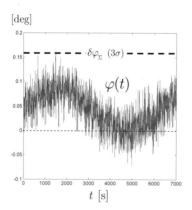 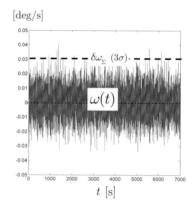

Abb. 12.13. Simulierte Systemantworten mit überlagerten deterministischen und stochastischen Anregungen (Regelungsbandbreite $\omega_0 = 0.4$ rad/s bei $d_0 = 0.7$)

Entwurfsoptimierung Man beachte, dass die Gln. (12.41), (12.42) in Verbindung mit den Metriken (12.37) bis (12.40) *analytisch* auswertbare Budgetgleichungen in Abhängigkeit von Entwurfsparametern darstellen, d.h.

$$\delta\varphi_{\Sigma} = \delta\varphi_{\Sigma}\left(M_{s0}, M_{s1}, \Omega_0, S_{\varphi}, S_{\omega}, J_{sat}, \omega_0, d_0\right)$$

$$\delta\omega_{\Sigma} = \delta\omega_{\Sigma}\left(M_{s0}, M_{s1}, \Omega_0, S_{\varphi}, S_{\omega}, J_{sat}, \omega_0, d_0\right)$$

(12.43)

Je nachdem, welche dieser Parameter durch Vorgaben festgelegt sind, offerieren die analytischen Budgetgleichungen (12.43) ein hervorragendes Entwurfsinstrument, um „günstige" (optimale) Einstellungen für die verbliebenen *freien* Entwurfsparameter zu finden.

Betrachtet man im vorliegenden Beispiel die Satellitenkonfiguration und die verwendeten Geräte als vorgegeben, dann verbleibt bei Wahl der Regelkreisdämpfung $d_0 = 0.7$ einzig die *Regelungsbandbreite* ω_0 als *freier* Entwurfsparameter. Eine grafische Auswertung der Budgetgleichungen $\delta\varphi_{\Sigma}(\omega_0)$, $\delta\omega_{\Sigma}(\omega_0)$ ist in Abb. 12.14 dargestellt.

Naheliegenderweise möchte man gleichzeitig sowohl die Lageabweichungen $\delta\varphi_{\Sigma}$ als auch die Drehratenabweichungen $\delta\omega_{\Sigma}$ möglichst klein halten. Aus Abb. 12.14 erkennt man aber, dass diese Forderungen bezüglich Regelungsbandbreite in sich widersprüchlich sind. Eine *optimale* Bandbreite ω_0^* zur Minimierung beider Abweichungen existiert nicht. Eine günstige Wahl von ω_0^* wird also auf eine Kompromisslösung hinaus laufen. Je nach Aufgaben des Satelliten wird man sich bei der endgültigen Auslegung eher an der Ausrichtgenauigkeit oder an der Lagestabilität orientieren.

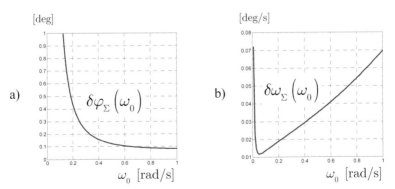

Abb. 12.14. Summenbudgets (3σ) in Abhängigkeit von der Regelungsbandbreite: a) Ausrichtgenauigkeit, b) Lagestabilität (Drehrate) ■

Beispiel 12.4   *Geregelte Werkzeugachse.*

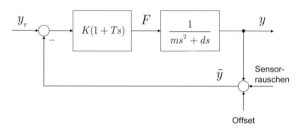

Abb. 12.15. Analysemodell für geregelte Werkzeugachse

Vorgegeben sei eine geregelte lineare Werkzeugachse nach Abb. 12.15 mit folgenden Konfigurationsparametern:

Linearachse: $m = 1$ kg, $d = 10$ Ns/m

Regler: $K = 500$ N/m, $T = 0.2$ s

Sensor: Rauschen $5 \cdot 10^{-4}$ mm/$\sqrt{\text{Hz}}$, 3db-Bandbreite 500 Hz ,

Offset 0.01 mm .

Als Führungsgrößen sind harmonische Größen mit den Eigenschaften $y_r(t) = Y_r \sin(\omega_r t)$. $\left| Y_r \right| \leq 3$ mm zugelassen. Gesucht ist die maximal Frequenz der harmonischen Führungsgrößen, sodass eine *Positionsgenauigkeit* von $\delta y = 0.03$ mm (3σ) eingehalten wird.

Bandbreitenverhältnisse Als ersten Schritt führt man vorteilhaft eine orientierende Betrachtung zu den vorliegenden Bandbreitenverhältnisse durch. Man prüft leicht nach, dass für den Regelkreis gilt

$$L(s) = K \frac{1 + Ts}{ms^2 + ds} \quad,$$

$$T_{y/yr}(s) = \frac{L(s)}{1 + L(s)} = \frac{1 + Ts}{1 + 2d_0 \dfrac{s}{\omega_0} + \dfrac{s^2}{\omega_0}} \quad,$$

$$\omega_0 = \sqrt{\frac{K}{m}} = 22.4 \text{ rad/s}, \quad d_0 = \left(\frac{d}{K} + T \right) = 2.46 \quad.$$

Damit erkennt man, dass die Bandbreite des Sensorrauschens wesentlich größer ist, als die Regelungsbandbreite. Das Sensorrauschen kann also als *kontinuierliches weißes Rauschen* mit der Rauschleistungsdichte

$$S_n = \left(5 \cdot 10^{-4} \ \text{mm}/\sqrt{\text{Hz}}\right)^2 = 2.5 \cdot 10^{-2} \ \text{mm}^2/\text{Hz}$$

interpretiert werden (auf ein Formfilter kann hier verzichtet werden).

Positionierungsbudget Die *Positioniergenauigkeit* kann nun entsprechend Gl. (12.27) budgetiert werden

$$\delta y = \delta y_{Offset} + \delta y_{Rauschen} + \delta y_{Führung} \ .$$

Sensor Offset

$$\delta y_{Offset} = \lim_{s \to 0} \left| -\frac{L(s)}{1 + L(s)} \right| Offset = 0.01 \ \text{mm} \ . \tag{12.44}$$

Sensorrauschen (Kovarianzbeziehung s. *Anhang A*)

$$\delta y_{Rauschen} = 3\sigma_{y/Sensor} = 3\frac{S_n}{2}\sqrt{\frac{\omega_0}{d_0}\left(1 + \left(\omega_0 T\right)^2\right)} = 0.01 \ \text{mm} \ . \tag{12.45}$$

Führungsgröße Für den Regelfehler der harmonischen Führungsgröße ist der Frequenzgang

$$T_{\delta y/yr}(j\omega_r) = \frac{1}{1 + L(j\omega_r)}$$

maßgebend und man erhält

$$\delta y_{Führung} = \left| \frac{1}{1 + L(j\omega_r)} \right| Y_r \ . \tag{12.46}$$

Eine einfache Nebenbetrachtung zeigt, dass anforderungsgemäße Frequenzen ω_r hinreichend kleiner als eins sein müssen. Damit gilt aber in jedem Fall $|L(j\omega)| \gg 1$, wodurch sich Gl. (12.46) vereinfacht zu

$$\delta y_{Führung} \approx \left| \frac{1}{L(j\omega_r)} \right| Y_r = \frac{\omega_r}{K}\sqrt{\frac{d^2 + m^2\omega_r^2}{1 + T^2\omega_r^2}}Y_r \approx \frac{\omega_r}{K}d Y_r \ . \tag{12.47}$$

Entwurfslösung Aus der Entwurfsbedingung

$$\delta y = \delta y_{Offset} + \delta y_{Rauschen} + \delta y_{Führung} \le 0.03 \text{ mm}$$

erhält man mit den Teilergebnissen (12.44) bis (12.47) die *Entwurfslösung*

$$\boxed{\omega_r \le 0.17 \text{ rad/s}} .$$

■

Literatur zu Kapitel 12

ESA (1993) *ESA Pointing Error Handbook*, European Space Agency
ISO (1995) Guide to the expression of uncertainty in measurement (GUM), dtsch: "Leitfaden zur Angabe der Unsicherheit beim Messen", 1. Auflage 1995, Deutsches Institut für Normung - Beuth-Verlag. I. O. f. S. (ISO). Geneva, Switzerland
Kirkup L, Frenkel R B (2006) *An Introduction to Uncertainty in Measurement Using the GUM (Guide to the Expression of Uncertainty in Measurement)*, Cambridge University Press
Taylor J R (1982) *An Introduction to Error Analysis*, University Science Books

Anhang A

Kovarianzformeln

n ... weißes Rauschen

Spektraldichte $S_n \left[(\dim n)^2 / \text{Hz} \right]$

x ... farbiges Rauschen

Varianz $\sigma_x^2 \left[(\dim x)^2 \right]$

P-T$_1$	$G(s) = \dfrac{K}{1 + T_1 s}$	$\sigma_x^2 = \dfrac{K^2}{2 T_1} S_n$
PD-T$_2$	$G(s) = K \dfrac{1 + T_D s}{\left(1 + T_1 s\right)\left(1 + T_2 s\right)}$	$\sigma_x^2 = \dfrac{K^2}{2} \cdot \dfrac{1 + \dfrac{T_D^2}{T_1 T_2}}{T_1 + T_2} S_n$
	$G(s) = K \dfrac{1 + T_D s}{1 + \dfrac{2D}{\omega_0} s + \dfrac{1}{\omega_0^2} s^2}$	$\sigma_x^2 = \left(\dfrac{K}{2}\right)^2 \dfrac{\omega_0}{D}\left(1 + \left(\omega_0 T_D\right)^2\right) S_n$
P-T$_2$	$G(s) = \dfrac{K}{\left(1 + T_1 s\right)\left(1 + T_2 s\right)}$	$\sigma_x^2 = \dfrac{K^2}{2\left(T_1 + T_2\right)} S_n$
	$G(s) = \dfrac{K}{1 + \dfrac{2D}{\omega_0} s + \dfrac{1}{\omega_0^2} s^2}$	$\sigma_x^2 = \left(\dfrac{K}{2}\right)^2 \dfrac{\omega_0}{D} S_n$
D-T$_2$	$G(s) = \dfrac{K_D \cdot s}{\left(1 + T_1 s\right)\left(1 + T_2 s\right)}$	$\sigma_x^2 = \dfrac{K_D^2}{2} \cdot \dfrac{1}{T_1 T_2\left(T_1 + T_2\right)} S_n$
	$G(s) = \dfrac{K_D s}{1 + \dfrac{2D}{\omega_0} s + \dfrac{1}{\omega_0^2} s^2}$	$\sigma_x^2 = \left(\dfrac{K_D}{2}\right)^2 \dfrac{\omega_0^3}{D} S_n$

$$G(s) = \frac{K\left(1+T_{D1}s\right)\left(1+T_{D2}s\right)}{\left(1+T_1s\right)\left(1+T_2s\right)\left(1+T_3s\right)}$$

$$\sigma_x^2 = \frac{K^2}{2} \cdot \frac{T_1T_2 + T_1T_3 + T_2T_3 + \left(T_{D1}^2 + T_{D2}^2\right) + T_{D1}^2 T_{D2}^2 \dfrac{T_1 + T_2 + T_3}{T_1 T_2 T_3}}{\left(T_1 + T_2\right)\left(T_1 + T_3\right)\left(T_2 + T_3\right)} S_n$$

$$G(s) = \frac{K\left(1+T_{D1}s\right)\left(1+T_{D2}s\right)}{\left[1+\dfrac{2D}{\omega_0}s + \dfrac{1}{\omega_0^2}s^2\right]\left(1+T_1s\right)}$$

$$\sigma_x^2 = \left(\frac{K}{2}\right)^2 \frac{\omega_0}{D} \frac{1 + 2D\omega_0 T_1 + \omega_0^2\left(T_{D1}^2 + T_{D2}^2\right) + \left(T_{D1}T_{D2}\omega_0^2\right)^2\left(1 + \dfrac{2D_3}{\omega_0 T_1}\right)}{1 + 2D\omega_0 T_1 + \left(\omega_0 T_1\right)^2} S_n$$

PD$_2$-T$_3$

$$G(s) = \frac{K\left(1+\dfrac{2D_z}{\omega_{0z}}s + \dfrac{1}{\omega_{0z}^2}s^2\right)}{\left(1+T_1s\right)\left(1+T_2s\right)\left(1+T_3s\right)}$$

$$\sigma_x^2 = \frac{K^2}{2} \cdot \frac{T_1T_2 + T_1T_3 + T_2T_3 + \left[\dfrac{2\left(2D_z^2 - 1\right)}{\omega_{0z}^2}\right] + \dfrac{T_1 + T_2 + T_3}{T_1 T_2 T_3 \omega_{0z}^4}}{\left(T_1 + T_2\right)\left(T_1 + T_3\right)\left(T_2 + T_3\right)} S_n$$

$$G(s) = \frac{K\left(1+\dfrac{2D_z}{\omega_{0z}}s + \dfrac{1}{\omega_{0z}^2}s^2\right)}{\left[1+\dfrac{2D}{\omega_0}s + \dfrac{1}{\omega_0^2}s^2\right]\left(1+T_1s\right)}$$

$$\sigma_x^2 = \left(\frac{K}{2}\right)^2 \frac{\omega_0}{D} \cdot \frac{1 + 2D\omega_0 T_1 + 2\left(\dfrac{\omega_0}{\omega_{0z}}\right)^2\left(2D_z^2 - 1\right) + \left(\dfrac{\omega_0}{\omega_{0z}}\right)^4\left(1 + \dfrac{2D}{\omega_0 T_1}\right)}{1 + 2D\omega_0 T_1 + \left(\omega_0 T_1\right)^2} S_n$$

$$G(s) = \frac{K}{\left(1 + T_1 s\right)\left(1 + T_2 s\right)\left(1 + T_3 s\right)}$$

$$\sigma_x^2 = \frac{K^2}{2} \cdot \frac{T_1 T_2 + T_1 T_3 + T_2 T_3}{\left(T_1 + T_2\right)\left(T_1 + T_3\right)\left(T_2 + T_3\right)} S_n$$

P-T$_3$

$$G(s) = \frac{K}{\left(1 + \dfrac{2D}{\omega_0} s + \dfrac{1}{\omega_0^2} s^2\right)\left(1 + T_1 s\right)}$$

$$\sigma_x^2 = \left(\frac{K}{2}\right)^2 \frac{\omega_0}{D} \cdot \frac{1 + 2D\omega_0 T_1}{1 + 2D\omega_0 T_1 + \left(\omega_0 T_1\right)^2} S_n$$

■

Index